CAX工程应用丛书

2021中文版

AutoCAD电气设计与天正电气TElec工程实践

张传记 王磊 编著

清華大學出版社
北京

内 容 简 介

本书从CAD电气制图技术与行业应用出发，以AutoCAD 2021中文版和T20-Elec V7.0软件为工具，全方位介绍CAD制图技术和各类电气图的绘制方法、流程与技巧。全书内容共分14章，第1～6章以常用电气图块为范例，详解AutoCAD的各种基本操作及其电气制图应用；第7、8章介绍电气制图标准以及各类电气图纸的内容要求与绘制方法，并给出常用图例；第9～13章按照电气行业的制图分类，分别介绍建筑电气工程图、工厂电气工程图、变电输电电气工程图、机床电气工程图和家用电器电气工程图等这5类图的绘制内容、方法和步骤，并一一给出应用范例；第14章用一个贯穿始终的综合范例介绍天正电气与AutoCAD结合起来绘制电气工程图的技巧和方法。

本书是针对电气行业的AutoCAD初、中级用户开发的应用型教材，也适合职业院校作为技能型人才培养的实践型教材。

图书在版编目（CIP）数据

AutoCAD 电气设计与天正电气 TElec 工程实践：2021 中文版/张传记，王磊编著. —北京：清华大学出版社，2022.5

（CAX 工程应用丛书）

ISBN 978-7-302-60644-4

Ⅰ. ①A… Ⅱ. ①张… ②王… Ⅲ. ①电气设备－计算机辅助设计－AutoCAD 软件 Ⅳ. ①TM02-39

中国版本图书馆 CIP 数据核字(2022)第 068156 号

责任编辑：夏毓彦
封面设计：王 翔
责任校对：闫秀华
责任印制：宋 林

出版发行：清华大学出版社
网 址：http://www.tup.com.cn，http://www.wqbook.com
地 址：北京清华大学学研大厦 A 座　**邮 编**：100084
社 总 机：010-83470000　**邮 购**：010-62786544
投稿与读者服务：010-62776969，c-service@tup.tsinghua.edu.cn
质量反馈：010-62772015，zhiliang@tup.tsinghua.edu.cn
印 装 者：三河市铭诚印务有限公司
经 销：全国新华书店
开 本：190mm×260mm　**印 张**：30.5　**字 数**：830 千字
版 次：2022 年 6 月第 1 版　**印 次**：2022 年 6 月第 1 次印刷
定 价：119.00 元

产品编号：095345-01

前 言
Preface

AutoCAD 是由美国 Autodesk 公司于 20 世纪 80 年代初为微机上应用 CAD 技术而开发的绘图程序软件包，经过多次版本升级，目前在电气制图领域已有广泛的应用。

天正电气 TElec 是天正公司在 AutoCAD 平台上开发的专用电气绘图软件，由于它把电气行业标准、常见电气制图符号、各种结构的形式等作了预先的规定，可大大提高制图效率。本书在《AutoCAD 电气设计与天正电气 TElec 工程实践（2014 中文版）》畅销书的基础上进行全面的内容升级与修订。

本书内容

本书根据电气制图的实际需要，结合真实工程范例，从零起步，循序渐进地对 CAD 电气制图技术、电气制图标准、电气专业知识、各类电气图绘制进行介绍。全书共分四部分，内容分别如下：

- 第一部分（第 1~6 章）“CAD 制图技术篇”：以绘制常用电气图块为例，详细介绍 AutoCAD 中与电气制图相关的各种基本操作及其电气制图应用，有 CAD 操作基础的用户可以跳过这部分内容，直接阅读第二部分。
- 第二部分（第 7、8 章）“电气制图规范篇”：介绍电气制图标准以及各类电气图纸的内容要求与绘制方法，并给出常用图例，方便查阅。有电气专业基础并了解制图规范的读者，可以跳过这部分内容，在需要的时候翻阅即可。
- 第三部分（第 9~13 章）“行业应用篇”：分别介绍建筑电气工程图、工厂电气工程图、变电输电电气工程图、机床电气工程图和家用电器电气工程图 5 类电气图的绘制内容、方法和步骤。
- 第四部分（第 14 章）“天正电气篇”：用一个贯穿始终的综合范例介绍天正电气与 AutoCAD 相结合绘制电气工程图的技巧和方法，是提高制图效率的关键。

本书特点

- 内容全面。囊括了电气设计专业知识、国家标准、CAD 制图技术以及各类常用电气图纸的绘制，适合作为案头手册随时查阅。

- 范例专业。书中所有范例均精心挑选自实际工程项目。通过对这些范例的研读、练习，可以让读者真正体验到项目的真实制作方法、技术和过程，能够保证学习到的技能都是工作中实用的。
- 突出实用性。本书不求面面俱到，但强调实用性，所有内容围绕电气制图需要进行讲解，并通过工程范例强化应用，让读者加深理解，能看得懂，学得会。

目标读者

- 大专院校电气设计相关专业师生
- 电气制图培训班师生
- 没有 AutoCAD 操作基础的电气行业从业人员
- 没有电气专业知识的 CAD 制图人员
- 既无电气专业知识又没有 AutoCAD 基础但想跨入电气制图行业的新人

云下载

为了帮助读者更加直观地学习本书，笔者将书中实例所涉及的全部操作文件都收录到云盘中供读者下载。主要内容包括两大部分：sample 文件夹和 video 文件夹。前者包含书中所有实例.dwg 源文件和工程文件；后者提供了适合 AutoCAD 多个版本学习的多媒体语音视频教学文件。可以扫描以下二维码下载，如果下载有问题，请用电子邮件联系 booksaga@126.com，邮件主题为“AutoCAD 电气设计与天正电气 TElec 工程实践：2021 中文版”。

本书内容在原畅销书 2014 版的基础上，跨越了 AutoCAD 软件 6 个版本的变化而进行了升级与修订，主要由张传记、胡勇完成。对于前期版本的作者王磊、张秀梅等人的奉献，在此表示衷心的感谢。

笔者力图使本书的知识性和实用性相得益彰，但由于水平有限，书中纰漏之处难免，欢迎广大读者、同仁批评斧正。

编者

2022 年 1 月

目录

Contents

第1章 AutoCAD 制图基础

导言

AutoCAD（Auto Computer Aided Design，计算机辅助设计）是由美国Autodesk公司于20世纪80年代初为微机上应用CAD技术而开发的一种通用计算机辅助设计绘图程序软件包，是国际上最流行的绘图工具。AutoCAD应用非常广泛，遍及各个工程领域，包括机械、建筑、造船、航空航天、土木、电气等。AutoCAD 2021版本在界面设计、三维建模和渲染等方面进行了加强，可以帮助用户更好地从事图形设计。

本章将要为读者介绍AutoCAD 2021版的界面组成、命令输入方式、绘图环境的设置、图形编辑的基础知识、图形的显示控制及一些基本的文件操作方法等。通过对本章内容的学习，希望用户掌握AutoCAD 2021最常用的、最基本的操作方法，为后面章节的学习打下坚实的基础。

1.1 AutoCAD 2021的启动

安装AutoCAD 2021后，在“开始”菜单上单击“程序”|“Autodesk”|“AutoCAD 2021-Simplified Chinese”|“AutoCAD 2021”命令，或者双击桌面上的快捷图标，均可启动AutoCAD 2021软件，进入如图1-1所示的“创建”启动界面，通过此启动界面，用户不仅可以快速新建绘图文件、打开已存盘文件以及浏览最近使用过的文件等，还可以登录CAD账号访问联机服务、发送反馈等。

单击界面下侧“了解”按钮，弹出如图1-2所示的“了解”启动界面，在此界面内可以了解软件的功能及新增功能、快速入门视频、学习提示以及访问联机资源等。

如图1-1所示的“创建”启动界面，在“文件快速入门”操作区单击“开始绘制”按钮即可快速新建一个绘图文件，进入AutoCAD 2021软件界面，默认进入的是“草图与注释”工作空间下的界面，如图1-3所示。该工作空间主要包含与二维草图和注释相关的选项卡和各功能区面板，传统的菜单和工具条等界面元素都被隐藏，取而代之的则是选项卡功能区面板以及绘图窗口中的各种快捷控件，比如绘图区左上角的视口控件和视图控件，右侧的导航栏，等等。

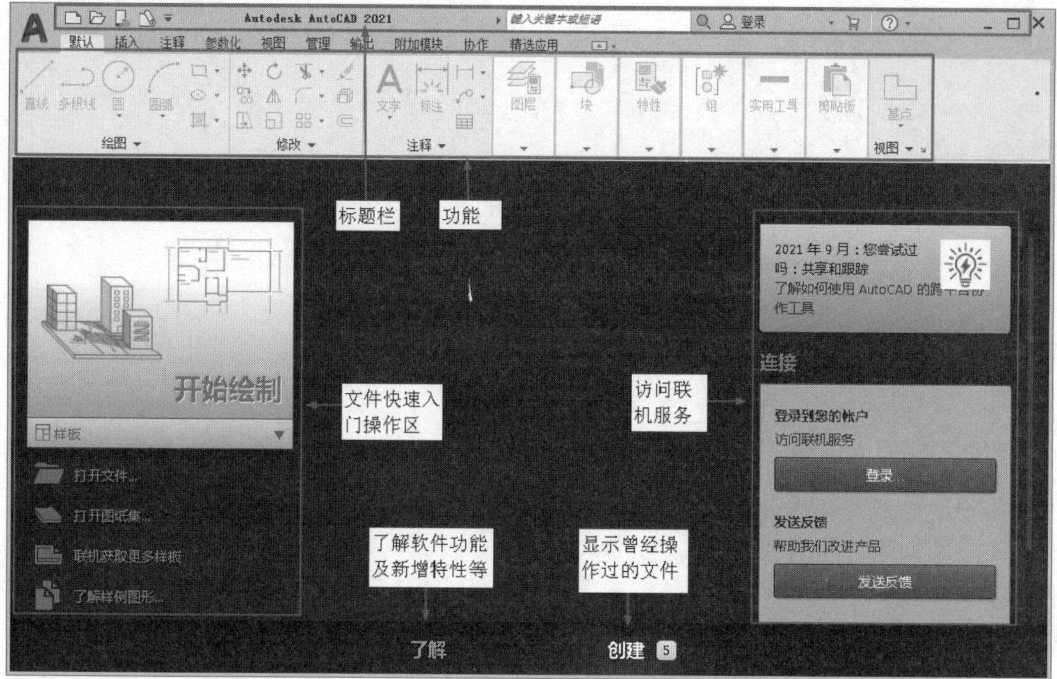

图 1-1 “创建”启动界面

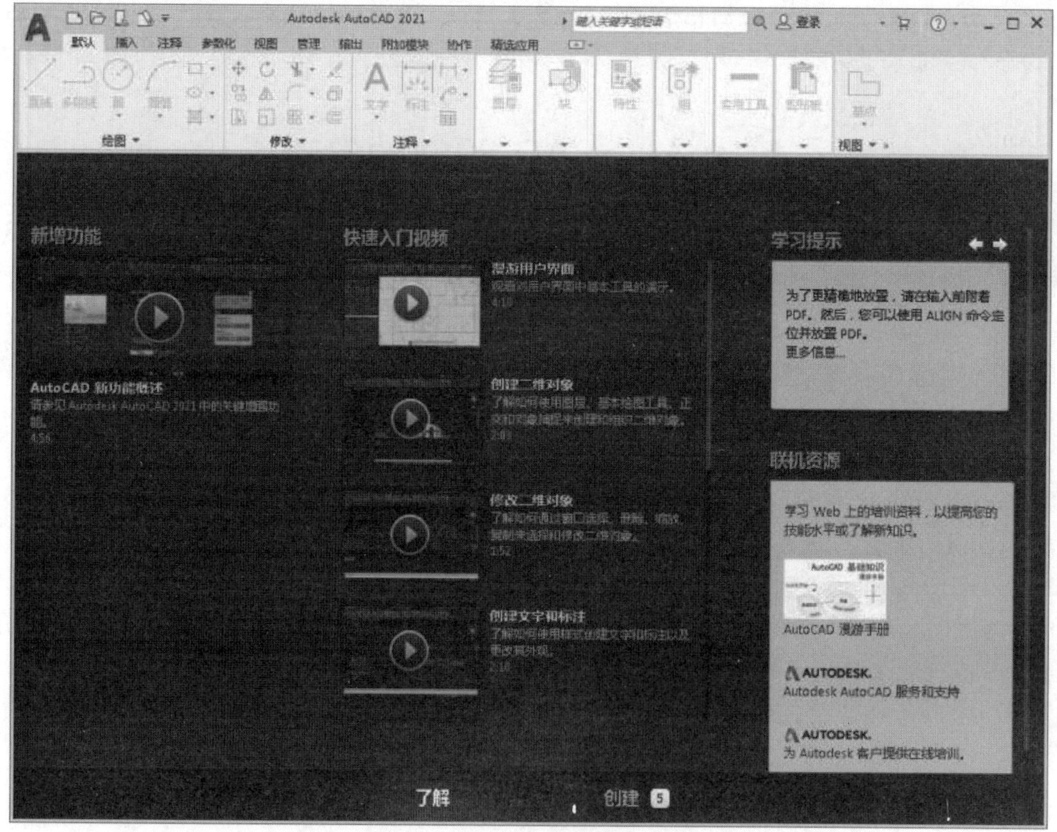

图 1-2 “了解”启动界面

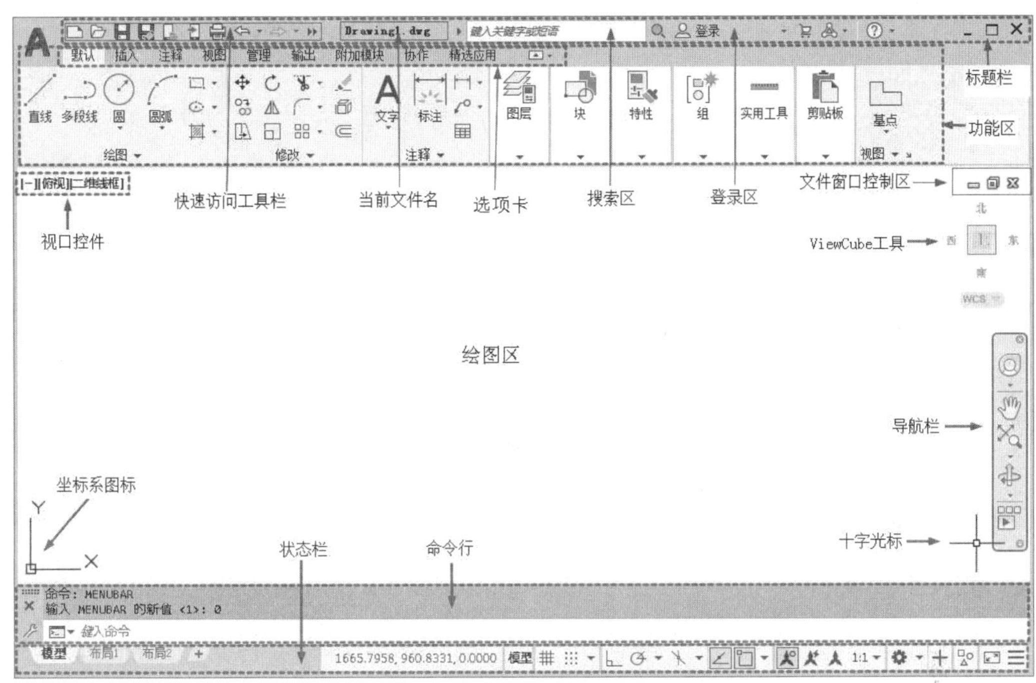

图1-3　AutoCAD 2021“草图与注释”工作空间

1.2　AutoCAD 2021的工作界面

AutoCAD 2021初始界面的绘图区是黑色的，用户可以根据自己的习惯进行更改绘图背景色。在绘图区右击，选择快捷菜单上的“选项”命令，可打开“选项”对话框，在此对话框内共包括“文件”“显示”“打开和保存”“打印和发布”等十个选项卡，以进行必要的绘图设置操作，其中在“显示”选项卡中单击“颜色”按钮 颜色(C)... ，弹出“图形窗口颜色”对话框，在“颜色”下拉列表框中选择“白”选项，如图1-4所示。

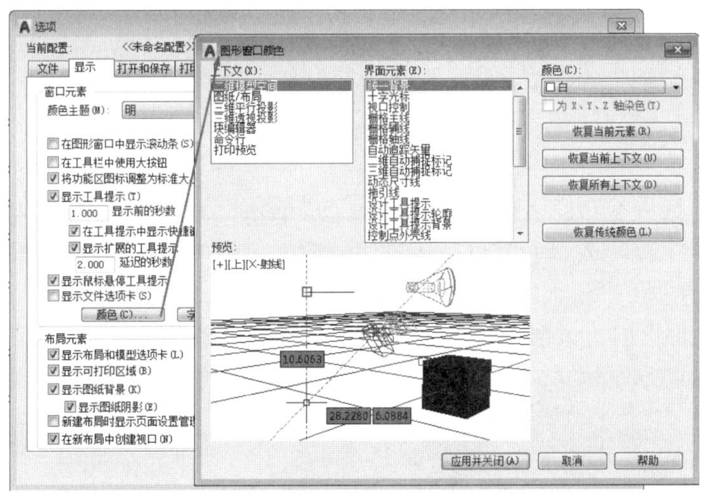

图1-4　设置绘图区颜色

单击“应用并关闭”按钮回到“选项”对话框，单击“确定”按钮，完成绘图区颜色的设置，结果绘图区背景色更改为了白色。

默认设置下AutoCAD 2021共提供了“草图与注释”“三维基础”和“三维建模”3种工作空间，后面的两种工作空间主要是一种三维建模空间，用于三维模型的创建、编辑与显示等。如果需要切换到其他工作空间，可以通过单击状态栏上的“切换工作空间”按钮⚙▾，在展开的按钮菜单中切换工作空间，如图1-5所示，还可以展开“快速访问工具栏”上的“工作空间”下拉列表，进行切换、保存和自定义工作空间，如图1-6所示。

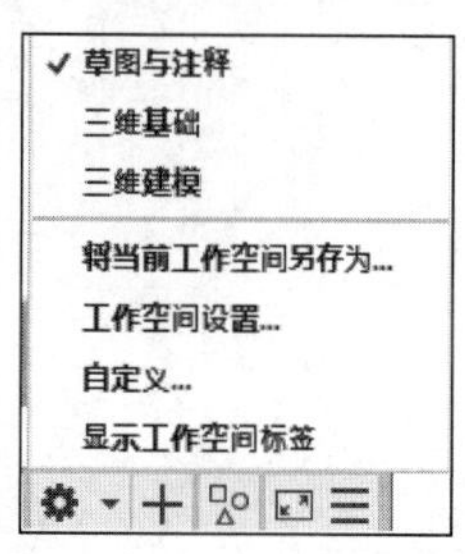

图 1-5　“工作空间”按钮菜单

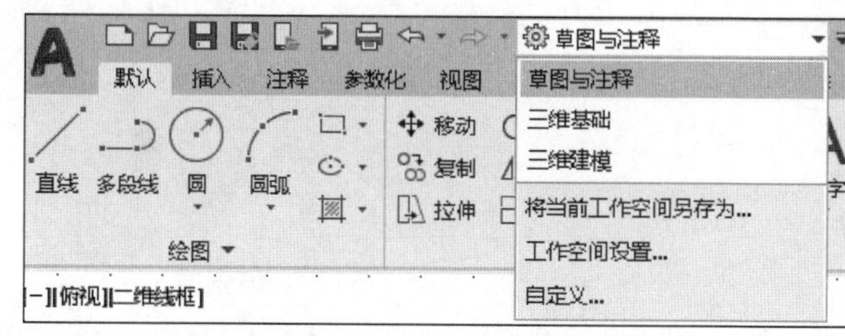

图 1-6　“工作空间”下拉列表

AutoCAD 2021“草图与注释”工作空间主要包括标题栏、选项卡功能区、绘图区、命令行、状态栏、程序快捷菜单等元素，除此之外，还有隐藏的菜单栏和工具栏。具体内容如下。

1. 标题栏

标题栏位于软件主窗口最上方，由快速访问工具栏、标题、搜索命令、登录到Autodesk 360按钮、帮助按钮、最小化（最大化）和关闭按钮组成。

快速访问工具栏定义了一系列经常使用的工具，单击相应的按钮即可执行相应的操作，用户可以自定义快速访问工具，系统默认提供工作空间、新建、打开、保存、另存为、打印、放弃、重做等快速访问工具，将光标移至相应的按钮上，将弹出相应的功能提示。

搜索命令可以帮助用户同时搜索多个源（例如帮助、新功能专题研习、网址和指定的文件），也可以搜索单个文件或位置。

标题显示了当前文档的名称、最小化按钮、最大化（还原）按钮、关闭按钮，控制了应用程序和当前图形文件的最小化、最大化和关闭。

2. 选项卡功能区

默认设置下，选项卡功能区共包括“默认”“插入”“注释”“参数化”“视图”“管理”等10个选项卡，每个选项卡又包括多种绘图面板，面板上放置了与面板名称相关的工具按钮，如图1-7所示，在“默认”选项卡中包括了“绘图”面板、“修改”面板、“注释”面板，等等。使用功能区时无须显示多个工具栏，这使得应用程序窗口变得简洁有序。

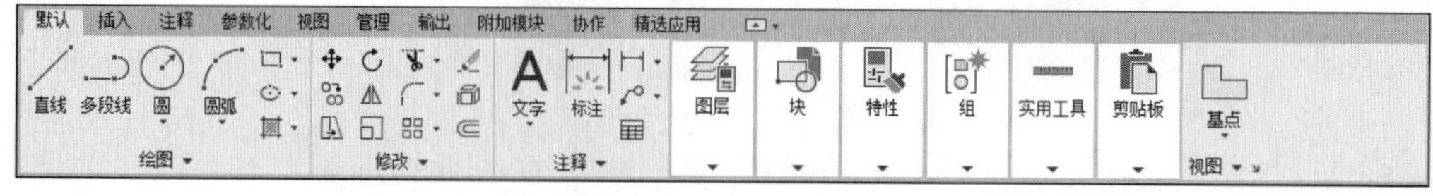

图 1-7　选项卡功能区

用户可以根据实际绘图的情况将面板展开，也可以将选项卡最小化，只保留面板按钮，效果如图1-8所示；再次单击“最小化为选项卡”按钮，可只保留标题，效果如图1-9所示；也可以再次单击“最小化为选项卡”按钮，只保留选项卡的名称，效果如图1-10所示，这样就可以获得最大的工作区域。当然，用户如果需要显示面板，只需再次单击该按钮即可。

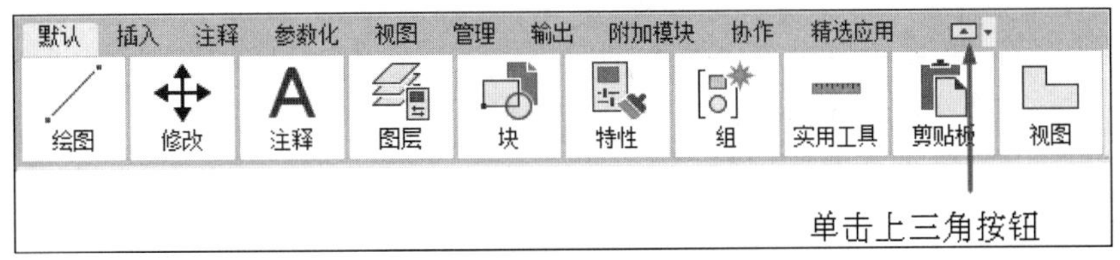

图 1-8 最小化保留面板按钮

图 1-9 最小化保留面板标题

图 1-10 最小化保留选项卡标题

功能区可以水平显示、垂直显示或显示为浮动选项板。创建或打开图形时，默认情况下，将在绘图区的顶部水平显示功能区。用户可以在选项卡标题、面板标题或功能区标题右击，会弹出相关的快捷菜单，从而可以对选项卡、面板或功能区进行操作，还可以控制显示方式、是否浮动等。

另外，在功能区任一位置上右击，通过快捷菜单上的“显示选项卡”级联菜单，也可以控制选项卡及面板的显示与隐藏状态。

3. 绘图区

绘图区是用户的工作窗口，用户所做的一切工作（如绘制图形、输入文本、标注尺寸等）均要在该区中得到体现。该窗口内的选项卡用于图形输出时模型空间和图纸空间的切换。

绘图区的左下方可见一个L型箭头轮廓，这就是坐标系图标，它指示了绘图的方位，三维绘图很依赖这个图标。图标上的X和Y指出了图形的X轴和Y轴方向，⊔图标说明用户正在使用的是世界坐标系（World Coordinate System）。

视口控件显示在绘图区左上角，提供更改视图、视觉样式和其他设置的便捷方式。

十字光标用于定位点、选择和绘制对象，由定点设备（如鼠标、光笔）控制。当移动定点设备时，十字光标的位置会作相应的移动，这就像手工绘图中的笔一样方便，并且可以通过“选项”命令改变十字光标的大小（默认大小是5）。

4. 命令行

命令行提示区是通过键盘输入的命令、数据等信息显示的地方，用户通过菜单和工具栏执行的命令也将在命令行中显示。每个图形文件都有自己的命令行，默认状态下，命令行位于系统窗口的下面，用户也可以将其拖动到屏幕的任意位置。

文本窗口是记录AutoCAD命令的窗口，是放大的命令行窗口，它记录了用户已执行的命令，也可以用来输入新命令。按F2键可以打开文本窗口，如图1-11所示。

```
AutoCAD 文本窗口 - Drawing1.dwg
编辑(E)
指定圆的圆心或 [三点(3P)/两点(2P)/切点、切点、半径(T)]:
指定圆的半径或 [直径(D)]:
命令:
命令:
命令: _arc
指定圆弧的起点或 [圆心(C)]:
指定圆弧的第二个点或 [圆心(C)/端点(E)]:
指定圆弧的端点:
命令:
命令:
命令: _pline
指定起点:
当前线宽为 0.0000
指定下一个点或 [圆弧(A)/半宽(H)/长度(L)/放弃(U)/宽度(W)]:
指定下一点或 [圆弧(A)/闭合(C)/半宽(H)/长度(L)/放弃(U)/宽度(W)]:
指定下一点或 [圆弧(A)/闭合(C)/半宽(H)/长度(L)/放弃(U)/宽度(W)]:
指定下一点或 [圆弧(A)/闭合(C)/半宽(H)/长度(L)/放弃(U)/宽度(W)]:
指定下一点或 [圆弧(A)/闭合(C)/半宽(H)/长度(L)/放弃(U)/宽度(W)]:

命令:
```

图 1-11　文本窗口

5. 状态栏

状态栏位于工作界面的底部，其中坐标显示区显示十字光标当前的坐标位置，单击一次，则呈灰度显示，固定当前坐标值，数值不再随光标的移动而改变，再次单击则恢复。辅助工具区集成了用于辅助制图的一些工具，常用工具区集成了一些在制图过程中经常会用到工具，如图1-12所示。

图 1-12　状态栏

6. 程序快捷菜单

单击AutoCAD操作界面左上角的程序 A 按钮，可打开如图1-13所示的应用程序快捷菜单，通过此菜单可以对文件进行基本的操作，比如文件的新建、打开、保存、另存为、输入、输出、发布、打印和关闭等。除此之外，此快捷菜单中还可以查看和访问最近使用的文件、快速搜索软件命令、打开“选项”对话框进行软件基本设置以及退出软件等。

图 1-13　应用程序快捷菜单

7. 工具栏与菜单栏

工具栏是一些由图标表示的工具按钮，单击这些按钮则执行该按钮所代表的命令。在默认状态下界面中并不包含工具栏，用户选择菜单“工具”|“工具栏”|“AutoCAD”命令，会弹出AutoCAD工具栏的子菜单，在子菜单中用户可以选择相应的工具栏显示在界面上。

当变量MENUBAR值为1时，界面中则显示菜单栏，位于标题栏之下，包含12个主菜单项，用户也可以根据需要将自己或别人的自定义菜单加进去。单击任意菜单命令，将弹出一个下拉式菜单，可以选择其中的命令进行操作。对于某些菜单项，如果后面有[...]符号，则表示选择该选项将会弹出一个对话框，以提供进一步的选择和设置；如果菜单项后面有一个实心的小三角形▸，则表明该菜单项尚有若干子菜单，将光标移到该菜单项上，将弹出子菜单；如果某个菜单项命令是灰色的，则表示在当前的条件下该项功能不能使用。

在下拉菜单中的某些菜单项后还有组合键，如"打开"菜单项后的Ctrl+O组合键。该组合键被称为快捷键，即不必打开下拉菜单便可通过按该组合键来完成某项功能。例如，使用Ctrl+O组合键来打开图形文件，相当于"打开"命令。AutoCAD 2021还提供了一种快捷菜单，当右击时将弹出快捷菜单。快捷菜单的选项因环境的不同而有所变化，快捷菜单提供了快速执行命令的方法。

1.3 AutoCAD的命令输入方式

在AutoCAD 2021中，用户通常结合键盘和鼠标来进行命令的输入和执行，主要利用键盘输入命令和参数，利用鼠标执行功能区面板中的命令、选择对象、捕捉关键点、拾取点等。

在AutoCAD中，用户可以通过按钮、菜单和命令行3种形式来执行AutoCAD命令：

- 按钮命令是指用户通过单击功能区面板中的相应按钮来执行命令。
- 菜单命令是指快捷菜单、下三角按钮菜栏、绘图区左上角的控件菜单以及被隐藏的菜单栏中的命令，单击相应命令即可执行该命令。
- 命令行执行命令是指直接在命令行中输入命令的英文表达式或者命令简写后按 Enter 键来执行命令。

以AutoCAD中常用的"直线"命令为例，用户可以单击"默认"|"绘图"面板上的"直线"按钮╱，或者在命令行中输入LINE或输入命令简写L后按Enter键，都可执行"直线"命令。

1.4 绘图环境基本设置

用户通常都是在系统默认的环境下工作的。安装好AutoCAD后，就可以在其默认的设置下绘制图形，但是有时为了使用特殊的定点设备、打印机或者为了提高绘图效率，需要在绘制图形前先对系统参数、绘图环境等做必要的设置。下面将介绍一下AutoCAD 2021绘图环境的设置。

1.4.1 设置系统参数

设置系统参数，是通过"选项"对话框进行的，如图1-14所示。有两种常用方式可以打开"选项"对话框：

- 在绘图区右击，选择快捷菜单上的"选项"命令。
- 在命令行中输入 OPTIONS 或 OP 后按 Enter 键。

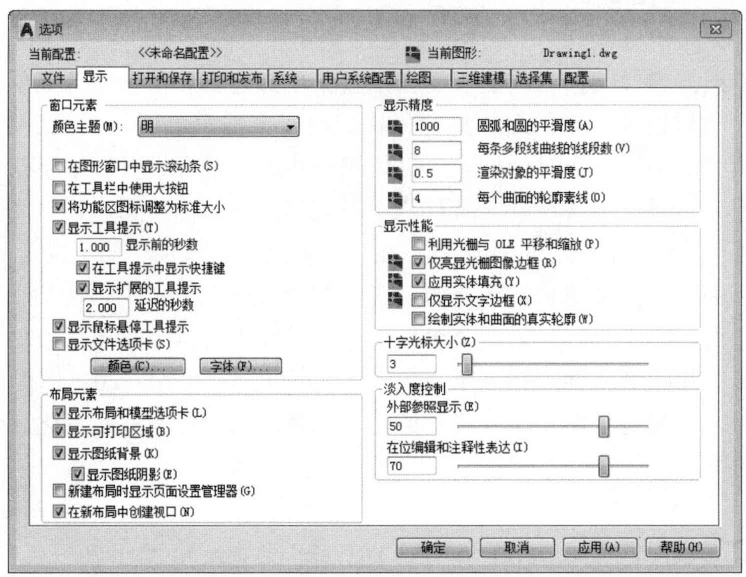

图 1-14 “选项”对话框

该对话框由“文件”“显示”“打开和保存”“打印和发布”“系统”“用户系统配置”“绘图”“三维建模”“选择集”和“配置”10个选项卡组成，各选项卡的主要功能如下：

- “文件”选项卡：指定一个文件夹，以供 AutoCAD 在其中查找当前文件夹中所不存在的文字字体、自定义文件、插件、要插入的图形、线型和填充方案。
- “显示”选项卡：用于设置窗口元素、布局元素、显示精度、显示性能、十字光标大小和参照编辑的褪色度等显示属性。
- “打开和保存”选项卡：用于设置默认情况下文件保存的格式、是否自动保存文件以及自动保存文件的时间间隔、是否保存日志、是否加载外部参照等属性。
- “打印和发布”选项卡：用于设置 AutoCAD 的输出设备。默认情况下，输出设备为 Windows 打印机。但是很多情况下，为了输出较大幅面的图形，用户需要添加或配置绘图仪。
- “系统”选项卡：用于设置当前三维图形的显示特性，设置定点设备、是否显示 OLE 特性对话框、是否显示所有警告信息、是否检查网络连接、是否显示启动对话框、是否允许长符号名等。
- “用户系统配置”选项卡：用于设置是否使用快捷菜单、插入比例、坐标输入的优先级、字段、关联标注、超链接等属性。
- “绘图”选项卡：用于设置自动捕捉、自动追踪、对齐点获取、自动捕捉标记框颜色和大小、靶框大小等属性。
- “三维建模”选项卡：用于设置三维十字光标、显示 UCS 图标、动态输入、三维对象、三维导航等属性。
- “选择集”选项卡：用于设置选择集模式、拾取框大小、夹点颜色和大小等属性。
- “配置”选项卡：用于实现系统配置文件的新建、重命名、输入、输出及删除等操作。

一般情况下，用户不需要对这些设置进行修改。在此，不进行详细的介绍，在具体用到的地方再详细介绍。

1.4.2 设置绘图界限

绘图界限是在绘图空间中一个假想的矩形绘图区域，显示为可见栅格指示的区域。当打开图形界限边界检验功能时，一旦绘制的图形超出了绘图界限，系统将发出提示。国家机械制图标准对图纸幅面和图框格式也有相应的规定。

一般来说，如果用户不做任何设置，AutoCAD系统对作图范围是没有限制的。用户可以将绘图区看作是一幅无穷大的图纸，但所绘图形的大小是有限的。因此，为了更好地绘图，用户需要设置作图的有效区域。

在命令行输入LIMITS或LIM后按Enter键，可以执行“图形界限”命令，命令行提示如下：

```
命令:LIMITS                                  //执行命令
重新设置模型空间界限:                          //系统提示信息
指定左下角点或 [开（ON）/关（OFF）] <0.0000,0.0000>:
                                             //用鼠标单击或者输入坐标值的方式定位左下角点
指定右上角点 <420.0000,297.0000>:             //用鼠标单击或者输入坐标值的方式定位右上角点
```

LIMITS命令中的“开（ON）”选项表示打开绘图界限检查，如果所绘图形超出了绘图界限，则系统不绘制出此图形并给出提示信息，从而保证了绘图的正确性；“关（OFF）”选项表示关闭绘图界限检查。可以直接输入左下角点坐标后按Enter键，也可以直接按Enter键设置左下角点坐标为<0.0000，0.0000>。按Enter键后，命令行提示如下：

```
指定右上角点 <420.0000,297.0000>:
```

此时，可以直接输入右上角点坐标，然后按Enter键；也可以直接按Enter键，设置右上角点坐标为<420.0000，297.0000>。最后按Enter键完成绘图界限设置。

下面具体设置一个绘图界限：

```
命令: LIMITS
重新设置模型空间界限:
指定左下角点或 [开（ON）/关（OFF）] <0.0000,0.0000>: 0,0
//指定模型空间左下角坐标
指定右上角点 <420.0000,297.0000>: 297,210
//指定模型空间右上角坐标
```

这样就设置完成一个绘图界限，如图1-15所示。

如此设置之后，用户只能在所设坐标范围内绘制图形，若超出绘图范围，系统将拒绝绘图，并提示超出界限。

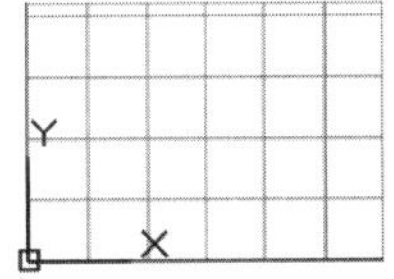

图1-15 设置绘图界限

1.4.3 设置绘图单位

在命令行输入Units或UN后按Enter键，可执行“单位”命令，打开如图1-16所示的“图形单位”对话框，在该对话框中可以对图形单位进行设置。

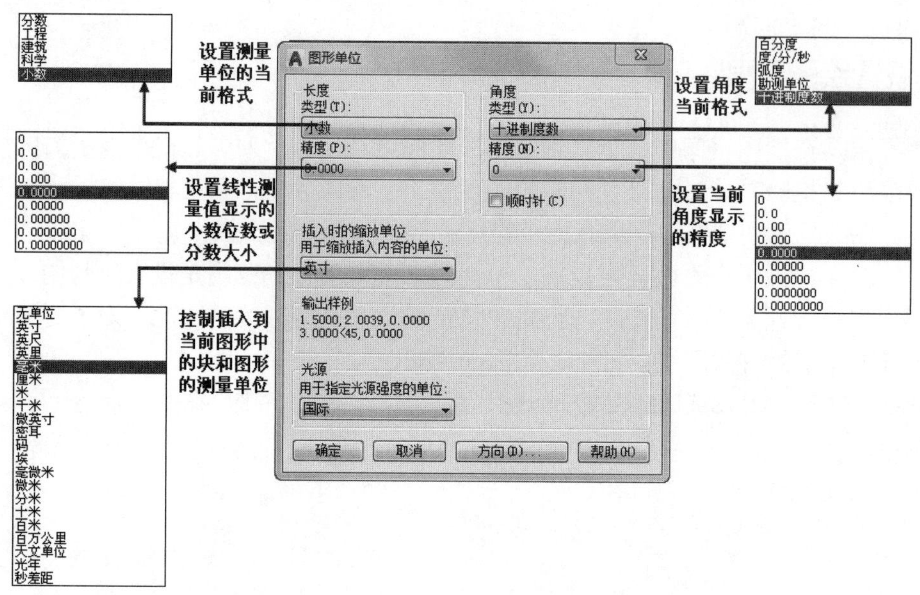

图 1-16 “图形单位”对话框

在“图形单位”对话框中，“长度”选项组中的“类型”下拉列表框用于设置长度单位的格式类型；“精度”下拉列表框用于设置长度单位的显示精度。“角度”选项组中的“类型”下拉列表框用于设置角度单位的格式类型；“精度”下拉列表框用于设置角度单位的显示精度；选中“顺时针”复选框，表明角度测量方向是顺时针方向，取消该复选框，则角度测量方向为逆时针方向。“光源”选项组用于设置当前图形中光源强度的测量单位，其下拉列表框中提供了“国际”“美国”和“常规”3种测量单位。

单击“方向”按钮，弹出“方向控制”对话框，在该对话框中可以设置基准角度（0B）的方向。在AutoCAD的默认设置中，0B方向是指向右（即正东）的方向，逆时针方向为角度增加的正方向。在该对话框中，可以选中5个单选按钮中的任意一个来改变角度测量的起始位置，也可以通过选中“其他”单选按钮，并单击“拾取”按钮，在图形窗口中拾取两个点来确定在AutoCAD中0B的方向。

1.5 图形文件的管理

与其他软件一样，在AutoCAD中也提供了各种文件操作的命令，以帮助用户快速方便地新建、保存和关闭文件。

1.5.1 新建 AutoCAD 文件

使用“新建”命令可以创建新的绘图文件，当首次启动AutoCAD 2021软件后，系统会自动新建一个名为Drawing1.dwg的绘图文件。如果在AutoCAD已经打开的状态下创建新文件，对于新建文件来说，创建的方式由STARTUP系统变量确定，当变量值为0时，单击“快速访问”工具栏上的“新建”按钮，或者按Ctrl+N组合键，或者在命令行输入NEW后按Enter

键，都可以执行“新建”命令，打开如图1-17所示的“选择样板”对话框。打开该对话框后，系统自动定位到AutoCAD安装目录的样板文件夹中，用户可以选择使用样板和选择不使用样板创建新图形。

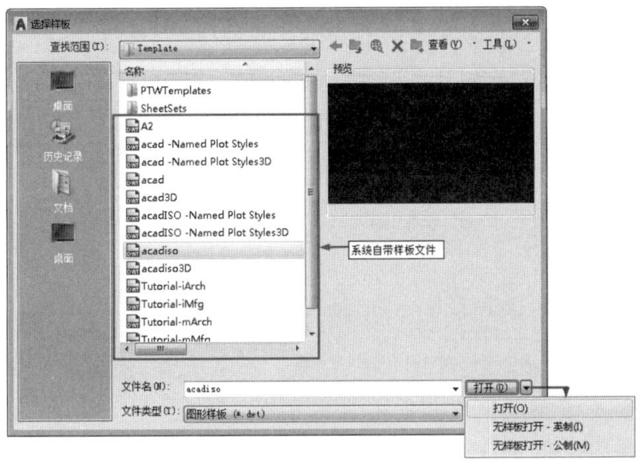

图 1-17 “选择样板”对话框

单击“打开”按钮右侧的下拉按钮，弹出下拉菜单，用户可以选择采用“英制”或“公制”的无样板菜单创建新图形。执行“无样板打开”命令后，新建的图形不以任何样板为基础。

当STARTUP为1时，新建文件将弹出“创建新图形”对话框。系统提供了“从草图开始”“使用样板”和“使用向导”3种方式创建新图形。

1.5.2 打开 AutoCAD 文件

当查看、使用或编辑已经存盘的图形文件时，可以使用“打开”命令。单击“快速访问”工具栏上的“打开”按钮，或者按Ctrl+O组合键，或者在命令行输入OPEN后按Enter键，都可以执行“打开”命令，打开如图1-18所示的“选择文件”对话框，该对话框用于打开已经存在的AutoCAD图形文件。

图 1-18 “选择文件”对话框

单击“打开”按钮右边的下拉按钮，在弹出的下拉菜单中有4个选项，这些选项规定了文件的打开方式。各选项的作用如下：

- 打开：以正常的方式打开文件。
- 以只读方式打开：打开的图形文件只能查看，不能编辑和修改。
- 局部打开：只打开指定图层部分，从而提高系统运行效率。
- 以只读方式局部打开：局部打开指定的图形文件，并且不能对打开的图形文件进行编辑和修改。

1.5.3 保存 AutoCAD 文件

使用“保存”命令可以将绘制的图形存盘，以方便后续查看或编辑。单击“快速访问”工具栏上的“保存”按钮，或者按Ctrl+S组合键，或者在命令行输入SAVE后按Enter键，都可以执行“保存”命令，对图形文件进行存盘。若当前的图形文件已经命名，则可按此名称保存文件。如果当前图形文件尚未命名，则弹出如图1-19所示的“图形另存为”对话框，该对话框用于保存已经创建但尚未命名的图形文件。

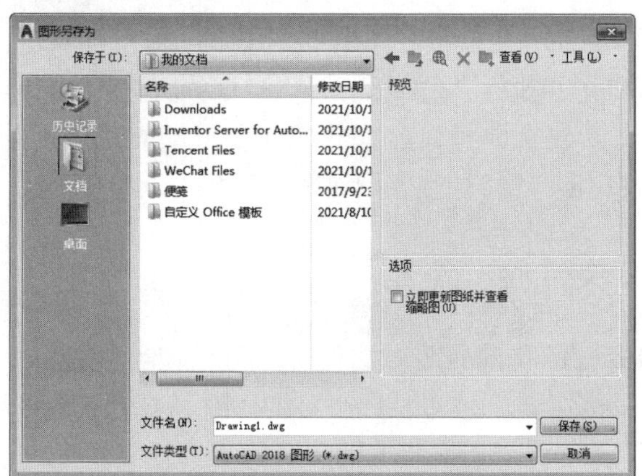

图 1-19 “图形另存为”对话框

在“图形另存为”对话框中，“保存于”下拉列表框用于设置图形文件保存的路径；“文件名”下拉列表框用于设置图形文件的名称；“文件类型”下拉列表框用于选择文件保存的格式，.dwg是AutoCAD的图形文件，.dwt是AutoCAD的样板文件，这两种格式的文件最常用。

此外，AutoCAD 2021还提供了自动保存文件的功能，这样在用户专注于设计时，可以避免未能及时保存文件带来的损失。使用“选项”命令，或在命令行中输入SAVETIME命令，设置保存间隔，默认值为10。

1.5.4 输入和输出 AutoCAD 文件

在AutoCAD 2021软件中可以输入各种类型的文件，也可以输出多种类型的文件，一个软件可以兼容的文件类型的多少反映了该软件的功能强弱、处理能力及适用范围的大小。

1. 输入AutoCAD文件

AutoCAD提供了以下3种方式来输入图形文件：

- 菜单栏：选择“文件”|“输出”命令（如果用户需要使用菜单栏，可以更改变量 MENUBAR 值为 1，打开菜单栏，后续不再提示）。
- 功能区：单击“插入”选项卡|“输入”面板|“输入”按钮。
- 命令行：在命令行输入 IMPORT 或 IMP 后按 Enter 键。

执行上述操作之一，都会打开“输入文件”对话框，如图1-20所示，在其中的“文件类型”下拉列表框中可以选择输入文件的类型。

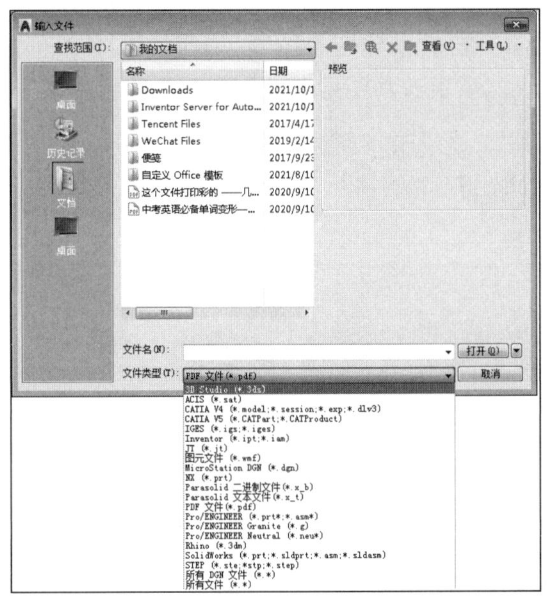

图 1-20 “输入文件”对话框

2. 输出AutoCAD文件

AutoCAD提供了以下3种方式来输出图形文件，输出文件主要有PDF、DWF、DWFx等文件：

- 菜单栏：选择“文件”|“输出”命令。
- 命令行：在命令行输入 EXPORT 或 EXP 后按 Enter 键。
- 功能区：在“输出”选项卡|“输出为 DWF/PDF”面板上单击相应按钮。

执行上述操作之一，都会打开“输出数据”对话框，如图1-21所示，在其中的“文件类型”下拉列表框中可以选择输出数据的类型。

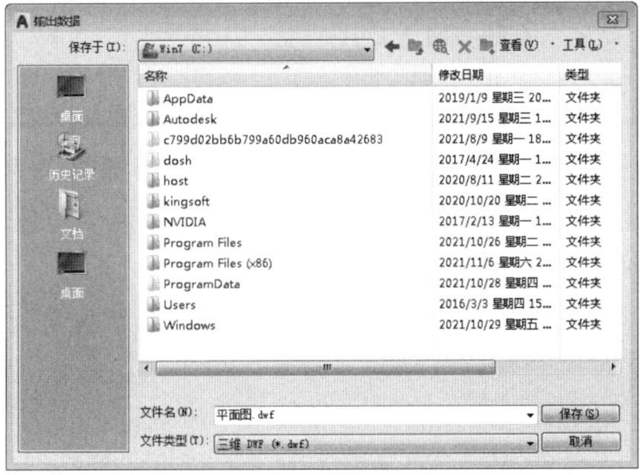

图 1-21 “输出数据”对话框

1.6 图层的创建与管理

为了方便管理图形，在AutoCAD中提供了图层工具。图层相当于一层“透明纸”，可以在上面绘制图形，将纸一层层重叠起来构成最终的图形。在AutoCAD中，图层的功能和用途要比“透明纸”强大得多，用户可以根据需要创建很多图层，并将相关的图形对象放在同一图层上，以此来管理图形对象。

1.6.1 图层的创建

默认情况下，AutoCAD会自动创建一个图层——图层0，该图层不可重命名，用户可以根据需要来创建新的图层，然后更改其图层名。创建图层的步骤如下：

步骤 01 在功能区单击“默认”选项卡|“图层”面板上的“图层特性”按钮，或者在命令行输入 LAYER 后按 Enter 键，都可执行“图层”命令，打开“图层特性管理器”选项板，如图 1-22 所示。

图 1-22 “图层特性管理器”选项板

步骤 02 用户可以在该选项板中进行图层的基本操作和管理。在“图层特性管理器”选项板中单击“新建图层”按钮，即可创建一个新的图层。

1.6.2 图层颜色的设置

每个图层都具有一定的颜色。所谓图层的颜色，是指该图层上面的实体颜色。在建立图层的时候，图层的颜色承接上一个图层的颜色，对于图层0系统默认的是7号颜色，该颜色相对于黑色的背景显示白色，相对于白色的背景显示黑色(仅该色例外，其他色无论背景为哪种颜色，显示颜色都不变）。

在绘图过程中，需要对各个层的对象进行区分，若改变该层的颜色，默认状态下该层所有对象的颜色都将随之改变。在“图层特性管理器”选项板中的图层颜色区域■白单击，弹出如图1-23所示的“选择颜色”对话框，在该对话框中用户可以对图层颜色进行设置。

在“索引颜色”选项卡中，用户可以直接单击需要的颜色，也可以在“颜色”文本框中

输入颜色号。在“真彩色”选项卡中，用户可以在RGB和HSL两种模式下选择颜色，如图1-24所示，使用这两种模式确定颜色都需要3个参数，具体参数的含义请参考有关图像设计的图书。在“配色系统”选项卡中，用户可以从系统提供的颜色表中选择一个标准表，然后从色带滑块中选择所需要的颜色。

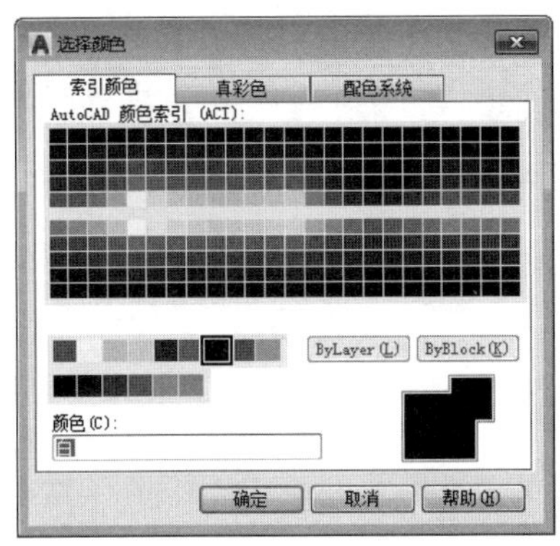

图 1-23 “选择颜色”对话框

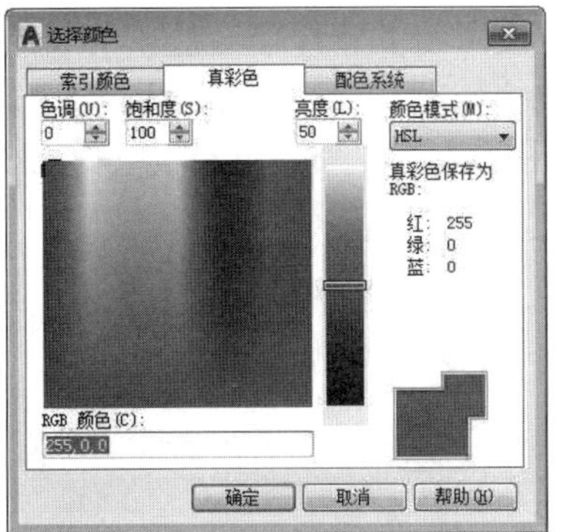

图 1-24 “真彩色”选项卡

1.6.3 图层线型的设置

图层的线型是指在图层中绘图时所用的线型，每一层都应有一种相应的线型。不同的图层可以设置为不同的线型，也可以设置为相同的线型。AutoCAD提供了标准的线型库，在一个或多个扩展名为.lin的线型定义文件中定义了线型。线型名称及其定义确定了特定的点划线序列、点划线和空移的相对长度及所包含的任何文字或形的特征。用户可以使用AutoCAD提供的任意标准线型，也可以创建自己的线型。

AutoCAD中包含的.lin文件有acad.lin和acadiso.lin。在AutoCAD中，系统默认的线型是Continuous，线宽也采用默认值0单位，该线型是连续的。在绘图过程中，如果用户希望绘制点划线、虚线等其他种类的线，就需要设置图层的线型和线宽。

在“图层特性管理器”选项板中的线型区域 Continuous 单击，弹出如图1-25所示的“选择线型”对话框。默认状态下，“选择线型”对话框中只有Continuous一种线型。单击“加载”按钮，弹出如图1-26所示的“加载或重载线型”对话框，用户可以在“可用线型”列表框中选择所需要的线型，单击“确定”按钮返回“选择线型”对话框完成线型的加载，选择需要的线型后单击“确定”按钮回到“图层特性管理器”选项板，完成线型的设置。

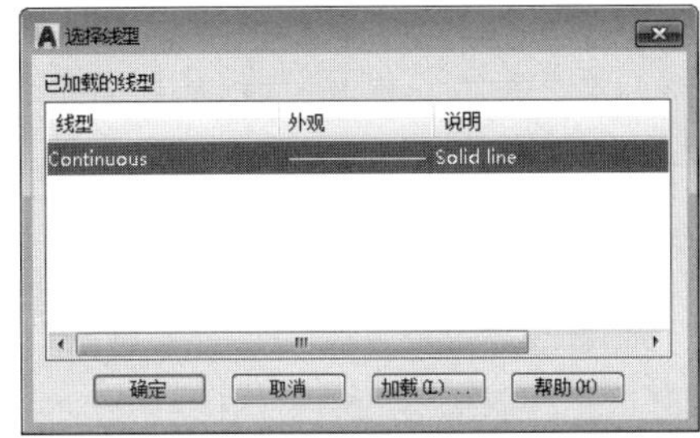

图 1-25 “选择线型”对话框

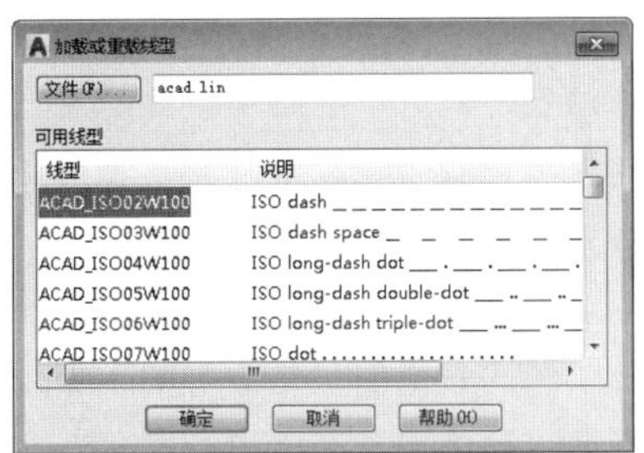

图 1-26 “加载或重载线型”对话框

1.6.4 图层线宽的设置

使用线宽特性可以创建粗细（宽度）不一的线，并可以分别用于不同的地方，这样就可图形化地表示对象和信息。

在“图层特性管理器”选项板中的线宽区域 —— 默认 单击，弹出如图1-27所示的“线宽”对话框，在“线宽”列表框中选择需要的线宽，单击“确定”按钮完成设置线宽的操作。

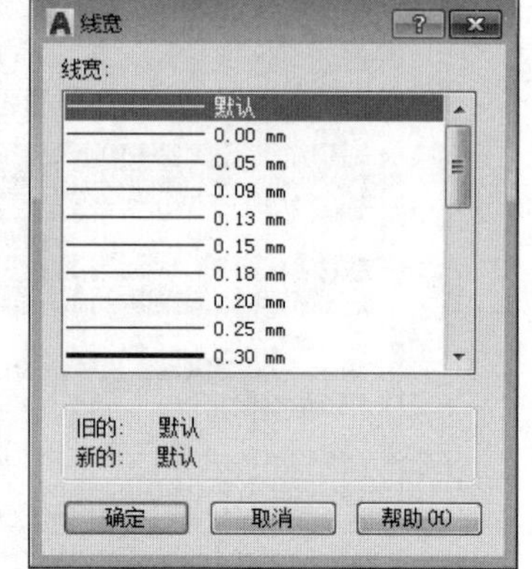

图 1-27 “线宽”对话框

1.6.5 图层特性的设置

用户在绘制图形时，各种特性都是随层设置的默认值，由当前的默认设置来确定。用户可以根据需要对图层的各种特性进行修改。图层的特性包括图层的名称、线型、颜色、开关状态、冻结状态、线宽、锁定状态、打印样式等。

用户可以通过以下方式进行图层特性的设置。

1. 通过“图层特性管理器”选项板进行设置

单击“默认”选项卡|“图层”面板上的“图层特性”按钮，打开“图层特性管理器”选项板，在该选项板中可以新建图层，并对每一个图层进行设置，如状态、名称、打开/关闭、冻结/解冻、锁定/解锁、颜色、线型、线宽、打印特性等。

下面对该选项板中显示的各个图形特性进行简要介绍。

- 状态：显示图层和过滤器的状态，使用的图层以表示，没有使用的空白图层以显示，删除图层以表示，当前图层以✔表示。
- 名称：系统启动之后，默认的图层为图层 0，添加的图层名称默认为“图层 1”“图层 2”，并依次往下递增。可以右击某图层，在弹出的快捷菜单中选择“重命名图层”命令，或直接按 F2 键对图层重命名。
- 打开/关闭：在选项板中以灯泡的颜色来表示图层的开关。默认情况下，图层都是打开的，灯泡显示为黄色，表示图层可以使用和输出；单击灯泡，可以切换图层的开关，此时灯泡变成灰色，表示图层关闭，不可以使用和输出。
- 冻结/解冻：打开图层时，系统默认以解冻的状态显示，以太阳图标表示，此时的图层可以显示、打印输入和在该图层上对图形进行编辑。单击太阳图标可以冻结图层，此时以雪花图标表示，该图层上的图形不能显示、无法打印输出、不能编辑该图层上的图形。
- 锁定/解锁：在绘制完一个图层时，为了在绘制其他图形时不影响该图层，通常把图层锁定。图层锁定以来表示，单击图标可以将图层解锁，以图标表示。新建的图层默认都是解锁状态。锁定图层不会影响该图层上图形的显示。
- 颜色：设置图层显示的颜色。
- 线型：用于设置绘图时所使用的线型。

- 线宽：用于设置绘图时使用的线宽。
- 打印样式：用来确定图层的打印样式。如果使用的是彩色图层，则无法更改样式。
- 打印：用来设置哪些图层可以打印，可以打印的图层以 显示，单击该图标可以设置图层不能打印，以图标 表示。打印功能只能对可见图层、没有被冻结、没有锁定和没有关闭的图层起作用。
- 透明度：用来设置新建图层的透明度。
- 冻结新视口：在新布局视口中冻结选定图层。
- 说明：（可选）描述图层或图层过滤器。

2. 通过“默认”选项卡中的“图层”面板和“特性”面板进行设置

打开“默认”选项卡中的“图层”面板，如图1-28所示，打开“默认”选项卡中的“特性”面板，如图1-29所示，可以通过这两个面板对图层特性进行设置和管理。

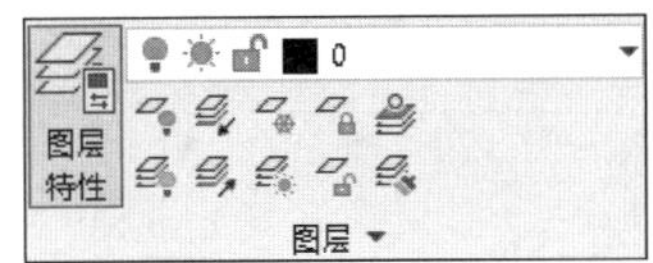

图 1-28 “图层”面板

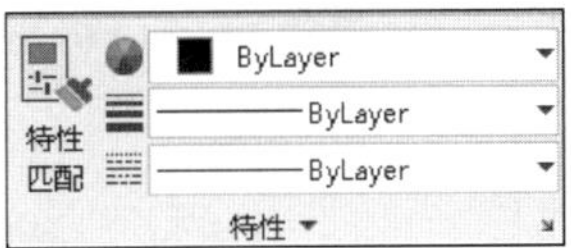

图 1-29 “特性”面板

1.6.6 切换到当前图层

在AutoCAD 2021中，将图层切换到当前图层主要利用下面3种方法：

- 展开“默认”选项卡 | “图层”面板上的“图层”下拉列表，进行切换当前图层。
- 单击“默认”选项卡 | “图层”面板上的“更改为当前图层”按钮，将选定对象的图层设置为当前图层。
- 在“图层特性管理器”选项板的图层列表中，选择某个图层，然后单击“置为当前”按钮来切换到当前图层。

1.6.7 保存与恢复图层状态

在“图层特性管理器”选项板中单击“图层状态管理器”按钮，弹出“图层状态管理器”对话框，如图1-30所示，用户可以将图层的当前特性设置保存到一个命名的图层状态中，以后可以再恢复这些设置。

在“图层状态”列表框中选择某个图层，然后单击右侧的 更新(U) 按钮，可以保存选定的命名图层状态。在“图层状态”列表框中选择某个图层，然后单击下方的 恢复(R) 按钮，可以对图层状态进行恢复。

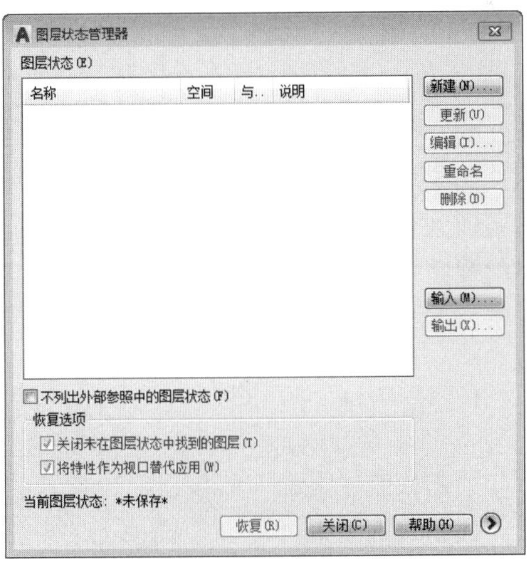

图 1-30 “图层状态管理器”对话框

1.6.8 过滤图层

在绘图过程中，当图层很多时，如何快速查找图层就成为一个很重要的问题，AutoCAD 2021中文版提供了“图层过滤器特性”功能来管理图层。在“图层特性管理器”选项板中单击“新特性过滤器”按钮，打开“图层过滤器特性”对话框，如图1-31所示。通过“图层过滤器特性”对话框来进行设置图层过滤。

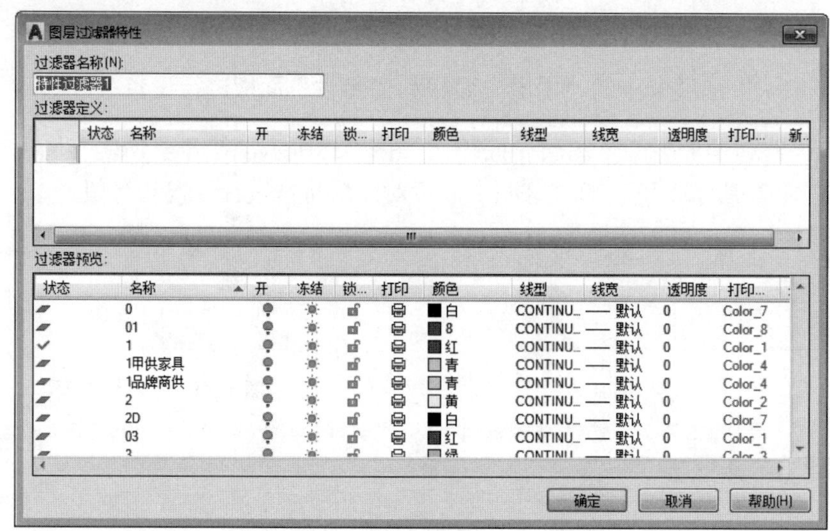

图 1-31 “图层过滤器特性”对话框

在“图层过滤器特性”对话框的“过滤器名称”文本框中输入过滤器的名称，过滤器名称中不能包含“<>”“；”“：”“？”“*”“=”等字符。在“过滤器定义”列表中，可以设置过滤条件，包括图层名称、颜色、状态等。当指定过滤器的图层名称时，“？”可以代替任何一个字符。

1.7 二维视图操作

如果要使整个视图显示在屏幕内，就要缩小视图；如果要在屏幕中显示一个局部对象，就要放大视图，这就是视图的缩放操作。要在屏幕中显示当前视图不同区域的对象，就需要移动视图，这就是视图的平移操作。AutoCAD提供了视图缩放和视图平移功能，以方便用户观察和编辑图形对象。

1.7.1 缩放

单击导航栏上的缩放按钮，在打开的按钮菜单中选择相应的功能，如图1-32所示，或单击“视图”选项卡|“导航”面板上的各按钮，如图1-33所示，或者在命令行中输入ZOOM命令，都可以执行相应的视图缩放操作。

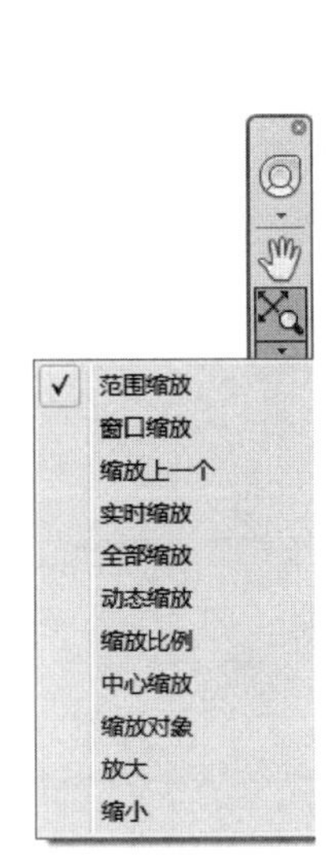

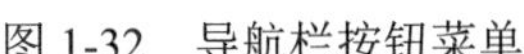

图 1-32　导航栏按钮菜单

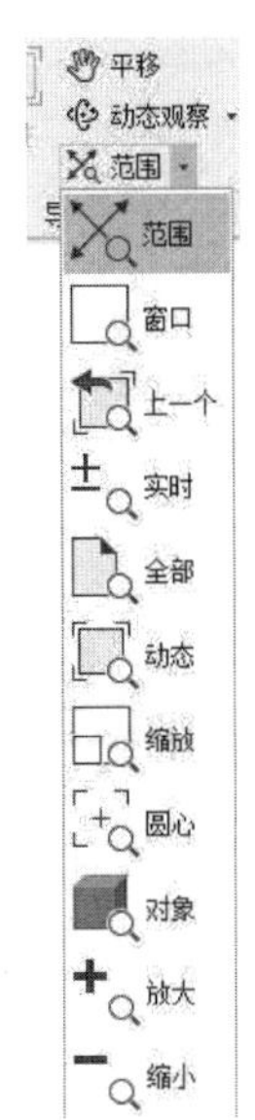

图 1-33　“导航”面板

在命令行中输入ZOOM命令，命令行提示如下：

```
命令: ZOOM
指定窗口的角点，输入比例因子(nX 或 nXP)，或者
[全部(A)/中心(C)/动态(D)/范围(E)/上一个(P)/比例(S)/窗口(W)/对象(O)] <实时>:
```

命令行中不同的选项代表了不同的缩放方法。

下面以命令行输入方式分别介绍几种常用的缩放方式。

1. 全部缩放

在命令行中输入ZOOM命令，然后在命令行提示中输入A，按Enter键，则在视图中显示整个图形，并显示用户定义的图形界限和图形范围。当绘制的图形完全处在图形界限内，那么全部缩放后，则以图形界限区域进行最大化显示，如图1-34所示；当绘制的图形超出图形界限，那么全部缩放后，则以图形界限和图形范围两者所占区域最大化显示，如图1-35所示。

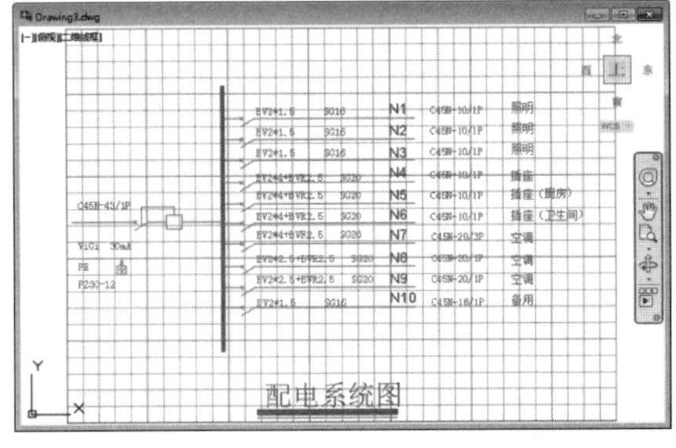

图 1-34　全部缩放-1

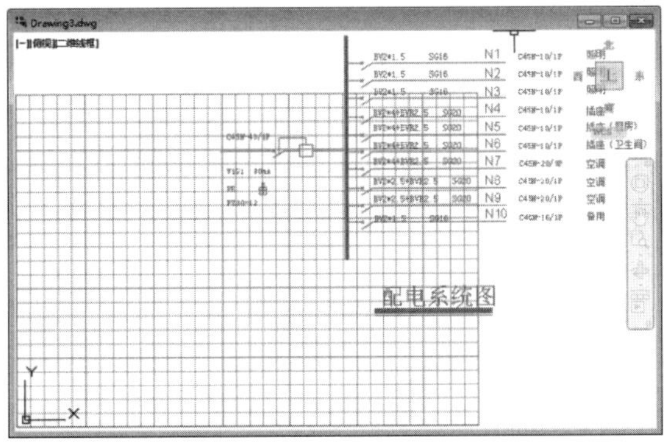

图 1-35　全部缩放-2

2. 范围缩放

在命令行中输入ZOOM命令，然后在命令行提示中输入E，按Enter键，则在视图中尽可能地以包含图形中所有对象的放大比例显示视图而与图形界限的区域无关，如图1-36所示。视图包含已关闭图层上的对象，但不包含冻结图层上的对象。

3. 缩放对象

“缩放对象”是最大限度地显示所选定的图形对象，使用此功能可以缩放单个对象，也可以缩放多个对象。如图1-37所示，最大化显示立面窗的效果。

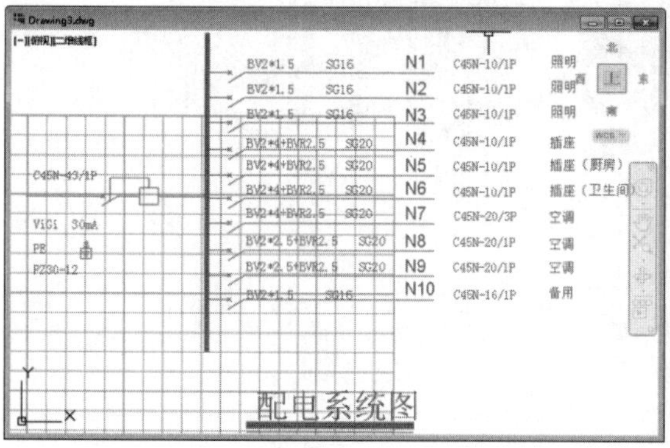

图 1-36　范围缩放

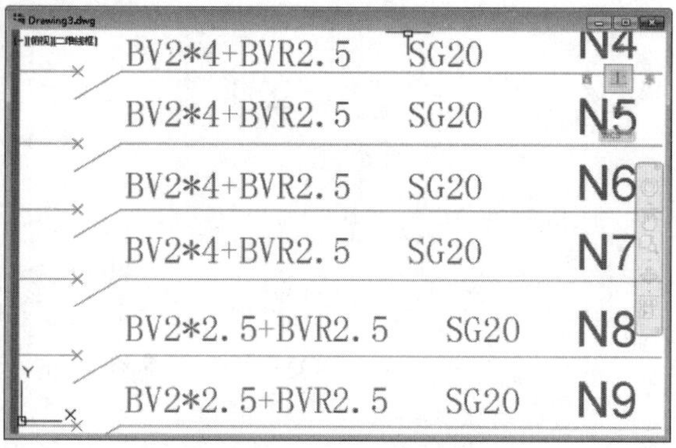

图 1-37　缩放对象

4. 缩放上一个

在命令行中输入ZOOM命令，然后在命令行提示中输入P，按Enter键，则显示上一个视图。

5. 比例缩放

在命令行中输入ZOOM命令，然后在命令行提示中输入S，按Enter键，命令行提示如下：

```
命令： ZOOM
指定窗口的角点，输入比例因子(nX 或 nXP)，或者
[全部(A)/中心(C)/动态(D)/范围(E)/上一个(P)/比例(S)/窗口(W)/对象(O)] <实时>: s
输入比例因子(nX 或 nXP):
```

这种缩放方式能够按照精确的比例缩放视图，按照要求输入比例后，系统将以当前视图中心为中心点进行比例缩放。系统提供了3种缩放方式：第一种是相对于图形界限的比例进行缩放，很少用；第二种是相对于当前视图的比例进行缩放，输入方式为nX；第三种是相对于图纸空间单位的比例进行缩放，输入方式为nXP。

6. 窗口缩放

窗口缩放方式用于缩放一个由两个对角点所确定的矩形区域，在图形中指定一个缩放区域，AutoCAD将快速放大包含在区域中的图形。窗口缩放使用非常频繁，但是仅能用来放大图形对象，不能缩小图形对象，而且窗口缩放是一种近似的操作，在图形复杂时可能要多次操作才能得到所要的效果。

7. 实时缩放

实时缩放开启后，视图会随着鼠标左键的操作同时进行缩放。当执行实时缩放后，光标将变成一个放大镜形状，按住鼠标左键向上移动将放大视图，向下移动将缩小视图。如果鼠标移动到窗口的尽头，可以释放鼠标左键，将鼠标移回到绘图区域，然后再按住鼠标左键拖动光标继续缩放。视图缩放完成后按Esc键或Enter键完成视图的缩放。

在命令行中输入ZOOM命令，然后在命令行提示中直接按Enter键，或者单击绘图区右侧导航栏中的“实时缩放”命令，即可对图形进行实时缩放。

1.7.2 平移

当在图形窗口中不能显示所有的图形时，就需要进行平移操作，以便用户查看图形的其他部分。

在绘图窗口右侧的导航栏上单击“平移”按钮，或者在命令行中输入PAN，然后按Enter键，光标都将变成手形，用户可以对图形对象进行实时平移。

当然，选择“视图”|“平移”命令，在弹出的级联菜单中还有其他平移菜单命令，同样可以进行平移的操作，不过不太常用。

其实最快捷的平移不需要激活命令，而是按住鼠标中键进行拖曳视图，就可达到平移的目的；而最快捷的实时缩放则是在视图内向前滚动鼠标中键，实时放大视图；向后滚动鼠标中键，实时缩小视图。结合鼠标的三个功能键进行平移和缩放视图，是最方便快捷的一种视图调整方法，也是一种非常常用的操作技巧。

1.8 通过状态栏辅助绘图

在AutoCAD中，为了方便用户进行各种图形的绘制，状态栏提供了多种辅助工具，以帮助用户能够快速、准确地绘图，单击相应的功能按钮，对应的功能便能发挥作用，如图1-38所示。

图 1-38 状态栏辅助绘图工具

1.8.1 设置捕捉和栅格

在绘图中，使用栅格和捕捉功能有助于创建和对齐图形中的对象。栅格是按照设置的间距显示在图形区域中的点，它能提供直观的距离和位置的参照，起到类似于坐标纸中方格的作用，栅格只在图形界限以内显示。

捕捉使光标只停留在图形中指定的点上，这样就可以很方便地将图形放置在特殊点上，便于以后的编辑工作。栅格和捕捉这两个辅助绘图工具之间有着很多联系，尤其是两者间距的设置。有时为了方便绘图，可将栅格间距设置为与捕捉间距相同，或者使栅格间距为捕捉间距的倍数。

在状态栏的“捕捉模式”按钮⁝⁝⁝或“显示图形栅格”按钮#上右击，在弹出的快捷菜单中选择“捕捉设置”或“栅栏设置”选项，弹出如图1-39所示的“草图设置”对话框，当前显示的是“捕捉和栅格”选项卡。

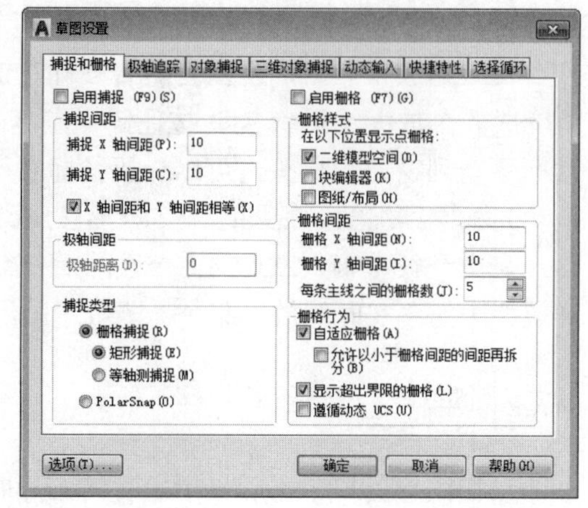

图 1-39 “草图设置”对话框

在“捕捉和栅格”选项卡中选中“启用捕捉”和“启用栅格”复选框，则可分别启动控制捕捉和栅格功能，用户也可以通过单击状态栏上的相应按钮来控制开启。

在“捕捉类型”选项组中，提供了“栅格捕捉”和“PolarSnap（极轴捕捉）”两种模式供用户选择。“栅格捕捉”模式中包含了“矩形捕捉”和“等轴测捕捉”两种样式，在二维图形绘制中，通常使用的是矩形捕捉，这也是系统的默认模式。“极轴捕捉”模式是一种相对捕捉，也就是相对于上一点的捕捉。如果当前未执行绘图命令，光标就能够在图形中自由移动，不受任何限制。当执行某一种绘图命令后，光标就只能在特定的极轴角度上，并且定位在距离为间距倍数的点上。

在“捕捉间距”选项组和“栅格间距”选项组中，用户可以设置捕捉和栅格的距离。“捕捉间距”选项组中的“捕捉X轴间距”和“捕捉Y轴间距”文本框可以分别设置捕捉在X方向和Y方向的单位间距；“X轴间距和Y轴间距相等”复选框可以设置X和Y方向的间距是否相等。“栅格间距”选项组中的“栅格X轴间距”和“栅格Y轴间距”文本框可以分别设置栅格在X方向和Y方向的单位间距。

1.8.2 设置正交

“正交”辅助工具可以帮助用户绘制平行于X或Y轴的直线。当绘制众多正交直线时，通常要打开“正交”辅助工具。状态工具栏中单击“正交限制光标”按钮⊾，或按F8功能键，都可打开“正交”辅助工具。

在打开“正交”辅助工具后，就只能在平面内平行于两个正交坐标轴的方向上绘制直线，并指定点的位置，而不用考虑屏幕上光标的位置。绘图的方向是由当前光标在平行其中一条坐标轴（如X轴）方向上的距离值与在平行于另一条坐标轴（如Y轴）方向的距离值相比来确定的，如果沿X轴方向的距离大于Y轴方向的距离，AutoCAD将绘制水平线；相反，如果沿Y轴方向的距离大于X轴方向的距离，那么只能绘制竖直的线。同时，“正交”辅助工具并不影响从键盘上输入点。

1.8.3 设置对象捕捉

“对象捕捉”功能捕捉的是图形上的一些特征点，比如直线的端点和中点、圆的圆心和象限点、块的插入点、图线的交点等。AutoCAD共为用户提供了14种对象特征点的捕捉功能。

选择“工具”菜单中的“绘图设置”命令，或右击状态栏上“对象捕捉”按钮□，在弹出的快捷菜单中选择“对象捕捉设置”选项，即可弹出如图1-40所示的选项卡，用于设置对象捕捉功能。另外，单击状态栏上“对象捕捉”□右端的下三角按钮，弹出如图1-41所示的按钮菜单，也可以快速开启对象的各种捕捉功能。

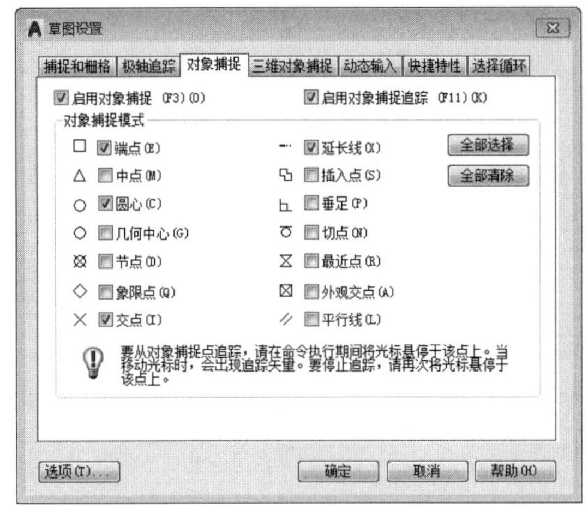

图 1-40　“对象捕捉”选项卡

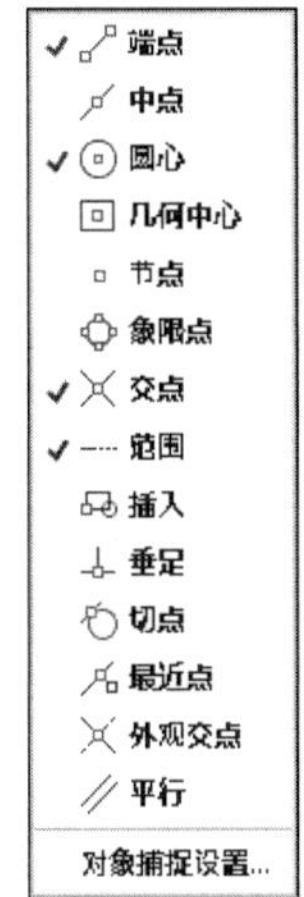

图 1-41　“对象捕捉”按钮菜单

在“对象捕捉模式”选项组中提供了13种捕捉模式，不同捕捉模式的意义如下：

- 端点：捕捉直线、圆弧、椭圆弧、多线、多段线线段最近的端点，以及捕捉填充直线、图形或三维面域最近的封闭角点。
- 中点：捕捉直线、圆弧、椭圆弧、多线、多段线线段、参照线、图形或样条曲线的中点。
- 圆心：捕捉圆弧、圆、椭圆或椭圆弧的圆心。
- 几何中心：用于捕捉图形的几何中心点。
- 节点：捕捉点对象。
- 象限点：捕捉圆、圆弧、椭圆或椭圆弧的象限点。象限点分别位于从圆或圆弧的圆心到0°、90°、180°、270°圆上的点。象限点的零度方向是由当前坐标系的0°方向确定的。
- 交点：捕捉两个对象的交点，包括圆弧、圆、椭圆、椭圆弧、直线、多线、多段线、射线、样条曲线或参照线。
- 延长线：在光标从一个对象的端点移出时，系统将显示并捕捉沿对象轨迹延伸出来的虚拟点。
- 插入点：捕捉插入图形文件中的块、文本、属性及图形的插入点，即它们插入时的原点。
- 垂足：捕捉直线、圆弧、圆、椭圆弧、多线、多段线、射线、图形、样条曲线或参照线上的一点，而该点与用户指定的上一点形成一条直线，此直线与用户当前选择的对象正交（垂直）。但该点不一定在对象上，而有可能在对象的延长线上。
- 切点：捕捉圆弧、圆、椭圆或椭圆弧的切点。此切点与用户所指定的上一点形成一条直线，这条直线将与用户当前所选择的圆弧、圆、椭圆或椭圆弧相切。
- 最近点：捕捉对象上最近的一点，一般是端点、垂足或交点。
- 外观交点：捕捉 3D 空间中两个对象的视图交点（这两个对象实际上不一定相交，但看上去相交）。在 2D 空间中，外观交点捕捉模式与交点捕捉模式是等效的。

- 平行线：绘制平行于另一对象的直线。首先是在指定直线的第一点后，用光标选定一个对象（此时不用单击鼠标指定，AutoCAD 将自动帮助用户指定，并且可以选取多个对象），之后再移动光标，这时经过第一点且与选定的对象平行的方向上将出现一条参照线，这条参照线是可见的。在此方向上指定一点，那么该直线将平行于选定的对象。

“对象捕捉”功能的启用有以下2种方式：

- 单击状态栏上的“对象捕捉”按钮。
- 按 F3 功能键。

1.8.4 设置极轴追踪

AutoCAD为用户提供了多种追踪功能，其中“极轴追踪”功能就是根据当前设置的追踪角度，引出相应的极轴追踪虚线，进行追踪定位目标点，如图1-42所示。

“极轴追踪”功能的启用主要有以下2种方式：

- 单击状态栏上的“极轴追踪”按钮。
- 按 F10 功能键。

在状态栏上的“极轴追踪”按钮上右击，或单击按钮右端的下三角，然后在弹出的按钮菜单上选择“正在追踪设置”选项，打开如图1-43所示的“极轴追踪”选项卡，用于相关极轴追踪参数的设置。

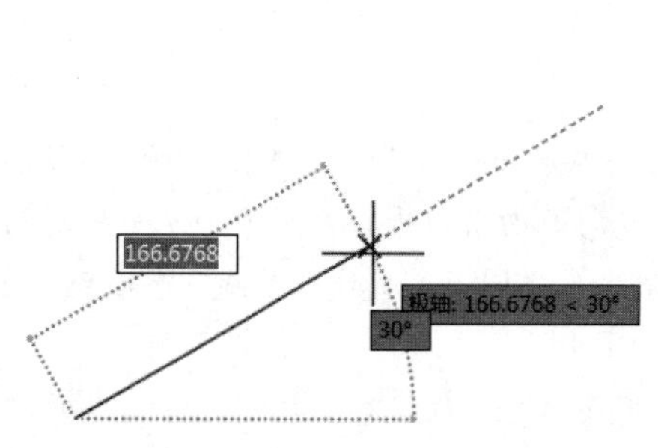

图 1-42　极轴追踪示例

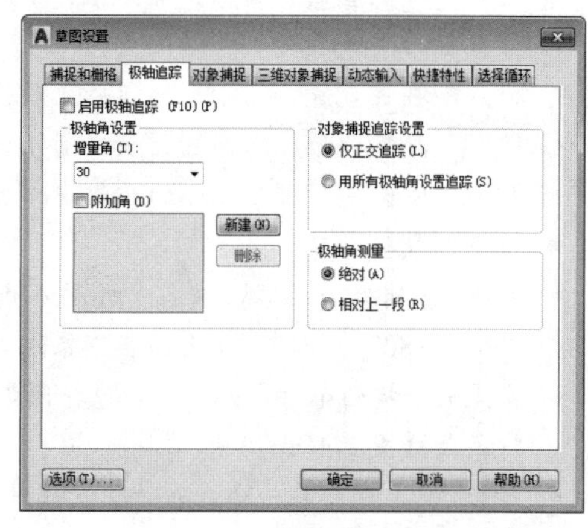

图 1-43　“极轴追踪”选项卡

“极轴追踪”选项卡中各选项的含义如下：

- 增量角：设置极轴角度增量的模数，在绘图过程中所追踪到的极轴角度将为此模数的倍数。
- 附加角：在设置角度增量后，仍有一些角度不等于增量值的倍数。对于这些特定的角度值，用户可以单击“新建”按钮，添加新的角度，使追踪的极轴角度更加全面（最多只能添加十个附加角度）。
- 绝对：极轴角度绝对测量模式。选择此模式后，系统将以当前坐标系下的 X 轴为起始轴计算出所追踪到的角度。

- 相对上一段：极轴角度相对测量模式。选择此模式后，系统将以上一个创建的对象为起始轴计算出所追踪到的相对于此对象的角度。

1.8.5 设置对象捕捉追踪

"对象捕捉追踪"功能主要是以对象的某些特征点作为追踪基准点，根据此基准点沿正交方向或极轴方向形成追踪线，进行追踪，如图1-44所示。

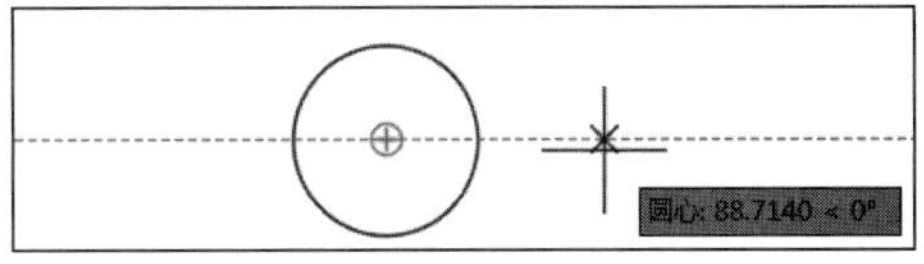

图 1-44 对象捕捉追踪示例

"对象捕捉追踪"功能需要配合"对象捕捉"功能才能使用，但是不能与"正交"功能同时开启。启用"对象捕捉追踪"功能主要有以下方式：

- 单击状态栏上的"对象捕捉追踪"按钮。
- 按 F11 功能键。

如图1-43所示的"选项卡"，在"对象捕捉追踪设置"选项组中可对对象捕捉追踪进行设置。各参数含义如下：

- 仅正交追踪：表示仅在水平和垂直方向（即 X 轴和 Y 轴方向）对捕捉点进行追踪（切线追踪、延长线追踪等不受影响）。
- 用所有极轴角设置追踪：表示可按极轴设置的角度进行追踪。

1.8.6 捕捉自与临时追踪点

"捕捉自"功能是借助"对象捕捉"和"相对坐标"定位窗口中相对于某一捕捉点的另外一点。使用"捕捉自"功能时需要先捕捉对象特征点作为目标点的偏移基点，然后再输入目标点的坐标值。

执行"捕捉自"功能主要有以下几种方式：

- 单击"对象捕捉"工具栏上的按钮。
- 在命令行输入_from 后按 Enter 键。

按住Ctrl键或Shift键右击，选择临时捕捉快捷菜单中的"自"选项，如图1-45所示。

"临时追踪点"与"对象追踪"功能类似，不同的是前者需要事先精确定位出临时追踪点，然后才能通过此追踪点引出向两端无限延伸的临时追踪虚线，以进行追踪定位目标点。

执行"临时追踪点"功能主要有以下几种方法：

- 单击"对象捕捉"工具栏按钮。
- 在命令行输入_tt 后按 Enter 键。
- 按住 Ctrl 键或 Shift 键右击，选择临时捕捉快捷菜单中的"临时追踪点"选项。

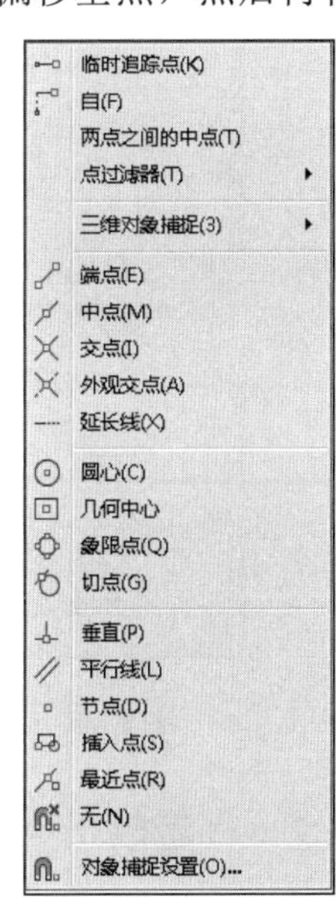

图 1-45 临时捕捉快捷菜单

1.9 对象特性修改

在AutoCAD中，用户绘制完图形后，还需要对各种图形进行特性和参数的设置，以便对图形进行完善和修正，从而满足工程制图的要求。我们一般通过“特性”选项板、“图层”面板和“特性”面板对对象特性进行设置。

1.9.1 “特性”选项板

在功能区单击“视图”选项卡|“选项板”面板上的“特性”按钮，或者在命令行输入PROPERTIES或PR后按Enter键，或者夹点显示某对象后右击，选择快捷菜单上的“特性”命令，都可以打开“特性”选项板，如图1-46所示。

“特性”选项板中显示了当前选择集中对象的所有特性和特性值，当选中多个对象时，将显示它们的共同特性。可以通过它浏览、修改对象的特性，也可以通过它浏览、修改满足应用程序接口标准的第三方应用程序对象。

在“特性”选项板的标题栏上右击，弹出快捷菜单，如图1-47所示。通过该快捷菜单可以确定是否隐藏“特性”选项板、是否在“特性”选项板内显示特性的说明部分以及是否允许“特性”选项板固定等。

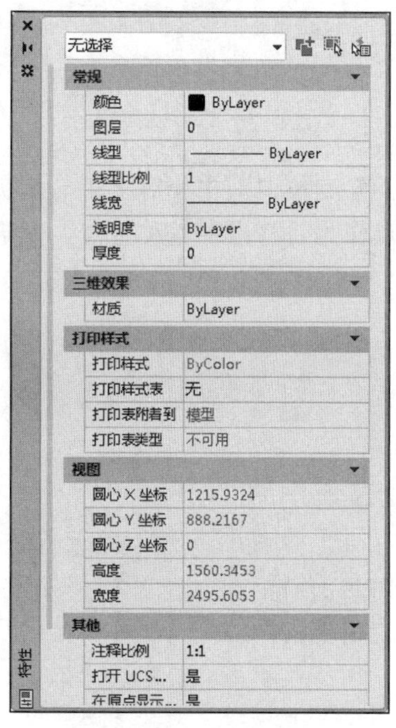

图 1-46　“特性”选项板

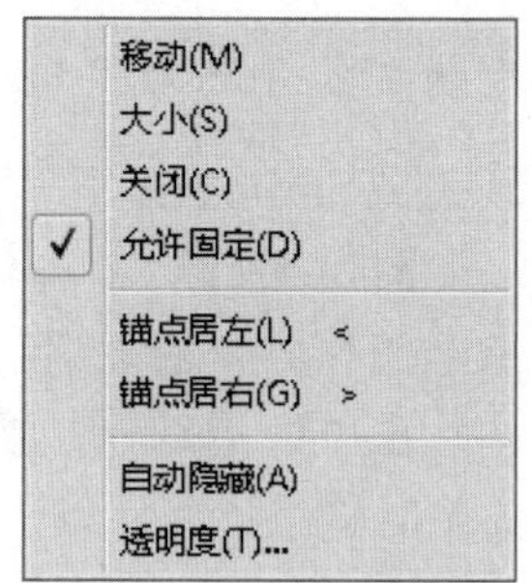

图 1-47　“特性”选项板快捷菜单

1.9.2 “图层”面板

在“图层”面板上提供了一些图层相关的工具，如开关图层、隔离图层、锁定与解锁图

层、恢复到上一个图层、复制到当前图层，等等。在功能区展开“默认”选项卡|“图层”面板|“图层”下拉列表，如图1-48所示。

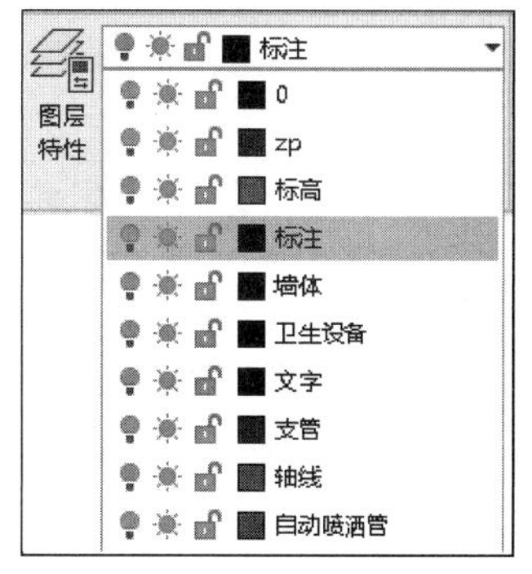

图 1-48 “图层”下拉列表

用户可以使用“图层”下拉列表执行以下操作：

- 在“图层”列表中选中某个图层为当前图层。
- 选择绘图区中的某个图形对象，在“图层”列表中选择需要放置该对象的图层，则该图形对象放入所选的图层中。
- 在“图层”列表中单击某个图层的状态图标，对该图层进行状态管理。

1.9.3 “特性”面板

在如图1-49所示的“特性”面板中，展开“对象颜色”下拉列表，可以设置选定对象的颜色特性；展开“线宽”下拉列表，可以设置选定对象的线宽特性；展开“线型”下拉列表，可以设置选定对象的线型特性。

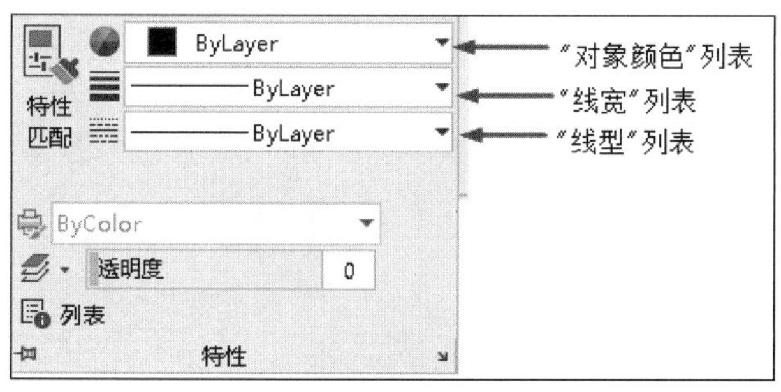

图 1-49 “特性”面板

1.10 夹点的编辑

当对象处于选择状态时，会出现若干个带颜色的小方框，这些小方框代表的是所选实体的特征点，被称为夹点。

夹点有3种状态：冷态、温态和热态。当夹点被激活时，处于热态，默认为“颜色12号色”，可以对图形对象进行编辑；当夹点未被激活时，处于冷态，默认为“颜色150号色”；当光标移动到某个夹点上时，该点处于温态，系统默认为“颜色11号时”，单击夹点后，该点处于热态。

当图形对象处于选中状态时，图形显示表示特征的夹点，当光标移动到某夹点时，夹点变为温态，显示与此夹点相关的参数，如图1-50所示。当单击夹点时，夹点处于热态，用户可以修改相应的参数，修改后，图形对象随之变化，如图1-51所示。

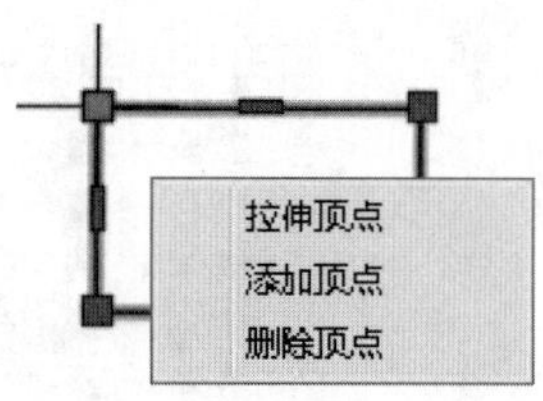

图 1-50　温态夹点提示

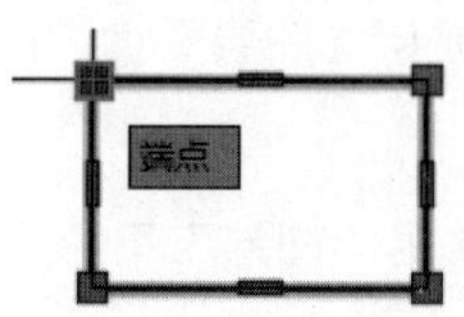

图 1-51　热态夹点提示

在命令行输入OPTIONS或OP后按Enter键，执行“选项”命令，打开“选项”对话框，在“选择集”选项卡中可以对夹点进行编辑，如图1-52所示。

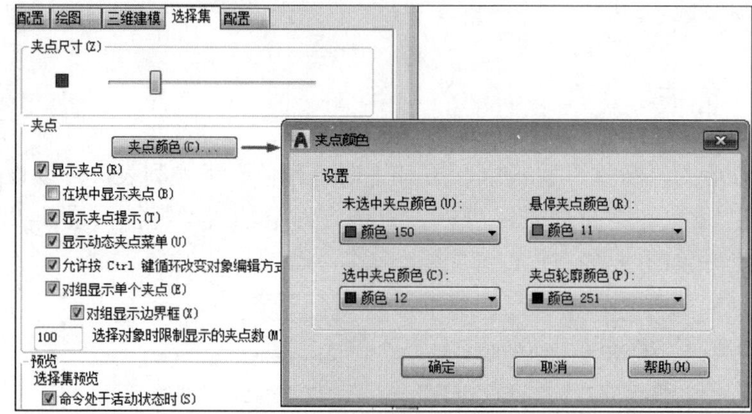

图 1-52　夹点选项设置

第 2 章 电气制图中的基本绘图

导言

AutoCAD为用户提供了常见的基本图形，如直线、圆、圆弧、矩形等的绘制方法，使用这些方法，用户就可以快速、方便地绘制出基本图形和比较简单的组合图形，并能进一步绘制建筑电气图样、机床电气图样等。

本章将给读者讲解常见的基本二维图形的绘制方法，通过对本章内容的学习，读者可以掌握各种基本图形的绘制方法和技巧，并能够熟悉基本图形的使用场合和相应的绘图方式。

2.1 平 面 绘 图

使用最方便的绘制平面图形的命令是图标按钮，绘制平面图形命令的图标按钮集中在“默认”选项卡中的“绘图”面板上，如图2-1所示。使用这些命令可以绘制直线、曲线、填充、表格等图形，下面对其进行详细介绍。

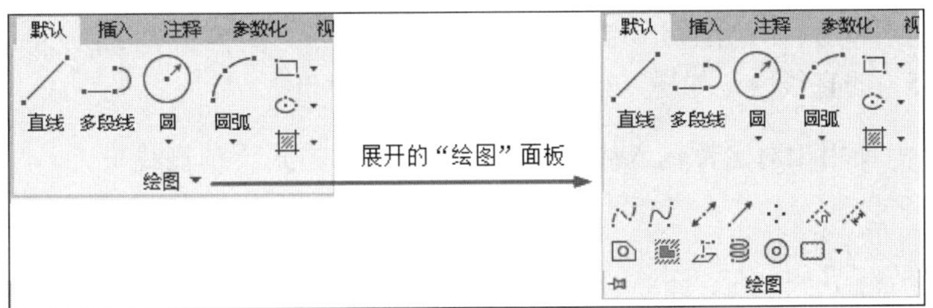

图 2-1 “绘图”面板

2.1.1 直线命令（LINE）

直线是基本的图形对象之一。AutoCAD中的直线其实就是几何学中的线段。使用“直线”命令可以绘制一条直线段，也可以绘制一系列连续的多段连接的直线段。

1. 执行方式

- 单击“默认”选项卡|“绘图”面板上的“直线”按钮╱。
- 在命令行中输入命令 LINE 后按 Enter 键。

- 在命令行输入命令简写 L 后按 Enter 键。

2. 命令提示

```
命令：line
指定第一点:                                //输入第一点
指定下一点或[放弃(U)]:                       //输入第二点或按Enter键
...
指定下一点或[闭合(C)/放弃(U)]:                //输入第N点或输入C或U后按Enter键
```

3. 参数说明

通常绘制直线都必须先确定第一点，第一点可以通过输入坐标值或者在绘图区中使用光标直接拾取获得。第一点的坐标值可以使用绝对坐标表示，也可以使用相对坐标表示，只不过在使用相对坐标时，需要配合“捕捉自”和“对象捕捉”功能，也可以配合“对象捕捉”和“对象捕捉追踪”功能。

当指定完第一点后，系统要求用户指定下一点，此时用户可以采用多种方式输入下一点：绘图区光标拾取、相对坐标、绝对坐标、极坐标和极轴捕捉配合距离等。

4. 应用举例

在AutoCAD 2021中，绘制直线的方法有多种，下面通过实例进行说明。

例 2-1 使用绝对坐标输入线段端点的坐标值的方式绘制直线段。

```
命令：line
指定第一点：0,0                             //按绝对坐标输入直线段的起点
指定下一点或[放弃(U)]：50,50                  //按绝对坐标输入直线段的终点
指定下一点或[放弃(U)]:                        //按Enter键完成线段的绘制
```

完成以上操作，则在绘图区绘制出起点在坐标原点，横向距离△x=50，纵向距离△y=50，角度为45°的直线段，如图2-2所示。

例 2-2 使用相对坐标输入线段端点的坐标值的方式绘制直线段。

```
命令：line
指定第一点：0,20                            //按绝对坐标输入直线段的起点
指定下一点或[放弃(U)]：@50,50                 //按相对坐标输入直线段的终点
指定下一点或[放弃(U)]:                        //按Enter键完成第一条直线段的绘制
命令：line
指定第一点：0,20                            //按绝对坐标输入直线段的起点
指定下一点或[放弃(U)]：50,50                  //按绝对坐标输入直线段的终点
指定下一点或[放弃(U)]:                        //按Enter键完成第二条直线段的绘制
```

完成以上操作，则在绘图区绘制出两条直线段（第三条线段为例2-1所绘），如图2-3所示。

第一条直线段是按照相对坐标方式绘制的起点在点（0，20），横向距离△x=50，纵向距离△y=50，角度为45°的直线段，与例2-1中所绘的直线段平行；第二条直线段是按照绝对坐标方式绘制的，其起点也在点（0，20），终点则在点（50，50），与例2-1中所绘的直线段相交于点（50，50）。

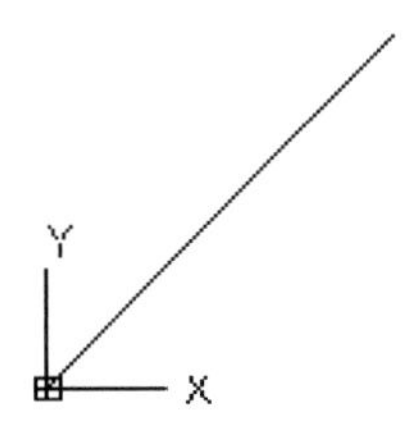

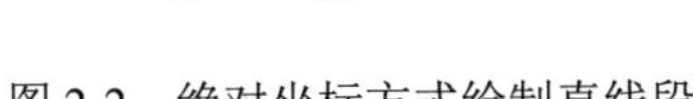

图 2-2　绝对坐标方式绘制直线段

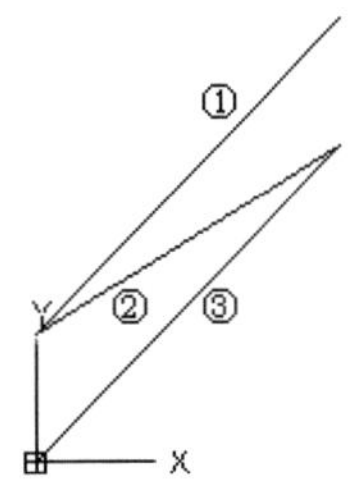

图 2-3　相对坐标方式绘制直线段

例 2-3 使用极坐标输入直线段长度和角度的方法绘制直线段。

```
命令：line
指定第一点：0,0                         //按绝对坐标输入直线段的起点
指定下一点或[放弃(U)]：@90<90           //按极坐标输入直线段的终点
指定下一点或[放弃(U)]：                 //按Enter键完成第一条直线段的输入
命令：line
指定第一点：0,0                         //按绝对坐标输入直线段的起点
指定下一点或[放弃(U)]：@90,90           //按相对坐标输入直线段的终点
指定下一点或[放弃(U)]：                 //按Enter键完成第二条斜线段的输入
```

完成以上操作，在绘图区绘制出两条直线段，如图2-4所示。第一条直线段是按照极坐标方式绘制的，其起点在点(0，0)，长度为90，角度为90°；第二条直线是按照相对坐标方式绘制的，其起点也在点（0，0），终点则在点（90，90），长度约为127.26，角度为45°。

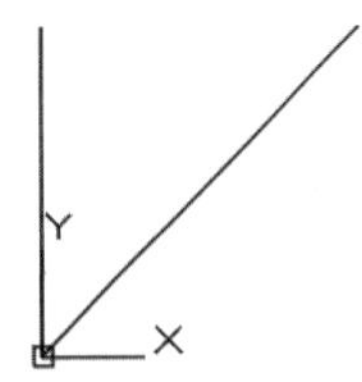

图 2-4　极坐标方式绘制直线段

例 2-4 绘制扬声器符号。

步骤 01 单击“默认”选项卡|“绘图”面板上的“直线”按钮╱，绘制水平直线段。命令行提示如下：

```
命令：line
指定第一点：100,100            //按绝对坐标输入直线段的起点
指定下一点或[放弃(U)]：@5, 0   //按相对坐标输入直线段的终点，绘制出长度为5的水平直线段，
如图2-5所示
```

步骤 02 在上一步绘制完水平直线段后，不要按 Enter 键确认，可以继续绘制第二条竖直线段。命令行提示如下：

```
指定下一点或[放弃(U)]：@0, -10 //按相对坐标输入直线段的终点，按Enter键，效果如图2-6所示
```

图 2-5　第一条水平直线段

图 2-6　第二条竖直直线段

步骤 03 在上一步绘制完竖直直线段后，继续绘制第三条水平直线段。命令行提示如下：

```
指定下一点或[放弃(U)]：@-5, 0  //按相对坐标输入直线段的终点，绘制出长度为5的水平直线段，如图2-7所示
```

步骤 04 在上一步绘制完水平直线段后，继续绘制第四条竖直直线段，由于第四条直线段与第一条直线段首尾相接，故可选择封闭命令，命令行提示如下：

```
指定下一点或[放弃(U)]：C   //绘制一直线段，使以上直线段封闭，绘制出长度为10的竖直直线段，如图2-8所示
```

步骤 05 以上 4 步绘制完成扬声器的一部分。使用对象捕捉来确定第五条直线段的起点，如图 2-9 所示。使用极坐标方式来绘制第五条直线段，命令行提示如下：

```
命令：line
指定第一点：                    //使用捕捉确定直线段的第一点，捕捉如图2-9所示的端点
指定下一点或[放弃(U)]：@10<45   //按极坐标方式输入直线段的终点，绘制出长度为10，角度为45°的上斜直线段，如图2-10所示
```

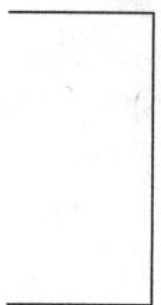
图 2-7 第三条水平直线段

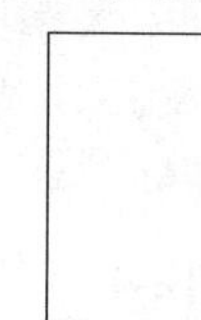
图 2-8 第四条竖直直线段

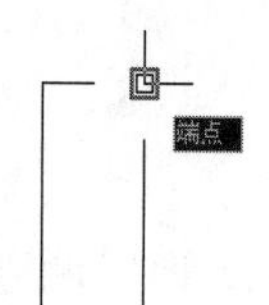

图 2-9 端点捕捉

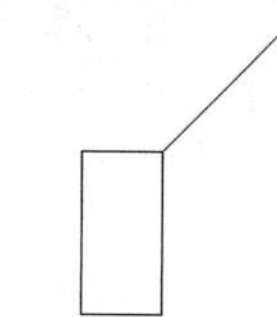
图 2-10 第五条上斜直线段

步骤 06 使用捕捉来确定第六条直线段的起点，使用极坐标方式来绘制第六条下斜线段。命令行提示如下：

```
命令：line
指定第一点：                     //使用捕捉确定矩形右下点
指定下一点或[放弃(U)]：@10< -45  //按极坐标方式输入直线段的终点，绘制出长度为10，角度为-45°的下斜直线段，如图2-11所示
```

步骤 07 使用捕捉来确定第七条直线段的起点，并且使用捕捉来确定第七条直线段的终点，以绘制第七条直线段。命令行提示如下：

```
命令：line
指定第一点：             //捕捉步骤5绘制的直线的终点为第七条直线段的起点
指定下一点或[放弃(U)]：  //捕捉步骤6绘制的直线的终点为第七条直线段的终点
指定下一点或[放弃(U)]：  //按Enter键完成直线绘制，绘制出第七条直线段，连接第五、六条直线段，完成扬声器的绘制，如图2-12所示
```

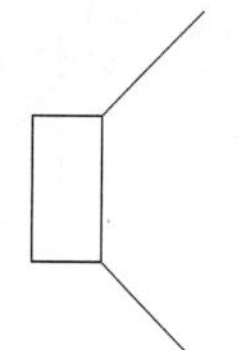
图 2-11 第六条下斜直线段

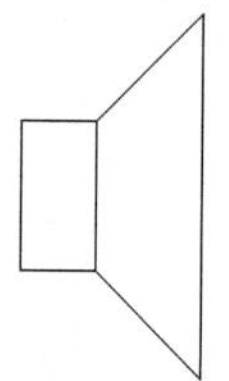
图 2-12 第七条竖直直线段

2.1.2 构造线命令（XLINE）

“构造线”命令用于绘制向两端无限延伸的直线，构造线不会改变图形的总面积，不能作为图形轮廓线，主要用来作为辅助线使图形对齐。

1. 执行方式

- 单击“默认”选项卡|“绘图”面板上的“构造线”按钮。
- 在命令行中输入命令 XLINE 后按 Enter 键。
- 在命令行输入命令简写 XL 后按 Enter 键。

2. 命令提示

```
命令：xline
指定点或[水平(H)/竖直(V)/角度(A)/二等分(B)/偏移(O)]： //输入构造线第一点或其他
指定通过点：                                       //输入构造线通过的第二点，确定一条构造线
...
指定通过点：                                       //按Enter键完成绘制
```

3. 参数说明

- “水平（H）”选项：创建经过指定点（中点）且平行于 X 轴的构造线。
- “垂直（V）”选项：创建经过指定点（中点）且平行于 Y 轴的构造线。
- “角度（A）”选项：创建与 X 轴成指定角度的构造线。先选择一条参考线，再指定直线与构造线的角度；或者先指定构造线的角度，再设置必经的点。
- “二等分（B）”选项：创建二等分指定角度的构造线，需要指定等分角的顶点、起点和端点。
- “偏移（O）”选项：创建平行于指定基线的构造线。先指定偏移距离，选择基线，然后指明构造线位于基线的哪一侧。

4. 应用举例

例 2-5 使用确定角度的方式来绘制构造线。

```
命令：xline
指定点或[水平(H)/竖直(V)/角度(A)/二等分(B)/偏移(O)]：A       //选择角度方式
输入构造线的角度(0)或[参照(R)]：45                        //输入构造线的角度
指定通过点：  //通过鼠标拾取输入构造线通过的点，确定第一条构造线
指定通过点：  //通过鼠标拾取输入构造线通过的点，确定第二条构造线
指定通过点：  //通过鼠标拾取输入构造线通过的点，确定第三条构造线
指定通过点：  //按Enter键完成绘制，在绘图区绘制出通过拾取点的，角度为45° 的构造线，如图2-13
所示
```

构造线的角度是构造线与参考方向（默认模式下为水平方向）之间的夹角。构造线命令的选项，如水平（H）或竖直（V），为角度选项的特殊形式，即当输入角度为0° 时，相当于水平选项，当输入角度为90° 时，相当于竖直选项。

例 2-6 使用角平分线的方式来绘制构造线。

```
命令：xline
指定点或[水平(H)/竖直(V)/角度(A)/二等分(B)/偏移(O)]：B  //选择角平分线方式
指定角的顶点：100，100
指定角的起点：200，100
指定角的端点：100，200
指定通过点：  //按Enter键完成绘制，在绘图区绘制出通过点(100，100)的，角度为45° 的构造线，如图2-14所示
```

图 2-13　角度方式绘制构造线

图 2-14　角平分线方式绘制构造线

角可以由顶点、起点、端点确定，以上操作确定了3个点，构成了90° 的角，角度为45° 的构造线则通过该角的顶点（100，100）。

例 2-7 已知参考对象，使用偏移参考对象的方式来绘制构造线。

```
命令：xline
指定点或[水平(H)/竖直(V)/角度(A)/二等分(B)/偏移(O)]：O        //选择偏移方式
指定偏移距离或[通过]：100                                  //输入偏移距离
选择直线对象：                                             //使用鼠标拾取参考对象①
指定向哪侧偏移：                                           //使用鼠标确定偏移方向②
选择直线对象：  //按Enter键完成绘制，在绘图区绘制出与参考直线段平行，偏移距离为100的构造线③，如图2-15所示
```

使用偏移方式，首先要确定的是所要绘制的构造线与参考直线段的距离，即偏移距离。可以使用键盘直接输入距离，也可以用鼠标拾取两点确定偏移距离。

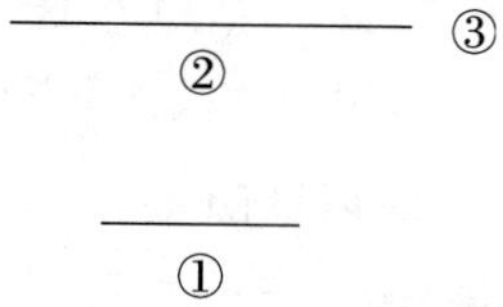

③
②
①

图 2-15　偏移方式绘制构造线

2.1.3　多段线命令（PLINE）

多段线是作为单个对象创建的相互连接的序列线段。多段线命令可以创建直线段、弧线段或两者的组合线段。

1. 执行方式

- 单击“默认”选项卡|“绘图”面板上的“多段线”按钮。
- 在命令行中输入命令 PLINE 后按 Enter 键。
- 在命令行输入命令简写 PL 后按 Enter 键。

2. 命令提示

```
命令：pline
指定起点：                                   //输入第一点
```

```
当前线宽为0.0000
指定下一点或[圆弧(A)/半宽(H)/长度(L)/放弃(U)/宽度(W)]:               //输入第二点或其他
...
指定下一点或[圆弧(A)/闭合(C)/半宽(H)/长度(L)/放弃(U)/宽度(W)]:         //输入第N点或其他
指定下一点或[圆弧(A)/闭合(C)/半宽(H)/长度(L)/放弃(U)/宽度(W)]:         //按Enter键完成绘制
```

3. 参数说明

绘制多段线，可以绘制直线段、弧线段，并能设定构造线的宽度等，在绘制多段线过程中出现的选项参数如下。

- 圆弧(A)：将弧线段添加到多段线中。用户在命令行提示后，输入A，其中的“直线(L)”选项用于将直线添加到多段线中，实现弧线到直线的绘制切换。命令行提示如下：

```
指定下一点或 [圆弧(A)/闭合(C)/半宽(H)/长度(L)/放弃(U)/宽度(W)]:
指定圆弧的端点或
[角度(A)/圆心(C)/方向(D)/半宽(H)/直线(L)/半径(R)/第二个点(S)/放弃(U)/宽度(W)]:
```

- 半宽（H）：该选项用于指定从多段线线段的中心到其一边的宽度。起点半宽将成为默认的端点半宽。端点半宽在再次修改半宽之前将作为所有后续线段的统一半宽。宽线线段的起点和端点位于宽线的中心。用户在命令行提示后，输入H，命令行提示如下：

```
指定下一点或 [圆弧(A)/闭合(C)/半宽(H)/长度(L)/放弃(U)/宽度(W)]: H
指定起点半宽 <0.0000>:
指定端点半宽 <0.0000>:
```

- 长度（L）：该选项用于在与前一线段相同的角度方向上绘制指定长度的直线段。如果前一线段是圆弧，程序将绘制与该弧线段相切的新直线段。用户在命令行提示后，输入 L，命令行提示如下：

```
指定下一点或 [圆弧(A)/闭合(C)/半宽(H)/长度(L)/放弃(U)/宽度(W)]: L
指定直线的长度:           //输入沿前一直线方向或前一圆弧相切直线方向的距离
```

- 线宽（W）：该选项用于设置下一条直线段或弧线的宽度。用户在命令行中输入W，则命令行提示如下：

```
指定下一点或 [圆弧(A)/闭合(C)/半宽(H)/长度(L)/放弃(U)/宽度(W)]:
指定起点宽度 <0.0000>:        //设置即将绘制的多段线的起点的宽度
指定端点宽度 <0.0000>:        //设置即将绘制的多段线的端点的宽度
```

- 闭合（C）：该选项从指定的最后一点到起点绘制直线段或者弧线，从而创建闭合的多段线，必须至少指定两个点才能使用该选项。
- 放弃（U）：该选项用于删除最近一次添加到多段线上的直线段或弧线。

对于“半宽（H）”和“线宽（W）”两个选项而言，设置的是弧线还是直线的线宽由下一步所要绘制的是弧线还是直线来决定。对于“闭合（C）”和“放弃（U）”两个选项而言，如果上一步绘制的是弧线，则以弧线闭合多段线，或者放弃弧线的绘制；如果上一步绘制的是直线，则以直线段闭合多段线，或者放弃直线的绘制。

4. 应用举例

例 2-8 绘制不同宽度的直线段组合。

```
命令：pline
指定起点：100，100                                            //输入第一点
当前线宽为0.0000
指定下一点或[圆弧(A)/半宽(H)/长度(L)/放弃(U)/宽度(W)]：@10,0          //输入第二点
指定下一点或[圆弧(A)/半宽(H)/长度(L)/放弃(U)/宽度(W)]：h             //指定下一线段的半宽度
指定起点半宽<0.0000>：20                                       //指定起点半宽为20
指定端点半宽<20.0000>：20                                      //指定端点半宽为20
指定下一点或[圆弧(A)/半宽(H)/长度(L)/放弃(U)/宽度(W)]：@50，0          //输入第三点
指定下一点或[圆弧(A)/闭合(C)/半宽(H)/长度(L)/放弃(U)/宽度(W)]： w      //指定下一线段的宽度
指定起点宽度<40.0000>：40                                          //指定起点宽度为40
指定端点宽度<40.0000>：70                                          //指定端点宽度为70
指定下一点或[圆弧(A)/ 闭合(C)/半宽(H)/长度(L)/放弃(U)/宽度(W)]：@50，0  //输入第四点
指定下一点或[圆弧(A)/闭合(C)/半宽(H)/长度(L)/放弃(U)/宽度(W)]：        //按Enter键完成绘制
```

完成以上操作，则在绘图区绘制出3段不同宽度的直线段组合，如图2-16所示。其中直线段①是宽度为0的多段线；直线段②是宽度为40的多段线；直线段③为变宽的锥形多段线。

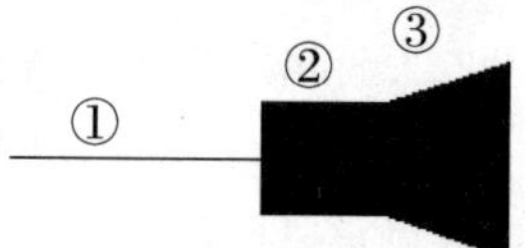

图 2-16　不同宽度的多段线

例 2-9 绘制直线段及弧线段组合。

```
命令：pline
指定起点：100，100                                                  //输入第一点①
当前线宽为0.0000
指定下一点或[圆弧(A)/闭合(C)/半宽(H)/长度(L)/放弃(U)/宽度(W)]：@100,0     //输入第二点②
指定下一点或[圆弧(A)/半宽(H)/长度(L)/放弃(U)/宽度(W)]：a                  //选择绘制圆弧
指定圆弧的端点或
[角度(A)/圆心(CE)/方向(D)/半宽(H)/直线(L)/半径(R)/第二个点(S)/放弃(U)/宽度(W)]：@0,50
//输入弧线段的端点③
指定圆弧的端点或
[角度(A)/圆心(CE)/方向(D)/半宽(H)/直线(L)/半径(R)/第二个点(S)/放弃(U)/宽度(W)]：100,100
//输入弧线段的端点③
指定圆弧的端点或
[角度(A)/圆心(CE)/方向(D)/半宽(H)/直线(L)/半径(R)/第二个点(S)/放弃(U)/宽度(W)]：
//按Enter键完成绘制，在绘图区绘制出直线段及弧线段的组合，如图2-17所示
```

使用“多段线”命令绘制弧线段时，默认选项是指定圆弧的端点，以上一段多段线的端点为起点，指定的点为圆弧终点，并用与前段相切的方法绘制弧线段。

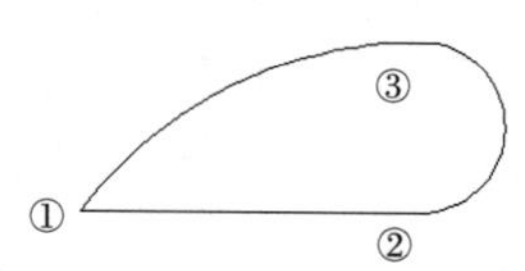

图 2-17　直线段及弧线段的组合

例 2-10 绘制可调电阻器符号。

步骤 01 单击“默认”选项卡|“绘图”面板上的“多段线”按钮，绘制长度为 10、宽为 5 的矩形，如图 2-18 所示。命令行提示如下：

```
命令：pline
指定第一点：100,100                                          //按绝对坐标输入矩形的第一点①
当前线宽为0.0000
指定下一点或[圆弧(A)/半宽(H)/长度(L)/放弃(U)/宽度(W)]：@10，0 //输入第一条线段端点②
指定下一点或[圆弧(A)/闭合(C)/半宽(H)/长度(L)/放弃(U)/宽度(W)]：@0，5   //输入第二条线段端点③
指定下一点或[圆弧(A)/闭合(C)/半宽(H)/长度(L)/放弃(U)/宽度(W)]：@-10，0 //输入第三条线段端点④
指定下一点或[圆弧(A)/闭合(C)/半宽(H)/长度(L)/放弃(U)/宽度(W)]：C           //封闭成矩形
```

步骤02 单击“默认”选项卡|“绘图”面板上的“多段线”按钮，捕捉矩形左边线的中点，作为水平直线段的起点，绘制长为 8 的直线段，如图 2-19 所示。

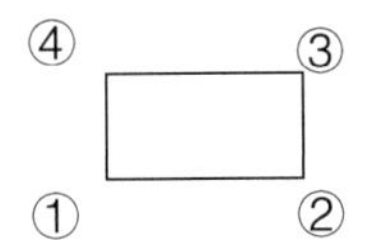

图 2-18　绘制矩形

步骤03 单击“默认”选项卡|“绘图”面板上的“多段线”按钮，捕捉矩形右边线的中点，作为水平直线段的起点，绘制长为 8 的直线段，如图 2-20 所示。

步骤04 单击“默认”选项卡|“绘图”面板上的“多段线”按钮，绘制带箭头的直线段组合，如图 2-21 所示，完成可调电阻器的绘制。命令行提示如下：

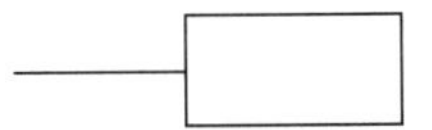
图 2-19　绘制直线段

图 2-20　绘制直线段二

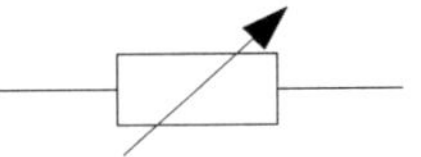
图 2-21　绘制直线段及箭头

```
命令：pline
指定第一点：100.5,98                                        //按绝对坐标输入多段线的第一点
当前线宽为0.0000
指定下一点或[圆弧(A)/半宽(H)/长度(L)/放弃(U)/宽度(W)]：@8，8      //输入多段线的第二点
指定下一点或[圆弧(A)/闭合(C)/半宽(H)/长度(L)/放弃(U)/宽度(W)]：w //指定线宽
指定起点宽度 <0.0000>：2                                     //指定箭头底部宽度
指定端点宽度 <2.0000>：0                                     //指定箭头顶部宽度
指定下一点或[圆弧(A)/闭合(C)/半宽(H)/长度(L)/放弃(U)/宽度(W)]：@3，45 //指定箭头长度
指定下一点或[圆弧(A)/闭合(C)/半宽(H)/长度(L)/放弃(U)/宽度(W)]： //按Enter键完成绘制
```

2.1.4　正多边形命令（POLYGON）

正多边形命令是快速绘制等边三角形、正方形、五边形、六边形等规则多边形的简单方法。在AutoCAD 2021中，正多边形的边数可在3~1024之间任意选取。绘制正多边形时，可以给定某一边的长度和边数来定义一个正多边形，也可以通过给定一个基准圆和多边形的边数来绘制正多边形，该正多边形可以内接或外切这个圆。

1. 执行方式

- 单击“默认”选项卡|“绘图”面板上的“正多边形”按钮。
- 在命令行输入命令 POLYGON 后按 Enter 键。
- 在命令行输入命令简写 POL 后按 Enter 键。

2. 命令提示

```
命令：polygon
输入侧面数<4>:                                    //输入多边形的边数
指定正多边形的中心或[边(E)]:                       //输入多边形的中心点
输入选项 [内接于圆(I)/外切于圆(C)] <I>:             //输入绘制正多边形的方式
指定圆的半径:                                     //输入内接圆或外切圆的半径，完成正多边形的绘制
```

3. 参数说明

系统提供了3种绘制正多边形的方法。

- 内接圆法：此种方式为系统默认方式，在指定了正多边形的边数和中心点后，直接输入正多边形外接圆的半径，即可精确绘制正多边形。
- 外切圆法：当确定了正多边形的边数和中心点之后，使用此种方式输入正多边形内切圆的半径，就可精确绘制出正多边形。
- 边长方式：此种方式是通过输入多边形一条边的边长来精确绘制正多边形的。在具体定位边长时，需要分别定位出边的两个端点。

4. 应用举例

例 2-11 利用指定中心的方式绘制正三角形。

```
命令：polygon
输入侧面数<4>: (3)                                 //输入边数
指定正多边形的中心或[边(E)]：100，100               //指定正三角形的中心点
输入选项 [内接于圆(I)/外切于圆(C)] <I>: c          //输入绘制正三角形的方式
指定圆的半径: 10                                   //输入内接圆的半径，确定正三角形的大小，完成绘制
```

完成以上操作，则在绘图区绘制出一个正三角形，如图2-22所示。

例 2-12 利用指定边的方式绘制正六边形。

```
命令：polygon
输入侧面数<4>: 6                                 //输入正多边形的边数
指定正多边形的中心或[边(E)]：e                     //指定边的方式
指定边的第一个端点：100，100                       //输入边的第一个端点
指定边的第二个端点: @10,0                         //输入边的第二个端点，确定正六边形的大小，完成绘制
```

完成以上操作，则在绘图区绘制出一个正六边形，如图2-23所示。

例 2-13 绘制二极管符号。

步骤 01 单击“默认”选项卡|“绘图”面板上的“正多边形”按钮，绘制正三角形。命令行提示如下：

```
命令：polygon
输入侧面数<4>: 3                                 //输入正多边形的边数
指定正多边形的中心或[边(E)]：100，100               //指定正三角形的中心点
输入选项 [内接于圆(I)/外切于圆(C)] <I>: I          //输入绘制正三角形的方式
指定圆的半径: @5<0                               //输入外切圆的半径，确定正三角形的大小及方向
```

绘制出一个正三角形，如图 2-24 所示，请注意与例 2-11 绘制的三角形的不同之处。

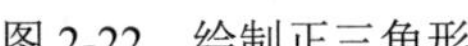

图 2-22　绘制正三角形

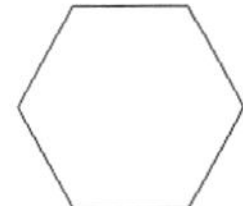

图 2-23　绘制正六边形

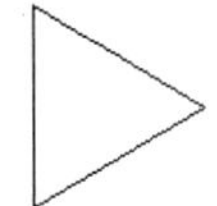

图 2-24　绘制正三角形

步骤 02 单击“默认”选项卡|“绘图”面板上的“直线”按钮／，捕捉正三角形的一个顶点，如图 2-25 所示。向左绘制一条长为 15 的水平直线段，如图 2-26 所示。

步骤 03 单击“默认”选项卡|“绘图”面板上的“直线”按钮／，捕捉与上一步相同的正三角形的一个顶点，向右绘制一条长为 5 的水平直线段，如图 2-27 所示。

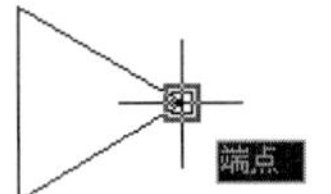

图 2-25　捕捉三角形的顶点

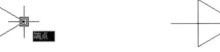

图 2-26　绘制水平直线段一

图 2-27　绘制水平直线段二

步骤 04 单击“默认”选项卡|“绘图”面板上的“直线”按钮／，捕捉与上一步相同的正三角形的一个顶点，向上绘制一条长为 6 的竖直直线段；重复以上操作，向下绘制一条长为 6 的竖直直线段，如图 2-28 所示。

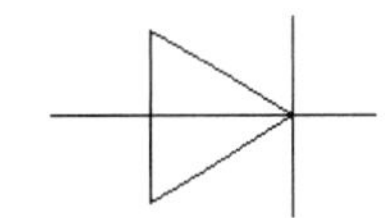

图 2-28　绘制竖直直线段

完成以上操作，则在绘图区绘制出二极管符号。

2.1.5　矩形命令（RECTANG）

使用矩形命令可以快速绘制出矩形形状，也可以创建矩形形状的闭合多段线，可以指定长度、宽度、面积和旋转参数，还可以控制矩形上角点的类型（圆角、倒角或直角）。

1. 执行方式

- 单击“默认”选项卡|“绘图”面板上的“矩形”按钮□▾。
- 在命令行中输入命令 RECTANG 后按 Enter 键。
- 在命令行输入命令简写 REC 后按 Enter 键。

2. 命令提示

```
命令：rectang
指定第一个角点或 [倒角(C)/标高(E)/圆角(F)/厚度(T)/宽度(W)]：    //输入矩形的第一个角点
指定另一个角点或 [面积(A)/尺寸(D)/旋转(R)]：    //输入矩形的第二个角点，完成矩形的绘制
```

3. 参数说明

对于命令行提示“指定第一个角点或 [倒角(C)/标高(E)/圆角(F)/厚度(T)/宽度(W)]”，用户可以指定矩形的第一个角点坐标，或者选择其他选项。其他选项的含义如下：

- 倒角（C）：用来设置矩形的倒角距离，设置完毕后，仍然继续执行矩形命令，此时绘制的矩形每个角都会出现倒角。

- 标高（E）：用来设置矩形的标高。
- 圆角（F）：用来指定矩形的圆角半径。
- 厚度（T）：用来指定矩形的厚度。
- 宽度（W）：为要绘制的矩形指定多段线的宽度。

对于命令行提示“指定另一个角点或[面积(A)/尺寸(D)/旋转(R)]”，用户需要选择绘制矩形的方式。一般情况下，只要再指定第二个角点就可以确定矩形了，也可以选择其他选项。其他选项的含义如下：

- 面积（A）：使用面积与长度或宽度创建矩形。如果“倒角”或“圆角”选项被激活，则区域将包括倒角或圆角在矩形角点上产生的效果。
- 尺寸（D）：使用长和宽创建矩形。
- 旋转（R）：按指定的旋转角度创建矩形。

4. 应用举例

例 2-14 利用指定角点的方式绘制标准矩形。

```
命令：rectang
指定第一个角点或 [倒角(C)/标高(E)/圆角(F)/厚度(T)/宽度(W)]：100,100 //输入矩形的第一个角点的坐标①
指定另一个角点或 [面积(A)/尺寸(D)/旋转(R)]：110,105 //输入矩形的第二个角点坐标②，完成矩形的绘制
```

完成以上操作后，则绘制出一个长为10、宽为5的矩形，如图2-29所示。

例 2-15 利用指定角点和面积的方式绘制有倒角的矩形。

```
命令：rectang
指定第一个角点或 [倒角(C)/标高(E)/圆角(F)/厚度(T)/宽度(W)]：c  //选择设置倒角
指定矩形的第一个倒角距离 <0.0000>： 0.5               //设置第一个倒角距离为0.5
指定矩形的第二个倒角距离 <0.5000>：按Enter键            //设置第二个倒角距离为0.5
指定第一个角点或 [倒角(C)/标高(E)/圆角(F)/厚度(T)/宽度(W)]：100,100  //输入矩形的第一个角点的坐标
指定另一个角点或 [面积(A)/尺寸(D)/旋转(R)]：a         //选择使用面积来绘制矩形
输入以当前单位计算的矩形面积 <100.0000>： 50          //输入矩形的面积大小
计算矩形标注时依据 [长度(L)/宽度(W)]：L               //选择长度方式
输入矩形长度 <10.0000>： 10                          //输入矩形的长度，完成矩形的绘制
```

完成以上操作后，则绘制出一个长为10、宽为5、倒角为0.5×0.5的倒角矩形，如图2-30所示。

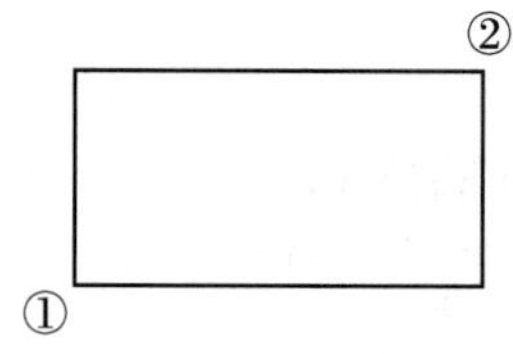

图 2-29 标准矩形

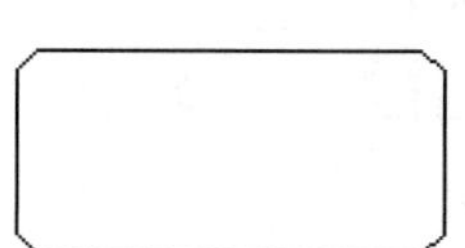

图 2-30 有倒角的矩形

例 2-16 利用指定角点和旋转的方式绘制有圆角的矩形。

```
命令：rectang
指定第一个角点或 [倒角(C)/标高(E)/圆角(F)/厚度(T)/宽度(W)]：F    //选择设置圆角
指定矩形的圆角半径 <0.0000>： 0.5                                  //设置圆角半径为0.5
指定第一个角点或 [倒角(C)/标高(E)/圆角(F)/厚度(T)/宽度(W)]：100,100
//输入矩形的第一个角点的坐标①
指定另一个角点或 [面积(A)/尺寸(D)/旋转(R)]：r                   //选择使用旋转方式来绘制矩形
指定旋转角度或 [拾取点(P)] <45>： 90                             //指定旋转的角度
指定另一个角点或 [面积(A)/尺寸(D)/旋转(R)]：@5,10  //输入另一个角点②的坐标，完成矩形的绘制
```

完成以上操作后，则绘制出一个长为10、宽为5（长度方向与y轴方向相同）、圆角半径为0.5的矩形，如图2-31所示。

例 2-17 绘制电阻箱符号。

步骤01 单击“默认”选项卡|“绘图”面板上的“矩形”按钮，绘制一个长为 10、宽为 5 的矩形，如图 2-32 所示。命令行提示如下：

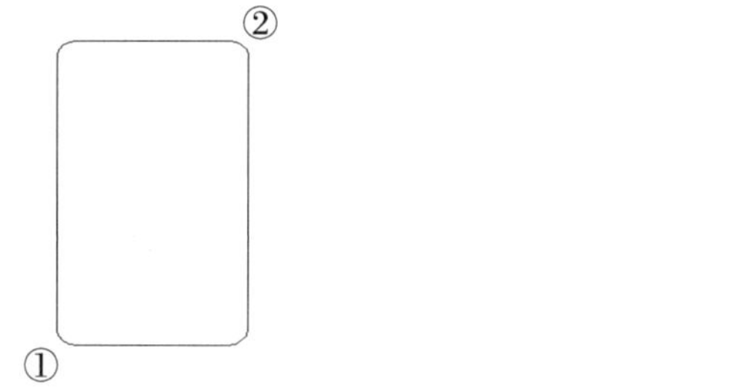

图 2-31　有圆角的矩形

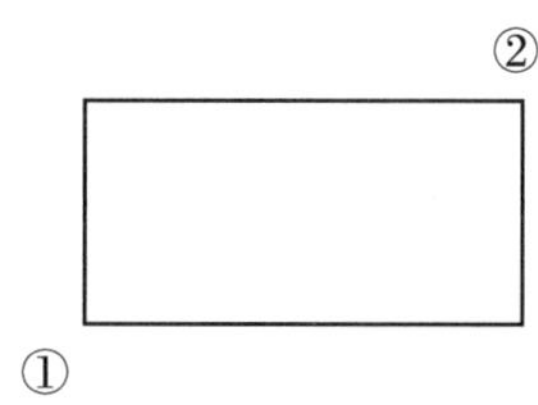

图 2-32　小矩形

```
命令：rectang
指定第一个角点或 [倒角(C)/标高(E)/圆角(F)/厚度(T)/宽度(W)]：100,100 //输入矩形的第
一个角点的 坐标
指定另一个角点或 [面积(A)/尺寸(D)/旋转(R)]：110,105    //输入矩形的第二个角点坐标①，
完成矩形的绘制
```

步骤02 单击“默认”选项卡|“绘图”面板上的“矩形”按钮，绘制一个长为 20、宽为 11 的矩形，如图 2-33 所示。命令行提示如下：

```
命令：rectang
指定第一个角点或 [倒角(C)/标高(E)/圆角(F)/厚度(T)/宽度(W)]：95,97  //输入矩形的第一
个角点的坐标③
指定另一个角点或 [面积(A)/尺寸(D)/旋转(R)]：115,108   //输入矩形的第二个角点坐标④，
完成矩形的绘制
```

步骤03 单击“默认”选项卡|“绘图”面板上的“直线”按钮，捕捉大矩形左边宽线的中点，向右绘制一条长为 5 的水平直线段，相交于小矩形左边宽线的中点，如图 2-34 所示。

步骤04 单击“默认”选项卡|“绘图”面板上的“直线”按钮，捕捉大矩形右边宽线的中点，向左绘制一条长为 5 的水平直线段，相交于小矩形右边宽线的中点，如图 2-35 所示。

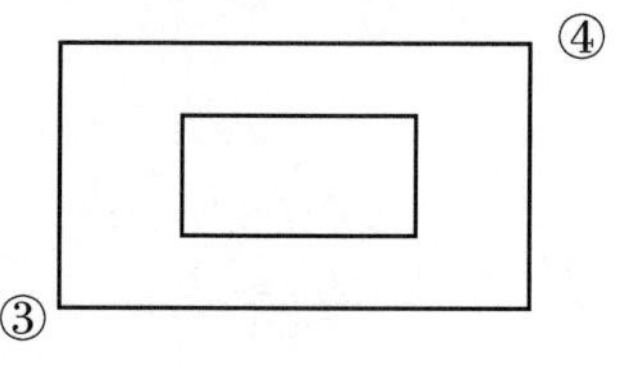

图 2-33　大矩形

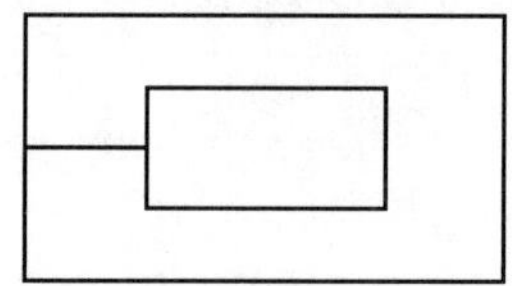

图 2-34　左边直线段

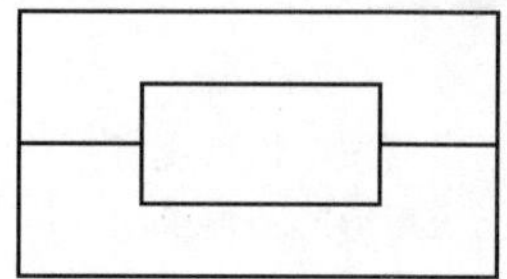

图 2-35　右边直线段

2.1.6　圆弧命令（ARC）

圆弧是圆的一部分，在AutoCAD中，绘制圆弧的方法有很多种，如图2-36所示。

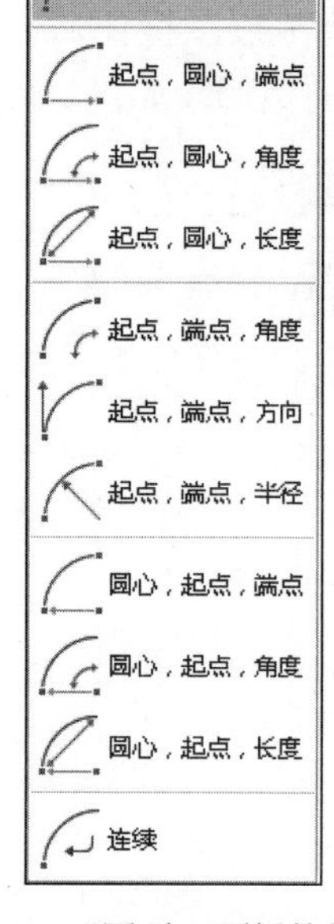

图 2-36　“圆弧”面板按钮菜单

1. 执行方式

- 单击“默认”选项卡|“绘图”面板上的“圆弧”按钮。
- 在命令行中输入命令 ARC 后按 Enter 键。
- 在命令行输入命令简写 A 后按 Enter 键。

2. 命令提示

```
命令：arc
指定圆弧的起点或 [圆心(C)]： //输入圆弧的起点坐标，或输入圆弧的圆心坐标
指定圆弧的第二个点或 [圆心(C)/端点(E)]：  //输入圆弧的第二个点坐标或其他
指定圆弧的端点：                //输入圆弧的端点，完成绘制
```

3. 参数说明

系统为用户提供了多种绘制圆弧的方式，下面将对5种绘制方式进行介绍。

- 指定 3 点：指定 3 点方式是 ARC 命令的默认方式，依次指定三个不共线的点，绘制的圆弧为通过这三个点且起于第一个点止于第三个点的圆弧。
- 指定起点、圆心以及另一参数：圆弧的起点和圆心决定了圆弧所在的圆，第三个参数可以是圆弧的端点（终止点）、角度（起点到终点的圆弧角度）或长度（圆弧的弦长）。
- 指定起点、端点及另一参数：圆弧的起点和端点决定了圆弧圆心所在的直线，第三个参数可以是圆弧的角度、圆弧在起点处的切线方向或圆弧的半径。
- 指定圆心、起点及另一参数：该方式与第二种绘制方式没有太大的区别，这里不再赘述。
- 继续：该方法绘制的弧线将从上一次绘制的圆弧或直线的端点处开始绘制，同时新的圆弧与上一次绘制的直线或圆弧相切。在执行 ARC 命令后的第一个提示下直接按 Enter 键，系统便采用此方式绘制圆弧。

4. 应用举例

根据不同的绘制条件，用户可以根据具体的绘图需要自行选择。

例 2-18 通过指定3点绘制圆弧。

```
命令：arc
指定圆弧的起点或 [圆心(C)]:  100, 100                //输入圆弧的起点坐标
指定圆弧的第二个点或 [圆心(C)/端点(E)]:  @20,20       //输入圆弧的第二个点坐标
指定圆弧的端点：@20,-20                               //输入圆弧的端点，完成绘制
```

完成以上操作后，则绘制出半径为20的上半圆弧，如图2-37（左）所示。

例 2-19 根据圆弧的圆心、起点、端点绘制圆弧。

```
命令：arc
指定圆弧的起点或 [圆心(C)]：c                          //选择圆心模式
指定圆弧的圆心：100, 100                               //输入圆弧的圆心的坐标
指定圆弧的起点：@10,0                                  //输入圆弧的起点的坐标
指定圆弧的第二个点或 [圆心(C)/端点(E)]:  @20,20        //输入圆弧的第二个点坐标
指定圆弧的端点：@20,-20                                //输入圆弧的端点，完成绘制
```

完成以上操作后，则绘制出半径为10的下半圆弧，如图2-37（右）所示。

例 2-20 根据圆弧的起点、圆心和角度绘制圆弧。

```
命令：arc
指定圆弧的起点或 [圆心(C)]：100, 100                   //输入圆弧的起点坐标
指定圆弧的第二个点或 [圆心(C)/端点(E)]:  c             //选择圆心模式
指定圆弧的圆心：@10, 0                                 //输入圆弧的圆心的坐标
指定圆弧的端点或 [角度(A)/弦长(L)]: a                  //选择角度模式
指定包含角: 270                                        //输入角度值，完成绘制
```

完成以上操作后，则绘制出半径为10的3/4圆弧，如图2-38所示。

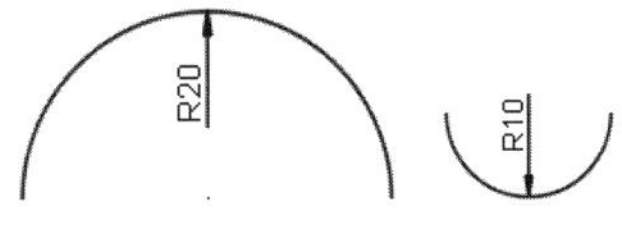

图 2-37　圆弧

图 2-38　3/4 圆弧

例 2-21 绘制接触器符号。

步骤01 单击“默认”选项卡|“绘图”面板上的“直线”按钮，绘制起点在（100, 100）、长为5 的水平直线段，如图 2-39 所示。

步骤02 单击“默认”选项卡|“绘图”面板上的“圆弧”按钮，绘制半径为 10 的下半圆弧，如图 2-40 所示。命令行提示如下：

```
命令：arc
指定圆弧的起点或 [圆心(C)]：105, 100                   //输入圆弧的起点坐标
指定圆弧的第二个点或 [圆心(C)/端点(E)]：c              //选择圆心模式
指定圆弧的圆心：@-1, 0                                 //输入圆弧的圆心的坐标
指定圆弧的端点或 [角度(A)/弦长(L)]: a                  //选择角度模式
指定包含角:-180                                        //输入角度值，完成绘制
```

步骤 03 单击“默认”选项卡|“绘图”面板上的“直线”按钮，绘制起点在（113, 100）、终点在（108, 100），长度为 5 的水平直线段，并连续绘制长度为 5、角度为–150°的斜线段，完成接触器符号的绘制，如图 2-41 所示。

图 2-39 绘制直线

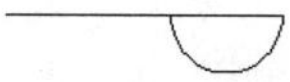

图 2-40 绘制下半圆弧

图 2-41 绘制接触器符号

2.1.7 圆命令（CIRCLE）

圆是构成图形的基本元素，在AutoCAD中，绘制圆的方式有很多。

1. 执行方式

- 单击“默认”选项卡|“绘图”面板上的“圆”按钮。
- 在命令行中输入 CIRCLE 后按 Enter 键。
- 在命令行输入命令简写 C 后按 Enter 键。

2. 命令提示

```
命令：circle
指定圆的圆心或 [三点(3P)/两点(2P)/ 切点、切点、半径(T)]:      //输入圆心的坐标，或其他
指定圆的半径或 [直径(D)]:                                      //输入圆的半径或直径，完成绘制
```

3. 参数说明

系统提供了指定圆心和半径、指定圆心和直径、两点定义直径、三点定义圆周、两个切点加一个半径及三个切点6种绘制圆的方式。下面分别讲解这6种方法以及命令行提示。

（1）圆心半径：在已知所要绘制的目标圆的圆心和半径时可采用此法，该法也是系统默认的方法。执行“圆”命令后，命令行提示如下：

```
命令: _CIRCLE
指定圆的圆心或 [三点(3P)/两点(2P)/ 切点、切点、半径(T)]:         //指定圆的圆心坐标
指定圆的半径或 [直径(D)] <93>:                                    //输入圆的半径
```

（2）圆心直径：此方法与圆心半径法大同小异。执行“圆”命令后，命令行提示如下：

```
命令: _ CIRCLE
指定圆的圆心或 [三点(3P)/两点(2P)/ 切点、切点、半径(T)]:         //指定圆的圆心坐标
指定圆的半径或 [直径(D)] <187>: d                                 //输入d，要求输入直径
指定圆的直径 <374>:                                               //输入圆的直径
```

（3）三点画圆：不在同一条直线上的三点确定一个圆，使用该方法绘制圆时，命令行提示如下：

```
命令: _ CIRCLE
指定圆的圆心或 [三点(3P)/两点(2P)/ 切点、切点、半径(T)]:3p       //选择三点画圆
指定圆上的第一个点:                                               //拾取第一点或输入坐标
```

```
指定圆上的第二个点：                                        //拾取第二点或输入坐标
指定圆上的第三个点：                                        //拾取第三点或输入坐标
```

（4）两点画圆：选择两点，即圆直径的两端点，圆心就落在两点连线的中点上，这样便完成了圆的绘制。命令行提示如下：

```
命令：_ CIRCLE
指定圆的圆心或 [三点(3P)/两点(2P)/ 切点、切点、半径(T)]: 2p        //选择两点画圆
指定圆直径的第一个端点：                             //拾取圆直径的第一个端点或输入坐标
指定圆直径的第二个端点：                             //拾取圆直径的第二个端点或输入坐标
```

（5）半径切点法画圆：选择两个圆、直线或圆弧的切点，输入要绘制圆的半径，这样便完成了圆的绘制。命令行提示如下：

```
命令：_ CIRCLE
指定圆的圆心或 [三点(3P)/两点(2P)/ 切点、切点、半径(T)]: T         //选择半径切点法
指定对象与圆的第一个切点：                                   //拾取第一个切点
指定对象与圆的第二个切点：                                   //拾取第二个切点
指定圆的半径 <134.3005>: 200                                 //输入圆的半径
```

（6）三切点画圆：该方法只能通过菜单命令执行，是三点画圆的一种特殊情况，选择“绘图”|“圆”|“相切、相切、相切”命令，命令行提示如下：

```
命令：_ CIRCLE
指定圆的圆心或 [三点(3P)/两点(2P)/ 切点、切点、半径(T)]: 3P        //选择三点画圆
指定圆上的第一个点：_TAN 到                                   //捕捉第一个切点
指定圆上的第二个点：_TAN 到                                   //捕捉第二个切点
指定圆上的第三个点：_TAN 到                                   //捕捉第三个切点
```

4. 应用举例

根据不同的绘制条件，用户可以选用不同的绘圆方法，下面举例说明。

例 2-22 通过指定圆心和半径来绘制圆。

```
命令：circle
指定圆的圆心或 [三点(3P)/两点(2P)/ 切点、切点、半径(T)]：100,100 //输入圆心的坐标
指定圆的半径或 [直径(D)]：10                                  //输入圆的半径，完成绘制
```

完成以上操作后，则绘制出半径为10的圆，如图2-42所示。

例 2-23 通过三点绘制圆。

```
命令：circle
指定圆的圆心或 [三点(3P)/两点(2P)/ 切点、切点、半径(T)]：3p        //输入绘制圆的方式
指定圆上的第一个点：100,100                          //输入圆周上的第一点坐标
指定圆上的第二个点：@10,10                           //输入圆周上的第二点坐标
指定圆上的第三个点：@10,-10                          //输入圆周上的第三点坐标，完成绘制
```

完成以上操作后，则绘制出半径为10的圆，与例2-22所绘制的圆对比，该圆向右偏移了10，如图2-43所示。

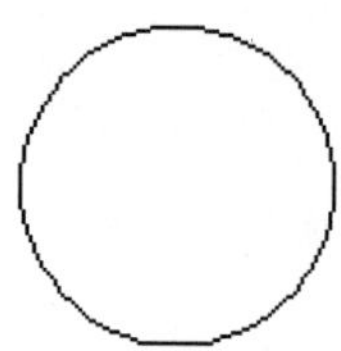
图 2-42　利用圆心和半径绘制圆

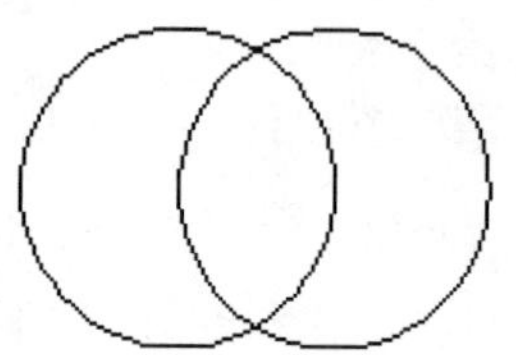
图 2-43　利用三点绘制圆

例 2-24　通过相切、相切、半径来绘制圆。

```
命令：circle
指定圆的圆心或 [三点(3P)/两点(2P)/ 切点、切点、半径(T)]：t    //输入绘制圆的方式
指定圆上的第一个点：                    //捕捉第一条直线段的切线，如图2-44所示
指定圆上的第二个点：                    //捕捉第二条直线段的切线，如图2-45所示
指定圆的半径：5                         //指定圆的半径，完成绘制
```

完成以上操作后，则绘制出半径为5的圆，如图2-46所示。

图 2-44　捕捉第一条切线

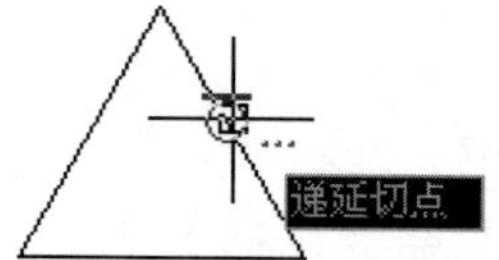

图 2-45　捕捉第二条切线

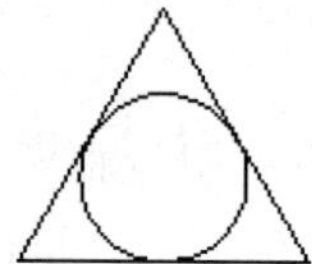
图 2-46　利用相切和半径绘制圆

例 2-25　绘制三绕组变压器符号。

步骤 01　单击“默认”选项卡|“绘图”面板上的“圆”按钮，绘制圆心在（100, 100）、半径为 5 的圆，如图 2-47 所示。命令行提示如下：

```
命令：circle
指定圆的圆心或 [三点(3P)/两点(2P)/ 切点、切点、半径(T))]：100, 100 //输入圆的圆心坐标
指定圆的半径：5                             //指定圆的半径，完成绘制
```

步骤 02　单击“默认”选项卡|“绘图”面板上的“圆”按钮，绘制半径为 5 的圆，如图 2-48 所示。命令行提示如下：

```
命令：circle
指定圆的圆心或[三点(3P)/两点(2P)/切点、切点、半径(T)]：@8<-120 //输入左边圆的圆心坐标
指定圆的半径：5                             //指定圆的半径，完成绘制
```

步骤 03　单击“默认”选项卡|“绘图”面板上的“圆”按钮，绘制半径为 5 的圆，如图 2-49 所示。命令行提示如下：

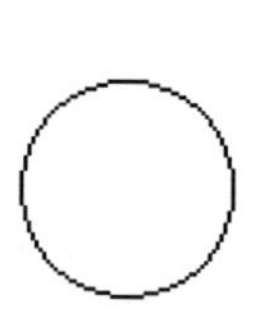
图 2-47　上边圆

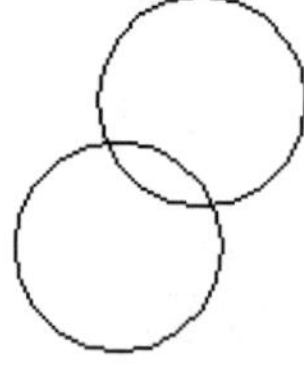
图 2-48　左边圆

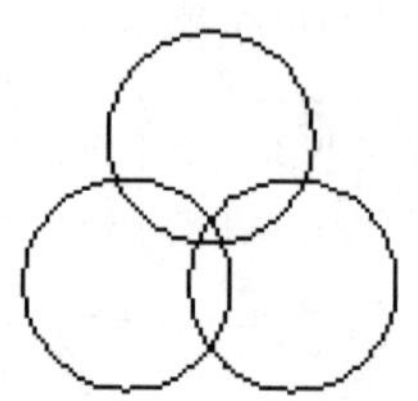
图 2-49　右边圆

```
命令：circle
指定圆的圆心或[三点(3P)/两点(2P)/ 切点、切点、半径(T))]：@8,0 //输入右边圆的圆心坐标
指定圆的半径： 5                                        //指定圆的半径，完成绘制
```

步骤 04 单击“默认”选项卡|“绘图”面板上的“直线”按钮，捕捉上边圆的上边象限点，如图 2-50 所示；向上绘制长度为 5 的竖直直线段，如图 2-51 所示。

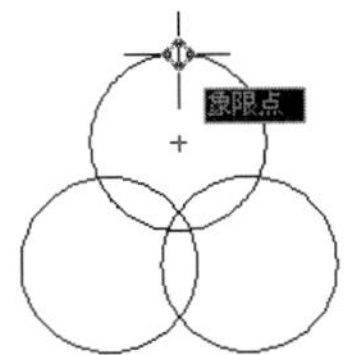

图 2-50 捕捉上边圆象限点

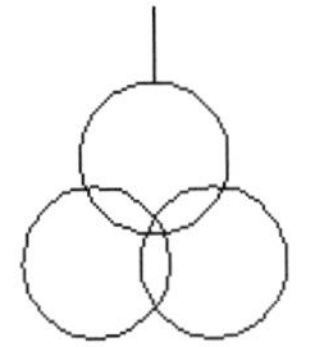

图 2-51 绘制上直线段

步骤 05 单击“默认”选项卡|“绘图”面板上的“直线”按钮，捕捉左边圆的下边象限点，如图 2-52 所示；向下绘制长度为 5 的竖直直线段，如图 2-53 所示。

步骤 06 单击“默认”选项卡|“绘图”面板上的“直线”按钮，捕捉右边圆的下边象限点，向下绘制长度为 5 的竖直直线段，完成接触器的绘制，如图 2-54 所示。

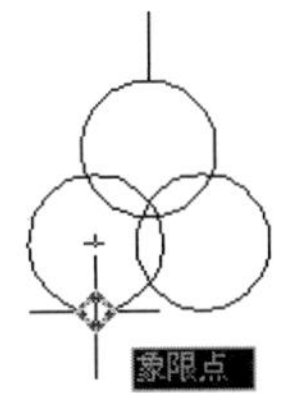

图 2-52 捕捉左边圆象限点

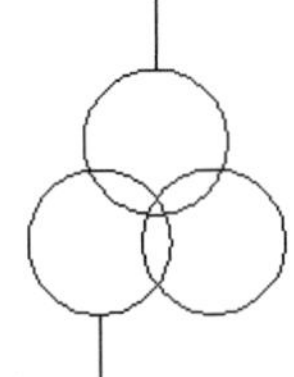

图 2-53 绘制左下直线段

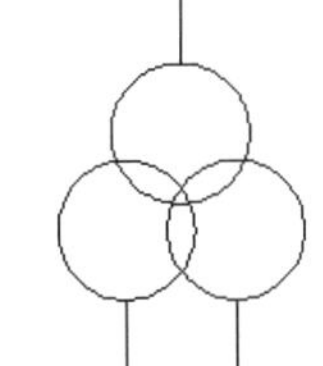

图 2-54 绘制右下直线段

2.1.8 修订云线命令（REVCLOUD）

“修订云线”命令用于通过拖动光标来创建新的修订云线，也可以将对象（例如，圆、多段线、样条曲线或椭圆）转换为修订云线。在实际绘图过程中常使用修订云线圈住亮显要查看的图形部分，以作标记，提醒注意，如图2-55所示。

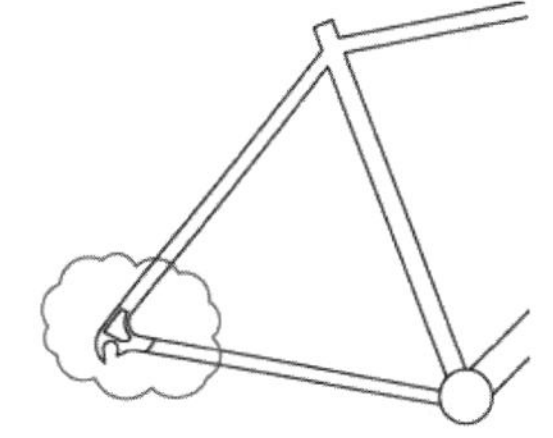

图 2-55 修订云线示例

新版的AutoCAD将修订云线进行了细划，提供了“徒手画修订云线”“矩形修订云线”和“多边形修订云线”三种绘制修订云线的方式，这三种方式分别提供了三种工具图标，用户不仅可以分别单击相应的工具图标来选择绘制方式，也可以在其中任何一种命令中的命令行提示下选择所需绘制方式。

1. 执行方式

- 单击“默认”选项卡|“绘图”面板上的“徒手画修订云线”按钮。
- 单击“默认”选项卡|“绘图”面板上的“矩形修订云线”按钮。
- 单击“默认”选项卡|“绘图”面板上的“多边形修订云线”按钮。
- 在命令行中输入 REVCLOUD 后按 Enter 键。

2. 命令提示

单击“绘图”面板|“徒手画修订云线”按钮，命令行提示如下：

```
命令：revcloud
最小弧长：181.6626   最大弧长：363.3252   样式：普通   类型：多边形
指定起点或 [弧长(A)/对象(O)/矩形(R)/多边形(P)/徒手画(F)/样式(S)/修改(M)] <对象>：_F
最小弧长：181.6626   最大弧长：363.3252   样式：普通   类型：徒手画
指定第一个点或 [弧长(A)/对象(O)/矩形(R)/多边形(P)/徒手画(F)/样式(S)/修改(M)] <对象>：
//按住鼠标左键不放，沿所需路径引导光标以绘制修订云线，如果光标移动到起点时，则绘制闭合的修订云线，
并自动结束命令；如果绘制非闭合的修订云线，则需要按Enter键
沿云线路径引导十字光标...
反转方向 [是(Y)/否(N)] <否>：          //根据绘图需要选择是否反转方向
修订云线完成。
```

3. 参数说明

对于命令行提示“指定起点或[弧长(A)/对象(O)/矩形(R)/多边形(P)/徒手画(F)/样式(S)/修改(M)] <对象>”，用户可以提定起点或者指定云线的模式。

- 弧长（A）：用于指定每个圆弧的弦长的近似值。圆弧的弦长是圆弧端点之间的距离。首次在图形中创建修订云线时，将自动确定弧弦长的默认值。
- 对象（O）：用于将现有对象转化为修订云线，如多段线、直线、圆、矩形、多边形等，此时命令行显示“选择对象：反转方向[是(Y)/否(N)]<否>：”，用户如果输入 Y，则圆弧方向向内；如果输入 N，则圆弧方向向外。
- 矩形（R）：用于指定点作为对角点绘制矩形修订云线，此选项功能等同于“绘图”面板上的“矩形修订云线”功能，命令行提示如下：

```
命令：_revcloud
最小弧长：181.6626   最大弧长：363.3252   样式：普通   类型：徒手画
指定第一个点或 [弧长(A)/对象(O)/矩形(R)/多边形(P)/徒手画(F)/样式(S)/修改(M)]<对象>:_R
最小弧长：181.6626   最大弧长：363.3252   样式：普通   类型：矩形
指定第一个角点或 [弧长(A)/对象(O)/矩形(R)/多边形(P)/徒手画(F)/样式(S)/修改(M)]<对象>:
        //在绘图区指定矩形修订云线的第一个角点
指定对角点：//在绘图区指定矩形修订云线的对角点，并结束命令，绘制效果如图2-56（左）所示
```

- 多边形（P）：用于创建由三个或更多点定义的修订云线，以用作生成修订云线的多边形顶点。此选项功能等同于“绘图”面板上的“多边形修订云线”功能，命令行提示如下：

```
命令：_revcloud
最小弧长：181.6626   最大弧长：363.3252   样式：普通   类型：矩形
指定第一个角点或 [弧长(A)/对象(O)/矩形(R)/多边形(P)/徒手画(F)/样式(S)/修改(M)] <对象>:
_P
最小弧长：181.6626   最大弧长：363.3252   样式：普通   类型：多边形
指定起点或 [弧长(A)/对象(O)/矩形(R)/多边形(P)/徒手画(F)/样式(S)/修改(M)] <对象>:
                          //指定第一个角点
指定下一点：                //指定第二个角点
指定下一点或 [放弃(U)]：      //指定第三个角点
指定下一点或 [放弃(U)]：      //指定第四个角点
```

```
指定下一点或 [放弃(U)]:            //指定第五个角点
指定下一点或 [放弃(U)]:            //指定第六个角点
指定下一点或 [放弃(U)]:            //指定第七个角点
...
指定下一点或 [放弃(U)]:            //按Enter键，结束命令，结果如图2-56（右）所示
```

- 徒手画（F）：用于创建徒手画修订云线。此选项功能等同于“绘图”面板上的“徒手画修订云线”功能。
- 样式（S）：用于设置修订云线的样式，包括“普通”和“手绘”两种。其中“普通”样式是使用默认字体创建修订云线；“手绘”样式是创建外观类似于手绘效果的修订云线。两种样式下的效果如图 2-57 所示。

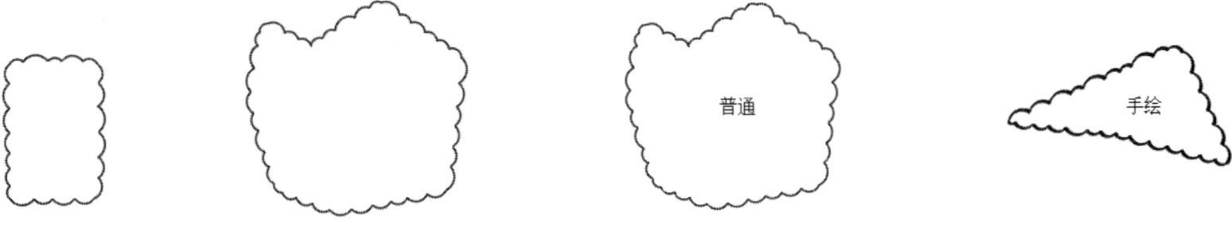

图 2-56 矩形和多边形修订云线示例　　图 2-57 普通和手绘示例

- 修改（M）：用于修改现有的修订云线或多段线，将现有修订云线或多段线的指定部分替换为输入点定义的新部分，如图 2-58 所示。

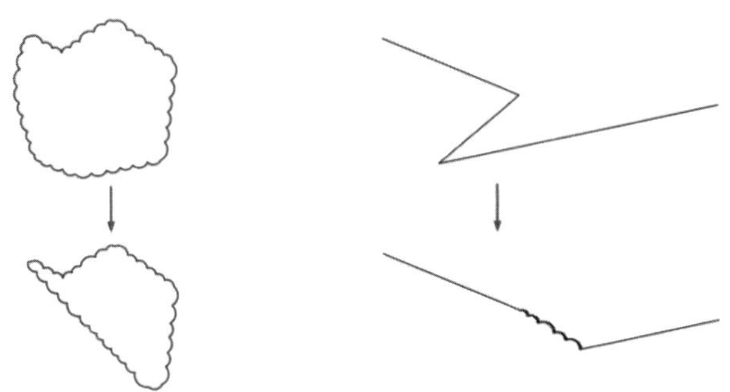

图 2-58 修订云线修改示例

4. 应用举例

例 2-26 将图2-58（上）所示的修订云线和多段线编辑为图2-58（下）所示的状态。

步骤01 新建文件，然后使用“多边形修订云线”和“多段线”命令随意绘制如图 2-58（上）所示的多边形云线和多段线。

步骤02 单击“默认”选项卡|“绘图”面板上的“徒手画修订云线”按钮，使用命令中的“修改”选项对多边形云线进行修改。命令行提示如下：

```
命令: _revcloud
最小弧长: 4.4153    最大弧长: 8.8305    样式: 普通    类型: 多边形
指定起点或 [弧长(A)/对象(O)/矩形(R)/多边形(P)/徒手画(F)/样式(S)/修改(M)] <对象>: _F
最小弧长: 4.4153    最大弧长: 8.8305    样式: 普通    类型: 徒手画
指定第一个点或 [弧长(A)/对象(O)/矩形(R)/多边形(P)/徒手画(F)/样式(S)/修改(M)] <对象>:
```

```
                                      //M Enter，激活“修改”选项
选择要修改的多段线：                   //在多边形修订云线左上角单击
指定下一个点或 [第一个点(F)]：         //在如图2-59（左）所示的位置单击
拾取要删除的边：                       //在如图2-59（中）所示的位置单击，指定删除部分
反转方向 [是(Y)/否(N)] <否>：          //按Enter键，结束命令，修改结果如图2-59（右）所示
```

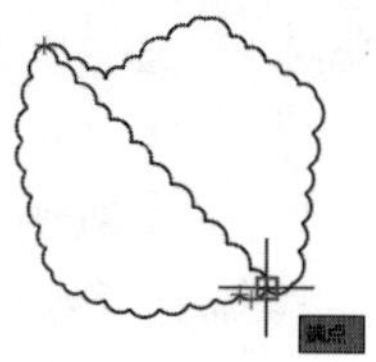

图 2-59　修改多边形云线

步骤 03　再次单击“绘图”面板上的“徒手画修订云线”按钮，使用命令中的“修改”选项对多段线进行修改。命令行提示如下：

```
命令：_revcloud
最小弧长：4.4153    最大弧长：8.8305    样式：普通    类型：多边形
指定起点或 [弧长(A)/对象(O)/矩形(R)/多边形(P)/徒手画(F)/样式(S)/修改(M)] <对象>：_F
最小弧长：4.4153    最大弧长：8.8305    样式：普通    类型：徒手画
指定第一个点或 [弧长(A)/对象(O)/矩形(R)/多边形(P)/徒手画(F)/样式(S)/修改(M)] <对象>：
                                      //M Enter，激活“修改”选项
选择要修改的多段线：                   //在多段线第一个拐角点处单击
指定下一个点或 [第一个点(F)]：         //在如图2-60（左）所示的位置单击
拾取要删除的边：                       //在如图2-60（右）所示的位置单击，指定删除部分
反转方向 [是(Y)/否(N)] <否>：          //按Enter键，结束命令，修改结果如图2-61所示
```

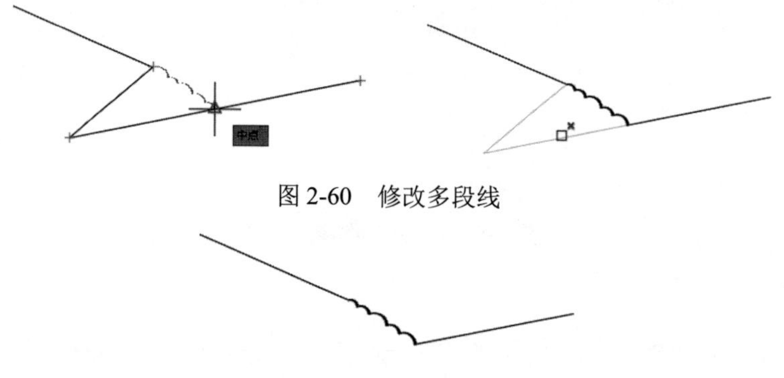

图 2-60　修改多段线

图 2-61　修改结果

2.1.9　样条曲线命令（SPLINE）

样条曲线是经过或接近一系列给定点的光滑曲线，可以通过指定点来创建样条曲线，也可以封闭样条曲线，使起点和端点重合。样条曲线常用来绘制曲线，如工程图中的波浪线等。

新版的AutoCAD为用户提供了两种绘制方式，一种是使用拟合点画样条曲线，另一种是使用控制点画样条曲线，这两种方式的命令表达式都是SPLINE，工具按钮分别为“样条曲线拟合”按钮和“样条曲线控制点”按钮。

1. 执行方式

- 单击“默认”选项卡|“绘图”面板上的“样条曲线拟合”按钮。
- 单击“默认”选项卡|“绘图”面板上的“样条曲线控制点”按钮。
- 在命令行中输入命令 SPLINE 后按 Enter 键。
- 在命令行输入命令简写 SPL 后按 Enter 键。

2. 命令提示

单击“绘图”面板|“样条曲线拟合”按钮，命令行提示如下：

```
命令：_spline
当前设置：方式=拟合    节点=弦
指定第一个点或 [方式(M)/节点(K)/对象(O)]:                  //定位第一点
输入下一个点或 [起点切向(T)/公差(L)]:                       //定位第二点
输入下一个点或 [端点相切(T)/公差(L)/放弃(U)]:               //定位第三点
输入下一个点或 [端点相切(T)/公差(L)/放弃(U)/闭合(C)]:       //定位第四点
输入下一个点或 [端点相切(T)/公差(L)/放弃(U)/闭合(C)]:       //定位第五点
输入下一个点或 [端点相切(T)/公差(L)/放弃(U)/闭合(C)]:
//按Enter键，结束命令，绘制后的效果及夹点效果如图2-62所示
```

图 2-62　创建拟合样条曲线

3. 参数说明

- 方式：用于设置是使用“拟合点”还是使用“控制点”绘制样条曲线。
- 节点：用于指定节点参数化，用来确定样条曲线中连续拟合点之间的曲线如何过渡。
- 对象：用于将二维或三维的二次或三次样条曲线拟合多段线转换成等效的样条曲线。
- 起点相切：用于指定在样条曲线起点的相切条件。
- 端点相切：用于指定在样条曲线终点的相切条件。
- 公差：用于指定样条曲线可以偏离指定拟合点的距离。公差值 0 要求生成的样条曲线直接通过拟合点。公差值适用于所有拟合点（拟合点的起点和终点除外），始终具有为 0 的公差。
- 放弃：用于删除最后一个指定点。
- 闭合：用于通过定义与第一个点重合的最后一个点以闭合样条曲线。默认设置下，闭合的样条曲线沿整个环保持曲率连续性。

4. 使用“样条曲线控制点”绘制样条曲线

单击“绘图”面板|“样条曲线控制点”按钮，通过指定控制点来绘制样条曲线，使用此方法创建1阶（线性）、2阶（二次）、3阶（三次）直到最高为10阶的样条曲线。通过移动控制点调整样条曲线的形状通常可以提供比移动拟合点更好的效果。命令行提示如下：

```
命令：_SPLINE
当前设置：方式=控制点    阶数=3
```

```
指定第一个点或 [方式(M)/阶数(D)/对象(O)]: _M
输入样条曲线创建方式 [拟合(F)/控制点(CV)] <控制点>: _CV
当前设置: 方式=控制点    阶数=3
指定第一个点或 [方式(M)/阶数(D)/对象(O)]:                //定位第一点
输入下一个点:                                           //定位第二点
输入下一个点或 [放弃(U)]:                               //定位第三点
输入下一个点或 [闭合(C)/放弃(U)]:                       //定位第四点
输入下一个点或 [闭合(C)/放弃(U)]:                       //定位第五点
输入下一个点或 [闭合(C)/放弃(U)]:                       //定位第六点
输入下一个点或 [闭合(C)/放弃(U)]:
//按Enter键，结束命令，绘制后的效果及夹点效果如图2-63所示
```

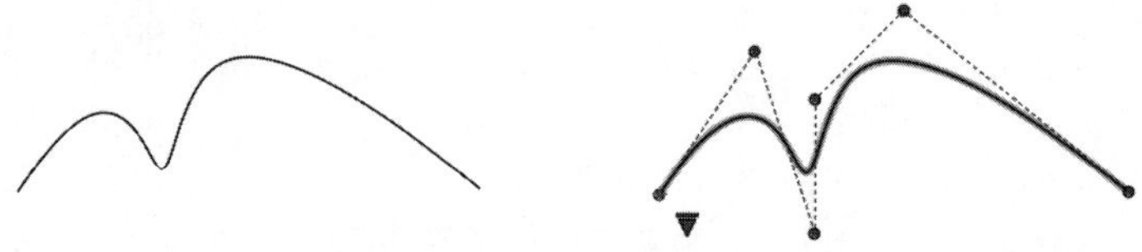

图 2-63　使用控制点创建样条曲线

- 阶数：用于设置生成的样条曲线的多项式阶数。使用此选项可以创建 1 阶（线性）、2 阶（二次）、3 阶（三次）直到最高 10 阶的样条曲线。

2.1.10　椭圆命令（ELLIPSE）

椭圆或椭圆弧由定义其长度和宽度的两条轴决定。较长的轴称为长轴，较短的轴称为短轴。

1. 执行方式

- 单击“默认”选项卡|“绘图”面板上的“中心点”按钮。
- 单击“默认”选项卡|“绘图”面板上的“轴、端点”按钮。
- 在命令行中输入 ELLIPSE 后按 Enter 键。
- 在命令行输入命令简写 EL 后按 Enter 键。

2. 命令提示

```
命令: ellipse
指定椭圆的轴端点或 [圆弧(A)/中心点(C)] :        //输入椭圆的轴端点坐标，或选择其他选项
指定轴的另一个端点:                              //指定椭圆轴的另一个端点坐标
指定另一条半轴长度或 [旋转(R)] :                 //指定另一条半轴长度，即可完成绘制
```

3. 参数说明

系统提供了以下3种方式用于绘制精确的椭圆。

(1)一条轴的两个端点和另一条半轴长度。单击“椭圆”按钮，按照默认的顺序就可以依次指定长轴的两个端点和另一条半轴的长度，其中长轴是通过两个端点来确定的，已经限定了两个自由度，只需要给出另外一个半轴的长度就可以确定椭圆。命令行提示如下：

```
命令：_ELLIPSE
指定椭圆的轴端点或 [圆弧(A)/中心点(C)]:          //拾取点或输入坐标确定椭圆一条轴的端点
指定轴的另一个端点:                             //拾取点或输入坐标确定椭圆一条轴的另一端点
指定另一条半轴长度或 [旋转(R)]:                 //输入长度或者用光标选择另一条半轴长度
```

（2）一条轴的两个端点和旋转角度。这种方式相当于将一个圆在空间上绕长轴转动一个角度后投影在二维平面上。命令行提示如下：

```
命令：_ ELLIPSE
指定椭圆的轴端点或 [圆弧(A)/中心点(C)]:          //拾取点或输入坐标确定椭圆一条轴的端点
指定轴的另一个端点:                             //拾取点或输入坐标确定椭圆一条轴的另一端点
指定另一条半轴长度或 [旋转(R)]: R               //输入R，表示采用旋转方式绘制
指定绕长轴旋转的角度: 60°                       //输入旋转角度
```

（3）中心点、一条轴端点和另一条轴半径。这种方式需要依次指定椭圆的中心点、一条轴的端点以及另外一条轴的半径。命令行提示如下：

```
命令：_ ELLIPSE
指定椭圆的轴端点或 [圆弧(A)/中心点(C)]: C        //采用中心点方式绘制椭圆
指定椭圆的中心点:                               //拾取点或输入坐标确定椭圆中心点
指定轴的端点:                                   //拾取点或输入坐标确定椭圆一条轴端点
指定另一条半轴长度或 [旋转(R)]:                 //输入椭圆另一条轴的半径，或者旋转的角度
```

4. 应用举例

椭圆绘制和椭圆弧绘制的方法基本相同，只是由于椭圆弧是椭圆的一部分，故绘制的参数要求要比椭圆绘制多些。下面以椭圆弧的绘制为例进行说明。

例 2-27 绘制椭圆弧。

```
命令：ellipse
指定椭圆的轴端点或 [圆弧(A)/中心点(C)]:  a      //选择绘制圆弧
指定椭圆弧的轴端点或 [中心点(C)]: 100,100       //输入椭圆轴的一个端点坐标
指定轴的另一个端点: @20,0                       //输入椭圆轴的另一个端点坐标
指定另一条半轴长度或 [旋转(R)]: r               //指定旋转方式来绘制
指定绕长轴旋转的角度: 60                  //指定长轴投影的轴线与长轴之间的角度，以确定另一轴
指定起始角度或 [参数(P)]: 0                     //指定椭圆弧的起始角度
指定终止角度或 [参数(P)/包含角度(I)]: 270        //指定椭圆弧的终止角度，完成绘制
```

完成以上操作后，则绘制成椭圆弧，如图2-64所示。

图 2-64 绘制椭圆弧

2.1.11 点命令（POINT）

点的主要用途是用作标记位置或作为参考点，如标志圆心、端点位置，作为一些编辑命令的参考点等。用户可以通过点命令绘制单点、多点、等分点和测量点。

1. 执行方式

- 单击“默认”选项卡|“绘图”面板上的“多点”按钮⁛，可以绘制多个点。
- 在命令行中输入命令 POINT 后按 Enter 键，可以绘制单个点。

● 在命令行输入命令简写 PO 后按 Enter 键，可以绘制单个点。

2. 命令提示

```
命令：point
当前点模式：  PDMODE=0  PDSIZE=0.0000            //显示点的模式
指定点：                                       // 指定点的坐标
...
指定点：                                       // 指定n个点，完成绘制
```

3. 参数说明

为了使图形中的点有很好的可见性，用户可以相对于屏幕按绝对单位设置点的样式和大小。

在命令行输入PTYPE或PT后按Enter键，可执行“点样式”命令，打开如图2-65所示的“点样式”对话框，在该对话框中可以设置点的样式和点大小，系统提供了20种点的样式供用户选择。

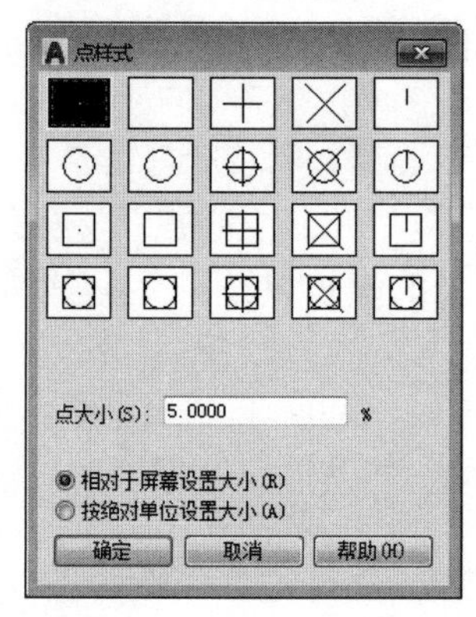

图 2-65 “点样式”对话框

在该对话框中，“相对于屏幕设置大小”单选按钮用于按屏幕尺寸的百分比设置点的显示大小。当进行缩放时，点的显示大小并不改变，“点大小”文本框变成点大小(S): 5.0000 %，可以输入百分比。“按绝对单位设置大小”单选按钮用于按指定的实际单位设置点显示的大小。当进行缩放时，AutoCAD显示的点的大小也随之改变，“点大小”文本框变成点大小(S): 5.0000 单位，可以输入点大小的实际值。

4. 定数等分点

“定数等分”命令可以将已有图形按照一定数目进行等分。对象定数等分的结果是仅仅在等分位置上放置了点的标记符号或图块，而实际上对象并没有被等分为多个对象。绘制定数等分点的对象包括圆、圆弧、椭圆、椭圆弧和样条曲线。

单击“默认”选项卡|“绘图”面板上的“定数等分”按钮，或者在命令行中输入DIVIDE后按Enter键，都可执行“定数等分”命令，命令行提示如下：

```
命令：DIVIDE                        //输入命令
选择要定数等分的对象：              //单击选取对象
输入线段数目或[块(B)]：             //在命令行输入线段数目
```

图2-66所示是将圆定数等分6份、将直线等分5份后的效果。

对于非闭合的图形对象，定数等分点的位置是唯一的，而闭合的图形对象的定数等分点的位置和选择对象时鼠标单击位置有关。有时候绘制完等分点后可能看不到，这是因为等分点与所操作的对象重合了，可以将点设置为其他便于观察的样式。

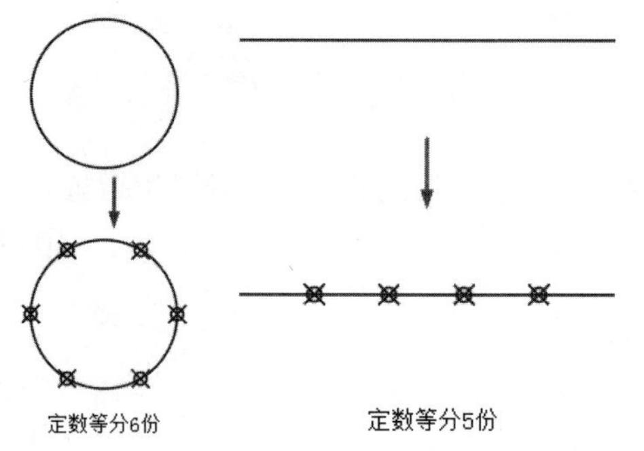

图 2-66 定数等分示例

5. 定距等分点

所谓定距等分点，就是按照某个特定的长度对图形对象进行等分，这里的特定长度可以由用户在命令执行的过程中指定。使用等分命令时，不仅可以使用点作为图形对象的标识符号，还能够使用图块来标识。

单击“默认”选项卡|“绘图”面板上的“定距等分”按钮，或者在命令行中输入MEASURE或ME后按Enter键，都可执行“定距等分”命令，在指定的对象上绘制定距等分点。

下面示例将长度为1500的直线以间距330进行定距等分，命令行提示如下：

```
命令: _measure
选择要定距等分的对象:              //在直线的左端单击
指定线段长度或 [块(B)]:           //330 Enter，输入等分长度，等分结果如图2-67（右）所示
```

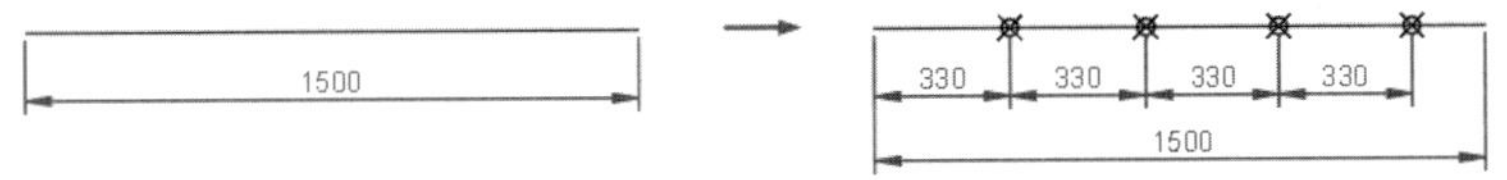

图 2-67　定距等分示例

2.1.12　图案填充命令（HATCH）

AutoCAD的图案填充功能可在封闭区域或定义的边界内绘制剖面线或剖面图案、表现表面纹理或涂色，也可以实现渐变填充。填充的图案被看作一个整体，可以使用“分解”命令进行分解。

1. 执行方式

- 单击“默认”选项卡|“绘图”面板上的“图案填充”按钮。
- 在命令行中输入命令 HATCH 或 BHATCH 后按 Enter 键。
- 在命令行输入命令简写 H 后按 Enter 键。

2. 参数说明

执行“图案填充”命令后，单击右键选择“设置”选项，可以打开如图2-68所示的“图案填充和渐变色”对话框。用户可在该对话框的各选项卡中直观地设置相应填充参数，为图形创建相应的图案填充。

“图案填充和渐变色”对话框中有“图案填充”和“渐变色”两个选项卡及其他一些选项按钮。使用“图案填充”选项卡可以处理填充图案并快速进行图案填充；使用“渐变色”选项卡可以实现渐变色填充。下面对“图案填充”选项卡进行介绍。

（1）“类型和图案”选项组

该选项组指定图案填充的类型和图案。

- “类型”下拉列表框：下拉列表框中有“预定义”“用户定义”和“自定义”3 个选项。“预定义”中的图案是 AutoCAD 已经预先定义好的填充图案；“用户定义”选项让用户使用当前线型定义一个简单的图案，并且可以控制用户定义图案中直线的角度和间距；“自定义”选项可以让用户控制自定义填充图案的比例系数和旋转角度。

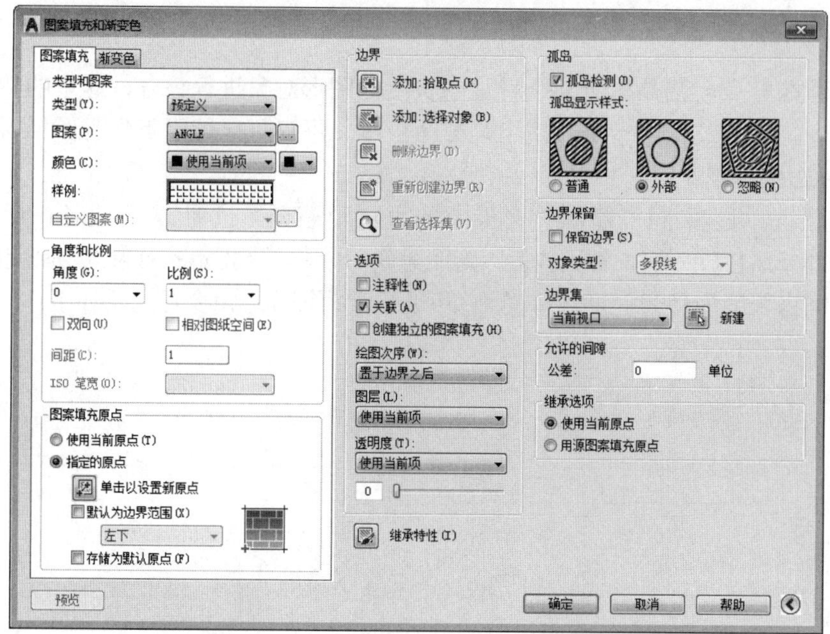

图 2-68 “图案填充和渐变色”对话框

- “图案”下拉列表框：用户可以选择填充图案。“图案”下拉列表框只有在“类型”下拉列表框中选择了“预定义”选项时才可用。用户还可以单击“图案”下拉列表框右边的[...]按钮，将弹出“填充图案选项板”对话框，如图 2-69 所示，该对话框中共有 4 个选项卡。
  - ANSI：显示所有 AutoCAD 中名字带有 ANSI 的图案。
  - ISO：显示所有 AutoCAD 中名字带有 ISO 的图案。
  - 其他预定义：显示所有 AutoCAD 中除 ANSI 和 ISO 外的图案。
  - 自定义：显示所有用户添加到 AutoCAD 中的可用图案。

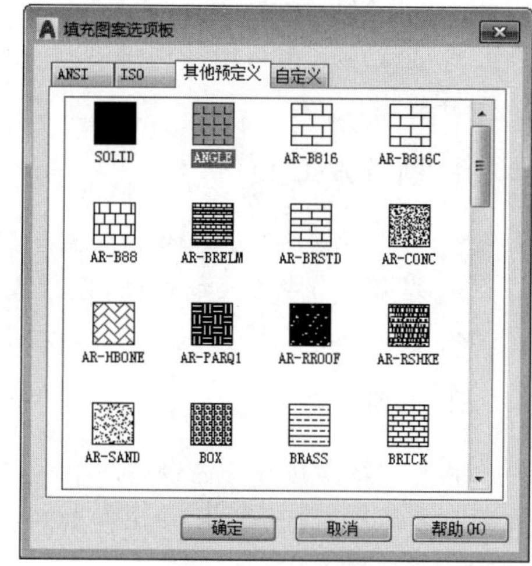

图 2-69 “填充图案选项板”对话框

- “颜色”下拉列表框：为当前填充图案设置颜色，还可以为填充图案的背景设置颜色。
- “样例”框：显示了所选中填充图案的预览图片。单击此框也可显示如图 2-69 所示的“填充图案选项板”对话框。
- “自定义图案”下拉列表框：只有在“类型”下拉列表框中选择了“自定义”选项时才可用，否则该选项不可用。

（2）“角度和比例”选项组

该选项组指定选定填充图案的角度和比例。

- “角度”下拉列表框：可以让用户指定填充图案相对于当前用户坐标系的X轴的旋转角度。
- “比例”下拉列表框：只有在“类型”下拉列表框中选择“预定义”或“自定义”选项时才有效。“比例”下拉列表框用于设置填充图案的比例因子，以使图案的外观更稀疏或更稠密。
- “双向”复选框：选中“双向”复选框，将在使用用户定义图案时，与原始线垂直方向绘制第二组线，从而创建一个相交叉的填充图案。此选项只有在“类型”下拉表框中选择了“用户定义”选项时才可使用。
- “相对图纸空间”复选框：用于设置填充图案按图纸空间单位比例缩放。该选项只有在布局视图中才有效。
- “间距”文本框：只有在“类型”下拉列表框中选择了“用户定义”选项时才有效。“间距”选项用于设置用户定义图案时填充线的间距。
- “ISO笔宽”下拉列表框：用于设置“预定义”的ISO图案的笔宽。

（3）图案填充原点”选项组

该选项组控制填充图案生成的起始位置。

- “使用当前原点”单选按钮：使用当前坐标系的原点作为填充图案生成的起始位置。
- “指定的原点”单选按钮：通过指定点作为图案填充原点。单击“单击以设置新原点”按钮，可以从绘图窗口中选择某一点作为图案填充原点；选中“默认为边界范围”复选框，可以填充边界的左下角、右下角、右上角、左上角或圆心作为图案填充原点；选择“存储为默认原点”复选框，可以将指定的点存储为默认的填充原点。

（4）“边界”选项组

该选项组确定填充边界。

- “添加：拾取点”按钮：单击“添加：选择对象”按钮将暂时关闭“图案填充和渐变色”对话框，在命令行出现提示，提示在填充区域的内部拾取一点，AutoCAD将通过拾取点自动选择相应的填充区域。
- “添加：选择对象”按钮：单击“添加：拾取点”按钮，将通过选择特定的对象作为边界来进行图案填充。
- “删除边界”按钮：该按钮是在已经确定了一些边界后才可用，用于从已经确定的填充区域边界中去掉某些边界。
- “重新创建边界”按钮：该按钮在创建图案填充时不可用，而在编辑图案填充时才可用。
- “查看选择集”按钮：暂时关闭对话框，并以上一次预览的填充位置显示当前定义的边界。在没有选取边界对象或没有拾取内部点以定义边界时，此选项不可用。

（5）“选项”选项组

该选项组确定填充边界及图案与边界之间的关系。

- “注释性”复选框：用于设置是否将图案定义为可注释性对象。
- “关联”复选框：“关联”复选框被选中时为关联，未被选中时为非关联。关联是指随着填充边界的改变，图案填充也随着变化；非关联是指图案填充相对于它的边界是独立的，边界的修改不影响填充对象的改变。

- “创建独立的图案填充”复选框：控制当指定了几个独立的闭合边界时，是创建单个图案填充对象，还是创建多个独立的图案填充对象。当选中该复选框时，创建的是多个独立的图案填充对象；而当不选中该复选框时，多个独立的闭合边界内的图案填充对象将作为一个整体。
- “绘图次序”下拉列表框：为图案填充指定绘图次序。
- “图层”下拉列表框：用于设置填充图案所在的图层。
- “透明度”下拉列表框：用于设置填充图案透明度的类型和大小。
- “继承特性”按钮：可以将现有图案填充或填充对象的特性应用到其他图案填充或填充对象。
- “预览”按钮：可以使用当前图案填充设置显示当前定义的边界，单击图形或按 Esc 键返回对话框，单击、右击或按 Enter 键接受图案填充。

另外，如果是AutoCAD的新用户，可以通过功能区面板设置填充参数及填充图案，当执行“图案填充”命令后，即可打开“图案填充创建”选项卡，如图2-70所示，此选项卡共包括“边界”“图案”“特性”“原点”“选项”“关闭”6个功能区面板，这些面板上的各种功能与“图案填充和渐变色”对话框相一致，在此不再细述。

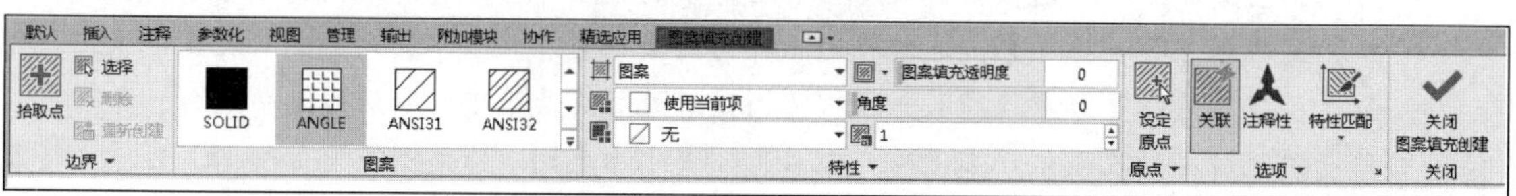

图 2-70 “图案填充创建”选项卡

3. 应用举例

例 2-28 绘制热水器（示出引线）符号。

步骤 01 单击“默认”选项卡|“绘图”面板上的“圆”按钮，绘制圆心在（100,100）、半径为5 的圆。

步骤 02 单击“默认”选项卡|“绘图”面板上的“直线”按钮，捕捉圆的左边象限点，向左绘制长度为 10 的水平直线段，如图 2-71 所示。

步骤 03 单击“默认”选项卡|“绘图”面板上的“图案填充”按钮，然后右击选择“设置”选项，弹出“图案填充和渐变色”对话框。

步骤 04 单击“图案”下拉列表框右边的按钮，弹出“填充图案选项板”对话框。

步骤 05 在“填充图案选项板”对话框中选择 ANSI31 图案，单击“确定”按钮，则返回到“图案填充和渐变色”对话框。在“类型和图案”选项组的“图案”下拉列表框中显示为 ANSI31，“样例”框中显示为，如图 2-72 所示。

步骤 06 在“图案填充和渐变色”对话框中，从“角度和比例”选项组“角度”下拉列表框中选择 45，即将 ANSI31 图案旋转 45°；再从“比例”下拉列表框选择 0.5，即使图案的稀疏程度变为初始的 1/2，如图 2-73 所示。

步骤 07 在“图案填充和渐变色”对话框中，单击“边界”选项组中的“添加：拾取点”按钮，则返回绘图区。

步骤 08 在圆内单击，指定填充区域，如图 2-74 所示。

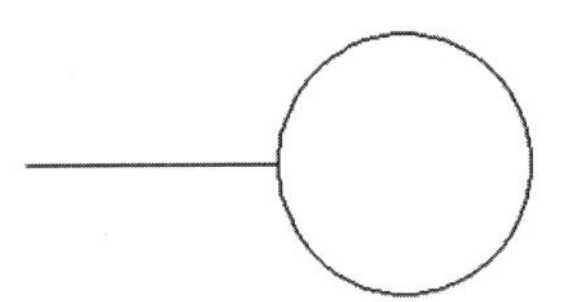

图 2-71　绘制圆和直线

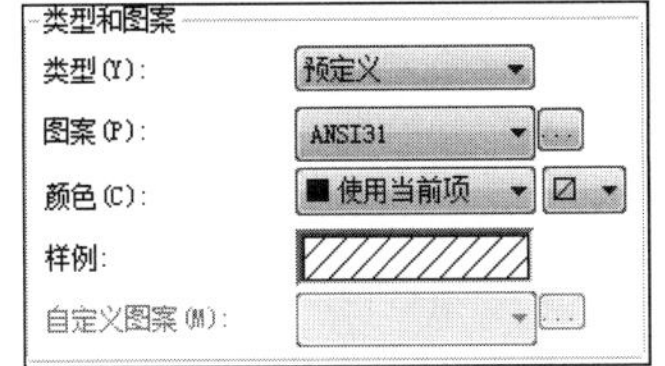

图 2-72　设置图案

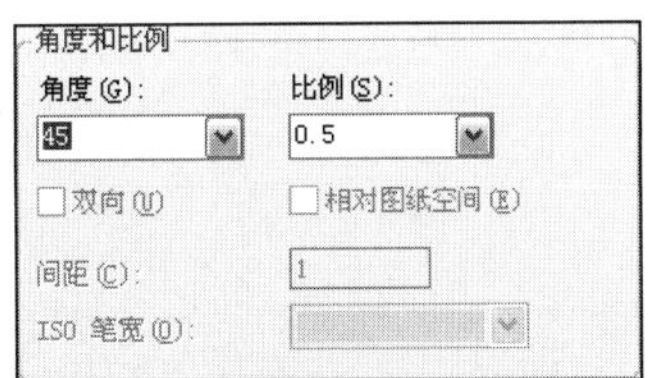

图 2-73　设置角度和比例

步骤 09　按 Enter 键结束命令，也可以右击弹出快捷菜单，选择“确认”命令，填充后的效果如图 2-75 所示。

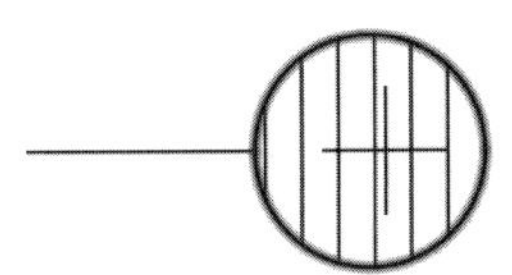

图 2-74　选取圆

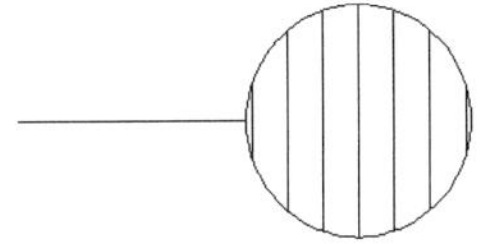

图 2-75　完成图案填充

2.2　电气零件常用符号的绘制

电气图图形符号是构成电气图的基本单元，正确、熟练地绘制各种电气图形符号是电气制图的基本功。下面使用本章所讲的基本绘图方法来绘制一些电气零件常用的符号。

2.2.1　电抗器符号的绘制

电抗器符号由一个3/4圆弧和3条直线段组成，如图2-76所示，因此绘制电抗器符号需要使用圆弧命令和直线命令。

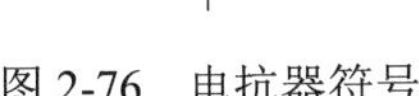

图 2-76　电抗器符号

步骤 01　单击“默认”选项卡|“绘图”面板上的“圆弧”按钮，绘制 3/4 圆弧，如图 2-77 所示。命令行提示如下：

```
命令：arc
指定圆弧的起点或 [圆心(C)]：100,100                //输入圆弧的起点坐标
指定圆弧的第二个点或 [圆心(C)/端点(E)]：110,100    //输入圆弧的第二点坐标
指定圆弧的端点：105,95                              //输入圆弧的第三点坐标
```

步骤 02　单击“默认”选项卡|“绘图”面板上的“直线”按钮，连续绘制两条直线段，如图 2-78 所示。命令行提示如下：

```
命令：line
指定第一点：                    //捕捉圆弧的水平端点，确定第一条直线段的第一点
指定下一点或[放弃(U)]：         //使捕捉圆弧圆心为第一条直线段的第二点
指定下一点或[放弃(U)]：@0,10    //竖直绘制第二条直线段
```

步骤 03　单击“默认”选项卡|“绘图”面板上的“直线”按钮，起点捕捉为圆弧的下方端点，沿竖直方向绘制第三条直线段，长度为 5，完成绘制。

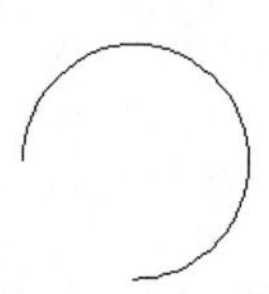

图 2-77　绘制 3/4 圆弧

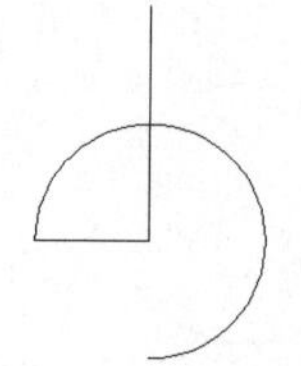

图 2-78　绘制两条直线段

2.2.2　电度表符号的绘制

电度表符号由加有一个直线段的矩形和文字符号组成，如图2-79所示，因此绘制此电度表符号需要使用矩形命令、直线命令和多行文字命令。多行文字命令将在后面章节中详细介绍。

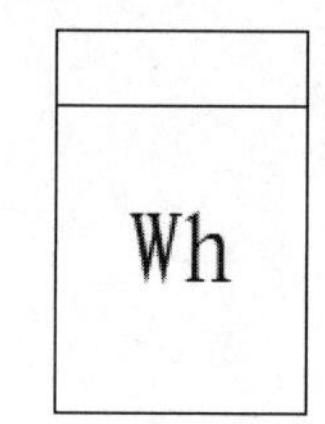

图 2-79　电度表符号

步骤01 单击“默认”选项卡|“绘图”面板上的“矩形”按钮，绘制一个长为 15、宽为 10 的矩形，如图 2-80 所示。命令行提示如下：

```
命令：rectang
指定第一个角点或 [倒角(C)/标高(E)/圆角(F)/厚度(T)/宽度(W)]：100, 100    //输入矩形的第一个角点
指定另一个角点或 [面积(A)/尺寸(D)/旋转(R)]：110, 115    //输入矩形的第二个角点
```

步骤02 单击“默认”选项卡|“绘图”面板上的“直线”按钮，在矩形中绘制一条沿水平方向长为 10 的直线段，如图 2-81 所示。命令行提示如下：

```
命令：line
指定第一点：100, 112                  //输入直线段的起点
指定下一点或[放弃(U)]：110,112        //输入直线段的终点
指定下一点或[放弃(U)]：               //按Enter键完成输入绘制
```

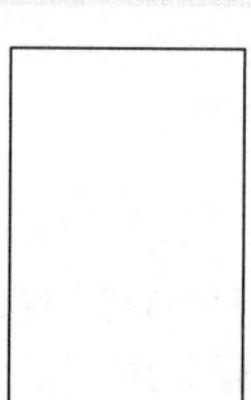

图 2-80　绘制矩形

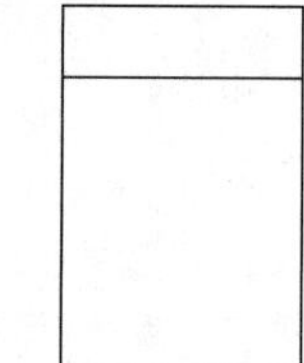

图 2-81　绘制水平直线段

步骤03 单击“注释”选项卡|“文字”面板上的“多行文字”按钮A，设置字体为“仿宋”，字高为 3，撰写文字符号，单击“确定”按钮完成电度表的绘制。（文字撰写部分可参考后面章节的单行文字或多行文字的创建。）

第3章 电气制图中的图形编辑

导言

在AutoCAD中，一些简单的图形可以通过基本的二维绘图命令进行绘制，而遇到比较复杂的图形，或者具有重复性、继承性的图形时，用户就需要使用各种各样的编辑命令来对基本图形进行编辑或对编辑后的图形进行再编辑，这也是计算机制图相对于手工制图的优势所在。

本章将讲解删除、复制、镜像、偏移、移动等基本的二维图形编辑方法，通过对本章内容的学习，用户应该能够熟练掌握二维制图中出现的不同编辑方法及其使用场合，并能够正确、灵活地使用编辑方法。

3.1 编辑修改

使用最方便的平面图形编辑命令是图标按钮格式，平面图形编辑命令的图标按钮集中在“默认”选项卡中的“修改”面板上，如图3-1所示。使用这些命令可以进行以下编辑方法：删除、复制、镜像、移动等，下面对其进行详细介绍。

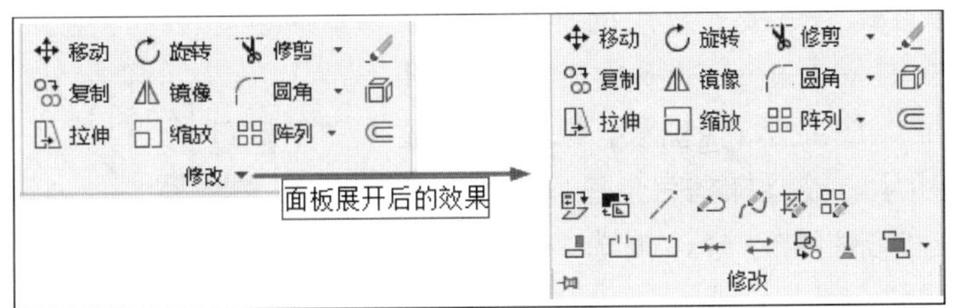

图 3-1 功能区“修改”面板

3.1.1 选择对象（SELECT）

在AutoCAD中，用户可以先输入命令，然后选择要编辑的对象；也可以先选择对象，然后进行编辑。用户可以结合自己的习惯和工作命令要求灵活使用这两种方法。

为了编辑方便，可将一些对象组成一组，这些对象可以是一个，也可以是多个，称之为选择集。用户在进行复制、粘贴等编辑操作时，都需要选择对象，也就是构造选择集。建立一个选择集后，可以将这一组对象作为一个整体进行操作。

需要选择对象时，在命令行中将出现提示，例如“选择对象:”。根据命令的要求，用户可选取线段、圆弧等对象，以进行后面的操作。

用户可以通过3种较常用的方式构造选择集：单击对象直接选择、窗口选择（左选）和交叉窗口选择（右选）。

1. 单击对象直接选择

当命令行提示“选择对象:”时，绘图区将出现拾取框光标，将光标移动到某个图形对象上，此时对象粗显，如图3-2（左）所示，单击则可选择对象，被选中的对象呈高亮蓝色显示，如图3-2（右）所示。

单击对象直接选择方式适用于构造对象较少的选择集的情况，对于构造对象较多的选择集的情况就需要使用另外两种选择方式了。

2. 窗口选择（左选）

当需要选择的对象较多时，可以使用窗口选择方式，这种选择方式与Windows的窗口选择类似。首先单击，从左向右上或右下拉出矩形选择框，此时选择框呈实线显示，选区呈蓝色背景显示，如图3-3（左）所示，被选择框完全包含的对象将被选择，被选中的对象呈高亮蓝色显示，如图3-2（右）所示。

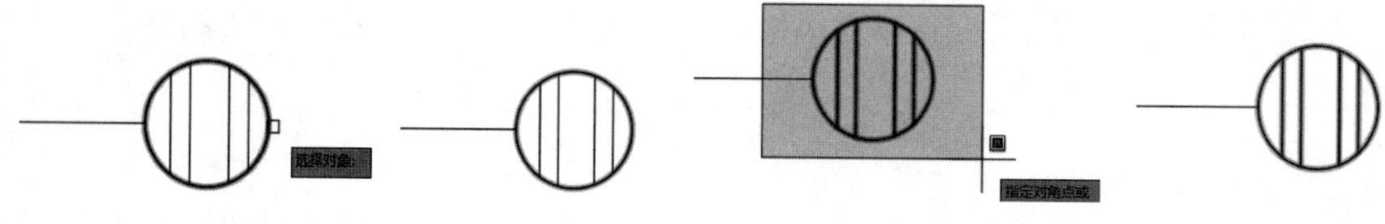

图 3-2　点选对象

图 3-3　窗口选择对象

3. 交叉窗口选择（右选）

交叉窗口选择方式也是极为常用的一种方式，单击鼠标左键，从右向左上或左下拉出矩形选择框，此时选择框呈虚线显示，选区呈绿色背景显示，如图3-4（左）所示，被选择框完全包含的对象和与矩形选择框相交的都将被选择，被选中的对象呈高亮蓝色显示，如图3-4（右）所示。

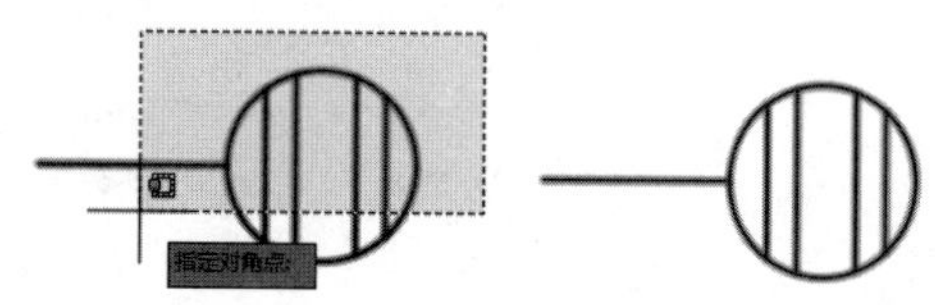

图 3-4　窗交选择对象

选择对象的方法有很多种，当对象处于被选择状态时，该对象呈高亮显示。如果是先选择后编辑，则被选择的对象上还将出现控制点。

在选择完图形对象后，用户可能还需要在选择集中添加或删除对象。需要添加图形对象时，可以采用如下方法：

- 按住 Shift 键，单击要添加的图形对象。
- 使用直接单击对象的选择方式选取要添加的图形对象。
- 在命令行中输入 A 命令，然后选择要添加的对象。

需要删除对象时，可以采用如下方法：

- 按住 Shift 键，单击要删除的图形对象。
- 在命令行中输入 R 命令，然后选择要删除的对象。

3.1.2 删除命令（ERASE）

“删除”命令是图形编辑中最常用的命令之一，其功能是从图形中删除多余的图形对象或错误的图形对象。

1. 执行方式

- 单击“默认”选项卡|“修改”面板上的“删除”按钮。
- 在命令行中输入 ERASE 后按 Enter 键。
- 在命令行输入命令简写 E 后按 Enter 键。

2. 命令提示

```
命令： erase
选择对象：    //在绘图区选择需要删除的对象（构造删除对象集）
选择对象：    //按Enter键完成对象选择，并同时完成对象删除
```

对于提示“选择对象”，用户可以使用上一节所介绍的选择对象的方法来选择编辑对象。选择对象完毕后，按Enter键确认完成对象的删除操作。

3. 应用举例

例 3-1 删除如图3-5（左）所示的二维平面图形圆。

步骤 01 选择要删除的圆，如图 3-5（中）所示。

步骤 02 单击“默认”选项卡|“修改”面板上的“删除”按钮，在命令行窗口出现以下提示：

```
命令： _erase 找到1个
```

步骤 03 完成删除操作，如图 3-5（右）所示。

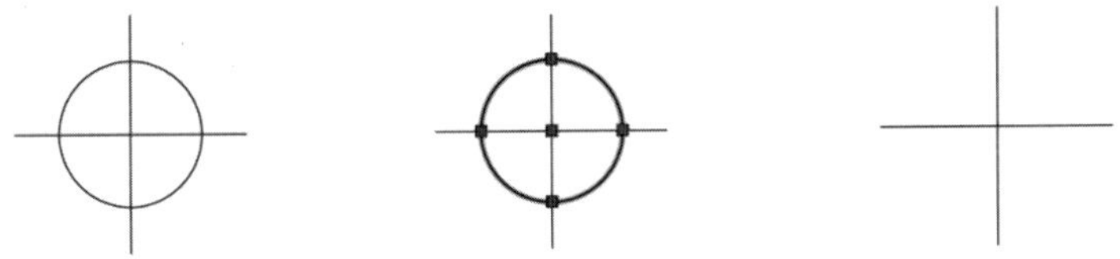

图 3-5 删除示例

3.1.3 复制命令（COPY）

“复制”命令用于将选择的图形对象复制到指定的位置，有单个复制和多个复制两种模式。

1. 执行方式

- 单击“默认”选项卡|“修改”面板上的“复制”按钮。

- 在命令行中输入 COPY 后按 Enter 键。
- 在命令行输入命令简写 CO 后按 Enter 键。

2. 命令提示

“复制”命令提供了“模式”选项来控制将对象复制一次还是多次，下面将分别讲解。

（1）单个复制。执行“复制”命令，命令行提示如下：

```
命令：_COPY
选择对象：找到1个                                    //在绘图区选择需要复制的对象
选择对象：                                          //按Enter键，完成对象选择
当前设置：  复制模式 = 单个
指定基点或 [位移(D)/模式(O)] <位移>: O                //输入O，表示选择复制模式
输入复制模式选项 [单个(S)/多个(M)] <多个>: S          //输入S，表示复制一个对象
指定基点或 [位移(D)/模式(O)/多个(M)] <位移>:         //在绘图区拾取或输入坐标确认复制对象的基点
指定第二个点或 [阵列(A)] <使用第一个点作为位移>:     //在绘图区拾取或输入坐标确定位移点
```

（2）多个复制。执行“复制”命令，命令行提示如下：

```
命令：_COPY
选择对象：找到1个                                    //在绘图区选择需要复制的对象
选择对象：                                          //按Enter键，完成对象选择
当前设置：  复制模式 = 单个
指定基点或 [位移(D)/模式(O)/多个(M)] <位移>: M       //输入M，表示选择多个复制模式
指定基点或 [位移(D)/模式(O)/多个(M)] <位移>:         //在绘图区拾取或输入坐标确认复制对象基点
指定第二个点或 [阵列(A)] <使用第一个点作为位移>:     //在绘图区拾取或输入坐标确定位移点
指定第二个点或 [阵列(A)/退出(E)/放弃(U)] <退出>:    //在绘图区拾取或输入坐标确定位移点
指定第二个点或 [阵列(A)/退出(E)/放弃(U)] <退出>:
```

3. 应用举例

例 3-2 绘制电感器符号。

步骤 01 单击“默认”选项卡|“绘图”面板上的“直线”按钮，绘制长度为 6 的竖直直线段；单击“默认”选项卡|“绘图”面板上的“圆弧”按钮，绘制半径为 1、角度为 180°的半圆弧，如图 3-6（左）所示。

步骤 02 选择半圆弧作为复制对象，如图 3-6（右）所示。

步骤 03 单击“默认”选项卡|“修改”面板上的“复制”按钮，进行半圆弧的复制。命令行提示如下：

```
命令：copy 找到1个
当前设置：  复制模式 = 单个
指定基点或 [位移(D)/模式(O)] <位移>: O                //选择模式
输入复制模式选项 [单个(S)/多个(M)] <单个>: M          //设置为多个连续复制模式
指定基点或 [位移(D)/模式(O)] <位移>:                 //拾取直线和半圆弧的交点为复制对象的基点
指定第二个点或 [阵列(A)] <使用第一个点作为位移>:     //拾取半圆弧的端点为第二个点
...
```

```
指定第二个点或 [阵列(A)/退出(E)/放弃(U)] <退出>:    //依次拾取到第五个点后，按Enter键完成复制，如图3-7和图3-8所示
```

图 3-6　绘制并选择对象　　图 3-7　复制第一个半圆弧　　图 3-8　复制出 4 个半圆弧

步骤 04　选择直线段，单击“默认”选项卡|“修改”面板上的“复制”按钮，进行直线段的复制。命令行提示如下：

```
命令: copy 找到1个
当前设置:  复制模式 = 多个
指定基点或 [位移(D)/模式(O)] <位移>:                //拾取直线和半圆弧的交点为复制对象的基点
指定第二个点或 [阵列(A)] <使用第一个点作为位移>:    //拾取第五个半圆弧的端点为第二个点
指定第二个点或 [阵列(A)/退出(E)/放弃(U)] <退出>:    //按Enter键完成复制，如图3-9和图3-10所示
```

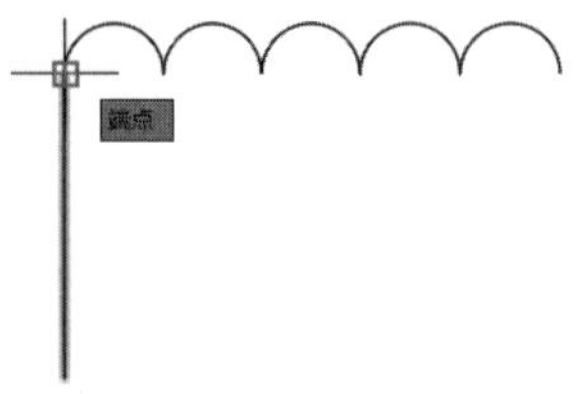

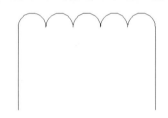

图 3-9　选择复制基点

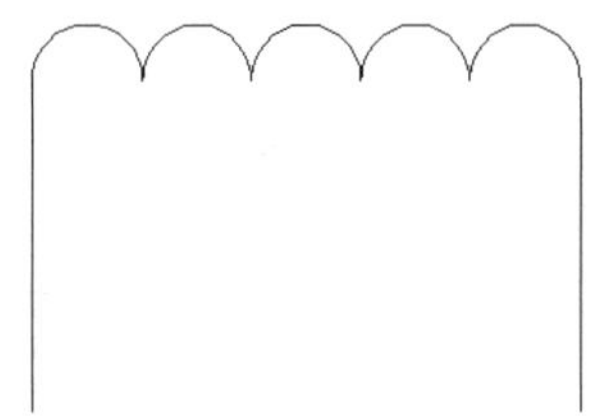

图 3-10　复制直线段

至此，完成电感器符号的绘制。

3.1.4　镜像命令（MIRROR）

镜像以指定轴为对称轴，使图形绕对称轴翻转，创建对称的图像。镜像对创建对称的对象非常有用，因为可以快速绘制半个对象，然后将其镜像，而不必绘制整个对象。

1. 执行方式

- 单击“默认”选项卡|“修改”面板上的“镜像”按钮。
- 在命令行中输入 MIRROR 后按 Enter 键。
- 在命令行输入命令简写 MI 后按 Enter 键。

2. 命令提示

```
命令: mirror
选择对象:                              //在绘图区选择需要镜像的对象
选择对象:                              //按Enter键，完成对象选择
```

```
指定镜像线的第一点:                           //指定镜像线，即对称轴的第一个点
指定镜像线的第二点:                           //指定镜像线的第二个点
要删除源对象吗? [是(Y)/否(N)] <N>:            //选择是否删除源对象
```

3. 参数说明

对于命令行提示“要删除源对象吗？[是(Y)/否(N)] <N>”，用户要选择是否删除源对象。如果选择“是”，则镜像的图像放置到图形中并删除原始对象；如果选择“否”，则将镜像的图像放置到图形中并保留原始对象。

4. 应用举例

例 3-3 绘制电流互感器符号。

步骤 01 单击“默认”选项卡|“绘图”面板上的“圆弧”按钮，绘制半径为 5、开口向右的半圆弧。

步骤 02 单击“默认”选项卡|“绘图”面板上的“直线”按钮，捕捉半圆弧的上端点为起点，沿水平方向向右，绘制长度为 10 的直线段。

步骤 03 单击“默认”选项卡|“绘图”面板上的“直线”按钮，捕捉半圆弧的下端点为起点，沿竖直方向向上，绘制长度为 20 的直线段，如图 3-11 所示。

步骤 04 选择以上所有的图形为镜像源对象，单击“默认”选项卡|“修改”面板上的“镜像”按钮，镜像对象。命令行提示如下：

```
命令: _mirror 找到 3个
指定镜像线的第一点:                    //捕捉半圆弧的下端点为镜像线的第一点，如图3-12所示
指定镜像线的第二点: <正交 开>          //单击状态栏中的“正交”按钮正交，打开正交模式，然后将
鼠标移放在右侧，单击选择在水平方向上的任一点为镜像线的第二点，如图3-13所示
要删除源对象吗? [是(Y)/否(N)] <N>: N  //选择不删除源对象，保留源对象，则完成电流互感器
的绘制，如图3-14所示
```

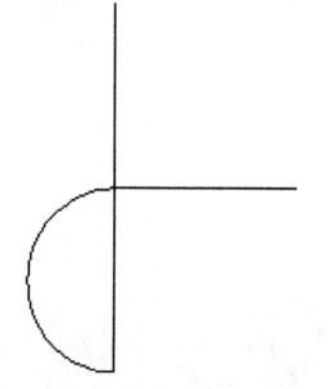

图 3-11 绘制电流互感器的一半

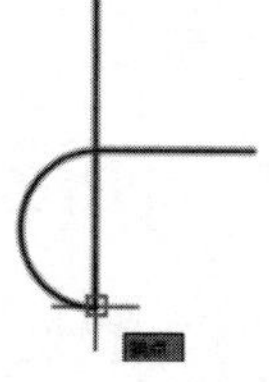

图 3-12 选择镜像线的第一点

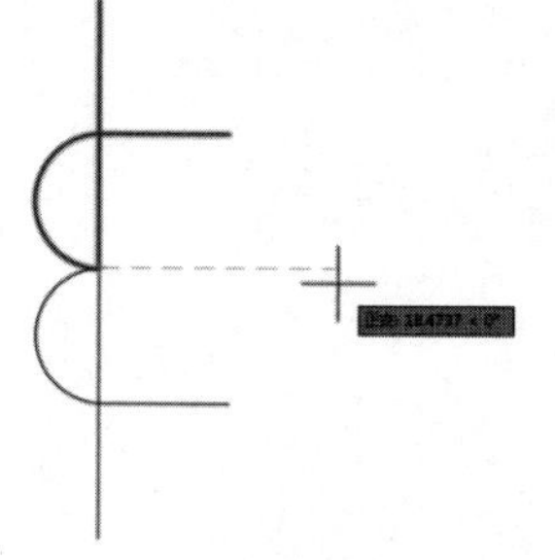

图 3-13 选择镜像线的第二点

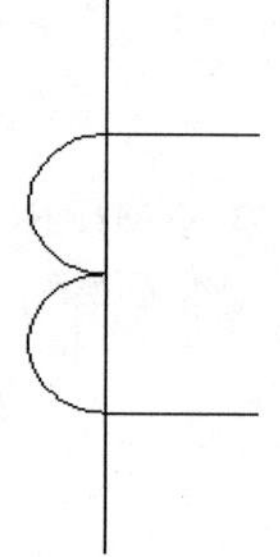

图 3-14 保留镜像源对象

默认情况下，镜像文字对象时，不更改文字的方向。如果确实要反转文字，可以将MIRRTEXT系统变量设置为1，例3-4将进行介绍。

例 3-4 镜像如图3-15所示的部分电路。

步骤 01 设置系统变量 MIRRTEXT 为 0 时，镜像电路，且不更改文字的方向，如图 3-16 所示。

步骤 02 设置系统变量 MIRRTEXT 为 1 时，镜像电路，且更改文字的方向，如图 3-17 所示。

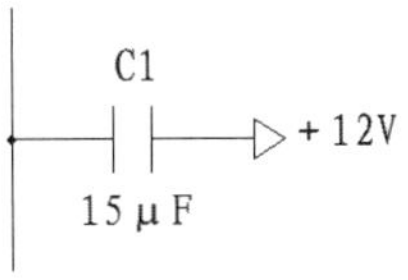

图 3-15 已知部分电路 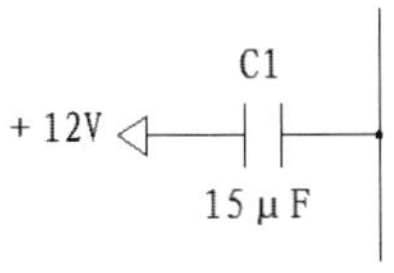　　图 3-16 文字方向不变的镜像 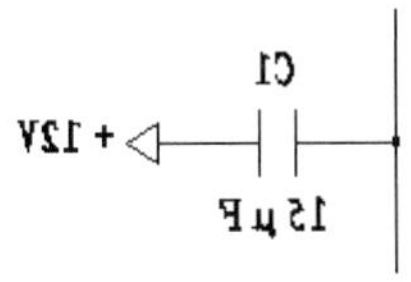　　图 3-17 文字方向改变的镜像

3.1.5 偏移命令（OFFSET）

偏移命令可以根据指定距离或通过点创建一个与原有图形对象平行或具有同心结构的形体，偏移的对象可以是直线段、射线、圆弧、圆、椭圆弧、椭圆、二维多段线和平面上的样条曲线等。

1. 执行方式

- 单击“默认”选项卡|“修改”面板上的“偏移”按钮⋐。
- 在命令行中输入 OFFSET 后按 Enter 键。
- 在命令行输入命令简写 O 后按 Enter 键。

2. 命令提示

```
命令：offset
当前设置：删除源=否　图层=源　OFFSETGAPTYPE=0
指定偏移距离或［通过(T)/删除(E)/图层(L)］<1.0000>：　　　　//设置需要偏移的距离
选择要偏移的对象，或［退出(E)/放弃(U)］<退出>：　　　　　　//在绘图区选择要偏移的对象
指定要偏移的那一侧上的点，或［退出(E)/多个(M)/放弃(U)］<退出>：　　//以偏移对象为基准，选择偏移的方向
```

3. 参数说明

对于命令行提示“指定偏移距离或 [通过(T)/删除(E)/图层(L)] <1.0000>”，用户可以指定偏移的方式或者设置其他选项。其他选项含义如下：

- 指定偏移距离：在距现有对象的指定偏移距离处创建对象。
- 通过（T）：创建通过指定点的对象。
- 删除（E）：偏移源对象后将其删除。
- 图层（L）：确定将偏移对象创建在当前图层上还是源对象所在的图层上。

4. 应用举例

例 3-5 绘制三极开关符号。

步骤 01 单击“默认”选项卡|“绘图”面板上的“直线”按钮，绘制一条沿 30° 角方向、长度为 6 的直线段，继续绘制一条沿–60° 角方向、长度为 1 的直线段，如图 3-18 所示。

步骤 02 单击“默认”选项卡|“修改”面板上的“偏移”按钮，进行偏移操作，结果如图 3-19 所示。命令行提示如下：

```
命令：offset
当前设置：删除源=否  图层=源  OFFSETGAPTYPE=0
指定偏移距离或 [通过(T)/删除(E)/图层(L)] <1.0000>：1  //设置需要偏移的距离
选择要偏移的对象，或 [退出(E)/放弃(U)] <退出>：       //在绘图区选择要偏移的对象
指定要偏移的那一侧上的点，或 [退出(E)/多个(M)/放弃(U)] <退出>： m //选择多个偏移方式
指定要偏移的那一侧上的点，或 [退出(E)/放弃(U)] <下一个对象>：    //指定偏移对象的下方为偏移方向（见图3-20）
指定要偏移的那一侧上的点，或 [退出(E)/放弃(U)] <下一个对象>：    //指定偏移对象的下方为偏移方向
指定要偏移的那一侧上的点，或 [退出(E)/放弃(U)] <下一个对象>： e   //完成偏移操作
```

图 3-18 绘制直线段

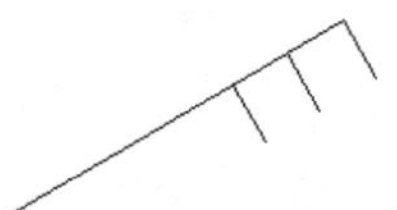

图 3-19 偏移直线段

步骤 03 单击“默认”选项卡|“绘图”面板上的“圆”按钮，绘制圆，如图 3-21 所示，完成三极开关的绘制。命令行提示如下：

```
命令：_circle
指定圆的圆心或 [三点(3P)/两点(2P)/切点、切点、半径(T)]：2p    //选择两点绘制圆模式
指定圆直径的第一个端点：                        //捕捉直线段的端点为圆的第一个端点
指定圆直径的第二个端点：@2<-150                 //输入圆直径的第二个端点，完成圆的绘制
```

图 3-20 指定偏移方向

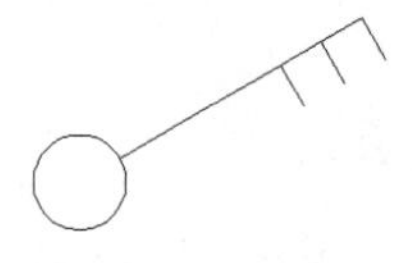

图 3-21 绘制圆

3.1.6 阵列命令（ARRAY）

“阵列”命令可以在矩形、环形（圆形）或者路径阵列中创建对象的副本。对于矩形阵列，可以控制行和列的数目以及它们之间的距离；对于环形阵列，可以控制对象副本的数目并决定是否旋转副本；对于线性阵列，可以沿路径或部分路径均匀分布对象副本。对于创建多个定间距的对象，阵列比复制要快。

1. 执行方式

- 单击“默认”选项卡|“修改”面板上的“矩形阵列”按钮、“环形阵列”按钮、“路径阵列”按钮。
- 在命令行中输入 ARRAY 后按 Enter 键。
- 在命令行输入命令简写 AR 后按 Enter 键。

2. 参数说明

下面根据阵列类型对各阵列操作进行介绍。

（1）矩形阵列

执行“矩形阵列”命令后，命令行提示如下：

```
命令: _ARRAYRECT
选择对象: 找到 1 个                                  //选择要阵列的对象
选择对象:                                            //按Enter键，完成选中
类型 = 矩形  关联 = 是
选择夹点以编辑阵列或 [关联(AS)/基点(B)/计数(COU)/间距(S)/列数(COL)/行数(R)/层数(L)/退出
(X)] <退出>: COL                                     //输入COL表示设置列数和列间距
输入列数数或 [表达式(E)] <4>: 4                      //设置列数为4
指定 列数 之间的距离或 [总计(T)/表达式(E)] <32.6283>: 20//设置列间距为20
选择夹点以编辑阵列或 [关联(AS)/基点(B)/计数(COU)/间距(S)/列数(COL)/行数(R)/层数(L)/退出
(X)] <退出>: R                                       //输入R，表示设置行数和行间距
输入行数数或 [表达式(E)] <3>: 3                      //设置行数为3
指定 行数 之间的距离或 [总计(T)/表达式(E)] <32.6283>: 15//设置行间距为15
指定 行数 之间的标高增量或 [表达式(E)] <0>:          //按Enter键，设置标高为0
选择夹点以编辑阵列或 [关联(AS)/基点(B)/计数(COU)/间距(S)/列数(COL)/行数(R)/层数(L)/退出
(X)] <退出>: X                                       //输入X，退出，完成阵列
```

当使用矩形阵列时，需要指定行数、列数、行间距和列间距（行间距和列间距可以不同），整个矩形可以按照某个角度旋转。

命令行中其他选项的含义如下：

- 基点（B）：表示指定阵列的基点。
- 角度（A）：输入 A，命令行要求指定行轴的旋转角度。
- 计数（C）：输入 C，命令行要求分别指定行数和列数。
- 间距（S）：输入 S，命令行要求分别指定行间距和列间距。
- 关联（AS）：输入 AS，用于指定创建的阵列项目是否作为关联阵列对象，或者是作为多个独立对象。
- 行数（R）：输入 R，命令行要求输入行数和行间距。
- 列数（C）：输入 C，命令行要求输入列数和列间距。
- 层数（L）：输入 L，命令行要求指定在 Z 轴方向上的层数和层间距。

（2）环形阵列

执行“环形阵列”命令后，命令行提示如下：

```
命令：_ARRAYPOLAR
选择对象：指定对角点：找到 3 个                                //选择要阵列的对象
选择对象：                                                    //按Enter键，完成选择
类型 = 极轴  关联 = 是
指定阵列的中心点或 [基点(B)/旋转轴(A)]：                      //拾取阵列中心点
选择夹点以编辑阵列或 [关联(AS)/基点(B)/项目(I)/项目间角度(A)/填充角度(F)/行(ROW)/层(L)/旋转项目(ROT)/退出(X)] <退出>：I          //输入I，设置项目数
输入阵列中的项目数或 [表达式(E)] <6>：6                        //输入项目数
选择夹点以编辑阵列或 [关联(AS)/基点(B)/项目(I)/项目间角度(A)/填充角度(F)/行(ROW)/层(L)/旋转项目(ROT)/退出(X)] <退出>：F          //输入F，设置填充角度
指定填充角度(+=逆时针、-=顺时针)或 [表达式(EX)] <360>：  //按Enter键，默认填充角度为360°
选择夹点以编辑阵列或 [关联(AS)/基点(B)/项目(I)/项目间角度(A)/填充角度(F)/行(ROW)/层(L)/旋转项目(ROT)/退出(X)] <退出>：            //按Enter键，完成环形阵列
```

在AutoCAD 2021版本中，“旋转轴”表示指定由两个指定点定义的自定义旋转轴，对象绕旋转轴阵列；“基点”选项用于指定阵列的基点；“行”选项用于编辑阵列中的行数和行间距，以及它们之间的增量标高；“旋转项目”选项用于控制在排列项目时是否旋转项目。

（3）路径阵列

执行“路径阵列”命令后，命令行提示如下：

```
命令：_ARRAYPATH
选择对象：找到 1 个                                  //选择需要阵列的对象
选择对象：                                           //按Enter键，完成选择
类型 = 路径  关联 = 是
选择路径曲线：                                       //选择路径曲线
选择夹点以编辑阵列或 [关联(AS)/方法(M)/基点(B)/切向(T)/项目(I)/行(R)/层(L)/对齐项目(A)/Z方向(Z)/退出(X)] <退出>：B
指定基点或 [关键点(K)] <路径曲线的终点>：       //拾取基点，阵列时，基点将与路径曲线的起点重合
选择夹点以编辑阵列或 [关联(AS)/方法(M)/基点(B)/切向(T)/项目(I)/行(R)/层(L)/对齐项目(A)/Z方向(Z)/退出(X)] <退出>：M          //输入M，设置路径阵列的方法
输入路径方法 [定数等分(D)/定距等分(M)] <定距等分>：D      //输入D，表示在路径上按照定数等分的方式阵列
选择夹点以编辑阵列或 [关联(AS)/方法(M)/基点(B)/切向(T)/项目(I)/行(R)/层(L)/对齐项目(A)/Z方向(Z)/退出(X)] <退出>：I              //输入I，设置定数等分的项目数
输入沿路径的项目数或 [表达式(E)] <255>：8                 //输入项目数
选择夹点以编辑阵列或 [关联(AS)/方法(M)/基点(B)/切向(T)/项目(I)/行(R)/层(L)/对齐项目(A)/Z方向(Z)/退出(X)] <退出>：                //按Enter键，完成阵列
```

3. 应用举例

例 3-6 使用矩形阵列方法绘制多极开关符号。

步骤01 单击“默认”选项卡|“绘图”面板上的“直线”按钮，绘制一条沿竖直方向、长度为5的直线段，继续绘制一条沿135°角方向、长度为5的直线段，如图3-22所示。

步骤02 单击“默认”选项卡|“修改”面板上的“复制”按钮，执行“复制”命令。命令行提示如下：

```
当前设置: 复制模式 = 多个
指定基点或 [位移(D)/模式(O)] <位移>:            //捕捉竖直直线段的起始点为复制基点
指定第二个点或 [阵列(A)] <使用第一个点作为位移>:9 <正交 开>
//沿竖直方向，在与原线段距离为9的位置进行复制
指定第二个点或 [阵列(A)/退出(E)/放弃(U)] <退出>:  //按Enter键完成复制，如图3-23所示
```

步骤 03 单击“默认”选项卡|“修改”面板上的“矩形阵列”按钮，选择图 3-24 所示的对象进行阵列。命令行提示如下：

图 3-22　绘制直线段　　图 3-23　复制直线段

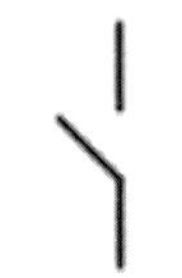

图 3-24　选择阵列对象

```
命令: _arrayrect
选择对象:              //选择如图3-24所示的图形为阵列对象
选择对象:                                          //按Enter键，完成对象选择
类型 = 矩形  关联 = 是
选择夹点以编辑阵列或 [关联(AS)/基点(B)/计数(COU)/间距(S)/列数(COL)/行数(R)/层数(L)/
退出(X)] <退出>:                                    //输入COL表示设置列数和列间距
输入列数数或 [表达式(E)] <4>: 3                     //设置列数为3
指定 列数 之间的距离或 [总计(T)/表达式(E)] <32.6283>: 20   //设置列间距为5
选择夹点以编辑阵列或 [关联(AS)/基点(B)/计数(COU)/间距(S)/列数(COL)/行数(R)/层数(L)/
退出(X)] <退出>: R                                  //输入R，表示设置行数和行间距
输入行数数或 [表达式(E)] <3>: 1//设置行数为1
指定 行数 之间的距离或 [总计(T)/表达式(E)] <32.6283>:  //直接按回车键，不设置
指定 行数 之间的标高增量或 [表达式(E)] <0>:           //按Enter键，设置标高为0
选择夹点以编辑阵列或 [关联(AS)/基点(B)/计数(COU)/间距(S)/列数(COL)/行数(R)/层数(L)/
退出(X)] <退出>: X                    //输入X，退出，完成阵列，效果如图3-25所示
```

步骤 04 单击“默认”选项卡|“绘图”面板上的“直线”按钮，捕捉最左边斜线段的中点作为下一条直线段的起点，捕捉最右边斜线段的中点作为下一条直线段的终点，沿水平方向绘制一条虚线直线段，虚线线型设置为 DASHEDX2，线型比例为 0.1（线型设置在后面章节中讲述），如图 3-26 所示，完成多极开关的绘制。

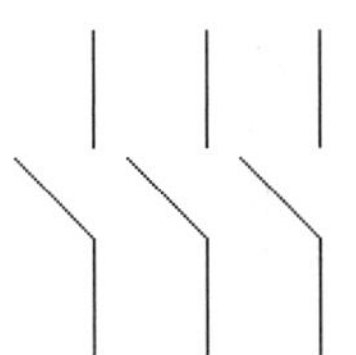

图 3-25　矩形阵列线段

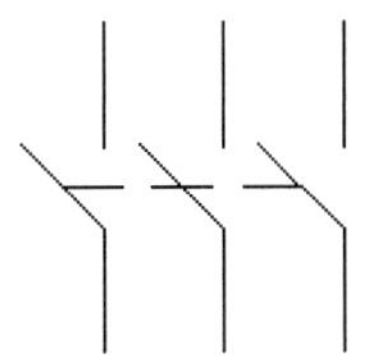

图 3-26　绘制虚线

例 3-7 使用环形阵列方法绘制三绕组变压器符号。

步骤 01 单击“默认”选项卡|“绘图”面板上的“圆”按钮，以点（100,100）为圆心，绘制一个半径为 5 的圆。

步骤02 单击“默认”选项卡|“修改”面板上的“环形阵列”按钮，命令行提示如下：

```
命令: _arraypolar
选择对象: 找到 1 个                                   //选择步骤1绘制的圆为阵列对象
选择对象:                                             //按Enter键，完成对象选择
类型 = 极轴  关联 = 是
指定阵列的中心点或 [基点(B)/旋转轴(A)]: 100,96        //输入阵列的中心点
选择夹点以编辑阵列或 [关联(AS)/基点(B)/项目(I)/项目间角度(A)/填充角度(F)/行(ROW)/层
(L)/旋转项目(ROT)/退出(X)] <退出>: I                  //输入I，设置项目数
输入阵列中的项目数或 [表达式(E)] <6>:3                //输入项目数
选择夹点以编辑阵列或 [关联(AS)/基点(B)/项目(I)/项目间角度(A)/填充角度(F)/行(ROW)/层
(L)/旋转项目(ROT)/退出(X)] <退出>: F                  //输入F，设置填充角度
指定填充角度(+=逆时针、-=顺时针)或[表达式(EX)] <360>: //按Enter键，默认填充角度为360°
选择夹点以编辑阵列或 [关联(AS)/基点(B)/项目(I)/项目间角度(A)/填充角度(F)/行(ROW)/层
(L)/旋转项目(ROT)/退出(X)] <退出>:         //按Enter键，完成环形阵列，效果如图3-27所示
```

步骤03 单击“默认”选项卡|“绘图”面板上的“直线”按钮，捕捉上边圆的上象限点作为直线段的起点，沿竖直方向向上，绘制长为 5 的直线段，如图 3-28 所示。

步骤04 单击“默认”选项卡|“绘图”面板上的“直线”按钮，捕捉左边圆的下象限点作为直线段的起点，沿竖直方向向下，绘制长为 5 的直线段。

步骤05 单击“默认”选项卡|“绘图”面板上的“直线”按钮，捕捉右边圆的下象限点作为直线段的起点，沿竖直方向向下，绘制长为 5 的直线段，如图 3-29 所示，则三绕组变压器符号绘制完成。

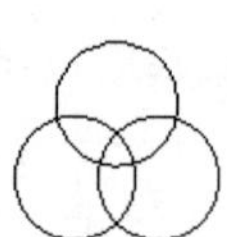
图 3-27　环形阵列圆

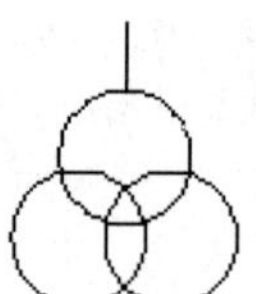
图 3-28　绘制第一条直线

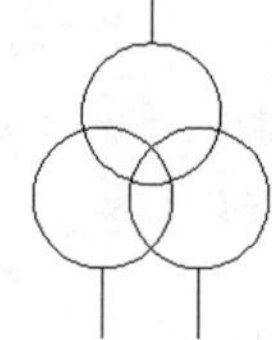
图 3-29　绘制第二、三条直线

3.1.7　移动命令（MOVE）

“移动”命令主要用于改变选定对象的位置，在具体操作过程中通常配合“对象捕捉”或坐标输入功能定位目标点。

1. 执行方式

- 单击“默认”选项卡|“修改”面板上的“移动”按钮。
- 在命令行中输入 MOVE 后按 Enter 键。
- 在命令行输入命令简写 M 后按 Enter 键。

2. 命令提示

```
命令: move
选择对象:                                  //在绘图区选择需要移动的对象
```

```
选择对象：                                   //按Enter键，完成对象选择
指定基点或 [位移(D)] <位移>:                  //拾取或输入坐标确认移动对象的基点，或选择位移模式
指定第二个点或 <使用第一个点作为位移>:          //在绘图区拾取或输入坐标确定位移点
```

3. 参数说明

对于命令行提示“指定基点或［位移(D)］〈位移〉”，用户可以指定移动对象的基点，或者选择“位移”，通过指定矢量位移来确定移动方向和位置。

4. 应用举例

例 3-8 移动如图3-2所示的二维平面图形圆。

步骤01 选择要移动的圆，如图 3-30 所示。

步骤02 单击“默认”选项卡|“修改”面板上的“移动”按钮，完成移动操作，如图 3-31 所示。命令行提示如下：

```
命令：move
指定基点或 [位移(D)] <位移>:                  //拾取圆心为移动基点，或选择位移模式
指定第二个点或 <使用第一个点作为位移>:          //在绘图区拾取或输入坐标确定位移点
```

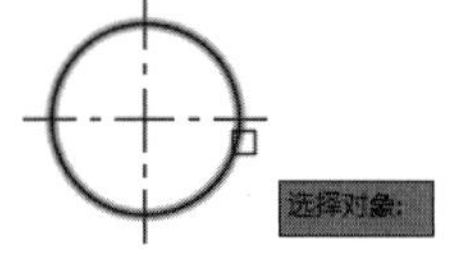

图 3-30　捕捉移动基点

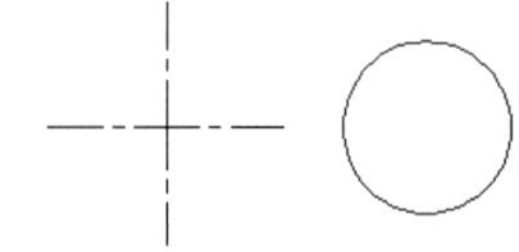

图 3-31　完成移动操作

3.1.8 旋转命令（ROTATE）

“旋转”命令可以改变对象的方向，并按指定的基点和角度定位新的方向。在旋转对象的过程中还可以将对象旋转复制，如图3-32所示。

图 3-32　旋转复制示例

1. 执行方式

- 单击“默认”选项卡|“修改”面板|“旋转”按钮。
- 在命令行中输入 ROTATE 后按 Enter 键。
- 在命令行输入命令简写 RO 后按 Enter 键。

2. 命令提示

```
命令：rotate
UCS 当前的正角方向：  ANGDIR=逆时针  ANGBASE=0
```

```
选择对象:                                    //选择图3-32（左）所示的矩形
选择对象:                                    //按Enter键，完成对象选择
指定基点:                                    //捕捉矩形左下角点作为旋转对象的基点
指定旋转角度，或 [复制(C)/参照(R)] <0>:        //C Enter，激活“复制”选项
指定旋转角度，或 [复制(C)/参照(R)] <0>:        //按Enter键，旋转结果如图3-32（右）所示
```

3. 参数说明

对于命令行提示“指定旋转角度，或[复制(C)/参照(R)] <0>”，用户可以输入决定对象绕基点旋转的角度，或者选择其他选项。其他选项含义如下：

- 复制（C）：创建要旋转的选定对象的副本。
- 参照（R）：将对象从指定的角度旋转到新的绝对角度。

4. 应用举例

例 3-9 使用旋转方法绘制两电阻电路符号。

步骤01 单击“默认”选项卡|“绘图”面板上的“矩形”按钮，绘制一个长为 10、宽为 5 的矩形。

步骤02 单击“默认”选项卡|“绘图”面板上的“直线”按钮，捕捉矩形左边线中点为起点，沿水平方向向左，绘制长度为 10 的水平直线段；单击“默认”选项卡|“绘图”面板上的“直线”按钮，捕捉矩形右边线中点为起点，沿水平方向向右，绘制长度为 5 的水平直线段，如图 3-33 所示。

步骤03 单击“默认”选项卡 |“修改”面板 |“旋转”按钮，进行旋转操作，命令行提示如下：

```
命令: _rotate
UCS 当前的正角方向: ANGDIR=逆时针  ANGBASE=0
选择对象:                                    //选择刚绘制的矩形和直线
选择对象:                                    //按Enter键，结束选择
指定基点:                                    //捕捉左侧直线的左端点
指定旋转角度，或 [复制(C)/参照(R)] <0>:       //C Enter，激活“复制”选项
旋转一组选定对象
指定旋转角度，或 [复制(C)/参照(R)] <0>:       //90 Enter，结束命令，旋转结果图3-34所示
```

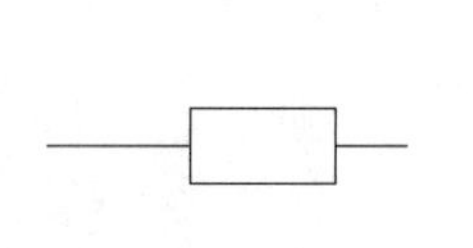

图 3-33　绘制矩形和直线

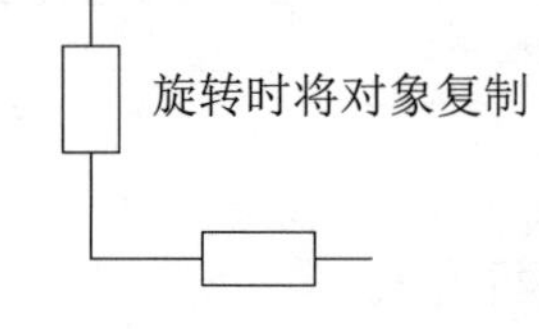

图 3-34　完成旋转操作

3.1.9　缩放命令（SCALE）

“缩放”命令是指将选择的图形对象按比例均匀地放大或缩小，可以通过指定基点和长度（被用作基于当前图形单位的比例因子）或输入比例因子来缩放对象，也可以为对象指定当前长度和新长度。大于1的比例因子使对象放大，介于0～1的比例因子使对象缩小。

1. 执行方式

- 单击“默认”选项卡|“修改”面板上的“缩放”按钮。
- 在命令行中输入 SCALE 后按 Enter 键。
- 在命令行输入命令简写 SC 后按 Enter 键。

2. 命令提示

```
命令： scale
选择对象：                                          //在绘图区选择需要缩放的对象
选择对象：                                          //按Enter键，完成对象选择
指定基点：                                          //拾取或输入坐标确认缩放对象的基点
指定比例因子或 [复制(C)/参照(R)] <1.0000>：         //输入缩放比例
```

3. 参数说明

对于命令行提示“指定比例因子或 [复制(C)/参照(R)] <1.0000>”，用户可以指定比例因子，或者选择其他选项。其他选项含义如下：

- 复制（C）：创建要缩放的选定对象的副本。
- 参照（R）：指定参照长度和一个新长度，以这两个长度的比值为比例因子来缩放所选对象。

4. 应用举例

例 3-10 使用缩放方法绘制两个大小不同的电阻电路符号。

步骤 01 单击“默认”选项卡|“绘图”面板上的“矩形”按钮，绘制一个长为 10、宽为 5 的矩形。

步骤 02 单击“默认”选项卡|“绘图”面板上的“直线”按钮，捕捉矩形左边线中点为起点，沿水平方向向左，绘制长度为 10 的水平直线段；单击“默认”选项卡|“绘图”面板上的“直线”按钮，捕捉矩形右边线中点为起点，沿水平方向向右，绘制长度为 5 的水平直线段，如图 3-33 所示。

步骤 03 单击“默认”选项卡|“修改”面板上的“缩放”按钮，进行缩放操作，缩放后完成绘制，如图 3-35（a）所示。命令行提示如下：

```
命令：scale
选择对象：                                              //在绘图区选择以上绘制的图形为缩放
对象
选择对象：                                              //按Enter键，完成对象选择
指定基点：                                              //捕捉长度为10的水平直线段的左边端
点为基点
指定比例因子或 [复制(C)/参照(R)] <1.0000>: c            //选择复制模式
缩放一组选定对象                                        //提示已选定对象
指定比例因子或 [复制(C)/参照(R)] <1.0000>:  0.5         //将选定对象缩小0.5倍
```

步骤 04 单击“默认”选项卡|“修改”面板上的“移动”按钮，命令行提示如下：

```
命令：move
选择对象：                        //在绘图区选择步骤（3）缩放对象得到的缩小图形为移动对象
```

```
选择对象:                          //按Enter键，完成对象选择
指定基点或 [位移(D)] <位移>:        //捕捉长度为10的水平直线段的左边端点为基点
指定第二个点或 <使用第一个点作为位移>: <正交 开>  10  //单击状态栏中的“正交”按钮 正交，
打开正交模式，沿竖直方向，移动至与第一点距离为10的位置，绘制结果如图3-35 (b) 所示
```

（a）缩放操作　　（b）移动操作

图 3-35　缩放、移动电阻电路符号

3.1.10　修剪命令（TRIM）

“修剪”命令可以将选定对象在指定边界一侧的部分剪切掉，修剪对象包括直线、射线、圆弧、椭圆弧、二维或三维多段线、构造线、样条曲线等。有效的边界包括直线、射线、圆弧、椭圆弧、二维或三维多段线、构造线、填充区域等。

1. 执行方式

- 单击“默认”选项卡|“修改”面板上的“修剪”按钮。
- 在命令行中输入 TRIM 后按 Enter 键。
- 在命令行输入命令简写 TR 后按 Enter 键。

2. 快速修剪模式

“修剪”命令有“快速”和“标准”两种修剪式。快速模式下的修剪可以不需要事先指定剪切边界，只需在需要修剪的部分单击即可。命令行提示如下：

```
命令: _trim
当前设置: 投影=UCS,边=无,模式=快速
选择要修剪的对象，或按住 Shift 键选择要延伸的对象或[剪切边(T)/窗交(C)/模式(O)/投影(P)/删除
(R)]:                    //指定第1点，或直接单击需要修剪掉的图线
选择要修剪的对象，或按住 Shift 键选择要延伸的对象或 [剪切边(T)/窗交(C)/模式(O)/投影(P)/删
除(R)/放弃(U)]:          //指定第2点，结果与绘制的栏选虚线相交的图线都被修剪掉，如图3-36所示
...
选择要修剪的对象，或按住 Shift 键选择要延伸的对象或[剪切边(T)/窗交(C)/模式(O)/投影(P)/删除
(R)/放弃(U)]:            //按Enter键，结束命令，快速模式下的修剪操作。
```

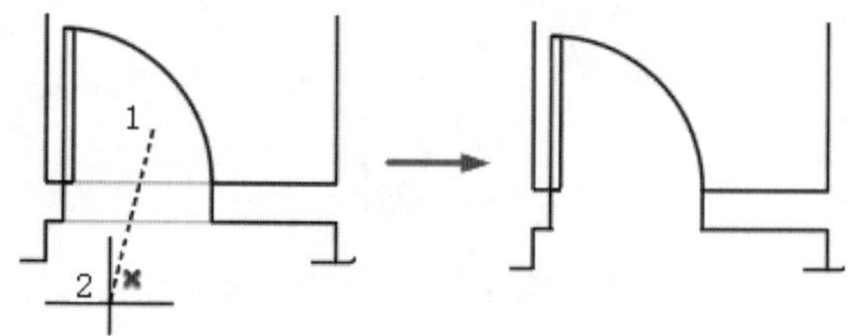

图 3-36　不同的偏移效果

3. 标准修剪模式

标准模式下的修剪，可以设置边的延伸模式，即需要修剪的对象与剪切边界没有相交，而是与剪切边界的延长线相交，如图3-37所示。此时需要在标准模式下将边的不延伸修改为“延伸”。

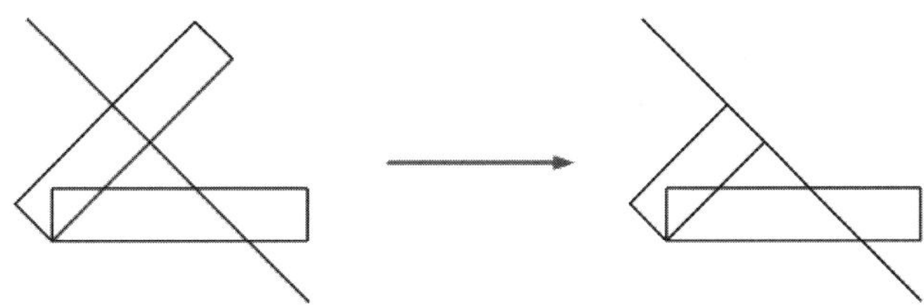

图 3-37　修剪示例

单击“修改”面板|“修剪”按钮，命令行提示如下：

```
命令: _trim
当前设置: 投影=UCS,边=无,模式=快速
选择要修剪的对象，或按住 Shift 键选择要延伸的对象或[剪切边(T)/窗交(C)/模式(O)/投影(P)/删除(R)]:                //O Enter，激活“模式”选项
输入修剪模式选项 [快速(Q)/标准(S)] <快速(Q)>:      //S Enter，激活“标准”选项
选择要修剪的对象，或按住 Shift 键选择要延伸的对象或[剪切边(T)/栏选(F)/窗交(C)/模式(O)/投影(P)/边(E)/删除(R)/放弃(U)]:               //E Enter，激活“边”选项
输入隐含边延伸模式 [延伸(E)/不延伸(N)] <不延伸>:   //E Enter，设置边的延伸模式
选择要修剪的对象，或按住 Shift 键选择要延伸的对象或[剪切边(T)/栏选(F)/窗交(C)/模式(O)/投影(P)/边(E)/删除(R)/放弃(U)]:               //T Enter，激活“剪切边”选项
当前设置: 投影=UCS,边=延伸,模式=标准
选择剪切边...
选择对象或 <全部选择>:                  //选择倾斜直线作为剪切边界
选择对象:                               //按Enter键，结束对象的选择
选择要修剪的对象，或按住 Shift 键选择要延伸的对象或[剪切边(T)/栏选(F)/窗交(C)/模式(O)/投影(P)/边(E)/删除(R)]:          //在倾斜直线的右端单击矩形，指定修剪部位
选择要修剪的对象，或按住 Shift 键选择要延伸的对象或[剪切边(T)/栏选(F)/窗交(C)/模式(O)/投影(P)/边(E)/删除(R)/放弃(U)]:    //按Enter键，结束命令，修剪结果如图3-37所示
```

4. 参数说明

- “剪切边（T）”选项：用于指定一个或多个对象作为修剪边界。
- “栏选（F）”选项：用于选择与选择栏相交的所有对象。绘制的选择栏是一系列临时虚线显示的线段，它们是由两个或多个栏选点指定的。
- “窗交（C）”选项：用于选择矩形区域（由两点确定）内部或与矩形选择框相交的对象。
- “模式（O）”选项：用于切换修剪模式，即快速模式和标准模式两种。默认设置下为快速修剪模式，该模式使用所有对象作为潜在剪切边,或设置为“标准”，该模式将提示选择剪切边。
- “投影（P）”选项：可以指定执行修剪的空间，主要应用于三维空间中两个对象的修剪，可将对象投影到某一个平面上执行修剪操作。

- “边（E）”选项：选择该选项后，命令行提示“输入隐含边延伸模式[延伸(E)/不延伸(N)]<不延伸>：”。如果选择“延伸（E）”选项，当剪切边太短而且没有与被修剪对象相交时，可延伸修剪边，然后进行修剪；如果选择“不延伸（N）”选项，只有当剪切边与被修剪对象真正相交时，才可以进行修剪。
- “删除（R）”选项：用于删除选定的对象。此选项提供了一种用来删除不需要的对象的简便方式，而无须退出“修剪”命令。
- “放弃（U）”选项：用于取消最近一次的操作。

5. 应用举例

例 3-11 使用修剪方法绘制带接地插孔的三相插座符号。

步骤 01 单击“默认”选项卡|“绘图”面板上的“圆弧”按钮，绘制半径为 5、开口向下的 1/4 圆弧。

步骤 02 单击“默认”选项卡|“绘图”面板上的“直线”按钮，捕捉半圆弧的左端点为起点，沿竖直方向向下，绘制长度为 3 的直线段。

步骤 03 单击“默认”选项卡|“绘图”面板上的“直线”按钮，捕捉半圆弧的左端点为起点，沿角度为 120° 方向向上，绘制长度为 10 的直线段。

步骤 04 单击“默认”选项卡|“绘图”面板上的“直线”按钮，捕捉半圆弧的右端点为起点，沿水平方向向左，绘制长度为 20 的直线段。

步骤 05 单击“默认”选项卡|“绘图”面板上的“直线”按钮，捕捉半圆弧的右端点为起点，沿竖直方向向上，绘制长度为 10 的直线段，如图 3-38 所示。

步骤 06 单击“默认”选项卡|“修改”面板上的“修剪”按钮，对水平图线进行修剪，命令行提示如下：

```
命令: _trim
当前设置: 投影=UCS,边=延伸,模式=标准
选择剪切边...
选择对象或 [模式(O)] <全部选择>:              //选择图3-37所示的倾斜图线作为边界
选择对象:                                    //按Enter键，结束选择
选择要修剪的对象，或按住 Shift 键选择要延伸的对象或 [剪切边(T)/栏选(F)/窗交(C)/模式
(O)/投影(P)/边(E)/删除(R)]:                   //在水平图线的左端单击，指定修剪位置
选择要修剪的对象，或按住 Shift 键选择要延伸的对象或 [剪切边(T)/栏选(F)/窗交(C)/模式
(O)/投影(P)/边(E)/删除(R)/放弃(U)]:           //按Enter键，结束修剪，修剪结果如图3-39所示
```

步骤 07 单击“默认”选项卡|“修改”面板上的“镜像”按钮，以长度为 10 的竖直直线段为镜像线，选择其余图形为镜像对象进行镜像，生成如图 3-40 所示的图形，完成带接地插孔的三相插座符号的绘制。

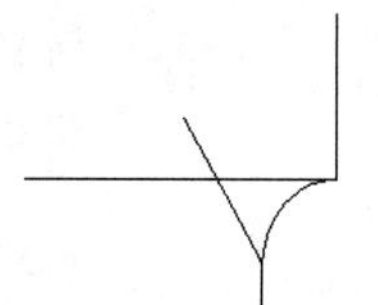
图 3-38　绘制圆弧及直线段

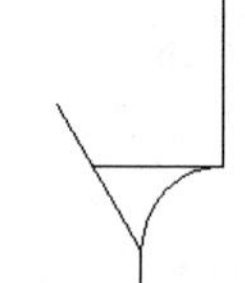
图 3-39　修剪结果

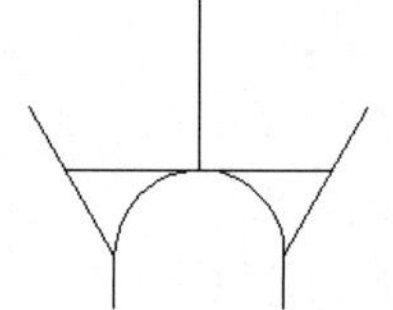
图 3-40　完成镜像操作

3.1.11 延伸命令（EXTEND）

“延伸”命令可以将选定的对象延伸至指定的边界上，用户可以将所选的直线、射线、圆弧、椭圆弧、非封闭的二维或三维多段线延伸到指定的直线、射线、圆弧、椭圆弧、圆、椭圆、二维或三维多段线、构造线和区域等上面。

1. 执行方式

- 单击“默认”选项卡|“修改”面板上的“延伸”按钮。
- 在命令行中输入 EXTEND 后按 Enter 键。
- 在命令行输入命令简写 EX 后按 Enter 键。

2. 快速延伸模式

默认设置下为快速延伸模式，此种模式不需要事先指定延伸边界，只需要选择需要延伸的对象，即可将其延伸至最近的边界并与其相交。此种模式需要边界与对象延长后存在一个实际的交点，如图3-41所示的图形中，只能将水平图形延伸至倾斜图线上，而不能将垂直图线延伸至倾斜图线上。

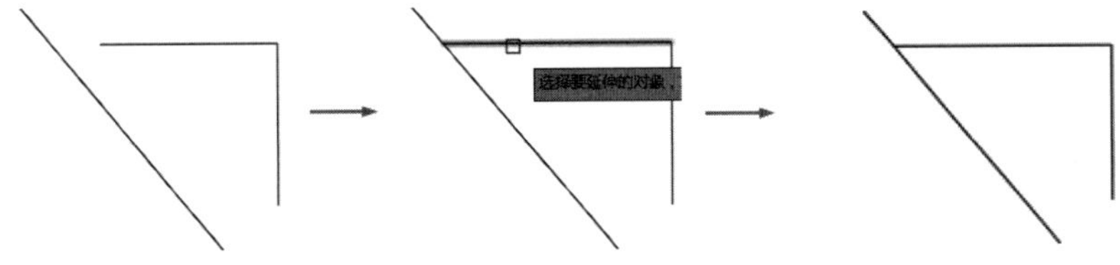

图 3-41　快速模式下的延伸

单击“修改”面板|“延伸”按钮，命令行提示如下：

```
命令: _extend
当前设置: 投影=UCS,边=无,模式=快速
选择要延伸的对象，或按住 Shift 键选择要修剪的对象或 [边界边(B)/窗交(C)/模式(O)/投影(P)]:
                    //在水平图线的左端单击，结果水平图形延伸至倾斜图线并与其相交
选择要延伸的对象，或按住 Shift 键选择要修剪的对象或 [边界边(B)/窗交(C)/模式(O)/投影(P)/放弃(U)]:
                    //继续选择需要延伸的对象或按Enter键结束命令
选择要延伸的对象，或按住 Shift 键选择要修剪的对象或 [边界边(B)/窗交(C)/模式(O)/投影(P)/放弃(U)]:
                    //继续选择需要延伸的对象或按Enter键结束命令
```

3. 标准延伸模式

标准模式下的延伸操作需要指定延伸边界。另外，当延伸边界边与对象延长线没有实际的交点，而是边界被延长后，与对象延长线存在一个隐含交点，那么此时需要更改延伸模式为“标准”模式，更改“边”为“延伸”。命令行提示如下：

```
命令: _extend
当前设置: 投影=UCS,边=无,模式=快速
选择要延伸的对象，或按住 Shift 键选择要修剪的对象或[边界边(B)/窗交(C)/模式(O)/投影(P)]:
//O Enter，激活“模式”选项
```

```
输入延伸模式选项 [快速(Q)/标准(S)] <快速(Q)>:  //S Enter，激活"标准"选项，设置延伸模式
选择要延伸的对象，或按住 Shift 键选择要修剪的对象或[边界边(B)/栏选(F)/窗交(C)/模式(O)/投影(P)/边(E)/放弃(U)]:  //E Enter，激活"边"选项，设置边的延伸模式
输入隐含边延伸模式 [延伸(E)/不延伸(N)] <不延伸>:  //E Enter，设置延伸模式
选择要延伸的对象，或按住 Shift 键选择要修剪的对象或[边界边(B)/栏选(F)/窗交(C)/模式(O)/投影(P)/边(E)/放弃(U)]:  //B Enter，激活"边界边"选项，设置剪切边界的选择模式
当前设置：投影=UCS,边=延伸,模式=标准
选择边界边...
选择对象或 <全部选择>:  //选择图3-42所示的倾斜图线作为延伸边界
选择对象:  //按Enter键，结束边界的选择
选择要延伸的对象，或按住 Shift 键选择要修剪的对象或[边界边(B)/栏选(F)/窗交(C)/模式(O)/投影(P)/边(E)]:  //在垂直直线的下端单击，向下延伸垂直图线
选择要延伸的对象，或按住 Shift 键选择要修剪的对象或[边界边(B)/栏选(F)/窗交(C)/模式(O)/投影(P)/边(E)/放弃(U)]:  //按Enter键，结束命令，延伸结果如图3-42（中）所示
```

重复执行“延伸”命令，按照当前的参数设置，以刚延伸的垂直图线作为边界，将倾斜图线向右下侧延伸。命令行提示如下：

```
命令: _extend
当前设置：投影=UCS,边=延伸,模式=标准
选择边界边...
选择对象或 [模式(O)] <全部选择>:  //选择图3-42（左）所示的垂直图线作为边界
选择对象:  //按Enter键，结束选择
选择要延伸的对象，或按住 Shift 键选择要修剪的对象或[边界边(B)/栏选(F)/窗交(C)/模式(O)/投影(P)/边(E)]:  //在倾斜图线的下端单击
选择要延伸的对象，或按住 Shift 键选择要修剪的对象或 [边界边(B)/栏选(F)/窗交(C)/模式(O)/投影(P)/边(E)/放弃(U)]:  //按Enter键，结束命令，延伸结果如图3-42（右）所示
```

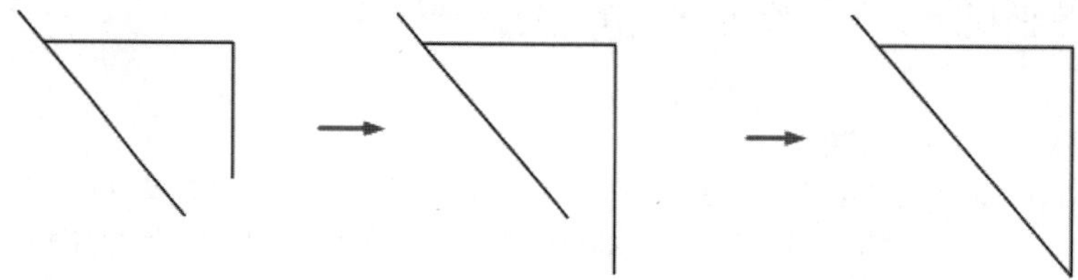

图 3-42　标准模式下的延伸

延伸命令的使用方法和修剪命令的使用方法相似，它们的不同之处包括以下2点：

- 使用延伸命令时，如果在按下 Shift 键的同时选择对象，则执行修剪命令。
- 使用修剪命令时，如果在按下 Shift 键的同时选择对象，则执行延伸命令。

4. 应用举例

例 3-12 使用延伸方法绘制三相笼型异步电动机符号。

步骤 01 单击“默认”选项卡|“绘图”面板上的“圆”按钮，绘制半径为 5 的圆。

步骤 02 单击“默认”选项卡|“绘图”面板上的“直线”按钮，捕捉圆的上象限点为起点，沿竖直方向向下，绘制长度为 3 的直线段，如图 3-43（左）所示。

步骤03 单击“默认”选项卡|“修改”面板上的“偏移”按钮⊆，设置偏移距离为 4，分别向两边以复制模式偏移，如图 3-43（右）所示。

步骤04 单击“默认”选项卡|“修改”面板上的“延伸”按钮，将偏移出的两条垂直图线延伸。命令行提示如下：

```
命令：_extend
当前设置：投影=UCS,边=无,模式=快速
选择要延伸的对象，或按住 Shift 键选择要修剪的对象或 [边界边(B)/窗交(C)/模式(O)/投影(P)]:                    //在左侧垂直图线的下端单击
选择要延伸的对象，或按住 Shift 键选择要修剪的对象或 [边界边(B)/窗交(C)/模式(O)/投影(P)/放弃(U)]:               //在右侧垂直图线的下端单击
选择要延伸的对象，或按住 Shift 键选择要修剪的对象或 [边界边(B)/窗交(C)/模式(O)/投影(P)/放弃(U)]:               //按Enter键，结束命令 ，延伸结果如图3-44所示
```

步骤05 单击“注释”选项卡|“文字”面板上的“多行文字”按钮A，撰写文字符号，设置字体为“仿宋”，字高为 2，完成三相笼型异步电动机符号的绘制，如图 3-45 所示（文字撰写部分可参考后面章节的单行文字或多行文字的创建）。

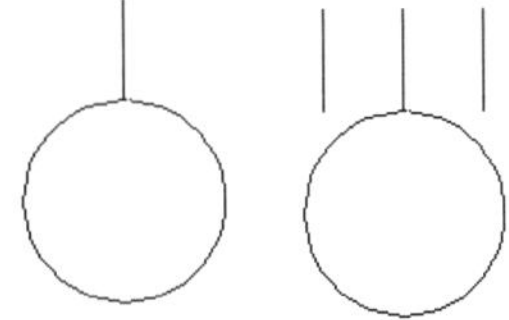
图 3-43　绘制并偏移

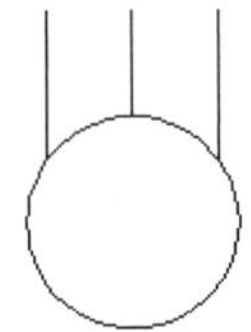
图 3-44　延伸结果

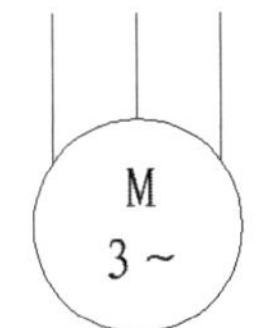

图 3-45　撰写文字

3.1.12　打断命令（BREAK）

“打断”命令用于打断所选的对象，即将所选的对象分成两部分，或者删除对象上的某一部分，该命令可用于直线、射线、圆弧、椭圆弧、二维或三维多段线、构造线等。

“打断”命令用于删除对象上位于第一点和第二点之间的部分。第一点是选取该对象时的拾取点或用户重新指定的点，第二点即为选定的点。如果选定的第二点不在对象上，系统将选择对象上离该点最近的一个点。

1. 执行方式

- 单击“默认”选项卡|“修改”面板上的“打断”按钮。
- 在命令行中输入 BREAK 后按 Enter 键。
- 在命令行输入命令简写 BR 后按 Enter 键。

2. 命令提示

```
命令：break
选择对象：                              //在绘图区选择需要打断的对象
指定第二个打断点 或 [第一点(F)]:        //指定打断第二点，完成打断操作，或者选择其他选项
```

3. 应用举例

例 3-13 使用打断方法绘制电话机一般符号。

步骤 01 单击“默认”选项卡|“绘图”面板上的“圆”按钮，绘制半径为 5 的圆。

步骤 02 单击“默认”选项卡|“绘图”面板上的“矩形”按钮，在圆中绘制一个矩形。命令行提示如下：

```
命令:rectang
指定第一个角点或 [倒角(C)/标高(E)/圆角(F)/厚度(T)/宽度(W)]: 97,98    //指定矩形第一个角点
指定另一个角点或 [面积(A)/尺寸(D)/旋转(R)]: 103,102    //指定矩形另一个角点，完成矩形绘制，如图3-46所示
```

步骤 03 单击“默认”选项卡|“绘图”面板上的“直线”按钮，绘制直线段。命令行提示如下：

```
命令:line
指定第一点: 90,101                        //指定直线段起点
指定下一点或 [放弃(U)]: 20                //指定直线段长度
指定下一点或 [放弃(U)]:                   //完成直线段的绘制，如图3-47所示
```

步骤 04 单击“默认”选项卡|“修改”面板上的“打断”按钮，进行打断操作。命令行提示如下：

```
命令: break
选择对象:                                 //选择水平直线段为打断对象
指定第二个打断点 或 [第一点(F)]:  f       //选择重新选择第一个打断点的模式
指定第一个打断点:                         //捕捉直线段与圆的左边交点为第一个打断点
指定第二个打断点:    //捕捉直线段的左端点为第二个打断点，完成打断操作，结果如图3-48所示
```

步骤 05 单击“默认”选项卡|“修改”面板上的“打断”按钮，进行打断操作。命令行提示如下：

```
命令: break
选择对象:                             //在绘图区选择水平直线段为打断对象
指定第二个打断点 或 [第一点(F)]:  F   //选择重新选择第一个打断点的模式
指定第一个打断点:                     //捕捉直线段与圆的右边交点为第一个打断点
指定第二个打断点:                     //捕捉直线段的右端点为第二个打断点，完成打断操作
```

步骤 06 单击“默认”选项卡|“修改”面板上的“打断”按钮，进行打断操作，打断操作完成后，绘图结果如图 3-49 所示。命令行提示如下：

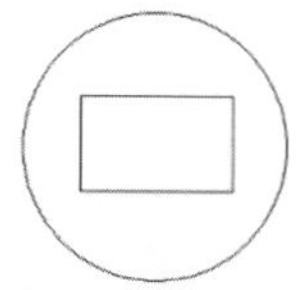
图 3-46 绘制圆和矩形

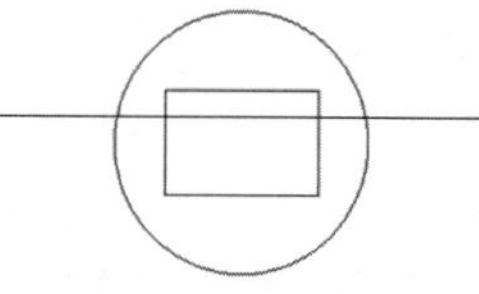
图 3-47 绘制水平直线段

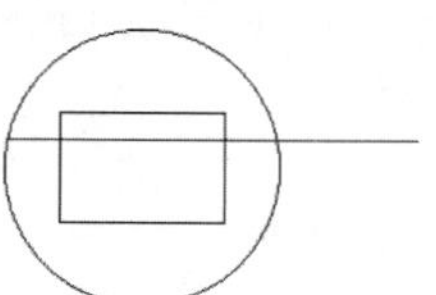
图 3-48 打断结果

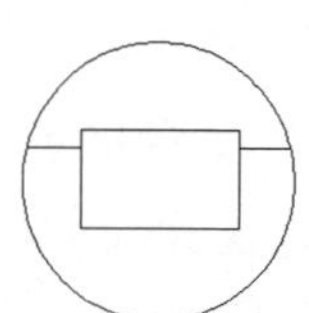
图 3-49 打断直线段

```
命令: break
选择对象:                                 //在绘图区选择水平直线段为打断对象
```

```
指定第二个打断点 或 [第一点(F)]:  F          //选择重新选择第一个打断点的模式
指定第一个打断点:                          //捕捉直线段与矩形左边的交点为第一个打断点
指定第二个打断点:                  //捕捉直线段与矩形右边的交点为第二个打断点，完成打断操作
```

步骤07 单击“默认”选项卡|“修改”面板上的“打断”按钮，进行打断操作，命令行提示如下：

```
命令：break
选择对象:                              //在绘图区选择圆为打断对象
指定第二个打断点 或 [第一点(F)]:   F  //选择重新选择第一个打断点的模式
指定第一个打断点:  //捕捉圆与左边直线段的交点为第一个打断点，如图3-50（左）所示
指定第二个打断点:  //捕捉圆与右边直线段的交点为第二个打断点，如图3-50（右）完成打断操作，
最终的打断结果如图3-51所示
```

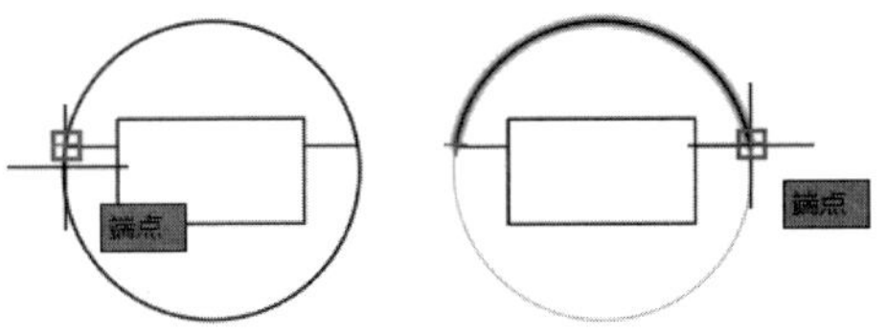

图 3-50　定位断点

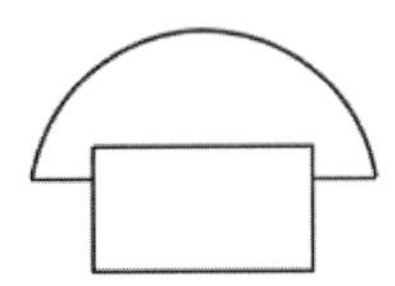

图 3-51　打断结果

3.1.13　倒角命令（CHAMFER）

“倒角”命令用于为对象倒角，使一条线段连接两个非平行的图线。用于倒角的图线一般有直线、多段线、矩形、多边形等，不能倒角的图线有圆、圆弧、椭圆、椭圆弧等。

1. 执行方式

- 单击“默认”选项卡|“修改”面板上的“倒角”按钮。
- 在命令行中输入 CHAMFER 后按 Enter 键。
- 在命令行输入命令简写 CHA 后按 Enter 键。

2. 命令提示

```
命令： chamfer
(“修剪”模式）当前倒角距离1 = 0.0000，距离2 = 0.0000
选择第一条直线或 [放弃(U)/多段线(P)/距离(D)/角度(A)/修剪(T)/方式(E)/多个(M)]:
//选择第一条直线或其他选项
选择第二条直线，或按住 Shift 键选择直线以应用角点或 [距离(D)/角度(A)/方法(M)]:
//选择第二条直线或其他选项
```

3. 参数说明

对于命令行提示“选择第一条直线或 [放弃(U)/多段线(P)/距离(D)/角度(A)/修剪(T)/方式(E)/多个(M)]”，用户可以指定定义倒角所需的两条边中的第一条边，或者选择其他选项。其他选项含义如下：

- 放弃（U）：恢复在命令中执行的上一个操作。

- 多段线（P）：对整个二维多段线倒角；相交多段线线段在每个多段线顶点被倒角，倒角成为多段线的新线段；如果多段线包含的线段过短以至于无法容纳倒角距离，则不对这些线段倒角。
- 距离（D）：用于设置倒角至选定边端点的距离。如果将两个距离都设置为零，chamfer 命令将延伸或修剪两条直线，使它们终止于同一点，该命令有时可以替代“修剪”和“延伸”命令。
- 角度（A）：用第一条线的倒角距离和第二条线的角度设置倒角距离。
- 修剪（T）：用于设置是否采用修剪模式执行“倒角”命令，即倒角后是否还保留原来的边线。
- 方式（E）：控制创建倒角的方式，选择使用两个距离创建倒角的方式，还是使用一个距离和一个角度创建倒角的方式。
- 多个（M）：用于设置连续操作倒角，不必重新启动命令。

4. 应用举例

例 3-14 对矩形的一个角进行倒角处理。

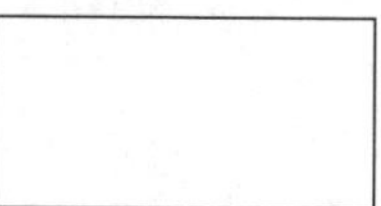
图 3-52　绘制矩形

步骤 01 单击“默认”选项卡|“绘图”面板上的“直线”按钮，绘制长度为 10、宽度为 5 的矩形，如图 3-52 所示。

步骤 02 单击“默认”选项卡|“修改”面板上的“倒角”按钮，进行倒角操作，倒角操作完成后，绘图结果如图 3-53~图 3-55 所示。命令行提示如下：

```
命令： chamfer
(“修剪”模式) 当前倒角距离1 = 0.0000，距离2 = 0.0000
选择第一条直线或 [放弃(U)/多段线(P)/距离(D)/角度(A)/修剪(T)/方式(E)/多个(M)]:   d
//选择“距离”选项
指定第一个倒角距离 <0.0000>:  5        //设定第一个倒角距离
指定第二个倒角距离 <5.0000>: 2.5       //设定第二个倒角距离
选择第一条直线或 [放弃(U)/多段线(P)/距离(D)/角度(A)/修剪(T)/方式(E)/多个(M)]:
//选择第一条直线，如图3-53所示
选择第二条直线，或按住 Shift 键选择直线以应用角点或 [距离(D)/角度(A)/方法(M)]:
//选择第二条直线，完成倒角操作
```

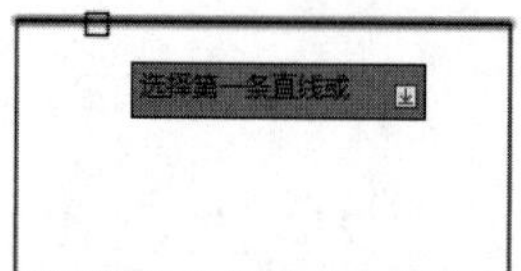
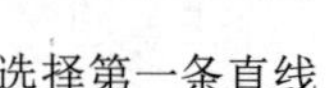

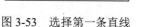

图 3-53　选择第一条直线

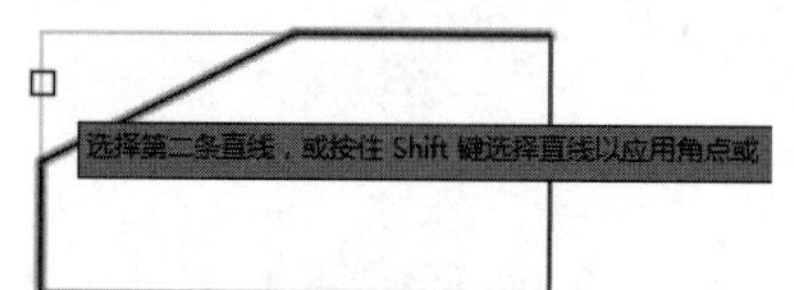

图 3-54　选择第二条直线

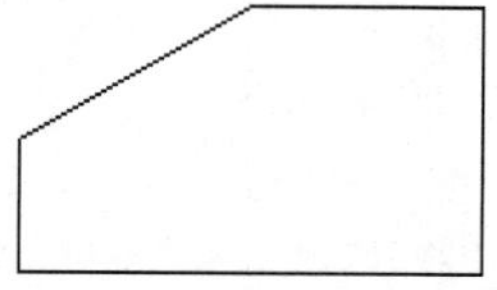
图 3-55　完成倒角操作

3.1.14　圆角命令（FILLET）

“圆角”命令使用与对象相切并且具有指定半径的圆弧连接两个对象。

1. 执行方式

- 单击“默认”选项卡|“修改”面板上的“圆角”按钮。
- 在命令行中输入 FILLET 后按 Enter 键。
- 在命令行输入命令简写 F 后按 Enter 键。

2. 命令提示

```
命令： fillet
当前设置：模式 = 修剪，半径 = 0.0000
选择第一个对象或[放弃(U)/多段线(P)/半径(R)/修剪(T)/多个(M)]：          //选择第一个对象或其他
选择第二条直线，或按住 Shift 键选择直线以应用角点或 [距离(D)/角度(A)/方法(M)]：//选择第二个
对象或其他选项
```

3. 参数说明

对于命令行提示“选择第一个对象或 [放弃(U)/多段线(P)/半径(R)/修剪(T)/方式(E)/多个(M)]”，用户可以指定定义圆角所需的两条边中的第一条边，或者选择其他选项；除“半径(R)”选项外，其他选项含义均与倒角相同，而“半径”选项主要用于控制圆角的半径。

4. 应用举例

例 3-15 对矩形的一个角进行圆角处理。

步骤01 绘制长度为 10、宽度为 5 的矩形。

步骤02 单击“默认”选项卡|“修改”面板上的“圆角”按钮，对矩形左上角进行圆角，命令行提示如下：

```
命令： fillet
当前设置：模式 = 修剪，半径 = 0.0000
选择第一个对象或 [放弃(U)/多段线(P)/半径(R)/修剪(T)/多个(M)]：R  //选择“半径”选项
指定圆角半径 <0.0000>：3                                        //设定圆角半径的大小
选择第一个对象或 [放弃(U)/多段线(P)/半径(R)/修剪(T)/多个(M)]：   //选择上水平直线段为
第一个对象
选择第二条直线，或按住 Shift 键选择直线以应用角点或 [距离(D)/角度(A)/方法(M)]：
//选择上水平直线段为第二个对象，完成圆角操作
```

圆角操作完成后，绘图结果如图3-56所示。

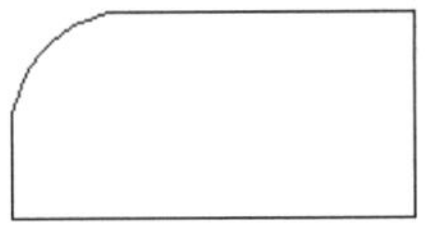

图 3-56 圆角操作

3.1.15 合并对象（JOIN）

“合并”命令是使打断的对象或相似的对象合并为一个对象，合并对象包括圆弧、椭圆弧、直线、多段线和样条曲线。

1. 执行方式

- 单击“默认”选项卡|“修改”面板上的“合并”按钮。
- 在命令行中输入 JOIN 后按 Enter 键。
- 在命令行输入命令简写 J 后按 Enter 键。

2. 命令提示

```
命令： join
选择源对象或要一次合并的多个对象：找到 1 个          //选择第一个合并对象
选择要合并的对象：找到 1 个，总计 2 个                //选择第二个合并对象
```

```
选择要合并的对象:                                   //按Enter键，完成选择，合并完成
2 条直线已合并为 1 条直线                            //系统提示信息
```

“合并”命令在命令行的提示信息因选择合并的源对象不同而有所不同，并且要求也不一样，用户在使用的时候要注意。

3. 应用举例

例 3-16 对如图3-57（左）所示的电话机一般符号进行合并操作。

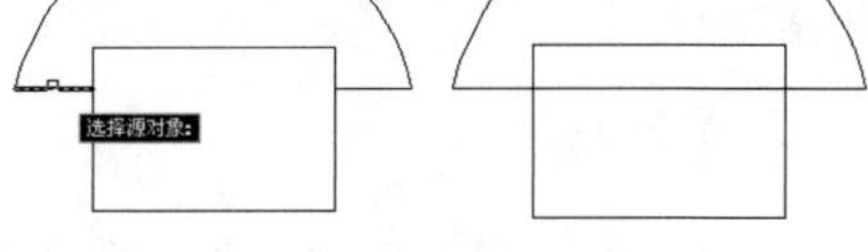

图 3-57 直线合并操作

步骤 01 已知电话机一般符号如图 3-57（左）所示。

步骤 02 单击“默认”选项卡|“修改”面板上的“合并”按钮，进行合并操作。命令行提示如下：

```
命令: join
选择源对象或要一次合并的多个对象: 找到 1 个  //选择左边直线段为源对象，如图3-57（左）所示
选择要合并的对象: 找到 1 个，总计 2 个        //选择右边水平直线段
选择要合并的对象:                            //按Enter键，完成选择，合并完成
2 条直线已合并为 1 条直线，如图3-57（右）所示
```

3.1.16 拉伸对象（STRETCH）

“拉伸”命令可以拉伸对象中选定的部分，没有选定的部分保持不变。在使用“拉伸”命令时，图形选择窗口外的部分不会有任何改变；图形选择窗口内的部分会随图形选择窗口的移动而移动，但也不会有形状的改变，只有与图形选择窗口相交的部分会被拉伸。

1. 执行方式

- 单击“默认”选项卡|“修改”面板上的“拉伸”按钮。
- 在命令行中输入 STRETCH 后按 Enter 键。
- 在命令行输入命令简写 S 后按 Enter 键。

2. 命令提示

```
命令: _STRETCH
以交叉窗口或交叉多边形选择要拉伸的对象...
选择对象: 指定对角点:                      //选择需要拉伸的对象，要使用交叉窗口选择
选择对象:                                  //按Enter键，完成对象选择
指定基点或 [位移(D)] <位移>                 //输入绝对坐标或者在绘图区拾取点作为基点
指定第二个点或 <使用第一个点作为位移>:       //输入相对或绝对坐标或者拾取点以确定第二点
```

3. 应用举例

例 3-17 对如图3-34所示的图形进行拉伸操作。

步骤 01 已知两电阻，如图 3-34 所示。

步骤 02 单击“默认”选项卡|“修改”面板上的“拉伸”按钮，进行拉伸操作。命令行提示如下：

```
命令:stretch
以交叉窗口或交叉多边形选择要拉伸的对象...
选择对象: 指定对角点: 找到 3个      //以交叉窗口方式选择要拉伸的对象，如图3-58 (a) 所示
选择对象:                         //按Enter键，完成对象选择
指定基点或 [位移(D)] <位移>:       //捕捉两直线段的交点为基点，如图3-58 (b) 所示
指定第二个点或 <使用第一个点作为位移>: <正交 开> 20
//单击状态栏中的“正交”按钮正交，打开正交模式，沿水平方向向右，设置位移为20的位置，绘制
结果如图3-58 (c) 所示
```

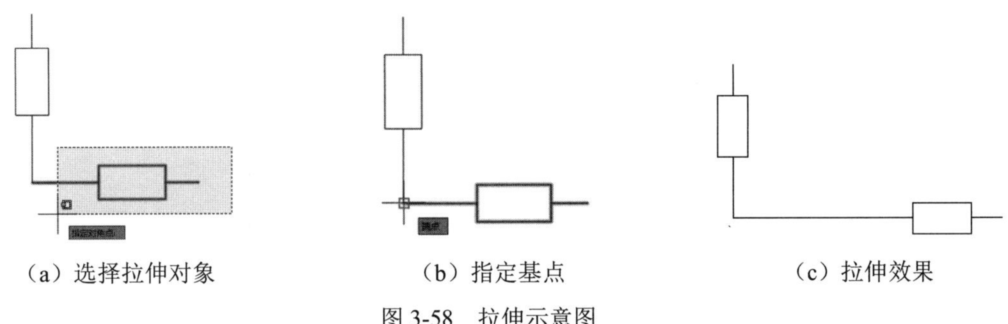

（a）选择拉伸对象　　（b）指定基点　　（c）拉伸效果

图 3-58　拉伸示意图

3.1.17　分解命令（EXPLODE）

“分解”命令主要用于将一个对象分解为多个单一的对象，多应用于对整体图形、图块、文字、尺寸标注等对象进行分解。如果是对具有一定宽度的多段线分解，AutoCAD将忽略其宽度并沿多段线的中心放置分解多段线。

1. 执行方式

- 单击“默认”选项卡上的“修改”面板中的“分解”按钮。
- 在命令行中输入 EXPLODE 后按 Enter 键。
- 在命令行输入命令简写 X 后按 Enter 键。

2. 命令提示

```
命令: explode
选择对象:                  //选择需要分解的图形选择对象
选择对象:                  //按Enter键完成选择对象，同时完成对象的分解
```

在绘图区选择需要分解的对象后按Enter键，即可将选择的图形对象分解。

3.2　建筑电气设备布置图的绘制

设备布置图的基础是建筑物图。电气设备的元件应采用图形符号或简化外形来表示。图形符号应表示元件的大概位置。

如图3-59所示为某控制室内设备布置图，它绘制出了建筑物内一个安装层的控制屏和辅助机框。

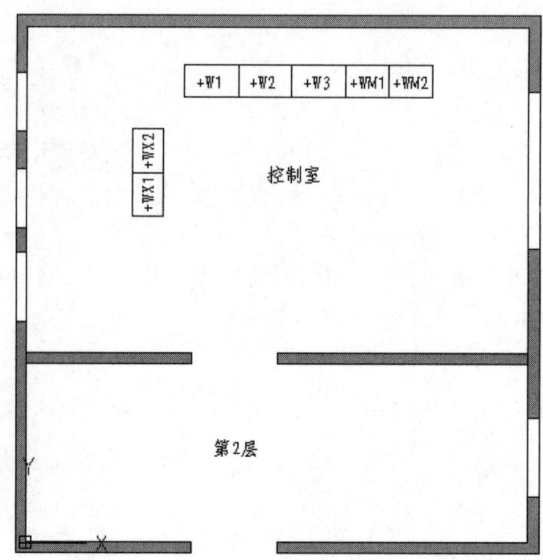

图 3-59　某控制室内设备布置图

如图3-59所示的控制屏有W1、W2、W3、WM1和WM2，辅助机柜有WX1、WX2。下面使用基本绘图以及本章所介绍的编辑修改方法来绘制该控制室内设备布置图。

步骤 01 快速新建一个绘图文件，然后单击“默认”选项卡|“绘图”面板上的“矩形”按钮，以原点为矩形的第一个角点，绘制一个长为 950、宽为 940 的矩形，如图 3-60（a）所示。

步骤 02 单击“默认”选项卡|“修改”面板上的“偏移”按钮，设置偏移量为 20，选择将矩形由内向外偏移生成一个新的矩形，如图 3-60（b）所示。

步骤 03 单击“默认”选项卡|“绘图”面板上的“矩形”按钮，在房间控制室的上部，分别以点（680,810）、点（760,870）为矩形的两个角点，绘制一个长为 80、宽为 60 的矩形，如图 3-61 所示。

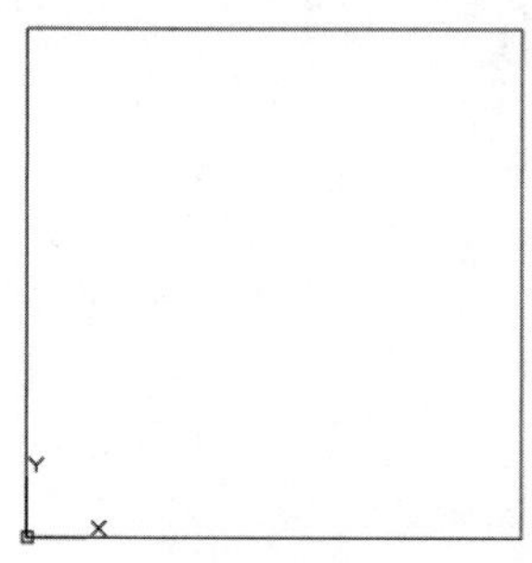

（a）绘制矩形　　　　（b）偏移矩形

图 3-60　绘制并偏移矩形

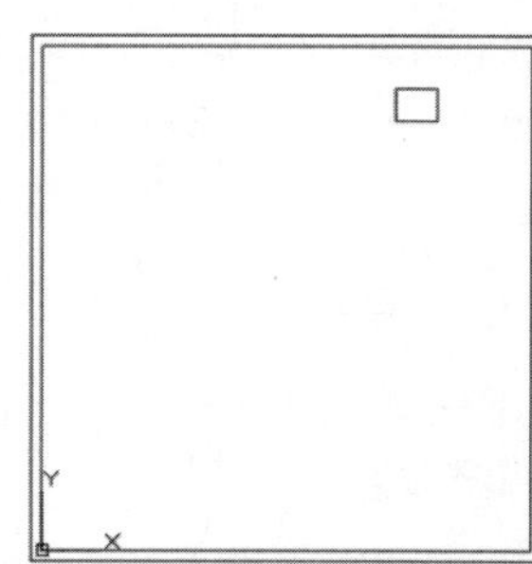

图 3-61　绘制矩形

步骤 04 单击“默认”选项卡|“修改”面板上的“复制”按钮，进行矩形复制。选择步骤（3）所绘制的矩形为复制对象，捕捉矩形的右下角点为复制基点，如图 3-62（a）所示；以矩形的左下角点为第二个点，完成复制，如图 3-62（b）所示。

步骤 05 单击“默认”选项卡|“修改”面板上的“旋转”按钮，以步骤（4）复制得到的矩形的左上点为旋转基点，如图 3-63 所示；使用“复制”模式，选择两个在一起的矩形为旋转对象，进行旋转操作。命令行提示如下：

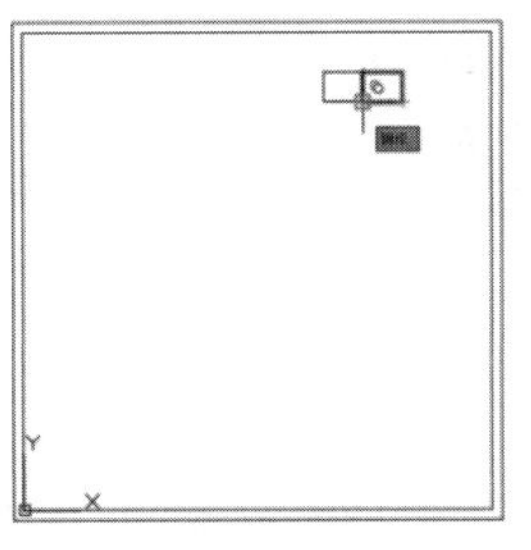

(a) 捕捉第二点

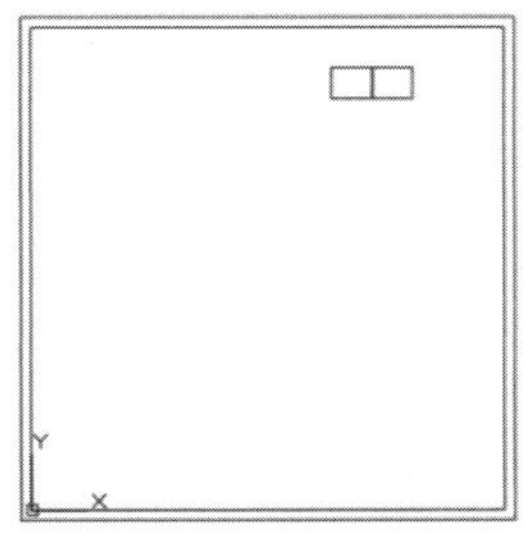

(b) 完成复制矩形

图 3-62　复制矩形

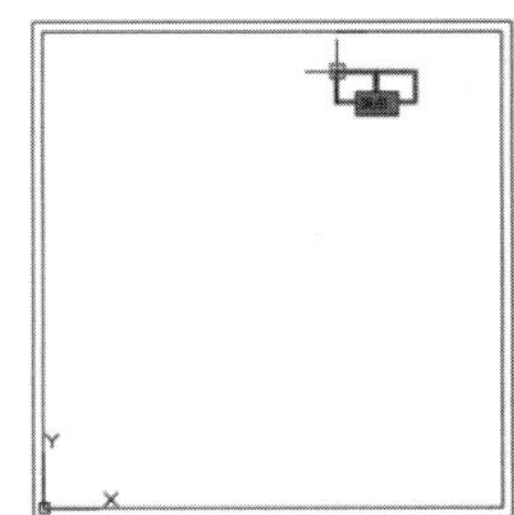

图 3-63　选择旋转基点

```
命令: _rotate
UCS 当前的正角方向:  ANGDIR=逆时针  ANGBASE=0
选择对象:                                    //选择内部两个矩形
选择对象:                                    //按Enter键
指定基点:                                    //捕捉如图3-63所示的端点作为基点
指定旋转角度, 或 [复制(C)/参照(R)] <0>:      //C Enter, 激活"复制"选项
旋转一组选定对象
指定旋转角度, 或 [复制(C)/参照(R)] <0>:      //-90 Enter, 旋转结果如图3-64所示
```

步骤06 单击“默认”选项卡|“修改”面板上的“移动”按钮✥，选择步骤（5）旋转得到的双矩形为移动对象，以双矩形的最右上点为移动基点，如图 3-65 所示；以点（260,750）为移动的第二个点，将双矩形移动到左偏下位置，如图 3-66 所示。

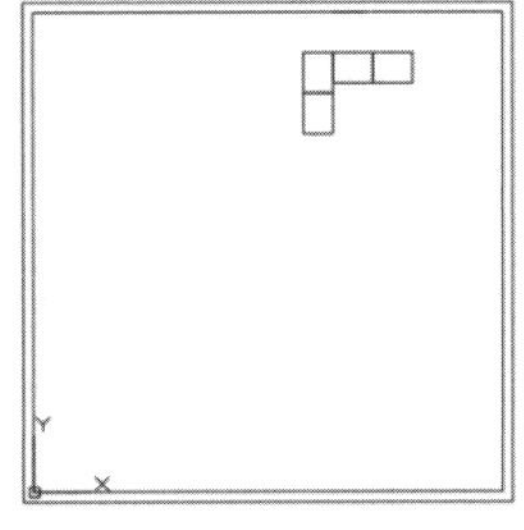

图 3-64　旋转矩形

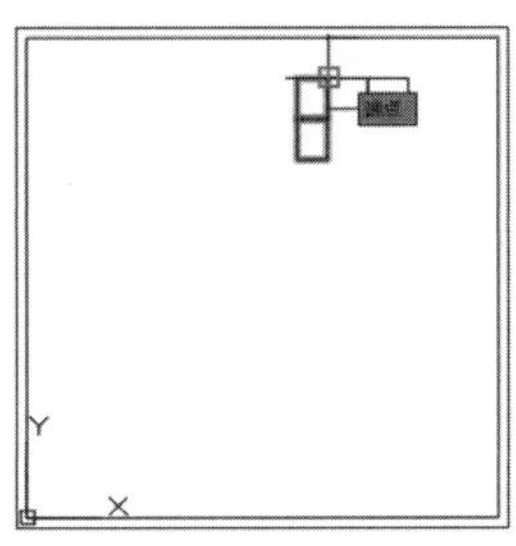

图 3-65　选择移动基点

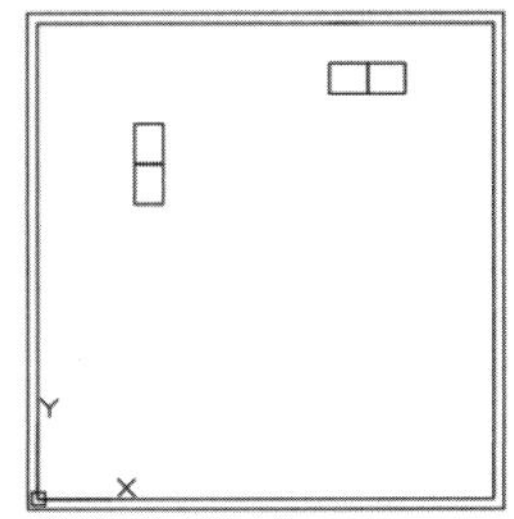

图 3-66　移动矩形

步骤07 单击“默认”选项卡上的“修改”面板中的“分解”按钮，选择图 3-61 绘制的矩形为分解对象，如图 3-67 所示。

步骤08 单击“默认”选项卡|“修改”面板上的“矩形阵列”按钮，设置行为 1、列为 4，列偏移距离为 100，选择阵列对象为如图 3-68 所示的直线，阵列效果如图 3-69 所示。

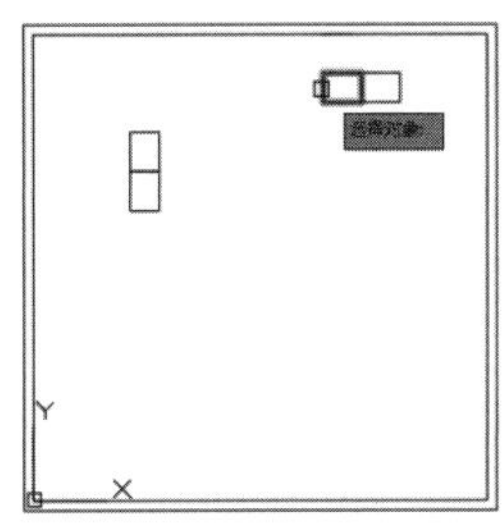

图 3-67　分解矩形

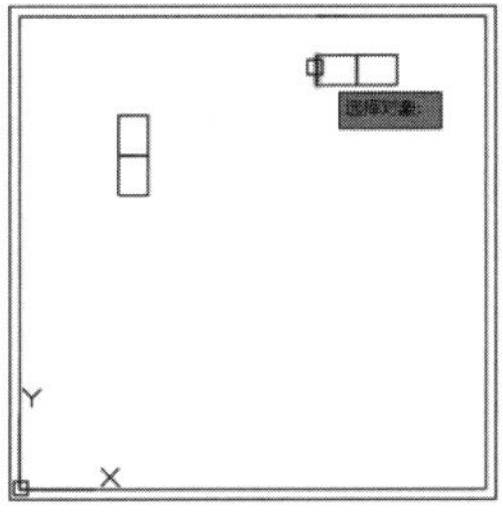

图 3-68　选择阵列对象

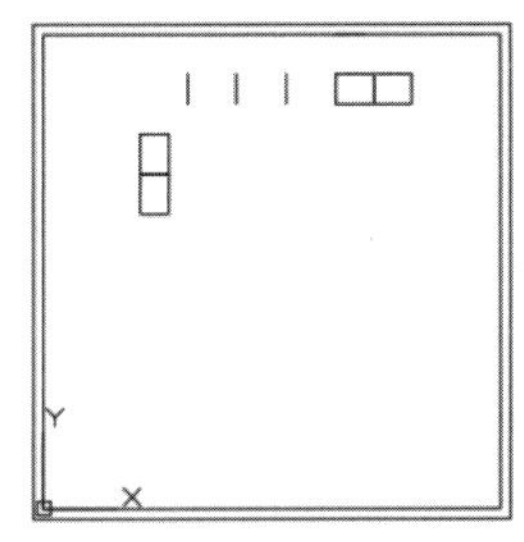

图 3-69　阵列直线段

步骤 09 单击“默认”选项卡|“修改”面板上的“延伸”按钮，选择步骤（8）中阵列所得到的最左边的直线段为延伸边界，如图 3-70 所示；选择被分解的矩形的水平直线段为进行延伸，命令行提示如下：

```
命令: _extend
当前设置: 投影=UCS,边=无,模式=快速
选择要延伸的对象，或按住 Shift 键选择要修剪的对象或 [边界边(B)/窗交(C)/模式(O)/投影(P)]:                                    //O Enter，激活“模式”选项
输入延伸模式选项 [快速(Q)/标准(S)] <快速(Q)>:    //S Enter，设置处伸模式
选择要延伸的对象，或按住 Shift 键选择要修剪的对象或 [边界边(B)/栏选(F)/窗交(C)/模式(O)/投影(P)/边(E)/放弃(U)]:                     //B Enter，激活“边界边”选项
当前设置: 投影=UCS,边=延伸,模式=标准
选择边界边...
选择对象或 <全部选择>:                    //选择如图3-70所示的垂直直线作为延伸边界
选择对象:                                 //按Enter键，结束选择
选择要延伸的对象，或按住 Shift 键选择要修剪的对象或 [边界边(B)/栏选(F)/窗交(C)/模式(O)/投影(P)/边(E)]:                 //在如图3-71所示的水平线段1的左端单击
选择要延伸的对象，或按住 Shift 键选择要修剪的对象或 [边界边(B)/栏选(F)/窗交(C)/模式(O)/投影(P)/边(E)/放弃(U)]:         //在如图3-71所示的水平线段2的左端单击
选择要延伸的对象，或按住 Shift 键选择要修剪的对象或 [边界边(B)/栏选(F)/窗交(C)/模式(O)/投影(P)/边(E)/放弃(U)]:         //按Enter键，结束命令，延伸结果如图3-72所示
```

步骤 10 单击“默认”选项卡|“绘图”面板上的“直线”按钮，以点(0,370)为起点，以点(940,370)为终点，绘制如图 3-73 所示的水平直线段。

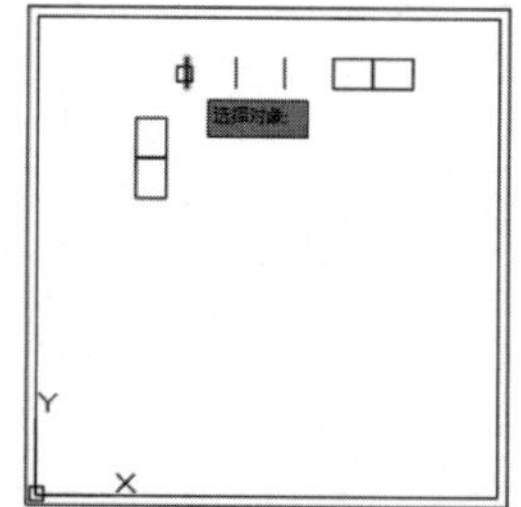
图 3-70 选择延伸边界

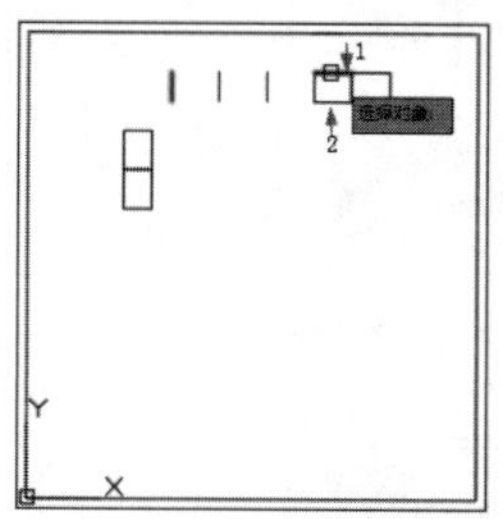
图 3-71 选择延伸对象

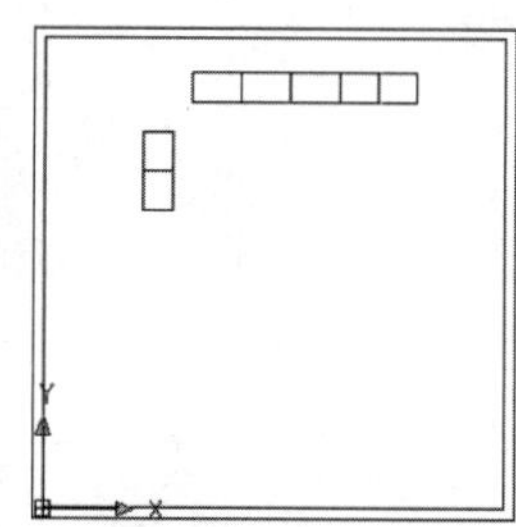
图 3-72 完成延伸

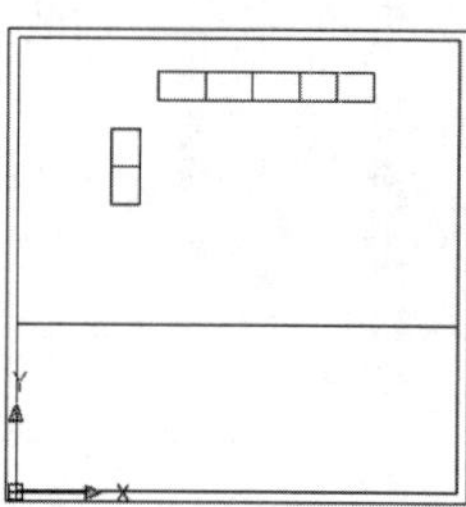
图 3-73 绘制水平直线段

步骤 11 单击“默认”选项卡|“修改”面板上的“偏移”按钮，选择步骤（10）所绘制的直线段向下偏移 20，如图 3-74 所示。

步骤 12 单击“默认”选项卡|“绘图”面板上的“直线”按钮，以点（285, –20）为起点，以点（285,370）为终点，绘制如图 3-75 所示的一条竖直直线段。

步骤 13 单击“默认”选项卡|“修改”面板上的“偏移”按钮，选择步骤（12）所绘制的竖直直线段，向右偏移 120，如图 3-76 所示。

步骤 14 单击“默认”选项卡|“修改”面板上的“修剪”按钮，选择如图 3-77 所示的三条直线段和一个矩形为修剪边界，选择需要裁剪的直线段为修剪对象，修剪结果如图 3-78 所示。

步骤 15 单击“默认”选项卡|“绘图”面板上的“直线”按钮，以点（–20,870）为起点，以点（0,870）为终点，绘制如图 3-79 所示的一条水平直线段。

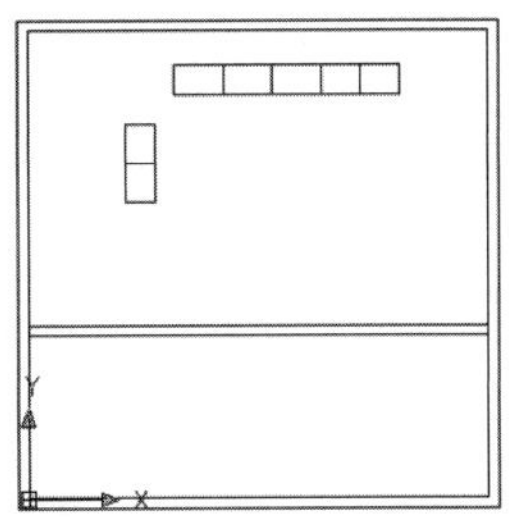
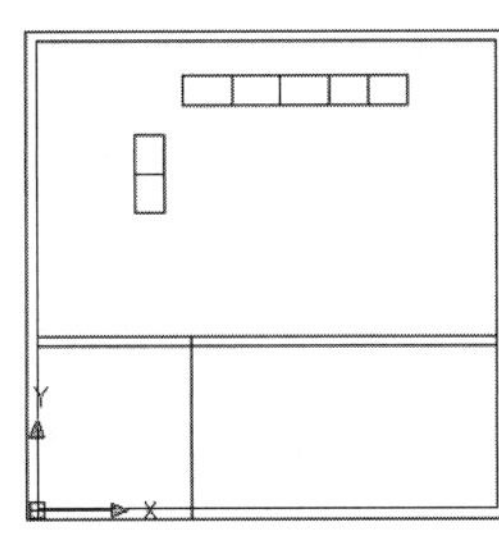
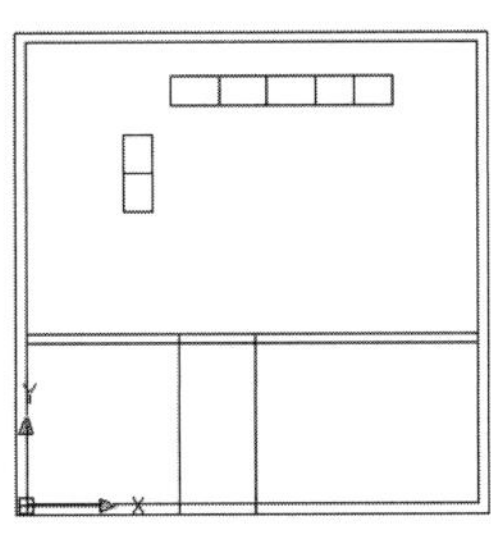
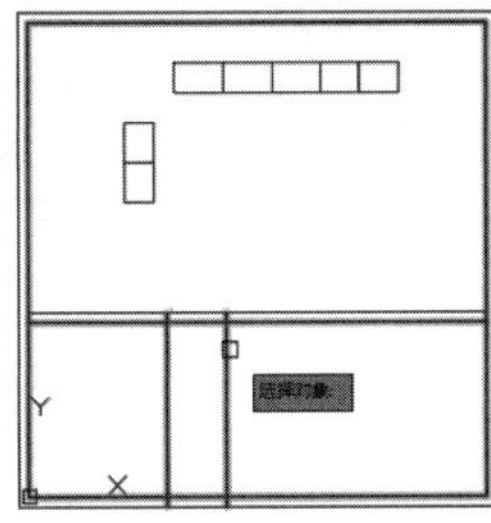

图 3-74　偏移水平直线段　图 3-75　绘制竖直直线段　图 3-76　偏移竖直直线段　图 3-77　选择修剪边界

步骤 16　单击“默认”选项卡|“修改”面板上的“复制”按钮，选择步骤（15）所绘制的直线段为复制对象，以点（–20,870）为复制基点，使用“多个”连续复制模式，连续以以下各点为复制的第二个点：（–20,870）、（–20,770）、（–20,700）、（–20,590）、（–20,590）、（–20,570）、（–20,440）、（940,860）、（940,500）、（940,250）、（940,100），复制结果如图 3-80 所示。

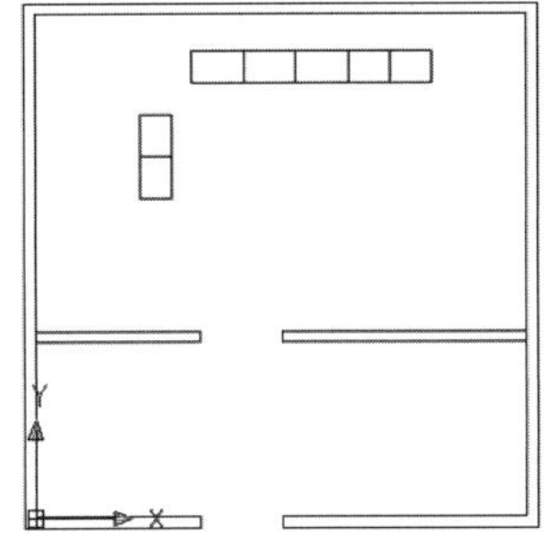
图 3-78　完成修剪图

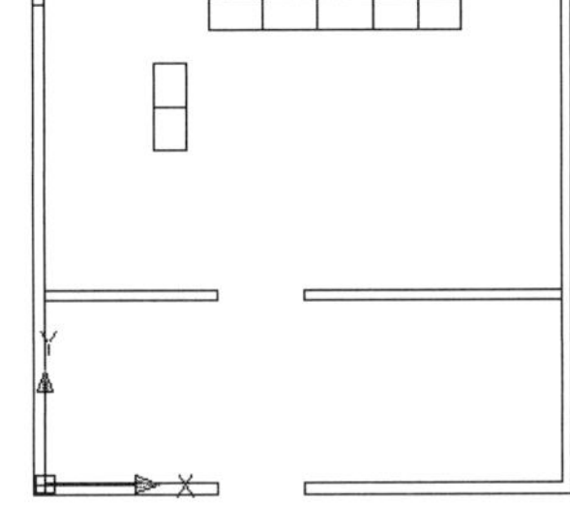
图 3-79　绘制水平直线段

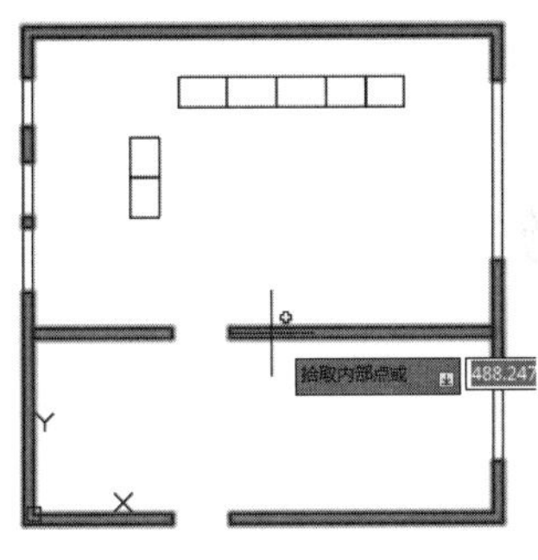

图 3-80　复制水平直线段

步骤 17　单击“默认”选项卡|“绘图”面板上的“图案填充”按钮，打开“图案填充创建”选项卡，然后选择“图案”面板上的“实体”类型中的 SOLID 图案，在“特性”面板上设置填充图案的颜色为 255 号色，边界选取如图 3-81 所示，完成图案填充后，效果如图 3-82 所示。

步骤 18　单击“注释”选项卡|“文字”面板上的“多行文字”按钮A，在图形中相应的区域撰写文字，选择文字样式为 Standard，字体为“仿宋”，字号为 25，结果如图 3-83 所示，完成某控制室内设备布置图的绘制。

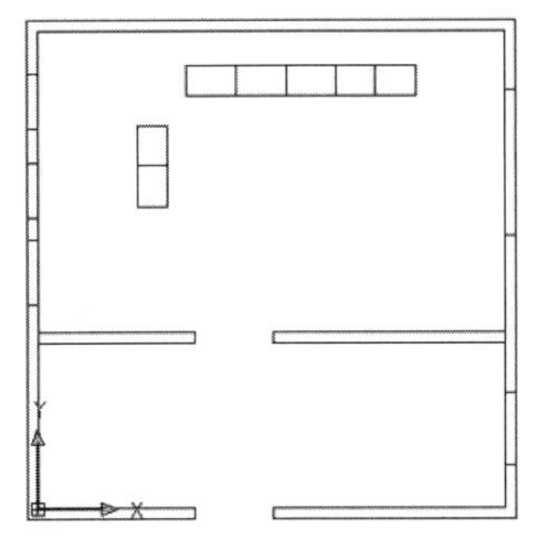
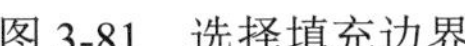
图 3-81　选择填充边界

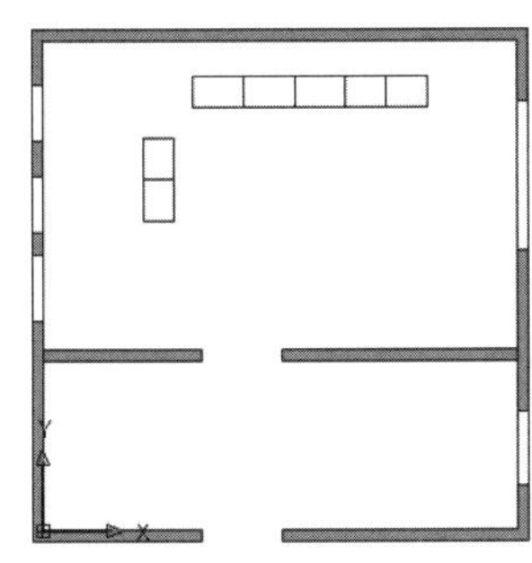
图 3-82　完成图案填充

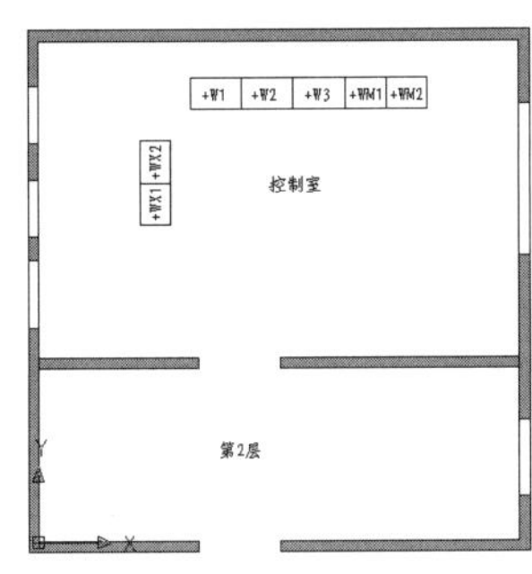

图 3-83　完成文字撰写

第 4 章 电气制图中文字及表格应用

导言

在AutoCAD绘制的图纸中，除了图形对象外，文字和表格也是非常重要的。文字除了对实际工程进行必要的说明之外，还可为图形对象提供说明和注释。而表格常用于工程制图中各类需要以表的形式来表达的文字内容。AutoCAD为用户提供了单行文字、多行文字和表格功能，以方便用户快速创建文字和表格。

本章主要介绍各类文字样式以及表格的创建，通过对本章内容的学习，读者需要掌握一定要求下的文字创建方法和表格创建方法。

4.1 文字标注

电气图中的字体包括汉字、字母和数字，它们是图的重要组成部分。图样中的字体必须符合标准，做到字体端正、笔画清楚、排列整齐、间距均匀。GB/T 6988《电气制图》规定，电气图的字体应完全符合GB4457《机械制图字体》的规定，即汉字采用长仿宋体，字母可以用直体，也可以用斜体，同一张图内应只用其中的一种；斜体字的字头向右倾斜，与水平线约成75°；可以用大写，也可以用小写；数字可以用直体，也可以用斜体；字体的号数，即字体的高度（单位为mm），按$\sqrt{2}$公比分为20、14、10、7、5、3.5、2.5共7种；字体的宽度约等于字体高度的2/3，而数字和字母的笔画宽度约为字体的1/10。因汉字的笔画较多，不宜采用2.5号字。

为适应缩微复制的需求，各种基本幅面图纸的最小字号是有规定的，A0幅面为5号，A1幅面为3.5号，A2及以下幅面为2.5号。

在AutoCAD中，但凡与文字相关的图形内容均可用单行文字、多行文字或文字编辑来解决，用户只要掌握了这三种工具，与文字相关的内容均可以解决。

4.1.1 设置文字样式

在AutoCAD中，用户要创建文字，最好先设置文字样式，这样可以避免在输入文字时再设置文字的字体、字高、角度等参数。用户设置好文字样式后，使创建的文字内容套用当前的文字样式即可。AutoCAD 2021版本为用户提供了如图4-1所示的“文字”功能区面板，使用户可以方便地进行各种与文字相关的操作。

图 4-1 “文字”面板

1. 新建文字样式

单击“默认”选项卡|“注释”面板上的“文字样式”按钮A，或在命令行输入STYLE或ST后按Enter键，都可以执行“文字样式”命令，弹出如图4-2所示的“文字样式”对话框，在该对话框中可以设置字体大小、宽度因子等参数，用户只需设置最常用的几种字体样式，使用时从这些字体样式中进行选择即可，而不需要每次都重新设置。

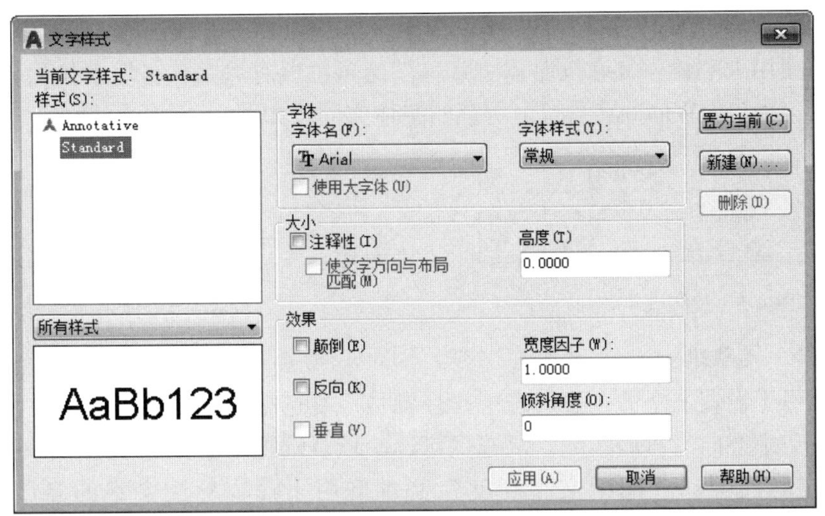

图 4-2 “文字样式”对话框

“文字样式”对话框由“样式”列表框、“字体”选项组、“大小”选项组、“效果”选项组及“预览”框组成。

（1）“样式”列表框

在所有样式下拉列表中，提供了“所有样式”和“正在使用的样式”两个选项。当选择不同的选项时，显示在“样式”列表框中的文字样式也不相同。当选择“所有样式”时，列表框包括已定义的样式名并默认显示当前样式。若要更改当前样式，则从列表框中选择另一种样式或创建新样式，然后单击置为当前(C)按钮即可。默认情况下，“样式”列表框中存在Annotative和Standard两种文字样式，A图标表示创建的是注释性文字的文字样式。

单击“新建”按钮，弹出如图4-3所示的“新建文字样式”对话框，在对话框的“样式名”文本框中输入样式名称，单击“确定”按钮即可创建一种新的文字样式；创建一种新的文字样式后，“样式”列表框中会显示新创建的样式名称，如图4-4所示。单击“删除”按钮，可以删除所选的除Standard以外的非当前文字样式。

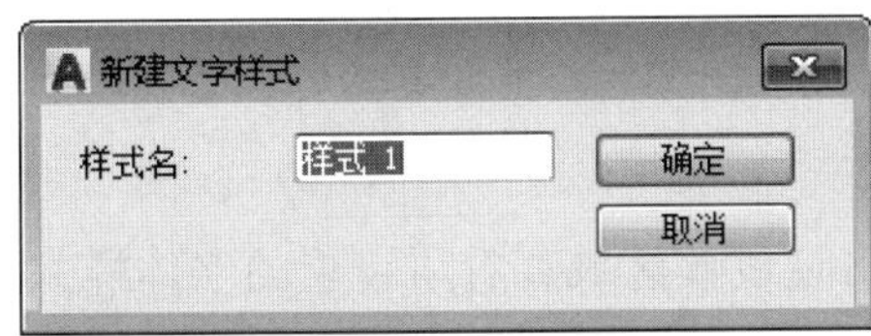

图 4-3 “新建文字样式”对话框

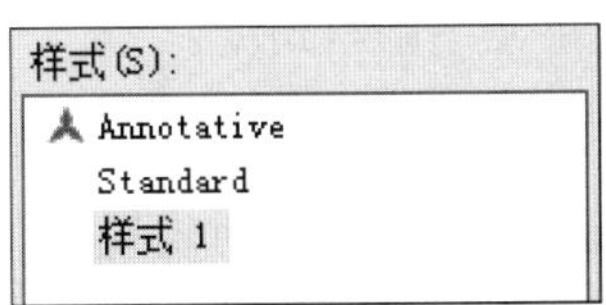

图 4-4 “样式”列表框

（2）“字体”选项组

该选项组用于设置字体文件。字体文件分为两种：一种是普通字体文件，即Windows系列应用软件所提供的字体文件，为TrueType类型的字体；另一种是AutoCAD特有的字体文件，被称为大字体文件。

当选中“使用大字体”复选框时，“字体”选项组才出现“SHX字体”和“大字体”两个下拉列表框，如图4-5所示。只有在“SHX字体”下拉列表框中选中字体后，才能使用“大字体”下拉列表框。

当撤选“使用大字体”复选框时，“字体”选项组仅有“字体名”下拉列表框可用，下拉列表框中包含用户的Windows系统中所有的字体文件，如图4-6所示。

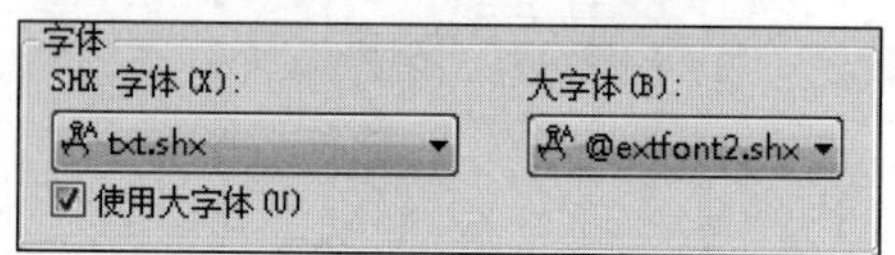

图 4-5　使用大字体

图 4-6　不使用大字体

（3）“大小”选项组

该选项组用于设置文字的大小。选中“注释性”复选框后，表示创建的文字为注释性文字，此时“使文字方向与布局匹配”复选框可选，该复选框用于指定图纸空间视口中的文字方向与布局方向匹配。“图纸文字高度”文本框用于设置标注文字的高度，默认值为0.0000。如果输入0.0000，则每次使用该样式输入文字时，文字默认高度为0.2，输入大于0.0的高度值时，则为该样式设置固定的文字高度。在相同的高度设置下，TrueType字体显示的高度要小于SHX字体，如图4-7所示。

如果撤选“注释性”复选框，则显示“高度”文本框，同样可利用该文本框设置文字的高度，如图4-8所示。高度设置后，在绘图过程中若需要使用其他同类型高度的字体，则需在使用DTEXT或其他标注命令进行标注时重新设置。

图 4-7　选中“注释性”复选框

图 4-8　撤选“注释性”复选框

（4）“效果”选项组

该选项组方便用户设置字体的具体特征。“颠倒”复选框用于设置是否将文字旋转180°；“反向”复选框用于设置是否将文字以镜像方式标注；“垂直”复选框用于设置文字是水平标注还是垂直标注；“宽度因子”文本框用于设置文字的宽度系数；“倾斜角度”文本框用于设置文字倾斜角度。

（5）“预览”框

该区域用来预览用户所设置的字体样式，用户可通过该区域查看所设置的字体样式是否满足自己的需要。

（6）应用举例

例 4-1 创建名称为A20的电气文字样式，设置文字高度为20，字体为楷体，宽度因子0.7，并利用同样的方法创建A30、A50和A100的文字样式，其中数字代表文字高度。

步骤 01 单击“默认”选项卡|“注释”面板上的“文字样式”按钮，弹出“文字样式”对话框，单击“新建”按钮，弹出“新建文字样式”对话框，如图 4-9 所示。在“样式名”文本框中输入样式名称为 A20，单击“确定”按钮，回到“文字样式”对话框。

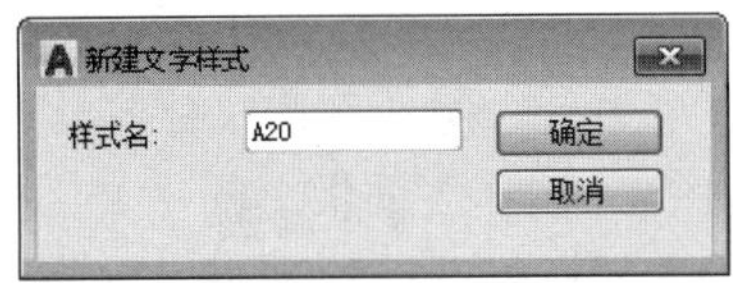

图 4-9　设置文字样式名称

步骤 02 在“字体名”下拉列表框中选择“楷体”选项，设置“高度”值为 20.0000，“宽度因子”为 0.7000，具体设置如图 4-10 所示。

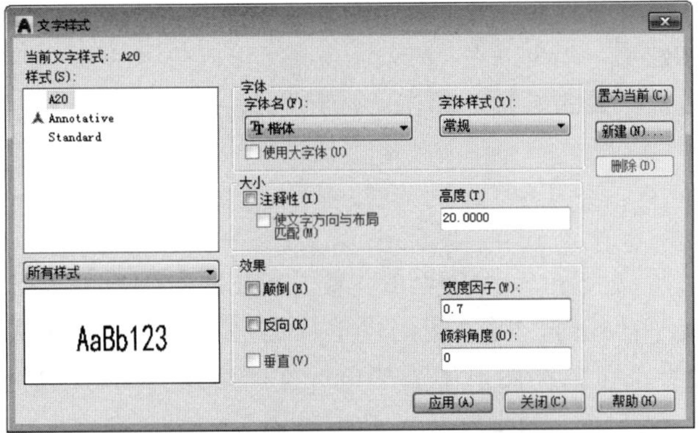

图 4-10　设置 A20 文字样式参数

步骤 03 设置完毕后单击“应用”按钮，完成 A20 文字样式的创建。

步骤 04 使用同样的方法创建 A30、A50 和 A100 文字样式，如图 4-11 所示。

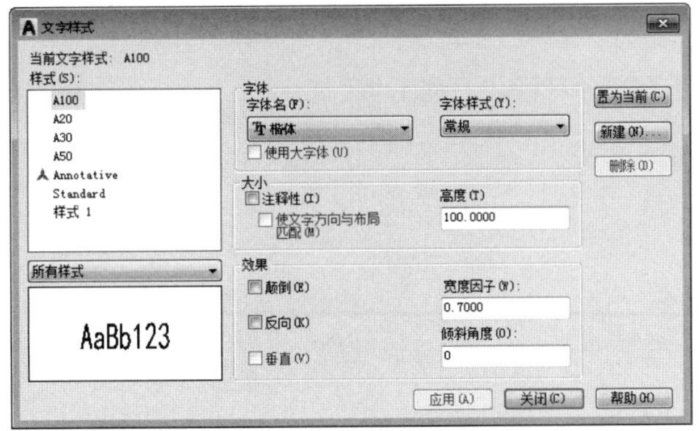

图 4-11　“文字样式”对话框

2. 应用文字样式

在定义了各种文字样式之后，用户从“文字样式”对话框的“样式”列表框中选中某种文字样式，单击“置为当前”按钮，即可将所选择的文字样式设置为当前的文字样式。

创建单行文字时，在“指定文字的起点或 [对正(J)/样式(S)]:”提示下，可以输入S设置文字样式，在“输入样式名或 [?] :”提示下可以输入单行文字使用的文字样式，否则将使用系统当前的文字样式。

创建多行文字时，可以在“文字编辑器”选项卡|“样式”面板上设置当前文字样式。这些内容将在具体创建单行、多行文字时讲解。

另外，除了在“文字样式”对话框中设置当前文字样式外，用户还可以展开“默认”选项卡|“注释”面板上的“文字样式”下拉列表，或者展开“注释”选项卡|“文字”面板上的“文字样式”下拉列表，进行设置当前文字样式。在执行“单行文字”和“多行文字”命令时，会将列表中选择的文字样式作为当前样式。对于已经创建好的文字，用户也可以在“文字样式”下拉列表中选择合适的文字样式，对所选择的文字进行样式的修改。

3. 修改文字样式

在完成文字样式创建后，若对文字样式不满意，可以打开“文字样式”对话框，在该对话框中直接修改选定文字样式的参数，单击“应用”按钮，即可完成文字样式参数的修改。

4.1.2 单行文字

在绘图过程中，经常需要输入一些较短的文字来注释对象，如一些图名等。当输入的文字只采用一种字体和文字样式时，可以使用“单行文字”命令来标注文字。在AutoCAD中，使用TEXT和DTEXT命令都可以在图形中添加单行文字对象。用TEXT命令从键盘上输入文字时，能同时在屏幕上看到所输入的文字，并且可以输入多个单行文字，且每一行文字都是一个单独的对象。

1. 执行方式

- 单击“注释”选项卡|“文字”面板上的“单行文字”按钮A。
- 单击“默认”选项卡|“注释”面板上的“单行文字”按钮A。
- 在命令行输入 TEXT 或 DTEXT 后按 Enter 键。
- 在命令行输入命令简写 DT 后按 Enter 键。

2. 命令提示

```
命令: _DTEXT
当前文字样式: “Standard”  文字高度: 90.0000  注释性: 否对正: 左
指定文字的起点或 [对正(J)/样式(S)]:             //指定文字的起点
指定高度 <2.5000>:                              //输入文字的高度
指定文字的旋转角度 <0>:                          //输入文字的旋转角度
```

3. 参数说明

在命令行提示下，指定文字的起点高度和旋转角度后，在绘图区将出现如图4-12所示的单行文字动态输入框，形状类似于简化版的“在位文字编辑器”，其中包含一个高度为文字高度的边框，该边框将随用户的输入而展开。

命令行提示包括“指定文字的起点”“对正（J）”和“样式（S）”三个选项。

（1）“指定文字的起点”选项

这是默认项，用来确定文字行基线的起点位置。

（2）“对正（J）”选项

用来确定标注文字的排列方式及排列方向，并设置创建单行文字时的对齐方式。“对正”选项将决定字符的哪一部分与插入点对齐。在命令行中输入J后，命令行提示如下：

图 4-12　单行文字动态输入框

```
指定文字的起点或 [对正(J)/样式(S)]: J          //输入J，设置对正方式
输入选项 [左(L)/居中(C)/右(R)/对齐(A)/中间(M)/布满(F)/左上(TL)/中上(TC)/右上(TR)/左中(ML)/正中(MC)/右中(MR)/左下(BL)/中下(BC)/右下(BR)]:
//系统提供了15种对正的方式，用户可以从中任意选择一种
```

（3）“样式（S）”选项

该选项用于选择文字样式。在命令行中输入S后，命令行提示如下：

```
指定文字的起点或 [对正(J)/样式(S)]: S          //输入S，设置文字样式
输入样式名或 [?] <样式 1>:                     //输入需要使用的已定义的文字样式名称
```

在命令行中输入“?”并按Enter键，将弹出如图4-13所示的文本窗口，该窗口中列出了已经定义好的文字样式。

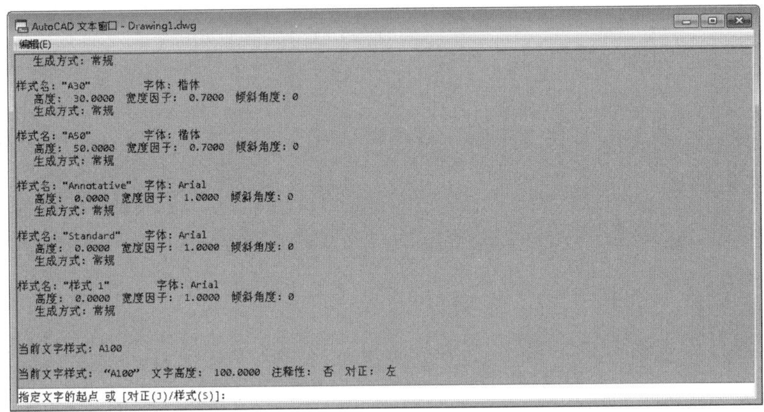

图 4-13　列出已定义的文字样式

4. 输入特殊符号

在一些特殊的文字中，用户常常需要输入下划线、百分号等特殊符号。在AutoCAD中，这些特殊符号有专门的代码，在标注文字时输入代码即可。常见的特殊符号代码如表4-1所示。

表 4-1　特殊符号的代码及含义

代码输入	字　符	说　明
%%%	%	百分号
%%c	ϕ	直径符号

（续表）

代码输入	字　符	说　明
%%p	±	正负公差符号
%%d	°	度
%%o	‾	上划线
%%u	_	下划线

如果遇到比较复杂的特殊符号，用户可以打开输入法的软键盘，这里以用户常用的微软拼音输入法为例进行讲解。在如图4-14所示的“软键盘”菜单中可以看到13个类别的软键盘（以其中的“数字序号”为例），选择“数字序号”|“软键盘”命令，弹出数字序号软键盘，如图4-15所示，用户可以利用软键盘输入相应的数字序号。

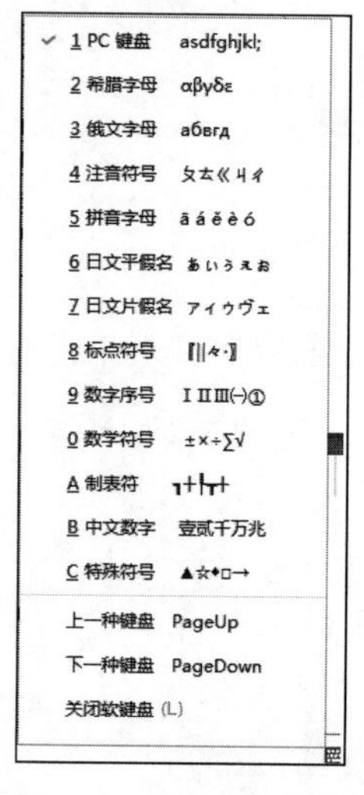

图 4-14　软键盘菜单

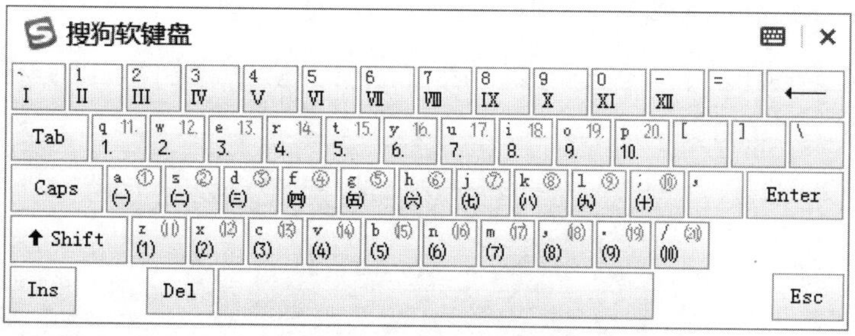

图 4-15　数字序号软键盘

5. 应用举例

例 4-2 创建如图4-16所示的表标题图。

步骤 01 单击“默认”选项卡|“注释”面板上的“单行文字”按钮A，命令行提示如下：

```
命令： _DTEXT
当前文字样式： A20  当前文字高度： 20
指定文字的起点或 [对正(J)/样式(S)]：  //在绘图区任意指定一点为起点
指定文字的旋转角度 <0>：       //按Enter键，采用默认旋转角度0°。绘图区出现单行文字动态输入框
```

步骤 02 在动态输入框中输入如图 4-17 所示的文字，按两次 Enter 键完成文字的输入，效果如图 4-16 所示。

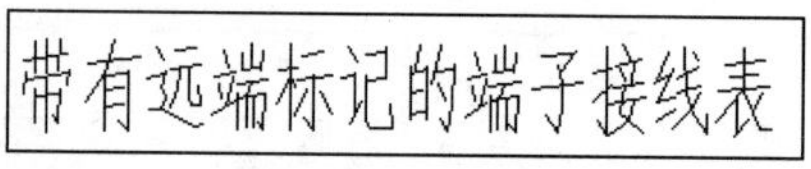

带有远端标记的端子接线表

图 4-16　表标题图

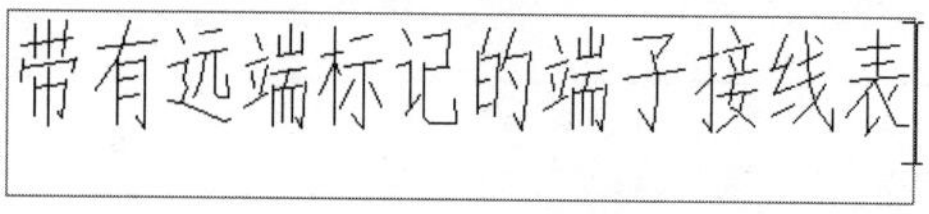

带有远端标记的端子接线表

图 4-17　输入单行文字

4.1.3 多行文字

对于文字内容较长、格式较复杂的字段的输入，可以使用“多行文字”命令。多行文字会根据用户设置的文字宽度自动换行。

1. 执行方式

- 单击“注释”选项卡|“文字”面板上的“多行文字”按钮A。
- 单击“默认”选项卡|“注释”面板上的“多行文字”按钮A。
- 在命令行输入 MTEXT 后按 Enter 键。
- 在命令行输入命令简写 MT 后按 Enter 键。

2. 命令提示

```
命令: _MTEXT 当前文字样式: Standard 文字高度: 90 注释性: 否
指定第一角点:                                    //指定多行文字输入区的第一个角点
指定对角点或 [高度(H)/对正(J)/行距(L)/旋转(R)/样式(S)/宽度(W)/栏(C)]: //系统给出7个选项
```

3. 参数说明

命令行提示中有7个选项，分别为“高度(H)”“对正(J)”“行距(L)”“旋转(R)”“样式(S)”“宽度(W)”和“栏(C)”，各选项含义如下：

- 高度(H)：该选项用于设置文本框的高度，用户可以在屏幕上拾取一点，该点与第一角点之间的距离改为文字的高度，或者在命令行中直接输入高度值。
- 对正(J)：该选项用于确定文字排列方式，与单行文字类似。
- 行距(L)：该选项用于为多行文字对象制定行与行之间的间距。
- 旋转(R)：该选项用于确定文字的倾斜角度。
- 样式(S)：该选项用于确定多行文字采用的字体样式。
- 宽度(W)：该选项用于确定标注文本框的宽度。
- 栏(C)：该选项用于指定多行文字对象的栏设置。系统提供了三种栏设置，其中“静态栏”要求指定总栏宽、栏数、栏间距宽度(栏之间的间距)和栏高；“动态栏”要求指定栏宽、栏间距宽度和栏高，动态栏由文字驱动，调整栏将影响文字流，而文字流将导致添加或删除栏；“不分栏”将不分栏模式设置给当前多行文字对象。

4.1.4 文字编辑器选项卡

当指定了对角点之后，弹出如图4-18所示的“文字编辑器”选项卡，此选项卡面板区包括“样式”“格式”“段落”“插入”“拼写检查”“工具”“选项”“关闭”8个功能区面板和绘图区中的“多行文字输入框”组成。用户可以在面板中设置相应的文字参数及格式，然后在下侧的“多行文字输入框”中输入需要插入的文字。

图 4-18　多行文字编辑器

1. “样式”面板

- “样式”下拉列表：用于设置当前的文字样式。
- 注释性按钮：用于为新建的文字或选定的文字对象设置注释性。
- “文字高度”下拉列表框用于设置新字符高度或更改选定文字的高度。
- 遮罩按钮：用于设置文字的背景遮罩。

2. “格式”面板

- 按钮：用于将选定文字的格式匹配到其他文字上。
- “粗体”按钮 **B**：用于为输入的文字对象或所选定文字对象设置粗体格式。
- “斜体”按钮 *I*：用于为新输入文字对象或所选定文字对象设置斜体格式。这两个选项仅适用于使用 TrueType 字体的字符。
- “删除线”按钮：用于在需要删除的文字上划线，表示需要删除的内容。
- “下划线”按钮 U：用于文字或所选定的文字对象设置下划线格式。
- “上划线”按钮 Ō：用于为文字或所选定的文字对象设置上划线格式。
- “堆叠”按钮：用于为输入的文字或选定的文字设置堆叠格式。文字堆叠时，文字中须包含插入符（^）、正向斜杠（/）或磅符号（#），堆叠字符左侧的文字将堆叠在字符右侧的文字之上。默认情况下，包含插入符（^）的文字转换为左对正的公差值；包含正斜杠（/）的文字转换为置中对正的分数值，斜杠被转换为一条同较长的字符串长度相同的水平线；包含磅符号（#）的文字转换为被斜线分开的分数。
- “上标”按钮 x^2：用于将选定的文字切换为上标或将上标状态关闭。
- “下标”按钮 X_2：用于将选定的文字切换为下标或将下标状态关闭。
- 大写按钮：用于修改英文字符为大写；小写按钮用于修改英文字符为小写。
- 按钮：用于清除字符及段落中的粗体、斜体或下划线等格式。
- “字体”下拉列表：用于设置当前字体或更改选定文字的字体。
- “颜色”下拉列表：用于设置新文字的颜色或更改选定文字的颜色。
- “文字图层替代”下拉列表：用于用文字对象指定的图层替代当前图层。
- “倾斜角度”按钮：用于修改文字的倾斜角度。
- “追踪”微调按钮：用于修改文字间的距离。
- “宽度因子”按钮：用于修改文字的宽度比例。

3. “段落”面板

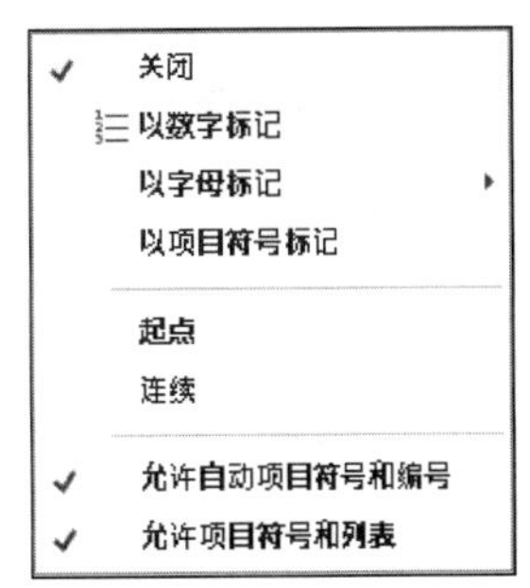

图 4-19　项目符号按钮菜单

- “对正”按钮：用于设置文字的对正方式。
- 项目符号和编号按钮：用于设置以数字、字母或项目符号等标记文字，其按钮菜单如图 4-19 所示。
- 行距按钮：用于设置段落文字的行间距。
- 按钮：用于设置段落文字的制表位、缩进量、对齐、间距等。
- “左对齐”按钮：用于设置段落文字为左对齐方式。
- “居中”按钮：用于设置段落文字为居中对齐方式。
- “右对齐”按钮：用于设置段落文字为右对齐方式。
- “对正”按钮：用于设置段落文字为对正方式。
- “分散对齐”按钮：用于设置段落文字为分布排列方式。

4. “插入”面板

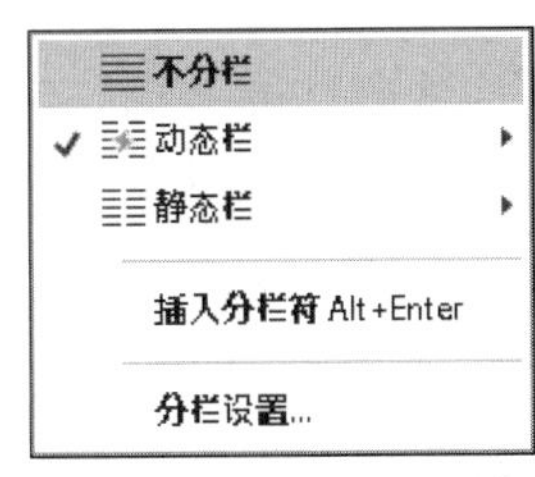

图 4-20　“列”按钮菜单

- “列”按钮：用于为段落文字分栏排版，如图 4-20 所示。
- “符号”按钮@：用于添加一些特殊符号。
- “字段”按钮：用于为段落文字插入一些特殊字段。

5. “拼写检查”面板

主要用于为输入的文字进行拼写检查。

6. “工具”面板

- 按钮：用于搜索指定的文字串并使用新的文字将其替换。
- 输入文字按钮：用于向文本中插入 TXT 格式的文本、样板等文件或插入 RTF 格式的文件。
- 全部大写按钮：用于将新输入的文字或当前选择的文字转换成大写。

7. “选项”面板

- 标尺按钮：用于控制文字输入框顶端标心的开关状态。
- 更多按钮/字符集按钮：用于设置当前字符集。
- 更多按钮/编辑器设置按钮：用于设置显示文字背景色、选定文字的亮显色以及使用功能区面板或工具栏的形式进行创建多行文字。

8. “关闭”面板

用于关闭文字编辑器选项卡面板，结束“多行文字”命令。

9. 多行文字输入框

下侧的“多行文字输入框” 主要用于输入和编辑文字对象，它是由标尺和文本框两部分组成，包含了制表位和缩进，因此可以轻松创建段落，并可以轻松地相对于文字元素边框进行文字缩进。制表位、缩进的运用与Microsoft Word相似。

4.1.5 编辑单行和多行文字

1. 文字内容编辑

在命令行输入DDEDIT或TEXTDEIT后按Enter键，或者直接双击需要修改的文字，都可以进入文字编辑状态，对文字进行修改。对于多行文字来说，在命令行中输入MTEDIT命令，也可以进行编辑。

用户可以使用光标在图形中选择需要修改的文字对象，按照用户选择文字对象的不同，系统会出现两种不同的响应：

- 如果选择的是单行文字，用户只能对文字内容进行修改。如果要修改文字的字体样式、字高等属性，则可以修改该单行文字所采用的文字样式，或者利用“比例”按钮来修改。
- 如果选择的是多行文字，系统打开“文字编辑器”选项卡，用户可以直接在选项卡下面的各功能区面板中对文字的内容、格式、样式、段落等进行修改。

2. 文字缩放与对正

在“注释”选项卡中的“文字”面板中，系统为用户提供了“缩放”和“对正”两种方法对文字比例和对正样式进行调整。

（1）“缩放”按钮

单击“注释”选项卡|“文字”面板|“缩放” 按钮，调整单行文字或多行文字的高度。单击该按钮，命令行提示如下：

```
命令： _SCALETEXT
选择对象：找到1个                                    //选择文字对象
选择对象：                                          //按Enter键，结束选择对象
输入缩放的基点选项[现有(E)/左对齐(L)/居中(C)/中间(M)/右对齐(R)/左上(TL)/中上(TC)/右上
(TR)/左中(ML)/正中(MC)/右中(MR)/左下(BL)/中下(BC)/右下(BR)] <现有>: MC  //选择缩放的参考点
指定新模型高度或 [图纸高度(P)/匹配对象(M)/比例因子(S)<500>: 300        //输入文字新高度
```

提示行中有两个选项，分别为“匹配对象”和“缩放比例”，在提示行中输入M，选择匹配的方式，命令行提示如下：

```
指定新模型高度或 [图纸高度(P)/匹配对象(M)/比例因子(S)<300>: M         //选择匹配方式
选择具有所需高度的文字对象：                                          //选择参考高度的文字
高度=700                                                              //系统提示信息
```

若输入S，选择缩放的方式，命令行提示如下：

```
指定新模型高度或 [图纸高度(P)/匹配对象(M)/比例因子(S)<300>: S         //选择缩放方式
指定缩放比例或 [参照(R)] <2>: 2.5                                      //输入比例因子
```

（2）“对正”按钮

单击“注释”选项卡|“文字”面板|“对正”按钮，调整单行文字或多行文字的对齐位置。单击该按钮，命令行提示如下：

```
命令: _JUSTIFYTEXT
选择对象: 找到1个                                   //选择需要调整对齐点的文字对象
选择对象:                                           //按Enter键，退出对象选择
输入对正选项[左对齐(L)/对齐(A)/布满(F)/居中(C)/中间(M)/右对齐(R)/左上(TL)/中上(TC)/右上
(TR)/左中(ML)/正中(MC)/右中(MR)/左下(BL)/中下(BC)/右下(BR)] <左对齐>: R   //输入新的对正点
```

3. 文字查找与替换

在命令行输入FIND后按Enter键，或者在“注释”选项卡|“文字”面板|“查找”文本框中输入需要查找的内容，然后单击右端的“查找”按钮，都会弹出如图4-21所示的“查找和替换”对话框。

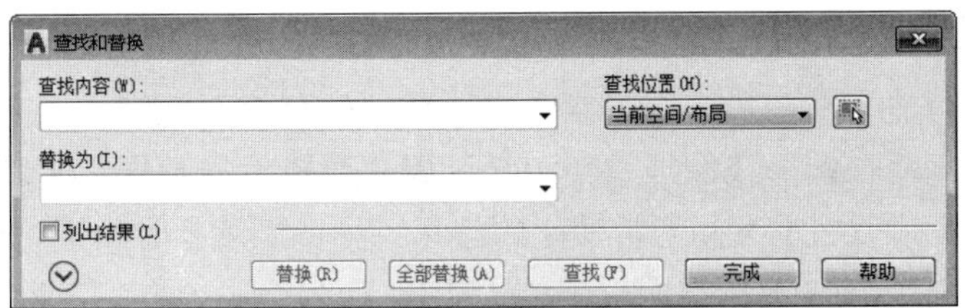

图 4-21 “查找和替换”对话框

下面对该对话框中较重要的参数进行说明。

- “查找内容”文本框：用于指定要查找的字符串。用户可以在文本框中输入包含任意通配符的文字字符串，或者从列表中选择最近使用过的 6 个字符串中的一个。
- “替换为”文本框：指定用于替换找到文字的字符串。用户可以在文本框中输入字符串，或者从列表中选择最近使用过的 6 个字符串中一个。
- “查找位置”下拉列表框：用于指定是在整个图形中查找还是仅在当前选择中查找。如果已选择某选项，“当前选择”将为默认值。如果未选择任何选项，“整个图形”将为默认值。单击“选择对象”按钮可以切换到绘图区选择搜索文字范围。
- “查找”按钮：单击该按钮，可以查找在“查找内容”文本框中输入的文字。如果没有在“查找内容”文本框中输入文字，则该选项不可用。在“列出结果”区域中显示找到的文字。
- “替换”按钮：单击该按钮，可以用“替换为”文本框中输入的文字替换找到的文字。
- “全部替换”按钮：单击该按钮，将查找所有与“查找字符串”文本框中输入的文字匹配的文本，并用“改为”文本框中输入的文字替换。

4. 应用举例

例 4-3 撰写电气技术说明。

步骤 01 单击“注释”选项卡|“文字”面板上的“多行文字”按钮A，指定文字框的两个角点，命令行提示如下：

```
命令: mtext
当前文字样式: Standard  文字高度: 2.5  注释性: 否
指定第一角点: 100, 100          // 指定第一角点
指定对角点或 [高度(H)/对正(J)/行距(L)/旋转(R)/样式(S)/宽度(W)/栏(C)]: 300, 120
//指定对角点
```

弹出“文字编辑器”选项卡。

步骤02 在“格式”面板中设置字体为 仿宋 ，在“样式”面板中设置字高为 5。

步骤03 在“多行文字输入框”中撰写电气技术说明，最后单击“关闭”面板上的“关闭”按钮，完成文字说明的撰写，结果如图 4-22 所示。

说明：a.进线电缆引自室外380V架空线路第42号杆，
b.各电动机配线除注明者外，其余均为BLX-3×2.5-SC15-FC

图 4-22　电气技术文字说明

4.1.6　字段

字段用于显示可能会在图形生命周期中修改数据的可更新文字，用户可以将字段插入到任意文字对象中，从而在图形或图纸里集中显示用户要更改的数据。字段更新时，将自动显示最新的数据。字段可以用于某些经常变化的信息，如图纸编号、日期、标题等。

单击“插入”选项卡|“数据”面板上的“字段”按钮，或者在命令行输入FIELD后按Enter键，都可以执行“字段”命令，打开如图4-23所示的“字段”对话框，在该对话框中用户可以选择相应的字段进行设置并插入到图形中。

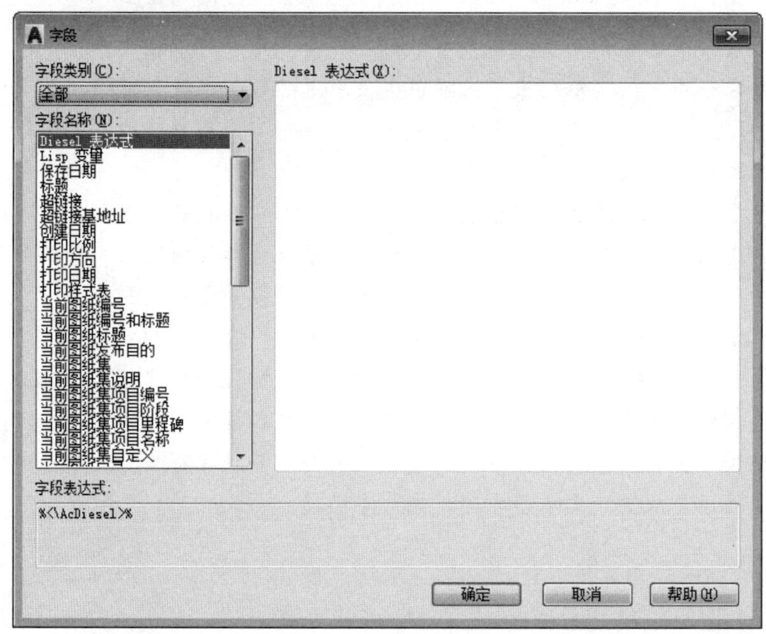

图 4-23　“字段”对话框

在“字段”对话框中可用的选项将随字段类别和字段名称的变化而变化。

- “字段类别”下拉列表框：用于设置“字段名称”列表框中需要列出的字段类型（例如，日期和时间、文档和对象等）。
- “字段名称”列表框：用于列出某个类别中可用的字段，选择其中的一个字段名称以显示可用于该字段的选项。

当用户选择一个“字段名称”时，在对话框的右侧将显示相应的格式设置选项。例如，“日期”字段的格式选项中包含“日期格式”和“样例”选项，而“命名对象”字段的格式选项中包含“命名对象类型”“名称”“格式”等选项。

因为字段是文字对象的一部分，所以不能直接进行选择。用户必须选择该文字对象双击进入多行文字编辑器，选择需要更新或者编辑的字段后，右击，在弹出的快捷菜单中选择“编辑字段”命令；或者双击该字段，将显示“字段”对话框。用户可以在“字段”对话框中对字段的属性进行修改，所做的任何修改都将应用到字段中的所有文字；如果不希望更新字段，可以通过选择“将字段转换为文字”选项将字段转化为文字来保留当前显示的值。

当然，用户还可以在命令行输入REGEN或REGENALL后按Enter键，使用 “重生成”或“全部重生成”命令来更新字段。

4.2 表　　格

在实际工程制图中，例如工程制图中的明细表、建筑制图中的门窗表等，都需要表格功能来完成。如果没有表格功能，使用单行文字和直线来绘制表格是很烦琐的。

4.2.1 创建表格样式

表格的外观由表格样式控制，表格样式可以指定标题、列标题和数据行的格式。单击“默认”选项卡|“注释”面板上的“表格样式”按钮，或者单击“注释”选项卡|“表格”面板上的按钮，或者在命令行输入TABLESTYLE或TS后按Enter键，都可以执行“表格样式”命令，打开如图4-24所示的“表格样式”对话框，“样式”列表框中显示了已创建的表格样式。

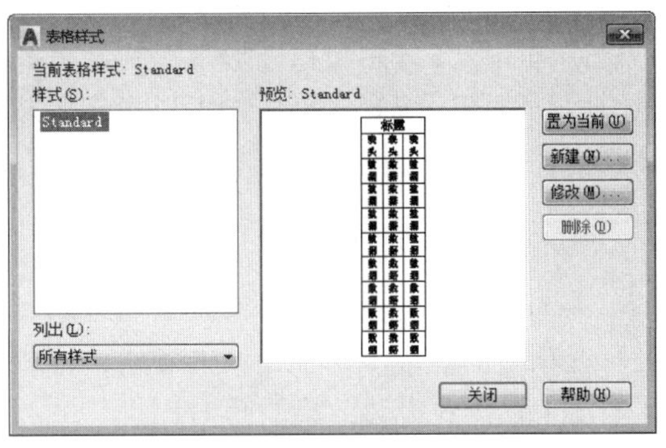

图 4-24　“表格样式”对话框

AutoCAD在表格样式中预设了Standard样式，该样式第一行是标题行，由文字居中的合并单元行组成，第二行是表头，其他行都是数据行。用户创建自己的表格样式时，就是设定标题、表头和数据行的格式。单击“新建”按钮，弹出如图4-25所示的“创建新的表格样式”对话框。可以在“新样式名”文本框中输入表格样式名称，在“基础样式”下拉列表框中选择一个表格样式，使之成为新的表格样式的默认设置，单击“继续”按钮，弹出如图4-26所示的“新建表格样式”对话框，在该对话框中可以对样式进行具体设置。

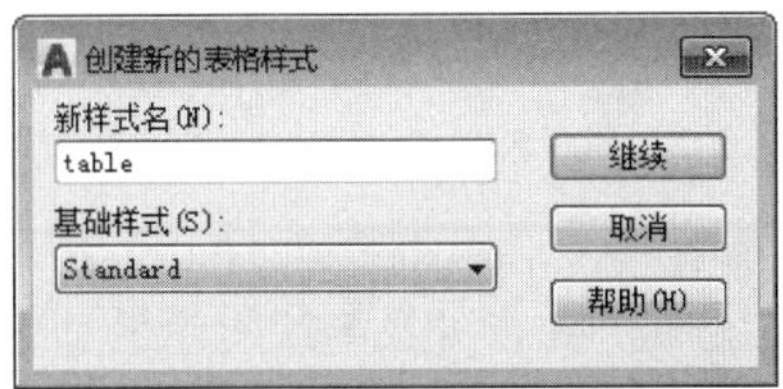

图 4-25　“创建新的表格样式”对话框

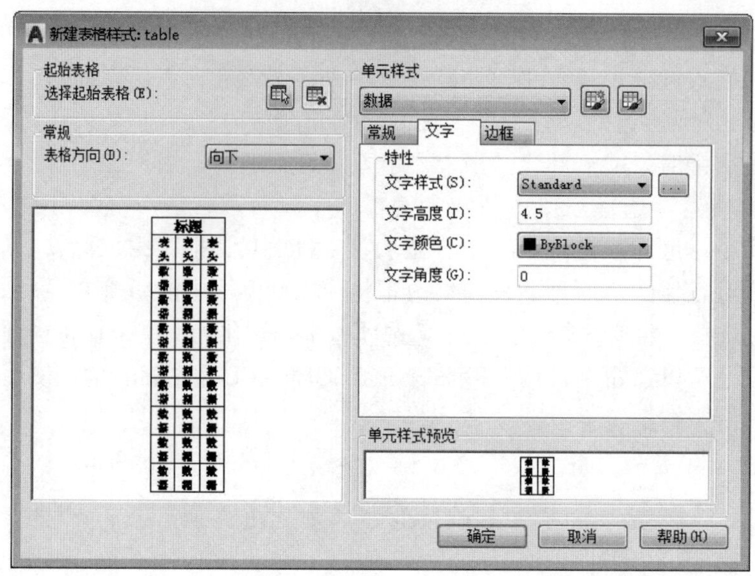

图 4-26 “新建表格样式”对话框

“新建表格样式”对话框由“起始表格”“常规”“单元样式”和“单元样式预览”4个选项组组成，下面将分别介绍各选项组的功能。

1. “起始表格”选项组

该选项组允许用户在图形中指定一个表格作为样例来设置此表格样式的格式。单击按钮，回到绘图区选择表格后，可以指定要从该表格复制到表格样式的结构和内容。单击“删除表格”按钮，可以将表格从当前指定的表格样式中删除。

2. “常规”选项组

该选项组用于更改表格方向，通过选择“向下”或“向上”来设置表格方向，选中“向上”选项将创建由下而上读取的表格，标题行和列标题行都在表格的底部；“预览”框将显示当前表格样式设置效果的样例。

3. “单元样式”选项组

该选项组用于定义新的单元样式或修改现有单元样式，也可以创建任意数量的单元样式。“单元样式”下拉列表框数据显示了表格中的单元样式，系统默认提供了数据、标题和表头三种单元样式。用户需要创建新的单元样式时，可以单击“创建新单元样式”按钮，弹出如图4-27所示的“创建新单元样式”对话框，在“新样式名”文本框中输入单元样式名称，在“基础样式”下拉列表框中选择现有的样式作为参考单元样式；单击“管理单元样式”按钮，弹出如图4-28所示的“管理单元样式”对话框，在该对话框中可以对单元式进行添加、删除、重命名等操作。

“单元样式”选项组中提供了“常规”选项卡、“文字”选项卡和“边框”选项卡，用于设置用户创建的单元样式的外观。

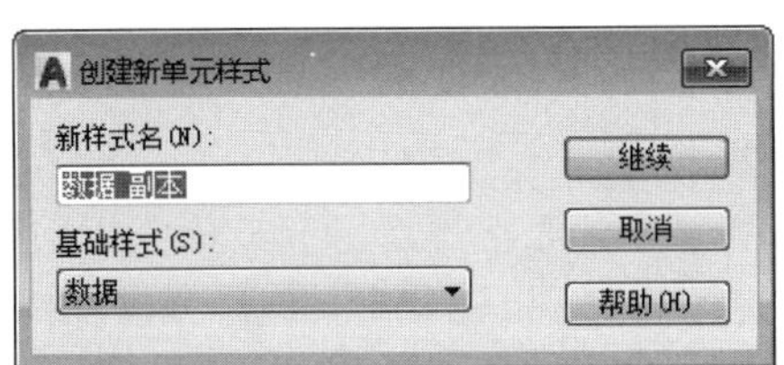

图 4-27 “创建新单元样式”对话框

图 4-28 “管理单元样式”对话框

4.2.2 创建表格

单击“默认”选项卡|“注释”面板上的“表格”按钮，或者单击“注释”选项卡|“表格”面板上的“表格”按钮，或者在命令行输入TABLE或TB后按Enter键，弹出如图4-29所示的“插入表格”对话框。

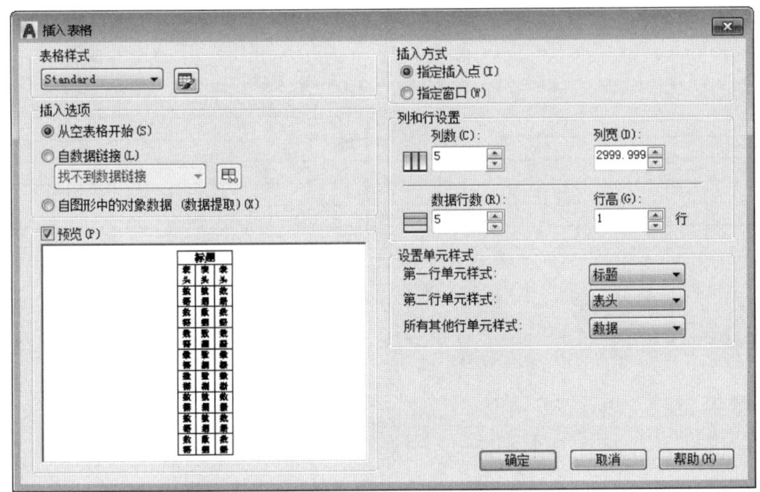

图 4-29 “插入表格”对话框

“插入选项”选项组中提供了3种插入表格的方式：

- “从空表格开始”单选按钮：用于创建可以手动填充数据的空表格。
- “自数据链接”单选按钮：用于为外部电子表格中的数据创建表格。
- “自图形中的对象数据”单选按钮：用于启动“数据提取”向导来创建表格。

下面对前两种创建方式进行讲解。

1. 从空表格开始创建表格

当选中“从空表格开始”单选按钮时，“插入表格”对话框如图4-29所示，可以设置表格的各种参数，具体设置如下：

步骤01 从“表格样式”下拉列表框设置表格采用的样式，默认样式为 Standard。

步骤02 从“插入方式”选项组中设置表格插入的具体方式，选中“指定插入点”单选按钮时，需指定表左上角的位置。如果表样式将表的方向设置为由下而上读取，则插入点位于表的左下角。选中“指定窗口”单选按钮时，需指定表的大小和位置。选中此单选按钮时，行数、列数、列宽和行高都取决于窗口的大小以及列和行的设置。

步骤03 在“列和行设置”选项组中设置列和行的数目及大小。

步骤04 在“设置单元样式”选项组中对那些不包含起始表格的表格样式指定新表格中行的单元式。“第一行单元样式”下拉列表框用于指定表格中第一行的单元样式，默认情况下使用标题单元样式；“第二行单元样式”下拉列表框用于指定表格中第二行的单元样式，默认情况下使用表头单元样式；“所有其他行单元样式”下拉列表框用于指定表格中所有其他行的单元样式，默认情况下使用数据单元样式。

设置完参数后，单击“确定”按钮，用户可以在绘图区插入表格，并自动打开“文字编辑器”选项卡，进入表格文字的填充状态，效果如图4-30所示。

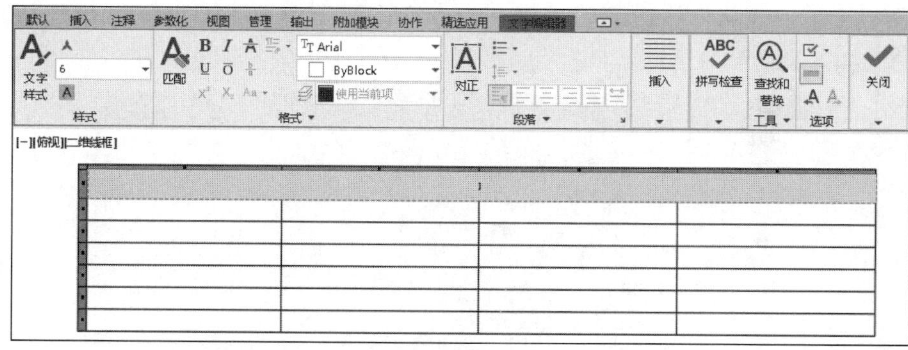

图 4-30　在绘图区插入表格

2. 自数据链接创建表格

当选中“自数据链接”单选按钮时，仅“指定插入点”单选按钮可用，如图4-31所示。单击“启动数据链接管理器”按钮，可打开“选择数据链接”对话框，如图4-32所示。

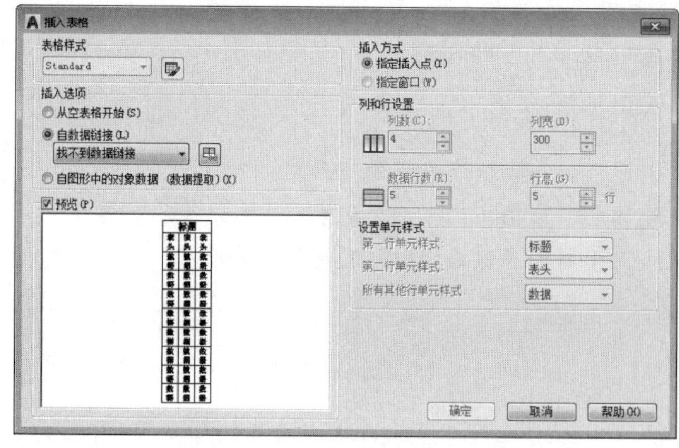

图 4-31　“插入表格”对话框

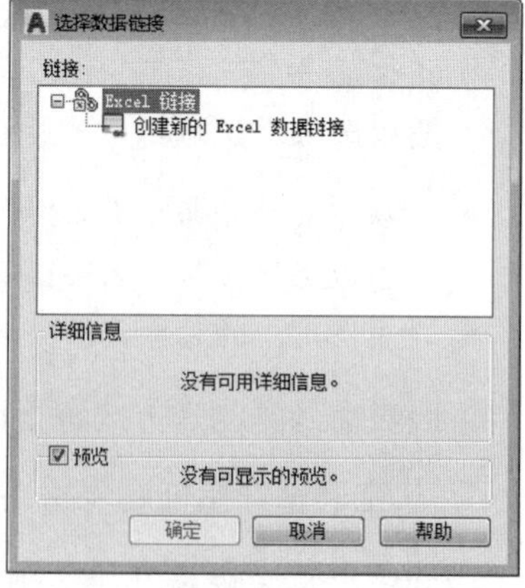

图 4-32　“选择数据链接”对话框

单击“创建新的Excel数据链接”按钮，弹出如图4-33所示的“输入数据链接名称”对话框，在“名称”文本框中输入数据链接名称，单击“确定”按钮，弹出如图4-34所示的“新建Excel数据链接”对话框，单击按钮[...]，弹出“另存为”对话框，选择需要作为数据链接文件的Excel文件后单击“确定”按钮，返回到“新建Excel数据链接”对话框，如图4-35所示。

图 4-33 “输入数据链接名称”对话框

单击“确定”按钮，返回到“选择数据链接”对话框，如图4-36所示可以看到创建完成的数据链接，单击“确定”按钮返回到“插入表格”对话框，在“自数据链接”下拉列表框中可以选择刚才创建的数据链接，单击“确定”按钮，进入绘图区，拾取合适的插入点即可创建与数据链接相关的表格。

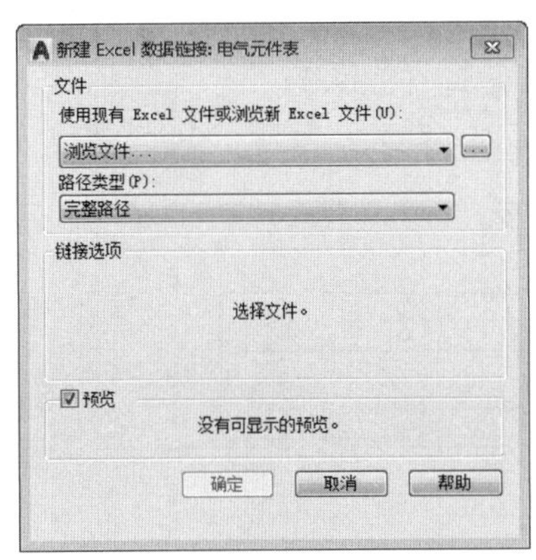

图 4-34 查找 Excel 数据链接

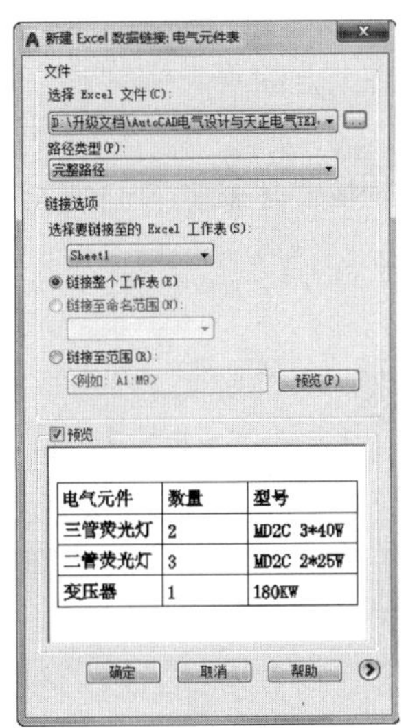

图 4-35 创建 Excel 数据链接

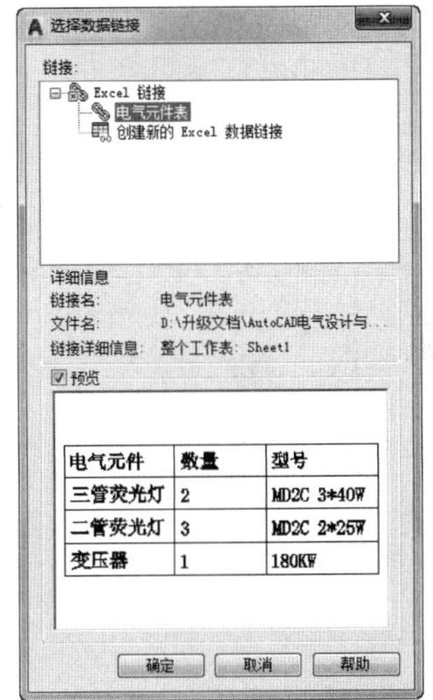

图 4-36 完成数据链接的创建

4.2.3 编辑表格

表格创建完成后，用户可以单击该表格上的任意网格线以选中该表格，然后通过使用“特性”选项板或夹点来修改表格。单击网格的边框线以选中该表格，将显示如图4-37所示的夹点模式。各个夹点的功能描述如下：

- 左上夹点：移动表格。
- 右上夹点：修改表宽并按比例修改所有列。
- 左下夹点：修改表高并按比例修改所有行。
- 右下夹点：修改表高和表宽并按比例修改行和列。
- 列夹点：在表头行的顶部，将列的宽度修改到夹点的左侧，并加宽或缩小表格以适应此修改。

更改表格的高度或宽度时，只有与所选夹点相邻的行或列才会更改，表格的高度或宽度保持不变。如果需要根据正在编辑的行或列的大小按比例更改表格的大小，在使用列夹点时按住Ctrl键即可。“表格打断”夹点可以将包含大量数据的表格打断成主要和次要的表格片断，使用表格底部的表格打断夹点，可以使表格覆盖图形中的多列或操作已创建的表格的不同部分。

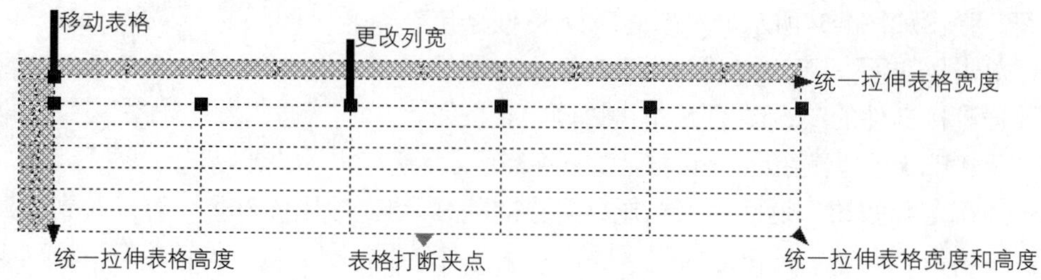

图 4-37　表格的夹点编辑模式

在AutoCAD 2021中，当用户选择表格中的单元时，表格状态如图4-38所示，用户可以对表格中的单元进行编辑处理，在表格上方的“表格单元”面板中提供了各种各样的对表格单元进行编辑的工具。

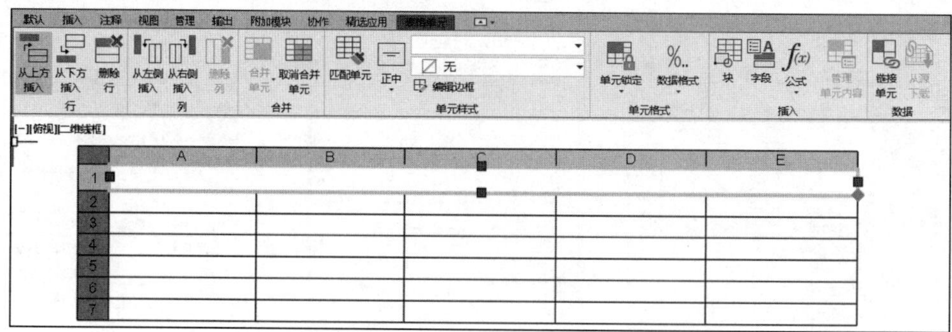

图 4-38　单元选中状态

当选中表格中的单元后，单元边框的中央将显示夹点，效果如图4-39所示。在另一个单元内单击可以将选中的内容移到该单元，拖动单元上的夹点可以使单元及其列或行更宽或更小。

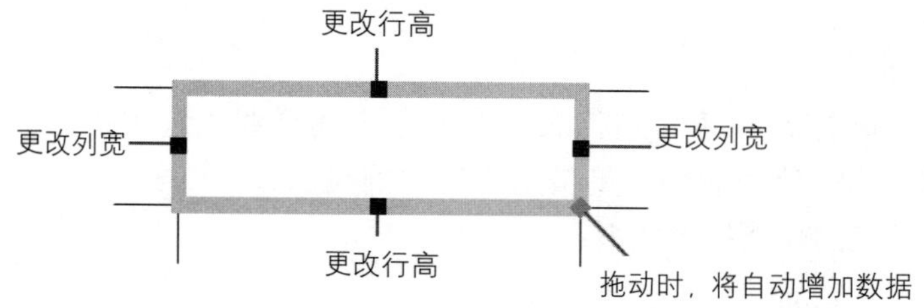

图 4-39　单元夹点

如果用户要选择多个单元，请单击并在多个单元上拖动。按住Shift键并在另一个单元内单击，可以同时选中这两个单元以及它们之间的所有单元，单元被选中后，可以使用“表格单元”面板中的工具，或者执行如图4-40所示的快捷菜单中的命令，对单元进行操作。

使用“表格”工具栏或表格的快捷菜单，可以执行以下操作：

- 编辑行和列。
- 合并和取消合并单元。

- 改变单元边框的外观。
- 编辑数据格式和对齐。
- 锁定和解锁编辑单元。
- 插入块、字段和公式。
- 创建和编辑单元样式。
- 将表格链接至外部数据。

在快捷菜单中选择“特性”命令，弹出如图4-41所示的“特性”选项板，在该选项板中可以设置单元宽度、单元高度、对齐方式、文字内容、文字样式、文字高度、文字颜色等内容。

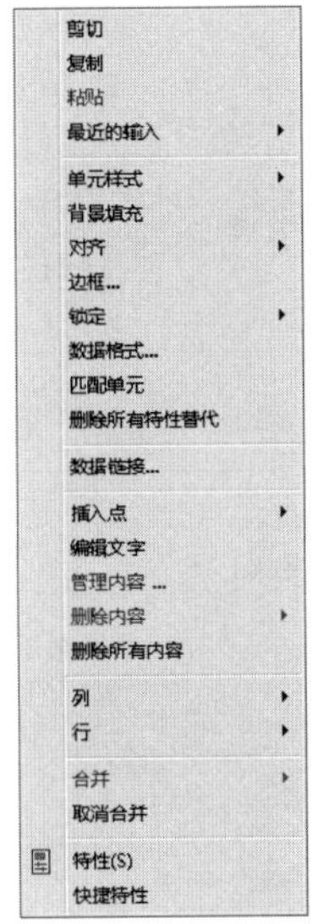

图 4-40　快捷菜单

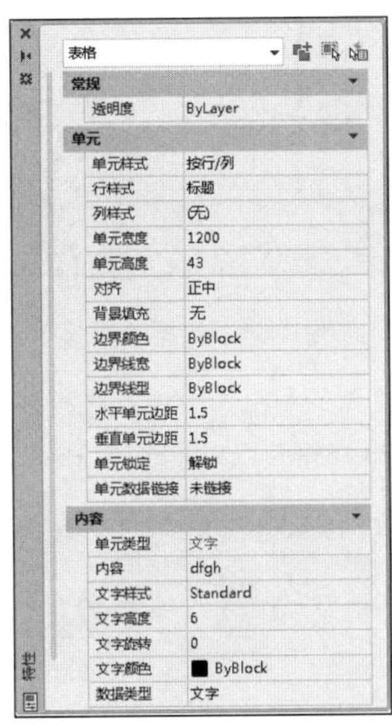

图 4-41　“特性”选项板

例 4-4 绘制单元接线表。

步骤 01 单击“默认”选项卡|“注释”面板上的“表格样式”按钮，弹出“表格样式”对话框，单击“新建”按钮，弹出“创建新的表格样式”对话框，在“新样式名”文本框中输入“单元接线表”，如图 4-42 所示。

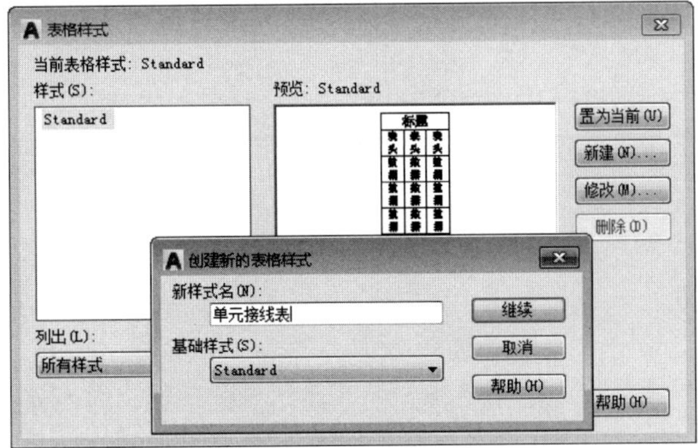

图 4-42　创建“单元接线表”表格样式

步骤 02 单击“继续”按钮，弹出“新建表格样式：单元接线表”对话框，如图 4-43 所示，设置“表格方向”为“向下”，设置数据对齐方式为“正中”，水平和垂直页边距均为 1.5；切换到“文字”选项卡，在“文字样式”下拉列表框中选择文字样式为 A20，如图 4-44 所示。

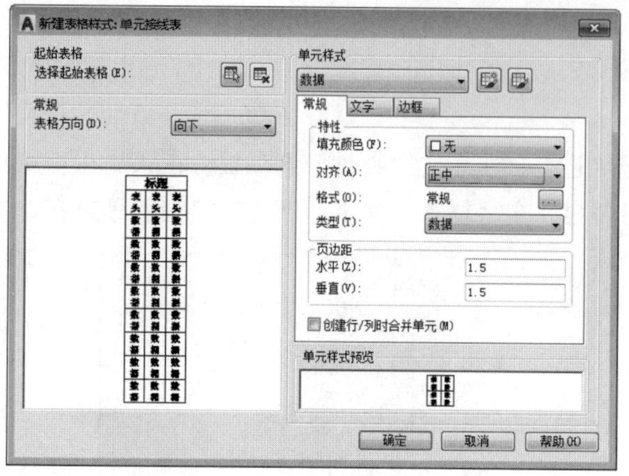

图 4-43 数据“常规”选项卡

图 4-44 数据“文字”选项卡

步骤 03 在“单元样式”下拉列表框中选择“表头”选项，如图 4-45 所示，设置对齐方式为“正中”，水平和垂直页边距均为 0；切换到“文字”选项卡，选择文字样式为 A20，如图 4-46 所示。

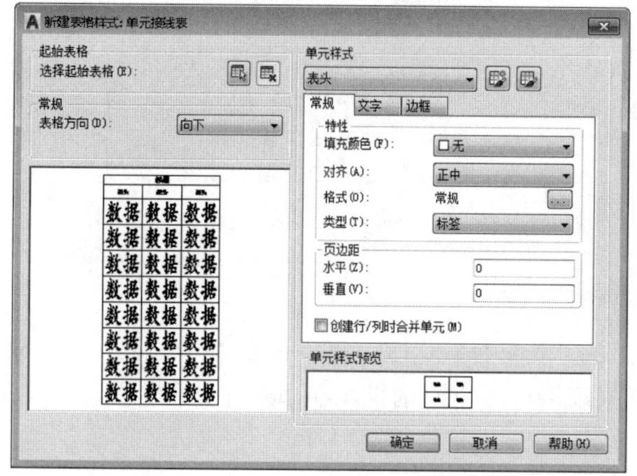

图 4-45 表头“常规”选项卡

图 4-46 表头“文字”选项卡

步骤 04 在“单元样式”下拉列表框中选择“标题”选项，如图 4-47 所示，设置对齐方式为“正中”，水平和垂直页边距均为 0；切换到“文字”选项卡，选择文字样式为 A50，如图 4-48 所示。

步骤 05 单击“确定”按钮，返回到“表格样式”对话框，如图 4-49 所示，“样式”列表框中出现了“单元接线表”选项，将刚创建的表格样式设置为当前样式，然后单击“关闭”按钮，关闭对话框。

步骤 06 单击“默认”选项卡|“注释”面板上的“表格”按钮，弹出“插入表格”对话框，在“插入方式”选项组中选中“指定插入点”单选按钮，如图 4-50 所示。

步骤 07 在“列和行设置”选项组中设置“列数”为 7，“列宽”为 150，“数据行数”为 5，“行高”为 2，如图 4-51 所示。

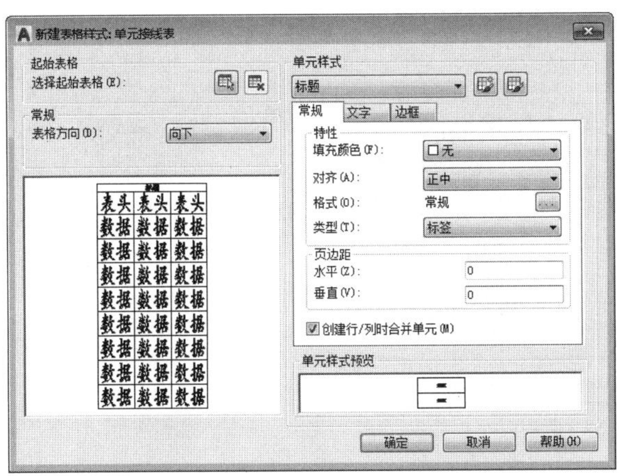

图 4-47　标题“常规”选项卡

图 4-48　标题“文字”选项卡

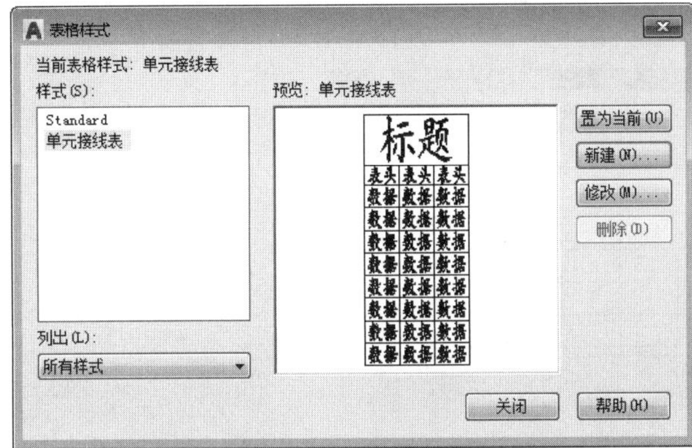

图 4-49　完成“单元接线表”的创建

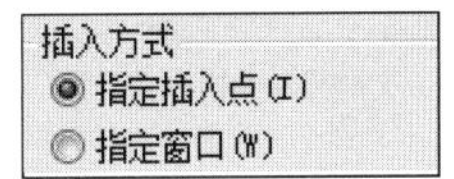

图 4-50　“插入方式”选项组

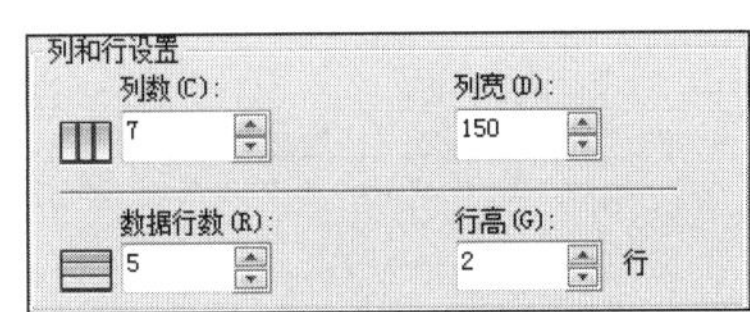

图 4-51　“列和行设置”选项组

步骤 08　在“设置单元样式”选项组中，在“第一行单元样式”下拉列表框中选择“标题”，在“第二行单元样式”下拉列表框中选择“表头”，在“所有其他行单元样式”下拉列表框中选择“数据”，如图 4-52 所示。

图 4-52　“设置单元样式”选项组

步骤 09　以上选项设置完毕后，单击“确定”按钮，返回绘图区，出现如图 4-53 所示的表格，用户可以使用鼠标拾取或键盘输入确定表格插入点。

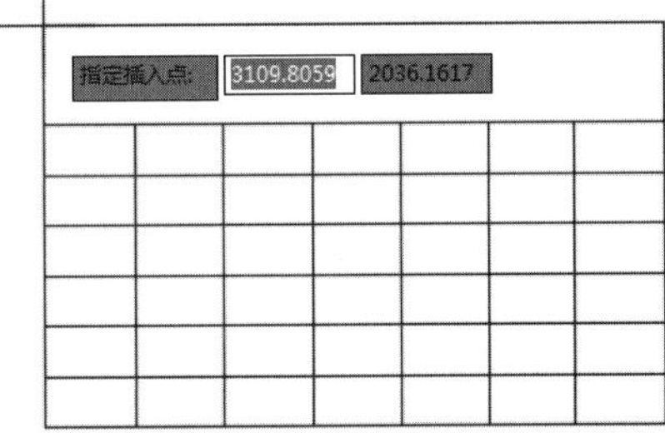

图 4-53　指定表格插入点

步骤 10　确定表格插入点后，弹出“文字编辑器”选项卡面板，在表格第一行中输入文字“单元接线表”，如图 4-54 所示。

步骤 11　关闭“文字编辑器”选项卡面板，然后单击其中的一个表格单元，弹出“表格单元”选项卡面板，如图 4-55 所示。

步骤 12　选择表格第二行的第四单元、第五单元、第六单元，单击“合并”面板|“合并全部”按钮，将以上三个单元合并为一个单元，如图 4-56 所示。

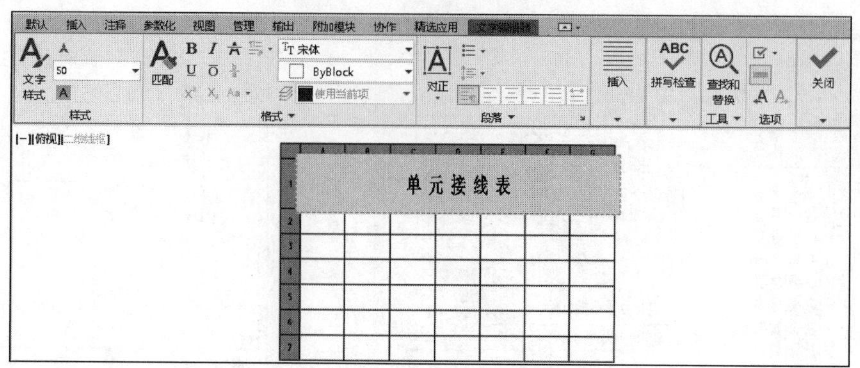

图 4-54 输入文字

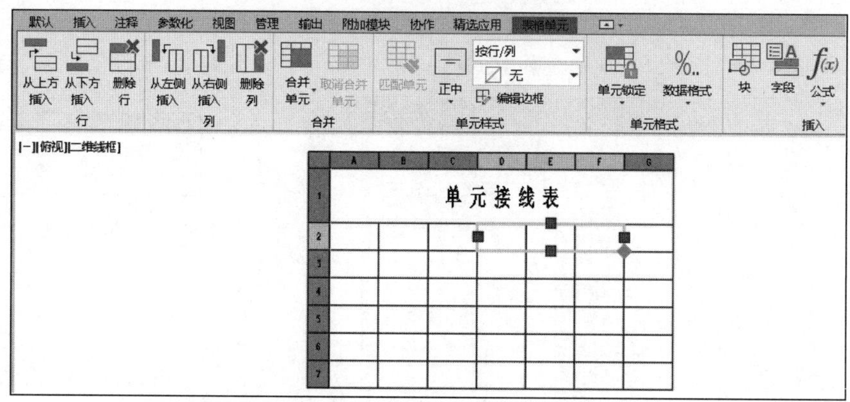

图 4-55 表格操作

步骤 13 将相应的单元合并后，在表格处双击，弹出“文字编辑器”选项卡面板栏，输入相应的文字，完成“单元接线表”的绘制，如图 4-57 所示。

单 元 接 线 表						

图 4-56 合并单元

单 元 接 线 表						
线 缆 号	线缆型号规格	线 号	连 接 点			备 注
			项目代号	端子号	参考	
1	BV-1.5mm^2	31	11	1	33	
2	BV-1.5mm^2	32	11	2	33	
3	BV-1.5mm^2	33	11	4	33	
4	BV-1.5mm^2	34	11	6	33	

图 4-57 输入相应的文字

第 5 章 尺寸标注与编辑

导言

对于工程制图来说，精确的尺寸标注是工程技术人员照图施工的关键，因此在工程图纸中，尺寸的标注是非常重要的。AutoCAD根据工程的实际情况，为用户提供了各种类型的尺寸标注方法。

本章将讲解创建各种尺寸标注的方法以及编辑尺寸标注的方法，通过对本章内容的学习，希望大家能够熟练掌握不同类型的尺寸标注方法，并与实际工程相结合，标注符合工程实际的尺寸。

5.1 尺寸标注组成

在图样中，图形表示机件的形状，尺寸表示机件的大小。因此，标注尺寸应该严格遵守国家标准（GB/T16675-2012、GB4458.4-2003）的有关规定。

机件的真实大小应以图样上所标注尺寸的数值为依据，与图形大小及绘制的准确度无关。图样中标注的尺寸以毫米（mm）为单位时，不需要标注计量单位的代号或名称；如采用其他单位标注尺寸时，则必须注明相应的计量单位的代号或名称。

标注显示了对象的测量值、对象之间的距离、角度或特征距指定原点的距离。AutoCAD提供了3种基本的标注：长度、半径和角度。标注可以是水平、垂直、对齐、旋转、坐标、基线、连续、角度或弧长等。

尺寸标注具有以下几个元素：标注文字、尺寸线、箭头和尺寸界线，如图5-1所示。对于圆标注，还有圆心标记和中心线。

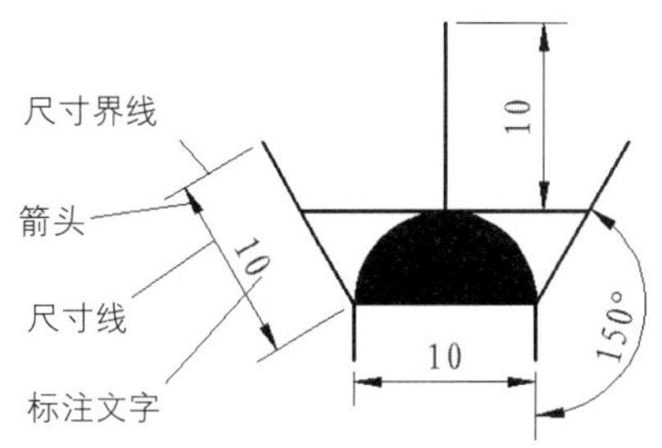

图 5-1　尺寸标注主要元素组成示意图

- 标注文字：用于指示测量值的字符串。文字可以包含前缀、后缀和公差。
- 尺寸线：用于指示标注的方向和范围。对于角度标注，尺寸线是一段圆弧。
- 箭头：也称为终止符号，显示在尺寸线的两端。可以为箭头或标记指定不同的尺寸和形状。
- 尺寸界线：也称为投影线或证示线，从部件延伸到尺寸线。
- 圆心标记：标记圆或圆弧中心的小十字。

- 中心线：标记圆或圆弧中心的虚线。

AutoCAD将标注置于当前图层。每一个标注都采用当前标注样式，用于控制如箭头样式、文字位置、尺寸公差等的特性。

在AutoCAD 2021中，系统提供了十余种标注工具用以标注图形对象，这些工具位于“注释”选项卡中的“标注”面板上，如图5-2所示。

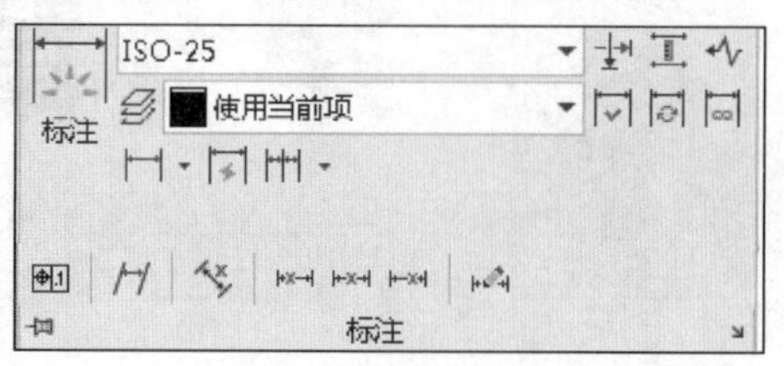

图 5-2 “标注”面板

5.2 尺寸标注样式

使用AutoCAD进行尺寸标注时，尺寸的外观及功能取决于当前尺寸样式的设定。控制尺寸标注样式的尺寸变量有尺寸线、标注文字、尺寸文本相对于尺寸线的位置、尺寸界线、箭头的外观及方式等。

单击“默认”选项卡|“注释”面板上的“标注样式”按钮，或单击“注释”选项卡|“标注”面板上的按钮，或者在命令行输入DIMSTYLE或D后按Enter键，都可以执行“标注样式”命令，打开如图5-3所示的“标注样式管理器”对话框，用户可以在该对话框中创建新的尺寸标注样式和管理已有的尺寸标注样式。

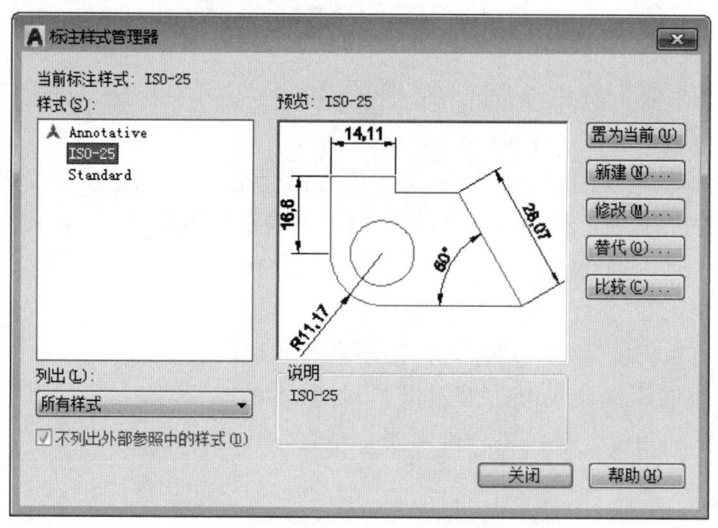

图 5-3 “标注样式管理器”对话框

“标注样式管理器”对话框的主要功能包括预览尺寸标注样式、创建新的尺寸标注样式、修改已有的尺寸标注样式、设置一个尺寸标注样式的替代、设置当前的尺寸标注样式、比较尺寸标注样式、重命名尺寸标注样式、删除尺寸标注样式。

在“标注样式管理器”对话框中，“当前标注样式”区域显示了当前的尺寸标注样式。“样式”列表框显示了图形中所有的尺寸标注样式或者正在使用的样式。用户在列表框中选择了合适的标注样式后，单击“置为当前”按钮，即可将选择的样式置为当前样式。

5.2.1 创建新尺寸标注样式

单击“标注样式管理器”对话框中的“新建”按钮，弹出如图5-4所示的“创建新标注样式”对话框。

在“新样式名”文本框中可以设置新创建的尺寸标注样式的名称；在“基础样式”下拉列表框中可以选择新创建的尺寸标注样式将以哪个已有的样式为模板；在“用于”下拉列表框中可以指定新创建的尺寸标注样式将用于哪些类型的尺寸标注。

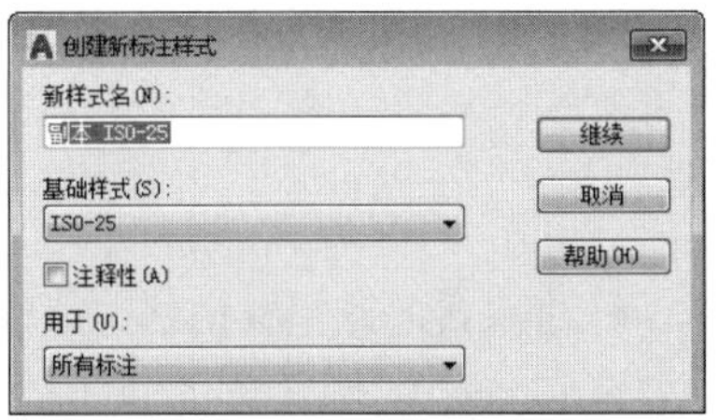

图 5-4 “创建新标注样式”对话框

单击“继续”按钮将关闭“创建新标注样式”对话框，并弹出如图5-5所示的“新建标注样式”对话框，用户可以在该对话框的各选项卡中设置相应的参数，设置完成后单击“确定”按钮，返回“标注样式管理器”对话框，在“样式”列表框中可以看到新建的标注样式。

图 5-5 “新建标注样式”对话框

在“新建标注样式”对话框中共有“线”“符号和箭头”“文字”“调整”“主单位”“换算单位”和“公差”7个选项卡，下面将分别进行介绍。

1. “线”选项卡

“线”选项卡如图5-5所示，由“尺寸线”和“尺寸界线”两个选项组组成，该选项卡用于设置尺寸线和尺寸界线的特性，从而控制尺寸标注的几何外观。

在“尺寸线”选项组中，各参数项含义如下：

- “颜色”下拉列表框：用于设置尺寸线的颜色，如果选择列表框底部的“选择颜色”选项，将显示“选择颜色”对话框设置颜色。
- “线型”下拉列表框：用于设置尺寸线的线型。
- “线宽”下拉列表框：用于设置尺寸线的宽度。

- “超出标记”数值框：用于设置使用倾斜尺寸界线时，尺寸线超过尺寸界线的距离。如图 5-6 所示为超出标记效果。

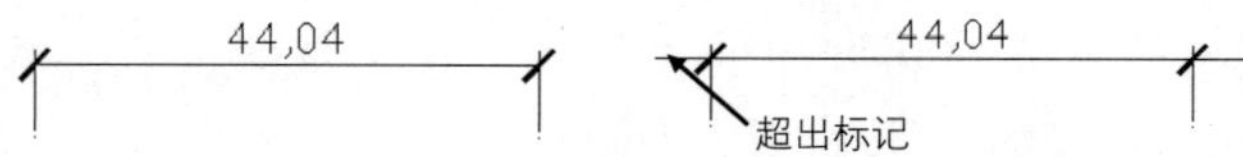

图 5-6　超出标记效果

- “基线间距”数值框：用于设置使用基线标注时各尺寸线间的距离。如图 5-7 所示为基线间距分别为 10 和 5 时的标注效果。

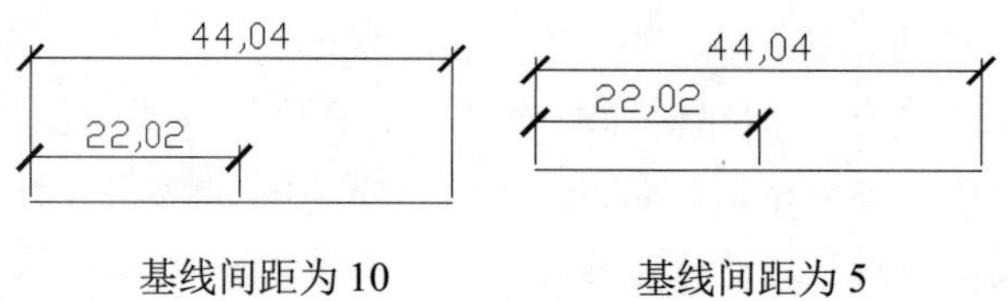

基线间距为 10　　基线间距为 5

图 5-7　不同基线间距效果

- “隐藏”及其复选框：用于控制尺寸线的显示，“尺寸线 1”复选框用于控制第一条尺寸线的显示，“尺寸线 2”复选框用于控制第二条尺寸线的显示。如图 5-8 所示为分别隐藏尺寸线 1 和尺寸线 2 时的效果。

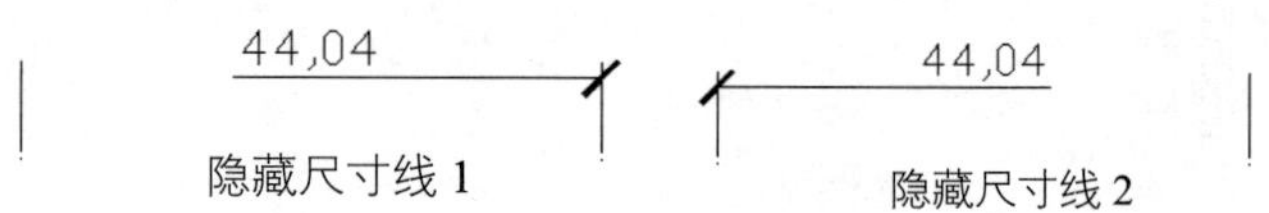

隐藏尺寸线 1　　隐藏尺寸线 2

图 5-8　尺寸线隐藏效果

在“尺寸界线”选项组中，各参数项含义如下：

- “颜色”下拉列表框：用于设置尺寸界线的颜色。
- “尺寸界线 1 的线型”和“尺寸界线 2 的线型”下拉列表框分别用于设置第一个尺寸界线和第二条尺寸界线的线型。
- “线宽”下拉列表：框用于设置尺寸界线的宽度。
- “超出尺寸线”数值框：用于设置尺寸界线超过尺寸线的距离。如图 5-9 所示为超出尺寸线的效果。

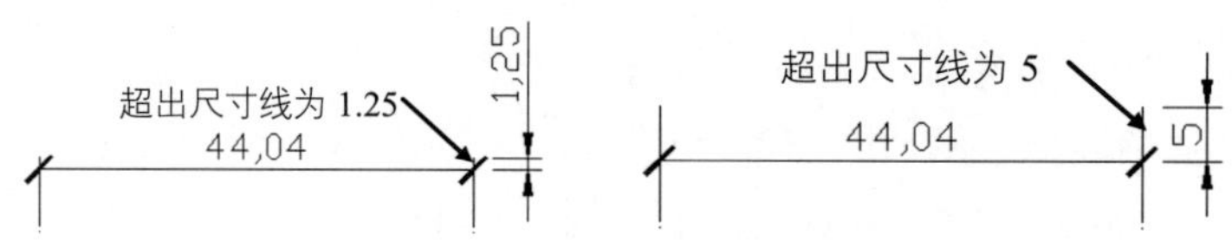

图 5-9　超出尺寸线效果

- “起点偏移量”数值框：用于设置尺寸界线相对于尺寸界线起点的偏移距离。如图 5-10 所示为不同起点偏移量的效果。
- “隐藏”及其复选框：用于设置尺寸界线的显示，“尺寸界线 1”复选框用于控制第一条尺寸界线的显示，“尺寸界线 2”复选框用于控制第二条尺寸界线的显示。

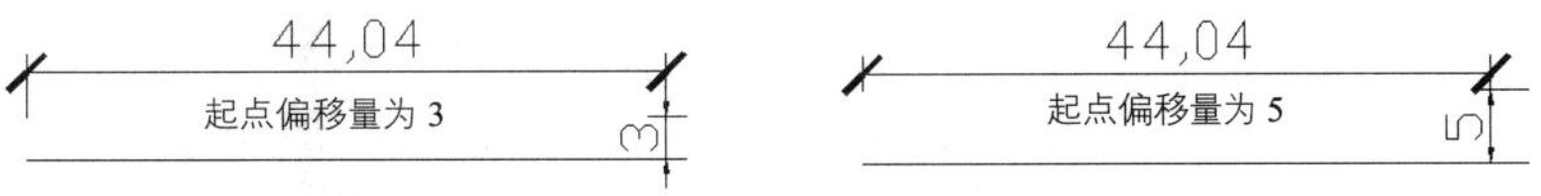

44,04
起点偏移量为 3
44,04
起点偏移量为 5

图 5-10　起点偏移量效果

- 当选中“固定长度的尺寸界线”复选框时，可以设置尺寸界线为一个固定的尺寸长度，可以在“长度”文本框中设置尺寸界线的长度。

2. “符号和箭头”选项卡

“符号和箭头”选项卡如图5-11所示，由“箭头”“圆心标记”“折断标注”“弧长符号”“半径折弯标注”和“线性折弯标记”6个选项组组成，用于设置箭头、中心标记、弧长符号以及半径折弯角度的特性，从而控制尺寸标注的几何外观。

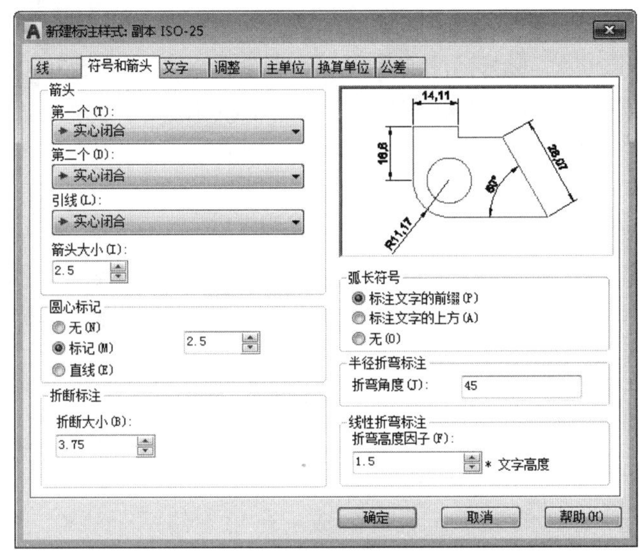

图 5-11　“符号和箭头”选项卡

（1）“箭头”选项组

用于选定表示尺寸线端点箭头的外观形式。“第一个”“第二个”下拉列表框列出了常见的箭头形式，常用的形式有“实心闭合”和“建筑标记”两种。“引线”下拉列表框中列出了尺寸线引线部分的形式。“箭头大小”数值框用于设置箭头相对其他尺寸标注元素的大小。

（2）“圆心标记”选项组

用于控制当标注半径和直径尺寸时，中心线和中心标记的外观。“标记”单选按钮将在圆心处放置一个与“大小”数值框2.5中的值相同的圆心标记；“直线”单选按钮将在圆心处放置一个与“大小”数值框2.5中的值相同的中心线标记；“无”单选按钮将在圆心处不放置中心线和圆心标记；“大小”数值框2.5用于设置圆心标记或中心线的大小。

（3）“折断标注”选项组

用于控制折断标注的间距宽度，在“打断大小”数值框中可以显示和设置折断标注的间距大小。

（4）“弧长符号”选项组

用于控制弧长标注中圆弧符号的显示。“标注文字的前缀”单选按钮用于设置将弧长符号“⌒”放在标注文字的前面；“标注文字的上方”单选按钮用于设置将弧长符号“⌒”放在标注文字的上面；选中“无”单选按钮后将不显示弧长符号，如图5-12所示为这三种设置效果的对比。

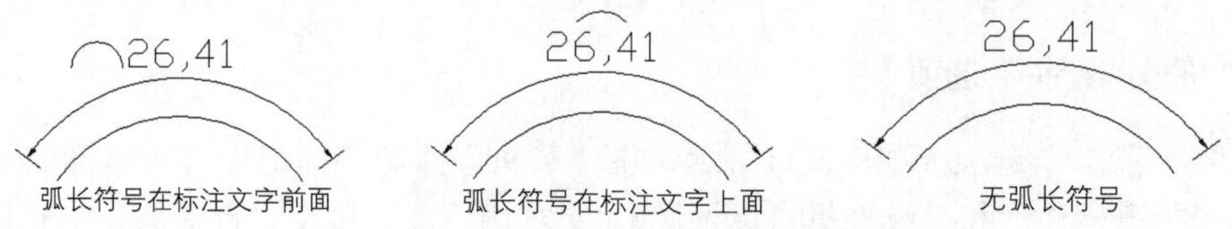

图 5-12　弧长符号不同位置效果

（5）“半径折弯标注”选项组

用于控制半径折弯（Z字形）标注的显示。半径折弯标注通常在中心点位于页面外部时创建，即半径较大时。用户可以在“折弯角度”文本框中输入折弯角度，如图5-13所示分别是折弯角度为45°和90°时的效果。

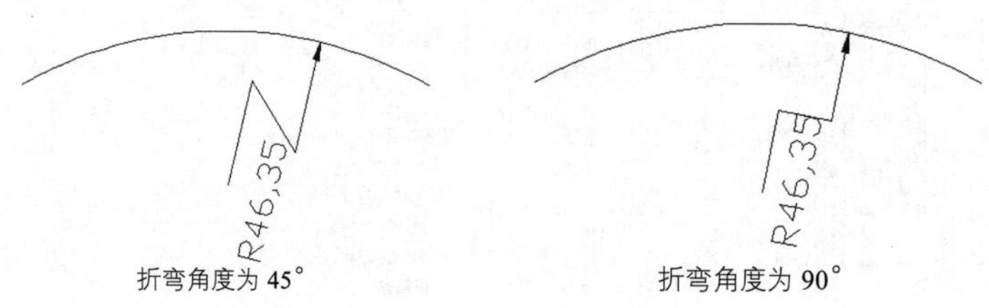

图 5-13　不同折弯角度效果

（6）“线性折弯标注”选项组

用于控制线性折弯标注的显示。通过形成折弯角度的两个顶点之间的距离确定折弯高度，线性折弯大小由“线性折弯因子×文字高度”确定。

3. “文字”选项卡

“文字”选项卡如图5-14所示，由“文字外观”“文字位置”和“文字对齐”三个选项组组成，用于设置标注文字的格式、位置、对齐方式等特性。

（1）“文字外观”选项组

用于设置标注文字的格式和大小。“文字样式”下拉列表框用于设置标注文字所用的样式，单击后面的按钮▭，弹出“文字样式”对话框，该对话框的用法在前面已经讲解过，这里不再赘述。“文字颜色”下拉列表框用于设置标注文字的颜色。“文字高度”数值框用于设置当前标注文字样式的高度。“分数高度比例”数值框用于设置尺寸文本的相对字高系数。“绘制文字边框”复选框用于控制是否在标注文字四周画一个框。

（2）“文字位置”选项组

用于设置标注文字的位置。

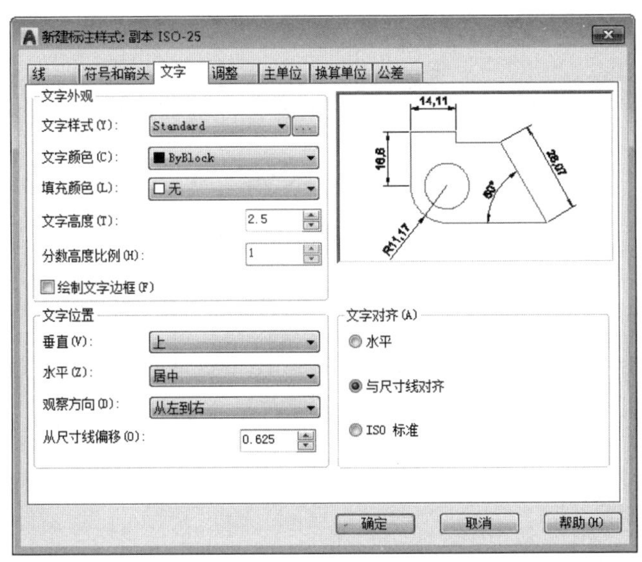

图 5-14 “文字”选项卡

- “垂直”下拉列表框：用于设置标注文字沿尺寸线在垂直方向上的对齐方式，系统提供了 4 种对齐方式。
  - 居中：将标注文字放在尺寸线两部分的中间。
  - 上方：将标注文字放在尺寸线上方，从尺寸线到文字的最低基线的距离就是当前的文字间距，该选项最常用。
  - 外部：将标注文字放在尺寸线上远离第一个定义点的一边。
  - JIS：按照日本工业标准（JIS）放置标注文字。

如图5-15所示为在垂直方向上居中、上方和外部位置的效果。

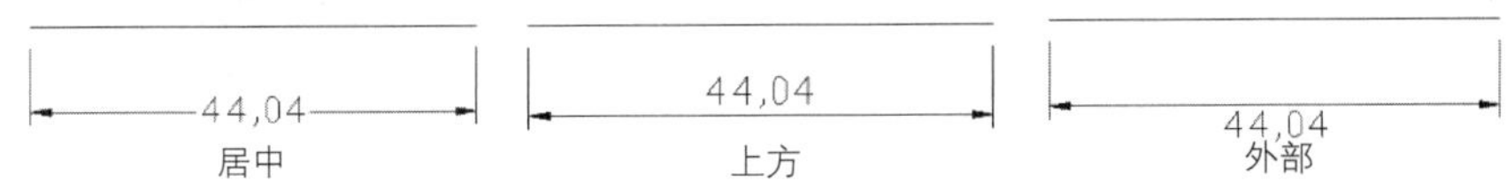

图 5-15 文字垂直位置效果

- “水平”下拉列表框：用于设置标注文字沿尺寸线和尺寸界线在水平方向上的对齐方式，系统提供了 5 种对齐方式。
  - 居中：将标注文字沿尺寸线放在两条尺寸界线的中间。
  - 第一条尺寸界线：沿尺寸线与第一条尺寸界线左对正，尺寸界线与标注文字的距离是箭头大小加上文字间距之和的两倍。
  - 第二条尺寸界线：沿尺寸线与第二条尺寸界线右对正，尺寸界线与标注文字的距离是箭头大小加上文字间距之和的两倍。
  - 第一条尺寸界线上方：沿第一条尺寸界线放置标注文字或将标注文字放在第一条尺寸界线之上。
  - 第二条尺寸界线上方：沿第二条尺寸界线放置标注文字或将标注文字放在第二条尺寸界线之上。

如图5-16所示为水平方向不同位置的效果。

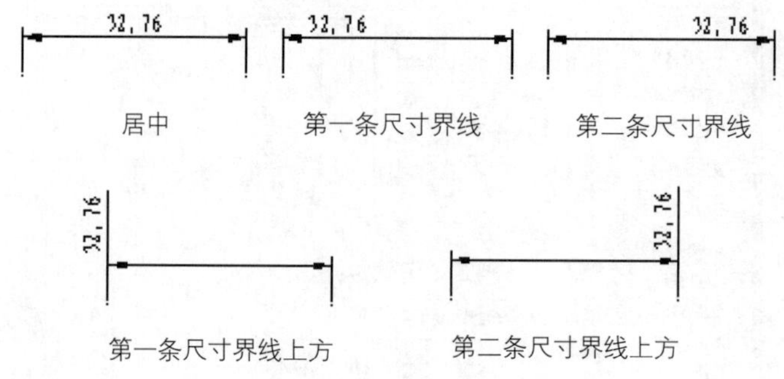

图5-16 文字水平位置效果

- “从尺寸线偏移”数值框：用于设置文字与尺寸线的间距，偏移尺寸分别为1和2时效果如图5-17所示。

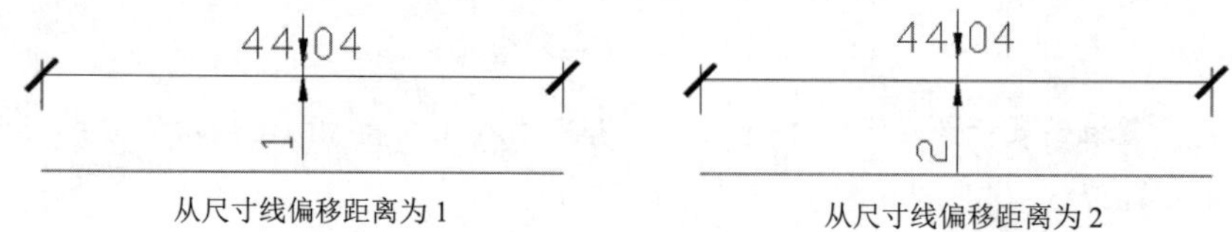

从尺寸线偏移距离为1　　从尺寸线偏移距离为2

图5-17 从尺寸线偏移效果

- “观察方向”下拉列表框：用于控制标注文字的观察方向，一般不作设置。

（3）“文字对齐”选项组

用于设置标注文字的方向。“水平”单选按钮表示标注文字沿水平线放置；“与尺寸线对齐”单选按钮表示标注文字沿尺寸线方向放置；“ISO标准”单选按钮表示当标注文字在尺寸界线之间时，沿尺寸线的方向放置，当标注文字在尺寸界线外侧时，则水平放置标注文字。

4. “调整”选项卡

“调整”选项卡如图5-18所示，由“调整选项”“文字位置”“标注特征比例”和“优化”4个选项组组成，用于控制标注文字、箭头、引线和尺寸线的放置。

（1）“调整选项”选项组

用于控制基于尺寸界线之间可用空间的文字和箭头的位置。如果有足够大的空间，文字和箭头都将放在尺寸界线内。否则，将按照“调整选项”选项组的设置放置文字和箭头。

- “文字或箭头（最佳效果）”单选按钮：表示按照最佳效果将文字或箭头移动到尺寸界线外，当尺寸界线间的距离足够放置文字和箭头时，文字和箭头都放在尺寸界线内，否则，将按照最佳效果移动文字或箭头；当尺寸界线间的距离仅够容纳文字时，将文字放在尺寸界线内，而箭头放在尺寸界线外；当尺寸界线间的距离仅够容纳箭头时，将箭头放在尺寸界线内，而文字放在尺寸界线外；当尺寸界线间的距离既不够放文字又不够放箭头时，文字和箭头都放在尺寸界线外。

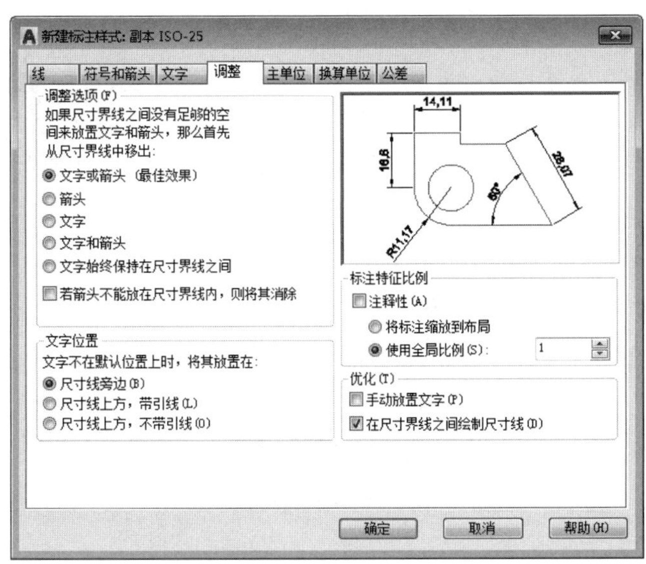

图 5-18 “调整”选项卡

- “箭头”单选按钮：表示先将箭头移动到尺寸界线外，然后移动文字。当尺寸界线间的距离足够放置文字和箭头时，文字和箭头都放在尺寸界线内；当尺寸界线间距离仅够放下箭头时，将箭头放在尺寸界线内，而文字放在尺寸界线外；当尺寸界线间距离不足以放下箭头时，文字和箭头都放在尺寸界线外。
- “文字”单选按钮：表示先将文字移动到尺寸界线外，然后移动箭头。当尺寸界线间的距离足够放置文字和箭头时，文字和箭头都放在尺寸界线内；当尺寸界线间的距离仅能容纳文字时，将文字放在尺寸界线内，而箭头放在尺寸界线外；当尺寸界线间距离不足以放下文字时，文字和箭头都放在尺寸界线外。
- “文字和箭头”单选按钮：表示当尺寸界线间距离不足以放下文字和箭头时，文字和箭头都移到尺寸界线外。
- “文字始终保持在尺寸界线之间”单选按钮：表示始终将文字放在尺寸界线之间。
- “若箭头不能放在尺寸界线内，则将其消除”复选框：表示如果尺寸界线内的空间不足以放下箭头时，则隐藏箭头。

（2）“文字位置”选项组

用于设置从默认位置（由标注样式定义的位置）移动时标注文字的位置。

- “尺寸线旁边”单选按钮：如果选中该单选按钮，只要移动标注文字尺寸线就会随之移动。
- “尺寸线上方，带引线”单选按钮：如果选中该单选按钮，移动文字时尺寸线将不会移动。如果将文字从尺寸线上移开，将创建一条连接文字和尺寸线的引线。当文字非常靠近尺寸线时，将省略引线。
- “尺寸线上方，不带引线”单选按钮：如果选中该单选按钮，移动文字时尺寸线不会移动。远离尺寸线的文字不与带引线的尺寸线相连。

（3）“标注特征比例”选项组

用于设置全局标注比例值或图纸空间比例。

- “注释性”复选框：选中该复选框，则指定标注为注释性标注。
- “使用全局比例”单选按钮：为所有标注样式设置一个比例，这些设置指定了大小、距离或间距，包括文字和箭头大小，该缩放比例并不更改标注的测量值。
- “将标注缩放到布局”单选按钮：根据当前模型空间视口和图纸空间之间的比例确定比例因子。

（4）“优化”选项组

用于提供放置标注文字的其他选项。

- “手动放置文字”复选框：表示忽略所有水平对正设置并把文字放在“尺寸线位置”提示下指定的位置。
- “在尺寸界线之间绘制尺寸线”复选框：表示即使箭头放在测量点之外，也在测量点之间绘制尺寸线。

5. “主单位”选项卡

“主单位”选项卡如图5-19所示，由“线性标注”“测量单位比例”“消零”和“角度标注”4个选项组组成，用于设置主单位的格式及精度，同时还可以设置标注文字的前缀和后缀。

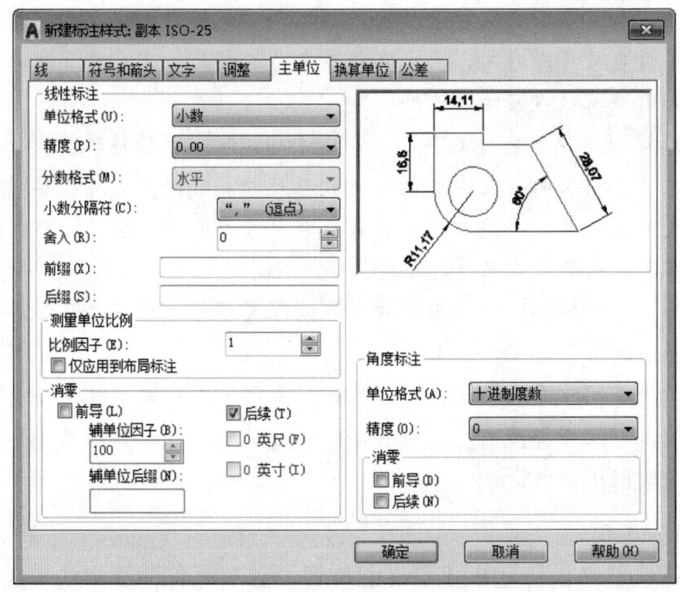

图 5-19　“主单位”选项卡

（1）“线性标注”选项组

用于设置线性标注单位的格式及精度。“单位格式”下拉列表框用于设置所有尺寸标注类型（除了角度标注）的当前单位格式；“精度”下拉列表框用于设置在十进制单位下用多少小数位来显示标注文字；“分数格式”下拉列表框用于设置分数的格式；“小数分隔符”下拉列表框用于设置小数格式的分隔符号；“舍入”数值框用于设置所有尺寸标注类型（除角度标注外）的测量值的取整规则；“前缀”数值框用于对标注文字加上一个前缀；“后缀”数值框用于对标注文字加上一个后缀。

（2）“测量单位比例”选项组

用于确定测量时的缩放系数，“比例因子”文本框用于设置线性标注测量值的比例因子，例如，如果输入2，则1mm直线的尺寸将显示为2mm，经常用在建筑制图中，绘制1:100的图形，比例因子为1，绘制1:50的图形，比例因子为0.5。该值不应用到角度标注，也不应用到舍入值或者正负公差值。

其他两个选项组的作用比较容易理解，“消零”选项组用于控制是否显示前导0或尾数0；“角度标注”选项组用于设置角度标注的角度格式。

6. “换算单位”选项卡

“换算单位”选项卡如图5-20所示，由“换算单位”“消零”“位置”三个选项组和“显示换算单位”复选框组成，用于指定标注测量值中换算单位的显示并设置其格式和精度。一般情况下，保持“换算单位”选项组的默认值不变。

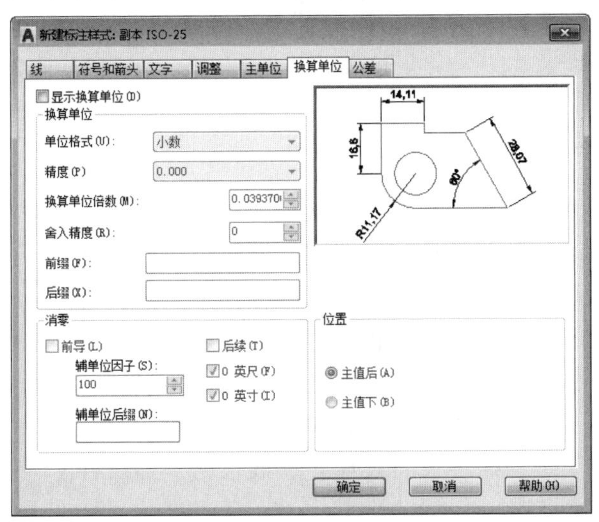

图 5-20　“换算单位”选项卡

- “显示换算单位”复选框：用于设置是否向标注文字中添加换算测量单位，并将 DIMALT 系统变量设置为 1。
- “换算单位”选项组：用于显示和设置除角度之外的所有标注类型的当前换算单位格式。“单位格式”下拉列表框用于设置换算单位的格式。堆叠分数中数字的相对大小由系统变量 DIMTFAC 确定（同样，公差值大小也由该系统变量确定）。“精度”下拉列表框用于设置换算单位中的小数位数。“换算单位倍数”数值框用于指定一个乘数，作为主单位和换算单位之间的换算因子，例如，要将英寸转换为毫米，可以输入 25.4，此值对角度标注没有影响，而且不会应用于舍入值或者正、负公差值。“舍入精度”数值框用于设置除角度之外的所有标注类型的换算单位的舍入规则；如果输入 0.25，则所有标注测量值都以 0.25 为单位进行舍入；如果输入 1.0，则所有标注测量值都将舍入为最接近的整数；小数点后显示的位数取决于“精度”设置。“前缀”文本框用于设置在换算标注文字中包含的前缀，可以输入文字或使用控制代码显示特殊符号。“后缀”文本框用于设置在换算标注文字中包含的后缀。

- “消零”选项组：用于控制不输出前导 0、后续 0、0 英尺以及 0 英寸部分。
- “位置”选项组：用于控制标注文字中换算单位的位置。

“公差”选项卡将在后面进行讲解，这里不再赘述。

5.2.2 修改尺寸标注样式

在“标注样式管理器”对话框的“样式”列表框中选择需要修改的标注样式，然后单击“修改”按钮，弹出“修改标注样式”对话框，可以在该对话框中对样式的参数进行修改。

在“标注样式管理器”对话框的“样式”列表框中选择需要替代的标注样式，单击“替代”按钮，弹出“替代当前样式”对话框，用户可以在该对话框中设置临时的尺寸标注样式，以替代当前尺寸标注样式的相应设置。

“新建标注样式”“修改标注样式”及“替代当前样式”仅对话框标题不同，其他参数设置均相同，用户掌握了第5.2.1节“新建标注样式”对话框的设置后，则可方便地进行另外两个对话框的设置。

5.2.3 应用尺寸标注样式

用户设置好标注样式后，在“标注”面板或“注释”面板中的“标注样式”下拉列表中选择相应标注样式，即可将该标注样式置为当前样式。对于已经使用某种标注样式的标注，用户选择该标注，在“标注”面板或“注释”面板中的“标注样式”下拉列表中选择目标标注样式，即可将样式应用于所选标注。当然，用户也可以右击，在弹出的快捷菜单中选择“特性”命令，弹出如图5-21所示的“特性”选项板，在“其他”卷展栏的“标注样式”下拉列表中设置标注样式。

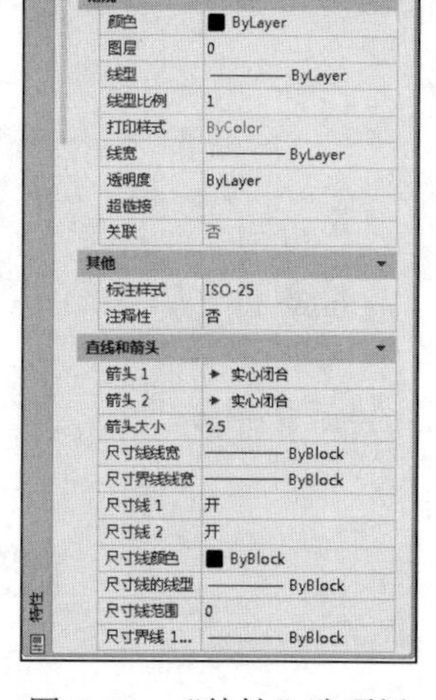

图 5-21 “特性”选项板

5.2.4 应用举例

例 5-1 创建电气制图中1:10和1:5的标注样式，以及电气标注样式和建筑电气标注样式。

创建电气制图中的1:10和1:5标注样式，其中1:10标注样式命名为D10，1:5标注样式命名为D5，要求设置尺寸线的基线间距为20，尺寸界线超出尺寸线20，起点偏移量为20，尺寸界线固定长度为40，箭头大小为10，文字高度为30，文字样式为simplex.shx，文字从尺寸线偏移5。

创建电气标注样式，命名为电气标注，要求设置尺寸线的基线间距为1，尺寸界线超出尺寸线1，起点偏移量为0，箭头大小为2，设置字体为“仿宋”，字体样式为“常规”，字高为2.5，宽度因子为1，文字从尺寸线偏移0.875。

创建建筑电气标注样式，命名为建筑电气标注，要求设置尺寸线的基线间距为3.75，尺寸界线超出尺寸线8，起点偏移量为5，箭头大小为5，设置字体为“仿宋”，字体样式为“常规”，字高为15，宽度因子为0.7，文字从尺寸线偏移5。

具体操作步骤如下：

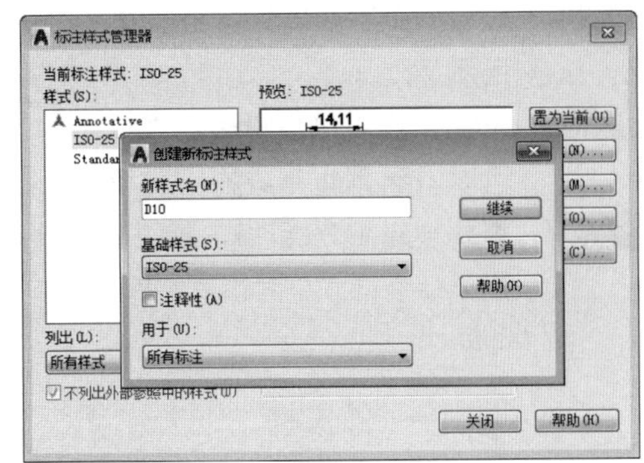

图 5-22　设置“创建新标注样式”对话框

步骤01　单击“默认”选项卡|“注释”面板上的“标注样式”按钮，弹出“标注样式管理器”对话框，单击“新建”按钮，弹出“创建新标注样式”对话框，输入“新样式名”为D10，“基础样式”为 ISO-25，如图 5-22 所示。

步骤02　单击“继续”按钮，弹出“新建标注样式”对话框，设置“线”选项卡中的参数，如图 5-23 所示。

步骤03　选择“符号和箭头”选项卡，设置箭头标记为“实心闭合”，“箭头大小”为 10，如图 5-24 所示。

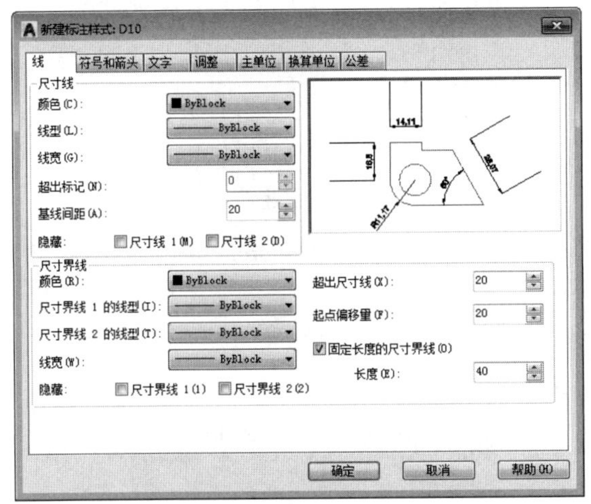

图 5-23　设置“线”选项卡

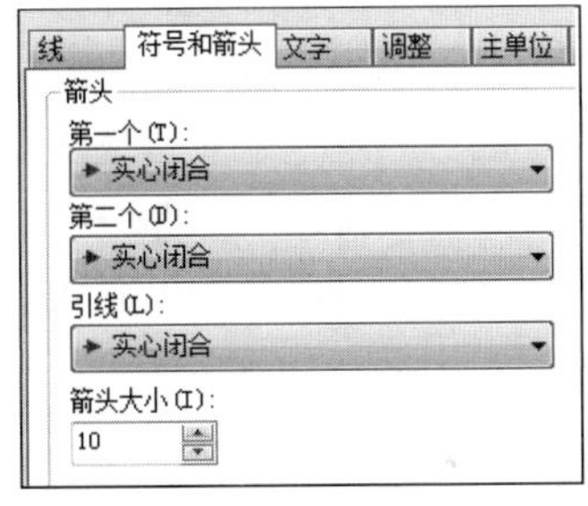

图 5-24　设置“符号和箭头”选项卡

步骤04　选择“文字”选项卡，单击“文字样式”下拉列表框后的按钮，弹出“文字样式”对话框，单击“新建”按钮，创建名称为“尺寸标注”的文字样式，设置“字体名”为 simplex.shx，如图 5-25 所示。

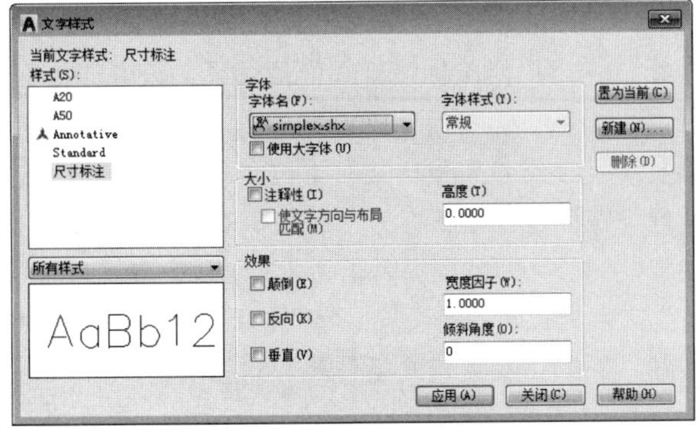

图 5-25　创建尺寸标注文字样式

步骤05 设置“文字高度”为 30，文字“从尺寸线偏移”为 5，其他项均采用默认设置，如图 5-26 所示。

步骤06 设置完成后单击“确定”按钮，回到“标注样式管理器”对话框，在“样式”列表框中可以看到创建完成的样式 D10。

步骤07 继续创建 D5 标注样式，打开“标注样式管理器”对话框，单击“新建”按钮，弹出“创建新标注样式”对话框，输入“新样式名”为 D5，“基础样式”为 D10，如图 5-27 所示。

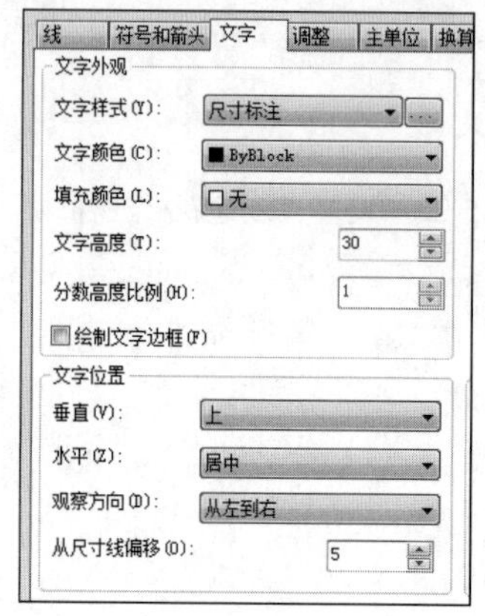

图 5-26 设置“文字”选项卡

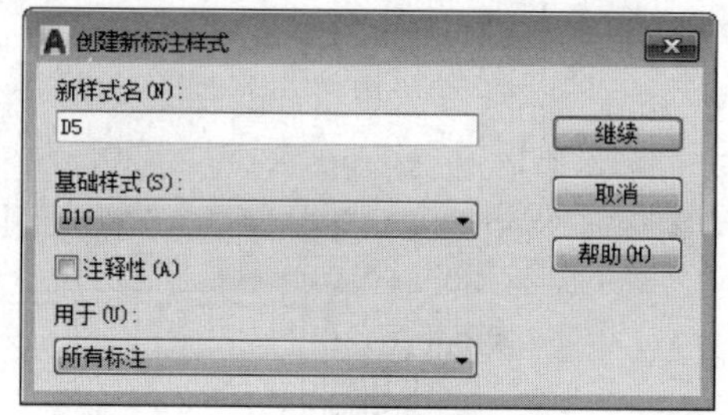

图 5-27 创建 D5 标注样式

步骤08 打开“主单位”选项卡，设置“比例因子”为 0.5，如图 5-28 所示，单击“确定”按钮，回到“标注样式管理器”对话框。

步骤09 单击“新建”按钮，弹出“创建新标注样式”对话框，输入“新样式名”为“电气标注”，“基础样式”为 ISO-25，如图 5-29 所示。

图 5-28 设置“比例因子”

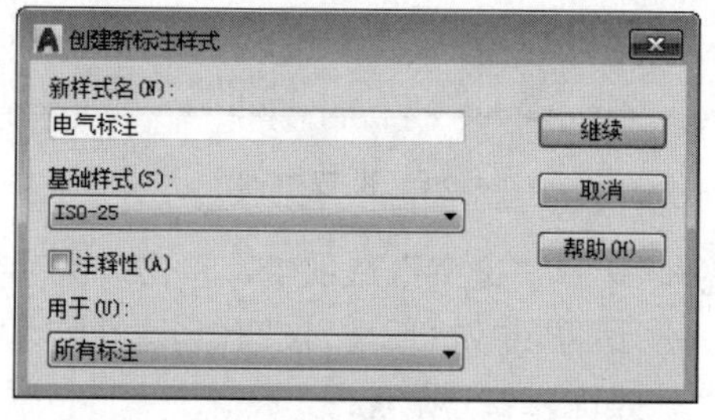

图 5-29 设置“创建新标注样式”对话框

步骤10 单击“继续”按钮，弹出“修改标注样式”对话框，设置“线”选项卡中的参数，如图 5-30 所示；“符号和箭头”选项卡中的设置如图 5-31 所示。

步骤11 选择“文字”选项卡，单击“文字样式”下拉列表框后的按钮，弹出“文字样式”对话框，单击“新建”按钮，创建名称为“电气字”的文字样式，设置字体为“仿宋”，字体样式为“常规”，字高为 2.5，宽度因子为 1，创建完成后，在“文字样式”下拉列表框中选择“电气字”文字样式，另外设置文字“从尺寸线偏移”为 0.875，如图 5-32 所示。单击“确定”按钮，回到“标注样式管理器”对话框。

步骤12 单击“新建”按钮，弹出“创建新标注样式”对话框，输入“新样式名”为“建筑电气标注”，“基础样式”为 ISO-25，如图 5-33 所示。

图 5-30　设置“线”选项卡

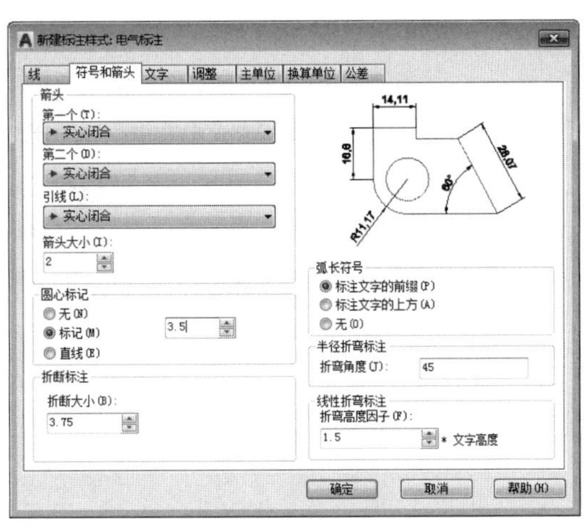

图 5-31　设置“符号和箭头”选项卡

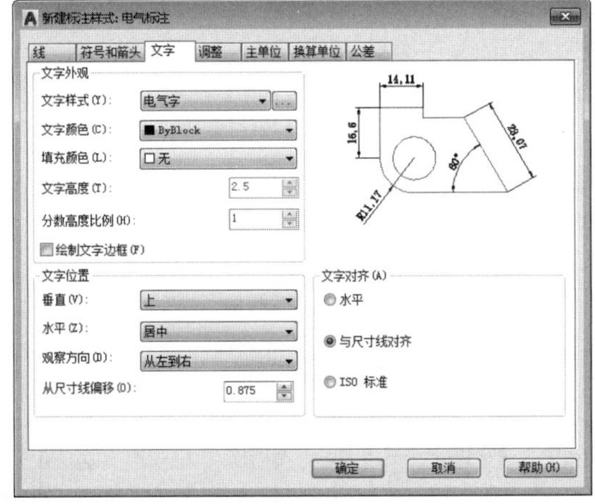

图 5-32　设置“文字”选项卡

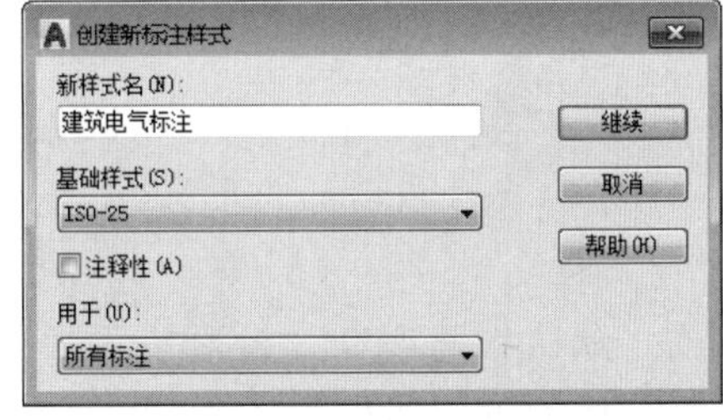

图 5-33　设置“创建新标注样式”对话框

步骤 13　单击“继续”按钮，弹出“新建标注样式”对话框，设置“线”选项卡中的参数，如图 5-34 所示；“符号和箭头”选项卡中的设置如图 5-35 所示。

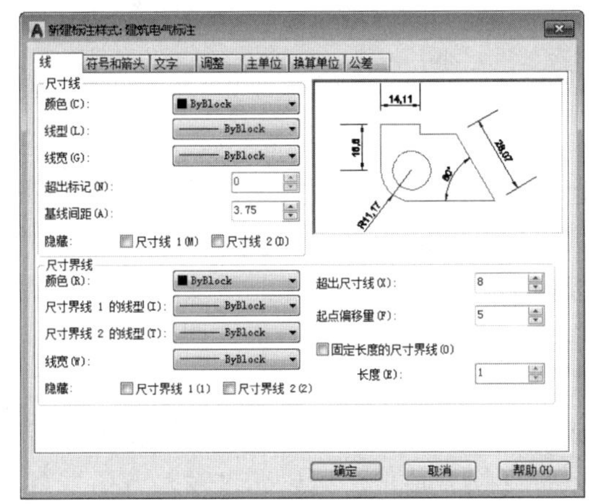

图 5-34　设置“线”选项卡

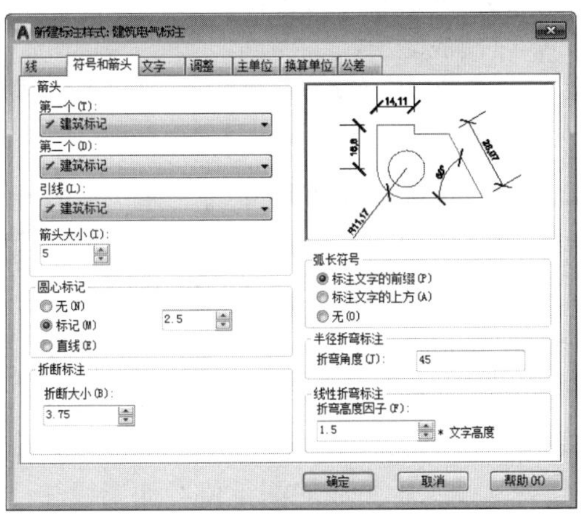

图 5-35　设置“符号和箭头”选项卡

步骤 14 选择“文字”选项卡，单击“文字样式”下拉列表框后的按钮，弹出“文字样式”对话框，单击“新建”按钮，创建名称为“建筑电气字”的文字样式，设置字体为“仿宋”，字体样式为“常规”，字高为 15，宽度因子为 0.7，创建完成后，在“文字样式”下拉列表框中选择“建筑电气字”文字样式，另外设置文字“从尺寸线偏移”为 5，如图 5-36 所示。单击“确定”按钮，回到“标注样式管理器”对话框，完成标注样式的创建。

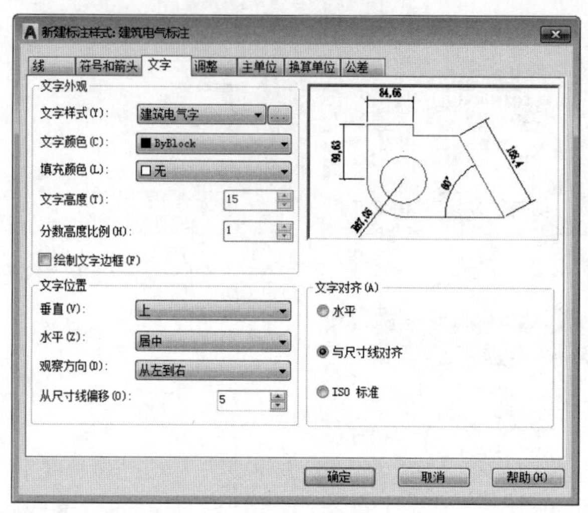

图 5-36　设置“文字”选项卡

5.3　线 性 标 注

单击“默认”选项卡|“注释”面板上的“线性”按钮，或者单击“注释”选项卡|“标注”面板上的“线性”按钮，或者在命令行中输入DIMLINEAR后按Enter键，都可以执行“线性”命令，标注水平尺寸、垂直尺寸和旋转尺寸，命令行提示如下：

```
命令: _DIMLINEAR
指定第一个尺寸界线原点或 <选择对象>:                    //拾取第一个尺寸界线的原点
指定第二条尺寸界线原点:                                 //拾取第二条尺寸界线的原点
指定尺寸线位置或
[多行文字(M)/文字(T)/角度(A)/水平(H)/垂直(V)/旋转(R)]:   //一般移动光标指定尺寸线位置
标注文字 = 5000
```

在命令行提示中“尺寸线位置”“多行文字”“文字”和“角度”选项是尺寸标注命令行中的常见选项，其中“尺寸线位置”选项表示确定尺寸线的角度和标注文字的位置；“多行文字”选项表示显示在位文字编辑器，可用它来编辑标注文字、添加前缀或后缀，用控制代码和Unicode字符串来输入特殊字符或符号，要编辑或替换生成的测量值，请删除文字并输入新文字，然后单击“确定”按钮，如果标注样式中未打开换算单位，可以通过输入方括号([])来显示它们；“文字”选项表示在命令行自定义标注文字，要包括生成的测量值，可用尖括号(<>)表示生成的测量值。如果标注样式中未打开换算单位，可以通过输入方括号([])来显示换算单位；“角度”选项用于修改标注文字的角度。

命令行中的其他三个选项“水平”“垂直”和“旋转”都是线性标注特有的选项。“水平”选项用于创建水平线性标注；“垂直”选项用于创建垂直线性标注；“旋转”选项用于创建旋转线性标注。图5-37显示了水平线性标注、垂直线性标注和旋转60º的线性标注效果。

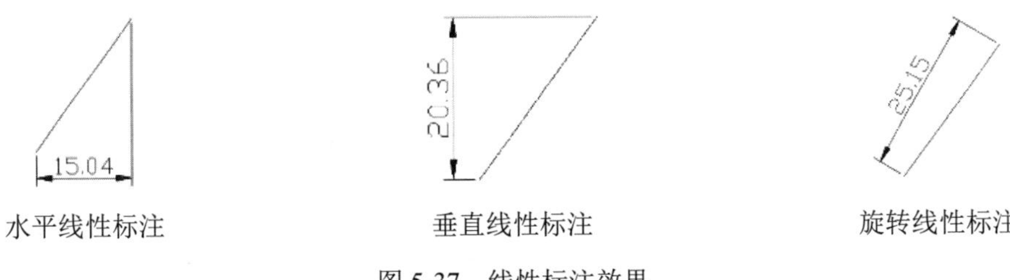

图 5-37　线性标注效果

5.4　对 齐 标 注

对齐尺寸标注可以创建与指定位置或对象平行的标注，在对齐标注中，尺寸线平行于尺寸界线原点连成的直线。单击“默认”选项卡|“注释”面板上的“对齐”按钮，或单击“注释”选项卡|“标注”面板上的“已对齐”按钮，或者在命令行输入DIMALIGNED后按Enter键，都可以执行“对齐”标注命令，以创建与对象平行的标注。命令行提示如下：

```
命令: _DIMALIGNED
指定第一个尺寸界线原点或 <选择对象>:
指定第二条尺寸界线原点:
指定尺寸线位置或
[多行文字(M)/文字(T)/角度(A)]:
标注文字 = 25.31
```

图 5-38　对齐尺寸标注效果

命令行提示中的选项与线性尺寸标注类似，这里不再赘述。图5-38显示了对齐尺寸标注的效果。

5.5　基 线 标 注

基线标注是自同一基线处测量的多个标注，在创建基线之前，必须创建线性、对齐或角度标注，基线标注是从上一个尺寸界线处测量的，除非指定另一点作为原点。单击“注释”选项卡|“标注”面板上的“基线”按钮，或者在命令行输入DIMBASELINE后按Enter键，都可以执行“基线”标注命令，以创建基线标注。命令行提示如下：

```
命令: _dimbaseline
选择基准标注:
指定第二个尺寸界线原点或 [放弃(U)/选择(S)] <选择>: //拾取第二条尺寸界线原点
标注文字 = 38
指定第二个尺寸界线原点或 [放弃(U)/选择(S)] <选择>: //继续提示拾取第二条尺寸界线原点
标注文字 = 49
指定第二个尺寸界线原点或 [放弃(U)/选择(S)] <选择>: ...
```

命令行中的“选择”选项表示用户可以选择一个线性标注、坐标标注或角度标注作为基线标注的基准。选择基准标注之后，将再次显示“指定第二个尺寸界线原点”提示。如图5-39所示为基线标注效果。

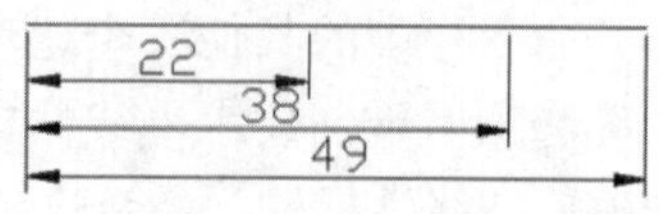

图 5-39　基线标注效果

5.6　连 续 标 注

如图5-40所示，连续标注是首尾相连的多个标注，前一尺寸的第二尺寸界线就是后一尺寸的第一尺寸界线，与基线尺寸标注一样，在创建连续尺寸标注之前，必须创建线性、对齐或角度标注，连续标注是从上一条尺寸界线处测量的，除非指定另一点作为原点。单击“注释”选项卡|“标注”面板上的“连续”按钮，或者在命令行输入DIMCONTINUE后按Enter键，都可以执行“连续”标注命令，以创建连续标注。命令行提示如下：

```
命令：_DIMCONTINUE
指定第二个尺寸界线原点或 [选择(S)/放弃(U)] <选择>:
指定第二个尺寸界线原点或 [选择(S)/放弃(U)] <选择>:
```

在进行连续标注之前，必须先创建（或选择）一个线性坐标或角度标注作为基准标注，以确定连续标注所需要的前一尺寸标注的尺寸界线。

例 5-2 创建如图5-41所示的连续标注和基线标注。

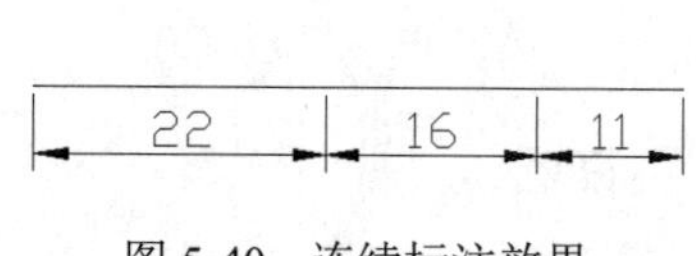

图 5-40　连续标注效果

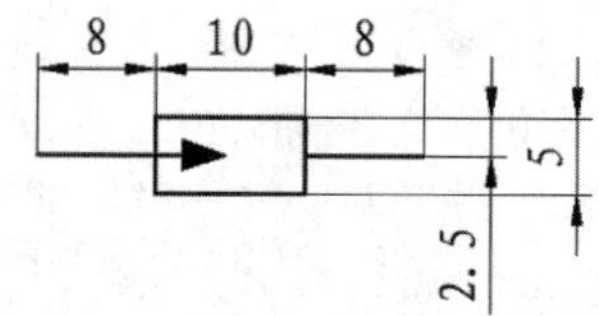

图 5-41　连续和基线标注示例

具体操作步骤如下：

步骤01 展开“注释”选项卡|“标注”面板上的“标注样式”下拉列表，选择“电气标注”样式为当前标注样式。

步骤02 单击“注释”选项卡|“标注”面板上的“线性”按钮，捕捉左边直线段的左端点为第一个尺寸界线原点，捕捉矩形的左上角点为第二条尺寸界线原点，如图 5-42 所示；完成第一条直线段的标注，结果如图 5-43 所示。

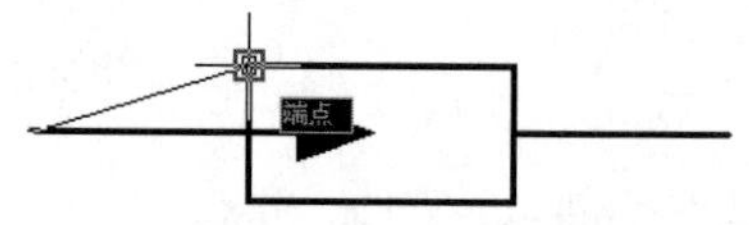

图 5-42　捕捉尺寸界线原点

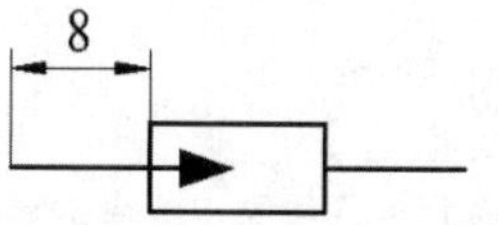

图 5-43　完成线性标注

步骤03 单击“注释”选项卡|“标注”面板上的“连续”按钮，系统将以上一次标注的第二条尺寸界线原点为基点进行连续标注，捕捉矩形的右上另一个角点为尺寸界线原点，如

图 5-44 所示；继续捕捉右边直线段的右端点为尺寸界线原点，最后按 Enter 键，连续标注结果如图 5-45 所示。

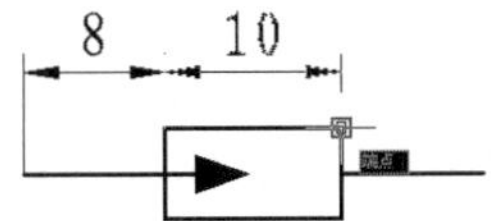

图 5-44　捕捉尺寸界线原点

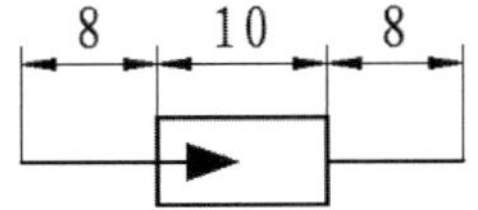

图 5-45　完成连续标注

步骤 04　单击“注释”选项卡|“标注”面板上的“线性”按钮，捕捉矩形的角点为第一个尺寸界线原点，捕捉右边直线段的右端点为第二条尺寸界线原点，如图 5-46 所示；完成竖直方向上的线性标注，结果如图 5-47 所示。

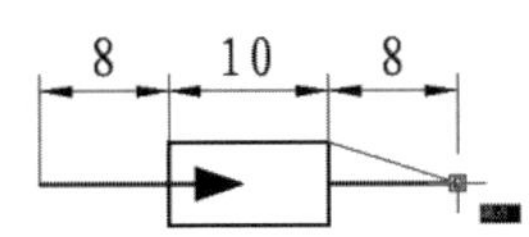

图 5-46　捕捉尺寸界线原点

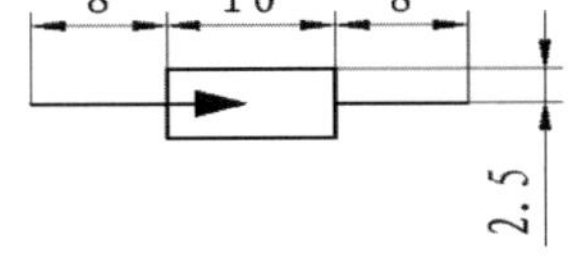

图 5-47　完成线性标注

步骤 05　单击“注释”选项卡|“标注”面板上的“基线”按钮，系统将以步骤（4）标注的第一个尺寸界线原点为基点，捕捉矩形的角点为第二条尺寸界线原点，进行基线标注，如图 5-48 所示。对基线标注进行水平向右拉伸，放置到适当位置，如图 5-49 所示。连续和基线标注最终结果如图 5-41 所示。

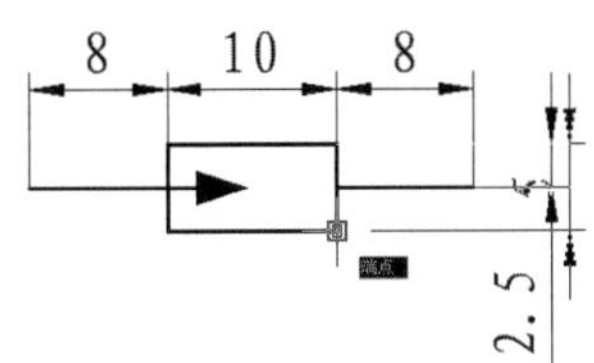

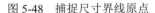

图 5-48　捕捉尺寸界线原点

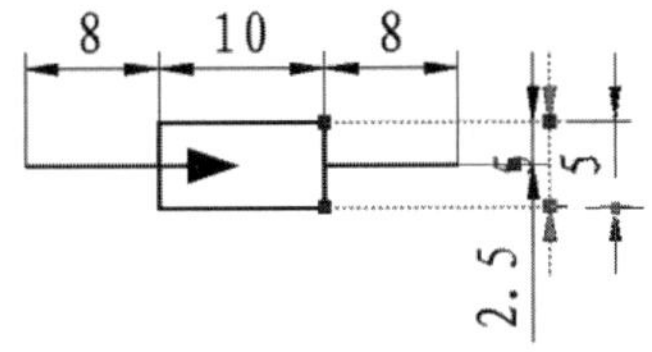

图 5-49　完成基线标注并进行拉伸

5.7　弧长标注

弧长标注用于测量圆弧或多段线弧线段上的距离，默认情况下，弧长标注将显示一个圆弧符号。圆弧符号显示在标注文字的上方或前方，用户可以使用“标注样式管理器”指定位置样式。弧长标注的尺寸界线可以正交或径向，仅当圆弧的包含角度小于90°时才显示正交尺寸界线。

单击“默认”选项卡|“注释”面板上的“弧长”按钮，或单击“注释”选项卡|“标注”面板上的“弧长”按钮，或者在命令行输入DIMARC后按Enter键，都可以执行“弧长”标注命令，以创建弧长标注。命令行提示如下：

```
命令： _DIMARC
选择弧线段或多段线圆弧段： //选择要标注的弧
```

```
指定弧长标注位置或 [多行文字(M)/文字(T)/角度(A)/部分(P)/引线(L)]:
//制定尺寸线的位置
标注文字 =18
```

命令行提示中，“部分”选项表示缩短弧长标注的长度，命令行会提示重新拾取测量弧长的起点和终点；“引线”选项用于添加引线对象。该选项仅当圆弧（或弧线段）大于90° 时才会显示，引线是按径向绘制的，指向所标注圆弧的圆心。如图5-50所示为弧长标注效果。

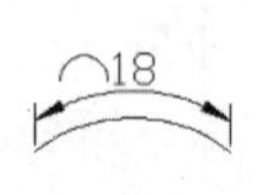

弧度小于 90°

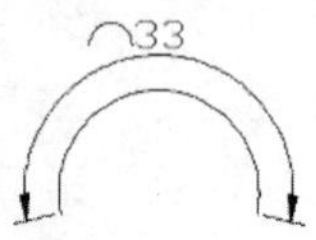

弧度大于 90°

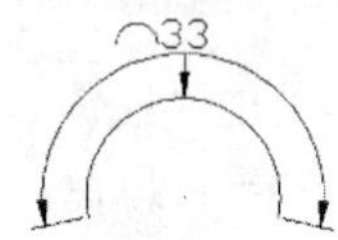

添加引线

图 5-50　弧长标注效果

5.8　坐 标 标 注

坐标标注用于测量原点（称为基准点）到标注特征点（例如部件上的一个孔）的垂直距离，这种标注保持特征点与基准点的精确偏移量，从而避免增大误差。

坐标标注由X（或Y）值和引线组成。X基准坐标标注沿X轴测量特征点与基准点的距离。Y基准坐标标注沿Y轴测量距离。程序使用当前UCS的绝对坐标确定坐标值。在创建坐标标注之前，通常需要重设UCS原点，从而与基准相符。

单击“默认”选项卡|“注释”面板上的“坐标”按钮，或单击“注释”选项卡|“标注”面板上的“坐标”按钮，或者在命令行输入DIMORDINATE后按Enter键，都可以执行“坐标”标注命令。命令行提示如下：

```
命令: _DIMORDINATE
指定点坐标:                                              //拾取需要创建坐标标注的点
指定引线端点或 [X 基准(X)/Y 基准(Y)/多行文字(M)/文字(T)/角度(A)]:    //指定引线端点
标注文字 = 132.33
```

5.9　半径和直径标注

半径和直径标注使用可选的中心线或中心标记测量圆弧、圆的半径和直径。半径标注用于测量圆弧或圆的半径，并显示前面带有字母R的标注文字；直径标注用于测量圆弧或圆的直径，并显示前面带有直径符号的标注文字。

单击“默认”选项卡|“注释”面板上的“半径”按钮，或单击“注释”选项卡|“标注”面板上的“半径”按钮，或者在命令行输入DIMRADIUS后按Enter键，都可以执行“半径”标注命令。命令行提示如下：

```
命令: _DIMRADIUS
选择圆弧或圆:                                    //选择要标注半径的圆或圆弧对象
```

```
标注文字 = 25
指定尺寸线位置或 [多行文字(M)/文字(T)/角度(A)]:              //移动光标至合适位置单击
```

单击“默认”选项卡|“注释”面板上的“直径”按钮，或单击“注释”选项卡|“标注”面板上的“直径”按钮，或者在命令行输入DIMDIAMETER后按Enter键，都可以执行“直径”标注命令。命令行提示与半径标注类似，这里不再赘述。图5-51显示了半径标注和直径标注的效果。

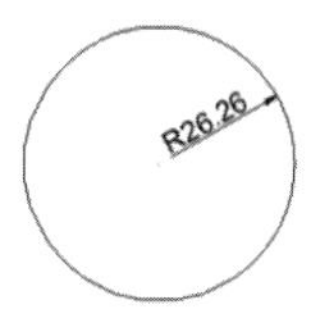

半径标注效果

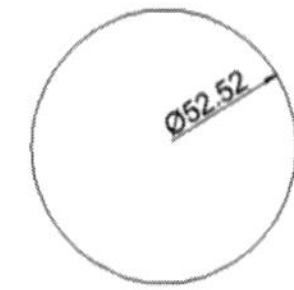

直径标注效果

图 5-51　半径和直径标注效果

5.10　角 度 标 注

角度标注用于标注两条直线或三个点之间的角度。要测量圆的两条半径之间的角度，可以选择此圆，然后指定角度端点。对于其他对象，则需要先选择对象，然后指定标注位置。

单击“默认”选项卡|“注释”面板上的“角度”按钮，或单击“注释”选项卡|“标注”面板上的“角度”按钮，或者在命令行输入DIMANGULAR后按Enter键，都可以执行“角度”标注命令。命令行提示如下：

```
命令: _DIMANGULAR
选择圆弧、圆、直线或 <指定顶点>:                             //选择标注角度尺寸对象，选择小圆弧
指定标注弧线位置或 [多行文字(M)/文字(T)/角度(A)]:            //移动光标至合适位置单击
标注文字 = 120
```

图5-52显示了圆弧和直线角度标注的效果。

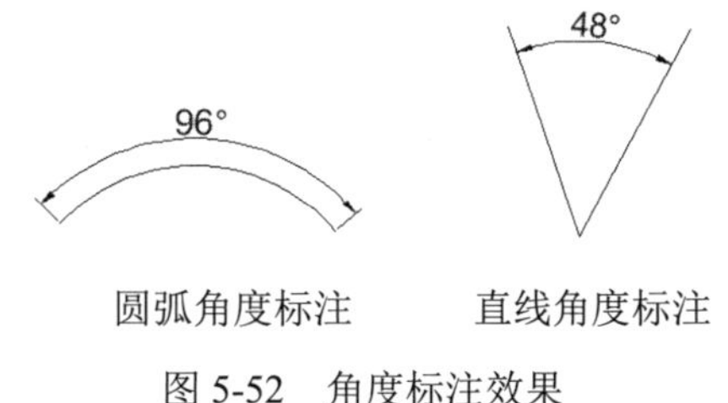

圆弧角度标注　　直线角度标注

图 5-52　角度标注效果

5.11　折 弯 标 注

当圆弧或圆的中心位于布局外并且无法显示在其实际位置时，可以创建折弯标注，也称为“缩略的半径标注”，可以在更方便的位置指定标注的原点(在命令行中称为中心位置替代)。

单击“默认”选项卡|“注释”面板上的“折弯”按钮，或者单击“注释”选项卡|“标注”面板上的“已折弯”按钮，或者在命令行输入DIMJOGGED后按Enter键，都可以执行“折弯” 标注命令。命令行提示如下：

```
命令: _DIMJOGGED
选择圆弧或圆:                                     //选择需要标注的圆弧或者圆对象
```

```
指定图示中心位置:                                    //拾取替代圆心位置的中心点
标注文字 = 81
指定尺寸线位置或［多行文字(M)/文字(T)/角度(A)]:      //指定尺寸线位置
指定折弯位置:                                        //指定折弯位置
```

如图5-53所示为折弯标注效果。

例 5-3 创建如图5-54所示架空线路中用的地线横担抱箍上劲板的直径和半径标注。

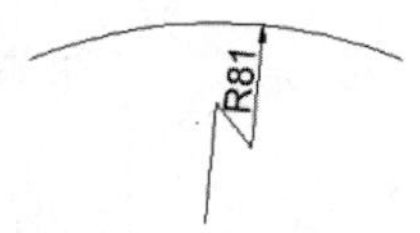

图 5-53　折弯标注效果

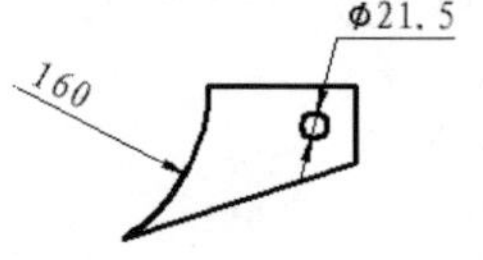

图 5-54　直径和半径标注示例

具体操作步骤如下：

步骤 01 继续使用例 5-1 中所创建的“电气标注”为当前标注样式，并添加标注。

步骤 02 单击“注释”选项卡|“标注”面板上的“直径”按钮⃠，命令行要求选择圆弧或圆，选择图 5-55 中的圆，在图纸上合适的一点单击后完成该圆直径的标注，效果如图 5-56 所示。

步骤 03 单击“注释”选项卡|“标注”面板上的“半径”按钮，为图 5-56 中的圆弧标注半径尺寸，在图纸上合适的一点单击后完成该圆弧半径的标注，效果如图 5-53 所示。

图 5-55　原始图形

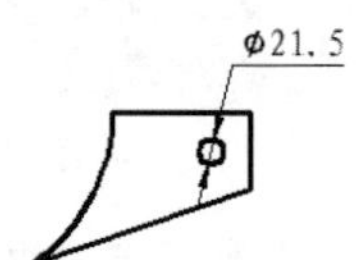

图 5-56　标注圆直径

5.12　尺寸公差标注

在工程制图中，尺寸公差是个比较重要的工程概念，下面将具体进行讲解。

所谓尺寸公差是指实际生产中可以变动的数目。在实际绘图过程中，可以通过为标注文字附加公差的方式，直接将公差应用到标注中。如果标注值在两个方向上变化，所提供的正值和负值将作为极限公差附加到标注值中。如果两个极限公差值相等，AutoCAD 将在它们前面加上“±”符号，也称为对称。否则，正值将位于负值上方。

在AutoCAD中，系统提供了标注样式中的“公差”选项卡，该选项卡用于控制标注文字中公差的格式及显示，如图5-57所示。

1.“公差格式”选项组

在“公差”选项卡中，“公差格式”选项组用于控制公差格式。

- “方式”下拉列表框：用于设置计算公差的方法，系统提供了 5 种不同的方法，图 5-58 演示了采用不同计算公差方法的效果。

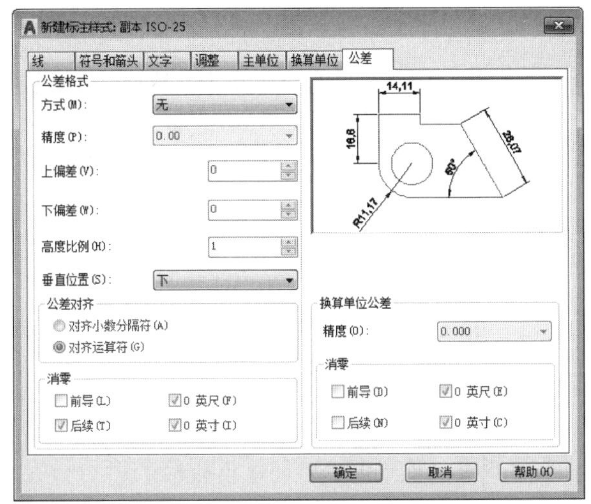

图 5-57 “公差”选项卡

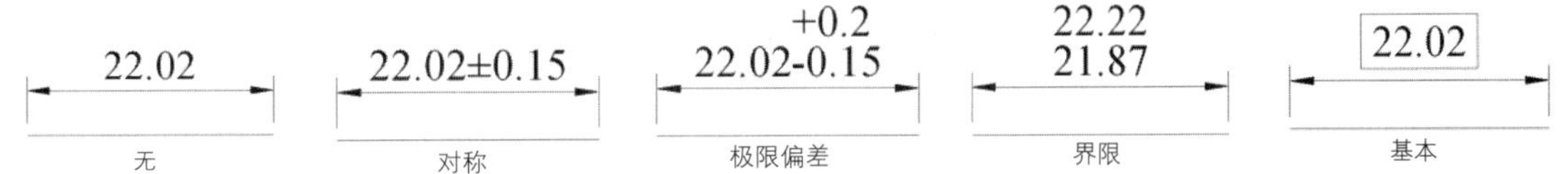

图 5-58 不同计算公差方法效果

- “无”选项：表示不添加公差，此时将 DIMTOL 系统变量设置为 0。
- “对称”选项：表示添加公差的正/负表达式，其中一个偏差量的值应用于标注测量值，标注后面将显示加号或减号。“上偏差”数值框可用，“下偏差”数值框不可用，用户可在“上偏差”数值框中输入公差值。
- “极限偏差”选项：表示添加正/负公差表达式。不同的正公差和负公差值将应用于标注测量值，将在“上偏差”中输入的公差值前面显示正号（+），在“下偏差”中输入的公差值前面显示负号（–）。
- “界限”选项：表示创建极限标注。在此类标注中，将显示一个最大值和一个最小值，一个在上，另一个在下，最大值等于标注值加上在“上偏差”中输入的值，最小值等于标注值减去在“下偏差”中输入的值。
- “基本”选项：表示创建基本标注，这将在整个标注范围周围显示一个框，文字和框之间的距离以负值存储在 DIMGAP 系统变量中。

- “精度”下拉列表框：用于设置小数位数。
- “上偏差”数值框：用于设置最大公差或上偏差。如果在“方式”下拉列表框中选择“对称”选项，则此值将用于公差。
- “下偏差”数值框：用于设置最小公差或下偏差。
- “高度比例”数值框：用于设置公差文字的当前高度。
- “垂直位置”下拉列表框：用于控制对称公差和极限公差的文字对正，系统提供了三种对齐方式，图 5-59 显示了不同的对齐方式效果。

  - “上对齐”选项：表示公差文字与主标注文字的顶部对齐。

◆ “中对齐”选项：表示公差文字与主标注文字的中间对齐。
◆ “下对齐”选项：表示公差文字与主标注文字的底部对齐。

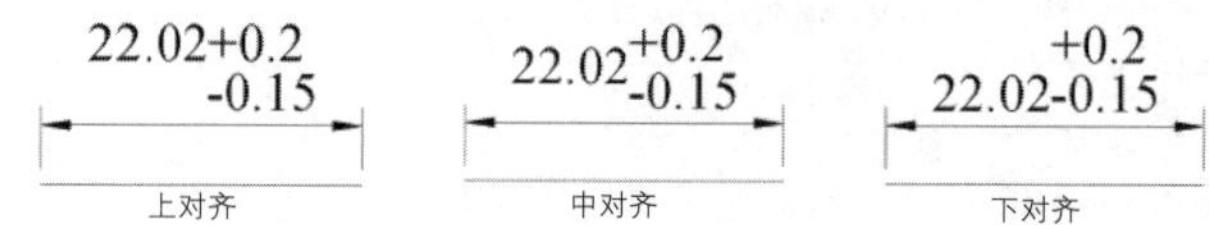

图 5-59　不同对齐方式的公差效果

2. “消零”选项组

“消零”选项组用于控制不输出前导0、后续0、0英尺和0英寸部分，系统提供了4种消零方法。

- “前导”复选框：表示不输出所有十进制标注中的前导 0。例如，0.5000 变成.5000。
- “后续”复选框：表示不输出所有十进制标注的后续 0。例如，12.5000 变成 12.5，30.0000 变成 30。
- “0 英尺”复选框：表示如果长度小于一英尺，则消除英尺－英寸标注中的英尺部分。例如，0'-6 1/2"变成 6 1/2"。
- “0 英寸”复选框：表示如果长度为整英尺数，则消除英尺－英寸标注中的英寸部分。例如，1'-0"变为 1'。

3. “换算单位公差”选项组

“换算单位公差”选项组用于设置换算公差单位的格式。“精度”下拉列表框用于显示和设置小数位数。“消零”选项组用于控制不输出前导0、后续0、0英尺以及0英寸部分。

在设置完尺寸公差的格式和显示参数后，用户即可使用定义了尺寸公差的标注样式对图形对象进行尺寸标注。

在工程制图中，尺寸公差和形位公差是两个比较重要的工程概念，后面将具体进行讲解。

5.13　创建和编辑多重引线

引线对象是一条线或样条曲线，其一端带有箭头，另一端带有多行文字对象或块。在某些情况下，由一条短水平线（又称为基线）将文字、块与特征控制框连接到引线上。基线、引线与多行文字对象或块关联，因此当重定位基线时，内容和引线将随其移动。在AutoCAD 2021版本中，将提供如图5-60所示的“引线”功能面板，以供用户对多重引线进行创建、编辑及其他操作。

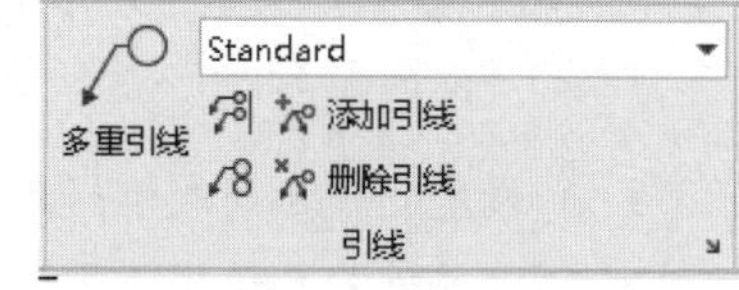

图 5-60　“引线”面板

5.13.1　创建引线样式

单击“默认”选项卡|“注释”面板上的“多重引线样式”按钮，或单击“注释”选项卡|“引线”面板|“多重引线样式”下拉列表中的“管理多重引线样式”命令，或者在命令行输入MLEADERSTYLE后按Enter键，都可以执行“多重引线样式”命令，打开如图5-61所示

的“多重引线样式管理器”对话框，该对话框用于设置当前多重引线样式，以及创建、修改和删除多重引线样式。

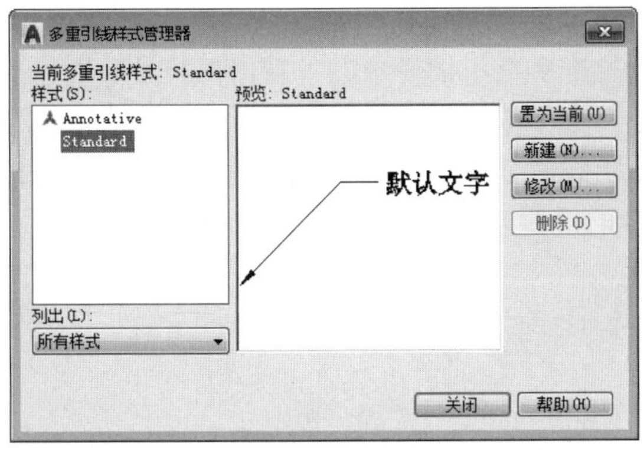

图 5-61 “多重引线样式管理器”对话框

在“多重引线样式管理器”对话框中，“当前多重引线样式”栏中显示应用于所创建的多重引线的多重引线样式的名称；“样式”列表框中显示多重引线列表，当前样式被亮显；“列出”下拉列表框用于控制“样式”列表框的内容，选中“所有样式”选项，将显示图形中所有可用的多重引线样式，选中“正在使用的样式”选项，将仅显示被当前图形中的多重引线参照的多重引线样式；“预览”框显示“样式”列表框中选定样式的预览图像；单击“置为当前”按钮，将“样式”列表框中选定的多重引线样式设置为当前样式。

单击“新建”按钮，弹出“创建新多重引线样式”对话框，在该对话框中可以定义新的多重引线样式；单击“修改”按钮，弹出“修改多重引线样式”对话框，在该对话框中可以修改多重引线样式；单击“删除”按钮，可以删除“样式”列表框中选定的多重引线样式。

“创建新多重引线样式”对话框如图5-62所示，单击“继续”按钮，弹出如图5-63所示的“修改多重引线样式”对话框，可以在此对话框中设置基线、引线、箭头和内容的格式。

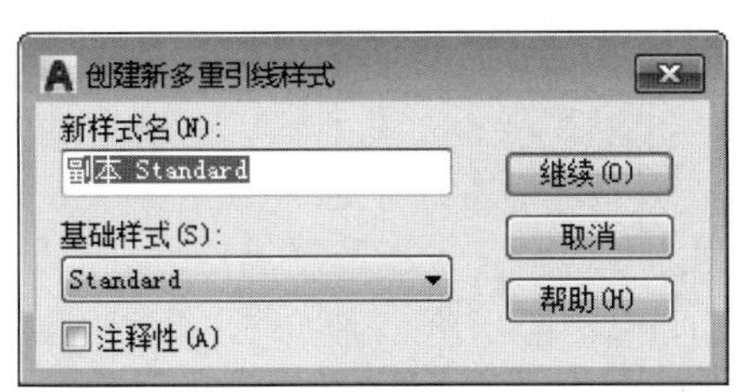

图 5-62 “创建新多重引线样式”对话框

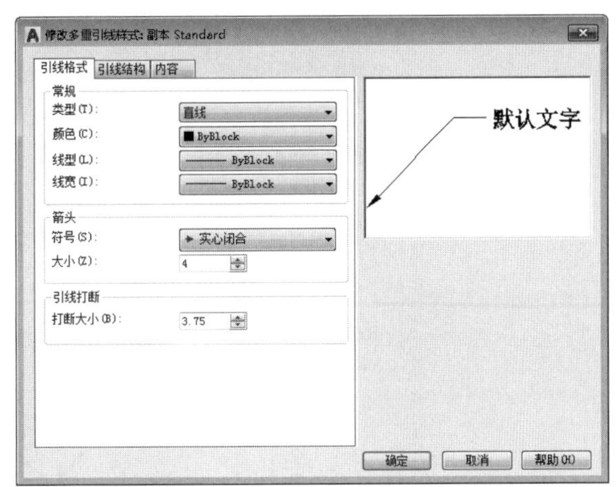

图 5-63 “修改多重引线样式”对话框

“修改多重引线样式”对话框提供了“引线格式”“引线结构”和“内容”三个选项卡，以供用户进行设置。

（1）“引线格式”选项卡

“引线格式”选项卡中共有三个选项组：“常规”选项组用于控制多重引线的基本外观，包括引线的类型、颜色、线型和线宽，如图5-64所示为引线类型为样条曲线和直线的效果；“箭头”选项组用于控制多重引线箭头的外观，“符号”下拉列表框中提供了各种多重引线的箭头符号，“大小”文本框用于显示和设置箭头的大小；“引线打断”选项组用于控制将折断标注添加到多重引线时使用的设置，“打断大小”数值框在显示和设置多重引线后用于设置DIMBREAK命令的折断大小。

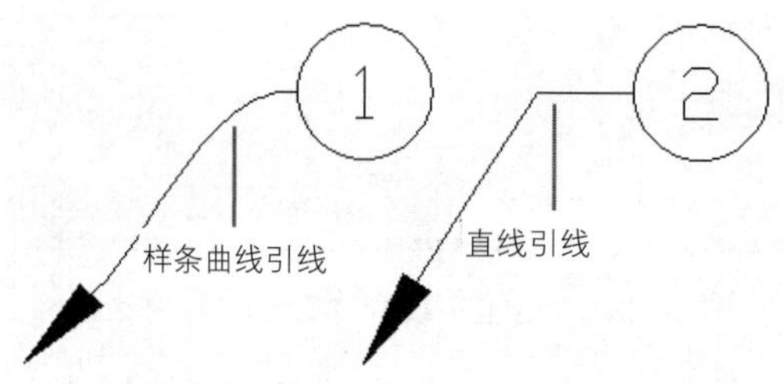

图 5-64　样条曲线引线和直线引线

（2）“引线结构”选项卡

“引线结构”选项卡如图5-65所示，其中“约束”选项组用于控制多重引线的约束，选中“最大引线点数”复选框后，可以在后面的数值框中指定引线的最大点数；选中“第一段角度”复选框后，需要指定引线中的第一个点的角度；选中“第二段角度”复选框后，需要指定多重引线基线中的第二个点的角度。“基线设置”选项组用于控制多重引线的基线设置，“自动包含基线”复选框用于控制是否将水平基线附着到多重引线内容；“设置基线距离”复选框用于控制是否为多重引线基线确定固定距离，是则需要设置具体的距离。“比例”选项组用于控制多重引线的缩放。“注释性”复选框用于指定多重引线是否为注释性。如果多重引线为非注释性，则“将多重引线缩放到布局”和“指定比例”单选按钮可用。

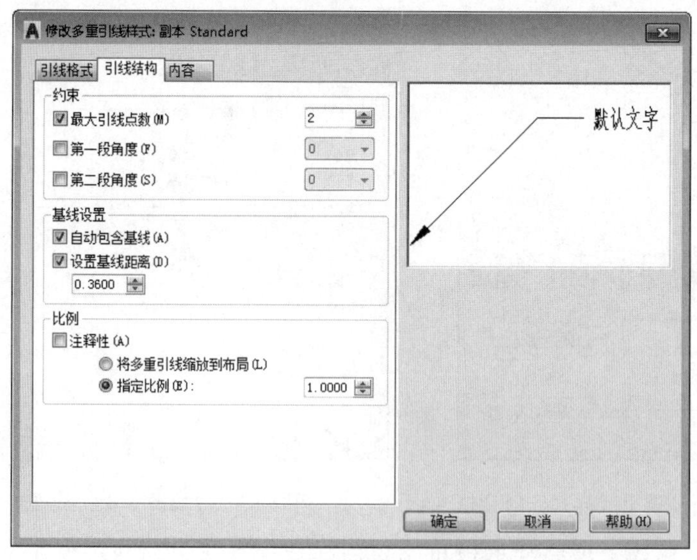

图 5-65　“引线结构”选项卡

(3)“内容”选项卡

“内容”选项卡如图5-66所示，其中“多重引线类型”下拉列表框用于确定多重引线是包含文字还是包含块。当选择“多行文字”选项时，需要设置“文字选项”和“引线连接”两个选项组。“文字选项”选项组用于设置多重引线文字的外观。“默认文字”文本框用于为多重引线内容设置默认文字，单击[...]按钮将启动多行文字在位编辑器；“文字样式”下拉列表框用于指定属性文字的预定义样式；“文字角度”下拉列表框用于指定多重引线文字的旋转角度；“文字颜色”下拉列表框用于指定多重引线文字的颜色；“文字高度”数值框用于指定多重引线文字的高度；“始终左对正”复选框用于设置多重引线文字是否始终左对齐；“文字边框”复选框用于设置是否使用文本框对多重引线文字内容加框。“引线连接”选项组用于控制多重引线的引线连接设置，有“水平连接”和“垂直连接”两种方式。“连接位置－左”下拉列表框用于控制文字位于引线左侧时基线连接到多重引线文字的方式；“连接位置－右”下拉列表框用于控制文字位于引线右侧时基线连接到多重引线文字的方式；“基线间隙”数值框用于指定基线和多重引线文字之间的距离。

如果设置多重引线包含块，即在“多重引线类型”下拉列表框中选择“块”选项时，“内容”选项卡如图5-67所示。“块选项”选项组用于控制多重引线对象中块内容的特性。“源块”下拉列表框用于设置多重引线内容的块；“附着”下拉列表框用于指定块附着到多重引线对象的方式，可以通过指定块的范围、块的插入点或块的中心点来附着块；“颜色”下拉列表框用于指定多重引线块内容的颜色。

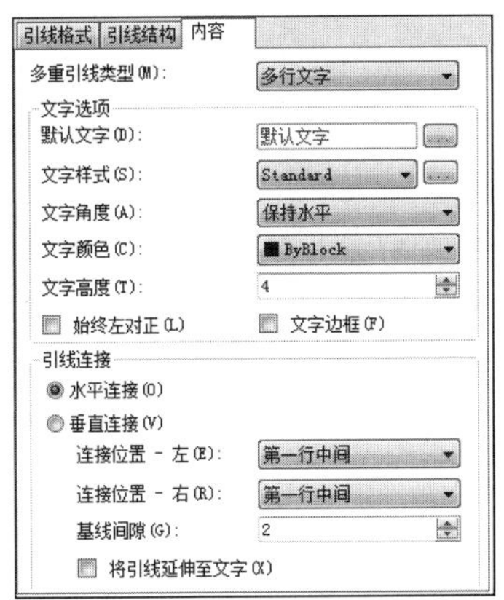

图 5-66 “内容”选项卡

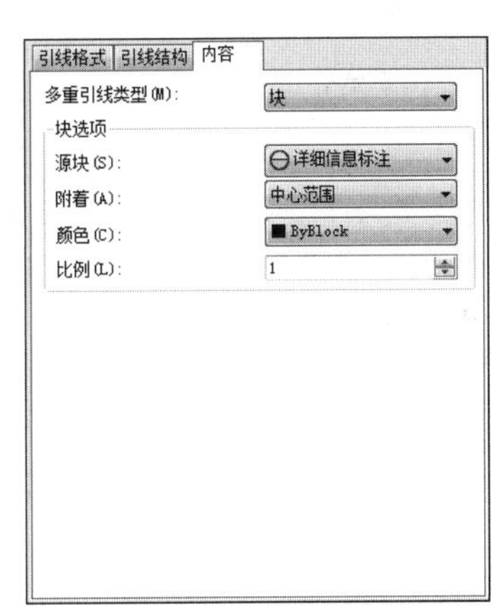

图 5-67 “内容”选项卡

如图5-68所示为多重引线类型分别为多行文字和块时的效果。

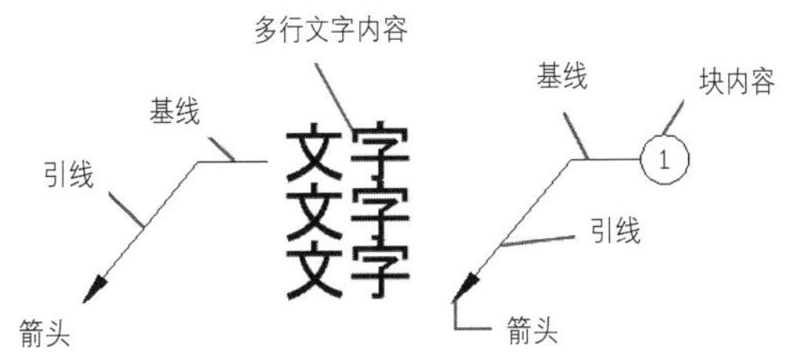

图 5-68 带多行文字内容的引线和带块内容的引线

5.13.2 创建引线

单击“默认”选项卡|“注释”面板上的“多重引线”按钮，或单击“注释”选项卡|“标注”面板上的“多重引线”按钮，或者在命令行输入MLEADER后按Enter键，都可以执行“多重引线”命令，创建引线注释。

“多重引线”有三种创建方式：箭头优先、引线基线优先和内容优先，如果已使用多重引线样式，则可以从该指定样式创建多重引线。在命令行中，如果以箭头优先，则按照命令行提示在绘图区指定箭头的位置，命令行提示如下：

```
命令： _MLEADER
指定引线箭头的位置或 [引线基线优先(L)/内容优先(C)/选项(O)] <选项>:
//在绘图区指定箭头的位置
指定引线基线的位置:            //在绘图区指定基线的位置，打开“文字编辑器”选项卡，输入文字
```

如果以引线基线优先，则需要在命令行中输入L，命令行提示如下：

```
命令： _MLEADER
指定引线箭头的位置或 [引线基线优先(L)/内容优先(C)/选项(O)] <选项>: L
//输入L，表示引线基线优先
指定引线基线的位置或 [引线箭头优先(H)/内容优先(C)/选项(O)] <选项>:
//在绘图区指定基线的位置
指定引线箭头的位置:            //在绘图区指定箭头的位置，打开“文字编辑器”选项卡，可输入文字
```

如果以内容优先，则需要在命令行中输入C，命令行提示如下：

```
命令： _MLEADER
指定引线基线的位置或 [引线箭头优先(H)/内容优先(C)/选项(O)] <选项>: C  //输入C，表示内容优先
指定文字的第一个角点或 [引线箭头优先(H)/引线基线优先(L)/选项(O)] <选项>:
//指定多行文字的第一个角点
指定对角点:                    //指定多行文字的对角点，打开“文字编辑器”选项卡，输入多行文字
指定引线箭头的位置:            //在绘图区指定箭头的位置
```

命令行中还提供了选项O，输入后，命令行提示如下：

```
命令： _MLEADER
指定引线箭头的位置或 [引线基线优先(L)/内容优先(C)/选项(O)] <引线基线优先>: O
输入选项 [引线类型(L)/引线基线(A)/内容类型(C)/最大节点数(M)/第一个角度(F)/第二个角度(S)/
退出选项(X)] <内容类型>:
```

用户在创建多重引线时，均可使用当前的多重引线样式，如果用户需要切换或更改多重引线的样式，可以展开“注释”选项卡|“引线”面板|“多重引线样式”下拉列表，或者展开“默认”选项卡|“注释”面板|“多重引线样式”下拉列表中选择相应的样式进行设置。

5.13.3 编辑引线

在多重引线创建完成后，用户可以通过夹点的方式对多重引线进行拉伸和移动位置、对多重引线添加和删除引线、对多重引线进行对齐等，下面将进行详细讲解。

1. 使用夹点编辑

用户可以使用夹点修改多重引线的外观，当选中多重引线后，夹点效果如图5-69所示。使用夹点可以拉长（缩短）基线（引线）重新指定引线头点，还可以调整文字位置、基线间距以及移动整个引线对象。

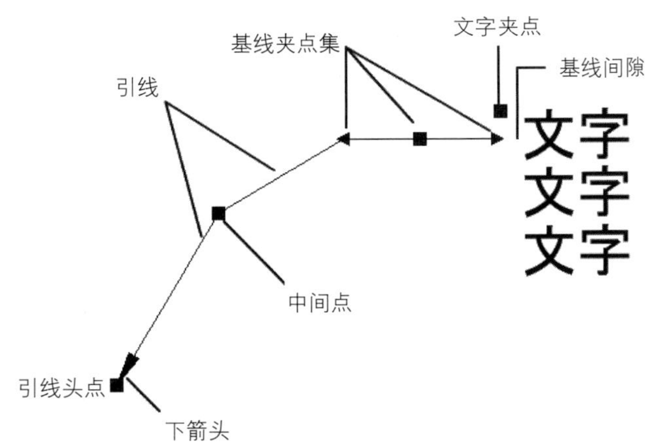

图 5-69　多重引线夹点

2. 添加和删除引线

多重引线对象可包含多条引线，因此一个注解可以指向图形中的多个对象。单击“默认”选项卡|“注释”面板上的“添加引线”按钮，或单击“注释”选项卡|“标注”面板上的“添加引线”按钮，或者在命令行输入AIMLEADERDEITADD后按Enter键，都可以执行“添加引线”命令，可以将引线添加至选定的多重引线对象，命令行提示如下：

```
命令: AIMLEADERDEITADD
选择多重引线:                                //选择需要添加引线的多重引线对象
指定引线箭头位置或 [删除引线(R)]:             //按Enter键，结束选择
指定引线箭头位置或 [删除引线(R)]:             //在所需位置指定引线箭头
指定引线箭头位置或 [删除引线(R)]:             //在所需位置指定引线箭头
指定引线箭头位置或 [删除引线(R)]:             //在所需位置指定引线箭头
...
指定引线箭头位置或 [删除引线(R)]:             //按Enter键，结束命令
```

包含多个引线线段的注释性多重引线在每个比例图示中可以有不同的引线头点。根据比例图示，水平基线和箭头可以有不同的尺寸，并且基线间隙可以有不同的距离。在所有比例图示中，多重引线内的水平基线外观、引线类型（直线或样条曲线）和引线线段数将保持一致。

如果用户需要删除添加的引线，则单击“默认”选项卡|“注释”面板上的“删除引线”按钮，或单击“注释”选项卡|“标注”面板上的“删除引线”按钮，或者在命令行输入AIMLEADERDITREMOVE后按Enter键，都可以执行“删除引线”命令，从选定的多重引线对象中删除引线，命令行提示如下：

```
命令: AIMLEADERDITREMOVE
选择多重引线:                                //选择需要删除的多重引线对象
```

```
指定要删除的引线或 [添加引线(A)]:                //在所需位置指定引线箭头
指定要删除的引线或 [添加引线(A)]:                //在所需位置指定引线箭头
指定要删除的引线或 [添加引线(A)]:                //在所需位置指定引线箭头
...
指定要删除的引线或 [添加引线(A)]:                //按Enter键，结束命令
```

3. 对齐多重引线

单击“默认”选项卡|“注释”面板上的“对齐引线”按钮，或单击“注释”选项卡|“标注”面板上的“对齐引线”按钮，或者在命令行输入MLEADERALIGN后按Enter键，都可以执行“对齐引线”命令，将多重引线对象沿指定的直线均匀排序。命令行提示如下：

```
命令: _MLEADERALIGN
选择多重引线: 找到1个                            //选择需要对齐的第一个多重引线对象
选择多重引线: 找到1个，总计2个                   //选择需要对齐的第二个多重引线对象
选择多重引线:                                    //按Enter键，完成选择
当前模式: 使用当前间距
选择要对齐到的多重引线或 [选项(O)]:              //选择需要对齐的多重引线
指定方向:                                        //指定对齐的方向
```

如图5-70所示为将编号1和2的多重引线对齐的效果。

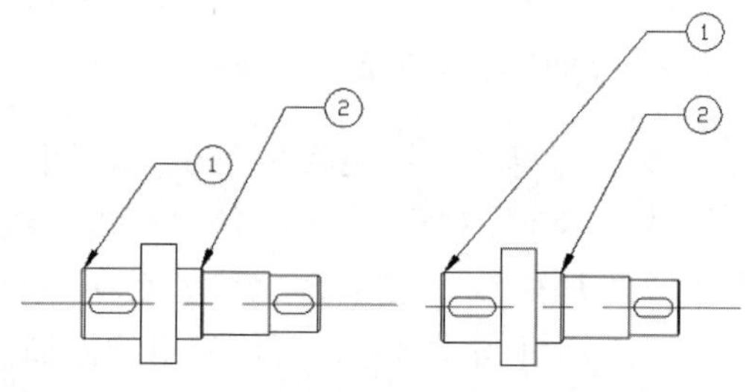

图 5-70　对齐多重引线

4. 合并多重引线

单击“默认”选项卡|“注释”面板上的“合并引线”按钮，或单击“注释”选项卡|“标注”面板上的“合并引线”按钮，或者在命令行输入MLEADERCOLLECT后按Enter键，都可以执行“合并引线”命令，可以将选定的包含块的多重引线作为内容组织为一组并附着到单引线，命令行提示如下：

```
命令: _mleadercollect
选择多重引线: 找到 1 个                               //拾取图5-71所示的点1
选择多重引线: 找到 1 个，总计 2 个                    //拾取图5-71所示的点2
选择多重引线:                                         //按Enter键，完成多重引线的选择
指定收集的多重引线位置或 [垂直(V)/水平(H)/缠绕(W)] <水平>: //按Enter键，完成合并标注已解
除关联
```

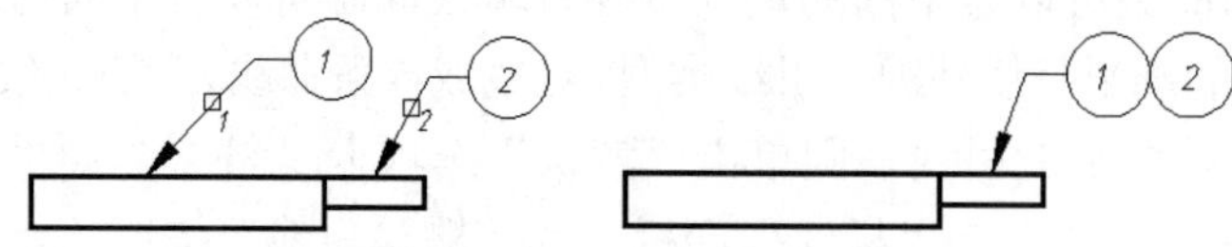

图 5-71　多重引线合并效果

对于多重引线来说，选择的顺序不同，合并的效果也不同，一般后选择的多重引线要合并到先选择的多重引线上。在多重引线合并命令行中，有“垂直（V）/水平（H）/缠绕（W）”三个选项：“水平（H）”表示水平放置多重引线集合；“垂直（V）”表示垂直放置多重引

线集合；“缠绕（W）”表示指定缠绕的多重引线集合的宽度或数量，从而确定每行放置的块的数量。

5.14 快速标注

使用“快速标注”命令可以快速创建或编辑一系列标注，在创建系列基线、连续标注或者为一系列圆或圆弧创建标注时，此命令特别有用。

单击“注释”选项卡|“标注”面板上的“快速”按钮，或者在命令行输入QDIM后按Enter键，都可以执行“快速”标注命令，命令行提示如下：

```
命令: _QDIM
关联标注优先级 = 端点
选择要标注的几何图形: 找到1个                    //选择要标注的图形对象
选择要标注的几何图形:                            //按Enter键，完成选择
指定尺寸线位置或 [连续(C)/并列(S)/基线(B)/坐标(O)/半径(R)/直径(D)/基准点(P)/编辑(E)/
设置(T)] <当前>:                                 //输入选项或按 Enter 键
```

从命令行提示信息可以看出，使用“快速”命令可以进行“连续”“并列”“基线”“坐标”“半径”“直径”和“基准点”等一系列标注。

5.15 圆心标记

圆心标记可以创建圆和圆弧的圆心标记或中心线，并在设置标注样式时指定它们的大小。

单击“注释”选项卡|“中心线”面板上的“圆心标记”按钮，或者在命令行输入CENTERMARK后按Enter键，都可以执行“圆心标记”命令，为圆或弧创建圆心标记。命令行提示如下：

```
命令: _DIMCENTER
选择圆弧或圆://拾取需要执行圆心标记命令的圆弧或者圆
```

5.16 编辑标注

在绘图过程中创建标注后，经常要对标注后的文字进行旋转或用新文字替换，用户可以通过命令方式和夹点方式进行各种编辑。

5.16.1 命令编辑

AutoCAD提供了多种方法来对尺寸标注进行编辑，DIMEDIT和DIMTEDIT是两种最常用的对尺寸标注进行编辑的命令。

1. DIMEDIT

在命令行输入DIMEDIT命令后按Enter键，可以修改标注文字的内容、标注的倾斜角度以及标注文字的旋转角度等。命令行提示如下：

```
命令：_DIMEDIT
输入标注编辑类型 [默认(H)/新建(N)/旋转(R)/倾斜(O)] <默认>:
```

此提示中有4个选项，分别为“默认(H)”“新建(N)”“旋转(R)”和“倾斜(O)”，各选项的含义如下。

- “默认”选项：将尺寸文本按 DDIM 所定义的默认位置和方向进行重新放置。
- “新建”选项：用于更新所选择的尺寸标注的尺寸文本，使用在位文字编辑器更改标注文字。
- “旋转”选项：用于旋转所选择的尺寸文本。
- “倾斜”选项：用于倾斜标注，即编辑线性尺寸标注，使其尺寸界线倾斜一个角度，不再与尺寸线相垂直，常用于标注锥形图形。

2. DIMTEDIT

在命令行直接输入DIMTEDIT命令后按Enter键，也可以分别单击单击“标注”面板|“左对正”按钮、“居中对正”按钮和“右对正”按钮，以修改标注文字的位置。命令行提示如下：

```
命令：_DIMTEDIT
选择标注：        //选择需要编辑的尺寸标注
指定标注文字的新位置或 [左(L)/右(R)/中心(C)/默认(H)/角度(A)]:
//拖动文字到需要的位置
```

此提示有“左（L）”“右（R）”“中心（C）”“默认（H）”和“角度（A）”5个选项，各选项的含义如下：

- “左”选项：更改尺寸文本沿尺寸线左对齐。
- “右”选项：更改尺寸文本沿尺寸线右对齐。
- “中心”选项：更改尺寸文本沿尺寸线中间对齐。
- “默认”选项：将尺寸文本按 DDIM 所定义的默认位置和方向重新放置。
- “角度”选项：旋转所选择的尺寸文本。

3. 调整间距

使用“调整间距”命令可以自动调整图形中现有的平行线性标注和角度标注，以使其间距相等或在尺寸线处相互对齐。

单击“注释”选项卡|“标注”面板上的“调整间距”按钮，或者在命令行输入DIMSPACE后按Enter键，都可以执行“调整间距”命令，以调整线性标注和角度标注之间的间距。

命令行提示如下：

```
命令: _DIMSPACE
选择基准标注:                //选择平行线性标注或角度标注作为基准标注
选择要产生间距的标注:找到1个
//依次选择平行线性标注或角度标注以从基准标注均匀隔开，并按 Enter 键
选择要产生间距的标注:找到1个，总计2个
选择要产生间距的标注:找到1个，总计3个
选择要产生间距的标注:          //按Enter键完成选择
输入值或 [自动(A)] <自动>: 10
//指定间距或按Enter键采用基于在选定基准标注的标注样式中指定的文字高度自动计算间距
```

如图5-72所示为指定标注间距为10的调整标注间距的效果。

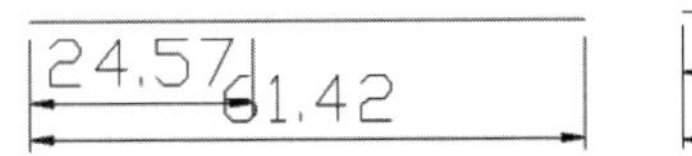

图 5-72 标注间距效果

4. 标注打断

使用“打断”命令可以使标注、尺寸延伸线或引线不显示。单击“注释”选项卡|“标注”面板上的“打断”按钮，或者在命令行输入DIMBREAK后按Enter键，都可以执行“打断”标注命令。命令行提示如下：

```
命令: _DIMBREAK
选择要添加/删除折断的标注或 [多个(M)]:              //输入M，表示要创建多个标注的打断
选择标注: 找到 1 个
选择标注: 找到 1 个，总计 2 个                     //依次选择需要打断的标注
选择标注:                                          //按Enter键，完成选择
选择要折断标注的对象或 [自动(A)/删除(R)] <自动>:     //输入A，将会自动打断
```

“自动”选项将折断标注放置在与选定标注相交的对象的所有交点处。修改标注或相交对象时，会自动更新使用此选项创建的所有折断标注，在具有任何折断标注的标注上方绘制新对象后，在交点处不会沿标注对象自动应用任何新的折断标注，要添加新的折断标注，必须再次运行此命令。“手动”打断需要为打断位置手动指定标注或尺寸界线上的两点。

5. 折弯线性

使用“折弯线性”命令可以将折弯线添加到线性标注。折弯线用于表示不显示实际测量值的标注值。通常，标注的实际测量值小于显示的值。

单击“注释”选项卡|“标注”面板上的“折弯标注”按钮，或者在命令行输入DIMJOGLINE后按Enter键，都可以执行“折弯标注”命令。命令行提示如下：

```
命令: _DIMJOGLINE
选择要添加折弯的标注或 [删除(R)]:        //选择线性标注或对齐标注
指定折弯位置 (或按 Enter 键):            //指定一点作为折弯位置，或按Enter键以将折弯放在标注
文字和第一个尺寸界线之间的中点处，或基于标注文字位置的尺寸线的中点处
```

图5-73显示了对标注添加折弯线的效果。

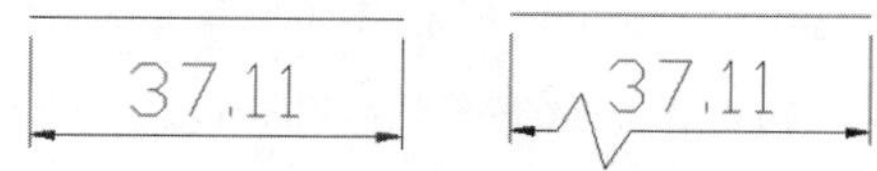

图 5-73　添加折弯线效果

5.16.2　夹点编辑

使用夹点编辑方式移动标注文字的位置时，用户可以先选择要编辑的尺寸标注，当激活文字中间夹点后，拖动鼠标可以将文字移动到目标位置；激活尺寸线夹点后，可以移动尺寸线的位置；激活尺寸界线的夹点后，可以移动尺寸界线的第一点或第二点。夹点编辑效果如图5-74所示。

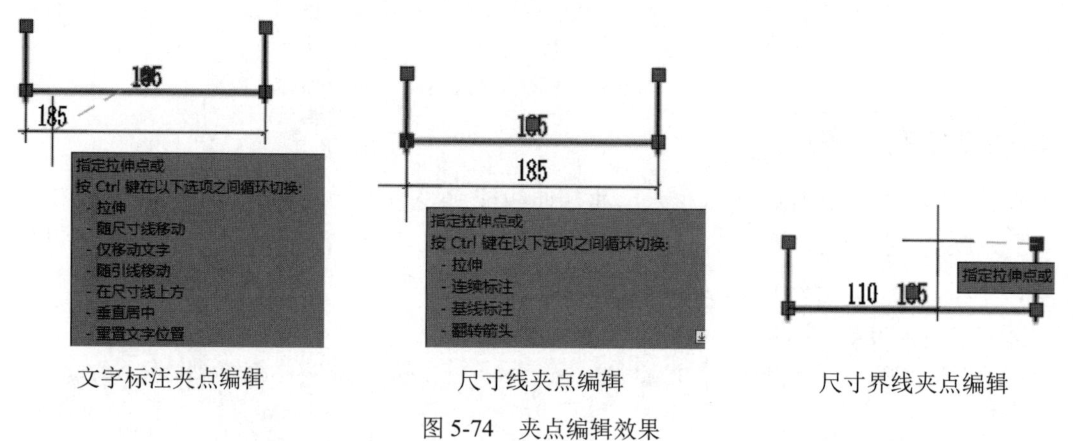

图 5-74　夹点编辑效果

若需要对文字内容进行更改，可以选择需要修改的标注，右击，在弹出的快捷菜单中选择“特性”命令，通过“特性”选项板进行更改即可。

5.17　综合实例

例 5-4　完成如图5-75所示机房平面留孔图的标注。

步骤01　展开“注释”选项卡|“标注”面板上的”标注样式”下拉列表，选择“建筑电气标注”样式设置为当前标注样式。

步骤02　单击“注释”选项卡|“标注”面板上的“线性”按钮，标注如图 5-76 所示的线性尺寸。

步骤03　单击“注释”选项卡|“标注”面板上的“连续”按钮，标注如图 5-77 所示的水平尺寸。

步骤04　单击“注释”选项卡|“标注”面板上的“线性”按钮，标注如图 5-78 所示的线性尺寸。

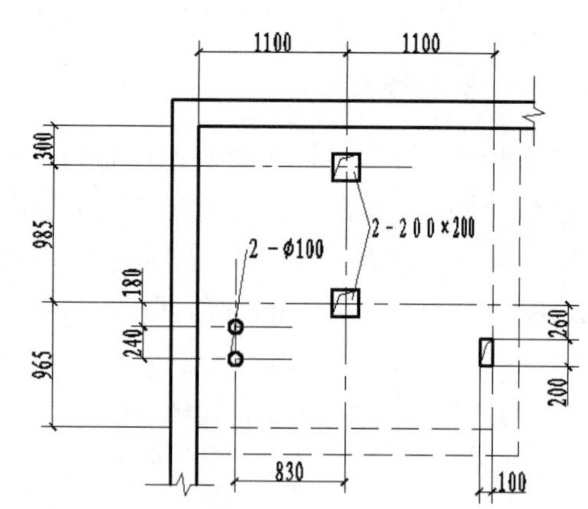

图 5-75　机房平面留孔图标注

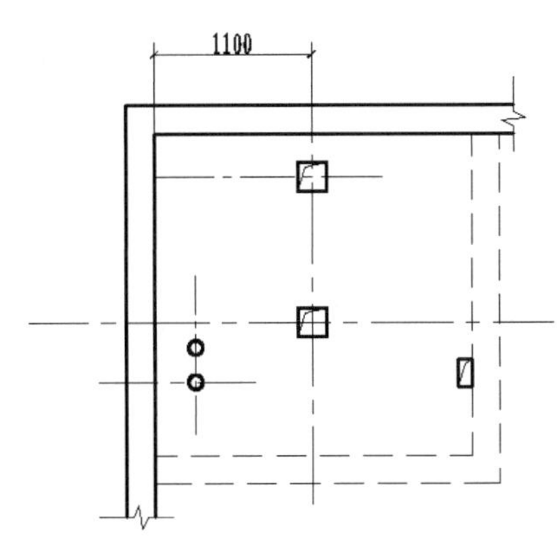
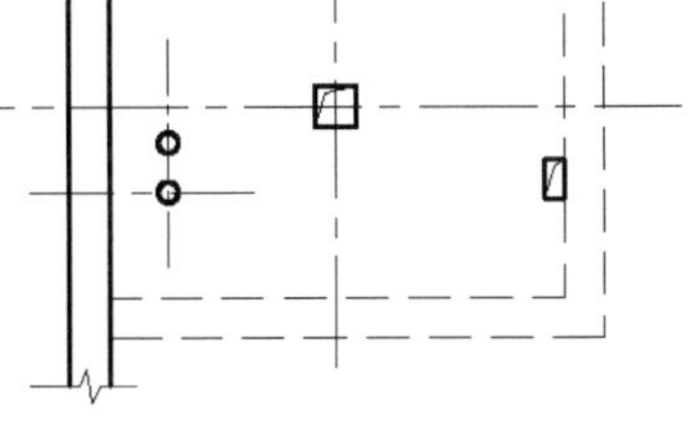

图 5-76　标注水平线性尺寸

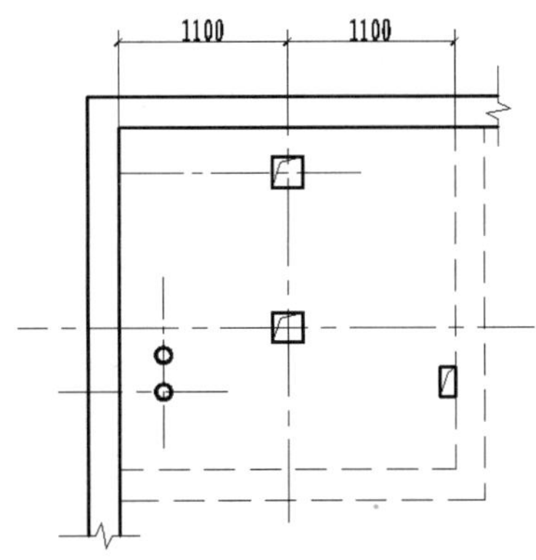

图 5-77　连续标注水平尺寸

步骤 05 单击“注释”选项卡|“标注”面板上的“连续”按钮，标注如图 5-79 所示的竖直尺寸。

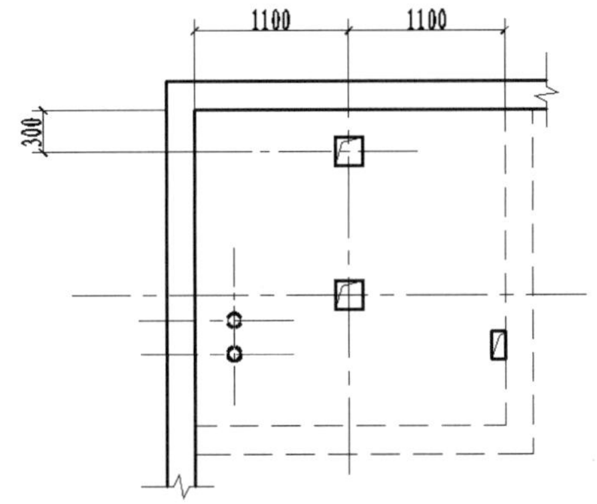

图 5-78　标注竖直线性尺寸

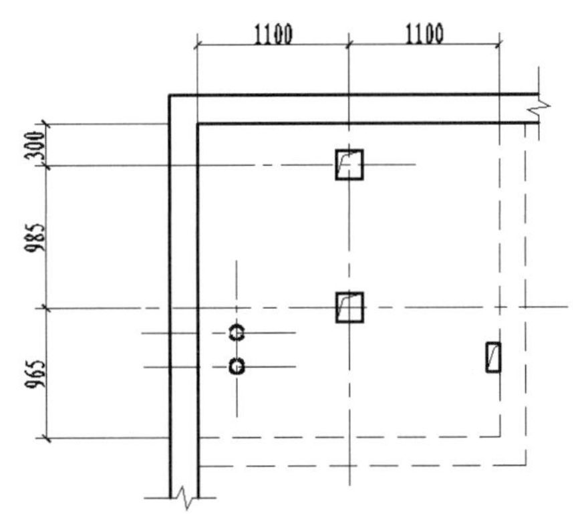

图 5-79　连续标注竖直尺寸

步骤 06 单击“注释”选项卡|“标注”面板上的“线性”按钮，标注如图 5-80 所示的线性尺寸（圆孔的竖直位置尺寸）。

步骤 07 单击“注释”选项卡|“标注”面板上的“连续”按钮，标注如图 5-81 所示的竖直尺寸（两圆孔的位置距离尺寸）。

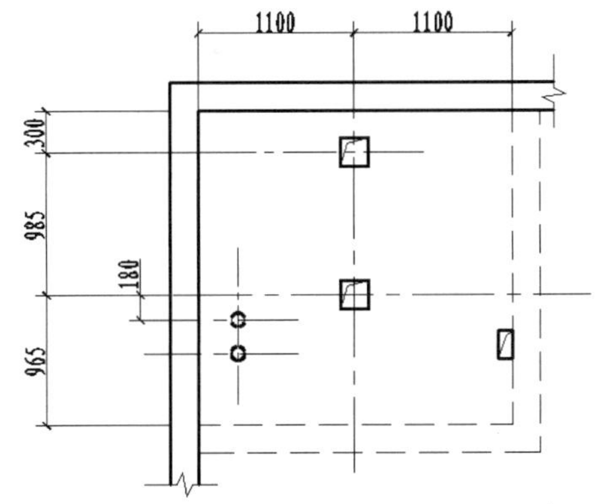

图 5-80　标注竖直线性尺寸

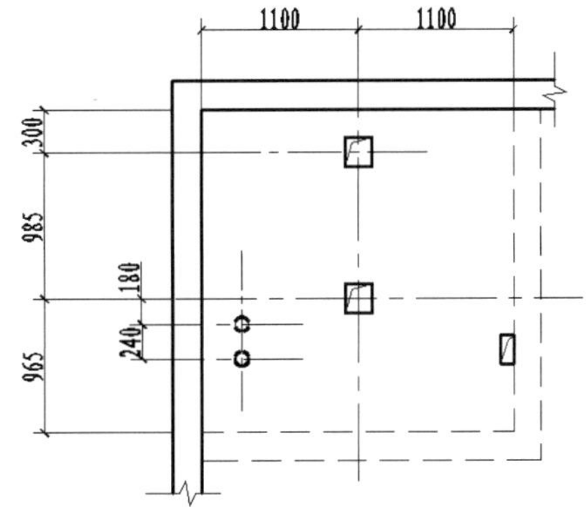

图 5-81　连续标注竖直尺寸

步骤 08 单击“注释”选项卡|“标注”面板上的“线性”按钮，标注如图 5-82 所示的线性尺寸（圆孔的水平位置尺寸）。

步骤 09 单击“注释”选项卡|“标注”面板上的“线性”按钮，标注如图 5-83 所示的水平及竖直线性尺寸（长方孔的大小尺寸）；单击“注释”选项卡|“标注”面板上的“连续”按钮，标注如图 5-83 所示的竖直尺寸（长方孔的位置距离尺寸）。

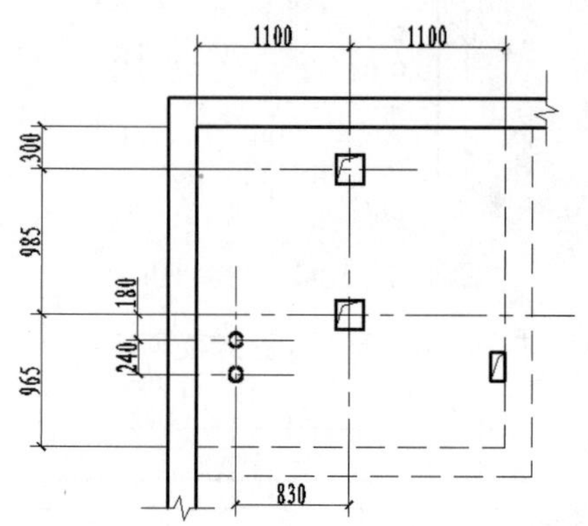

图 5-82　标注水平线性尺寸

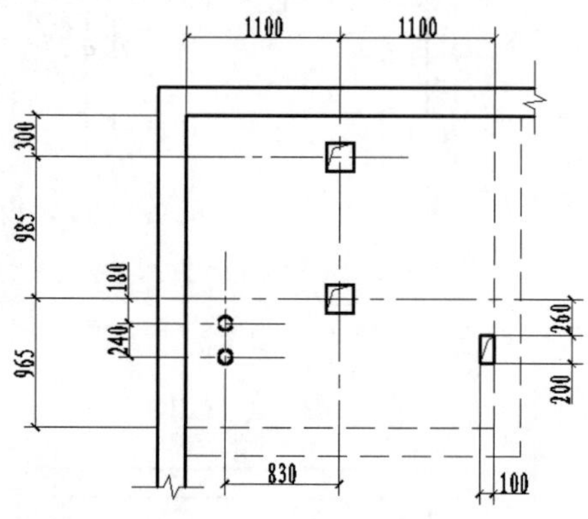

图 5-83　长方孔尺寸标注

步骤 10 单击“默认”选项卡|“注释”面板上的“多重引线样式”按钮，弹出“多重引线样式管理器”对话框，单击“新建”按钮，弹出“创建新多重引线样式”对话框，输入引线的“新样式名”为“引线”，如图 5-84 所示。

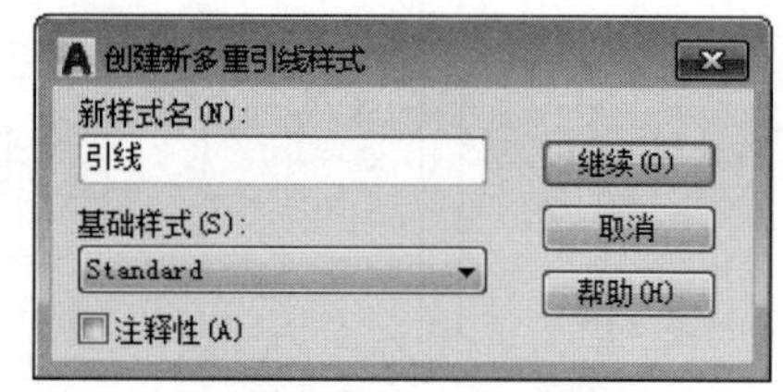

图 5-84　创建引线样式

步骤 11 单击“继续”按钮，弹出“修改多重引线样式”对话框，如图 5-85 所示设置“引线格式”选项卡，如图 5-86 所示设置“引线结构”选项卡，如图 5-87 所示设置“内容”选项卡。

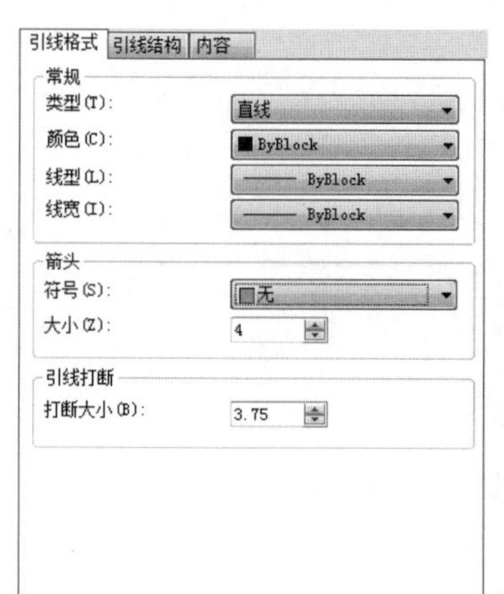

图 5-85　设置“引线格式”选项卡

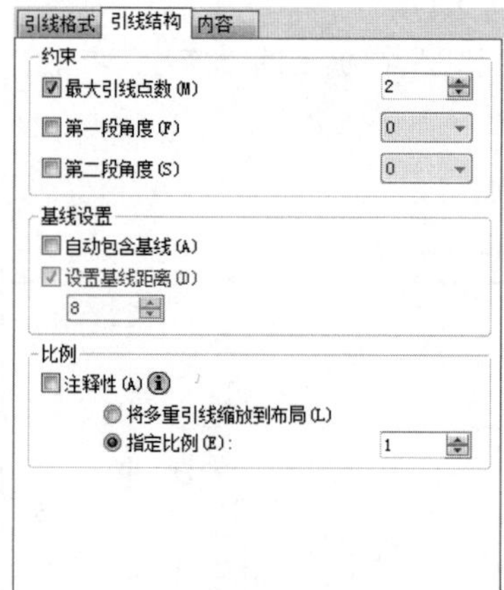

图 5-86　设置“引线结构”选项卡

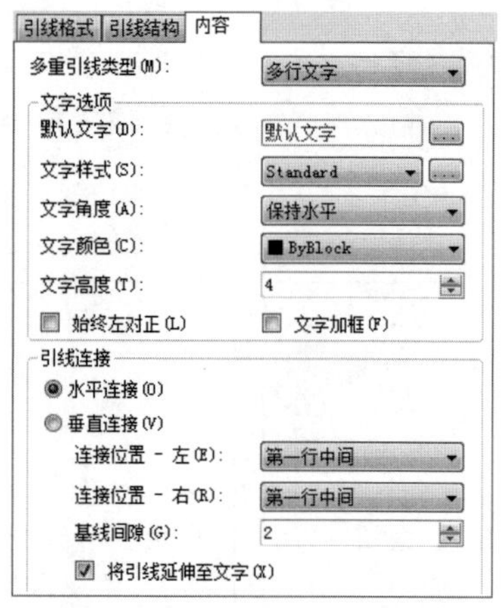

图 5-87　设置“内容”选项卡

步骤 12 单击“默认”选项卡|“注释”面板上的“多重引线”按钮，标注引线注释。命令行提示如下：

```
命令：_MLEADER
指定引线箭头的位置或 [引线基线优先(L)/内容优先(C)/选项(O)] <选项>:
//捕捉图5-87所示的圆上任一点
指定引线基线的位置:
//在绘图区合适位置拾取一点确定基线位置，打开"文字编辑器"选项卡
```

步骤 13 在文字输入框内输入 2-Ø100，如图 5-88 所示，然后单击“关闭”面板上的“关闭”按钮 ✔，完成引线创建，效果如图 5-89 所示。

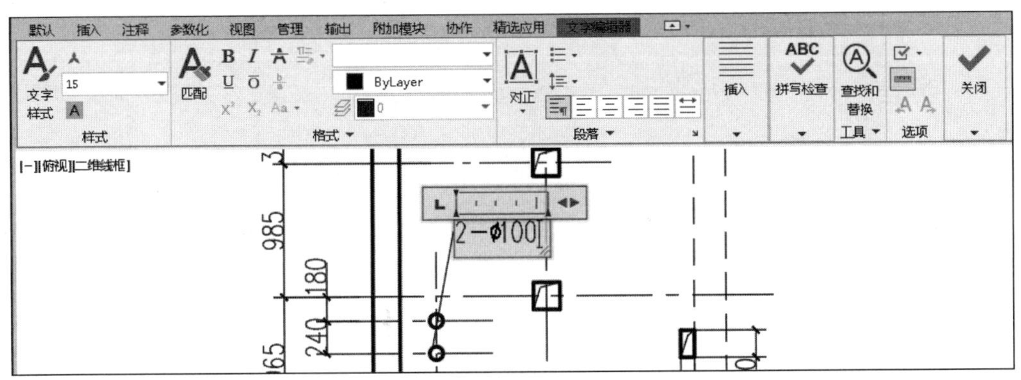

图 5-88 输入引线文字

步骤 14 单击“默认”选项卡|“注释”面板上的“多重引线”按钮，捕捉如图 5-89 所示的上方孔内部上任意一点，在绘图区合适位置拾取一点确定基线位置，弹出在位文字编辑器，在在位文字编辑器中输入 2-200×200，完成引线创建后的效果如图 5-90 所示。

步骤 15 单击“默认”选项卡|“注释”面板上的“多重引线”按钮，捕捉如图 5-90 所示的下方孔内部上任意一点，捕捉步骤（14）所作引线的基线端点来确定基线位置，如图 5-91 所示，只绘制引线而不输入引线注释，最终效果如图 5-75 所示，完成机房平面留孔图的标注。

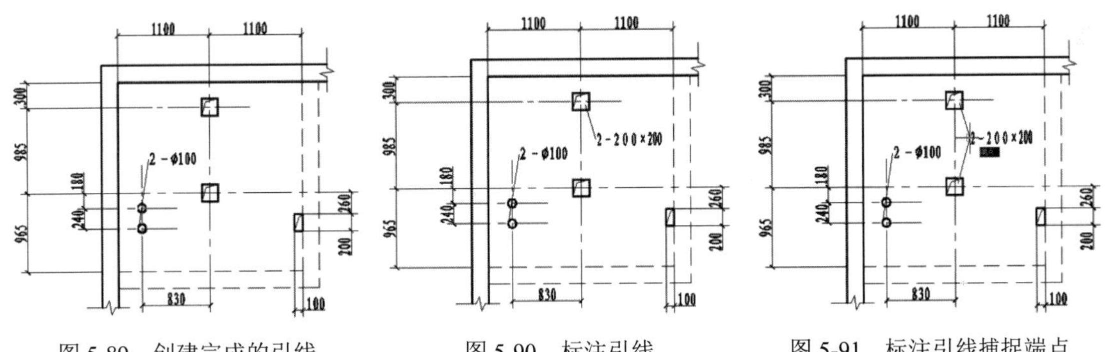

图 5-89 创建完成的引线　　图 5-90 标注引线　　图 5-91 标注引线捕捉端点

第6章 图块及打印

导言

在工程制图中，很多图形都会重复用到，为了提高绘图的速度和效率，AutoCAD提供了图块功能，利用该功能用户不但可以非常方便地创建经常重复使用的图形，而且还可以将有连续变化规律特征的图形创建为块重复使用。

图形制作完成后，可以生成电子图形进行保存，也可以作为原始模型导入其他软件（如3ds Max、Photoshop等）中进行处理，但是最为重要的应用还是打印输出，可以作为计算机辅助设计的有效结果指导生产和工作。

本章主要详细介绍各种基本图块、基本属性、动态图块的创建方法以及图块的插入使用方法，并讲解图形打印的技巧和方法。通过对本章内容的学习，大家应该学会在工程制图中掌握创建各种图块的方法，从而提高绘图的速度和效率。

6.1 创建图块

图块是一个或多个连接的对象，可以帮助用户在同一图形或其他图形中重复使用对象。

单击“默认”选项卡|“块”面板上的“创建”按钮，或者单击“插入”选项卡|“块定义”面板上的“创建块”按钮，或者在命令行输入BLOCK或B后按Enter，都可以执行“创建块”命令，弹出如图6-1所示的“块定义”对话框，用户在各选项组中可以设置相应的参数，从而创建一个内部图块。“块定义”对话框包括“名称”下拉列表框、“基点”“对象”“设置”“说明”和“方式”5个选项组以及“在块编辑器中打开”复选框，下面将介绍主要参数的含义。

1. “名称”下拉列表框

该下拉列表框用于输入或选择当前要创建的块的名称。

2. “基点”选项组

该选项组用于指定块的插入基点，默认值是（0,0,0），即将来该块的插入基准点，也是块在插入过程中旋转或缩放的基点。用户可以分别在X、Y、Z文本框中输入坐标值来确定基点，也可以单击“拾取点”按钮，暂时关闭对话框以使用户能在当前图形中拾取插入基点。

图 6-1 “块定义”对话框

3. “对象”选项组

该选项组用于指定新块中要包含的对象，以及创建块之后如何处理这些对象，是保留还是删除选定的对象，或者将它们转换成块实例。该选项组中各参数含义如下：

- 单击“选择对象”按钮，暂时关闭“块定义”对话框，允许用户到绘图区选择块对象，然后按 Enter 键重新显示“块定义”对话框。
- 单击“快速选择”按钮，显示“快速选择”对话框，在该对话框中可以定义选择集。
- “保留”单选按钮：用于设置创建块以后，是否将选定对象保留在图形中作为区别对象。
- “转换为块”单选按钮：用于设置创建块以后，是否将选定对象转换成图形中的块实例。
- “删除”单选按钮：用于设置创建块以后，是否从图形中删除选定的对象。
- “选定的对象”选项：用于显示选定对象的数目，未选择对象时，显示“未选定对象”。

4. “设置”选项组

该选项组用于指定块的设置，其中“块单位”下拉列表框用于提供用户选择块参照插入的单位；“超链接”按钮用于打开“插入超链接”对话框，用户可以使用该对话框将某个超链接与块定义相关联。

5. “方式”选项组

该选项组用于指定块的行为。“注释性”复选框用于指定块是否为注释性的；“使块方向与布局匹配”复选框用于指定在图纸空间视口中块参照的方向与布局方向是否匹配。如果未选中“注释性”复选框，则该选项不可用。“按统一比例缩放”复选框用于指定是否阻止块参照不按统一比例缩放；“允许分解”复选框用于指定块参照是否可以被分解。

6. “在块编辑器中打开”复选框

当选中该复选框并单击“确定”按钮后，将在块编辑器中打开当前的块定义，一般用于动态块的创建和编辑。

6.2 创建带属性的图块

图块属性是图块的一个组成部分，它是块的非图形的附加信息，包含于块中的文字对象。图块的属性可以增加图块的功能，文字信息又可以说明图块的类型、数目等。当用户插入一个块时，其属性也一起插入到图中；当用户对块进行操作时，其属性也将改变。块的属性由属性标签和属性值两部分组成，属性标签是指一个项目名称，属性值是指具体的项目情况。

6.2.1 定义图块属性

单击“默认”选项卡|“块”面板上的“定义属性”按钮，或者单击“插入”选项卡|“块定义”面板上的“定义属性”按钮，或者在命令行中输入ATTDEF后按Enter键，都可执行“定义属性”命令，打开如图6-2所示的“属性定义”对话框。

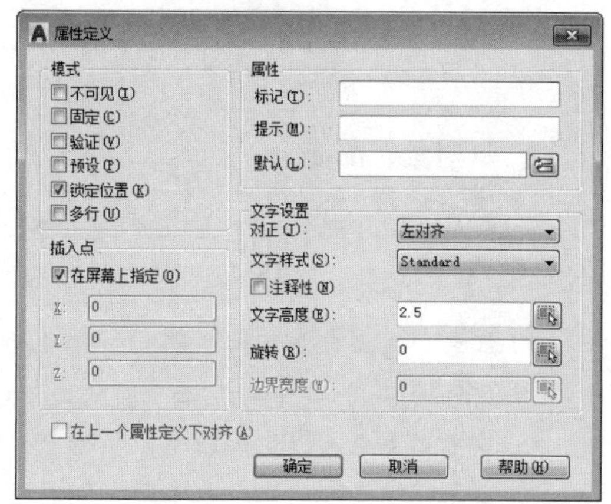

图 6-2 “属性定义”对话框

在“属性定义”对话框中包含“模式”“属性”“插入点”和“文字设置”4个选项组以及“在上一个属性定义下对齐”复选框，下面分别介绍各参数的含义。

1. “模式”选项组

该选项组用于设置属性模式。“不可见”复选框用于设置插入图块，输入属性值后，属性值不在图中显示；“固定”复选框表示属性值是一个固定值；“验证”复选框表示会提示输入两次属性值，以便验证属性值是否正确；“预设”复选框表示插入包含预设属性值的块时，将属性设置为默认值；“锁定位置”复选框表示锁定块参照中属性的位置，若解锁，属性可以相对于使用夹点编辑的块的其他部分移动，并且可以调整多行属性的大小；“多行”复选框用于指定属性值可以包含多行文字，选中此复选框后，可以指定属性的边界宽度。

2. “属性”选项组

该选项组用于设置属性数据。“标记”文本框用于标识图形中每次出现的属性；“提示”文本框用于指定在插入包含该属性定义的块时显示的提示，提醒用户指定属性值；“默认”文本框用于指定默认的属性值；单击“插入字段”按钮，可以打开“字段”对话框插入一个字段作为属性的全部或部分值。

3. “插入点”选项组

该选项组用于指定图块属性的位置。选中“在屏幕上指定”复选框，则可在绘图区中指定插入点，用户也可以直接在X、Y、Z文本框中输入坐标值来确定插入点，一般采用“在屏幕上指定”方式。

4. “文字设置”选项组

该选项组用于设置属性文字的对正、样式、高度和旋转。“对正”下拉列表框用于设置属性值的对正方式；“文字样式”下拉列表框用于设置属性值的文字样式；“文字高度”文本框用于设置属性值的高度；“旋转”文本框用于设置属性值的旋转角度；“边界宽度”文本框用于指定“多行”复选框设置的文字行的最大长度。

5. “在上一个属性定义下对齐”复选框

选中该复选框后可将属性标记直接置于定义的上一个属性的下面。如果之前没有创建属性定义，则此选项不可用。

通过“属性定义”对话框，用户只能定义一个属性，且不能指定该属性属于哪个图块，因此用户必须通过“块定义”对话框将图块和定义的属性重新定义为一个新的图块。

6.2.2 编辑图块属性

在命令行中输入ATTEDIT命令，命令行提示如下：

```
命令: ATTEDIT
选择块参照:          //要求指定需要编辑属性值的图块
```

在绘图区选择需要编辑属性值的图块后，弹出“编辑属性”对话框，如图6-3所示，用户可以在定义的提示信息文本框中输入新的属性值，单击“确定”按钮完成属性的修改。

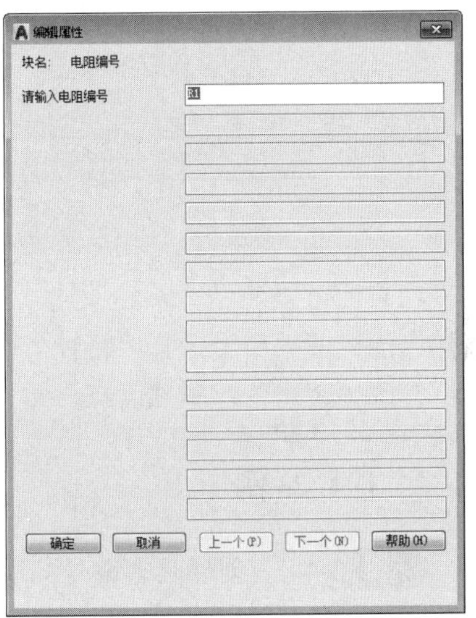

图 6-3 “编辑属性”对话框

用户选择相应的图块后，单击“默认”选项卡|“块”面板|“编辑属性”|“单个”按钮，或者在命令行输入EATTEDIT或EAT并按Enter键，弹出如图6-4所示的“增强属性编辑器”对话框。在“属性”选项卡中，用户可以在“值”文本框中修改属性的值。在如图6-5所示的“文字选项”选项卡中，可以修改文字属性，包括文字样式、对正、高度等属性，其中“反向”和“倒置”复选框主要用于镜像后进行的修改。在如图6-6所示的“特性”选项卡中，可以对属性所在的图层、线型、颜色、线宽等进行设置。

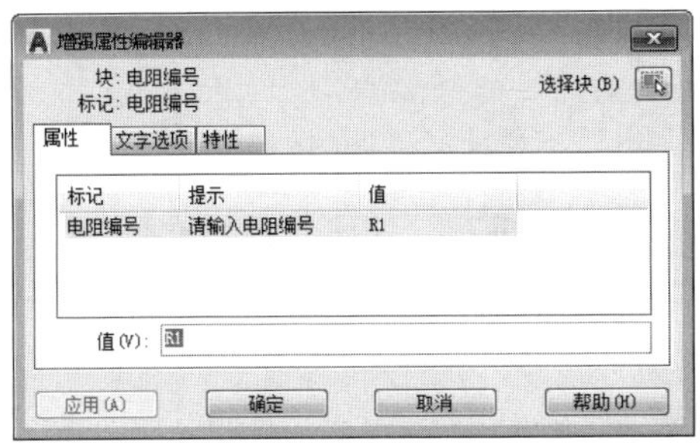

图 6-4 “增强属性编辑器”对话框

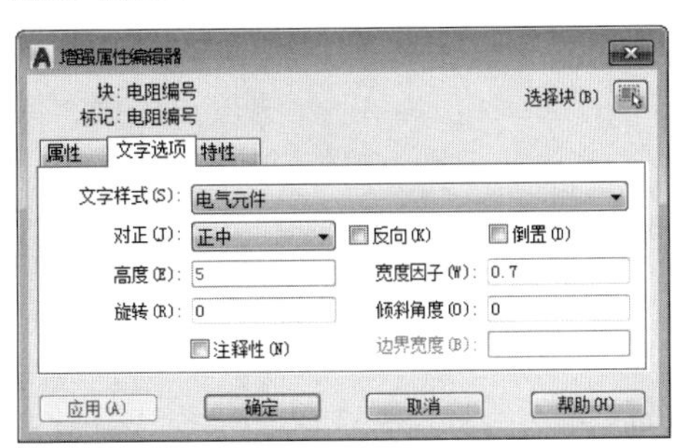

图 6-5 “文字选项”选项卡

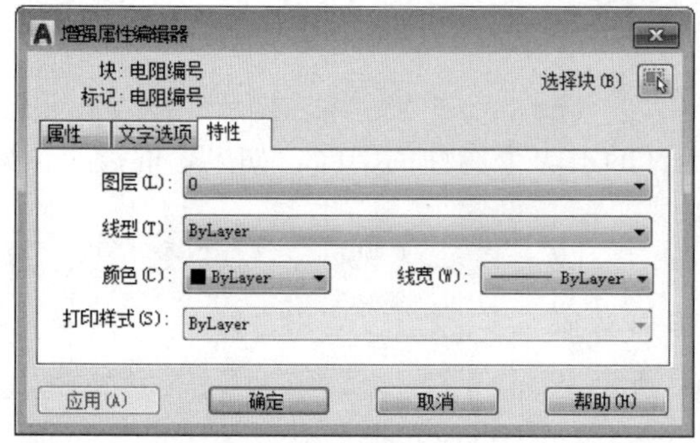

图 6-6 “特性”选项卡

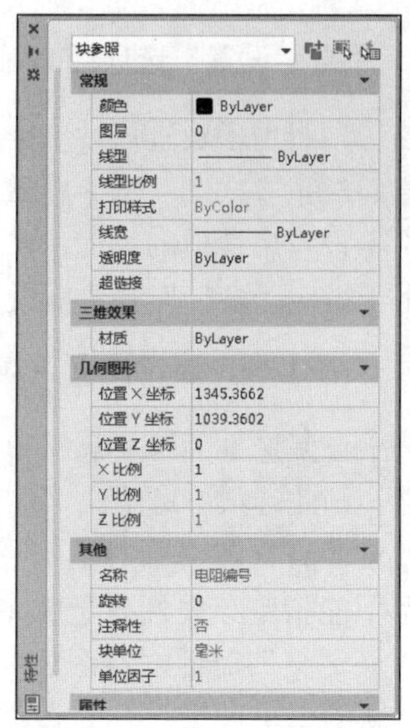

图 6-7 “特性”选项板

用户还可以通过“特性”选项板来编辑图块的属性。先选择要编辑的图块，然后右击，在弹出的快捷菜单中选择“特性”命令，弹出“特性”选项板，如图6-7所示，在该选项板中可以修改旋转角度或属性值。

6.2.3 应用举例

例 6-1 创建具有编号的电阻图块。

创建如图6-8所示的“具有编号的电阻”图块，属性标记名称为“电阻编号”，提示为“请输入电阻编号：”，默认值为1，块可以按统一比例缩放并允许分解，设置图块名称为“电阻编号”，基点为左边直线段的左端点。

具体操作步骤如下：

步骤 01 参照例 2-10 绘制电阻的方法，在绘图区绘制一电阻图形，其中矩形长度为 10，宽度为 5，两端直线段长度为 8，效果如图 6-9 所示。

图 6-8 “具有编号的电阻”图块

图 6-9 电阻图形

步骤 02 单击“默认”选项卡|“注释”面板上的“文字样式”按钮，弹出“文字样式”对话框，单击“新建”按钮，创建“电气元件”文字样式，设置字体名、高度和宽度因子，如图 6-10 所示。

步骤 03 单击“默认”选项卡|“块”面板上的“定义属性”按钮，弹出“属性定义”对话框，如图 6-11 所示，可设置对话框中的参数。

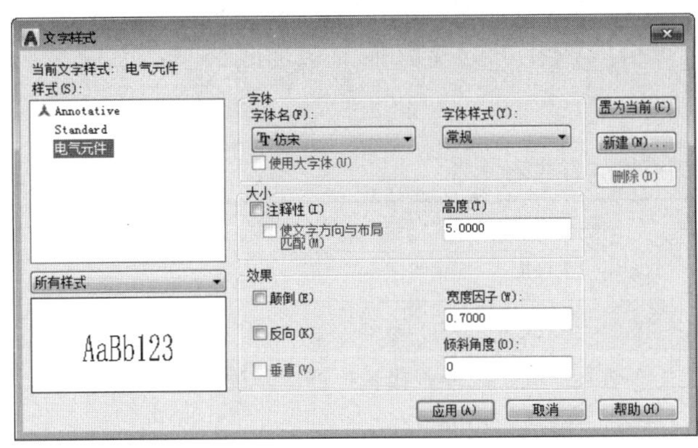

图 6-10　创建“电气元件”文字样式

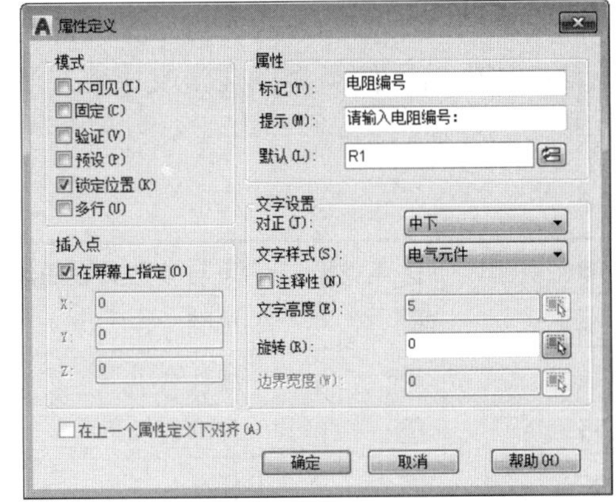

图 6-11　设置属性参数

步骤 04　设置完成后单击“确定”按钮，命令行提示“指定起点:”，拾取电阻上横线段中点的竖直方向距横线段为 5 的点为指定起点，效果如图 6-12 所示。

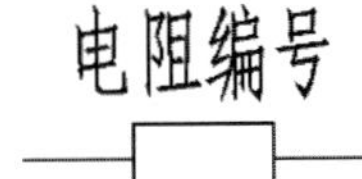

图 6-12　设置属性效果

步骤 05　单击“默认”选项卡|“块”面板上的“创建”按钮，弹出“块定义”对话框，选择如图 6-12 所示的图形为块对象，捕捉基点为电阻左边直线段的左端点，设置图块名称为“电阻编号”，如图 6-13 所示。单击“确定”按钮，弹出如图 6-14 所示的“编辑属性”对话框，不做任何设置。单击“确定”按钮完成“电阻编号”图块的创建，效果如图 6-8 所示。

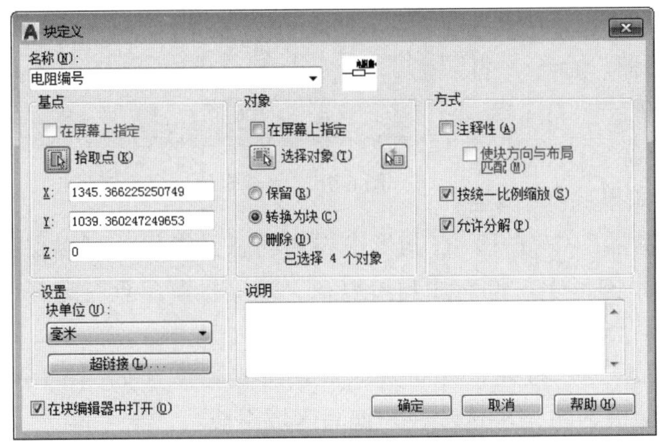

图 6-13　设置“块定义”对话框

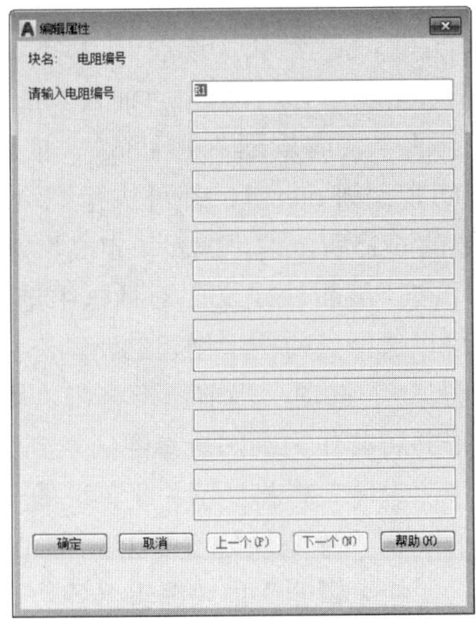

图 6-14　“编辑属性”对话框

6.3　创建动态块

利用动态块功能，用户可以通过自定义夹点或自定义特性来操作几何图形，这使得用户可以根据需要方便地调整块参照，而不用搜索另一个块以插入或重定义现有的块。

默认情况下，动态块的自定义夹点与标准夹点的颜色和样式不同。表6-1显示了可以包含在动态块中的不同类型的自定义夹点。如果分解或按非统一缩放某个动态块参照，它就会丢失其动态特性。

表 6-1　夹点操作方式表

参数类型	夹点类型	可与参数关联的动作	
点	■	标准	移动、拉伸
线性	▶	线性	移动、缩放、拉伸、阵列
极轴	■	标准	移动、缩放、拉伸、极轴拉伸、阵列
XY	■	标准	移动、缩放、拉伸、阵列
旋转	●	旋转	旋转
翻转	➡	翻转	翻转
对齐	▶	对齐	无（此动作隐含在参数中）
可见性	▼	查寻	无（此动作是隐含的，并且受可见性状态的控制）
查寻	▼	查寻	查寻
基点	■	标准	无

要成为动态块至少需要包含一个参数和一个与该参数关联的动作，这个工作可以由块编辑器完成，块编辑器是专门用于创建块定义并添加动态行为的编写区域。单击“默认”选项卡|“块”面板上的“块编辑器”按钮，或者单击“插入”选项卡|“块定义”面板上的“块编辑器”按钮，或者在命令行中输入BEDIT后按Enter键，都可执行“块编辑器”命令，打开如图6-15所示的“编辑块定义”对话框。

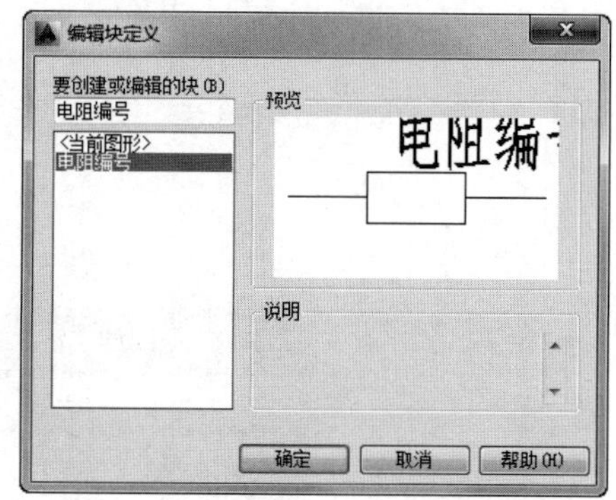

图 6-15　“编辑块定义”对话框

在“编辑块定义”对话框中选择已经定义的块，也可以选择当前图形创建的新动态块，如果选择“<当前图形>”选项，当前图形将在“块编辑器”中打开。在图形中添加动态元素后，可以保存图形并将其作为动态块参照插入到另一个图形中。同时用户可以在“预览”窗口查看选择的块，“说明”栏将显示关于该块的一些信息。

单击“编辑块定义”对话框中的“确定”按钮，即可进入“块编辑器”，如图6-16所示。“块编辑器”由块编辑器各功能区面板、块编写选项板和编写区域组成。

下面将详细介绍各组成部分的作用。

1. 块编辑器功能区面板

块编辑器共包括“打开/保存”面板、“几何”面板、“标注”面板、“管理”面板、“操作参数”面板、“可见性”面板和“关闭”面板七个面板，位于整个编辑区的正上方，提供了在块编辑器中使用、创建动态块以及设置可见性状态的工具等。

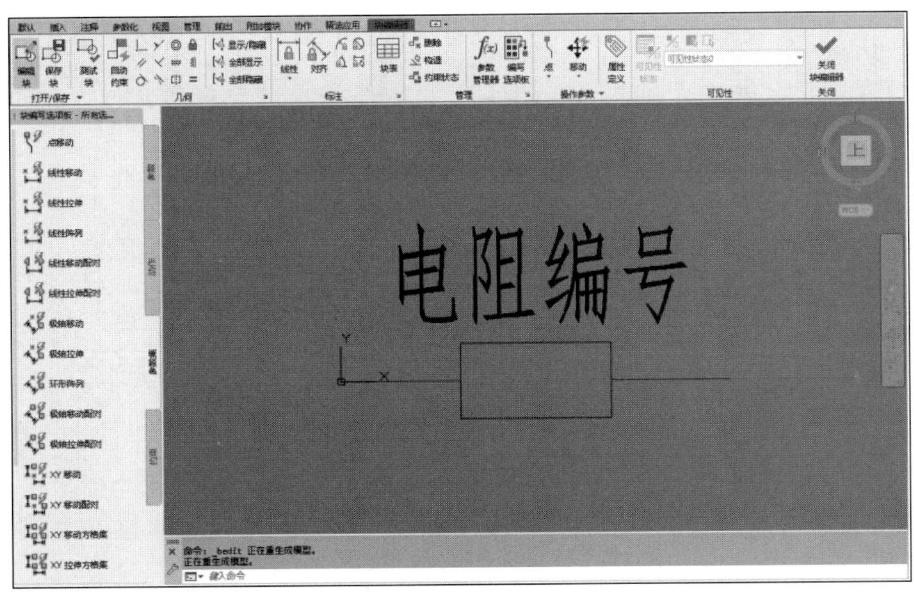

图 6-16　块编辑器

2. 块编写选项板

块编写选项板中包含“参数”“动作”“参数集”和“约束”4 个选项卡，具体如下：

- “参数”选项卡：向块编辑器中的动态块添加参数。动态块的参数包括点参数、线性参数、极轴参数、XY 参数、旋转参数、对齐参数、翻转参数、可见性参数、查寻参数和基点参数，如图 6-17 所示。
- “动作”选项卡：向块编辑器中的动态块添加动作。动态块的动作包括移动动作、缩放动作、拉伸动作、极轴拉伸动作、旋转动作、翻转动作、阵列动作、查寻动作和块特性表，如图 6-18 所示。
- “参数集”选项卡：用于在块编辑器中向动态块定义中添加一个参数和至少一个动作的工具，是创建动态块的一种快捷方式，如图 6-19 所示。
- “约束”选项卡：用于在块编辑器中向动态块定义添加几何约束或标注约束，如图 6-20 所示。

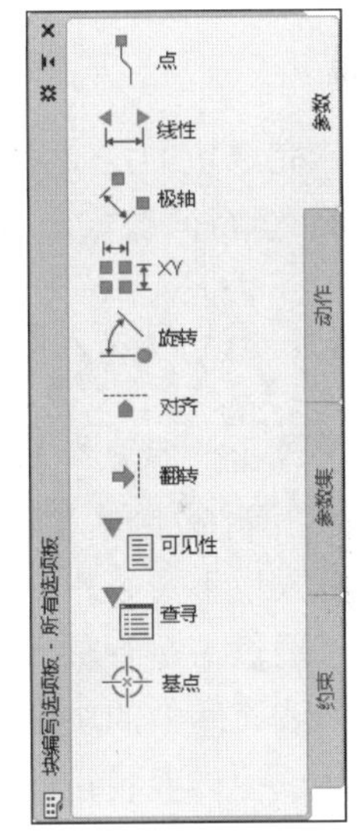

图 6-17　“参数”选项卡

3. 在编写区域编写动态块

编写区域类似于绘图区域，可以在编写区域进行缩放操作，可以给要编写的块添加参数和动作。在块编写选项板的“参数”选项卡上选择添加给块的参数，出现感叹号图标表示该参数还没有相关联的动作。然后在“动作”选项卡上选择相应的动作，命令行会提示选择参数，选择参数后，再选择动作对象，最后设置动作位置，以“动作图标+闪电符号”标记。动作不同其操作均不相同，动作图标也不同。

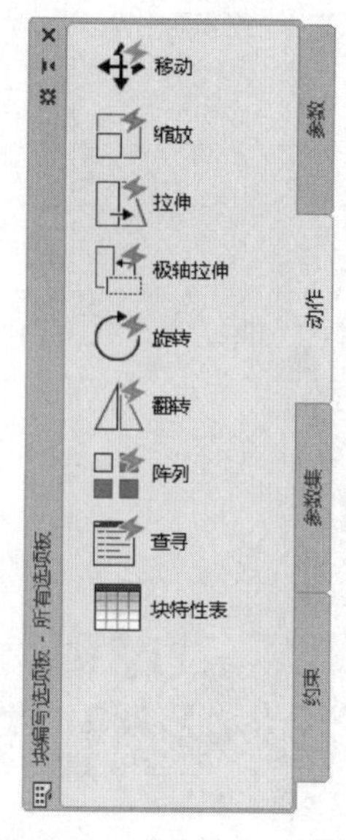

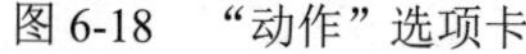
图 6-18 “动作”选项卡

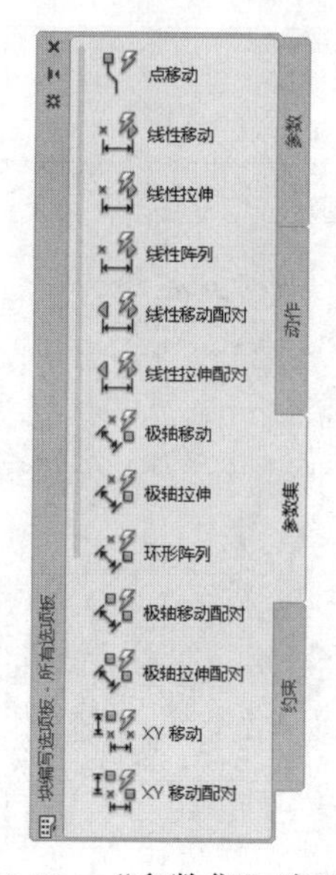

图 6-19 “参数集”选项卡

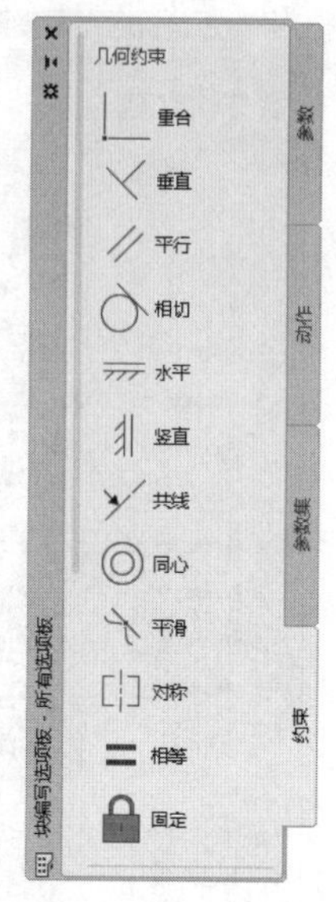

图 6-20 “约束”选项卡

6.4 插 入 图 块

完成块的定义后，就可以将块插入到图形中。插入块或图形文件时，用户一般需要确定块的4组特征参数，即要插入的块名、插入点的位置、插入的比例系数和块的旋转角度。

6.4.1 认识插入图块的命令、参数及对话框

单击“默认”选项卡|“块”面板上的“插入块”按钮，或者单击“插入”选项卡|“块”面板上的“插入”按钮，或者在命令行中输入INSERT或I后按Enter键，都可执行“插入块”命令。

通过命令行输入命令或当单击“插入块”按钮后，在弹出的面板中选择“最近使用的块”或“库中的块”，则弹出如图6-21所示的“块”选项板。

选择需要使用的图块，在选项板下侧的“插入选项”区域设置相应的参数，然后在选择的图块上双击，返回绘图区在命令行“指定插入点或 [基点(B)/比例(S)/X/Y/Z/旋转(R)]:”提示下，指定插入点，即可插入图块。另外，还可以在选择的图块上右击，选择“插入”选项，如图6-22所示，然后根据命令行的提示设置块的参数，定位插入点，进行插入图块。

“块”选项板包括“当前图形”“最近使用”“库”三个选项卡和“插入选项”下拉列表，各选项卡解析如下：

- “当前图形”选项卡：显示的是当前图形文件中的所有图块，用户可以将当前文件中的图块再次插入到当前文件内。通过单击选项板上侧的按钮，可以以多种模式显示并预览当前文件中的所有图块。
- “最近使用”选项卡：用于显示当前文件中最近使用过的图块，用户可以通过此选项卡查看并引用最近使用过的图块，比较方便。

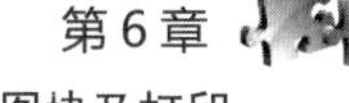

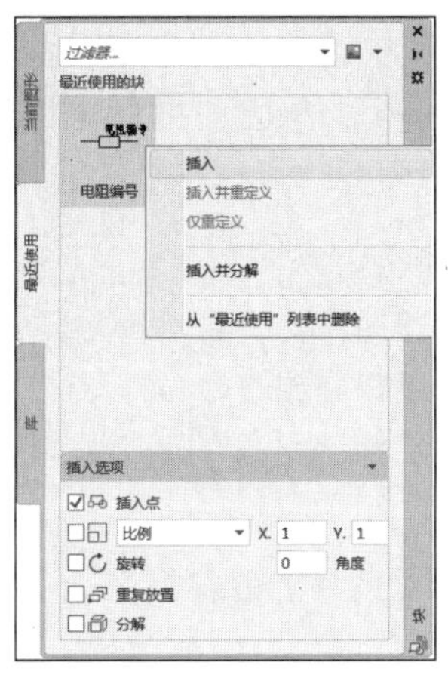
图 6-21 “块”选项板

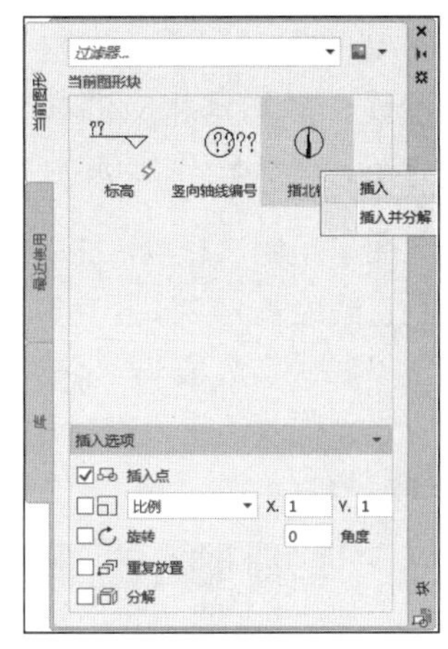
图 6-22 块右键菜单

- “库”选项卡：是比较重要的一项功能，通过单击选项板上侧的按钮，可以打开“为块库选择文件夹或文件”对话框，然后选择已存盘文件，如图 6-23 所示，单击“打开”按钮即可将其以图块的形式插入到当前图形文件中。另外，在“为块库选择文件夹或文件”对话框中还可以选择所需文件夹，如图 6-24 所示，然后单击“打开”按钮，文件夹中所有文件都会被加载到“块”选项板中。

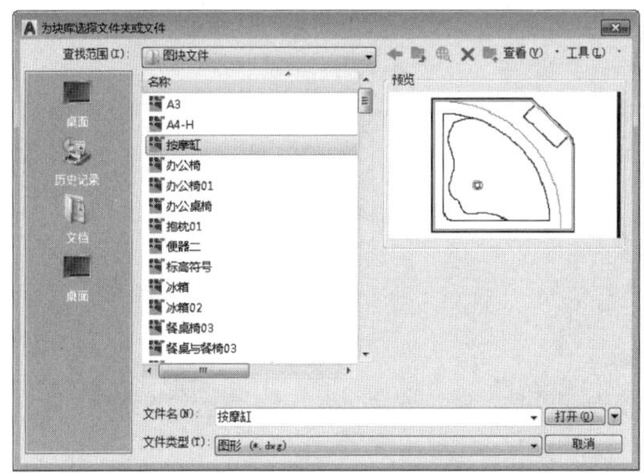
图 6-23 “为块库选择文件夹或文件”对话框

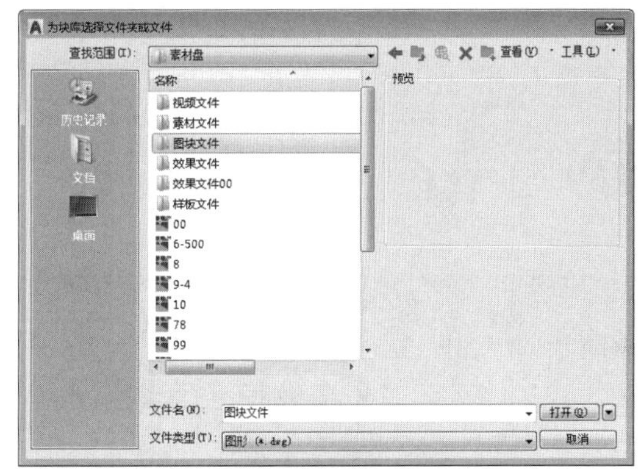
图 6-24 选择文件夹

- “插入选项”下拉列表：用于设置图块的插入参数。其中如果勾选了“插入点”复选项，那么将会在绘图区捕捉图形的特征点或在命令行输入插入点坐标，进行定位插入点；如果不勾选该复选项，则需要在“块”选项板中输入插入点的绝对坐标值；“比例”复选项用于设置图块的缩放比例；“旋转”复选项用于设置图块的旋转角度；“重复放置”复选项用于重复使用上一次插入图块时设置的参数；如果勾选了“分解”选项，那么所插入的图块就不是一个单独的对象了。

6.4.2 应用举例

例 6-2 创建平面图中的二极管动态块。

在电气制图中，电气元件的尺寸通常根据图纸大小来确定，但是平面图中的形状基本是相似的，为了制图方便，通常将电气元件图形创建成动态图块，在绘制电气元件平面图时，只需要插入图块，并指定相应的参数即可。下面通过绘制一个二极管平面图来讲解二极管动态块的创建方法。具体操作步骤如下：

步骤 01 在绘图区绘制二极管图形，其中正三角形的外接圆半径为 5，水平直线段长为 20，竖直直线段长为 6，效果如图 6-25 所示。

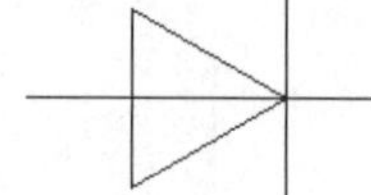

图 6-25 绘制二极管图形

步骤 02 单击“默认”选项卡|“块”面板上的“创建”按钮，弹出“块定义”对话框，进行如图 6-26 所示的设置，基点为水平直线段的左端点。

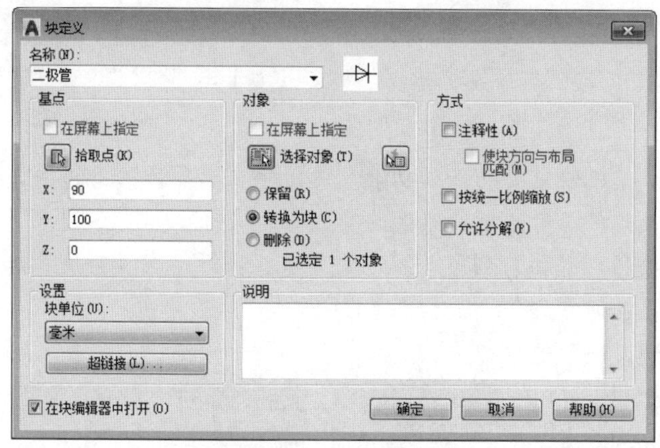

图 6-26 创建“二极管”图块

步骤 03 选中“在块编辑器中打开”复选框，单击“确定”按钮，进入动态块编辑器，如图 6-27 所示。

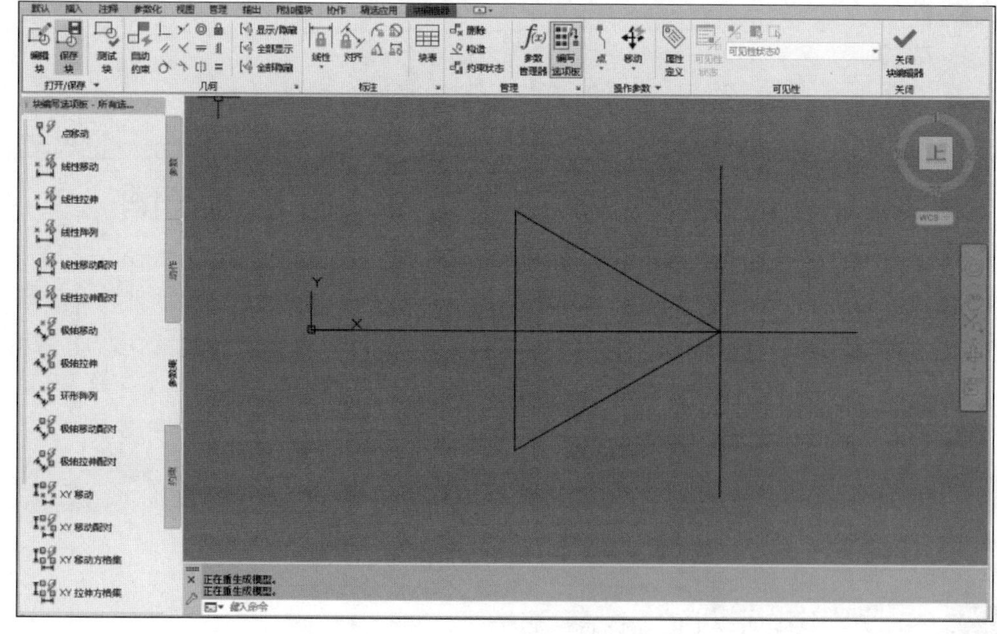

图 6-27 动态块编辑器

步骤 04 单击“块编写选项板”|“参数集”选项卡|线性拉伸命令，命令行提示如下：

```
命令：_BPARAMETER 线性
指定起点或 [名称(N)/标签(L)/链(C)/说明(D)/基点(B)/选项板(P)/值集(V)]:
//起点为水平直线段的左端点
指定端点：                //端点为水平直线段的右端点
指定标签位置：            //标签位置如图6-28所示
```

步骤 05 选择图标，选择快捷菜单中的“动作选择集”|“新建选择集”命令，命令行提示如下：

```
命令：_bactionset
指定拉伸框架的第一个角点或 [圈交(CP)]: _n
需要点或选项关键字
指定拉伸框架的第一个角点或 [圈交(CP)]:    //指定拉伸框架的第一个角点，如图6-29所示
指定对角点：                              //指定对角点
指定要拉伸的对象
选择对象：指定对角点：找到 7 个           //使用交叉窗口选择拉伸对象，效果如图6-30所示
选择对象：                                //按Enter键，完成拉伸动作创建，效果如图6-31所示
```

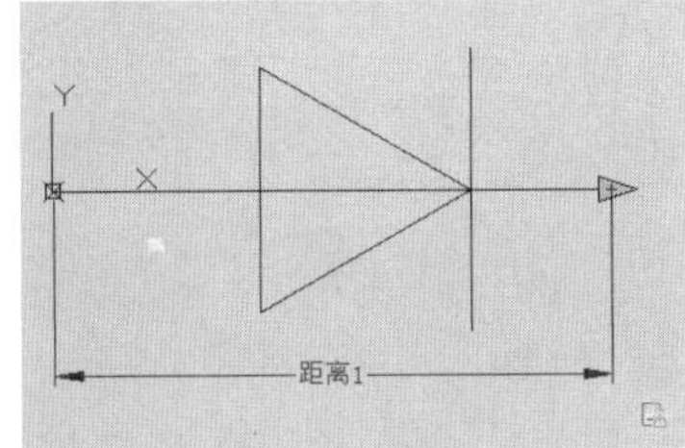

图 6-28 创建拉伸参数

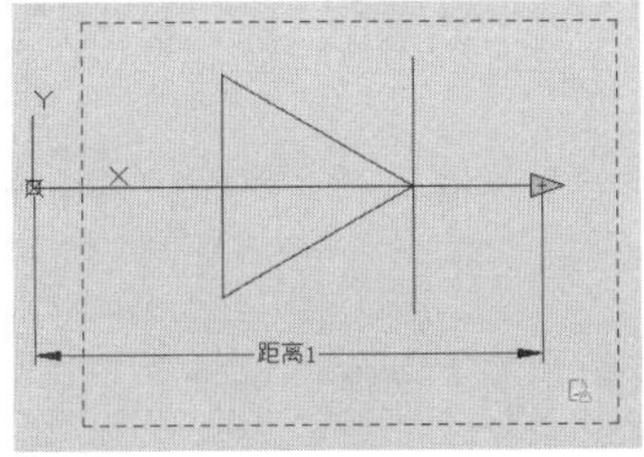

图 6-29 指定拉伸框架的角点

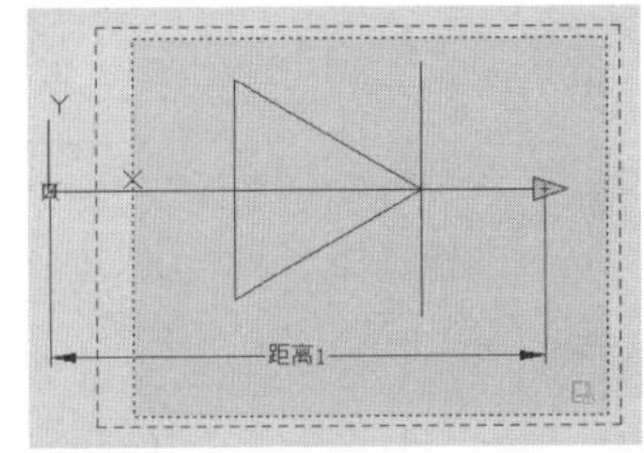

图 6-30 选择拉伸对象

步骤 06 选择“距离”线性参数，右击，在弹出的快捷菜单中选择“特性”命令，弹出如图 6-32 所示的“特性”选项板，拖动到“值集”卷展栏，在“距离类型”下拉列表框中选择“列表”选项，如图 6-33 所示。

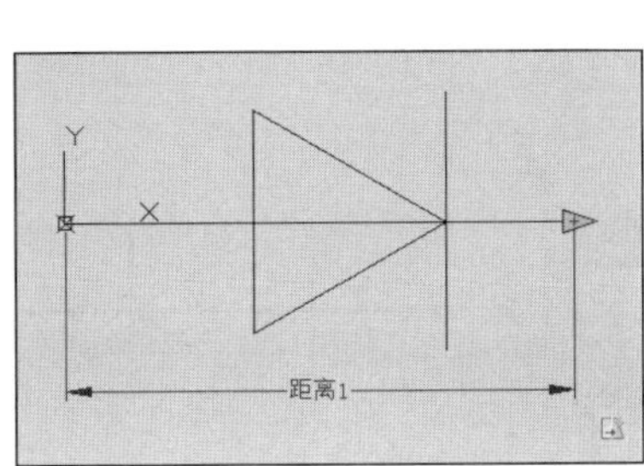

图 6-31 完成拉伸动作的创建

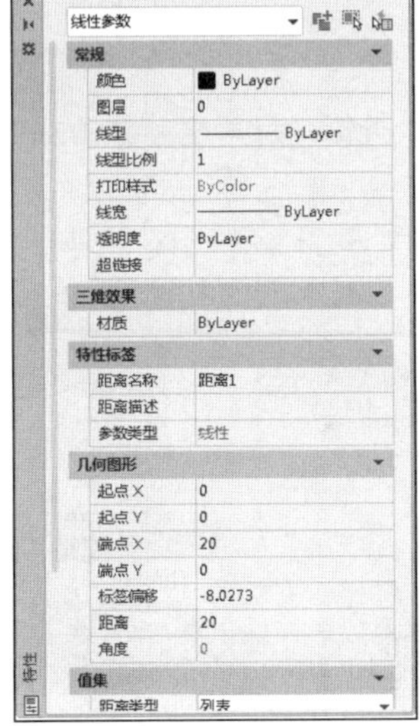

图 6-32 “特性”选项板

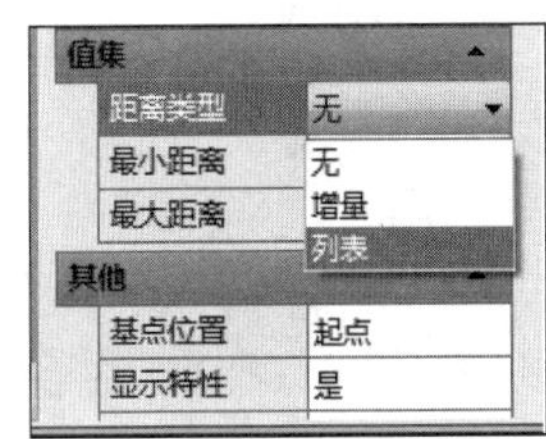

图 6-33 设置“距离类型”

步骤07 单击“距离值列表”下拉列表框后面的按钮，弹出“添加距离值”对话框，在“要添加的距离”文本框中添加距离值，单击“添加”按钮添加到列表框中，如图 6-34 所示，单击“确定”按钮，完成距离参数的设置。

步骤08 在块编写选项板的“参数集”选项卡中选择旋转集选项，命令行提示如下：

```
命令: _BPARAMETER旋转
指定基点或 [名称(N)/标签(L)/链(C)/说明(D)/选项板(P)/值集(V)]:    //基点为矩形的左下角点
指定参数半径:                                                  //参数半径为下边上一点
指定默认旋转角度或 [基准角度(B)] <0>:  //按Enter键，默认角度为0°，添加参数效果如图6-35所示
```

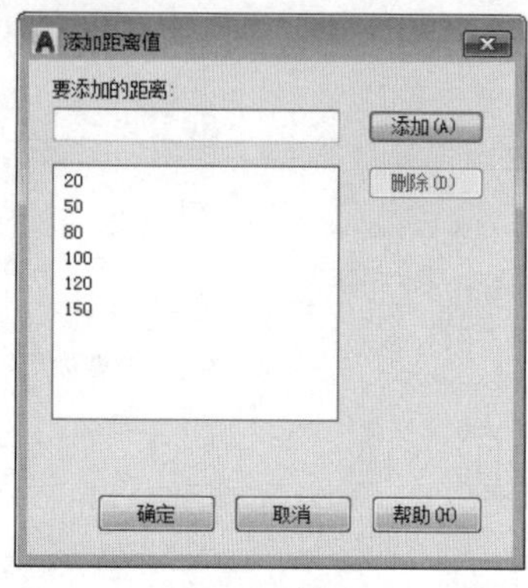

图 6-34 “添加距离值”对话框

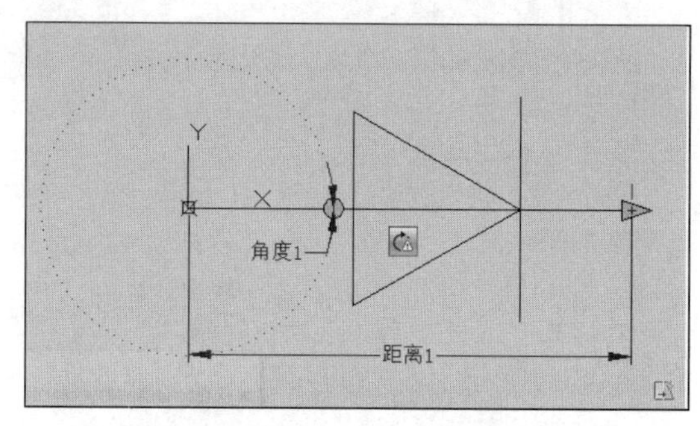

图 6-35 创建旋转参数

步骤09 选择图标，选择快捷菜单中的“动作选择集”|“新建选择集”命令，命令行提示如下：

```
命令: _bactionset
指定动作的选择集
选择对象: _n
*无效选择*
需要点或窗口(W)/上一个(L)/窗交(C)/框(BOX)/全部(ALL)/栏选(F)/圈围(WP)/圈交(CP)/编组(G)/
添加(A)/删除(R)/多个(M)/前一个(P)/放弃(U)/自动(AU)/单个(SI)
选择对象: 指定对角点: 找到 8 个         //使用交叉窗口法选择所有的图形对象，如图6-36所示
选择对象:                              //按Enter键，完成旋转动作的创建
```

步骤10 与步骤（6）和步骤（7）类似，为角度参数添加值集，设置值集为 0° 和 90°，如图 6-37 所示。

步骤11 单击“保存块定义”按钮，单击“关闭块编辑器”按钮，关闭动态块编辑器，完成后效果如图 6-38 所示。

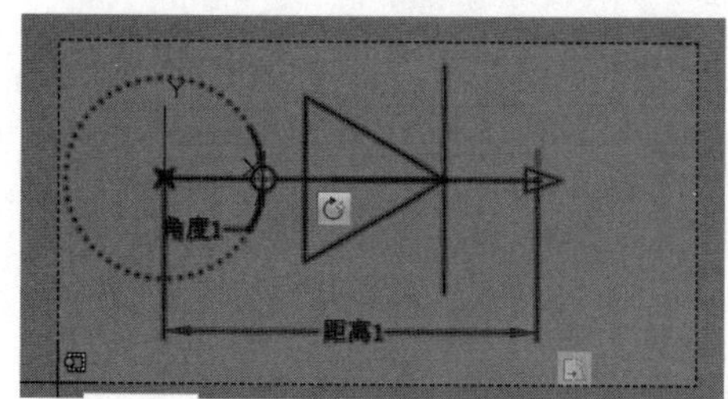

图 6-36 创建旋转动作

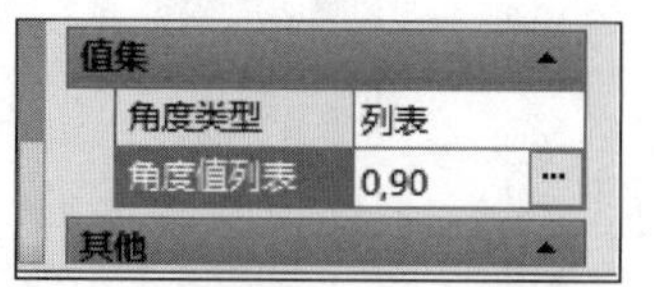

图 6-37 设置“角度值列表”

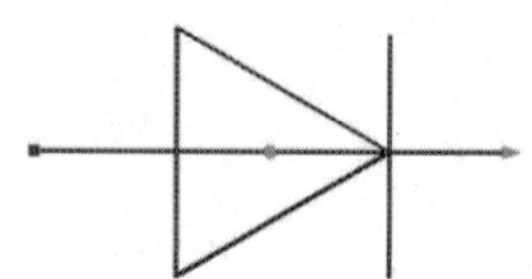
图 6-38 创建后的图块

6.5 打印图形

在功能区单击“输出”选项卡|“打印”面板|“打印”按钮，弹出如图6-39所示的“打印”对话框，在该对话框中可以对打印的一些参数进行设置。

图 6-39 “打印”对话框

1. “页面设置”选项组

在“页面设置”选项组的“名称”下拉列表框中可以选择所要应用的页面设置的名称，也可以单击“添加”按钮添加其他的页面设置，如果没有进行页面设置，可以选择“无”选项。

2. “打印机 / 绘图仪”选项组

在“打印机/绘图仪”选项组的“名称”下拉列表框中可以选择要使用的打印机/绘图仪。选中“打印到文件”复选框，则图形输出到文件后再打印，而不是直接从绘图仪或打印机打印。

3. “图纸尺寸”选项组

在“图纸尺寸”选项组的下拉列表框中可以选择合适的图纸幅面，并且在右上角可以预览图纸幅面的大小。

4. “打印区域”选项组

在“打印区域”选项组中，用户可以通过4种方法来确定打印范围。“图形界限”选项表示打印布局时，将打印指定图纸尺寸的页边距内的所有内容，其原点从布局中的（0,0）点计算得出；从“模型”选项卡打印时，将打印图形界限定义的整个图形区域；“显示”选项表示打印选定的“模型”选项卡当前视口中的视图或布局中的当前图纸空间视图；“窗口”选项表示打印指定的图形的任何部分，这是直接在模型空间打印图形时最常用的方法。选择“窗口”选项后，命令行会提示用户在绘图区指定打印区域；“范围”选项用于打印图形的当前空间部分（该部分包含对象），当前空间内的所有几何图形都将被打印。

5. “打印比例”选项组

在“打印比例”选项组中，当选中“布满图纸”复选框后，其他选项均显示为灰色，不能更改。取消选中“布满图纸”复选框后用户可以对比例进行设置。

单击“打印”对话框右下角的⊙按钮，则展开“打印”对话框，如图6-40所示。

在展开部分，可以在“打印样式表”选项组的下拉列表框中选择合适的打印样式表，在“图形方向”选项组中可以选择图形打印的方向和文字的位置，如果选中“上下颠倒打印”复选框，则打印内容将是反向。

单击“预览”按钮，可以对打印图形效果进行预览，若对某些设置不满意可以返回修改。在预览中，按Enter键可以退出预览并返回到“打印”对话框，单击“确定”按钮即可进行打印。

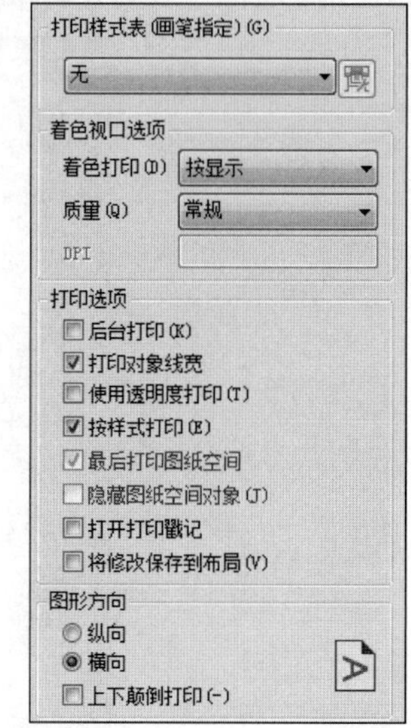

图 6-40 “打印”对话框展开部分

第7章 电气工程图绘制基本知识

导言

电气电路设备在人们生活中占有十分重要的地位，它们的设计和安装都遵循一定的国家标准和行业规范。读懂电气设备图是对电气行业从业人员的基本要求。本章按照国家标准介绍电气工程图的基本知识，附带一些简单的实例讲解，为后面章节的展开做前期准备。

7.1 电气工程图的种类和特点

7.1.1 电气工程图的种类

在GB/T6988《电气制图》中，定义了4种电气图的表达形式，并分别指出了相应的使用场合。

- 图（drawing）：图示法的各种表达形式的总称。图也可定义为用图的形式来表示信息的一种技术文件。根据定义，图的概念是广泛的，它包括用投影法绘制的图（如各种机械图）、用图形符号绘制的图（如各种简图）和用其他图示法绘制的图（如各种表图）等。
- 简图（diagram）：用图形符号、带注释的围框或简化外形表示系统或设备中各组成部分之间相互关系及其连接关系的一种图。在不致引起混淆的情况下，简图可简称为图。简图是电气图的主要表达形式。电气图中的大多数图种（如系统图、电路图、逻辑图、相接线图等）都属于简图。
- 表图（chart）：表示两个或两个以上变量、动作或状态之间关系的一种图。在不致引起混淆的情况下，表图也可简称为图。表图所表示的内容和方法都不同于简图。我们经常碰到的模拟电路各点的波形图、数字电路的时序图、凸轮控制器手柄位置与触点闭合的示意图等都属表图之列。
- 表格（table）：把数据等内容按纵横排列的一种表达形式，用以说明系统、成套装置或设备中各组成部分相互关系或连接关系，或者用以提供工作参数等。表格可简称为表，如设备元件表、接线表等。表格可以作为图的补充，也可以用来代替某些图。

电气图实际上是GB/T6988规定中的一种简图，按照功能布局法绘制，采用图形符号、线框或简化外形详细地表示实际的电路、设备或成套装置的有关组成部分和连接关系，虽然在表达形式上带有鲜明的示意性特点，但是因为这种图的通用性强，涉及面广，在图样的管理与使用上必须有一定的规范化要求，因此国家制定了一定的标准来规范电气制图。

电气图的种类有很多，对规模不同的电气工程，图纸的种类、数量也会有所不同，GB/T6988根据表达形式和用途的不同，经过综合统一将电气图分为15类，这15类电气图并不是每个电气工程所必需的，要尽量用较少的电气工程图明确、清晰地表达电气工程。

- 系统图或框图（system diagram/block diagram）：主要用符号或带注释的框概略表示系统、分系统、成套装置或设备等的基本组成、相互关系及其主要特征。为进一步编制详细的技术文件提供依据，供操作和维修时参考。系统图或框图是绘制较其层次为低的其他各种电气图的主要依据。
- 功能图（function diagram）：用规定的图形符号和文字叙述相结合的方法，表示控制系统作用和状态的一种简图。全面概述控制系统的控制过程、功能和特性，还可以概述系统组成或部分的技术特性。功能图多见于电气领域的功能系统说明书等技术文件中，比较有利于电气专业与非专业人员的技术交流。
- 逻辑图（logic diagram）：主要用二进制逻辑单元图形符号绘制，以表达可以实现一定目的的功能件的逻辑功能。这种功能件可以是一种组件，也可以是几个组件的组合。只表示功能不涉及实现方法的逻辑图，又可以称为纯逻辑图。逻辑图作为电气设计中一个主要的设计文件，它不仅体现了设计者的设计意图，表达了产品的逻辑功能和工作原理，而且也是编制接线图等其他文件的依据。
- 功能表图（function chart）：表示控制系统的作用和状态的一种简图。这种图往往是采用图形符号和文字说明相结合的绘制方法，用以全面描述系统的控制过程、功能和特性，不考虑具体的执行过程。功能表图采用图形符号和文字说明相结合的方法描述控制过程，一方面图形符号比较形象直观，另一方面采用文字说明描述图形符号难以表达的过程，减少图形符号的使用，两者有机地结合可使功能表图更加简洁详尽地描述系统的控制过程。
- 电路图（circuit diagram）：用图形符号并按工作顺序排列，详细地表示电路、设备或成套装置的全部基本组成和链接关系，而不考虑实际位置的一种简图，目的是便于详细理解其作用原理，分析和计算电路特性，所以这种图又习惯称为电气原理图或原理接线图。
- 等效电路图（equivalent circuit diagram）：表示理论或理想的元件及其连接关系的一种功能图，供分析和计算电路特性和状态之用。
- 端子功能图（terminate function diagram）：表示功能单元全部外接端子并用功能图、功能表图或文字表示其内部功能的一种简图。端子功能图主要用于电路图中。当电路比较复杂时，其中的功能元件可用端子功能图（也可用方框符号）来代替，并在其内加注标记或说明，以便查找该功能单元的电路图。
- 程序图（program diagram）：用于详细表示程序单元和程序片及其互连关系，该图的优点是便于对程序运行的理解。国家标准原则性地提出在布图中要注意各种要素和模块的布置，应能清楚地表示出相互关系，并没有具体规定程序图的表达形式和绘制方法。
- 设备元件表（parts list）：设备元件表是把成套装置、设备和装置中各组成部分和相应数据列成的表格，其用途是表示各组成部分的名称、型号、规格和数量等。
- 接线图或接线表（connection diagram/table）：表示成套装置、设备或装置连接关系，用以进行接线和检查的一种简图或表格。接线图或接线表可以具体划分为：a 单元接线图或单元接线表；b 互连接线图或互连接线表；c 端子接线图或端子接线表；d 电缆配制图或电缆配置表。

- 数据单（data sheet）：对特定项目给出详细信息的资料。例如，对某种元件或器件编制数据单，列出它的各种工作参数，供调试、检测和维修之用。
- 位置简图或位置图（location diagram/drawing）：表示成套装置、设备或装置中各个项目位置的一种图，用于项目的安装就位。位置图应该用视图的方法绘出，各个项目应按其实物大小用同一比例绘出具有特征的外形轮廓，再用同一比例绘出它们的相互位置关系。图上还应按照机械制图的尺寸标注方法（GB4458.4）注出全部定位尺寸。尺寸箭头应用专门用作尺寸标注的普通箭头。因此，从本质上讲，位置图已经属于机械制图范围的一个图种了。
- 单元接线图或单元接线表（unit connection diagram/table）：表示成套装置或设备中一个结构单元内连接关系的一种接线图或接线表。结构单元一般是指在各种情况下可独立运用的组件或由零件、部件和组件构成的组合体，比如电动机、发电机、稳压电源等。
- 互连接线图或互连接线表（inter connection diagram/table）：表示成套装置或设备的不同结构单元之间连接关系的一种接线图或接线表。
- 电缆配制图或电缆配置表（cable allocation diagram/table）：提供电缆两端位置，必要时还包括电缆功能、特性和路径等信息的一种接线图或接线表。

在绘制电气图时，选择哪一种电气图首先要明确图样的表达对象和使用场合，然后考虑采取何种形式进行表达。合理选择图样能更加明确地表达设计者的意图，也能够使安装人员更好地按照设计者的意图来施工，保证电气设备的正常运行。

7.1.2 电气工程图的特点

在产品设计和工业的生产制造中，工程图能够很好地描述出产品的详细信息。电气图和机械图是工程中常用的两种工程图。电气工程图相对于机械制图而言，表述的对象不同，所采用的方法也不同，主要区别表现在以下4个方面：

- 描述对象不同。电气图着重描述电气装置或设备、元器件之间的连接关系，以及它们的电气功能原理。机械制图着重描述机械零件的形位信息以及它们之间的装配关系及技术要求。
- 表达方式不同。绘制电气图要用能够反映电气功能原理和信号的标准图形符号并加注文字符号绘制，如电路中的电气设备、元件的导线连接不用按照实际布线长度绘制，电路图的主要目的就是清晰地表达电气原理。机械制图主要用三视图的方法表述机械零件的空间形状和大小，严格按照三视图的标准，用一定比例绘制，集中、直观地表达机械零件的外形、位置和装配关系。
- 依据原理不同。电气图的表述要符合电气原理，所有的电路都必须构成闭合回路，符合电气组成的四要素：电源、专用设备、导线和开关控制设备。机械制图主要依据机械原理进行设计和制作。
- 电气图往往要联系其他视图，如机械制图、建筑工程图等对应起来阅读。电气图在实际应用中和这些制图有较强的联系，例如机床的电气设计，在布置和安装各个电气元件时要配合机床的装配图来阅读，这样有助于了解电气元件的实际布线，在检查和维修过程中，能较方便地找出问题所在。

7.2 电气图的国家标准简介

7.2.1 国家标准的发展

1960年国家主管部门组织有关单位成立了标准制订工作组，工作组参照国际电工委员会（IEC）当时修订其图形符号标准的建议方案等文件起草了系统图和平面图图形符号标准草案。1964年中华人民共和国科学技术委员会批准发布了我国第一批共5项电气图形符号方面的GB312系列国家标准。经过几十年的发展，20世纪60年代制订的标准逐渐不能满足发展的需要。1980年，在国家标准局的安排组织下，对国内GB312等国家标准情况进行广泛调查，并参考分析国际电工委员会和其他国家颁布的电器图形符号标准，与我国相应标准做了详尽的对比，提出新的国家标准草案。1983年4月，国家标准局组织成立了“全国电气图形符号标准化技术委员会”，负责电气图形符号和电气制图方面的国家标准制的修订。分别在1984年、1985年、1986年颁布了多项标准。进入21世纪后又逐渐修订完善，最终形成现在使用的标准，即“新国家标准”或“新国标”，使我国在电气设计标准领域的水平提高了一大步。

这些标准是一个有机的整体，它们提供了表示各种信息的手段和灵活使用各种信息的方法。根据新国标绘制电气图是涉及各行业的综合系统工程，电气设备及电气系统从设计到生产、安装、维修、检验、操作等技术环节的技术人员都要及时了解和正确掌握新国标的内容。

7.2.2 电气制图及电气图形符号国家标准的组成

电气制图及其电气图形符号国家标准主要包括以下4个方面：

- 电气制图（1 项）。
- 电气简图用图形符号（13 项）。
- 电气设备用图形符号（2 项）。
- 主要的相关国家标准（13 项）。

1. 电气制图国家标准GB/T 6988

GB/T 6988等同或等效采用国际电工委员会IEC有关标准。这个国家标准的发布和实施使我国在电气领域的工程语言及规则得到统一，并使我国与国际上通用的电气制图领域的工程语言和规则协调一致，促进了国内各专业之间的技术交流，加快了我国对外经济技术交流的步伐。目前电气制图国家标准GB/T 6988的最新标准GB/T 6988.1-2008。

2. 电气简图用图形符号国家标准GB/T 4728

GB/T 4728《电气简图用图形符号》国家标准共13项，其中GB/T 4728.2~GB/T 4728.13这12个国标都等同采用最新版本的国际电工委员会IEC617系列标准修订后的新版国家标准。

GB/T 4728目前由以下13个部分组成：

- GB/T 4728.1-2018：电气简图用图形符号，一般要求。

- GB/T 4728.2-2018：电气简图用图形符号，第 2 部分是符号要素、限定符号和其他常用符号。
- GB/T 4728.3-2018：电气简图用图形符号，第 3 部分是导体和连接件。
- GB/T 4728.4-2018：电气简图用图形符号，第 4 部分是基本无源元件。
- GB/T 4728.5-2018：电气简图用图形符号，第 5 部分是半导体管和电子管。
- GB/T 4728.6-2018：电气简图用图形符号，第 6 部分是电能的发生与转换。
- GB/T 4728.7-2008：电气简图用图形符号，第 7 部分是开关、控制和保护器件。
- GB/T 4728.8-2008：电气简图用图形符号，第 8 部分是测量仪表、灯和信号器件。
- GB/T 4728.9-2008：电气简图用图形符号，第 9 部分是“电信：交换和外围设备”。
- GB/T 4728.10-2008：电气简图用图形符号，第 10 部分是“电信：传输”。
- GB/T 4728.11-2008：电气简图用图形符号，第 11 部分是建筑安装平面布置图。
- GB/T 4728.12-2008：电气简图用图形符号，第 12 部分是二进制逻辑元件。
- GB/T 4728.13-2008：电气简图用图形符号，第 13 部分是模拟元件。

3. 电气设备用图形符号国家标准GB/T 5465

电气设备用图形符号是指用在电气设备上或与其相关的部分上用以说明该设备或部位用途的标志。GB/T 5465由以下两个部分组成：

- GB/T 5465.1-2009：电气设备用图形符号绘制原则。
- GB/T 5465.2-2008：电气设备用图形符号。

4. 与电气制图相关的国家标准

与电气制图相关的国家标准主要有以下13项：

- GB/T 4026-2010：人机界面标志标识的基本和安全规则，设备端子和导体终端的标识。
- GB/T 4884-1985：绝缘导线的标记。
- GB/T 5094-1985：电气技术中的项目代号。
- GB/T 5489-1985：印制电路板制图。
- GB/T 7159-1987：电气技术中文字符号制订通则。
- GB/T 7356-1987：电气系统说明书用简图的编制。
- GB/T 7947-1997：导体的颜色或数字标识。
- GB/T 10609.1-2008：技术制图、标题栏。
- GB/T 10609.2-2009：技术制图、明细栏。
- GB/T 14689-2008：技术制图、图纸幅面和格式。
- GB/T 14691-1993：技术制图、字体。
- GB/T 16679-2009：工业系统、装置与设备以及工业产品信号代号。
- GB/T 18135-2008：电气工程 CAD 制图规则。

除了以上这些相关标准外，在《电气制图》和《电气简图用图形符号》国家标准中，还引用了大量的IEC、ISO国际标准和GB国家标准。各项电气制图标准中都详细列有这些标注的目录，可以据此查找标准中有关内容制订的依据。

7.3 电气制图的一般规范

前面介绍过，由于表达形式和用途的不同，电气图分为多种。绘制这些图虽然有各自的规则，但有一些规则是共同的，如图形符号的应用和选择、连接线的画法、项目代号和端子代号的标注等。电气图作为一种技术图，和其他技术图在绘制规则上也有一些相同的地方，如图纸的幅面和格式、图线、字体、比例等。因此，在电气制图国家标准中，制订了单项标准GB6988.1-2008《电气技术用文件的编制一般要求》。

7.3.1 图纸格式

1. 电气图基本图幅

电气图图幅是指图纸短边和长边所确定的尺寸。由边框线所围成的图面，称为图纸的幅面。电气图的基本图幅包括边框线、图框线、标题栏、会签栏等。统一的图纸幅面便于图纸的使用和管理。

GB/T 6988.1推荐了两种尺寸系列，即基本幅面尺寸系列或优选幅面尺寸系列（见表7-1）和加长图幅尺寸系列（见表7-2）。

表 7-1　电气图的基本图幅幅面和周边尺寸（mm）

基本幅面代号	B×L	a	c	e
A0	841×1189	25	10	20
A1	594×841			
A2	420×594			10
A3	297×420		5	
A4	210×297			

表 7-2　电气图的加长图幅幅面和周边尺寸（mm）

加长幅面代号		B×L
A3 加长	A3×3	420×891
	A3×4	420×1189
A4 加长	A4×3	297×630
	A4×4	297×841
	A4×5	297×1051

加长图幅尺寸系列是以A3、A4幅面的长边保持不变，短边以整数倍加长。如幅面代号为A3×3的图纸，其一边为A3幅面的长边420mm，另一边取其短边297mm的3倍，即297×3＝891mm。A0和A2图纸一般不得加长。当以上幅面系列还不能满足要求时，则可按机械制图的国家标准GB4457.1-1984的规定，选用其他加长幅面的图纸。

一般的电气图的基本幅面有5类：A0~A4（见表7-1）。其中尺寸代号的意义如图7-1所示。

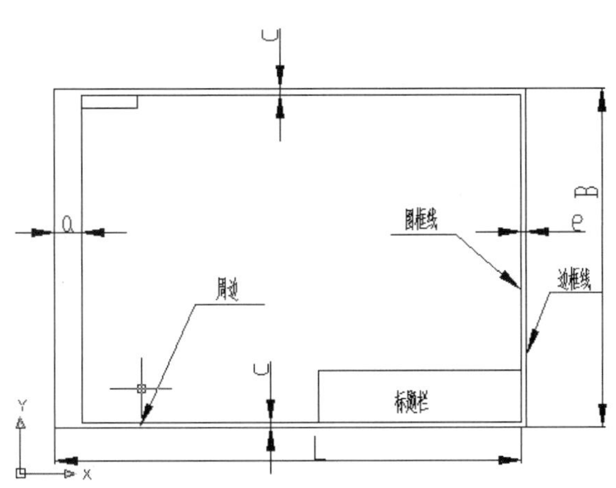

图 7-1　电气图图幅的基本组成和尺寸代号标示

图幅的选择主要根据图的复杂程度和图线的密集程度来进行，尽量选取国标规定的标准图幅。绘制出的电气图要保证图面布局紧凑、清晰。因此，在选择幅面的过程中通常要考虑以下几个因素：

- 设计对象的规模和复杂程度。
- 由图种所决定的资料的信息程度。
- 尽量选用较小的幅面。
- 便于装订和管理。
- 复印和缩微的要求。
- 计算机辅助设计的要求。

2. 电气图图幅格式

上面提到，电气图的基本图幅包括边框线、图框线、标题栏、会签栏等内容。电气图的图幅格式按照GB/T 6988中规定，图框和标题栏的方位均遵循GB/T4457的规定。图7-1给出了电气图图幅的基本组成，并标示了表7-1中尺寸代号的含义。

（1）图框

图框尺寸是根据图纸是否需要装订和图纸幅面大小来确定的。

需要装订时，装订的一边要留出装订边，如图7-1所示。各边尺寸大小按照表7-1选取。对加长的幅面，尺寸c也参照表7-1选取。装订时一般采用A4幅面竖装，或者以A3幅面横装。

当不需要装订时，图纸的4个周边尺寸相同。对A0、A1两种幅面，周边尺寸取20mm；对A2、A3、A4三种幅面，则周边尺寸e取10mm。对于加长幅面，可参照上述规定。不留装订边和留装订边图纸的绘图面积基本相等。随着缩微技术的发展，留装订边的图纸将会逐步减少以至淘汰。

（2）标题栏

用以确定图纸名称、图号、张次、更改和有关人员签署等内容的栏目，称为标题栏。一般由名称及代号区、签字区、更改区、其他区等组成，用于说明图的名称、图的编号、责任者签名以及图中局部内容的修改记录等。各区的布置形式有两种，如图7-2所示。当采用

图7-2（a）形式配置标题栏时，各区的具体格式可参照图7-3。正式图样必须有标题栏。标题栏一般是在图纸的下方或右下方。标题栏中的文字方向应为看图方向，即图中的说明、符号均应以标题栏的文字方向为准。说明图中某项内容的位置时，如在图纸的右上角或左下角，也应以标题栏为准，而不是相对图纸的装订边而言。这样既便于看图，也不致产生误解。

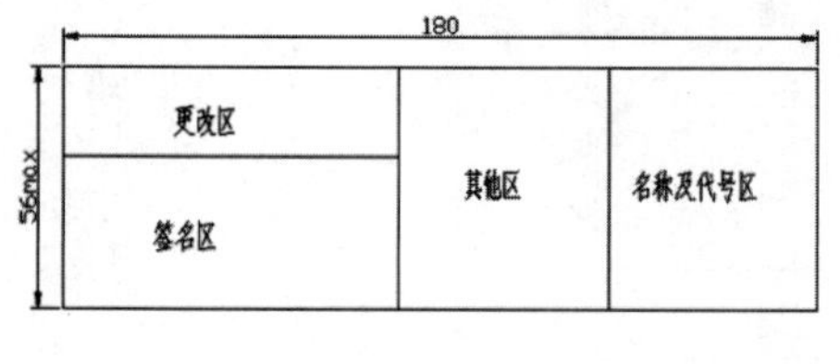

（a）

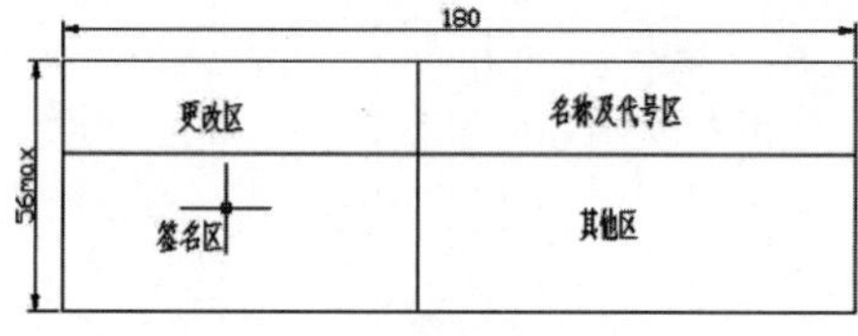

（b）

图 7-2　标题栏分区

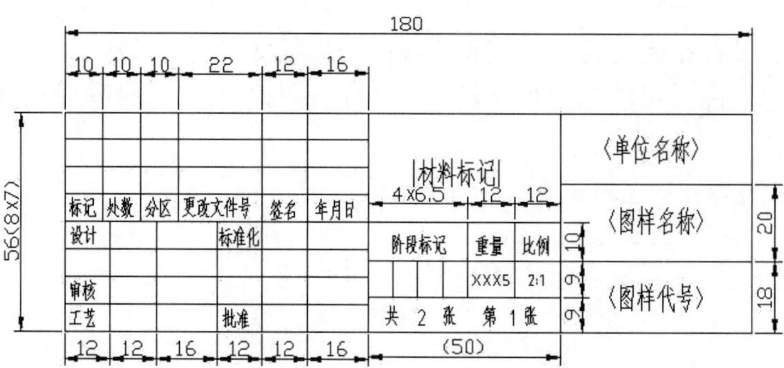

图 7-3　标题栏的参考格式

至于标题栏的格式，目前我国尚无国家标准。在没有颁布全国统一的标准以前，可采用相应专业标准中所规定的标题栏格式。如图7-3所示的标题栏，仅作参考之用。

（3）明细栏

装配图或其他带装配性质的图样一般要有明细栏，以填写图样中各组成部分的序号、代号、名称、数量、材料、重量等内容。其中，代号是指该组成部分的图样代号或标准号。如图7-4所示是明细栏的一般格式。

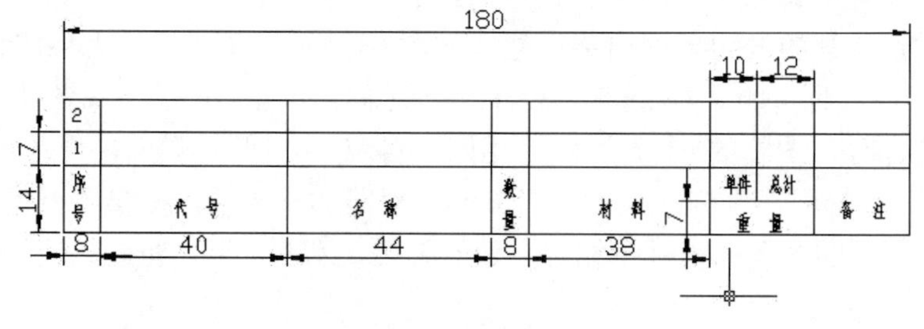

图 7-4　明细栏一般格式

（4）图幅分区

图7-1给出了电气图图幅的基本组成。图纸在很小的情况下，读图很容易；在图幅很大且内容复杂的情况下，读图就会变的相对困难。为了更容易地读图和检索，需要一种确定图上

位置的方法，因此把幅面做成分区以便于检索。理论上，各种图幅都可以分区，图7-5给出了有分区和无分区图纸的基本样式。

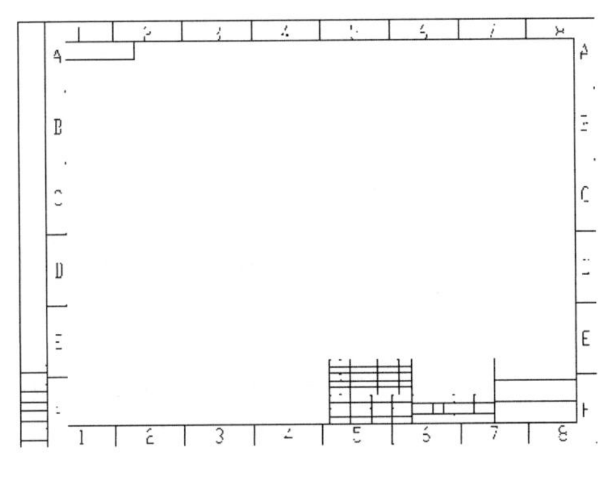
（a）带分区的A3图纸

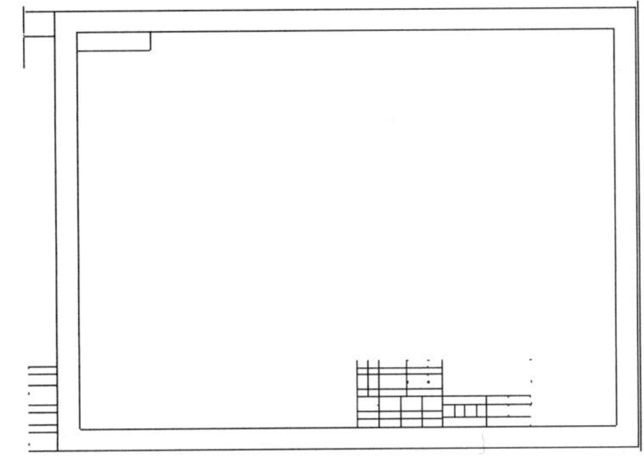
（b）不带分区的A3图纸

图7-5 有无分区的A3图纸基本样式

通用的分区方法有两种：一种如图7-5（a）所示，在图的周边内划定分区，分区数必须是偶数，每一分区的长在25mm~75mm间选定，横竖两个方向可以不一，分区线用细实线。竖边所分为“行”，用大写的拉丁字母作为代号；横边所分为“列”，用阿拉伯数字作为代号，都从图的左上角开始顺序编号，两边注写。分区的代号用分区所在的“行”与“列”的两个代号组合表示，如A2、C3等。

当电气图中要表示的控制电路内的支路较多，并且各支路元器件布置与功能又不同时，如机床电气设备电路图。图幅分区可采用另一种分区方法，如图7-6所示。

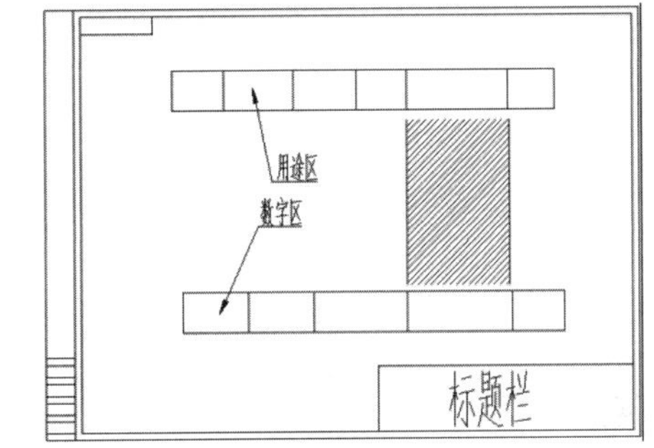

图7-6 另一种图幅分区法

这种方法只对图的一个方向分区，根据电路的布置方式选定。例如电路垂直布置时，只作横向分区。分区数不限，各个分区的长度也可以不等，视支路内元器件多少而定，一般是一个支路一个分区。分区顺序编号方式不变，但只需要单边注写，其对边则另行划区，改注主要设备或支电路的名称、用途等，称为用途区。两对边的分区长度也可以不等。这种方法不影响分区检索，还能直接反映用途，更有利于读图。

（5）图纸编号

企业和生产部门为了便于图纸的管理，一般都对图纸做统一的编号工作。图纸的统一编号有助于企业的生产管理，在生产过程中有更改图纸的需要时，便于图纸的检索，形成一个有效的从设计到生产的管理链。一般各生产企业和设计部门都有自己的编号方法。

7.3.2 图线

电气图中所用的各种线条统称为图线。电气图中的图线可以分为4种形式，如表7-3所示，GB/T6988对这4种图线的格式、宽度和间距都做了明确的规定。图线在其他图中的应用可参见GB/T4458.1-2002《机械制图 图样画法》。

表 7-3 图线格式及用途

图线名称	图线格式	一般应用
实线	————	基本线、简图主要内容用线、可见轮廓线可见导线
虚线	— — — —	辅助线、屏蔽线、机械连接线、不可见轮廓线、不可见导线，计划扩展内容用线
点划线	—·——·—	分界线，结构围框线，功能围框线，分组围框线
双点划线	—··——··—	辅助围框线

图线的宽度有0.18mm、0.25mm、0.5mm、0.7mm、1.0mm、1.4mm和2mm共7种。这些图线的宽度是按照$\sqrt{2}$的倍数递增的，它与绘图工具标准系列相结合应用时，应根据图的大小和复杂程度来选用。通常，在一张图上，只选用其中两种宽度的图线即可，并且粗线为细线的两倍。但在某些图中，可能需要两种以上宽度的图线，在这种情况下，线的宽度应以2的倍数依次递增。例如，选用0.35mm，0.7mm和1.4mm三种图线。0.18mm的图线由于某些复制方法有困难，应避免使用。

对于图线间距，电气图中平行图线边缘的间距不得小于图中粗线的两倍（两平行线等宽时，其中心间距应至少为线宽的3倍，且不得小于0.7mm，这主要考虑复制和缩微的要求）。对电气简图中的平行线，其中心间距至少为字体的高度。对于有附加信息的连接线，例如信号标识代号，其间距至少为字体高度的2倍。

7.3.3 文字

电气图中的字体包括汉字、字母和数字，它们是图的重要组成部分。图样中的字体必须符合标准，做到字体端正、笔画清楚、排列整齐、间距均匀。GB/T 6988中规定，电气图的字体应完全符合GB/T 4457《机械制图字体》的规定：即汉字采用长仿宋体；字母可以用直体，也可以用斜体，同一张图内应只用其中的一种；斜体字的字头向右倾斜，与水平线约成75°，可以用大写，也可以用小写；数字可以用直体，也可以用斜体；字体的号数，即字体的高度（单位为mm），按$\sqrt{2}$公比分为20、14、10、7、5、3.5、2.5共7种；字体的宽度约等于字体高度的2/3，而数字和字母的笔画宽度约为字体的1/10。因汉字的笔画较多，不宜采用2.5号字。

为适应缩微复制的需求，各种基本幅面图纸的最小字号是有规定的，A0幅面为5号，A1幅面为3.5号，A2及以下幅面为2.5号。

7.3.4 箭头与指引线

1. 箭头

电气图中使用的箭头有两种画法：一种是开口箭头，如图7-7（a）所示，用于表示能量或信号的传播方向；另一种是实心箭头，如图7-7（b）所示，用于指向连接线等对象的指引线。

（a）开口箭头　　（b）实心箭头

图 7-7　两种形状箭头

另外，箭头也可以表示可调节性（如GB/T 4728中02-03-01所示）和力或运动的方向（如GB/T 4728中02-04-01所示）等信息。

2. 指引线

指引线用于指示电气图中的注释对象。指引线一般为细实线，指向被注释处，并在其末端加注不同的标记：

- 如末端在轮廓线内，加一黑点，如图 7-8（a）所示。
- 如末端在轮廓线上，加一实心箭头，如图 7-8（b）所示。
- 如末端在连接线上，加一短斜线，如图 7-8（c）所示。

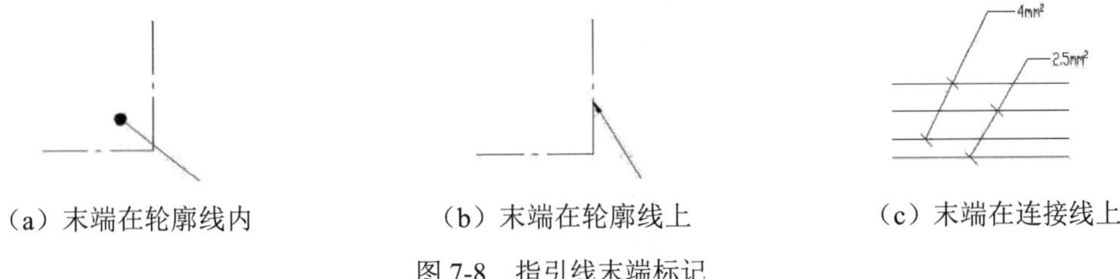

（a）末端在轮廓线内　　（b）末端在轮廓线上　　（c）末端在连接线上

图 7-8　指引线末端标记

7.3.5　视图及比例

1. 视图

电气工程中的技术文件，大部分是用图示法绘制的。图示法的表达形式有很多，各种表达形式统称为图。它既指用投影法绘制的图形（如各种机械制图），也包括用图形符号绘制的图以及其他图示法绘制的图。

在机械制图中，视图是按照有关国家标准和规定，用正投影法绘制的。国家标准《技术制图》在图样画法中对视图、剖视图和断面图等基本表达方法做了明确规定。视图的画法应遵循GB/T 17451-1998《技术制图 图样画法 视图》的规定。剖视图和断面图的画法应遵循GB/T 17452-1998《技术制图 图样画法 剖视图和断面图》的规定。

电气技术领域中的各种图，如系统图、框图、电路图、逻辑图和接线图等都是用图形符号绘制的图。用图形符号绘制的图称为简图；用来表示控制系统的作用和状态的“功能表图”采用图形符号和文字说明相结合的绘制方法，都不同于其他类型的简图。因此，电气图的表达有多种形式，其视图也以表达清楚电气设备或装备为准。

2. 比例

比例是指图形与实物的相应要素的线性尺寸之比。大部分电气图都是采用图形符号绘制的（如系统图、电路图等），是不按比例的。但位置图等一般都需要按比例绘制，且多用缩小比例绘制，表7-4给出了具体的比例。通常用的缩小比例系列为：1:10、1:20、1:50、1:100、1:200、1:500。

表 7-4　绘图的比例

图　　示	比　　例
与实物相同	1:1
缩小的比例	1:1.5、1:2、1:2.5、1:3、1:4、1:5、$1:10^n$ $1:1.5\times10^n$、$1:2\times10^n$、$1:2.5\times10^n$、$1:5\times10^n$
放大的比例	2:1、3:1、3:1、5:1、(10×n):1

对于用图形符号绘制的图，如电气原理图、方框图、逻辑图等不必标注比例。

在表达清晰、布局合理的条件下，应尽可能选用基本幅面的图纸和1:1的比例。比例应统一填写在标题栏的“比例”一栏。当某个图形必须采用不同的比例（如局部放大图）时，则必须在该图形的上方另行标注，比例数值前不再注出字母M。

7.4　电气图形符号

图形符号是用于电气图或其他文件中表示项目或概念的一种图形、记号或符号，是电气技术领域中最基本的工程语言。电气图形符号包括电气图用图形符号和电气设备用图形符号。

电气图用图形符号包括符号要素、限定符号、一般符号、方框符号和组合符号。一般来说，电气图形符号有形状不同或详细程度不同的几种形式。要尽可能地选用优选形式，还要根据绘图所要表达的详细程度来决定选用图形符号的形式，要在满足要求的情况下，尽量选用最简单的形式。

7.4.1　导线与连接器件

主要内容包括导线、端子和导线的连接、连接器件、电缆附件等。

1. 导线

表7-5给出了部分导线的图形符号。这些图形符号都是GB/T 4728规定中的符号，对于每一种符号，表7-5中都给出了序号、图形符号、说明和注。为了便于读者查阅和检索，表7-5特别列出了图形符号在GB/T 4728中的序号。该序号由三段组成，采用两个阿拉伯数字形成一个段，第一段表示符号所在的GB/T 4728的部分；第二段表示所在部分的节序；第三段表示所在节的顺序号，同时这种序号的排列也能表达图形符号的分类。

表 7-5　导线的部分图形符号

序　　号	图形符号	说　　明	备　　注
03-01-01	————	导线、导线组、电线、电缆、电路、传输通路（如微波技术）、线路、母线（总线）一般符号	导线特性标注在符号上方；导线材料特性标注在符号下方斜线成 60°

（续表）

序　　号	图形符号	说　　明	备　　注
03-01-02		三根导线	
03-01-03	3	三根导线	
03-01-04	— 110V 2×120mm² A1	直流电路	
03-01-05	3N～50Hz 380V 3×120+1×50	三相交流电路	
03-01-06		柔软导线	
03-01-07		屏蔽导线	
03-01-08		绞合导线（两股绞合）	
03-01-09		电缆中的导线（三股）	斜线成 45°
03-01-10	3	电缆中的导线（三股）	
03-01-11		5 根导线中箭头所指的两根导线在同一条电缆中	
03-01-12		同轴对、同轴电缆	符号左边为同轴线
03-01-13		同轴对连接到端子	
03-01-14		屏蔽同轴电缆、屏蔽同轴对	
03-01-15		未连接的导线和电缆	
03-01-16		未连接的特殊绝缘的导线或电缆	

2. 端子和导线的连接

表7-6给出了端子和导线连接的图形符号，包括端子和端子板、可拆卸端子的符号，表中还给出了不同连接类型的导线图形符号。这些图形符号都是GB/T 4728规定中的符号。表7-6只给出了这类器件的部分图形符号，其他相关符号请读者查阅相关国家标准。

表 7-6　端子和导线连接的部分图形符号

序　　号	图形符号	说　　明	备　　注
03-02-01	●	导线的连接	
03-02-02	○	端子	也可以画成实心圆点
03-02-03	11 12 13 14 15	端子板	
03-02-10		可拆卸的端子	斜线成 45°
03-02-15		导线直接连接导线接头	
03-02-16		一组相同构件的公共连接	
03-02-17	11	复接的单行程选线器	表示 11 个触点选线器
03-02-18		导线的交换（换位）相序的变更或极性的相反	
03-02-19	L1 L3	表示相序的变更	
03-02-20		多相系统的中性点	
03-02-21	3～ GS	每相两端引出，表示外部中性点的三相同步发电机	

3. 连接器件

连接器件包括插头和插座、电缆终端头等。表7-7给出了连接器件的部分图形符号，这些图形符号都是GB/T 4728规定中的符号。

表 7-7　连接器件的部分图形符号

序　　号	图形符号	说　　明	备　　注
03-03-01		插座（内孔的）或插座的一个极	可作插孔，符号两线成 90°
03-03-02			
03-03-03		插头（凸头的）或插头的一个极	也可用作插塞
03-03-04			
03-03-05		插头和插座（凸头和内孔的）	
03-03-06			

（续表）

序　　号	图形符号	说　　明	备　　注
03-03-07	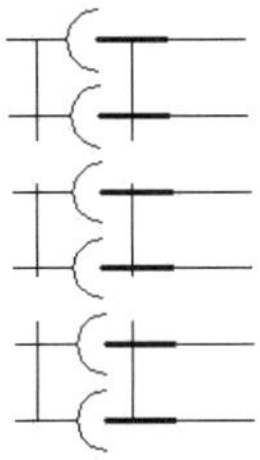	多极插头插座	表示6个极同时接插
03-03-08	 6		
03-03-09	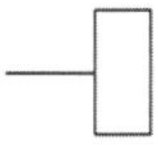	连接器的固定部分	亦用作插座
03-03-10	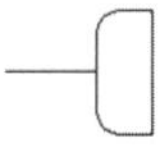	连接器的可动部分	亦可用作插头
03-03-11	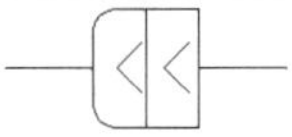	配套连接器	可动部分（插头）内为插孔，固定部分（插座）内为插塞
03-03-13	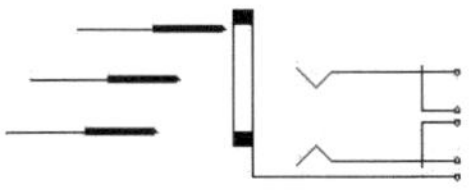	电话型两极插塞和插孔	
03-03-19		对接连接器	
03-03-23		插头一插头	插头插座式连接器
03-03-24	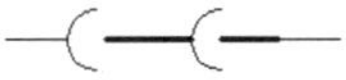	插头一插座	
03-03-25	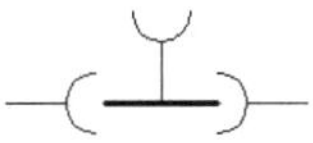	带插座通路的插头一插座	
03-03-26	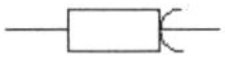	滑动（滚动）连接器	

4. 电缆附件

电缆附件包括电缆终端头、中间直通接头、中间绝缘接头等，还包括各种电缆接线盒。表7-8给出了这些连接器件的部分图形符号。这些图形符号都是GB/T 4728规定中的符号。

表7-8　电缆附件的图形符号

序　　号	图形符号	说　　明	备　　注
03-04-01	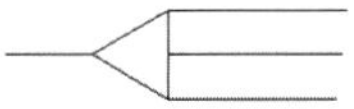	电缆密封终端头	等边三角形，下同
03-04-02	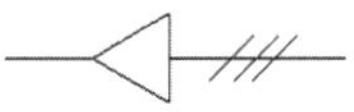		
03-04-03	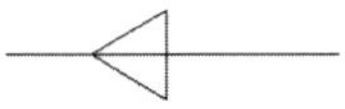	不需要表示电缆芯数的电缆终端头	

（续表）

序　　号	图形符号	说　　明	备　　注
03-04-04	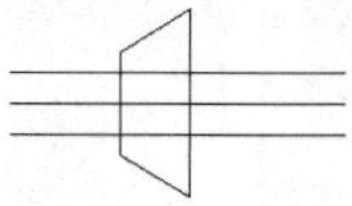	电缆密封终端头	
03-04-05	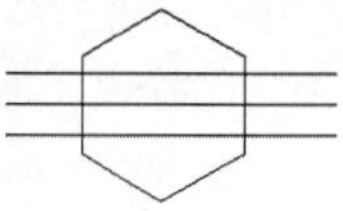	电缆直通接线盒	
03-04-06	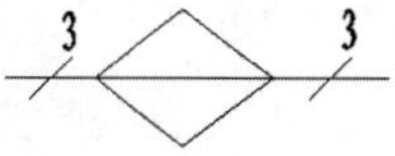 3　3		
03-04-07	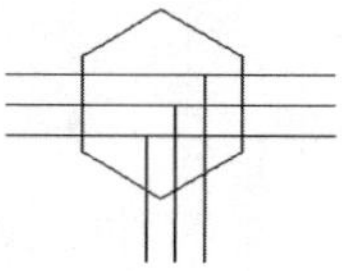	电缆接线盒、电缆分线盒	
03-04-08	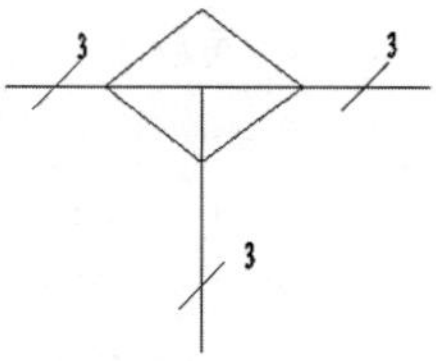 3　3　3		
03-04-09	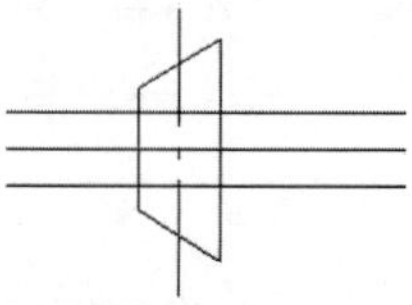	电缆气密套管	梯形底边端为高气压

7.4.2　无源器件

无源器件包括电阻器、电容器和电感器、铁氧体磁心和磁存储器矩阵、压电晶体、驻极体和延迟线等。本节只给出最常用的电阻器、电容器和电感器的图形符号，其他相关符号请读者查阅相关电气手册。

1. 电阻器

电阻器作为耗能元件，类型很多，常用的包括普通电阻器、热敏电阻器、压电电阻器等，表7-9给出了几种常用类型电阻器的图形符号。

表 7-9　电阻器的图形符号

序　　号	图形符号	说　　明	备　　注
04-01-01	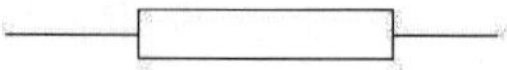	电阻器一般符号	一般用于加热电阻
04-01-02			

（续表）

序　号	图形符号	说　明	备　注
04-01-03	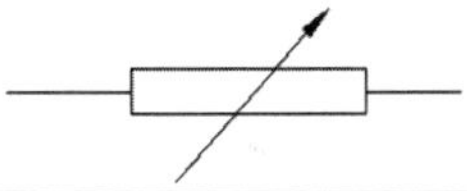	可变电阻器	
04-01-04	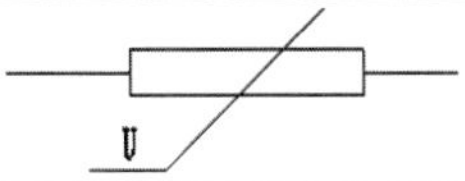	压敏电阻器	
04-01-05	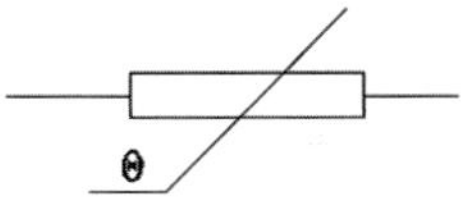	热敏电阻器	
04-01-06	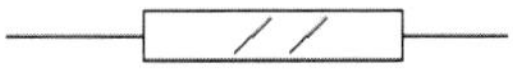	0.125W 电阻器	
04-01-07	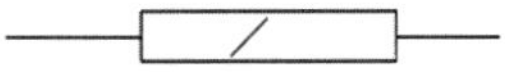	0.25W 电阻器	
04-01-08	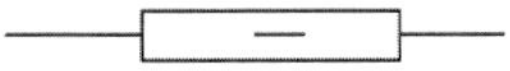	0.5W 电阻器	
04-01-09	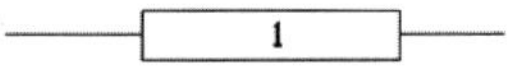	1W 电阻器	
04-01-10		熔断电阻器	
04-01-11	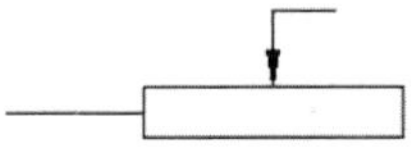	滑线式变阻器	
04-01-12	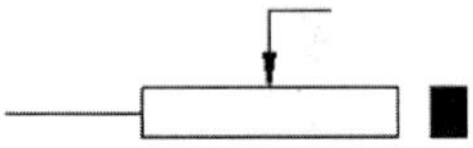	带滑动触点和断开位置的电阻器	
04-01-13	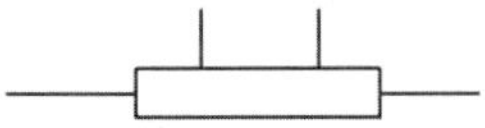	两个固定抽头的电阻器	抽头数可用单线表示
04-01-14	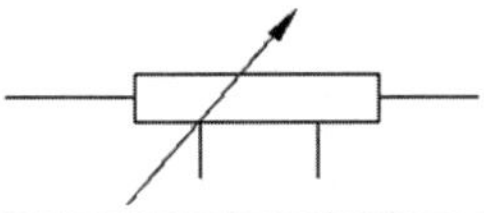	两个固定抽头的可变电阻器	
04-01-15	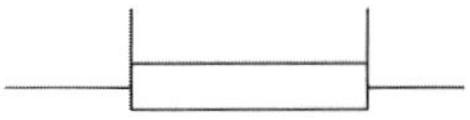	分路器	带分流和分压接线头的电阻器
04-01-16	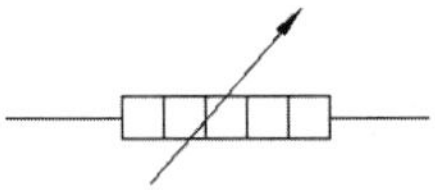	炭堆电阻器	
04-01-17	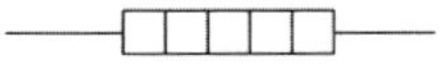	加热元件	用于电阻式加热
04-01-19	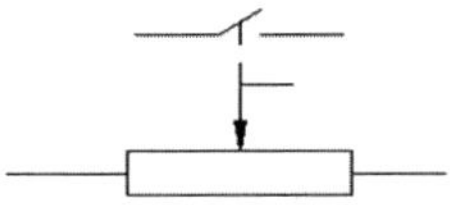	带开关的滑动触点电位器	
04-01-20	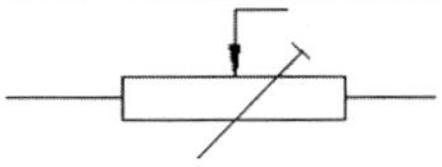	预调电位器	

2. 电容器

电容器是一种储能元件，可以分为普通电容器、可变电容器、电解电容器、压敏电容器等。表7-10给出了常用的几种电容器的图形符号。

表 7-10　电容器的图形符号

序　　号	图形符号	说　　明	备　　注
04-02-01		电容器一般符号	
04-02-02			
04-02-03		穿心电容器	
04-02-04	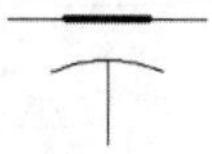		
04-02-05	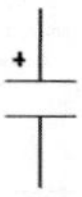	极性电容器	只需要示出正极性
04-02-06	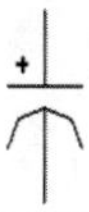	极性电容器	
04-02-07	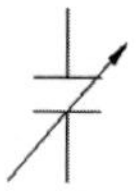	可变电容器	
04-02-08			
04-02-09	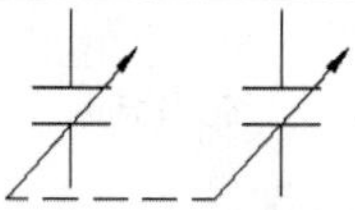	双联同调电容器	箭头和斜线成 45°
04-02-10	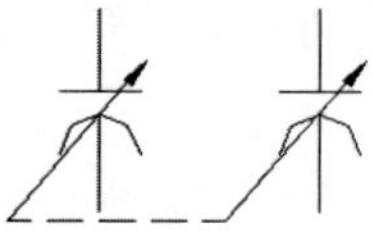		
04-02-11	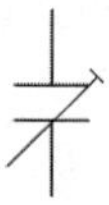	微调电容器	
04-02-12	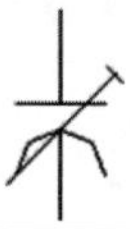	微调电容器	

（续表）

序　　号	图形符号	说　　明	备　　注
04-02-13	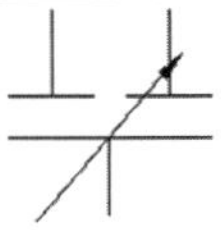	差动可变电容器	
04-02-14	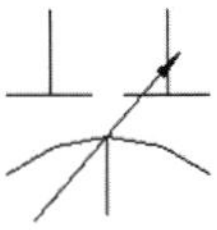		
04-02-15	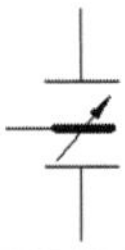	分裂定片可变电容器	
04-02-16	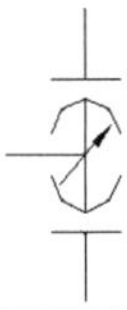		
04-02-17	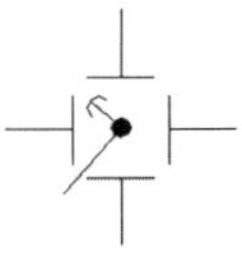	移相电容器	
04-02-18	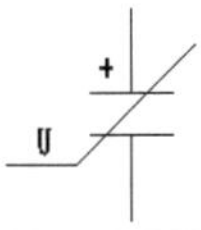 + U	压敏极性电容器	
04-02-19	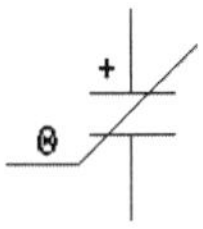 + θ	热敏极性电容器	

3. 电感器

电感器作为储能元件，能够把电能转化为磁能而存储起来。电感器有多种形式，表7-11给出了常用的几种类型电感器的图形符号。

表 7-11　电感器的图形符号

序　　号	图形符号	说　　明	备　　注
04-03-01		电感器、线圈、绕组、扼流圈	
04-03-02	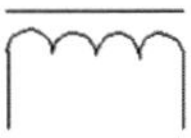	带磁心的电感器	
04-03-03	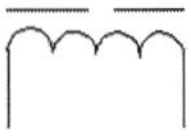	带有间隙磁心的电感器	

（续表）

序　号	图形符号	说　明	备　注
04-03-04		带磁心连续可调的电感器	
04-03-05		有两个抽头的电感器	
04-03-06		步进移动触点的可变电感器	
04-03-07		可变电感器	
04-03-08		带磁心的同轴扼流圈	
04-03-10		穿在导线上的磁珠	

7.4.3 开关、控制元件和保护器件

开关有许多种类，包括单极开关、位置和限位开关、热敏开关、变速灵敏触点和水银液位开关等。开关可以当作控制装置使用，比如用来控制电机的启动等。常用的控制装置还包括各种继电器。保护器件包括各种熔断器或者是熔断式开关和避雷器等。本节给出了常用的各种开关、控制和保护器件的图形符号。

1. 开关

首先给出开关最基本的元素——接触点的图形符号；接着给出一些常用的能执行各种动作类型的触点，包括延时触点、转换触点、动断触点等；最后给出各种类型开关的图形符号，如表7-12所示。

表 7-12　开关的图形符号（触点的限定符号）

序　号	图形符号	说　明	备　注
07-01-01		接触器功能	
07-01-02	×	断路器功能	
07-01-03	—	隔离开关功能	
07-01-04		负荷开关功能	
07-01-05	■	自动释放功能	
07-01-06		限制开关功能 位置开关功能	

（续表）

序　　号	图形符号	说　　明	备　　注
07-01-07	◁	弹性返回功能 自动复位功能	
07-01-08	○	无弹性返回功能	
07-02-01		动合（常开）触点	可用作开关一般符号
07-02-02			
07-02-03		动断（常闭）触点	
07-02-04		先断后合的转换触点	
07-02-05		中间断开的双向触点	
07-02-06		先合后断的转换触点（桥接）	
07-02-07		先合后断的转换触点（桥接）	
07-02-08		双动合触点	
07-02-09		双动断触点	
07-03-01		当操作件被吸合时，暂时闭合的过渡动合触点	

（续表）

序　　号	图形符号	说　　明	备　　注
07-03-02		当操作件被释放时，暂时闭合的过渡动合触点	
07-03-03		当操作件被吸合或释放时，暂时闭合的过渡动合触点	
07-04-01		多触点中比其他触点提前吸合的动合触点	
07-04-03		多触点中比其他触点滞后释放的动断触点	
07-04-04		多触点中比其他触点提前吸合的动断触点	
07-05-01	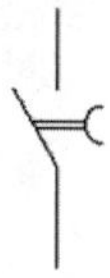	当操作件被吸合时，延时闭合的动合触点	
07-05-02			
07-05-03		当操作件被释放时，延时断开的动合触点	
07-05-04			

（续表）

序号	图形符号	说明	备注
07-05-05	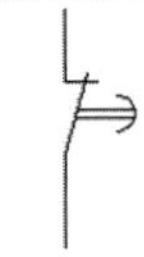	当操作件被释放时，延时闭合的动断触点	
07-05-06			
07-05-07		当操作件被吸合时，延时断开的动断触点	
07-05-08	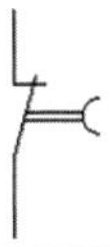		
07-05-09		吸合时延时闭合和释放时延时断开的动合触点	
07-05-10	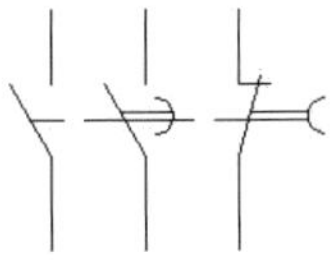	由一个不延时的动合触点、一个吸合时延时断开的动断触点和一个释放时延时断开的动合触点组成的触点组	
07-06-01		有弹性返回功能的动合触点	
07-06-02		无弹性返回功能的动合触点	
07-06-03		有弹性返回功能的动断触点	
07-06-04		左边为弹性返回、右边为无弹性返回的中间断开的双向触点	

（续表）

序　　号	图形符号	说　　明	备　　注
07-07-01		手动开关 一般符号	
07-07-02	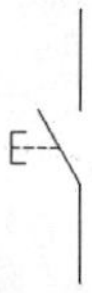	按钮开关（不闭锁）	
07-07-03		拉拨开关（不闭锁）	
07-07-04	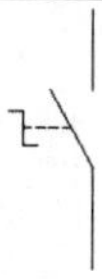	旋钮开关、旋转开关（闭锁）	
07-07-01		手动开关 一般符号	
07-07-02		按钮开关（不闭锁）	
07-07-03		拉拨开关（不闭锁）	
07-07-04		旋钮开关、旋转开关（闭锁）	
07-07-01	 θ	热敏开关 动合触点	
07-07-02	 θ	热敏开关 动闭触点	

（续表）

序　　号	图形符号	说　　明	备　　注
07-07-03		热敏自动开关 动断触点	
07-07-04	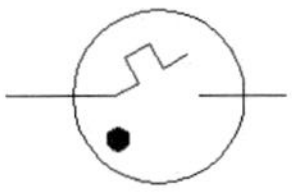	具有热元件的气体放电管 接触器 荧光灯启动器	

2. 控制元件

控制方式很多，最常用的控制元件是继电器，在表7-13中给出一些常用的继电器的图形符号。读者如需要其他继电器或控制元器件的图形符号，请参考相关手册。

表 7-13　继电器的图形符号

序　　号	图形符号	说　　明	备　　注
07-15-01	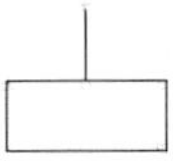	操作器件 一般符号	具有几个绕组的操作器件，可以由适当数值的斜线或重复符号 07-15-01 或 07-15-02 来表示
07-15-02	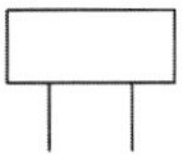	具有两个绕组的操作器件组合表示方法	
07-15-04	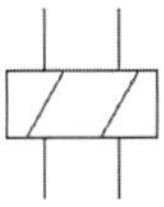	具有两个绕组的操作器件组合表示方法	斜线成 60°
07-15-05	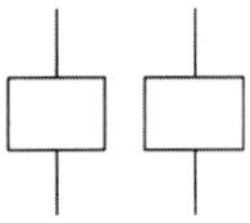	具有两个绕组的操作器件分离表示方法	
07-15-07	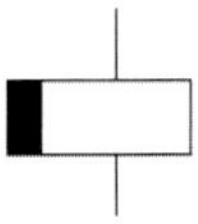	缓慢释放（缓放）继电器线圈	
07-15-08	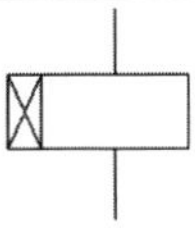	缓慢吸合继电器线圈	
07-15-09	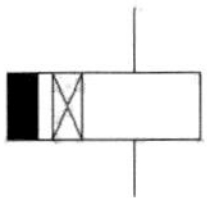	缓放和缓吸继电器线圈	
07-15-10	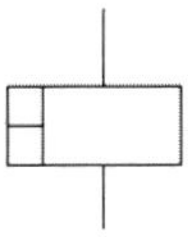	快速继电器（快吸和快放）的线圈	

（续表）

序　　号	图形符号	说　　明	备　　注
07-15-11	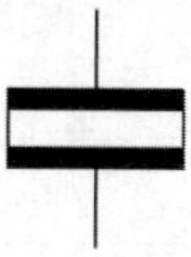	对交流不敏感继电器的线圈	
07-15-12	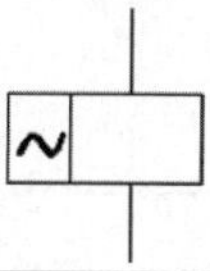	交流继电器的线圈	
07-15-13	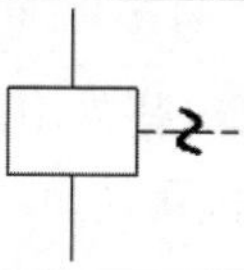	机械谐振继电器的线圈	
07-15-14	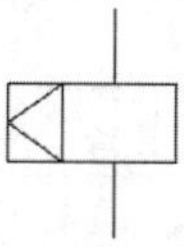	机械保持继电器的线圈	
07-15-15		极化继电器线圈	
07-15-16	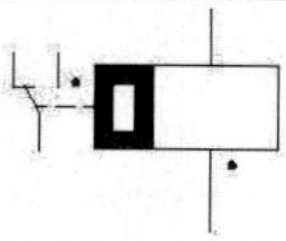	绕组中只有一个方向的电流起作用，并能自动复位的极化继电器	黑圈点表示通过极化继电器绕组的电流方向和动触点运动之间的关系
07-15-17	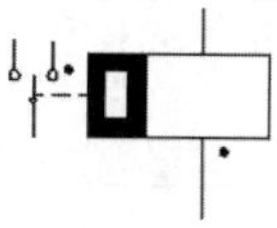	绕组中任一方向的电流均可以起作用的具有中间位置并能自动复位的极化继电器	
07-15-18	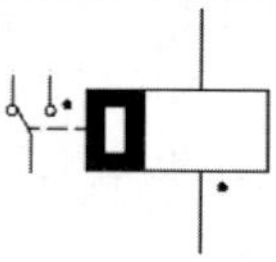	具有两个稳定位置的极化继电器	
07-15-19	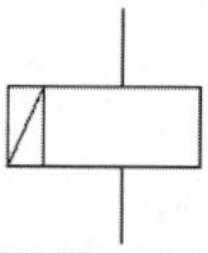	剩磁继电器线圈	
07-15-20	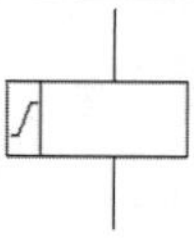		
07-15-21	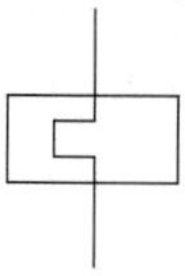	热继电器的驱动器件	

3. 保护器件

在电气器件中，有许多保护器件。熔断器作为保护器件被广泛使用，本节在表7-14中给出熔断器的标准图形符号。如读者还需要其他保护器件的图形符号，请参考相关的手册。

表 7-14 熔断器和熔断器式开关的图形符号

序　号	图形符号	说　明	备　注
07-21-01		熔断器 一般符号	
07-21-02		供电端粗线表示的熔断器	
07-21-03	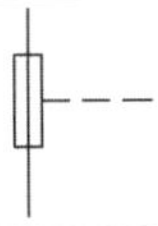	带机械连杆的熔断器（撞击式熔断器）	
07-21-04	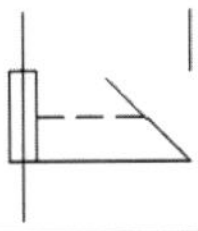	具有报警触点的三端熔断器	
07-21-05	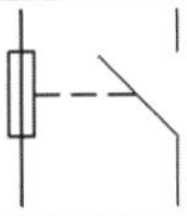	具有独立报警电路的熔断器	
07-21-06	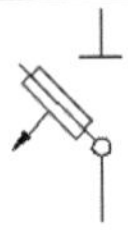	跌开式熔断器	
07-21-07		熔断式开关	
07-21-08	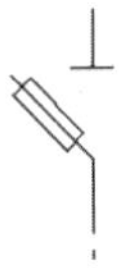	熔断式隔离开关	
07-21-09	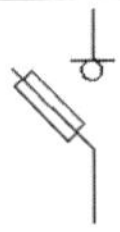	熔断式负荷开关	
07-21-10	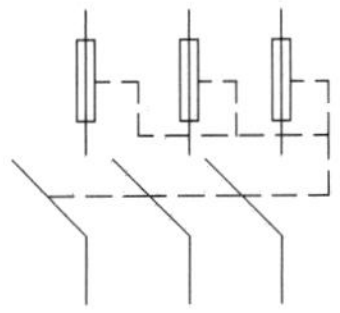	任何一个撞击式熔断器熔断而自动释放的三端粗开关	

7.4.4 信号器件

信号器件包括各种灯、蜂鸣器、电铃等。表7-15给出了部分这种信号器件的图形符号。如读者需要更多的信号器件的图形符号，请参考GB/T 4728给出的标准。

表 7-15 信号器件的图形符号

序　　号	图形符号	说　　明	备　　注
08-10-01		灯　一般符号 信号灯　一般符号	指示颜色及类型可用代号标注说明
08-10-02		闪光型信号灯	
08-10-03		机电型指示器 信号元件	
08-10-04		带有一个去激（励）位置（示出）和两个工作位置的机电型位置指示器	
08-10-05		电喇叭	
08-10-06		电铃优选形	
08-10-07		电铃其他形	
08-10-08		单打电铃	
08-10-09		电警笛、报警器	
08-10-10		蜂鸣器优选形	

（续表）

序　　号	图形符号	说　　明	备　　注
08-10-11		蜂鸣器其他形	
08-10-12		电动汽笛	

7.4.5 电能发生和转换器件

电能的发生和转换就是利用相关装备产生电能，利用电能转换成机械能、声光能等。GB/T4728《电能发生和转换》一节中给出了各种绕组和电机的图形符号，限于篇幅，这里只给出了各种电机和电能发生器的图形符号。如读者需要更多的内容，请查阅GB/T4728相关部分。

表7-16给出了常用电机的图形符号，主要包括各种交直流电机、交直流伺服电机、交直流测速电机等。同时也给出了一些常用的各种同步器图形符号。

表 7-16　常用电机符号

序　　号	图形符号	说　　明	备　　注
06-04-01	*	电机　一般符号	符号内的星号用电机类型的有关符号替代
06-04-02	G	直流发电机	
06-04-03	M	直流电动机	
06-04-04	G	交流发电机	
06-04-05	M	交流电动机	
06-04-06	C	交直流变流机	
06-04-07	SM	交流伺服电动机	
06-04-08	SM	直流伺服电动机	
06-04-09	TG	交流测速发电机	

（续表）

序　　号	图形符号	说　　明	备　　注
06-04-10	 TG	直流测速发电机	
06-04-11	 TM	交流力矩电动机	
06-04-12	 TM	直流力矩电动机	
06-04-13	 IS	互感应同步器	
06-04-14	 IS	直线感应同步器	
06-04-15	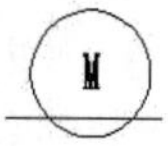 M	直线电动机　一般符号	
06-04-16	 M	步进电动机　一般符号	
06-04-17	 *	自整角机、旋转变压器　一般符号	
06-04-18	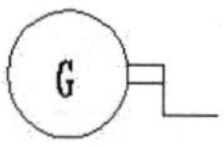 G	手摇电动机	

电能发生器是利用其他能源装换电能的装置。表7-17给出了常用的电能发生器的图形符号，包括各种热源转换电能的发生器、光电转换发生器等。

表 7-17　电能发生器的图形符号

序　　号	图形符号	说　　明	备　　注
06-27-01	 G	电能发生器　一般符号	
06-28-01		热源　一般符号	
06-28-02	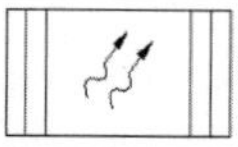	放射性同位素热源	
06-28-03		燃烧热源	
06-29-01	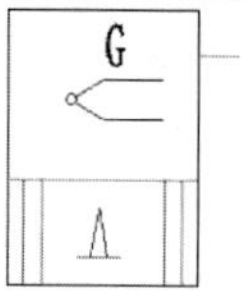 G	用燃烧热源的热电发生器	

（续表）

序　　号	图形符号	说　　明	备　　注
06-29-02	G	用非电离辐射热源的热电发生器	
06-29-03	G	用放射性同位素热源的热电发生器	
06-29-04	G	用非电离辐射热源的热离子二极管发生器	
06-29-05	G	用放射性同位素热源的热离子二极管发 生器	
06-29-06	G	光电发生器	

7.4.6　电信符号

电信符号在GB/T 4728中共分为两部分内容：一部分是GB/T4728.10-2008（电信：传输）；另一部分是GB/T 4728.9-2008（电信：交换和外围设备）。限于篇幅，书中只列出一部分具有代表性的常用的电信符号。如读者还有更多的要求，请查阅GB/T 4728中相关内容。

1. 电信：传输

电信传输设备，包括电话、电报等传统手段的电信传输，也包括各种图像和声音的传输。表7-18给出了它们的图形符号，还给出了天线设备和其他用于传递电子信号的元器件的图形符号。

表 7-18　电信传输设备的图形符号

序　　号	图形符号	说　　明	备　　注
10-01-01	F	电话	
10-01-02	T	电报和数据传输	
10-01-03	V	视频通路（电视）	
10-01-04	S	声道（电视和无线电广播）	
10-01-05	F	电话线路或电话电路	
10-01-06	V+S+F	传输电视（图像和声音）和电话的无线电电路	
10-01-07		加感线路	两个半圆

（续表）

序　　号	图形符号	说　　明	备　　注
10-04-01		天线　一般符号	与天线主杆夹角成30°
10-06-01		无线电台　一般符号	
10-13-01	 G	信号发生器、波形发生器　一般符号	
10-13-10	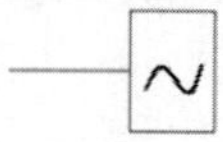 ∿	振荡器　一般符号	
10-15-01	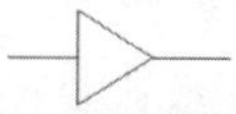	放大器　中继器一般符号	示出输入和输出 三角形指向传输方向
10-15-02	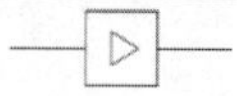 ▷		

2. 电信：交换和外围设备

表7-19给出了常用的电信交换和外围设备的常用符号，包括自动交换设备、人工交换机、电话机、扬声器等设备的图形符号。

表 7-19　电信交换和外围设备的图形符号

序　　号	图形符号	说　　明	备　　注
09-02-01	 +	自动交换设备	
09-02-03	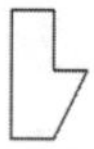	人工交换机	
09-05-01	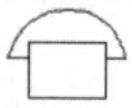	电话机　一般符号	
09-06-01		拨号盘　一般符号	
09-09-01		传声器　一般符号	
09-10-01		喉头送话器　一般符号	
09-10-11	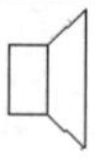	扬声器　一般符号	
09-10-13 09-15-01		换能头　一般符号 记录头　一般符号	
09-11-01	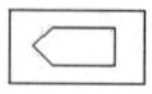	记录机和（或）播放机　一般符号	
09-12-01	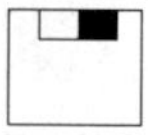	传真机　一般符号	

7.5 连接线的表示方法

7.5.1 连接线的一般表示方法

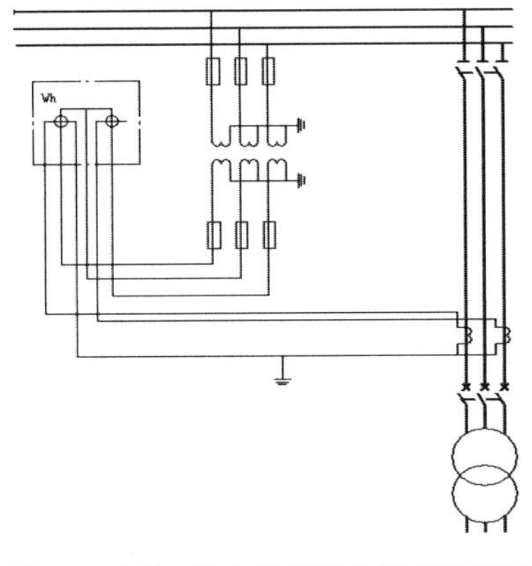

图 7-9 用加粗实线强调电源电路连接

导线在电气图中又称为连接线。导线一般用实线表示，计划扩展的内容用虚线表示。连接线的宽度应根据所选图纸的幅面和图形的尺寸来决定。一般情况下，在同一张图纸中，应使用同样宽度的图线。某些有特殊功能的电路和连接线，可以采用不同宽度的实线。

如图7-9所示的是一个三相电力变压器以及与其有关的开关装置和控制装置的一部分，电源电路用加粗实线表示，而三相电力变压器以及其他有关部分用一般实线表示。

如图7-10所示的例子中，为了强调主信号通路的连接线，用粗实线将其加粗。

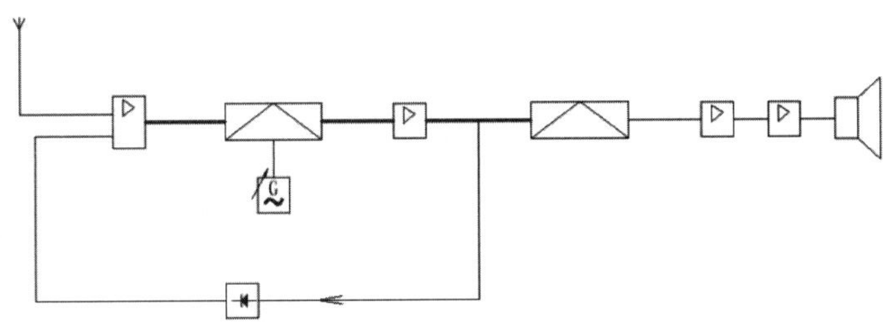

图 7-10 主信号通路连接线加粗

7.5.2 连接线的中断表示法和单线表示法

1. 连接线中断表示法

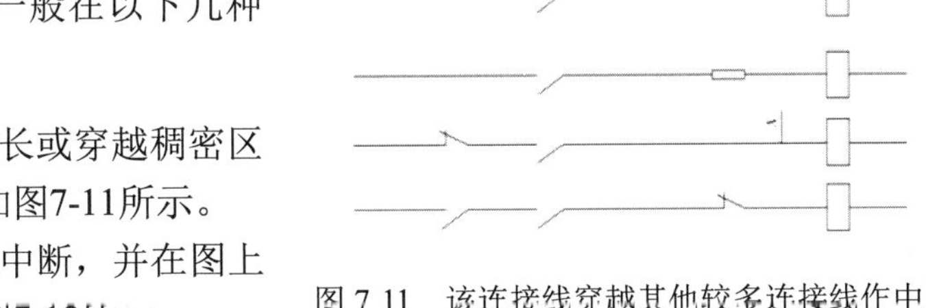

图 7 11 该连接线穿越其他较多连接线作中断

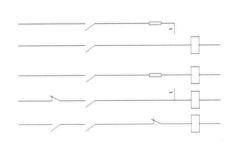

中断线就是断开的连接线。一般在以下几种情况下可以用到中断连接线。

（1）当穿越图面的连接线较长或穿越稠密区时，应在中断处加相应的标记，如图7-11所示。

（2）去向相同的线组也可以中断，并在图上线组的末端加注适当的标记，如图7-12所示。

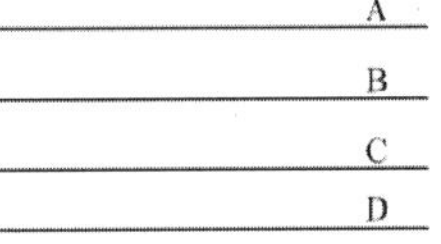

图 7-12 去向相同的连接线组作中断

（3）连到另一张图上的连接线，应该中断，并在中断处注明图号、张次、图幅分区代号等标记，如图7-13（a）所示；若在一张图上有若干中断线，则需用不同的标记将其区分开，可用不同的字母表示，如图7-13（b）所示，也可以用连接线功能的标记加以区分。

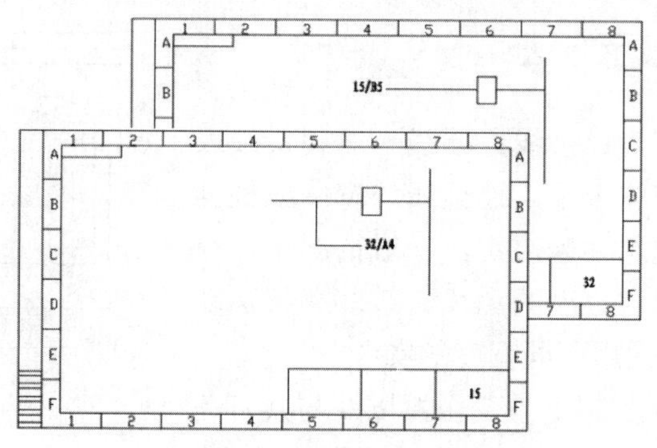

（a）采用张次、图幅分区标记

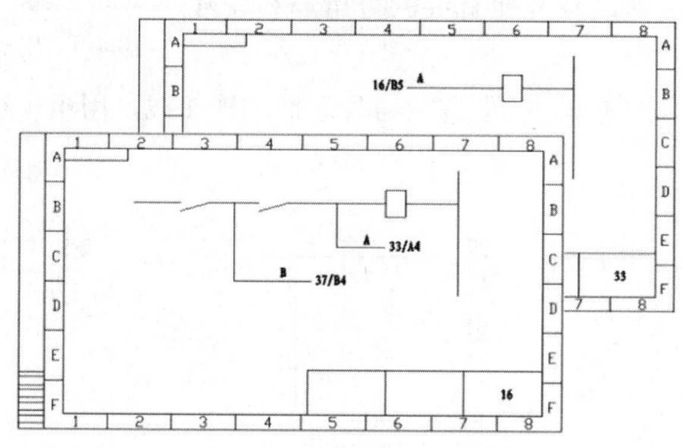

（b）同一张图上采用几种中断标记

图 7-13 连到另一张图的连接线表示

2. 连接线的单线表示法

单线表示法是指用一条图线来表示多根连接线或导线的方法，主要是为了避免平行连接线太多，造成电气图阅读困难。单线连接线主要用在以下5种情况。

（1）当平行线太多时往往用单线表示，如图7-14所示。

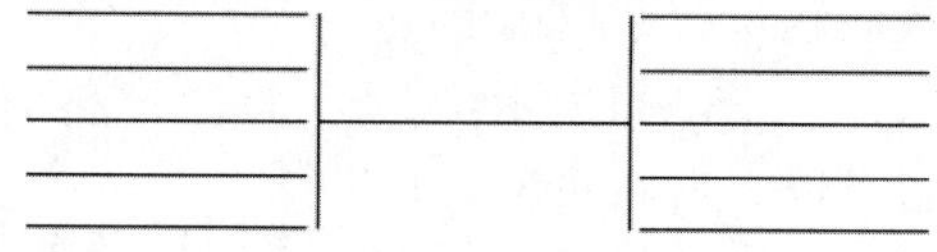

图 7-14 平行的连接线太多时采用单线表示法

（2）当有一组连接线，其两端都有各自的顺序编号时，如图7-15所示。

（3）用单线表示一组连接线，其他单根连接线汇入单线表示的线组，在连接线汇入线组处用斜线表示，斜线的方向应使看图者易于识别连接线线汇入或离开线组的方向。每根连接线的末端注上相同的标记符号，如图7-16所示。

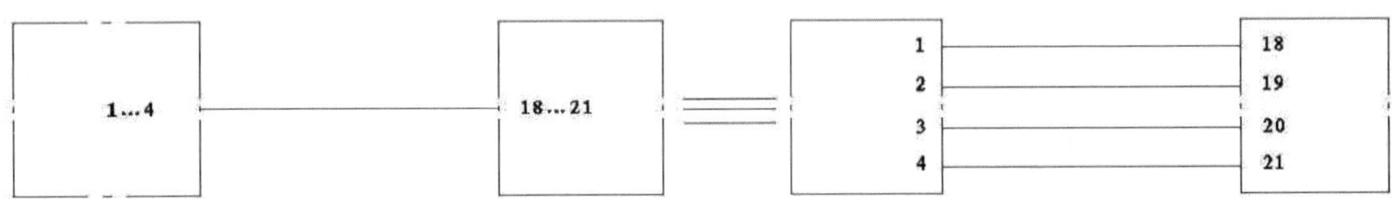

图 7-15　平行的连接线太多时采用单线表示法

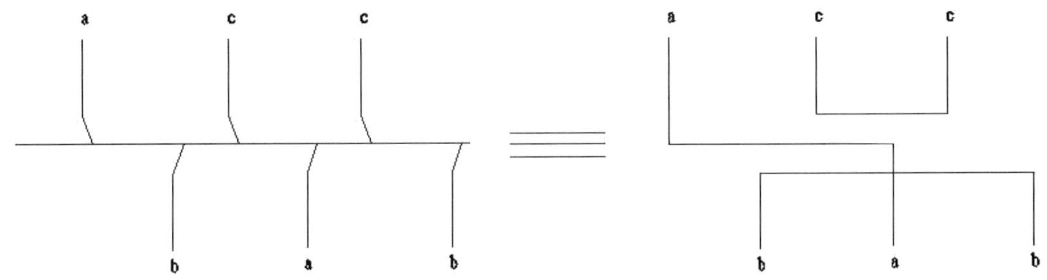

图 7-16　平行的连接线太多时采用单线表示法

（4）在一组连接线中，如果交叉线较多，可用单线表示法，如图7-17所示。对处于两端不同位置的连接线，采用相同的编号，中间线段采用单线表示线组。

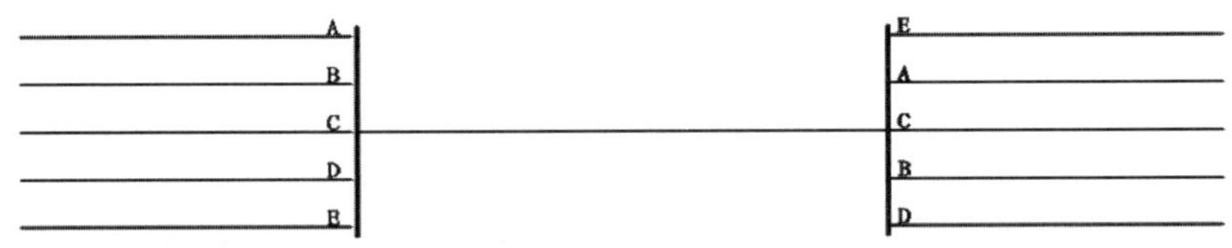

图 7-17　连接线交叉太多时采用单线表示线组

（5）用单线表示多根导线或连接线时，要表示出线数，如图7-18所示。这种方法还可以引申用于图形符号，相同的多个元件或器件用一个图形符号代替，同样用数字标出元器件的个数。

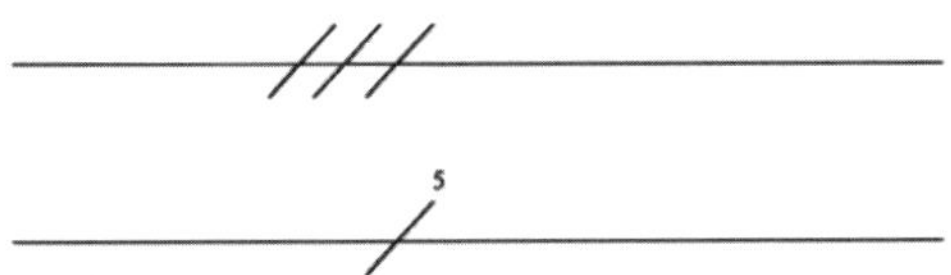

图 7-18　单连接线表示多根导线的方式

表7-20给出了用一个图形符号替代几个相同元器件的例子。当用一个图形符号替代几个相同的元器件时，要注意图形标识符的使用和连接线数字的表明。

表 7-20　用单个图形符号表示多个相同元器件

示　　例	说　　明
3 3 3	一个手动三极开关

（续表）

示　　例	说　　明
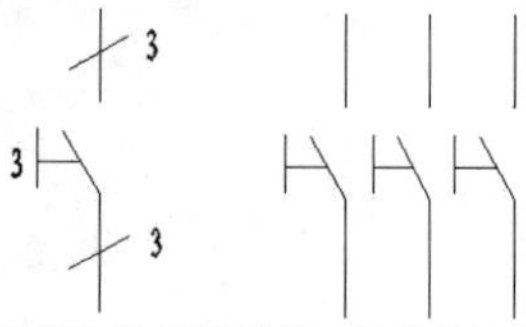	三个手动三级开关
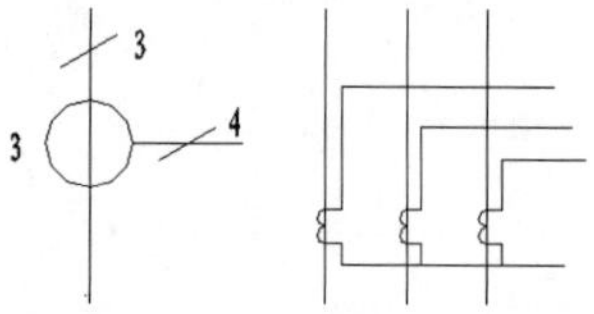	三根导线，每根都有一个电流互感器，共有四根次级引线引出
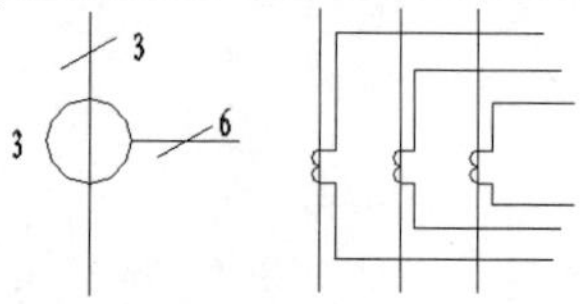	三根导线，每根都有一个电流互感器，共有六根次级引线引出
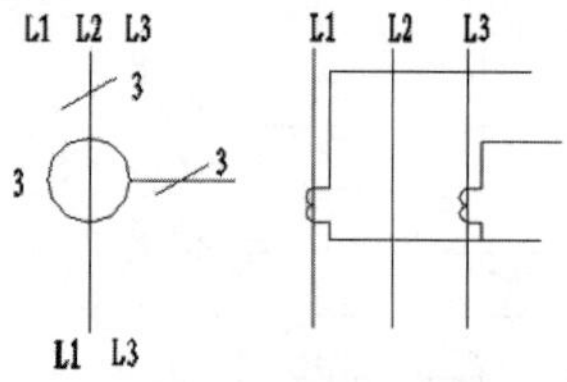	三根导线 L1、L2、L3，其中两根各有一个电流互感器，共有三根次级引线引出

7.5.3　导线的识别标记及其标注方法

当需要表示连接线的功能和去向，或者需要区分连接线时，可根据需要对连接线进行标注。标注就是在单线或成组的连接线上加注信号名或其他标记，识别标记一般注在靠近连接线的上方，也可以断开连接线标注，如图7-19所示。

图 7-19　连接线的标注方法

有时为了便于读图理解，可在连接线上标出信号波形。这些波形应标在靠近连接线的上方，但不能与连接线接触，波形一般按示波器屏幕上显示的形状绘制，必要时可以绘出X轴、电平值等。如果离开连接线一段距离绘波形，可以用指引线指向连接线，同时用一个圆圈把波形圈起来。当波形很复杂或很多而无法表达时，也可以把波形移到图的空白处，利用加标注的方法来说明各条连接线上的波形。

7.5.4　电气图的围框

电气图的围框有两种形式：点划线围框和双点划线围框。点划线围框用以表示电气图中

的功能单元、机构单元或项目组（如电气组、继电器装置），如图7-20所示。双点划线围框表示在点划线围框内存在电路功能上属于本单元而结构上不属于本单元的项目，并在双点划线围框内加注代号或注释予以说明，如图7-21所示。

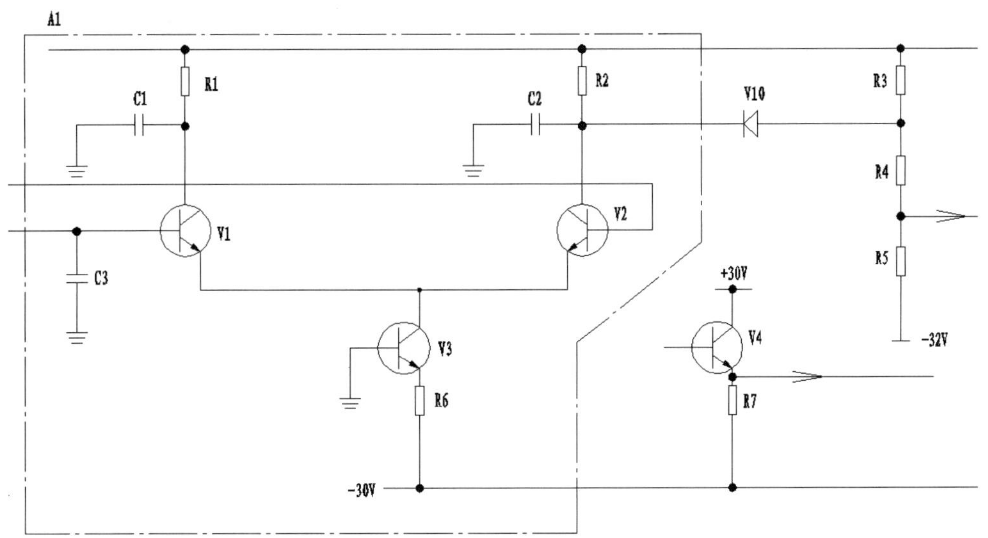

图 7-20　不规则的点划线围框

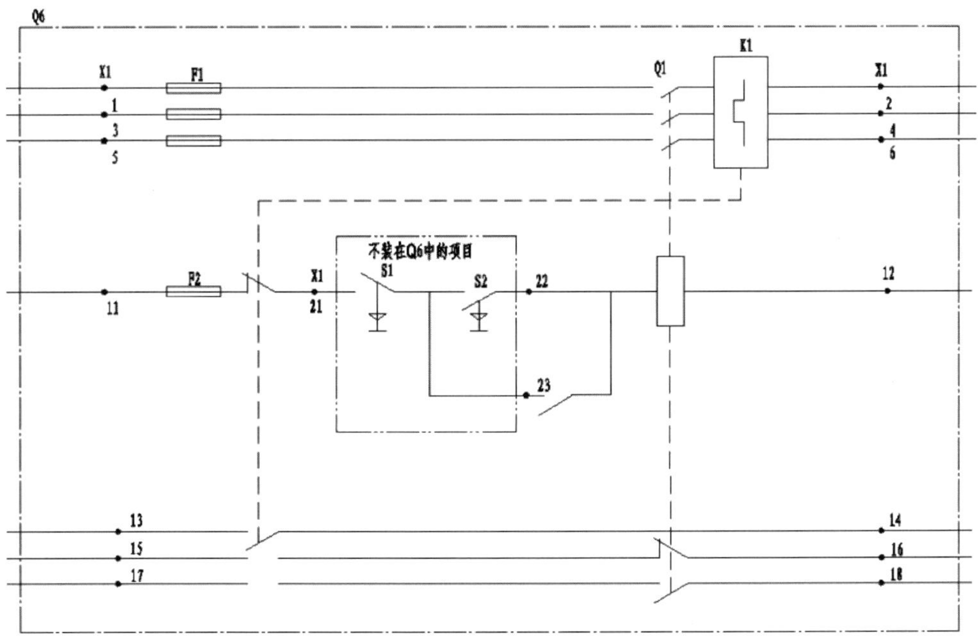

图 7-21　功能单元框及其内部的特殊围框

围框一般应绘成规则的，有时为了不使图的布局复杂，也可以是不规则的。围框线不应与任何元件符号相交，插头插座和接线端子符号除外：端子符号可以在围框线上，也可以在围框线内，或者把端子符号省略而只用端子代号来表示。

第 8 章 基本电气图

导言

在第7章介绍了电气图绘制的基本知识，并详细给出了电气图的分类。本章将重点介绍电气图的分类情况和各种不同种类电气图的主要特点。

8.1 概略图和框图

概略图和框图属于同一类图，是用符号或带注释的框概略地表示系统、分系统、成套装置或设备等的基本组成、相互关系及其主要特征的一种简图。其用途是为进一步编制详细的技术文件提供依据，供操作和维修时参考。

8.1.1 概略图和框图的特点

概略图、框图相对于其他电气图，没有详细地给出技术文件和具体的电气设置，但是它描述出了电气设备的整体方案和简明的电气工作原理，为其他电气图的编制提供参考。概略图和框图虽然属于一种图，但在使用上还是有各自不同的特点和使用场合。

（1）概略图常用于系统或成套设备，框图则用于分系统或设备。概略图、框图与系统这个概念联系密切。但是在实际生产和应用中，并没有一个明确的概念来定义系统，也没有具体限定系统是在一个什么样的范围，因此系统是一个相对的概念。例如，一个大型区域的电力网可以是一个系统，一个较小的供电站也可以描述成一个系统。但概略图相对框图而言，概略图倾向表示一个整系统，框图则着重表示整个系统中一个分系统或成套设备中的一个部分设备。

如图8-1所示描述的是一个系统图，表示电传输送和分配。如图8-2所示是框图，它虽用于表示某个自动温度控制系统，然而只能作为某个生产流水线（系统）中的分系统。如图8-3所示也是框图，表示一台无线电接收设备。

从这三个图可以看出，概略图和框图所描述的内容是系统的基本组成和主要特征，不是全部系统的组成和全部特征。图8-1侧重于描述电能的传送和分配系统的特征，忽略了其他许多环节和设备；图8-2和图8-3同样描述的是各个分系统的主要特征，不能够反映系统主要特征的器件和环节，同样省略掉。

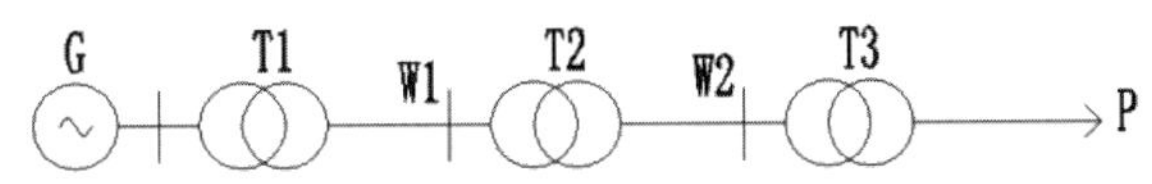

图 8-1　电能传送分配概略图

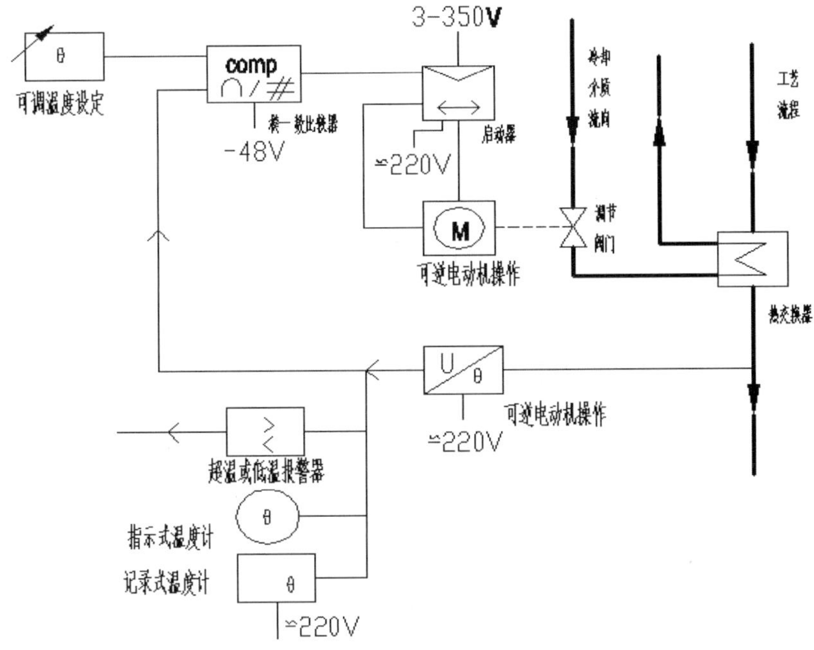

图 8-2　非电过程电气控制的框图

（2）概略图和框图在原则上没有本质的区别，两者都可以用符号绘制。但在实际应用中，两者又有比较大的区别：概略图采用一般符号和框形符号，框图则采用框形符号；概略图标注的项目代号为高层代号，框图若标注代号，一般为种类代号；概略图通常用于描述系统或成套设备，而框图通常用于表示分系统和设备。

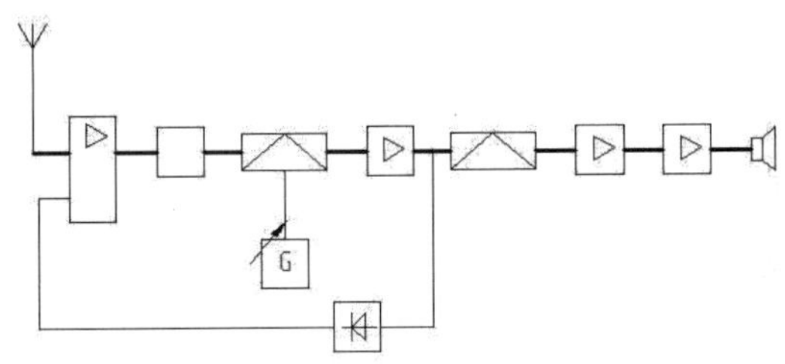

图 8-3　无线电接收机框图

（3）电气概略图也可以与非电过程的流程图一并绘制，以便更清楚地表示系统的特征。图8-2所示的是电气自动控制温度的系统，表示的是一个闭环温度控制系统，预先设置期望温度，通过闭环采集热交换器后的温度与设置温度比较，将比较的结果施加在电机上，电机控制冷却介质流量阀门来控制热量交换，使热交换后的温度达到期望设置温度。图8-2则包含电气控制和非电流程，对系统的功能描述更加详细。

概略图是从总体上描述系统、分系统、成套电气装置、设备、软件等的概况，并表示出各主要功能件之间和（或）各主要部件的主要关系。它是一种最基本的电气图和电器技术文件，为进一步编制详细的技术文件提供依据，也为工作人员操作或维修提供参考，同时为有关部门了解设计对象的整体方案、工作原理和组成概况提供最基本的技术文件。

8.1.2 概略图和框图绘制的基本原则

1. 框形符号的运用

“框”是概略图和框图中的主要内容。概略图和框图采用符号（以方框符号为主）或带有注释的框绘制。“框”的内涵应随图的表达层次而定。较高层次的图一般只反映对象的概况，可以用简明文字作为注释说明其功能或组成的单元线框表达。带注释的框在概略图和框图中被广泛应用，带注释的框形式一般有两种：实线框和点划线框。点划线框包含的容量一般大一些。框内注释可以采用符号、文字或同时采用文字和符号，如图8-4所示。

图8-4（a）中，注释的符号为通用的电气图用图形符号，较详细地表示了框内各主要元件连接关系：电源输入，经隔离开关、电流互感器、负荷开关、隔离开关，至输出；一组避雷器和一组接地隔离开关并联，一端接电源、一端接地。图8-4（b）中，采用文字注释表示该框的功能——PCM接口。图8-4（c）中采用文字和符号相结合的方式注释。该框用三个符号（一个信号灯，两个按钮）注明了元件的组成，并用文字注释该框的功能用于“启动/停止”“手动/自动”切换，并通过信号灯表示出来。

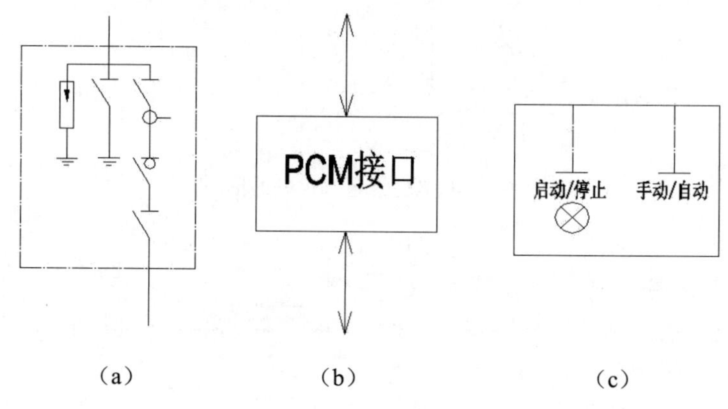

图 8-4　框的注释方法

合理应用带注释的框表述电气图，便于充分表达电气图的各个功能，以利于读者的理解。具体如何应用上述三种表示方法，要看表达的内容和用途。

方框符号用以表示元件、设备等的组合及其功能。如图8-3给出的无线电接收机的框图，框中的限定符号分别表示了各单元的功能。图中的天线和扬声器，采用了一般符号，代表一类器件，表示这一单元的特征、功能。当然也可以用方框符号替代。

2. 布局

概略图和框图对布局有很高的要求，强调布局清晰，通常按照功能布局法绘制，以利于识别过程和信息的流向。基本流向应是自左至右或自上至下，只有在某些特殊情况下方可例外。

当位置信息对理解简图功能非常重要时，也可以采用位置布局方式，在图中补充某些位置信息。如图8-5中补充的位置信息+H1、+H2等，对功能描述得更具体。

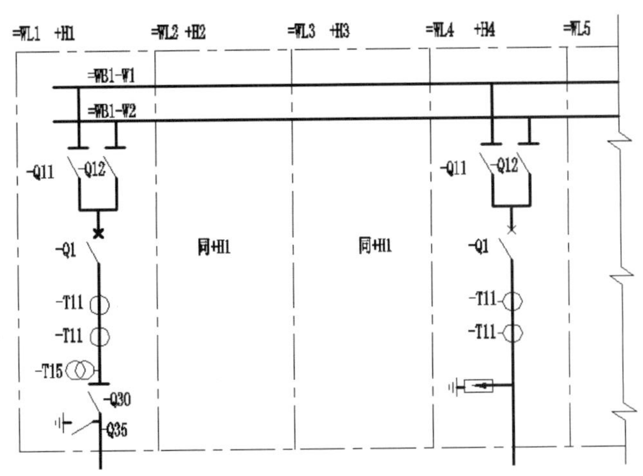

图 8-5 带位置信息的概略图

3. 层次划分

概略图和框图均可在不同层次上绘制，可参照绘图对象的逐级分解来划分层次，较高层次的图一般只反映对象的概况，较低层次的图可将对象表达得更为详细一些。对于复杂产品，可按系统或设备的组成、功能逐级分解来划分若干层次，分别绘制成多张图。对于组成关系不复杂的产品，可以在同一张概略图或框图中，采用图框嵌套的形式表达产品组成部分的层次关系、功能关系。

8.1.3 概略图绘制举例

如图8-6所示是该轧钢厂的概略图，整个轧钢系统又分为许多分系统，在图8-6中用方框表示，并在每一个方框上都标注了高层代号，如=E1是配电系统，=W1是冷却水供应系统，=A1是压缩空气系统，=H1、H2是液压动力系统，=R1是轧钢机系统，=S1是钢板存储系统，=R2是钢板退火系统，=K1是总控制系统等。对于各个系统之间的联系箭头，开口细实线箭头表示控制信号流向，开口粗实线箭头表示电源流向，实心粗实线箭头表示主要过程中材料的流向及其他工件流向。

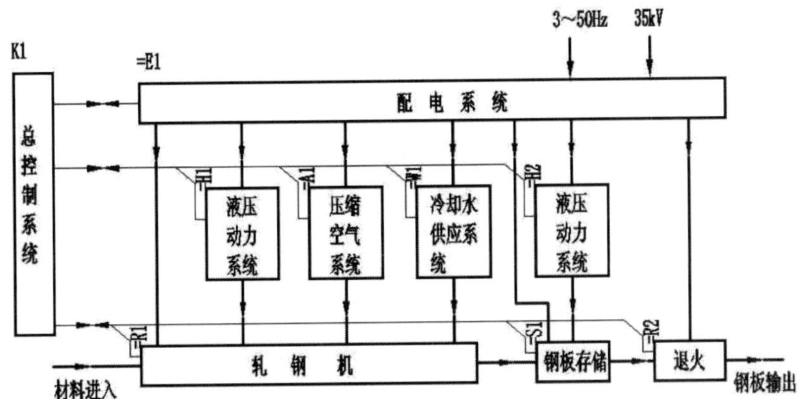

图 8-6 轧钢厂的概略图

从主要过程中材料流向来看，材料进入轧钢机后被轧制成钢板再进入钢板存储系统，然后经过退火成为可以出厂的钢板。

从电源流向看，三相50Hz，35kV的交流电分两个回路进入配电系统，然后变为适合各个分系统的电气设备使用的电压，并分配到各个系统作动力电源。

从控制信号流向看，总控制系统对概略图中各个系统都发出控制信号，同时系统都受总控制系统的控制。

在图8-6的概略图中，=W1是轧钢厂的一个分系统——冷却水供应系统，图8-7给出了这个分系统下面的泵送系统电气控制构成框图。

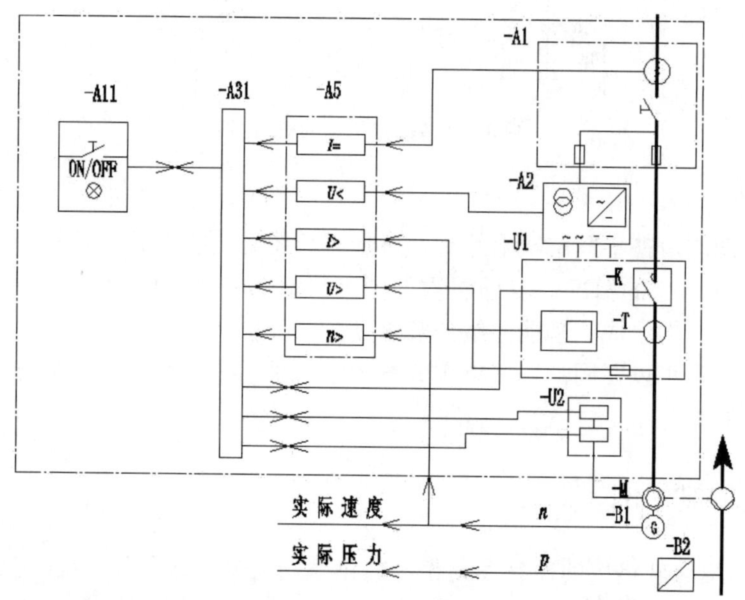

A1—配电屏；A2—控制电源装置；U1—电源控制屏；U2—变换器；M—绕线转子异步电机；B1—测速发电机；B2—压力传感器（转换器）；A11—控制及信号装置；A31—处理器；A5—保护装置；K 接触器；T—电流互感器

图 8-7　泵送系统电气控制构成框图

从电源流向看，三相交流电源在A1里面分成两路：一路经A1内部电流互感器、熔断器到U1内的交流接触器、电流互感器，再输送到M绕线转子异步电机上；另一路经A1内的熔断器输送到项目A2中，A2的装置主要由变压器和整流器组成，形成能提供不同电压等级的交直流控制电源。

从工作系统上来看，测速发电机B1和压力传感器B2，检测电动机的转速n和工作压力p，经过信息处理（信息处理系统没有画出）交送A31单元，然后将此信息与U1装置和电动机调速装置U2进行交换，以确定调节电动机速度或作用于交流接触器K的接通或断开。

A5项目内装有欠压（U<）、过电流（I>）、过电压（U>）、超速（n>）等保护继电器。由A31将信息进行比较以确定电动机的减速或作用于接触器K的跳闸。

该概略图描述了轧钢厂的概略图下冷却水系统的泵送控制系统的框图。将泵送系统的控制原理清晰地表达出来，如果需要进一步的技术文件，就要详细地描述该框图内部的元件，则会用到电路图和接线图等其他形式的电气图。

8.2 电 路 图

电路图是用图形符号绘制，并按工作顺序排列，详细表示电路、设备或成套装置的全部基本组成部分和连接关系，而不考虑其实际位置的一种简图。

电路图的用途很广，可以用于了解实现系统、分系统、电器、部件、设备等功能，以及在电路中的作用；详细地理解电路、设备或成套装置及其组成部分的作用原理；分析和计算电路特性；为测试和寻找故障提供信息；并作为编制接线图的依据。简单的电路图还可以直接用于接线。

8.2.1 电路图的基本特点

电路图在概略图和框图的基础上给出了详细的电气工作原理，详细地描述了电气设备的全部基本组成及其连接关系。由于电路图也只是着重描述电气的工作原理，所以电气设备的实际位置也没有给出。根据电路图的具体使用场合，电路图还可以进行具体分类。

1. 电路图的基本分类

- 二次接线图：反映二次设备、装置和系统（如继电保护、电气测量、信号）工作原理的图。
- 电气控制接线图：对电动机及其他用电设备的供电和运行方式进行控制的电气原理图。其本质上也是二次接线图，但其往往还将被控制设备的供电一次性绘在一起，因此可以说控制接线图是一次、二次合二为一的综合性图形。
- 电气照明动力工程图：指导照明、动力工程施工、维护和管理。
- 电信交换和电信布置的电路图：用来描述电信交换和电信布置的电路图。

2. 电路图的基本特点

- 电路图详细表述系统的工作原理，其电路图中的元器件或功能件主要用图形符号表示。
- 电路图忽略元器件的实际位置，着重描述系统的工作原理。
- 电路图详细表述各元件的连接关系，并用附表的形式给出各元件的有关技术参数。

图8-8给出的电路图详细描述了压缩电动机（M1）和鼓风电动机（M2）供电、控制及相互连锁的电路构成和工作原理。

该电路图分为两部分：左边为主电路部分；右边为辅助电路部分。主电路部分主要由电能供应、熔断器、接触器开关和两个电机组成。辅助电路则给出了继电器控制关系。当开关S2闭合时，继电器KM2线圈通电，接触器常开开关KM2先闭合，鼓风电动机M2工作；开关S1闭合，继电器KM1线圈通电，接触器常开开关KM1闭合，压缩机电机M1启动。如果在S2闭合前，先闭合S1，由于继电器KM2线圈没有通电，KM2的常开开关不能实现闭合，所以继电器KM1的线圈没有电流流过，KM1的常开开关也就不能闭合，压缩机电动机就不能启动，这样就实现了互相连锁的功能。保证了压缩机电动机一定要在鼓风电动机启动后才能运行，有效保护了压缩机电动机因工作热量过多而烧毁。该电路图主电路部门采用垂直布置，按电流流向绘制；辅助电路采用水平布置，按功能关系绘制，详细清晰地阐述了系统的工作原理。

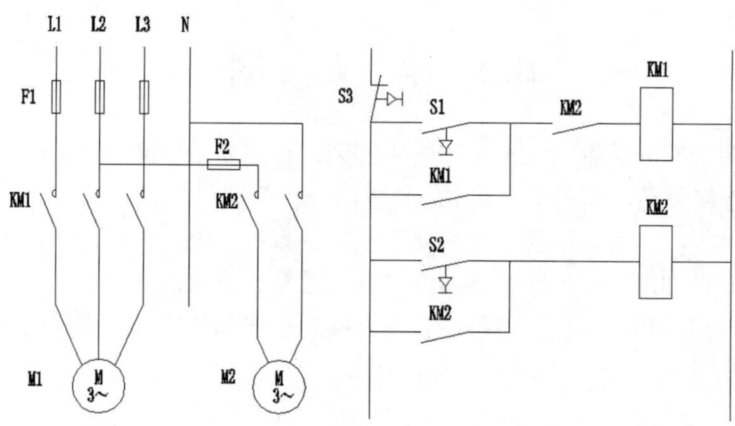

图 8-8　压缩机工作电路图

8.2.2　电路图绘制的基本原则

电路图的布图应突出表示功能的组合和性能。每个功能级都应以适当的方式加以区分，突出信息流及各级之间的功能关系。

1. 电源的表示法

电路图中使用的图形符号，必须是其完整形式。如图8-9（a）所示的是三相交流变压器，图8-9（b）给出的不是其完整的形式，所以不能用作电路图，只能用作图形符号。

电源的绘制一般将电源线集中绘制在电路的一侧，多相电源电路按照顺序从上至下如图8-9（a）或从左到右排列，中性线排在最下方或最右方。连接到方框符号的电源线一般应与信号流向成直角绘制，如图8-9（c）所示。

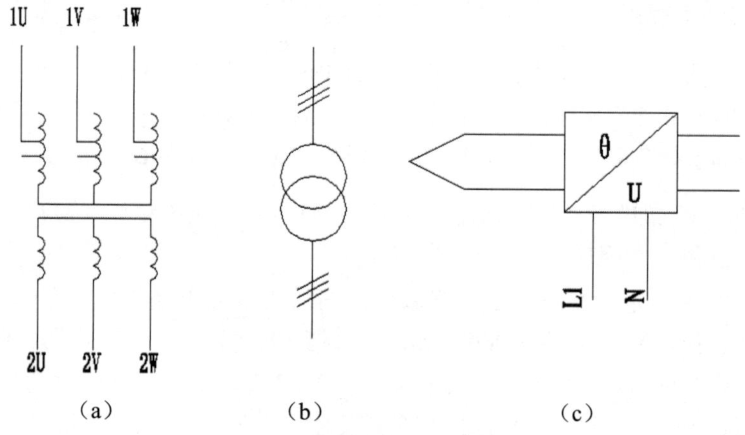

图 8-9　电源表示方法示例

2. 基础电路图

常用基础电路的布局，若按统一形式出现在电路图上就容易识别，如图8-10所示。在基础电路中增加其他元件、器件，以不影响基础电路的布局和易读性为原则。

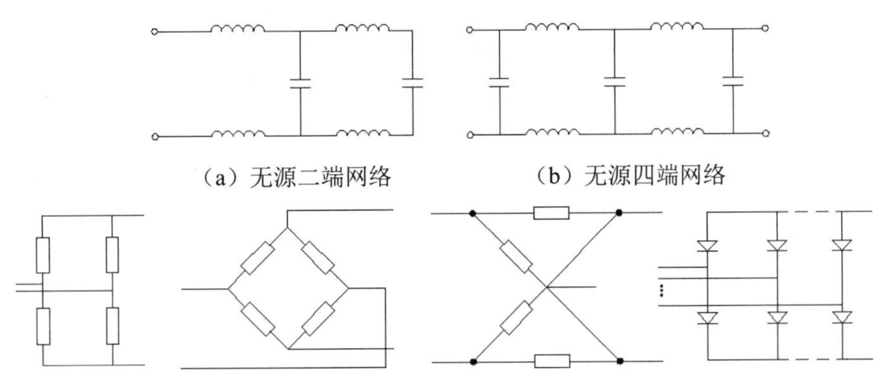

（a）无源二端网络　　（b）无源四端网络

（c）桥式电路的 4 种表达方式

图 8-10　基础电路图

3. 图中位置表示方法

图中位置的表示方法通常有三种，即图幅分区法、电路编号法和表格法。

图幅分区法在第7章已经介绍过了。在图幅分区法中，分区在图的周边内划定，分区数必须是偶数，竖边的分区为“行”，用大写拉丁字母作为代号，横边的分区为“列”，用阿拉伯数字作为代号，都从图的左上角开始顺序编号两边注写。分区的代号用分区所在“行”与“列”的两个代号组合表示。对于水平布置的电路，一般只需标明“列”的标记，复杂的电路图采用上面所说的“行”加“列”的组合标记。

电路编号法就是对电路或分支电路用数字编号表示其位置，数字编号按照从左到右或从上到下的顺序排列，如图8-11所示。

表格法就是在图的边缘部分绘制一个以项目代号分类的表格，表格中的项目代号和图中相应的图形符号在垂直或水平方向对齐，图形符号旁仍需标注项目代号。图8-12给出了一个表格法的示例，图中的项目（C、R、V、K）与表格中的项目相对应，由表中的项目能方便地从图上找到。

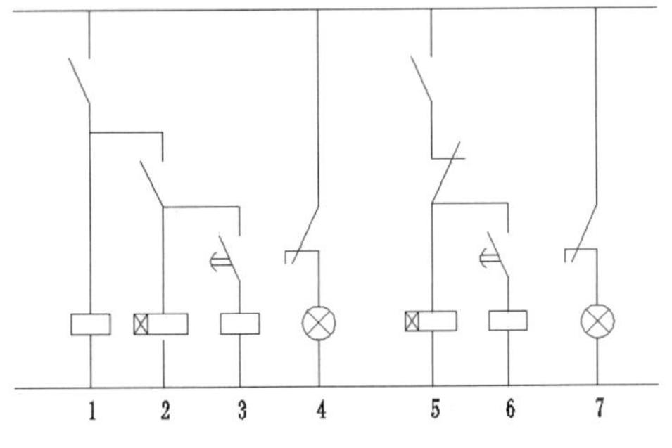

图 8-11　电路编号法示例

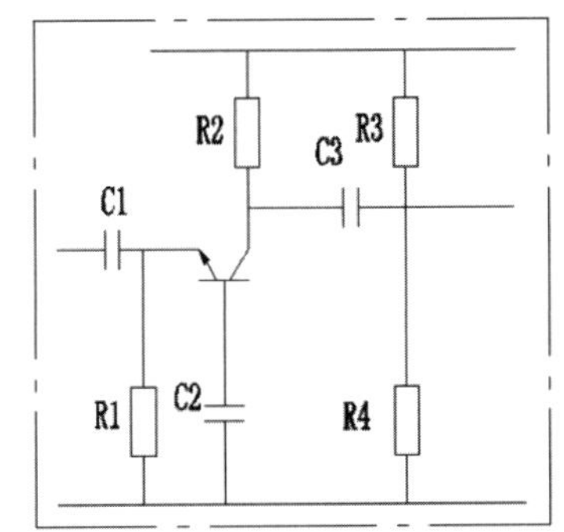

电容器	C1	C2	C3	
电阻器	R1	R2	R3	R4

图 8-12　表格法示例

4. 元件、器件和设备及其工作状态的表示法

元件、器件和设备采用图形符号表示，需要时还可采用简化外形来表示，同时绘出其所有连接。符号旁边应标注项目代号，需要时还可标注主参数。参数也可以用列表形式表示，表格内一般包括项目代号、名称、型号、规格、数量等内容。

元件、器件和设备的可动部分通常处于非激励状态或不工作位置。如断路器和隔离开关在断开位置；继电器和接触器在非激励状态；多重开闭合器件的各组成部分必须表示在相互一致的位置上等。

8.2.3 电路图绘制举例

Y-△起动转换电路和低频伺服放大器电路分别是电气设备电路图和电子设备电路图的典型图例，下面就以这两个例子来说明电路图的特点。

1. Y-△起动器的电路图

如图8-13所示是一个星－三角起动器的电路，其内部电路已被简化绘制成端子功能图，其外部电路也因为不属于该星－三角起动器的电路也被予以简化，用虚线表示，仅用来说明工作原理。

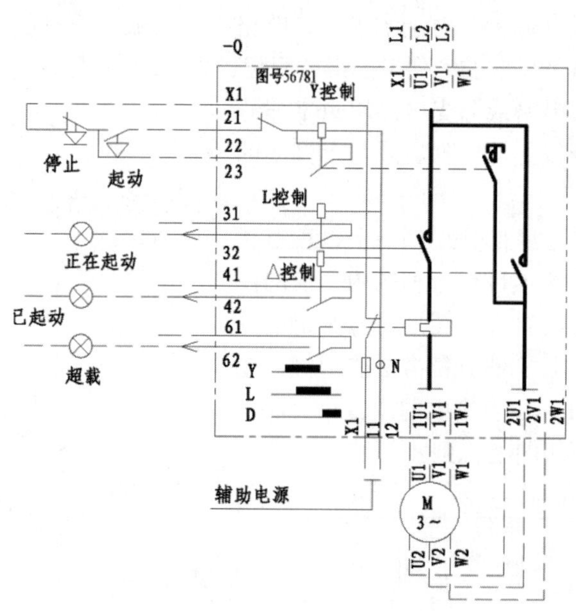

图 8-13　星－三角起动器的电路

该星－三角起动器项目代号是—Q，主要由三个接触器、热继电器及辅助电源电路熔断器等组成。起动器的功能采用绘制在端子功能图围框线内左下角的Y、L、D三个控制开关工作程序的表图来说明。其中，Y代表星形启动，L代表接通电源，D代表三角形起动。该图形符号可用表8-1来说明。当Y开关闭合，准备启动；L开关闭合，Y连接启动，Y开关断开，D开关闭合，D连接接运行。

表 8-1　Y-△起动器功能说明

控制器位置	Y 位置	L 位置	D 位置	
工作状态	准备起动	1	0	0
	Y 连接起动	1	1	0
	△连接起动	0	1	1

项目代号X1：21、22……代表该功能单元的所有外接端子。这样，便能通过这些端子的测量来诊断故障，并确定故障产生在功能单元（起动器）的内部还是外部。

本电路图利用电路编号法将端子功能图的编号为“图号56781”，这样方便查阅。外部电路仅用来说明起动器的原理，用虚线绘制，只绘出了能表明电机等待起动、停止按钮及用于“正在起动”“已起动”“超载”指示的信号灯，电路被大大简化了。

2. 低频伺服放大器电路图

如图8-14所示是一个带图幅分区的低频伺服放大器电路图，图幅分区法使电路图上各元件在图上的位置很容易查找到。项目代号如V1、V2、V3及R1、R7、R9都是按照横向对齐原则排布，便于元件阅读和查找。电源用电压值及接机壳符号表示。图中部分元件的主要参数都标注在符号附近，便于读者理解。

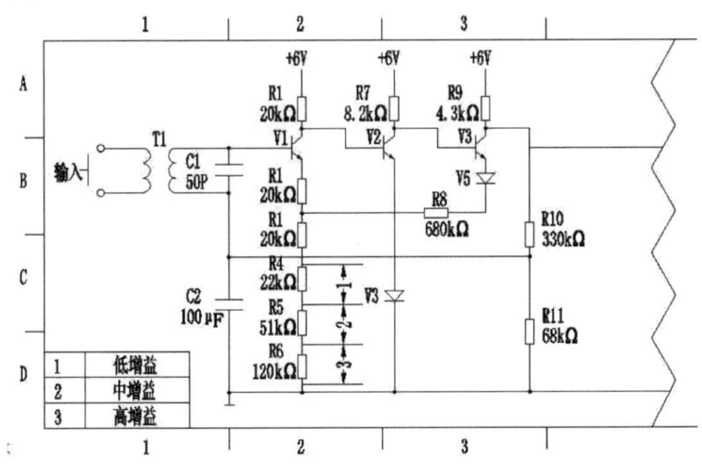

图 8-14　低频伺服放大器电路图

本电路图具有改变增益的功能，在电路图左下角用表格给出图中符号的意义，符号1处接通时，电路呈低增益；符号2处接通时，电路呈中增益；符号3处接通时，电路呈高增益。

8.3　接线图和接线表

接线图是用符号表示成套装置、设备或装置的内部、外部各种连接关系的一种简图。接线表是用表格的形式表示简图的全部连接方式。接线图和接线表只是表达相同内容的两种不同形式，两者的功能完全相同，可以单独使用，也可以组合在一起使用。一般以接线图为主，接线表作为补充。

8.3.1 接线图和接线表的特点

接线图和接线表主要用于接线安装、线路检查、线路维修和故障处理。因此接线图和接线表包含了能够识别用于接线的每个连接点及接在这些连接点上的所有导线和电缆。为了便于线路检查、满足实际接线安装要求，接线图和接线表还通常表述出各项目的相对位置、项目代号、端子号、导线号、导线类型、导线截面积、屏蔽、导线绞合等内容。

接线图和接线表按照功能通常分为以下4种：

- 单元接线图和单元接线表。
- 互连接线图和互连接线表。
- 端子接线图和端子接线表。
- 电缆配制图和电缆配置表。

对于第三种接线图和接线表，即端子接线图和端子接线表而言，只须表示出一个结构单元的端子，因为它只需要提供一个结构单元的端子和该端子的外部接线信息。

一般接线图和接线表应包括下面这些信息：

- 导线或电缆种类信息，如型号、牌号、材料、结构、规格、绝缘层和保护颜色、电压额定值、导线根数及其他技术数据。
- 导线号、电缆号或项目代号。
- 连接点的标记或表示方法，如项目代号或端子代号、图形表示法、近端或远端标记。
- 线缆敷设、走向、端头处理、捆扎、绞合、屏蔽等方法说明。
- 导线或电缆的长度。
- 信号代号或信号的技术数据。
- 需补充说明的其他信息。

在接线图和接线表中，各个项目（如元件、器件、部件、组件、成套设备等）采用简化外形（如正方形、矩形、圆形）表示，必要时也用图形符号表示，符号旁要标注项目代号并应与电路图中的标注一致。项目的有关机械特征仅在需要时才绘出。

在接线图和接线表中，端子一般用图形符号和端子代号表示；当用简化外形表示端子所在的项目时，可不绘端子符号，仅用端子代号表示。如需区分允许拆卸和不允许拆卸的连接时，则必须在图中或表中予以注明。

导线在单元接线图和互连接线图中的表示方法有如下三种：①连续线表示两端子之间导线的线条是连续的，如图8-15（a）所示；②中断线表示两端子之间导线的线条是中断的，在中断处必须标明导线的去向，如图8-15（b）所示；③导线组、电缆、缆形线束等可用加粗的线条表示，在不致引起误解的情况下也可部分加粗，如图8-15（c）所示。当一个单元或成套设备包括几个导线组、电缆、缆形线束时，它们之间的区分标记可采用数字或文字。

接线图中导线一般应给以标记，必要时也可采用色标作为其补充或代替导线标记。标记的方法一般有三种：①等电位编号法，即用两个号码表示，第一个号码表示电位的顺序号，第二个号码表示同一电位内的导线顺序号，两个号码之间用短横线隔开；②顺序编号法，即

将所有的导线按顺序编号；③呼应法，也称作相对编号法。通常按导线的另一端的去向作标记；如图8-15（b）所示的项目X1上端子5接项目X2上端子A，其接触导线编号为41，标为“41X2：A”。

导线的标记内容，一是根据导线的特征和功能等标记，二是按色标标记。按导线的特征和功能标记的基本形式是：主标记+补充标记。主标记包括从属标记、独立标记、组合标记。从属标记包括从属本端标记、从属远端标记、从属两端标记。补充标记包括功能标记、相位标记、极性标记、保护导线和接地线的标记等。在用中断线表示的接线图中，一般采用从属远端标记或从属本端标记。图8-15（b）采用的是从属远端标记。图8-15（a）采用的是独立标记，连续线一般多采用独立标记。

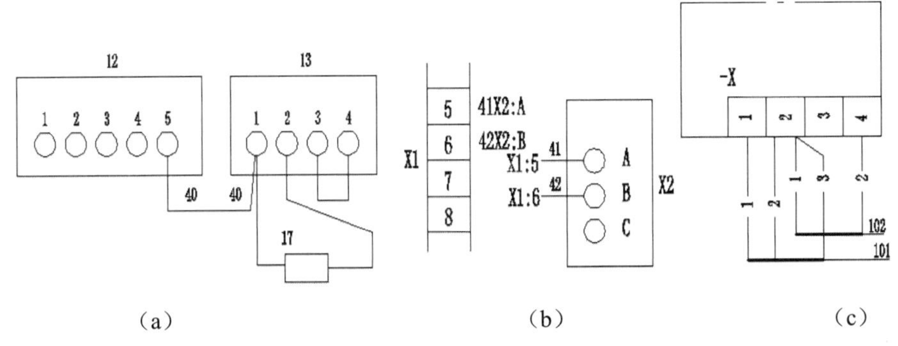

（a）（b）（c）

图 8-15　导线在接线图中的表示方法

色标标记就是用导线颜色的英文名称的缩写字母代码作为导线的标记。表8-2给出了表示颜色的标准字母代码。

表 8-2　表示颜色的标准字母代码

颜色名称	字母代码	英文名称	颜色名称	字母代码	英文名称
黑色	BK	Black	灰色	GY	Grey
棕色	BN	Brown	白色	WH	White
红色	RD	Red	粉红色	PK	Pink
橙色	OG	Orange	金黄色	GD	Golden
黄色	YE	Yellow	青绿色	TQ	Turquoise
绿色	GN	Green	银白色	SR	Silver
蓝色、浅蓝色	BU	Blue	绿-黄	GNYE	Green-Yellow
紫色	VT	Violet			

8.3.2　单元接线图和单元接线表

单元接线图或单元接线表表示单元内部的连接情况，通常不包括单元之间的外部连接，但可以给出与之有关的互连图的图号。

1. 单元接线图

单元接线图通常按各个项目的相对位置进行布置。单元接线图的视图，应选择最清晰的表示出各个项目的端子和布线的视图，当一个视图不能清楚表示多面布线时，可用多个视图。项目间彼此叠成几层放置时，可把这些项目移出视图，并加注说明。当项目有多层端子时，可延长被遮盖的接点以标明各层接线关系。

2. 单元接线表

单元接线表一般包括线缆号、线号、线缆型号及规格、连接点号、所属项目的代号和其他说明等内容。单元接线表的一般格式如图8-16所示。

线缆号	线 号	线缆型号及规格	连接点Ⅰ			连接点Ⅱ			附 注
			项目代号	端子号	参考	项目代号	端子号	参考	
	31	BV-1.5mm²	11	1		12	1		
	32		11	2		12	2		
	33		11	3		15	5		
	34		11	4		12	5	39	
	35		11	5		14	C	43	
	36		11	6		X1	6		
	37		12	3		X1	1		
	38		12	4		X1	2		
	39		12	5	34	X1	3		
	40		12	6		13	4		
	-		13	1	40	17	1		

图 8-16　单元接线表的一般格式

8.3.3　互连接线图和互连接线表

互连接线图和互连接线表表示单元之间的连接情况，通常不包括单元内部的连接。各单元一般用点划线围框表示，必要时也可以给出与之相连的电路图或单元接线图的图号和表的代号。

互连接线图中各单元的视图应绘在同一个平面上，以便表示各单元之间的连接关系。互连接线图的布局比较简单，不必强调各单元间的相对位置关系。各单元间的连接电缆可用单线法表示，也可用多线法表示，但应绘出电缆的图形符号，均应加注线缆号和电缆规格（以“芯数×截面”表示）。互连接线图既可以用连接线表示，也可以用中断线表示，还可以局部加粗。

互连接线表的格式及内容与单元接线表类同，如图8-17所示。

线缆号	线 号	线缆型号及规格	连接点Ⅰ			连接点Ⅱ			附 注
			项目代号	端子号	参考	项目代号	端子号	参考	
107	1	XQ-3×6mm²	+A-X1	1		+B-X2	3		
	2		+A-X1	2		+B-X2	3	108.2	
	3		+A-X1	3	109.1	+B-X2	1	108.1	

图 8-17　互连接线表格式

8.3.4　端子接线图和端子接线表

端子接线图和端子接线表表示单元和设备的端子及其与外部导线的连接关系，通常不包括单元或设备的内部连接，但可提供与之有关的图号。

端子接线图的视图应与接线面的视图一致，各端子应基本按其相对位置表示，端子接线表一般包括线缆号、线号、端子代号等内容。在端子接线表内线缆应按单元（如柜、屏、台）集中填写。

端子接线标记可采用本端标记（即标注本端子排的端子号），也可采用远端标记。

图8-18是A4柜和B5柜带有本段标记的两个端子接线图。每根电缆末端标志着电缆号及每根缆芯号。无论已连接或未连接的备用端子都注有“备用”的字样。不与端子连接的缆芯则用缆芯号。如接地线未与端子相连，标缆芯号PE。图中137号线缆的其中四芯连接到A4柜X1的12~15号的端子，本端标记为X1:12~X1:15。这四芯又连接到B5柜X2的26~29号端子，本端标记为X2:26~X2:29。5、6号线是备用线，其中5号线一端已连到A柜的16号端子，标记为X1:16。

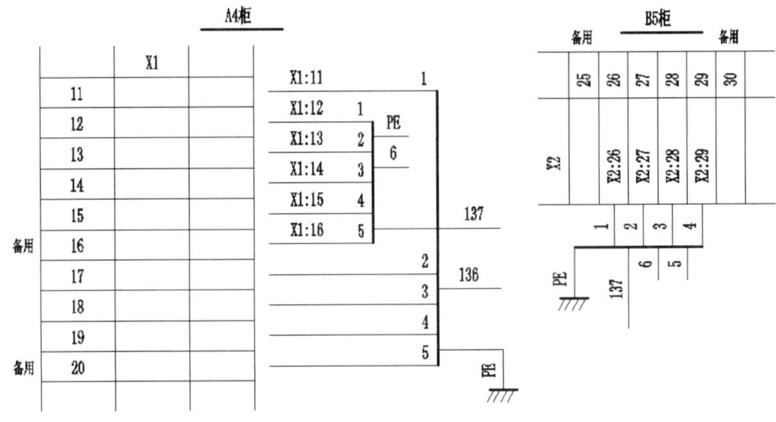

图 8-18　端子接线图（带本端标记）

图8-19给出了与图8-18对应的端子接线表。A4柜的11、16~20号端子，另外形成136号线缆接出，5号是备用线。136号线缆的接线在本例中没有显示出来，本示例采用本端标记。采用从属远端标记的示例在图8-20中给出。图8-21给出的端子接线表与图8-20的端子接线图一致。在本质上，采用从属远端标记的端子接线图和采用本端标记的端子接线图是一样的。

A4柜				B5柜			
136		A4		137		B5	
	PE	接地线			PE	接地线	
	1	X1:11			1	X2:26	
	2	X1:12			2	X2:27	
	3	X1:13			3	X2:28	
	4	X1:14			4	X2:29	
备用	5	X1:15		备用	5	(—)	
137		A4		备用	6	(—)	
	PE	(—)					
	1	X1:11					
	2	X1:12					
	3	X1:13					
	4	X1:14					
备用	5	X1:15					
备用	6	(—)					

图 8-19　端子接线表（与图 8-18 所示的端子接线图对应，带有本端标记）

如图8-20所示为采用从属远端标记，A4柜的12~16号端子与B5柜26~29号端子连接。在A4柜的11~16号端子标记X2:25~X2:29；在B5柜的相应端子上标记为X1:12~X1:16。其中A4柜的16号端子、B5柜的5号和6号接线和上述描述一样。

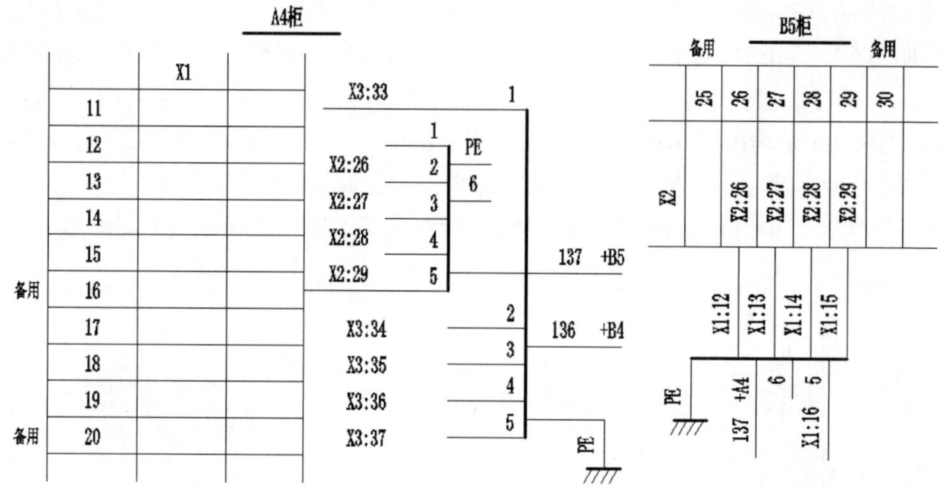

图 8-20　端子接线图（带从属远端标记）

A 4 组				B 5 台			
136			B6	137			A4
	PE		接地线		PE		(—)
	1		X3:33		1		X1:11
	2		X3:34		2		X1:12
	3		X3:35		3		X1:13
	4		X3:36		4		X1:14
备用	5		X3:37	备用	5		X1:15
136			B6	备用	6		(—)
	PE		接地线				
	1		X2:26				
	2		X2:27				
	3		X2:28				
	4		X2:29				
备用	5		(—)				
备用	6		(—)				

图 8-21　端子接线表（与图 8-20 所示的端子接线图对应，带从属远端标记）

8.4　电气位置图

位置图是表示成套装置、设备或装置中各个项目位置的一种简图，用于项目的安装就位、接线、零部件加工制作等所需的设备位置、距离、尺寸、固定方法、线缆路由、接地等安装信息。

8.4.1 电气位置图的种类

按照位置布局法绘制的图称为位置图。位置布局法就是使设备或元件在图上的布置反映实际相对位置的布局方法。位置图的基本功能就是说明物件的相对位置或绝对位置及其尺寸，主要为设备安装提供依据。

按照设备的使用范围，位置图通常划分为三个层次：室外设备总体布置图、室内设备布置图和装置内元器件布置图。大多数电气位置图是在建筑平面图基础上绘制的，这种建筑平面图被称为基本图。基本图必须满足电气位置图的要求。

例如，对某一工厂，表示这一工厂电气设备、装置线路的布置，首先应有全室外主要电气装置、线路的总体布置图，这是第一层的图；然后应有具体车间及其他附属建筑物内配电屏（箱）、照明、空调、水泵、电信、安全警告等电气设备的布置图，这是第二层次的图；第三层次的图就是某一电气装置（例如配电屏）屏面或屏内电气元器件的布置图。

位置图的层次划分及分类如图8-22所示。

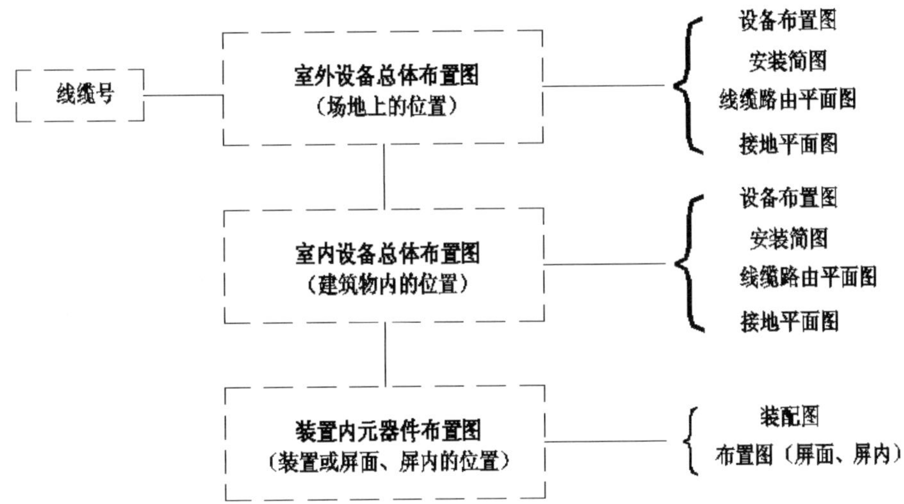

图 8-22 位置图的层次划分及分类

位置图从实质上来说，已经是属于机械图样范畴的一个图种了。位置图应该用视图的方式绘制，各个项目应按其实物大小用同一比例绘制出具有特征的外形轮廓，再用同一比例绘制出它们的相互位置联系。图上还应按照机械制图的尺寸标注法注出全部尺寸。尺寸箭头不同于电气图中常用的实心箭头或开口箭头，应是专门用作尺寸标注的普通箭头。

8.4.2 室外设备总体布置图

由图8-22给出的位置图的层次划分及分类可以看出，室外设备总体布置图是第一层次的位置图，在它下面还有设备布置图、安装简图、线缆路由平面图和接地平面图。限于篇幅，本章详细介绍设备布置图，其余只做简略介绍。

1. 设备布置图

位置图要描述出电气设备的相对位置，必须按照一定的比例尺绘制。同时室外设备总体布置图总与各类建筑物相关，室外设备总体布置要在建筑总平面图的基础上绘制，但它又与建筑总平面图不同，它只是概要地表示建筑物外部（如停车场、草坪、道路等）的电气装置的布置，因此，电气设备布置图对各类建筑物也只是用外轮廓线绘制的图形表示。

图8-23给出的是某工厂室外电气设备布置图。在图纸的下方给出了其使用的比例尺，读者可以方便理解建筑物之间及相应电气设备之间的距离。它以工厂的总体平面图为基本图，示出了工厂的基本布局，如在本位置图中，该工厂的生产制造车间和建筑物（F1～F5）、辅助车间及附属场地（A1～A2）、仓库（S1～S2）、变电所和备用电站（E2）等主要建筑物描述出了相对位置。其他设施，如停车场、道路交通区、铁路线等的相对位置、面积尺寸也都有描述。图中的电气设备如路灯、监视器的位置也详细给出，有助于电气施工和维修。

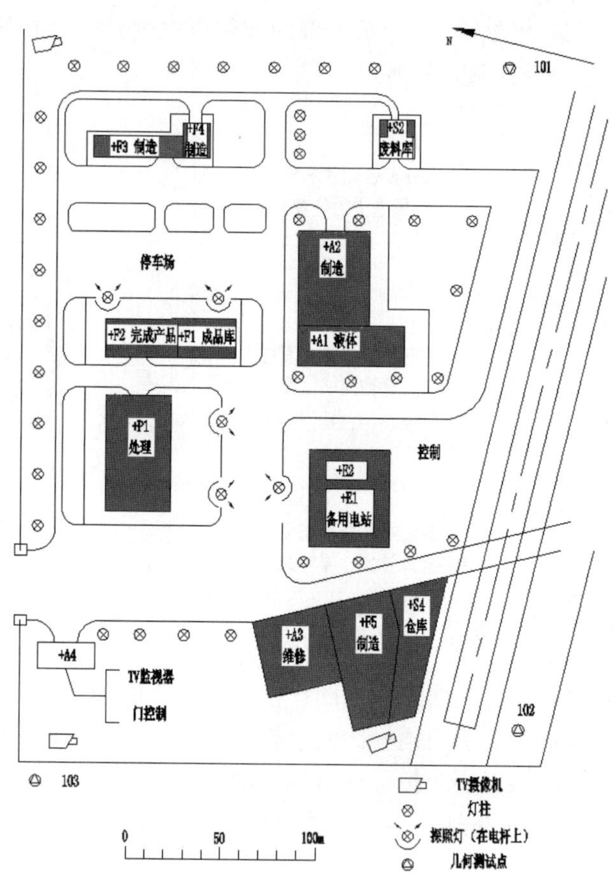

图 8-23　室外设备布置图（示例：工厂）

图中的主要电气装置包括：

- 探照灯，安装在电杆上，主要布置在交通区和停车场，共 5 个。
- 灯柱，布置于厂区各道路旁。
- 监控装置，TV 监视器，安装在厂区大门一角。

2. 安装简图

安装简图是在设备布置图的基础上补充了电气部件之间连接信息的安装图。例如图8-23中，各种灯具仅仅示出了其位置，但其线路的走向及连接等安装信息没有表示出来，如果将这些信息补充上去，则就成为安装简图了。

3. 电缆路由平面图

电缆路由平面图是以总平面图为基础的一种位置图。这种图一般应示出电缆沟、电缆线槽、电缆导管、电缆支架、固定件等，还应示出实际电缆或电缆束的位置和线芯数量。电缆路由平面图一般只限于表示电缆路径，也可表示为支持电缆铺设和固定所安装的辅助器材。必要时应补充上面提及的各个项目的编号。如果未示出尺寸，应把尺寸连同相关零件的编号或电缆表一起补充。

为了准确说明路径，考虑每根电缆的计算长度及电缆附件的要求，可给各个基准点以编码。

4. 接地平面图

接地平面图又称接地图或接地简图，是在总平面图的基础上绘制的。在接地平面图上，应示出接地极和接地母排的位置，同时要示出重要的接地元件（如变压器、电动机、断路器等）。接地简图还应示出接地导体，如有必要，可标出接地导体和接地极的尺寸或代号，以及连接方法和埋入或掘进深度。在电气照明接地平面图中，还可以示出照明保护系统，也可以在单独的照明保护图或照明保护简图中示出该系统。

8.4.3 室内设备布置图

室内设备布置图是图8-22给出的位置图的层次划分及分类第二层次的位置图。在它下面还有室内设备布置图、安装简图、线缆路由平面图和接地平面图。限于篇幅，本节详细介绍设备布置图和接地平面图，其余只做简略介绍。

1. 设备布置图

设备布置图的基础是建筑物图。电气设备的元件应采用图形符号或采用简化外形来表示。图形符号应大于元件的大概位置。

布置图不必给出元件间的连接关系信息，但要表示出设备之间的实际距离和尺寸等详细信息。有时，还要补充详图或说明，以及有关设备识别的信息和代号。如果没有室外设备布置图，建筑物外面的设施一般也尽可能示于此布置图中。

如图8-24所示是某控制室设备布置图，它示出了建筑物内一个安装层上的控制屏和辅助机框，并给出了距离和尺寸。图中示出的控制屏有W1、W2、W3和WMl、WM2，辅助机柜有WXl、WX2。屏柜安装时，通过设备升降机搬运。图8-24中，对支承结构必需的信息没有标出，可在另外的图中补充。

2. 安装简图

安装简图是同时表示元件位置及其连接关系的布置图。在安装简图中，必须表示出连接线的实际位置、路径、敷设线管等，有时还应示出设备元件以何种顺序连接的具体情况。

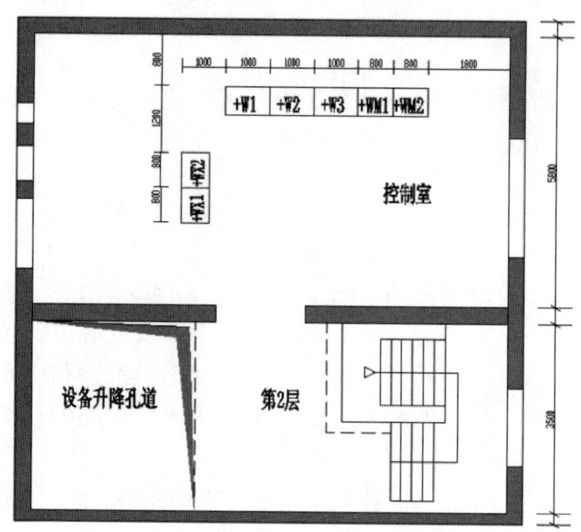

图 8-24　室内设备布置图示例

3. 电缆路由平面图

电缆路由平面图是以建筑物图为基础，表示电缆沟、导管、固定件等和实际电缆、电缆束的位置图。对复杂的电缆设施，为了有助于电缆铺设工作，必要时应补充上面提到的项目的代号。如果尺寸未标注，则应把尺寸连同元件表中的代号一起补充。

4. 接地平面图

如图8-25所示是建筑物内某控制室的接地平面图（也称作接地简图）。该接地简图主要用来配置控制室内的控制柜的导线布置。由图中可以清晰地看出使用的接地导线的类型（16mm^{2}绞合铜线）。控制柜分布在控制室两侧，图中接地导线沿墙四周铺设。接地导线与控制柜连接用压接方式连接（采用文字注释的方式）。图中还给出了接地线至相邻两层（地下室和第二层）的连接位置和连接方式等信息。

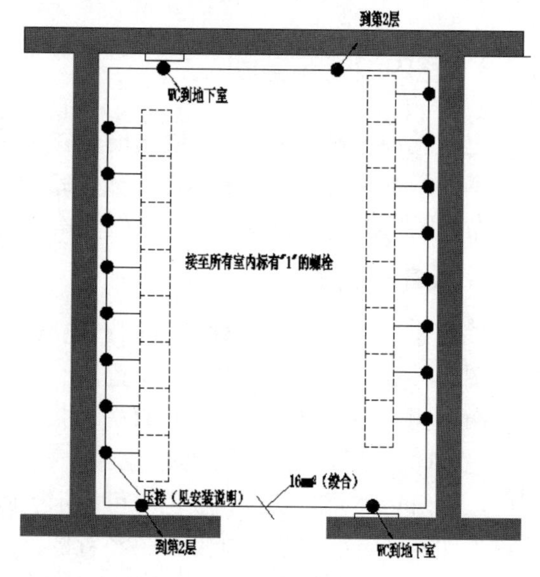

图 8-25　室内接地简图示例

由图8-25可以看出，接地简图是在建筑物图或其他建筑图的基础上绘制出来的，它应只包括一个接地系统。在接地简图上，应有以下内容：

- 接地电极和接地排以及主要接地设备和元件（如变压器、电动机、断路器、开关柜等）的位置。
- 接地导体型号及与接地设备的连接位置和方式等信息，固定导体的信息以及电极的安装方法。
- 在没有其他相应位置图描述位置关系的情况下（如设备布置图），应示出有关的尺寸。

8.4.4 装置内元器件布置图

1. 装配图

装配图是表示电气装置、设备及其组成部分的连接和装配关系的位置图。一般按比例绘制，也可按轴侧投影法、透视法或类似的方法绘制。装配图应示出所装零件的形状、零件与其被设定位置之间的关系和零件的识别标记。如果装配工作需要专用工具或材料，应在图上示出或加注释。

2. 布置图

最常见的电气布置图是各种配电屏、控制屏、继电器屏、电气装置的屏面或屏内设备和元件的布置图。在布置图上，通常以简化外形或其他补充图形符号的形式，示出设备上或某项目上一个装置中的项目和元件的位置，还应包括设备的识别和代号的信息。

常见的屏面布置图一般具有以下特点：

- 屏面布置的项目通常用实线绘制的正方形、长方形、圆形等框形符号或简化外形符号表示。为便于识别，个别项目也可采用一般符号。
- 符号的大小及其间距尽可能按比例绘制，但某些较小的符号允许适当放大绘制。
- 符号内或符号旁可以标注与电路图中相对应的文字代号，如仪表符号内标注 A、V 等代号，继电器符号内标注 KA、KV 等。
- 屏面上的各种设备，通常是从上至下依次布置指示仪表、继电器、信号灯、光字牌、按钮、控制开关和必要的模拟线路。

8.5 控制系统功能表图

控制系统功能表图是表示控制系统的作用和状态的一种表图。功能表图用规定的图形符号和文字叙述相结合的表述方法，全面描述控制系统（电气控制系统或非电控制系统，如气动、液压和机械的）或系统某些部分的控制过程、功能和特性，还可描述在不考虑具体执行过程的系统组成部分的技术特性的电气图。

8.5.1 功能表图的一般规定和表示方法

通常，一个控制系统可以分为两个相互依赖的部分，即被控系统和施控系统，因而功能表图分为被控系统功能表图、施控系统功能表图及整体控制系统功能表图三类。图8-26给出了控制系统表图的基本组成。

施控系统是接收来自操作者、过程等的信息并给被控系统发出命令的设备。它的输入包括来自操作者、前级施控系统的命令和被控系统的反馈信息，输出包括送往操作者和前级施控系统的信息及送至被控系统的命令。施控系统功能表图最为常用，尤其对独立系统更有用。

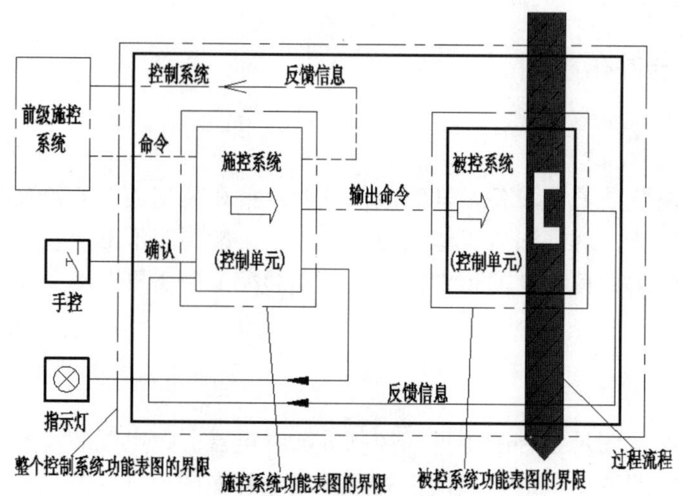

图 8-26 控制系统表图的基本组成

被控系统是执行实际过程的操作设备。它的输入由施控系统的输出命令和输入过程流程的参数组成，输出包括送至施控系统的反馈信息和在过程流程中执行的动作，以使该流程具有所要求的特性。被控系统功能表图通常用作操作设备设计的基础，还可用于绘制施控系统功能表图。

整体控制系统由施控系统和被控系统构成，把控制系统作为一个整体来描述，不具体给出施控系统和被控系统之间相互作用的内部细节。

有的分类把前级施控系统作为第三种功能表图特别给出。从严格意义上来讲，前级施控系统也算是一个整体控制系统，它的输入是来自施控系统的反馈信息，输出是送往施控系统的命令。

功能表图绘制遵循一定的规定和原则。在功能表图中，一个过程循环分解成若干个清晰的连续的阶段，称为“步”，步和步之间由“转换”分割。一个活动步能导致一个或数个命令和动作。步的活动状态的进展，表征了控制过程的发展，这种进展是由转换的实现来完成的。步之间进展有单序列、选择序列、并行序列等基本结构。功能表图主要采用“步”“命令”或“动作”“转换”“有向连线”等这些特定的图形符号和必要的文字说明来表示。表8-3给出了功能表图中常用的图形符号及其意义。

表 8-3 功能表图的图形符号及应用说明

名　　称	图形符号	说　　明
步	* 02	一般符号，“*”代表步的编号，“02”表示步 02（矩形的长宽比是任意的）
初始步	* 02	“*”代表步的编号，“02”表示初始步 02

（续表）

名　称	图形符号	说　明
命令或动作		一般符号，与步相连的公共命令或动作
命令或动作举例	02 打开3号阀	当步 02 活动时，3 号阀打开；当步 02 不活动时，3 号阀重新关闭
	02 a b c	表示步 02 活动时，同时执行动作 a、b、c
转换	*	一般符号，“*”给出转换条件，表示满足“*”条件下的前级步到后级步的实现
条件转换	a c b d 02 03	在满足左边电路的条件下（(a|c）&（b|d）=1；a、b、c、d 取值 0 或 1），步 02 向步 03 转换
有向连线		有向连线，箭头表示进展方向。在意义明确的情况下，可以不用箭头表示

8.5.2　功能表图应用举例

如图8-27所示是绕线式转子感应电动机操作过程功能表图。被控系统主要是电动机，施控系统主要由启动器、热继电器等开关类器件和保护装置等设备构成。被控系统和施控系统组成一整个控制系统来完成电机的“启动-转动-停止”操作过程。图8-27中，在步l和步3符号右侧用不加矩形框的文字表示状态，以示出同命令或动作的区别。

初始步1表示电动机没有启动，当接到起动命令时；初始步1转换到步2，步2是电动机的起动过程；步2向步3的转换条件设置为真，即为1，电动机转动，步3实现。电动机接到停止命令时，经过步4，转换到初始步1，电动机实现停转。

该功能表图是对绕线式转子感应电动机从起动到运转直到停止全过程的概述，其中每一个过程均可用更详细的功能表图描述。

例如，步2还可以分成更为详细的子步：启动风扇，启动油泵；闭合高压断路器，接通

“启动”指示信号；接通起动器；停止起动器，短接转子，拾起电刷；复位起动器；停止复位起动器，断开“启动”指示信号。图8-28给出了更为具体的功能表图。

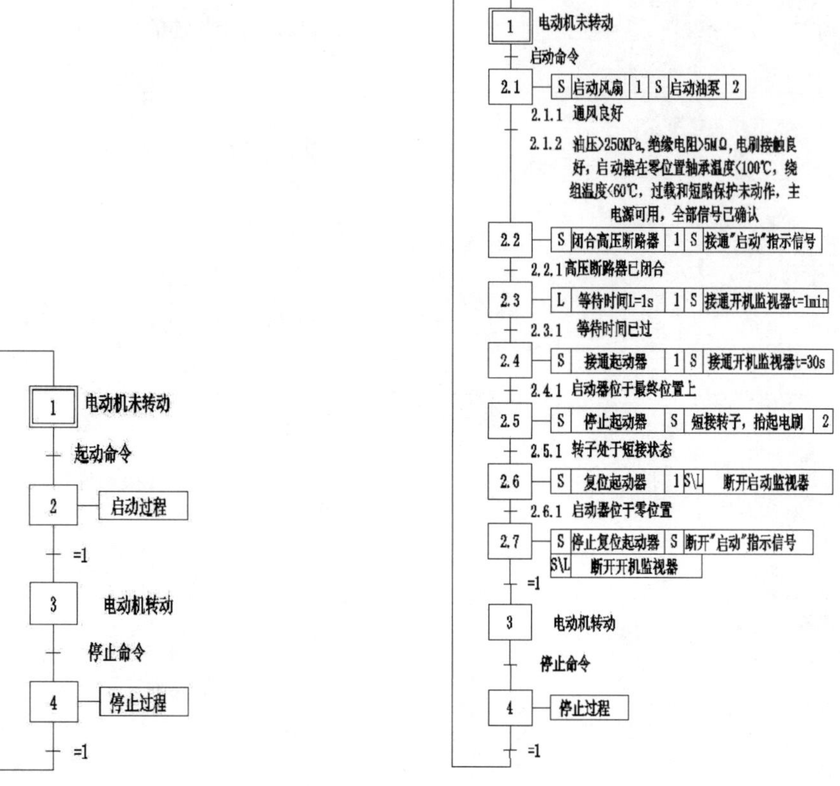

图 8-27　绕线式转子感应电动机操作过程功能表图

图 8-28　绕线式转子感应电动机操作过程详细的功能表图

每一子步中与步相连都有详细命令或动作符号，子步2.1的S表示二进制信号是“存储”型命令。子步2.3的L表示二进制信号X将不被存储，但被限制在一定时限内。在二进制信号命令中常用是还有D、DSL等。D表示非存储型但有“延迟”的命令；DSL表示二进制将被延迟、存储并被限制在一定的时限内。子步活动的进展由转换的实现来完成，并与控制过程的发展相对应。

第 9 章 建筑电气设计

导言

建筑电气设计是电气设计中的重要组成部分，它包括用电设备、配电线路、控制和保护设备三大部分。

本章主要介绍建筑电气设计的一些基础知识，建筑电气制图的基础以及如何使用AutoCAD 2021绘制建筑电气工程图，包括建筑电气设计基础、建筑电气制图、一般住宅的电气线路、平房住宅电气线路、高层住宅电气线路以及通信网络系统电气设计等内容。通过的本章内容的学习，希望读者可以掌握用AutoCAD 2021绘制基本建筑电气设计图。

9.1 建筑电气设计概述

了解建筑电气设计的基本过程是绘制出合格建筑电气工程图的基础，要掌握AutoCAD 2021基本建筑电气设计制图，首先必须了解建筑电气设计的基本知识。

9.1.1 建筑电气的设计过程

建筑电气的设计，从接受设计任务开始到设计工作全部结束，大致可以分为6个步骤。

1. 方案设计

对于大型复杂的民用建筑工程，其电气设计需要做设计方案，此阶段通常有以下具体工作：

- 接受电气设计任务。接受电气设计任务时，应先研究设计任务委托书，明确设计要求和内容。
- 收集资料。设计资料的收集，根据工程的规模和复杂程度，可以一次收集，也可以根据各设计阶段深度的需要而分期收集，一般需要收集的资料有：向当地供电部门收集相关资料，向当地气象部门收集相关资料，向当地电信部门收集相关资料，向当地消防部门收集相关资料。
- 确定负荷等级。根据有关设计规范，确定负荷的等级、建筑物的防火等级以及防雷等级；估算设备总容量（kW），即设备的计算负荷总量（kW），需要备用电源的设备总容量（kW）和设备计算总容量（kW）（对一级负荷而言）；配合建筑专业最后确定方案，即主要对建筑方案中的变电所的位置、方位等提出初步意见。

2. 初步设计

建筑方案经有关部门批准以后，即可进行初步设计。初步设计通常包括以下3方面的内容：

- 分析设计任务书和进行设计计算。详细分析研究建设单位的设计任务书和方案审查意见，以及其他有关专业的工艺要求与电气负荷资料，在建筑方案的基础上进行电气方案设计，并进行设计计算。
- 各专业间的设计配合。给排水、暖通专业应提供用电设备的型号、功率、数量以及在建筑平面图上的位置；向结构专业了解结构形式、结构布置图、基础的施工要求等；向建筑专业提出设计条件，即包括各种电气设备的用房位置、面积、层高及其他要求；向暖通专业提出设计条件。
- 编制初步设计文件。初步设计阶段应编制初步设计文件，初步设计文件一般包括图纸目录、设计图纸、主要设备表和概算。

3. 施工图设计

初步设计文件经有关部门审查批准之后，就可以进行施工图的设计。施工图设计阶段的主要工作有以下几个方面：

- 准备工作。检查设计的内容是否和相关的设计条件相符并且是否正确，进一步收集必要的技术资料。
- 设计计算。深入进行系统计算；进一步核对和调整计算负荷；进行各类保护计算：导线与设备的选择计算；线路与保护的配合计算；电压损失计算等。
- 各专业间的配合与协调。向建筑专业提供有关电气设备用房的平面布置图；向结构专业提供有关预留埋件或预留孔洞的条件图；向水暖专业了解各种用电设备的控制、操作、连锁要求等。
- 编制施工图设计文件。施工图设计一般由图纸目录、设计说明、设计图纸、主要设备及材料表、工程预算等组成。

4. 工程设计技术交底

电气施工图设计完成以后，在施工开始之前，设计人员应向施工单位的技术人员或负责人作电气工程设计的技术交底。主要介绍电气设计的主要意图，强调指出施工中应注意的事项，并解答施工单位提出的技术疑问，补充和修改设计文件中的遗漏和错误，并最后作为技术文件归档。

5. 施工现场配合

在按图进行电气施工的过程中，电气设计人员应常去现场帮助解决图纸上或施工技术上的问题，有时还要根据施工过程中出现的问题作一些设计上的变动，并以书面形式发出修改通知或修改图。

6. 工程竣工验收

设计工作的最后一步是组织设计人员、建设单位、施工单位及有关部门对工程竣工验收。电气设计人员应检查电气施工是否符合设计要求，即详细查阅各种施工记录，并现场查看施工质量是否符合验收规范，检查电气安装措施是否符合图纸规定，将检查结果逐项写入验收报告，并最后作为技术文件归档。

9.1.2 建筑电气的设计内容

建筑电气设计的内容一般包括强电设计和弱电设计两大部分：

- 强电设计。强电设计部分包括变配电、输电线路、照明电力、防雷与接地、电气信号及自动控制等项目。
- 弱电部分。弱电设计部分包括电话、广播、共用天线电视系统、火灾报警系统、防盗报警系统、空调及电梯控制系统等项目。

9.2 建筑电气制图

建筑电气工程图是工程师表达其设计意图的工程语言，是用于阐述建筑电气系统的工作原理、描述建筑电气产品的构成和功能、指导各种电气设备、电气线路的安装、运行、维护和管理的图纸；是编制建筑电气工程预算和施工方案，并用于指导施工的重要依据。它是沟通电气设计人员、安装人员、操作人员的工程语言，是进行技术交流不可缺少的重要手段。所以，建筑电气专业技术人员必须熟悉建筑电气工程图，掌握建筑电气工程图的基本知识，了解各种建筑电气图形符号，了解建筑电气图的构造、种类、特点。

9.2.1 建筑电气工程图的分类及组成

1. 建筑电气工程图的分类

建筑电气设备安装工程是建筑工程的有机组成部分，根据建筑物功能的不同，电气工程图的设计内容也不尽相同。通常可以分为内线工程和外线工程两大部分，如图9-1所示。

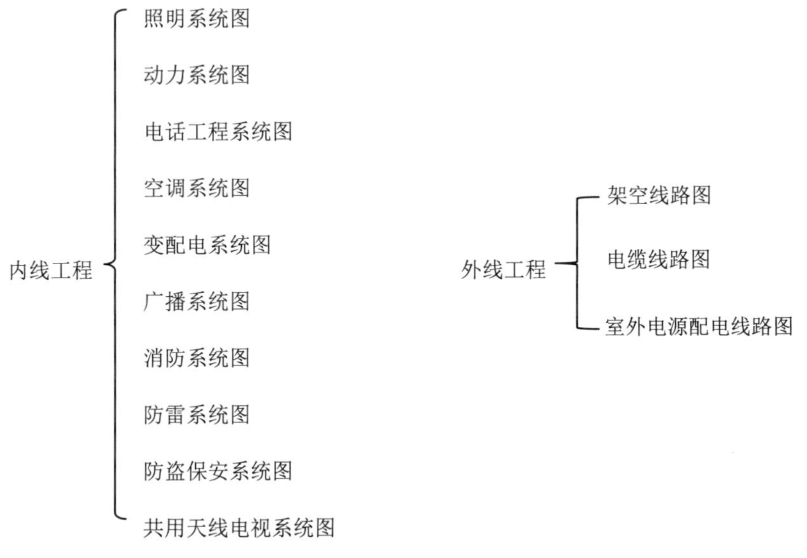

图 9-1 建筑电气工程图分类

2. 建筑电气工程图的组成

电气工程的规模不同，反映该项工程的电气工程图的种类和数量也是不同的。通常由以下几部分组成：

- 首页。首页内容包括电气工程图的目录、图例、设备明细表、设计说明等。图例是列出本套图纸设计的特殊图例。设备明细表只列出该项电气工程中主要电气设备的名称、型号、规格和数量等。设计说明主要阐述该电气工程设计的依据、基本思想与原则，补充图中未能表明的工程特点、安装方法、工艺要求、特殊设备的使用方法及其他使用与维护注意事项等。图纸首页的内容是需要认真阅读的。
- 电气系统图。电气系统图主要表示整个工程或其中某一项目的供电方式和电能输送之间的关系，有时也用来表示装置和主要组成部分的电气关系。
- 电气平面图。电气平面图是表示各种电气设备与线路平面布置位置的，是进行建筑电气设备安装的重要依据。电气平面图包括外线总电气平面图和各专业电气平面图。外线总电气平面图是以建筑总平面图为基础，绘出变电所、架空线路、地下电力电缆等的具体位置并注明有关施工方法的图纸。在有些外线总电气平面图中还注明了建筑物的面积、电气负荷分类、电气设备容量等。专业电气平面图包括动力电气平面图、照明电气平面图、变电所电气平面图、防雷与接地平面图等。专业电气平面图在建筑平面图的基础上绘制。由于电气平面图缩小的比例较大，因此不能表现电气设备的具体位置，只能反映电气设备之间的相对位置关系。
- 设备布置图。设备布置图是表示各种电气设备平面与空间的位置、安装方式及其相互关系的。通常由平面图、立面图、断面图、剖面图及各种构件详图等组成。设备布置一般都是按三面视图的原理绘制，与一般机械工程图没有原则性的区别。
- 电路图。电路图是表示某一具体设备或系统电气工作原理的，用来指导某一设备与系统的安装、接线、调试、使用与维护。
- 安装接线图。安装接线图是表示某一设备内部各种电气元件之间位置关系及接线关系的，用来指导电气安装、接线、查线。它是与电路图相对应的一种图。
- 大样图。大样图是表示电气工程中某一部分或某一部件的具体安装要求和做法的，其中有一部分选用的是国家标准图。
- 二次接线图。它表示电气仪表、互感器、继电器及其他控制回路的接线图。

9.2.2 建筑电气工程图中的图形符号和文字符号

电气工程中使用的元件、设置、装置、连接线很多，结构类型复杂，安装方法多种多样。因此，在电气工程图中，元件、设备、装置、线路及安装方法等，都要用图形符号和文字符号来表示。电气工程图中的文字和图形符号均按国家标准规定绘制。

9.2.3 建筑电气工程图的绘制步骤

建筑电气工程图包括建筑照明平面图、建筑弱电平面图、配电系统图、计量系统图、电话系统图、共用电视天线系统图等。这些图各有特点，又有较多相似之处。本小节通过介绍建筑照明平面图的一般绘制步骤，让读者了解建筑电气工程图的绘制步骤。

建筑照明平面图是在建筑平面图的基础上绘制的。具体步骤如下：

步骤01 绘图准备。建立新文件，设置图形工作界限，设置图层，设置线型。

步骤02 绘制轴线。绘制轴线，绘制轴线编号。

步骤03 绘制墙体和门窗。绘制墙线，开门洞、绘制或插入门图形块，开窗洞、绘制或插入窗图形块。

步骤04 绘制阳台、楼梯及室内设施。绘制阳台、楼梯，绘制室内设施，修改轴线。

步骤05 绘制照明图形。设置图层，绘制照明灯具，绘制照明配电设施，绘制特殊灯具，绘制插座，绘制开关，连接各个图块。

步骤06 标注。设置标注参数，标注尺寸，标注文字。

步骤07 图形整理。

步骤08 绘制图签。

9.3 绘制一般住宅的电气工程图

建筑电气工程图包括很多种类，由于篇幅有限，本章仅以一般住宅的照明电气线路图和电话工程系统图的详细绘制过程为例，介绍如何利用AutoCAD 2021进行建筑电气制图。

9.3.1 绘制照明电气线路图

电气图通常是在绘制好的建筑平面图的基础上绘制的。一般情况下，建筑平面图由相关专业提供，如果没有建筑平面图就需要自行绘制建筑平面图。

如图9-2所示，是某住宅照明平面图，建筑平面图是事先提供好的，所以本节重点介绍如何在建筑平面图上绘制照明电气线路，希望读者能举一反三，完成类似工程图的绘制。

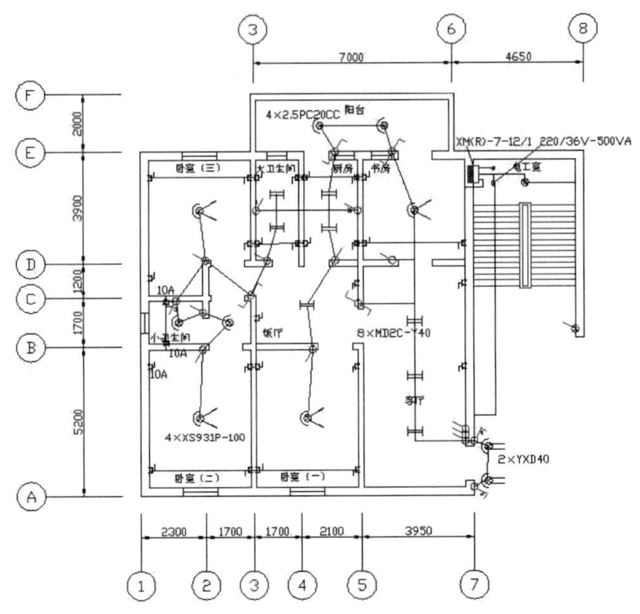

图 9-2　某住宅照明平面图

1. 准备工作

步骤 01 调用建筑平面图。单击“快速访问”工具栏上的“打开”按钮，弹出“选择文件”对话框，选择如图 9-3 所示的“住宅建筑平面图”文件，单击“打开”按钮，打开住宅建筑平面图，如图 9-4 所示。

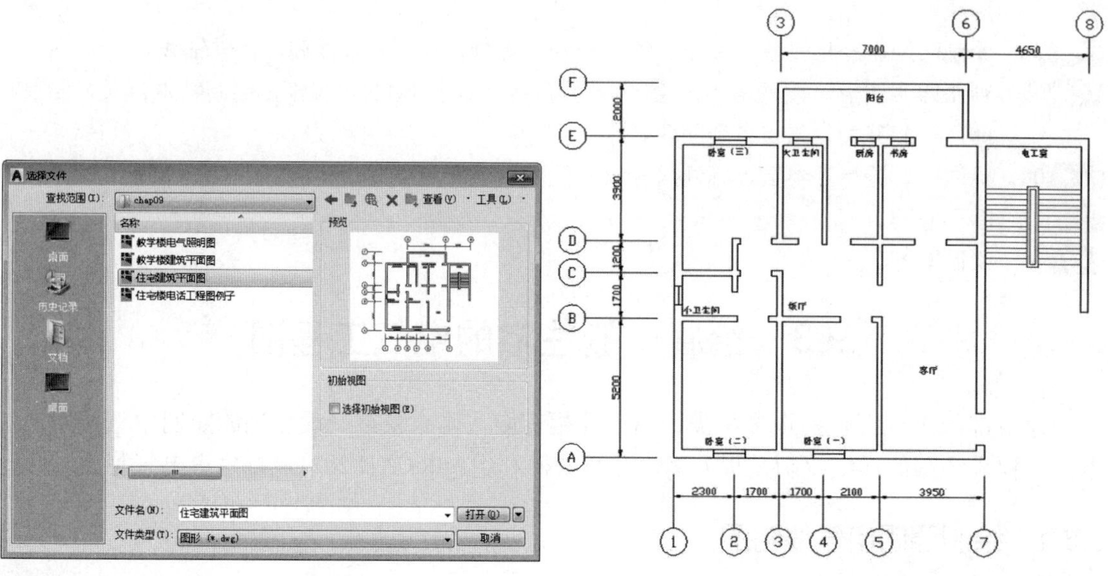

图 9-3 调用建筑平面图　　图 9-4 建筑平面图

步骤 02 另存图形。单击“快速访问”工具栏上的“另存为”按钮，弹出“图形另存为”对话框，如图 9-5 所示，将图形另存为“住宅照明电气图”，文件类型采用默认的“AutoCAD 2018 图形（*.dwg）。

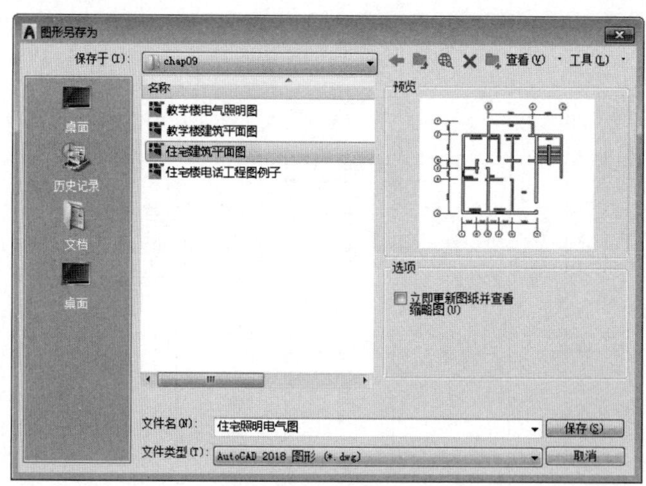

图 9-5 另存图形

步骤 03 设置图形工作界限。在命令行输入 LIMITS 后按 Enter 键，执行“图形界限”命令，设置图形界限，命令行提示如下：

```
命令：limits
重新设置模型空间界限
指定左下角点或[开（ON）/关（OFF）] <0.0000,0.0000> ：  //按Enter键，使用默认左下角点
指定右上角点<420.0000,297.0000>：                     //按Enter键，使用默认右上角点
```

执行“导航栏”上的“全部缩放”功能，将图形界限最大化显示。

步骤 04 设置图层。单击“默认”选项卡|“图层”面板上的“图层特性”按钮，打开“图层特性管理器”选项板，新建并设置每个图层，如图 9-6 所示。

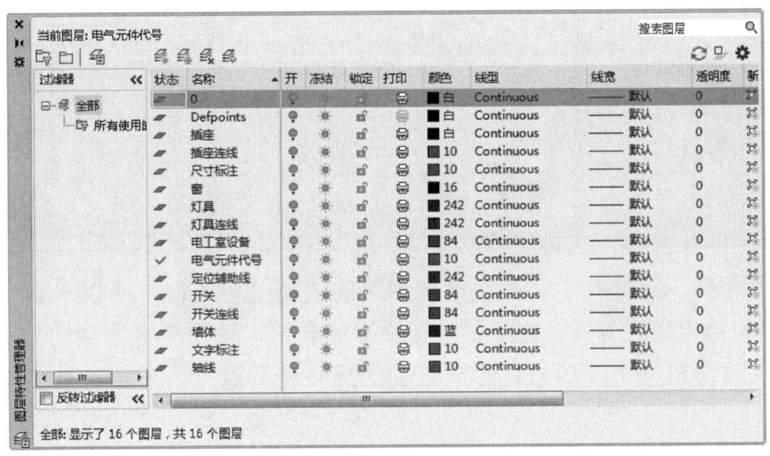

图 9-6　设置图层

步骤 05 捕捉设置。右击状态栏上“对象捕捉”按钮，在弹出的按钮菜单上选择“对象捕捉设置”选项，打开“草图设置”对话框，设置“对象捕捉”模式如图 9-7 所示。

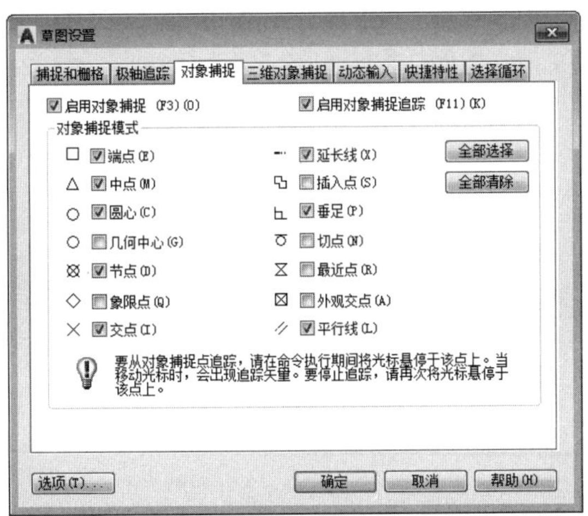

图 9-7　设置“对象捕捉”

2. 绘制照明设备图形块

在绘制住宅照明电气图的过程中，由于要绘制大量的灯具、开关和插座等电气设备，所以绘制住宅照明电气图的第一步就是将各种照明设备的图形制成图形块，在需要用的地方直接选择插入图形块。绘制图形块能大大减少绘制相同图形的重复工作，也便于以后的图纸修改。

在本例中将用到大量的图形块，所有有关本例用到的电气设备图形块说明，如表9-1所示。

表 9-1　电气元件图形说明

图　形	图形意义	图　形	图形意义	图　形	图形意义
	三相防爆插座	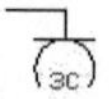	三相暗装插座	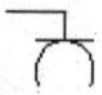	带保护接点的插座
	带指示灯的开关		普通开关		暗装开关
	单极限时开关	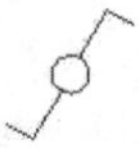	双控单极开关		防爆开关
	普通灯具		投光灯		二管荧光灯
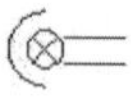	聚光灯		泛光灯		

由于图形块众多，篇幅有限，而很多图形块的绘制过程类似，所以本小节仅对两个典型图形块（泛光灯和单极限时开关）的绘制过程做详细介绍，对于图中用到的其他图形块，可参照这两种图形块的绘制方法，后面只给出它们的尺寸和基点，希望读者能够举一反三，掌握其绘制方法。

（1）灯具图形块的绘制（泛光灯的绘制）

在灯具图形块中，以泛光灯的绘制步骤最为复杂，也最具有代表性，下面就以绘制泛光灯图形块为例详细介绍如何制作灯具图形块。

步骤01 展开“默认”选项卡|“图层”面板上的“图层”下拉列表，设置当前图层为“灯具”。

步骤02 单击“默认”选项卡|“绘图”面板上的“圆”按钮，绘制半径为 1.25 的圆，效果如图 9-8 所示。

步骤03 单击“默认”选项卡|“绘图”面板上的“直线”按钮，命令行提示如下：

```
命令：line
指定第一点：                              //选择步骤（2）中圆的圆心作为直线起点
指定下一点或[放弃(U)]： @1.25<45          //指定直线的终点
指定下一点或[放弃(U)]：                   //按Enter键，结束直线命令
```

步骤04 单击“默认”选项卡|“绘图”面板上的“直线”按钮，命令行提示如下：

```
命令：line
指定第一点：                              //选择步骤（2）中圆的圆心作为直线起点
指定下一点或[放弃(U)]： @1.25<-45         //指定直线的终点
指定下一点或[放弃(U)]：                   //按Enter键，结束直线命令
```

步骤05 单击“默认”选项卡|“绘图”面板上的“直线”按钮，命令行提示如下：

```
命令：line
指定第一点：                              //选择步骤（2）中圆的圆心作为直线起点
指定下一点或[放弃(U)]： @1.25<135         //指定直线的终点
指定下一点或[放弃(U)]：                   //按Enter键，结束直线命令
```

步骤06 单击“默认”选项卡|“绘图”面板上的“直线”按钮╱，绘制完步骤（3）~步骤（6），效果如图 9-9 所示。命令行提示如下：

```
命令：line
指定第一点：                              //选择步骤（2）中圆的圆心作为直线起点
指定下一点或[放弃(U)]： @1.25<-135        //指定直线的终点
指定下一点或[放弃(U)]：                   //按Enter键，结束直线命令
```

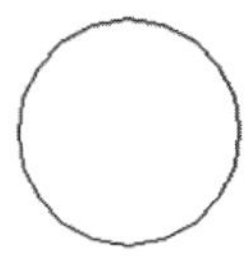

图 9-8　绘制圆

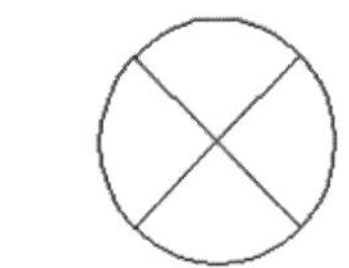

图 9-9　绘制圆内交叉直线

步骤07 单击“默认”选项卡|“绘图”面板上的“圆弧”按钮，命令行提示如下：

```
命令：arc
指定圆弧的起点或[圆心（C）]：c                //指定圆弧的圆心选择步骤（2）中圆心
指定圆弧的起点：2.5      //正交向上移动鼠标出现垂直的辅助线然后输入数值2.5，再按Enter键
指定圆弧的端点或[角度（A）/弦长（L）]：_a  //指定包含角180°，鼠标移动到基点左方后输入
数值180，再按Enter键完成绘制
绘制完圆弧效果如图9-10所示
```

步骤08 单击“默认”选项卡|“绘图”面板上的“多段线”按钮，命令行提示如下：

```
命令：pline
指定起点：                         //选择步骤（3）中直线终点即左上45°斜线与圆的交点
当前线宽为0.0000
指定下一个点或[圆弧（A）/半宽（H）/长度（L）/放弃（U）/宽度（W）]：@3<30  //指定第二点
坐标
指定下一个点或[圆弧（A）/闭合（C）/半宽（H）/长度（L）/放弃（U）/宽度（W）]：W  //选择
宽度设置
指定起点宽度<0.0000>：0.5                    //起点宽度设置为0.5
指定端点宽度<0.5000>：0                      //端点宽度设置为0
指定下一个点或[圆弧（A）/闭合（C）/半宽（H）/长度（L）/放弃（U）/宽度（W）]：@2<30
//指定第三点坐标
指定下一个点或[圆弧（A）/闭合（C）/半宽（H）/长度（L）/放弃（U）/宽度（W）]：//按Enter
键完成绘制
```

步骤09 单击“默认”选项卡|“绘图”面板上的“多段线”按钮，绘制完步骤（8）和步骤（9），效果如图 9-11 所示。命令行提示如下：

```
命令：pline
指定起点：//选择步骤（5）中直线终点即左下45°斜线与圆的交点
当前线宽为0.0000
指定下一个点或[圆弧（A）/半宽（H）/长度（L）/放弃（U）/宽度（W）]：@3<30
//指定第二点坐标
指定下一个点或[圆弧（A）/闭合（C）/半宽（H）/长度（L）/放弃（U）/宽度（W）]：W
//选择宽度设置
```

```
指定起点宽度<0.0000>：0.5          //起点宽度设置为0.5
指定端点宽度<0.5000>：0            //端点宽度设置为0
指定下一个点或[圆弧（A）/闭合（C）/半宽（H）/长度（L）/放弃（U）/宽度（W）]：@2<30
//指定第三点坐标
指定下一个点或[圆弧（A）/闭合（C）/半宽（H）/长度（L）/放弃（U）/宽度（W）]：
//按Enter键完成绘制
```

步骤 10 单击“默认”选项卡|“修改”面板上的“移动”按钮，选择移动对象为步骤（8）和步骤（9）中带箭头的直线，以其中一条的左端点为移动基点，向右水平移动，移动距离为 0.5，移动后效果如图 9-12 所示，完成泛光灯的绘制。

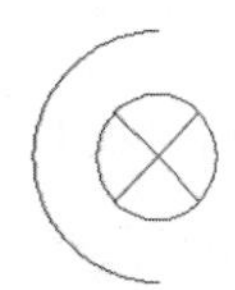
图 9-10　绘制圆弧

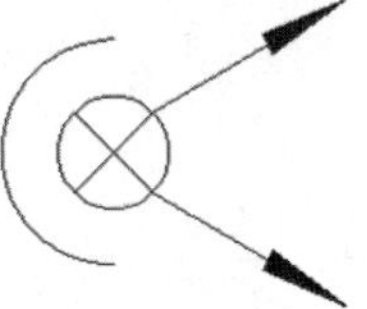
图 9-11　绘制箭头

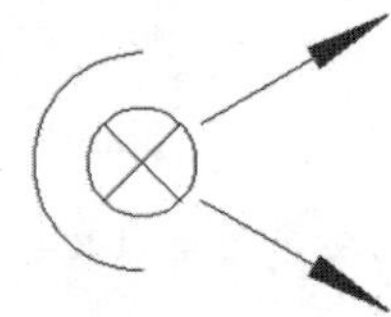
图 9-12　移动箭头

步骤 11 单击“默认”选项卡|“块”面板上的“创建”按钮，弹出“块定义”对话框，输入块名称为“泛光灯”。

步骤 12 单击“块定义”对话框中的“拾取点”按钮，如图 9-13 所示拾取步骤（2）所绘制图形的圆心作为块“泛光灯”的基点。

步骤 13 单击“块定义”对话框中的“选择对象”按钮，选择步骤（10）中移动箭头之后的图形。

步骤 14 块“泛光灯”在块编辑器中的效果如图 9-14 所示。

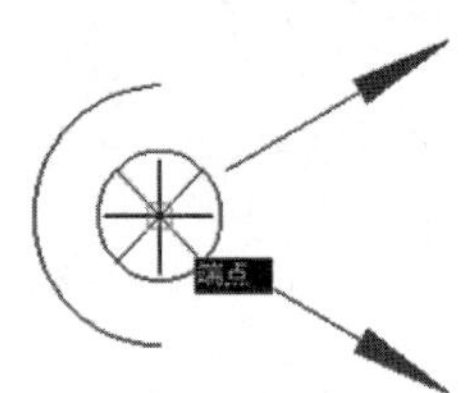

图 9-13　拾取块基点

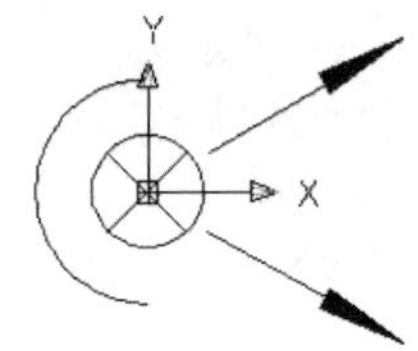

图 9-14　泛光灯块

（2）开关图形块的绘制（单极限时开关的绘制）

本例中用到的开关图形块都大同小异，下面也就仅介绍单极限时开关的绘制过程，读者可参照其绘制过程自行绘制其他开关图形块。

步骤 01 展开“默认”选项卡|“图层”面板上的“图层”下拉列表，设置当前图层为“开关”。

步骤 02 单击“默认”选项卡|“绘图”面板上的“圆”按钮，绘制半径为 1.25 的圆，效果如图 9-15 所示。

步骤 03 单击“默认”选项卡|“绘图”面板上的“直线”按钮，命令行提示如下：

```
命令：line
指定第一点：                      //选择步骤（2）中圆的圆心作为直线起点
指定下一点或[放弃(U)]： @5<60     //指定直线的终点
指定下一点或[放弃(U)]：            //按Enter键，结束直线命令，效果如图9-16所示
```

步骤04 单击“默认”选项卡|“修改”面板上的“修剪”按钮，修剪掉圆内的直线，效果如图 9-17 所示。

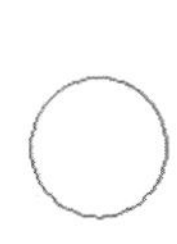

图 9-15　绘制圆

图 9-16　绘制直线

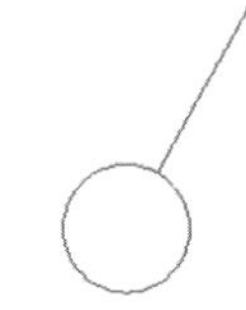

图 9-17　修剪圆内直线

步骤05 单击“默认”选项卡|“绘图”面板上的“直线”按钮，效果如图 9-18 所示。命令行提示如下：

```
命令：line
指定第一点:                          //选择步骤（4）中修剪好的直线右端点为起点
指定下一点或[放弃(U)]:  @2<-30       //指定直线的终点
指定下一点或[放弃(U)]:               //按Enter键，结束直线命令
```

步骤06 单击“默认”选项卡|“注释”面板上的“单行文字”按钮A，在步骤（5）绘制好的折线下方添加文字 t，文字高度设为 1，如图 9-19 所示。

步骤07 单击“默认”选项卡|“块”面板上的“创建”按钮，弹出“块定义”对话框，输入块名称为“单极限时开关”。

步骤08 单击“块定义”对话框中的“拾取点按”钮，如图 9-20 所示拾取步骤（2）绘制的圆心作为块“单极限时开关”的基点。

步骤09 单击“块定义”对话框中的“选择对象”按钮，选择步骤（2）~步骤（6）绘制好的图形。

步骤10 块“单极限时开关”在块编辑器中的效果如图 9-21 所示。

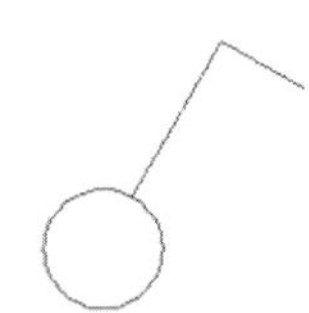

图 9-18　绘制折线

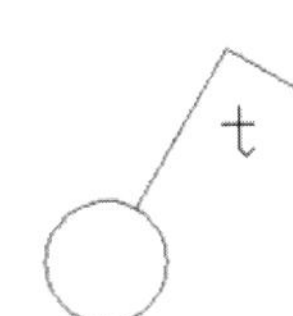

图 9-19　书写文字说明

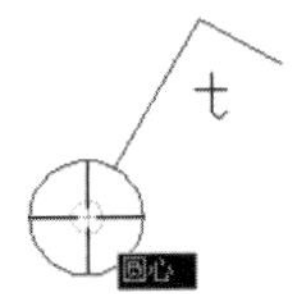

图 9-20　拾取块基点

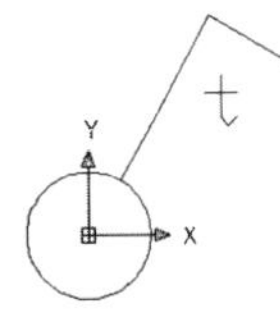

图 9-21　单极限时开关块

（3）其他图形块尺寸和效果图

前面已经绘制了具有代表性的电气元件的图形块，下面给出其他电气元件图形块的尺寸及其基点位置效果图，希望读者能自行绘制这些图形块。具体图形块尺寸和效果如表9-2所示。

表 9-2　其他电气元件图形块说明

名　称	基点位置（XY 坐标中心）	尺　寸
普通灯具	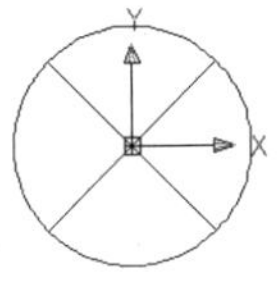 Y X	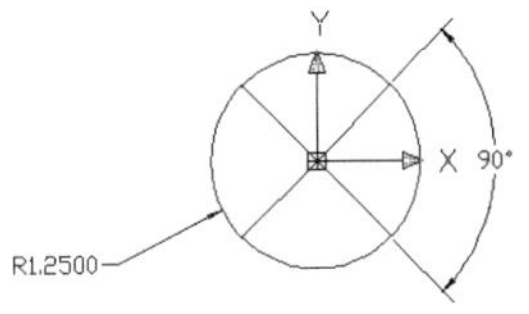 Y X 90° R1.2500

（续表）

名　　称	基点位置（XY 坐标中心）	尺　　寸
投光灯	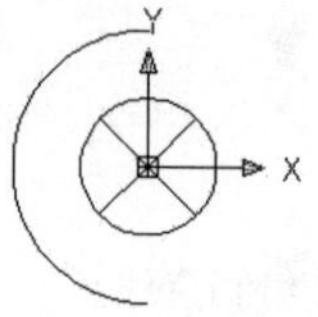 Y X	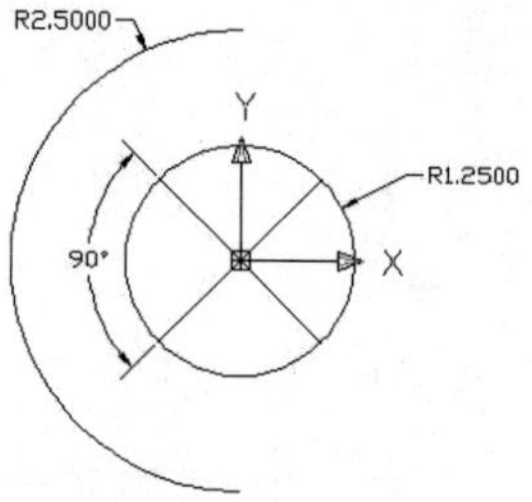 R2.5000 R1.2500 90° Y X
聚光灯	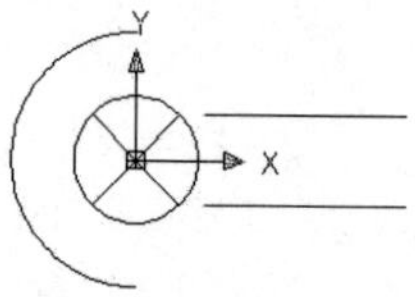 Y X	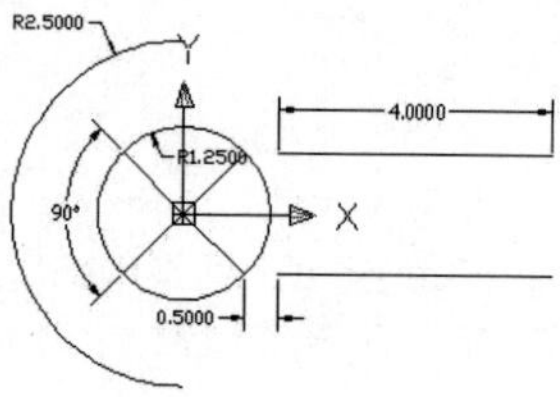 R2.5000 R1.2500 4.0000 90° 0.5000 Y X
二管荧光灯	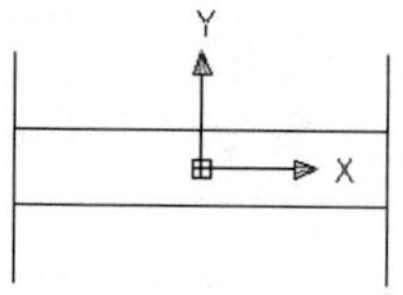 Y X	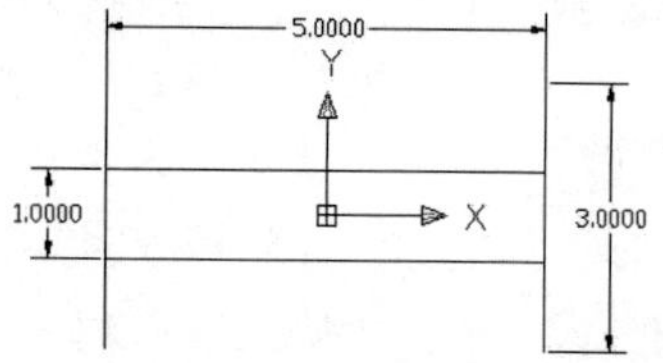 5.0000 1.0000 3.0000 Y X
带指示灯的开关	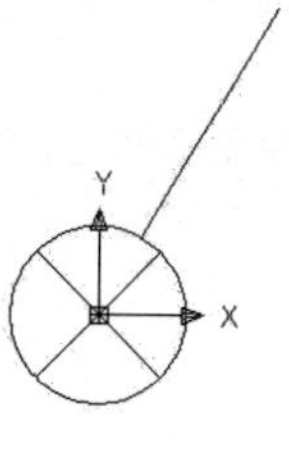 Y X	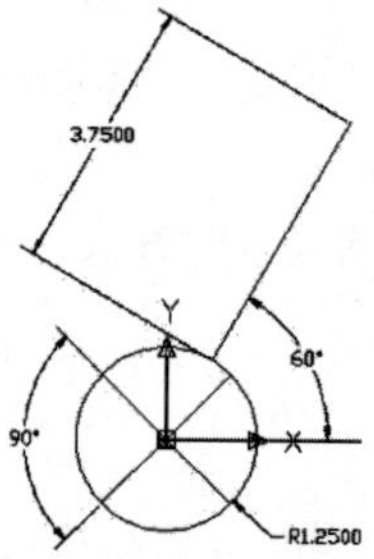 3.7500 60° 90° R1.2500 Y X
防爆开关	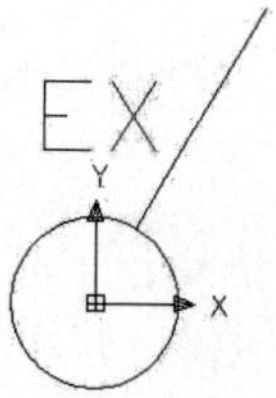 EX Y X	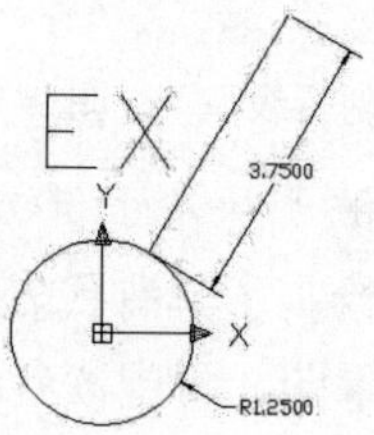 EX 3.7500 R1.2500 Y X
暗装开关	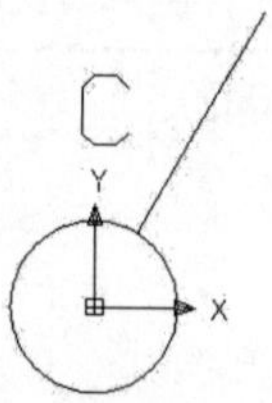 C Y X	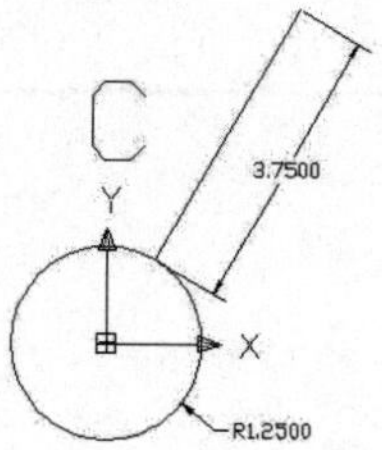 C 3.7500 R1.2500 Y X

（续表）

名　　称	基点位置（XY 坐标中心）	尺　　寸
双控单极开关	Y X	Y X 3.7500 2.0000 60° R1.2500 60° 2.0000 3.7500
带保护接点的插座	Y X	4.0000 2.0000 4.0000 R2.0000 X
三相暗装插座和三相防爆插座	Y X 3C （暗装）	4.0000 2.0000 4.0000 Y R2.0000 3EX X （防爆）
开关箱	Y X	Y 4.0000 X 6.0000 2.0000
开关箱手柄	Y X	Y X R0.5000 5.0000
低压变压器	Y X	Y R0.5000 X R0.5000 0.8000

3. 插入照明设备图形块

前面已经绘制好照明设备的电气元件图形块，下面将在建筑平面图中插入这些电气图形块，为了能快速、准确地插入图形块，可以先绘制一些定位辅助线，然后根据AutoCAD 2021的图形捕捉功能直接插入图形块。

（1）插入电工室设备

由于电工室的设备只有一个开关箱和一个低压变压器，开关箱可以通过捕捉墙线的端点来定位，而低压变压器又可以通过插入开关箱后定位，所以插入电工室设备就不需要绘制定位辅助线。具体插入设备的步骤如下：

步骤 01 展开“默认”选项卡|“图层”面板上的“图层”下拉列表，设置当前图层为“电工室设备”。

步骤 02 单击“默认”选项卡|“块”面板上的“插入块”按钮，在弹出的面板中单击选择如图 9-22 所示的“开关箱”图块。

步骤 03 返回绘图区，根据命令行的提示，以默认参数将图块插入到平面图中，如图 9-23 所示以电工室内墙线的左上端点为插入基点，插入“开关箱”图形块。

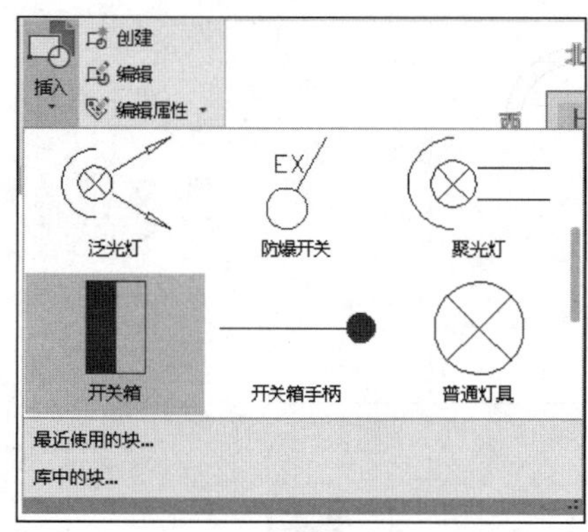

图 9-22　选择图块

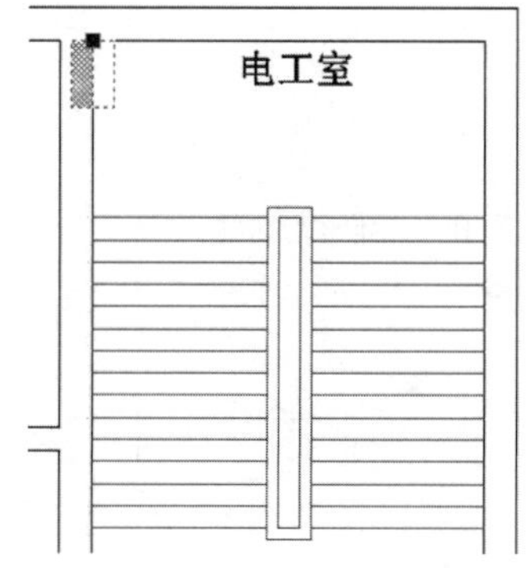

图 9-23　插入开关箱

步骤 04 单击“默认”选项卡|“修改”面板上的“移动”按钮，以“开关箱”块的基点为移动基点，正交地向下移动，移动距离为 1，移动后效果如图 9-24 所示。

步骤 05 单击“默认”选项卡|“块”面板上的“插入块”按钮，以开关箱的右上端点为插入基点，插入“开关箱手柄”块，如图 9-25 所示，插入块的参数设置与插入开关箱的设置相同。

步骤 06 单击“默认”选项卡|“修改”面板上的“移动”按钮，以“开关箱手柄”块的基点为移动基点，正交地向下移动，移动距离为 1，移动后效果如图 9-26 所示。

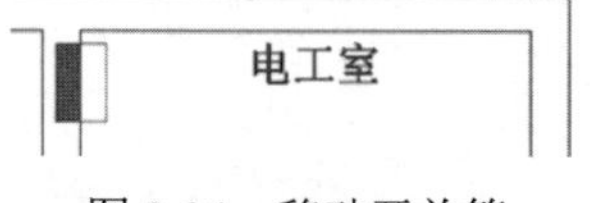

图 9-24　移动开关箱

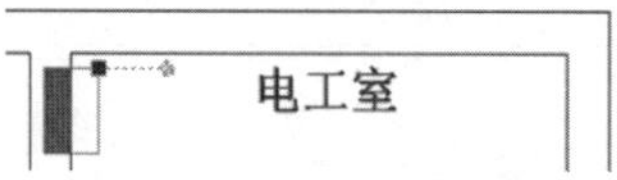

电工室

图 9-25　插入开关箱手柄

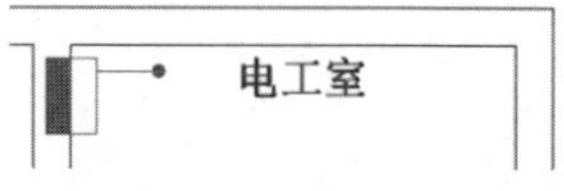

图 9-26　移动开关箱手柄

步骤 07 单击“默认”选项卡|“块”面板上的“插入块”按钮，以过开关箱的左下端点的水平辅助线和过开关箱手柄圆的圆心的竖直辅助线的交点为插入基点，插入“低压变压器”块，如图 9-27 所示，插入块的参数设置与插入开关箱的设置相同。

(2) 绘制泛光灯定位辅助线

由于灯具一般是放置在房间的中间，所以绘制的定位辅助线基本上是绘制房间的中线，然后通过捕捉辅助线的中点来插入灯具。下面首先介绍泛光灯定位辅助线的绘制过程。

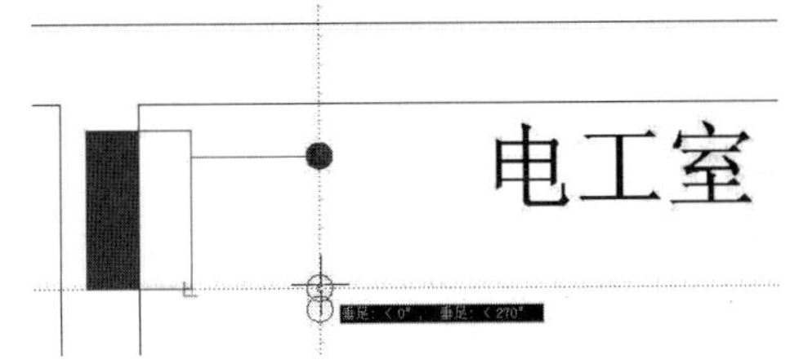

图 9-27　插入低压变压器

步骤 01 单击“默认”选项卡|“图层”面板上的“图层特性”按钮，打开“图层特性管理器”选项板，新建一个图层并命名为“灯具辅助线”，然后将其设置为当前层。

步骤 02 单击“默认”选项卡|“绘图”面板上的“直线”按钮，如图 9-28 所示捕捉卧室（一）左边内墙线的中点作为直线起点，如图 9-29 所示以到右边内墙线的垂足为终点，绘制水平直线作为灯具辅助直线。

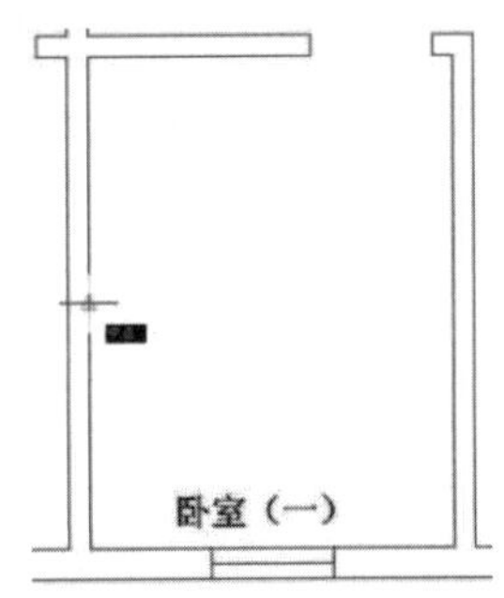

图 9-28　捕捉起点

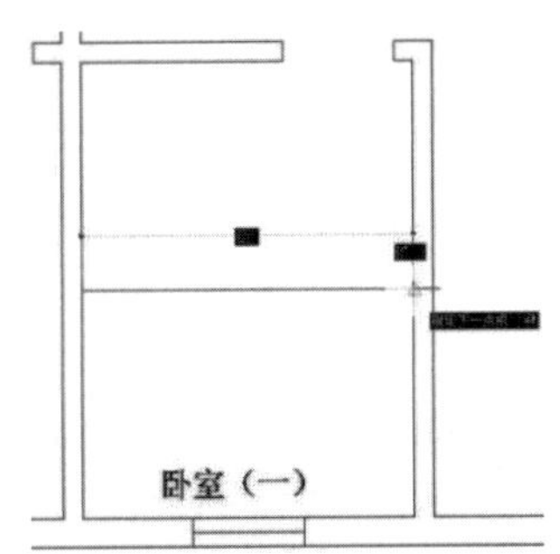

图 9-29　绘制水平直线

步骤 03 同步骤（2）方法一样，绘制卧室（二）、卧室（三）、大卫生间、小卫生间、厨房、书房和阳台的水平中线作为灯具定位辅助线，效果如图 9-30 所示。

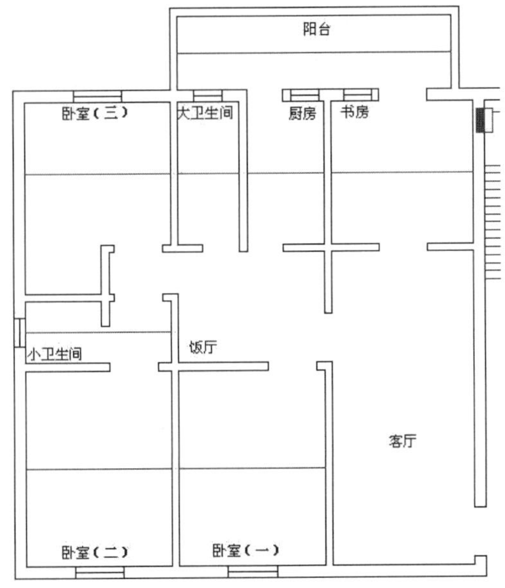

图 9-30　灯具定位辅助线

（3）插入泛光灯

由于前面已经绘制好了泛光灯的定位辅助线，下面将通过泛光灯定位辅助线插入泛光灯。

步骤 01 展开“默认”选项卡|“图层”面板上的“图层”下拉列表，设置当前图层为“灯具”。

步骤 02 单击“默认”选项卡|“块”面板上的“插入块”按钮，在弹出的面板中单击选择如图 9-31 所示的“泛光灯”图块。

步骤 03 返回绘图区，根据命令行的提示，以默认参数将图块插入到平面图中，如图 9-32 所示以灯具定位直线的中点为插入基点，在卧室（一）中插入泛光灯。

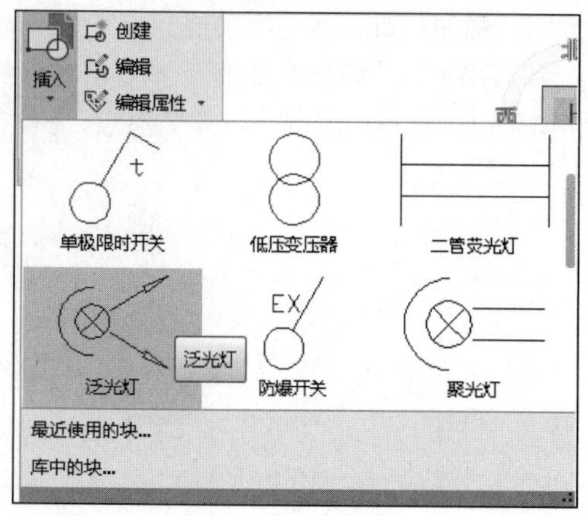

图 9-31　选择图块

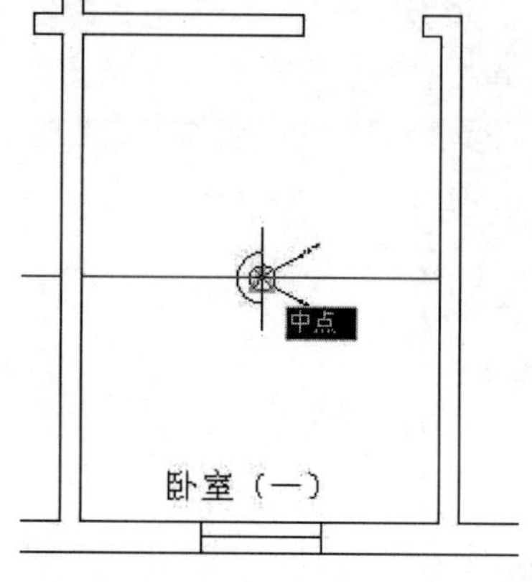

图 9-32　插入泛光灯

步骤 04 如同步骤（2）和步骤（3），在卧室（二）、卧室（三）和书房中插入泛光灯，效果如图 9-33 所示。

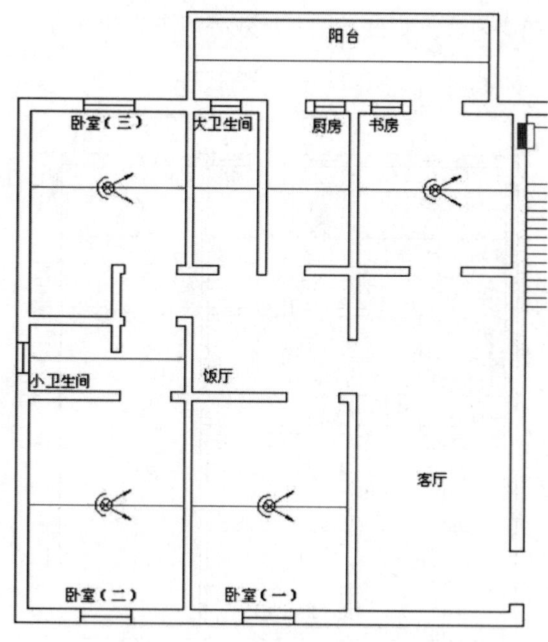

图 9-33　插入其他房间的泛光灯

（4）绘制其他灯具定位辅助线

步骤01 展开“默认”选项卡|“图层”面板上的“图层”下拉列表，设置当前图层为“定位辅助线”。

步骤02 单击“默认”选项卡|“绘图”面板上的“直线”按钮，如图 9-34 所示，捕捉“小卫生间”内墙线的端点并连接成两条斜对角线作为灯具的辅助直线。

步骤03 单击“默认”选项卡|“绘图”面板上的“直线”按钮，如图 9-35 所示，捕捉“饭厅”内墙线的端点并连接成斜对角线作为灯具的辅助直线。

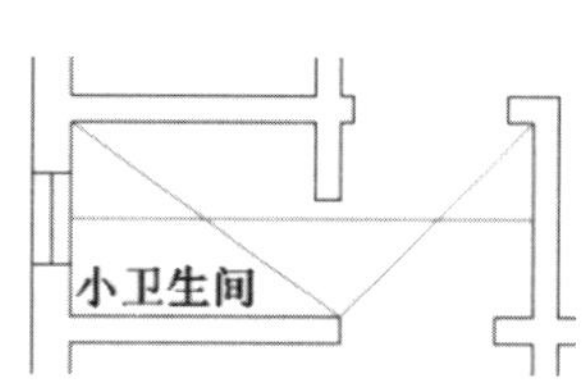

图 9-34　小卫生间灯具辅助线

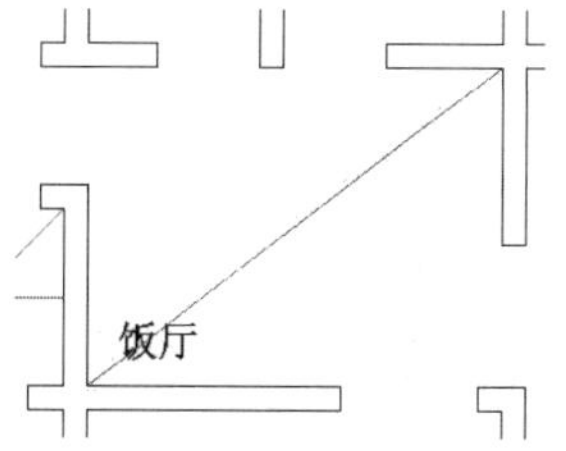

图 9-35　饭厅灯具辅助线

步骤04 单击“默认”选项卡|“绘图”面板上的“直线”按钮，如图 9-36 所示，捕捉“客厅”下面内墙线的中点为直线起点，正交向上绘制长为 77 的竖直中线作为灯具的辅助直线。

步骤05 单击“默认”选项卡|“绘图”面板上的“定数等分”按钮，选择等分对象为步骤（4）绘制的客厅中线，等分数为 4，如图 9-37 所示。

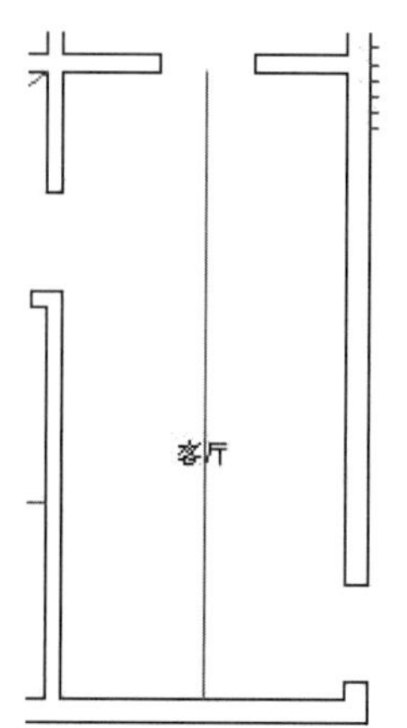

图 9-36　客厅灯具辅助线

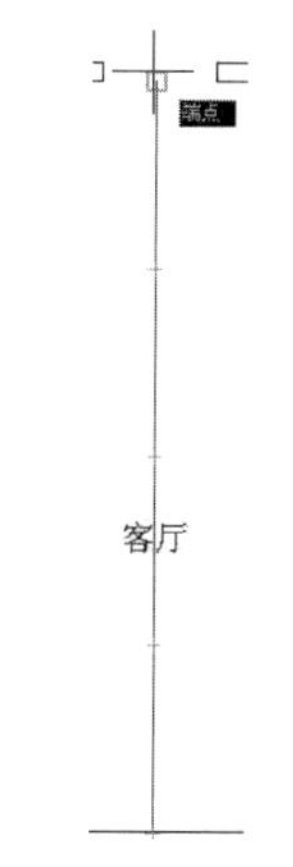

图 9-37　等分客厅灯具辅助线

步骤06 单击“默认”选项卡|“绘图”面板上的“定数等分”按钮，选择等分对象为阳台中线，等分数为 3，如图 9-38 所示。

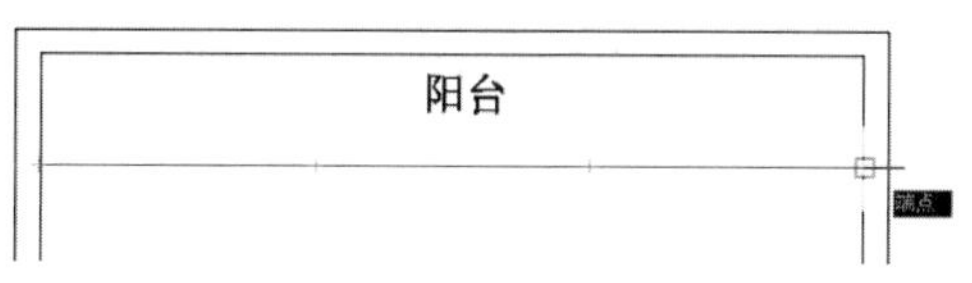

图 9-38　等分阳台灯具辅助线

步骤07 单击“默认”选项卡|“绘图”面板上的“直线”按钮，捕捉“大卫生间”上面内墙线的中点为直线起点，正交向下绘制长为 35 的竖直中线作为灯具辅助直线，然后单击“默认”选项卡|“绘图”面板上的“定数等分”按钮，选择等分对象为“大卫生间”中线，等分数为 3，效果如图 9-39 所示。

步骤 08 单击“默认”选项卡|“绘图”面板上的“直线”按钮，捕捉“厨房”上面内墙线的端点为直线起点，捕捉“厨房”下面内墙线的端点为直线终点，正交向下绘制长为 35 的直线作为灯具的辅助直线，然后单击“默认”选项卡|“绘图”面板上的“定数等分”按钮，选择等分对象为“厨房”定位辅助线，等分数为 3，效果如图 9-40 所示。

步骤 09 单击“默认”选项卡|“绘图”面板上的“直线”按钮，分别捕捉“客厅”门洞外墙线的两个端点为直线起点，绘制两条长为 5 的水平直线，效果如图 9-41 所示。

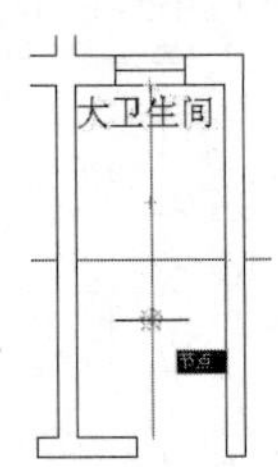

图 9-39 等分大卫生间灯具辅助线

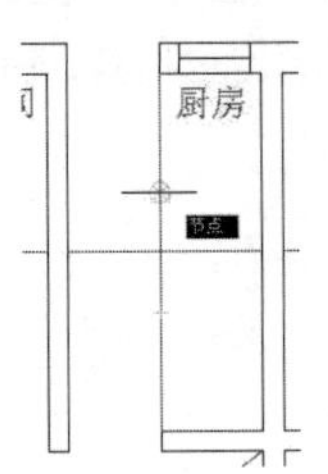

图 9-40 等分厨房灯具辅助线

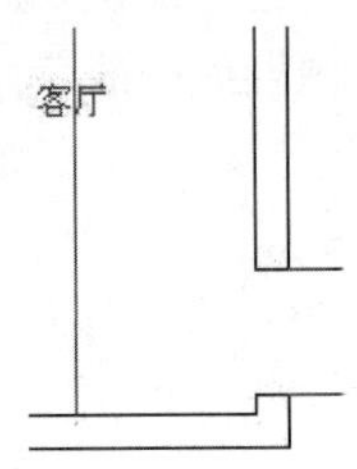

图 9-41 门厅灯具辅助线

（5）插入荧光灯

步骤 01 展开“默认”选项卡|“图层”面板上的“图层”下拉列表，设置当前图层为“灯具”。

步骤 02 单击“默认”选项卡|“块”面板上的“插入块”按钮，插入“二管荧光灯”图形块，其他参数设置同插入泛光灯。

步骤 03 如图 9-42 所示，以灯具定位直线的等分点为插入基点，在客厅中插入荧光灯。

步骤 04 单击“默认”选项卡|“块”面板上的“插入块”按钮，插入“二管荧光灯”图形块，其他参数设置同插入泛光灯。

步骤 05 如图 9-43 所示，以灯具定位直线的中点为插入基点，在饭厅中插入荧光灯。

步骤 06 同步骤（4）和步骤（5），在厨房和大卫生间的灯具辅助线等分点插入二管荧光灯，效果如图 9-44 所示。

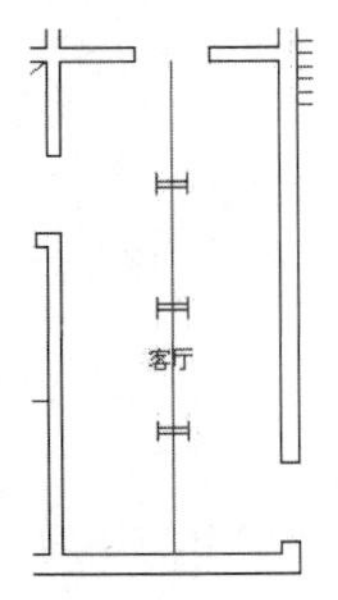

图 9-42 插入客厅二管荧光灯

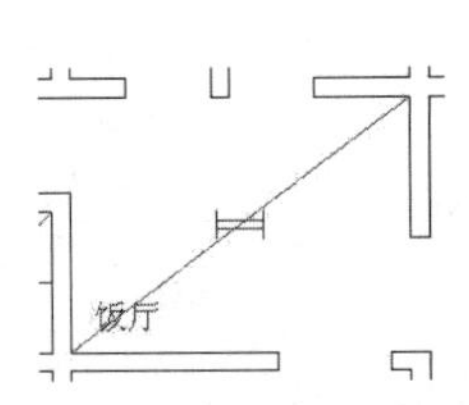

图 9-43 插入饭厅二管荧光灯

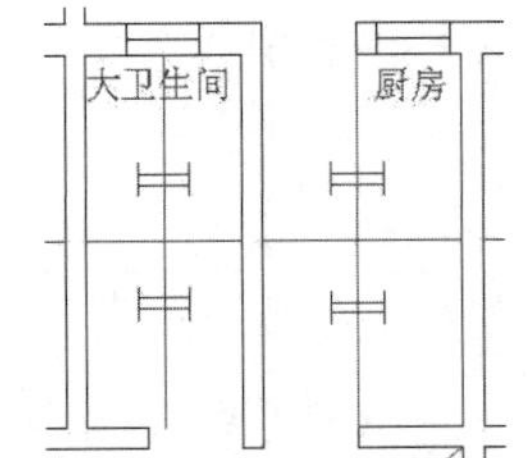

图 9-44 插入大卫生间和厨房二管荧光灯

（6）插入投光灯

步骤 01 单击“默认”选项卡|“块”面板上的“插入块”按钮，选择“投光灯”图形块，其他参数设置同插入泛光灯。

步骤 02 如图 9-45 所示，以灯具定位直线的等分点为插入基点，在阳台中插入投光灯。

步骤 03 如图 9-46 所示，以小卫生间水平中线和两斜对角线的交点为插入基点，插入投光灯。

（7）插入聚光灯

步骤01 单击“默认”选项卡|“块”面板上的“插入块”按钮，选择“聚光灯”图形块，其他参数设置同插入泛光灯。

步骤02 如图 9-47 所示，分别以灯具定位直线的右端点为插入基点，在门厅中插入两个聚光灯。

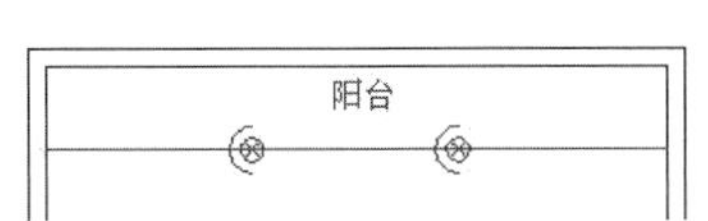

图 9-45 插入阳台投光灯

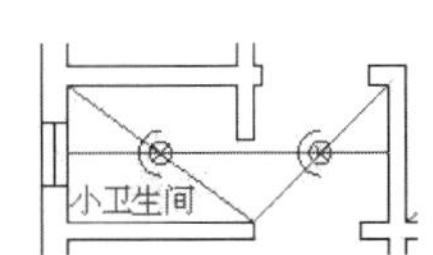

图 9-46 插入小卫生间投光灯

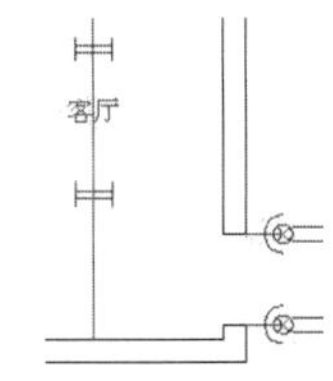

图 9-47 插入门厅聚光灯

步骤03 单击“默认”选项卡|“修改”面板上的“删除”按钮，删除灯具定位辅助线，灯具效果如图 9-48 所示。

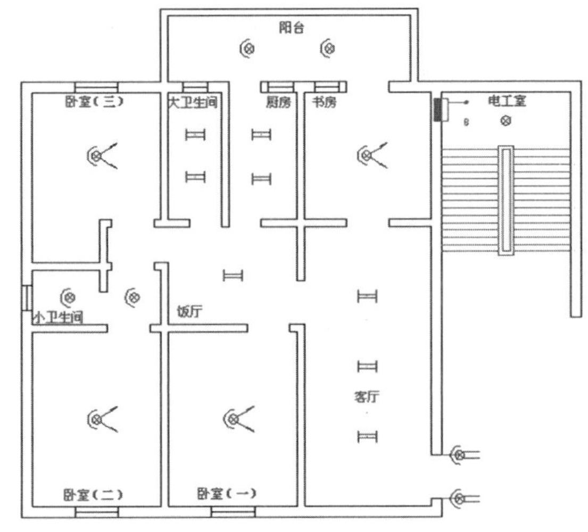

图 9-48 插入灯具后整体效果

（8）绘制开关定位辅助线

由于开关一般是放置在房间的门洞附近，所以绘制定位辅助线时，是先绘制和门洞的一段墙线重合的直线，然后再移动。下面将介绍开关定位辅助线的详细绘制过程。

步骤01 展开“默认”选项卡|“图层”面板上的“图层”下拉列表，设置当前图层为“定位辅助线”。

步骤02 单击“默认”选项卡|“绘图”面板上的“直线”按钮，如图 9-49 所示，捕捉“卧室（一）”门洞墙线的端点并连接。

步骤03 单击“默认”选项卡|“修改”面板上的“移动”按钮，将步骤（2）连接的直线向左水平移动，移动距离为 2，效果如图 9-50 所示。

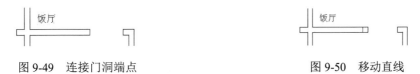

图 9-49 连接门洞端点　　图 9-50 移动直线

步骤 04 在其他房间的门洞绘制开关定位辅助线，具体操作同步骤（2）和步骤（3），最终效果如图 9-51 所示。

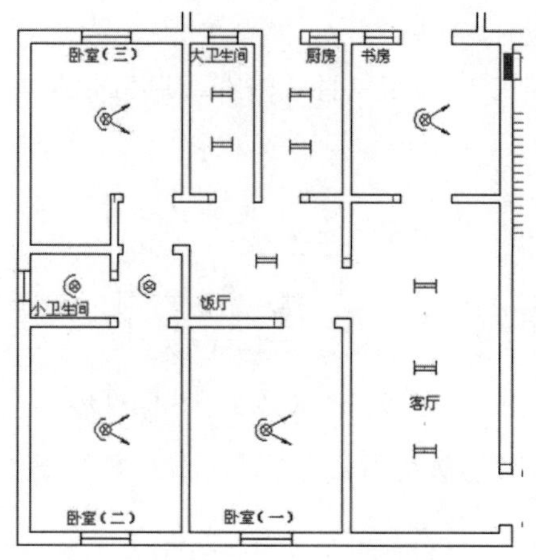

图 9-51　绘制开关定位辅助线

步骤 05 单击“默认”选项卡|“绘图”面板上的“直线”按钮，如图 9-52、图 9-53 和图 9-54 所示，绘制“小卫生间”“大卫生间”和“厨房”的中线作为开关的辅助线。

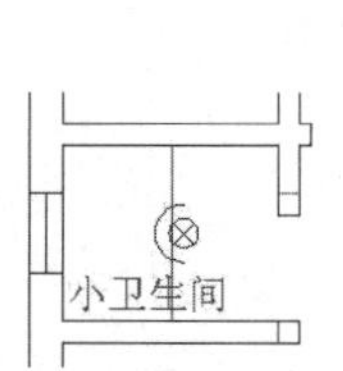

图 9-52　小卫生间开关辅助线图

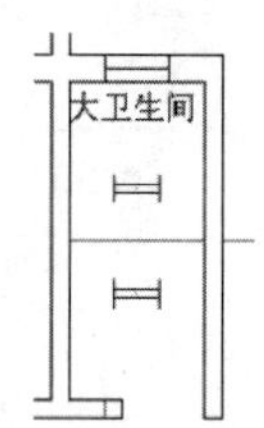

图 9-53　大卫生间开关辅助线

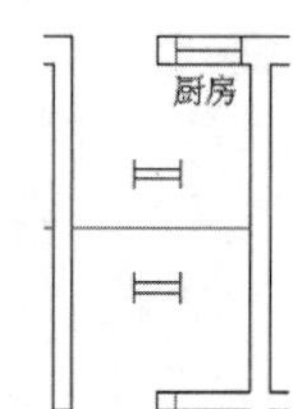

图 9-54　厨房开关辅助线

（9）插入开关

步骤 01 展开“默认”选项卡|“图层”面板上的“图层”下拉列表，设置当前图层为“开关”。

步骤 02 单击“默认”选项卡|“块”面板上的“插入块”按钮，插入“普通开关”图块，参数设置如插入灯具一样，就不详细叙述。

步骤 03 把开关定位辅助线和内墙线的交点作为插入基点，如图 9-55 所示，插入普通开关（由于不要求精确方向，拖动鼠标将开关旋转适当角度即可）。

步骤 04 如图 9-56 所示，在门厅位置将定位辅助线和普通开关正交向上复制两份，相隔距离为 2。

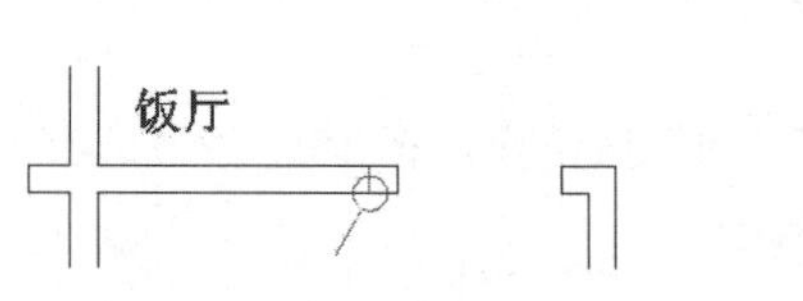

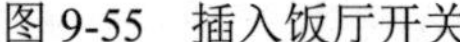
图 9-55　插入饭厅开关

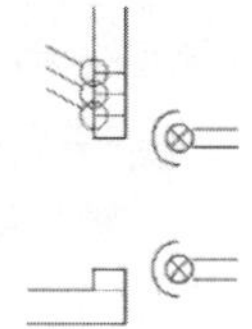

图 9-56　插入门厅开关

步骤 05 在其他位置依次插入各种开关，然后单击“默认”选项卡|“修改”面板上的“删除”按钮，删除开关定位辅助线，整体效果如图 9-57 所示。

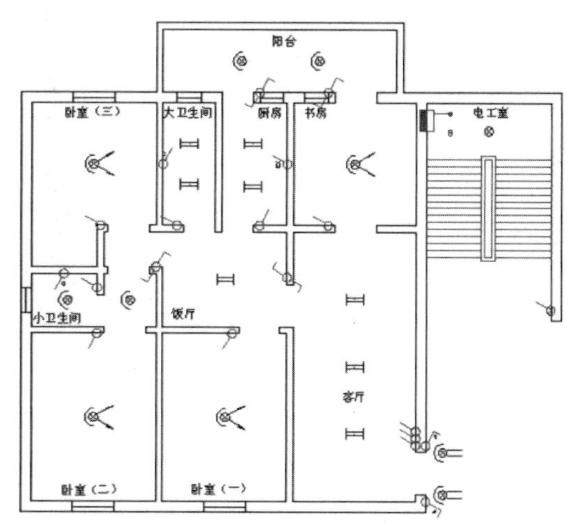

图 9-57　插入开关后整体效果

（10）绘制插座定位辅助线

由于房间的插座比较多且具有一定的对称性，所以利用正交绘制直线方式能快速绘制不同房间的定位辅助线。插座定位辅助线的详细绘制过程如下。

图 9-58　连接墙线端点

图 9-59　下移墙线端点连线

步骤01 展开“默认”选项卡|“图层”面板上的“图层”下拉列表，设置当前图层为“定位辅助线”。

步骤02 单击“默认”选项卡|“绘图”面板上的“直线”按钮，如图 9-58 所示，连接墙线两个端点。

步骤03 单击“默认”选项卡|“修改”面板上的“移动”按钮，将步骤（2）连接的直线正交向下移动，移动距离为 6，效果如图 9-59 所示。

步骤04 同步骤（2）和步骤（3），在各个房间的其他位置绘制插座定位辅助线，效果如图 9-60 所示。

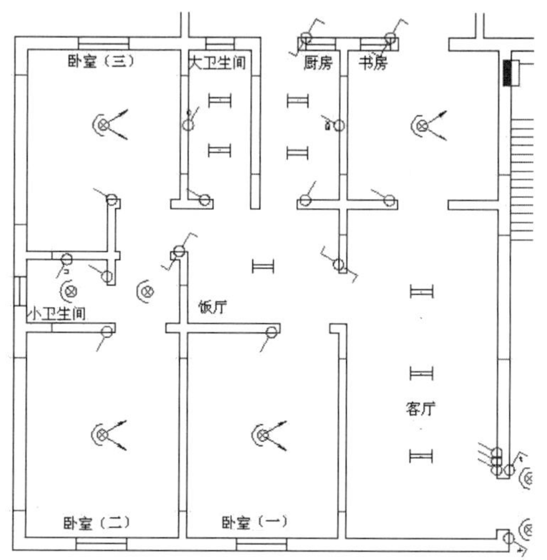

图 9-60　绘制插座定位辅助线

（11）插入插座

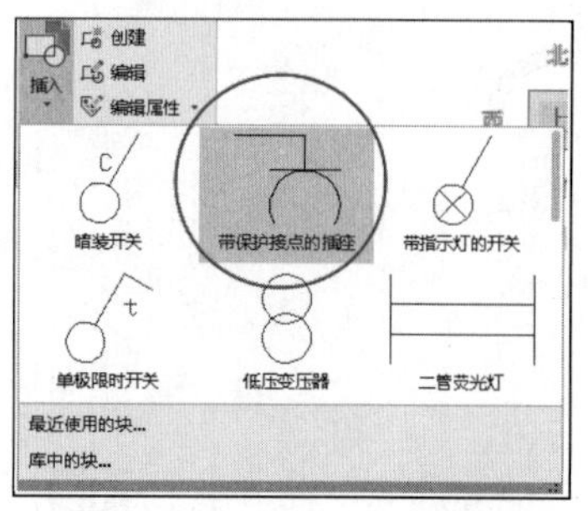

图 9-61　插入插座图形块

步骤01 展开“默认”选项卡|“图层”面板上的“图层”下拉列表，设置当前图层为“插座”。

步骤02 单击“默认”选项卡|“块”面板上的“插入块”按钮，在弹出的面板中单击选择如图 9-61 所示的图块。

步骤03 返回绘图区在命令行提示下设置缩放比例，以插座定位直线的右端点为插入基点，在卧室（一）中插入带保护接点的插座。命令行提示如下：

```
命令：_-INSERT
输入块名或 [?]：带保护接点的插座　单位：毫米　　转换：　　1.0000
指定插入点或 [基点(B)/比例(S)/X/Y/Z/旋转(R)/分解(E)/重复(RE)]：　　　//s Enter
指定 XYZ 轴的比例因子 <1>:　　　　　　　　　　　　　　　　　　　　　　//0.5 Enter
指定插入点或 [基点(B)/比例(S)/X/Y/Z/旋转(R)/分解(E)/重复(RE)]：//以插座定位直线的右端点为插入基点，结果如图9-62所示
```

步骤04 单击“默认”选项卡|“修改”面板上的“旋转”按钮，将插座块旋转–90°，效果如图 9-63 所示。

步骤05 同步骤（2）~步骤（4），如图 9-64 所示，在“小卫生间”插入三相暗装插座和三相防爆插座。

步骤06 同步骤（2）~步骤（4），如图 9-65 所示，在“大卫生间”和“厨房”插入三相暗装插座和三相防爆插座。

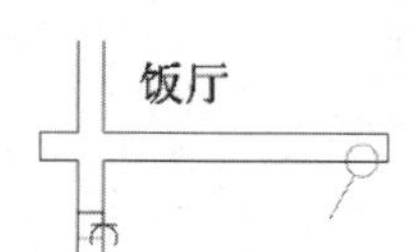

图 9-62　插入带保护接点的插座

图 9-63　旋转插座

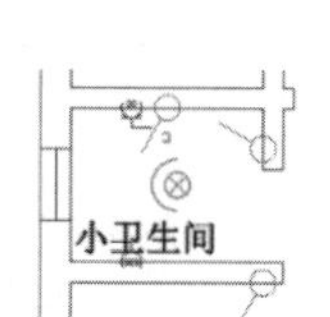

图 9-64　插入小卫生间插座

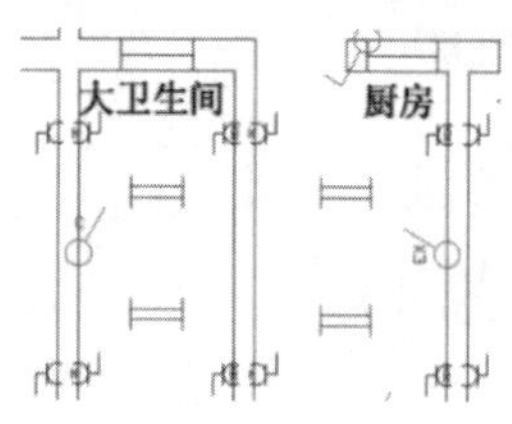

图 9-65　插入大卫生间和厨房插座

步骤07 在其他位置依次插入各种插座，然后单击“默认”选项卡|“修改”面板上的“删除”按钮，删除插座定位辅助线，整体效果如图 9-66 所示。

4. 在照明电气元件之间连线

前面已经插入完所有的电气元件，下面开始在各种电气元件之间连接导线，为减少失误造成工作重复，应该按照逐个房间的顺序逐条绘制。

步骤01 展开“默认”选项卡|“图层”面板上的“图层”下拉列表，设置当前图层为“灯具连线”。

步骤02 单击“默认”选项卡|“绘图”面板上的“直线”按钮，如图 9-67 所示连接灯具、开关和插座。

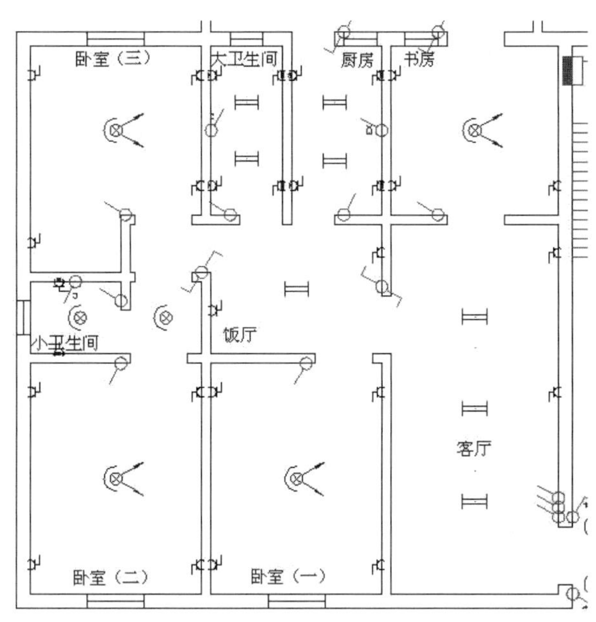

图 9-66　插入其他房间插座后整体效果

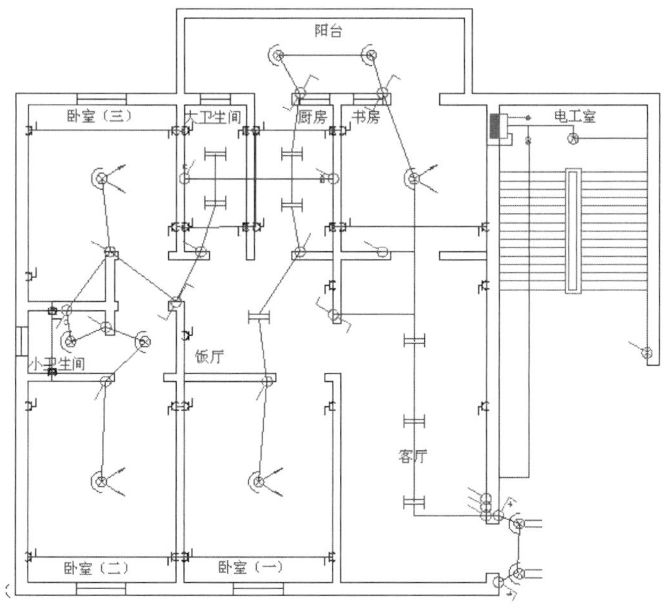

图 9-67　连接电气元件导线后整体效果

5. 标注元件代号

电气元件代号是照明电气图的重要组成部分，在连接完所有导线后，下面将标注各种电气元件代号。

由于在设置绘图环境时未设置合适的文字样式，现在需要进行补充设置。

步骤 01 展开“默认”选项卡|“图层”面板上的“图层”下拉列表，设置当前图层为“电气元件代号”。

步骤 02 单击“默认”选项卡|“注释”面板上的“文字样式”按钮，弹出“文字样式”对话框。

步骤 03 单击“文字样式”对话框中的“新建”按钮新建(N)...，弹出如图 9-68 所示的对话框，输入“样式名”为“电气标注”。

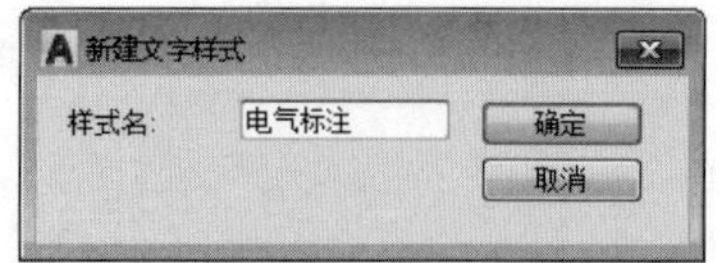

图 9-68 “新建文字样式”对话框

步骤 04 将“电气标注”文字样式中的字体设为“仿宋”，高度选择默认高度值 0，宽度因子选择默认宽度比 1，然后单击“文字样式”对话框中的“应用”按钮应用(A)完成文字样式的设置。

步骤 05 在“文字样式”对话框中选择刚设置的“电气标注”，然后单击“置为当前”按钮，将其设置为当前文字样式。

步骤 06 单击“注释”选项卡|“文字”面板上的“多行文字”按钮A，根据命令行的提示分别在图中指定第一角点和第二角点（可在图中空白位置单击，等输入完后再调整），弹出“文字编辑器”选项卡面板，然后设置文字样式、字体、字高等参数，如图 9-69 所示。

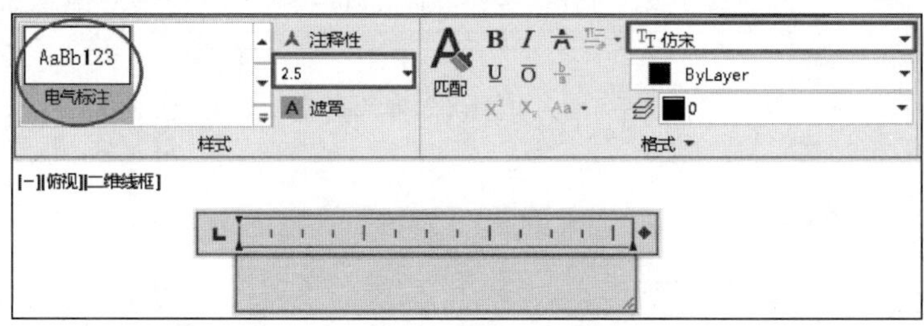

图 9-69 设置文字格式

步骤 07 给图中各个电气元件标注代号，并单击“默认”选项卡|“修改”面板上的“移动”按钮，适当调整代号的位置，最终效果如图 9-70 所示。

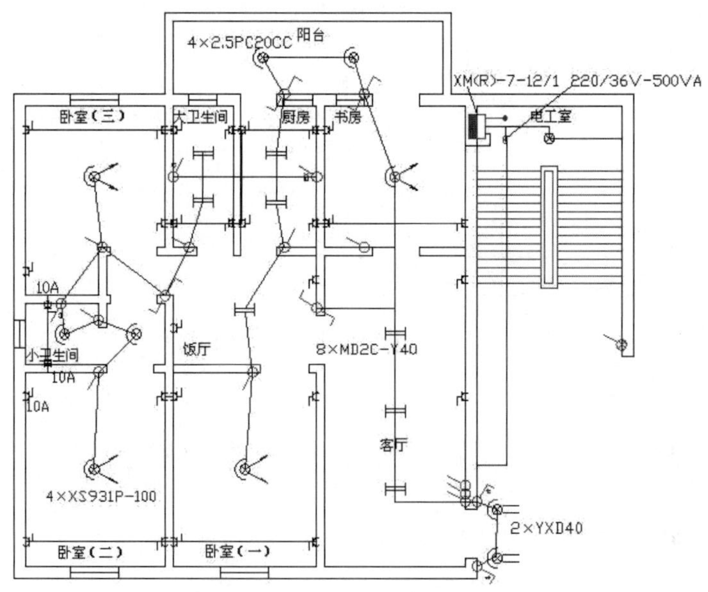

图 9-70 标注电气元件代号

9.3.2 绘制电话系统工程图

共用电视天线、电话、有线广播以及综合布线系统是现代建筑中应用比较多的弱电系统，本小节以电话系统工程图的详细绘制过程为例，介绍建筑电气绘图中的弱电系统图的绘制。

住宅楼电话系统一般由以下几个部分组成：引入（进户）电缆管路；交接设备或总配线设备；上升电缆管路；楼层电缆管路；配线设备，如电缆接头箱、过路箱、分线盒、用户出线盒等。

如图9-71所示，是某住宅楼电话系统工程图，本小节将逐步介绍其绘制过程，希望读者能举一反三，完成类似工程图的绘制。

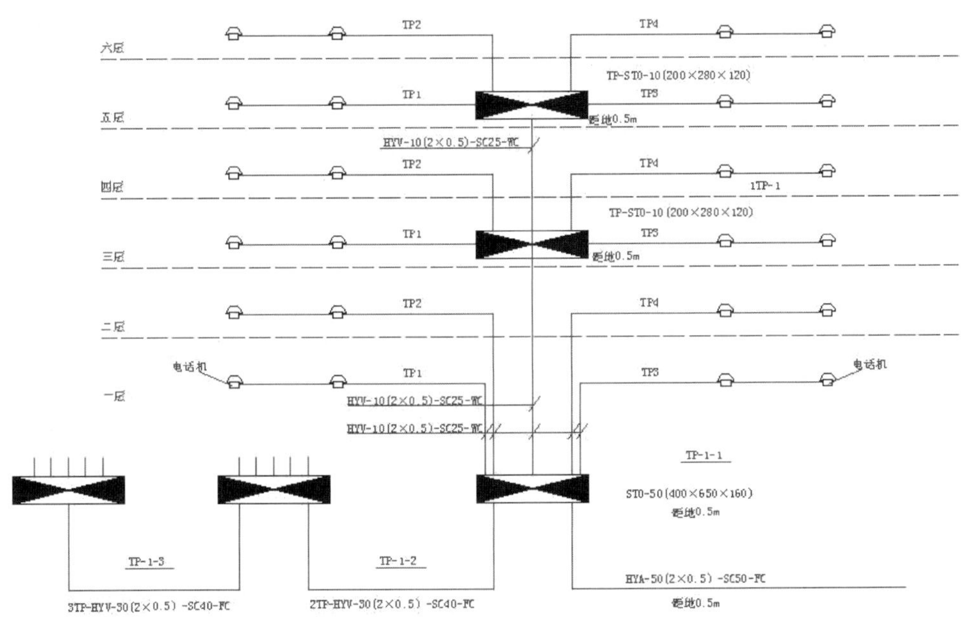

图 9-71 住宅楼电话工程系统图

1. 绘图准备

步骤01 设置图形工作界限。在命令行输入 LIMITS 后按 Enter 键，执行“图形界限”命令，设置图形界限，命令行提示如下：

```
命令：limits
重新设置模型空间界限
指定左下角点或[开（ON）/关（OFF）] <0.0000,0.0000> ：   //按Enter键，使用默认左下角点
指定右上角点<420.0000,297.0000>:                        //按Enter键，使用默认右上角点
执行“导航栏”上的“全部缩放”功能，将图形界限最大化显示
```

步骤02 设置图层。单击“默认”选项卡|“图层”面板上的“图层特性”按钮，打开“图层特性管理器”选项板，如图 9-72 所示新建并设置每一个图层。其中需要注意的是，“楼层分界线”图层采用的线型是 ACAD_ISO02W100（ISO dash 虚线）。有关设置线型、加载线型的具体操作可参考前面绘图基本操作章节，这里就不重复叙述。

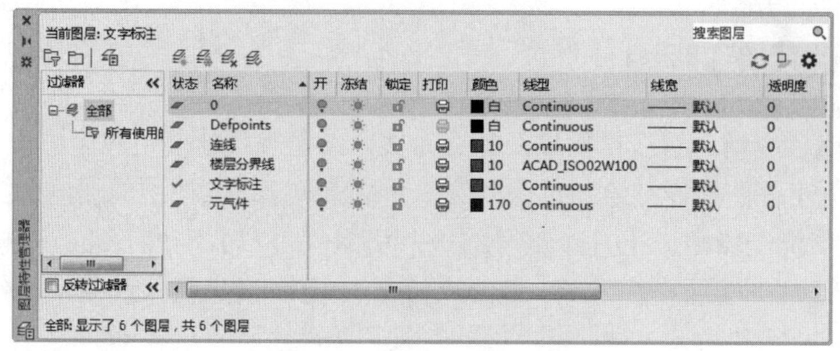

图 9-72　住宅楼电话工程系统图

步骤03　捕捉设置。与 9.3.1 节照明电气线路图的捕捉设置一致，这里不再赘述。

2. 电话机图形块的绘制

在本例中电话机是图中用到最多的图形，下面先把电话机制成块，然后再插入到图形中，这样能提高绘图效率，同时也便于修改，具体绘制过程如下：

步骤01　展开“默认”选项卡|“图层”面板上的“图层”下拉列表，设置当前图层为“元器件”。

步骤02　单击“默认”选项卡|“绘图”面板上的“矩形”按钮，绘制 6×4 的矩形，效果如图 9-73 所示。

步骤03　单击“默认”选项卡|“绘图”面板上的“圆”按钮，捕捉如图 9-74 所示的中心为圆心绘制半径为 5 的圆，效果如图 9-75 所示。

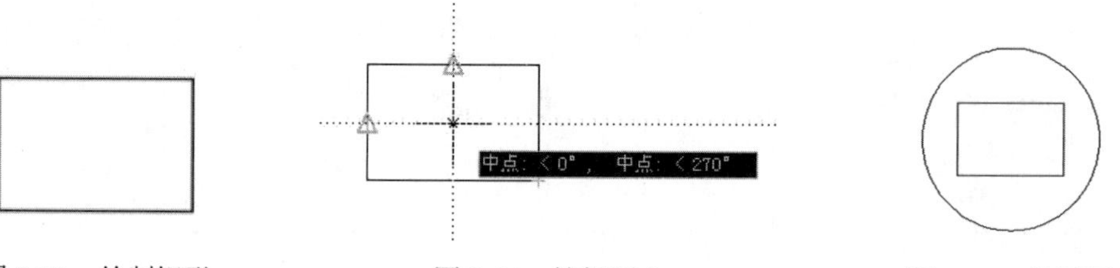

图 9-73　绘制矩形　　图 9-74　捕捉圆心　　图 9-75　绘制圆

步骤04　单击“默认”选项卡|“绘图”面板上的“直线”按钮，捕捉矩形右边中点为起点，终点在圆上的水平直线，效果如图 9-76 所示。

步骤05　单击“默认”选项卡|“修改”面板上的“移动”按钮，选择移动对象为步骤（4）中绘制的直线，以直线中点为移动基点，正交向上竖直移动，移动距离为 1，移动后效果如图 9-77 所示。

步骤06　单击“默认”选项卡|“修改”面板上的“修剪”按钮，修剪在圆外面的直线，修剪后效果如图 9-78 所示。

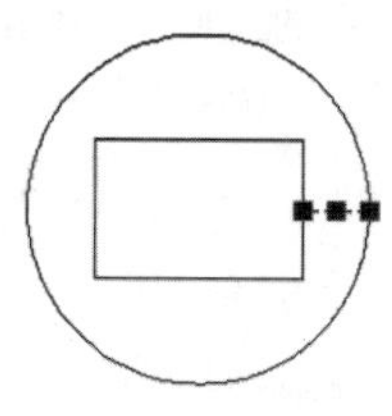

图 9-76　绘制直线

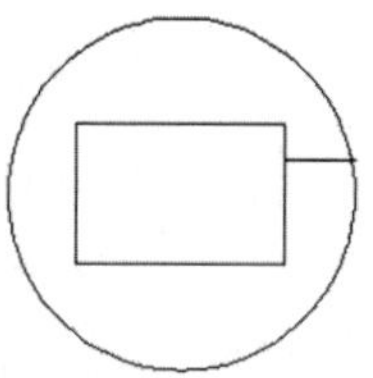

图 9-77　移动直线

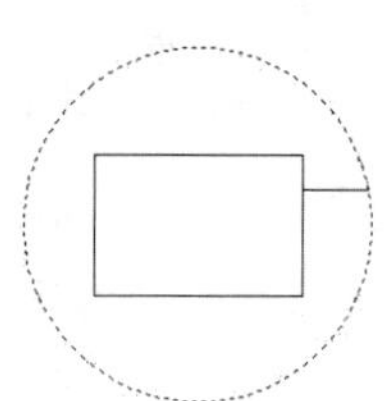

图 9-78　修剪直线

步骤07 单击“默认”选项卡|“修改”面板上的“镜像”按钮，选择步骤（6）修剪好的直线为镜像对象，以图9-79所示竖直线为对称轴，以不删除源对象的方式镜像直线，效果如图9-80所示。

步骤08 单击“默认”选项卡|“修改”面板上的“修剪”按钮，修剪掉步骤（5）~步骤（7）绘制好的直线的下部分圆弧，修剪后效果如图9-81所示，完成电话机的绘制。

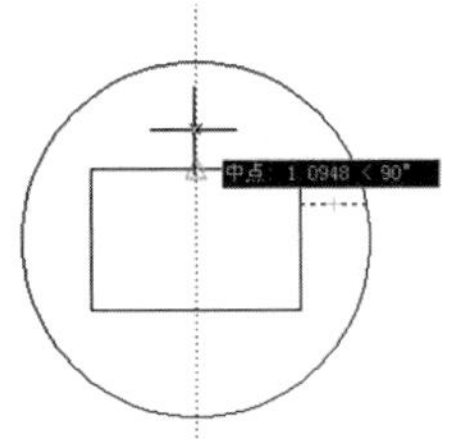

图9-79　镜像对称轴

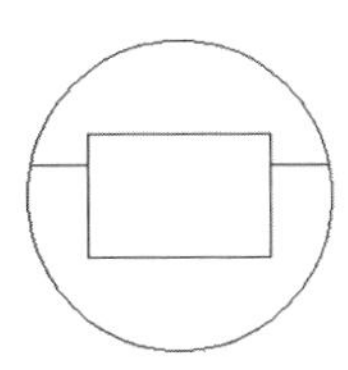

图9-80　直线镜像效果

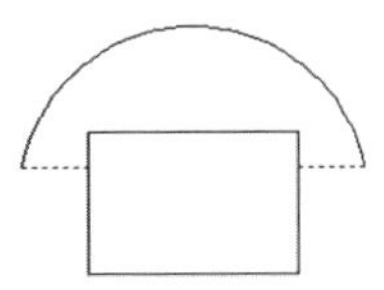

图9-81　修剪圆弧

步骤09 单击“默认”选项卡|“块”面板上的“创建”按钮，弹出“块定义”对话框，输入块名称为“电话机”。

步骤10 单击“块定义”对话框中的“拾取点”按钮，以如图9-82所示的中点作为块“电话机”的基点。

步骤11 单击“块定义”对话框中的“选择对象”按钮，选择步骤（8）中修剪好的图形。

步骤12 块“电话机”在块编辑器中的显示效果如图9-83所示。

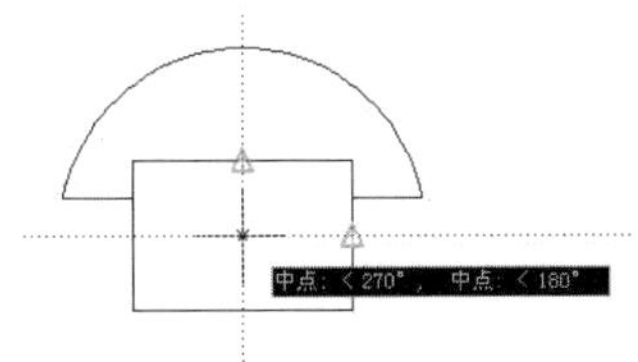

图9-82　拾取电话机块基点

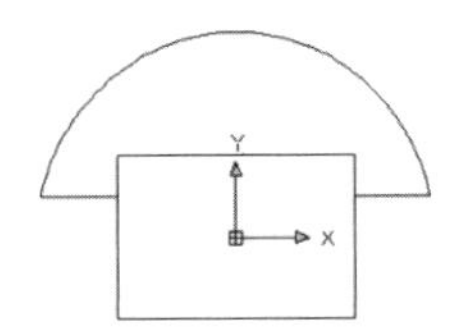

图9-83　电话机块效果

3. 电话组线箱块的绘制

步骤01 单击“默认”选项卡|“绘图”面板上的“矩形”按钮，绘制65×16的矩形，效果如图9-84所示。

步骤02 单击“默认”选项卡|“绘图”面板上的“直线”按钮，捕捉矩形端点绘制矩形的两条对角线，效果如图9-85所示。

图9-84　绘制矩形

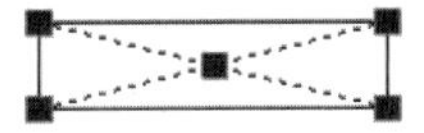

图9-85　绘制矩形对角线

步骤03 单击“默认”选项卡|“绘图”面板上的“图案填充”按钮，右击选择“设置”选项，然后在弹出的对话框中设置参数如图9-86所示，使用本层颜色填充两个三角形，填充效果如图9-87所示。

步骤04 单击“默认”选项卡|“块”面板上的“创建”按钮，弹出“块定义”对话框，输入块名称为“电话组线箱”。

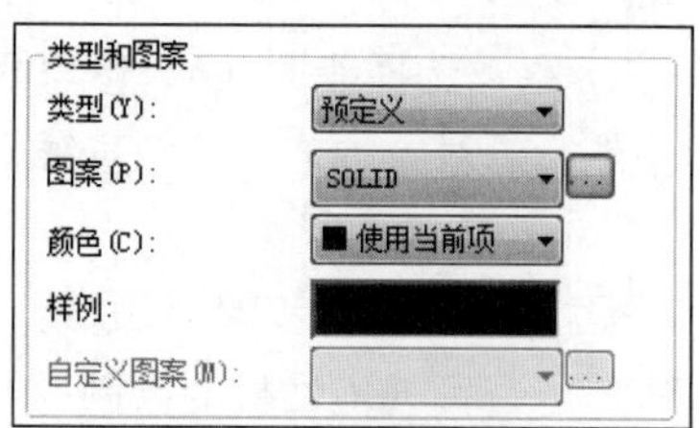

图 9-86 填充设置

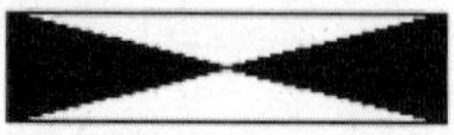

图 9-87 填充效果

步骤 05 单击“块定义”对话框中的“拾取点”按钮，以如图 9-88 所示的中点作为块“电话组线箱”的基点。

步骤 06 单击“块定义”对话框中的“选择对象”按钮，选择步骤（3）填充完成的图形。

步骤 07 块“电话组线箱”在块编辑器中的显示效果如图 9-89 所示。

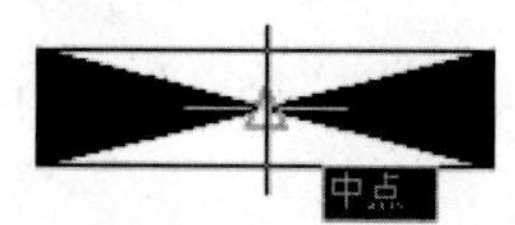

图 9-88 拾取电话组线箱块基点

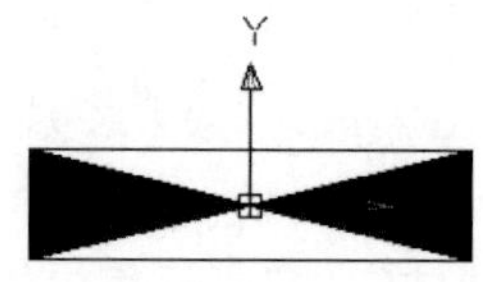

图 9-89 电话组线箱块效果

4. 楼层分界线的绘制

步骤 01 展开“默认”选项卡|“图层”面板上的“图层”下拉列表，设置当前图层为“楼层分界线”。

步骤 02 单击“默认”选项卡|“绘图”面板上的“直线”按钮，绘制长为 500 的水平直线，效果如图 9-90 所示。

步骤 03 单击“默认”选项卡|“修改”面板上的“矩形阵列”按钮，将在步骤（2）中绘制的直线进行阵列，设置阵列行数为 5，列数为 1，行间距为 40，效果如图 9-91 所示。

图 9-90 绘制直线

图 9-91 阵列效果

5. 插入电话组线箱

步骤 01 展开“默认”选项卡|“图层”面板上的“图层”下拉列表，设置当前图层为“元器件”。

步骤 02 单击“默认”选项卡|“块”面板上的“插入块”按钮，在弹出的面板中单击选择如图 9-92 所示的图块。

步骤 03 返回绘图区捕捉如图 9-93 所示的第一根楼层分界线的中点，并以其为插入基点，插入块“电话组线箱”。

步骤 04 单击“默认”选项卡|“修改”面板上的“移动”按钮，如图 9-94 所示以电话组线箱的基点为移动基点，将电话组线箱正交地向上移动，移动距离为 13，移动后效果如图 9-95 所示。

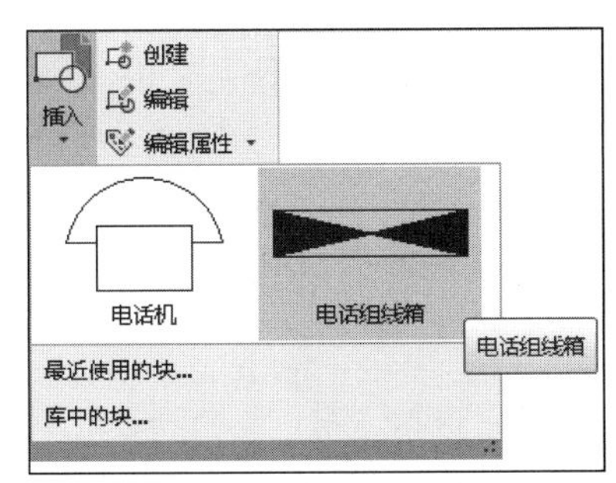

图 9-92　选择图块

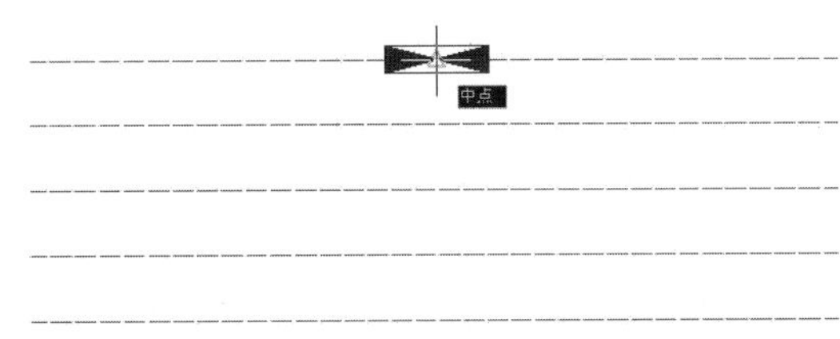

图 9-93　插入“电话组线箱”块

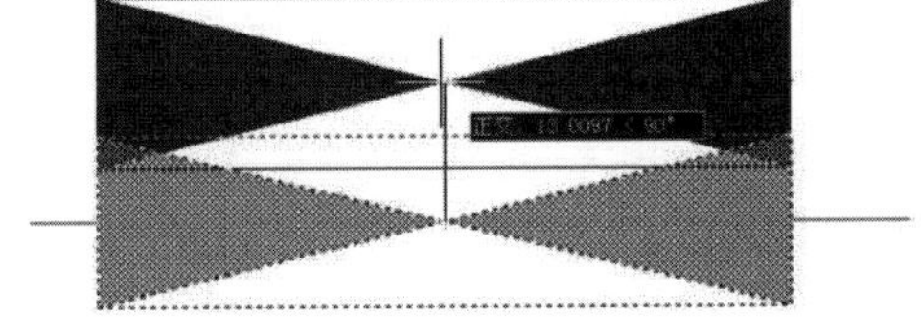

图 9-94　移动电话组线箱

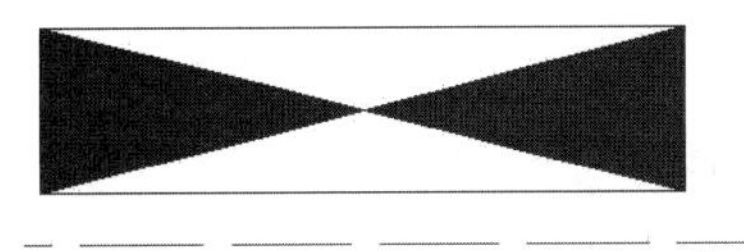

图 9-95　移动电话组线箱效果

6. 连线的绘制

步骤 01　展开“默认”选项卡|“图层”面板上的“图层”下拉列表，设置当前图层为“连线”。

步骤 02　单击“默认”选项卡|“绘图”面板上的“直线”按钮╱，捕捉电话组线箱右边中点为起点，绘制长为 80 的水平直线，效果如图 9-96 所示。

7. 插入电话机

步骤 01　展开“默认”选项卡|“图层”面板上的“图层”下拉列表，设置当前图层为“元器件”。

步骤 02　单击“默认”选项卡|“块”面板上的“插入块”按钮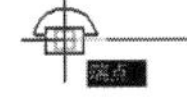，在弹出的面板中单击选择“电话机”块，参数设置同插入“电话组线箱”。

步骤 03　如图 9-97 所示，以直线的左端点为插入基点插入“电话机”块。

图 9-96　绘制直线

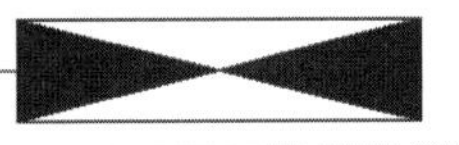

图 9-97　插入“电话机”块

8. 绘制其他部分

步骤 01　展开“默认”选项卡|“图层”面板上的“图层”下拉列表，设置当前图层为“连线”。

步骤 02　单击“默认”选项卡|“绘图”面板上的“直线”按钮╱，捕捉电话机的基点为起点，绘制长为 60 的水平直线，效果如图 9-98 所示。

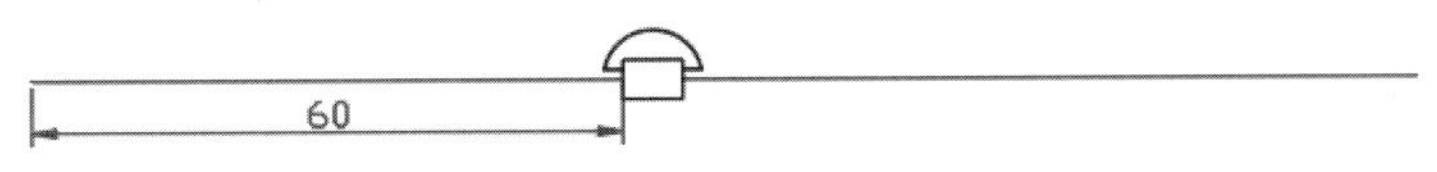

图 9-98　绘制直线

步骤 03　展开“默认”选项卡|“图层”面板上的“图层”下拉列表，设置当前图层为“元器件”。

步骤 04 单击“默认”选项卡|“块”面板上的“插入块”按钮，在弹出的面板中单击选择“电话机”块，参数设置同插入“电话组线箱”，如图 9-99 所示以步骤（2）绘制的直线左端点为插入基点插入“电话机”块。

步骤 05 单击“默认”选项卡|“修改”面板上的“修剪”按钮，修剪在电话机里面的直线，修剪后效果如图 9-100 所示。

图 9-99　插入“电话机”块　　　图 9-100　修剪电话机内直线

步骤 06 单击“默认”选项卡|“修改”面板上的“镜像”按钮，窗交选择如图 9-101 所示的图形为镜像对象，以如图 9-102 所示的过电话组线箱基点的正交向上的竖直直线为镜像轴，将两个电话机和两段直线镜像一份，镜像后效果如图 9-103 所示。

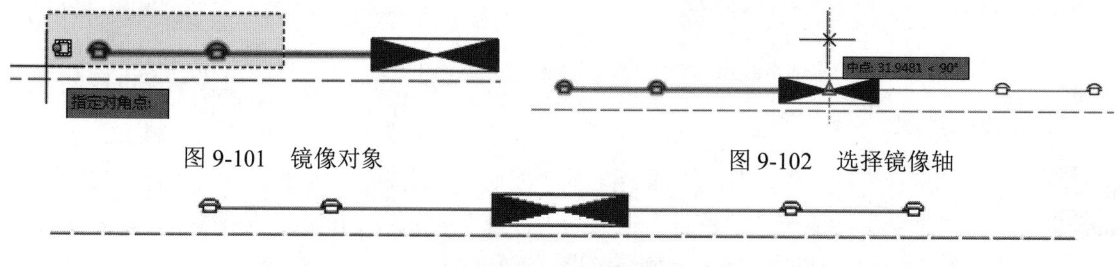

图 9-101　镜像对象　　　图 9-102　选择镜像轴

图 9-103　对象镜像效果

步骤 07 单击“默认”选项卡|“修改”面板上的“矩形阵列”按钮，窗交选择如图 9-104 所示的图形，将其阵列 6 行，行偏移为–40，阵列后效果如图 9-105 所示。

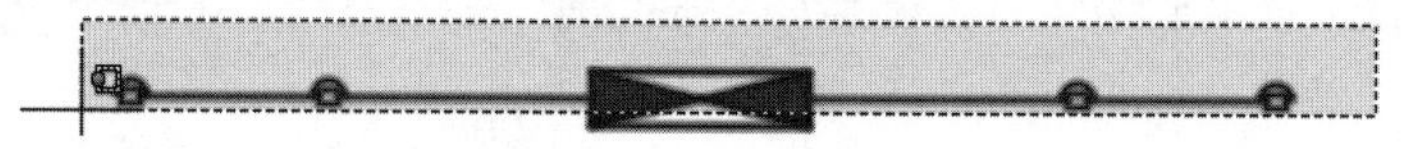

图 9-104　阵列对象

步骤 08 单击“默认”选项卡|“修改”面板上的“删除”按钮，如图 9-106 所示删除第一、三、五行的电话组线箱。

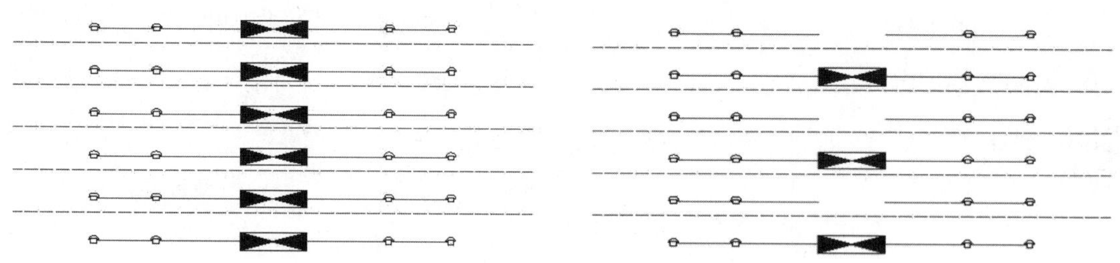

图 9-105　阵列效果　　　图 9-106　删除第一、三、五行电话组线箱

步骤 09 展开“默认”选项卡|“图层”面板上的“图层”下拉列表，设置当前图层为“连线”。

步骤 10 单击“默认”选项卡|“绘图”面板上的“直线”按钮，连接如图 9-107 所示的直线（第一行的电话机到第一个电话组线箱之间的连线）。

步骤11 单击“默认”选项卡|“修改”面板上的“移动”按钮✥，以步骤（10）绘制的连线中点为移动基点，配合“极轴追踪”功能将直线水平向右移动，移动距离为 10，效果如图 9-108 所示。

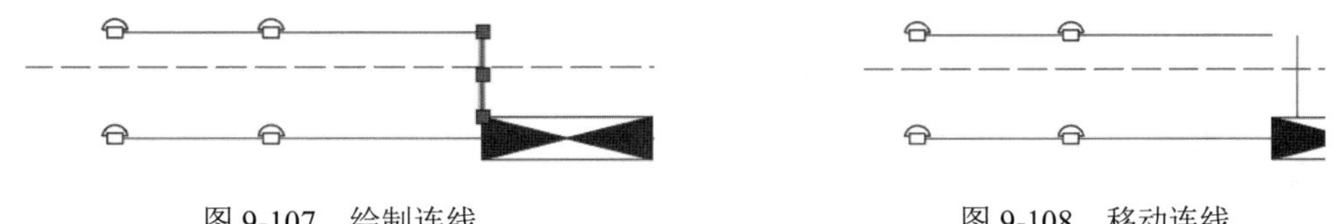

图 9-107　绘制连线　　　　图 9-108　移动连线

步骤12 单击“默认”选项卡|“绘图”面板上的“直线”按钮╱，连接如图 9-109 所示的直线。

步骤13 单击“默认”选项卡|“修改”面板上的“镜像”按钮⚠，窗交选择如图 9-110 所示步骤（10）~步骤（12）所绘制的两连线为镜像对象，以如图 9-111 所示的过电话组线箱基点的正交向上的竖直直线为镜像轴，将两连线镜像一份，镜像后效果如图 9-111 所示。

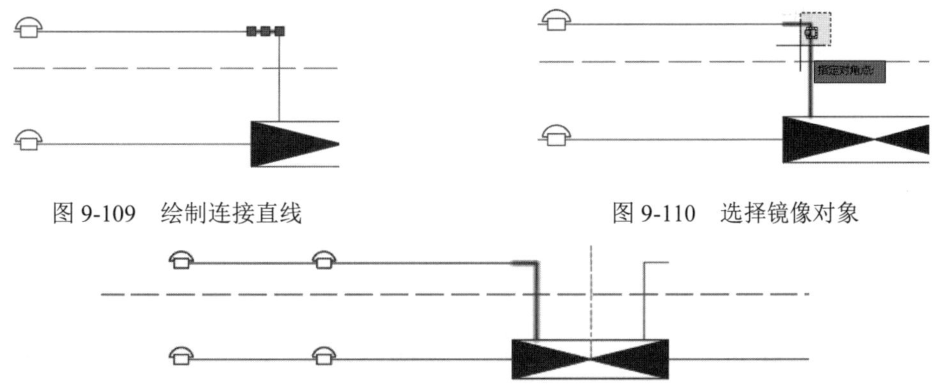

图 9-109　绘制连接直线　　　　图 9-110　选择镜像对象

图 9-111　镜像效果

步骤14 单击“默认”选项卡|“绘图”面板上的“直线”按钮╱，捕捉如图 9-112 所示的辅助线交点为起点，在第二个电话组线箱上的垂足为终点，如图 9-113 所示连接直线（第三行电话机到第二个电话组线箱之间的连线）。

步骤15 单击“默认”选项卡|“绘图”面板上的“直线”按钮╱，连接如图 9-114 所示的直线。

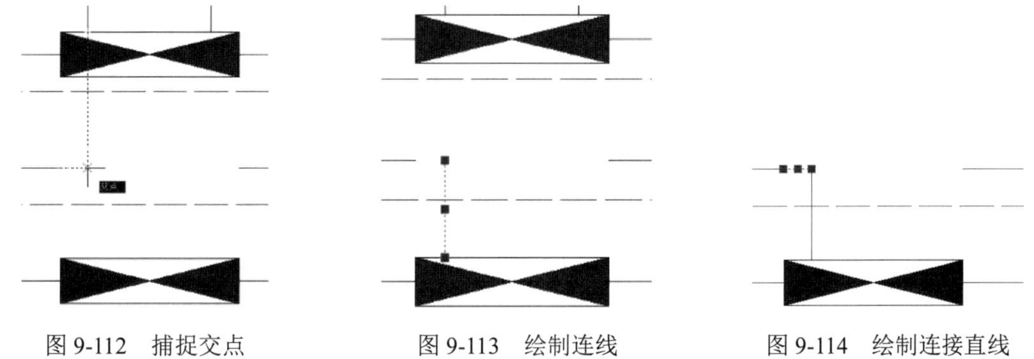

图 9-112　捕捉交点　　　　图 9-113　绘制连线　　　　图 9-114　绘制连接直线

步骤16 单击“默认”选项卡|“修改”面板上的“镜像”按钮⚠，同步骤（13）镜像步骤（14）和步骤（15）绘制的两连线，效果如图 9-115 所示。

步骤 17 单击“默认”选项卡|“修改”面板上的“移动”按钮✥，以第三个电话组线箱的基点为移动基点，将电话组线箱正交地向下移动，移动距离为 60，效果如图 9-116 所示。

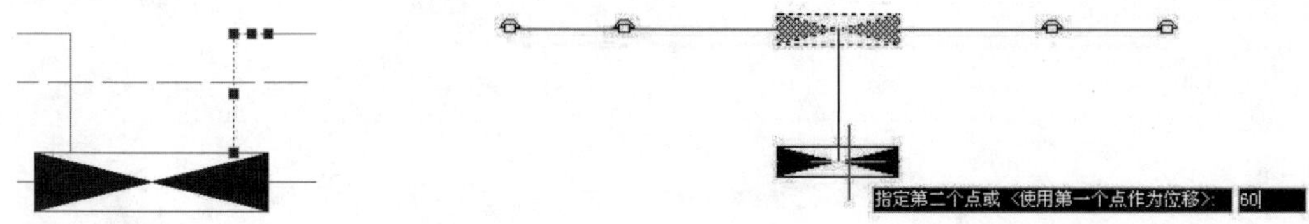

图 9-115　镜像连线

图 9-116　移动第三个电话组线箱

步骤 18 同步骤（14）~步骤（16），绘制如图 9-117 所示的连线（第五行电话机到第三个电话组线箱之间的连线）。

步骤 19 单击“默认”选项卡|“绘图”面板上的“直线”按钮╱，绘制如图 9-118 所示的连线（第 6 行电话机到第三个电话组线箱之间的连线）。

步骤 20 单击“默认”选项卡|“修改”面板上的“移动”按钮✥，以步骤（19）绘制的连线中点为移动基点，将直线正交地向右移动，移动距离为 10，效果如图 9-119 所示。

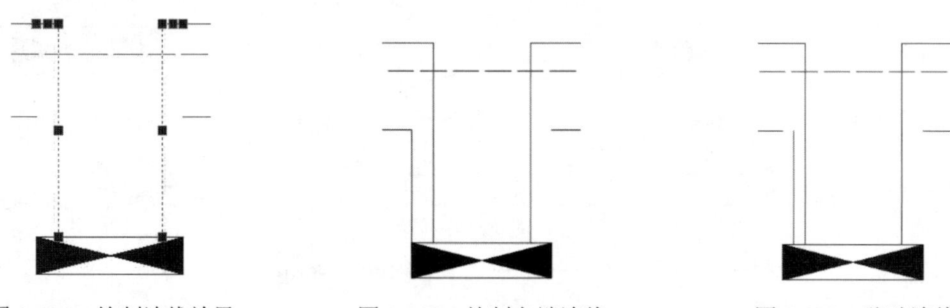

图 9-117　绘制连线效果

图 9-118　绘制左端连线

图 9-119　移动连线

步骤 21 如图 9-120 所示，同步骤（15）和步骤（16）先连接直线再镜像连线。

步骤 22 如图 9-121 所示，绘制起点在第一个电话组线箱下边中点，终点在第三个电话组线箱上边中点的竖直直线。

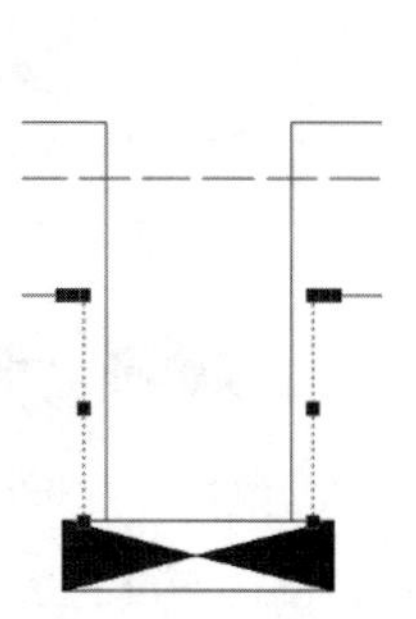

图 9-120　绘制连线再镜像后效果

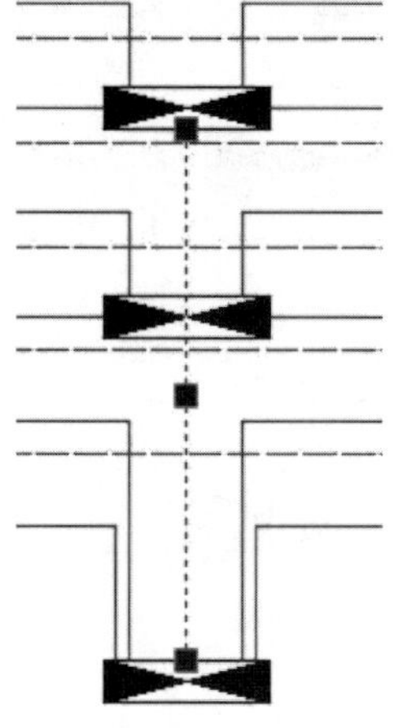

图 9-121　绘制各电话组线箱之间连线

步骤23 单击“默认”选项卡|“修改”面板上的“复制”按钮，如图 9-122 所示以第三个电话组线箱的基点为复制基点，正交水平向左移动复制一个电话组线箱，移动距离为 150。

步骤24 单击“默认”选项卡|“绘图”面板上的“直线”按钮，以复制出来的电话组线箱上边中点为起点，正交地向上绘制长为 10 的直线，效果如图 9-123 所示。

步骤25 单击“默认”选项卡|“修改”面板上的“复制”按钮，上一步绘制的直线中点为移动复制基点，正交水平向右移动连续复制两条直线，移动距离分别为 10 和 20，效果如图 9-124 所示。

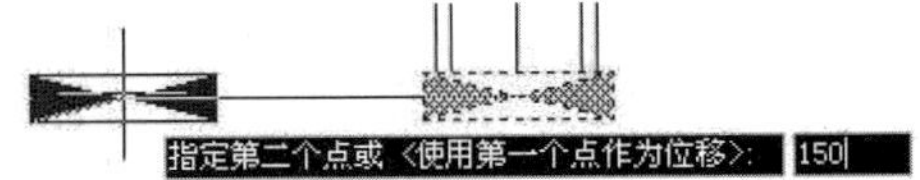

图 9-122　复制电话组线箱

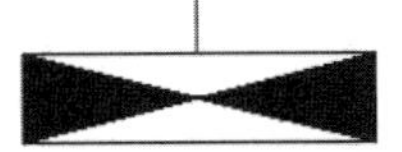

图 9-123　绘制电话组线箱上连线

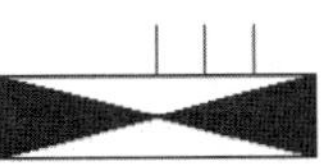

图 9-124　复制连线

步骤26 单击“默认”选项卡|“修改”面板上的“镜像”按钮，以步骤（25）复制出的两条直线为镜像对象，步骤（24）绘制的直线为轴，镜像直线，镜像效果如图 9-125 所示。

步骤27 单击“默认”选项卡|“修改”面板上的“复制”按钮，如图 9-126 所示，将步骤（23）~步骤（26）的图形移动复制一份，移动距离为 120。

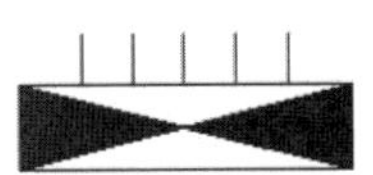

图 9-125　镜像连线

图 9-126　复制对象

步骤28 单击“默认”选项卡|“绘图”面板上的“直线”按钮，捕捉如图 9-127 所示交点为直线的起点，绘制如图 9-128 所示的竖直直线，直线长为 50。

步骤29 单击“默认”选项卡|“绘图”面板上的“直线”按钮，同步骤（28）在左端绘制同样长度的直线，效果如图 9-129 所示。

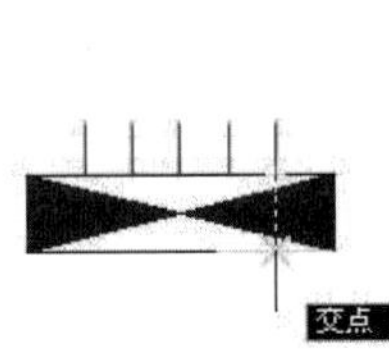

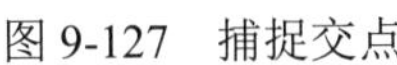

图 9-127　捕捉交点

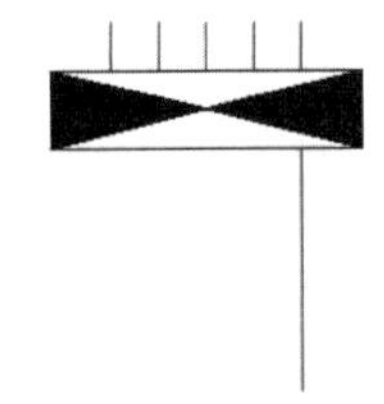

图 9-128　绘制右端连线

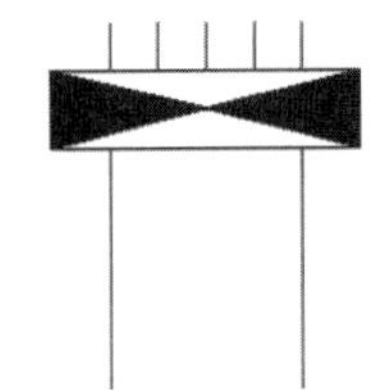

图 9-129　绘制左端连线

步骤30 单击“默认”选项卡|“绘图”面板上的“直线”按钮，绘制如图 9-130 所示的所有直线（有夹持点的虚线）。

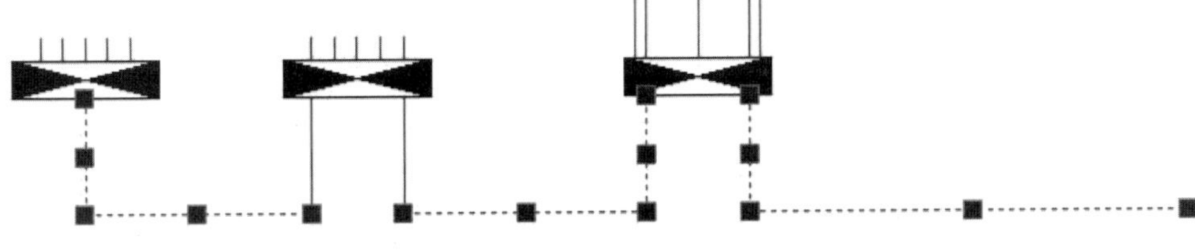

图 9-130　绘制连线

步骤 31 连接完毕后的图形效果如图 9-131 所示。

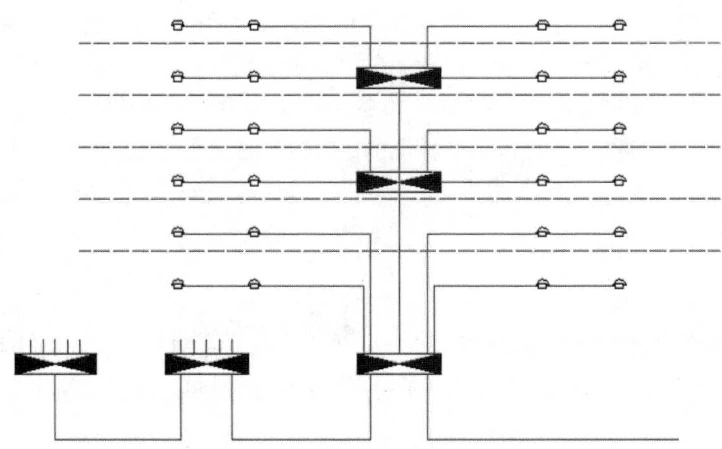
图 9-131　连接完成后的整体效果

9. 文字标注

在电话系统工程图中有大量的文字说明，主要是对使用电缆型号和线路安装的一些说明，在标注文字的时候需要注意美观。

在标注电话工程系统图时应该先设置合适的文字样式，具体设置步骤如下：

步骤 01 展开“默认”选项卡|“图层”面板上的“图层”下拉列表，设置当前图层为“文字标注”。

步骤 02 单击“默认”选项卡|“注释”面板上的“文字样式”按钮，弹出如图 9-132 所示的对话框。

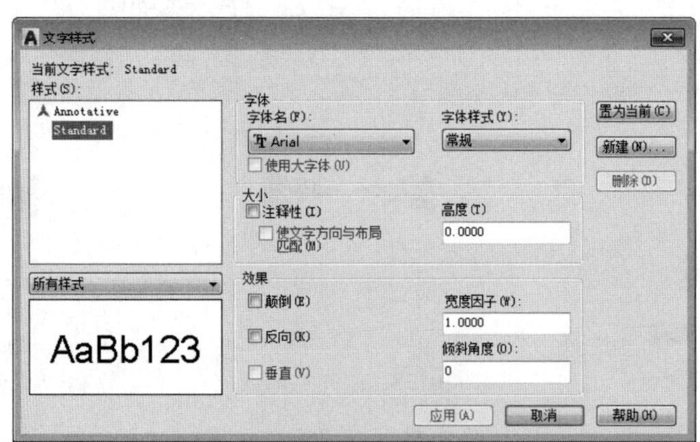

图 9-132　“文字样式”对话框

步骤 03 单击“新建”按钮 新建(N)... ，弹出如图 9-133 所示的对话框，输入“样式名”为“电气标注”。

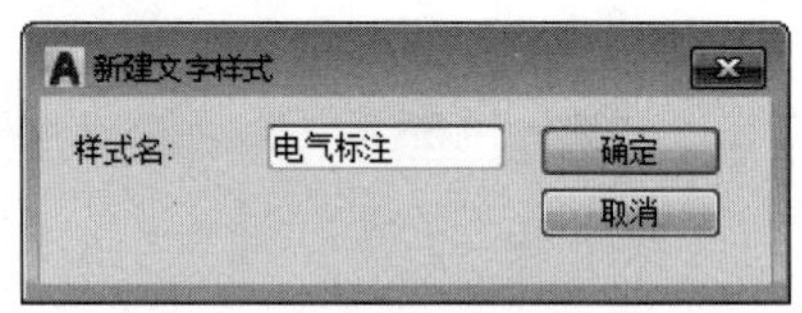

图 9-133　“新建文字样式”对话框

步骤 04 将“电气标注”文字样式中的字体设置为“仿宋”，“高度”选择默认高度值 0，“宽度因子”选择默认宽度比 1，然后单击“应用”按钮 应用(A) ，完成文字样式的设置。

步骤 05 展开“默认”选项卡|“注释”面板上的“文字样式”下拉列表，设置当前文字样式为“电气标注”。

步骤 06 单击“注释”选项卡|“文字”面板上的“多行文字”按钮A，在图中指定第一角点和第二角点（可在图中空白位置单击，等输入完后再调整），将注释比例设为 1:2，弹出如图 9-134 所示的“文字编辑器”选项卡，并按图设置文字参数，其中字高设为 2.5。

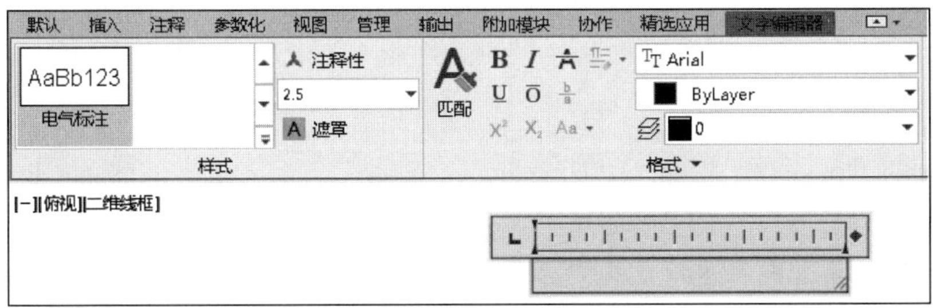

图 9-134 设置文字参数

步骤 07 给图中各个电气元件标注代号，并移动调整，最终效果如图 9-135 所示。

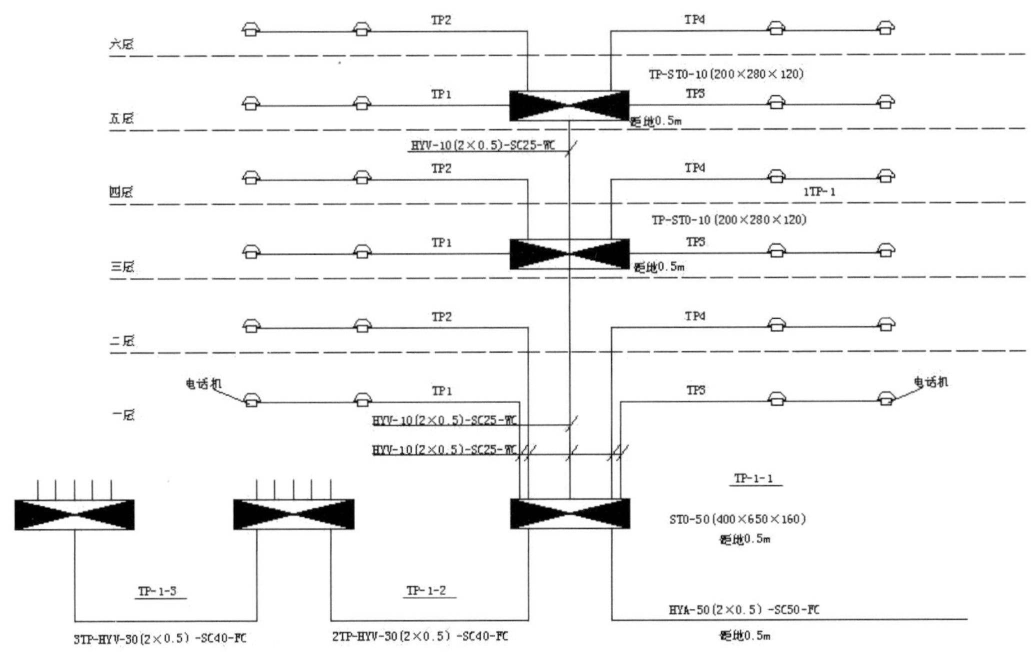

图 9-135 标注元件代号

第 10 章 工厂电气设计

导言

工厂电气比普通民用建筑电气复杂得多，除普通照明电气外，还有耗电量大的工业设备和自动化仪表等智能电气。由于电能消耗大，如果像民用建筑供电一样，通总变电所输出低压动力电给工厂车间使用，将在输送线路上消耗大量电能，造成电力极大浪费，所以工厂一般直接使用高压电，自己配备配电、变电站，输出低压动力电到车间使用。

本章主要通过对工厂典型电气控制线路实例进行分析和绘制，阐述工厂电气工程图的绘制 方法。

10.1 工厂电气设计概述

一般中型工厂电源进线电压是 6~10kV。电能先经高压配电所集中，再由高压配电线路将电能分送到各车间变电所，车间变电所装设有电力变压器，将高压电降为一般低压用电设备所需的电压（如 220/380V），然后由低压配电线路将电能分送给各用电设备使用。对于大型工厂，其电源进线电压一般为 35kV 及以上，一般经过两次降压，即第一次将 35kV 以上的电压降为 6~10kV，第二次经配电变压器降为一般低压用电设备所需的电压。

以上是工厂供电的一般模式，下面简单介绍一下工厂电气设计的过程和基本内容：

- 工厂电力负荷的计算。根据各车间用电设备的总容量计算全厂的有功计算负荷、无功计算负荷、视在计算负荷和功率因数。
- 工厂变电所的位置和主变压器的台数及容量选择。参考电源进线方向，综合考虑设置总降压变电所的有关因素，结合全厂计算负荷以及扩建和备用的需要，确定变压器的台数和容量。
- 工厂变电所主结线设计。根据变电所配电回路数、负荷要求的可靠性级别和计算负荷数综合主变压器台数，确定变电所高、低接线方式。对它的基本要求是，既要安全可靠，又要灵活经济，安装容易，维修方便。
- 厂区高压配电系统设计。根据厂内负荷情况，从技术可行性和经济合理性确定厂区配电电压。参考负荷布局及总降压变电所位置，比较几种可行的高压配电网布置方案，计算出导线截面及电压损失，由不同方案的可靠性、电压损失、基建投资、年运行费用、有色金属消耗量等综合技术经济条件列表比值，择优选用。按选定配电系统作线路结构与敷设方式设计，用厂区高压线路平面布置图、敷设要求和架空线路杆位明细表以及工程预算书表达设计成果。

- 工厂供、配电系统短路电流计算。工厂用电，通常为国家电网的末端负荷，其容量运行小于电网容量，皆可按无限容量系统供电进行短路计算。由系统不同运行方式下的短路参数，求出不同运行方式下各点的三相及两相短路电流。
- 改善功率因数装置设计。按负荷计算求出总降压变电所的功率因数，通过查表或计算求出达到供电部门要求数值所需补偿的无功率。由手册或厂品样本选用所需移相电容器的规格和数量，并选用合适的电容器柜或放电装置。如果工厂有大型同步电动机，还可以采用控制电机励磁电流方式提供无功功率，改善功率因数。
- 变电所高、低压侧设备选择。参照短路电流计算数据和各回路计算负荷以及对应的额定值，选择变电所高、低压侧电气设备，如隔离开关、断路器、母线、电缆、绝缘子、避雷器、互感器、开关柜等设备。并根据需要进行热稳定和力稳定检验。用总降压变电所主接线图、设备材料表和投资概算表达设计成果。
- 继电保护及二次结线设计。为了监视、控制和保证安全可靠运行，变压器、高压配电线路移相电容器、高压电动机、母线分段断路器及联络线断路器，皆需要设置相应的控制、信号、检测和继电器保护装置，并对保护装置做出整定计算和检验其灵敏系数。
- 设计包括继电器保护装置、监视及测量仪表、控制和信号装置、操作电源和控制电缆组成的变电所二次结线系统，用二次回路原理接线图或二次回路展开图以及元件材料表达设计成果。35kV及以上系统尚需给出二次回路的保护屏和控制屏屏面布置图。
- 变电所防雷装置设计。参考本地区气象地质材料，设计防雷装置。进行防直击的避雷针保护范围计算，避免产生反击现象的空间距离计算，按避雷器的基本参数选择防雷电冲击波的避雷器的规格型号，并确定其接线部位。进行避雷灭弧电压、频放电电压和最大允许安装距离检验以及冲击接地电阻计算。

10.2 工厂电气制图

工厂电气工程图用来说明工厂电气工程的构成和功能，描述电气装置的工作原理，提供安装技术数据和使用维护依据。

10.2.1 工厂电气工程图的分类及其内容

工厂电气工程的规模有大有小，不同规模的工厂电气工程，其图纸的数量和种类是不同的，常用的工厂电气工程图有以下几类。

（1）目录、设计说明、图例、设备材料明细表

图纸目录内容有序号、图纸名称、编号、张数等。

设计说明（施工说明）主要描述电气工程设计的依据、业主的要求和施工原则、建筑特点、电气安装标准、安装方法、工程等级、工艺要求等有关设计的补充说明。

图例即图形符号，一般只列出本套图纸中涉及的一些图形符号。

设备材料明细表列出了该项电气工程所需要的设备和材料的名称、型号、规格和数丝，供设计概算和施工预算时参考。

（2）电气系统图

电气系统图是表现电气工程的供电方式、电能输送、分配控制关系和设备运行情况的图纸，从电气系统图可以看出工程的概况。电气系统图有变配电系统图、动力系统图、照明系统图、弱电系统图等。电气系统图只表示电气回路中各元件的连接关系，不表示元件的具体情况、具体安装位置和具体接线方法。

（3）电气平面图

电气平面图是表示电气设备、装置与线路平面布置的图纸，是进行电气安装的主要依据。电气平面图以建筑总平面图为依据，在图上绘出电气设备、装置及线路的安装位置、敷设方法等。电气平面图采用了较大的缩小比例，不能表现电气设备的具体形状，只能反映电气设备的安装位置、安装方式和导线的走向及敷设方法等。常用的电气平面图有变配电所平面图、动力平面图、照明平面图、防雷平面图、接地平面图、弱电平面图等。

（4）设备布置图

设备布置图是表现各种电气设备和器件的平面与空间的位置、安装方式及其相互关系的图纸，通常由平面图、立面图、剖面图及各种构件详图等组成。设备布置图是按三视图原理绘制的。

（5）安装接线图

安装接线图又称安装配线图，是用来表示电气设备、电气元件相线路的安装位置、配线方式、接线方法、配线场所特征等。安装接线图是用来指导安装、接线和查线的图纸。

（6）电气原理图

电气原理图也称为电路图，是表现某一电气设备或系统的工作原理的图纸，它是按照各个部分的动作原理采用展开法来绘制的。通过分析原理图可以清楚地看清整个系统的动作顺序。电气原理图不能表明电气设备和器件的实际安装位置或具体的接线，但可以用来指导电气设备和器件的安装、接线、调试、使用与维修，所以电气原理图是电气工程图中重要的图纸，也是读图的难点。

（7）详图

详图是表现电气工程中设备的某一部分的具体安装要求和做法的图纸。我们国家有专门的安装设备标准图册。

其中电气系统图、安装接线图、电气平面图和电气原理图是最主要的电气工程图，由于篇幅问题，本章将着重讲解绘制工厂电气平面图和工厂电气原理图，在 10.3 节和 10.4 节分别介绍工厂车间的动力平面图和照明平面图的绘制方法，10.5 节介绍工厂高压配电所电气原理图绘制方法。

10.2.2 工厂电气工程图的绘制步骤

由于工厂电气工程图种类繁多，内容差异很大，所以绘制方法和步骤也不尽相同。例如电气平面图我们一般采用如下步骤绘制：

由于电气平面图往往涉及建筑平面图，所以首先绘制建筑平面图，并注意对整个图纸的布局；然后绘制各种电气设备，并对其位置进行布局，由于会用到大量相同的设备，所以最好先把一些元件做成块，以备以后使用；导线的连接，将各个电气设备用导线连接起来；进行文字标注，标注设备、导线型号参数，以及文字提示。

10.3 绘制工厂车间的动力平面图

动力线进入车间后，一般沿墙布置线路，输送给用电设备使用。因此应该在车间建筑平面图中绘制车间动力平面布置图。本例先简单绘制建筑平面图，然后绘制电气图，最后标注电气图。

10.3.1 绘制工厂车间建筑平面图

1. 绘制轴线

步骤01 单击“默认”选项卡|“绘图”面板上的“直线”按钮，绘制长度为 60 的水平直线，然后单击“默认”选项卡|“修改”面板上的“偏移”按钮，把该直线向上边偏移复制两份，复制距离分别为 120 和 200，结果如图 10-1 所示。

步骤02 单击“默认”选项卡|“绘图”面板上的“直线”按钮，绘制长度为 40 的垂直直线，然后单击“默认”选项卡|“修改”面板上的“偏移”按钮，把该直线向右边偏移复制三份，复制距离分别为 80、300 和 80，效果如图 10-2 所示。

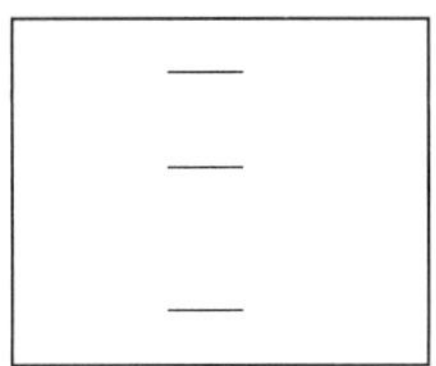

图 10-1 绘制水平轴线

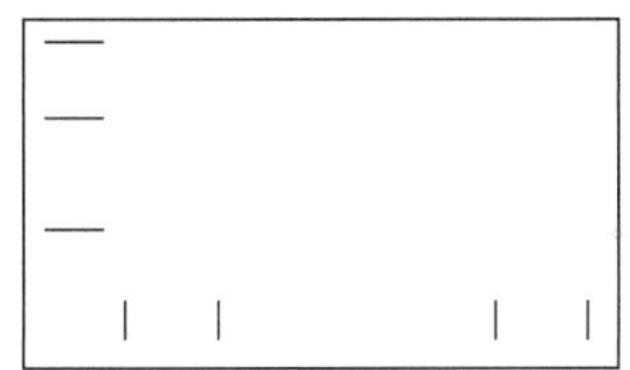

图 10-2 绘制竖直轴线

步骤03 单击“默认”选项卡|“注释”面板上的“标注样式”按钮，修改 ISO-25 标注比例，在“主单位”选项卡中把标注“比例因子”修改为 100，如图 10-3 所示。在“符号和箭头”选项卡中选择“建筑标记”，如图 10-4 所示。

图 10-3 标注样式“主单位”选项卡

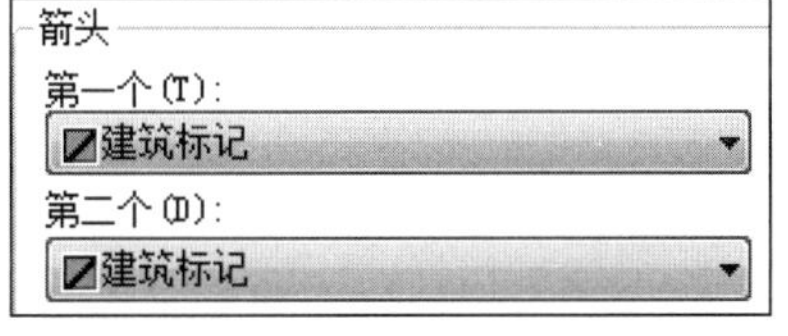

图 10-4 标注样式“符号和箭头”选项卡

步骤04 单击“默认”选项卡|“注释”面板上的“线性”按钮，标注轴线之间的距离，效果如图 10-5 所示。

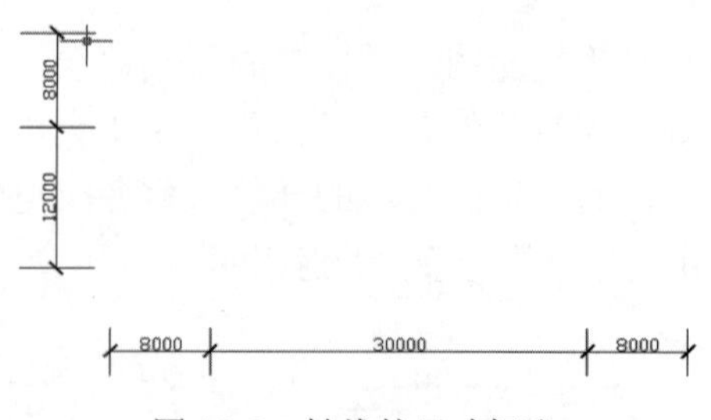

图 10-5 轴线的尺寸标注

2. 绘制墙线

步骤 01 先绘制外墙线。单击“默认”选项卡|“绘图”面板上的“矩形”按钮，绘制矩形，起点在最右边的垂直轴线和最上边的水平轴线的交点，终点在左边第二条垂直轴线和最下边的水平轴线的交点，结果如图 10-6 所示。

步骤 02 然后单击“默认”选项卡|“修改”面板上的“偏移”按钮，把该矩形向内偏移复制一份，复制距离为 5，即内墙线，如图 10-7 所示。

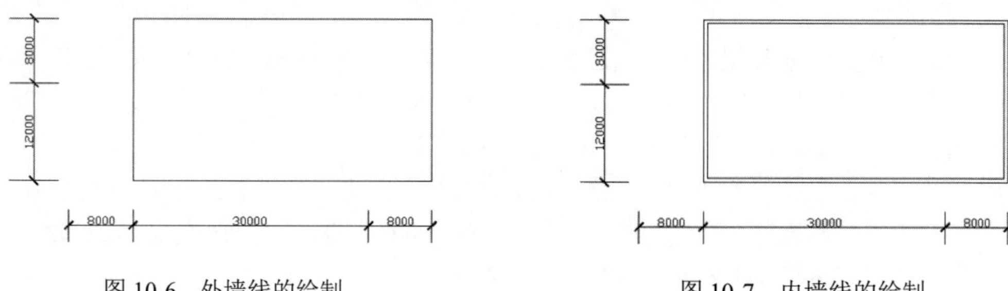

图 10-6 外墙线的绘制

图 10-7 内墙线的绘制

步骤 03 单击“默认”选项卡|“绘图”面板上的“矩形”按钮，绘制矩形，起点在左边内墙线与外墙线之间的交点（见图 10-8），矩形长度为 85，高度为 120，绘制效果如图 10-9 所示。

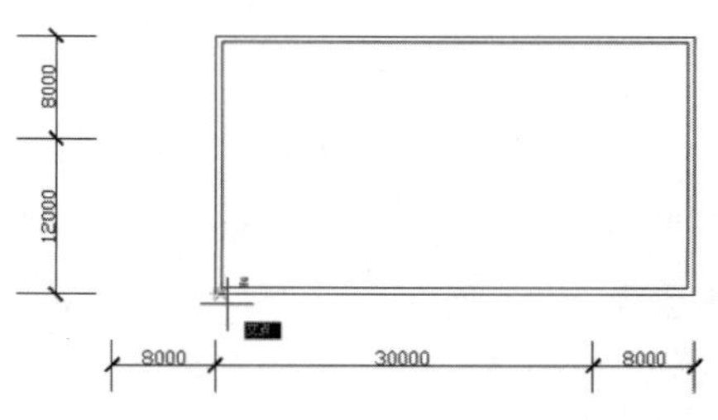

图 10-8 捕捉交点

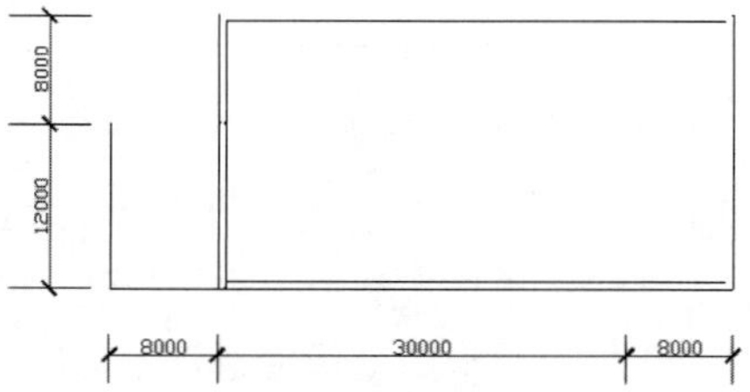

图 10-9 绘制矩形

步骤 04 单击“默认”选项卡|“修改”面板上的“偏移”按钮，把该矩形向内偏移复制一份，复制距离为 5，结果如图 10-10 所示。

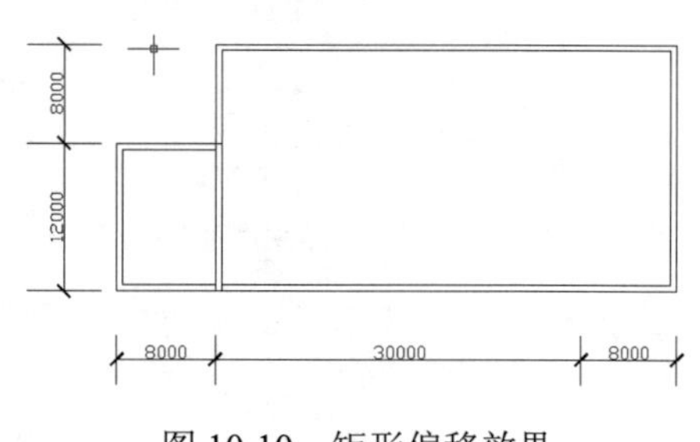

图 10-10 矩形偏移效果

步骤 05 单击“默认”选项卡|“绘图”面板上的“直线”按钮，绘制起点在右边第二条竖直轴线与下边外墙线的交点，终点为直线与上边外墙线的交点，如图 10-11 所示。单击“默认”选项卡|“修

改”面板上的“偏移”按钮，把该直线向右偏移复制一份，复制距离为 5，结果如图 10-12 所示。

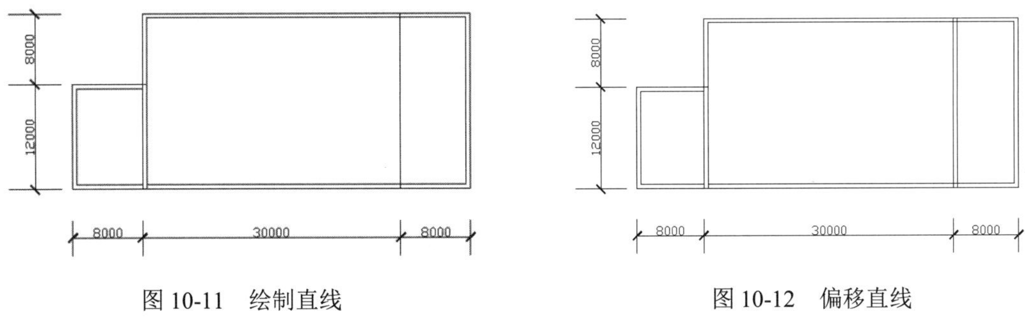

图 10-11　绘制直线　　　　图 10-12　偏移直线

3. 绘制门洞

步骤 01 单击“默认”选项卡|“绘图”面板上的“矩形”按钮，绘制矩形，长度为 30，宽度为 30。

步骤 02 在状态栏中的“对象捕捉”按钮上单击鼠标右键，选择“对象捕捉设置”命令，如图 10-13 所示。在弹出的“草图设置”对话框中选中“中点”和“垂足”复选框，这样即可在作图时捕捉到线段的中点和垂线的垂足，如图 10-14 所示。

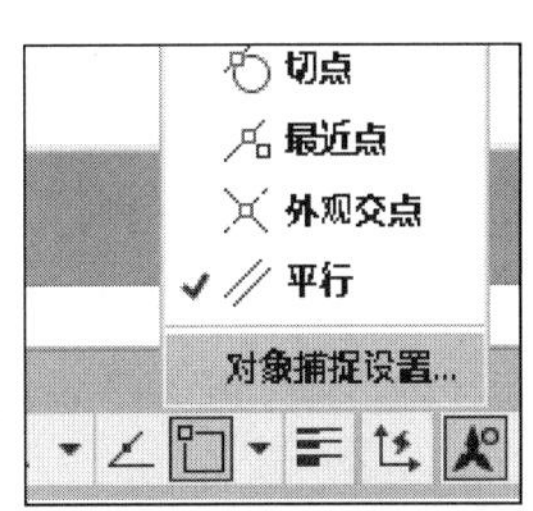

图 10-13　对象捕捉

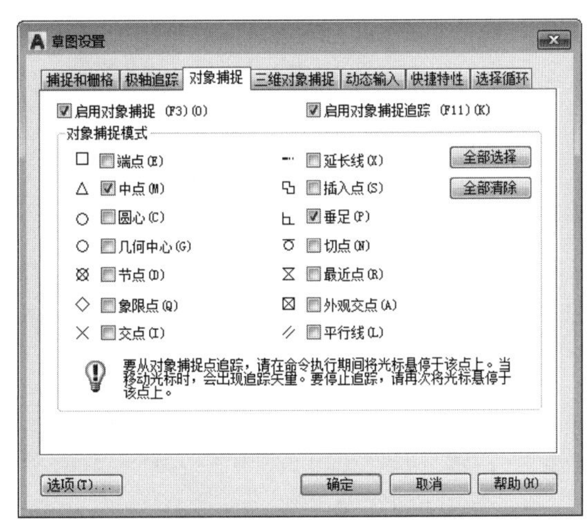

图 10-14　设置“对象捕捉”选项卡

步骤 03 单击“默认”选项卡|“修改”面板上的“移动”按钮，选择小矩形，先以矩形下边中点为基点，以右边两根竖直轴线的尺寸线中点为第二点进行移动，如图 10-15 所示。再以小矩形上边中点为基点，以右边两根竖直轴线的尺寸线中线与最上外墙线交点为第二点进行移动，这里利用捕捉垂足的方法确定第二点，如图 10-16 所示。最终效果如图 10-17 所示。

步骤 04 单击“默认”选项卡|“修改”面板上的“复制”按钮，选择复制对象，将刚绘制的小矩形复制两份。单击“默认”选项卡|“修改”面板上的“移动”按钮，选择小矩形，以其左边中点为基点，左起第二根轴线所对应的小矩形右边中点为第二点进行移动，结果如图 10-18 所示。

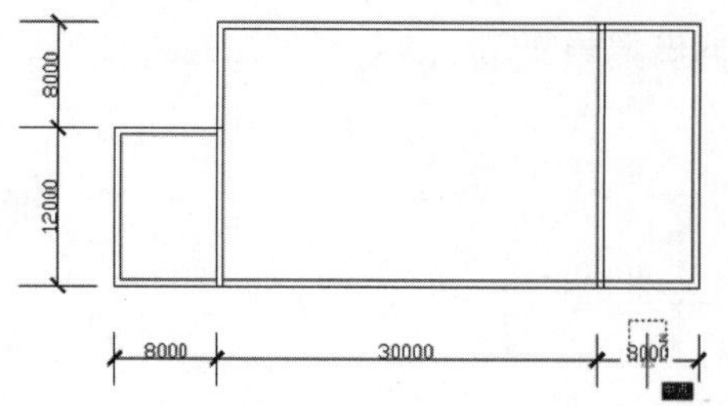

图 10-15　小矩形第一步移动

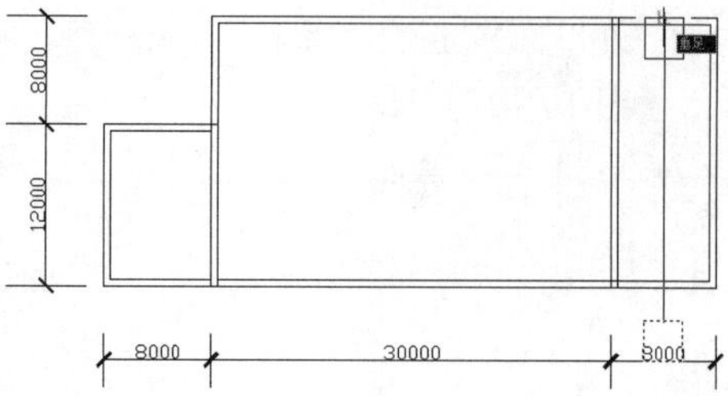

图 10-16　小矩形第二次移动

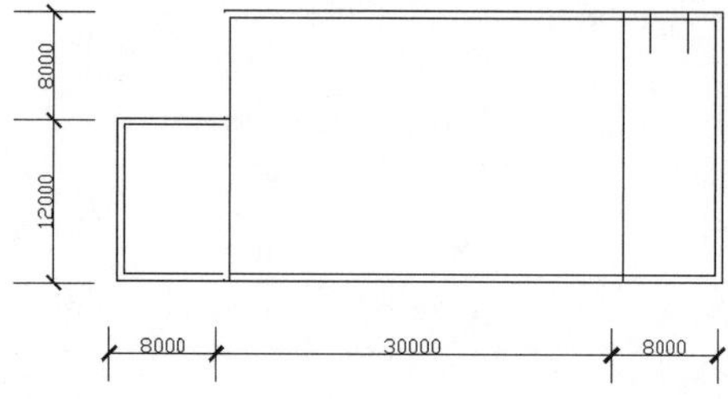

图 10-17　小矩形移动最终效果

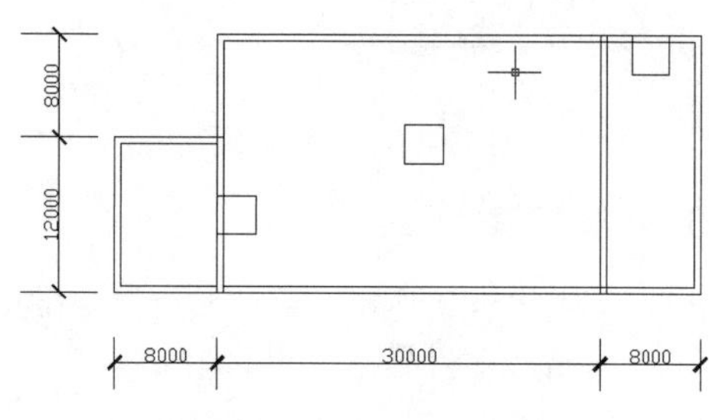

图 10-18　移动结果

步骤 05　再次单击“默认”选项卡|“修改”面板上的“移动”按钮，选择另外一个小矩形，以其下边中点为基点，如图 10-19 所示中点为第二点进行移动，最终结果如图 10-20 所示。

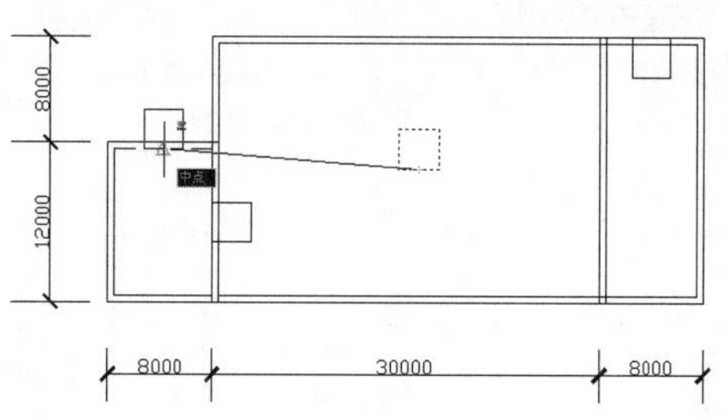

图 10-19　捕捉中点

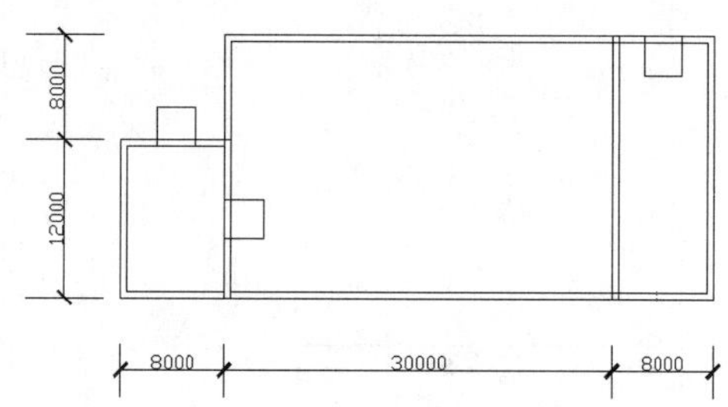

图 10-20　三个矩形移动后效果

步骤 06　单击“默认”选项卡|“修改”面板上的“修剪”按钮，将修剪模式设置为“标准”模式，进行修剪操作。以墙线为被修剪线，以三个小矩形为修剪边，修剪出门洞，结果如图 10-21 所示。

步骤 07　单击“默认”选项卡|“修改”面板上的“修剪”按钮，，将修剪模式设置为“标准”模式，进行修剪操作。以墙线本身为被修剪边，修剪掉墙线内的直线，效果如图 10-22 所示。

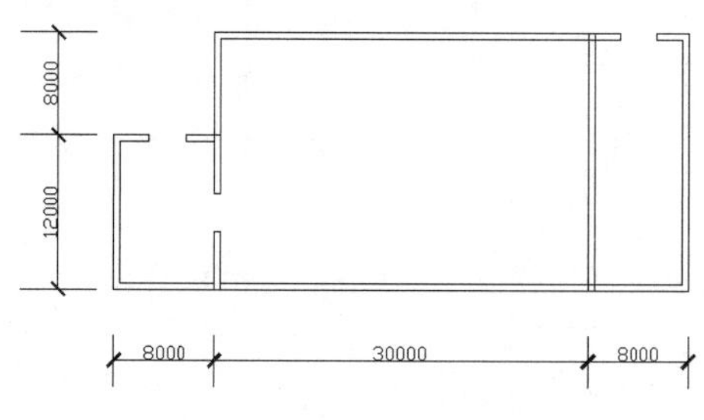

图 10-21　修剪结果（一）

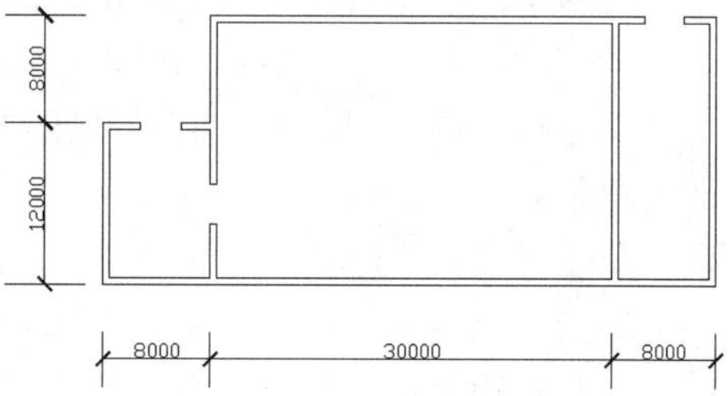

图 10-22　修剪结果（二）

4. 绘制窗洞

步骤 01 单击“默认”选项卡|“绘图”面板上的“矩形”按钮，绘制矩形，长度为 60，宽度为 5。单击“默认”选项卡|“绘图”面板上的“直线”按钮，绘制矩形左右两边中点的连线，效果如图 10-23 所示。

步骤 02 单击“默认”选项卡|“修改”面板上的“移动”按钮，选择 60×5 的小矩形和其左右两边中线，以小矩形上边中点为基点，以下边内墙线中点为第二点进行移动，如图 10-24 所示。移动后效果如图 10-25 所示。

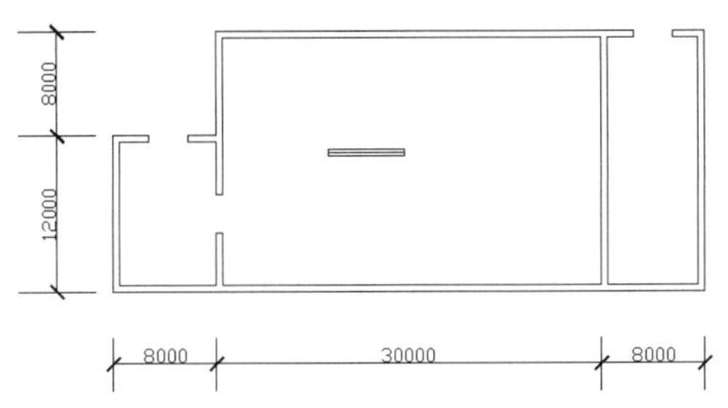

图 10-23　窗洞

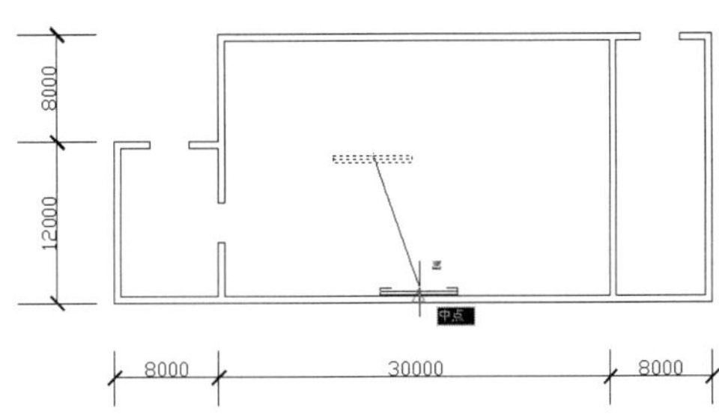

图 10-24　捕捉中点

步骤 03 单击“默认”选项卡|“修改”面板上的“复制”按钮，选择 60×5 的小矩形和其左右两边中点连线（即窗洞），向左复制一份，复制距离为 100，效果如图 10-26 所示。

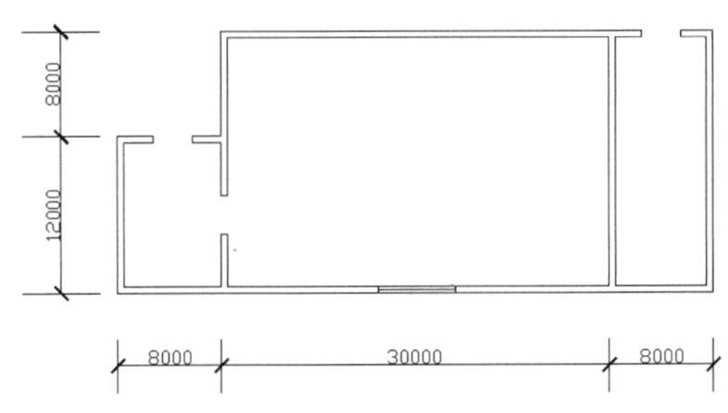

图 10-25　移动后结果

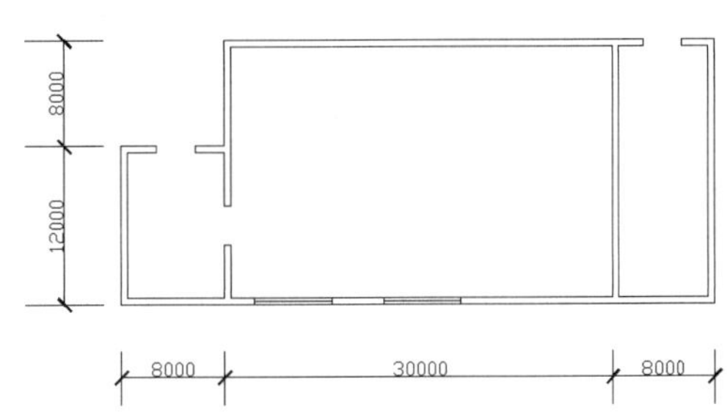

图 10-26　向左复制效果

步骤 04 再次单击“默认”选项卡|“修改”面板上的“复制”按钮，选择右边的窗洞，向右复制一份，复制距离为 100，结果如图 10-27 所示。

步骤 05 单击“默认”选项卡|“修改”面板上的“复制”按钮，选择刚绘制好的三个窗洞，以中间窗洞的下边中点为基点，向上复制到上边的内墙中点，如图 10-28 所示。最终效果如图 10-29 所示。

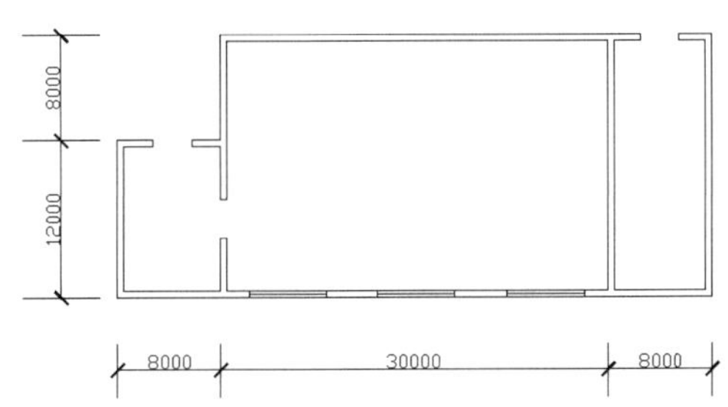

图 10-27　向右复制结果

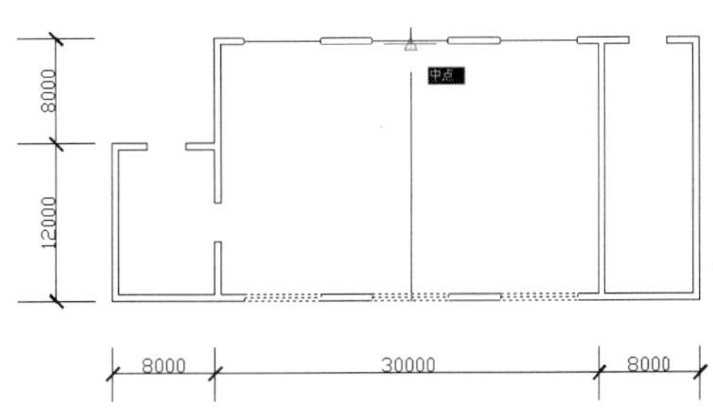

图 10-28　捕捉中点

步骤06 单击“默认”选项卡|“修改”面板上的“复制”按钮，选择右下的窗洞，向右复制一份，复制距离为 85；利用同样的方法将左下的窗洞向左复制一份，复制距离为 85，结果如图 10-30 所示。

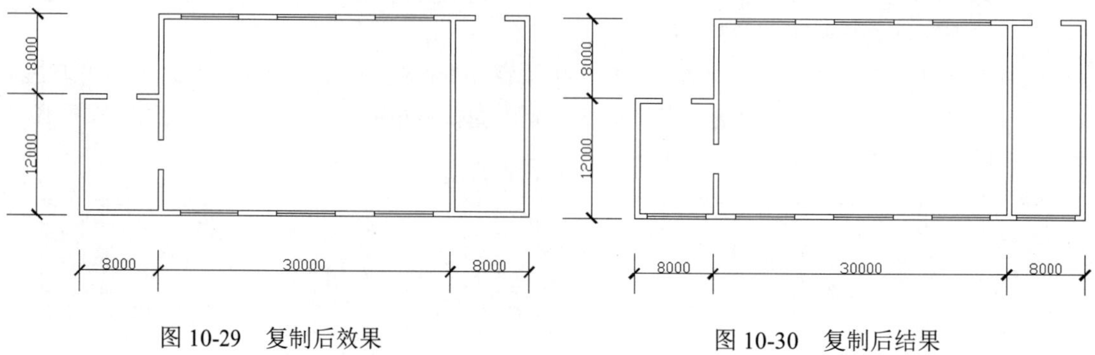

图 10-29 复制后效果　　图 10-30 复制后结果

10.3.2 在建筑平面图上作配电设置

步骤01 单击“默认”选项卡|“图层”面板上的“图层特性”按钮，弹出“图层特性管理器”选项板，如图 10-31 所示，单击“新建图层”按钮，将该层命名为“电气”，选择颜色为蓝，线宽为默认。

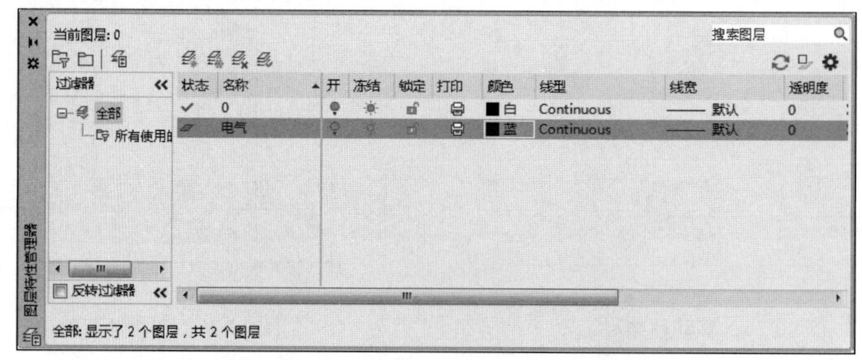

图 10-31 “图层特性管理器”选项板

步骤02 单击“默认”选项卡|“绘图”面板上的“矩形”按钮，绘制长度为 20，宽度为 10 的矩形。

步骤03 单击“默认”选项卡|“绘图”面板上的“直线”按钮，绘制矩形左右两边中点的连线。

步骤04 单击“默认”选项卡|“绘图”面板上的“图案填充”按钮，打开“图案填充创建”选项卡，然后在“图案”面板上选择 SOLID 图案，如图 10-32 所示。

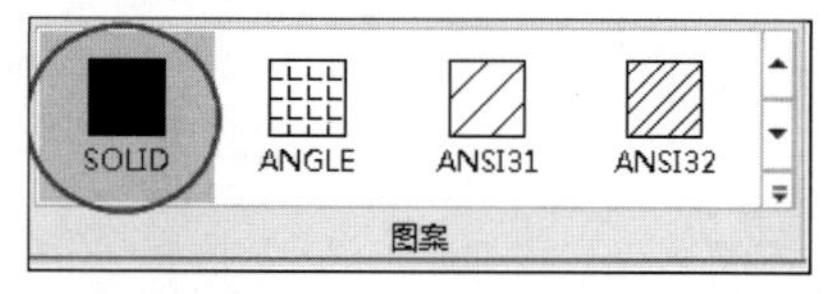

图 10-32 选择图案

步骤05 在“边界”图板上单击“添加：拾取点”按钮，返回绘图区，单击小矩形上半区域，为其填充实体图案，最终效果如图 10-33 所示，配电箱符号绘制完成。

步骤06 单击“默认”选项卡|“修改”面板上的“移动”按钮，将配电箱移动到左上两个窗洞之间，结果如图 10-34 所示。

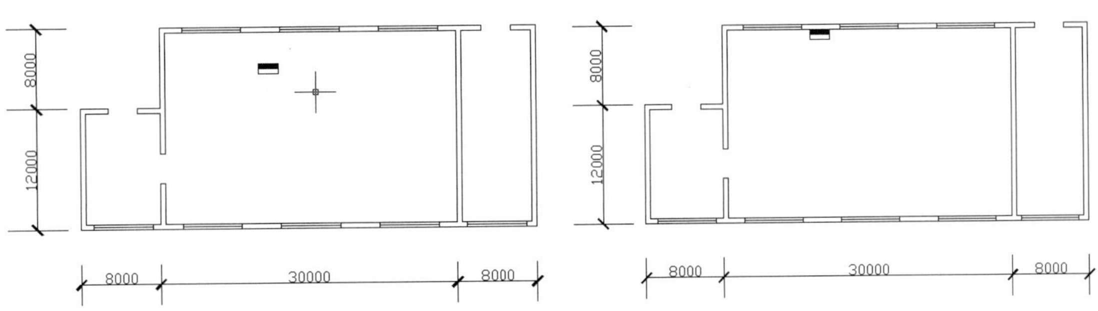

图 10-33　配电箱　　　图 10-34　配电箱移动结果

步骤 07 单击"默认"选项卡|"修改"面板上的"复制"按钮，选择刚移动过的配电箱，向右复制一份，复制距离为 100，结果如图 10-35 所示。

步骤 08 单击"默认"选项卡|"修改"面板上的"复制"按钮，选择绘制的配电箱，向下复制一份，复制距离为 50；单击"默认"选项卡|"修改"面板上的"旋转"按钮，旋转角度为 180°，效果如图 10-36 所示。

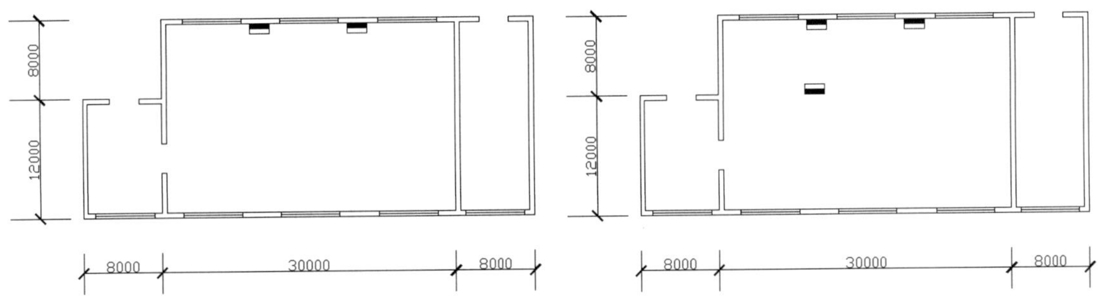

图 10-35　向右复制结果　　　图 10-36　向下复制并旋转

步骤 09 单击"默认"选项卡|"修改"面板上的"移动"按钮，将配电箱移动到下边右起第二和第三个窗洞之间，配电箱下边与内墙线重合，结果如图 10-37 所示。

步骤 10 单击"默认"选项卡|"修改"面板上的"复制"按钮，将配电箱再复制两个，位置无特殊要求；单击"默认"选项卡|"修改"面板上的"旋转"按钮，一个旋转 90°，一个旋转–90°，效果如图 10-38 所示。

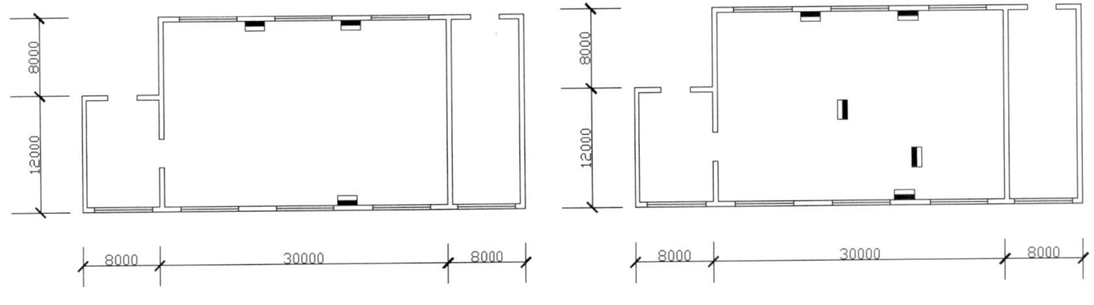

图 10-37　移动结果　　　图 10-38　复制和旋转结果

步骤 11 单击"默认"选项卡|"修改"面板上的"移动"按钮，以配电箱黑色部分长边中点为起点，以如图 10-39 所示的两个点为第二点，移动刚旋转过的两个配电箱符号。

步骤 12 单击“默认”选项卡|“绘图”面板上的“圆”按钮，绘制半径为 5 的圆；单击“默认”选项卡|“修改”面板上的“复制”按钮，将圆复制 8 个，作为电动机符号，分散放置在中右两个车间区内，位置无特殊要求，最终效果如图 10-40 所示。

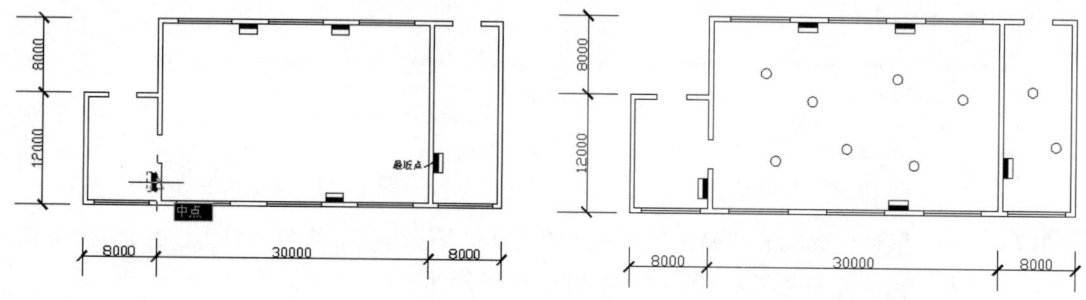

图 10-39　移动后的效果

图 10-40　绘制电动机符号

步骤 13 单击“默认”选项卡|“绘图”面板上的“直线”按钮，绘制配电箱与电动机之间的导线，导线起点在配电箱白色部分的长边上，终点在各圆上，如图 10-41 所示。

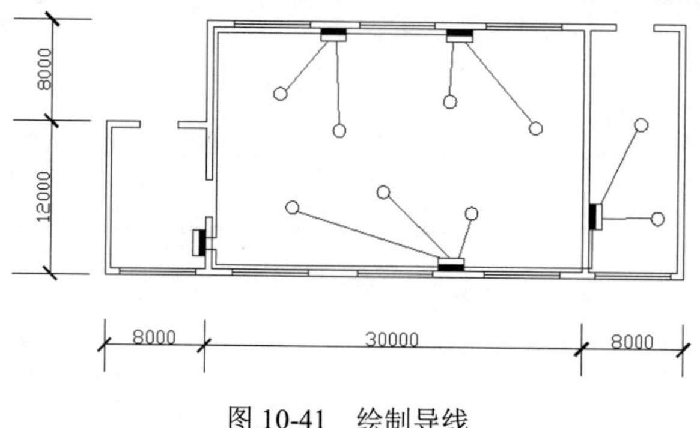

图 10-41　绘制导线

10.3.3　标注文字

步骤 01 展开“默认”选项卡|“图层”面板上的“图层”下拉列表，将“电气”层设置为当前层，单击“注释”选项卡|“文字”面板上的“多行文字”按钮A，打开“文字编辑器”选项卡，设置字体为“仿宋”，字号为 8 号，如图 10-42 所示。本节其他文字输入设置与此相同，后面不再赘述。

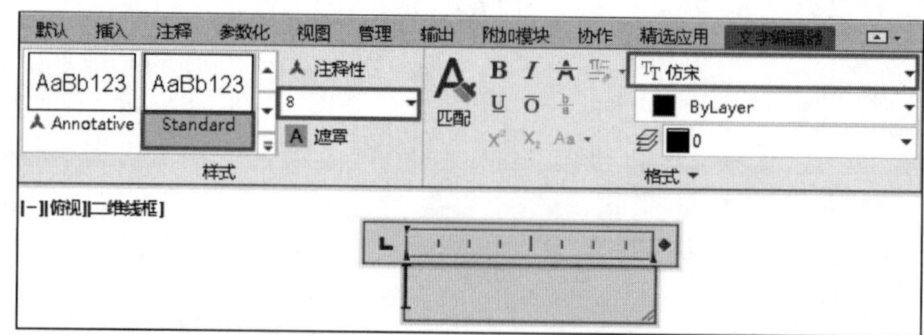

图 10-42　文字格式设置

步骤 02 输入配电箱编号 AP0、AP1、AP2、AP3、AP4，最终效果如图 10-43 所示。

步骤 03 单击“注释”选项卡|“文字”面板上的“多行文字”按钮A，打开“文字编辑器”选项卡，输入电动机编号及功率 01/4.1、02/4.1、03/13、04/9.1、05/3.0、06/1.7、07/3.1、08/3.1、09/8.5。利用“格式”面板中的“堆叠”按钮，将编号写成分数形式，结果如图 10-44 所示。

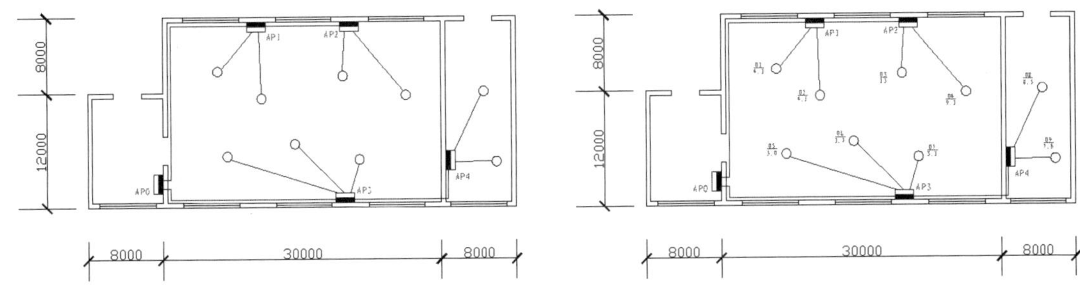

图 10-43　输入配电箱编号　　　　图 10-44　输入电动机编号及功率

步骤 04 单击“注释”选项卡|“文字”面板上的“多行文字”按钮A，输入配电箱与电动机之间的导线型号。单击“默认”选项卡|“修改”面板上的“旋转”按钮，将“BV-2(3 × 16)SC25-FC”旋转–90°，最终效果如图 10-45 所示。

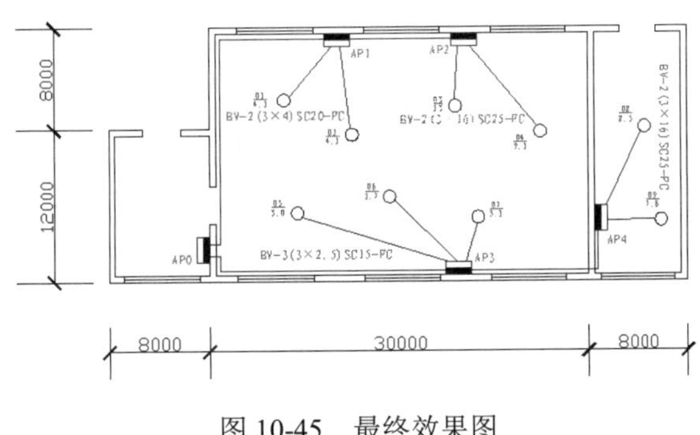

图 10-45　最终效果图

10.4　绘制工厂车间的照明平面图

工厂的电气照明，按照明的地点分，可分为室内照明和室外照明两大类。按照明方式分，有一般照明和局部照明两大类。一般照明不考虑特殊局部的需要，是为照亮整个场地而设置的照明。局部照明是为满足某些部位的特殊需要而设置的照明，例如车床的工作照明。多数车间都采用由一般照明和局部照明组成的混合照明方式。本节以机械加工车间（局部）的照明为例，介绍工厂照明电气制图技术。

10.4.1　照明电气设计考虑要求

首先考虑电光源的选择，因为机械加工车间的每台机床设备上都带有 36V 的局部照明，考虑到车间的照度，一般采用高压汞灯和高压钠灯作为电光源；然后选择灯具及灯具布置，本案例中选择深照型灯具均匀布置，即灯具在整个车间内均匀分布，其位置与设备无关；最后选择照明配电箱和敷设导线。

10.4.2 绘制工厂车间建筑平面图

步骤 01 单击“默认”选项卡|“图层”面板上的“图层特性”按钮，弹出“图层特性管理器”选项板，连续单击“新建图层”按钮 3 次，“图层”列表框中出现图层 1~图层 3 三个图层。依次设置图层名为“电气”“文字”“虚线”；颜色分别设置为蓝、洋红、洋红；选择虚线的线型为 ACAD_ISO02W100；线宽设置均为默认。选择“0 层”为当前层。结果如图 10-46 所示。

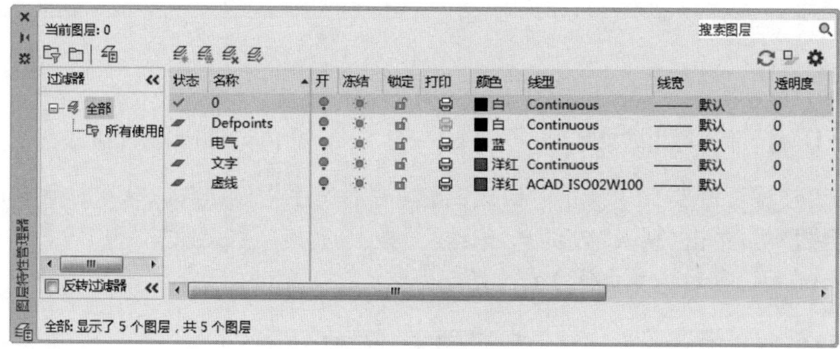

图 10-46　图层设置

步骤 02 单击“默认”选项卡|“绘图”面板上的“直线”按钮，绘制长度为 40 的竖直方向的直线。单击“默认”选项卡|“修改”面板上的“矩形阵列”按钮，对刚绘制的直线进行矩形阵列，设置阵列的行数为 1，列数为 4，列间距为 80。

步骤 03 单击“默认”选项卡|“修改”面板上的“偏移”按钮，选择最右端的直线，向右偏移复制一份，偏移距离为 60。

步骤 04 单击“默认”选项卡|“绘图”面板上的“直线”按钮，绘制长度为 40 的水平方向的直线，结果如图 10-47 所示。

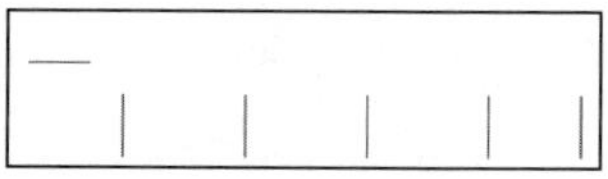

图 10-47　轴线

步骤 05 单击“默认”选项卡|“修改”面板上的“偏移”按钮，选择水平直线并向上偏移复制，偏移距离为 40。单击“默认”选项卡|“修改”面板上的“矩形阵列”按钮，选择刚刚偏移的直线为阵列对象，设置阵列的行数为 4，列数为 1，行间距为 50，阵列效果如图 10-48 所示。

步骤 06 单击“默认”选项卡|“注释”面板上的“标注样式”按钮，使用“修改”功能修改标注比例，在“主单位”选项卡中把标注“比例因子”修改为 100；在“符号和箭头”选项卡中选择“建筑标记”。

步骤 07 单击“默认”选项卡|“注释”面板上的“线性”按钮，标注轴线之间的距离，效果如图 10-49 所示。

步骤 08 绘制外墙线。单击“默认”选项卡|“绘图”面板上的“矩形”按钮，绘制矩形，起点在最右边的垂直轴线和最上边的水平轴线的交点，终点在最左边的垂直轴线和最下边的水平轴线的交点，效果如图 10-49 所示。

步骤 09 单击“默认”选项卡|“修改”面板上的“偏移”按钮，将矩形向内偏移复制一份，偏移距离为 5，即内墙线，如图 10-50 所示。

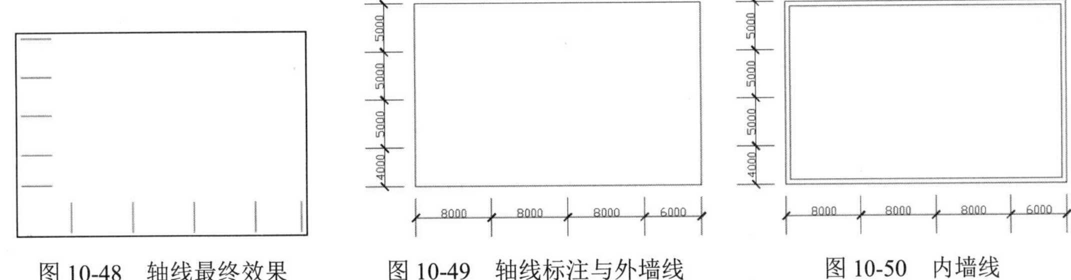

图 10-48　轴线最终效果　　图 10-49　轴线标注与外墙线　　图 10-50　内墙线

步骤10 单击“默认”选项卡上的“修改”面板中的“分解”按钮，选择两个矩形，将两个矩形分解；单击“默认”选项卡| “修改”面板上的“拉伸”按钮，将两条水平内墙线向左延伸，延伸长度为 5，将最左外墙线向上下延伸，效果如图 10-51 所示。

步骤11 单击“默认”选项卡|“修改”面板上的“删除”按钮，删除左边内墙线，将拉伸后的外墙线设置为虚线层，结果如图 10-52 所示。

步骤12 单击“默认”选项卡|“绘图”面板上的“矩形”按钮，绘制小矩形，长度为 20，宽度为 30。单击“默认”选项卡|“修改”面板上的“移动”按钮，以小矩形左边中点为基点，以左上第二条水平轴线的右端点为第二点，移动小矩形，效果如图 10-53 所示。

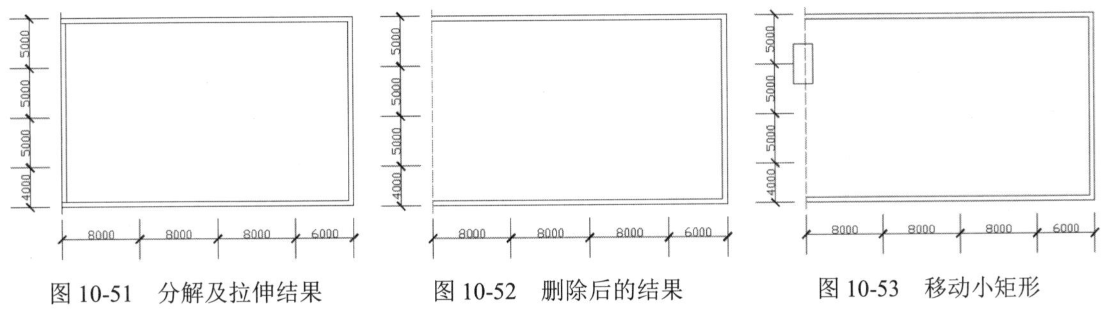

图 10-51　分解及拉伸结果　　图 10-52　删除后的结果　　图 10-53　移动小矩形

步骤13 单击“默认”选项卡|“修改”面板上的“移动”按钮，以小矩形右边中点为基点，以右边外墙线与左上第二条水平轴线交点为第二点，移动小矩形，第二点利用捕捉垂足的方法获取，如图 10-54 所示。

步骤14 单击“默认”选项卡|“修改”面板上的“修剪”按钮，进行修剪操作，以墙线为修剪线，以小矩形为修剪边，修剪出门洞，如图 10-55 所示。

步骤15 复制前面绘制好的 60×5 的窗洞，然后单击“默认”选项卡|“修改”面板上的“移动”按钮，以窗洞下边中点为基点，以下边外墙线为第二点，移动窗洞，如图 10-56 所示。

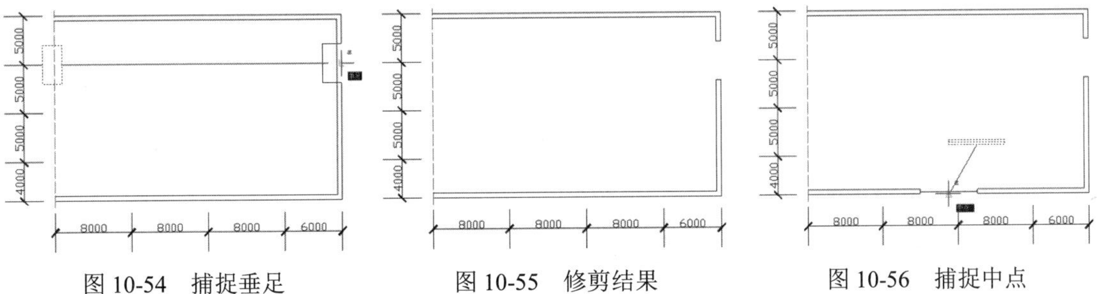

图 10-54　捕捉垂足　　图 10-55　修剪结果　　图 10-56　捕捉中点

步骤16 单击“默认”选项卡|“修改”面板上的“复制”按钮，选择刚移动过的窗洞，向左、右各复制一份，复制距离为 90，效果如图 10-57 所示。

步骤17 单击“默认”选项卡|“修改”面板上的“复制”按钮，选择刚绘制好的三个窗洞，以中间窗洞的下边中点为基点，向上复制到上边的内墙中点。

步骤18 单击“默认”选项卡|“修改”面板上的“复制”按钮，再复制一份窗洞；单击“默认”选项卡|“修改”面板上的“旋转”按钮，设置旋转角度为 90°，旋转窗洞，结果如图 10-58 所示。

步骤19 单击“默认”选项卡|“修改”面板上的“移动”按钮，以旋转过的窗洞的左边中点为基点，将其移动到如图 10-59 所示的位置，建筑平面图的制作就完成了。

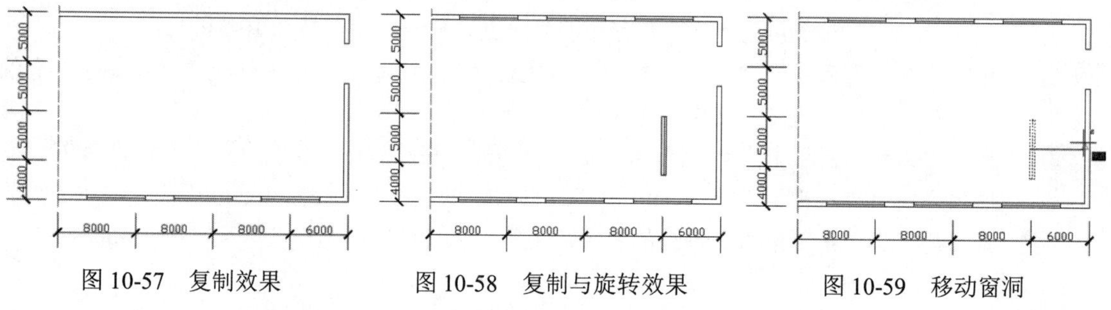

图 10-57 复制效果　　图 10-58 复制与旋转效果　　图 10-59 移动窗洞

10.4.3 在建筑平面图上作照明电气布置

复制前面绘制的配电箱，将其放置到如图 10-60 所示的位置。

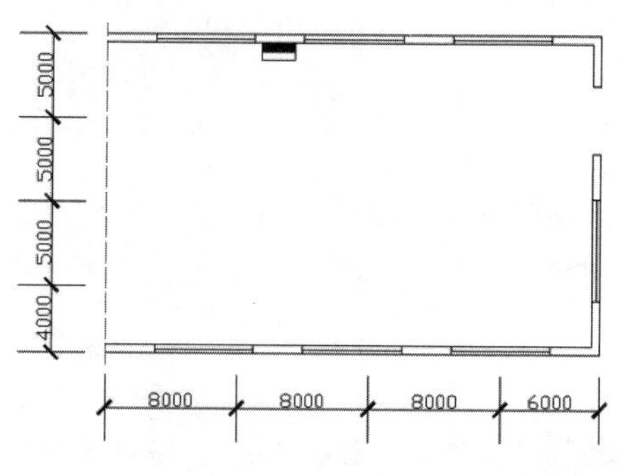

图 10-60 复制效果

步骤01 展开“默认”选项卡|“图层”面板上的“图层”下拉列表，将“电气”层置为当前层，单击“默认”选项卡|“绘图”面板上的“直线”按钮，绘制长度为 20 的竖直线段；单击“默认”选项卡|“绘图”面板上的“圆”按钮，绘制以长度为 20 的线段中点为圆心、半径为 5 的圆，结果如图 10-61 所示。

步骤02 单击“默认”选项卡|“绘图”面板上的“直线”按钮，绘制与水平方向成–60°角的线段，如图 10-62 所示。单击“默认”选项卡|“修改”面板上的“镜像”按钮，选择竖直线段为镜像线，镜像斜线段，效果如图 10-63 所示。

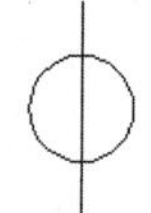

图 10-61 直线与圆

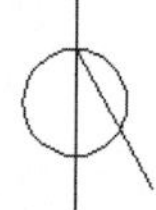

图 10-62 绘制线段

图 10-63 镜像结果

步骤03 单击“默认”选项卡|“修改”面板上的“删除”按钮，删除镜像线；单击“默认”选项卡|“修改”面板上的“修剪”按钮，进行修剪操作，选择圆为修剪边，将两条斜线圆外部分修剪掉，深照型灯具就绘制完成了，如图 10-64 所示。

步骤04 展开“默认”选项卡|“图层”面板上的“图层”下拉列表，将默认的 0 图层设置为当前层，绘制机床图标。单击“默认”选项卡|“绘图”面板上的“矩形”按钮，绘制矩形，长度为 50，宽度为 15。单击“默认”选项卡|“绘图”面板上的“矩形”按钮，绘制以小矩形右下顶点为第一点的边长为 15 的正方形，如图 10-65 所示。

步骤05 单击“默认”选项卡|“修改”面板上的“修剪”按钮，将两个矩形选作修剪边线，把两个矩形的重叠部分修剪掉，效果如图 10-66 所示，完成设备图标的绘制。

图 10-64 深照型灯具

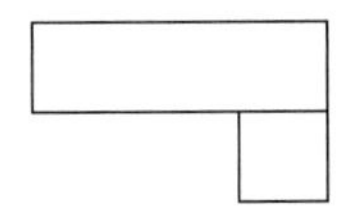

图 10-65 两个矩形

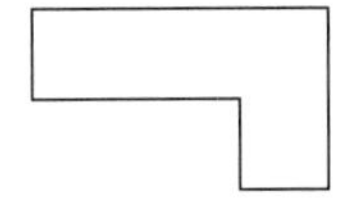

图 10-66 设备图标

步骤06 单击“默认”选项卡|“修改”面板上的“移动”按钮，选择刚绘制的深照型灯具，以小圆的圆心为基点，以左起第二条竖直轴线与下起第二条水平轴线的交点为第二点进行移动，如图 10-67 所示。

步骤07 单击“默认”选项卡|“修改”面板上的“矩形阵列”按钮，选择刚移动过的灯具为阵列对象进行阵列设置，设置阵列的行数为 3，列数为 3，行间距为 50，列间距为 80，最终效果如图 10-68 所示。

步骤08 单击“默认”选项卡|“修改”面板上的“旋转”按钮，将设备图标进行旋转，以右上顶点为基点，旋转角度为–60°。

步骤09 单击“默认”选项卡|“修改”面板上的“复制”按钮，将刚绘制好的机床图标复制 5 份；单击“默认”选项卡|“修改”面板上的“移动”按钮，将它们移动到如图 10-69 所示的位置。

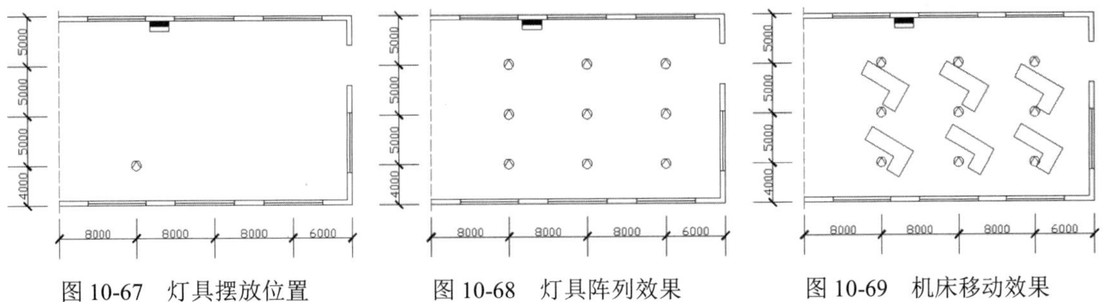

图 10-67 灯具摆放位置　　图 10-68 灯具阵列效果　　图 10-69 机床移动效果

步骤10 展开“默认”选项卡|“图层”面板上的“图层”下拉列表，将“电气”层设置为当前层，单击“默认”选项卡|“绘图”面板上的“直线”按钮，进行导线连接，结果如图 10-70 所示。

步骤11 单击“默认”选项卡|“绘图”面板上的“直线”按钮，在导线上绘制与水平方向成 45°角的小线段。单击“注释”选项卡|“文字”面板上的“多行文字”按钮A，设置字体为 txt.gbcbig，文字高度为 4，标注数字 3，表示导线根数，如图 10-71 所示。

步骤12 单击“注释”选项卡|“文字”面板上的“多行文字”按钮A，文字格式设置同步骤（11），输入配电箱型号 XXM-08 以及各导线类型，最终效果如图 10-72 所示。

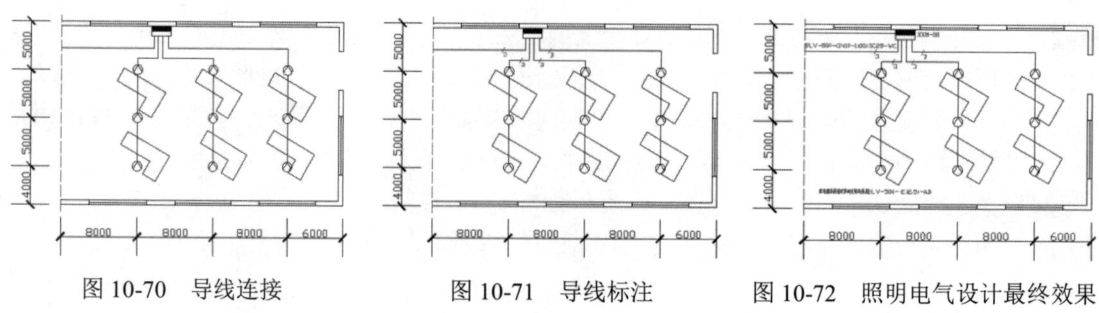

图 10-70　导线连接　　图 10-71　导线标注　　图 10-72　照明电气设计最终效果

10.5　绘制配电系统电气原理图

工厂高压配电所担负着从电力系统受电并向各车间变电所及某些高压用电设备配电的任务。电源进线经高压计量柜和高压开关柜到母线，再由高压配电出线至变电所。母线也叫汇流排，是配电装置中用来汇集和分配电能的导体。我们将按此处介绍的顺序绘制配电系统电气原理图。

10.5.1　绘制高压计量柜

步骤 01　新建一个 .dwg 文件，复制以前绘制的隔离开关符号到当前文件，如图 10-73 所示。单击“默认”选项卡|“绘图”面板上的“直线”按钮，以隔离开关下端点为基点，绘制长度为 8 的线段。

步骤 02　单击“默认”选项卡|“修改”面板上的“复制”按钮，再复制一份隔离开关；单击“默认”选项卡|“修改”面板上的“移动”按钮，将复制的隔离开关移动到刚绘制直线的下端点，如图 10-74 所示。

步骤 03　复制以前绘制的电流互感器符号到当前文件，如图 10-75 所示；将电流互感器符号插入到如图 10-76 所示的位置。单击“默认”选项卡|“修改”面板上的“复制”按钮，水平向右复制一份电流互感器符号，复制距离为 12，效果如图 10-77 所示。

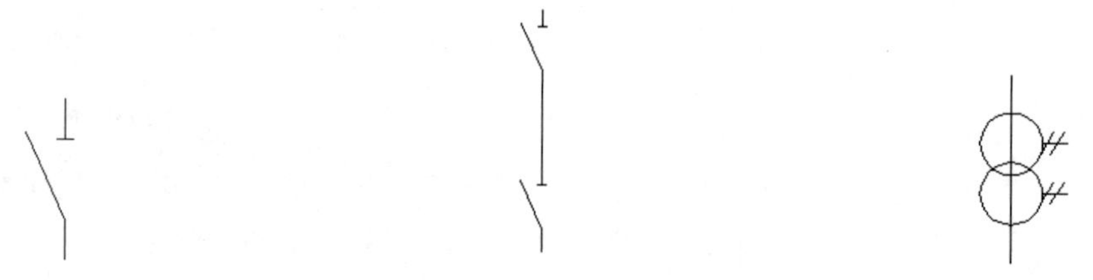

图 10-73　隔离开关　　图 10-74　复制隔离开关并移动　　图 10-75　电流互感器

步骤 04　单击“默认”选项卡|“绘图”面板上的“直线”按钮，将上下两个隔离开关加一段导线。单击“默认”选项卡|“绘图”面板上的“正多边形”按钮，绘制边长为 1 的三角形；单击“默认”选项卡|“修改”面板上的“移动”按钮，以小三角形下边中点为基点，向如图 10-78 所示的位置移动。

步骤 05　单击“默认”选项卡|“修改”面板上的“镜像”按钮，选择刚移动过的小三角形，向上镜像复制一份，如图 10-79 所示。

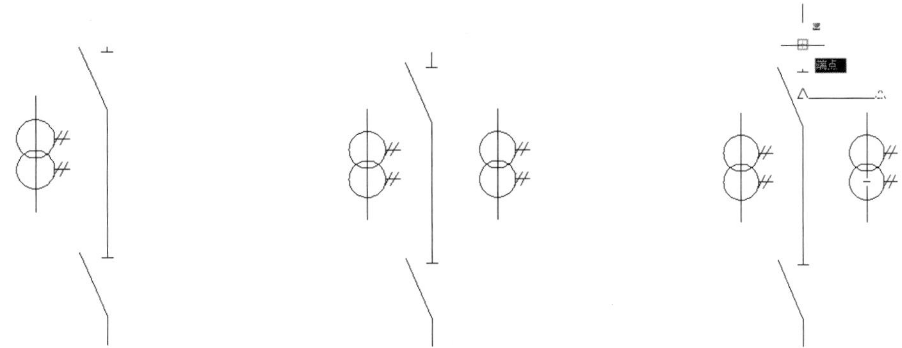

图 10-76　插入电流互感器　　图 10-77　复制结果　　图 10-78　移动电缆头

步骤 06 单击“默认”选项卡|“绘图”面板上的“矩形”按钮，绘制长度为 2，宽度为 4 的矩形；单击“默认”选项卡|“绘图”面板上的“直线”按钮，绘制小矩形上下两边中点的连线；单击“默认”选项卡|“修改”面板上的“拉伸”按钮，连线上下各延伸 1.5。熔断器绘制完成，如图 10-80 所示。

步骤 07 复制一份以前绘制的电压互感器符号，单击“默认”选项卡|“修改”面板上的“移动”按钮，将其移动到熔断器符号的下端点。单击“默认”选项卡|“绘图”面板上的“直线”按钮，绘制熔断器与主电路的连线，如图 10-81 所示。

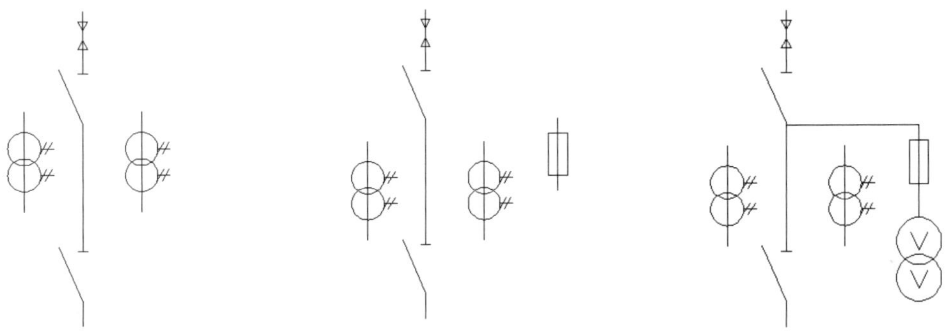

图 10-79　镜像电缆头　　图 10-80　绘制熔断器　　图 10-81　绘制连线

步骤 08 单击“注释”选项卡|“文字”面板上的“多行文字”按钮**A**，进行文字格式设置，如图 10-82 所示，设置字体为“宋体”，字号为 1（本节其他文字输入设置与此相同，后面不再重复），输入电源进线的导线型号及电缆型号，效果如图 10-83 所示。

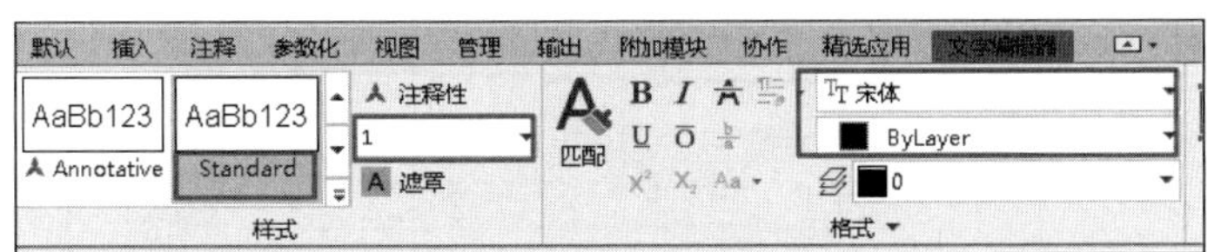

图 10-82　文字格式设置

步骤 09 单击“默认”选项卡|“绘图”面板上的“直线”按钮，在 LJ-95 上方绘制长度为 13 的水平线段；单击“默认”选项卡|“修改”面板上的“偏移”按钮，将直线向下偏移复制两份，复制距离分别为 2.3、4.6；单击“默认”选项卡|“绘图”面板上的“直线”按钮，将三条直线的左边端点连接，结果如图 10-84 所示。

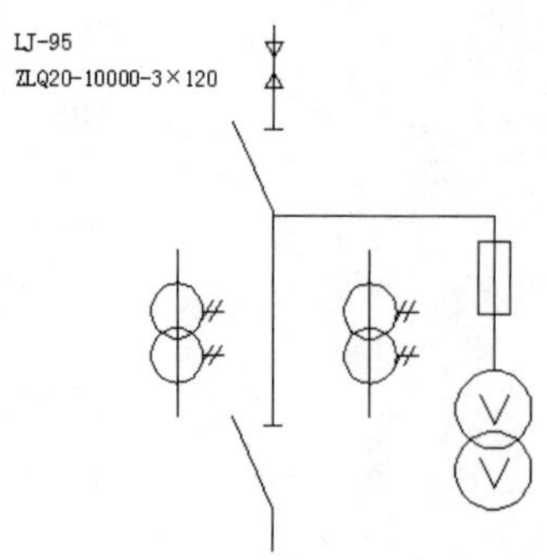

图 10-83　添加文字标注

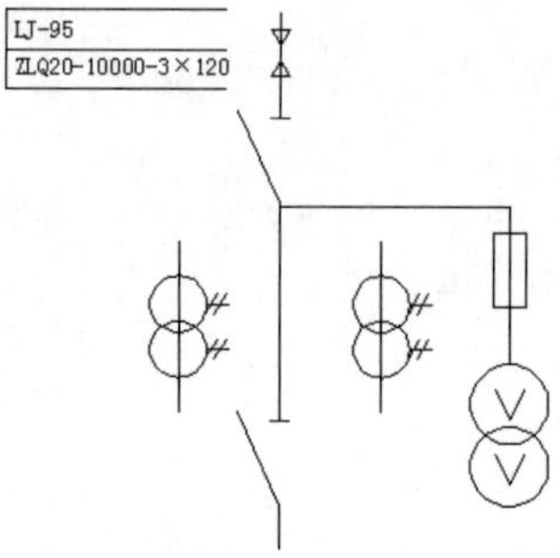

图 10-84　绘制文字框线

步骤 10 单击“注释”选项卡|“文字”面板上的“多行文字”按钮**A**，输入高压计量柜参数，结果如图 10-85 所示。

步骤 11 重复步骤（9）的操作，为文字绘制上框线，效果如图 10-86 所示。

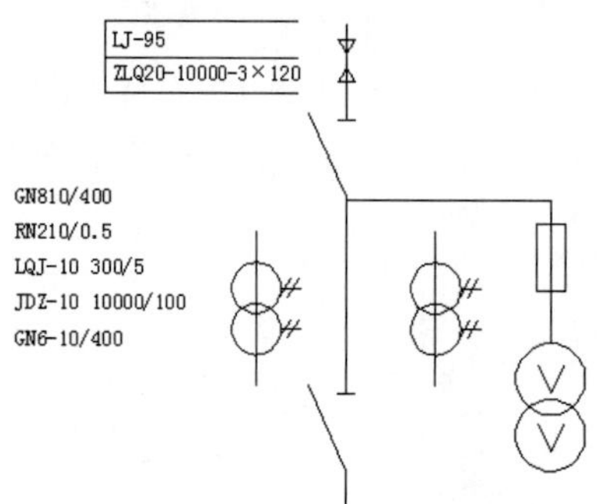

图 10-85　输入计量柜参数

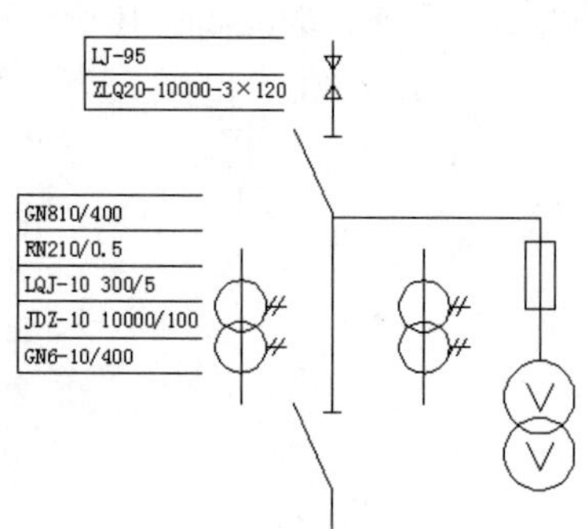

图 10-86　绘制文字框线

步骤 12 单击“注释”选项卡|“文字”面板上的“多行文字”按钮**A**，输入高压计量柜型号 GG-1A-J；单击“默认”选项卡|“绘图”面板上的“矩形”按钮，以刚绘制表格的上顶点为第一点绘制如图 10-87 所示的小矩形。

步骤 13 单击“默认”选项卡|“修改”面板上的“旋转”按钮，将高压计量柜型号 GG-1A-J 旋转 90°；单击“默认”选项卡|“修改”面板上的“移动”按钮，将其移动到绘制好的小矩形内。高压计量柜绘制完成，最终效果如图 10-88 所示。

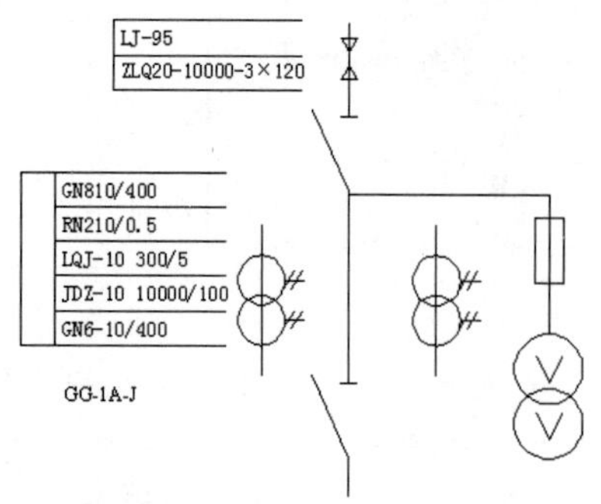

图 10-87　加入高压计量柜型号

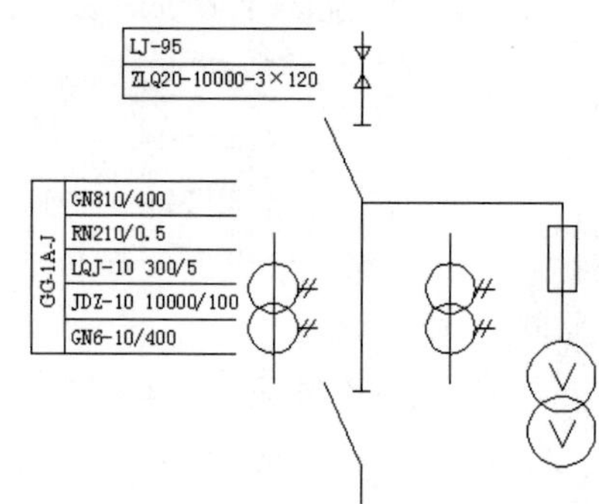

图 10-88　高压计量柜绘制完成

10.5.2 绘制高压开关柜

高压开关柜和高压计量柜很相似，只是参数不同。其绘制步骤如下：

步骤 01 单击“默认”选项卡|“修改”面板上的“复制”按钮，从刚绘制过的高压计量柜图中复制两个电流互感器和一个隔离开关，如图 10-89 所示。

步骤 02 单击“默认”选项卡|“修改”面板上的“复制”按钮，将隔离开关复制一份，将其修改成断路器。单击“默认”选项卡|“绘图”面板上的“正多边形”按钮，绘制边长为 1 的正方形，如图 10-90 所示。

步骤 03 单击“默认”选项卡|“修改”面板上的“移动”按钮，选择小正方形为移动对象，以小正方形左边中点为起点，向如图 10-91 所示的位置移动。

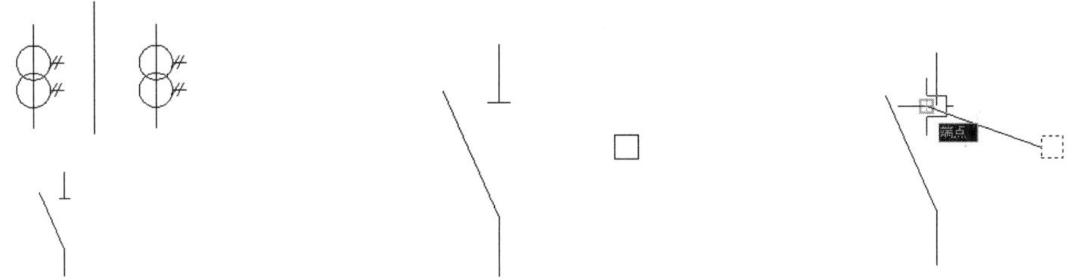

图 10-89 复制的元件　　图 10-90 绘制小正方形　　图 10-91 移动小正方形

步骤 04 单击“默认”选项卡|“绘图”面板上的“直线”按钮，绘制小正方形的两条对角线，如图 10-92 所示。单击“默认”选项卡|“修改”面板上的“删除”按钮，将小正方形与水平线段删除，效果如图 10-93 所示。断路器符号绘制完成。

步骤 05 单击“默认”选项卡|“修改”面板上的“移动”按钮，将断路器符号和隔离开关符号移动到如图 10-94 所示的位置。

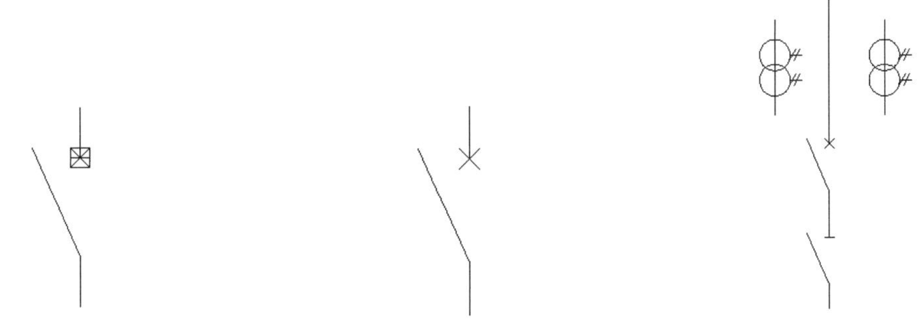

图 10-92 绘制对角线　　图 10-93 断路器　　图 10-94 移动后的结果

步骤 06 单击“注释”选项卡|“文字”面板上的“多行文字”按钮A，执行“多行文字”命令，打开“文字编辑器”选项卡，然后输入电流互感器型号 LQJ-10 3000/5；接下来单击“默认”选项卡|“绘图”面板上的“直线”按钮，在文字下方绘制一条长度为 10 的直线，效果如图 10-95 所示。

步骤 07 单击“默认”选项卡|“修改”面板上的“复制”按钮，选择输入的文字和直线，以直线左端点为基点向下复制两份，复制距离分别为 3 和 6，效果如图 10-96 所示。

步骤08 单击“默认”选项卡|“绘图”面板上的“矩形”按钮，绘制长度为 3，宽度为 9 的矩形，以最下边直线的左端点为起点向左绘制。单击“默认”选项卡|“绘图”面板上的“直线”按钮，绘制以矩形右上顶点为起点的，长度为 10 的直线，效果如图 10-97 所示。

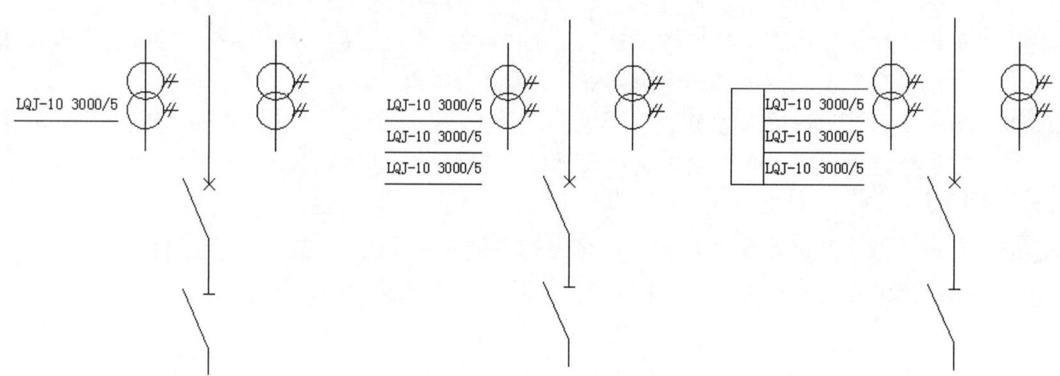

图 10-95 输入参数和绘制直线　　图 10-96 复制后的结果　　图 10-97 绘制小矩形和直线

步骤09 单击“注释”选项卡|“文字”面板上的“多行文字”按钮A，执行“多行文字”命令，打开“文字编辑器”选项卡，输入高压开关柜型号 GG-1A（F）-11；单击“默认”选项卡|“修改”面板上的“旋转”按钮，将输入的高压开关柜型号旋转 90°；单击“默认”选项卡|“修改”面板上的“移动”按钮，将其移动到绘制好的小矩形内，结果如图 10-98 所示。

步骤10 在命令行输入 DDEDIT 后按 Enter 键，执行“编辑文字”命令，修改另外两个参数，高压开关柜绘制完成，如图 10-99 所示。

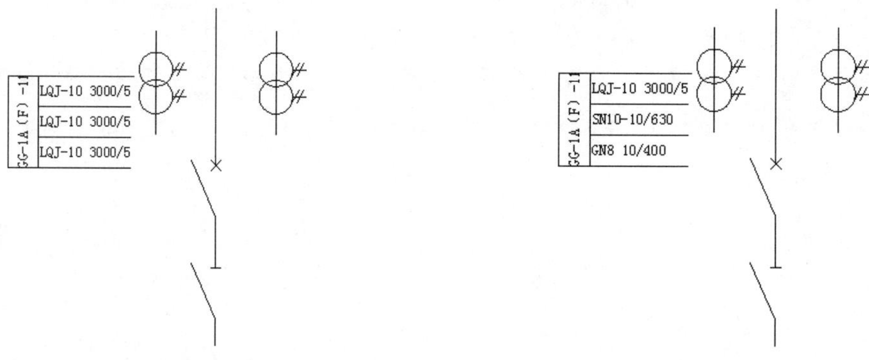

图 10-98 输入高压开关柜型号　　图 10-99 修改参数

10.5.3 绘制母线

步骤01 由于高压电源采取两路进线，所以先将绘制好的高压开关柜复制一份，如图 10-100 所示。

步骤02 复制一个隔离开关的符号，单击“默认”选项卡|“修改”面板上的“旋转”按钮，将隔离开关旋转 90°；单击“默认”选项卡|“修改”面板上的“移动”按钮，将其移动到两个高压开关柜中间的位置，如图 10-101 所示。

步骤03 单击“默认”选项卡|“修改”面板上的“拉伸”按钮，将隔离开关的两段拉伸，将其延长成一条母线。

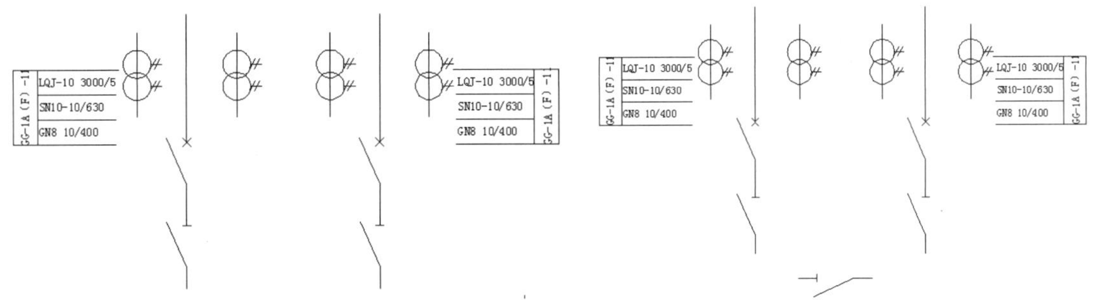

图 10-100　复制结果　　　　图 10-101　复制与旋转隔离开关

步骤 04 单击“默认”选项卡|“修改”面板上的“延伸”按钮，选择母线为要延伸的参考对象，选择导线为延伸对象，效果如图 10-102 所示。

步骤 05 单击“注释”选项卡|“文字”面板上的“多行文字”按钮A，在如图 10-103 所示的位置输入母线表示符号 WB1、WB2，母线型号 LMY-3(50 × 5)，隔离开关型号 GN6-10/100，电压值 10kV，完成母线的绘制。

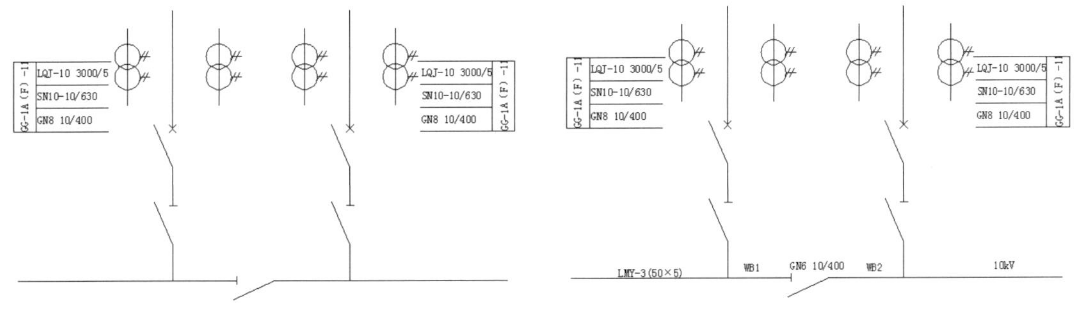

图 10-102　延伸结果　　　　图 10-103　标注结果

10.5.4　绘制开关柜

步骤 01 复制三绕组电压互感器和熔断器符号，如图 10-104 所示。单击“默认”选项卡|“修改”面板上的“移动”按钮，选择熔断器符号，如图 10-105 所示向下移动，最终效果如图 10-106 所示。

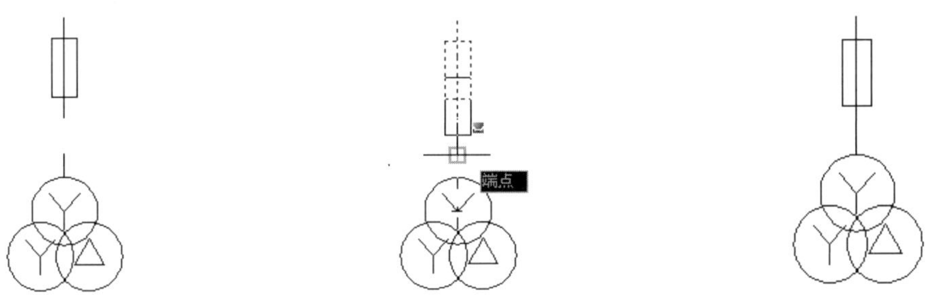

图 10-104　复制元件　　　　图 10-105　移动熔断器　　　　图 10-106　最终效果

步骤 02 复制避雷器和接地符号，如图 10-107 所示。单击“默认”选项卡|“修改”面板上的“移动”按钮，选择避雷器符号，如图 10-108 所示进行移动，最终效果如图 10-109 所示。

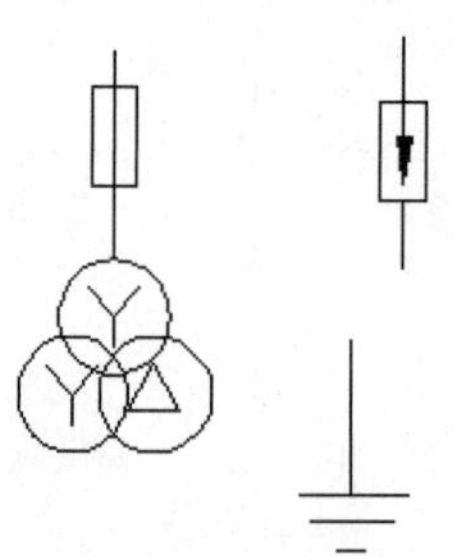
图 10-107　复制元件

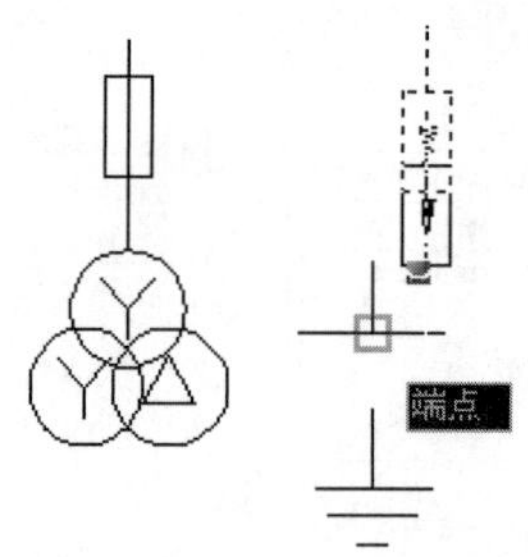

图 10-108　移动避雷器

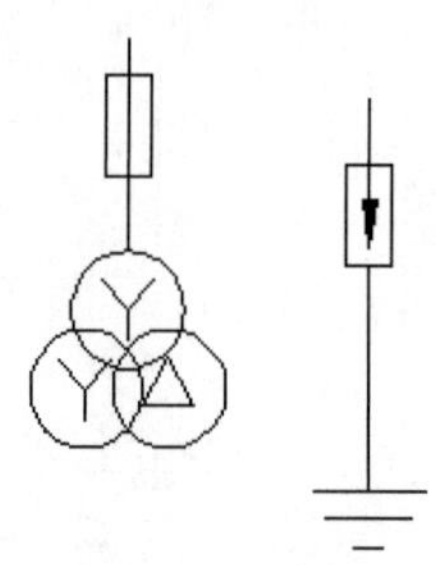
图 10-109　最终效果

步骤 03　复制隔离开关符号，单击“默认”选项卡|“修改”面板上的“移动”按钮，将其移动至如图 10-110 所示的位置。单击“默认”选项卡|“绘图”面板上的“直线”按钮，将各元件用导线连接，效果如图 10-111 所示。

步骤 04　单击“注释”选项卡|“文字”面板上的“多行文字”按钮A，输入隔离开关型号 GN8-10/200；单击“默认”选项卡|“绘图”面板上的“直线”按钮，在文字下方绘制一条长度为 10 的直线。

步骤 05　单击“默认”选项卡|“修改”面板上的“复制”按钮，选择输入的文字和直线，以直线左端点为基点，向下复制三份，复制距离分别为 3、6 和 9，效果如图 10-112 所示。

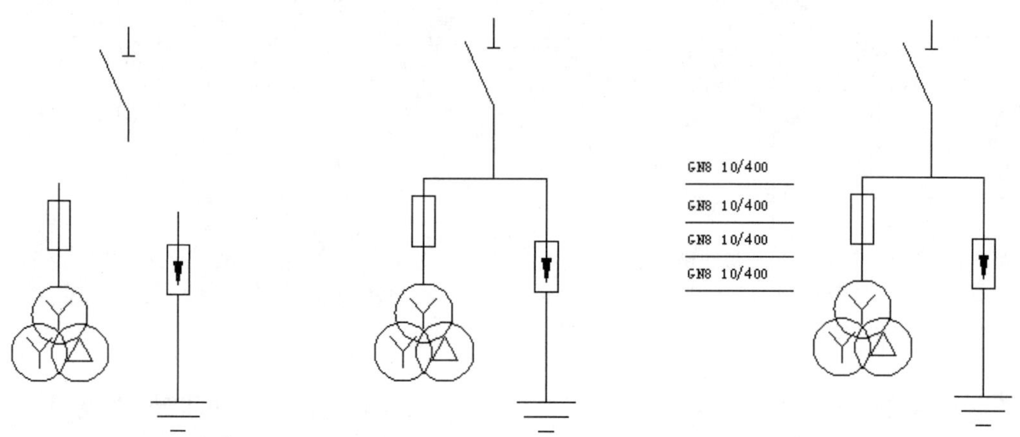

图 10-110　复制移动隔离开关　　图 10-111　绘制导线　　图 10-112　标注文字

步骤 06　单击“默认”选项卡|“绘图”面板上的“矩形”按钮，绘制长度为 3，宽度为 12 的矩形。以最下边直线的左端点为起点向左绘制。单击“默认”选项卡|“绘图”面板上的“直线”按钮，绘制以矩形右上顶点为起点的长度为 10 的直线，效果如图 10-113 所示。

步骤 07　在命令行输入 DDEDIT 后按 Enter 键，执行“编辑文字”命令，修改另外三个复制的参数，如图 10-114 所示。

步骤 08　单击“注释”选项卡|“文字”面板上的“多行文字”按钮A，输入开关柜型号 GG-1A（F）-54；单击“默认”选项卡|“修改”面板上的“旋转”按钮，将开关柜型号旋转 90°；单击“默认”选项卡|“修改”面板上的“移动”按钮，将其移动到绘制好的小矩形内。开关柜 1 绘制完成，最终效果如图 10-115 所示。

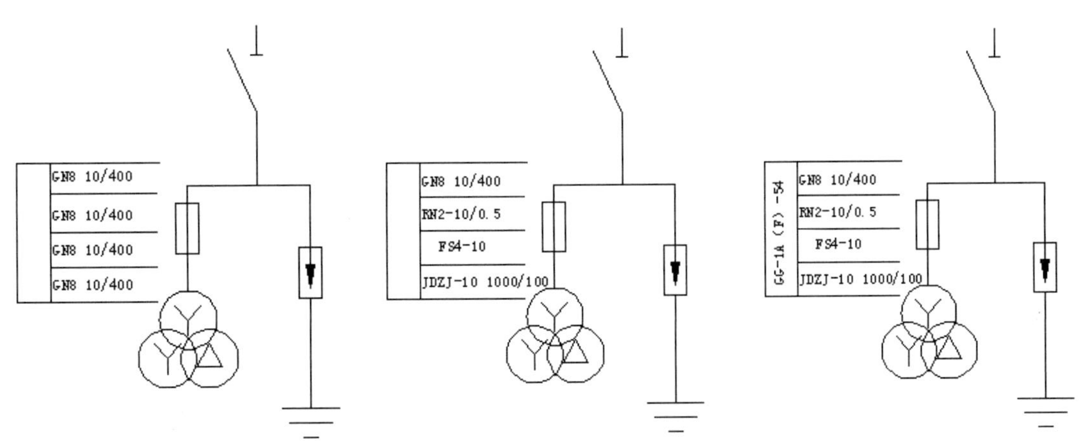

图 10-113　绘制矩形与直线　　图 10-114　修改参数　　图 10-115　绘制完成

10.5.5　绘制高压开关柜

步骤 01　单击“默认”选项卡|“修改”面板上的“复制”按钮，复制绘制完成的高压开关柜，如图 10-116 所示。

步骤 02　单击“默认”选项卡|“修改”面板上的“移动”按钮，将断路器符号移动到如图 10-117 所示的位置。

步骤 03　单击“默认”选项卡|“修改”面板上的“移动”按钮，将隔离开关符号移动到如图 10-118 所示的位置。单击“默认”选项卡|“修改”面板上的“移动”按钮，将表格与文字向上移动到合适的位置。

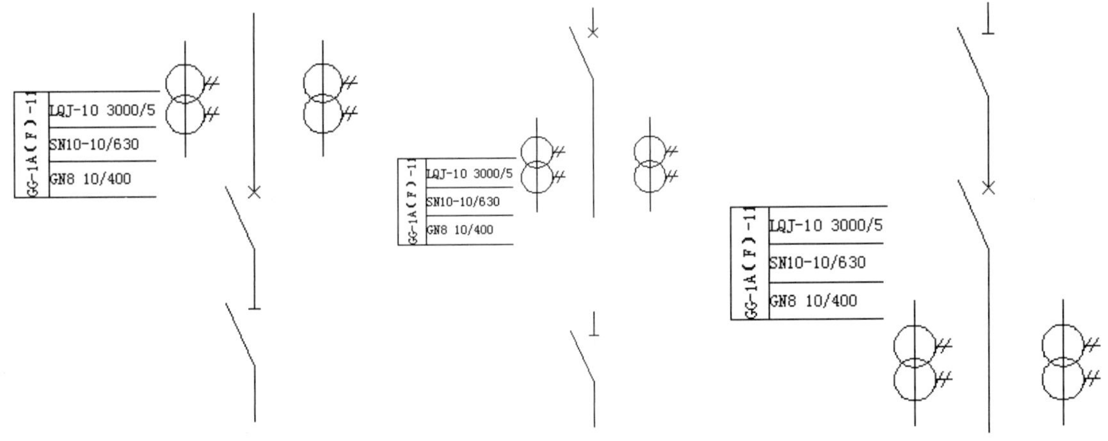

图 10-116　复制高压开关柜　　图 10-117　移动断路器　　图 10-118　移动隔离开关

步骤 04　单击“默认”选项卡|“绘图”面板上的“正多边形”按钮，绘制边长为 1 的三角形；单击“默认”选项卡|“修改”面板上的“移动”按钮，以小三角形上边中点为基点，移动到如图 10-119 所示的位置。

步骤 05　单击“默认”选项卡|“绘图”面板上的“直线”按钮，将导线延长，穿过小三角形，如图 10-120 所示。

步骤06 利用分解尺寸标注的方法得到一个竖直向下的箭头，单击“默认”选项卡|“修改”面板上的“移动”按钮✥，将其移动到导线的最下端点，结果如图 10-121 所示。

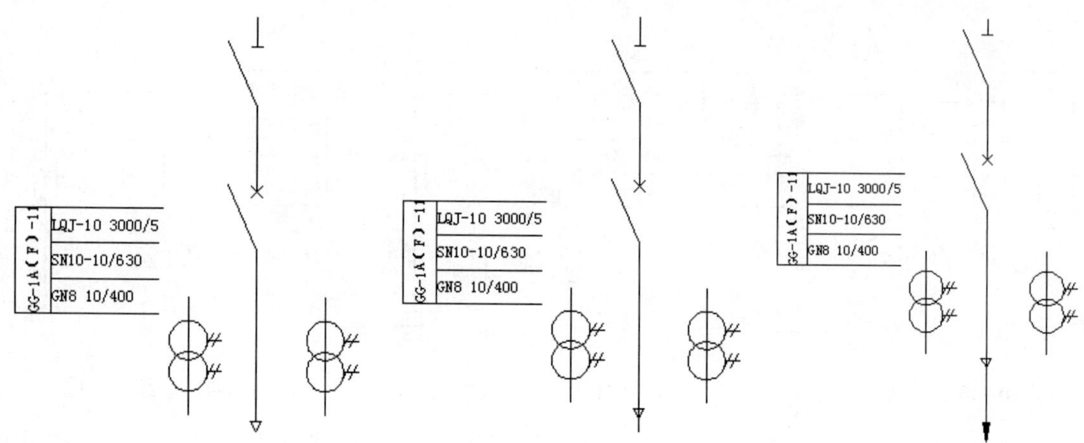

图 10-119　绘制电缆头　　图 10-120　绘制直线　　图 10-121　绘制箭头

步骤07 在命令行输入 DDEDIT 后按 Enter 键，执行“编辑文字”命令，将开关柜型号与参数进行修改，如图 10-122 所示。

步骤08 单击“注释”选项卡|“文字”面板上的“多行文字”按钮**A**，输入电缆型号 ZLQ20-10000-3×25，如图 10-123 所示。

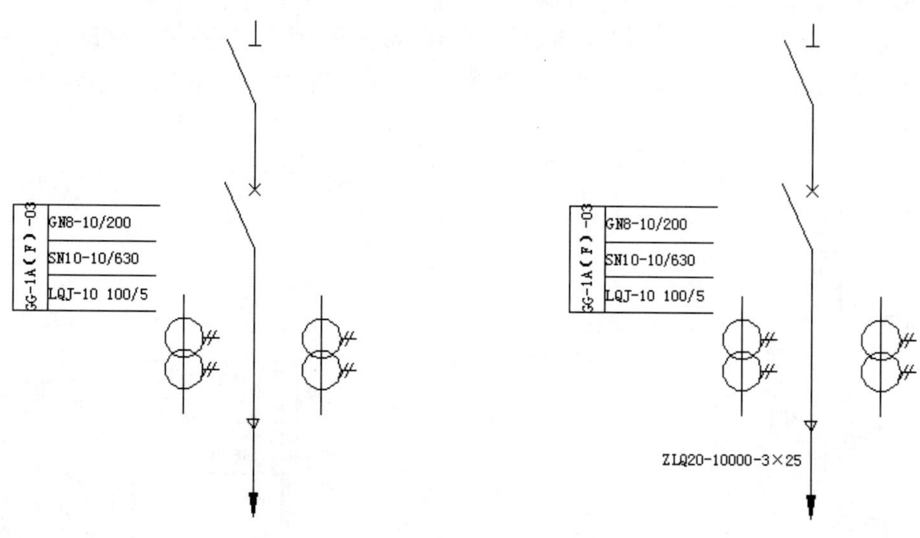

图 10-122　修改参数　　图 10-123　输入电缆型号

第 11 章 变电输电电气设计

导言

电力从发电厂出来一般都是几千伏或几十千伏，一般的用户用电为 220/330V，而远距离输电时则需要高压，达到几十千伏甚至几百千伏，所以电力从发电厂到用户往往要经过几次变压，这就是输电与变电工程。

本章将对输电与变电电气制图进行讲解，从变电输电工程中的常用电气符号入手，详细介绍如何绘制输电工程图、变电所系统图、二次回路图等。

11.1 变电输电电气工程图

11.1.1 变电输电电气工程图的分类

变电输电电气工程分为一次部分和二次部分。一次部分是构成电力系统的主体，是直接生产、输送、分配电能的电气，包括发电机、电力变压器、断路器、隔离开关、电力母线、电力电缆、输电线路等。二次部分是对一次设备进行监测、控制、调节和保护的电气设备，包括测量仪表、控制及信号器具、继电保护、自动装置等。二次部分是通过电压互感器和电流互感器与一次部分取得电的联系。一次部分及其相互连接的回路称为一次回路（又称主回路）；二次部分及其相互连接的回路成为二次回路。

变电输电电气工程图也分为一次部分和二次部分。一次部分的图纸主要包括电气系统图、线路平面图、电气的主接线图、配电装置图等。二次部分的图纸主要包括二次原理图、二次展开图、安装接线图等。

由于篇幅限制，本章主要讲解绘制线路平面图、电气系统图及二次回路中的安装接线图。

11.1.2 变电输电电气工程图元件的绘制

由于在变电和输电工程中，某些电气符号会大量重复使用，如发电机、变压器等。下面我们就介绍几种变电输电电气工程中常用元件的绘制方法。

1. 交流发电机符号的绘制

步骤 01 单击“默认”选项卡|“绘图”面板上的“圆”按钮，绘制半径为 5 的圆；单击“默认”选项卡|“绘图”面板上的“圆弧”按钮，绘制半径为 1，包含角度为 180° 的圆弧，位置无特殊要求，在大圆内即可，结果如图 11-1 所示。

步骤 02 单击“默认”选项卡|“修改”面板上的“镜像”按钮，选择刚绘制的圆弧，以两个圆弧的端点的连线为镜像线，如图 11-2 所示，将圆弧镜像复制一份，结果如图 11-3 所示。

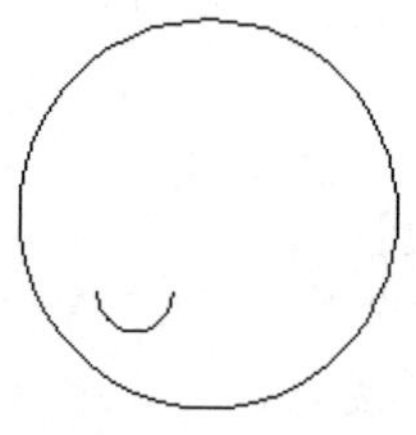
图 11-1　圆与圆弧

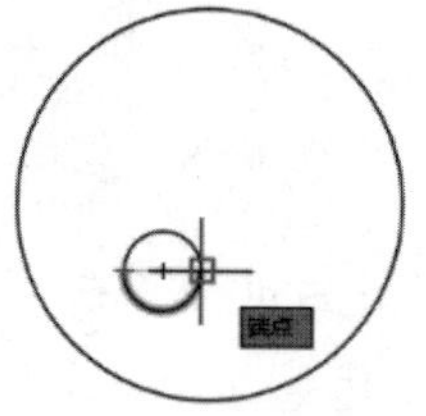

图 11-2　镜像圆弧

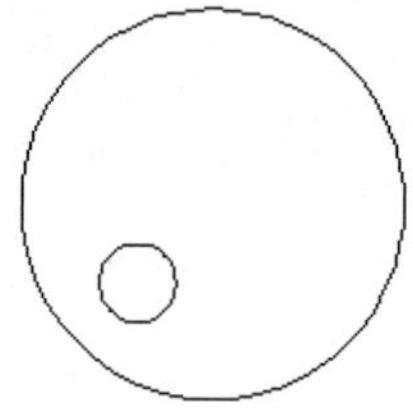
图 11-3　镜像结果

步骤 03 单击“默认”选项卡|“修改”面板上的“移动”按钮，选择下半圆弧，以上半圆弧左端点为基点，以上半圆弧右端点为第二点进行移动（见图 11-4），结果如图 11-5 所示。

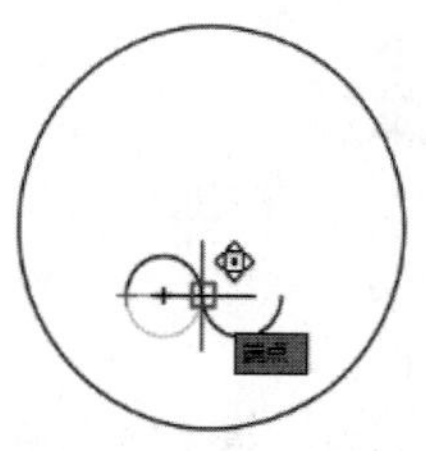

图 11-4　移动圆弧

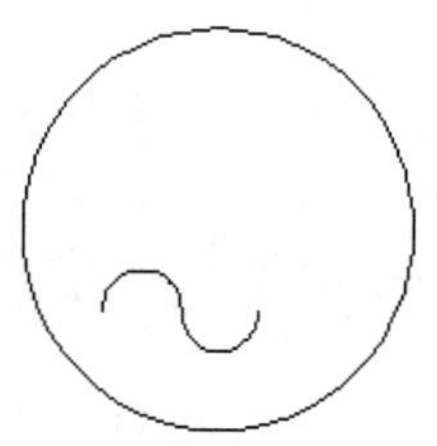
图 11-5　移动结果

步骤 04 在功能区“默认”选项卡|“注释”面板上单击“文字样式”按钮，在打开的“文字样式”对话框中设置字体、字高等参数如图 11-6 所示，然后单击“注释”选项卡|“文字”面板上的“多行文字”按钮A，按照当前的参数设置，输入大写字母 G，单击“默认”选项卡|“修改”面板上的“移动”按钮，将文字与圆弧移动到大圆中适当的位置，结果如图 11-7 所示，完成交流发电机符号的绘制。

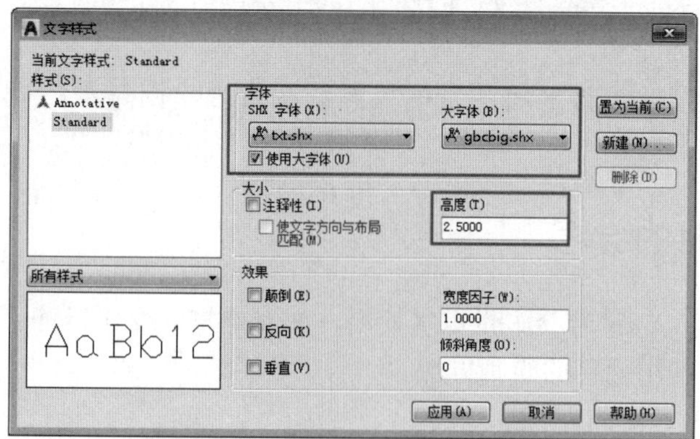

图 11-6　设置字体、字高等参数

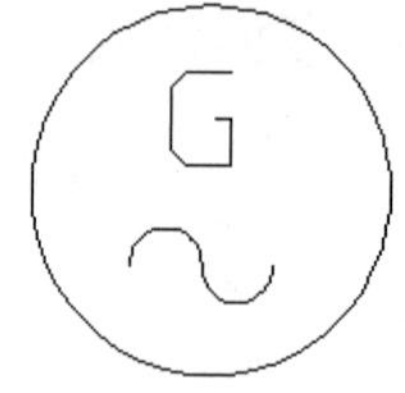

图 11-7　移动结果

2. 变压器符号的绘制

步骤01 单击“默认”选项卡|“绘图”面板上的“圆”按钮，绘制半径为 3 的圆；单击“默认”选项卡|“绘图”面板上的“直线”按钮，以圆心为起点，向下绘制长度为 2 的竖直线段，效果如图 11-8 所示。

步骤02 单击“默认”选项卡|“修改”面板上的“环形阵列”按钮，以圆内的竖直线段为阵列对象，设置圆心为中心点，项目总数为 3，填充角度为 360°，阵列操作结果如图 11-9 所示。

步骤03 单击“默认”选项卡|“修改”面板上的“复制”按钮，选择圆与圆内图形为复制对象，以圆心为基点，向下复制，复制距离为 5，结果如图 11-10 所示。

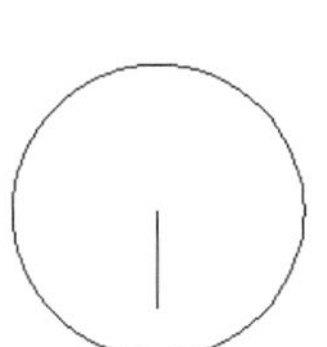

图 11-8　圆与直线

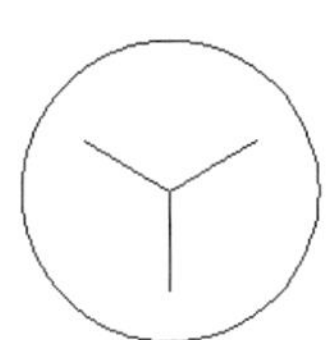

图 11-9　镜像结果

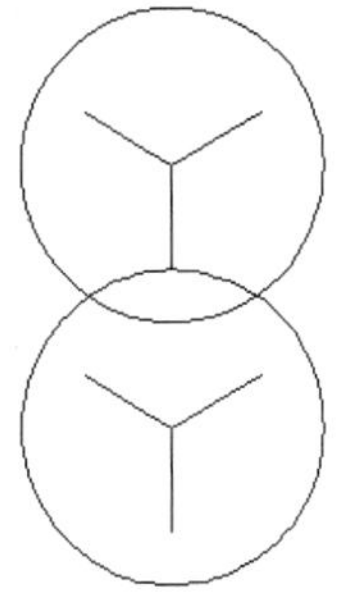

图 11-10　复制结果

步骤04 单击“默认”选项卡|“绘图”面板上的“直线”按钮，以图 11-11 中所捕捉到的交点为基点，向上绘制长度为 2 的线段，结果如图 11-12 所示。

步骤05 单击“默认”选项卡|“修改”面板上的“镜像”按钮，选择圆外小线段为操作对象，以两圆交点连线为镜像轴，结果如图 11-13 所示。星形－星形变压器符号绘制完成。

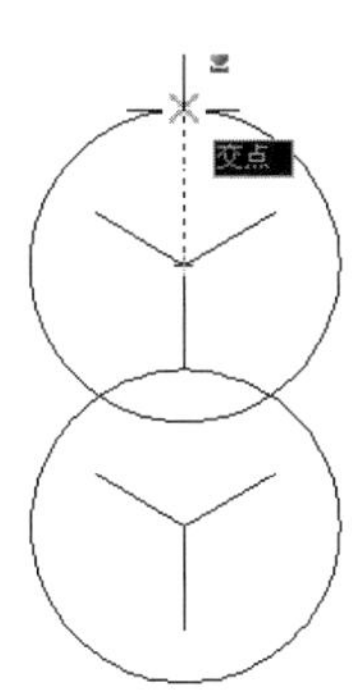

图 11-11　捕捉交点

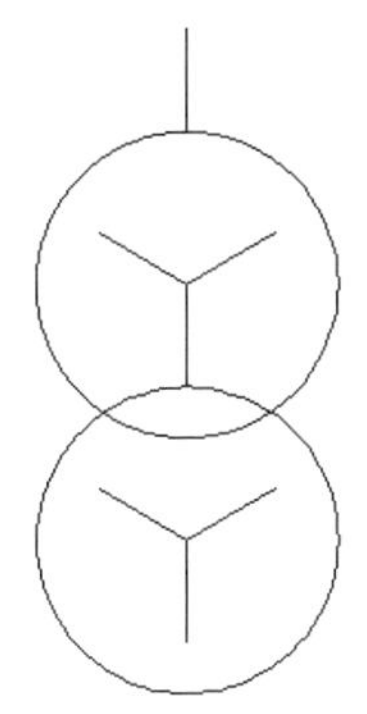

图 11-12　绘制线段

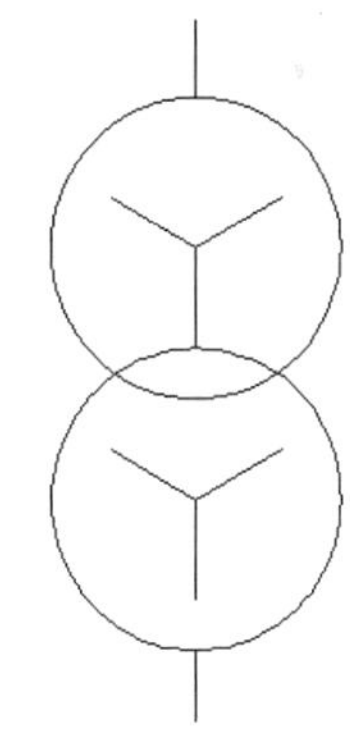

图 11-13　镜像线段

步骤06 单击“默认”选项卡|“绘图”面板上的“正多边形”按钮，以下方圆心为中心，绘制半径为 2 的圆的内接三角形，结果如图 11-14 所示。单击“默认”选项卡|“修改”面板上的“删除”按钮，将星形标记删除，效果如图 11-15 所示。星形－三角形变压器符号绘制完成。

步骤07 用与步骤（6）相同的方法，将上圆中的星形换成三角形，即得到三角形－星形变压器符号，如图 11-16 所示。

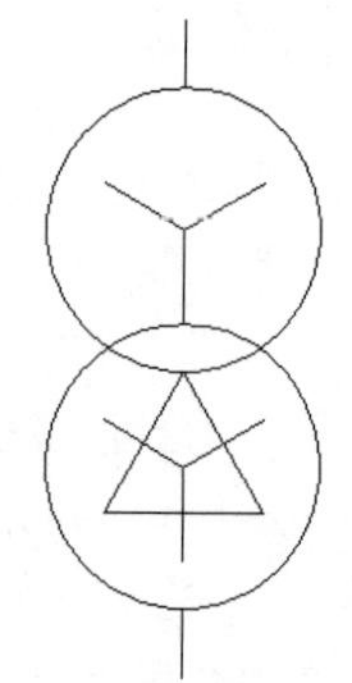

图 11-14　绘制内接三角形

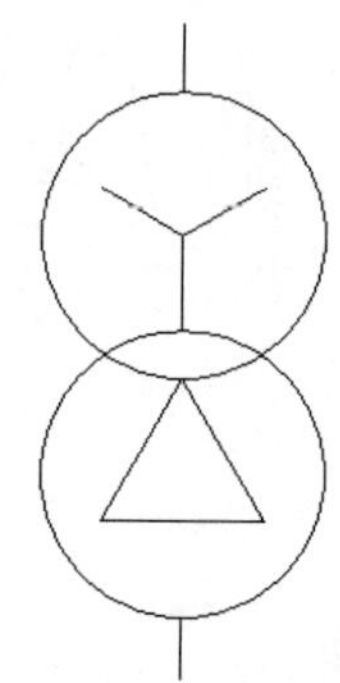

图 11-15　删除星形标记

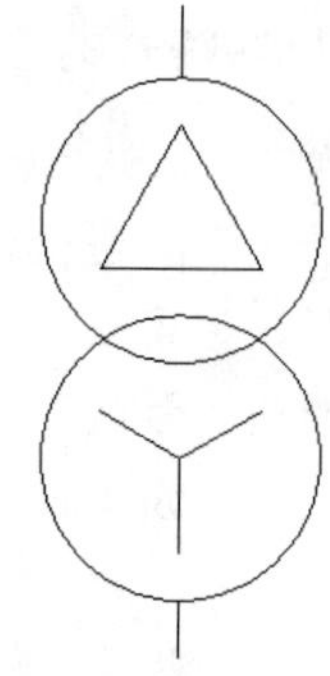

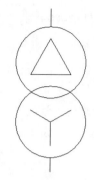

图 11-16　三角形—星形变压器

3. 跌落式熔断器的绘制

步骤 01 单击“默认”选项卡|“绘图”面板上的“矩形”按钮，绘制长度为 2，高度为 4 的矩形，如图 11-17 所示。

步骤 02 单击“默认”选项卡|“绘图”面板上的“直线”按钮，绘制小矩形上下两边中点的连线，如图 11-18 所示。

步骤 03 单击“默认”选项卡| “修改”面板上的“拉伸”按钮，将小矩形中线上下各拉伸，长度为 2，效果如图 11-19 所示。

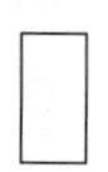

图 11-17　绘制矩形

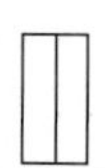

图 11-18　绘制中点连线

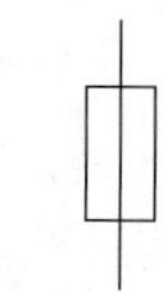

图 11-19　拉伸中线

步骤 04 单击“默认”选项卡|“注释”面板上的“线性”按钮，任意标注一条线段长度，如图 11-20 所示。

步骤 05 单击“默认”选项卡上的“修改”面板中的“分解”按钮，选择线段的标注，将其分解；单击“默认”选项卡|“修改”面板上的“删除”按钮，保留箭头和引线，删除其他图形，效果如图 11-21 所示，得到一个箭头的图标。

步骤 06 单击“默认”选项卡|“修改”面板上的“移动”按钮，选择得到的箭头为操作对象，以其左端点为起点，小矩形左边中点为第二点进行移动（见图 11-22），结果如图 11-23 所示。

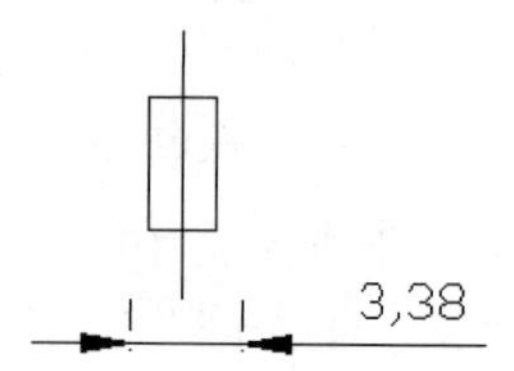

图 11-20　线性标注

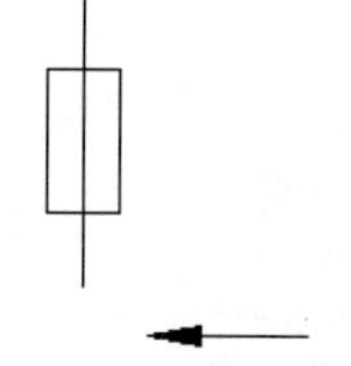

图 11-21　删除效果

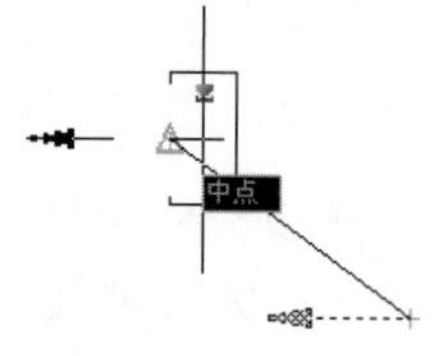

图 11-22　移动箭头

步骤 07 单击“默认”选项卡|“修改”面板上的“旋转”按钮，选择画好的图形为操作对象，以竖直线段下端点为基点，旋转 30°，结果如图 11-24 所示。

步骤 08 单击“默认”选项卡|“绘图”面板上的“直线”按钮，绘制起点在斜线段下端点的竖直线段，长度为 3，结果如图 11-25 所示。

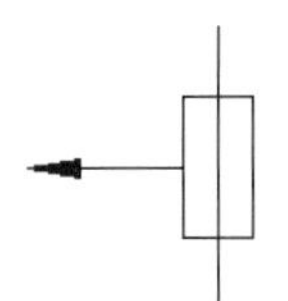

图 11-23　移动后效果

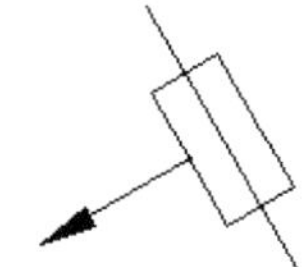

图 11-24　旋转图形

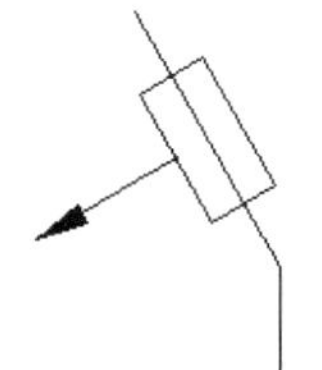

图 11-25　绘制直线

步骤 09 单击“默认”选项卡|“绘图”面板上的“直线”按钮，绘制起点如图 11-26 所示的竖直线段，向上绘制，长度为 3，最终效果如图 11-27 所示，跌落式熔断器绘制完成。

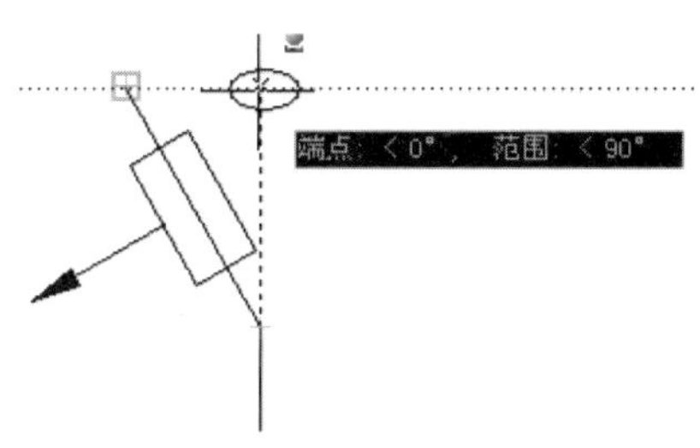

图 11-26　捕捉直线起点

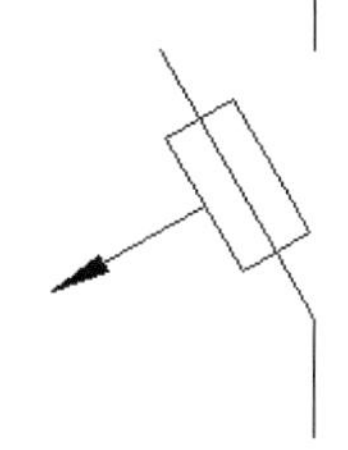

图 11-27　绘制直线

4. 三相电容器的绘制

步骤 01 单击“默认”选项卡|“绘图”面板上的“圆”按钮，绘制半径为 6 的辅助圆，效果如图 11-28 所示。

步骤 02 单击“默认”选项卡|“绘图”面板上的“正多边形”按钮，绘制以中心为圆心，内接于圆的正三角形，结果如图 11-29 所示。

步骤 03 单击“默认”选项卡|“绘图”面板上的“直线”按钮，在三角形的底边上绘制两条长度为 2 的竖直线段，结果如图 11-30 所示。

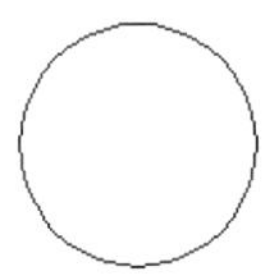

图 11-28　绘制圆形

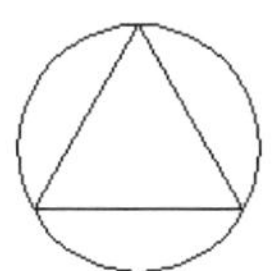

图 11-29　绘制内接三角形

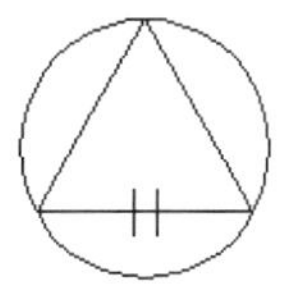

图 11-30　绘制竖直线段

步骤 04 单击“默认”选项卡|“修改”面板上的“环形阵列”按钮，选择两条竖直短线为阵列对象，设置圆心为阵列中心点，项目数为 3，填充角度为 360°，阵列效果如图 11-31 所示。

步骤 05 单击“默认”选项卡|“修改”面板上的“修剪”按钮，以 6 条短线段为修剪边，将每两条短线段中间的部分修剪掉，结果如图 11-32 所示。

步骤 06 单击“默认”选项卡|“修改”面板上的“删除”按钮，将辅助圆删除，三相电容器绘制完成，最终结果如图 11-33 所示。

图 11-31　镜像结果

图 11-32　修剪结果

图 11-33　最终效果

11.2　变电输电工程设计

11.2.1　一个典型的变电输电工程实例

下面是一个典型的输电工程设计图，其绘制步骤如下：

步骤 01　单击“默认”选项卡|“绘图”面板上的“直线”按钮，绘制一条长度为 100 的水平线段，效果如图 11-34 所示。

图 11-34　绘制直线

步骤 02　单击“默认”选项卡|“修改”面板上的“偏移”按钮，使用命令中的“复制”选项，将绘制的水平直线向下或向上偏移复制一份，偏移距离为 10，结果如图 11-35 所示。

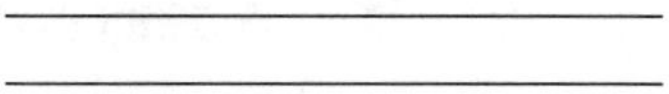

图 11-35　偏移直线

步骤 03　单击“默认”选项卡|“修改”面板上的“复制”按钮，将两条直线向下复制一份，复制距离为 25，结果如图 11-36 所示。

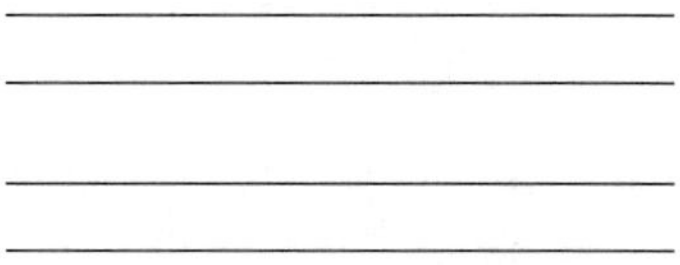

图 11-36　复制结果

步骤 04　单击“默认”选项卡|“修改”面板上的“复制”按钮，复制一个星形－星形变压器符号，使用捕捉最近点的方法，插入到如图 11-37 所示的位置。

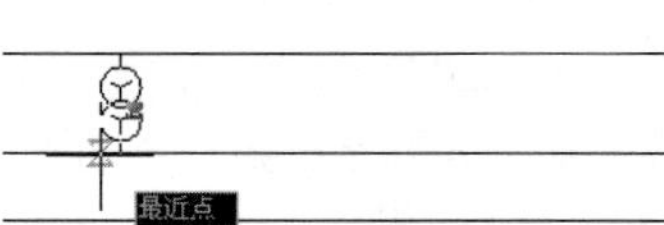

图 11-37　捕捉最近点

步骤 05　单击“默认”选项卡|“修改”面板上的“矩形阵列”按钮，选择星形－星形变压器符号为阵列对象，设置阵列行数为 1，列数为 4，列间距为 25，阵列效果如图 11-38 所示。

步骤 06　复制一个三角形－星形变压器符号，插入到如图 11-39 所示的位置；单击“默认”选项卡|“修改”面板上的“矩形阵列”按钮，以三角形－星形变压器为阵列对象，设置同步骤（5），结果如图 11-40 所示。

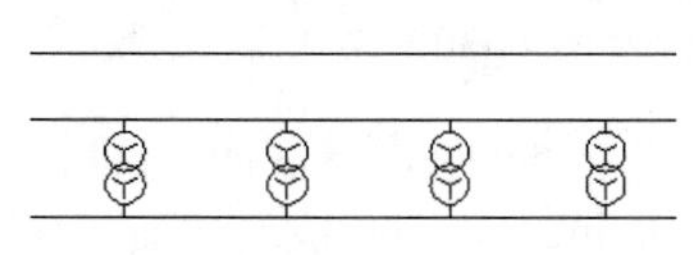

图 11-38　阵列结果

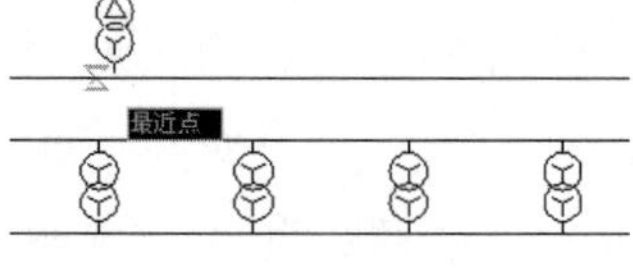

图 11-39　捕捉最近点

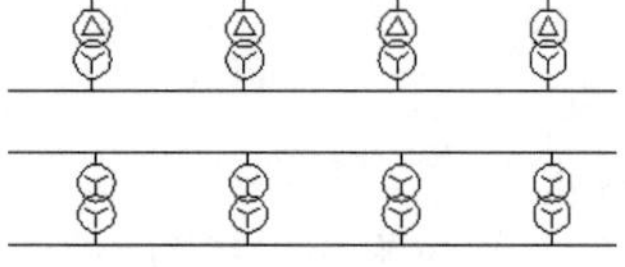

图 11-40　阵列结果

步骤 07　复制一个星形－三角形变压器符号，插入到如图 11-41 所示的位置；单击“默认”选项卡|“修改”面板上的“矩形阵列”按钮，以星形－三角形变压器为阵列对象，设置同步骤（5），结果如图 11-42 所示。

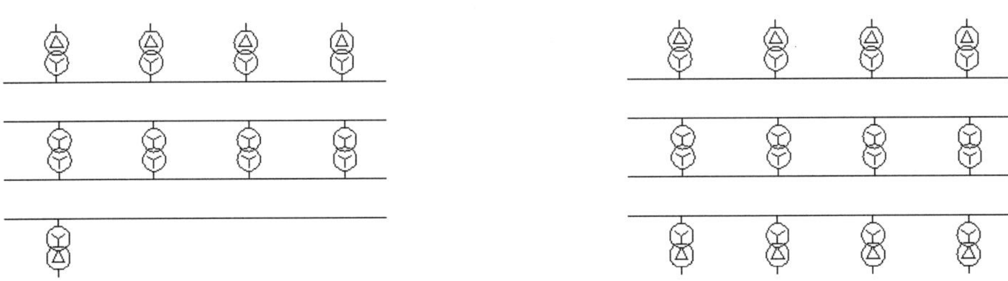

图 11-41　插入星形－三角形变压器符号　　图 11-42　阵列变压器符号

步骤 08 单击“默认”选项卡|“修改”面板上的“复制”按钮，选择最上面的直线为复制对象，以如图 11-43 所示的点为基点，向上复制一条，复制距离为 15。再次单击“默认”选项卡|“修改”面板上的“复制”按钮，选择最下面的直线为复制对象，向下复制一条，距离为 15，效果如图 11-44 所示。

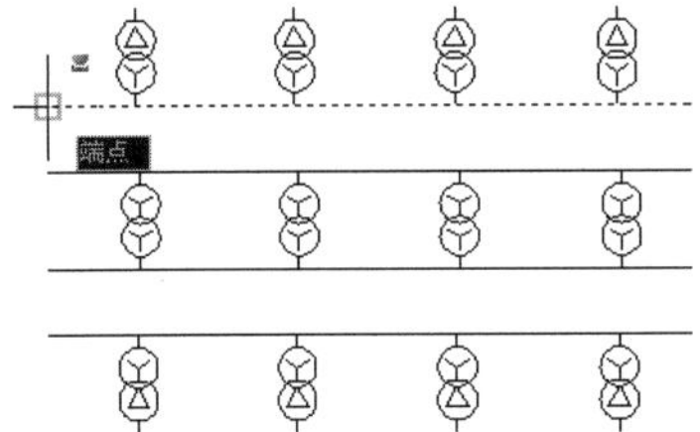

图 11-43　捕捉端点

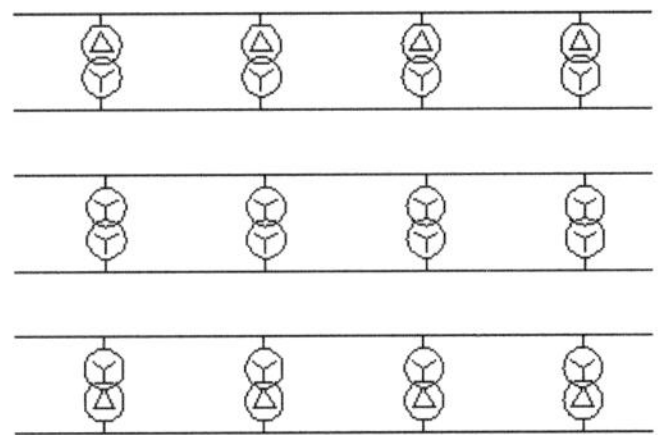

图 11-44　复制结果

步骤 09 单击“默认”选项卡|“绘图”面板上的“直线”按钮，以下起第二条直线上距右端点 40 的点为起点，绘制竖直向上的线段，其长度为 10；单击“默认”选项卡|“修改”面板上的“复制”按钮，将刚绘制的小线段向上复制一份，复制距离为 25，结果如图 11-45 所示；将两条竖直线段的线型更改为 HIDDEN2，结果如图 11-46 所示。

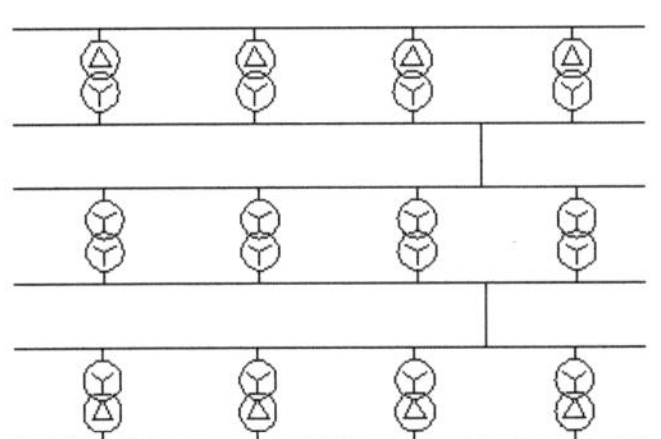

图 11-45　两条竖直线段

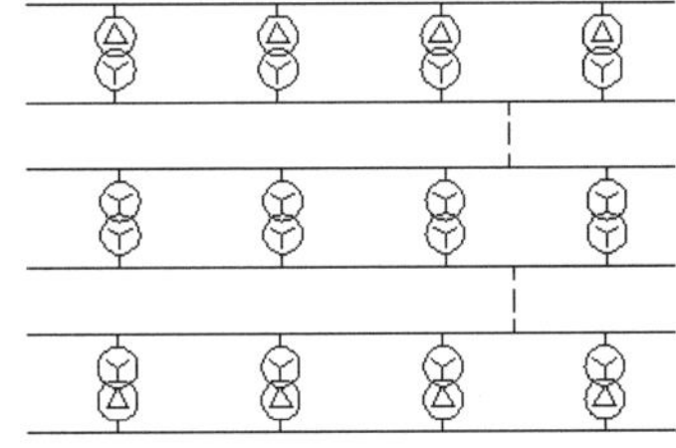

图 11-46　修改线型

步骤 10 单击“默认”选项卡|“修改”面板上的“拉伸”按钮，将最上面的直线向左拉伸，拉伸长度为 20；单击“默认”选项卡|“修改”面板上的“复制”按钮，将星形－星形变压器符号复制两份；单击“默认”选项卡|“修改”面板上的“移动”按钮，将其移动到如图 11-47 所示的位置。

步骤 11 单击“默认”选项卡|“绘图”面板上的“直线”按钮，以最上面的直线距其左端点为 50 的点为起点，添加一条竖直向上的线段，其长度为 6；再次单击“默认”选项卡|“绘图”面板上的“直线”按钮，以最上面的直线距其右端点为 30 的点为起点，添加一条竖直向上的线段，其长度为 6，结果如图 11-48 所示。

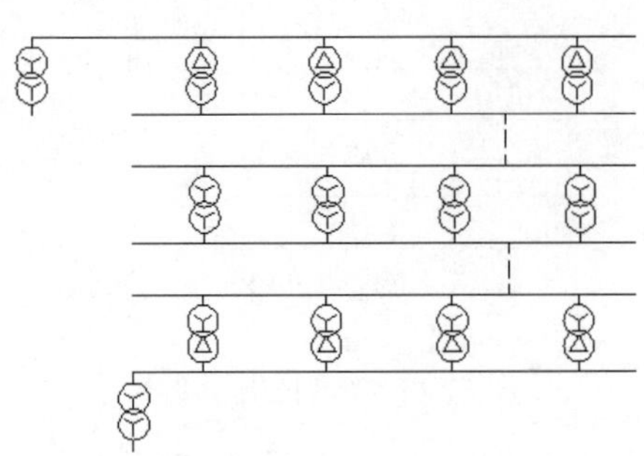

图 11-47　移动结果

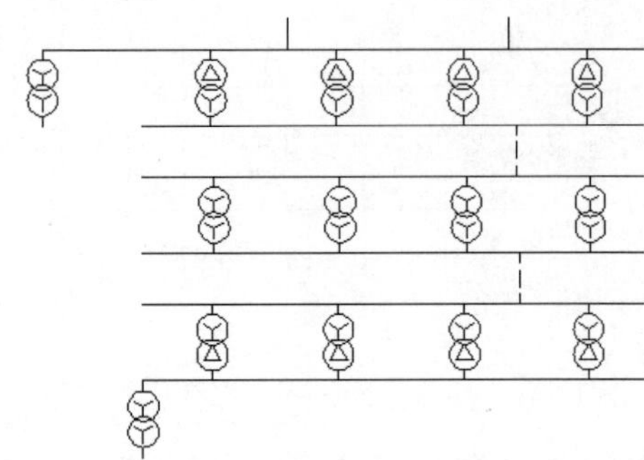

图 11-48　添加竖直线段

步骤 12　复制两个交流发电机符号，单击“默认”选项卡|“修改”面板上的“移动”按钮，以发电机的下象限点为基点（见图 11-49）将其移动到如图 11-50 所示的位置。

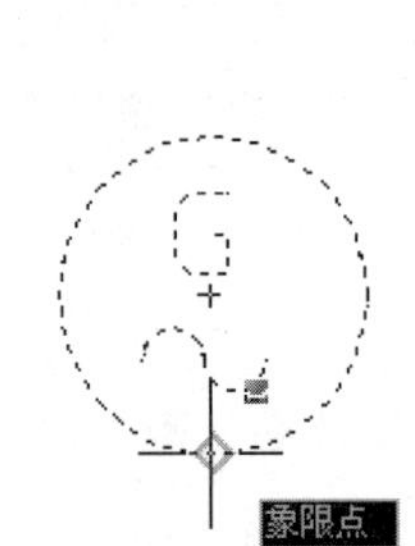

图 11-49　捕捉象限点

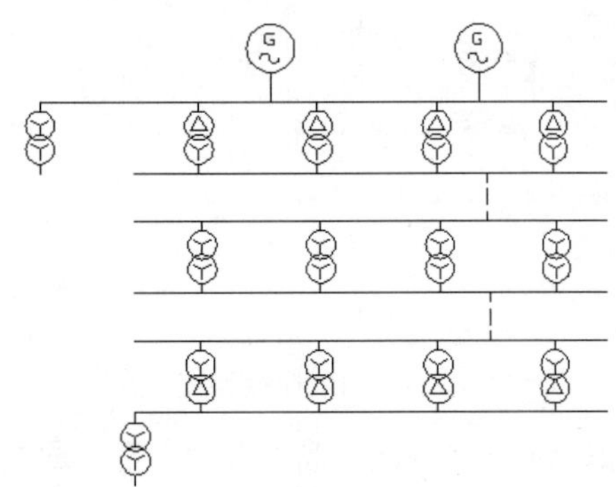

图 11-50　移动结果

步骤 13　单击“默认”选项卡|“注释”面板上的“线性”按钮，标注一条竖直尺寸线；单击“默认”选项卡上的“修改”面板中的“分解”按钮，将尺寸线分解，删除多余的部分，得到一个箭头并复制 6 个，单击“默认”选项卡|“修改”面板上的“移动”按钮，将其移动到如图 11-51 所示的位置。

步骤 14　单击“默认”选项卡|“修改”面板上的“矩形阵列”按钮，选择右边箭头为阵列对象，设置阵列行数为 1，列数为 6，列间距为 10，效果如图 11-52 所示。

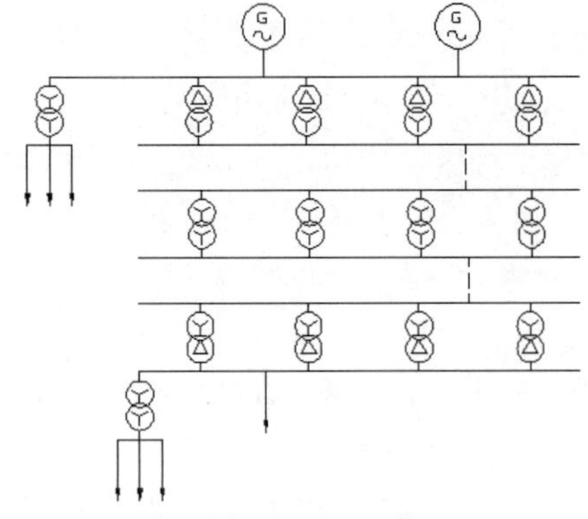

图 11-51　复制移动箭头

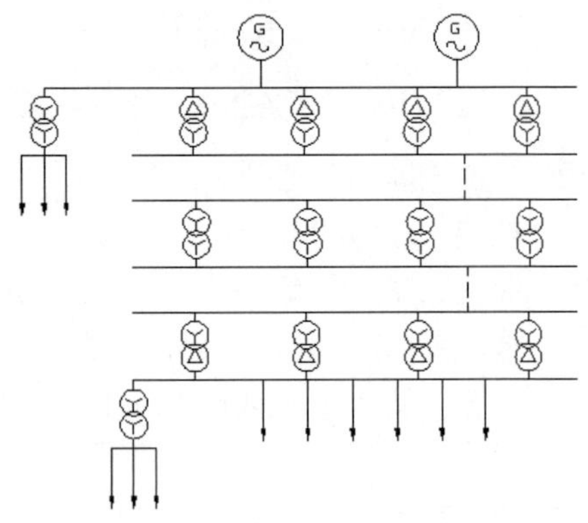

图 11-52　镜像结果

步骤 15 单击“默认”选项卡|“注释”面板上单击“文字样式”按钮，在打开的“文字样式”对话框中设置字体、字高等参数如图 11-6 所示，然后单击“注释”选项卡|“文字”面板上的“多行文字”按钮A，按照当前的参数设置，在图中添加文字注释，结果如图 11-53 所示。

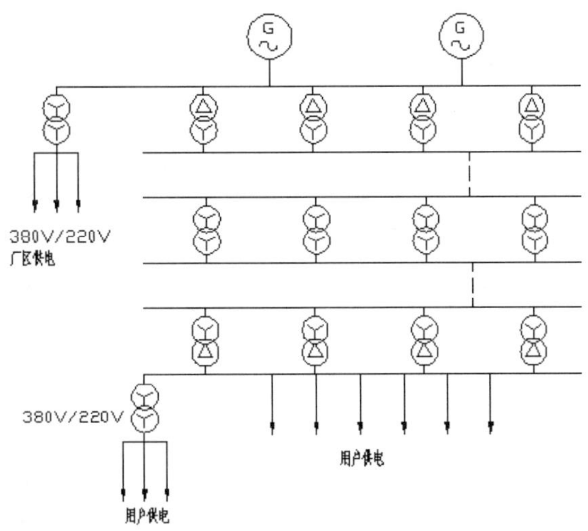

图 11-53 标注文字

11.2.2 绘制 10kV 线路平面图

电力一般通过电线杆上的高压线输送，可能跨越高山大河、公路桥梁等，线路平面图主要绘制线路走向以及电线杆的拉线方向等。

1. 主线的绘制

步骤 01 单击“默认”选项卡|“绘图”面板上的“圆”按钮，绘制半径为 8 的圆；单击“默认”选项卡|“修改”面板上的“偏移”按钮，选择圆为操作对象，向圆内偏移，偏移距离为 5，效果如图 11-54 所示。

步骤 02 单击“默认”选项卡|“修改”面板上的“移动”按钮，选择小圆为操作对象，以圆心为基点，向右移动，移动距离为 15，结果如图 11-55 所示。

图 11-54 圆与圆的偏移

图 11-55 移动小圆

步骤 03 单击“默认”选项卡|“修改”面板上的“矩形阵列”按钮，以小圆为阵列对象，设置阵列行数为 1，列数为 5，列间距为 20，阵列结果如图 11-56 所示。

图 11-56 阵列结果

步骤04 单击“默认”选项卡|“绘图”面板上的“直线”按钮╱，以大圆右象限点为起点，如图 11-57 所示，以最右小圆左象限点为终点，（见图 11-58），绘制直线，结果如图 11-59 所示。

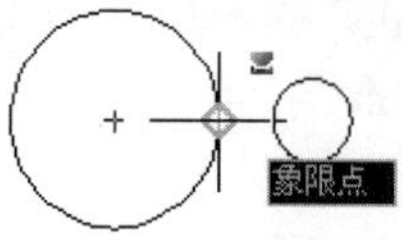

图 11-57　捕捉直线起点 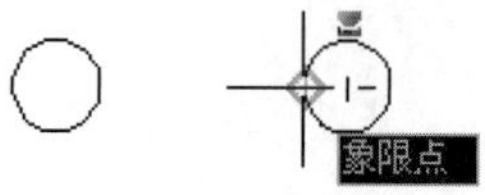　　图 11-58　捕捉直线终点

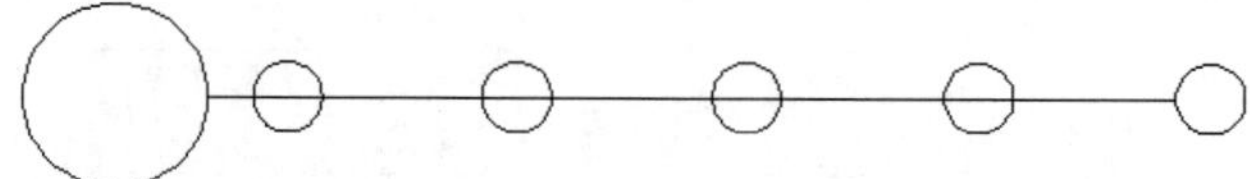

图 11-59　绘制直线结果

步骤05 单击“默认”选项卡| “修改”面板上的“打断于点”按钮，选择直线为操作对象，以右起第二个小圆的右象限点为打断点，如图 11-60 所示，结果如图 11-61 所示。

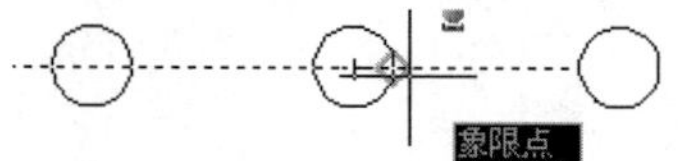

图 11-60　捕捉打断点

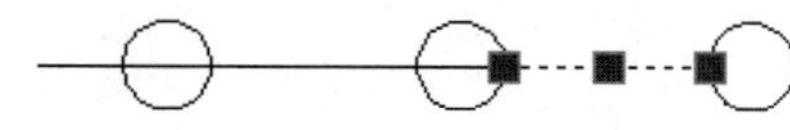

图 11-61　打断结果

步骤06 单击“默认”选项卡|“绘图”面板上的“图案填充”按钮，打开“图案填充创建”选项卡，然后在“图案”面板上选择如图 11-62 所示图案，其余设置取默认值，选择填充对象为大圆，操作结果如图 11-63 所示。此时，阴影大圆表示变压器，小圆表示电杆。

图 11-62　图形填充与渐变色

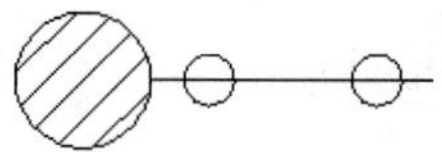

图 11-63　填充结果

步骤07 单击“默认”选项卡|“绘图”面板上的“直线”按钮╱，以如图 11-64 所示的象限点为起点，向上绘制长度为 5 的竖直线段，结果如图 11-65 所示。

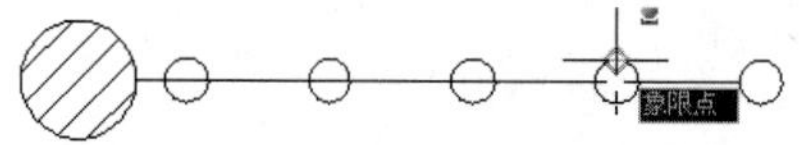

图 11-64　捕捉象限点

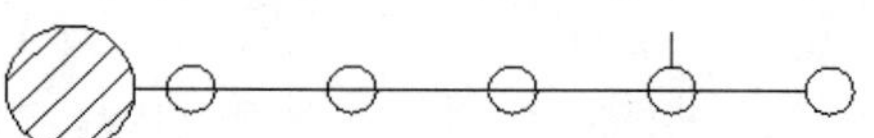

图 11-65　绘制竖直线段

步骤08 单击“默认”选项卡|“绘图”面板上的“直线”按钮╱，绘制长度为 5 的水平线段；单击“默认”选项卡|“修改”面板上的“移动”按钮✥，以水平线段中点为基点，竖直线段上端点为第二点进行移动，结果如图 11-66 所示，平衡拉线绘制完成。

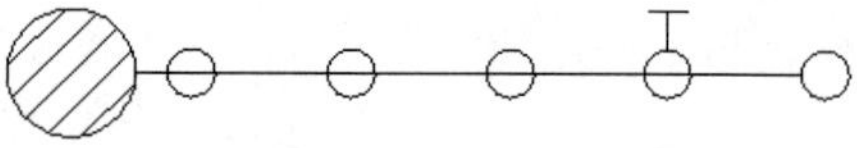

图 11-66　平衡拉线

步骤09 单击“默认”选项卡|“修改”面板上的“旋转”按钮，选择如图 11-67 所示的虚线部分图形，以右起第二小圆圆心为基点，旋转–3°，结果如图 11-68 所示。

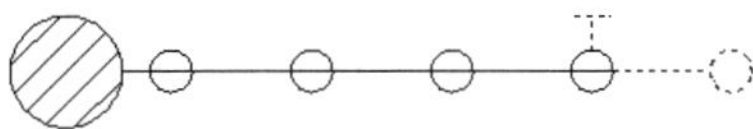

图 11-67　选择图形

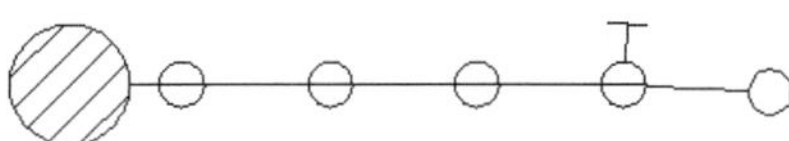

图 11-68　旋转结果

步骤 10 单击“默认”选项卡| “修改”面板上的“打断于点”按钮，选择最长线段为操作对象，以如图 11-69 所示小圆的圆心为打断点，进行操作；再次单击“默认”选项卡| “修改”面板上的“打断于点”按钮，以如图 11-70 所示小圆右象限点为打断点，以图中所示虚线为操作对象，进行打断操作。

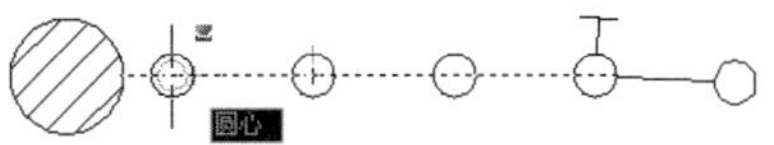

图 11-69　捕捉打断点

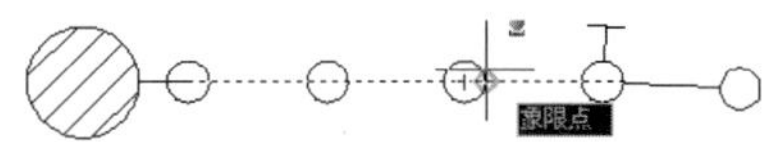

图 11-70　捕捉打断点

步骤 11 单击“默认”选项卡|“修改”面板上的“复制”按钮，选择如图 11-71 中虚线部分图形为操作对象，以线段左端点为基点，以最右小圆圆心为第二点进行复制，复制结果如图 11-72 所示。

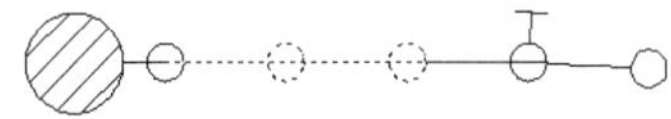

图 11-71　选择的图形

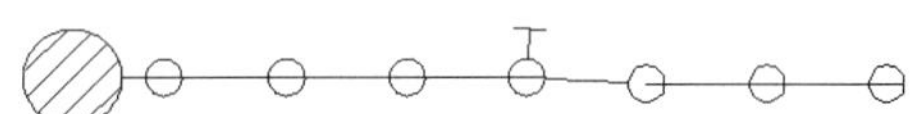

图 11-72　复制结果

步骤 12 单击“默认”选项卡|“修改”面板上的“旋转”按钮，以如图 11-73 所示端点为基点，以刚复制的图形为操作对象，旋转–21°，结果如图 11-74 所示。

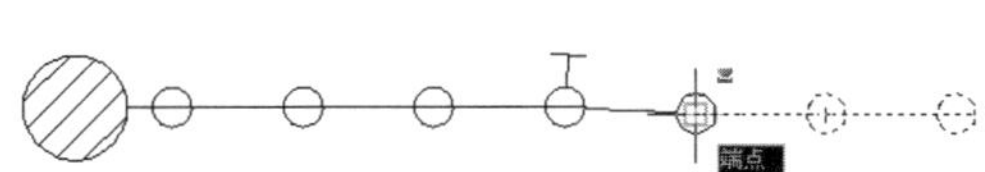

图 11-73　旋转基点

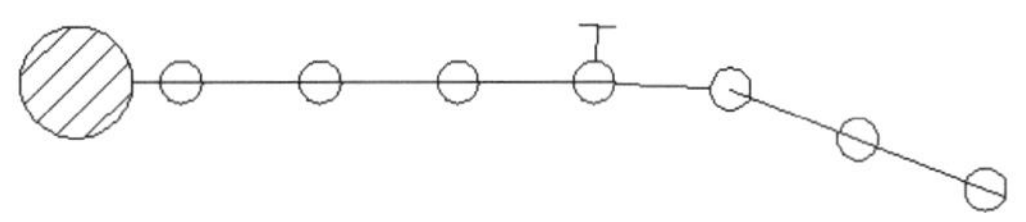

图 11-74　旋转结果

步骤 13 单击“默认”选项卡|“修改”面板上的“复制”按钮，选择如图 11-75 虚线部分图形为操作对象，以线段左端点为基点，以最右小圆圆心为第二点进行复制，复制结果如图 11-76 所示。

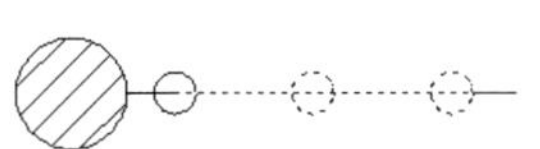

图 11-75　选择图形

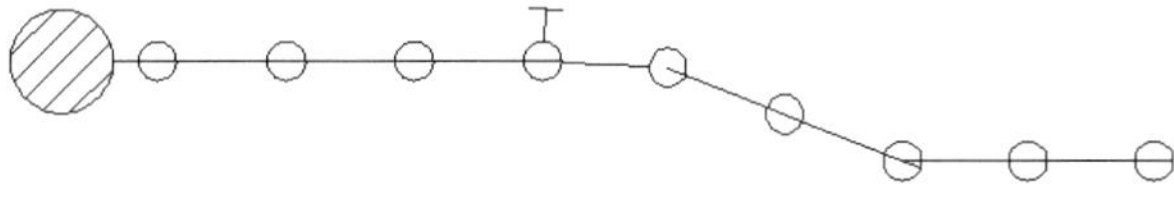

图 11-76　复制结果

步骤 14 单击“默认”选项卡|“修改”面板上的“旋转”按钮，以右起第三小圆圆心为基点，以刚复制的图形为操作对象，旋转–68°，结果如图 11-77 所示。

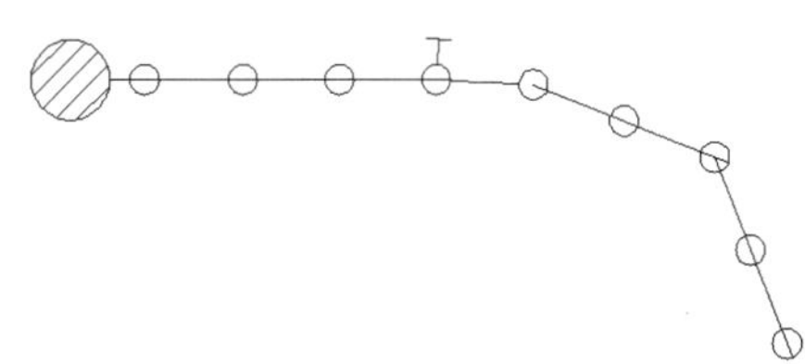

图 11-77　旋转结果

步骤 15 单击“默认”选项卡|“修改”面板上的“复制”按钮，选择如图 11-78 中虚线部分图

形为操作对象，以线段左端点为基点，以如图 11-79 所示的点为第二点进行复制，复制结果如图 11-80 所示。

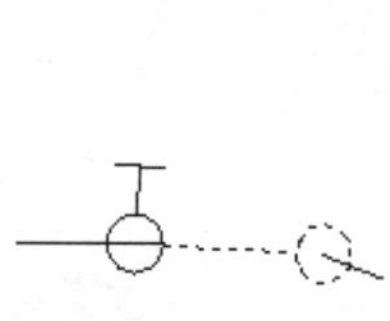

图 11-78　选择图形

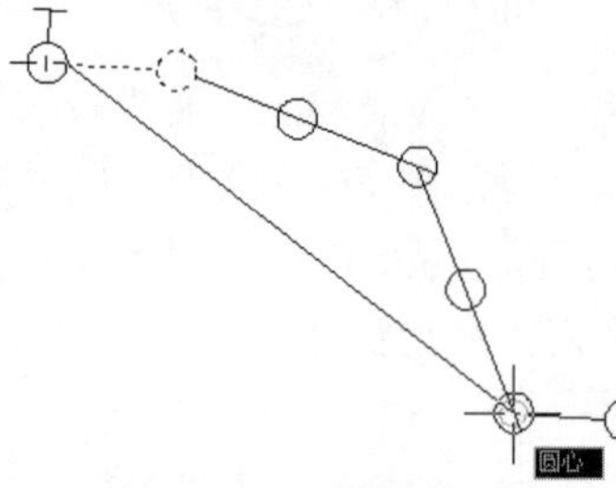

图 11-79　复制图形

步骤 16　单击“默认”选项卡|“修改”面板上的“旋转”按钮，以小线段上端点为基点，以刚复制的图形为操作对象，旋转–20°，结果如图 11-81 所示。

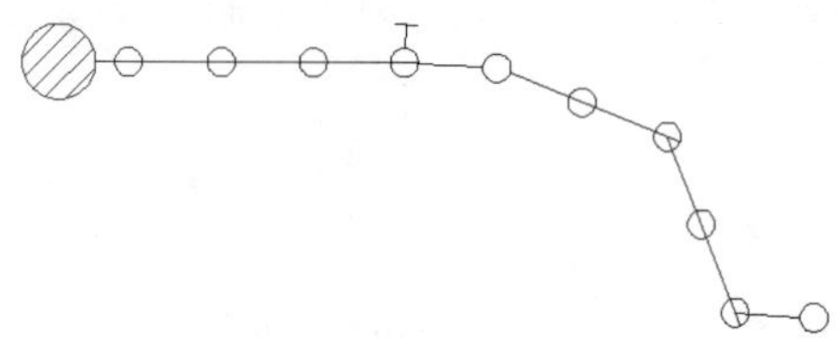

图 11-80　复制结果

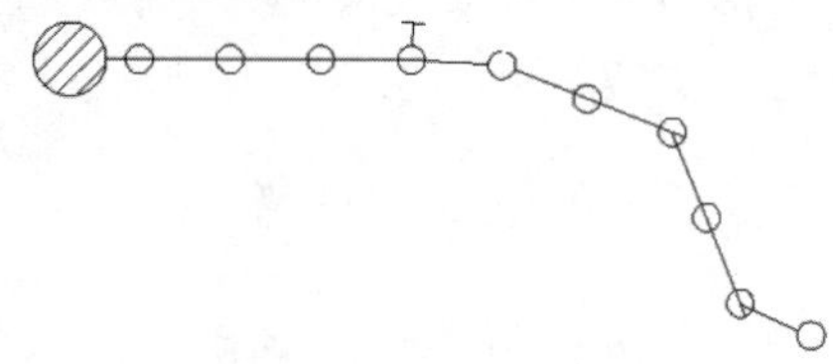

图 11-81　旋转结果

步骤 17　单击“默认”选项卡| “修改”面板上的“拉伸”按钮，以刚旋转的小线段为操作对象，将其拉伸，拉伸距离为 20；单击“默认”选项卡|“绘图”面板上的“圆”按钮，以拉伸线段下端点为圆心，绘制半径为 8 的圆，结果如图 11-82 所示。

步骤 18　单击“默认”选项卡|“修改”面板上的“修剪”按钮，将几个圆内的线头修剪掉，效果如图 11-83 所示。

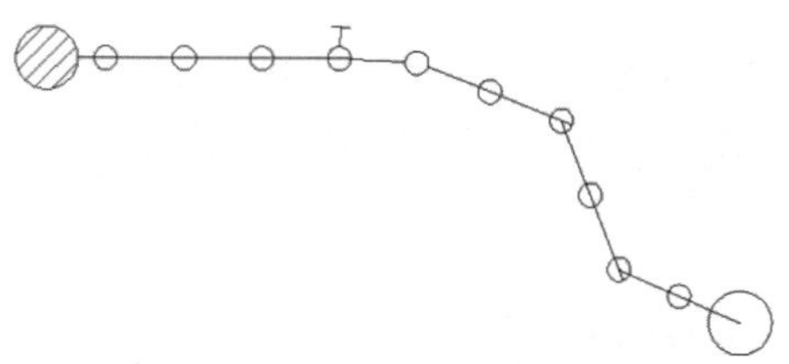

图 11-82　绘制圆

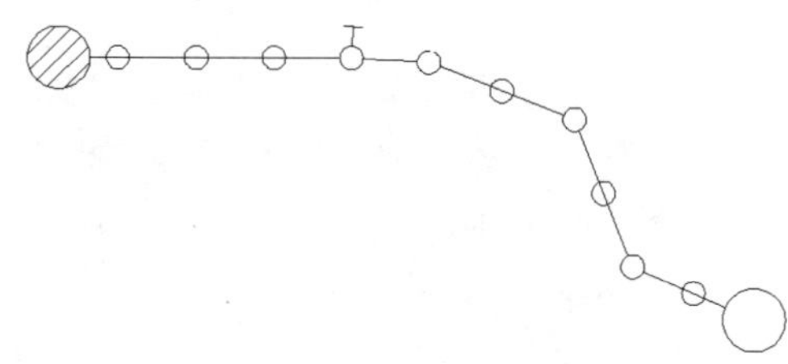

图 11-83　修剪结果

2. 细节绘制

步骤 01　首先绘制电杆的平衡拉线，单击“导航栏”中的“窗口缩放”按钮，局部放大如图 11-84 所示的部分，效果如图 11-85 所示。

步骤 02　单击“默认”选项卡|“修改”面板上的“复制”按钮，将绘制过的平衡拉线复制两个，效果如图 11-86 所示。

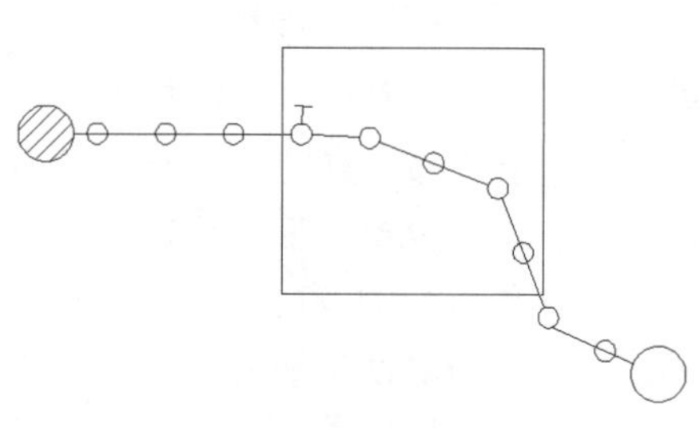

图 11-84　放大部分

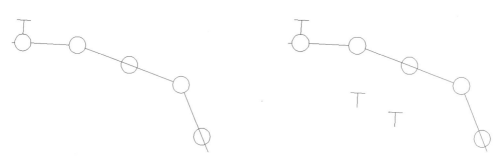

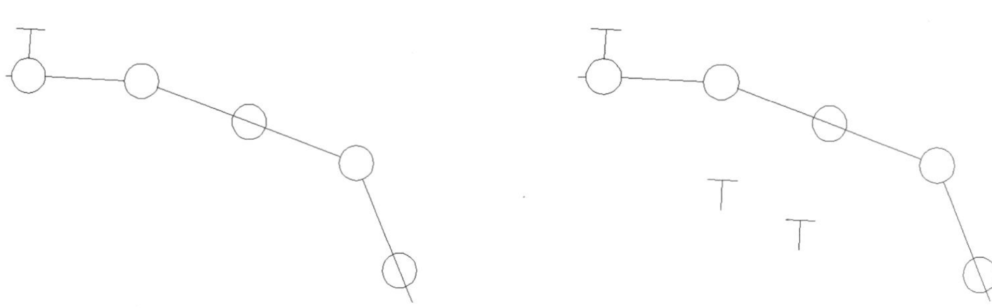

图 11-85　放大效果　　　　图 11-86　复制结果

步骤 03 单击“默认”选项卡|“修改”面板上的“对齐”按钮，按命令行的提示操作，把一个平衡拉线对齐到线路上，对齐后结果如图 11-87 所示。

```
命令: _align
选择对象: 指定对角点: 找到 2 个（选择一个平衡拉线）
选择对象: （选择一个平衡拉线）
指定第一个源点:（平衡拉线竖直线段下端点）
指定第一个目标点:（如图 11-88 所示交点）
指定第二个源点: （如图 11-89 所示中点）
指定第二个目标点:  <正交 开>（如图 11-90 所示圆心）
指定第三个源点或 <继续>:
是否基于对齐点缩放对象? [是(Y)/否(N)] <否>: n
```

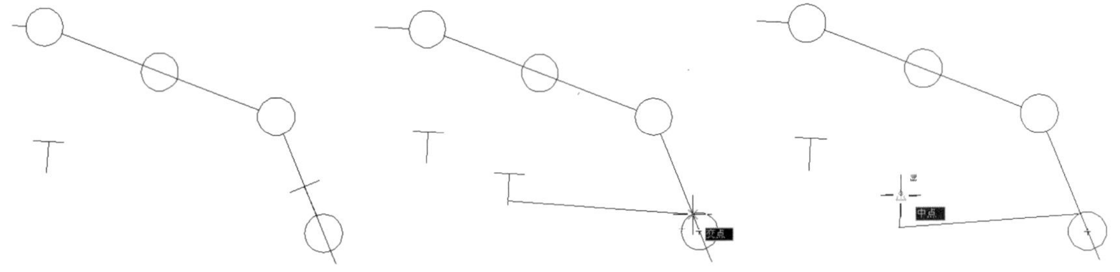

图 11-87　对齐结果　　图 11-88　捕捉第一源点和第一目标点　　图 11-89　捕捉第二源点

步骤 04 单击“默认”选项卡|“修改”面板上的“移动”按钮，选择对齐后的拉线，移动到如图 11-91 所示的位置。

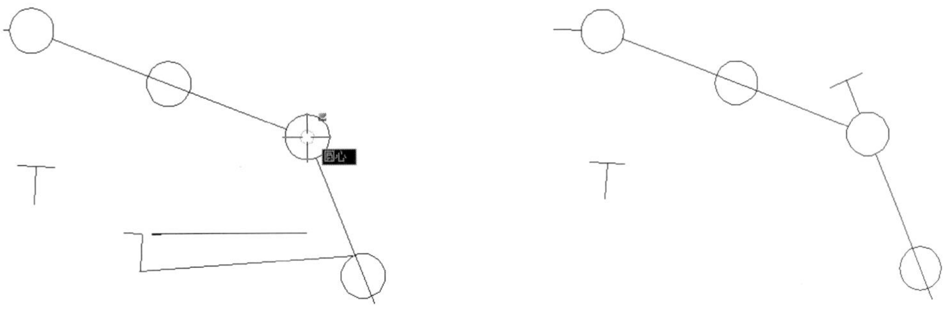

图 11-90　捕捉第二目标点　　　　图 11-91　移动结果

步骤 05 按照如上方法，绘制其他的平衡拉线，最终结果如图 11-92 所示。

步骤 06 单击“默认”选项卡|“绘图”面板上的“直线”按钮╱，在左起第一个小圆右侧绘制一条竖直线段；单击“默认”选项卡|“修改”面板上的“偏移”按钮⊆，将刚绘制的线段向右复制一条，偏移距离为 5，结果如图 11-93 所示，表示公路。

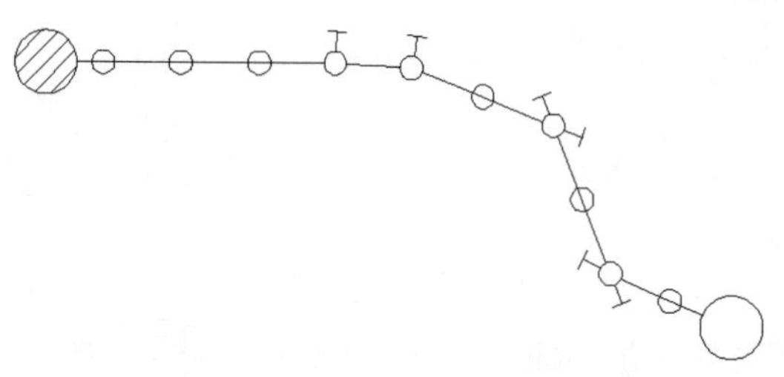

图 11-92 绘制其他拉线结果

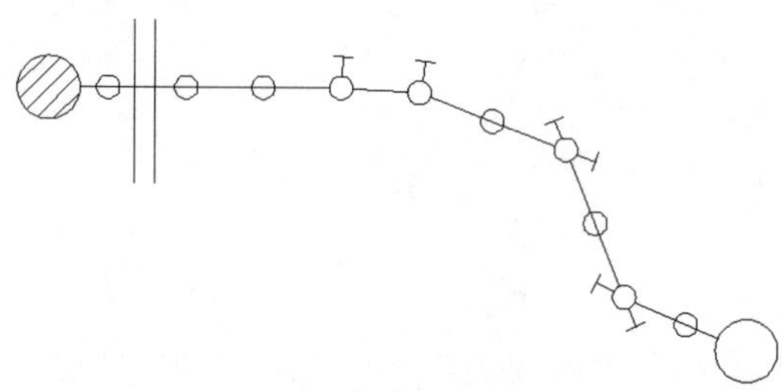

图 11-93 绘制公路

步骤 07 单击“默认”选项卡|“绘图”面板上的“直线”按钮╱，绘制如图 11-94 所示的两条小线段，表示接线排。

步骤 08 单击“注释”选项卡|“文字”面板上的“多行文字”按钮A，设置字体为“宋体”，文字高度为 4（如无特殊说明，本节下面部分文字格式设置均与此相同），标注变压器参数，结果如图 11-95 所示。

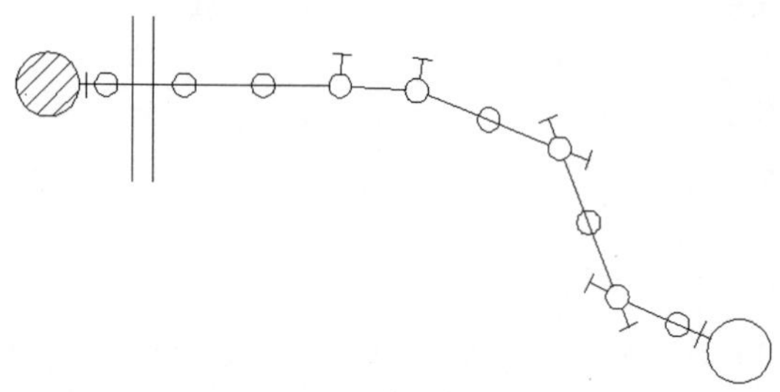

图 11-94 绘制接线排

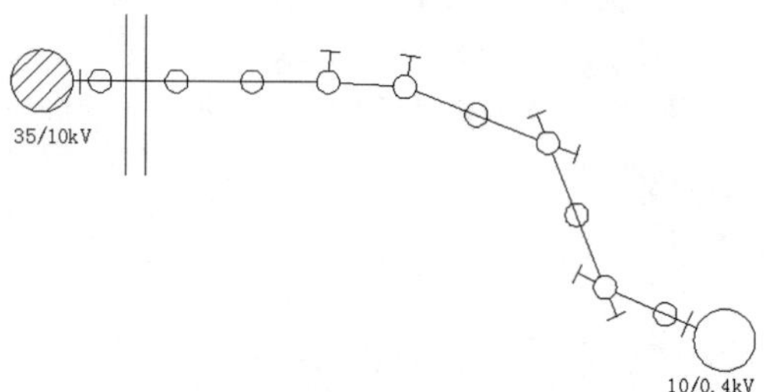

图 11-95 标注变压器参数

步骤 09 单击“注释”选项卡|“文字”面板上的“多行文字”按钮A，标注各电杆序号及型号，结果如图 11-96 所示。

步骤 10 单击“注释”选项卡|“文字”面板上的“多行文字”按钮A，标注各条线路长度，效果如图 11-97 所示。

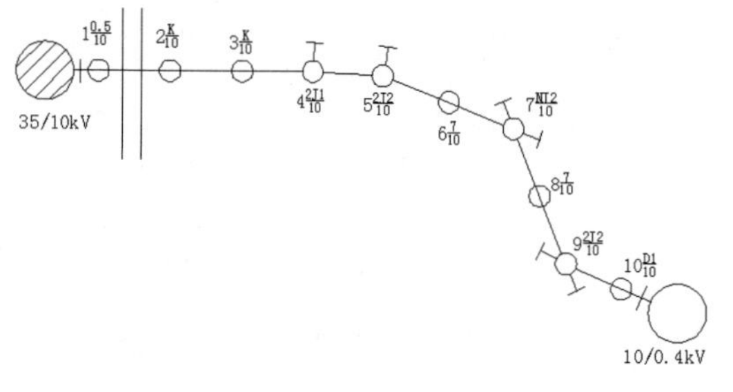

图 11-96 标注电杆序号及型号

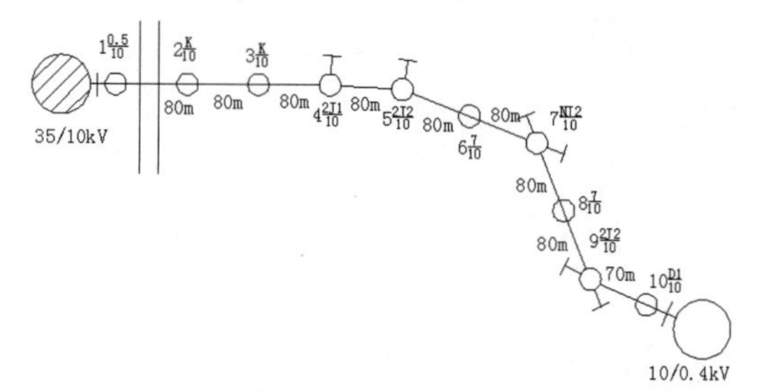

图 11-97 标注线路长度

步骤 11 单击“默认”选项卡|“注释”面板上的“角度”按钮△，标注线路的转角，效果如图 11-98 所示。

步骤12 单击“注释”选项卡|“文字”面板上的“多行文字”按钮A，标注导线型号；单击“默认”选项卡|“绘图”面板上的“直线”按钮，绘制标注引线，最终结果如图 11-99 所示。

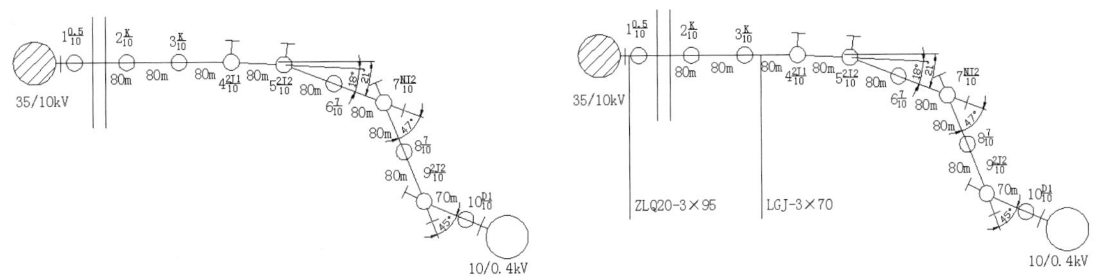

图 11-98　标注线路转角　　　图 11-99　最终效果

11.3　绘制变电所系统图

变电所的电气原理图有两种：一种是简单的系统图，表明变电所工作的大致原理；另一种是详细的电气原理接线图（简称主接线图）。本节先讲解如何绘制简单系统图，再讲解如何绘制电气主接线图。

11.3.1　绘制简单系统图

步骤01 新建一个 AutoCAD 文件，复制一个跌落式熔断器符号，如图 11-100 所示。再复制一个三角形–星形变压器符号，效果如图 11-101 所示。

步骤02 单击“默认”选项卡|“修改”面板上的“删除”按钮，将变压器符号中的星形和三角形符号删除，表示一般变压器符号，结果如图 11-102 所示。

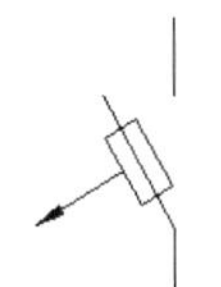

图 11-100　复制熔断器

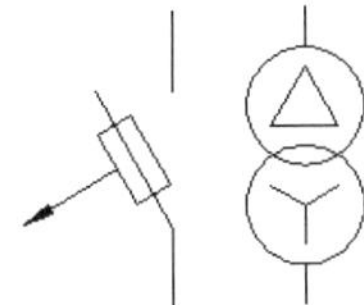

图 11-101　复制变压器

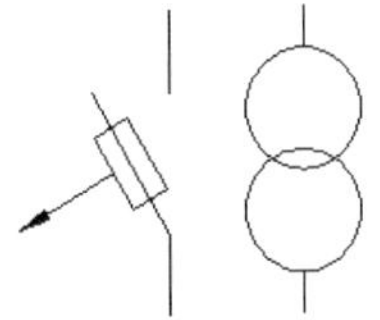

图 11-102　删除效果

步骤03 下面绘制一个避雷器符号。单击“默认”选项卡|“绘图”面板上的“矩形”按钮，绘制长度为 3，宽度为 6 的小矩形；单击“默认”选项卡|“注释”面板上的“线性”按钮，任意标注一段尺寸，效果如图 11-103 所示。

步骤04 单击“默认”选项卡上的“修改”面板中的“分解”按钮，将标注的尺寸分解；单击“默认”选项卡|“修改”面板上的“删除”按钮，将尺寸标注的其他部分删除，只留一个竖直向上箭头和一条引线，效果如图 11-104 所示。

步骤05 单击“默认”选项卡| “修改”面板上的“拉伸”按钮，将箭头引线缩短；单击“默认”选项卡|“修改”面板上的“移动”按钮，选择小矩形为操作对象，其下边中点为基点，将其移动到如图 11-105 所示的位置。

步骤 06 单击“默认”选项卡|“绘图”面板上的“直线”按钮，以小矩形上边中点为起点绘制一条竖直向上的，长度为 5 的小线段，避雷器符号绘制完成，结果如图 11-106 所示。

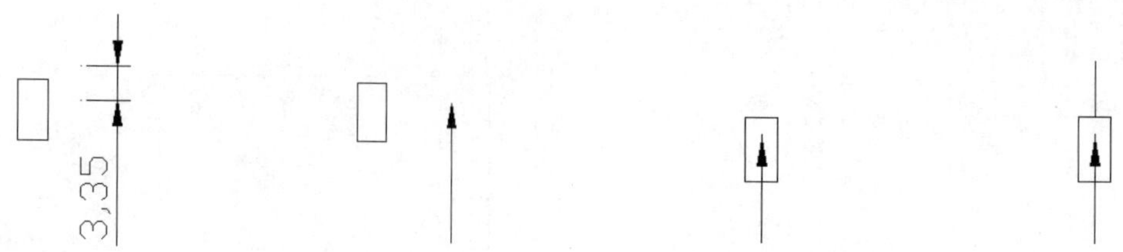

图 11-103 矩形与标注　图 11-104 分解与删除　图 11-105 移动效果　图 11-106 避雷器符号

步骤 07 单击“默认”选项卡|“修改”面板上的“移动”按钮，将变压器符号移动到如图 11-107 所示的跌落式熔断器竖直导线延长线位置上。

步骤 08 单击“默认”选项卡|“绘图”面板上的“正多边形”按钮，绘制边长为 2 的倒三角形，效果如图 11-108 所示。

步骤 09 单击“默认”选项卡上的“修改”面板中的“分解”按钮，将绘制的三角形分解；单击“默认”选项卡|“修改”面板上的“偏移”按钮，将小三角形的水平线段向下偏移复制两个，复制距离为 0.5 和 1，效果如图 11-109 所示。

步骤 10 单击“默认”选项卡|“修改”面板上的“修剪”按钮，以小三角形的两条斜边为修剪边，将复制的两条线段在三角形外的部分修剪掉，效果如图 11-110 所示。

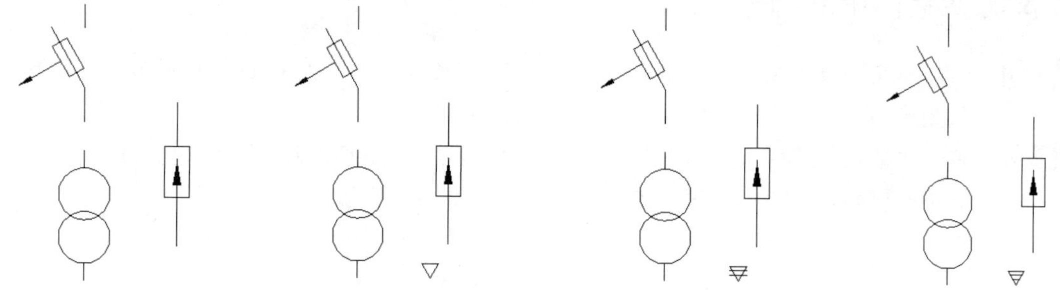

图 11-107 移动效果　图 11-108 绘制小三角形　图 11-109 分解与偏移效果　图 11-110 修剪效果

步骤 11 单击“默认”选项卡|“修改”面板上的“删除”按钮，将小三角形的两条斜边删除；单击“默认”选项卡|“绘图”面板上的“直线”按钮，以最上面的小线段中点为起点绘制竖直向上的小线段，结果如图 11-111 所示，接地符号绘制完成。

步骤 12 单击“默认”选项卡|“修改”面板上的“移动”按钮，将接地符号移动到避雷器符号下端；单击“默认”选项卡|“绘图”面板上的“直线”按钮，绘制如图 11-112 所示的连接导线。

步骤 13 单击“默认”选项卡| “修改”面板上的“拉伸”按钮，将变压器符号的下边线段延长；单击“默认”选项卡|“绘图”面板上的“直线”按钮，绘制与水平方向成 45° 角，长度为 3 的小线段，结果如图 11-113 所示。

步骤 14 单击“默认”选项卡|“修改”面板上的“移动”按钮，以小线段的中点为起点，把小线段向如图 11-114 所示的线段中点移动，最终效果如图 11-115 所示。

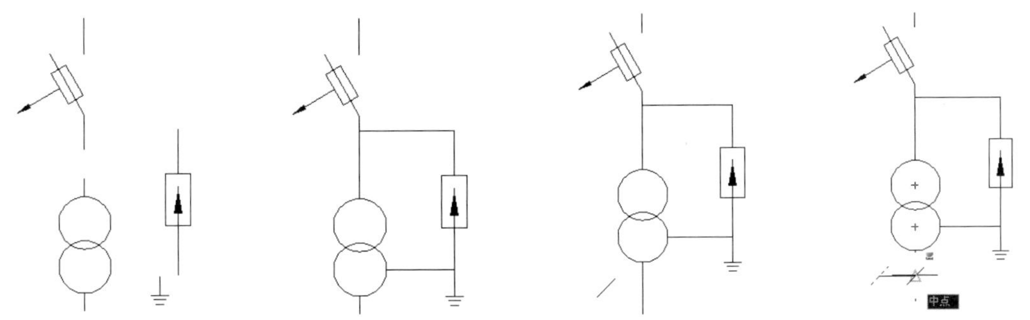

图 11-111 删除与绘制直线 图 11-112 绘制导线 图 11-113 拉伸与绘制直线 图 11-114 移动直线

步骤 15 单击“默认”选项卡|“修改”面板上的“复制”按钮，将斜线段向上、向下分别复制一份，复制距离均为 1，结果如图 11-116 所示。

步骤 16 单击“默认”选项卡|“修改”面板上的“复制”按钮，将画好的三条斜线段向上复制，复制距离为 18，结果如图 11-117 所示。

步骤 17 用前面讲过的分解尺寸标注的方法得到一个箭头，并将其移动到如图 11-118 所示的位置。单击“注释”选项卡|“文字”面板上的“多行文字”按钮A，字体设置为“宋体”，文字高度为 2.5，添加说明性标记，最终结果如图 11-118 所示，变电所系统图绘制完成。

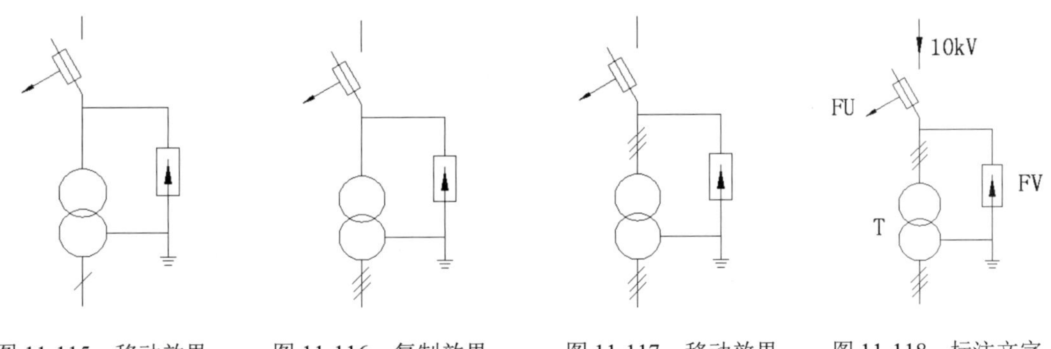

图 11-115 移动效果 图 11-116 复制效果 图 11-117 移动效果 图 11-118 标注文字

11.3.2 绘制变电所电气主接线图

1. 高压开关柜的绘制

步骤 01 单击“默认”选项卡|“修改”面板上的“复制”按钮，复制以前绘制的具有两个铁心的电流互感器元件符号一份到当前文件，然后单击“默认”选项卡|“修改”面板上的“删除”按钮，选择如图 11-119 中虚线部分为操作对象，删除图形，结果如图 11-120 所示，电流互感器的一般符号绘制完成。

步骤 02 复制以前绘制的断路器符号到当前文件，单击“默认”选项卡|“修改”面板上的“移动”按钮，选择断路器符号为操作对象，以其上导线的下端点为基点，如图 11-121 所示，以电流互感器的下导线下端点为第二点进行移动，结果如图 11-122 所示。

步骤 03 复制以前绘制的隔离开关符号到当前文件，单击“默认”选项卡|“修改”面板上的“复制”按钮，以隔离开关符号为操作对象，以隔离开关上导线上端点为基点（见图 11-123），以熔断器下导线下端点为第二点进行复制（见图 11-124），结果如图 11-125 所示。

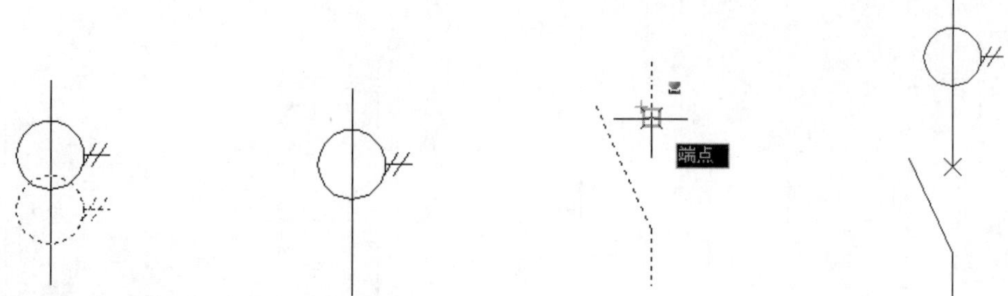

图 11-119　选择图形　　图 11-120　删除效果　　图 11-121　捕捉端点　　图 11-122　移动效果

步骤 04 单击“默认”选项卡|“修改”面板上的“复制”按钮，以隔离开关符号为操作对象，以隔离开关下导线下端点为基点（见图 11-126），以电流互感器上导线上端点为第二点进行复制，结果如图 11-127 所示。

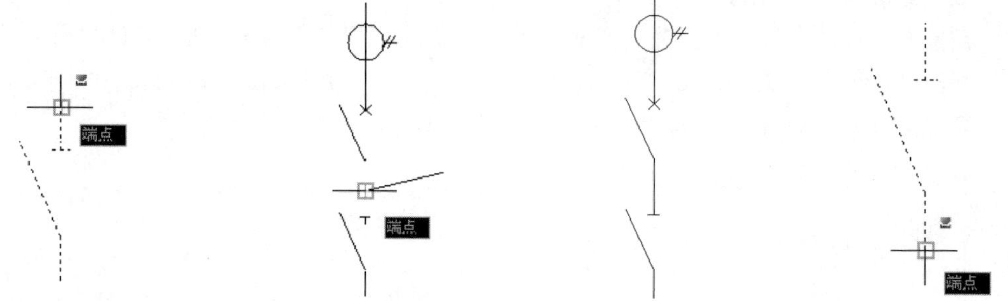

图 11-123　捕捉复制基点　图 11-124　捕捉复制第二点　图 11-125　复制效果　图 11-126　捕捉复制基点

步骤 05 单击“默认”选项卡|“绘图”面板上的“直线”按钮，绘制以最上面导线的上端点为起点，长度为 12 的线段，结果如图 11-128 所示。

步骤 06 复制以前绘制过的避雷器符号到当前文件，单击“默认”选项卡|“修改”面板上的“复制”按钮，以避雷器符号为操作对象，以避雷器上导线上端点为基点（见图 11-129），以刚绘制的直线右端点为第二点进行复制，结果如图 11-130 所示。

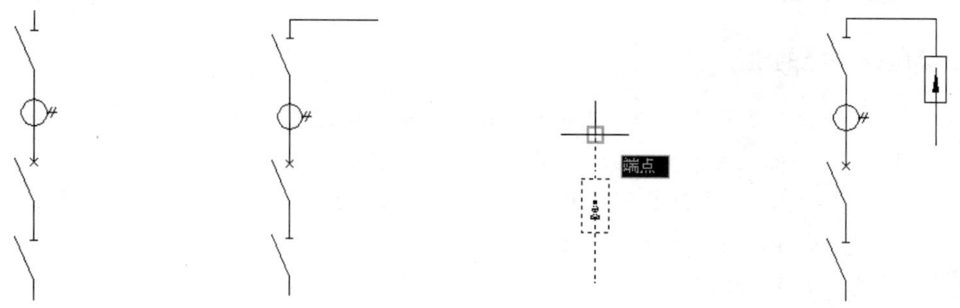

图 11-127　复制结果　　图 11-128　绘制直线　　图 11-129　捕捉复制基点　　图 11-130　复制避雷器

步骤 07 复制以前绘制过的接地符号到当前文件，单击“默认”选项卡|“修改”面板上的“复制”按钮，以接地符号为操作对象，以其导线上端点为起点（见图 11-131），第二点为避雷器下导线下端点，结果如图 11-132 所示。

步骤 08 单击“默认”选项卡|“绘图”面板上的“直线”按钮╱，以最长水平直线左端点为起点，绘制长度为 12 的竖直向上的线段，结果如图 11-133 所示。

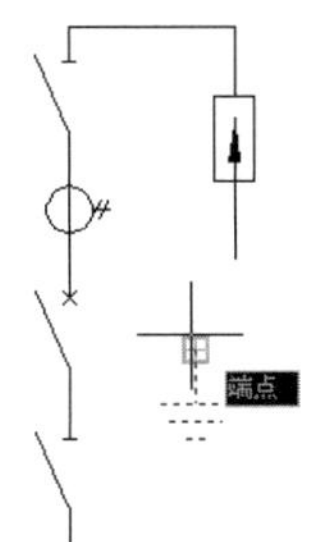

图 11-131　捕捉复制基点

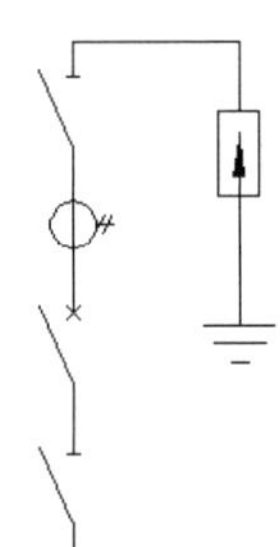

图 11-132　复制结果

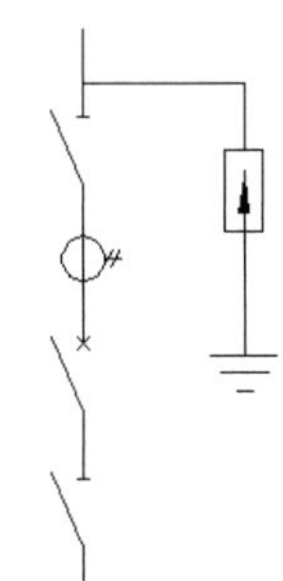

图 11-133　绘制直线

步骤 09 单击“默认”选项卡|“绘图”面板上的“矩形”按钮□，绘制矩形，矩形大小可自选，大概将各元件包含在内，效果如图 11-134 所示。

步骤 10 选择刚绘制的矩形为操作对象，选择快捷菜单中的“特性”命令，弹出如图 11-135 所示的“特性”选项板，选择“线型”为 HIDDEN2，结果如图 11-136 所示。

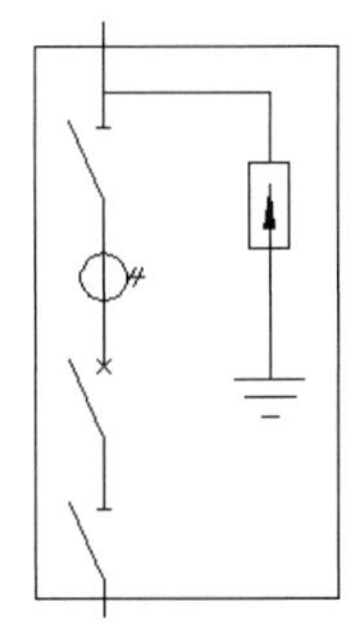
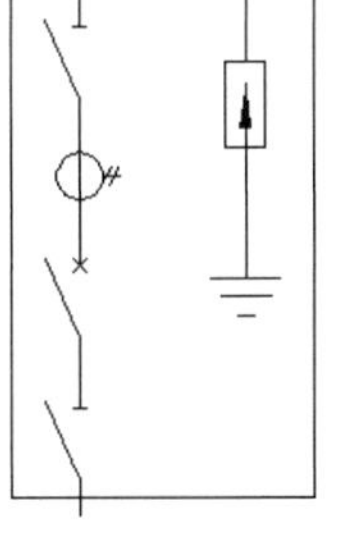

图 11-134　绘制矩形

图 11-135　选择线型

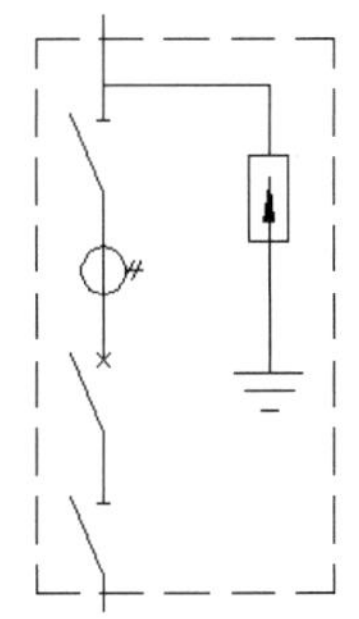

图 11-136　线型修改结果

2. 高压汇流排的绘制

步骤 01 单击“默认”选项卡|“绘图”面板上的“直线”按钮╱，绘制长度为 50 的线段，位置无确切要求，在刚才绘制的“高压开关柜”下方，不与其交叉，距离也不要太大，如图 11-137 所示。

步骤 02 单击“默认”选项卡|“修改”面板上的“延伸”按钮→|，选择水平长直线为延伸对象，最下面小竖直线段为要延伸的对象，结果如图 11-138 所示。

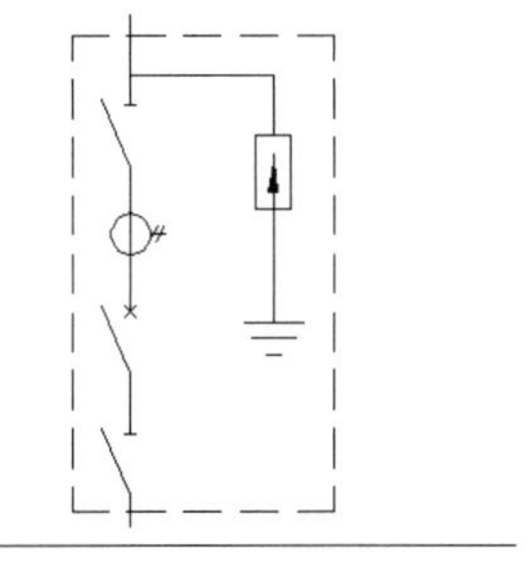

图 11-137　绘制直线

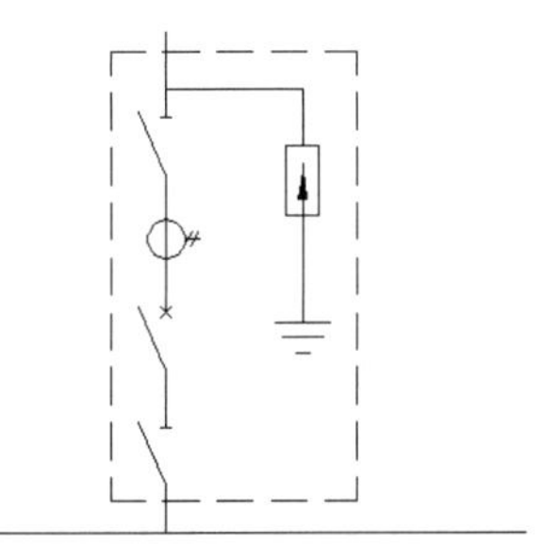

图 11-138　延伸效果

步骤 03 复制以前绘制的三相绕组电抗器符号到当前文件，单击“默认”选项卡|“修改”面板上的“移动”按钮，选择三相绕组电抗器符号为操作对象，以其导线的上端点为基点（见图 11-139），以水平长线段上靠左的点为第二点（见图 11-140），进行移动，结果如图 11-141 所示。

图 11-139 捕捉移动基点

步骤 04 单击“默认”选项卡|“绘图”面板上的 “多段线”按钮，绘制如图 11-142 所示的多边形，其尺寸与位置无特殊要求，只要将长线段与三相绕组电抗器符号包括在内而不与矩形相交即可，效果如图 11-142 所示。

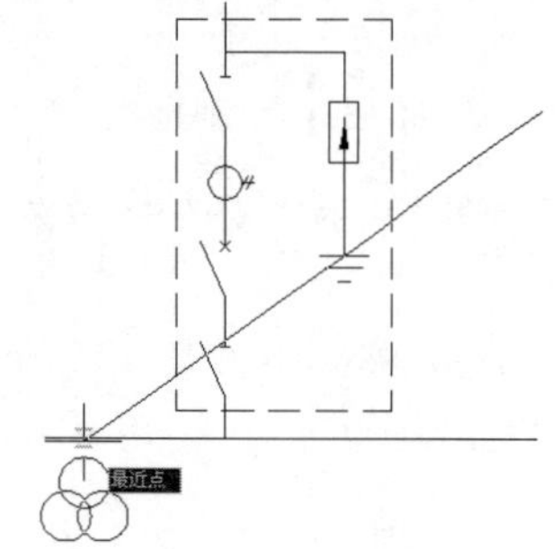

图 11-140 捕捉移动第二点

图 11-141 移动结果

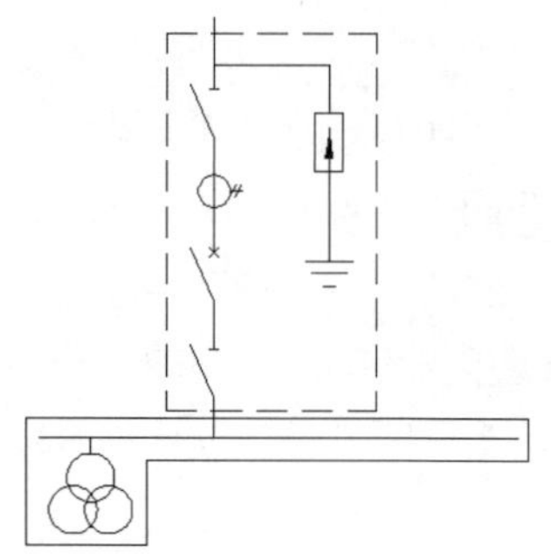
图 11-142 绘制多边形

步骤 05 选择刚绘制的多边形为操作对象，选择快捷菜单中的“特性”命令，弹出“特性”选项板，选择“线型”为 HIDDEN2，结果如图 11-143 所示，高压汇流排绘制完成。

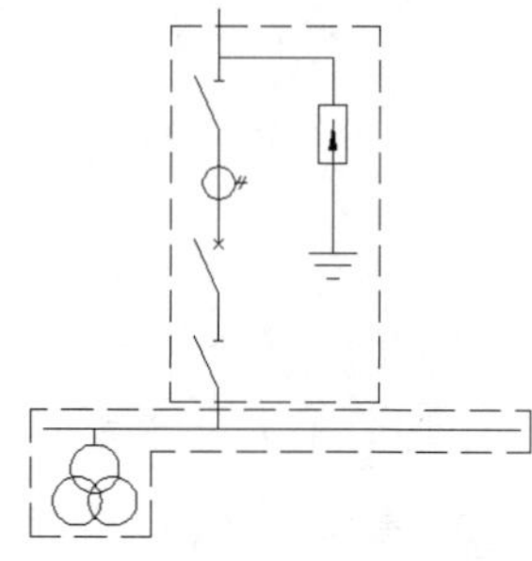
图 11-143 修改多边形线型

3. 变压器接线图的绘制

步骤 01 单击“默认”选项卡|“修改”面板上的“复制”按钮，选择如图 11-144 中虚线部分为操作对象，将连在一起的隔离开关和熔断器复制一份到整个图形的右边，效果如图 11-145 所示。

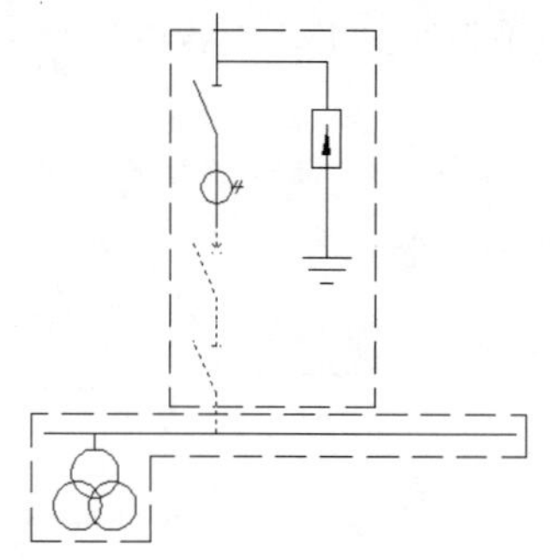

图 11-144 选择图形

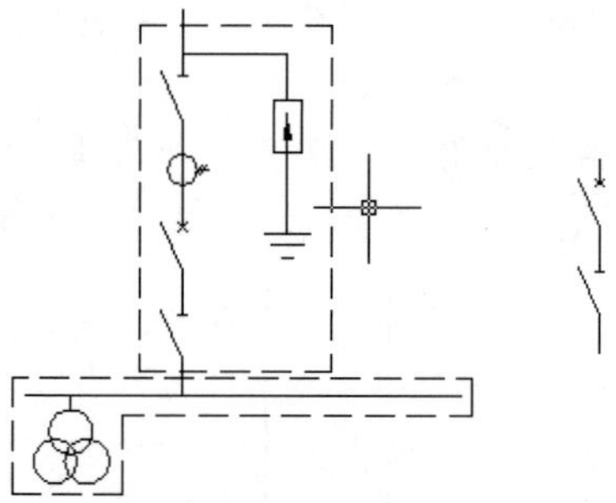
图 11-145 复制效果

步骤 02 单击“默认”选项卡|“修改”面板上的“复制”按钮，复制一个隔离开关符号；单击“默认”选项卡|“修改”面板上的“移动”按钮，以隔离开关下导线下端点为基点（见图 11-146），以熔断器上导线上端点为第二点进行移动，结果如图 11-147 所示。

步骤 03 复制以前绘制的变压器符号到当前文件，单击“默认”选项卡|“修改”面板上的“移动”按钮，选择变压器符号为操作对象，以其下边绕组的下象限点为基点（见图 11-148），以上边隔离开关的最上端点为第二点进行移动，结果如图 11-149 所示。

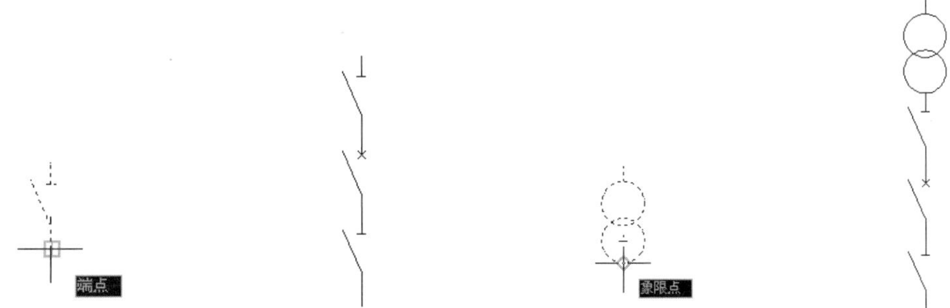

图 11-146　捕捉移动基点　　图 11-147　移动结果　　图 11-148　捕捉移动基点　　图 11-149　移动结果

步骤 04 单击“默认”选项卡|“绘图”面板上的“直线”按钮，以变压器上边绕组右象限点为起点（见图 11-150），向右绘制长度为 10 的线段，结果如图 11-151 所示。

步骤 05 单击“默认”选项卡|“修改”面板上的“复制”按钮，复制如图 11-152 中虚线所示部分，以避雷器上导线上端点为基点，以刚绘制的直线的右端点为第二点进行复制，结果如图 11-153 所示。

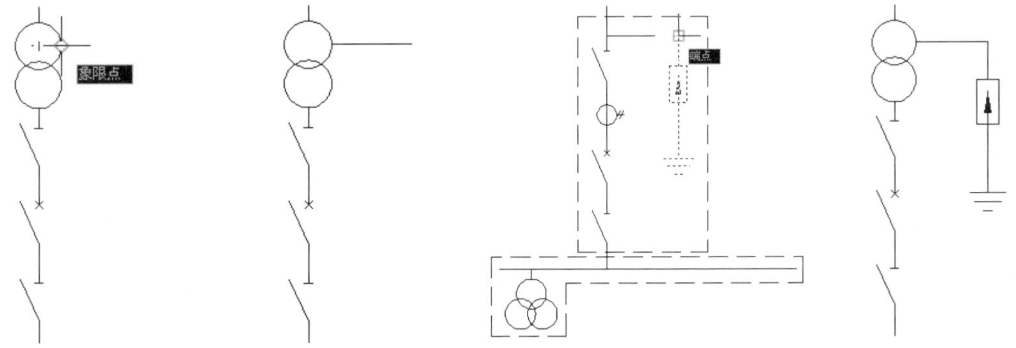

图 11-150　捕捉直线起点　　图 11-151　绘制直线　　图 11-152　选择复制图形　　图 11-153　复制结果

步骤 06 单击“默认”选项卡|“修改”面板上的“复制”按钮，复制电流互感器符号一个；单击“默认”选项卡|“修改”面板上的“移动”按钮，以其下导线下端点为基点（见图 11-154），以变压器上导线上端点为第二点进行移动，结果如图 11-155 所示。

步骤 07 单击“默认”选项卡|“修改”面板上的“复制”按钮，复制如图 11-156 中所示虚线部分图形，以图 11-156 中所示端点为基点，以电流互感器上导线上端点为第二点，进行复制操作，结果如图 11-157 所示。

步骤 08 单击“默认”选项卡|“绘图”面板上的“直线”按钮，以如图 11-158 所示的最上线段端点为起点绘制长度为 5 的线段；单击“默认”选项卡|“绘图”面板上的“矩形”按钮，绘制矩形，尺寸无具体要求，将整个变压器接线图包含在内即可，结果如图 11-159 所示。

步骤 09 选择快捷菜单中的“特性”命令，弹出“特性”选项板，选择矩形“线型”为 HIDDEN2，结果如图 11-160 所示，变压器接线图绘制完成。

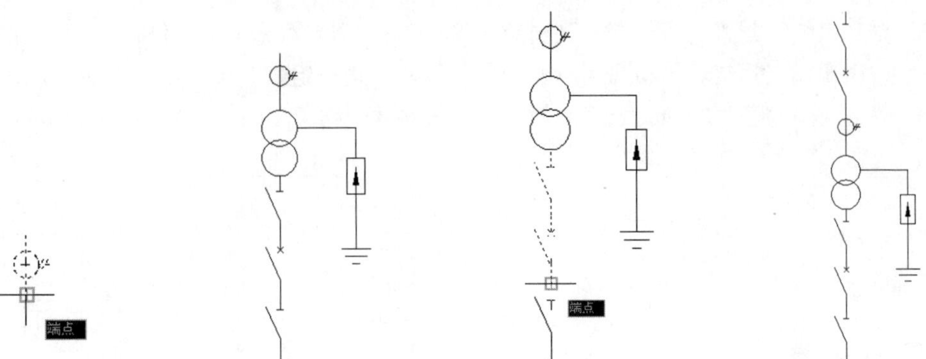

图 11-154　捕捉移动基点　　图 11-155　移动结果　　图 11-156　选择复制图形　　图 11-157　复制结果

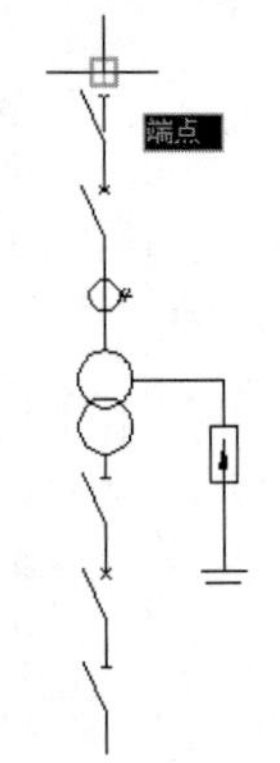

图 11-158　移动结果

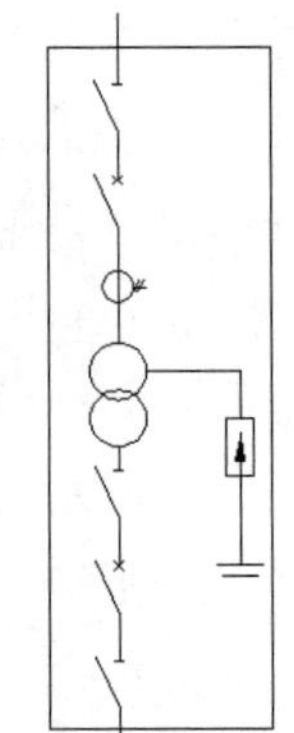

图 11-159　绘制直线与矩形

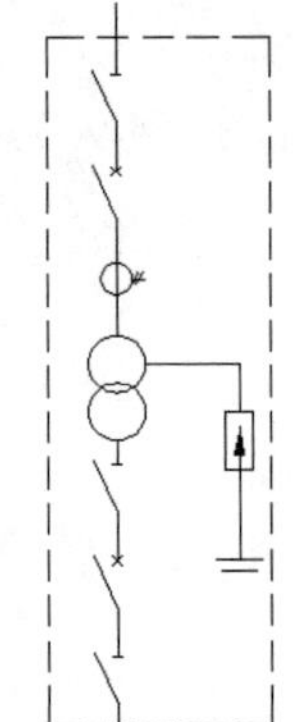

图 11-160　修改矩形线型

4. 低压汇流排的绘制

步骤 01　单击“默认”选项卡|“绘图”面板上的“直线”按钮，以最下面导线为起点，绘制向右的水平直线，长度为 40，结果如图 11-161 所示；再次单击“默认”选项卡|“绘图”面板上的“直线”按钮，起点与刚绘制的直线起点相同，向左绘制长度为 60 的直线，结果如图 11-162 所示，即低压汇流线。

步骤 02　复制一个变压器符号，单击“默认”选项卡|“修改”面板上的“移动”按钮，以导线上端点为基点（见图 11-163），以低压汇流线左边的点为第二点进行移动（见图 11-164），结果如图 11-165 所示。

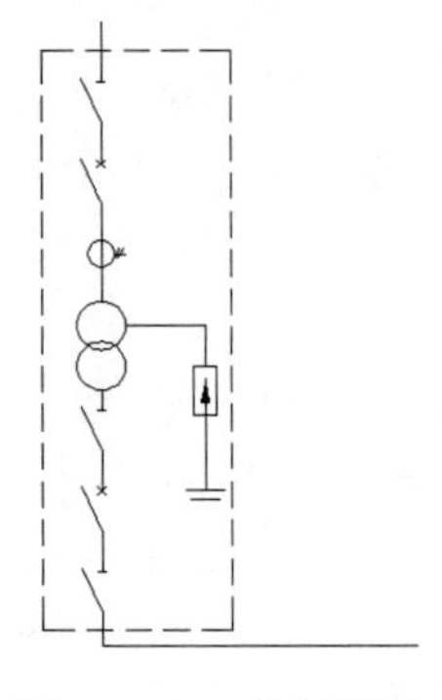

图 11-161　绘制直线

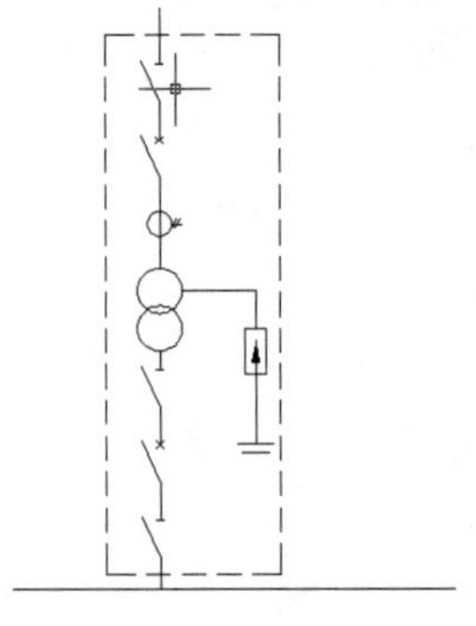

图 11-162　绘制直线

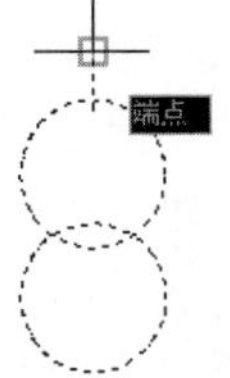

图 11-163　捕捉移动基点

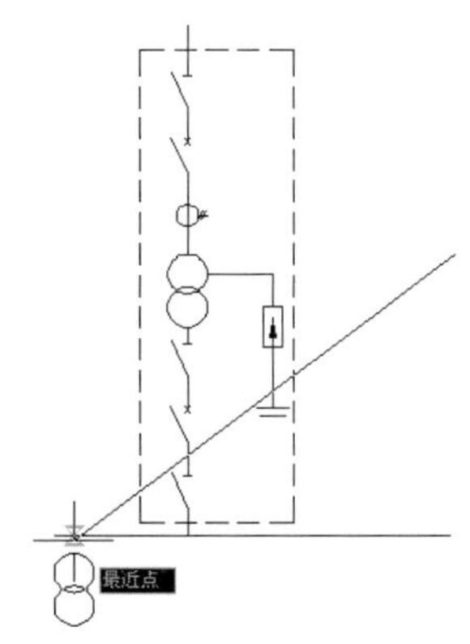

图 11-164　捕捉移动第二点

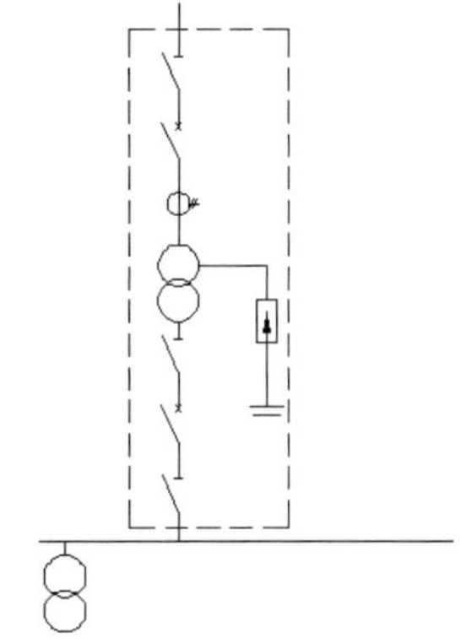

图 11-165　移动结果

步骤 03 单击“默认”选项卡|“绘图”面板上的 “多段线”按钮，绘制多边形，尺寸无特殊要求，将低压汇流线和变压器符号包含在内即可，结果如图 11-166 所示。

步骤 04 选择快捷菜单“特性”命令，弹出“特性”选项板，修改多边形“线型”为 HIDDEN2，结果如图 11-167 所示，低压汇流排绘制完成。

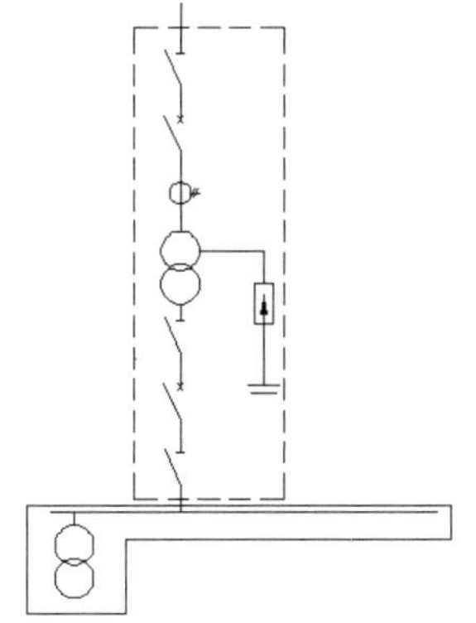

图 11-166　绘制多边形

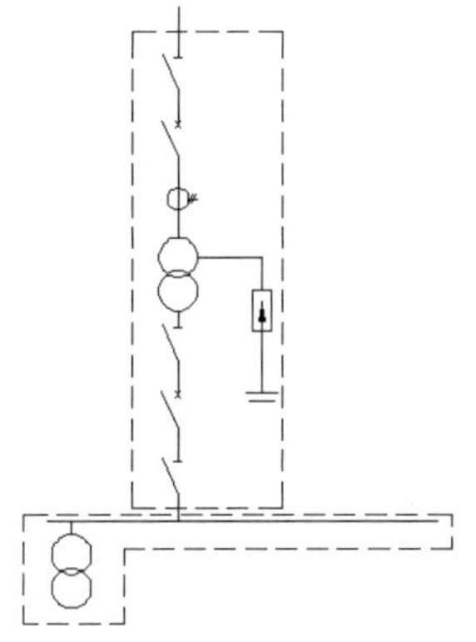

图 11-167　修改多边形线型

5. 调整和完善图形

步骤 01 单击“默认”选项卡|“修改”面板上的“移动”按钮，选择如图 11-168 所示变压器接线部分和低压汇流排，以其最上面的端点为基点，将其移动到高压汇流排上的导线接出点，结果如图 11-169 所示。

步骤 02 单击“默认”选项卡|“修改”面板上的“复制”按钮，以变压器接线部分的矩形为操作对象，向右复制一个，复制距离为 25，结果如图 11-170 所示。

步骤 03 利用前面讲过的分解尺寸线的方法得到一个竖直向下的箭头，将其移动到低压汇流线上；单击“默认”选项卡|“修改”面板上的“矩形阵列”按钮，选择绘制的箭头为阵列对象，设置阵列行数为 1，列数为 5，列间距为 8，结果如图 11-171 所示。

步骤 04 复制一个跌落式熔断器到当前文件，单击“默认”选项卡|“修改”面板上的“移动”按钮，以其下导线下端点为基点（见图 11-172），将其移动到整个图形最上面导线的上端点，结果如图 11-173 所示。

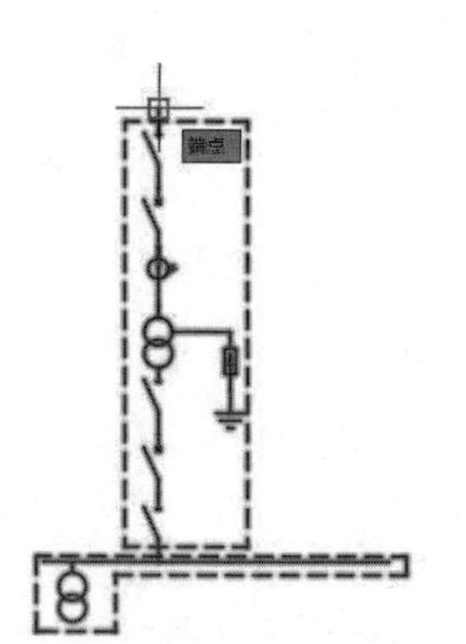
图 11-168　选择移动图形

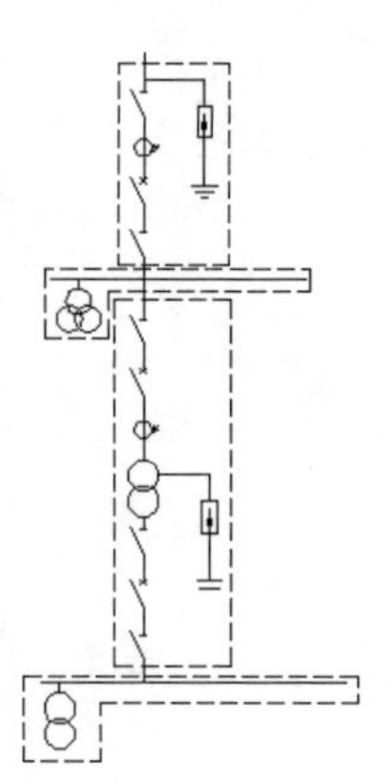
图 11-169　移动结果

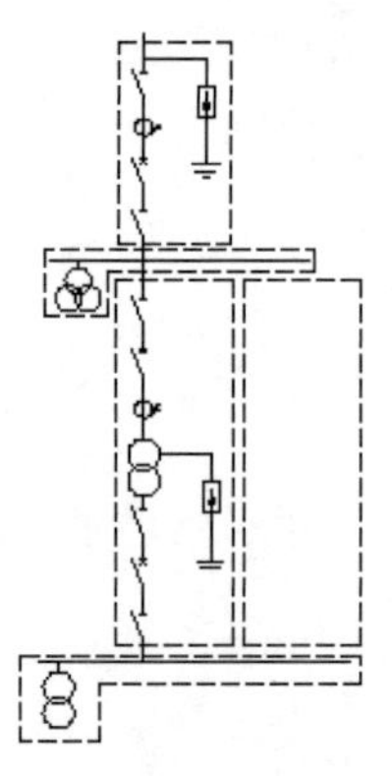
图 11-170　复制结果

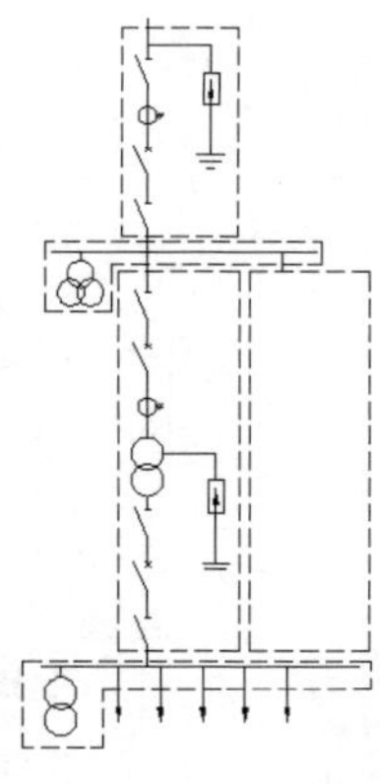
图 11-171　阵列箭头

步骤 05　单击“默认”选项卡|“修改”面板上的“复制”按钮，复制一个竖直向下的箭头，然后单击“默认”选项卡|“修改”面板上的“移动”按钮，将其移动到跌落式熔断器的上导线处，作为电源进线，结果如图 11-174 所示。

步骤 06　单击“注释”选项卡|“文字”面板上的“多行文字”按钮A，设置字体为“宋体”，文字高度为 4，进行必要的文字标注，效果如图 11-175 所示，变电所电气主接线图绘制完成。

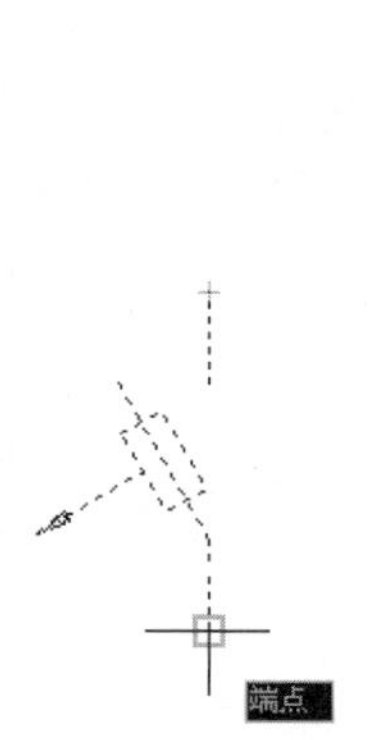
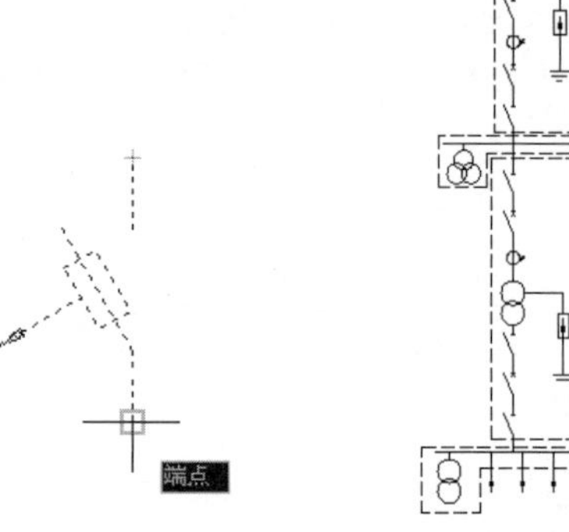

图 11-172　捕捉移动基点

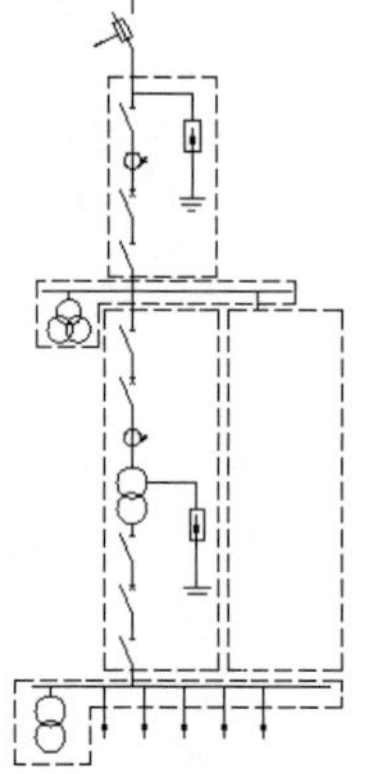
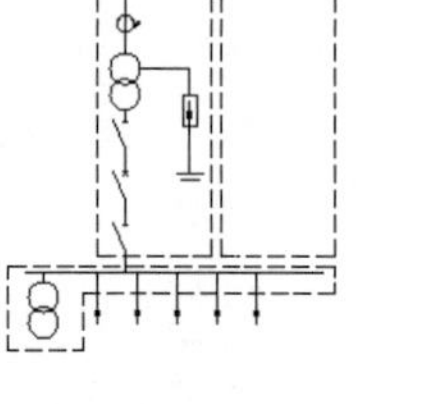
图 11-173　移动结果

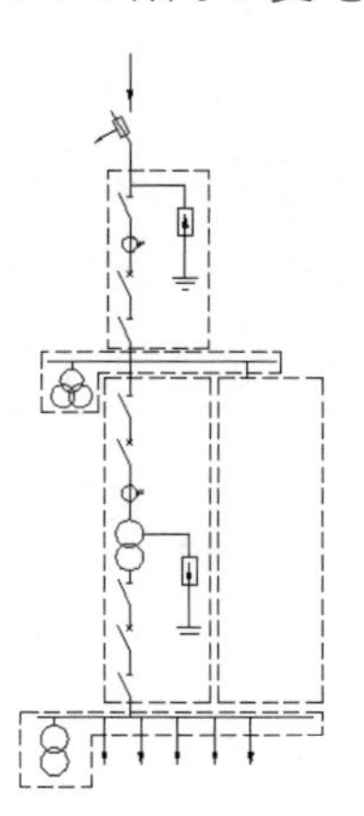
图 11-174　电源进线

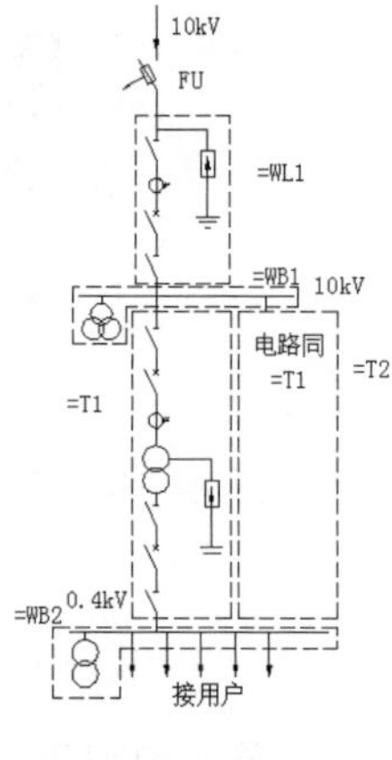

图 11-175　标注结果

11.4　绘制二次回路图

二次回路图主要包括二次原理图、二次展开图、安装接线图等，由于篇幅限制，下面仅以一种安装接线图——断路器电气控制接线图的绘制进行讲解说明。

如图 11-176 所示即是一种断路器“串联防跳”的接线图，其具体绘制步骤如下：

步骤 01　单击“默认”选项卡|“绘图”面板上的“圆”按钮，绘制半径为 0.5 的小圆；单击“默认”选项卡|“绘图”面板上的“直线”按钮，以小圆的左象限点为起点，向左绘制长度为 10 的线段，结果如图 11-177 所示。

步骤 02　单击“默认”选项卡|“修改”面板上的“矩形阵列”按钮，以刚画好的直线与圆为阵列对象，设置阵列行数为 4，列数为 1，行间距为 5，阵列结果如图 11-178 所示。

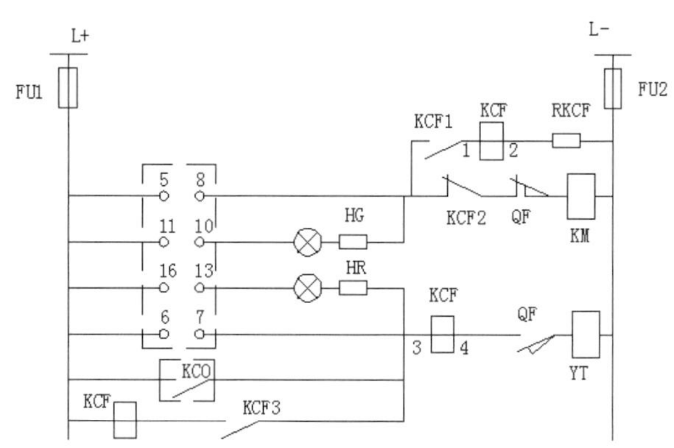

图 11-176　断路器“串联防跳”接线图

步骤 03 单击“默认”选项卡|“修改”面板上的“复制”按钮，窗口选择如图 11-179 中所示的图形为操作对象，水平向右复制一份，复制距离为 4，效果如图 11-180 所示，小圆表示控制开关触点。

图 11-177　圆与直线　　图 11-178　阵列结果　　图 11-179　选择复制图形　　图 11-180　复制结果

步骤 04 单击“注释”选项卡|“文字”面板上的“多行文字”按钮A，文字格式设置如图 11-181 所示（本节以下文字格式设置同此设置，将不再重复），标注数字 5，表示控制开关的触点 5，效果如图 11-182 所示。

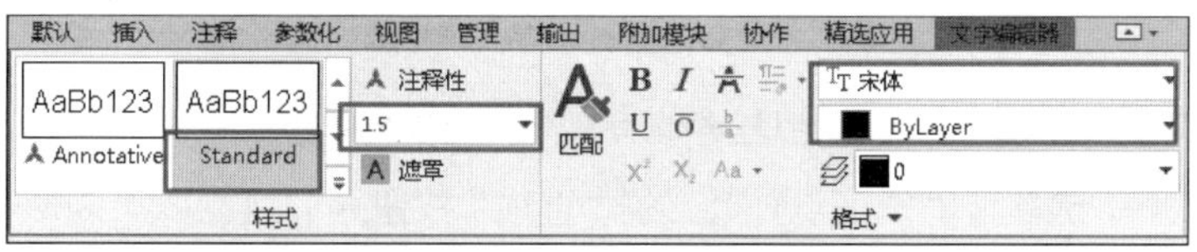

图 11-181　文字格式设置

步骤 05 单击“默认”选项卡|“修改”面板上的“矩形阵列”按钮，以数字“5”为阵列对象，设置行间距为 4，列间距为 2，行间距为 4，列间距为 5，阵列结果如图 11-183 所示。

步骤 06 单击“默认”选项卡|“绘图”面板上的“矩形”按钮，绘制长度为 8，宽度为 20 的矩形，其位置将触点和触点标号包括在内，结果如图 11-184 所示。

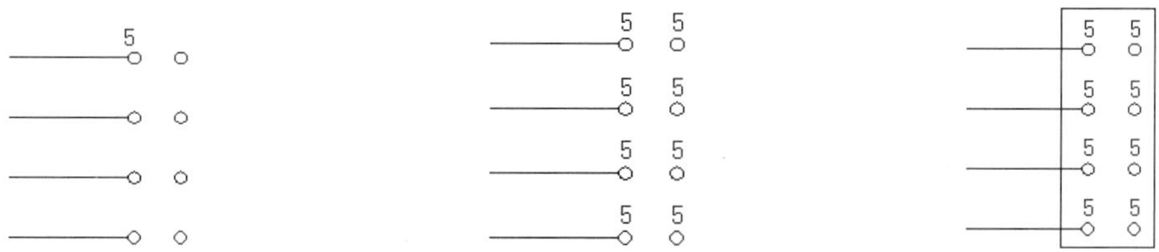

图 11-182　标注文字　　图 11-183　阵列文字　　图 11-184　绘制矩形

步骤 07 选择快捷菜单中的“特性”命令，弹出“特性”选项板，修改矩形“线型”为 HIDDEN2，效果如图 11-185 所示。

步骤 08 单击“文字”工具栏中的“编辑文字”按钮，修改其他触点标号，效果如图 11-186 所示。

步骤 09 单击“默认”选项卡|“绘图”面板上的“直线”按钮，绘制以触点 10 右象限点为起点，长度为 10 的线段，结果如图 11-187 所示。

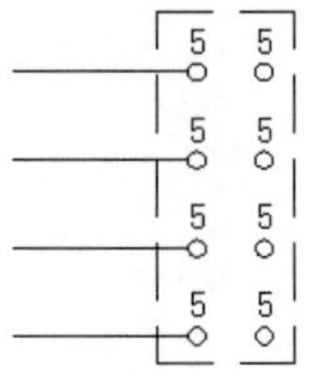

图 11-185　修改线型

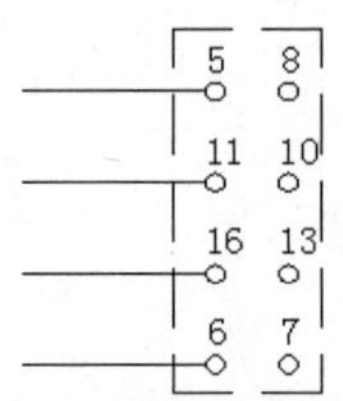

图 11-186　编辑文字

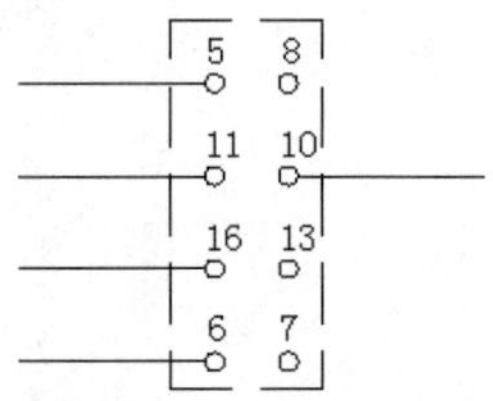

图 11-187　绘制直线

步骤 10 复制以前绘制的灯的符号到当前文件，单击“默认”选项卡|“修改”面板上的“移动”按钮，选择灯符号为操作对象，以其左象限点为起点（见图 11-188），以刚绘制的直线的右端点为第二点进行移动，结果如图 11-189 所示。

步骤 11 单击“默认”选项卡|“绘图”面板上的“直线”按钮，绘制以灯符号右象限点为起点，长度为 2 的水平线段；单击“默认”选项卡|“绘图”面板上的“矩形”按钮，绘制长度为 3，宽度为 1.5 的小矩形；单击“默认”选项卡|“修改”面板上的“移动”按钮，以小矩形左边中点为基点，以刚绘制直线右端点为第二点，移动小矩形，结果如图 11-190 所示。

图 11-188　捕捉移动基点

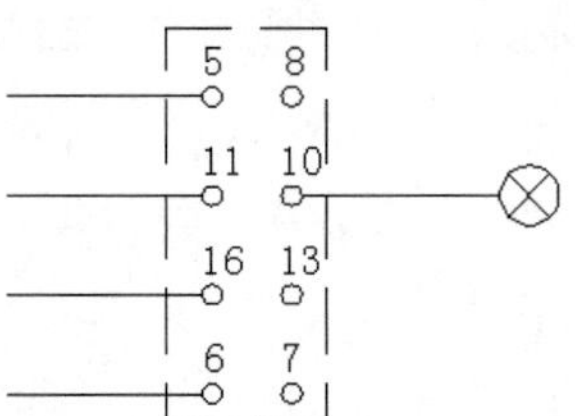

图 11-189　移动结果

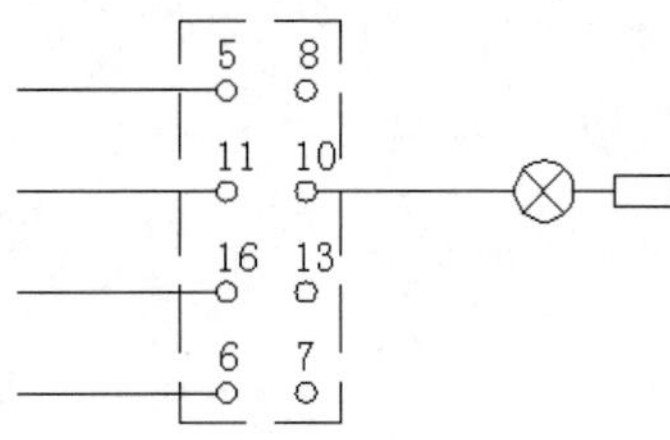

图 11-190　直线与矩形

步骤 12 单击“默认”选项卡|“绘图”面板上的“直线”按钮，绘制以小矩形右边中点为起点，长度为 4 的水平线段，结果如图 11-191 所示。

步骤 13 单击“默认”选项卡|“修改”面板上的“复制”按钮，选择如图 11-192 中虚线部分图形，竖直向下复制一份，复制距离为 5，结果如图 11-193 所示。

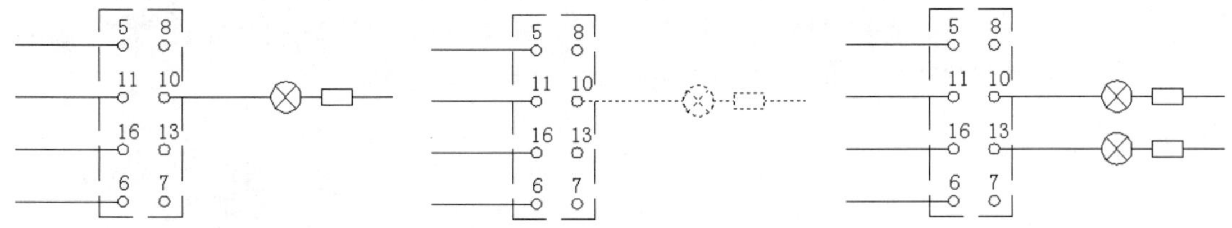

图 11-191　绘制直线　　图 11-192　选择复制图形　　图 11-193　复制结果

步骤 14 单击“注释”选项卡|“文字”面板上的“多行文字”按钮A，标注灯的颜色，HG 为绿灯，HR 为红灯，结果如图 11-194 所示。

步骤15 单击“默认”选项卡|“绘图”面板上的“直线”按钮，以连接触点 5 的线段左端点为起点，绘制长度为 28 的竖直向下的线段，结果如图 11-195 所示。

步骤16 单击“默认”选项卡|“修改”面板上的“复制”按钮，以连接触点 6 的线段为操作对象，竖直向下复制一份，复制距离为 5，结果如图 11-196 所示。

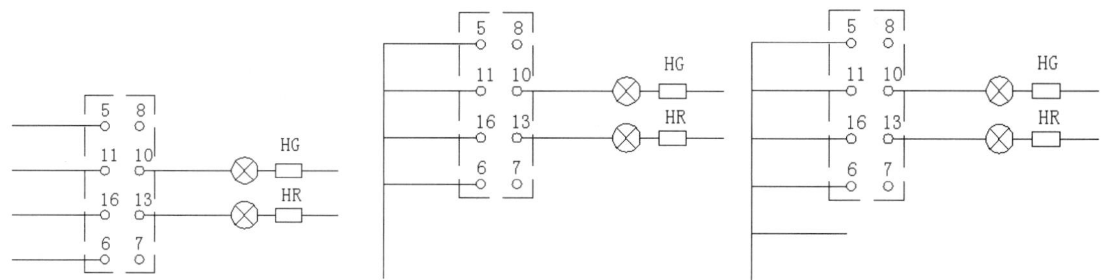

图 11-194 符号标注　　图 11-195 绘制竖直线段　　图 11-196 复制结果

步骤17 复制一个以前绘制的继电器常开触点到当前文件，单击“默认”选项卡|“修改”面板上的“移动”按钮，以其左导线左端点为基点（见图 11-197），刚复制直线的右端点为第二点，移动继电器常开触点，结果如图 11-198 所示。

步骤18 单击“注释”选项卡|“文字”面板上的“多行文字”按钮A，标注常开触点为 KCO；单击“默认”选项卡|“绘图”面板上的“矩形”按钮，绘制将常开触点与其标注包含在内的小矩形，结果如图 11-199 所示。

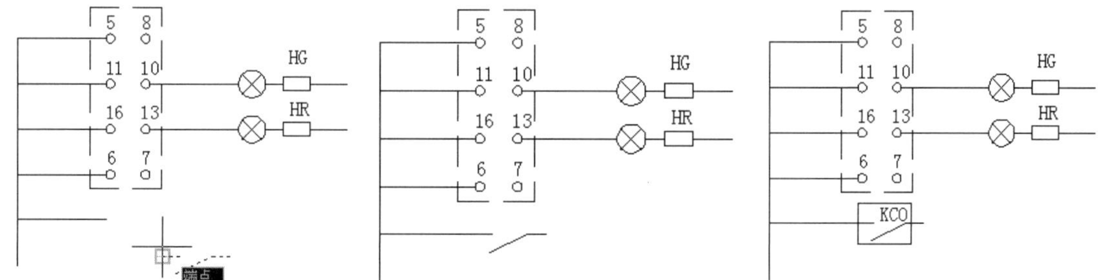

图 11-197 捕捉移动基点　　图 11-198 移动结果　　图 11-199 绘制矩形

步骤19 选择快捷菜单中的“特性”命令，弹出“特性”选项板，修改小矩形“线型“为 HIDDEN2；单击“默认”选项卡|“绘图”面板上的“直线”按钮，以图 11-200 中所示的点为起点，绘制长度为 5 的水平线段。

步骤20 单击“默认”选项卡|“绘图”面板上的“矩形”按钮，绘制长度为 2.5，宽度为 4 的小矩形，表示防跳继电器线圈；单击“默认”选项卡|“修改”面板上的“移动”按钮，以如图 11-201 所示的小矩形左边中点为基点，继电器常开触点右导线右端点为第二点移动小矩形，结果如图 11-202 所示。

步骤21 单击“默认”选项卡|“绘图”面板上的“直线”按钮，以小矩形左边中点为起点，绘制长度为 10 的水平线段，复制一个继电器常开触点；单击“默认”选项卡|“修改”面板上的“移动”按钮，以继电器左导线左端点为基点（见图 11-203），以刚绘制直线的右端点为第二点，移动常开触点，结果如图 11-204 所示。

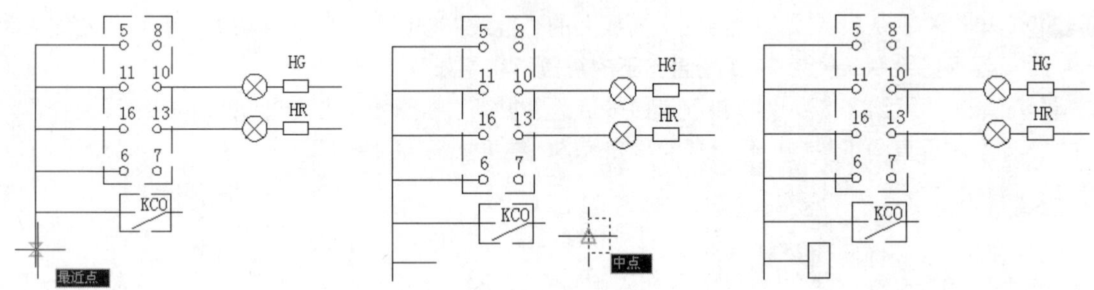

图 11-200　捕捉直线起点　　图 11-201　捕捉移动基点　　图 11-202　移动结果

步骤22 单击“默认”选项卡|“绘图”面板上的“直线”按钮，绘制以 HR 右边导线右端点为起点，如图 11-205 所示捕捉的点为终点的竖直向下的线段。

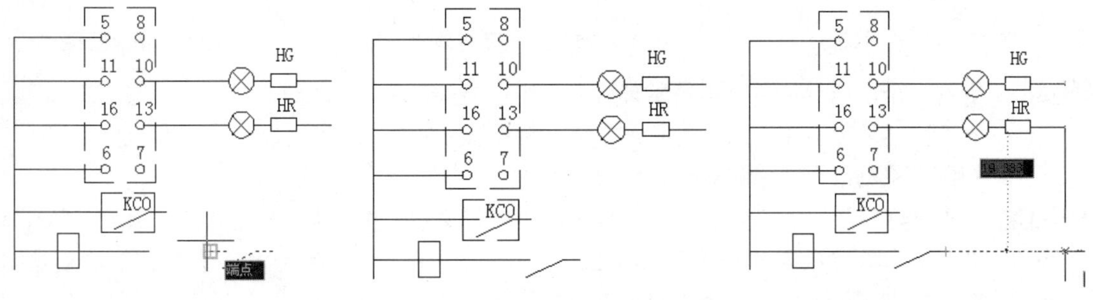

图 11-203　捕捉移动基点　　图 11-204　移动结果　　图 11-205　绘制竖直线段

步骤23 单击“默认”选项卡|“绘图”面板上的“直线”按钮，绘制以 KCO 右边导线右端点为起点，终点在刚绘制的竖直线段上的水平线段，结果如图 11-206 所示。

步骤24 单击“默认”选项卡|“绘图”面板上的“直线”按钮，以触点 8 右象限点为起点，绘制长度为 25 的水平向右的线段，结果如图 11-207 所示。

步骤25 复制一个继电器常闭触点到当前文件，单击“默认”选项卡|“修改”面板上的“移动”按钮，以常闭触点左导线左端点为基点（见图 11-208），以刚绘制线段的右端点为第二点，移动常闭触点，结果如图 11-209 所示。

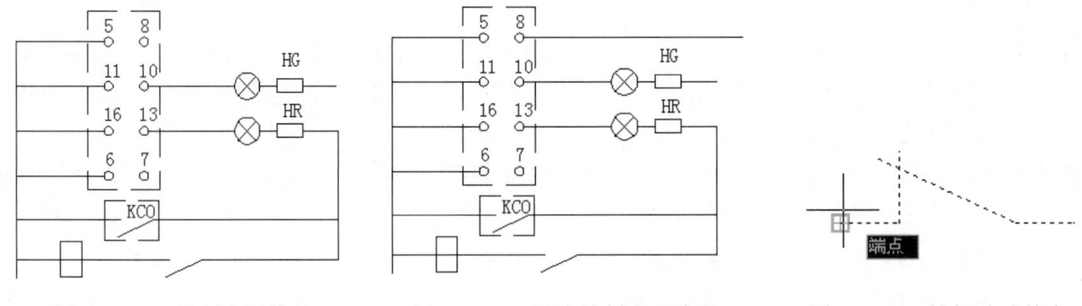

图 11-206　绘制水平线段　　图 11-207　再次绘制水平线段　　图 11-208　捕捉移动基点

步骤26 复制一个断路器辅助常闭触点到当前文件，单击“默认”选项卡|“修改”面板上的“移动”按钮，以断路器辅助常闭触点左导线左端点为基点（见图 11-210），以移动过的继电器常闭触点右导线右端点为第二点进行移动。

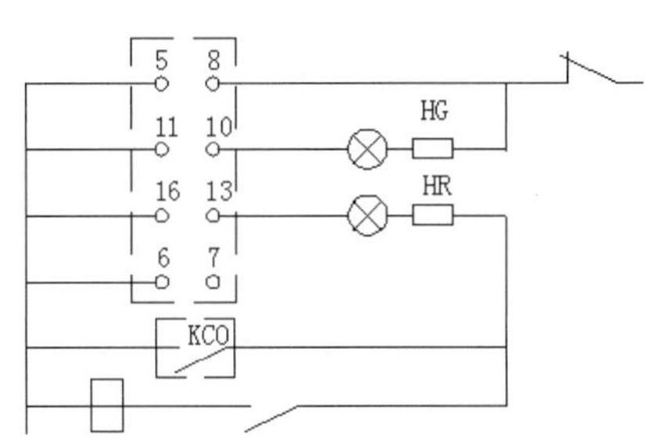

图 11-209　移动结果

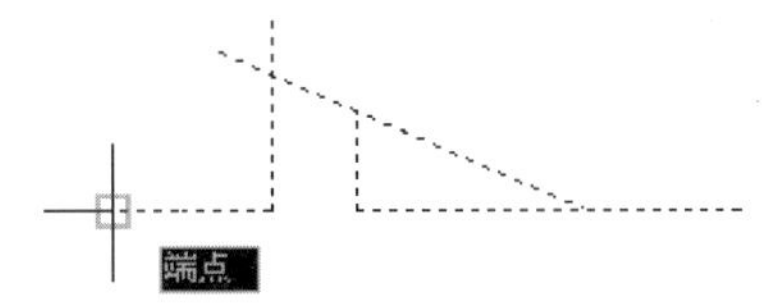

图 11-210　捕捉移动基点

步骤 27　单击"默认"选项卡|"绘图"面板上的"矩形"按钮，绘制长度为 2.5，宽度为 4 的矩形，表示继电器线圈。单击"默认"选项卡|"修改"面板上的"移动"按钮，移动矩形，结果如图 11-211 所示。

步骤 28　单击"默认"选项卡|"绘图"面板上的"直线"按钮，以图 11-212 所示的点为起点，绘制长度为 6 的竖直向上的线段，复制一个继电器常开触点。

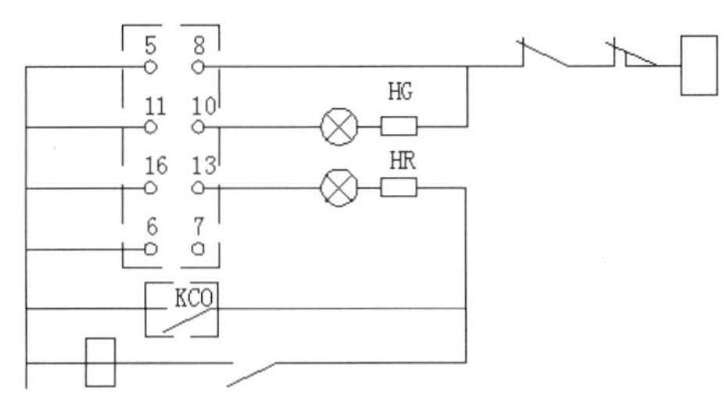

图 11-211　移动结果与绘制矩形

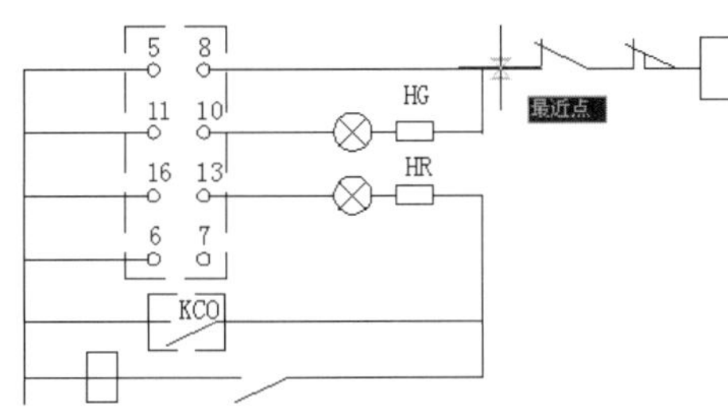

图 11-212　捕捉线段起点

步骤 29　单击"默认"选项卡|"修改"面板上的"移动"按钮，以其左导线左端点为基点（见图 11-213），移动常开触点，移动结果如图 11-214 所示。

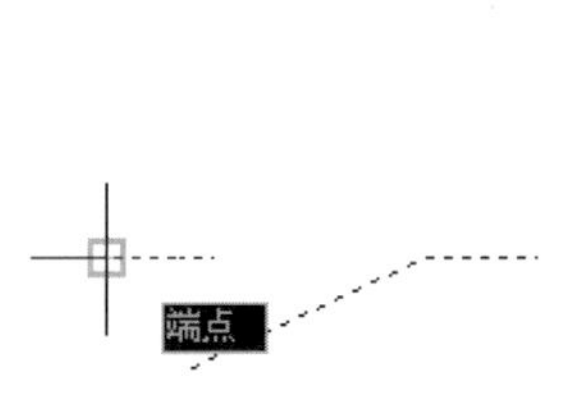

图 11-213　捕捉移动基点

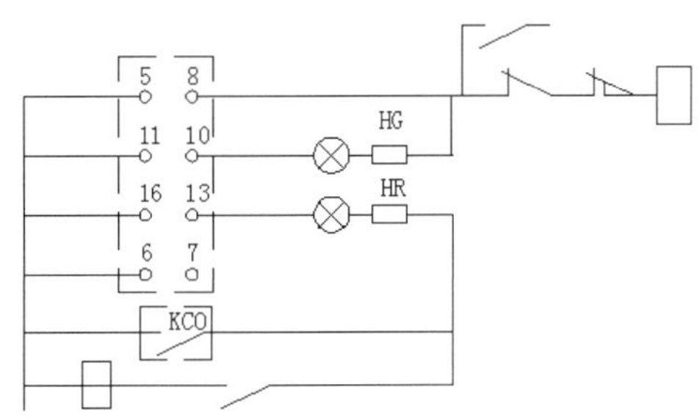

图 11-214　移动结果

步骤 30　复制一个防跳继电器线圈，单击"默认"选项卡|"修改"面板上的"移动"按钮，以线圈左边中点为基点进行移动，效果如图 11-215 所示。

步骤 31　单击"默认"选项卡|"绘图"面板上的"直线"按钮，以刚绘制线圈的左边中点为起点，绘制长度为 8 的水平线段；单击"默认"选项卡|"绘图"面板上的"矩形"按钮，绘制长度为 3，宽度为 1.5 的小矩形，表示电阻；单击"默认"选项卡|"修改"面板上的"移动"按钮，将其移动到直线左端点，结果如图 11-216 所示。

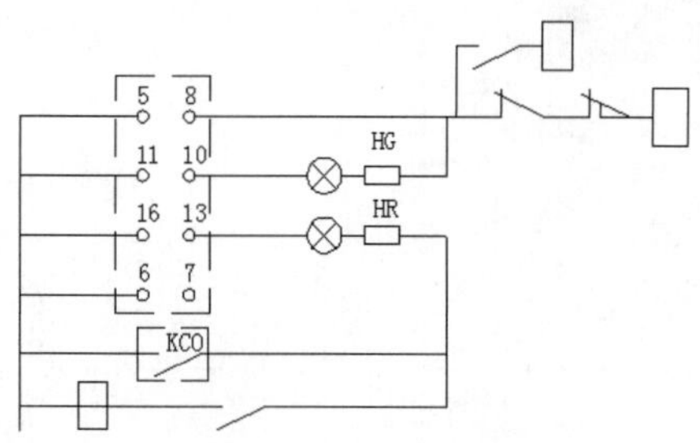

图 11-215　复制线圈

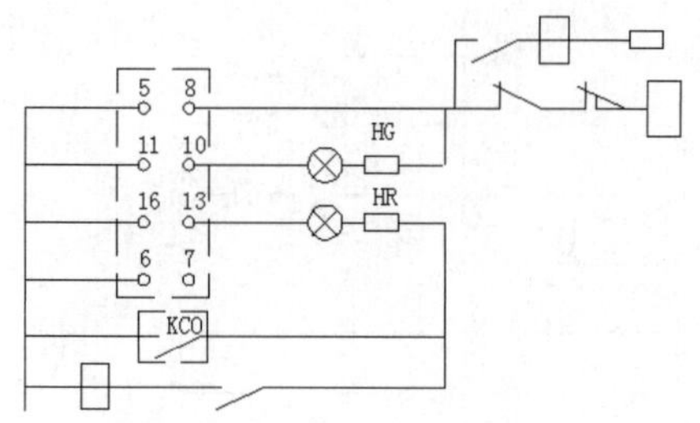

图 11-216　绘制直线与矩形

步骤 32　单击“默认”选项卡|“绘图”面板上的“直线”按钮，以触点 7 的右象限点为起点，向右绘制长度为 25 的线段；单击“默认”选项卡|“修改”面板上的“复制”按钮，以防跳线圈为操作对象，以线圈左边中点为基点，刚绘制直线的右端点（见图 11-217）为第二点进行复制，复制结果如图 11-218 所示。

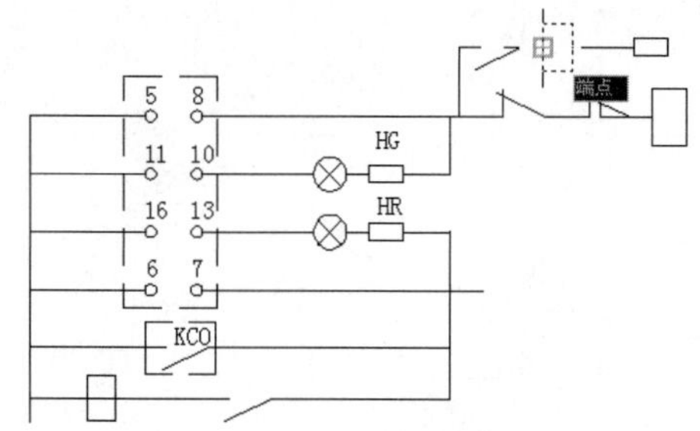

图 11-217　捕捉复制基点

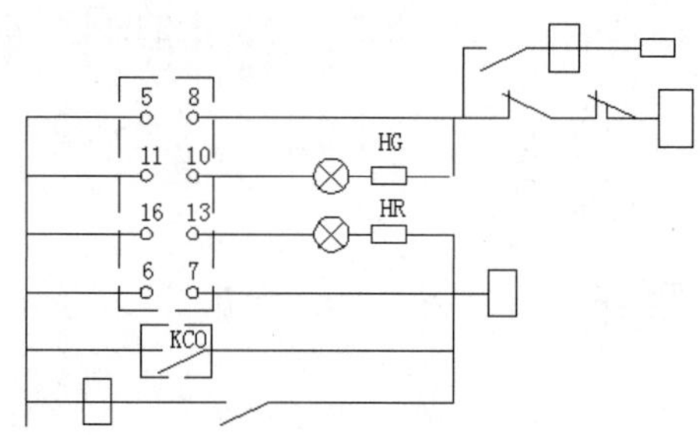

图 11-218　复制结果

步骤 33　单击“默认”选项卡|“绘图”面板上的“直线”按钮，以刚绘制的防跳线圈左边中点为起点，绘制长度为 8 的水平线段。复制一个断路器辅助常开触点到当前文件，单击“默认”选项卡|“修改”面板上的“移动”按钮，以其左导线左端点为基点（见图 11-219），以刚绘制直线的右端点为第二点进行移动，结果如图 11-220 所示。

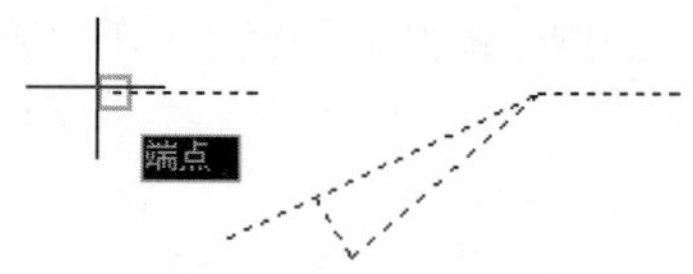

图 11-219　捕捉移动基点

步骤 34　单击“默认”选项卡|“修改”面板上的“复制”按钮，选择如图 11-221 中虚线部分（继电器线圈）为操作对象，以其左边中点为复制基点，以断路器辅助常开触点右导线右端点为第二点进行操作，结果如图 11-222 所示。

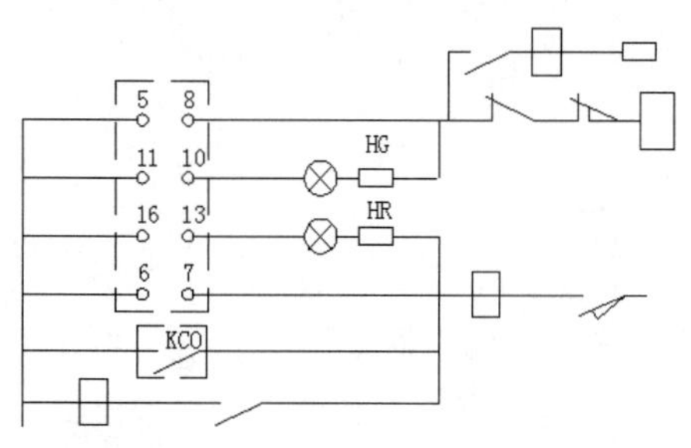

图 11-220　移动效果

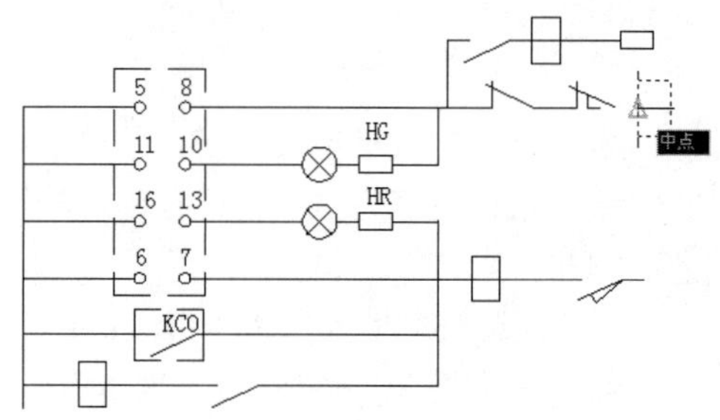

图 11-221　选择图形与捕捉复制基点

步骤 35 单击“默认”选项卡| “修改”面板上的“拉伸”按钮，将最左边竖直线段向上拉伸，拉伸长度为 8。复制以前绘制的熔断器符号到当前文件，单击“默认”选项卡|“修改”面板上的“移动”按钮，将其移动到最左边竖直线段最上端点；单击“默认”选项卡|“绘图”面板上的“直线”按钮，在熔断器上方绘制水平直线，最终效果如图 11-223 所示。

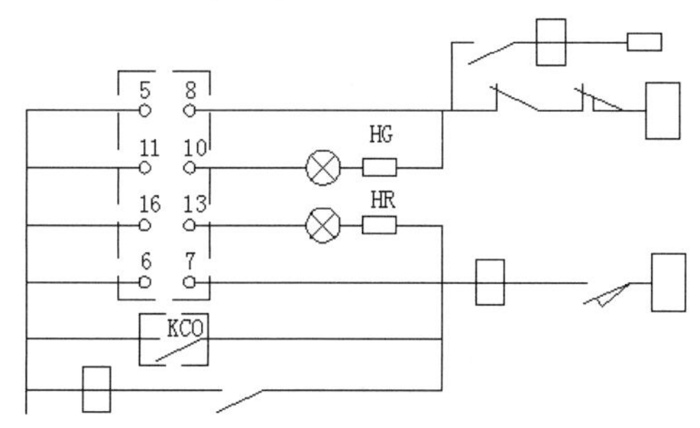

图 11-222　复制结果

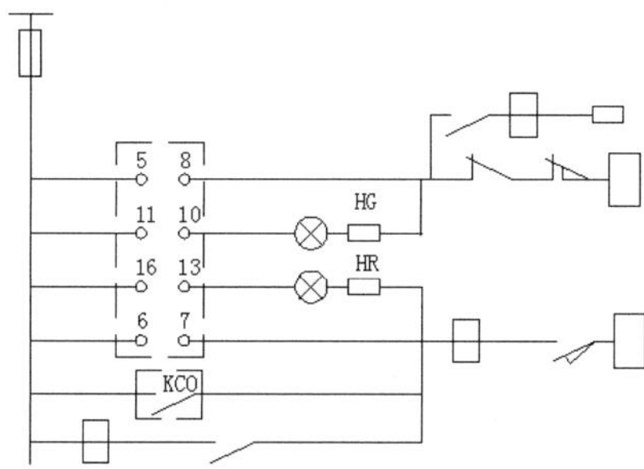

图 11-223　绘制直线

步骤 36 单击“默认”选项卡|“修改”面板上的“复制”按钮，选择如图 11-224 所示的虚线部分为操作对象，水平向右复制一份，结果如图 11-225 所示。

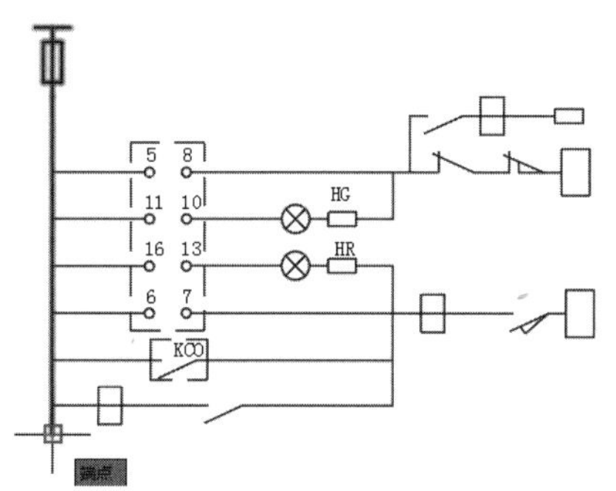

图 11-224　选择复制图形

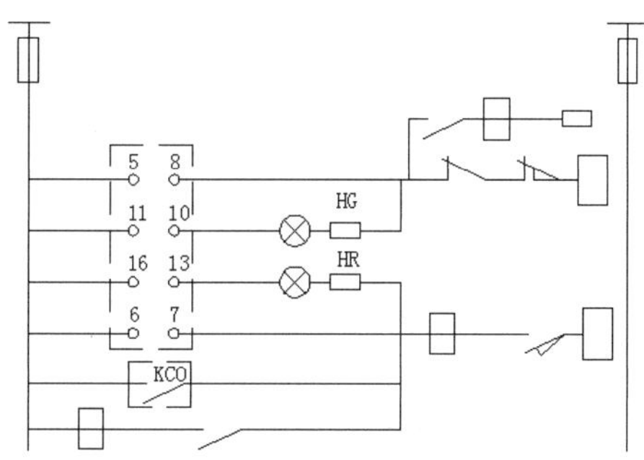

图 11-225　复制结果

步骤 37 单击“默认”选项卡|“绘图”面板上的“直线”按钮，绘制三条水平线段，起点分别在最右边三个矩形的右边中点，终点在最右边的竖直线段上，结果如图 11-226 所示。

步骤 38 单击“注释”选项卡|“文字”面板上的“多行文字”按钮**A**，添加适当的文字标注，最终效果如图 11-227 所示，断路器“串联防跳”接线图绘制完成。

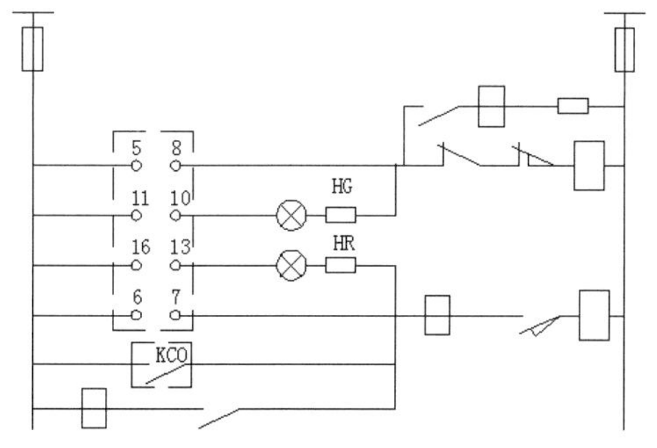

图 11-226　绘制三条线段

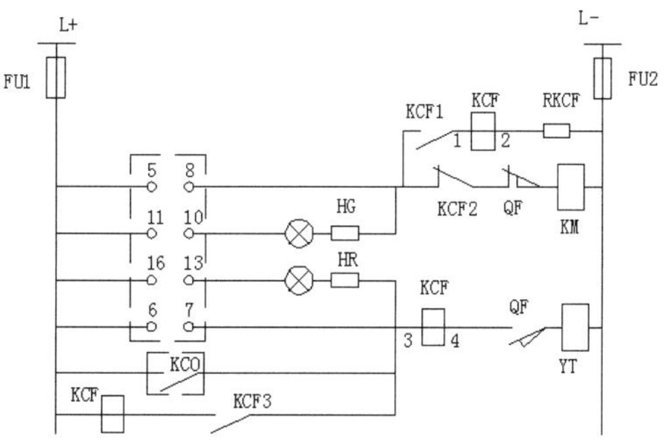

图 11-227　文字标注

第 12 章 机床电气设计

导言

机床电气设计是电气设计的一个分支，采用各种电气符号、图线来表示机床电气系统中的各种电气设备、装置元件之间的相互关系、连接关系。机床电气线路图是电气设计人员、安装人员及操作人员的工程语言，是企业进行技术交流不可缺少的重要手段。

本章将对机床电气制图进行讲解，并详细介绍如何绘制电动机控制线路图和机床控制线路图。

12.1 机床电气工程图

12.1.1 机床电气工程图的分类

机床电气工程图最主要的图纸是机床电气控制电路图。

机床电气控制电路图是将电气控制装置的各种电器元件用图形符号表示并按工作顺序排列，详细表示控制装置、电路的基本构成和连接关系的图。机床电气控制电路图的主要描述对象是电动机以及机床的电气控制装置，描述内容是其工作原理、电气接线及安装方法等。

12.1.2 机床电气工程图的特点

机床电气工程图中使用频率最高的是机床的电气控制线路图。机床电气控制线路图以表示机床电气设备、装置和控制元件之间的相互控制关系为目的，通常以接线方便、布线合理为原则进行绘制，主要由主线路、辅助线路构成。

机床电气控制线路图的特点主要有以下几个方面。

（1）主、辅线路绘制方法

在电气控制线路图中，主线路通常用粗实线表示，辅助线路用细实线表示。对于每一个线束，都给出导线的根数、型号、截面积及导线的敷设方法、穿线管的种类、管子的直径等。

（2）图形及文字符号与线路图一致

在电气控制线路图中，各电器元件的图形符号和文字符号及端子的编号是与电气控制线路图一致的，这样可便于对照查找。线束的两端及中间分支出去的每一根导线，与电器元件相连接时，通常在接线端脚处都标注了相应的标号，对于同一根导线的若干段，标注的是同一个标号，这对分清各线的归属提供了很大的方便。

12.1.3　机床电气工程图的绘制步骤

企业常用的机床有车床、钻床、磨床、铣床、刨床等，这些机械加工设备的控制线路都较为复杂，且大都不一样，因此对这类电气控制线路图，我们必须掌握具体的电气控制线路，按以下步骤进行绘制：

步骤 01　分析电路。绘制电气控制线路图之前，应该先将整个线路进行划分。将电气控制电路划分为主线路、辅助线路，并对图纸进行整体布局。

步骤 02　绘制主线路。分析主线路中电器的使用情况，分清主线路电器与控制元件之间的对应关系，根据分析结果合理分配图纸空间。

步骤 03　绘制辅助线路。辅助线路的最大特殊性是通常都具有控制元件，如交流接触器、继电器及各种控制开关等，故也可以称为控制电路。在电气控制辅助线路中，辅助线路通常是一个大回路，而在这个大回路中又包含了若干小回路，每个小回路又具有一个或多个控制元件。所以要搞清楚控制回路中各元件的控制关系，合理地进行图纸布局绘制。

12.2　电动机控制线路图的绘制

机床的运动部件大多是电动机带动的，为了完成一定的生产顺序，需要对电动机的启动、停止、正反转及延时动作等进行控制。这一控制过程是由继电器、交流接触器等控制电器来实现的。

12.2.1　绘制电动机正转控制线路图

机床电气控制线路图可以看成是一些比较简单的基本控制线路根据实际需要组合而成的。本节将对一些比较简单的基本控制线路进行绘制。

一般工厂中使用的小型台钻、机床的冷却泵电动机等多采用简单的正转控制电路，即由组合开关来控制异步电动机全压启动。其控制线路图如图 12-1 所示。

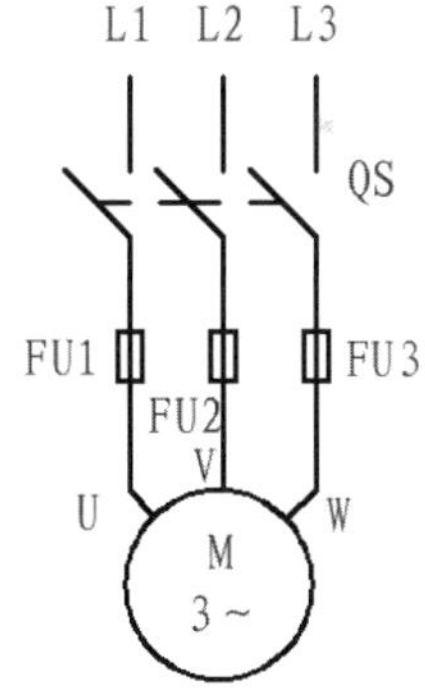

图 12-1　电动机正转控制线路图

1. 主线路的绘制

步骤 01　新建文件，然后单击“默认”选项卡|“图层”面板上的“图层特性”按钮，弹出“图层特性管理器”选项板，连续单击“新建图层”按钮三次，“图层”列表框中出现从“图层 1”～“图层 3”，一共三个图层。依次设置图层名为“主线路”“辅助线路”“文字标注”；颜色设置分别为白色、洋红色、蓝色；线宽设置分别为“0.30 毫米”“默认”“默认”。其余选择默认设置，并选择主线路为当前图层，如图 12-2 所示。

步骤 02　单击“默认”选项卡|“绘图”面板上的“圆”按钮，以点（100,100）为圆心，绘制一个半径为 10 的圆，如图 12-3 所示。

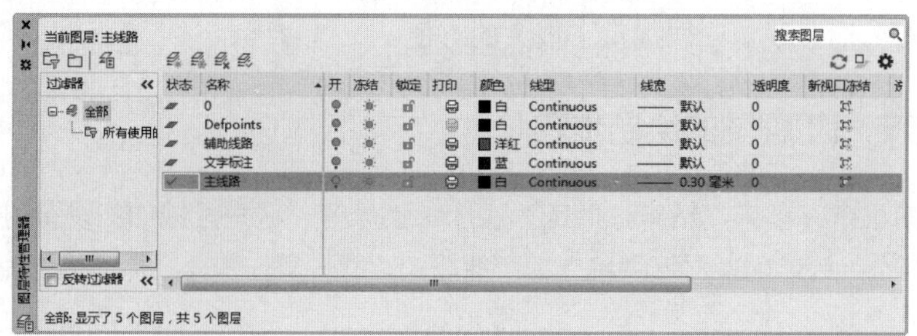

图 12-2　控制线路图图层设置

步骤 03 单击“默认”选项卡|“绘图”面板上的“直线”按钮 ，捕捉圆的上象限点为起点，绘制一条沿竖直方向，长度为 30 的直线段，继续绘制一条沿角度为 135° 方向，长度为 10 的直线段，最后在长度为 30 的直线段 Y 方向上绘制长为 10 的直线段，效果如图 12-4 所示。

步骤 04 单击“默认”选项卡|“绘图”面板上的“矩形”按钮 ，分别以（98,120)、(102,126）为矩形的两个角点绘制矩形，效果如图 12-5 所示。

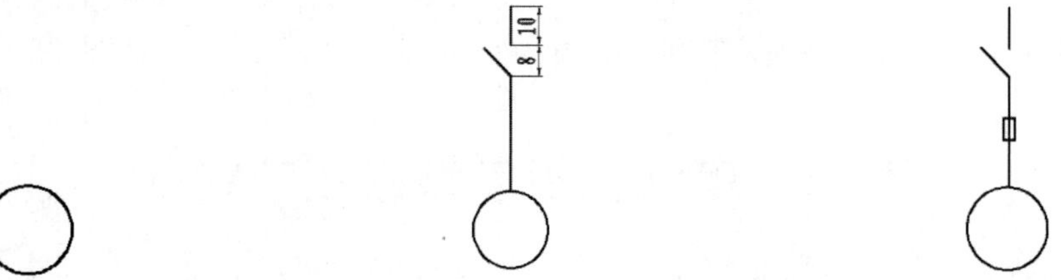

图 12-3　绘制电动机图形　　图 12-4　绘制开关部分图形　　图 12-5　绘制熔断器图形

步骤 05 单击“默认”选项卡|“修改”面板上的“复制”按钮 ，进行复制操作。选择步骤（3)、步骤（4）所绘制的直线段和矩形为复制对象，沿水平方向分别向左右移动距离为 10 进行复制，复制后效果如图 12-6 所示。

步骤 06 单击“默认”选项卡|“绘图”面板上的“直线”按钮 ，捕捉左边竖直方向的下面直线段的下端点为起点，捕捉圆的圆心为终点，绘制一条斜线段；继续捕捉右边竖直方向的下面直线段的下端点为终点，再绘制一条斜线段，效果如图 12-7 所示。

步骤 07 单击“默认”选项卡|“修改”面板上的“修剪”按钮 ，进行修剪操作。选择圆为修剪参考对象，选择步骤（6）所绘制的斜线段为要修剪的对象，修剪效果如图 12-8 所示。

步骤 08 单击“默认”选项卡|“绘图”面板上的“直线”按钮 ，捕捉组合开关中的左边斜线段的中点为起点，捕捉组合开关中的右边斜线段的中点为终点，绘制一水平直线段；并在“特性”选项板中，将其“线型”设置为 DASHED，“线型比例”设置为 0.5，如图 12-9 所示，完成主线路的图形绘制。

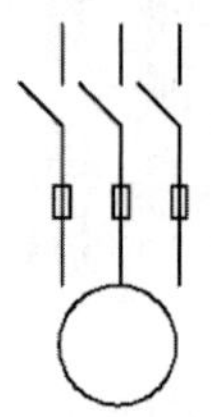

图 12-6　复制图形

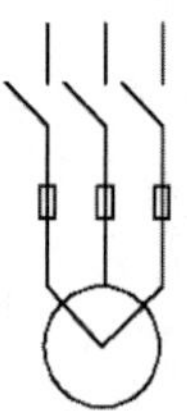

图 12-7　绘制斜线段

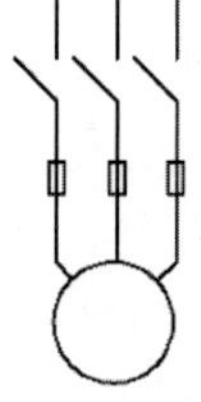

图 12-8　修剪图形

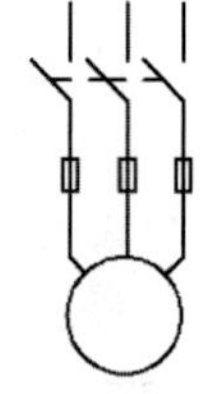

图 12-9　偏移图形

2. 文字标注

步骤 01 展开“默认”选项卡|“图层”面板上的“图层”下拉列表，选择“文字标注”图层为当前图层。使用例 4-1 的方法创建电气标注文字样式，设置文字高度为 5，字体为“仿宋体”，宽度比例为 0.7。

步骤 02 单击“注释”选项卡|“文字”面板上的“多行文字”按钮A，撰写电动机 M 及其接线 U、V、W 和 3~的文字代号，结果如图 12-10 所示。

步骤 03 单击“注释”选项卡|“文字”面板上的“多行文字”按钮A，撰写熔断器 FU1~FU3 的文字代号，结果如图 12-11 所示。

步骤 04 单击“注释”选项卡|“文字”面板上的“多行文字”按钮A，撰写组合开关 QS 的文字代号，结果如图 12-12 所示。

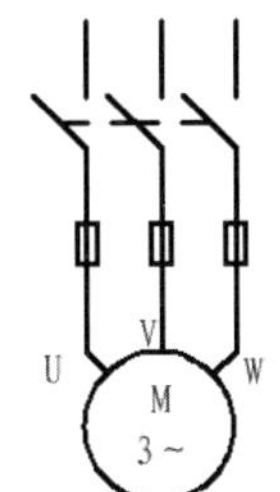

图 12-10 电动机及接线文字

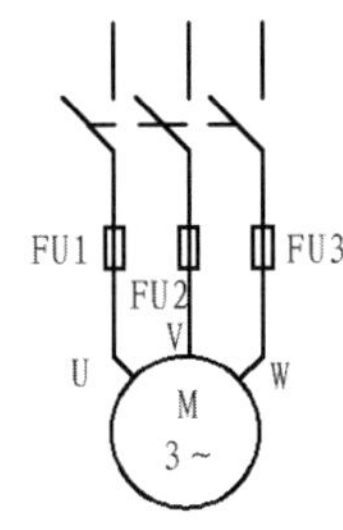

图 12-11 撰写熔断器文字

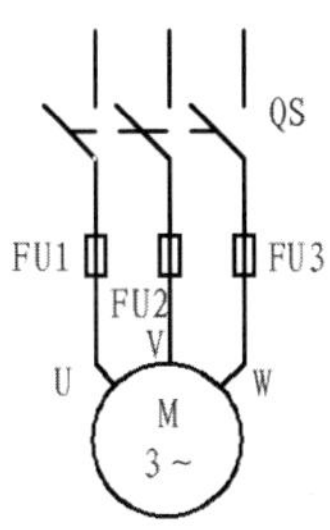

图 12-12 撰写组合开关文字

步骤 05 单击“注释”选项卡|“文字”面板上的“多行文字”按钮A，撰写电源接线 L1~L3 的文字代号，结果如图 12-1 所示。至此，完成电动机正转控制线路图的绘制。

12.2.2 绘制具有过载保护的接触器控制的电动机正转控制线路图

图 12-13 是具有过载保护的接触器控制的电动机正转控制线路图，是工厂广泛应用的、最基本的电动机控制电路，可实现对电动机启动、停止的自动控制及远距离控制、频繁操作，并具有必要的保护，如短路、过载、零电压等保护功能。

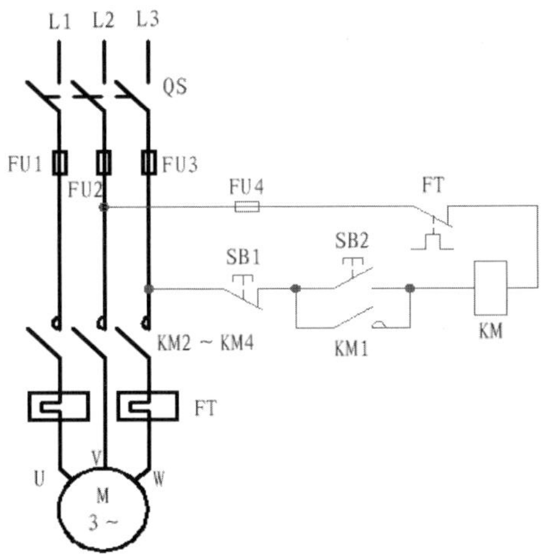

图 12-13 具有过载保护的接触器控制的电动机正转控制线路图

下面将在上一节完成的线路图的基础上，绘制具有过载保护的接触器控制的电动机正转控制线路图。该图可分为三个阶段的绘制：首先是主线路的绘制；其次是控制线路的绘制；最后是文字标注。具体绘制步骤如下。

1. 主线路的绘制

步骤 01 打开上一节所绘制的电动机正转控制线路图，另存为一幅新的图纸，在另存为的图纸中进行绘制。

步骤 02 展开“默认”选项卡|“图层”面板上的“图层”下拉列表，设置“文字标注”图层为关闭状态，锁定状态，选择“主线路”图层为当前图层。

步骤 03 单击“默认”选项卡|“修改”面板上的“移动”按钮，选择移动对象，如图 12-14 所示，沿竖直方向向下移动 60，操作结果如图 12-15 所示。

步骤 04 单击“默认”选项卡|“修改”面板上的“复制”按钮，选择复制对象（不要选择组合开关中的虚线和熔断器），如图 12-16 所示，沿竖直方向向下移动 60，复制操作结果如图 12-17 所示。

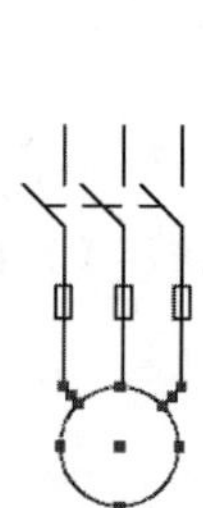

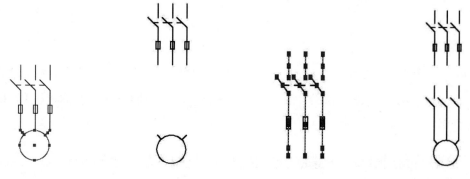

图 12-14 选择移动对象

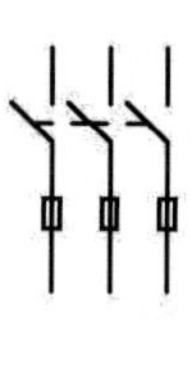

图 12-15 移动对象图

图 12-16 选择复制对象

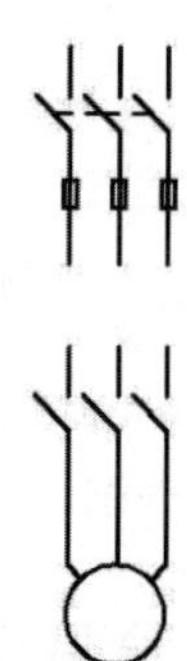

图 12-17 完成复制操作

步骤 05 单击“默认”选项卡|“修改”面板上的“合并”按钮，进行合并操作，选择步骤（4）复制的直线段为源对象，选择其上方的竖直直线段为合并到源的直线，如图 12-18 所示，依次进行三次合并操作，完成后效果如图 12-19 所示。

步骤 06 单击“默认”选项卡|“绘图”面板上的“圆弧”按钮，绘制半圆弧，这是交流继电器的一部分。命令行提示如下：

```
命令: _arc
指定圆弧的起点或 [圆心(C)]:                      //捕捉直线段端点为圆弧起点，如图 12-20 所示
指定圆弧的第二个点或 [圆心(C)/端点(E)]:  c  //选择圆心模式
指定圆弧的圆心:  @0,1.5                          //输入圆弧的圆心的坐标
指定圆弧的端点或 [角度(A)/弦长(L)]:  a      //选择角度模式
指定包含角:  -180                                //输入角度值，完成圆弧绘制如图 12-21 所示
```

步骤 07 单击“默认”选项卡|“修改”面板上的“复制”按钮，进行半圆弧复制，选择步骤（6）绘制的半圆弧为复制对象，捕捉步骤(6)绘制的半圆弧起点为复制对象的基点，如图 12-22 所示；使用多个连续复制模式，依次向右选择直线段的端点为复制第二点，完成复制，如图 12-23 所示，完成交流继电器的绘制。

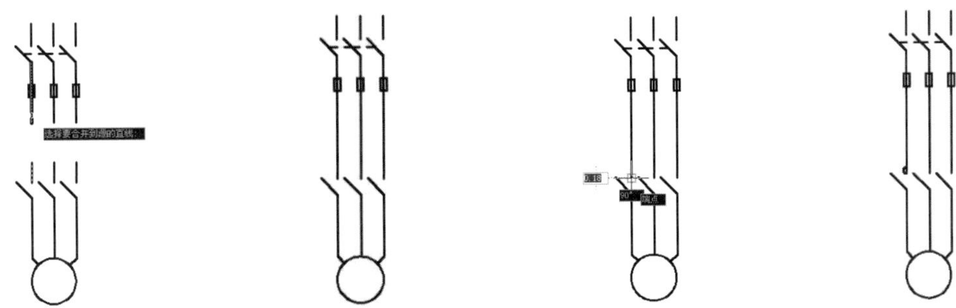

图 12-18 选择合并对象 图 12-19 完成合并操作 图 12-20 捕捉圆弧起点 图 12-21 绘制圆弧

步骤 08 单击“默认”选项卡|“绘图”面板上的“矩形”按钮，开始绘制热保护继电器。分别以（83,60）、（97,68）为矩形的两个角点，绘制一大矩形，如图 12-24 所示；单击“默认”选项卡|“绘图”面板上的“矩形”按钮，分别以（86,63）、（90,66）为矩形的两个角点，绘制一小矩形，如图 12-25 所示。

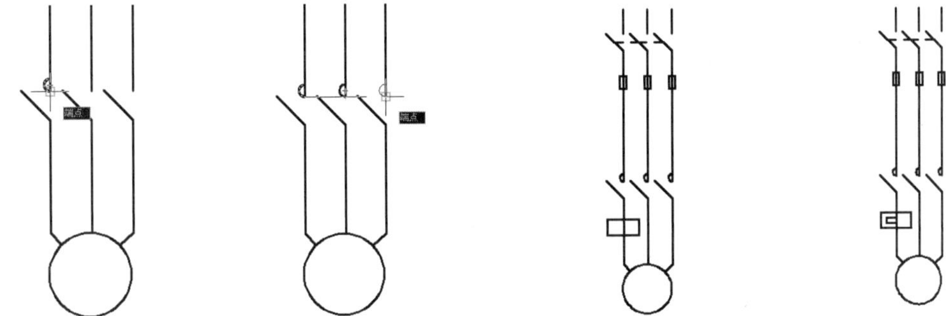

图 12-22 选择复制基点 图 12-23 复制半圆弧 图 12-24 绘制大矩形 图 12-25 绘制小矩形

步骤 09 单击“默认”选项卡上的“修改”面板中的“分解”按钮，选择步骤（8）所绘制的小矩形为分解对象，进行分解操作。

步骤 10 单击“默认”选项卡|“修改”面板上的“删除”按钮，选择步骤（8）小矩形分解生成的右边竖直直线段进行删除，如图 12-26 所示。

步骤 11 单击“默认”选项卡|“修改”面板上的“修剪”按钮，进行修剪操作。选择步骤（8）小矩形分解生成的上下两条水平直线段为修剪参考对象，如图 12-27 所示；选择与之相交且在其内部的竖直直线段为要修剪的对象，修剪效果如图 12-28 所示。至此，完成热保护继电器的绘制。

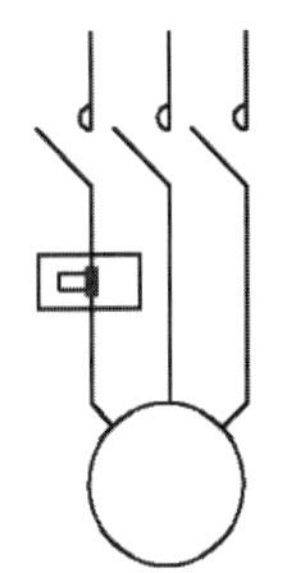

图 12-26 删除矩形直线段

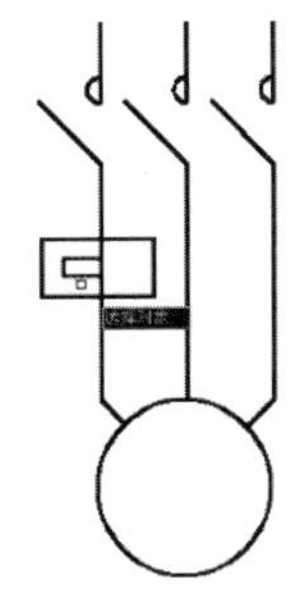

图 12-27 选择修剪参考对象

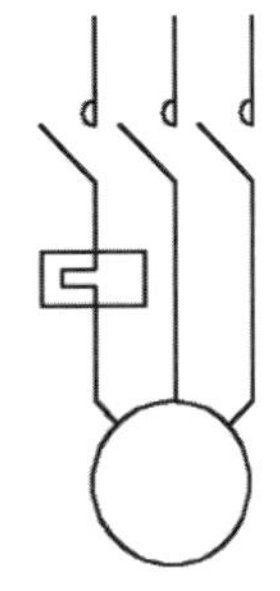

图 12-28 完成修剪

步骤 12 单击“默认”选项卡|“修改”面板上的“复制”按钮，进行矩形复制，选择步骤（8）绘制的大矩形和经过修剪后的小矩形为复制对象，捕捉左下竖直直线段的上端点为复制对象的基点，如图 12-29 所示，捕捉最右下的竖直直线段的端点为复制第二点，完成复制，如图 12-30 所示。

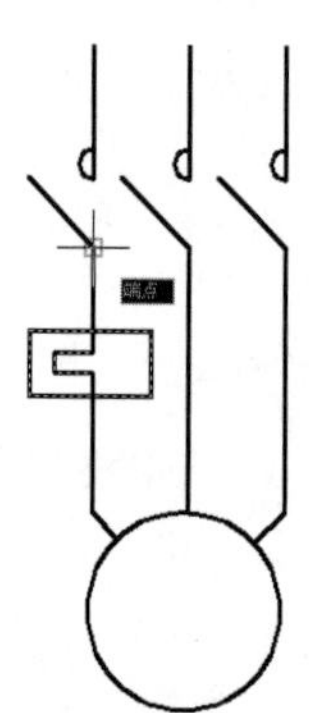

图 12-29 捕捉复制对象及复制基点

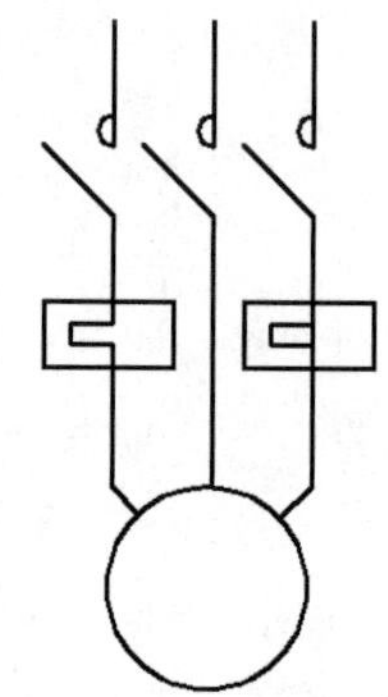

图 12-30 完成复制

步骤 13 单击“默认”选项卡|“修改”面板上的“修剪”按钮，参照步骤（10）对步骤（12）生成的图形进行修剪操作，结果如图 12-31 所示。至此，完成主线路的绘制，最终效果如图 12-32 所示。

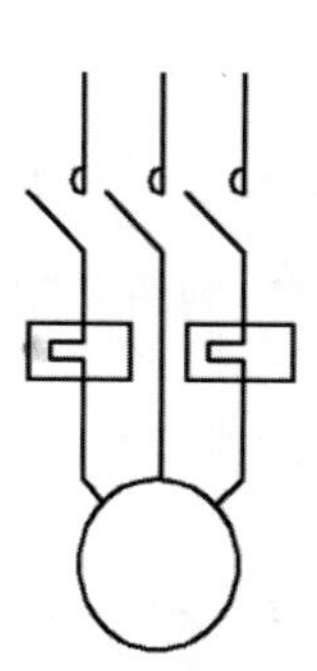

图 12-31 完成修剪

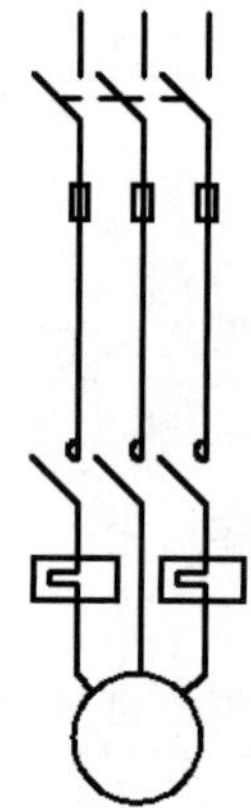

图 12-32 完成主线路绘制

2. 辅助线路的绘制

步骤 01 展开“默认”选项卡|“图层”面板上的“图层”下拉列表，选择“辅助线路”图层为当前图层。

步骤 02 单击“默认”选项卡|“绘图”面板上的“直线”按钮，以（110,90）为直线段的起点，绘制沿水平方向向右，长度为 90 的直线段，接着绘制沿竖直方向向上，长度为 20 的直线段，然后绘制沿水平方向向左，捕捉与中间竖直线段的垂足为终点，如图 12-33 所示，完成直线的绘制，如图 12-34 所示。

步骤 03 单击“默认”选项卡|“绘图”面板上的“矩形”按钮，分别以（130,111）、（136,109）为矩形的两个角点，绘制一矩形，如图 12-35 所示。

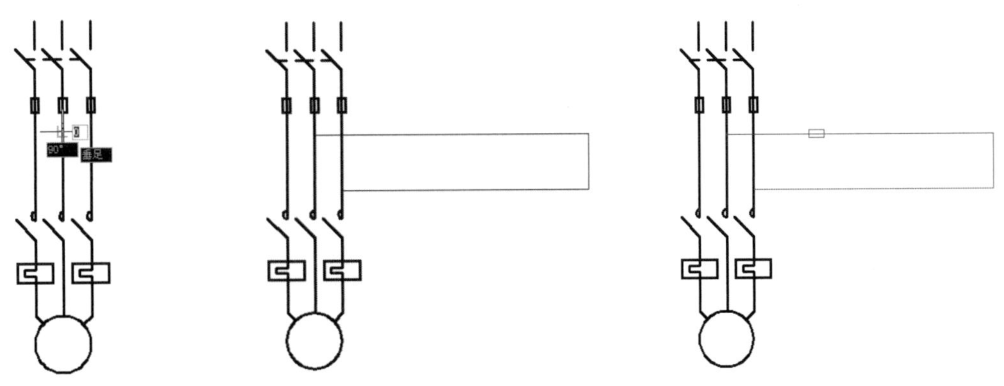

图 12-33　捕捉垂足　　图 12-34　绘制直线　　图 12-35　绘制熔断器

步骤04 单击“默认”选项卡|“绘图”面板上的“直线”按钮，绘制以（170,110）为直线段的起点，长度为 10，角度为－30°的斜直线段；单击“默认”选项卡|“绘图”面板上的“直线”按钮，以（178,110）为直线段的起点，沿竖直方向向下，绘制长度为 10 的直线段，如图 12-36 所示。

步骤05 单击“默认”选项卡|“修改”面板上的“修剪”按钮，进行修剪操作。选择步骤（4）绘制的两个直线段为修剪参考对象，选择与之相交且在其之间的水平直线段和竖直直线段中超过斜线段的部分为要修剪的对象，修剪效果如图 12-37 所示。

步骤06 下面开始绘制辅助线路中的热保护继电器。单击“默认”选项卡|“绘图”面板上的“直线”按钮，捕捉步骤（4）绘制的斜直线段的中点为直线段的起点，如图 12-38 所示；沿竖直方向向下，绘制长度为 5 的直线段，接着沿水平方向向右，绘制长度为 2 的直线段，再沿竖直方向向下绘制长度为 4 的直线段，最后沿水平方向向右，绘制长度为 4 的直线段，如图 12-39 所示。

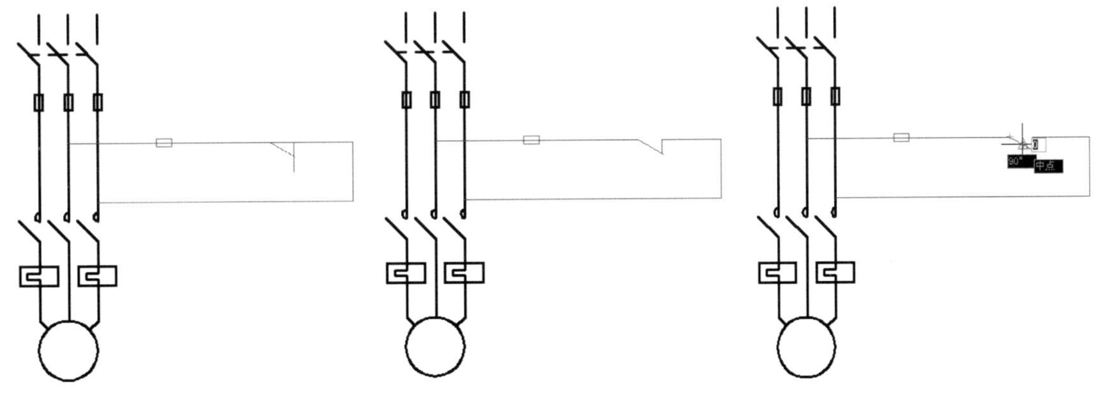

图 12-36　绘制直线　　图 12-37　完成修剪　　图 12-38　捕捉斜直线段的中点

步骤07 单击“默认”选项卡|“修改”面板上的“镜像”按钮，选择步骤（6）绘制的 4 条直线段为镜像对象，选择步骤（6）绘制的第一条直线段的两个端点为镜像线的两点，如图 12-40 所示，以保留源对象模式，执行镜像操作，结果如图 12-41 所示。

步骤08 选择步骤（6）绘制的第一条直线段，将其“线型”修改为 DASHED，“线型比例”设置为 0.5，结果如图 12-42 所示，热保护继电器绘制结束。

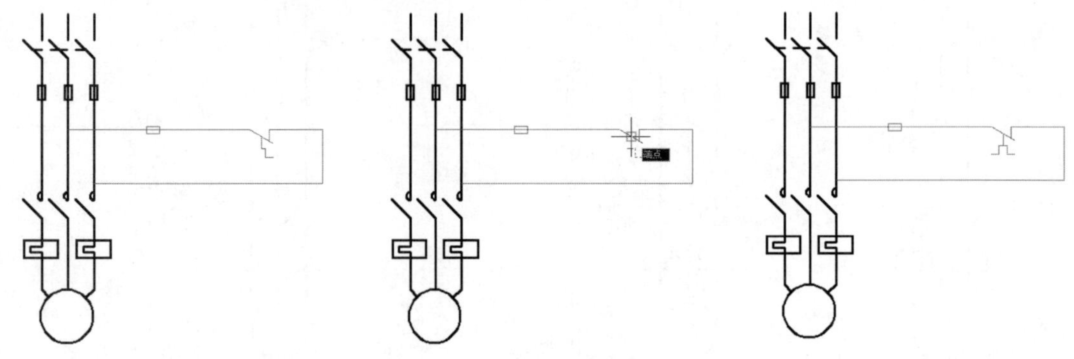

图 12-39　绘制直线段　　图 12-40　捕捉斜直线段的中点　　图 12-41　完成镜像

步骤 09　单击“默认”选项卡|“绘图”面板上的“矩形”按钮，分别以（185,85）、（191,95）为矩形的两个角点，绘制一矩形，如图 12-43 所示。

步骤 10　单击“默认”选项卡|“修改”面板上的“修剪”按钮，进行修剪操作。选择步骤（9）绘制的矩形为修剪参考对象，选择与之相交且在其内部的水平直线段为要修剪的对象，修剪效果如图 12-44 所示。

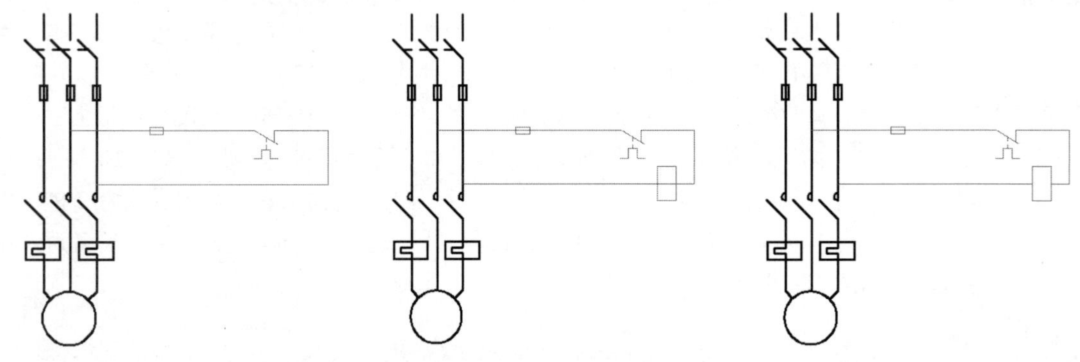

图 12-42　完成线型的修改　　图 12-43　绘制矩形　　图 12-44　完成修剪

步骤 11　单击“默认”选项卡|“绘图”面板上的“直线”按钮，绘制以（150,90）为直线段的起点，长度为 10，角度为 30° 的斜直线段；单击“默认”选项卡|“绘图”面板上的“直线”按钮，以（158,90）为直线段的起点，沿竖直方向向上，绘制长度为 10 的直线段，如图 12-45 所示。

步骤 12　单击“默认”选项卡|“修改”面板上的“修剪”按钮，进行修剪操作。选择步骤（11）绘制的两个直线段为修剪参考对象，选择与之相交且在其间的水平直线段，和竖直直线段中的超过斜线段的部分为要修剪的对象，修剪效果如图 12-46 所示。

步骤 13　单击“默认”选项卡|“修改”面板上的“删除”按钮，选择步骤（11）绘制的竖直直线段为删除对象，删除结果如图 12-47 所示。

步骤 14　单击“默认”选项卡|“绘图”面板上的“直线”按钮，以（140,90）为直线段的起点，沿竖直方向向下，绘制长度为 10 的直线段，接着沿水平方向向右，绘制长度为 10 的直线段；单击“默认”选项卡|“绘图”面板上的“直线”按钮，以（160,90）为直线段的起点，沿竖直方向向下，绘制长度为 10 的直线段，接着沿水平方向向左，绘制长度为 10 的直线段；如图 12-48 所示。

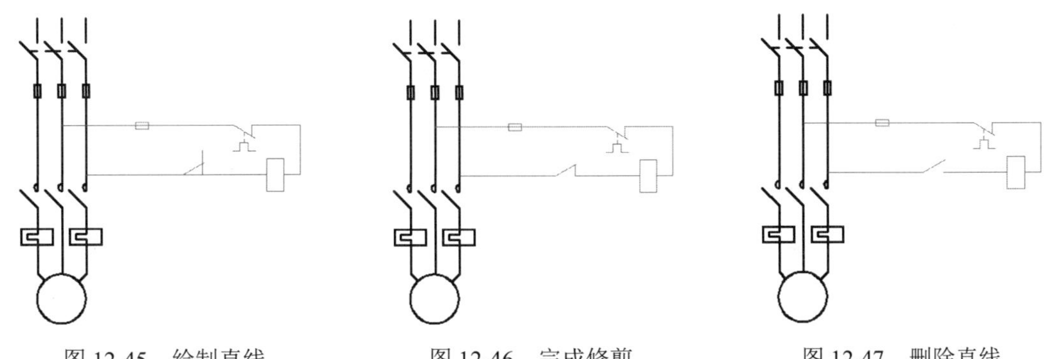

图 12-45　绘制直线　　图 12-46　完成修剪　　图 12-47　删除直线

步骤 15　单击“默认”选项卡|“修改”面板上的“复制”按钮，选择步骤（11）绘制的斜直线段为复制对象，捕捉该斜直线段的一个端点为复制基点，如图 12-49 所示，捕捉步骤（14）绘制的直线段的一个端点为复制第二点，如图 12-50 所示，复制结果如图 12-51 所示。

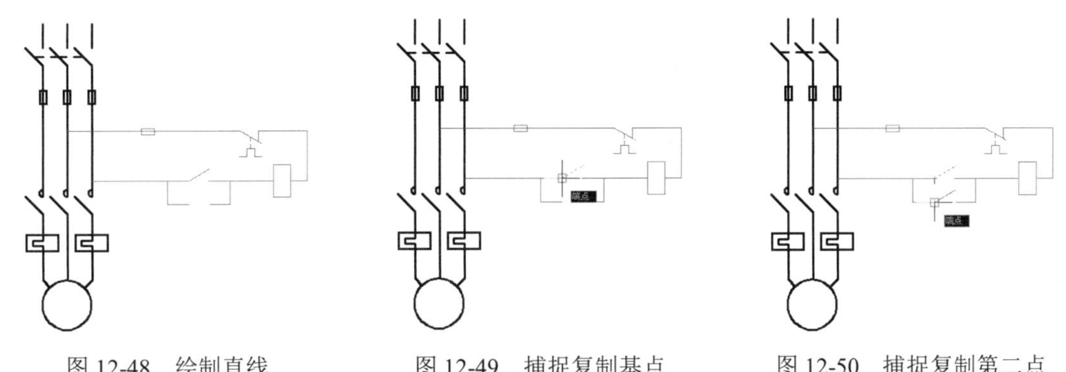

图 12-48　绘制直线　　图 12-49　捕捉复制基点　　图 12-50　捕捉复制第二点

步骤 16　单击“默认”选项卡|“绘图”面板上的“圆弧”按钮，绘制半圆弧，命令行提示如下：

```
命令： _arc
指定圆弧的起点或 [圆心(C)]:                 //捕捉直线段端点为圆弧起点，如图 12-52 所示
指定圆弧的第二个点或 [圆心(C)/端点(E)]： c//选择圆心模式
指定圆弧的圆心： @1.5,0                     //输入圆弧的圆心的坐标
指定圆弧的端点或 [角度(A)/弦长(L)]： a      //选择角度模式
指定包含角： -180                           //输入角度值，完成圆弧的绘制，如图 12-53 所示
```

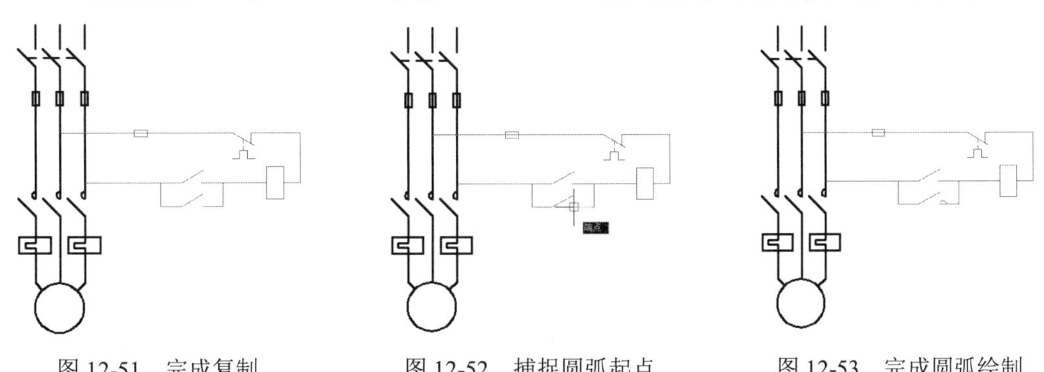

图 12-51　完成复制　　图 12-52　捕捉圆弧起点　　图 12-53　完成圆弧绘制

步骤 17　单击“默认”选项卡|“修改”面板上的“复制”按钮，选择步骤（8）已修改线型的

虚线段为复制对象，捕捉虚线段的下端点为复制基点，如图 12-54 所示，捕捉步骤（11）绘制的斜直线段的中点为复制第二点，如图 12-55 所示，复制结果如图 12-56 所示。

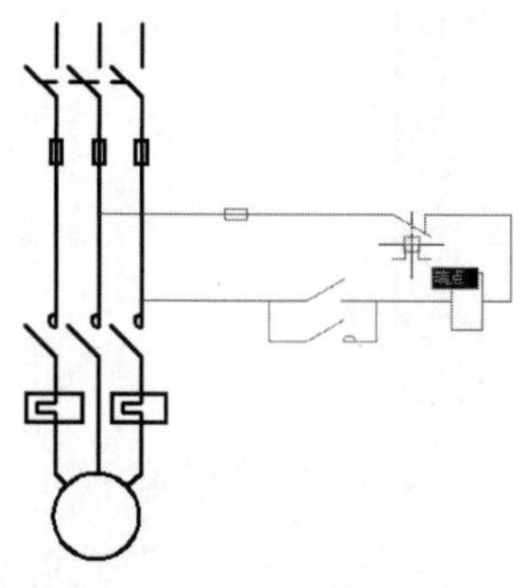
图 12-54　捕捉复制基点

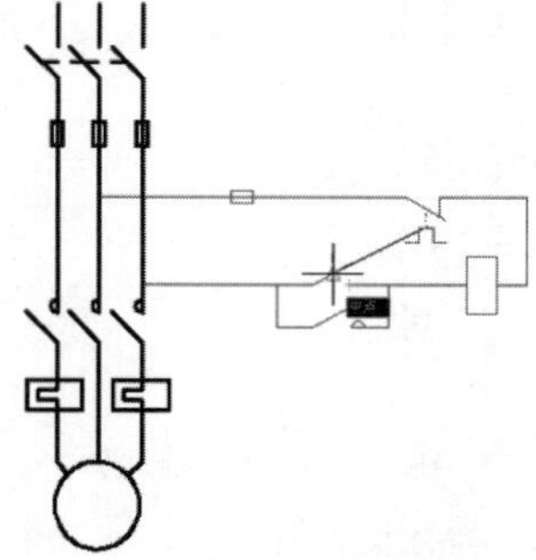
图 12-55　捕捉复制第二点

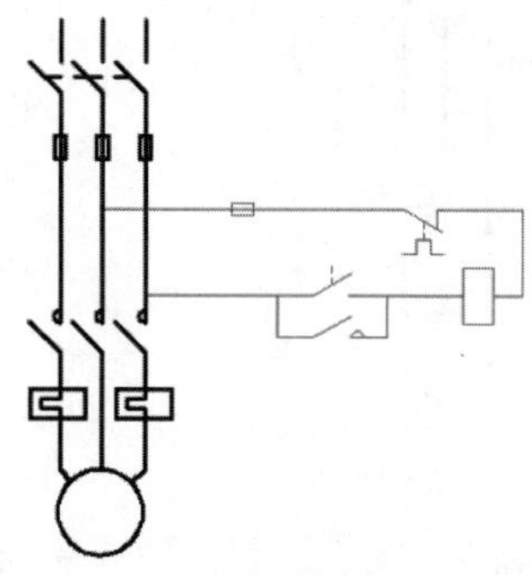
图 12-56　完成复制

步骤 18 单击“默认”选项卡|“绘图”面板上的“直线”按钮，捕捉步骤（17）复制得到的虚线的上端点为直线段的起点，如图 12-57 所示，沿水平方向向右，绘制长度为 2.5 的直线段；接着沿竖直方向向下，绘制长度为 1.5 的直线段，如图 12-58 所示。

步骤 19 单击“默认”选项卡|“修改”面板上的“镜像”按钮，选择步骤（18）绘制的两条直线段为镜像对象，选择步骤（17）复制得到的虚线段的两个端点为镜像线的两点，如图 12-59 所示，以保留源对象模式，执行镜像操作，结果如图 12-60 所示。

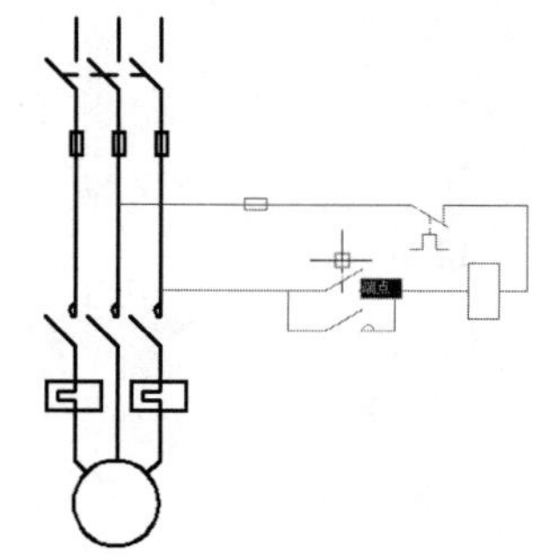
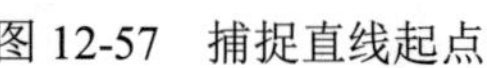
图 12-57　捕捉直线起点

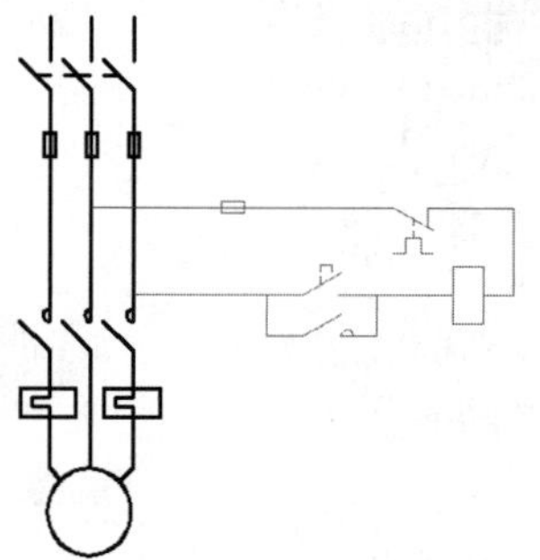
图 12-58　完成直线绘制

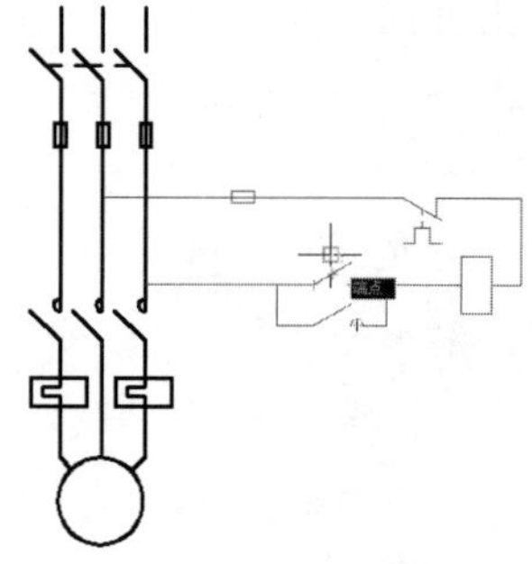
图 12-59　捕捉镜像线的两点

步骤 20 单击“默认”选项卡|“修改”面板上的“复制”按钮，选择步骤（4）绘制的两个直线段为复制对象，捕捉斜线段的端点为复制基点，如图 12-61 所示，以（125，90）为复制第二点，复制结果如图 12-62 所示。

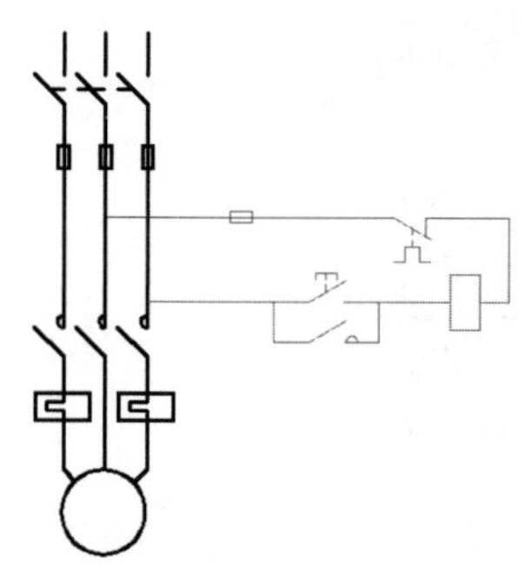
图 12-60　完成镜像

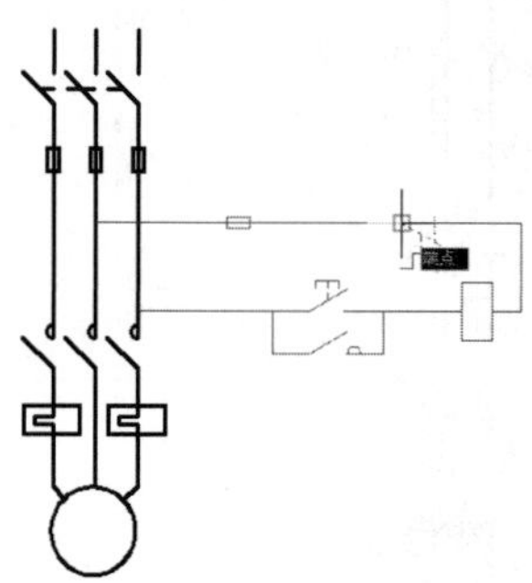
图 12-61　捕捉复制基点

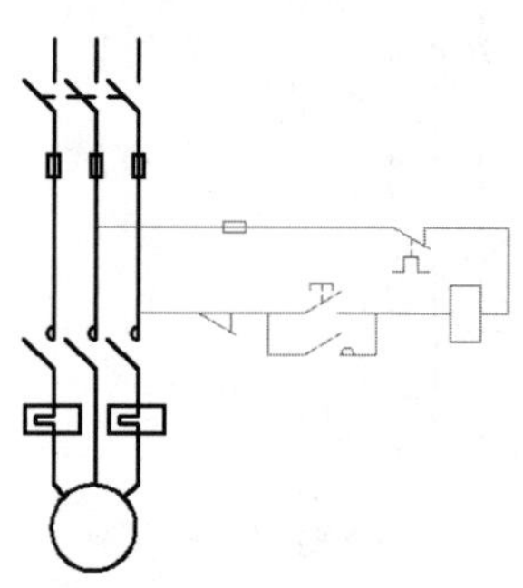
图 12-62　完成复制

步骤 21 单击“默认”选项卡|“修改”面板上的“修剪”按钮，进行修剪操作。选择步骤（20）复制的两个直线段为修剪参考对象，选择与之相交且在其间的水平直线段为要修剪的对象，修剪效果如图 12-63 所示。

步骤 22 单击“默认”选项卡|“修改”面板上的“复制”按钮，选择步骤（17）复制得到的虚线段和步骤（18）绘制的直线段及其镜像线段，并捕捉虚线的端点为复制基点，如图 12-64 所示。捕捉步骤（20）复制得到的斜线段的中点为复制第二点，如图 12-65 所示，复制结果如图 12-66 所示。至此，完成辅助线路的绘制。

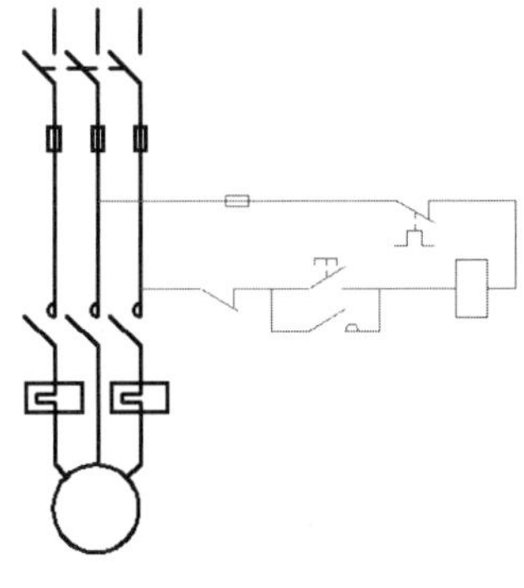
图 12-63　完成修剪操作

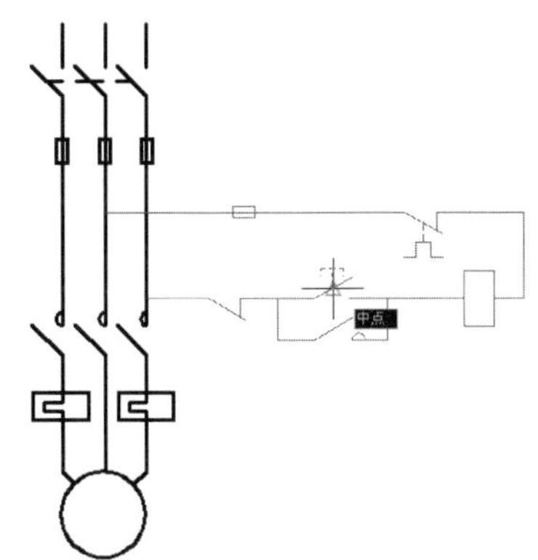

图 12-64　捕捉复制基点

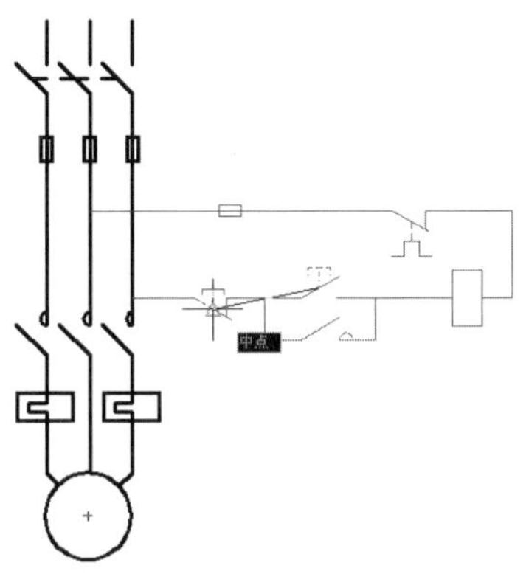

图 12-65　捕捉复制第二点

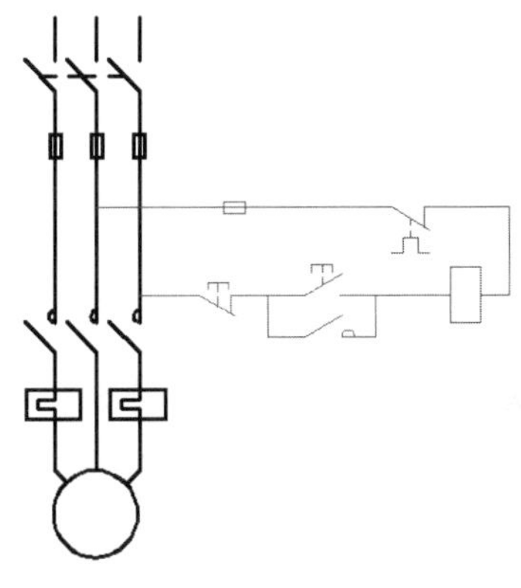
图 12-66　完成复制

3. 文字标注

步骤 01 展开“默认”选项卡|“图层”面板上的“图层”下拉列表，选择“文字标注”图层为当前图层，设置“文字标注”图层为开启状态，解锁状态。文字样式仍使用电气标注文字样式。由于在绘制主线路和辅助线路时，“文字标注”图层处于锁定状态，故其文字处于原来状态，解锁后的效果如图 12-67 所示。

步骤 02 单击“默认”选项卡|“修改”面板上的“移动”按钮，选择移动对象，如图 12-68 所示，沿竖直方向向下移动 60，如图 12-69 所示。

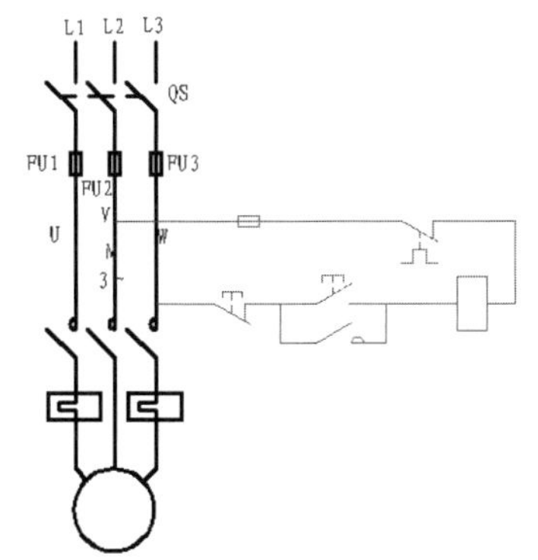

图 12-67　解锁“文字标注”图层

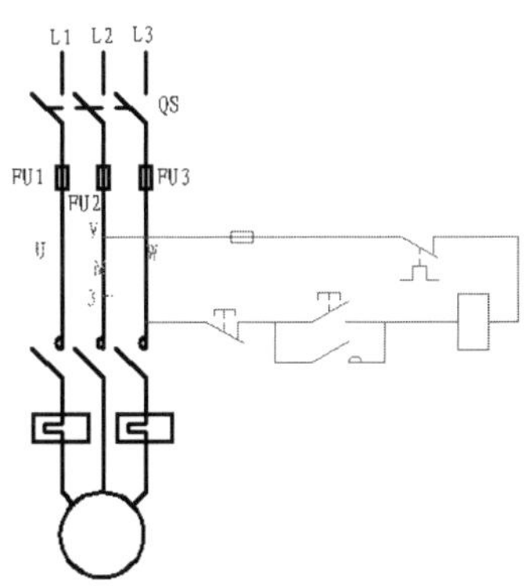

图 12-68　选择移动对象

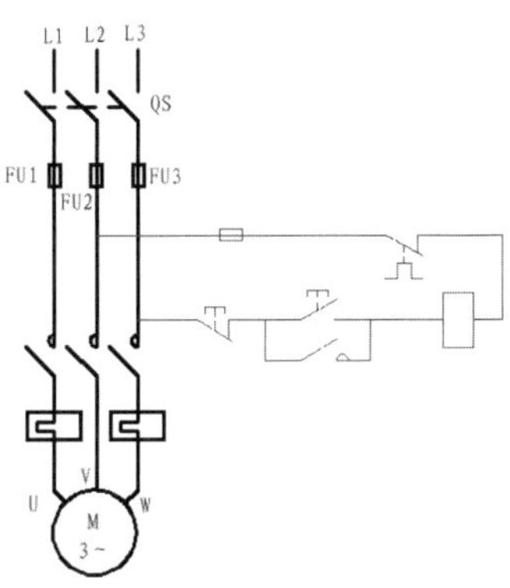

图 12-69　选择移动对象

步骤 03 单击“注释”选项卡|“文字”面板上的“多行文字”按钮A，撰写主线路中热保护继电器 FT 的文字代号，结果如图 12-70 所示。

步骤 04 单击“注释”选项卡|“文字”面板上的“多行文字”按钮A，撰写主线路中交流继电器 KM2~KM4 的文字代号，结果如图 12-71 所示。

步骤 05 单击“注释”选项卡|“文字”面板上的“多行文字”按钮A，撰写辅助线路中热保护继电器 FT 的文字代号，结果如图 12-72 所示。

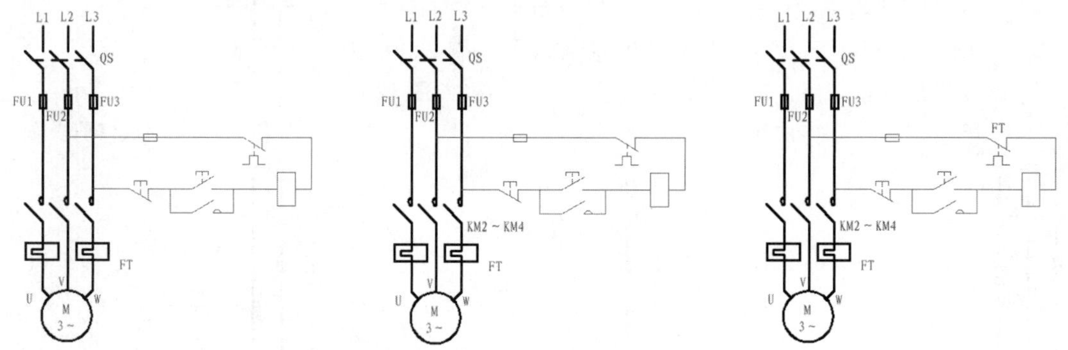

图 12-70　撰写热保护继电器文字　　图 12-71　撰写交流继电器文字　　图 12-72　撰写热保护继电器文字

步骤 06 单击“注释”选项卡|“文字”面板上的“多行文字”按钮A，撰写辅助线路中熔断器 FU4 的文字代号，结果如图 12-73 所示。

步骤 07 单击“注释”选项卡|“文字”面板上的“多行文字”按钮A，撰写辅助线路中交流继电器 KM、KM1 的文字代号，结果如图 12-74 所示。

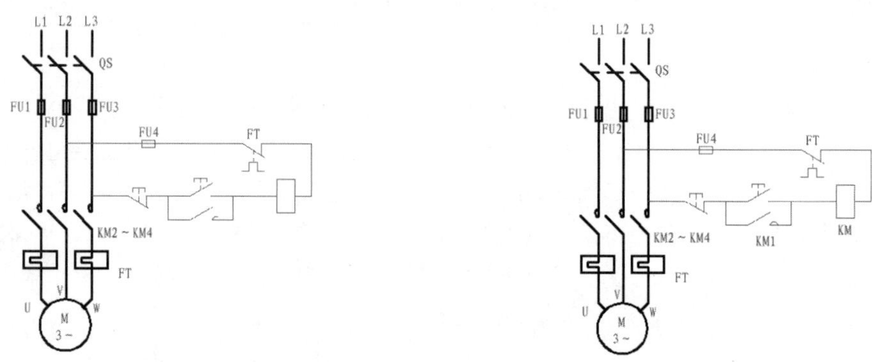

图 12-73　撰写熔断器文字　　图 12-74　撰写交流继电器文字

步骤 08 单击“注释”选项卡|“文字”面板上的“多行文字”按钮A，撰写辅助线路中按钮开关 SB1、SB2 的文字代号，结果如图 12-13 所示。至此，完成具有过载保护的接触器控制的电动机正转控制线路图的绘制。

12.3　机床控制线路图的绘制

企业常用的机床有车床、钻床、磨床、铣床、刨床等，这些机械加工设备的控制线路都较为复杂，由各种控制元件和线路构成，可对电动机或生产机械的运行方式进行控制。机床控制线路虽较为复杂，但都由各种不同的单元路线组合而成，因此绘制时，可将复杂的整体电路分解为较简单的单元电路进行绘制。

下面将以工厂企业使用较为广泛的某型号平面磨床的控制线路图为例，介绍机床控制线路图的绘制，绘制结果如图 12-75 所示。

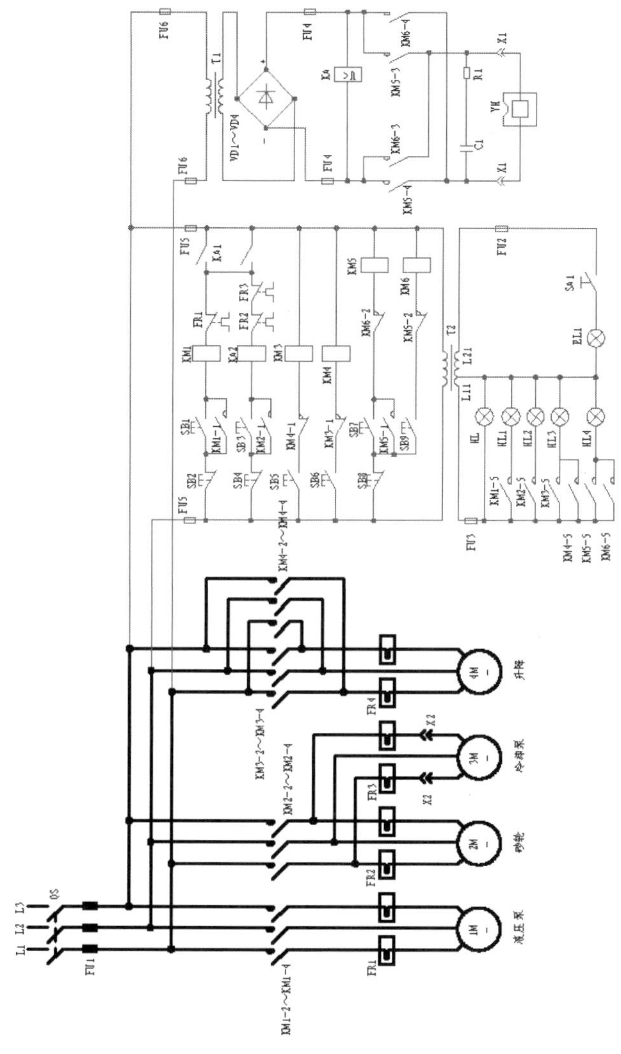

图 12-75　某型号平面磨床的控制线路图

该平面磨床的线路主要由主线路、控制线路、照明和指示线路及电磁工作线路 4 部分组成。具体绘制步骤如下。

12.3.1　主线路的绘制

步骤 01 按照图 12-2 所示，完成图层的设置。

步骤 02 单击“默认”选项卡|“绘图”面板上的“圆”按钮，以点（100,100）为圆心，绘制一个半径为 20 的圆，如图 12-76 所示。

步骤 03 单击“默认”选项卡|“绘图”面板上的“直线”按钮，捕捉圆的上象限点为起点，绘制一条沿竖直方向，长度为 80 的直线段，继续绘制一条沿角度为 135° 方向，长度为 10 的直线段；单击“默认”选项卡|“绘图”面板上的“直线”按钮，以（100,198）为起点，绘制一条沿竖直方向，长度为 100 的直线段，继续绘制一条沿角度为 135° 方向，长度为 10 的直线段；单击“默认”选项卡|“绘图”面板上的“直线”按钮，以（100,305）为起点，绘制一条沿竖直方向，长度为 10 的直线段，如图 12-77 所示。

步骤 04 单击“默认”选项卡|“绘图”面板上的“圆弧”按钮，绘制半圆弧。命令行提示如下：

```
命令: _arc
指定圆弧的起点或 [圆心(C)]: 100, 198          // 输入圆弧起点
指定圆弧的第二个点或 [圆心(C)/端点(E)]:  c //选择圆心模式
指定圆弧的圆心:  @0,1.5                        //输入圆弧的圆心的坐标
指定圆弧的端点或 [角度(A)/弦长(L)]:  a       //选择角度模式
指定包含角:  -180                    //输入角度值，完成圆弧的绘制，如图 12-78 所示
```

步骤 05 单击“默认”选项卡|“绘图”面板上的“矩形”按钮，分别以（98,280）、（102,286）为矩形的两个角点，绘制矩形，如图 12-79 所示。

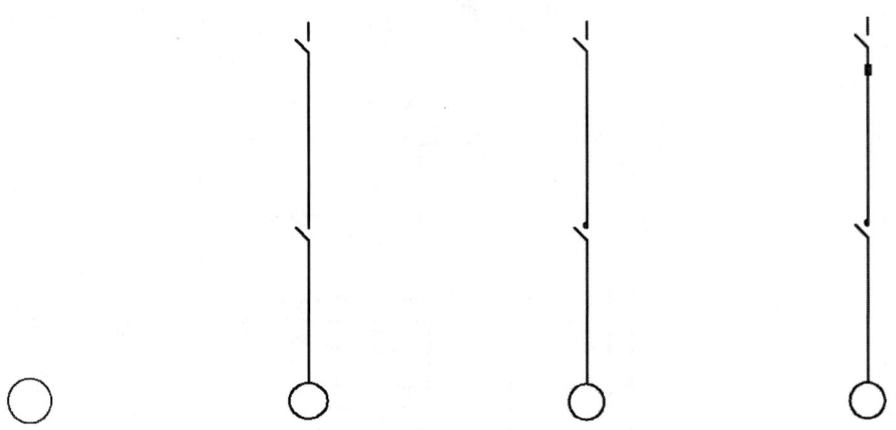

图 12-76　绘制圆　　图 12-77　绘制直线段　　图 12-78　绘制圆弧　　图 12-79　绘制矩形

步骤 06 单击“默认”选项卡|“修改”面板上的“复制”按钮，进行复制操作。选择步骤（3）、步骤（4）、步骤（5）所绘制的直线段、圆弧和矩形为复制对象，沿水平方向分别向左、右移动距离为 10 进行复制，并参照 12.2.1 节主线路绘制的步骤（6）、步骤（7）进行操作，效果如图 12-80 所示。

步骤 07 单击“默认”选项卡|“绘图”面板上的“矩形”按钮，分别以（83,140）、（97,148）为矩形的两个角点，绘制一个大矩形；单击“默认”选项卡|“绘图”面板上的“矩形”按钮，分别以（86,143）、（90,146）为矩形的两个角点，绘制一个小矩形，如图 12-81 所示。

步骤 08 单击“默认”选项卡上的“修改”面板中的“分解”按钮，选择步骤（7）所绘制的小矩形为分解对象，进行分解操作。

步骤 09 单击“默认”选项卡|“修改”面板上的“删除”按钮，选择步骤（8）小矩形分解生成的右边竖直直线段进行删除。

步骤 10 单击“默认”选项卡|“修改”面板上的“修剪”按钮，进行修剪操作。选择步骤（8）小矩形分解生成的上下两个水平直线段为修剪参考对象，选择与之相交且在其间的竖直直线段为要修剪的对象，修剪效果如图 12-82 所示。

步骤 11 单击“默认”选项卡|“修改”面板上的“复制”按钮，进行矩形复制，选择步骤（7）绘制的大矩形和经过修剪后的小矩形为复制对象，捕捉最左下的竖直直线段的上端点为复制对象的基点，捕捉最右下的竖直直线段的端点为复制第二点，完成复制。

步骤 12 单击“默认”选项卡|“修改”面板上的“修剪”按钮，参照步骤（10）对步骤（12）生成的图形进行修剪操作，结果如图 12-83 所示。

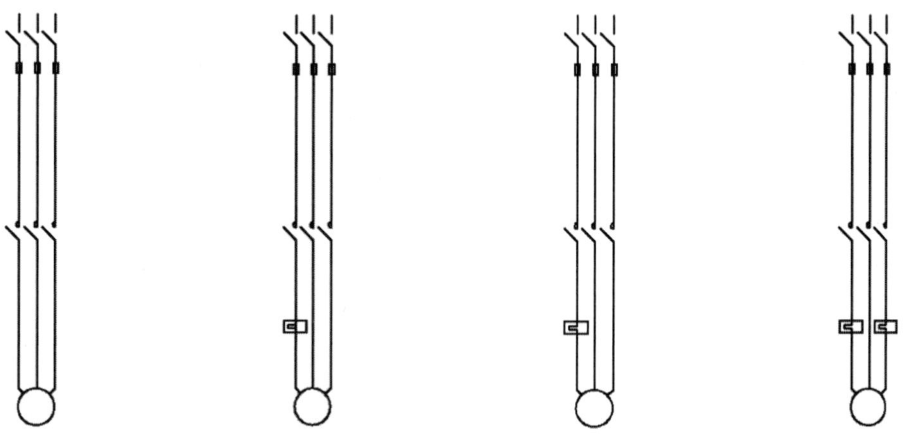

图 12-80　复制对象　　图 12-81　绘制矩形　　图 12-82　修剪矩形　　图 12-83　修剪复制的矩形

步骤 13 单击“默认”选项卡|“绘图”面板上的“直线”按钮，捕捉组合开关中的左边斜线段的中点为起点，捕捉组合开关中的右边斜线段的中点为终点，绘制一条水平直线段；并在“特性”选项板中，将其“线型”设置为 DASHED，“线型比例”设置为 0.5，如图 12-84 所示。

步骤 14 单击“默认”选项卡|“修改”面板上的“复制”按钮，窗交选择复制对象，如图 12-85 所示。选择“多个”复制模式，以每次移动 40 的位移，向左复制三次，复制结果如图 12-86 所示。

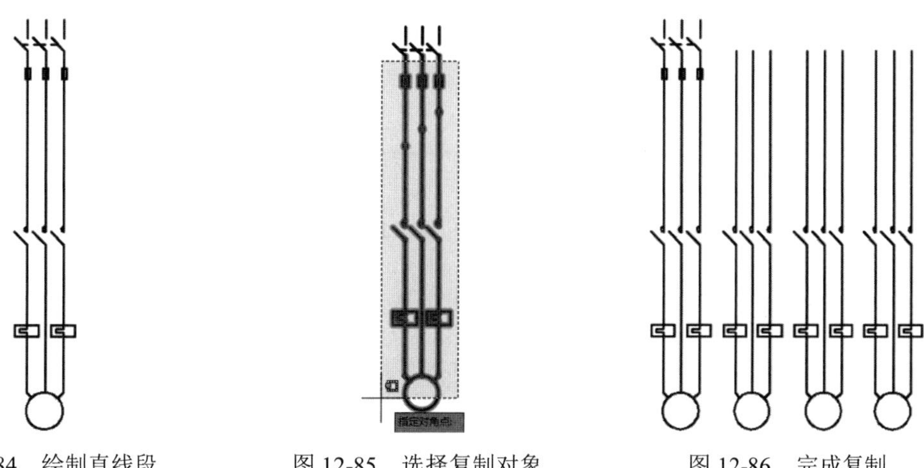

图 12-84　绘制直线段　　图 12-85　选择复制对象　　图 12-86　完成复制

步骤 15 单击“默认”选项卡|“绘图”面板上的“直线”按钮，以（110，265）为起点，沿水平方向向右，绘制一条长度为 90 的直线段，如图 12-87 所示。

步骤 16 单击“默认”选项卡|“修改”面板上的“复制”按钮，选择步骤（15）绘制的直线为复制对象，选择“多个”复制模式，以（110，265）为基点，分别以（100，255）、（90，245）为复制第二点，进行复制，结果如图 12-88 所示。

步骤 17 单击“默认”选项卡|“修改”面板上的“修剪”按钮，进行修剪操作。选择步骤（15）、步骤（16）绘制的三条水平直线段为修剪参考对象，选择与之相交的相关的竖直直线段为要修剪的对象，修剪效果如图 12-89 所示。

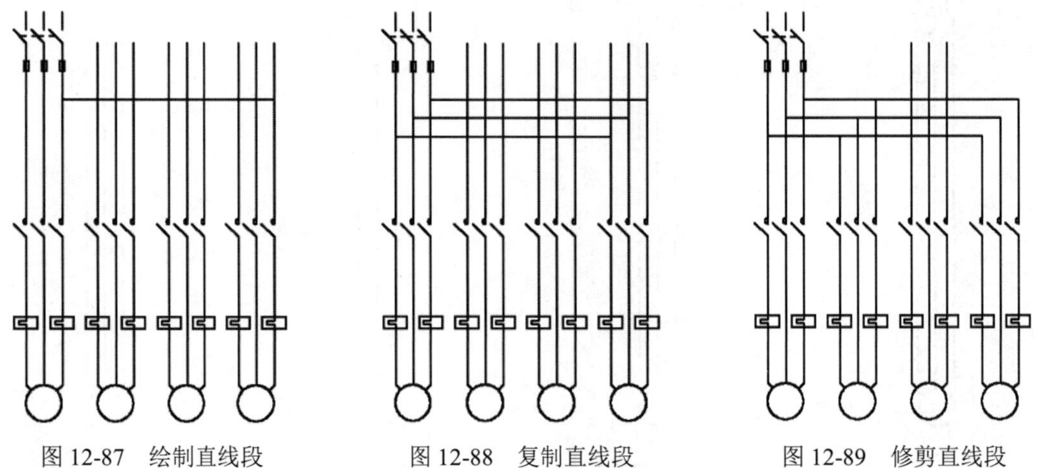

图 12-87　绘制直线段　　图 12-88　复制直线段　　图 12-89　修剪直线段

步骤 18 单击“默认”选项卡|“修改”面板上的“删除”按钮，选择步骤（14）复制生成的第三个电机上的半圆弧、直线段为删除对象，删除后效果如图 12-90 所示。

步骤 19 单击“默认”选项卡|“修改”面板上的“复制”按钮，选择步骤（15）和步骤（16）绘制的直线为复制对象，捕捉基点，如图 12-91 所示；分别以（190,180）为复制第二点，进行复制，结果如图 12-92 所示。

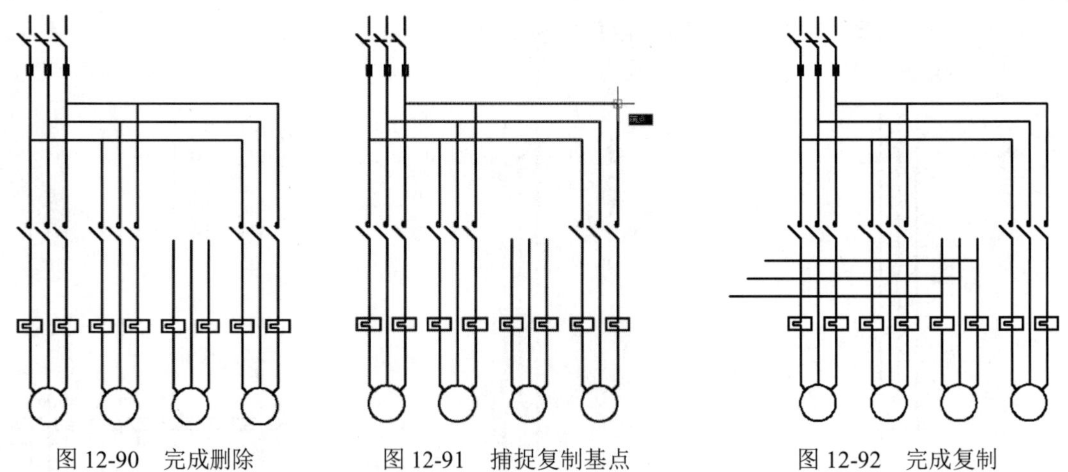

图 12-90　完成删除　　图 12-91　捕捉复制基点　　图 12-92　完成复制

步骤 20 单击“默认”选项卡|“修改”面板上的“修剪”按钮，进行修剪操作。选择步骤（19）绘制的三条水平直线段和中间两个电机的共 6 条竖直直线段为修剪参考对象，选择与之相

交的相关的竖直直线段为要修剪的对象，修剪效果如图 12-93 所示。

步骤 21 单击“默认”选项卡|“绘图”面板上的“直线”按钮╱，以（170,130）为起点，分别沿角度为 45° 和–135° 的方向，绘制长度为 3 的斜直线段；单击“默认”选项卡|“修改”面板上的“复制”按钮，选择本步骤绘制的直线段为复制对象，以（170,130）为复制基点，以（170,125）为复制第二点，结果如图 12-94 所示。

步骤 22 单击“默认”选项卡|“修改”面板上的“复制”按钮，选择步骤（21）绘制的直线段为复制对象，以（170,130）为复制基点，以（190,130）为复制第二点进行复制，结果如图 12-95 所示。

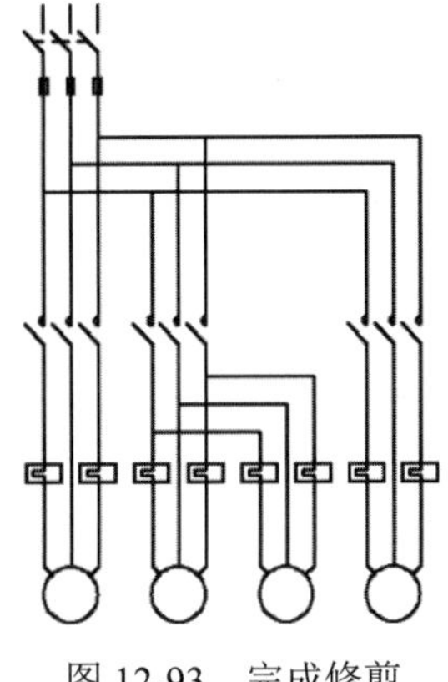

图 12-93　完成修剪

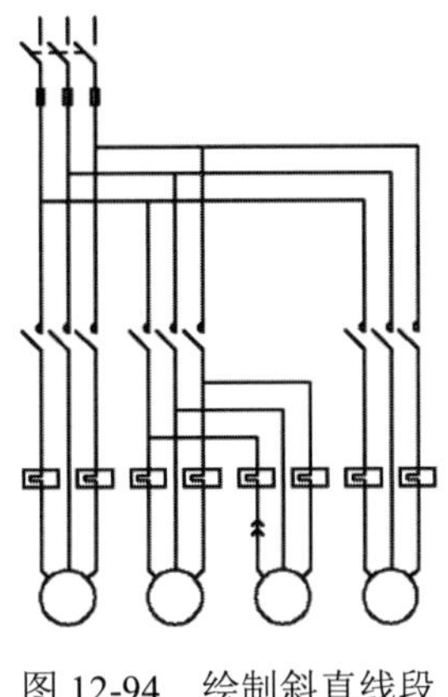

图 12-94　绘制斜直线段

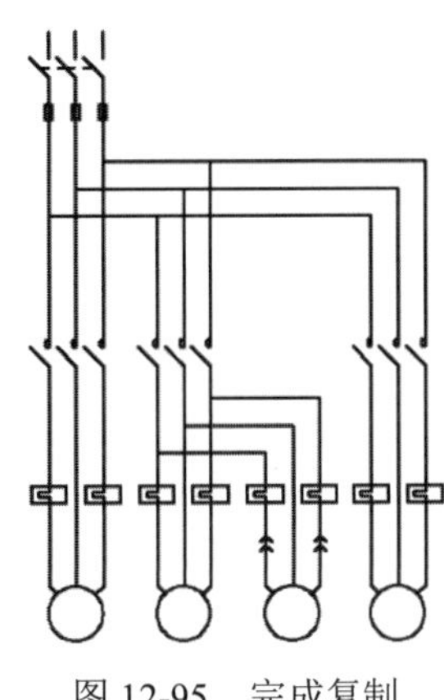

图 12-95　完成复制

步骤 23 单击“默认”选项卡|“修改”面板上的“修剪”按钮，进行修剪操作。选择步骤（21）、步骤（22）绘制的斜直线段为修剪参考对象，选择与之相交的相关的竖直直线段为要修剪的对象，修剪结果如图 12-96 所示。

步骤 24 单击“默认”选项卡|“修改”面板上的“复制”按钮，选择步骤（19）、步骤（20）绘制的直线为复制对象，捕捉基点，如图 12-97 所示，分别以（210,160）、（210,210）为复制第二点，进行复制，结果如图 12-98 所示。

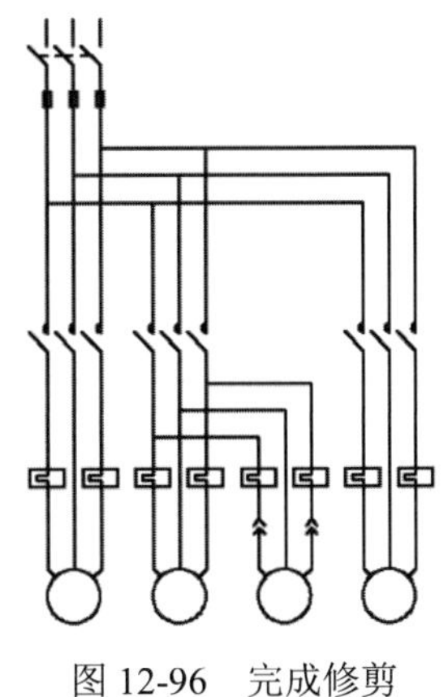

图 12-96　完成修剪

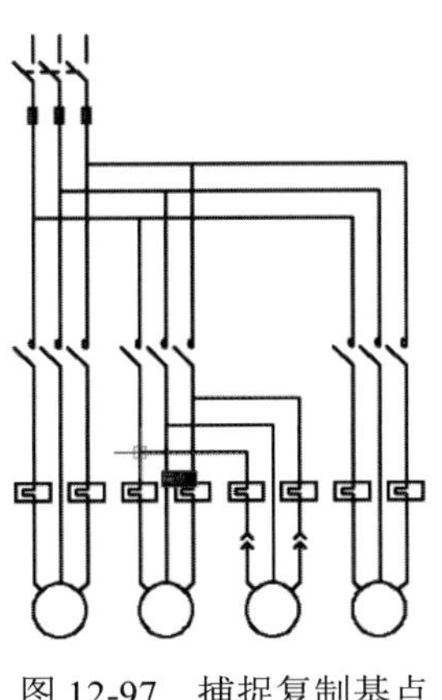

图 12-97　捕捉复制基点

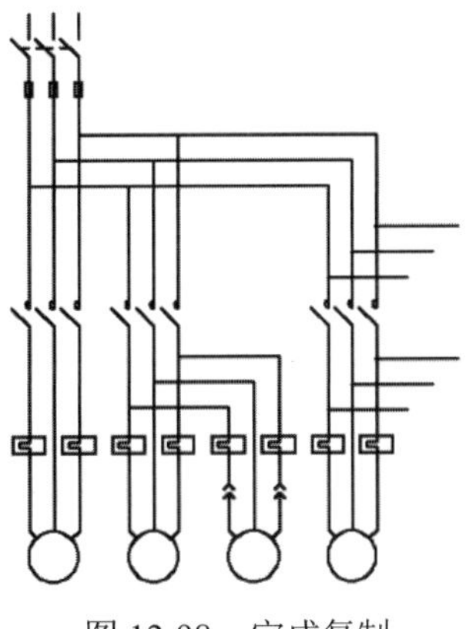

图 12-98　完成复制

步骤 25 单击“默认”选项卡|“修改”面板上的“复制”按钮，选择如图 12-99 所示的对象为复制对象，以（210,210）为复制基点，以（250,210）为复制第二点，进行复制，结果如图 12-100 所示。

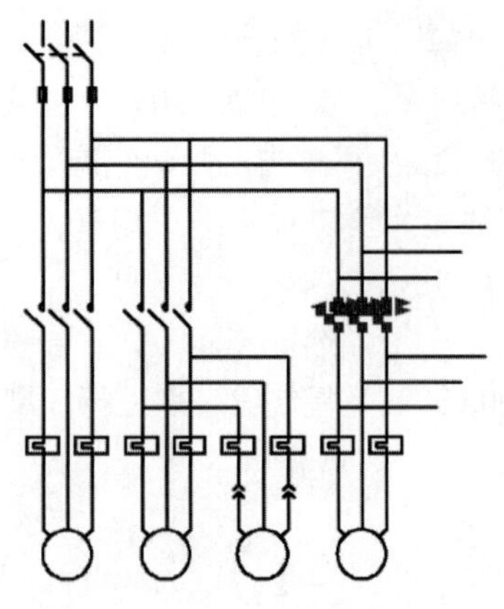
图 12-99　选择复制对象

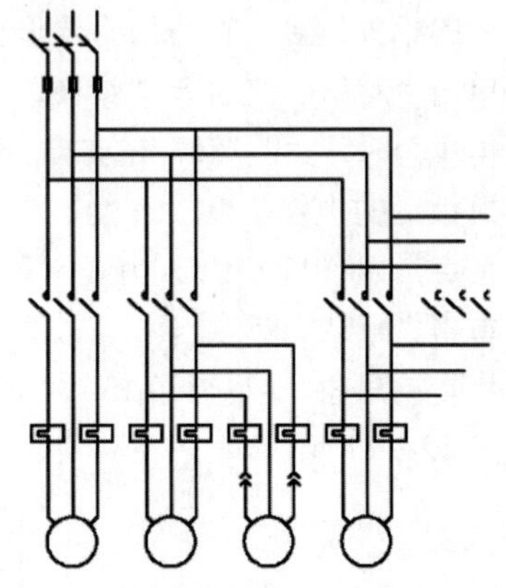
图 12-100　完成复制

步骤 26　单击“默认”选项卡|“绘图”面板上的“直线”按钮，捕捉圆弧端点为起点，如图 12-101 所示，捕捉直线段端点为终点，如图 12-102 所示，绘制直线段，效果如图 12-103 所示。

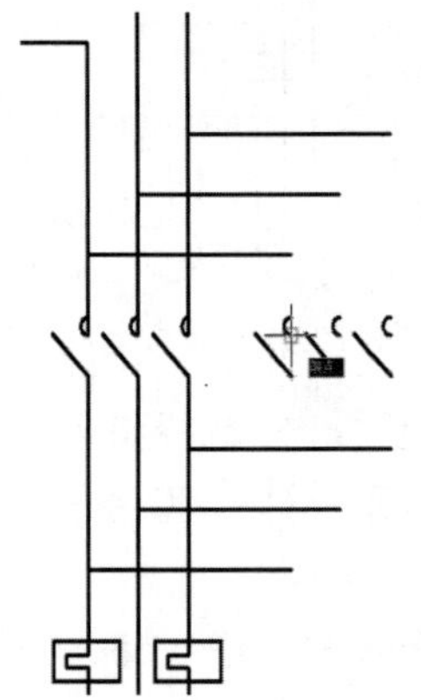
图 12-101　捕捉直线起点

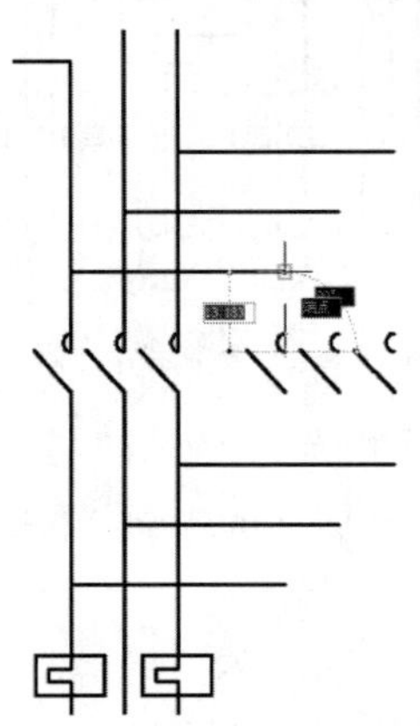
图 12-102　捕捉直线终点

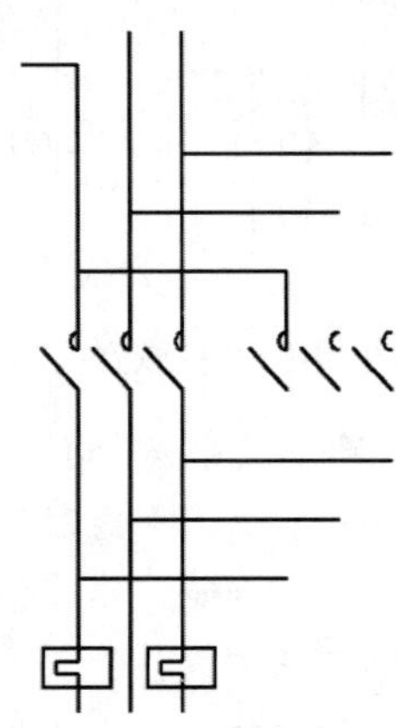
图 12-103　完成直线绘制

步骤 27　单击“默认”选项卡|“绘图”面板上的“直线”按钮，捕捉圆弧端点为起点，如图 12-104 所示，捕捉与直线段垂直的垂足为终点，如图 12-105 所示，绘制直线段，效果如图 12-106 所示。

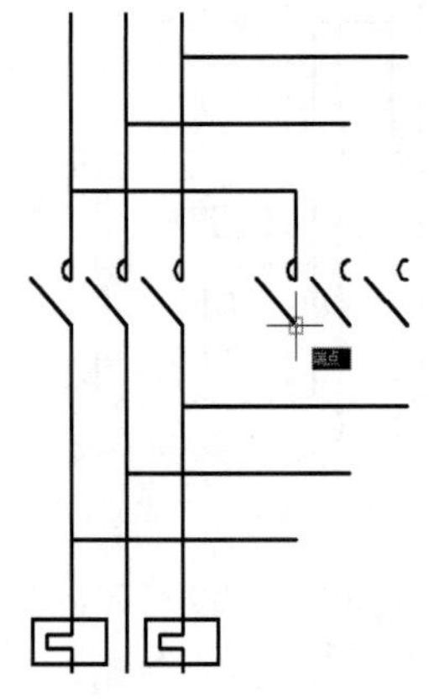
图 12-104　捕捉直线起点

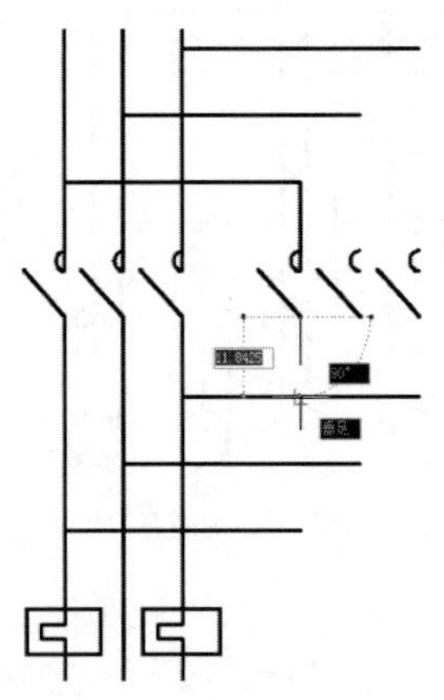
图 12-105　捕捉直线终点

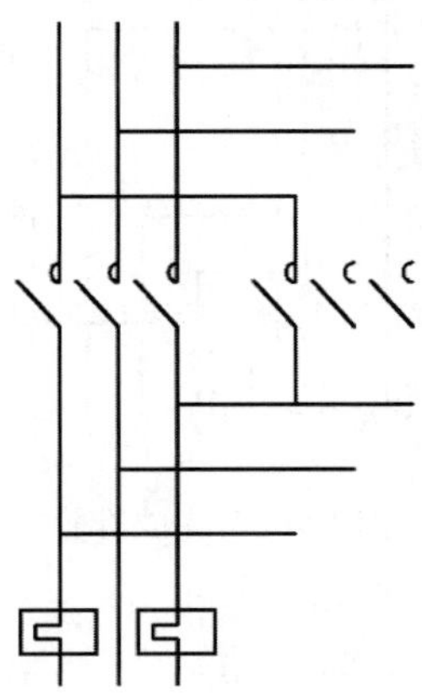
图 12-106　完成直线绘制

步骤28 单击“默认”选项卡|“绘图”面板上的“直线”按钮╱，参照步骤（26）、步骤（27）绘制直线段，如图 12-107 所示。

步骤29 单击“默认”选项卡|“修改”面板上的“修剪”按钮，进行修剪操作。选择步骤（27）绘制的直线段为修剪参考对象，选择与之相交的相关的竖直直线段为要修剪的对象，修剪效果如图 12-108 所示。

步骤30 在命令执行的前提下选择直线段，如图 12-109 所示，进行夹点编辑，操作完成后，如图 12-110 所示。

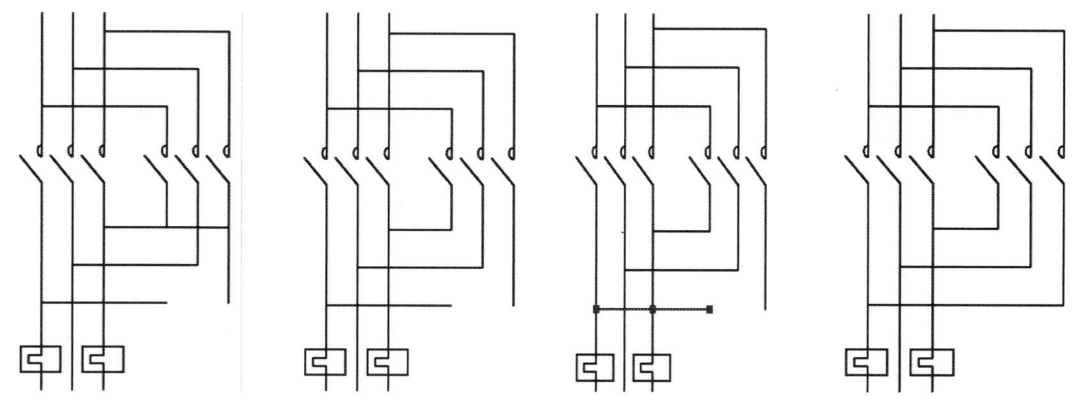

图 12-107　绘制两条直线段　图 12-108　完成修剪　图 12-109　选择夹点编辑　图 12-110　完成夹点编辑

步骤31 单击“默认”选项卡|“绘图”面板上的“圆”按钮，捕捉端点为圆心，绘制一个半径为 1 的圆，如图 12-111 所示。

步骤32 单击“默认”选项卡|“绘图”面板上的“图案填充”按钮，打开“图案填充创建”选项卡，在“图案”面板以上选择 SOLID 图案，在“特性”面板上设置图案填充颜色为 ByLayer，然后拾取步骤（31）所绘制的圆为填充对象，进行填充，效果如图 12-112 所示。

步骤33 单击“默认”选项卡|“修改”面板上的“复制”按钮，选择步骤（30）、步骤（31）绘制的圆及其图案填充为复制对象；以圆心为复制基点，选择“多个”复制模式，以相应的直线段交点为复制第二点，进行复制，结果如图 12-113 所示。至此，完成主线路的绘制。

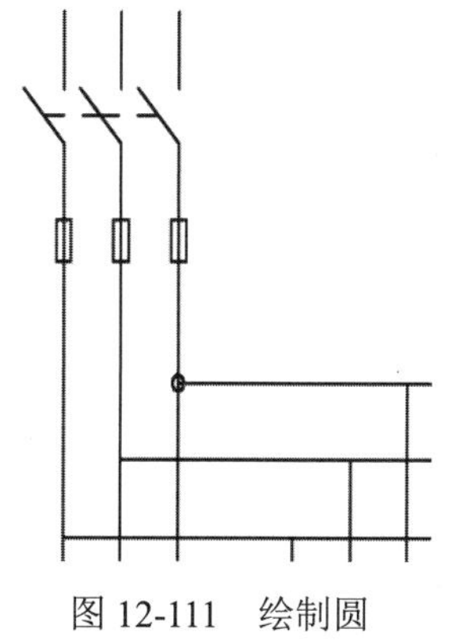

图 12-111　绘制圆

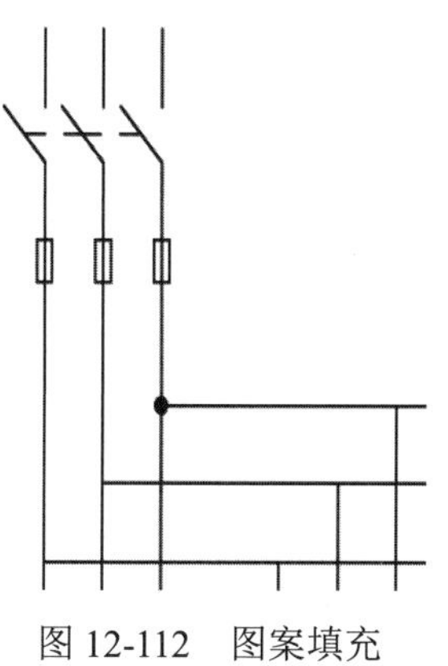

图 12-112　图案填充

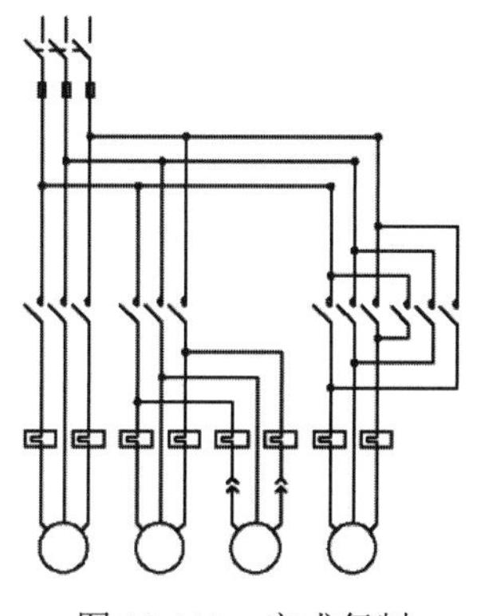

图 12-113　完成复制

12.3.2 辅助线路的绘制

步骤01 展开“默认”选项卡|“图层”面板上的“图层”下拉列表，选择“辅助线路”图层为当前图层。

步骤02 单击“默认”选项卡|“绘图”面板上的“直线”按钮╱，以（230，265）为直线段的起点，绘制沿水平方向向右，长度为 195 的直线段，接着绘制沿竖直方向向下，长度为 150 的直线段，然后绘制沿水平方向向左，长度为 135 的直线段，继续绘制沿竖直方向向上，长度为 140 的直线段，最后绘制沿水平方向向左，长度为 70 的直线段，完成直线的绘制，如图 12-114 所示。

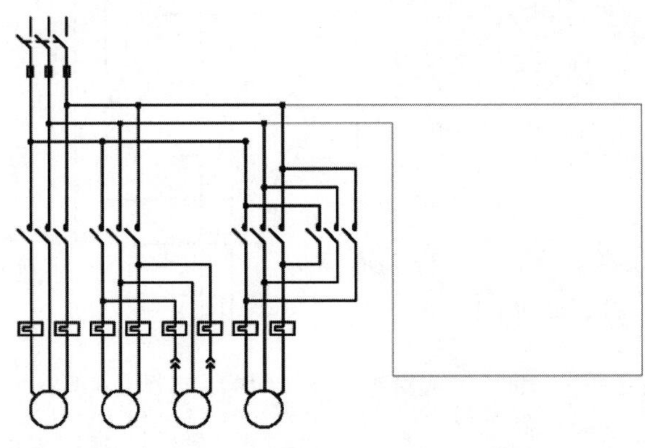

图 12-114　绘制直线段

步骤03 单击“默认”选项卡|“绘图”面板上的“矩形”按钮□，分别以（290，235）、（294，261）为矩形的两个角点，绘制矩形；再分别以（425，235）、（429，261）为矩形的两个角点，绘制矩形，如图 12-115 所示。

步骤04 绘制连线、按钮开关、交流继电器开关和线圈、热保护继电器、普通开关，如图 12-116 所示。

步骤05 单击“默认”选项卡|“修改”面板上的“复制”按钮，选择步骤（4）绘制的器件图形为复制对象，以直线段为复制基点，如图 12-117 所示。以相应的直线段交点为复制第二点，进行复制，结果如图 12-118 所示。

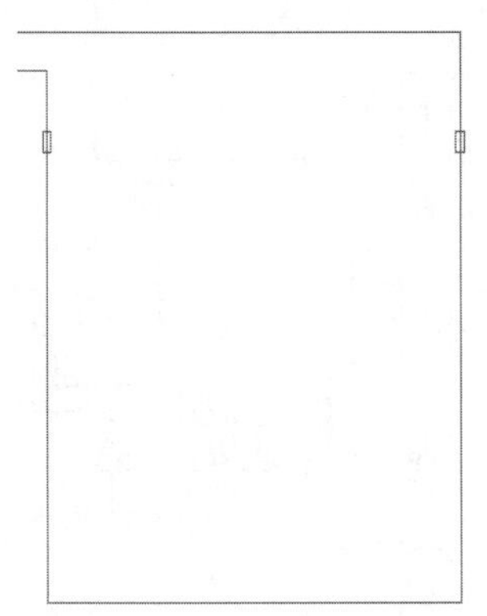

图 12-115　绘制矩形

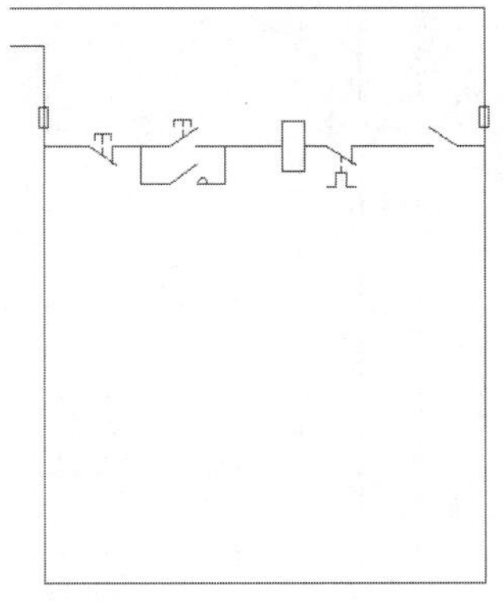

图 12-116　绘制各器件图形

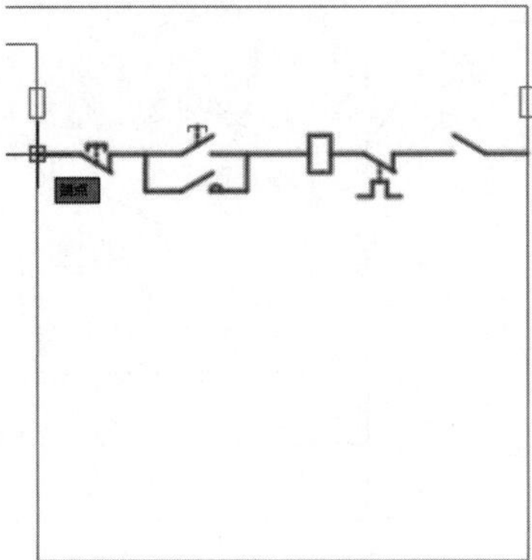

图 12-117　选择复制对象

步骤06 单击“默认”选项卡|“修改”面板上的“复制”按钮，选择步骤（5）绘制的热继电器器件图形为复制对象，进行复制，并对复制出的图形进行修剪完善操作，结果如图 12-119 所示。

步骤07 综合使用“直线”“矩形”等命令绘制连线、按钮开关、交流继电器线圈、普通开关，如图 12-120 所示。

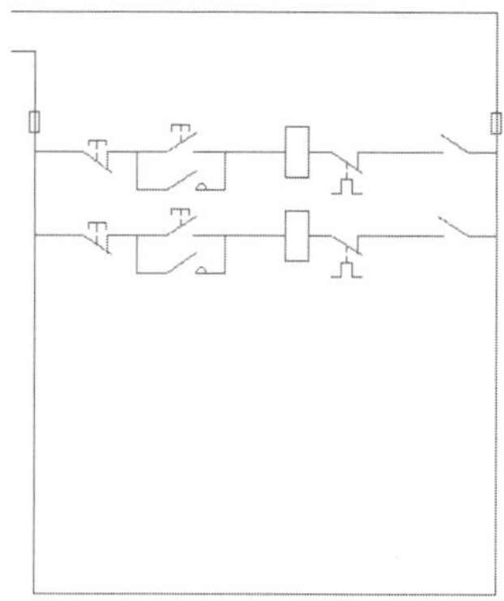
图 12-118　完成复制

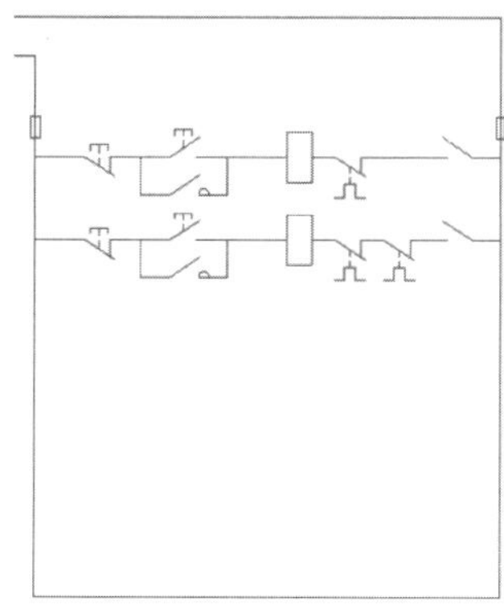
图 12-119　复制热继电器器件

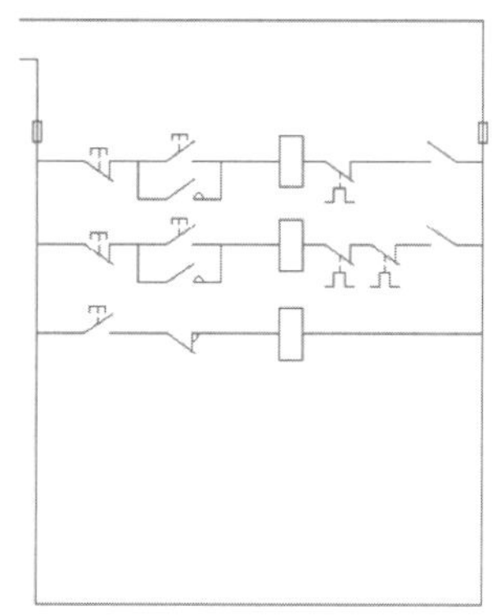
图 12-120　绘制器件图形

步骤08 单击“默认”选项卡|“修改”面板上的“复制”按钮，参照步骤（5）的绘制方法，选择步骤（7）绘制的图形进行复制，结果如图 12-121 所示。

步骤09 绘制连线、按钮开关、交流继电器开关和线圈、热保护继电器、普通开关，如图 12-122 所示。

步骤10 参照 12.3.1 节步骤（33）的绘制方法，单击“默认”选项卡|“修改”面板上的“复制”按钮，选择 12.3.1 节步骤（31）、步骤（32）绘制的圆及其图案填充为复制对象，以圆心为复制基点，以如图 12-123 所示的直线段交点为复制第二点，进行复制，结果如图 12-123 所示。

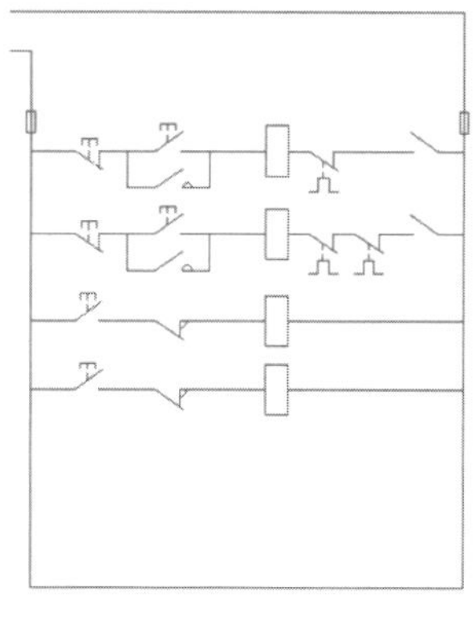
图 12-121　完成复制

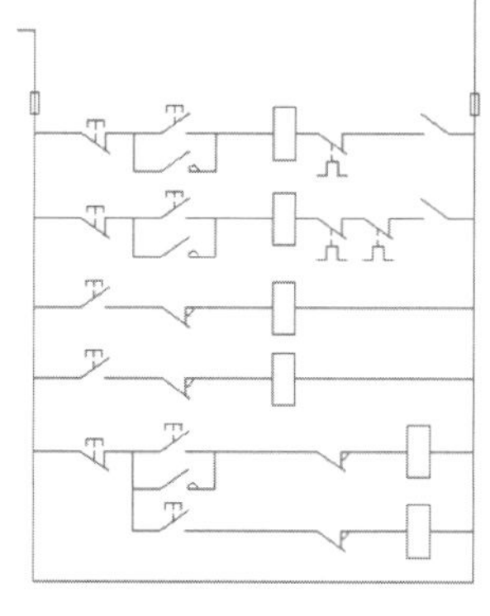
图 12-122　绘制器件图形

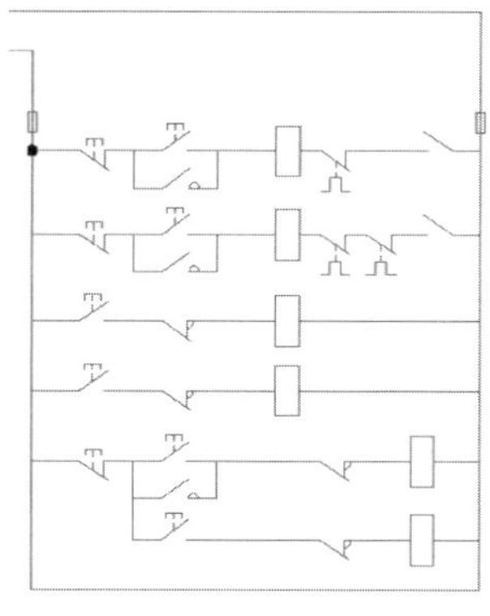
图 12-123　复制圆点

步骤11 选择在步骤（10）中复制得到的圆点，展开“默认”选项|“图层”面板上的“图层”下拉列表框中显示圆点的图层，即“主线路”图层；选择“辅助线路”图层为当前图层，圆点的图层属性由“主线路”图层转变为“辅助线路”图层，如图 12-124 所示。

步骤12 单击“默认”选项卡|“修改”面板上的“复制”按钮，选择步骤（11）操作后的圆点

为复制对象，以圆心为复制基点，选择“多个”复制模式，以相应的直线段交点为复制第二点，进行复制，结果如图 12-125 所示。至此完成辅助线路的绘制。

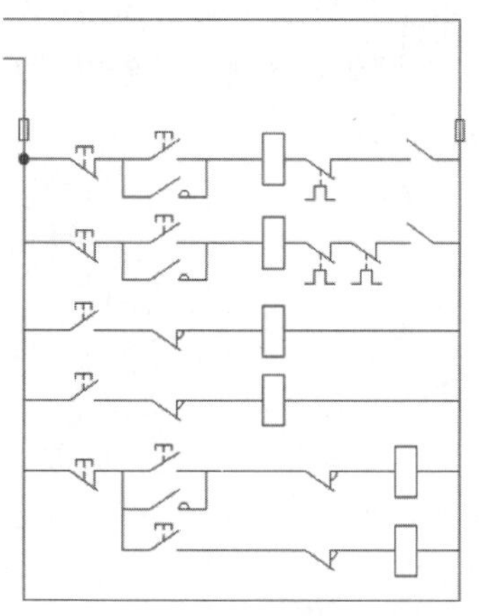

图 12-124 改变图形图层属性

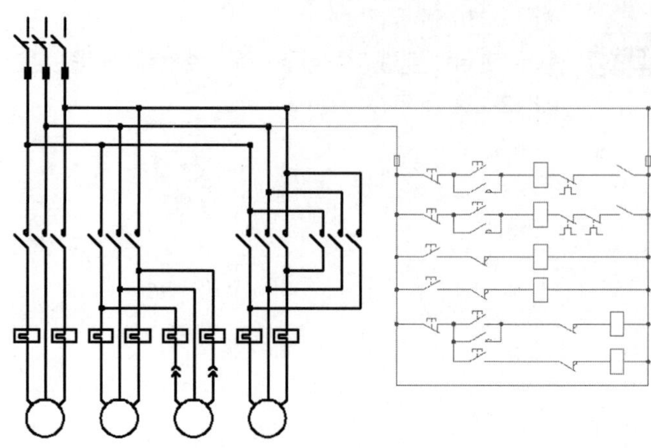

图 12-125 完成复制

12.3.3 照明线路的绘制

步骤 01 单击“默认”选项卡|“绘图”面板上的“圆弧”按钮，绘制半圆弧，命令行提示如下：

```
命令：_arc
指定圆弧的起点或 [圆心(C)]:                        //捕捉直线段上适当一点为圆弧起点
指定圆弧的第二个点或 [圆心(C)/端点(E)]: c          //选择圆心模式
指定圆弧的圆心: @2,0                               //输入圆弧的圆心的坐标
指定圆弧的端点或 [角度(A)/弦长(L)]: a              //选择角度模式
指定包含角: 180                  //输入角度值，完成圆弧的绘制，如图 12-126 所示
```

步骤 02 单击“默认”选项卡|“修改”面板上的“复制”按钮，选择步骤（1）绘制的半圆为复制对象，以圆弧起点为复制基点，选择多个复制模式，以相应的圆弧端点为复制第二点，进行三次复制，结果如图 12-127 所示。

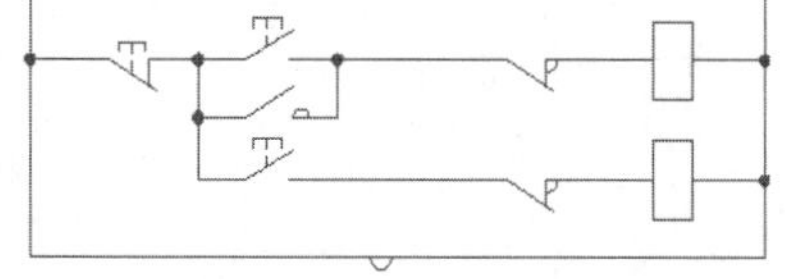

图 12-126 绘制半圆弧

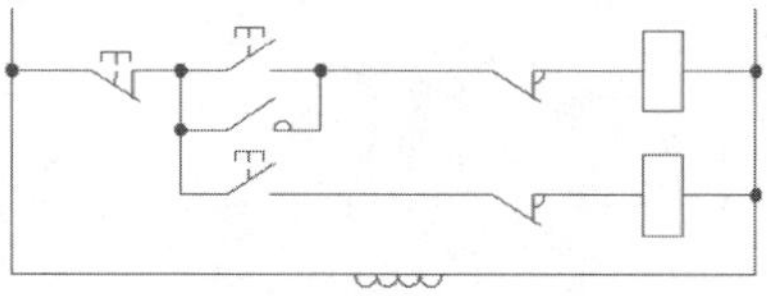

图 12-127 复制半圆弧

步骤 03 单击“默认”选项卡|“修改”面板上的“修剪”按钮，进行修剪操作。选择步骤（1）、（2）绘制的半圆弧为修剪参考对象，如图 12-128 所示，按从左到右的顺序，选择与之相交且在其间的水平直线段为要修剪的对象，修剪效果如图 12-129 所示。

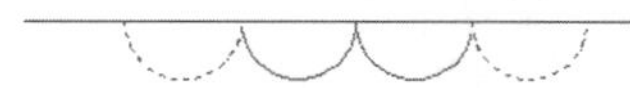

图 12-128 选择修剪参考对象

图 12-129 完成修剪

步骤 04 单击“默认”选项卡|“绘图”面板上的“直线”按钮，以（350,115）为直线段的起点，绘制沿水平方向向右，长度为 22 的直线段，如图 12-130 所示。

步骤 05 单击“默认”选项卡|“修改”面板上的“镜像”按钮，选择如图 12-131 所示的直线段和多个半圆弧为镜像对象，以步骤（4）绘制的直线段的两个端点为镜像线的两点，进行镜像操作，结果如图 12-132 所示。

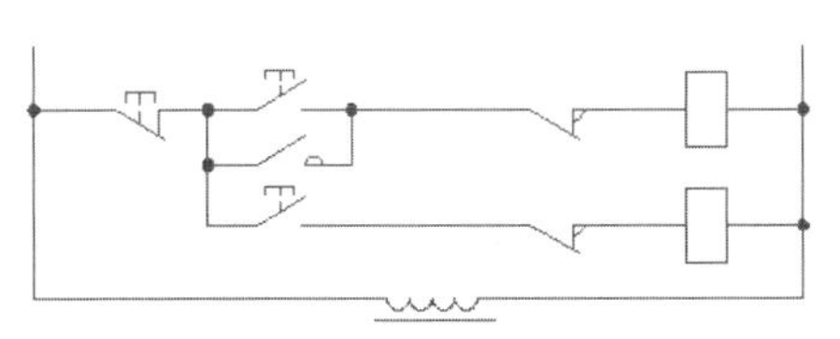

图 12-130　绘制直线段

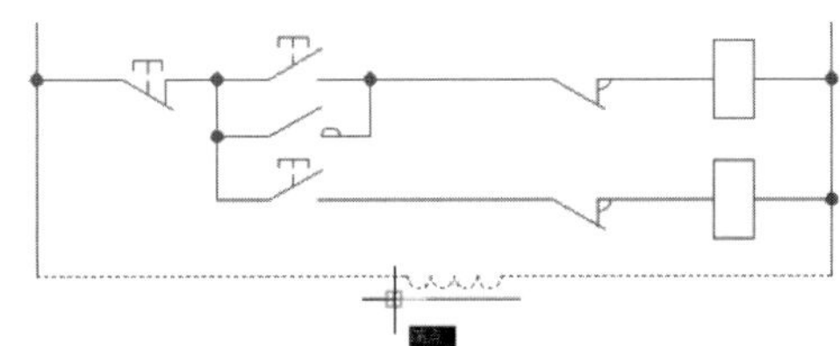

图 12-131　选择镜像对象及镜像线

步骤 06 单击“默认”选项卡|“绘图”面板上的“直线”按钮，捕捉步骤（5）镜像得到的左边直线段的左端点为起点，绘制沿竖直方向向下，长度为 75 的直线段；重复“直线”命令，捕捉步骤（5）镜像得到的左边半圆弧的右端点为起点，绘制沿竖直方向向下，长度为 55 的直线段；重复“直线”命令，捕捉步骤（5）镜像得到的右边直线段的右端点为起点，分别绘制沿竖直方向向下和沿水平方向向左、长度为 55 和 70 的直线段，结果如图 12-133 所示。

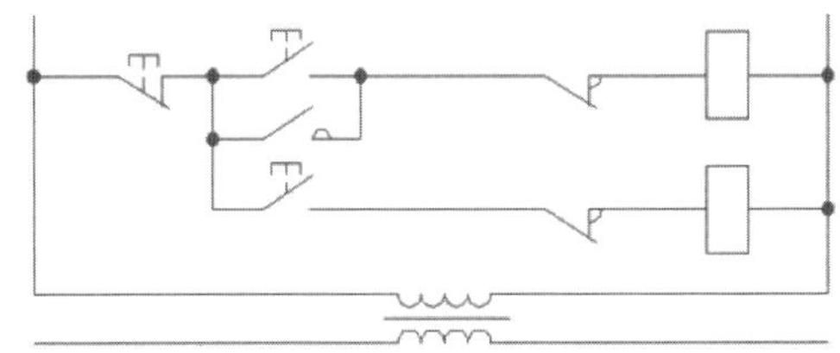

图 12-132　完成镜像

图 12-133　绘制直线段

步骤 07 单击“默认”选项卡|“绘图”面板上的“圆”按钮，以点（340,100）为圆心，绘制一个半径为 4 的圆，如图 12-134 所示。

步骤 08 单击“默认”选项卡|“绘图”面板上的“直线”按钮，捕捉步骤（7）绘制圆的圆心，分别沿 45°、135°、225°、315° 方向绘制长度为 4 的直线段；重复“直线”命令，捕捉步骤（7）绘制圆的左象限点为起点，捕捉左边竖直线段的垂足为终点；绘制直线段，重复“直线”命令，捕捉步骤（7）绘制圆的右象限点为起点，捕捉右边竖直线段的垂足为终点，绘制直线段，结果如图 12-135 所示。

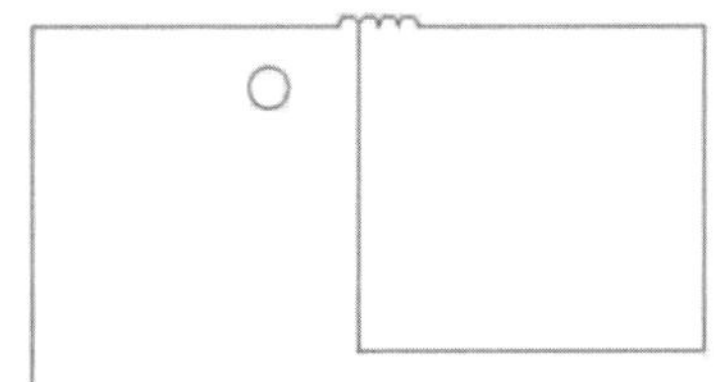

图 12-134　完成镜像

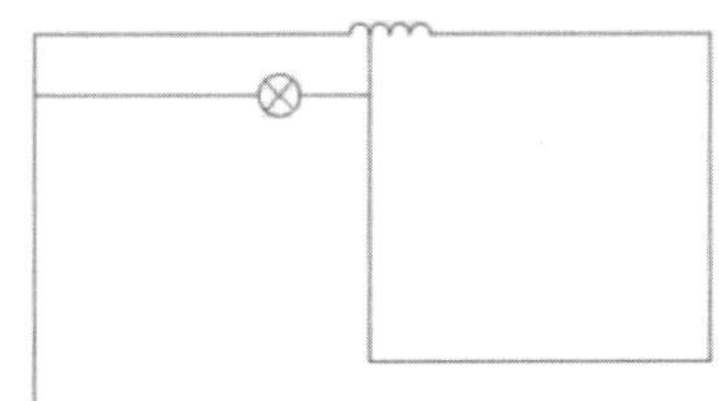

图 12-135　绘制直线段

步骤 09 单击“默认”选项卡|“修改”面板上的“复制”按钮，选择步骤（7）、步骤（8）绘制的圆和直线段为复制对象，以直线段交点为复制基点，如图 12-136 所示，沿竖直方向向下移动 12，复制结果如图 12-137 所示。

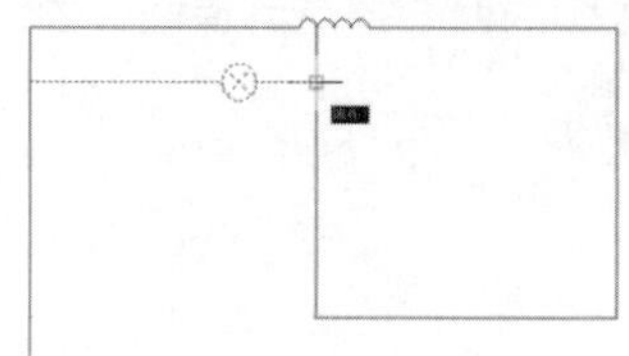
图 12-136 选择复制对象

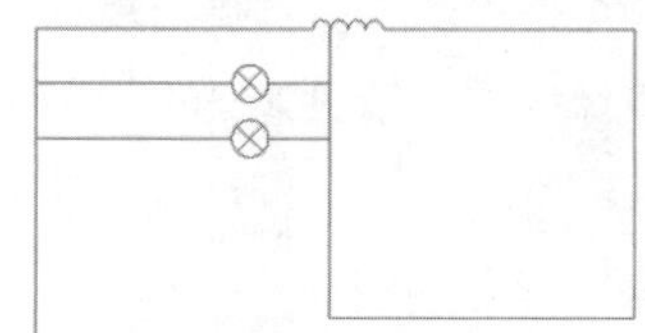
图 12-137 完成复制

步骤 10 单击“默认”选项卡|“修改”面板上的“复制”按钮，选择 12.3.2 节绘制的圆和斜直线段为复制对象，以直线段交点为复制基点，如图 12-138 所示，捕捉步骤（9）复制得到的直线段交点为复制第二点，复制结果如图 12-139 所示。

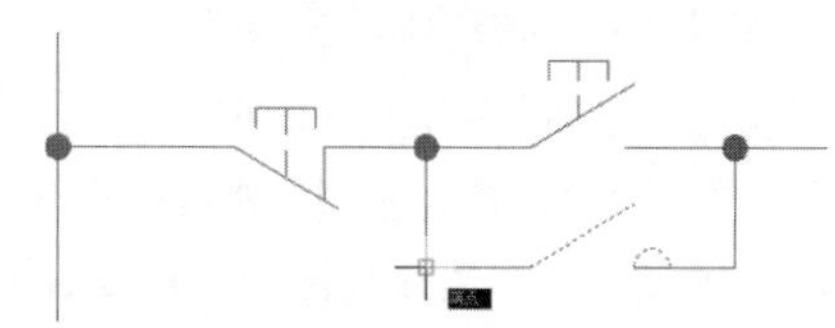
图 12-138 选择复制对象

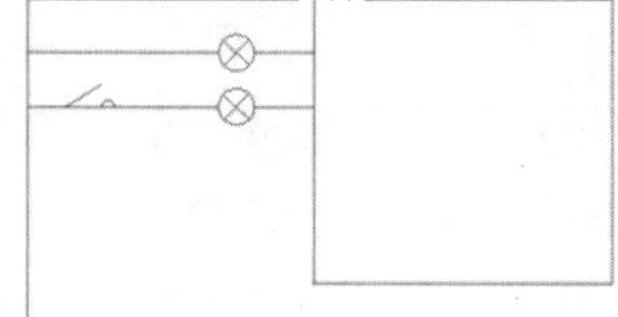
图 12-139 完成复制

步骤 11 单击“默认”选项卡|“修改”面板上的“修剪”按钮，进行修剪操作。选择步骤（10）复制得到的斜直线段和半圆弧为修剪参考对象，如图 12-140 所示，选择与之相交且在其间的水平直线段为要修剪的对象，修剪效果如图 12-141 所示。

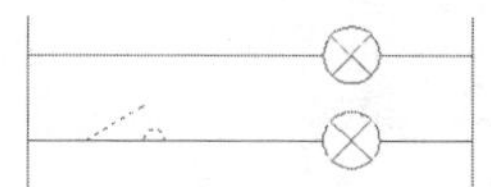
图 12-140 选择修剪参考对象

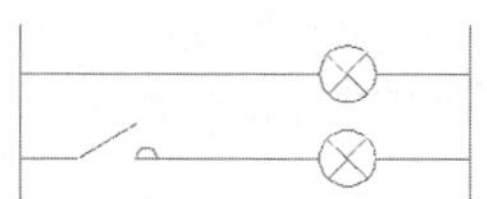
图 12-141 完成修剪

步骤 12 单击“默认”选项卡|“修改”面板上的“复制”按钮，选择步骤（9）~步骤（11）操作得到的圆和直线段为复制对象，以直线段交点为复制基点，如图 12-142 所示，选择“多个”复制模式，沿竖直方向向下分别连续移动 12、12、17，复制结果如图 12-143 所示。

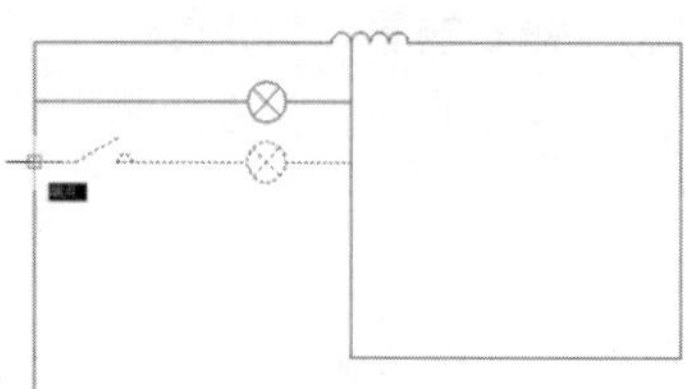
图 12-142 选择复制对象

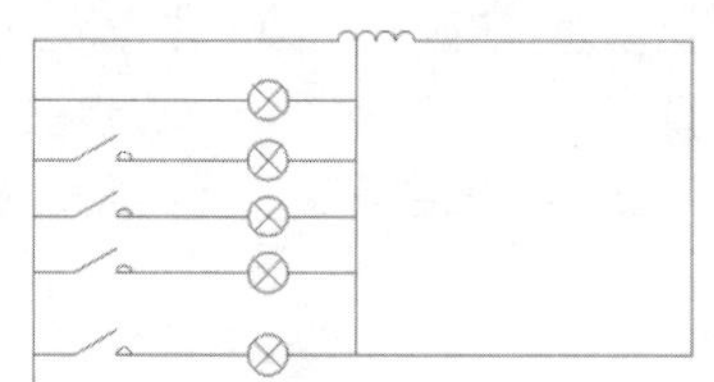
图 12-143 完成复制

步骤 13 单击“默认”选项卡|“修改”面板上的“复制”按钮，选择 12.2.3 节绘制的圆弧和线段为复制对象，以直线段交点为复制基点，如图 12-144 所示，选择“多个”复制模式，捕捉步骤（12）复制得到的直线段交点为复制第二点，复制结果如图 12-145 所示。

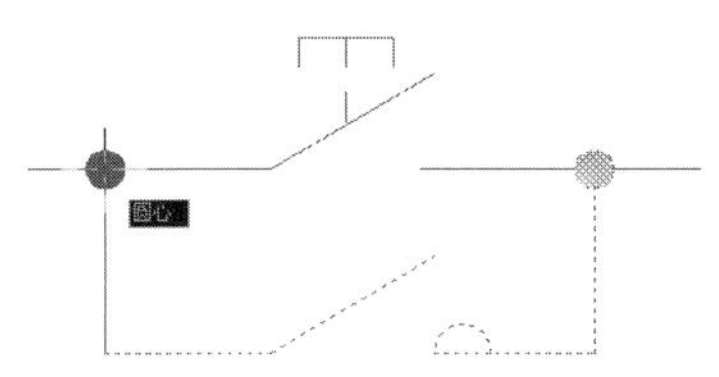

图 12-144　选择复制对象及基点

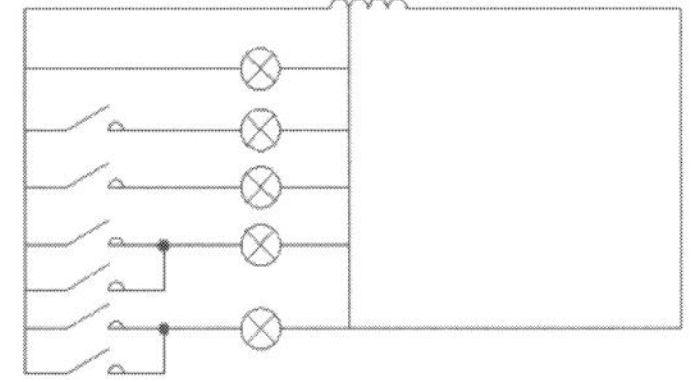

图 12-145　完成复制

步骤 14 单击“默认”选项卡|“修改”面板上的“复制”按钮，选择步骤（12）复制得到的圆和线段为复制对象，以直线段交点为复制基点，如图 12-146 所示，沿水平方向向右移动 40，复制结果如图 12-147 所示。

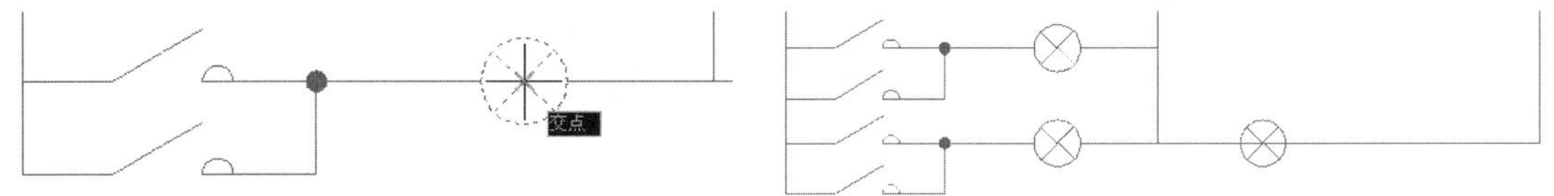

图 12-146　选择复制对象及基点

图 12-147　完成复制

步骤 15 单击“默认”选项卡|“修改”面板上的“修剪”按钮，进行修剪操作。选择步骤（14）复制得到的圆为修剪参考对象，选择与之相交且在其间的水平直线段为要修剪的对象，修剪效果如图 12-148 所示。

步骤 16 单击“默认”选项卡|“绘图”面板上的“直线”按钮，以（400,45）为直线段的起点，沿 30° 方向绘制长度为 10 的直线段；重复“直线”命令，捕捉刚绘制的 30° 方向直线段的中点为起点，沿竖直方向向上绘制长度为 5 的直线段，接着沿水平方向分别向左、向右绘制长度为 2 的直线段，结果如图 12-149 所示。

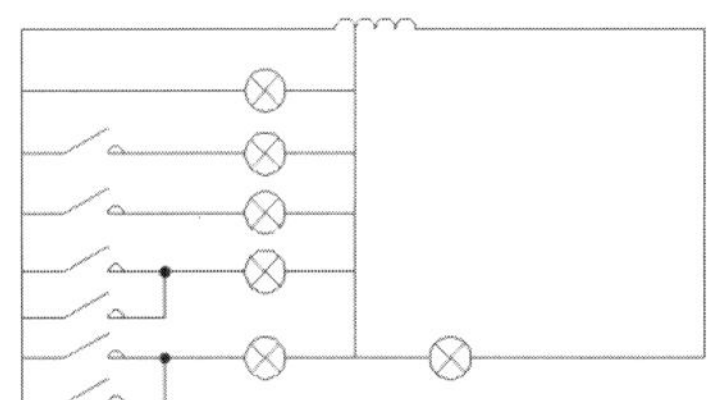

图 12-148　完成修剪

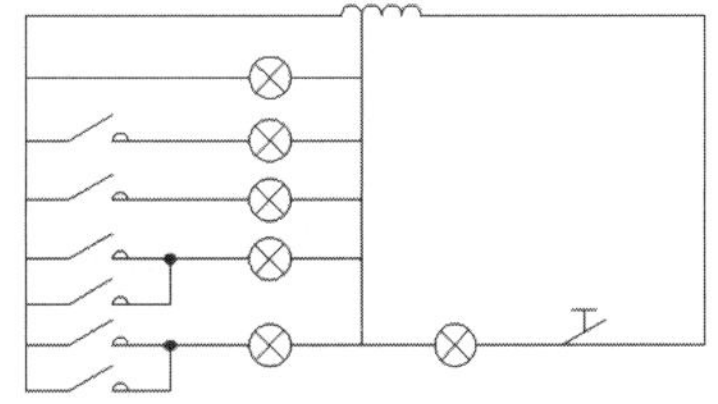

图 12-149　绘制直线

步骤 17 单击“默认”选项卡|“修改”面板上的“打断”按钮，进行打断操作。命令行提示如下：

```
命令：_break
选择对象：                                //选择水平直线段为打断对象，如图 12-150 所示
指定第二个打断点 或 [第一点(F)]： f        //选择“第一点”的指定模式
指定第一个打断点：                        //选择交点为第一个打断点，如图 12-150 所示
指定第二个打断点： @8,0                   //输入第二个打断点，如图 12-151 所示
```

步骤 18 单击“默认”选项卡|“修改”面板上的“复制”按钮，选择 12.3.2 节绘制的矩形为复制对象，以交点为复制基点，如图 12-152 所示，选择“多个”复制模式，捕捉竖直直线段上的点为复制第二点，复制结果如图 12-153 所示。

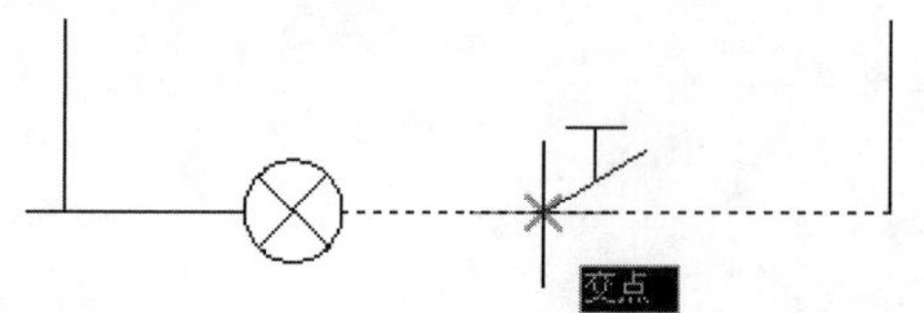

图 12-150　选择打断对象及第一个打断点

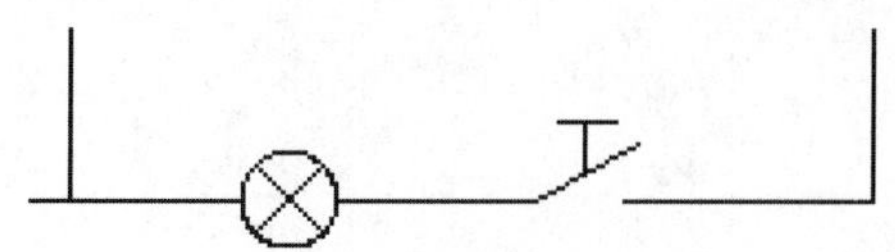

图 12-151　完成打断

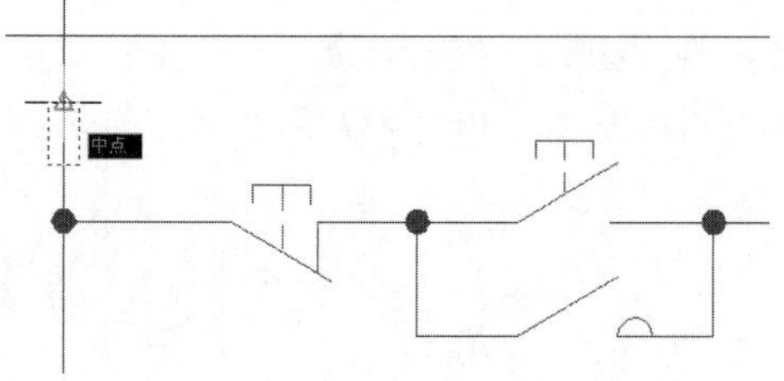

图 12-152　选择复制对象及基点

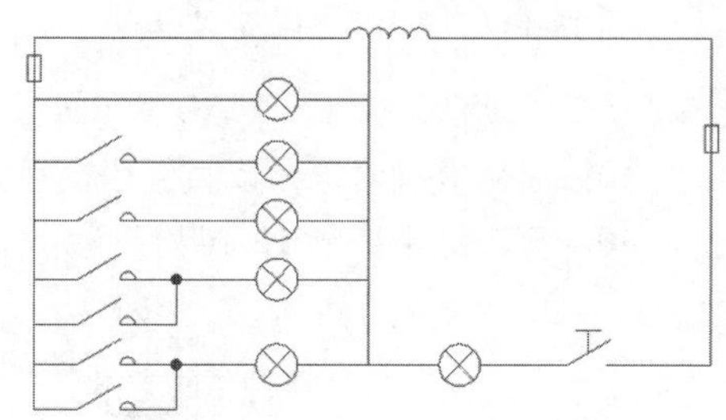

图 12-153　完成复制

步骤 19　单击“默认”选项卡|“修改”面板上的“复制”按钮，选择步骤（13）复制得到的圆点为复制对象，以圆心点为复制基点，如图 12-154 所示，选择“多个”复制模式，捕捉交点为复制第二点，复制结果如图 12-155 所示。至此，完成照明线路的绘制。

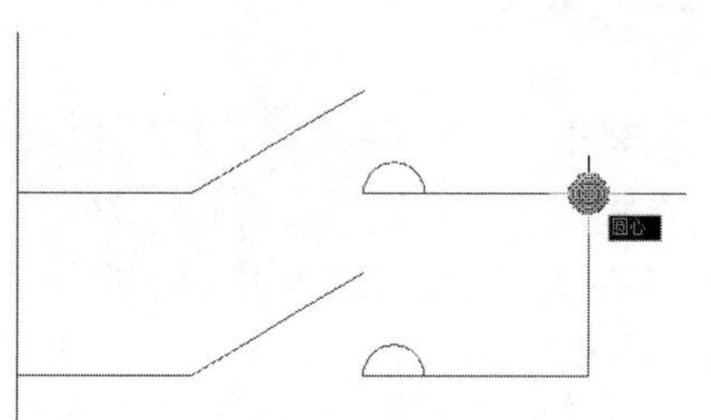

图 12-154　选择复制对象及基点

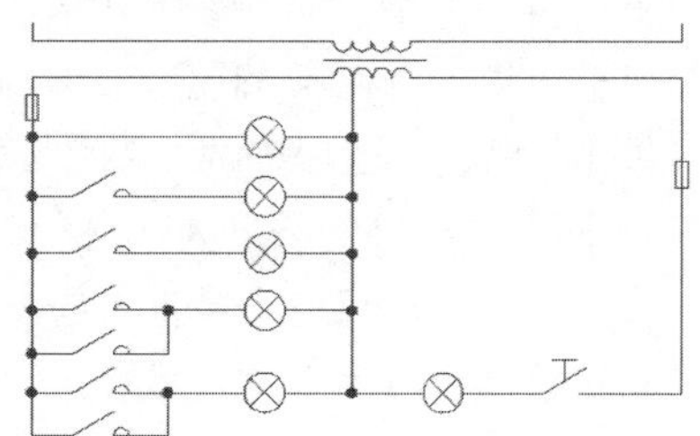

图 12-155　完成照明线路的绘制

12.3.4　电磁工作线路的绘制

步骤 01　单击“默认”选项卡|“绘图”面板上的“直线”按钮，捕捉 12.3.1 节绘制的直线段交点为线段的起点，如图 12-156 所示，沿水平方向向右，绘制长度为 240 的直线段，接着沿竖直方向向下，绘制长度为 25 的直线段，如图 12-157 所示。

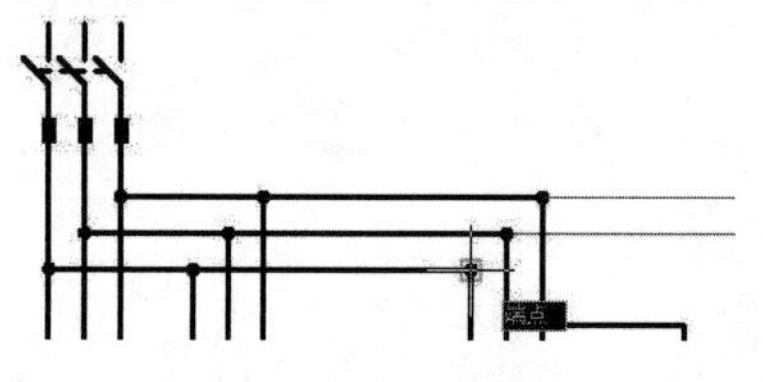

图 12-156　捕捉直线段起点

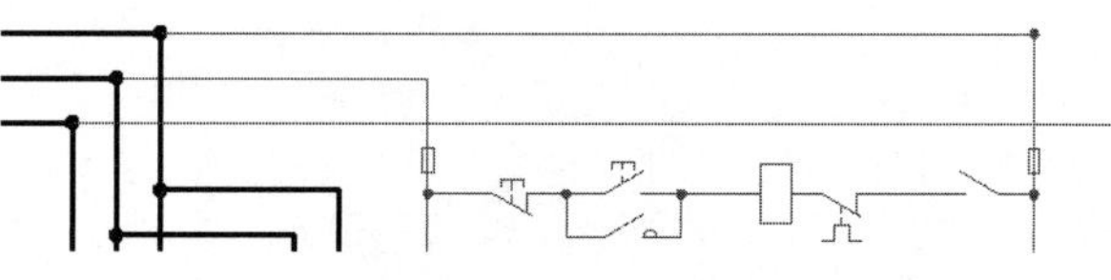

图 12-157　完成直线段的绘制

步骤 02　单击“默认”选项卡|“绘图”面板上的“直线”按钮，捕捉 12.3.2 节绘制的直线段交点为线段的起点，如图 12-158 所示，沿水平方向向右，绘制长度为 100 的直线段，接着沿竖直方向向下，绘制长度为 45 的直线段，如图 12-159 所示。

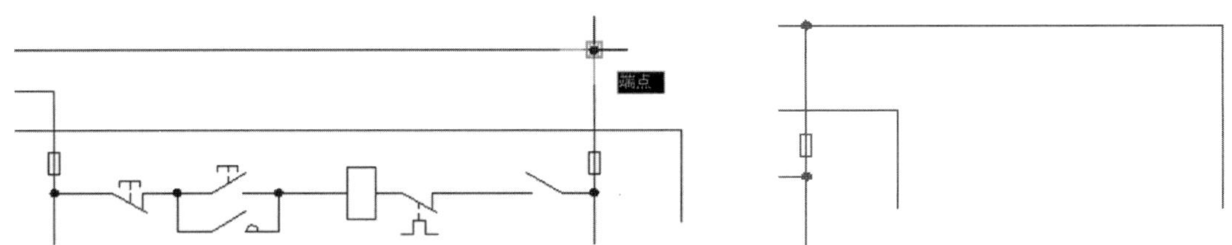

图 12-158　捕捉直线段起点　　　　图 12-159　完成直线段的绘制

步骤 03 单击“默认”选项卡|“修改”面板上的“复制”按钮，选择 12.3.3 节绘制的圆弧及直线段为复制对象，以交点为复制基点，如图 12-160 所示，以（500,230）为复制第二点，复制结果如图 12-161 所示。

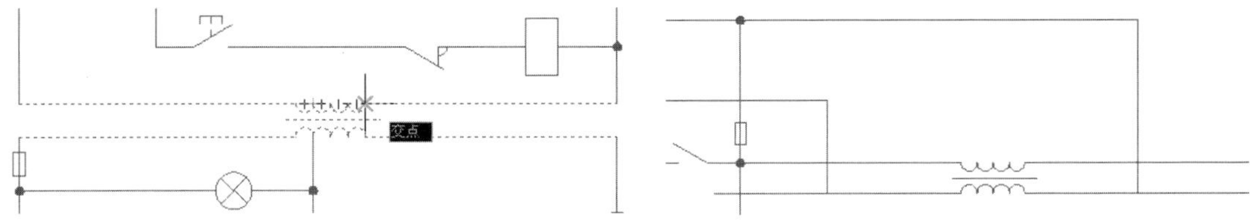

图 12-160　捕捉直线段起点　　　　图 12-161　完成复制

步骤 04 单击“默认”选项卡|“修改”面板上的“修剪”按钮，进行修剪操作。选择步骤（1）、步骤（2）、步骤（3）操作得到的直线段为修剪参考对象，如图 12-162 所示。首先，以竖直线段为修剪参考对象，选择与之相交且在其外的水平直线段为要修剪的对象；然后以水平线段为修剪参考对象，选择与之相交且在其间的竖直直线段为要修剪的对象，修剪效果如图 12-163 所示。

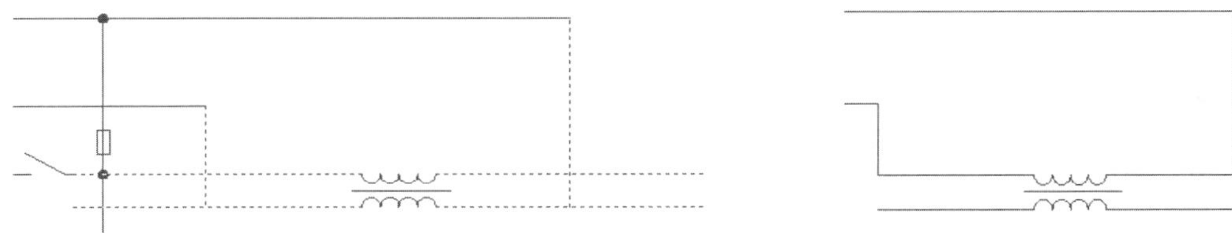

图 12-162　选择修剪参考对象　　　　图 12-163　完成修剪操作

步骤 05 单击“默认”选项卡|“绘图”面板上的“直线”按钮，捕捉步骤（4）修剪后得到的左边直线段的左端点为线段的起点，如图 12-164 所示。沿竖直方向向下，绘制长度为 35 的直线段；以长度为 35 的直线的下端点为起点，向右绘制长为 35 的直线；重复“直线”命令，捕捉步骤（4）修剪后得到的右边直线段的右端点为线段的起点，沿竖直方向向下，绘制长度为 7 的直线段；以绘制的长度为 7 的直线段的下端点为起点，向左绘制长为 40 的直线，如图 12-165 所示。

步骤 06 单击“默认”选项卡|“绘图”面板上的“正多边形”按钮，绘制正方形。命令行提示如下：

```
命令: _polygon
输入侧面数 <4>:                                  //按 Enter 键，确认绘制正方形
指定正多边形的中心点或 [边(E)]:  (490,205)        //输入中心点绝对坐标
```

```
输入选项 [内接于圆(I)/外切于圆(C)] <I>： I          //选择内接于圆的方式
指定圆的半径：               //捕捉线段端点，如图12-166所示；完成绘制，如图12-167所示
```

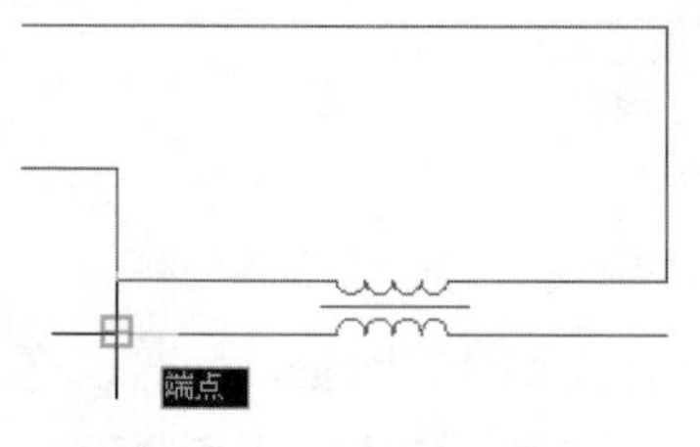

图 12-164　捕捉直线端点

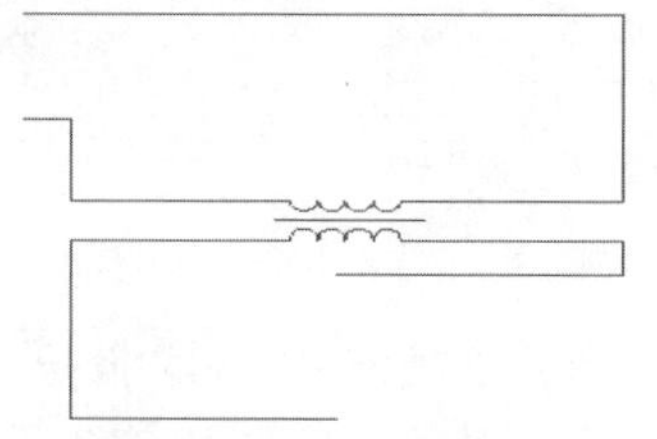
图 12-165　直线绘制

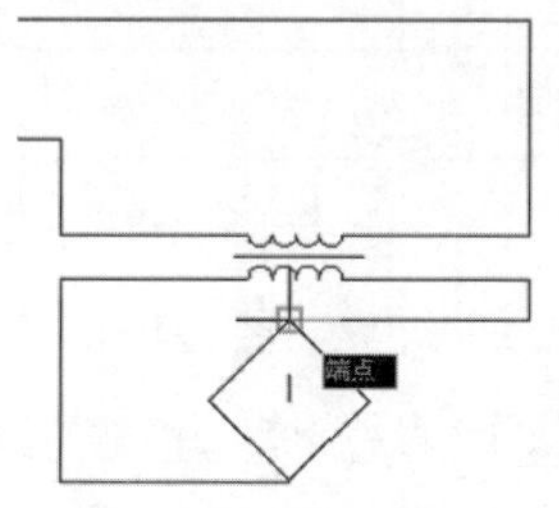

图 12-166　捕捉端点

步骤07　单击“默认”选项卡|“绘图”面板上的“多段线”按钮，以（490,205）为中心点，绘制二极管符号，结果如图 12-168 所示。

步骤08　单击“默认”选项卡|“绘图”面板上的“直线”按钮，捕捉步骤（6）绘制的正方形的左端点为直线的起始点，如图 12-169 所示。沿竖直方向向下，绘制长度为 20 的直线段，接着沿水平方向向左，绘制长度为 25 的直线段，再沿竖直方向向下，绘制长度为 40 的直线段；重复“直线”命令，捕捉步骤（6）绘制的正方形的右端点为直线的起始点，沿水平方向向右，绘制长度为 27 的直线段，最后竖直方向向下，绘制长度为 60 的直线段，如图 12-170 所示。

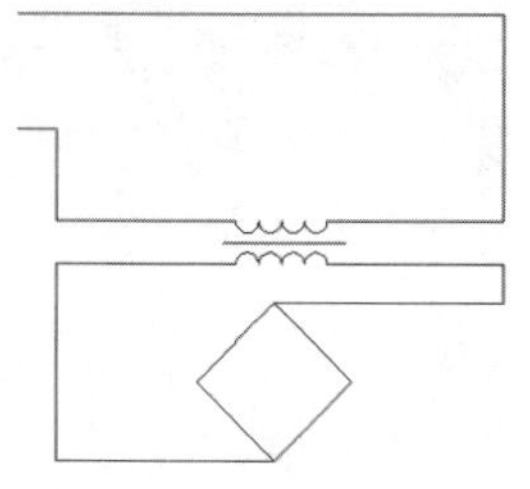
图 12-167　完成绘制正方形

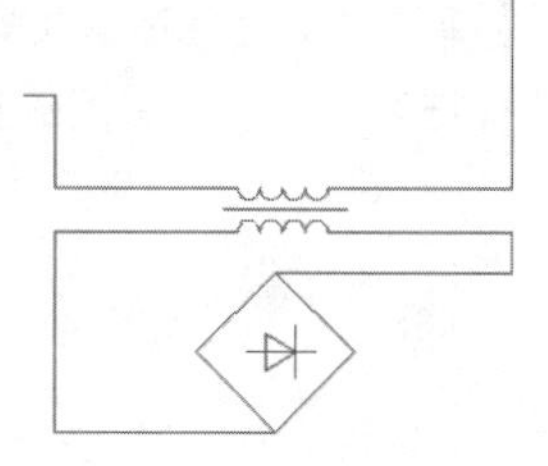
图 12-168　绘制二极管符号

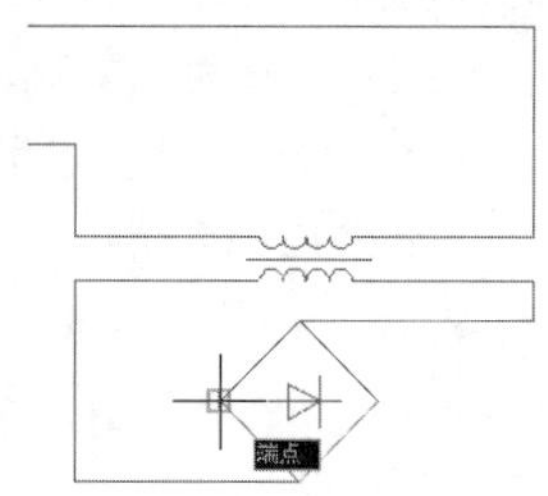

图 12-169　捕捉端点

步骤09　单击“默认”选项卡|“绘图”面板上的“多段线”按钮，绘制连线、交流继电器线圈，如图 12-171 所示。

步骤10　单击“默认”选项卡|“绘图”面板上的“多段线”按钮，绘制连线、交流继电器开关，如图 12-172 所示。

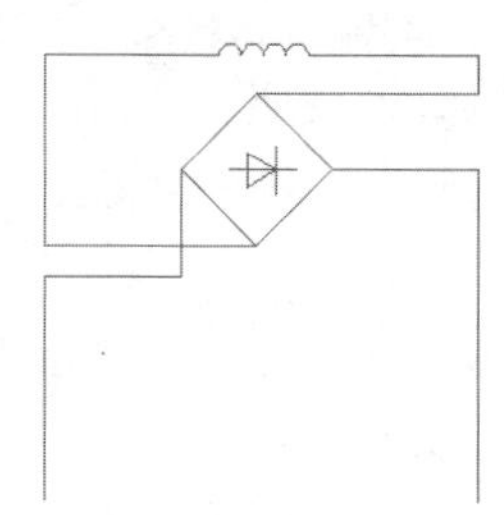
图 12-170　绘制直线段

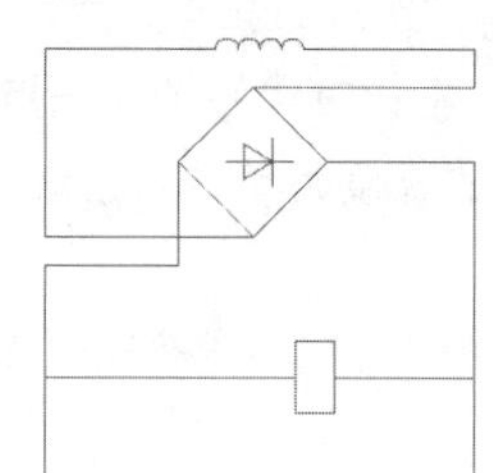
图 12-171　绘制继电器线圈及连线

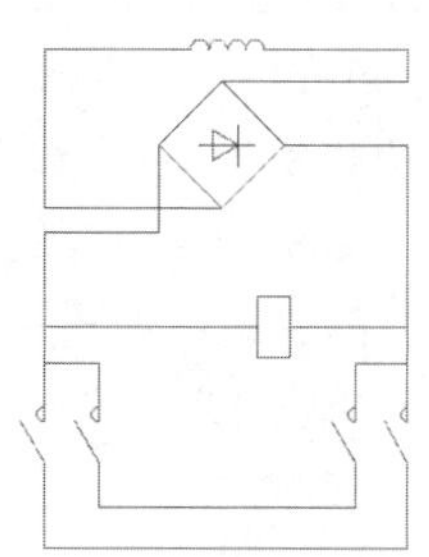
图 12-172　绘制继电器电容及连线

步骤11　单击“默认”选项卡|“绘图”面板上的“多段线”按钮和“矩形”按钮，绘制连

线、电阻、电容，如图 12-173 所示。

步骤 12 单击“默认”选项卡|“绘图”面板上的“直线”按钮╱，捕捉步骤（11）绘制得到直线段的左边端点为直线的起始点，如图 12-174 所示，沿竖直方向向下，绘制长度为 15 的直线段；重复“直线”命令，捕捉步骤（11）绘制得到的直线段的右边端点为直线的起始点，沿竖直方向向下，绘制长度为 15 的直线段，如图 12-175 所示。

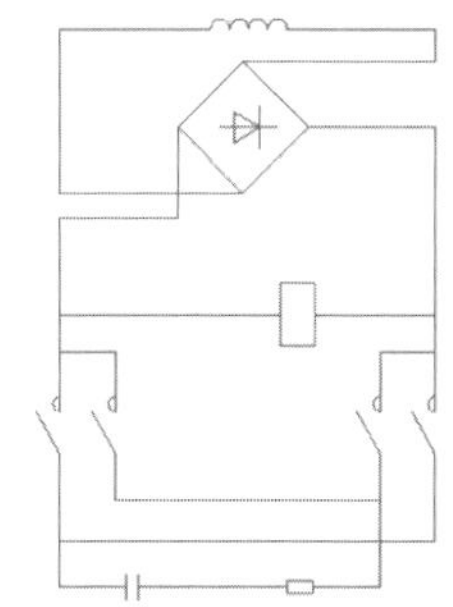
图 12-173　绘制电阻、开关及连线

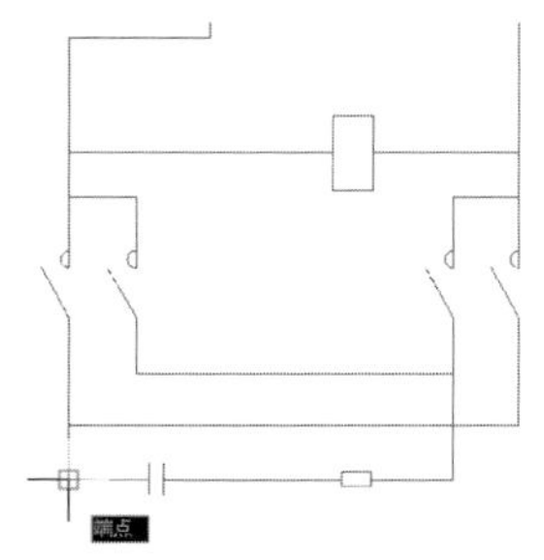

图 12-174　捕捉直线起点

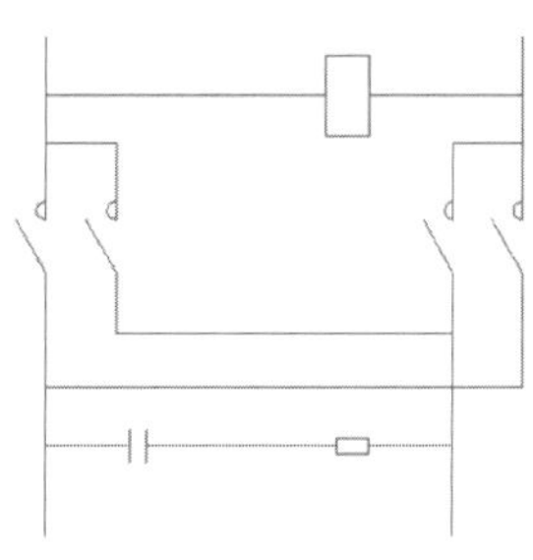
图 12-175　绘制直线段

步骤 13 单击“默认”选项卡|“修改”面板上的“复制”按钮，选择参照 12.3.1 节步骤（21）绘制斜直线段的方法，选择交点为复制基点，如图 12-176 所示，选择“多个”复制模式，捕捉图 12-175 中的竖直直线段的端点为复制第二点，复制结果如图 12-177 所示。

步骤 14 选择步骤（13）复制得到的直线段，“图层”列表框中会显示直线段的图层，即“主线路”图层；选择“辅助线路”图层为当前图层，线段的图层属性由“主线路”图层转变为“辅助线路”图层，如图 12-178 所示。

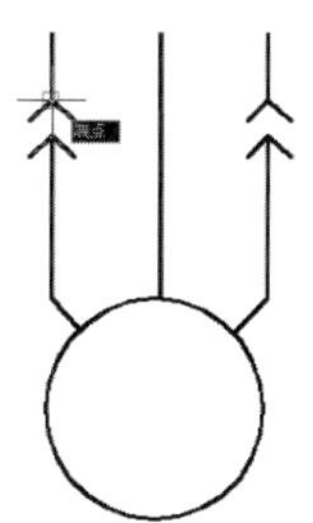
图 12-176　选择复制对象及复制基点

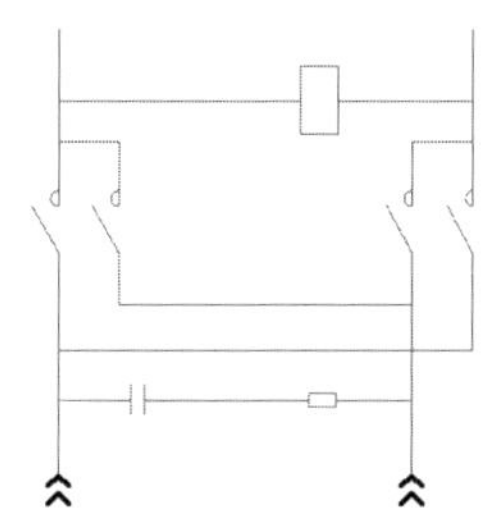
图 12-177　完成复制

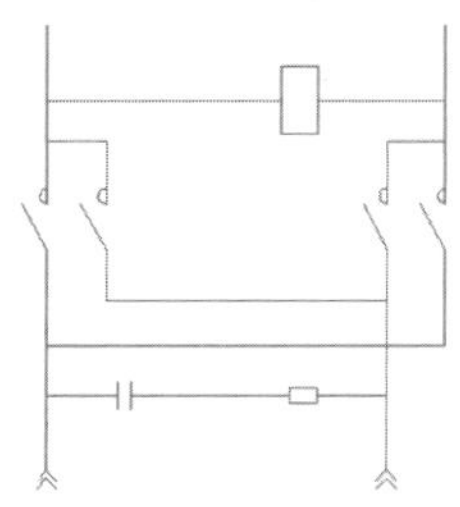
图 12-178　改变图形图层属性

步骤 15 单击“默认”选项卡|“绘图”面板上的“直线”按钮╱，捕捉步骤（13）复制得到的直线段端点为直线的起始点，如图 12-179 所示，沿竖直方向向下，绘制长度为 10 的直线段，接着沿水平方向向右，绘制长度为 68 的直线段，最后沿竖直方向向上，绘制长度为 10 的直线段，如图 12-180 所示。

步骤 16 单击“默认”选项卡|“绘图”面板上的“正多边形”按钮，绘制正方形。命令行提示如下：

```
命令: _polygon
输入侧面数 <4>:                          //按 Enter 键，确认绘制正方形
指定正多边形的中心点或 [边(E)]:            //捕捉线段中点为正方形的中心点，如图 12-181 所示
输入选项 [内接于圆(I)/外切于圆(C)] <I>:  I      //选择内接于圆的方式
指定圆的半径: @8, 8                        //以相对坐标形式输入，完成绘制，如图 12-182 所示
```

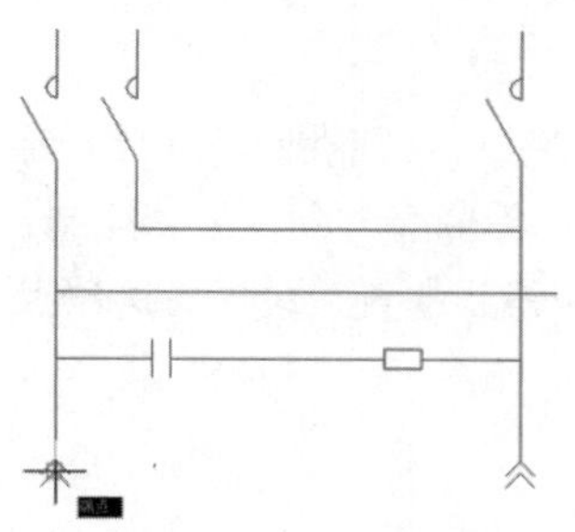
图 12-179　捕捉直线起点

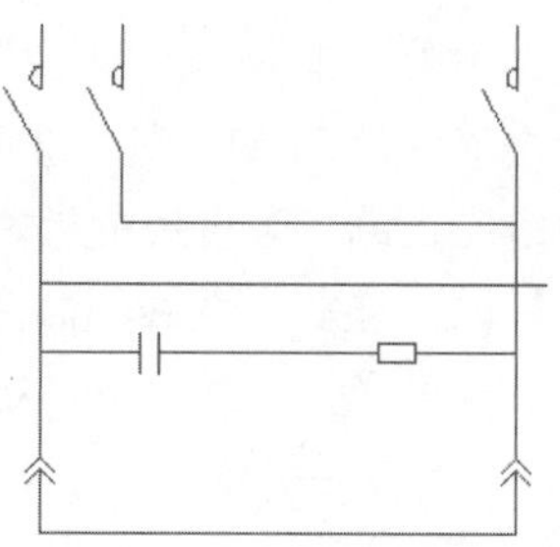
图 12-180　绘制直线段

步骤 17　单击“默认”选项卡|“绘图”面板上的“正多边形”按钮，绘制正方形。命令行提示如下：

```
命令：_polygon
输入侧面数 <4>:                          //按 Enter 键，确认绘制正方形
指定正多边形的中心点或 [边(E)]:          //捕捉线段中点为正方形的中心点（与步骤（16）相同）
输入选项 [内接于圆(I)/外切于圆(C)] <I>： I     //选择内接于圆的方式
指定圆的半径： @4, 4                     //以相对坐标形式输入，完成绘制，如图 12-183 所示
```

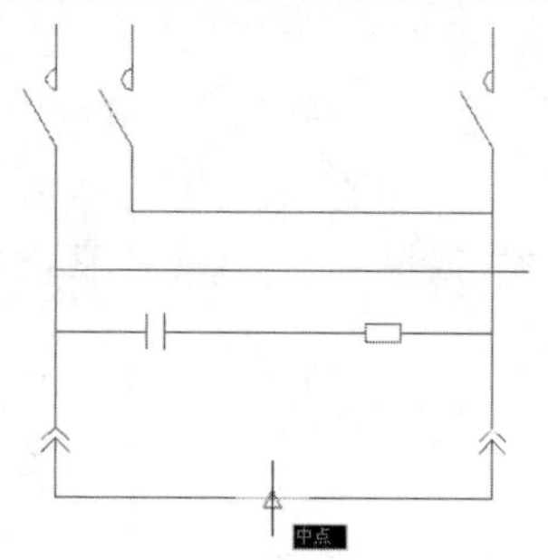

图 12-181　捕捉中心点

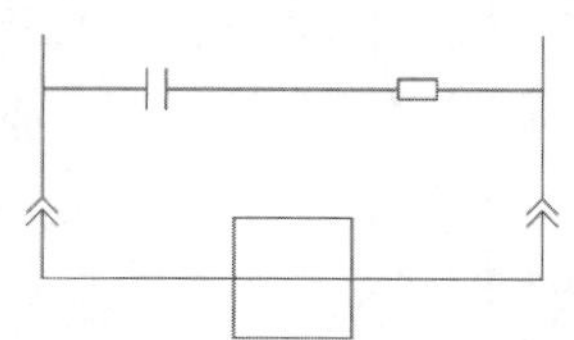
图 12-182　绘制大正方形

步骤 18　单击“默认”选项卡|“修改”面板上的“修剪”按钮，进行修剪操作。选择步骤（17）绘制的小正方形为修剪参考对象，选择与之相交且在其外的水平直线段为要修剪的对象，修剪效果如图 12-184 所示。

步骤 19　单击“默认”选项卡|“绘图”面板上的“直线”按钮，以（480,90）为直线段起点，沿 315° 方向，绘制长度为 2 的斜直线段，接着沿水平方向向右，绘制长度为 4 的直线段，最后沿 45° 方向，绘制长度为 2 的斜直线段，结果如图 12-185 所示。

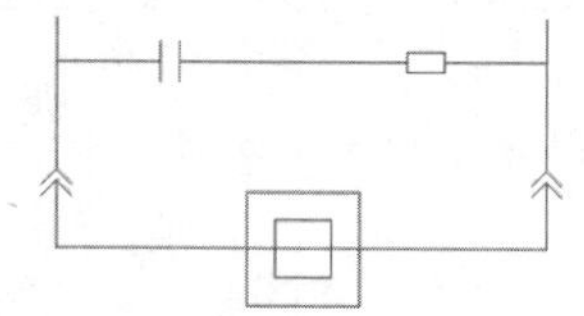
图 12-183　绘制小正方形

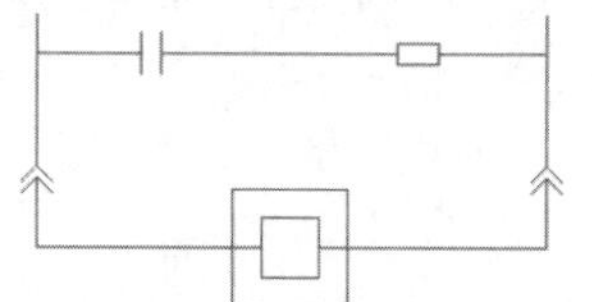
图 12-184　完成修剪操作

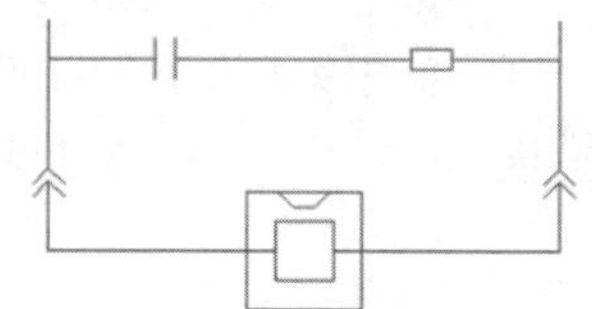
图 12-185　绘制直线段

步骤 20　单击“默认”选项卡|“修改”面板上的“修剪”按钮，进行修剪操作。选择步骤（19）绘制的斜线段为修剪参考对象，如图 12-186 所示，选择与之相交且在其内的水平直线段为要修剪的对象，修剪效果如图 12-187 所示。

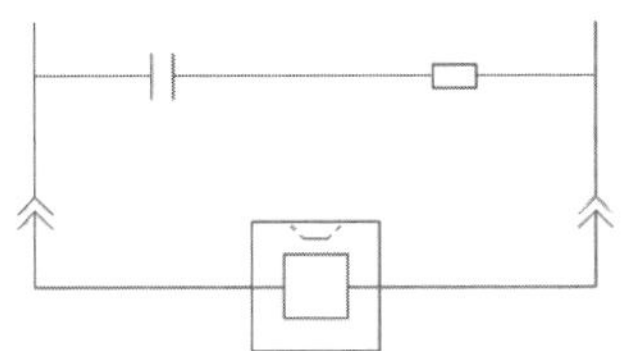

图 12-186　选择修剪参考对象

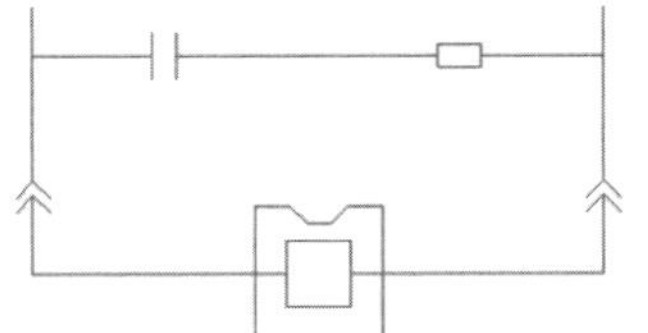

图 12-187　完成修剪

步骤 21　单击“默认”选项卡|“修改”面板上的“复制”按钮，选择 12.3.2 节绘制的矩形为复制对象，选择交点为复制基点，如图 12-188 所示，选择“多个”复制模式，捕捉直线段上适当的点为复制第二点，复制结果如图 12-189 所示。

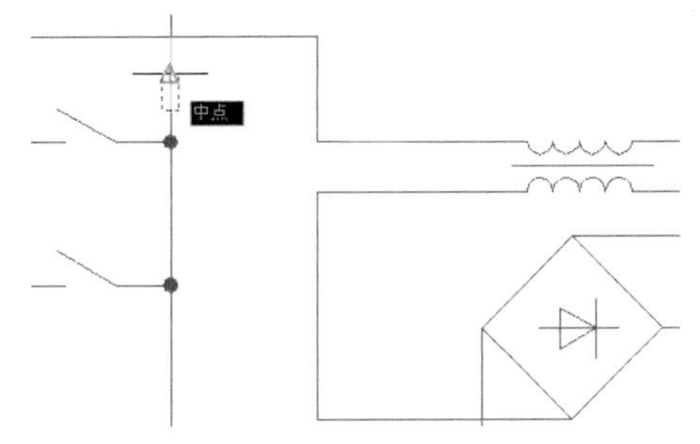

图 12-188　选择复制对象及复制基点

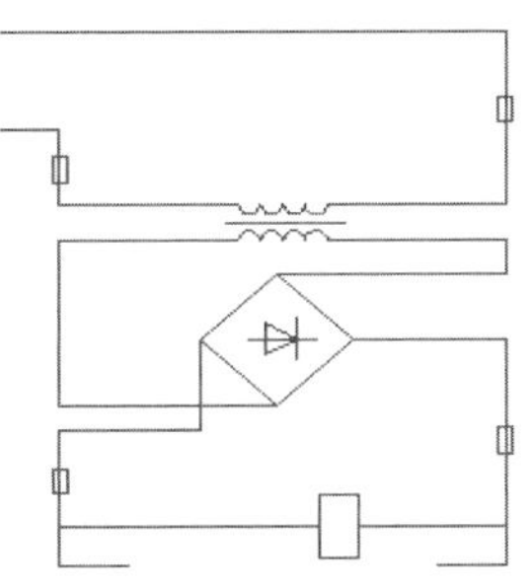

图 12-189　完成复制

步骤 22　单击“默认”选项卡|“修改”面板上的“复制”按钮，选择 12.3.2 节绘制的圆点为复制对象，选择圆心为复制基点，如图 12-190 所示，选择“多个”复制模式，捕捉交点为复制第二点，复制结果如图 12-191 所示。完成电磁工作线路的绘制。

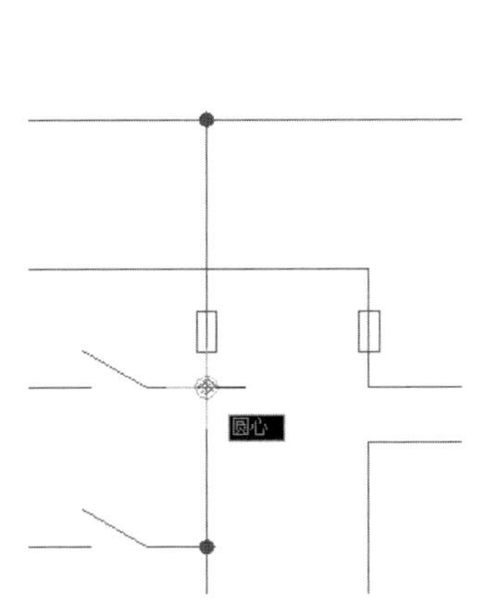

图 12-190　选择复制对象及复制基点

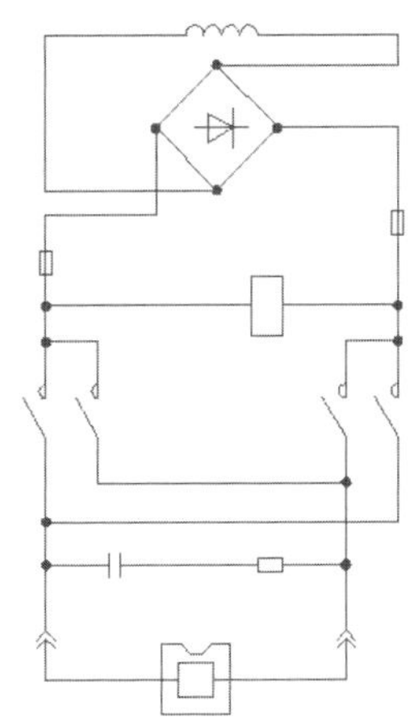

图 12-191　完成电磁工作线路的绘制

12.3.5　文字标注

步骤 01　展开“默认”选项卡|“图层”面板上的“图层”下拉列表，选择“文字标注”图层为当前图层，设置“文字标注”图层为开启状态，解锁状态，使用例 4-1 的方法创建电气标注文字样式，文字高度为 5，字体为“仿宋体”，宽度比例为 0.7。

步骤 02 单击“注释”选项卡|“文字”面板上的“多行文字”按钮A，撰写主线路中 4 个电动机 1M~4M 以及接插件 X2 的文字代号，结果如图 12-192 所示。

步骤 03 单击“注释”选项卡|“文字”面板上的“多行文字”按钮A，撰写主线路中热继电器 FR1~FR4 的文字代号，结果如图 12-193 所示。

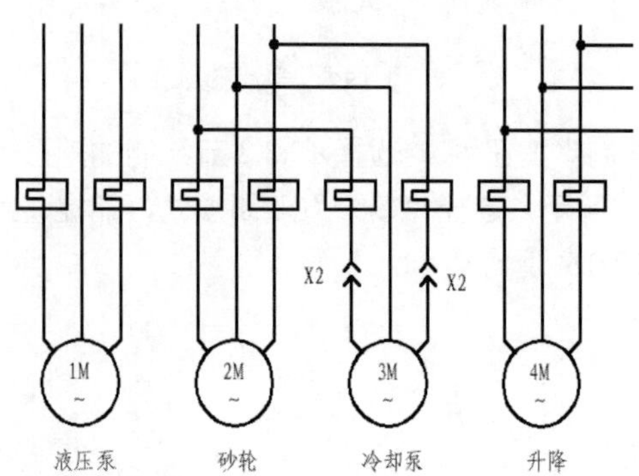

图 12-192 撰写电动机及接插件文字

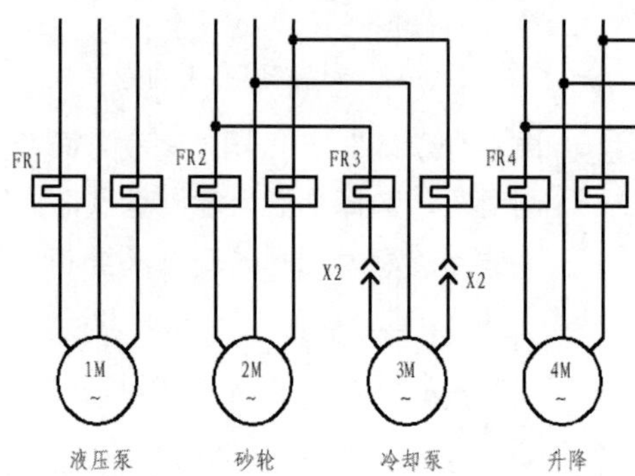

图 12-193 撰写热继电器文字

步骤 04 单击“注释”选项卡|“文字”面板上的“多行文字”按钮A，撰写主线路中交流继电器开关 KM1-2~KM4-4 的文字代号，结果如图 12-194 所示。

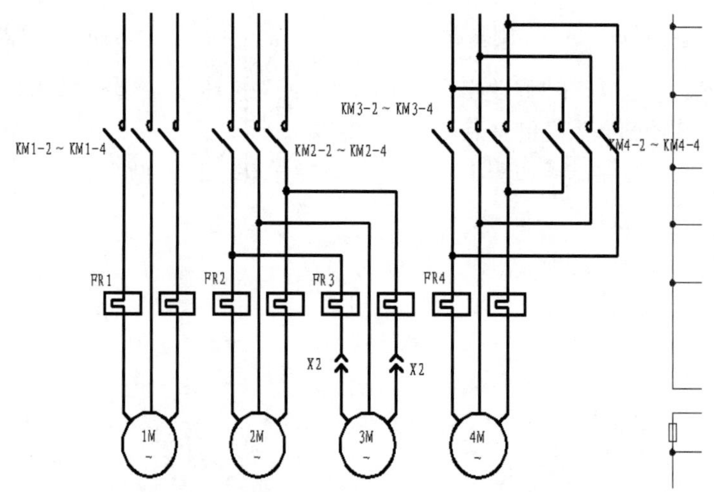

图 12-194 撰写交流继电器开关文字

步骤 05 单击“注释”选项卡|“文字”面板上的“多行文字”按钮A，打开“文字编辑器”选项卡，撰写主线路中熔断器 FU1、组合开关 QS 及电源接线 L1~L3 的文字代号，结果如图 12-195 所示。

步骤 06 单击“注释”选项卡|“文字”面板上的“多行文字”按钮A，撰写控制线路中熔断器 FU5 的文字代号，结果如图 12-196 所示。

步骤 07 单击“注释”选项卡|“文字”面板上的“多行文字”按钮A，撰写控制线路中按钮 SB1~SB9 的文字代号，结果如图 12-197 所示。

步骤 08 单击“注释”选项卡|“文字”面板上的“多行文字”按钮A，撰写控制线路中的各交流继电器开关 KM1-1~KM6-2、KA1 的文字代号，结果如图 12-198 所示。

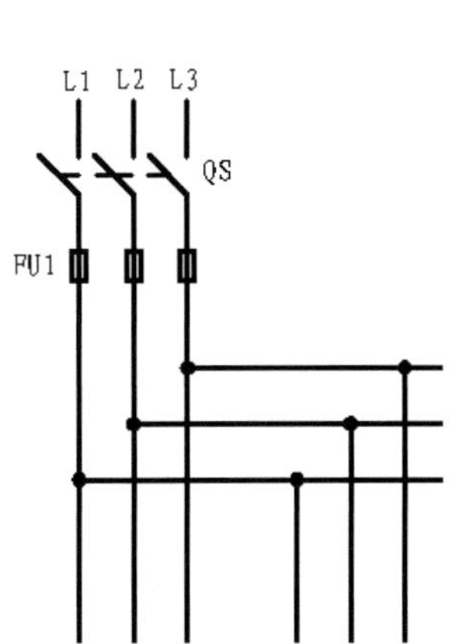

图 12-195　撰写熔断器、组合开关文字

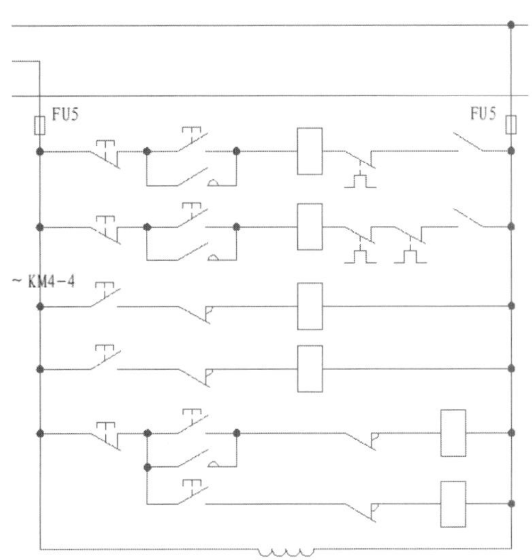

图 12-196　撰写熔断器文字

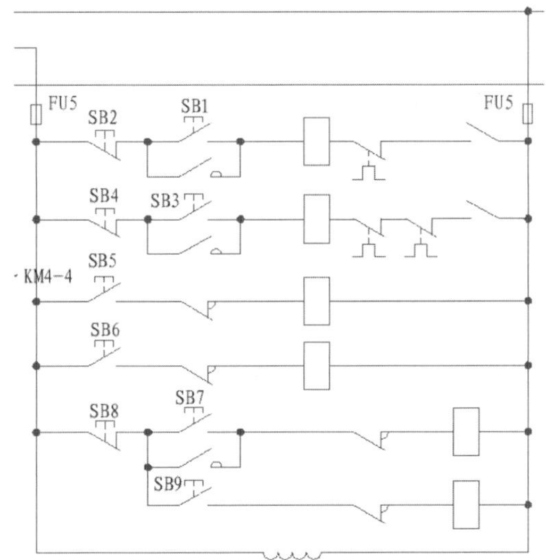

图 12-197　撰写按钮文字

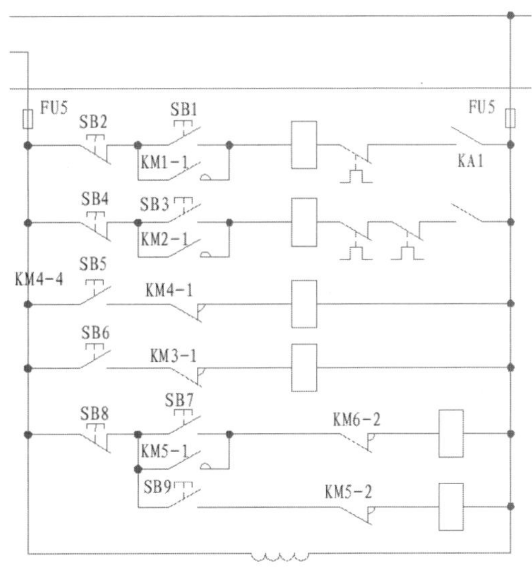

图 12-198　撰写交流继电器开关文字

步骤09 单击“注释”选项卡|“文字”面板上的“多行文字”按钮A，撰写控制线路中热继电器FR1~FR3 的文字代号，结果如图 12-199 所示。

步骤10 单击“注释”选项卡|“文字”面板上的“多行文字”按钮A，撰写控制线路中的各交流继电器线圈 KM1~KM6、KA2 的文字代号，结果如图 12-200 所示。

步骤11 单击“注释”选项卡|“文字”面板上的“多行文字”按钮A，撰写照明线路中变压器 T2 及其线圈 L11、L21 的文字代号，结果如图 12-201 所示。

步骤12 单击“注释”选项卡|“文字”面板上的“多行文字”按钮A，撰写照明线路中的熔断器FU2、FU3 的文字代号，结果如图 12-202 所示。

步骤13 单击“注释”选项卡|“文字”面板上的“多行文字”按钮A，撰写照明线路中的各交流继电器开关 KM1-5~KM6-5 及按钮 SA1 的文字代号，结果如图 12-203 所示。

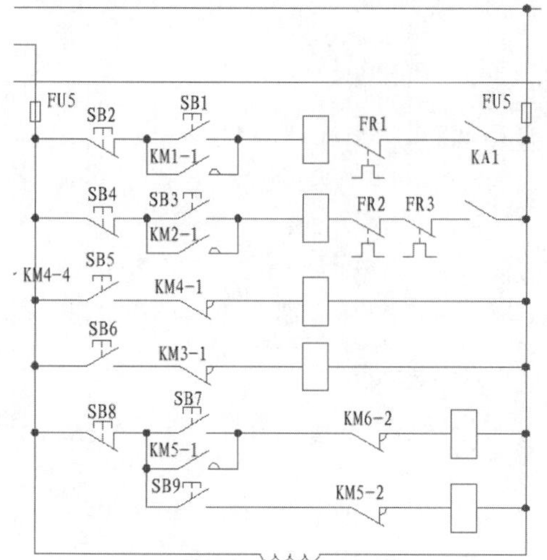

图 12-199　撰写热继电器文字

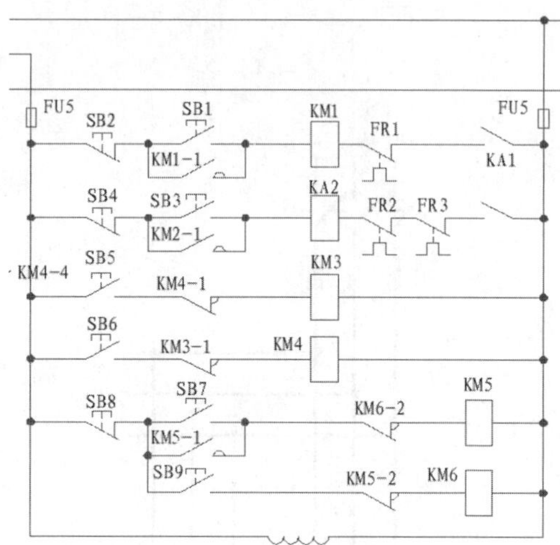

图 12-200　撰写交流继电器线圈文字

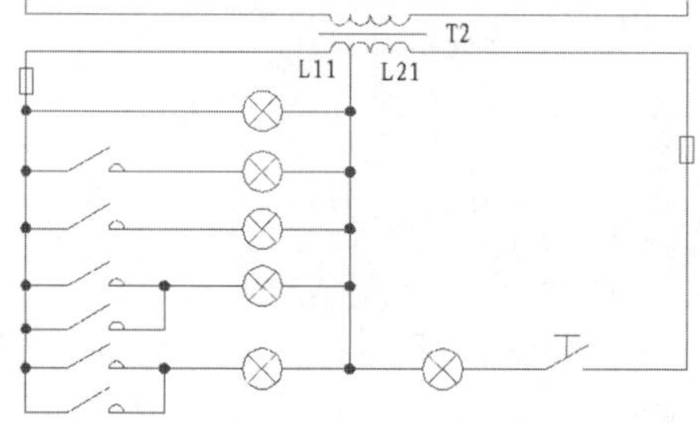

图 12-201　撰写变压器及其线圈文字

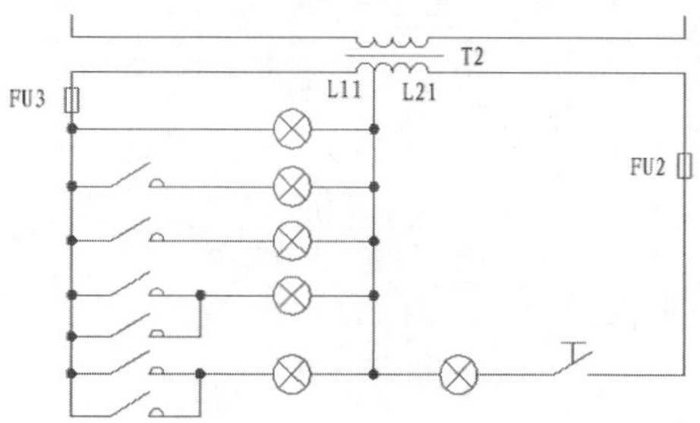

图 12-202　撰写熔断器文字

步骤 14　单击“注释”选项卡|“文字”面板上的“多行文字”按钮**A**，撰写照明线路中的各显示灯 HL1~HL4、HL、EL1 的文字代号，结果如图 12-204 所示。

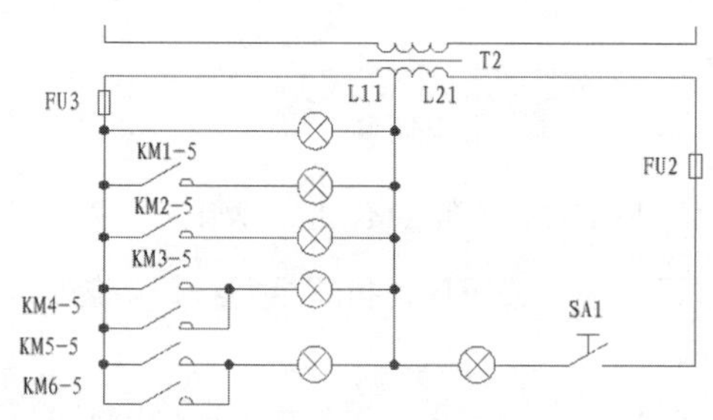

图 12-203　撰写交流继电器开关及按钮文字

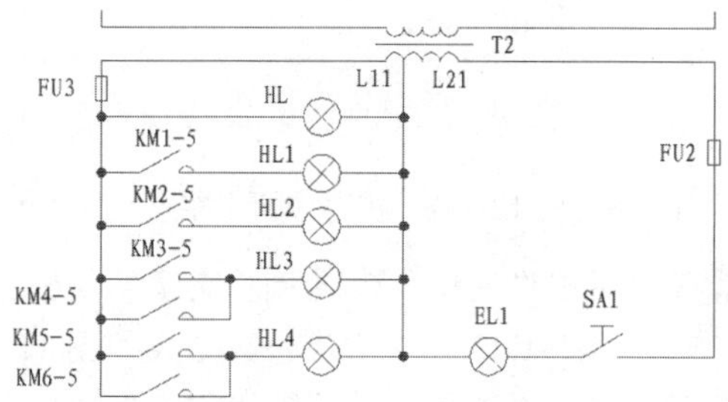

图 12-204　撰写显示灯文字

步骤 15　单击“注释”选项卡|“文字”面板上的“多行文字”按钮**A**，撰写电磁工作线路中的熔断器 FU4、FU6 的文字代号，结果如图 12-205 所示。

步骤 16　单击“注释”选项卡|“文字”面板上的“多行文字”按钮**A**，撰写电磁工作线路中的变压器 T1 的文字代号，结果如图 12-206 所示。

步骤 17　单击“注释”选项卡|“文字”面板上的“多行文字”按钮**A**，撰写电磁工作线路中的整流器 VD1~VD4 的文字代号，结果如图 12-207 所示。

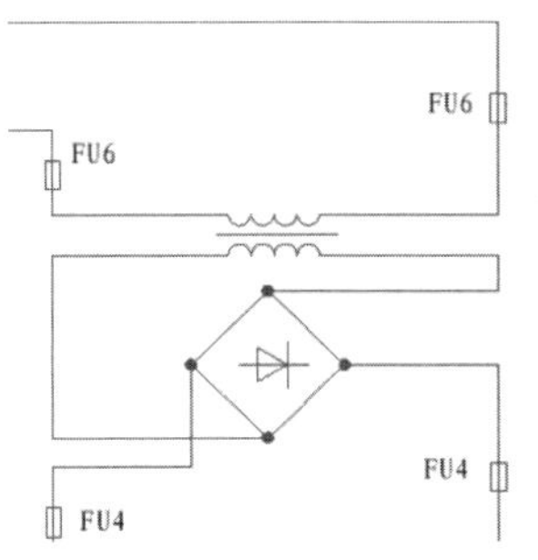

图 12-205　撰写熔断器文字

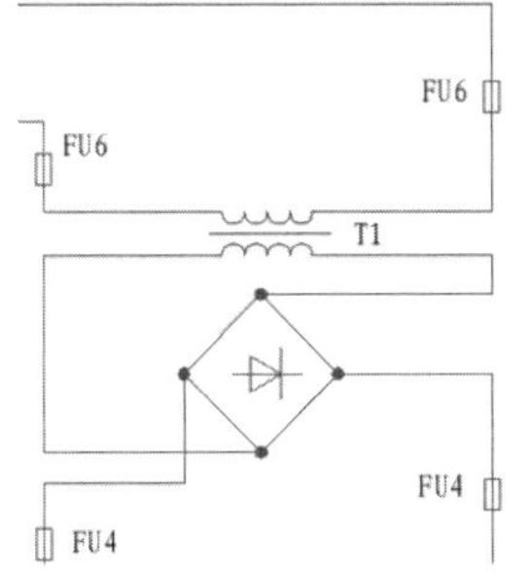

图 12-206　撰写变压器文字

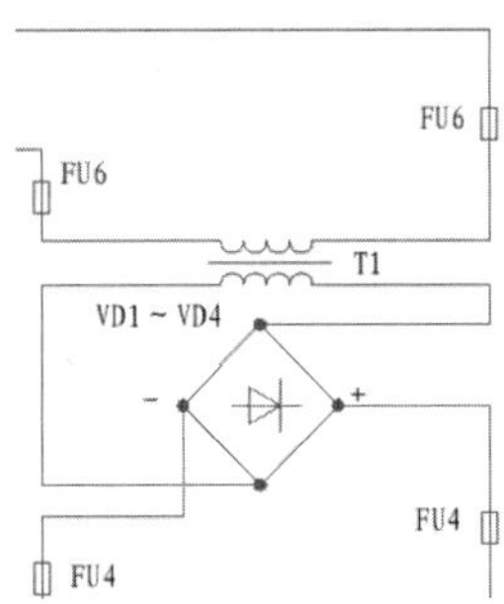

图 12-207　撰写整流器文字

步骤18 单击“注释”选项卡|“文字”面板上的“多行文字”按钮A，撰写电磁工作线路中的欠压继电器 KA 的文字代号，结果如图 12-208 所示。

步骤19 单击“注释”选项卡|“文字”面板上的“多行文字”按钮A，撰写电磁工作线路中的交流继电器开关 KM5-3~KM6-4 的文字代号，结果如图 12-209 所示。

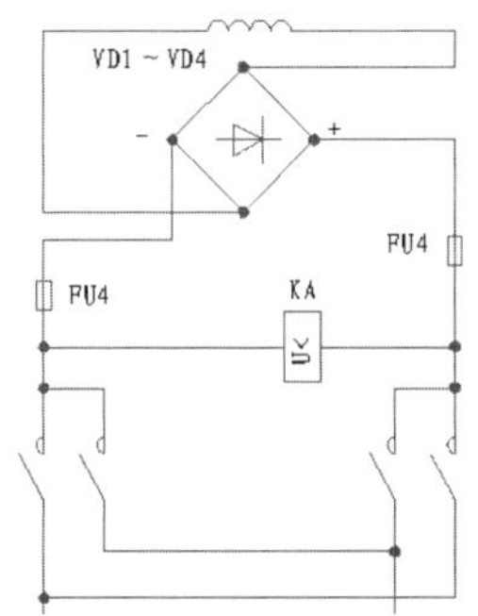

图 12-208　撰写欠压继电器文字

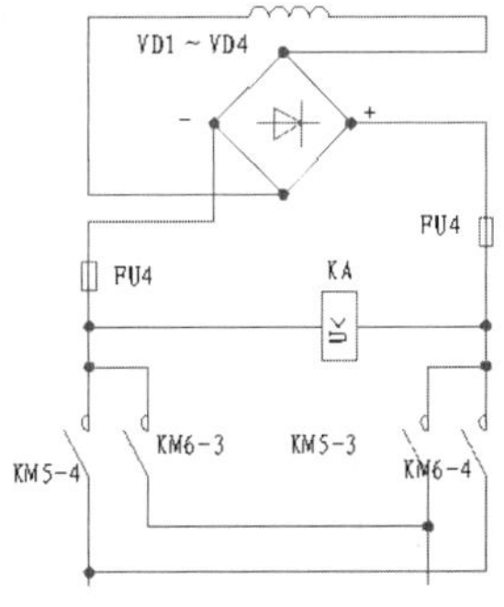

图 12-209　撰写交流继电器开关文字

步骤20 单击“注释”选项卡|“文字”面板上的“多行文字”按钮A，撰写电磁工作线路中的电阻 R1 和电容 C1 的文字代号，结果如图 12-210 所示。

步骤21 单击“注释”选项卡|“文字”面板上的“多行文字”按钮A，撰写电磁工作线路中的插销 X1 和平面吸铁盘 YH 的文字代号，结果如图 12-211 所示。至此，完成电磁工作线路的绘制。

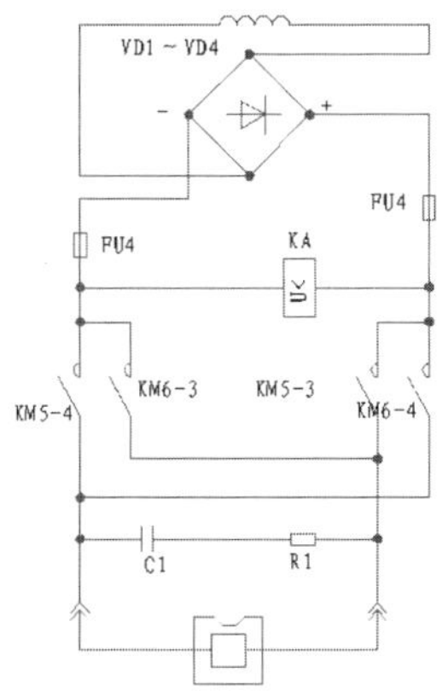

图 12-210　撰写电阻和电容文字

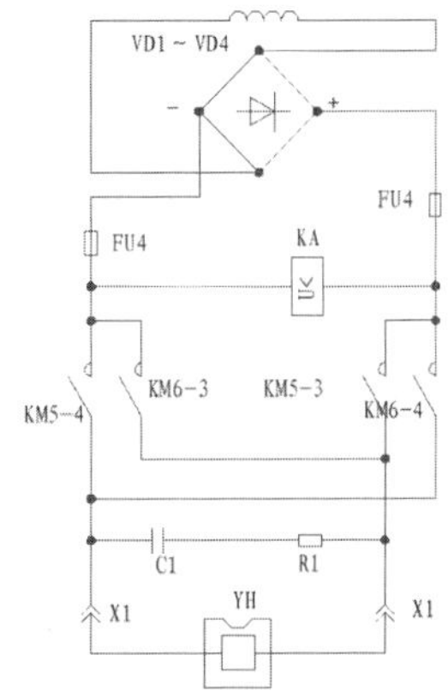

图 12-211　撰写插销和平面吸铁盘文字

第13章 家用电器电气设计

导言

家用电器电气设计也是电气设计的重要组成部分。要想利用 AutoCAD 2021 绘制家用电器电气工程图，就需要了解家用电器电气设计的基本概念和家用电器电气设计制图读图的基本知识。

本章主要介绍家用电器电气设计的基础知识、家用电器电气制图基础知识，以及如何用 AutoCAD 2021 绘制家用电器电气工程图。

13.1 家用电器及家用电器图基础知识

了解家用电器电气设计的基本过程是绘制出合格家用电器电气工程图的基础，要掌握 AutoCAD 2021 家用电器电气设计制图的方法和技术，首先必须了解家用电器电气设计的基础知识和制图规范。

13.1.1 家用电器电气图的分类及要求

家用电器电气工程图主要有电气控制图、电气接线图、电气原理图等。

家用电器电气控制图是将电气控制装置的各种电器元件用图形符号表示并按工作顺序排列，详细勾画控制装置、电路的基本构成和连接关系。家用电器电气控制电路图的主要描述对象是电动机以及电器的电气控制装置，描述内容是其工作原理、电气接线、安装方法等。

家用电器电气接线图是表示电气控制装置中各元件的连接关系的简图，主要用于安装接线和维修查线。

家用电器电气原理图是表示电气设计中各元件的连接关系的简图，主要用于安装接线和维修查线。

13.1.2 家用电器电气图的绘制步骤

家用电器的产品类型很多，但对于各种电气图，大致绘制步骤却大同小异，一般包括以下几步：

步骤 01 细分电路，理顺主次关系。绘制家用电器电气图之前，应该先将整个线路进行划分，理顺整个线路的主次关系。一般绘制过程可以划分为集成电路 IC 主线路绘制、各个引脚分支线路的绘制，并对图纸进行整体布局。

步骤 02 绘图准备。绘制整图之前一般要进行一些绘图准备，如建立新文件、设置图形工作界限、设置图层、设置线型、捕捉设置、文字样式定义等。

步骤 03 绘制图块。在绘制家用电器电气原理图的过程中，需要用到大量的电阻、电容、电感和二极管之类的电子元器件，在绘制这一类图形时应该先将要用到的电子元器件制作成图块，可以大大减少绘制相同图形的重复工作，同时也便于以后的图纸修改。

步骤 04 绘制集成电路 IC 主线路。先绘制图中所有的集成电路 IC 主线路，并根据图纸的具体情况对各个集成电路 IC 块进行合理布局，根据分析的结果合理分配图纸空间。

步骤 05 绘制各个引脚分支线路。根据各个引脚编号按照顺序针对各个引脚绘制分支线路，这样方便整图的布局，也不容易遗漏。分支线路通常是一个大回路，而在这个大回路中又包含了若干个小回路，每个小回路又具有一个或多个控制元件，在绘制过程中需要事先合理地进行图纸布局，以防止附近引脚分支线路位置重叠。

步骤 06 标注元器件代号和文字说明。在家用电器电气图中有大量的文字说明，主要是对元器件型号进行标注，在书写文字标注的时候，需要注意美观和比例协调。

13.2 绘制空调机电气原理图

家用电器包括电视、空调、冰箱、洗衣机等很多产品类型，家用电器电气制图也包括很多种类。由于篇幅有限，本章仅以某型号空调室外机电气原理图和电气接线图的详细绘制过程为例，介绍如何利用 AutoCAD 2021 进行家用电器电气制图。

13.2.1 绘制空调室外机电气原理图

如图 13-1 所示是某型号空调室外机电气原理图，本小节将详细介绍其绘制过程，希望读者能举一反三，完成类似电气原理图的绘制。

1. 绘图准备

在绘制空调室外机电气原理图的过程中，首先必须进行相应的绘图准备，然后在绘制过程中就能事半功倍，大大提高绘图的效率和准确性。在本例中所需要的绘图准备工作包括以下几个方面。

（1）新建图形

单击“快速访问”工具栏上的“新建”按钮，打开“选择样板”对话框，单击右侧的按钮，以“无样板打开——公制（M）”方式建立新文件，将新文件命名为“空调室外机电气原理图.dwg”进行保存。

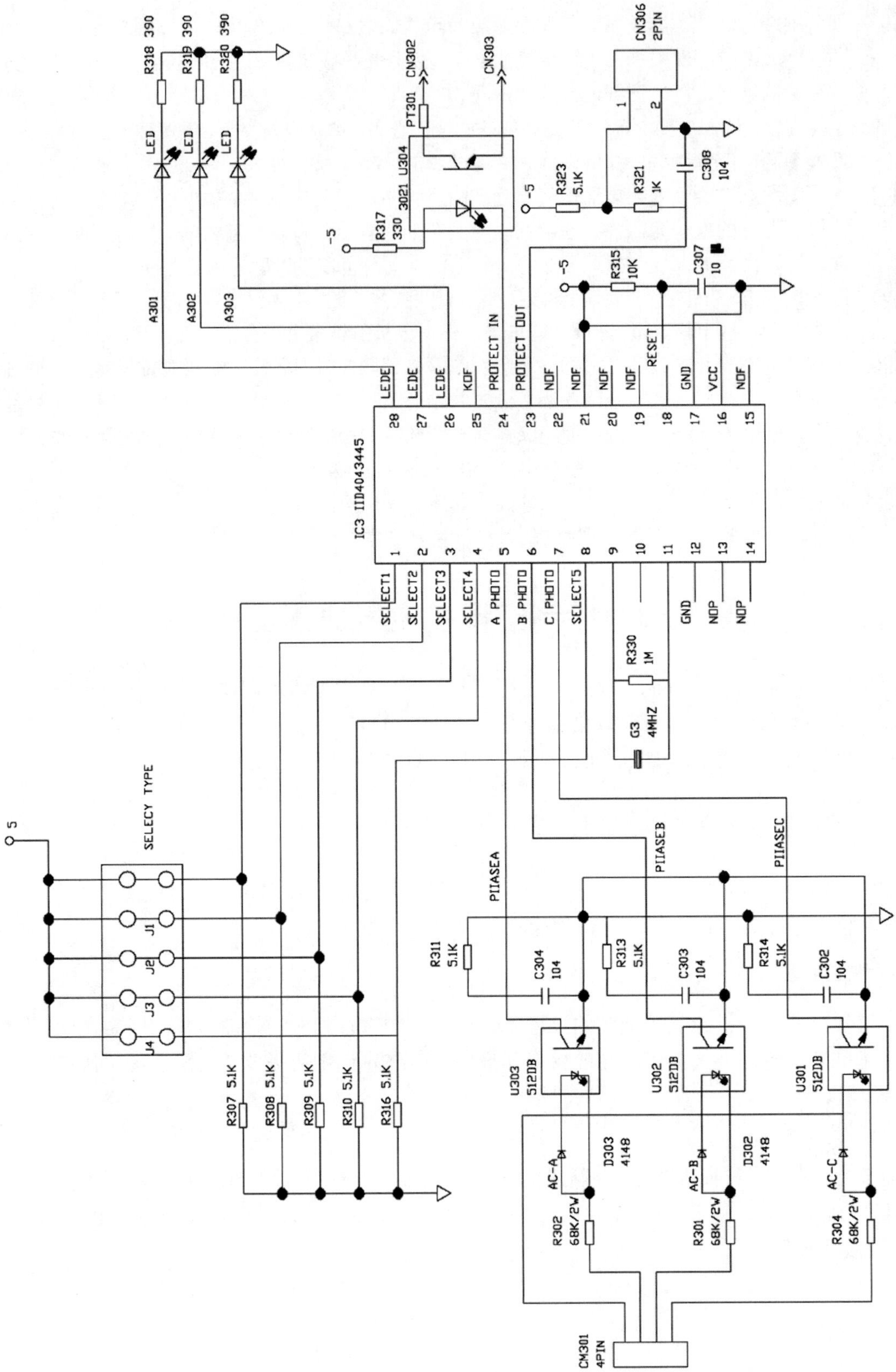

图 13-1　某型号空调室外机电气原理图

（2）设置图形工作界限

在命令行输入 LIMITS 后按 Enter 键，执行“图形界限”命令，设置图形界限，命令行提示如下：

```
命令：limits
重新设置模型空间界限
指定左下角点或[开(ON)/关(OFF)] <0.0000,0.0000>:    //按 Enter 键，使用默认左下角点
指定右上角点<420.0000,297.0000>:                    //按 Enter 键，使用默认右上角点
```

执行“导航栏”上的“全部缩放”功能，将图形界限最大化显示。

（3）设置图层

单击“默认”选项卡|“图层”面板上的“图层特性”按钮，打开“图层特性管理器”选项板，新建并设置每一个图层，如图 13-2 所示。

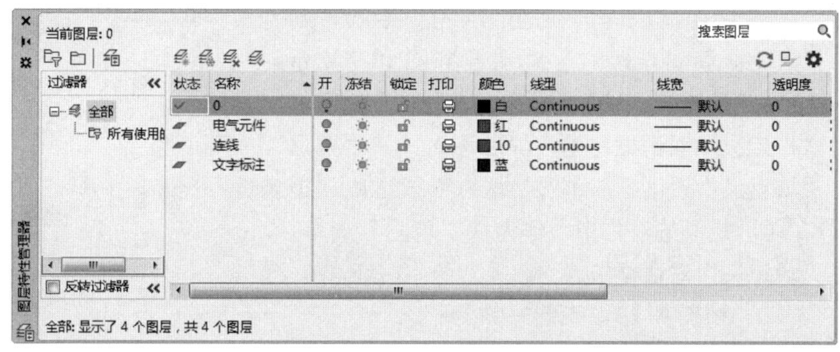

图 13-2　图层设置

（4）捕捉设置

右击状态栏上“对象捕捉”按钮，在弹出的按钮菜单上选择“对象捕捉设置”选项，打开“草图设置”对话框，设置“对象捕捉”如图 13-3 所示。

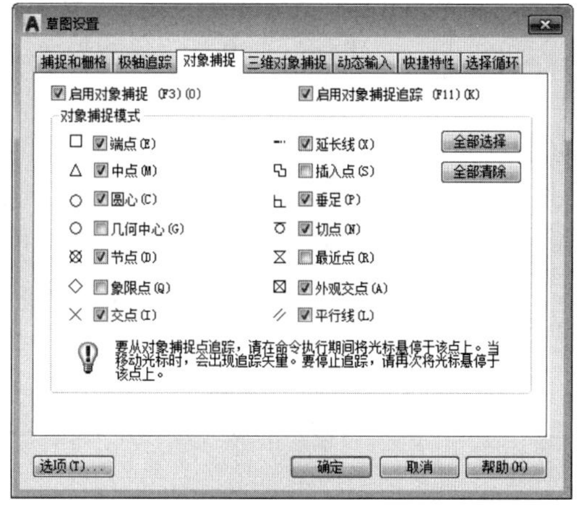

图 13-3　“对象捕捉”设置

（5）设置文字样式

步骤 01　选择“格式”|“文字样式”，弹出“文字样式”对话框。

步骤 02　单击“文字样式”对话框中的“新建”按钮，弹出如图 13-4 所示的对话框，输入“样式名”为“电气制图说明”。

步骤 03　“电气制图说明”文字样式中字体设为“仿宋”，高度选择默认高度值 0，宽度因子选择默认宽度比 1，然后单击“文字样式”对话框中的“应用”按钮完成文字样式的设置。

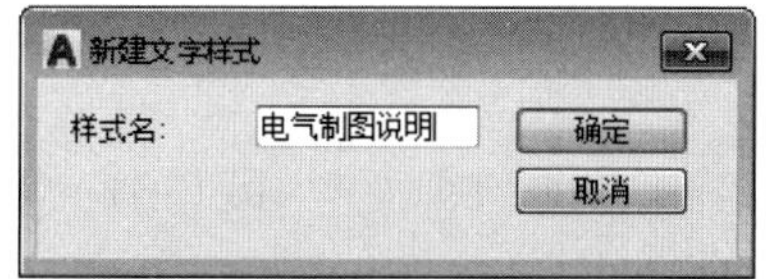

图 13-4　为文字样式命名

2. 绘制图块

由于家用电器电气设计中用到的元器件众多，而且很多图块的绘制过程类似，故仅介绍几个典型的电子元器件图块的绘制方法，其他所要用到的元器件图块，读者可自行绘制。

（1）电阻图块的绘制

步骤 01 展开“默认”选项卡|“图层”面板上的“图层”下拉列表，设置当前图层为“电气元件”。

步骤 02 单击“默认”选项卡|“绘图”面板上的“矩形”按钮，绘制矩形，效果如图 13-5 所示。

图 13-5 绘制矩形

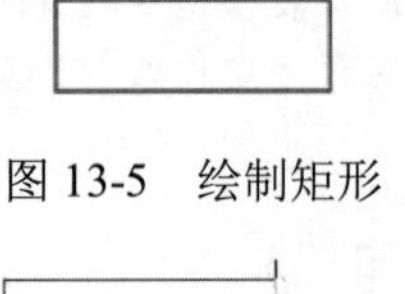

图 13-6 捕捉直线起点

步骤 03 单击“默认”选项卡|“绘图”面板上的“直线”按钮，捕捉如图 13-6 所示的矩形右边中点，绘制长度为 2 的水平直线，然后同样在矩形的左边绘制长度为 2 的水平直线，完成电阻的绘制，效果如图 13-7 所示。

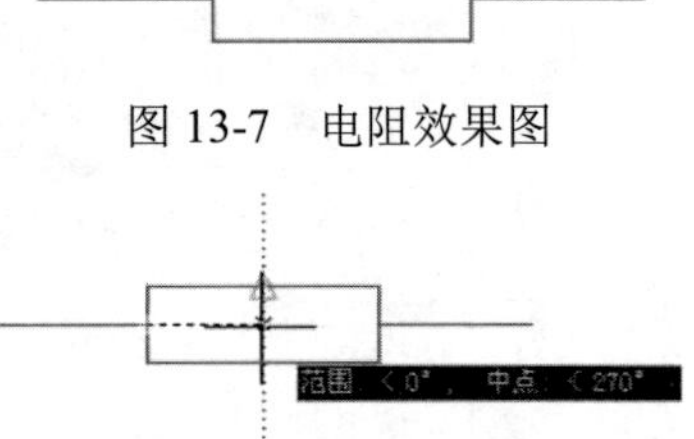

图 13-7 电阻效果图

图 13-8 拾取电阻块的基点

步骤 04 单击“默认”选项卡|“块”面板上的“创建”按钮，弹出“块定义”对话框，输入块名称为 “电阻”。

步骤 05 单击“块定义”对话框中的“拾取点”按钮，把如图 13-8 所示矩形的对称中心作为块“电阻”的基点。

步骤 06 单击“块定义”对话框中的“选择对象”按钮，选择步骤（2）和步骤（3）绘制好的图形。

步骤 07 块“电阻”在块编辑器中的显示效果如图 13-9 所示。

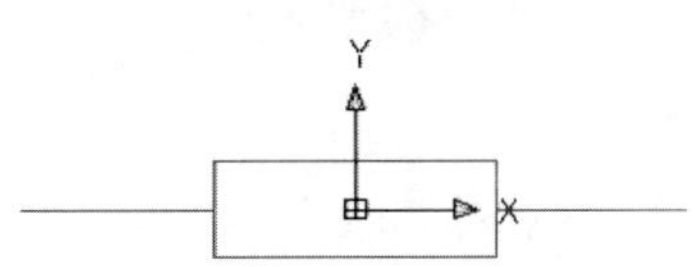

图 13-9 电阻块

（2）极性电容图块的绘制

步骤 01 单击“默认”选项卡|“绘图”面板上的“直线”按钮，绘制一条长度为 2 的水平直线，效果如图 13-10 所示。

步骤 02 单击“默认”选项卡|“修改”面板上的“复制”按钮，以步骤（1）中直线的中点为基点，将直线向上复制一份，距离为 0.8，效果如图 13-11 所示。

步骤 03 单击“默认”选项卡|“绘图”面板上的“直线”按钮，分别以图 13-11 中水平直线的中点为起点正交向上、向下各绘制一条长度为 2 的垂直直线，效果如图 13-12 所示。

步骤 04 单击“默认”选项卡|“注释”面板上的“单行文字”按钮A，添加极性文字说明“＋”，在竖直直线附近单击（不要求精确位置），然后设置字体为“仿宋”，文字高度为 0.8，旋转角度为 0°，完成极性电容的绘制，如图 13-13 所示。

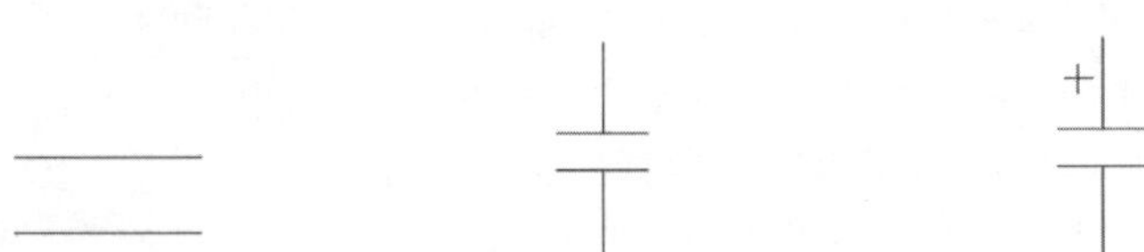

图 13-10 绘制直线　图 13-11 复制直线　图 13-12 绘制竖直直线　图 13-13 添加文字说明

步骤 05 单击“默认”选项卡|“块”面板上的“创建”按钮，弹出“块定义”对话框，输入块名称为“极性电容器”。

步骤06 单击“默认”选项卡|“绘图”面板上的“直线”按钮╱，如图13-14所示连接两水平线的中点，然后单击“块定义”对话框中的“拾取点”按钮，捕捉刚才绘制的连接线的中点作为块“极性电容器”的基点。

步骤07 单击“块定义”对话框中的“选择对象”按钮，选择在步骤（1）~步骤（4）中绘制好的图形。

步骤08 块“极性电容器”在块编辑器中的显示效果如图13-15所示。

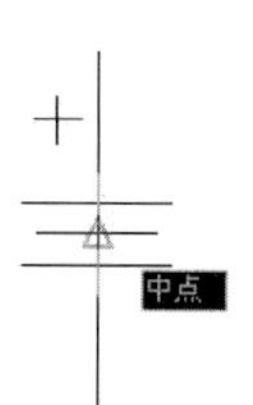

图13-14　拾取极性电容器块基点

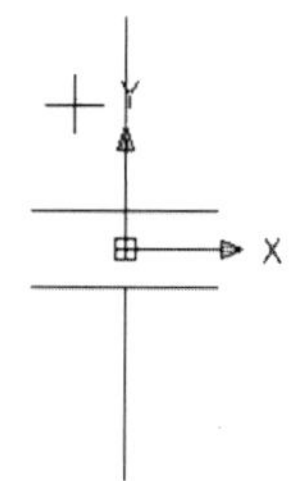

图13-15　极性电容器块

（3）发光二极管图块的绘制

步骤01 单击“默认”选项卡|“绘图”面板上的“直线”按钮╱，绘制等边三角形，效果如图13-16所示。命令行提示如下：

```
命令：line
指定第一点：                                //在屏幕中单击空白处为直线起点
指定下一点或[放弃(U)]：  @2<180             //指定等边三角形底边的终点
指定下一点或[放弃(U)]：  @2<120             //指定等边三角形右腰的终点
指定第一点：                                //捕捉等边三角形底边的起点
指定下一点或[放弃(U)]：                     //按Enter键，结束直线命令
```

步骤02 单击“默认”选项卡|“修改”面板上的“复制”按钮，以等边三角形底边中点为复制基点，三角形顶点为复制目标点复制水平直线，效果如图13-17所示。

步骤03 单击“默认”选项卡|“绘图”面板上的“直线”按钮╱，以三角形顶点为起点向上正交地绘制长度为2的竖直直线，然后连接顶点和底边中点，再以底边中点为起点，向下正交地绘制长度为2的竖直直线，效果如图13-18所示。（注意：分三段绘制直线是为了方便下面捕捉三角形中线的中点作为基点。）

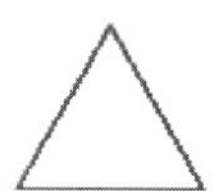

图13-16　绘制等边三角形

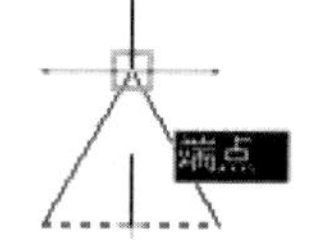

图13-17　复制直线

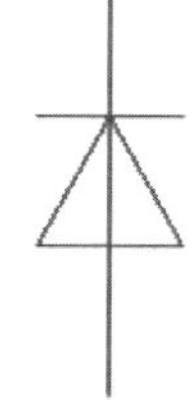

图13-18　绘制竖直直线

步骤04 单击“默认”选项卡|“绘图”面板上的“多段线”按钮，绘制箭头，效果如图13-19所示。命令行提示如下：

```
命令：pline
指定起点：//选择三角形顶点附近点为起点（不要求精确位置，选择时关闭捕捉模式）
当前线宽为 0.0000
指定下一个点或[圆弧（A）/半宽（H）/长度（L）/放弃（U）/宽度（W）]：@1<30    //指定第二点坐标
指定下一个点或[圆弧（A）/闭合（C）/半宽（H）/长度（L）/放弃（U）/宽度（W）]：W  //选择宽度设置
指定起点宽度<0.0000>：0.5                                //起点宽度设置为 0.5
指定端点宽度<0.5000>：0                                  //端点宽度设置为 0
指定下一个点或[圆弧（A）/闭合（C）/半宽（H）/长度（L）/放弃（U）/宽度（W）]：@1<30  //指定第三点坐标
指定下一个点或[圆弧（A）/闭合（C）/半宽（H）/长度（L）/放弃（U）/宽度（W）]：//按 Enter 键完成绘制
```

步骤05 单击“默认”选项卡|“修改”面板上的“复制”按钮，将步骤（4）绘制的箭头复制一份，并移动适当距离（不要求精确位置），完成发光二极管的绘制，效果如图 13-20 所示。

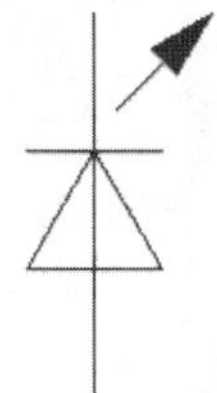
图 13-19　绘制箭头

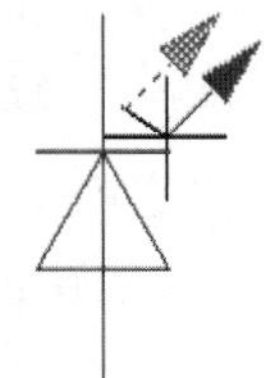
图 13-20　复制箭头

步骤06 单击“默认”选项卡|“块”面板上的“创建”按钮，弹出“块定义”对话框，输入块名称为“发光二极管”。

步骤07 单击“块定义”对话框中的“拾取点”按钮，如图 13-21 所示，捕捉三角形中线的中点作为块“发光二极管”的基点。

步骤08 单击“块定义”对话框中的“选择对象”按钮，选择步骤（1）~步骤（5）绘制好的图形。

步骤09 块“发光二极管”在块编辑器中的显示效果如图 13-22 所示。

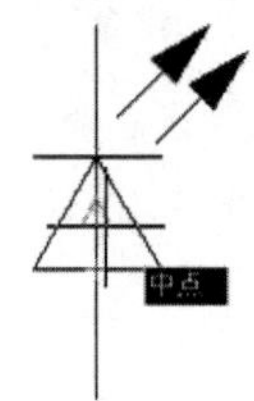

图 13-21　拾取发光二极管块基点

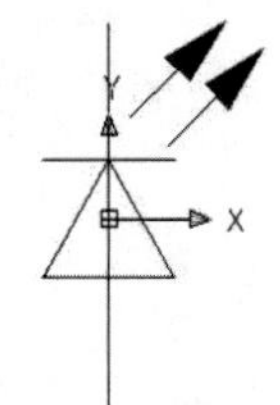

图 13-22　发光二极管块

3. 绘制集成电路IC主线路

步骤01 展开“默认”选项卡|“图层”面板上的“图层”下拉列表，设置当前图层为“电气元件”。

步骤02 单击“默认”选项卡|“绘图”面板上的“矩形”按钮，绘制一个 20×50 的矩形，效果如图 13-23 所示。

步骤 03 单击“默认”选项卡|“绘图”面板上的“直线”按钮，如图 13-24 所示以矩形的右下端点为起点，绘制长为 5 的水平直线。

步骤 04 单击“默认”选项卡|“修改”面板上的“移动”按钮，将步骤（3）绘制的直线以直线的中点为移动基点正交向上移动，移动距离为 2，效果如图 13-25 所示。

步骤 05 单击“默认”选项卡|“修改”面板上的“矩形阵列”按钮，将在步骤（4）绘制的直线为阵列对象，设置阵列的行数为 14，列数为 1，行间距为 3.5，效果如图 13-26 所示。

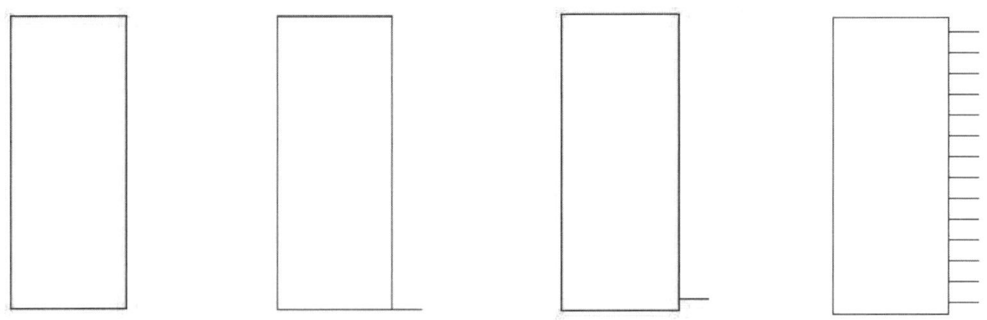

图 13-23　绘制矩形　　图 13-24　绘制直线　　图 13-25　移动直线　　图 13-26　阵列直线效果

步骤 06 单击“默认”选项卡|“修改”面板上的“镜像”按钮，以步骤（2）绘制的矩形中线为镜像轴，将步骤（5）阵列后的直线镜像一份，效果如图 13-27 所示。

步骤 07 单击“默认”选项卡|“注释”面板上的“单行文字”按钮，与前面设置的文字样式相同，添加引脚编号文字说明 1，文字高度设为 1，旋转角度设为 0°，效果如图 13-28 所示。

步骤 08 单击“默认”选项卡|“修改”面板上的“矩形阵列”按钮，以引脚文字 1 为阵列对象，设置阵列的行数为 14，列数为 1，行间距为–3.5，效果如图 13-29 所示。

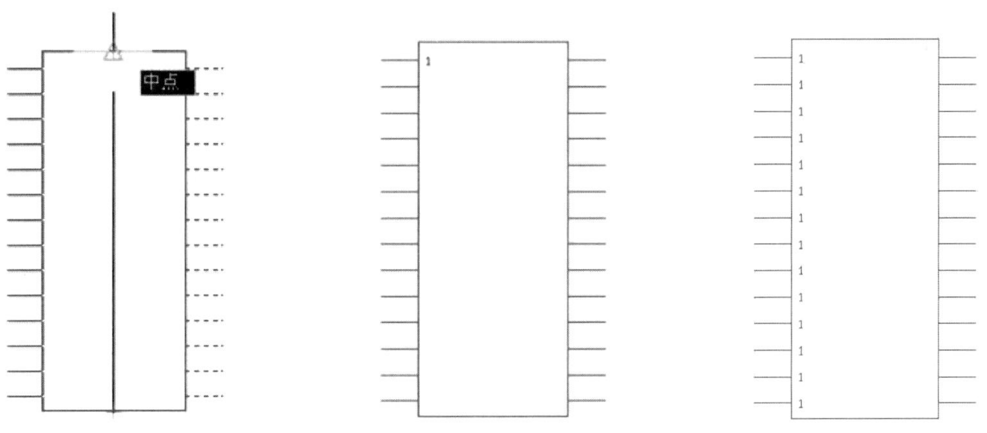

图 13-27　镜像直线　　图 13-28　标注引脚　　图 13-29　阵列引脚文字效果

步骤 09 单击“默认”选项卡|“修改”面板上的“镜像”按钮，以步骤（2）绘制的矩形中线为镜像轴，将步骤（8）阵列后的引脚文字标注镜像一份，效果如图 13-30 所示。

步骤 10 如图 13-31 所示，修改引脚编号文字说明。

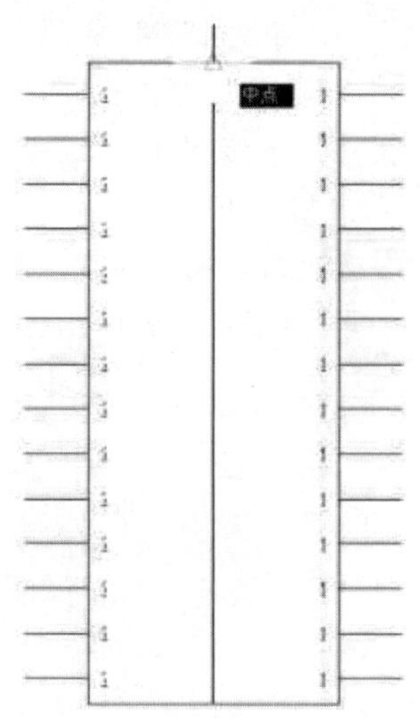

图 13-30　镜像引脚文字

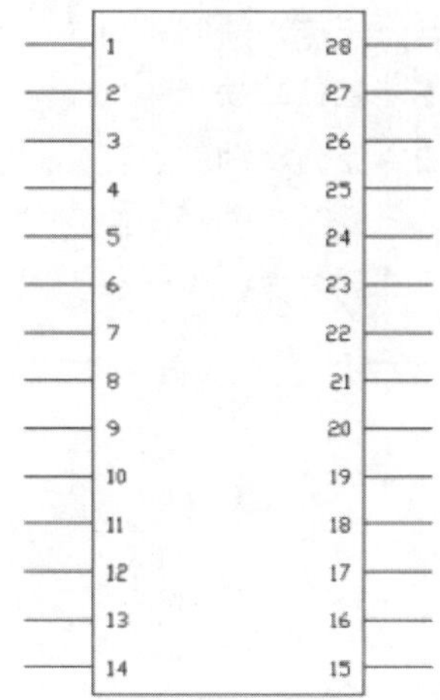

图 13-31　修改引脚文字

4. 绘制各个引脚分支线路

分析图 13-1，本例绘制的电气原理图中共有 7 个引脚分支电路，下面介绍具体的绘制过程。

（1）绘制引脚 1、引脚 2、引脚 3、引脚 4、引脚 8 分支线路图

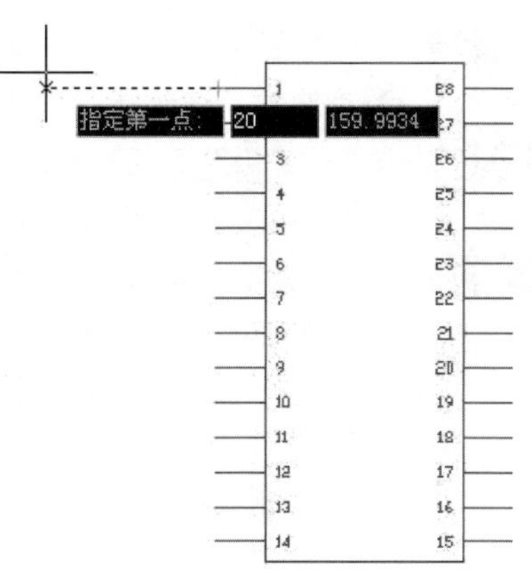

图 13-32　捕捉直线起点

步骤 01 单击“默认”选项卡|“绘图”面板上的“直线”按钮，捕捉如图 13-32 所示距引脚直线 1 的右端点距离为 20 的点为直线起点，如图 13-33 所示，连续绘制三段长为 20 的水平直线。

步骤 02 单击“默认”选项卡|“块”面板上的“插入块”按钮，在弹出的面板中单击选择“电阻”图块，如图 13-34 所示。

图 13-33　绘制三段连续水平直线

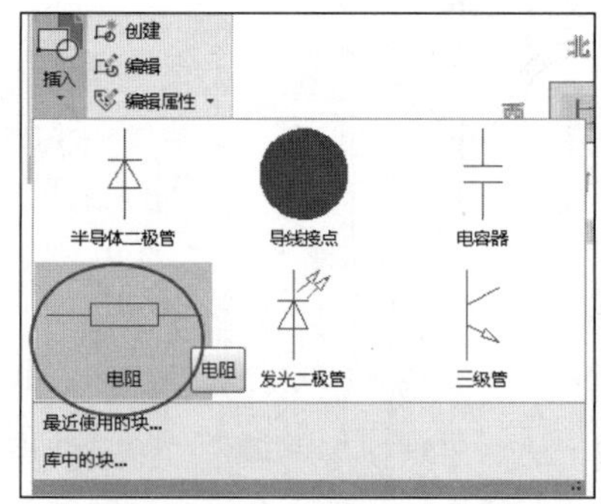

图 13-34　插入“电阻”图块

步骤 03 返回绘图区以默认参数插入电阻图块，如图 13-35 所示，以步骤（1）最后一段直线的中点为插入基点，插入电阻块。

步骤04 单击“默认”选项卡|“修改”面板上的“修剪”按钮，修剪掉电阻内的直线，效果如图 13-36 所示。

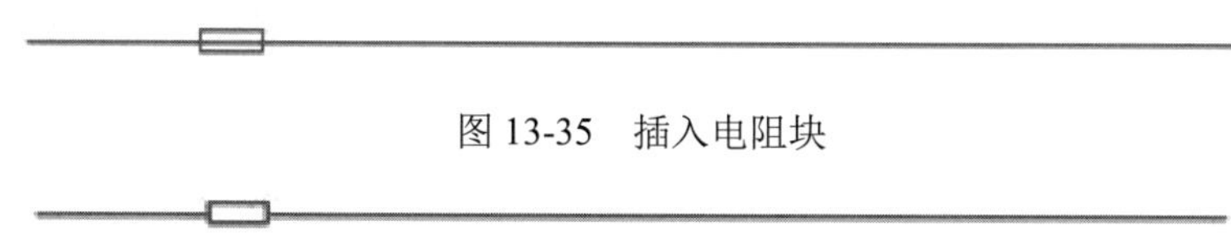

图 13-35 插入电阻块

图 13-36 修剪电阻内直线

步骤05 单击“默认”选项卡|“修改”面板上的“矩形阵列”按钮，以在步骤（4）中绘制好的水平线和电阻为阵列对象，设置阵列行数为 5，列数为 1，行间距为 5，效果如图 13-37 所示。

步骤06 单击“默认”选项卡|“绘图”面板上的“直线”按钮，如图 13-38 所示连接直线的端点（最后一段直线）。

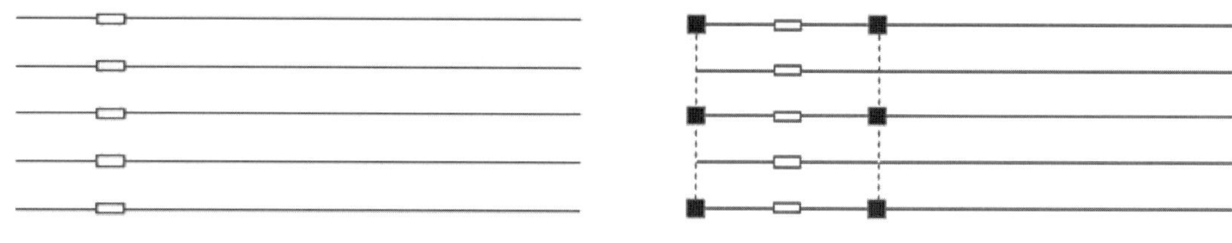

图 13-37 阵列效果

图 13-38 连接直线的端点

步骤07 单击“默认”选项卡|“绘图”面板上的“直线”按钮，如图 13-39 所示正交向上连续绘制三段竖直直线，长度由下至上依次为 10、5 和 10。

步骤08 单击“默认”选项卡|“绘图”面板上的“圆”按钮，以第二段直线的两个端点为圆心分别绘制两个半径为 1 的圆，效果如图 13-40 所示。

步骤09 单击“默认”选项卡|“修改”面板上的“修剪”按钮，修剪掉在圆内的直线，效果如图 13-41 所示。

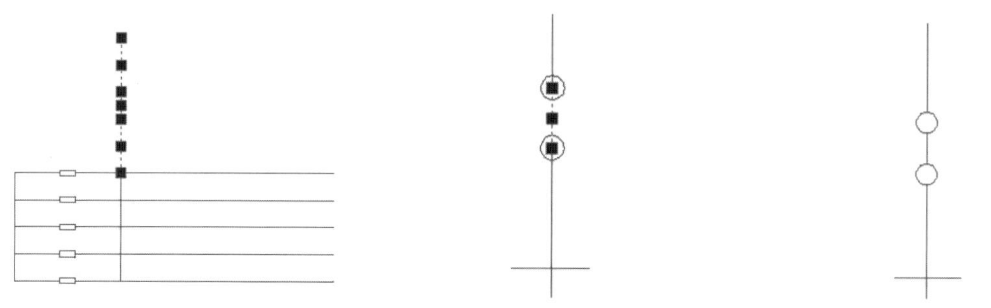

图 13-39 连续绘制三段直线

图 13-40 绘制两个圆

图 13-41 修剪圆内直线

步骤10 单击“默认”选项卡|“修改”面板上的“矩形阵列”按钮，以图 13-42 所示的图形为阵列对象，设置阵列的行数为 1，列数为 5，列间距为 5，阵列效果如图 13-43 所示。

步骤11 单击“默认”选项卡|“绘图”面板上的“直线”按钮，如图 13-44 所示绘制 4 段直线。

步骤12 单击“默认”选项卡|“绘图”面板上的“矩形”按钮，如图 13-45 所示绘制一个矩形，大小能框住图中所示的范围即可。

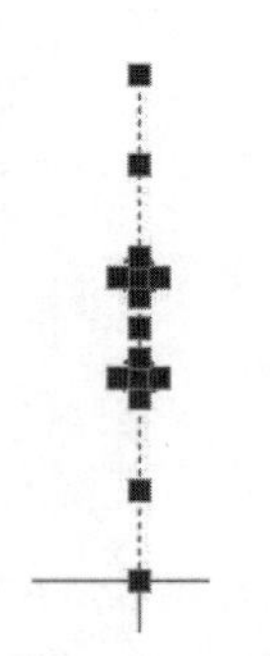
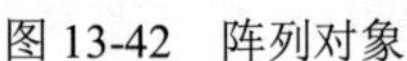

图 13-42　阵列对象

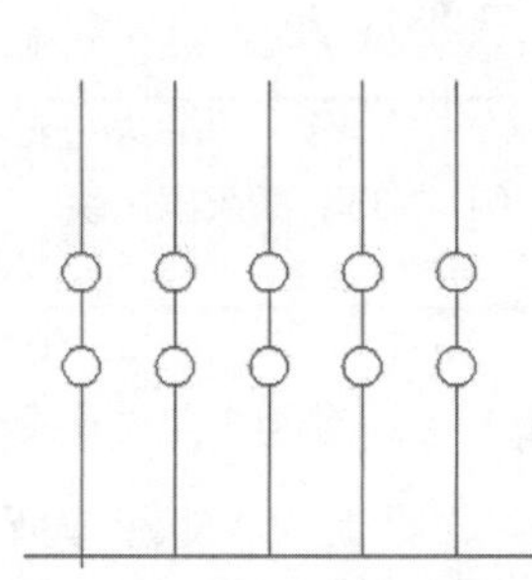

图 13-43　阵列效果

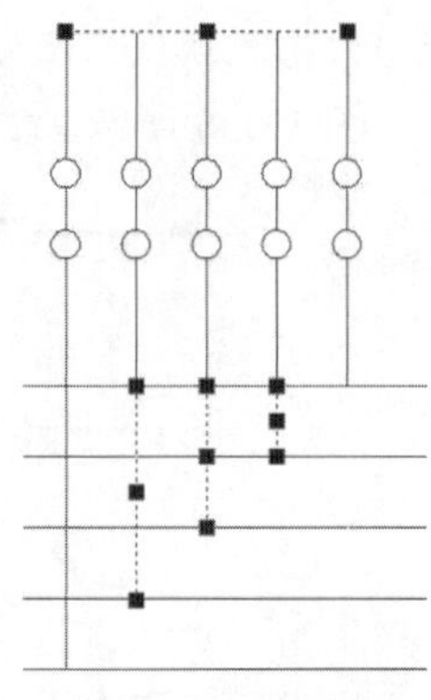

图 13-44　绘制直线

步骤 13　单击“默认”选项卡|“绘图”面板上的“直线”按钮，如图 13-46 所示绘制两段直线（水平和竖直），长度都为 5。

步骤 14　单击“默认”选项卡|“绘图”面板上的“圆”按钮，以竖直直线的上端点为圆心绘制半径为 0.5 的圆，效果如图 13-47 所示。

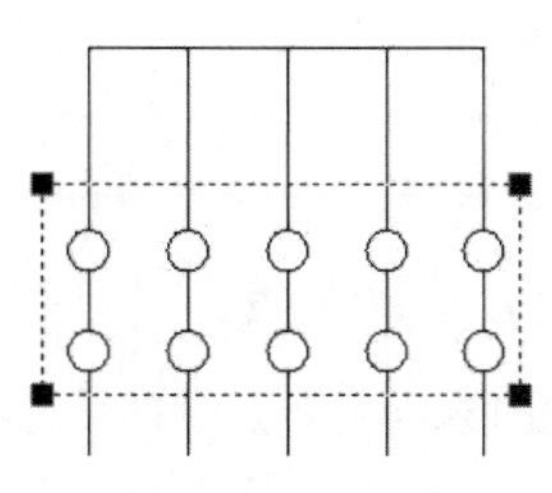

图 13-45　绘制矩形

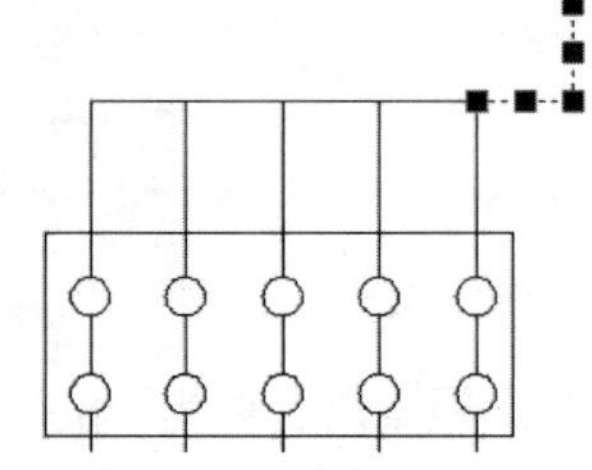

图 13-46　绘制直线

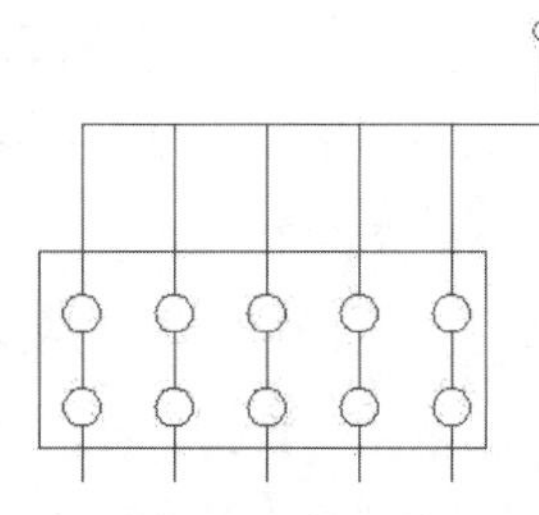

图 13-47　绘制圆

步骤 15　单击“默认”选项卡|“修改”面板上的“修剪”按钮，修剪掉在圆内的直线，效果如图 13-48 所示。

步骤 16　单击“默认”选项卡|“绘图”面板上的“直线”按钮，如图 13-49 所示绘制竖直直线，长度为 5。

步骤 17　单击“默认”选项卡|“块”面板上的“插入块”按钮，设置参数同插入电阻块，以步骤（16）绘制的直线下端点为插入目标点，插入三角形块，效果如图 13-50 所示。

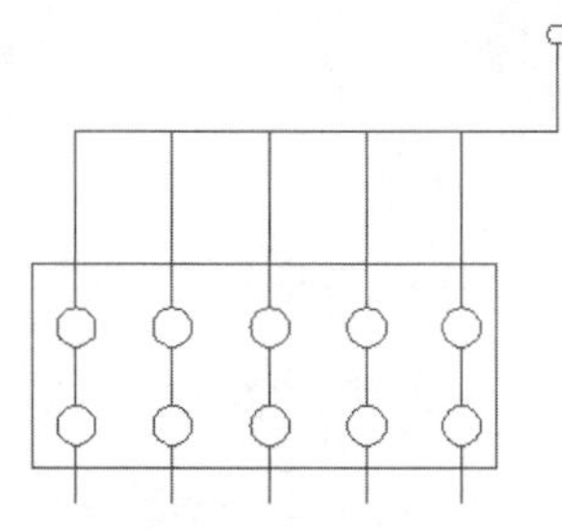

图 13-48　修剪圆内直线

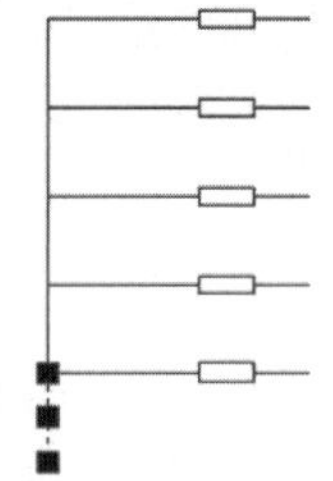

图 13-49　绘制直线

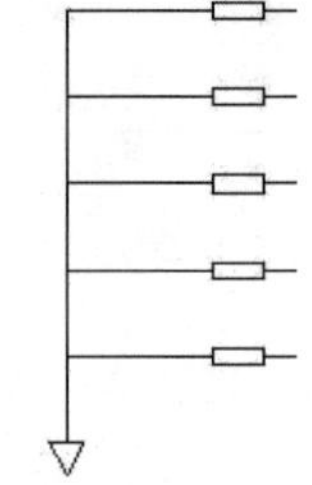

图 13-50　插入三角形

步骤 18　单击“默认”选项卡|“块”面板上的“插入块”按钮，设置参数同插入电阻块，在导线的接点插入连接填充的圆块，效果如图 13-51 所示。

步骤 19　单击“默认”选项卡|“绘图”面板上的“直线”按钮，如图 13-52 所示以引脚直线 1

的左端点为起点向上正交地绘制直线，终点为捕捉电阻阵列的第一条直线的延长线，即长为 20，然后如图 13-53 所示连接水平直线。

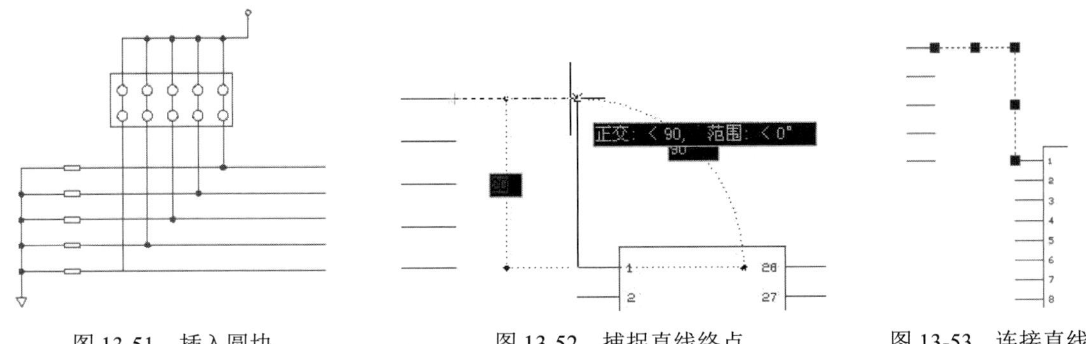

图 13-51　插入圆块　　图 13-52　捕捉直线终点　　图 13-53　连接直线

步骤 20 单击“默认”选项卡|“绘图”面板上的“直线”按钮，如图 13-54 所示绘制各条引脚上的水平直线，长度依次为 5、10、15 和 20。

步骤 21 单击“默认”选项卡|“绘图”面板上的“直线”按钮，如图 13-55 所示，同步骤（19）以引脚 2 上的水平直线左端点为起点，捕捉和电阻阵列中第二条直线的水平延长方向辅助线的交点为终点绘制直线。

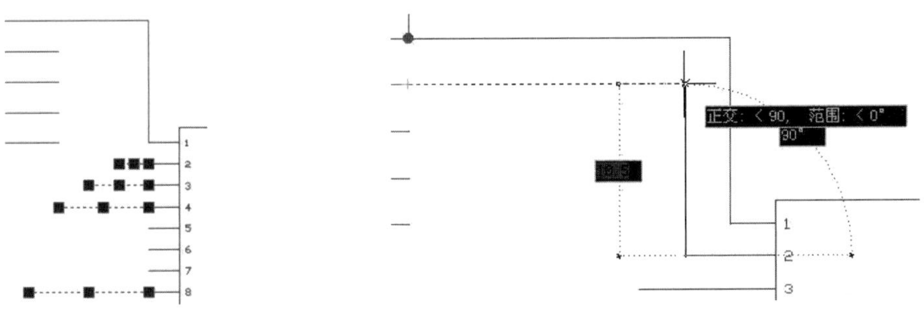

图 13-54　绘制引脚水平直线　　图 13-55　绘制竖直直线

步骤 22 单击“默认”选项卡|“绘图”面板上的“直线”按钮，如图 13-56 所示，同步骤（21）绘制引脚 3、4、8 到电阻阵列第三、四、五直线水平延长辅助线上的竖直直线，并将电阻阵列的第 2 条直线的右端点夹持延长到步骤（21）直线的终点，然后依次延长为缩短电阻阵列中的直线，效果如图 13-57 所示。

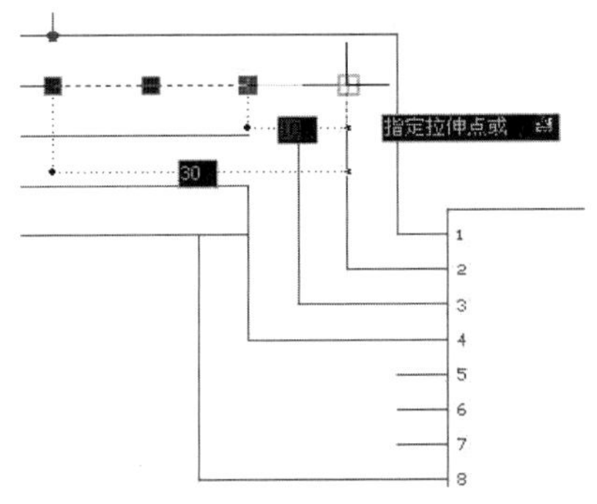

图 13-56　绘制引脚竖直直线

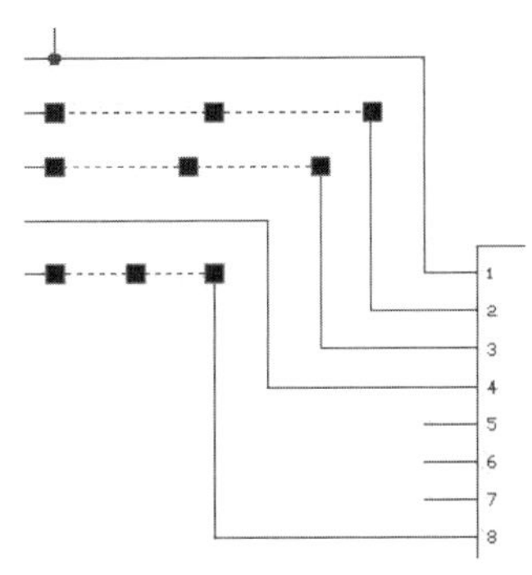

图 13-57　夹持移动直线

步骤23 引脚 1、引脚 2、引脚 3、引脚 4、引脚 8 分支线路图如图 13-58 所示。

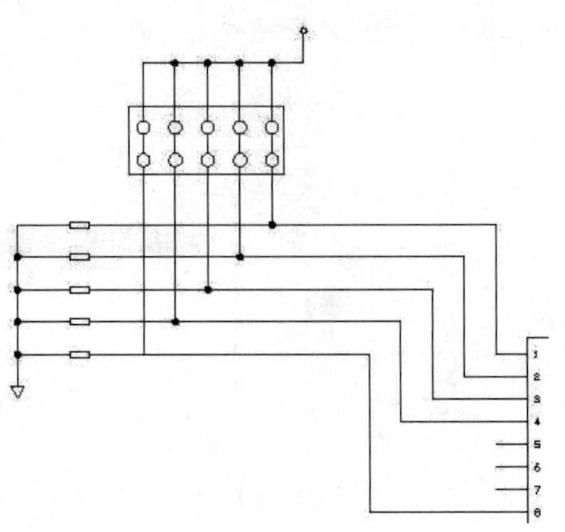

图 13-58 引脚 1、引脚 2、引脚 3、引脚 4、引脚 8 分支线路图

（2）绘制引脚 5、引脚 6、引脚 7 分支线路图

步骤01 单击“默认”选项卡|“绘图”面板上的“直线”按钮，绘制水平直线，长度为 40，如图 13-59 所示。

步骤02 单击“默认”选项卡|“绘图”面板上的“直线”按钮，长度为 10，如图 13-60 所示。

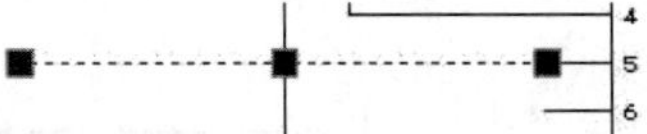

图 13-59 绘制水平直线

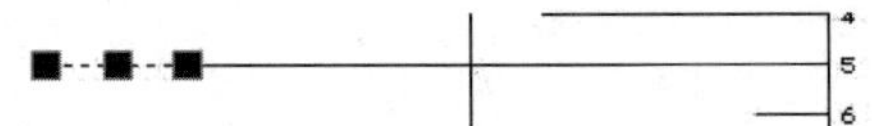

图 13-60 继续绘制水平直线

步骤03 单击“默认”选项卡|“修改”面板上的“复制”按钮，以步骤（2）中直线的中点为基点，将直线正交向上、向下各复制一份，距离分别为 5 和 10，效果如图 13-61 所示。

步骤04 单击“默认”选项卡|“绘图”面板上的“直线”按钮，连接复制后的直线两端，如图 13-62 所示。

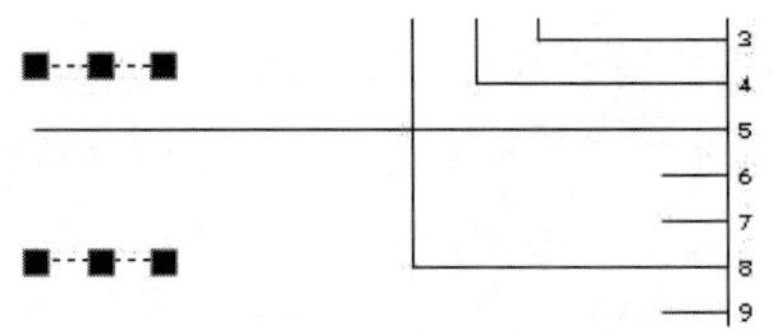

图 13-61 复制直线

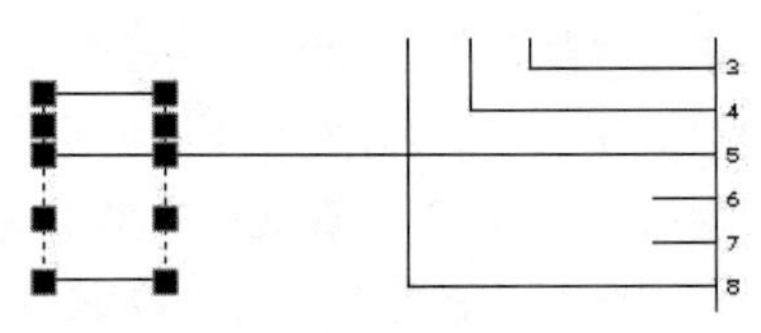

图 13-62 连接直线

步骤05 单击“默认”选项卡|“块”面板上的“插入块”按钮，如图 13-63 所示，插入电阻和电容器，并修剪电阻内和电容器内的直线（注：插入目标点均为捕捉要插入线段的中点，下面涉及插入图形块的时候如果没有特殊说明均如此）。

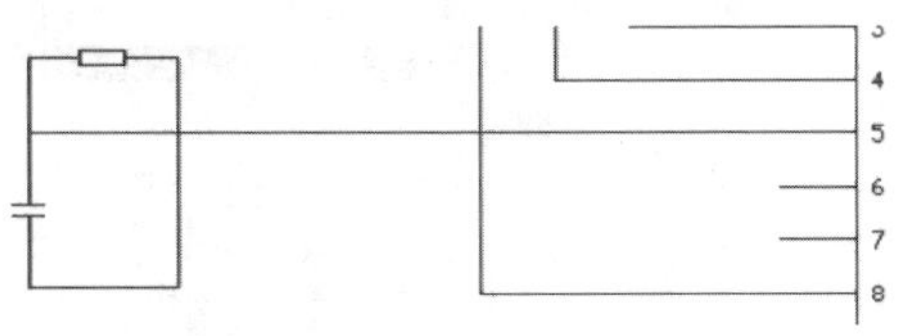

图 13-63 插入电阻和电容器

步骤06 单击“默认”选项卡|“绘图”面板上的“直线”按钮，绘制水平直线，长度为 5，如图 13-64 所示。

步骤 07 单击“默认”选项卡|“块”面板上的“插入块”按钮，如图 13-65 所示，以步骤（6）绘制的直线的右端点为插入目标点插入（注：NPN 型半导体管图形块的基点设置在箭头顶点）。

步骤 08 单击“默认”选项卡|“绘图”面板上的“直线”按钮，如图 13-66 所示，以 NPN 型半导体管的斜直线端点为起点，捕捉步骤（6）绘制的水平直线中点为终点，绘制水平直线。

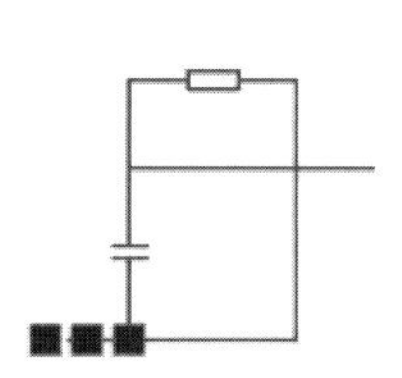

图 13-64 绘制水平直线

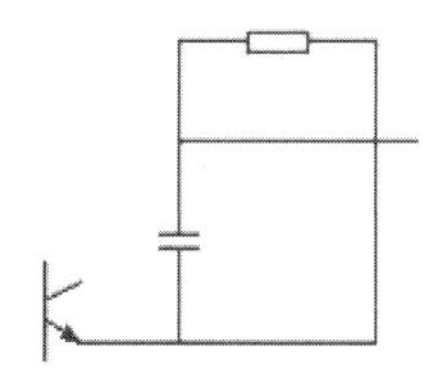

图 13-65 插入电阻和电容器

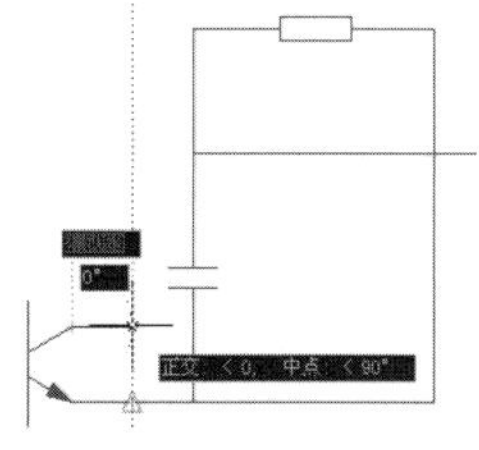

图 13-66 绘制水平直线

步骤 09 单击“默认”选项卡|“绘图”面板上的“直线”按钮，连接直线，如图 13-67 所示。

步骤 10 单击“默认”选项卡|“绘图”面板上的“直线”按钮，如图 13-68 所示捕捉距离 NPN 型半导体管的斜直线端点为 5 的点作为直线的起点，绘制如图 13-69 所示的两条水平直线，长度分别为 5 和 10。

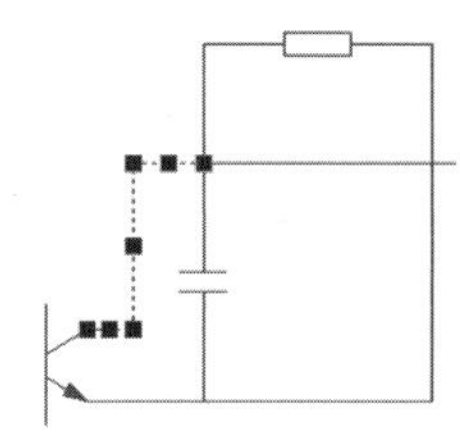

图 13-67 连接直线

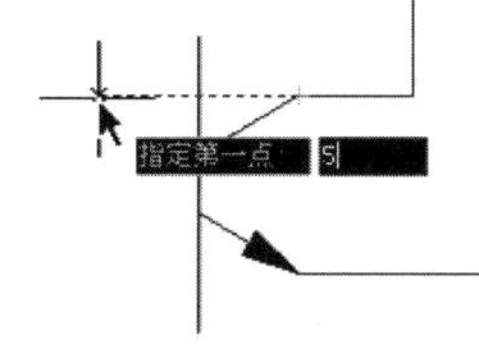

图 13-68 捕捉直线起点

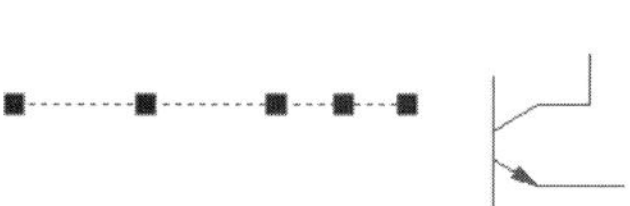

图 13-69 绘制两条水平直线

步骤 11 单击“默认”选项卡|“绘图”面板上的“直线”按钮，同步骤（10）捕捉距离 NPN 型半导体管的斜直线箭头端点为 5 的点作为直线的起点，如图 13-70 所示，绘制如图 13-71 所示的两条水平直线，长度分别为 5 和 10。

步骤 12 单击“默认”选项卡|“绘图”面板上的“直线”按钮，连接直线，如图 13-72 所示。

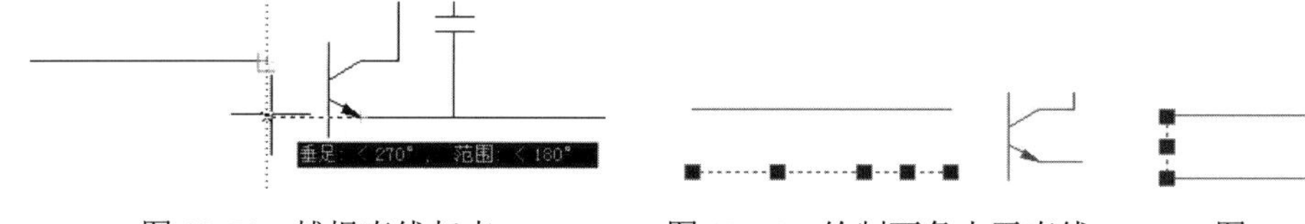

图 13-70 捕捉直线起点　　图 13-71 绘制两条水平直线　　图 13-72 连接直线

步骤 13 单击“默认”选项卡|“块”面板上的“插入块”按钮，如图 13-73 所示以步骤（10）绘制的第二条直线的中点为目标点插入半导体二极管，以步骤（12）绘制的连线的中点为目标点插入发光二极管。

步骤 14 单击“默认”选项卡|“绘图”面板上的“直线”按钮，绘制水平直线，长度为 10，如图 13-74 所示。

步骤 15 单击“默认”选项卡|“块”面板上的“插入块”按钮，以步骤（14）绘制的直线的中点为目标点插入电阻，如图 13-75 所示。

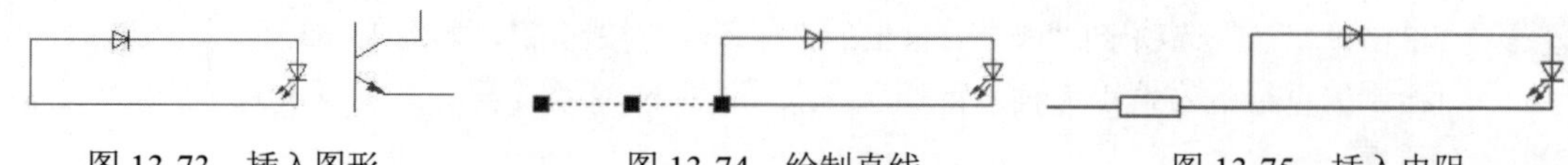

图 13-73　插入图形　　　图 13-74　绘制直线　　　图 13-75　插入电阻

步骤 16 单击“默认”选项卡|“修改”面板上的“矩形阵列”按钮，以图 13-76 中的图形为阵列对象，设置阵列的行数为 3，列数为 1，行间距为–18，阵列效果如图 13-77 所示。

步骤 17 单击“默认”选项卡|“绘图”面板上的“直线”按钮，分别绘制两条水平直线，长度分别为 30 和 25，如图 13-78 所示。

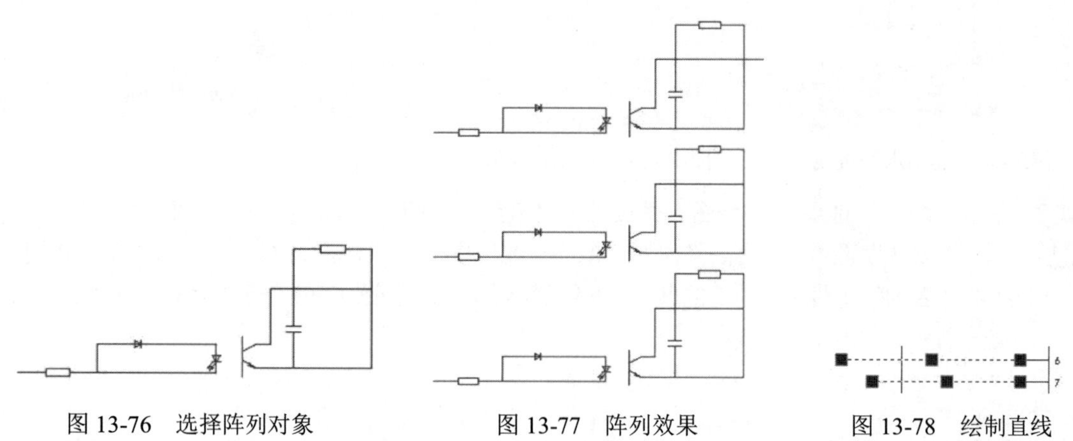

图 13-76　选择阵列对象　　　图 13-77　阵列效果　　　图 13-78　绘制直线

步骤 18 单击“默认”选项卡|“绘图”面板上的“直线”按钮，以引脚 6 的水平直线左端点为起点，向下正交地捕捉和图中垂足的水平辅助线的交点为终点绘制水平直线，如图 13-79 所示。

步骤 19 单击“默认”选项卡|“绘图”面板上的“直线”按钮，同步骤（18）绘制图中的连线，如图 13-80 所示。

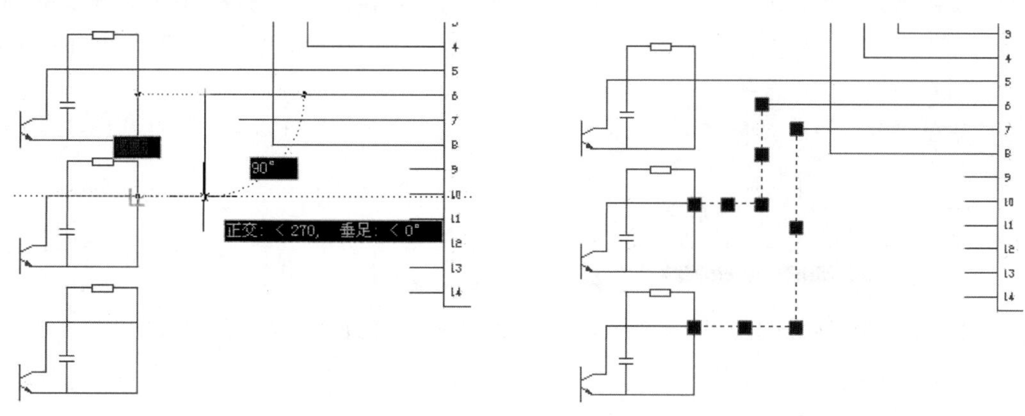

图 13-79　捕捉直线终点　　　图 13-80　绘制连线

步骤 20 单击“默认”选项卡|“绘图”面板上的“直线”按钮，连接图中的直线（捕捉直线的端点），如图 13-81 所示。

步骤 21 单击“默认”选项卡|“绘图”面板上的“直线”按钮，分别绘制竖直和水平的折线，长度分别为 5 和 20，如图 13-82 所示。

步骤 22 单击“默认”选项卡|“绘图”面板上的“矩形”按钮，在步骤（16）阵列后的图形左边空白地方（不要求精确位置）绘制 3×10 的矩形，效果如图 13-83 所示。

步骤 23 单击“默认”选项卡|“绘图”面板上的“直线”按钮，以矩形右下端点为起点绘制水平直线，长度为 5，如图 13-84 所示。

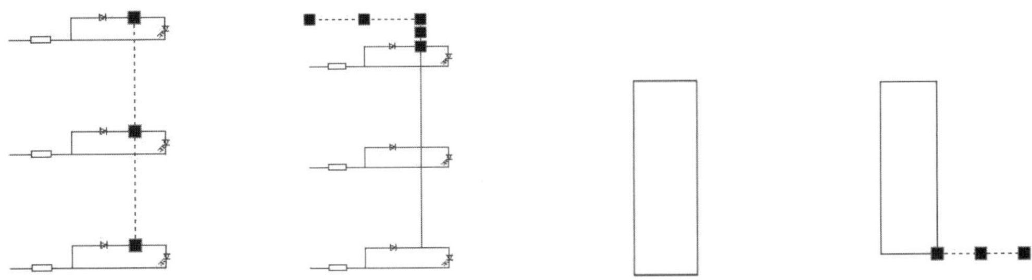

图 13-81　绘制连线　　图 13-82　绘制直线　　图 13-83　绘制矩形　　图 13-84　绘制直线

步骤 24 单击“默认”选项卡|“修改”面板上的“复制”按钮，以步骤（23）中所绘直线的中点为基点，将直线正交向上复制 4 份，距离依次为 2、4、6 和 8，效果如图 13-85 所示。

步骤 25 单击“默认”选项卡| “修改”面板上的“删除”按钮，删除最下面的一条直线，结果如图 13-86 所示。

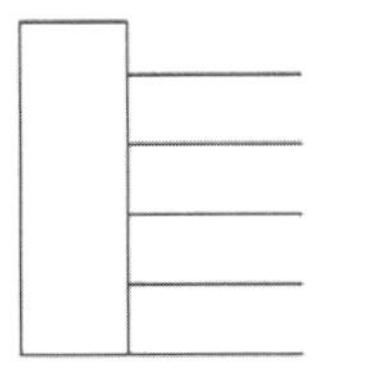

图 13-85　复制直线

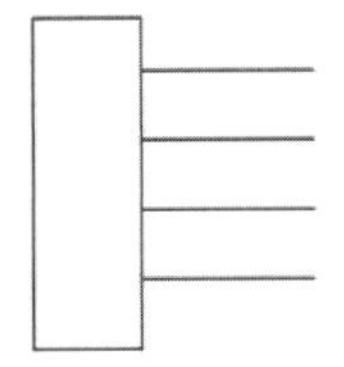

图 13-86　删除直线

步骤 26 单击“默认”选项卡|“绘图”面板上的“直线”按钮，连接图中的直线，如图 13-87 所示。

步骤 27 单击“默认”选项卡|“绘图”面板上的“直线”按钮，连接图中的直线，如图 13-88 所示。

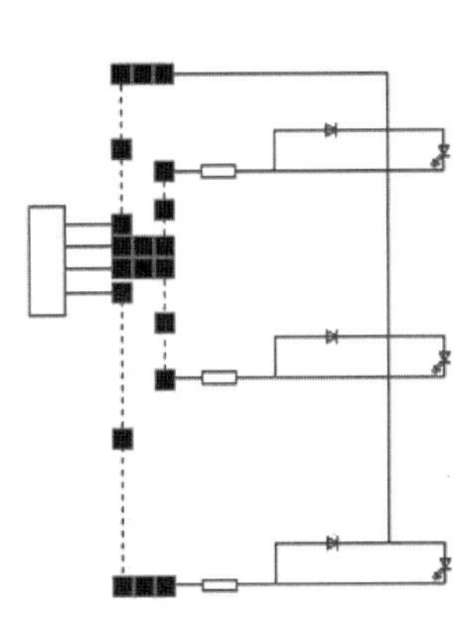

图 13-87　绘制连线

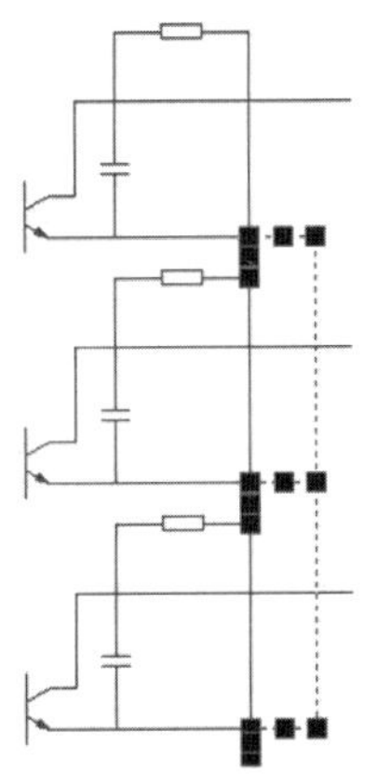

图 13-88　绘制直线

步骤 28 单击“默认”选项卡|“块”面板上的“插入块”按钮，在图中插入导线接点，在最下方直线的端点上插入三角形，如图 13-89 所示。

步骤 29 单击“默认”选项卡|“绘图”面板上的“矩形”按钮，绘制三个矩形，大小能框住图中部的图形即可，如图 13-90 所示。

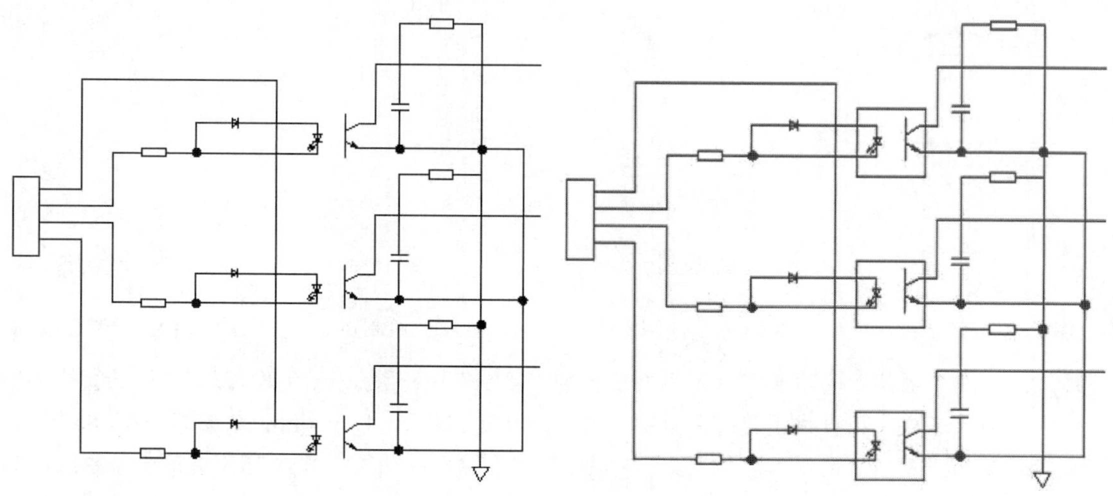

图 13-89　插入导线接点和三角形　　图 13-90　绘制矩形

步骤 30 引脚 5、引脚 6、引脚 7 分支线路图如图 13-91 所示。

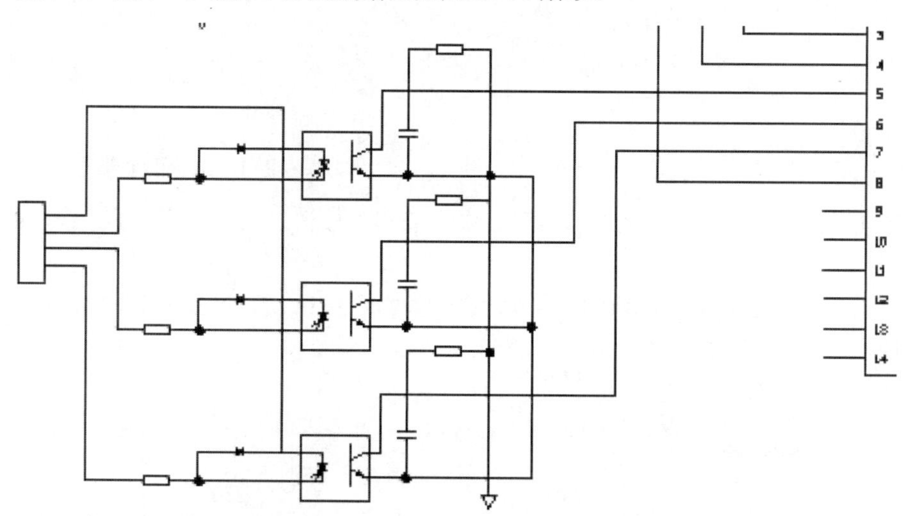

图 13-91　引脚 5、引脚 6、引脚 7 分支线路图

（3）绘制引脚 9、引脚 11 分支线路图

步骤 01 单击“默认”选项卡|“绘图”面板上的“直线”按钮，在引脚 9 和引脚 11 的左端分别绘制两条水平直线，长度均为 20，如图 13-92 所示。

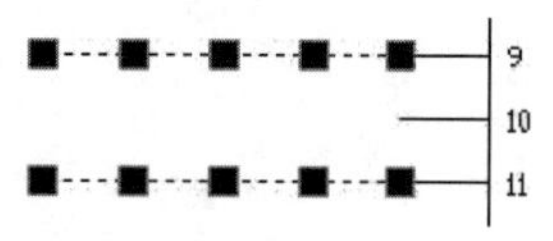

图 13-92　分别绘制两条直线

步骤 02 单击“默认”选项卡|“绘图”面板上的“直线”按钮，连接图中的直线（捕捉直线的端点），如图 13-93 所示。

步骤 03 单击“默认”选项卡|“块”面板上的“插入块”按钮，在图中插入图块（均以直线的中点为目标点，插入后再旋转 90°），并修剪电阻内的直线，完成引脚 5、引脚 6、引脚 7 分支线路的绘制，最终效果如图 13-94 所示。

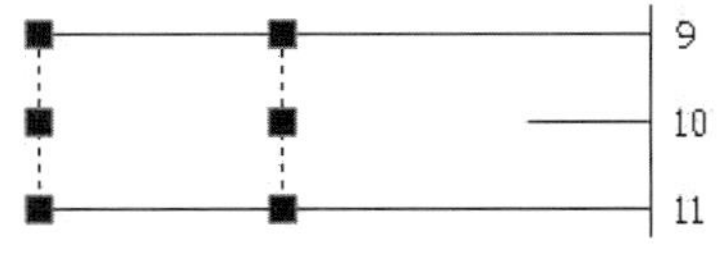

图 13-93　连接直线

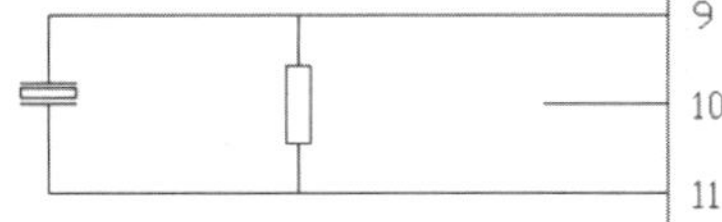

图 13-94　引脚 9、11 分支线路图

（4）绘制引脚 26、引脚 27、引脚 28 分支线路图

步骤 01 单击“默认”选项卡|“绘图”面板上的“直线”按钮，依次绘制从引脚 28 出来的直线，长度分别为 30、20、10 和 10，如图 13-95 所示。

步骤 02 单击“默认”选项卡|“块”面板上的“插入块”按钮，在图中后两段直线中点分别插入发光二极管和电阻，并修剪电阻内直线，如图 13-96 所示。

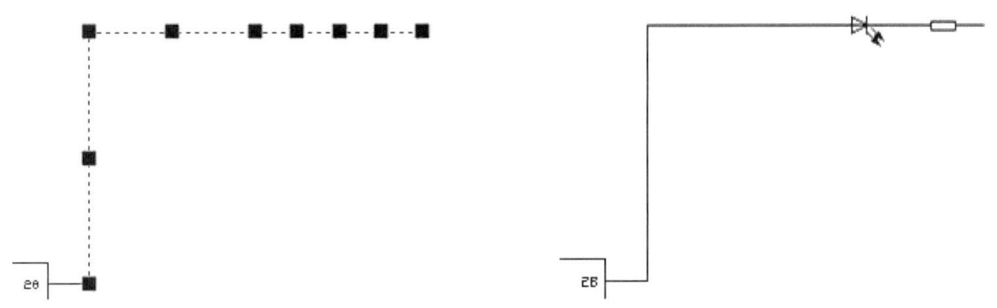

图 13-95　依次绘制 4 条直线　　　图 13-96　插入图块

步骤 03 单击“默认”选项卡|“修改”面板上的“矩形阵列”按钮，选取图 13-97 中的图形为阵列对象，设置阵列行数为 3，列数为 1，行间距为–5，阵列效果如图 13-98 所示。

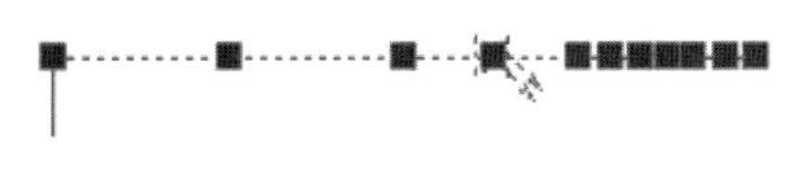
图 13-97　阵列对象

步骤 04 单击“默认”选项卡|“绘图”面板上的“直线”按钮，如图 13-99 所示依次连接图中的直线。

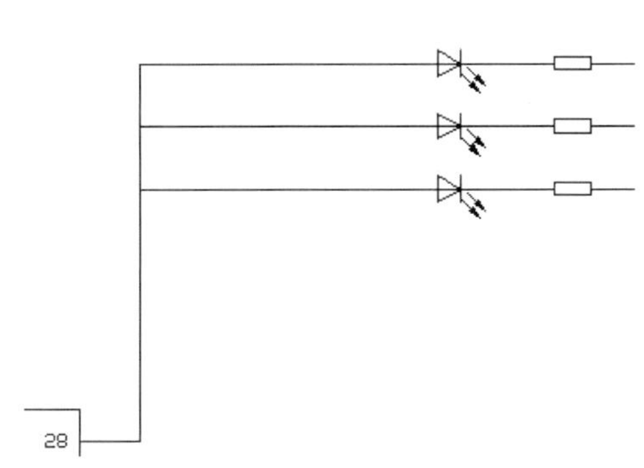

图 13-98　阵列效果

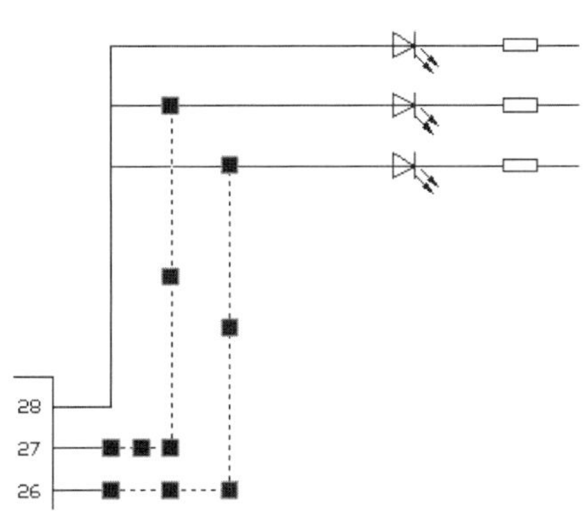

图 13-99　连接直线

步骤05 在命令执行的前提下单击直线左端点，并将直线夹持移动至如图 13-100 所示的效果。

步骤06 单击“默认”选项卡|“绘图”面板上的“直线”按钮，连接直线，并继续正交向下绘制长度为 5 的直线，如图 13-101 所示。

步骤07 单击“默认”选项卡|“块”面板上的“插入块”按钮，具体参数设置同前面插入电阻块，如图 13-102 所示在图中插入导线接点和三角形，最终引脚 26、引脚 27、引脚 28 分支线路绘制完成。

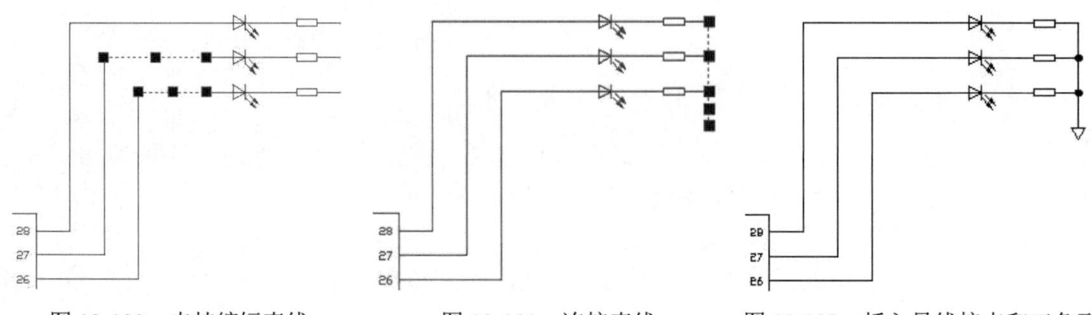

图 13-100　夹持缩短直线　　图 13-101　连接直线　　图 13-102　插入导线接点和三角形

（5）绘制引脚 24 分支线路图形

步骤01 单击“默认”选项卡|“绘图”面板上的“直线”按钮，依次绘制从引脚 24 出来的直线，长度分别为 20、10、5 和 10，如图 13-103 所示。

步骤02 单击“默认”选项卡|“块”面板上的“插入块”按钮，在图中第二段和第四段直线中点分别插入发光二极管和电阻，并修剪电阻内直线，如图 13-104 所示。

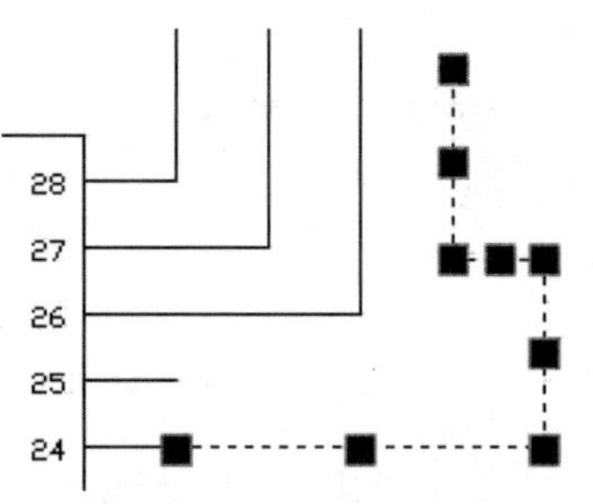

图 13-103　依次绘制 4 条直线

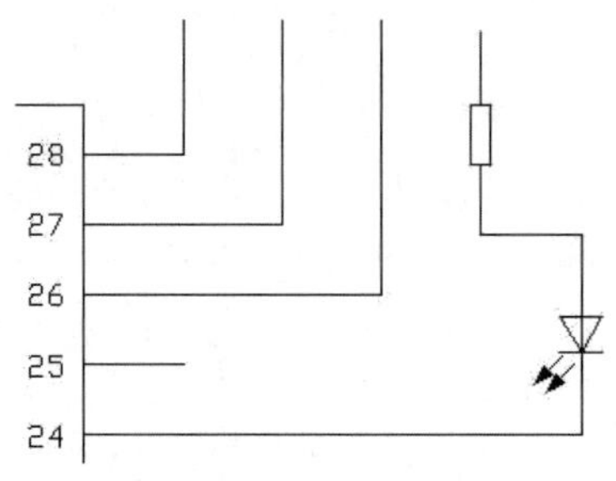

图 13-104　插入图块

步骤03 单击“默认”选项卡|“绘图”面板上的“圆”按钮，以直线的端点为圆心绘制半径为 0.5 的圆，效果如图 13-105 所示。

步骤04 单击“默认”选项卡|“修改”面板上的“修剪”按钮，修剪掉圆内的直线，效果如图 13-106 所示。

步骤05 单击“默认”选项卡|“绘图”面板上的“直线”按钮，以发光二极管基点为起点绘制长度为 5 的水平直线，如图 13-107 所示。

步骤06 单击“默认”选项卡|“块”面板上的“插入块”按钮，在图中空白位置插入 NPN 型半导体管，然后单击“默认”选项卡|“修改”面板上的“移动”按钮，以 NPN 型半导体管竖直直线的中点为移动基点，上一步绘制直线的右端点为目标点移动图块，最终效果如图 13-108 所示。

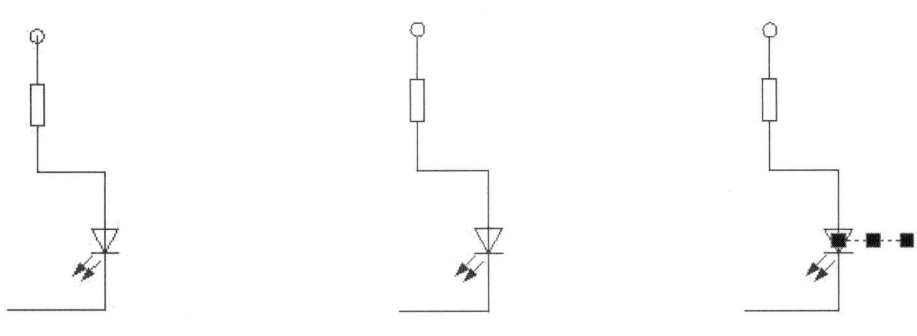

图 13-105　绘制圆　　图 13-106　修剪圆内直线　　图 13-107　绘制直线

步骤 07 单击“默认”选项卡|“绘图”面板上的“直线”按钮，绘制连线，水平直线长度为 10，竖直直线高度和左边发光二极管所在直线相同，如图 13-109 所示。

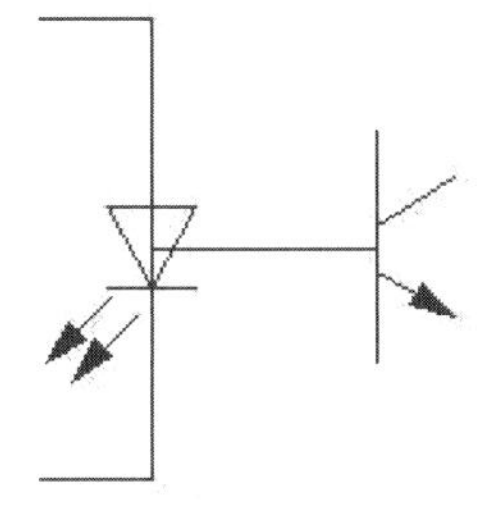

图 13-108　插入 NPN 型半导体管

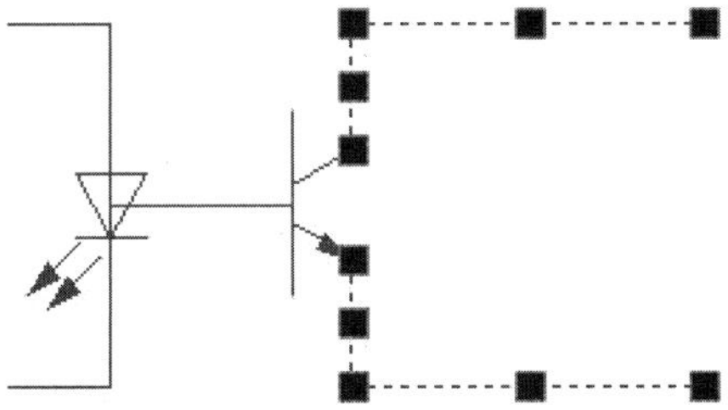

图 13-109　依次绘制 4 条直线

步骤 08 单击“默认”选项卡|“块”面板上的“插入块”按钮，如图 13-110 所示插入电阻，并修剪电阻内直线。

步骤 09 单击“默认”选项卡|“绘图”面板上的“矩形”按钮，绘制矩形，大小能框住图中部图形即可，效果如图 13-111 所示。

步骤 10 单击“默认”选项卡|“块”面板上的“插入块”按钮，如图 13-112 所示在直线的右端点插入连接器，完成引脚 24 分支线路图的绘制。

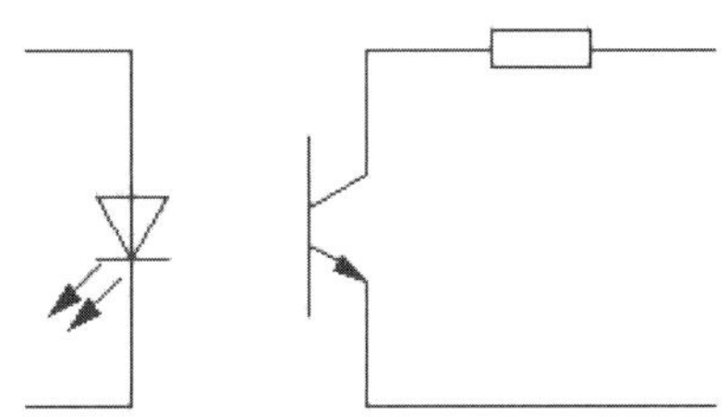

图 13-110　插入图块

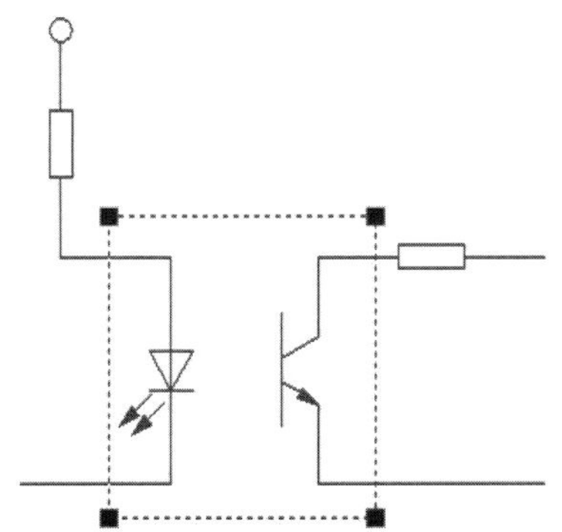

图 13-111　依次绘制 4 条直线

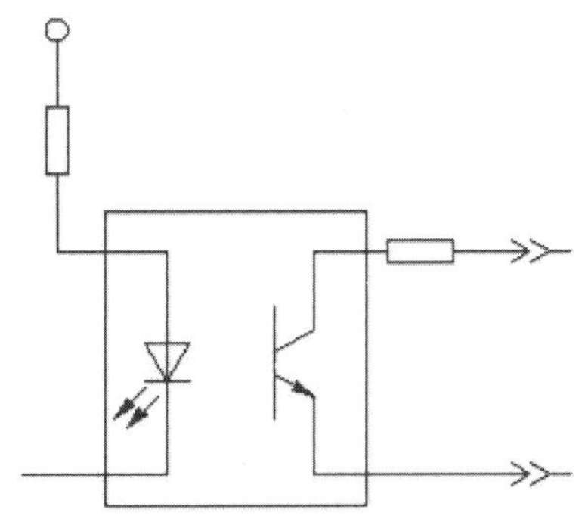

图 13-112　插入连接器

（6）绘制引脚 23 分支线路图

步骤 01 单击“默认”选项卡|“绘图”面板上的“直线”按钮，如图 13-113 所示，依次绘制从引脚 23 出来的直线，长度分别为 15、20、5、10 和 10。

步骤 02 单击“默认”选项卡|“块”面板上的“插入块”按钮，在图中后第四段和第五段直线中点分别插入电阻，并修剪电阻内直线；然后单击“默认”选项卡|“绘图”面板上的“圆”按钮，以第五段直线端点为圆心绘制半径为 0.5 的圆，并修剪掉圆内的直线，如图 13-114 所示。

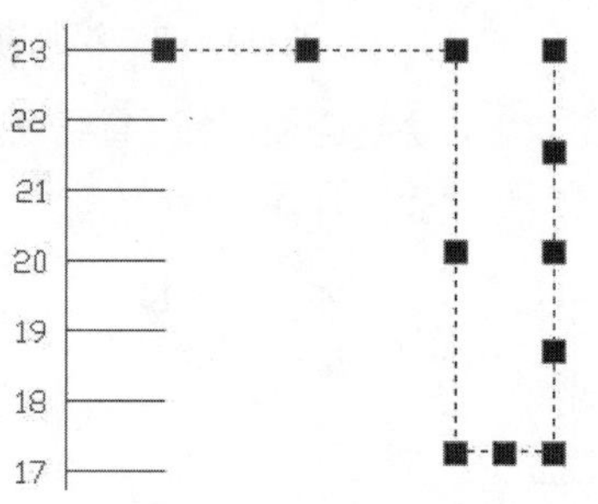

图 13-113　依次绘制 5 条直线

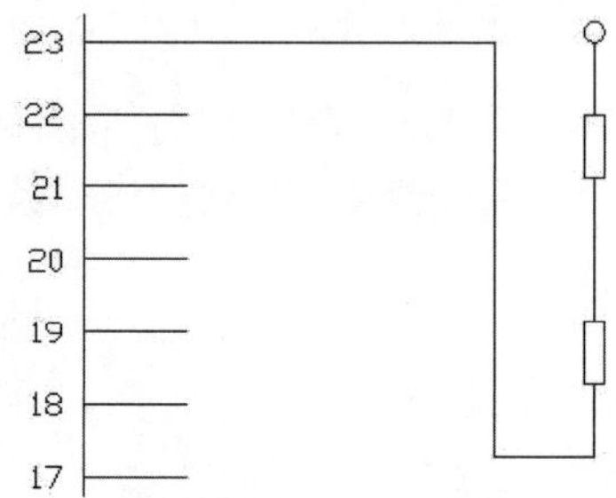

图 13-114　插入图块

步骤 03 单击“默认”选项卡|“绘图”面板上的“直线”按钮，绘制 4 条直线，水平直线长度均为 10，竖直直线长度分别为 10 和 5，如图 13-115 所示。

步骤 04 单击“默认”选项卡|“块”面板上的“插入块”按钮，在图中插入导线接点、电容和三角形，如图 13-116 所示。

步骤 05 单击“默认”选项卡|“绘图”面板上的“直线”按钮，如图 13-117 所示，以图中竖直直线的中点为起点绘制水平直线，长度为 5。

步骤 06 单击“默认”选项卡|“修改”面板上的“复制”按钮，以步骤（5）中所绘直线的中点为基点，将直线正交向上、向下各复制 1 份，距离均为 2，效果如图 13-118 所示。

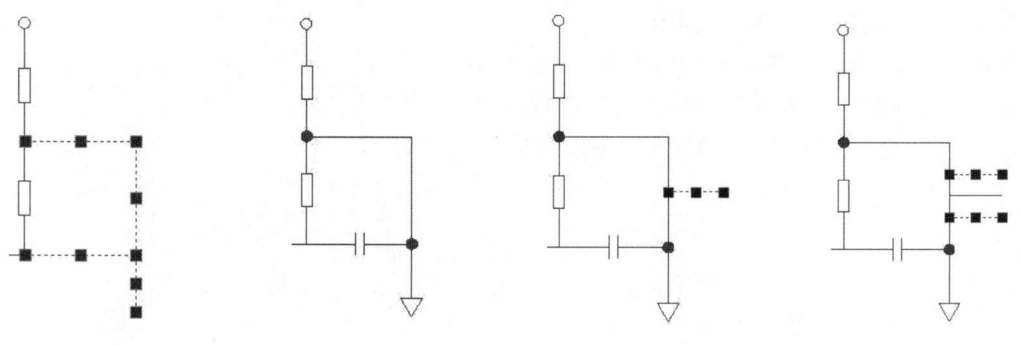

图 13-115　绘制直线　　图 13-116　插入图块　　图 13-117　绘制直线　　图 13-118　复制直线

步骤 07 单击“默认”选项卡|“绘图”面板上的“矩形”按钮，在空白位置绘制一个 5×8 的矩形；然后单击“默认”选项卡|“修改”面板上的“移动”按钮，以矩形的左边中点为移动基点，以步骤（5）绘制直线的右端点为目标点移动矩形，最终效果如图 13-119 所示。

步骤 08 单击“默认”选项卡|“修改”面板上的“修剪”按钮，修剪直线，效果如图 13-120 所示，完成引脚 23 分支线路图的绘制。

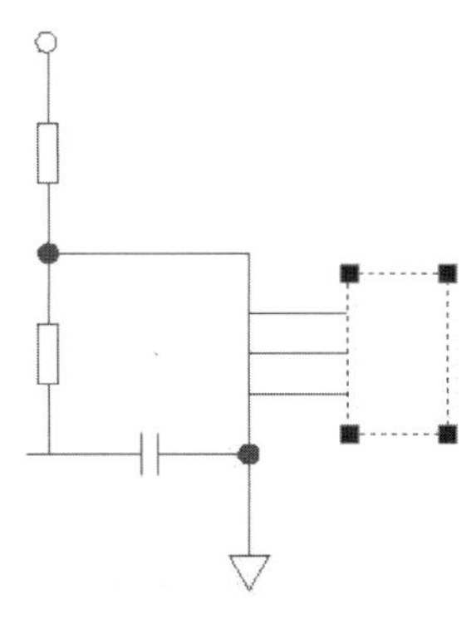
图 13-119 绘制矩形

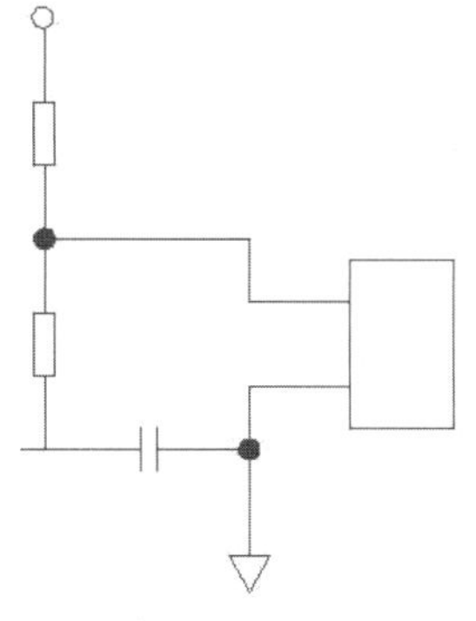
图 13-120 修剪图形

（7）绘制剩余引脚分支线路图

步骤01 单击“默认”选项卡|“绘图”面板上的“直线”按钮，依次绘制从引脚 21 出来的直线，长度分别为 10、10、10 和 5，如图 13-121 所示。

步骤02 单击“默认”选项卡|“绘图”面板上的“直线”按钮，以引脚 21 出来的水平直线的中点为起点，正交向下捕捉引脚 16 水平辅助线的交点为终点绘制直线，如图 13-122 所示。

步骤03 单击“默认”选项卡|“绘图”面板上的“直线”按钮，连接引脚 16 到上一步绘制的直线端点，然后以步骤（1）绘制的第二段直线的端点为起点，正交向左绘制以和引脚 16 直线中点竖直方向的交点为终点的水平直线，如图 13-123 所示。

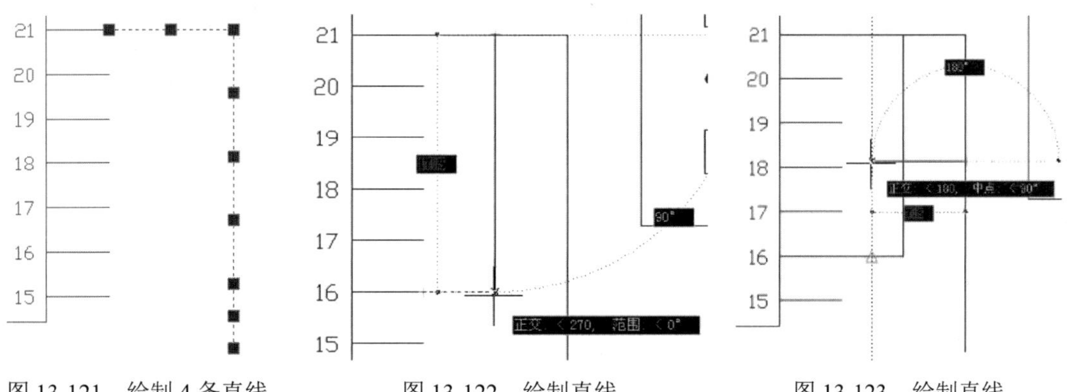

图 13-121 绘制 4 条直线　　图 13-122 绘制直线　　图 13-123 绘制直线

步骤04 单击“默认”选项卡|“绘图”面板上的“直线”按钮，以步骤（1）绘制的第三段直线的端点为起点，正交向左绘制以和上一步绘制的直线中点竖直方向的交点为终点的水平直线，如图 13-124 所示。

步骤05 单击“默认”选项卡|“绘图”面板上的“直线”按钮，以步骤（4）绘制的直线端点为起点，以和引脚 17 水平辅助线的交点为终点，正交向上绘制竖直直线，然后连接到引脚 17，如图 13-125 所示。

步骤06 步骤（2）~步骤（5）绘制的所有直线效果如图 13-126 所示。

步骤07 单击“默认”选项卡|“块”面板上的“插入块”按钮，在图中插入电阻、电容和导线接点，并修剪直线，如图 13-127 所示。

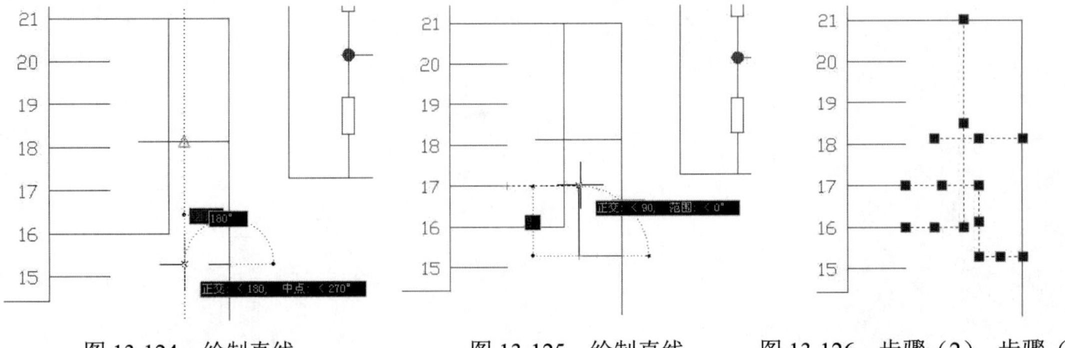

图 13-124　绘制直线　　图 13-125　绘制直线　　图 13-126　步骤（2）~步骤（5）绘制直线的效果

步骤 08　单击“默认”选项卡|“块”面板上的“插入块”按钮，在图中插入三角形；然后单击“默认”选项卡|“绘图”面板上的“直线”按钮，以图中引脚 21 方向的导线接点正交向上绘制长度为 2 的直线，并同前面的步骤绘制半径为 0.5 的圆，最后修剪圆内直线，完成图形的绘制，如图 13-128 所示。

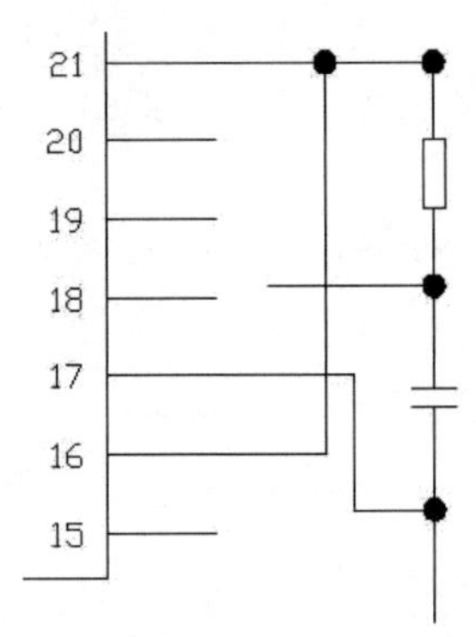

图 13-127　插入图形

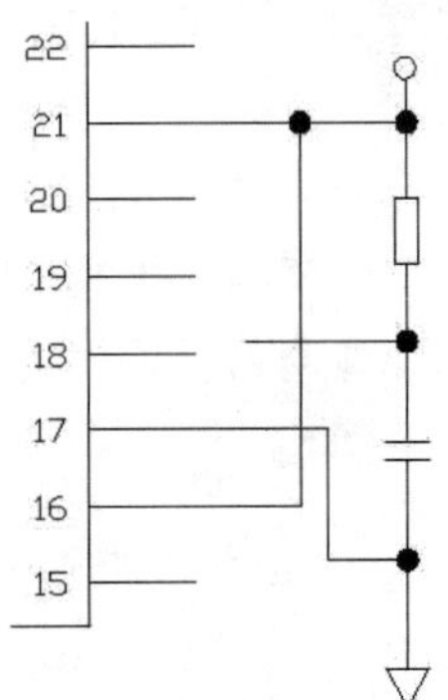

图 13-128　其余引脚分支线路图

5. 文字标注

电气元件代号是电气原理图的重要组成部分，是查找修改图形的重要凭证，标注的时候注意按照一定的顺序逐个添加，以免遗漏。

由于在前面的绘图准备阶段已经设置了文字样式，现在只需要直接调用文字样式即可。

步骤 01　展开“默认”选项卡|“图层”面板上的“图层”下拉列表，设置当前图层为“文字标注”。

步骤 02　单击“注释”选项卡|“文字”面板上的“多行文字”按钮A，在图中指定第一角点和第二角点（可在图中空白位置单击，等输入完后再调整），打开“文字编辑器”选项卡面板，然后设置字体样式、字体、字高等参数，如图 13-129 所示。

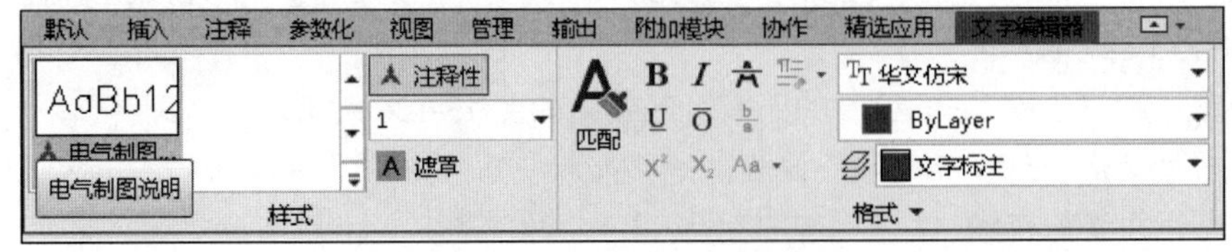

图 13-129　设置文字参数

步骤 03 给图中各个电气元件标注代号并使用“移动”命令适当调整代号的位置，最终效果如图 13-130 所示。

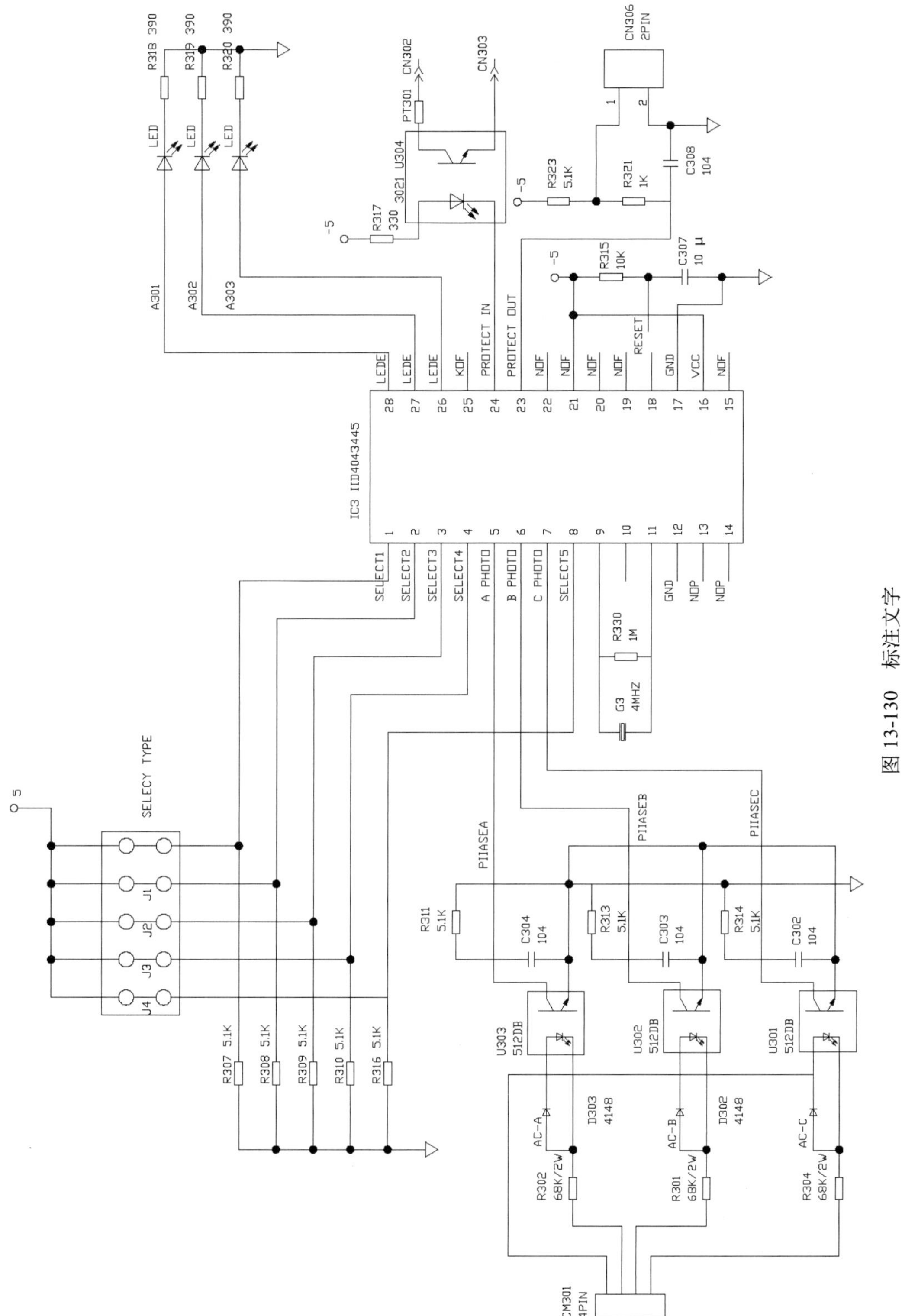

图 13-130 标注文字

13.2.2 绘制空调机电气接线图

电气接线图是家用电器电气图中的另一种类型，本小节以空调机电气接线图的详细绘制过程为例，介绍这一类图形的绘制方法。

空调机电气接线图一般由以下几个部分组成：（1）集成电路板；（2）变压器；（3）电机；（4）室外感温包。

如图 13-131 所示是本节将要绘制的某型号空调机电气接线图，按照业界常用的绘图方式逐步介绍其绘制过程，希望读者能举一反三，完成类似工程图的绘制。

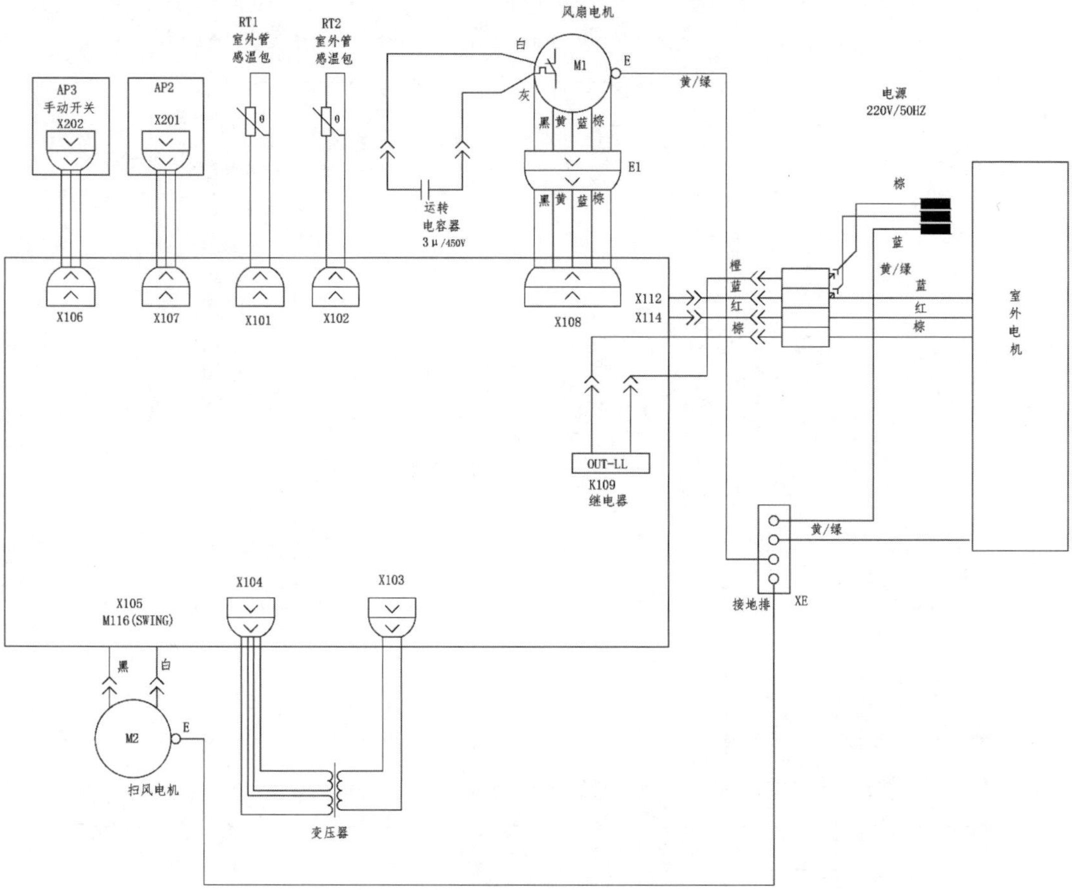

图 13-131　某型号空调机电气接线图

1. 绘图准备工作

在绘制空调机电气接线图的过程中，首先必须进行相应的绘图准备，然后在绘制过程中就能事半功倍，大大提高绘图的效率和准确性，同前面例子相同，在本例中所需要的绘图准备工作也包括以下几个方面。

（1）新建图形

单击“快速访问”工具栏上的“新建”按钮，打开“选择样板”对话框，单击右侧的按钮，以“无样板打开——公制（M）”方式建立新文件，将新文件命名为“空调机电气接线图.dwg”进行保存。

（2）设置图层

单击“默认”选项卡|“图层”面板上的“图层特性”按钮，打开“图层特性管理器”选项板，新建并设置每一个图层，如图 13-132 所示。

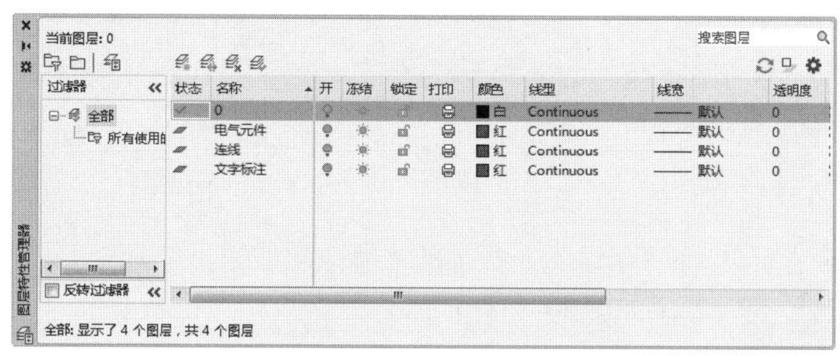

图 13-132 图层设置

（3）其他绘图设置

在正式开始绘图之前还应该设置图形工作界限，进行捕捉设置、文字样式设置，具体设置方法和上一节的空调室外机电气原理图绘制的例子完全相同，读者可以自行参考。

2. 绘制电气接线图

分析本例的空调机电气接线图，按独立模块划分，可以将整个线路划分为集成电路 IC 板、手动开关板部分、室外管温感温包部分、风扇电机部分、印制电路板到电源和室外机组接线部分、扫风电机部分和变压器部分。在本例中先绘制手动开关板部分、室外管温感温包部分和风扇电机部分这三个独立模块，然后绘制集成电路 IC 板，再将独立模块移动到集成电路 IC 板中，最后绘制其他部分。具体操作过程如下。

（1）手动开关板部分的绘制

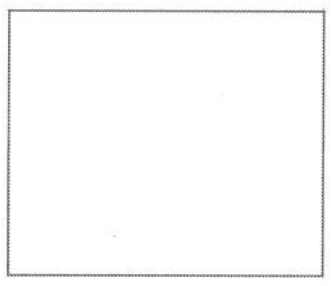

步骤 01 展开“默认”选项卡|“图层”面板上的“图层”下拉列表，设置当前图层为“电气元件”。

步骤 02 单击“默认”选项卡|“绘图”面板上的“矩形”按钮，绘制一个 5×4 的矩形，效果如图 13-133 所示。

图 13-133 绘制矩形

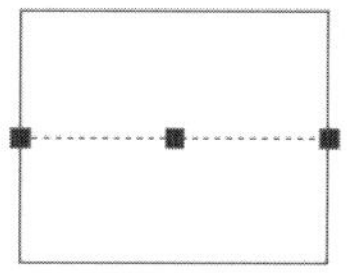

步骤 03 单击“默认”选项卡|“绘图”面板上的“直线”按钮，绘制矩形的水平中线，如图 13-134 所示。

图 13-134 绘制中线

步骤 04 单击“默认”选项卡|“绘图”面板上的“直线”按钮，以矩形的上边中点为起点绘制竖直直线，长度为 10，如图 13-135 所示。

步骤 05 单击“默认”选项卡|“修改”面板上的“复制”按钮，以步骤（4）所绘直线的中点为基点，将直线正交向左、向右各复制一份，距离均为 1，效果如图 13-136 所示。

步骤 06 单击“默认”选项卡|“绘图”面板上的“圆弧”按钮，以第一点为步骤（5）复制的左边直线下端点、第二点为矩形靠近左上角的任意点、第三点为矩形左边中点绘制圆弧，如图 13-137 所示。

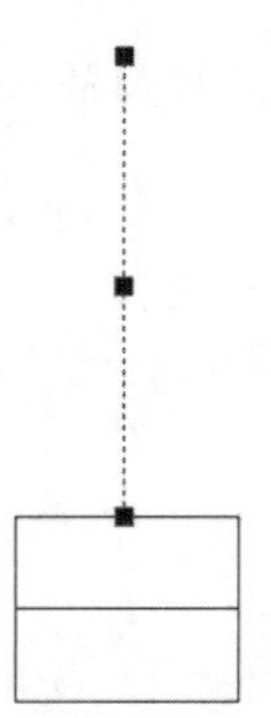

图 13-135　绘制直线

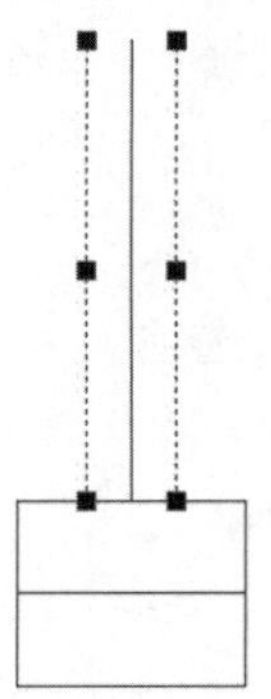

图 13-136　复制直线

步骤 07 单击“默认”选项卡|“修改”面板上的“镜像”按钮，以矩形的竖直中线为镜像轴，将圆弧镜像一份，效果如图 13-138 所示。

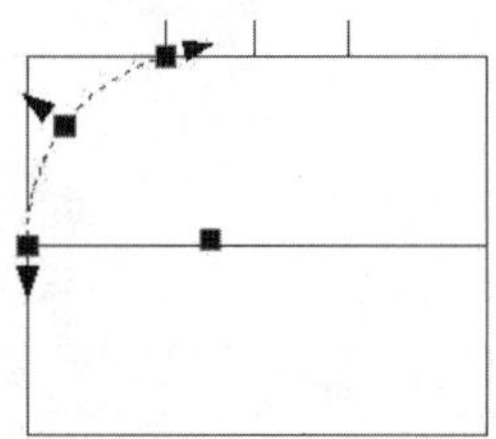

图 13-137　绘制圆弧

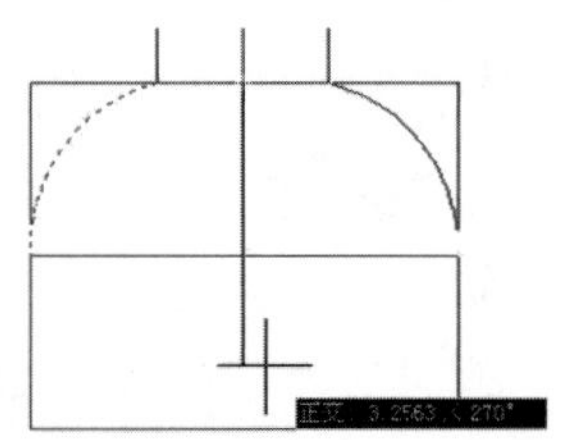

图 13-138　镜像圆弧

步骤 08 单击“默认”选项卡|“修改”面板上的“修剪”按钮，修剪圆弧外的矩形两角，效果如图 13-139 所示。

步骤 09 单击“默认”选项卡|“绘图”面板上的“直线”按钮，效果如图 13-140 所示。命令行提示如下：

```
命令：line
指定第一点：                              //单击图中空白位置任意点作为直线起点
指定下一点或[放弃(U)]：  @1<45             //指定折线的第二点
指定下一点或[放弃(U)]：  @1<-45            //指定折线的终点
指定下一点或[放弃(U)]：                    //按 Enter 键，结束直线命令
```

步骤 10 单击“默认”选项卡|“修改”面板上的“移动”按钮，以折线的顶点为移动基点，以矩形的水平中线的中点为目标点进行移动，移动后效果如图 13-141 所示。

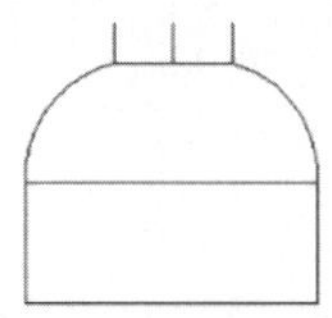

图 13-139　修剪圆弧外直线

图 13-140　绘制折线

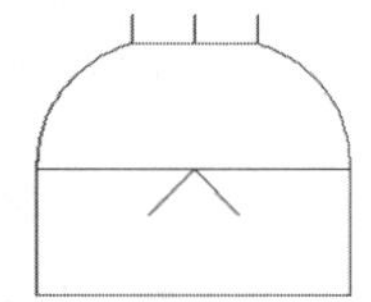

图 13-141　移动折线

步骤 11 单击“默认”选项卡|“修改”面板上的“复制”按钮，以步骤（10）中移动后的折线顶点为基点，将折线正交向上、向下各复制一份，距离分别为 1.5 和 0.5，效果如图 13-142 所示。

步骤12 单击“默认”选项卡|“修改”面板上的“删除”按钮，删除中间的折线，效果如图 13-143 所示。

步骤13 单击“默认”选项卡|“修改”面板上的“镜像”按钮，选择如图 13-144 所示的图形为镜像对象，以图 13-145 所示直线中点水平辅助线为镜像轴，将图形镜像一份。

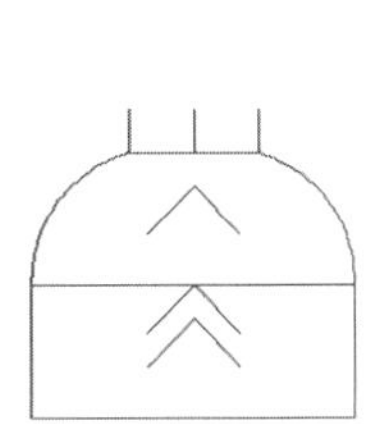
图 13-142 复制折线

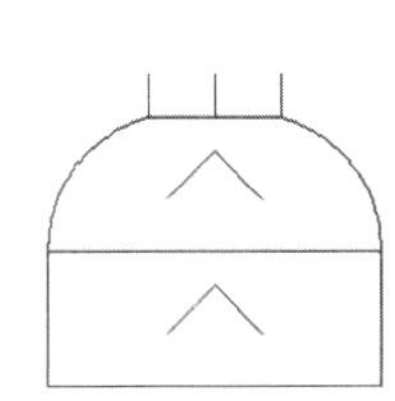
图 13-143 删除折线

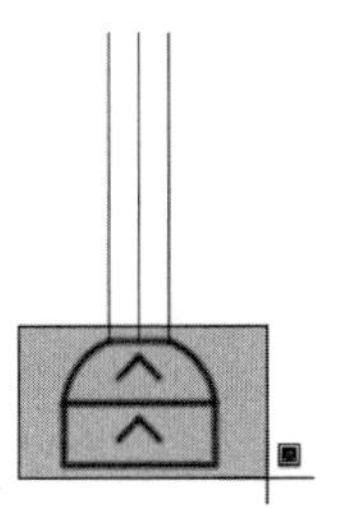
图 13-144 选择镜像对象

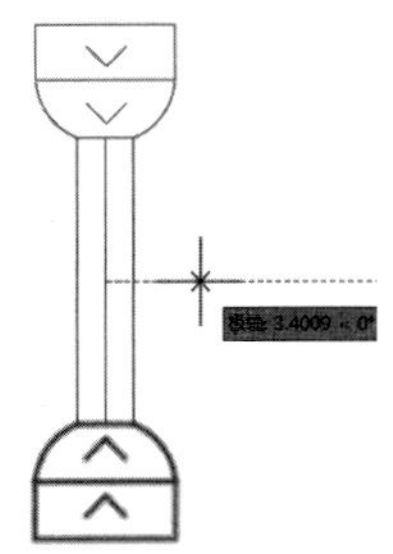
图 13-145 镜像图形

步骤14 单击“默认”选项卡|“绘图”面板上的“矩形”按钮，绘制一个 8×10 的矩形，效果如图 13-146 所示。

步骤15 单击“默认”选项卡|“修改”面板上的“移动”按钮，以步骤（14）绘制的矩形的下底边中点为移动基点，以图 13-145 中的直线中点（图中有标记的点）为目标点进行移动，移动后效果如图 13-147 所示。

步骤16 单击“默认”选项卡|“修改”面板上的“移动”按钮，以步骤（15）移动后的矩形下底边的中点为移动基点正交向上移动 4.5，移动后效果如图 13-148 所示。

图 13-146 绘制矩形

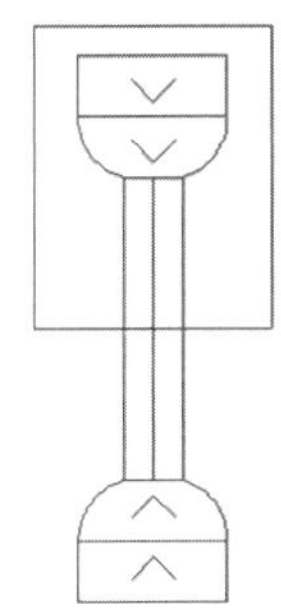
图 13-147 移动矩形

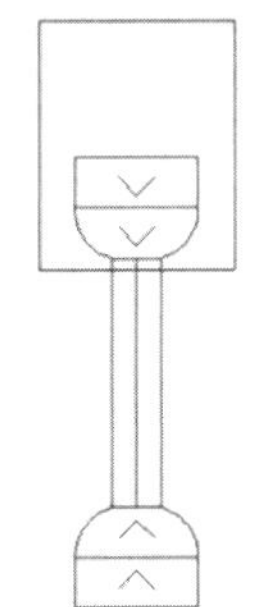
图 13-148 移动矩形

（2）室外管温感温包部分的绘制

步骤01 单击“默认”选项卡|“修改”面板上的“复制”按钮，将图 13-149 中的图形在空白位置复制一份（不要求精确位置）。

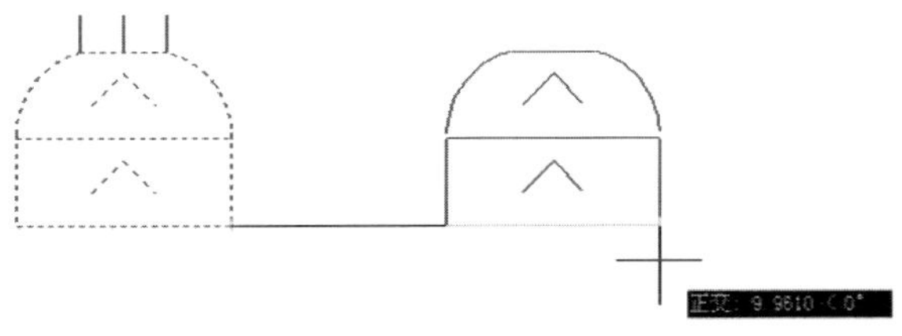
图 13-149 复制图形

步骤 02 单击“默认”选项卡|“绘图”面板上的“直线”按钮╱，如图 13-150 所示绘制图中 4 条直线，直线序列的起点和终点作为把步骤（1）复制后的图形顶部直线的两个端点，竖直直线长度从左到右分别为 10、10 和 20。

步骤 03 单击“默认”选项卡|“块”面板上的“插入块”按钮，在图中插入电阻（捕捉第二段直线的中点为插入基点），如图 13-151 所示。

步骤 04 单击“默认”选项卡|“绘图”面板上的“直线”按钮╱，绘制折线，其中水平线段长为 0.5，斜线长为 4，顺时针倾斜角度为 135°，如图 13-152 所示。

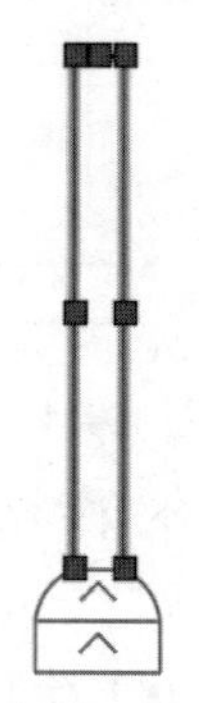

图 13-150　绘制直线

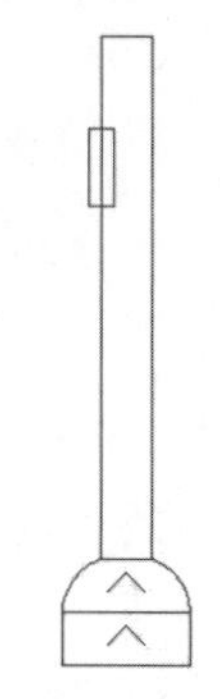

图 13-151　插入电阻

图 13-152　绘制折线

步骤 05 单击“默认”选项卡|“修改”面板上的“移动”按钮✥，以步骤（4）绘制的折线斜线部分的中点为移动基点，以电阻的基点为目标点移动图形，如图 13-153 所示。

步骤 06 单击“默认”选项卡|“修改”面板上的“修剪”按钮，修剪电阻内的直线，效果如图 13-154 所示。

步骤 07 单击“注释”选项卡|“文字”面板上的“单行文字”按钮A，添加文字说明 θ，采用前面设置的文字样式，设置文字高度为 1，文字旋转为 0°，如图 13-155 所示。

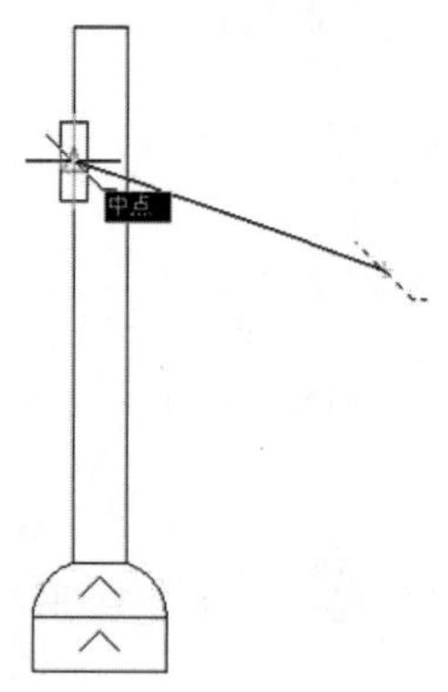

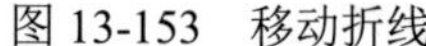

图 13-153　移动折线

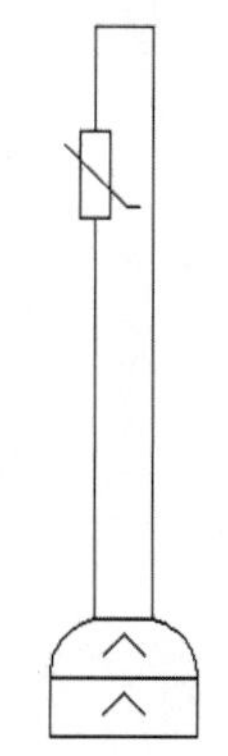

图 13-154　修剪电阻内直线

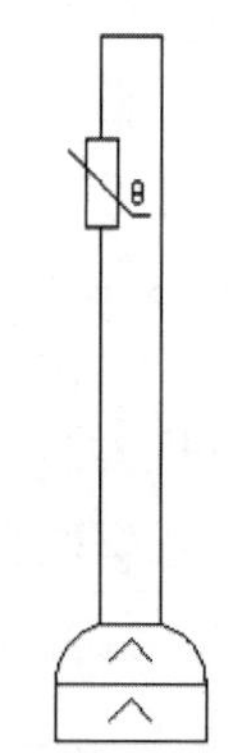

图 13-155　标注文字

（3）风扇电机部分的绘制

步骤 01 单击“默认”选项卡|“绘图”面板上的“矩形”按钮，绘制一个 10×4 的矩形，效果如图 13-156 所示。

步骤 02 单击“默认”选项卡|“绘图”面板上的“直线”按钮╱，绘制矩形的水平中线，如图 13-157 所示。

步骤 03 单击“默认”选项卡|“绘图”面板上的“直线”按钮，以矩形的上边中点为起点绘制竖直直线，长度为 8，如图 13-158 所示。

图 13-156　绘制矩形　　图 13-157　绘制中线　　图 13-158　绘制直线

步骤 04 单击“默认”选项卡|“修改”面板上的“复制”按钮，以步骤（3）所绘直线的中点为基点，将直线正交向左、向右各复制两份，距离均为 2 和 4，效果如图 13-159 所示。

步骤 05 单击“默认”选项卡|“绘图”面板上的“圆弧”按钮，以第一点为步骤（4）复制的左边直线下端点，第二点为矩形靠近左上角的任意点，第三点为矩形左边中点绘制圆弧，如图 13-160 所示。

步骤 06 单击“默认”选项卡|“修改”面板上的“镜像”按钮，以矩形的竖直中线为镜像轴，将圆弧镜像一份，效果如图 13-161 所示。

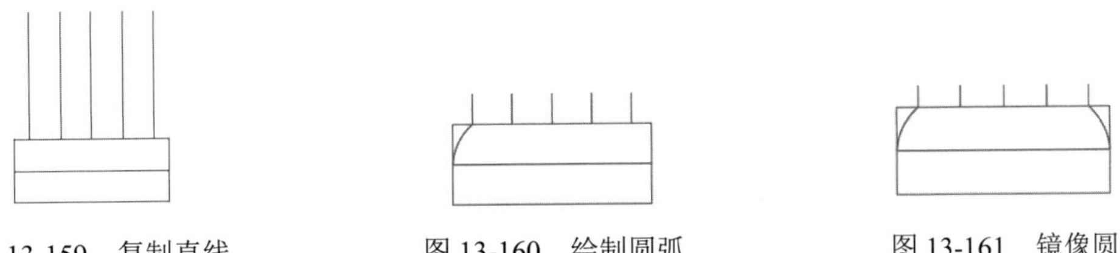

图 13-159　复制直线　　图 13-160　绘制圆弧　　图 13-161　镜像圆弧

步骤 07 单击“默认”选项卡|“修改”面板上的“修剪”按钮，修剪圆弧外的矩形两角，效果如图 13-162 所示。

步骤 08 单击“默认”选项卡|“绘图”面板上的“多段线”按钮，同绘制手动开关板部分的折线步骤一样，在图中绘制折线并移动到位，结果如图 13-163 所示。

步骤 09 单击“默认”选项卡|“修改”面板上的“镜像”按钮，选择如图 13-164 下部所示的图形为镜像对象，以矩形上边中点端的竖直直线中点的水平辅助线为镜像轴，将图形镜像一份。

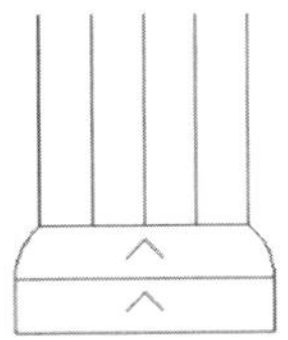
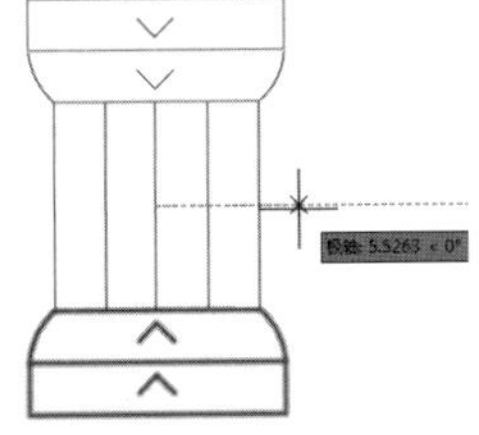

图 13-162　修剪圆弧外直线　　图 13-163　绘制折线　　图 13-164　镜像图形

步骤 10 单击“默认”选项卡|“修改”面板上的“镜像”按钮，选择图 13-165 中的 5 条竖直直线为镜像对象，以步骤（9）镜像后的图形中间分割水平直线（标有交点的水平直线）为镜像轴，将图形镜像。

步骤 11 单击“默认”选项卡|“绘图”面板上的“圆”按钮，以上一步镜像后的中间直线上端点为圆心，绘制半径为 4 的圆，效果如图 13-166 所示。

步骤 12 单击“默认”选项卡|“修改”面板上的“修剪”按钮，修剪圆内的直线，效果如图 13-167 所示。

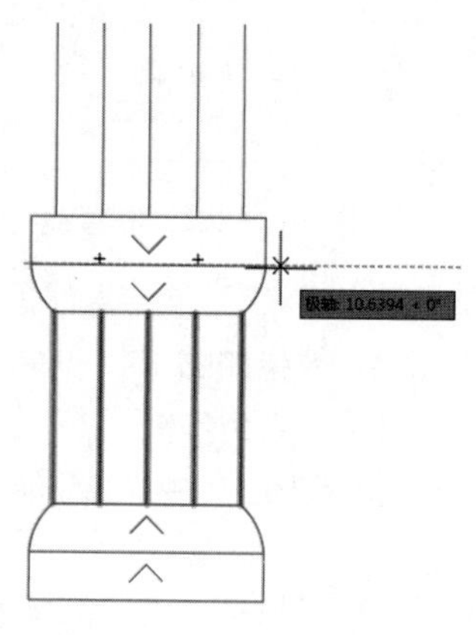
图 13-165 镜像图形

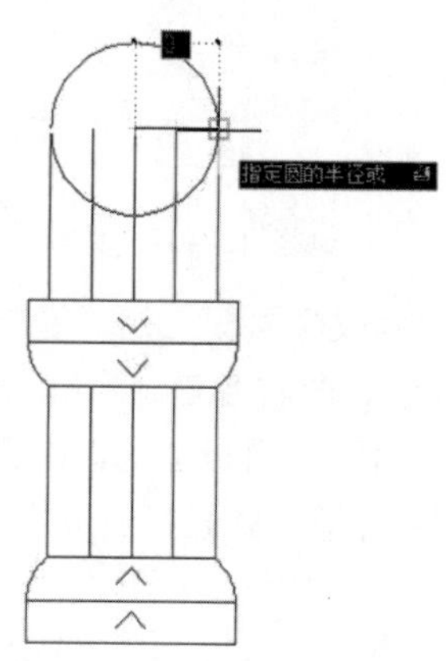

图 13-166 绘制圆

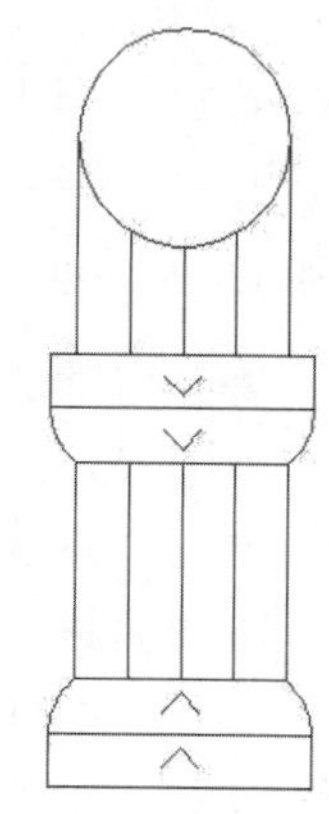
图 13-167 修剪圆内直线

（4）印制电路板的绘制

步骤 01 单击“默认”选项卡|“绘图”面板上的“矩形”按钮，绘制一个 70×40 的矩形，效果如图 13-168 所示。

步骤 02 单击“默认”选项卡|“绘图”面板上的“直线”按钮，以矩形右上角点为起点，绘制长度为 5 的竖直直线，如图 13-169 所示。

步骤 03 单击“默认”选项卡|“修改”面板上的“移动”按钮，如图 13-170 所示，以上一步绘制的直线的中点为移动基点，正交向左移动，移动距离为 10。

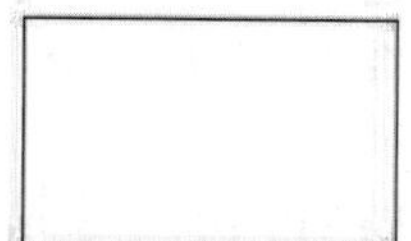
图 13-168 绘制矩形

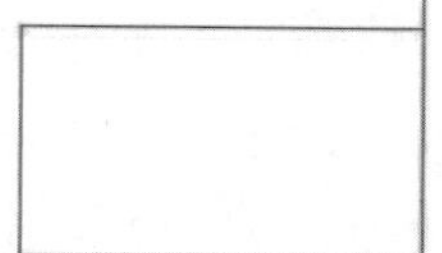
图 13-169 绘制直线

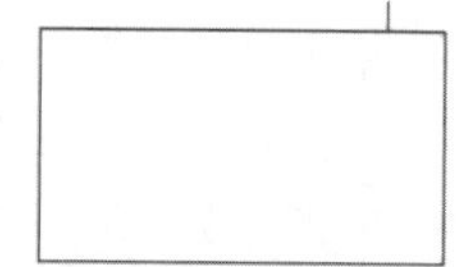
图 13-170 移动直线

步骤 04 单击“默认”选项卡|“修改”面板上的“复制”按钮，以步骤（3）所绘直线的中点为基点，将直线正交向左复制 4 份，距离依次为 25、33、43 和 53，效果如图 13-171 所示。

步骤 05 单击“默认”选项卡|“修改”面板上的“镜像”按钮，选择如图 13-172 所示矩形上端的 5 条竖直直线为镜像对象，以矩形的上边为镜像轴，以删除镜像源的方式将图形镜像一份，镜像后效果如图 13-173 所示。

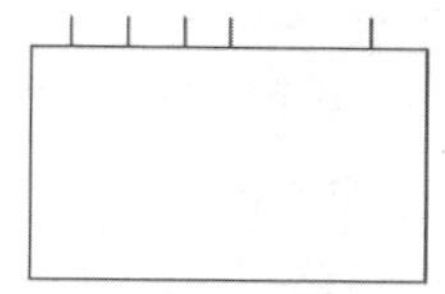
图 13-171 复制直线

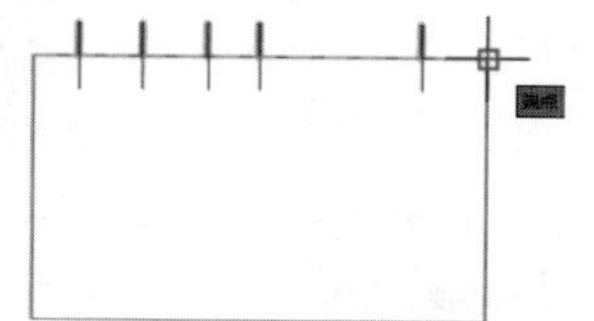
图 13-172 镜像直线

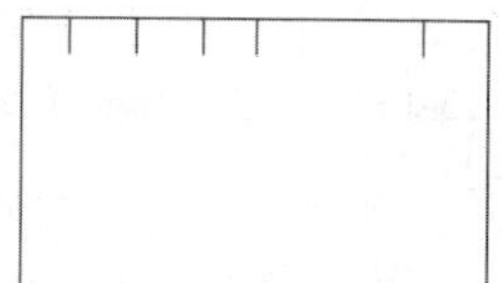
图 13-173 镜像效果

（5）插入图形到印制电路板

步骤01 单击"默认"选项卡|"修改"面板上的"移动"按钮，选择图中风扇电机部分为移动对象，以其底边中点为移动基点，以印制电路板绘制步骤（5）镜像后的最右边直线的下端点为移动目标点，将图形移动到位，效果如图 13-174 所示。

步骤02 单击"默认"选项卡|"修改"面板上的"复制"按钮，采用同步骤（1）相似的方式移动基点和目标点，将手动开关板和室外管温感温包部分依次复制到位，效果如图 13-175 所示。

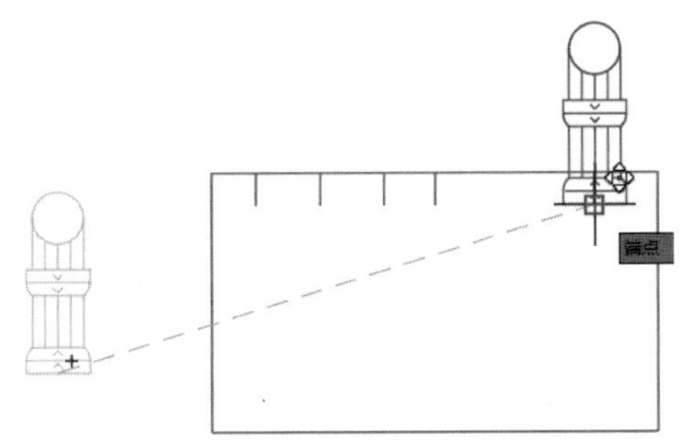

图 13-174 移动图形

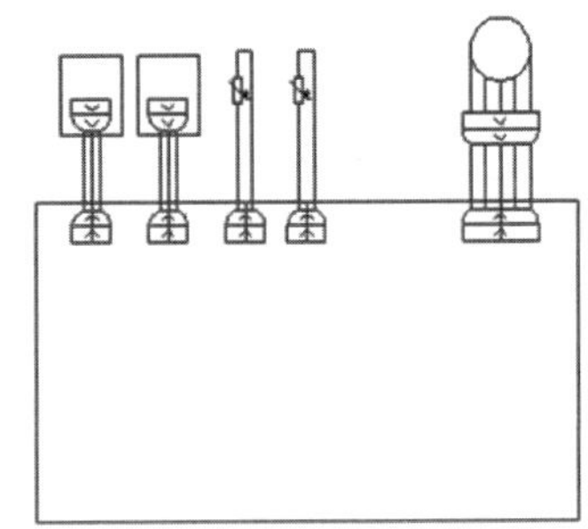

图 13-175 复制图形后效果

步骤03 删除用于辅助定位的 5 条竖直直线，效果如图 13-176 所示。

步骤04 单击"默认"选项卡|"绘图"面板上的"直线"按钮，以圆和竖直直线的相切点为起点绘制长度为 4，逆时针倾斜 150° 的斜线，如图 13-177 所示。

步骤05 单击"默认"选项卡|"绘图"面板上的"直线"按钮，如图 13-178 所示，以斜线的左端为起点，依次绘制图中的 6 条直线，长度分别为 4、10、8、10、4 和 12。

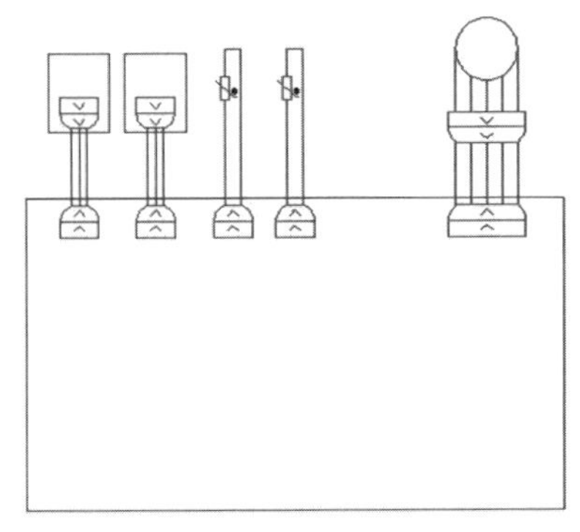

图 13-176 删除定位辅助线

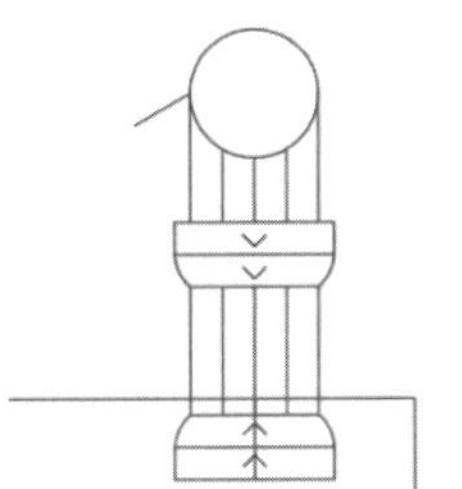

图 13-177 绘制斜线

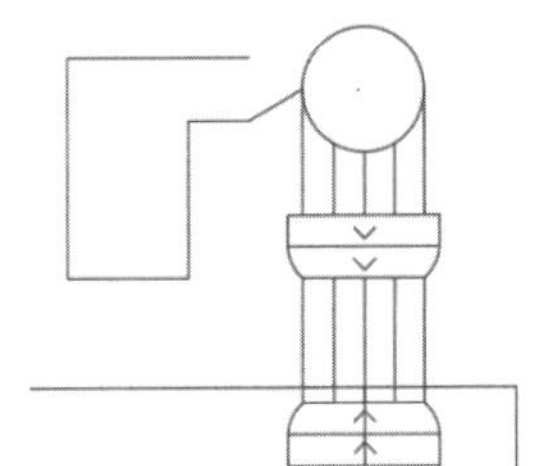

图 13-178 依次绘制 6 条直线

步骤06 单击"默认"选项卡|"绘图"面板上的"直线"按钮，以上一步的终点为起点，绘制斜线，斜线终点在圆上，且在第一段斜线上方（绘制时关闭正交方式，不用精确位置），如图 13-179 所示。

步骤07 单击"默认"选项卡|"块"面板上的"插入块"按钮，在图中插入电容器和连接器（分别捕捉步骤（5）的第二段、第三段、第四段直线的中点为插入基点），如图 13-180 所示。

步骤08 单击"默认"选项卡|"块"面板上的"插入块"按钮，在图中插入动断触点，插入基点为第一条斜线的右端点，如图 13-181 所示。

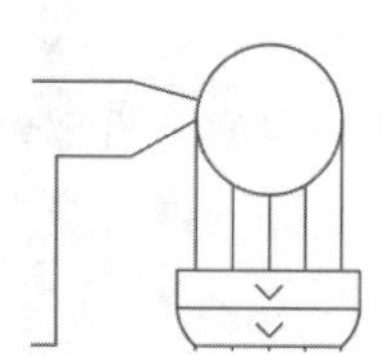
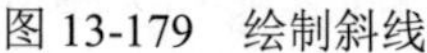

图 13-179　绘制斜线

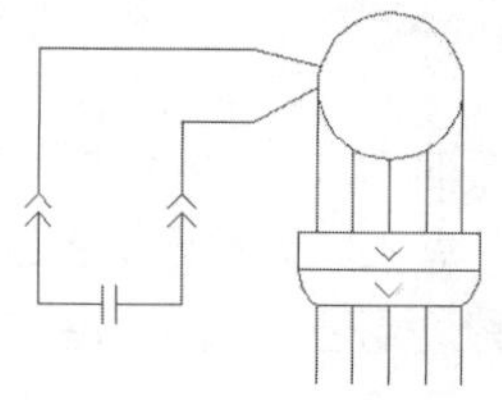

图 13-180　插入图形

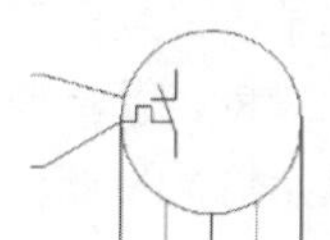

图 13-181　插入动断触点

（6）印制电路板到电源和室外机组连接部分的绘制

步骤 01　单击“默认”选项卡|“绘图”面板上的“直线”按钮╱，如图 13-182 所示以圆和竖直直线的右边相切点为起点，依次绘制图中 3 条直线，长度分别为 12、50 和 5。

步骤 02　单击“默认”选项卡|“绘图”面板上的“圆”按钮，分别以上一步绘制的直线两个端点为圆心，绘制半径为 0.5 的圆；然后单击“默认”选项卡|“修改”面板上的“移动”按钮✥，选择圆为移动对象，以过圆心的水平辅助线和左边圆弧的交点为移动基点，以原来的圆心为移动目标点，将图形移动到位，效果如图 13-183 所示。

步骤 03　单击“默认”选项卡|“修改”面板上的“修剪”按钮，修剪圆内的直线，效果如图 13-184 所示。

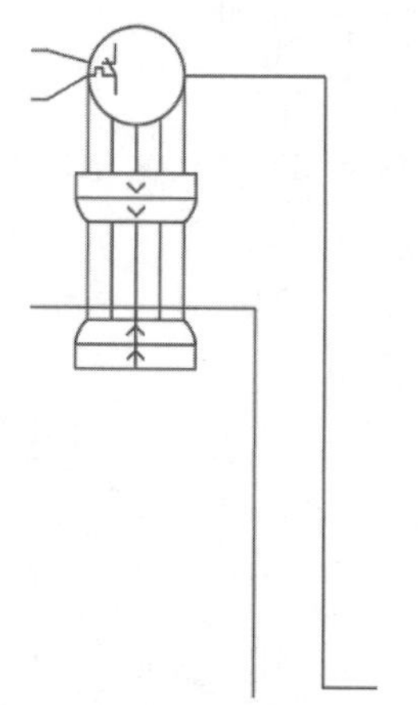

图 13-182　依次绘制直线

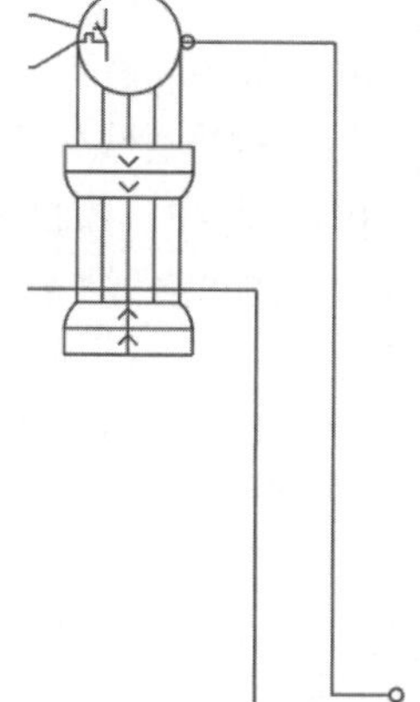

图 13-183　绘制圆

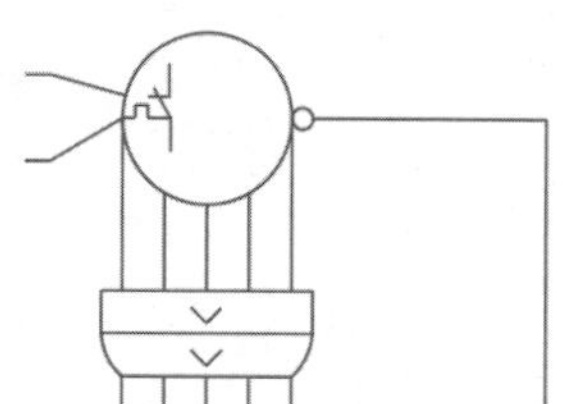

图 13-184　修剪圆内直线

步骤 04　单击“默认”选项卡|“修改”面板上的“复制”按钮，以圆心为复制基点，将上一步下方的圆正交向上复制两份，距离分别为 2 和 4；然后正交向下复制一个圆，距离为 2，效果如图 13-185 所示。

步骤 05　单击“默认”选项卡|“绘图”面板上的“直线”按钮╱，如图 13-186 所示以过圆心的水平辅助线和右半圆弧的交点为起点，绘制连续直线，长度分别为 10、30 和 5（折线）；然后同样以第二个圆的过圆心的水平辅助线和右半圆弧的交点为起点，绘制水平直线，长度为 20。

步骤 06　单击“默认”选项卡|“绘图”面板上的“矩形”按钮，在图中空白位置绘制一个 5 ×2 的矩形（大致在两条竖直直线中间即可），如图 13-187 所示。

步骤 07　单击“默认”选项卡|“绘图”面板上的“直线”按钮╱，以上一步绘制矩形的左边中点为起点，连续绘制两条水平直线，终点为在左边两条竖直直线的垂足，如图 13-188 所示。

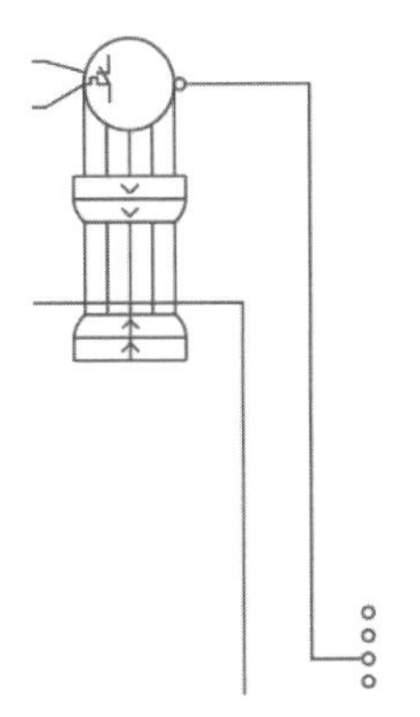
图 13-185　复制圆

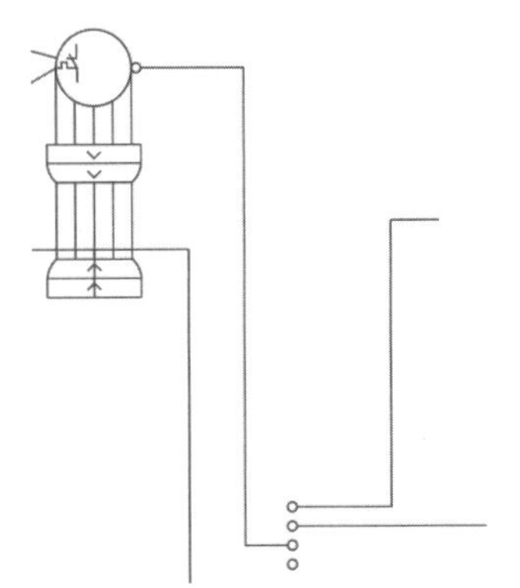
图 13-186　绘制直线

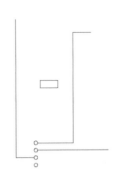

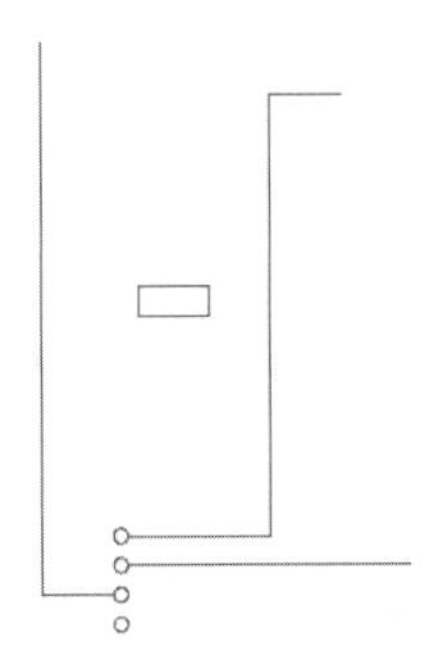
图 13-187　绘制矩形

步骤08 单击“默认”选项卡|“块”面板上的“插入块”按钮，在步骤（1）绘制的第一条水平直线中点插入接线端子，如图 13-189 所示。

步骤09 单击“默认”选项卡|“修改”面板上的“镜像”按钮，以接线端子为镜像对象，以图中竖直直线为镜像轴，将图形镜像一份，如图 13-190 所示。

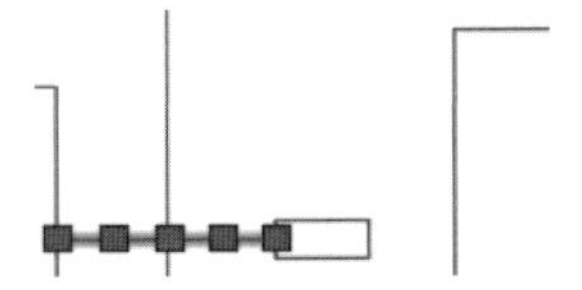
图 13-188　依次绘制直线

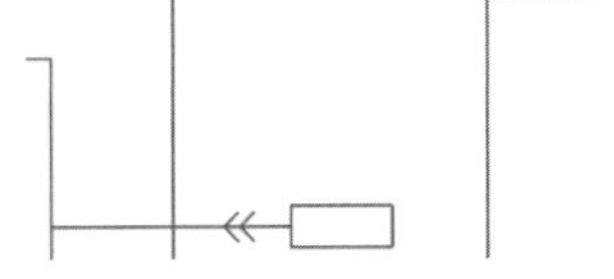
图 13-189　插入接线端子

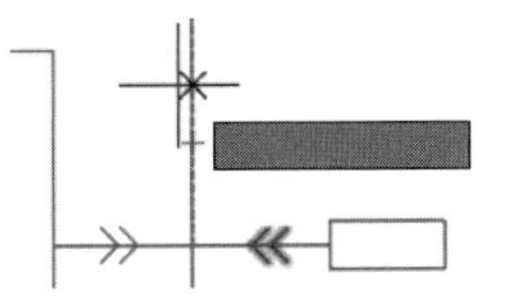
图 13-190　镜像接线端子

步骤10 单击“默认”选项卡|“修改”面板上的“修剪”按钮，修剪接线端子内的直线，效果如图 13-191 所示。

步骤11 单击“默认”选项卡|“修改”面板上的“矩形阵列”按钮，选择图 13-192 中的图形为阵列对象，设置阵列的行数为 4，列数为 1，行间距为 2，阵列效果如图 13-193 所示。

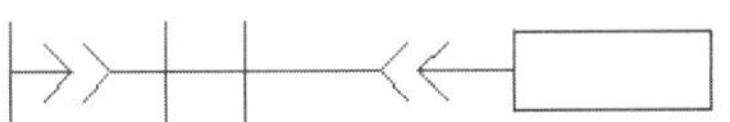
图 13-191　修剪接线端子内直线

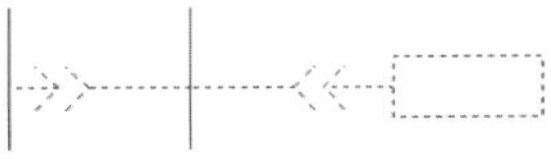

图 13-192　阵列对象

步骤12 如图 13-194 所示，删除第一个和第四个接线端子及其所在的水平直线。

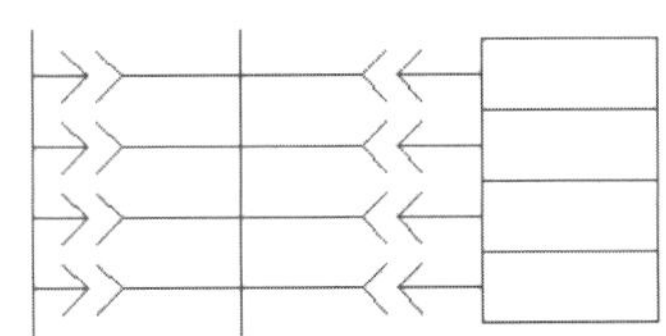
图 13-193　阵列效果

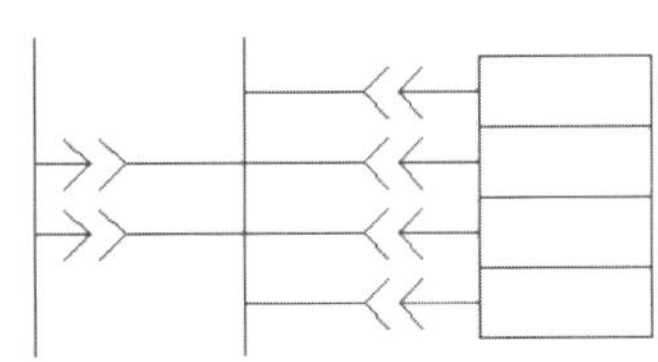
图 13-194　删除两个接线端子

步骤13 单击“默认”选项卡|“绘图”面板上的“直线”按钮，依次绘制 4 条直线，直线长度分别为 2、10、8 和 4，如图 13-195 所示。

步骤14 单击“默认”选项卡|“绘图”面板上的“直线”按钮，依次绘制两条直线，直线长度依次为 14 和 8，如图 13-196 所示。

步骤15 单击“默认”选项卡|“绘图”面板上的“矩形”按钮，在空白处绘制一个 8×2 的矩形；然后单击“默认”选项卡|“修改”面板上的“移动”按钮，选择矩形为移动对象，以其上边中点为移动基点，以步骤（14）绘制的竖直直线下端点为移动目标点，移动图形，效果如图 13-197 所示。

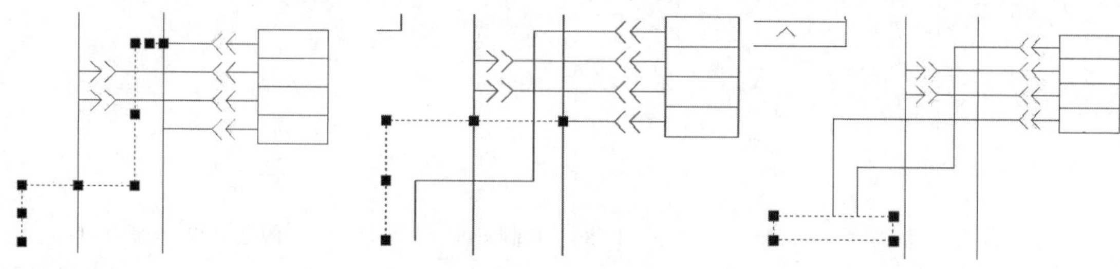

图 13-195 依次绘制直线　　图 13-196 依次绘制直线　　图 13-197 绘制矩形

步骤16 单击“默认”选项卡|“修改”面板上的“移动”按钮，选择矩形为移动对象，以其上边中点为移动基点，正交向右移动，移动距离为 1，效果如图 13-198 所示。

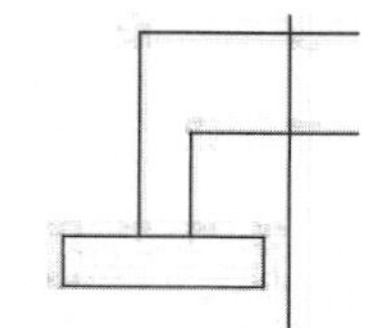

图 13-198 移动矩形

步骤17 单击“默认”选项卡|“块”面板上的“插入块”按钮，插入接线端子（插入基点为直线的端点），并修剪接线端子内的直线，如图 13-199 所示。

步骤18 单击“默认”选项卡|“绘图”面板上的“直线”按钮，绘制 3 条水平直线，长度为 15，起点均在矩形的右边中点，如图 13-200 所示。

步骤19 单击“默认”选项卡|“绘图”面板上的“矩形”按钮，在空白处绘制一个 10×40 的矩形；然后单击“默认”选项卡|“修改”面板上的“移动”按钮，选择矩形为移动对象，以其左边中点为移动基点，以图中标明的直线右端点为移动目标点，将图形移动到位，效果如图 13-201 所示。

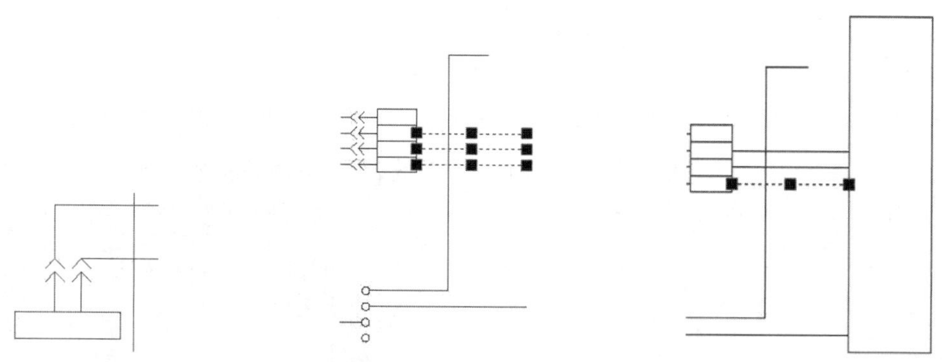

图 13-199 插入接线端子　　图 13-200 依次绘制 3 条直线　　图 13-201 绘制矩形

步骤20 单击“默认”选项卡|“绘图”面板上的“直线”按钮，如图 13-202 所示依次绘制三条直线，长度分别为 4、7 和 7，斜线倾斜角为顺时针 45°，起点为矩形的右边中点。

步骤21 单击“默认”选项卡|“绘图”面板上的“直线”按钮，同步骤（20）依次绘制三条直线，前两段直线长度分别为 2 和 7，第三段直线的终点为正交向右捕捉上一步直线终点竖直方向交点，斜线倾斜角为顺时针 45°，起点为矩形的右边中点，如图 13-203 所示。

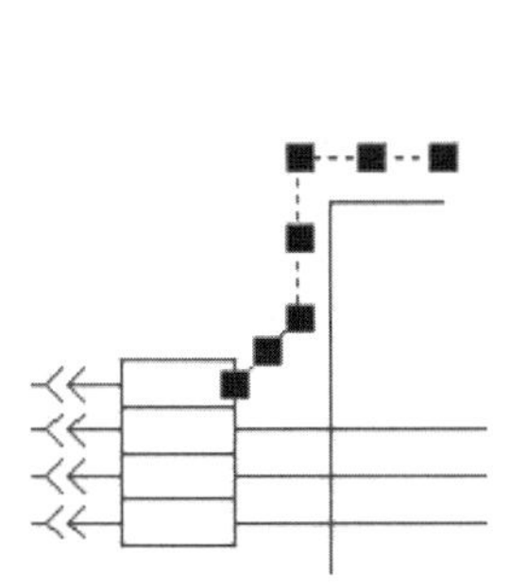

图 13-202　依次绘制直线

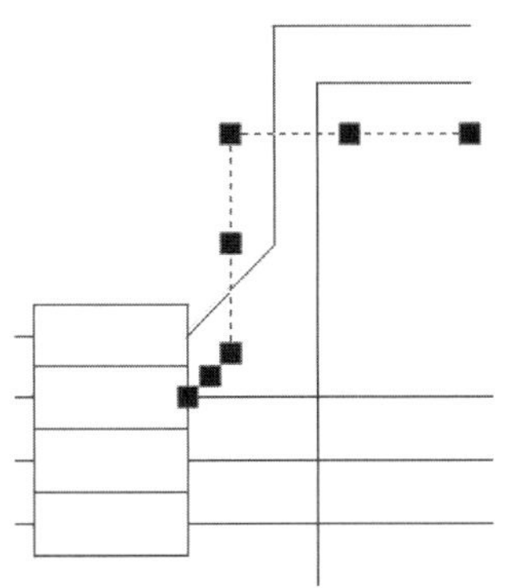

图 13-203　依次绘制直线

步骤 22　单击“默认”选项卡|“块”面板上的“插入块”按钮，先在图中步骤（21）绘制的斜线中点插入接线端子，并旋转 45°；然后单击“默认”选项卡|“修改”面板上的“复制”按钮，将接线端子正交向上复制一份，复制基点为接线端子的基点，目标点为捕捉接线端子基点正交向上的辅助线和步骤（20）绘制的斜线的交点，并修剪接线端子内的直线，如图 13-204 所示。

步骤 23　单击“默认”选项卡|“绘图”面板上的“矩形”按钮，在空白处绘制一个 3 × 1 的矩形；然后单击“默认”选项卡|“修改”面板上的“复制”按钮，以矩形的左边中点为复制基点，图中三条水平直线的右端点为目标点分别复制三个矩形，并删除复制源，效果如图 13-205 所示。

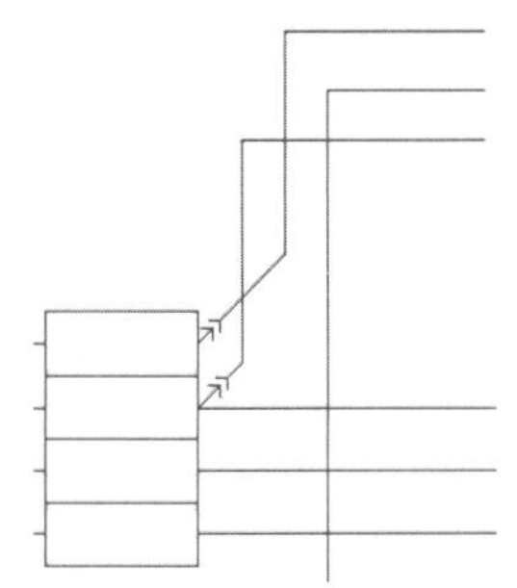

图 13-204　插入接线端子

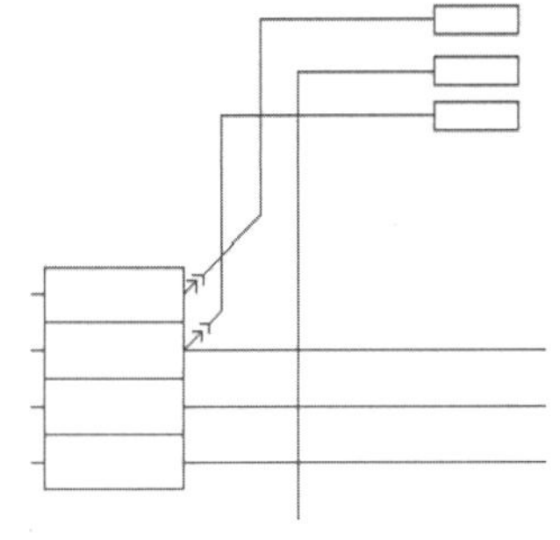

图 13-205　复制矩形

步骤 24　单击“默认”选项卡|“绘图”面板上的“图案填充”按钮，打开“图案填充创建”选项卡，然后设置填充图案和填充图案的颜色，如图 13-206 所示，填充三个矩形，填充效果如图 13-207 所示。

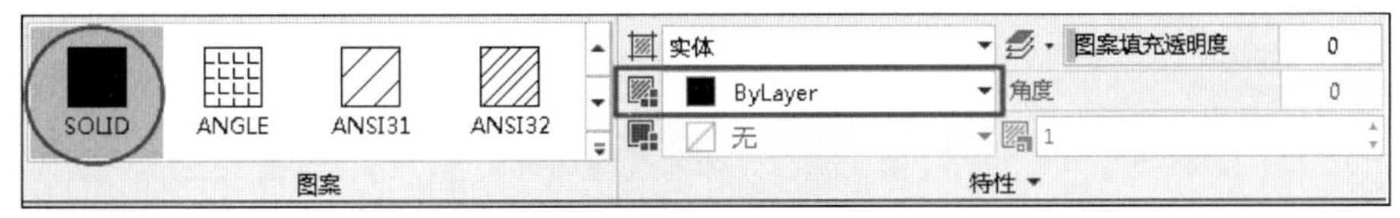

图 13-206　填充设置

步骤 25　单击“默认”选项卡|“绘图”面板上的“矩形”按钮，绘制矩形，大小能够框住 4 个圆即可（不要求精确位置和大小），如图 13-208 所示。

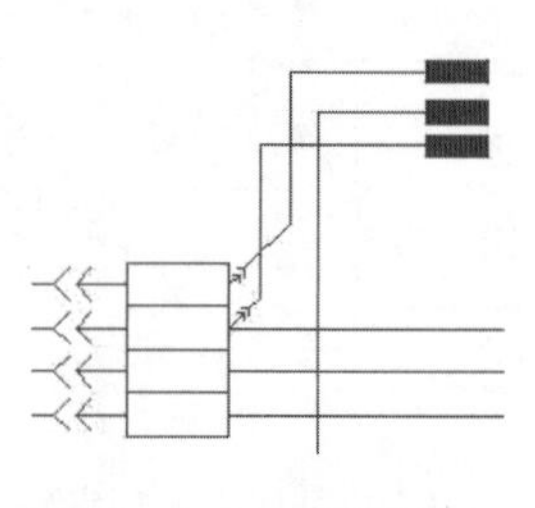
图 13-207　填充效果

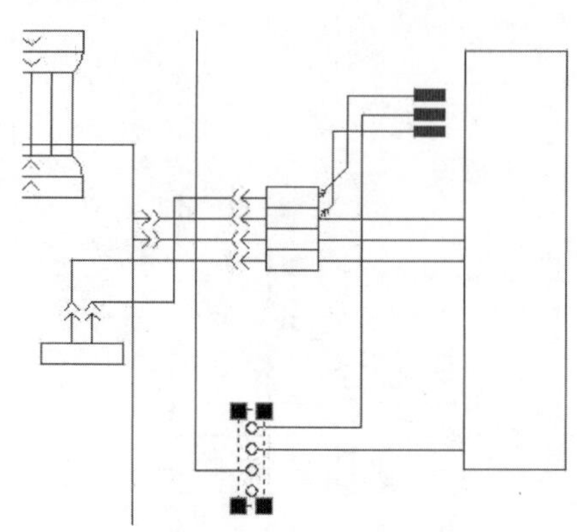
图 13-208　绘制矩形

（7）扫风电机部分的绘制

步骤 01 单击“默认”选项卡|“绘图”面板上的“直线”按钮，如图 13-209 所示依次绘制 5 条直线，长度分别为 30、60、15、5 和 5，捕捉起点为第 4 个圆的过圆心的竖直辅助线和下半圆弧的交点。

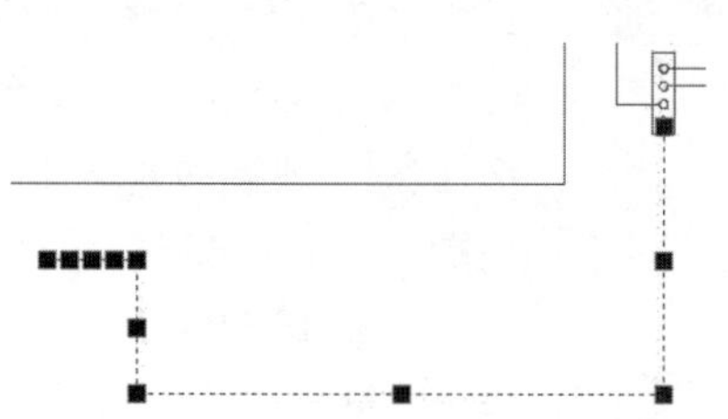
图 13-209　依次绘制 5 条直线

步骤 02 单击“默认”选项卡|“绘图”面板上的“直线”按钮，如图 13-210 所示分别绘制两竖直直线，起点为步骤（1）最后一条直线的两个端点，终点为到两个端点在上面水平直线上的垂足。

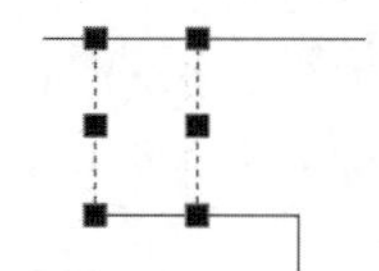
图 13-210　绘制直线

步骤 03 单击“默认”选项卡|“绘图”面板上的“圆”按钮，以步骤（1）中最后一条直线中点为圆心，绘制半径为 4 的圆，效果如图 13-211 所示。

步骤 04 单击“默认”选项卡|“块”面板上的“插入块”按钮，如图 13-212 所示分别在步骤（2）绘制的竖直直线的中点插入接线端子，并修剪接线端子内的直线和上一步绘制的圆内的直线。

步骤 05 单击“默认”选项卡|“绘图”面板上的“圆”按钮，以步骤（3）绘制的圆和水平直线的交点为圆心，绘制半径为 0.5 的圆，然后以其圆心为移动基点，使用“移动”命令正交向右移动，移动距离为 0.5，使两圆相切，并修剪小圆内的直线，效果如图 13-213 所示。

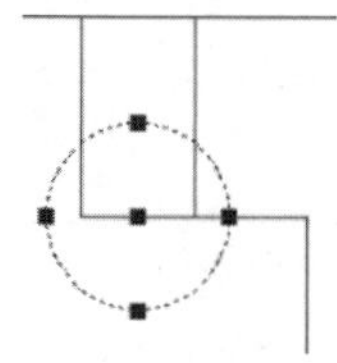
图 13-211　绘制圆

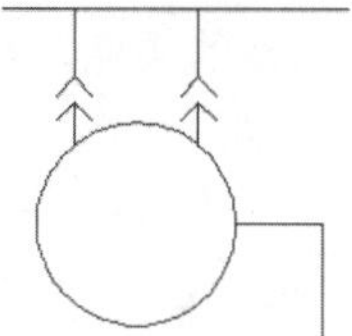
图 13-212　插入接线端子

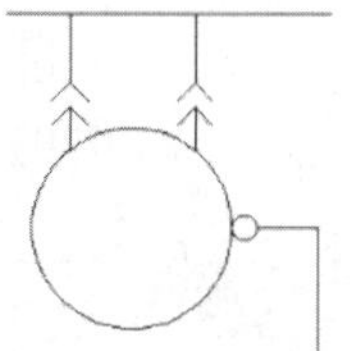
图 13-213　绘制圆

（8）变压器部分的绘制

步骤 01 单击“默认”选项卡|“绘图”面板上的“直线”按钮，如图 13-214 所示绘制长度为 5 的竖直直线（定位辅助直线）。

步骤 02 单击“默认”选项卡|“修改”面板上的“复制”按钮，以步骤（1）绘制的直线中点为复制基点，正交向右复制两条直线，距离为 10 和 15，效果如图 13-215 所示。

图 13-214 绘制直线　　图 13-215 复制直线

步骤 03 删除步骤（1）绘制的直线，然后单击“默认”选项卡|“修改”面板上的“复制”按钮，如图 13-216 所示分别以虚线部分的下底边中点为复制基点，以步骤（2）复制的直线端点为复制基点，将虚线图形复制两份。

步骤 04 单击“默认”选项卡|“修改”面板上的“镜像”按钮，如图 13-217 所示以上一步复制的两个图形的下底边中点连线为镜像轴，将上一步复制的图形以删除镜像源的方式镜像一份，镜像后效果如图 13-218 所示。

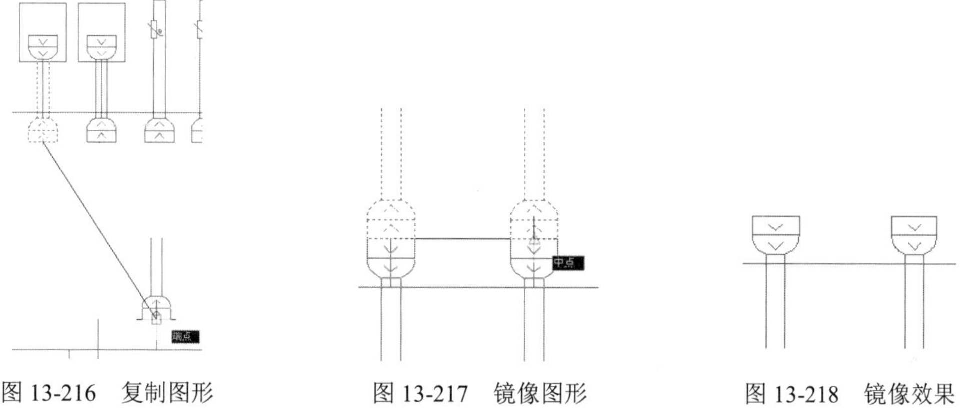

图 13-216 复制图形　　图 13-217 镜像图形　　图 13-218 镜像效果

步骤 05 单击“默认”选项卡|“修改”面板上的“复制”按钮，选择图 13-219 右夹持点的直线的中点为复制基点，正交向右复制两份，距离为 0.6 和 1.4，效果如图 13-220 所示（针对镜像后的左边部分操作）。

步骤 06 单击“默认”选项卡|“块”面板上的“插入块”按钮，在步骤（4）中镜像的两个图形中间插入变压器线圈（不要求精确位置），如图 13-221 所示。

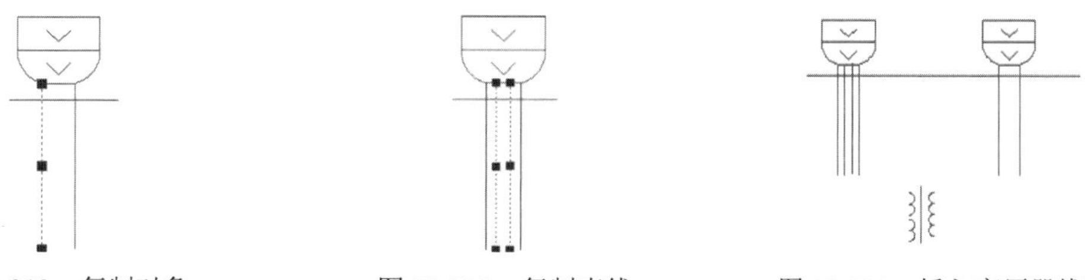

图 13-219 复制对象　　图 13-220 复制直线　　图 13-221 插入变压器线圈

步骤 07 单击“默认”选项卡|“绘图”面板上的“多段线”按钮，如图 13-222 所示，配合端点捕捉、“极轴追踪”和“对象捕捉追踪”功能，绘制如图 13-223 所示的轮廓线。

步骤 08 重复执行“多段线”命令，配合端点捕捉、“极轴追踪”和“对象捕捉追踪”功能继续补画其他位置的轮廓线，结果如图 13-224 所示，最终完整绘制效果如图 13-225 所示。

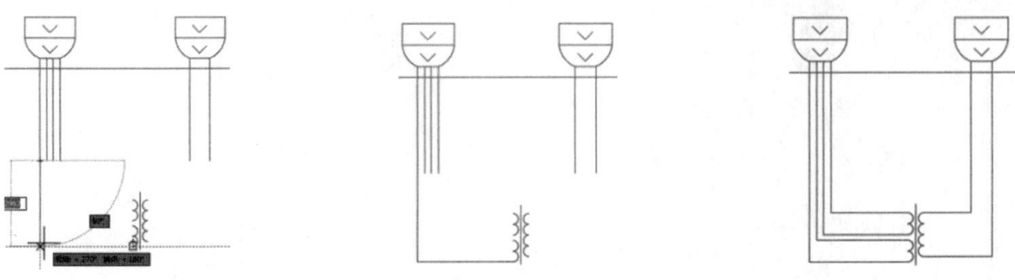

图 13-222　定位拐角点　　图 13-223　绘制轮廓线　　图 13-224　依次绘制其他图线

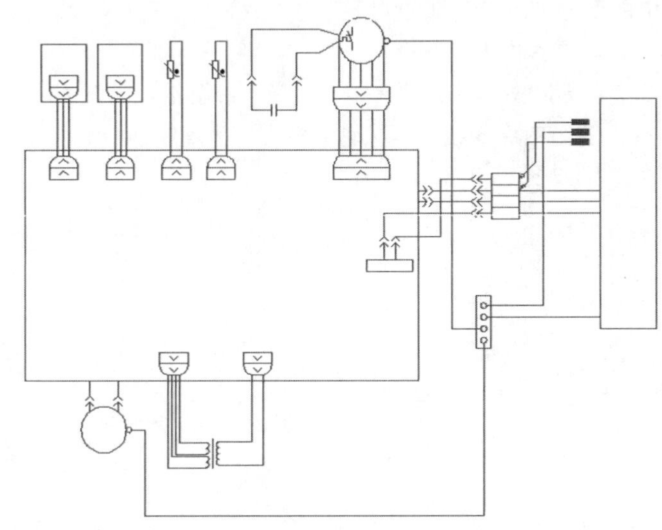

图 13-225　未标注文字说明前整体效果

（9）文字标注

电气元件代号是电气接线图的重要组成部分，是查找修改图形的重要依据，编写的时候注意按照一定的顺序逐个添加，以免遗漏。

由于在前面的绘图准备阶段已经设置了文字样式，现在只需要直接调用文字样式即可，具体添加步骤如下：

步骤 01 展开“默认”选项卡|“图层”面板上的“图层”下拉列表，设置当前图层为“文字标注”。

步骤 02 单击“注释”选项卡|“文字”面板上的“多行文字”按钮A，在图中指定第一角点和第二角点（可在图中空白位置单击，等输入完后再调整），打开“文字编辑器”选项卡面板，然后在下侧的面板上设置字体样式、字体、字高等文字参数，如图 13-226 所示。

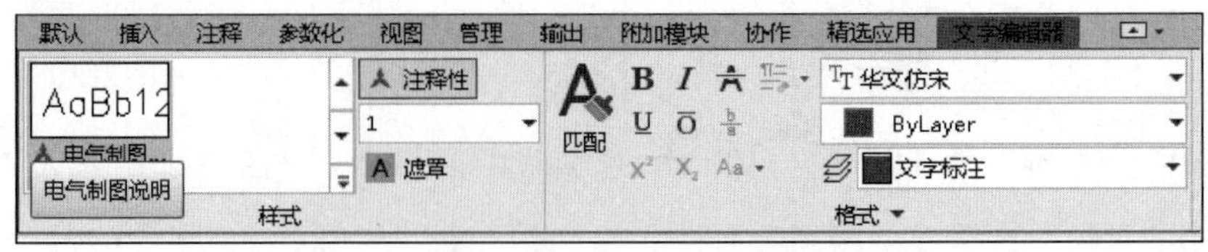

图 13-226　设置文字格式

步骤 03 关闭状态栏上的“对象捕捉”和“对象捕捉追踪”功能，接下来分别给图中各个电气元件标注代号，并单击“默认”选项卡|“修改”面板上的“移动”按钮，适当调整代号的位置，最终效果如图 13-227 所示。

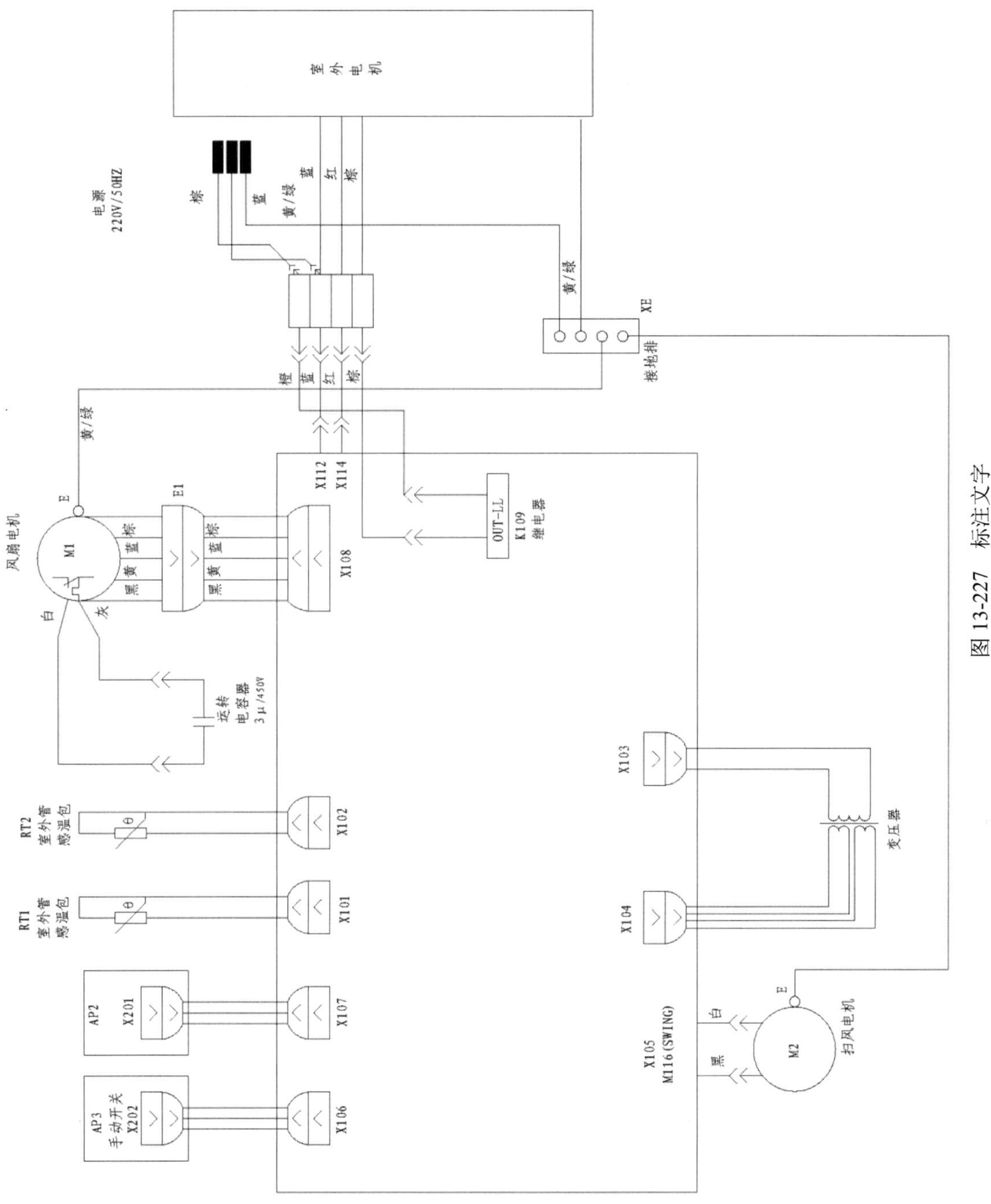

图 13-227　标注文字

第 14 章

天正电气在 AutoCAD 电气制图中的使用

导言

天正电气（TElec）是天正公司在 AutoCAD 平台上开发的一款专用电气绘图软件，也是目前国内很流行的一款专用软件。天正公司从 1994 年开始就在 AutoCAD 图形平台上开发了一系列建筑、暖通、电气等专业软件，这些软件特别是电气软件，在全国范围内取得了极大的成功，20 年来，天正电气软件版本不断推陈出新，并越来越受到中国电气设计师的喜爱。

本章以目前最新的天正电气软件 2021 版本为例，通过绘制各类电气图形，详细讲解利用天正电气软件绘制电气图的方法与技巧。

14.1 认识天正电气

天正电气软件被广泛应用于电气设计中，它提供的各种功能深受电气设计工程师的喜爱，极大地方便和简化了设计工作。同时它提供的各式各样的基本电气简图图块和相应的功能计算，使电气工程师从繁重的制图任务中解放出来，能更专注于电气电路本身的设计。

14.1.1 天正电气的启动

天正电气软件安装后，在桌面上出现天正电气图标，双击这个图标可启动天正电气软件，进入如图 14-1 所示的软件界面。T20-Elec V7.0 是以 AutoCAD 为平台搭建相应的程序，因此，除 AutoCAD 2021 的基本界面外，插入了 T20-Elec V7.0 的专用程序组——T20-Elec V7.0 屏幕菜单、常用快捷功能工具栏。屏幕菜单集成了电气制图的各种功能；常用快捷功能工具栏将常用的功能命令集合在一起，方便制图者使用。

T20-Elec V7.0 命令的调用方法和 AutoCAD 完全相同。例如：刚执行完一个命令，按 Enter 键或按空格键，则重复执行该命令；使用与 AutoCAD 完全相同的方法选择要删除、复制的对象；按空格键或 Enter 键结束命令等。掌握这些特点对学习和使用天正电气很有帮助。学习天正电气需要有一定的 AutoCAD 知识作为基础。

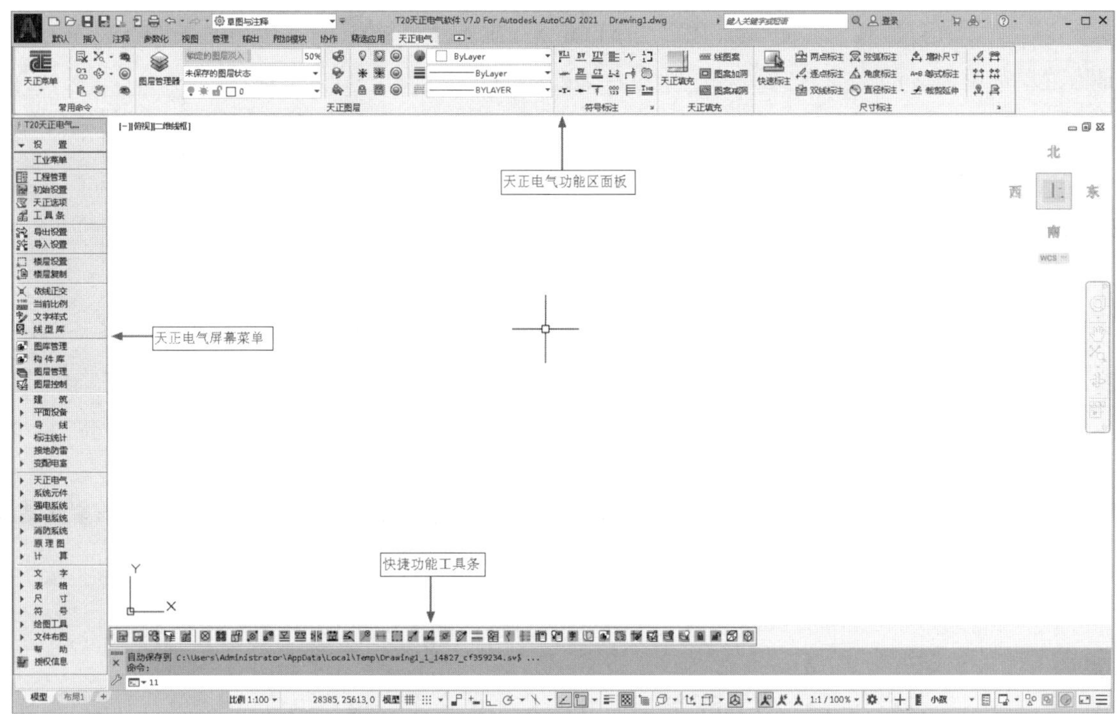

图 14-1　T20-Elec V7.0 屏幕界面

14.1.2　天正电气的窗口组成

启动天正电气以后，即进入天正电气的工作界面，以下对窗口各部分与 AutoCAD 相比有变化的项目进行说明。

1. 屏幕菜单和“常用快捷功能”工具栏

T20-Elec V7.0 中所有的功能都可以通过天正的屏幕菜单进行调用，天正电气屏幕菜单分为民用菜单和工业菜单，如图 14-2 所示。

天正电气屏幕菜单的工业菜单和民用菜单可以通过选择“设置”|“工业菜单”命令或选择“民用菜单”命令来相互切换，如图 14-3 所示。

天正电气屏幕菜单以树状结构形式进行显示，在屏幕菜单中左面有一个小的黑色三角形，表示该按钮有下一级菜单；单击菜单中的命令，即可执行相应的命令。例如，选择屏幕菜单“平面设备”|“任意布置”命令，则弹出如图 14-4 所示的两个对话框，其中有相应的电气简图图块以供选择。

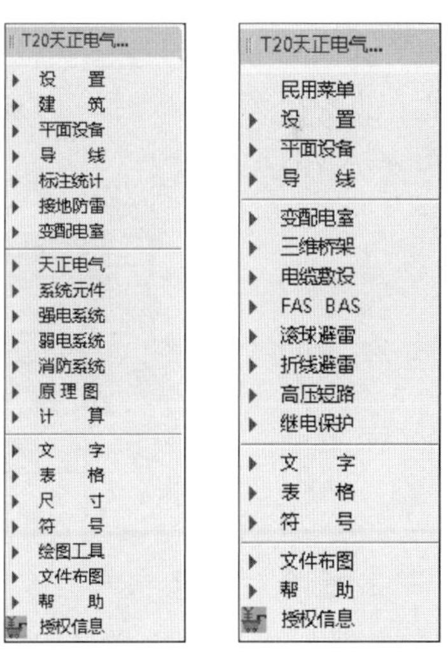

（a）民用菜单　　（b）工业菜单

图 14-2　天正电气屏幕菜单

由于调出天正电气命令需要翻一两次菜单，会影响制图效率，所以天正电气将一些常用命令放在了“常用快捷功能”工具栏上，如图 14-5 所示，单击其中的命令按钮，即可调用相应的命令。T20-Elec V7.0 的常用快捷功能工具栏包含两部分：左边 5 个命令用以更改设置、过滤选择、工具栏设置、保存等，相当于 AutoCAD 标准工具栏中的一些功能；右边的命令是屏幕菜单常用命令的快捷方式，方便制图者提高绘图效率。

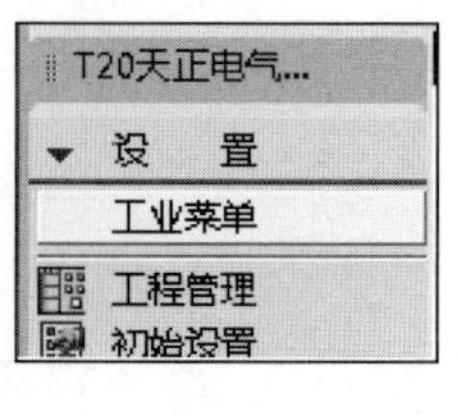

（a）

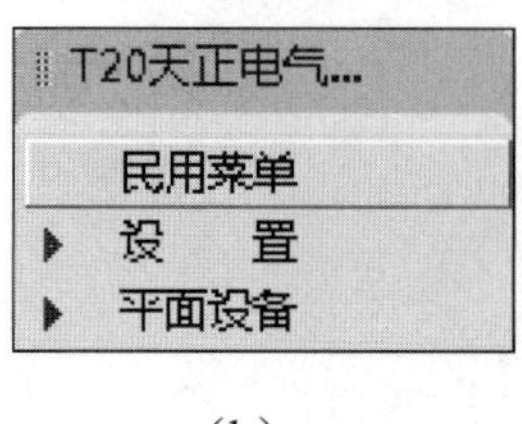

（b）

图 14-3　切换民用菜单与工业菜单

图 14-4　弹出的图块窗口

图 14-5　“常用快捷功能”工具栏

“屏幕菜单”和“常用快捷功能”工具栏，都可以拖曳出来，成为浮动命令窗口，放在 AutoCAD 的绘图区中。

常用快捷工具栏具有记忆功能，能记住用户常用的命令。用户也可以根据自己的习惯使用“工具栏”命令设置定制常用快捷工具条里面的图标菜单命令。

一些初学者有可能误操作单击“屏幕菜单”和“常用快捷功能”工具栏的关闭按钮而不自知，如何再在 AutoCAD 图形窗口中添加上。“屏幕菜单”的添加可使用 TMNLOAD 命令，在命令行中输入 TMNLOAD，按 Enter 键或按组合键 Ctrl + +键。“常用快捷功能”工具栏的加载和 AutoCAD 2021 工具栏加载方法一样，在工具栏的空白处，即没有按钮的地方右击，在弹出的快捷菜单中选择 TCH 命令即可，或者如图 14-6 所示选择“工具”|“工具栏”| AutoCAD|TCH 命令。

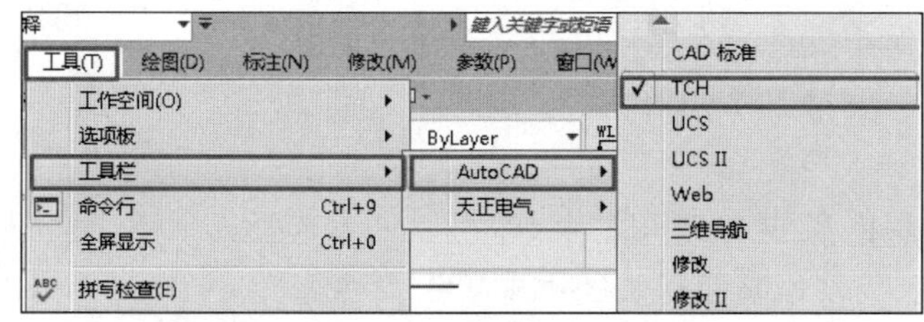

图 14-6　加载“常用快捷功能”工具栏

2. 命令对话区

AutoCAD 和天正电气将用户输入的命令显示在此区域内，执行命令后，显示该命令的提示，提示用户下一步该做什么。

T20-Elec V7.0 中除了选择屏幕菜单调用命令外，还可以输入命令的中文名称中每一个汉字拼音的第一个字母调用命令，例如“元件插入”命令的简化命令是 YJCR；输入 YJFZ，调用“元件复制”命令等。命令的输入不区分大小写。

3. 图形文件标签按钮

当打开一个以上的图形文件时，T20-Elec V7.0 显示文件标签按钮，每个打开的文件对应一个按钮，以文件名作为按钮名称，单击其中一个按钮，将切换到该文档所在窗口，如图 14-7 所示。

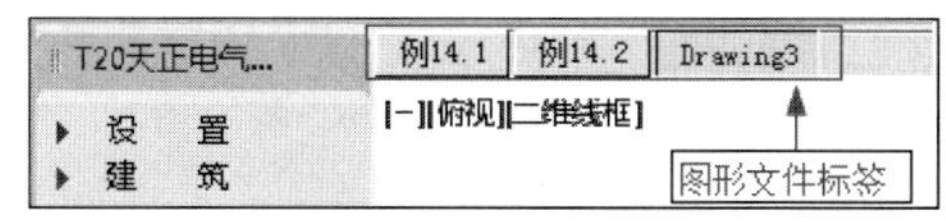

图 14-7 图形文件标签

4. 热键

天正电气还提供了热键供用户使用，熟练使用这些热键能有效地提高绘图速度。表 14-1 列出了常用热键及其功能。

表 14-1 常用热键

热　键	功　能
F1	帮助文件的切换键
F2	屏幕图形显示和文本显示的切换键
F3	对象捕捉开关
F6	状态栏的绝对坐标和相对坐标的切换
F7	屏幕栅格显示状态开关键
F8	屏幕光标正交状态开关键
F9	屏幕光标捕捉状态开关键
F11	对象追踪的开关键
F12	在基线和边线间切换墙体捕捉位置
Ctrl+F12 或 Ctrl+ +	屏幕菜单的开关键

5. 快捷菜单

天正电气继承了 AutoCAD 快速调出命令的优点，提供了快捷菜单。同 AutoCAD 用法一样，在绘图区右击，弹出能执行相关命令的菜单。

快捷菜单可通过以下方式得到：

- 鼠标置于CAD对象或天正实体上使之亮显后，右击，弹出与此对象、实体相关的菜单。
- 用鼠标单击对象或实体后，右击，弹出相关菜单。
- 在绘图区域内按Ctrl键 + 右击，弹出常用命令组成的菜单。

14.1.3 天正命令与 AutoCAD 命令的选用

天正电气运行在 AutoCAD 环境中，两者融为一体，相辅相成。作图时用天正命令还是 AutoCAD 命令，由用户根据需要和命令的方便程度决定，两者之间没有界线。

一般来说，绘制电气概略图、电路图和功能简图，输入各种电气符号，用天正命令比用 AutoCAD 命令方便、快捷、有效。但天正电气命令主要是针对电气图中标准电气简图、标准电气电路图开发的，不能穷尽所有的标准简图，难以绘制非标准简图，这是自动化与灵活性这一矛盾作用的必然结果，是专用软件难以克服的问题。AutoCAD 命令虽然自动化程度较低，但使用面广，许多时候需要将两者结合使用。

14.2 系统设置与操作管理

14.2.1 工程管理

选择“设置”|“工程管理”命令，打开“工程管理”对话框。工程管理工具是管理同属于一个工程下的图纸（图形文件）的工具，它将属于同一个工程的图纸集合在一起，给出一个树状的管理目录，便于查找和修改。启动命令后出现一个界面，如图 14-8（左）所示。

单击界面上方的下拉按钮，可以打开工程管理菜单，如图 14-8（右）所示，菜单中几个主要命令的用法如下：

- “新建工程”命令：为当前图形建立一个新的工程，弹出“另存为”对话框，为工程命名和指定保存位置。
- “打开工程”命令：弹出“打开”对话框，打开已经存在的工程，进行编辑。
- “导入楼层表”命令或“导出楼层表”命令：该功能是取代旧版本沿用多年的楼层表定义功能，在天正电气中，以楼层栏中的图标命令控制属于同一工程中的各个标准层平面图，允许不同的标准层存放于一个图形文件下。
- “最近工程”命令：打开最近使用过的工程。
- “保存工程”命令：保存现有工程。
- “工程设置”命令：对现有工程进行工程设置。
- 图纸栏：图纸栏将各系统图和平面图集合在一起，便于查找和编辑。如图14-9所示，在工程名称上右击，可为工程添加图纸和子类别。若在“强电系统”等子类别上右击，可以将该子类别下的图纸移除或重命名，也可在这个子类别下添加图纸或再添加下一级子类别。

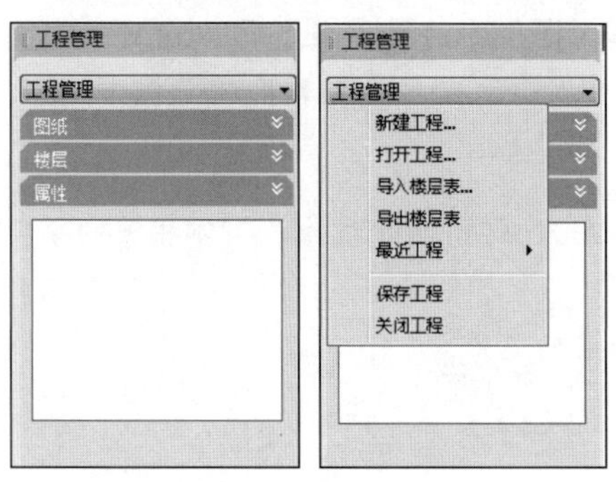

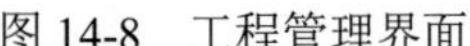
图 14-8 工程管理界面

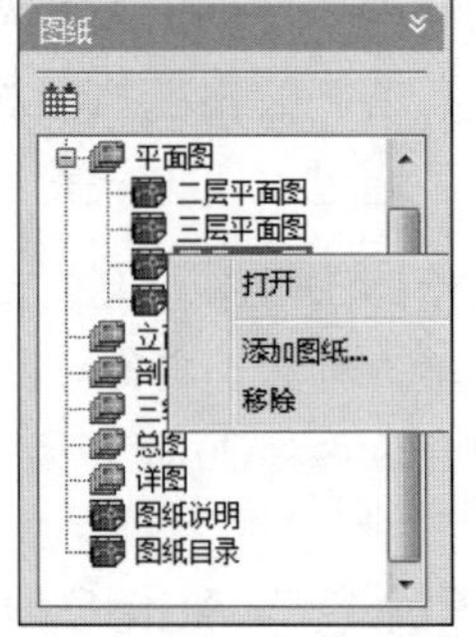

图 14-9 图纸栏编辑

14.2.2 初始设置

“初始设置”命令设置绘图中图块比例、导线信息、文字字形、字高和宽高比等初始信息。选择菜单“设置”|“初始设置”命令，或者单击快捷功能工具栏上的“初始设置”按钮，或者在命令行输入 OP 后按 Enter 键，都可以执行“初始设置”命令，打开如图 14-10 所示的“选项”对话框，单击对话框中的“电气设定”选项卡，进入电气初始设置界面。

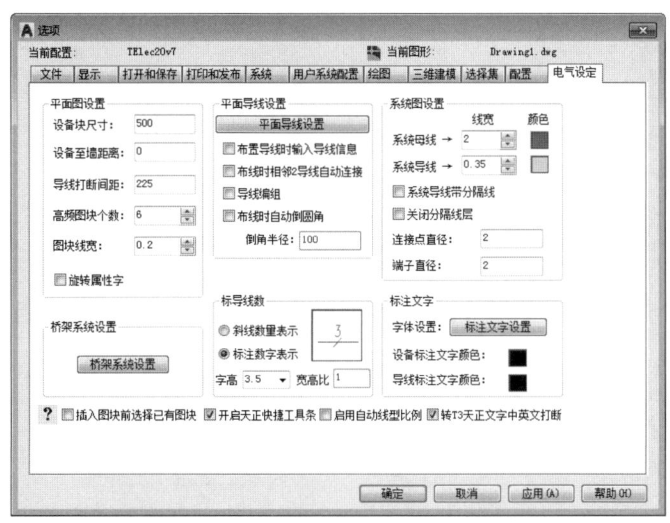

图 14-10 “电气设定”选项卡设置

1. “平面图设置”选项组

设置平面设备的相关参数值，包括以下选项：

- “设备块尺寸”文本框：设置平面图中设备块插入图块的大小，这里是比例尺寸。
- “设备至墙距离”文本框：设置沿墙插入设备块离墙的距离，采用实际尺寸。
- “导线打断间距”文本框：在执行导线打断命令时，设备块和导线的打断距离。
- “高频图块个数”微调框：设置设备库自动记忆用户常用的设备块的个数。
- “图块线宽”微调框：设置图块的图线宽度。
- “旋转属性字”复选框：设置属性字是否与图块一起旋转。

2. “系统图设置”选项组

设置系统图的相关参数值，包括以下选项：

- “系统母线”微调框：设置系统母线线宽和颜色。
- “系统导线”微调框：设置系统导线线宽和颜色。
- “系统导线带分隔线”复选框：改变系统导线是否带分隔线状态。
- “关闭分隔线层”复选框：改变分隔线层开关状态。
- “连接点直径”文本框：设置绘图时导线连接点的直径，采用实际尺寸。
- “端子直径”文本框：设置绘图时端子的直径，采用实际尺寸。

3. “平面导线设置”选项组

设置平面导线的相关参数，包括以下选项：

- “平面导线设置”按钮：单击该按钮，打开“平面导线设置”对话框（见图14-11），设置照明等线路的线宽、线型、颜色等信息。可自创新线型，并可强制修改已绘制的导线。
- “布置导线时输入导线信息”复选框：用于在使用“平面布线”与“任意导线”时打开的对话框中增加导线信息设置控件，可在绘制的同时修改导线信息。

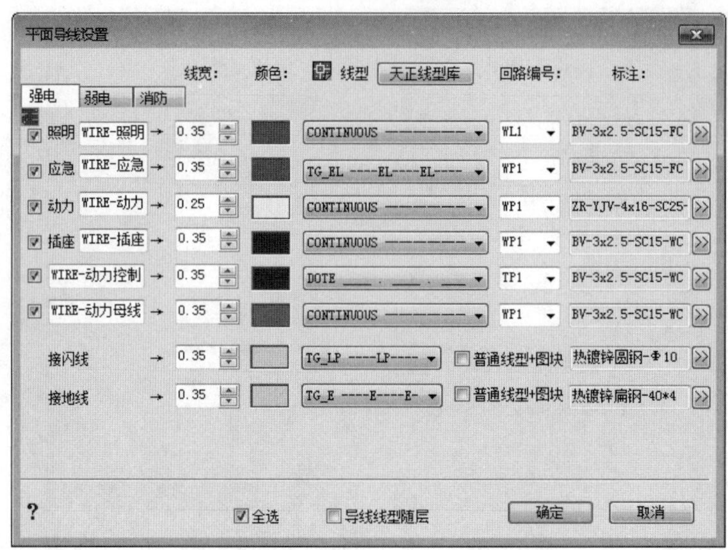

图 14-11　“平面导线设置”对话框

- “布线时相邻2导线自动连接”复选框：主要针对于“平面布线”命令绘制的导线是否与相邻导线自动连接成一根导线。
- “导线编组”复选框：勾选该复选框，使用“平面布线”命令绘制导线时，导线相交打断后或沿线文字标注后，其连接关系不会被断开，呈编组效果。即：选中其中某一段导线，其余与之相连的导线也能同时被选中，仍被认为与其是同一根导线。
- “布线时自动倒圆角”复选框：勾选该复选框，执行“平面布线”命令绘制导线过程中，相邻导线自动倒圆角，其倒角半径可根据需要自定义。
- “倒角半径”文本框：用于设置倒角半径。

4. “标注文字”选项组

- 单击“标注文字设置”按钮，弹出如图14-12所示的“标注文字设置”对话框，用于对电气标注和文字线形的字体、字高和宽高比进行设置。

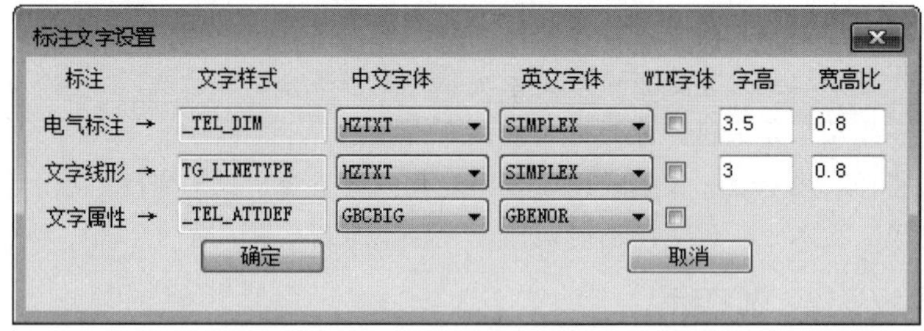

图 14-12　“标注文字设置”对话框

- 设备标注文字颜色：用于设置所有对于设备的标注文字颜色。默认为白色。包括“标注灯具”“标注设备”“标注开关”“标注插座”。
- 导线标注文字颜色：用于设置所有对于导线的标注文字颜色。默认为白色。包括“导线标注”“多线标注”“批量标注”“回路编号”“标导线数”“沿线文字”（带引线方式）。

5. “标导线数”选项组

“标导线数”选项组用来设置标定导线数是采用斜线标注还是数字标注，数字标注可更改标注数字的字高和宽度比。

- “字高”下拉列表：用于设定所标注文字的大小。
- “宽高比”文本框：用于设定标注文字的字宽和字高的比例，以调整字的宽度。

6. 其他复选框

- “插入图块前选择已有图块”复选框：用于保留3.x版绘图习惯，平面布置命令在执行后首先提示用户选择图中已有图块，可提高绘图速度。
- “开启天正快捷工具条”复选框：用于设置是否在屏幕上显示天正快捷工具条。
- “启用自动线形比例”复选框：用于设置是否启用自动线形比例。
- “转T3天正文字中英文打断”复选框：用于天正图纸转T3格式时，是否将天正文字中英文打断为两个单独的文字。

14.2.3 定制工具栏

选择“设置”|“工具条”命令，或者在命令行输入GFT后按Enter键，都可以执行“工具条”命令，打开“定制天正工具条”对话框，如图14-13所示，该对话框用来定制如上图 14-5 所示的天正电气“常用快捷功能”工具栏上的命令。除“常用快捷功能”工具栏中的前 5 个命令不能调整外，其余命令都可以通过图14-13中的“加入”按钮、“删除”按钮添加或删除。用户可以通过图14-13所示的“定制天正工具条”对话框定制惯用的命令。天正工具栏具有位置记忆功能，能将用户在绘图中常用的天正命令加入“常用快捷功能”工具栏中。

图 14-13 “定制天正工具条”对话框

用户通过该对话框将自己惯用的命令加入到“常用快捷功能”工具栏中，在绘图时可以提高调用命令的速度，从而提高绘图效率。

14.2.4 设置当前比例

选择“设置”|“当前比例”命令，或者在命令行输入 TPS 后按 Enter 键，都可以执行“当前比例”命令，修改当前比例，命令行提示如下：

```
命令: TPScale
当前比例<100>:(输入比例，如果比例是 1:1000，则输入 1000)
```

安装天正电气软件后，在绘图界面状态栏左侧会显示当前比例，如图 14-14 所示。

也可以单击“比例”后面的小三角形按钮，在弹出的比例选项中选择比例，如图 14-15 所示。

在设置当前比例之后，标注文字的字高和多段线的宽度等都将按新设置的比例绘制。需要说明的是，“当前比例”值改变后，图形的度量尺寸并没有改变。例如一张当前比例为 1:100 的图，将其当前比例改为 1:50 后，图形的长宽范围都保持不变，只是在进行尺寸标注时，标注文字和多段线的字高、符号尺寸与标注线之间的相对间距缩小了一倍。

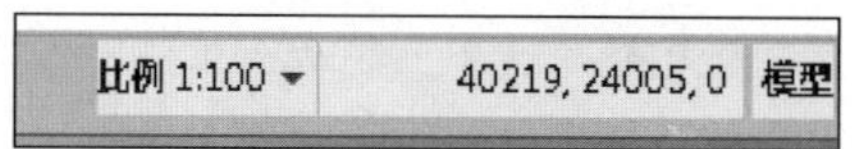

图 14-14　当前比例

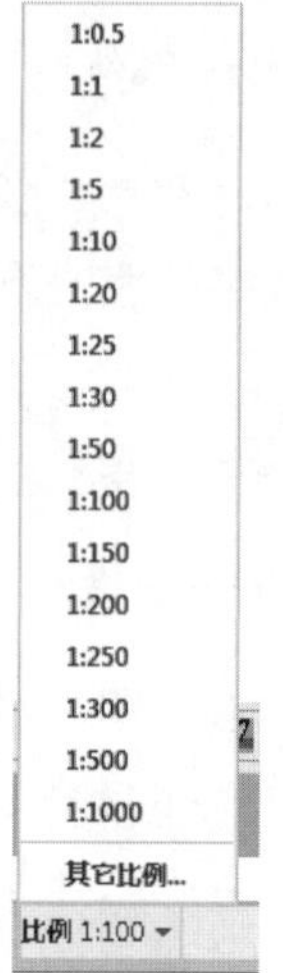

图 14-15　比例选项

14.2.5　设置文字样式

“文字样式”命令用于为天正自定义文字样式的组成，设定中、西文字体各自的参数。选择“设置”|“文字样式”命令，打开“文字样式”对话框，如图 14-16 所示，在其中可以更改和新建文字标注样式，天正电气默认标注样式是_TEL_DIM。

“文字样式”对话框中主要选项的功能如下。

1. “样式名”选项组

- “样式名”下拉列表框：用于选择文字样式，包括Standard、Abbotative、_TCH_LABEl、_TCH_DIM、_TEL_DIM和TG-LINETYPE等样式名。
- “新建”按钮：单击该按钮，打开“新建文字样式”对话框，如图14-17所示，可以在“样式名”文本框中输入新建的样式名。
- “重命名”按钮：重命名新建的文字样式名。
- “删除”按钮：删除新建的文字样式。

图 14-16　“文字样式”对话框

2. “中文参数”选项组

- “宽高比”文本框：设置中文字体的宽高比。
- “中文字体”下拉列表框：选择中文字体样式。

图 14-17　“新建文字样式”对话框

3. “西文参数”选项组

- “字宽方向”文本框：设置西文字体字宽比。
- “字高方向”文本框：设置西文字体字高比。
- “西文字体”下拉列表框：选择西文字体样式。

14.2.6　选择线型库

“线型库”命令用于将 CAD 中加载的线型库导入到天正线形库中。选择“设置”|“线型库”命令，或者在命令行输入 XXK 后按 Enter 键，都可以执行“线型库”命令，打开“天正线型库”对话框，如图 14-18 所示。

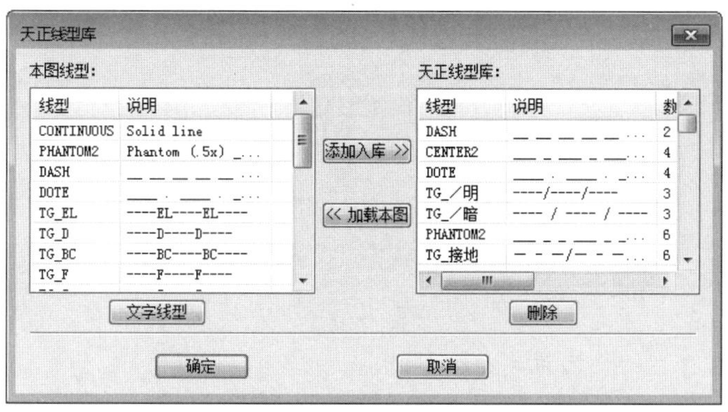

图 14-18　“天正线型库”对话框

“天正线型库”对话框中主要选项的功能如下：

- “本图线型”列表框：显示当前图形的CAD线型，可以通过打开CAD的“线型管理器”加载其他线型。
- “天正线型库”列表框：显示当前天正线型库中的线型样式。
- “添加入库”按钮：单击该按钮，将当前图形中的线型添加到天正线型库中。
- “加载本图”按钮：单击该按钮，将天正线型库中的线型添加到本图线型库。
- “删除”按钮：单击该按钮，删除在天正线型库中已经加载的线型。
- “文字线型”按钮：单击该按钮，弹出如图14-19所示的“带文字线型管理器”对话框。

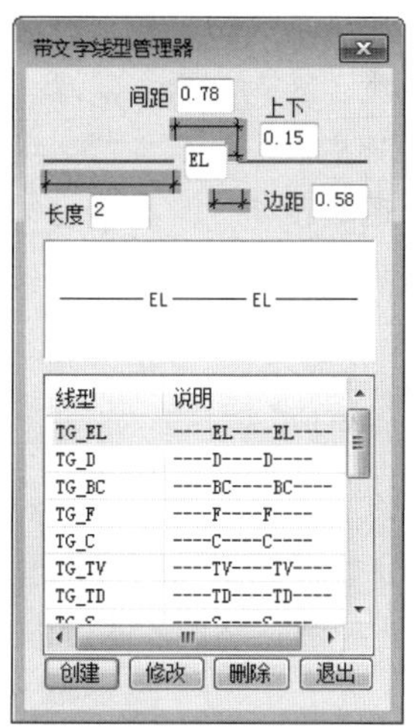

图 14-19　“带文字线型管理器”对话框

14.2.7　图库管理

选择“设置”|“图库管理”命令，或者在命令行输入 TKW 后按 Enter 键，都可以执行“图库管理”命令，打开“天正图库管理系统”对话框，如图 14-20 所示。命令交互通过单击工具栏上的图标，或者右击界面上的对象，在弹出的快捷菜单中进行。

“天正图库管理系统”对话框中包括工具栏、类别区、块名区、图块预览区和状态栏 5 个分区。对话框大小可随意调整，并能自动记录最后一次关闭时的尺寸，类别区、块名区和图块预览区的大小和相对位置也可以随意调整。

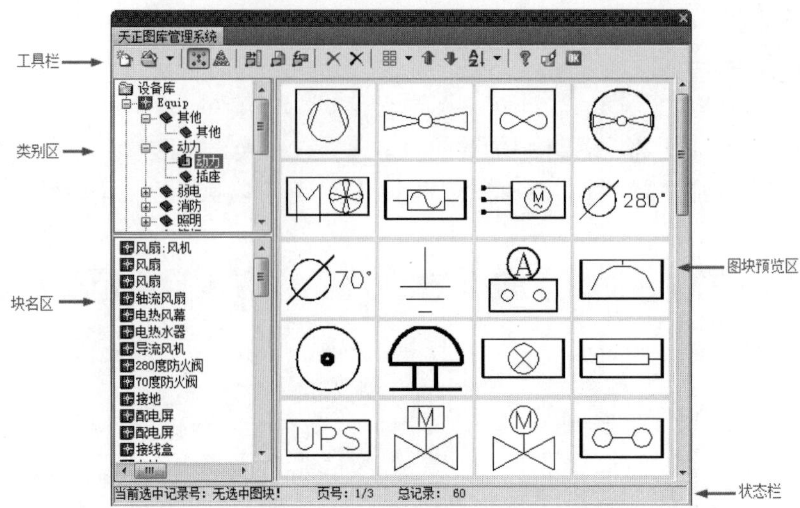

图 14-20 “天正图库管理系统”对话框

- 工具栏：提供了所有的图库管理命令图标。将光标移到这些按钮上时，则浮动显示命令中文提示。
- 类别区：显示当前库的类别树形目录，黑体部分即代表当前类别，可在需要的地方通过快捷菜单中的“新建类别”命令建立新类别。
- 块名区：显示当前库当前类别下的图块名称。
- 状态栏：显示当前图块的参考信息及操作的及时帮助提示。
- 图块预览区：显示当前库当前类别下的所有图块幻灯片。选中的图块用红色边框显示，并加亮显示名称区列表的该项，用户可根据个人情况选择图块布局。

14.2.8 图层管理

“图层管理”命令主要用于设置天正图层系统的名称和颜色。选择“设置”|“图层标准管理器”命令打开“图层标准管理器”对话框，如图 14-21 所示。“图层标准管理器”对话框包括了天正电气中各种类别的图层。用户可以对每个图层的图层名、颜色和备注进行修改。

图层标准管理器

当前标准（TElec）　置为当前标准　新建标准

图层关键字	图层名	颜色	线型	备注
天正电气	TEL			
设备-照明	EQUIP-照明	3	CONTINUOUS	
设备-应急	EQUIP-应急	3	CONTINUOUS	
设备-动力	EQUIP-动力	3	CONTINUOUS	
设备-插座	EQUIP-插座	3	CONTINUOUS	
设备-箱柜	EQUIP-箱柜	3	CONTINUOUS	
设备-消防	EQUIP-消防	3	CONTINUOUS	
设备-通讯	EQUIP-通讯	3	CONTINUOUS	
设备-广播	EQUIP-广播	3	CONTINUOUS	
设备-电话	EQUIP-电话	3	CONTINUOUS	
设备-安防	EQUIP-安防	3	CONTINUOUS	
设备-电视	EQUIP-电视	3	CONTINUOUS	
设备-楼控	EQUIP-楼控	3	CONTINUOUS	
设备-其他	EQUIP-其他	3	CONTINUOUS	
元件	ELEMENT	3	CONTINUOUS	
电气虚线	DOTLN	2	DASH	
引线	LWIRE	4	CONTINUOUS	
短线	SHTLN	4	CONTINUOUS	
导线-照明	WIRE-照明	1	CONTINUOUS	照明

图层转换　颜色恢复　关闭

图 14-21 “图层标准管理器”对话框

"图层标准管理器"对话框中主要选项的功能如下：

- "图层标准"下拉列表：用于选择不同的已定制图层标准。
- "置为当前标准"按钮：将选定的图层标准置为当前。
- "新建标准"按钮：创建图层标准。
- "图层关键字"：系统内部默认图层信息，不可修改，用于提示图层所对应的内容。
- "图层名""颜色""线型"：定制修改图层名称、颜色和线型。
- "备注"：描述图层内容。
- "图层转换"按钮：转换已绘图纸的图层标准。
- "颜色恢复"按钮：恢复系统原始设定的图层颜色。

14.2.9 图层控制

选择"设置"|"图层控制"命令，或者在命令行输入 TCGL 后按 Enter 键，都可以执行"图层控制"命令，打开"图层控制"菜单，如图 14-22 所示。"图层控制"菜单用来打开和关闭相应的图层、删除绘制错误的图层。

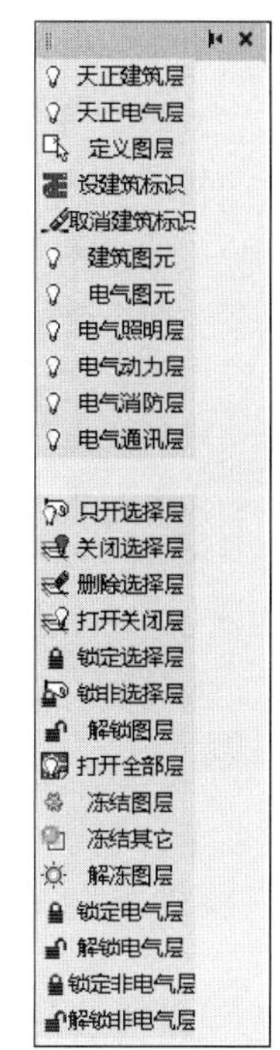

图 14-22 "图层控制"菜单

14.3 绘制建筑平面图

照明平面图等电气图纸需要在建筑平面图上进行绘制，因此必须首先学会绘制建筑平面图。本节主要介绍天正电气中几个重要的绘制建筑平面图的命令，如绘制轴网、绘制墙体、门窗、双跑楼梯等。

14.3.1 绘制轴网

选择"建筑"|"绘制轴网"命令，或者在命令行输入 GRIDS 后按 Enter 键，都可以执行"绘制轴网"命令，打开"绘制轴网"对话框，绘制直线轴网和弧线轴网，如图 14-23 所示。

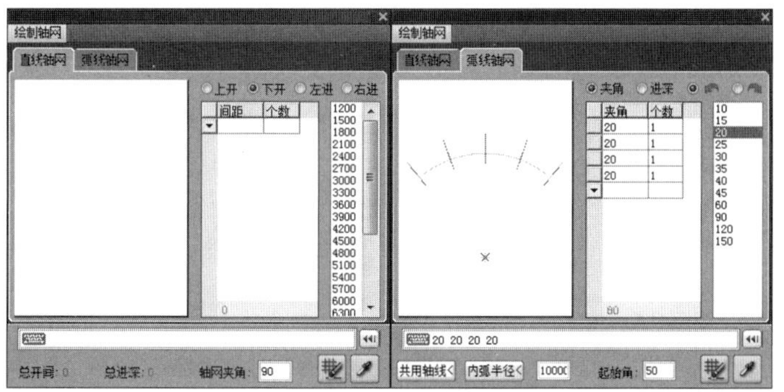

图 14-23 "绘制轴网"对话框

“绘制轴网”对话框中主要选项的功能如下：

- “直线轴网”选项卡：创建正交轴网、斜交轴网及单向轴网。
- “圆弧轴网”选项卡：创建一组由同心圆弧线和过圆心的辐射线组成，由圆心、半径、圆心角和进深等参数确定的弧线轴网。可以沿顺时针或逆时针方向来绘制，绘制时应注意定位点的选择。
- “间距”和“个数”文本框：用户可以在此输入墙体轴线间距和轴线个数。
- “轴网夹角”文本框：选择轴线的夹角，其中90° 为竖直轴线，0° 为水平轴线。
- “上开”单选项：在绘制轴线时绘制出图形上方的主要轴线。
- “下开”单选项：在绘制轴线时绘制出图形下方的主要轴线。
- “左进”单选项：在绘制轴线时绘制出图形左方的主要轴线。
- “右进”单选项：在绘制轴线时绘制出图形右方的主要轴线。

在绘制直线轴网与圆弧轴网组成的轴网时，需要先绘制出直线轴网，然后单击“弧线轴网”选项卡，在该选项卡中输入弧形轴网的具体尺寸，最后单击“弧线轴网”选项卡中的“共用轴线”按钮即可。

14.3.2 绘制墙体

“绘制墙体”命令可以连续绘制直墙或弧墙，生成具有一定高度和一定宽度的墙体。选择“建筑”|“绘制墙体”命令，或者在命令行输入 TG 后按 Enter 键，都可以执行“绘制墙体”命令，打开“绘制墙体”对话框，如图 14-24 所示。

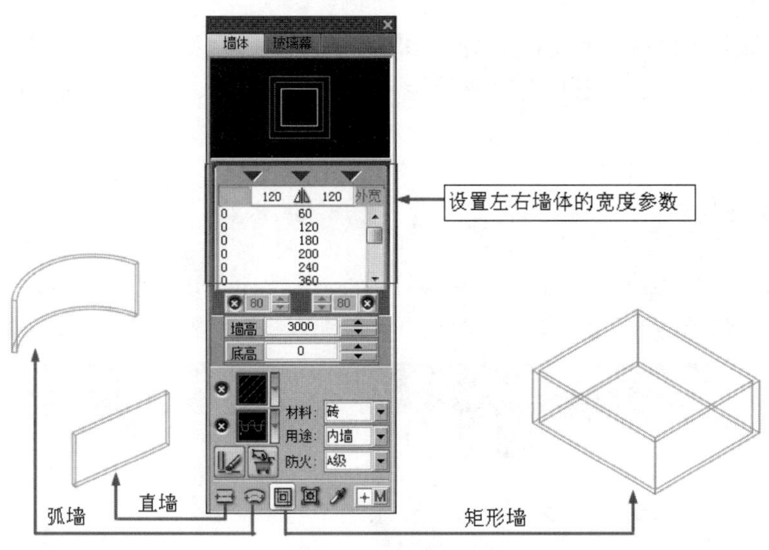

图 14-24 “绘制墙体”对话框

对话框选项的功能如下：

- 左宽和右宽：设置墙线向中心轴线偏移的距离，通过这两个参数的设置可以控制墙体的宽度值，单击“交换”按钮可以交换设置值。

- 墙高：可以设置墙体的高度值，通常取默认值3000。
- 材料：选择绘制的墙体材料，有钢筋砼、混凝土、填充墙、砖墙、石材、空心砖等多种材料的墙体可供选择。
- 用途：选择绘制的墙体用途，有外墙、内墙、分户、虚墙、矮墙和卫生隔断等六种用途。
- 防火：用于选择防火级别，有A级、B1级、B2级、B3级和无等五种。
- “删除”按钮：单击该按钮可以删除墙体。
- “编辑墙体”按钮：单击该按钮可以编辑墙体。
- “直墙”按钮：单击该按钮可以绘制直线墙体。
- “弧墙”按钮：单击该按钮可以绘制弧形墙体。
- “替换”按钮：单击该按钮可以替换图中已插入的墙体
- “提取”按钮：单击该按钮可以提取图上已有天正墙体对象的一系列参数，然后依据这些提取的参数绘制新墙体。

除绘制普通墙体之外，还提供了玻璃幕墙的绘制功能，如图 14-25 所示的“玻璃幕墙”选项卡中可直接对玻璃幕墙的横梁、立柱参数进行设置，设置完之后可直接绘制出相关参数的幕墙，省去再对幕墙进行参数编辑的操作。

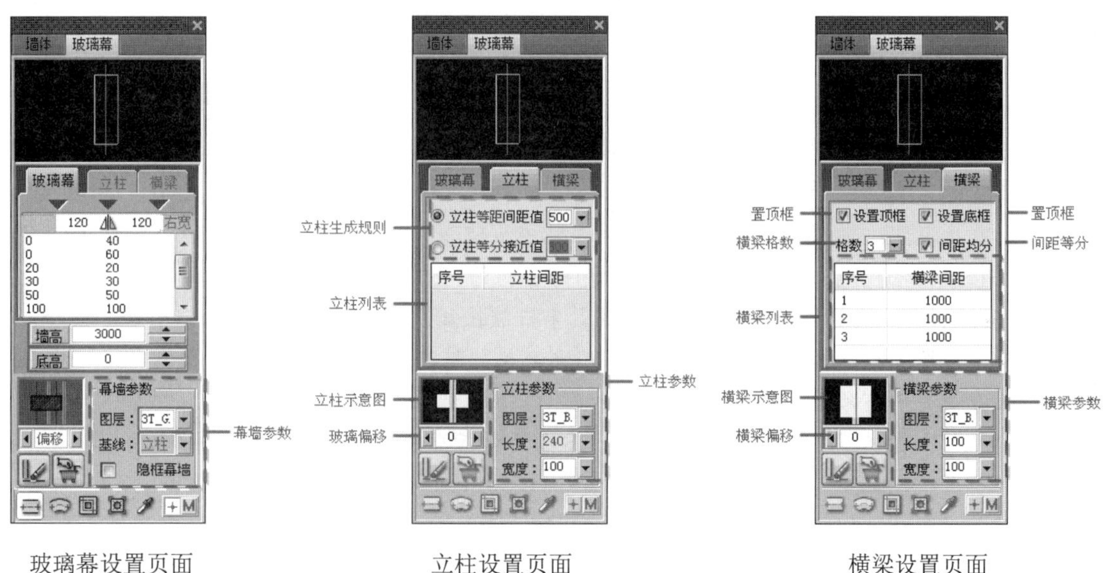

图 14-25 “玻璃幕墙”选项卡

14.3.3 绘制门窗

在天正制图中，门窗一般都是从天正门窗图库中选取门窗的二维和三维形状进行插入的。选择“建筑”|“门窗”命令，打开“门”对话框，如图 14-26 所示。

“门”对话框中各按钮的功能如下：

- “自由插入，在鼠标点取的墙段位置插入”按钮：单击该按钮，将门窗插入到鼠标左键单击位置。

图 14-26 “门”对话框

- “沿墙顺序插入”按钮：单击该按钮，选择墙体后，系统将沿着选择的直墙顺序插入门窗。
- “依据点取位置两侧的轴线等分插入”按钮：单击该按钮，选择轴线，系统将在轴线的中点插入门窗。
- “在点取的墙段上等分插入”按钮：单击该按钮，可以通过设置门窗的大致位置、开向和数目来等分插入门窗。
- “垛宽定距插入”按钮：单击该按钮，可以通过设置门窗的大致位置和开向来插入门窗。
- “轴线定距插入”按钮：单击该按钮，可以通过设置门窗与轴线的距离来插入门窗。
- “按角度插入弧墙上的门窗”按钮：单击该按钮，可以在弧墙上插入门窗。
- “根据鼠标位置居中或等距插入门窗”按钮：单击该按钮，可以在墙段中按预先定义的规则自动按门窗在墙段中的合理位置插入门窗，可适用于直墙与弧墙。
- “充满整个墙段插入门窗”按钮：单击该按钮，可以插入一个布满整个墙段的门窗。
- “插入上层门窗”按钮：单击该按钮可以在已经存在的门窗上再加一个宽度相同、高度不等的门窗，比如厂房或者大堂的墙体上经常会出现这样的情况。
- “在已有洞口插入多个门窗”按钮：单击该按钮，可以在同一个墙体已有的门窗洞口内再插入其他样式的门窗，常用在防火门、密闭门、户门和车库门中。
- “替换图中已经插入的门窗”按钮：单击该按钮，可以替换前面插入的门窗。
- 拾取门窗参数：用于查询图中已有门窗对象并将其尺寸参数提取到“门”对话框中，方便在原有门窗尺寸基础上加以修改。
- “插门”按钮：单击该按钮，“门窗参数”对话框将呈现门的参数设置界面。
- “插窗”按钮：单击该按钮，“门窗参数”对话框将呈现窗的参数设置界面。
- “插门联窗”按钮：单击该按钮，“门窗参数”对话框将呈现门联窗的参数设置界面。
- “插字母门”按钮：单击该按钮，“门窗参数”对话框将呈现字母门的参数设置界面。
- “插弧窗”按钮：单击该按钮，“门窗参数”对话框将呈现弧窗的参数设置界面。
- “插凸窗”按钮：单击该按钮，“门窗参数”对话框将呈现凸窗的参数设置界面。
- “插矩形洞”按钮：单击该按钮，“门窗参数”对话框将呈现矩形洞的参数设置界面。

14.3.4 绘制标准柱

“标准柱”命令用于绘制标准柱、圆形柱和多边形柱子构件等。选择“建筑”|“标准柱”命令，打开“标准柱”对话框，如图 14-27（左）所示。用户可以在“标准柱”对话框中设置标准柱的类型和相关参数。

- “点选插入柱子”按钮：单击该按钮，在绘图区中选取插入点插入柱子。
- “沿着一根轴线布置柱子”按钮：单击该按钮，在绘图区中选取的轴线上插入标准柱。
- “指定的矩形区域内的轴线交点插入柱子”按钮：单击该按钮，在选定的矩形区域内的轴线交点上插入标准柱。
- “替换图中已插入的柱子”按钮：单击该按钮，选取绘图区中需要替换的标准柱，将其替换为重新定义的标准柱。
- “选择PLine线创建异形柱”按钮：单击该按钮，可以选取绘图区中的某个闭合的多段线，将该多段线创建为柱子。
- “在图形中拾取柱子形状或已有柱子”按钮：单击该按钮，可以在绘图区选择某个已经创建的柱子形状创建下一个柱子。
- “材料”下拉列表框：在下拉列表框中选择插入标准柱的材料。
- “标准构件库”按钮：单击该按钮，打开如图14-27（右）所示的“天正构件库”对话框，选择所需构件。

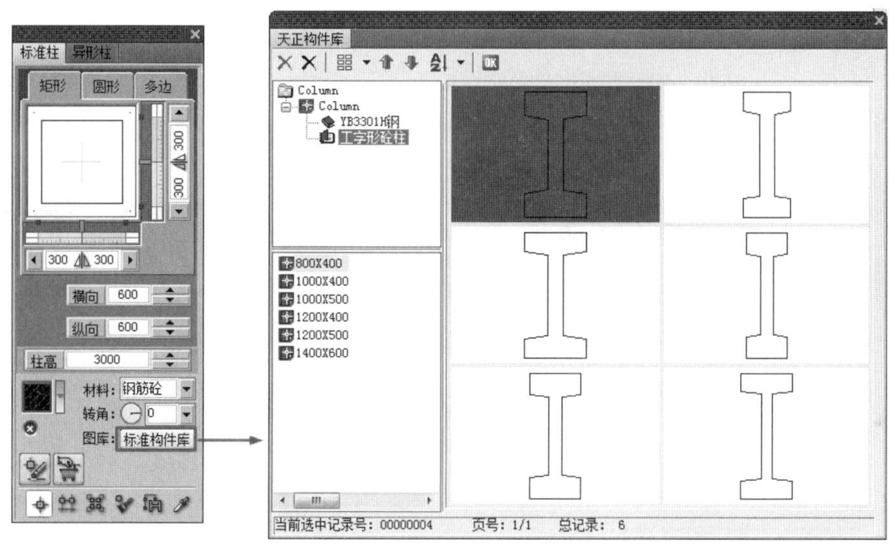

图 14-27 “标准柱”对话框

14.3.5 绘制转角柱

选择“建筑”|“角柱”命令，或者在命令行输入 TCO 后按 Enter 键，都可以执行“工具条”命令，命令行提示如下：

```
命令：TCornColu
请选取墙角或 [参考点(R)]<退出>:
```

墙角的参考点选择后，弹出“转角柱参数”对话框，如图 14-28 所示。用户可以在“转角柱参数”对话框中设置转角柱的类型和相关参数。

参照左面角柱预览框，设置转角柱的 A 点和 B 点的长度和宽度，在“材料”下拉列表框中选择转角柱的材料种类。

图 14-28 “转角柱参数”对话框

14.3.6 绘制双跑楼梯

双跑楼梯是最常见的楼梯形式，由两跑直线梯段、一个休息平台、一个或两个扶手和一组或两组栏杆构成的自定义对象，具有二维视图和三维视图。双跑楼梯可分解为基本构件即直线梯段、平板、扶手栏杆等，注意楼梯方向线是与楼梯相互独立的箭头引注对象。

选择“建筑”|“双跑楼梯”命令，或者在命令行输入 TRSTAIR 后按 Enter 键，都可以执行“双跑楼梯”命令，打开“双跑楼梯”对话框，如图 14-29 所示。用户可以在“双跑楼梯”对话框中设置楼梯的类型和相关参数。

图 14-29 “双跑楼梯”对话框

- 楼梯参数选项：设置楼梯最基本的参数，包括“楼梯高度”“踏步总数”“踏步高度”“踏步宽度”“一跑步数”“二跑步数”“梯间宽”“梯段宽”以及“井宽”等。
- “休息平台”选项组：选择休息平台的形状，并设置宽度。
- “踏步取齐”选项组：设置楼梯踏步的取齐方式。
- “上楼位置”选项组：选择双跑楼梯的上楼一侧。
- “层类型”选项组：选择楼梯所在楼层的位置。

14.3.7 绘制直线楼梯、圆弧楼梯

T20-Elec V7.0 提供了“直线楼梯”和“圆弧楼梯”命令，以绘制直线梯段、弧线梯段等基本梯段，楼梯的参数设置与“双跑楼梯”参数设置大体相似。

1. 直线梯段

“直线梯段”命令用于创建直线段梯段。选择“建筑”|“直线梯段”命令，打开“直线梯段”对话框，如图 14-30 所示。

图 14-30 “直线梯段”对话框

该对话框中部分选项的含义及功能如下：

- 起始高度：相当于当前所绘梯段所在楼层地面起算的楼梯起始高度，梯段高以此算起。
- 梯段高度：指当前所绘制直线梯段的总高度。
- 梯段长度：在平面图中，楼梯垂直方向上的长度。
- 踏步高度：输入一个概略的踏步高度设计值，由楼梯高度推算出最接近初值的设计值。踏步数目是整数，梯段高度是一个给定的整数，因此踏步高度并非总是整数。需要给定一个粗略的目标值后，系统经过计算，才能确定踏步高度的精确值。
- 踏步数目：“梯段高度”“踏步高度”和“踏步数目”这三个数值之间存在一定的逻辑关系，即梯段高度=踏步高度×踏步数目。当确定好梯段的高度以后，在“踏步高度”和“踏步数目”两个选项中只要确定好其中的一个参数即可，另外一个参数由系统自动算出。
- 踏步宽度：在梯段中踏步板的宽度。
- “需要3D”和“需要2D”：主要设置楼梯段在视图中的显示方式。
- 作为坡道：选择该选项时，将梯段转为坡道。

利用直线梯段可以绘制如图 14-31 所示的楼梯。

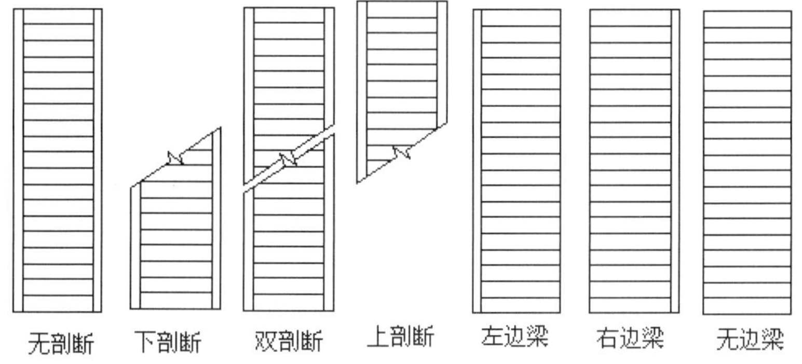

图 14-31 直线梯段楼梯形式

2. 圆弧梯段

“圆弧梯段”命令用于创建单段弧线型梯段，适合单独的圆弧楼梯，也可以与直线梯段组合创建复杂楼梯和坡道，如大堂的螺旋楼梯与入口的坡道。

执行“楼梯其他”|“圆弧梯段”命令，打开如图 14-32 所示的“圆弧梯段”对话框，可以绘制如图 14-33 所示的楼梯。

图 14-32 “圆弧梯段”对话框

图 14-33 圆弧梯段

“圆弧梯段对话框中的选项与“直线梯段”类似，可以参照上一节的描述。

14.3.8 绘制阳台

“阳台”命令可以以几种预定样式绘制阳台，比如凹阳台、阴角阳台等，也可以选择预先绘制好的路径转成阳台，以任意绘制方式创建阳台等。

选择“建筑”|“阳台”命令，打开如图 14-34 所示的“绘制阳台”对话框，在此对话框内主要设置阳台的板厚、梁高、地面标高、伸出距离及栏板的宽度和高度等参数。

图 14-34 “绘制阳台”对话框

“绘制阳台”对话框下侧的工具栏，从左到右分别为“凹阳台”“矩形阳台”“阴角阳台”“偏移生成”“任意绘制”与“选择已有路径绘制”共 6 种阳台绘制方式，勾选“阳台梁高”后，输入阳台梁高度可创建梁式阳台。

14.3.9 绘制台阶

“台阶”命令可以绘制矩形单面台阶、矩形三面台阶、阴角台阶、沿墙偏移等预定样式的台阶，或把预先绘制好的多段线转成台阶等。

选择“建筑”|“台阶”命令，打开如图 14-35 所示的“台阶”对话框，在此对话框内主要设置台阶的总高，设置踏步数目、宽度和高度，设置平台的宽度等参数。

图 14-35 “台阶”对话框

“台阶”对话框下侧的工具栏，从左到右分别为绘制方式、楼梯类型、基面定义三个区域，可组合成满足工程需要的各种台阶类型：

- 绘制方式包括“矩形单面台阶”“矩形三面台阶”“矩形阴角台阶”“弧形台阶”“沿墙偏移绘制”“选择已有路径绘制”和“任意绘制”共7种绘制方式，台阶示例如图14-36所示。

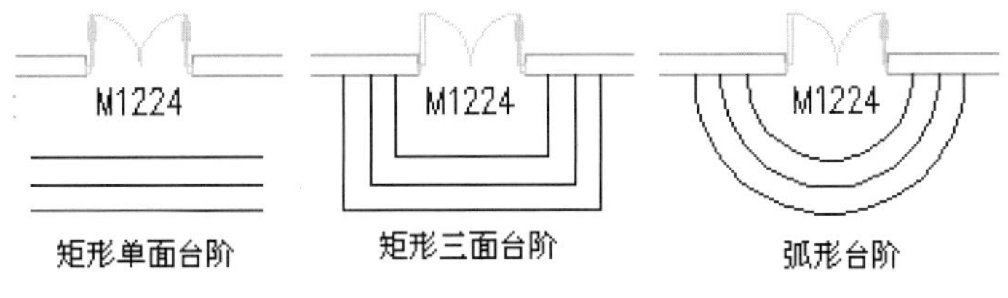

图 14-36　台阶示例

- 楼梯类型分为“普通台阶”与“下沉式台阶”两种，前者用于门口高于地坪的情况，后者用于门口低于地坪的情况。
- 基面定义可以是“平台面”和“外轮廓面”两种，后者多用于下沉式台阶。

14.3.10　绘制坡道

“坡道”命令用于绘制单跑的入口坡道，多跑、曲边与圆弧坡道由各楼梯命令中“作为坡道”选项创建。

选择“建筑”|“坡道”命令，打开如图 14-37 所示的“坡道”对话框，在此对话框内主要设置坡道的长度、高度、宽度以及边坡宽度和坡顶标高等参数。

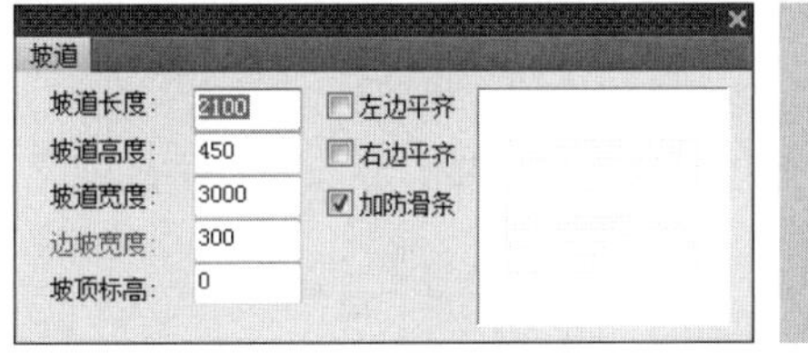

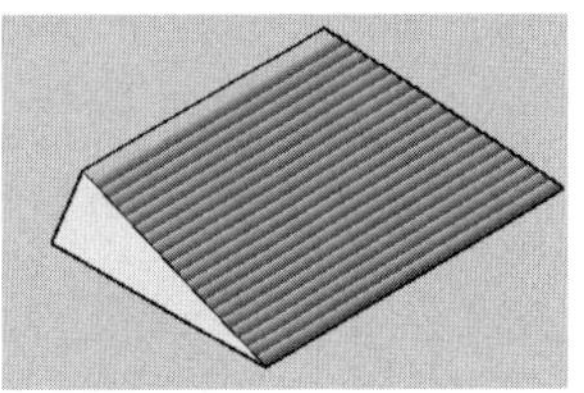

图 14-37　“坡道”对话框

如图 14-38 所示，坡道有多种变化形式。

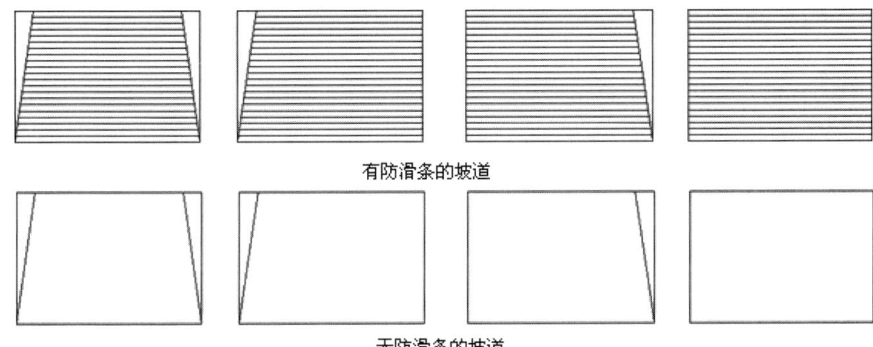

图 14-38　坡道示例

14.3.11 绘制任意坡顶

选择“建筑”|“任意坡顶”命令，将封闭的多段线边界创建为坡顶，如图 14-39 所示。命令行提示如下：

```
命令：TSlopeRoof
选择一封闭的多段线<退出>:          //选择封闭的多段线边界，如图 14-39（左）所示的矩形
请输入坡度角 <30>:                 //输入坡角的角度并按 Enter 键
出檐长<600>:                       //输入檐长并按 Enter 键，结果如图 14-39（右）所示
```

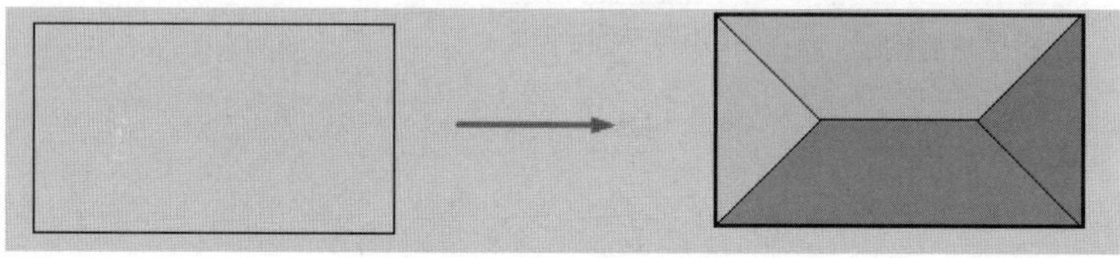

图 14-39　坡顶示例

14.3.12 搜索房间

选择“建筑”|“搜索房间”命令，打开“搜索房间”对话框，如图 14-40 所示。

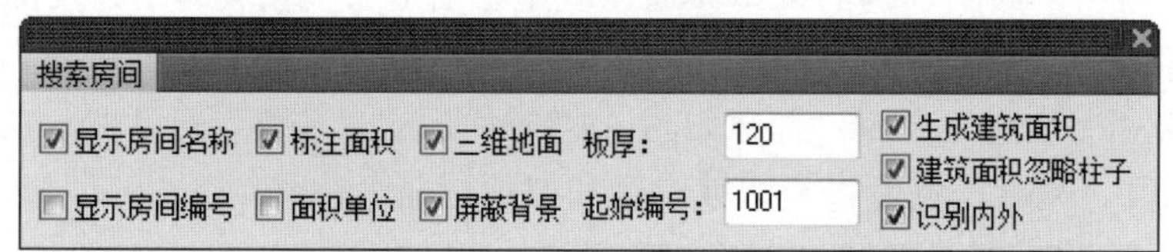

图 14-40　“搜索房间”对话框

“搜索房间”对话框设置搜索结果的显示项，设置房间的起始编号及建筑面积的计算方式。

14.3.13 绘制某教学楼一楼建筑平面图

下面综合使用天正电气软件建筑中的相关命令，绘制某教学楼一楼的建筑平面图，如图 14-41 所示。

1. 绘制墙体

步骤 01 选择“建筑”|“绘制轴网”命令，打开“绘制轴网”对话框，在其中输入墙体竖直轴线和水平轴线，水平轴线的具体设置如图 14-42（左）所示。选中“下开”单选按钮，在“间距”文本框输入 3900，在“个数”文本框中输入 5，如图 14-42（右）所示，完成竖直轴线的设置。

步骤 02 返回绘图区，在命令行“请选择插入点[旋转 90 度(A)/切换插入点(T)/左右翻转(S)/上下翻转(D)/改转角(R)]”提示下，指定轴网插入点，并按 Enter 键结束命令，绘制的墙体轴网如图 14-43 所示。

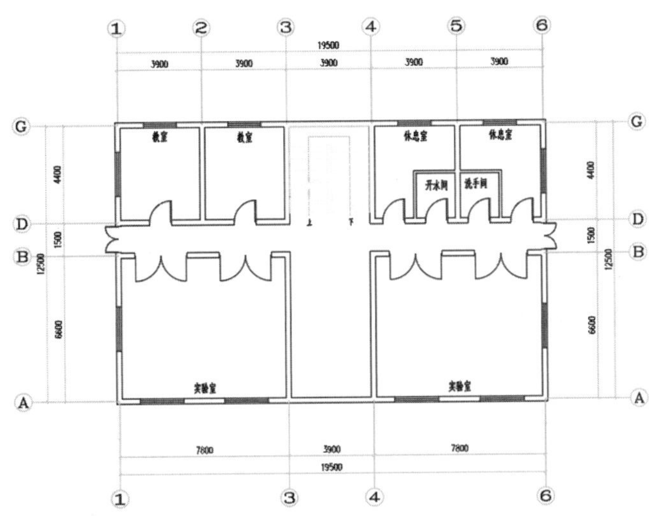

图 14-41　某教学楼一楼的建筑平面图

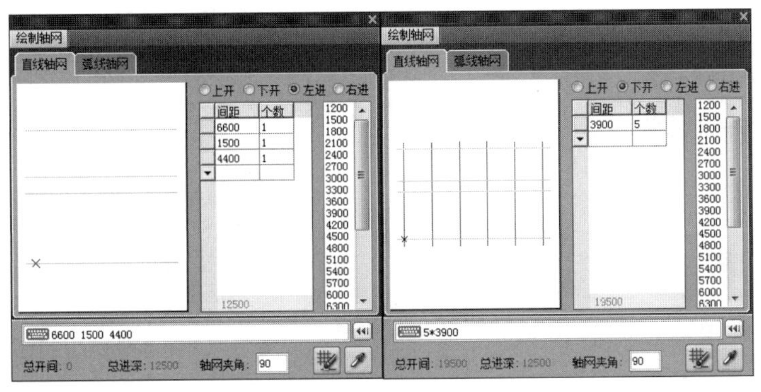

图 14-42　“绘制轴网”对话框

步骤 03　单击任意轴线使其呈现夹点显示，然后右击，在弹出的快捷菜单中选择“轴线裁剪”命令，如图 14-44 所示。修剪上面绘制的墙体轴网图，也可以直接单击“默认”选项卡|“修改”面板上的“修剪”按钮，使用快速修剪模式对轴网快速修剪，修剪结果如图 14-45 所示。

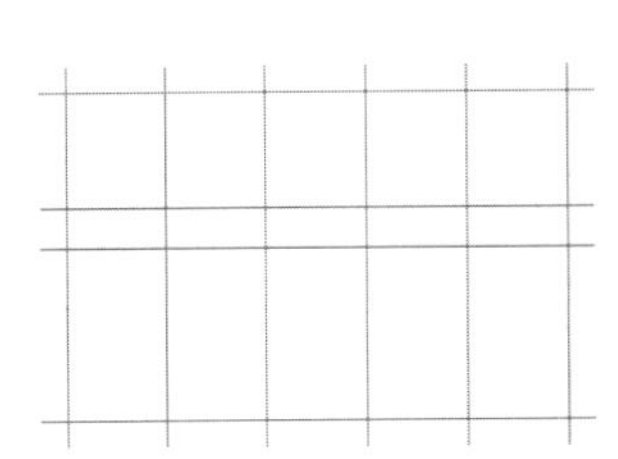

图 14-43　墙体轴网图

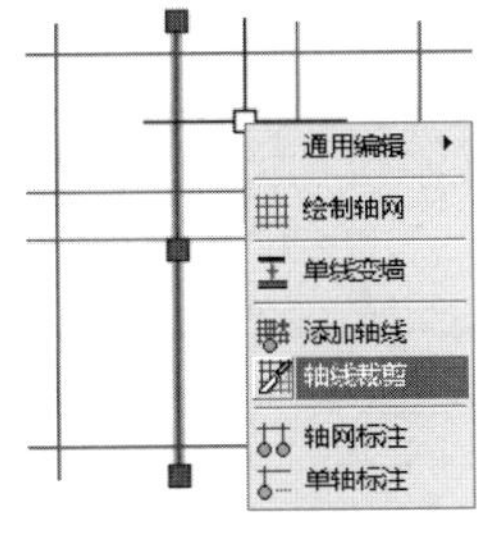

图 14-44　选择“轴线裁剪”命令

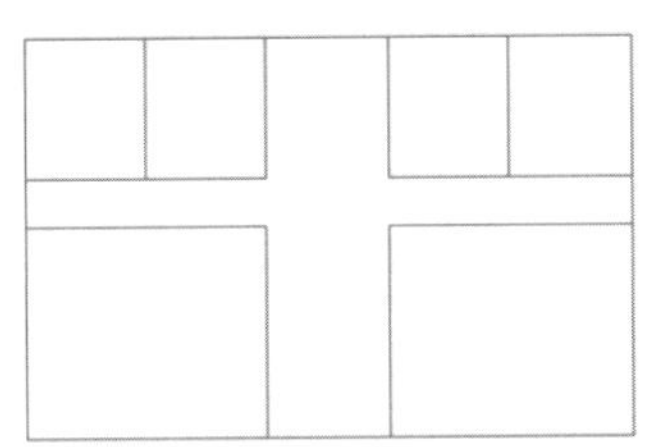

图 14-45　修剪墙体轴线图

步骤 04　单击“默认”选项卡|“绘图”面板上的 “直线”按钮，配合“对象捕捉”“对象追踪”等辅助功能绘制如图 14-46 所示的内部轴线。

步骤 05　选择“建筑”|“绘制墙体”命令，打开“绘制墙体”对话框，参数设置如图 14-47 所示，然后通过捕捉墙体上的点来绘制外部墙体，结果如图 14-48 所示。

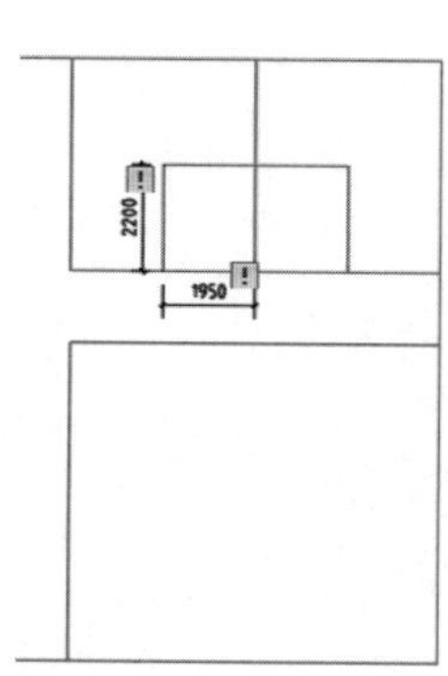

图 14-46　绘制结果

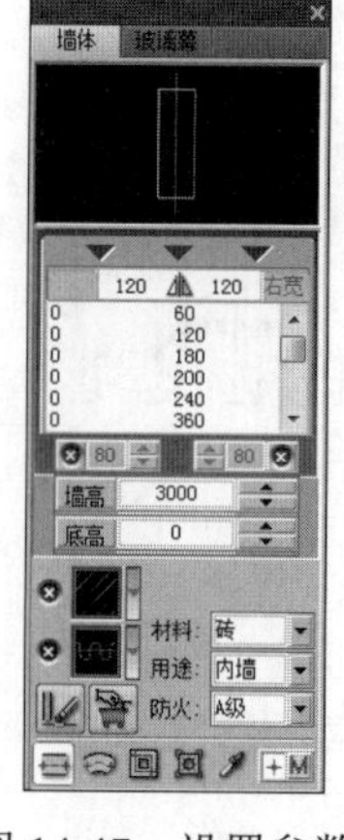

图 14-47　设置参数

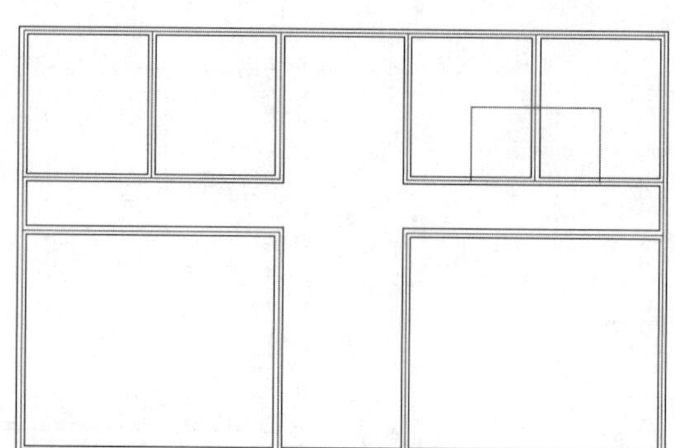

图 14-48　绘制墙体

步骤 06 重复选择“建筑”|“绘制墙体”命令，设置墙体参数如图 14-49 所示，配合“对象捕捉”功能继续绘制内部墙体，绘制结果如图 14-50 所示。

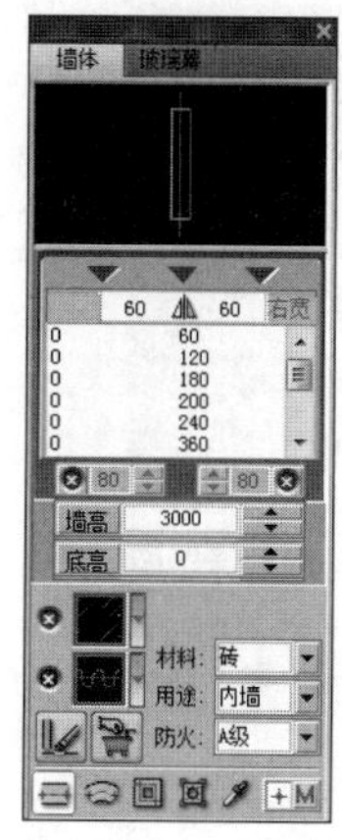

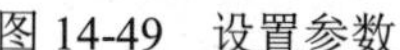

图 14-49　设置参数

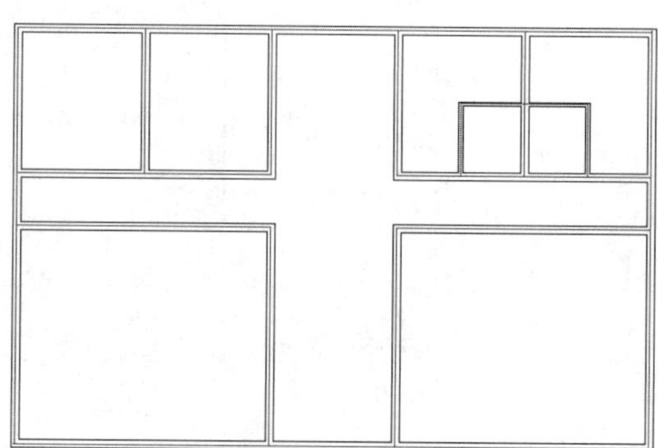

图 14-50　绘制墙体

2. 布置窗户

步骤 01 选择“建筑”|“门窗”命令，打开“窗”对话框，参数设置如图 14-51 所示。

图 14-51　设置窗户参数

步骤 02 单击“依据位置两侧的轴线进行等分插入”按钮，插入窗户。以插入第一个窗户为例，命令行提示如下：

```
命令: TOpening
点取门窗大致的位置和开向(Shift－左右开)或[多墙插入(Q)]<退出>:  //在如图 14-52 所示位置
单击，指定大致位置
```

```
指定参考轴线[S]/门窗或门窗组个数(1~2)<1>:    //系统自动分析出最近的两条轴线，如图 14-53
所示，然后输入 1 Enter，设置插入个数
点取门窗大致的位置和开向(Shift—左右开)或[多墙插入(Q)]<退出>:  //按 Enter 键，结束命令，
插入结果如图 14-54 所示
```

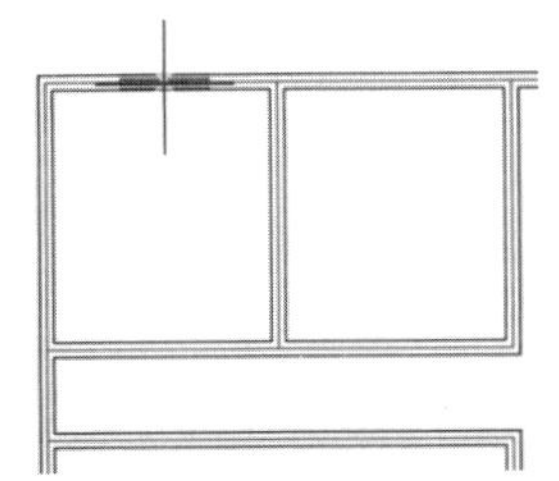
图 14-52　指定大致插入位置

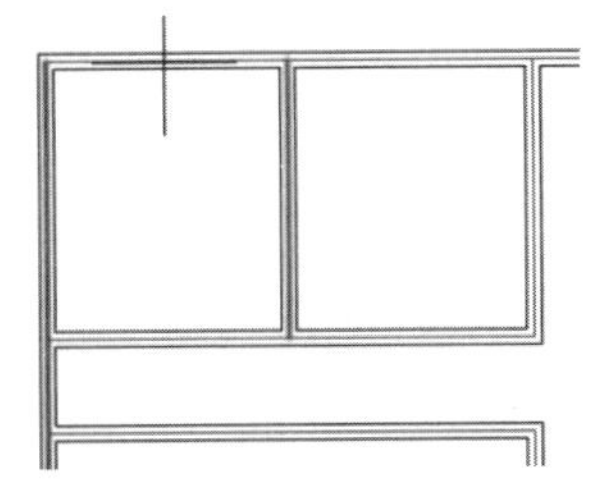
图 14-53　分析两侧轴线

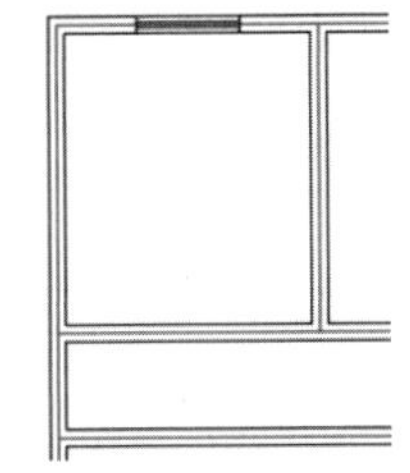
图 14-54　插入结果

步骤 03　用同样的方法插入其余的窗户，结果如图 14-55 所示。标号 1 的窗户窗宽设置如图 14-51 所示；标号 2 的窗户窗宽设置为 2000；在插入标号为 3 的窗户时，根据命令行提示，在第二行输入 2，窗宽设置为 2000。插入窗户后，删除标号标注。命令行提示如下：

```
点取门窗大致的位置和开向(Shift—左右开)<退出>:
指定参考轴线[S]/门窗个数(1~3)<1>:2
```

步骤 04　再选择“建筑”|“门窗”命令，打开“门”对话框，单击“插门”按钮，然后单击对话框左侧预览框内的图例，打开“天正图库管理系统”对话框，选择如图 14-56 所示的平面门，返回“门”对话框设置门参数如图 14-57 所示。

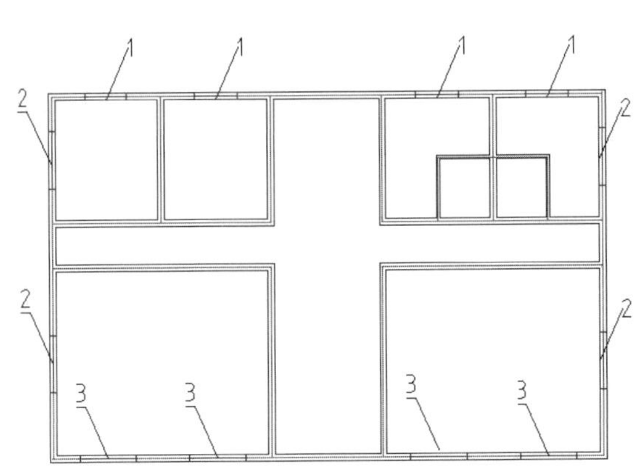

图 14-55　插入窗户

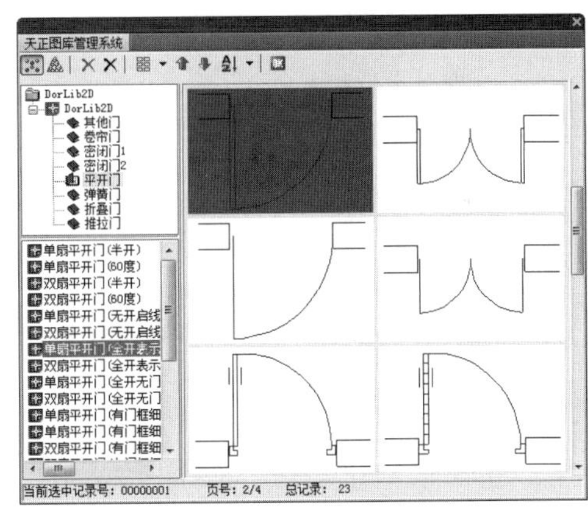

图 14-56　“天正图库管理系统”对话框

图 14-57　设置参数

步骤 05　单击“依据位置两侧的轴线进行等分插入”按钮，插入门，具体操作详见步骤（2）。插入结果如图 14-58 所示。门宽为 1000，门的类型是单扇平开门。

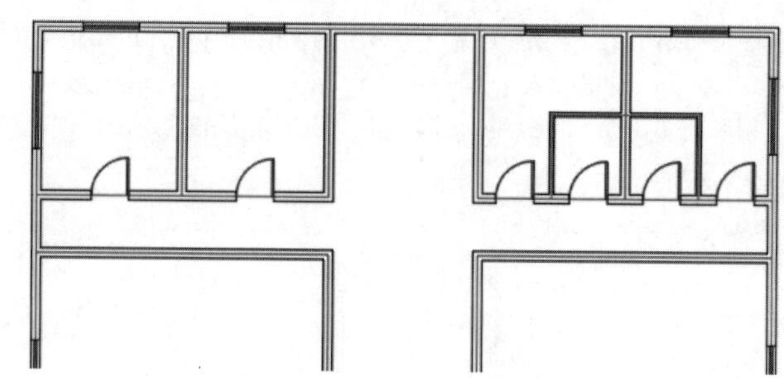

图 14-58　插入单扇平开门

步骤 06　重复执行“门窗”命令，插入双扇平开门（全开），双扇平开门的宽度为 1200，具体操作详见步骤（2），插入结果如图 14-59 所示。

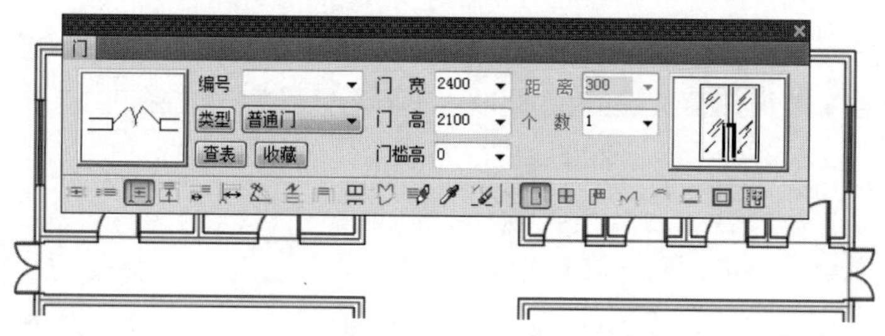

图 14-59　插入双扇平开门（全开）

步骤 07　重复执行“门窗”命令，插入双扇平开门（半开），双扇平开门（半开）的宽度为 2400，命令行提示如下：

```
命令：TOpening
点取门窗大致的位置和开向(Shift—左右开)或[多墙插入(Q)]<退出>:　　//在如图 14-60 所示位置单击
指定参考轴线[S]/门窗或门窗组个数(1~3)<1>:　　//2 Enter，输入门的个数
点取门窗大致的位置和开向(Shift—左右开)或[多墙插入(Q)]<退出>:　　//在如图 14-61 所示位置单击
指定参考轴线[S]/门窗或门窗组个数(1~3)<2>:　　//2 Enter，输入门的个数
点取门窗大致的位置和开向(Shift—左右开)或[多墙插入(Q)]<退出>:　　//按 Enter 键，结束命令，插入结果如图 14-62 所示
```

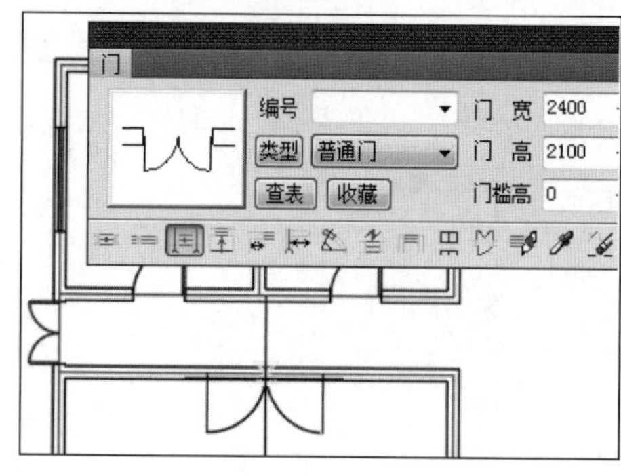

图 14-60　指定插入位置

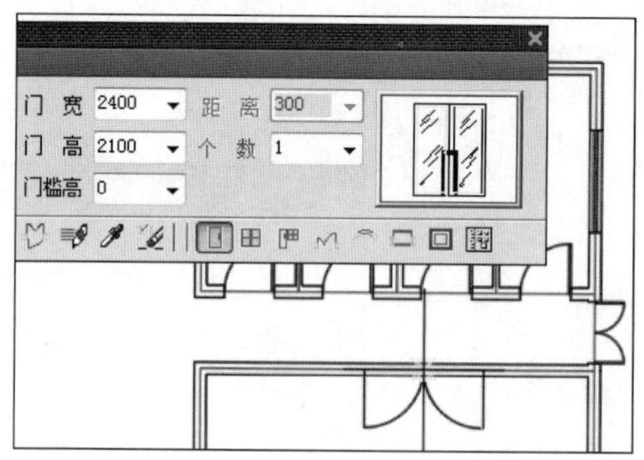

图 14-61　指定插入位置

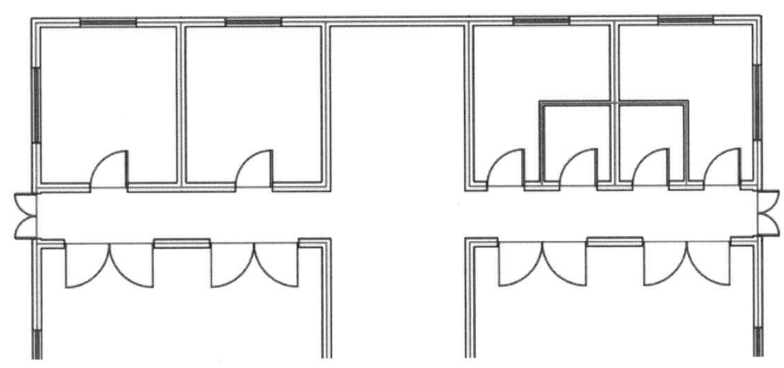

图 14-62　插入结果

3. 插入楼梯

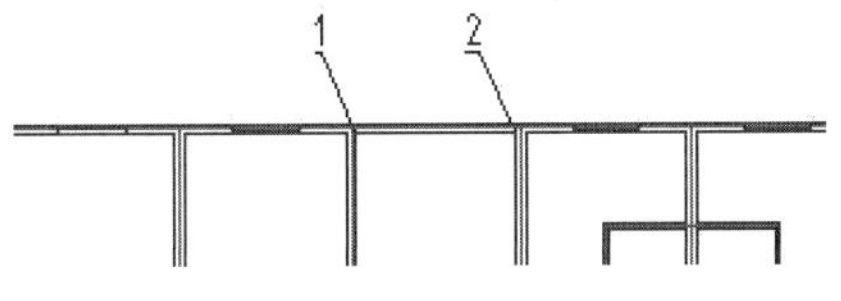

图 14-63　选择图示标号的两点

步骤 01 选择“建筑”|“双跑楼梯”命令，打开“双跑楼梯”对话框，单击“楼梯参数”选项组中的“梯间宽”按钮，返回图纸空间选择楼梯间两个内墙线交点，如图 14-63 所示。

步骤 02 返回“双跑楼梯”对话框，接下来设置楼梯的各项具体参数如图 14-64 所示。

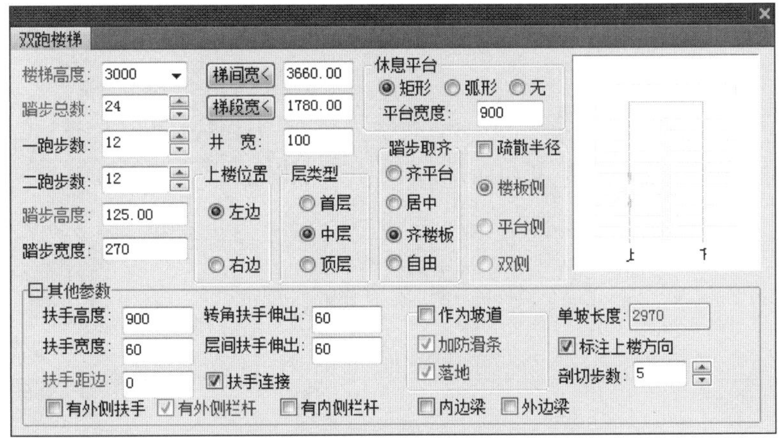

图 14-64　“双跑楼梯”参数设置

步骤 03 返回绘图区在命令行“点取位置或 [转 90 度(A)/左右翻(S)/上下翻(D)/对齐(F)/改转角(R)/改基点(T)]<退出>:”提示下捕捉楼梯间左侧内墙线交点，插入楼梯，结果如图 14-65 所示。

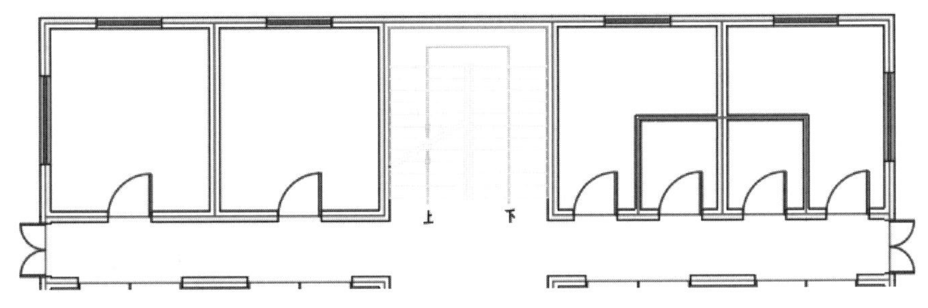

图 14-65　插入楼梯

4. 标注房间名称

步骤01 选择“文字”|“文字样式”命令，打开“文字样式”对话框，新建样式名为“房间名称”的文字样式，具体参数设置如图 14-66 所示。

步骤02 选择“文字”|“单行文字”命令，标注房间名称，具体参数设置如图 14-67 所示。

图 14-66 “文字样式”对话框

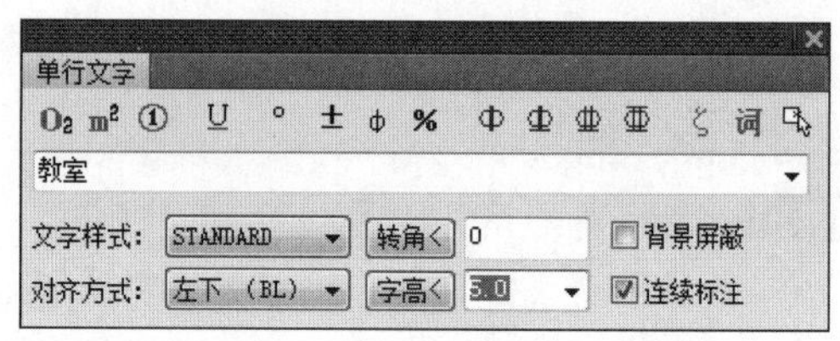

图 14-67 “单行文字”对话框

步骤03 返回绘图区，按照“单行文字”对话框中的参数设置，分别标注其他房间的名称，结果如图 14-68 所示。

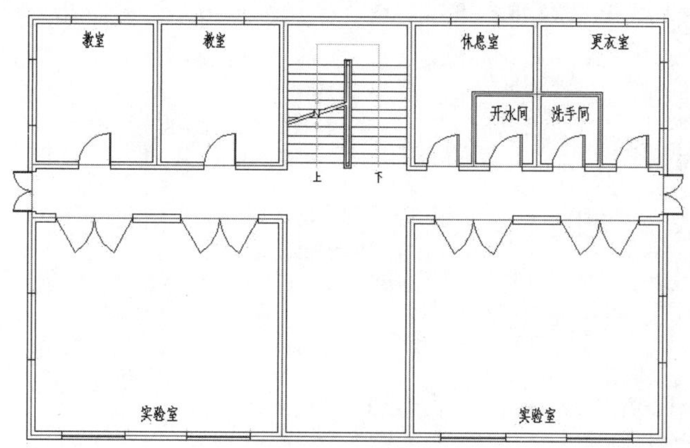

图 14-68 标注房间名称

5. 轴线标注

步骤01 单击任一轴线使其呈现夹点显示，然后选择右键快捷菜单中的“轴网标注”命令，弹出“轴网标注”对话框，设置参数如图 14-69 所示。标注横向轴线，在“起始轴号”文本框中输入 1；标注纵向轴线，在“起始轴号”文本框中输入 A。对相关轴号进行完善，最终标注结果如图 14-70 所示。

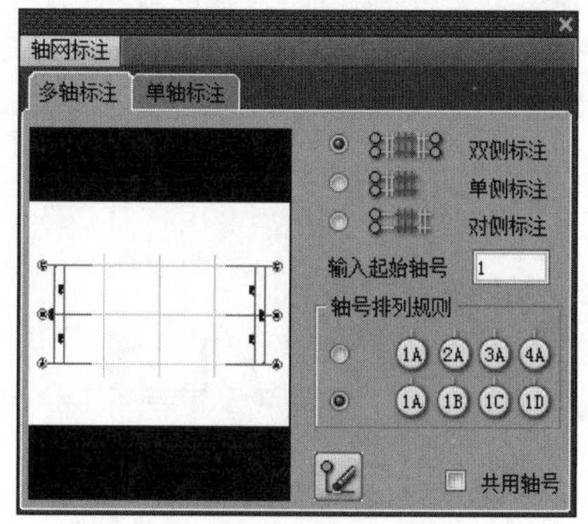

图 14-69 “轴网标注”对话框

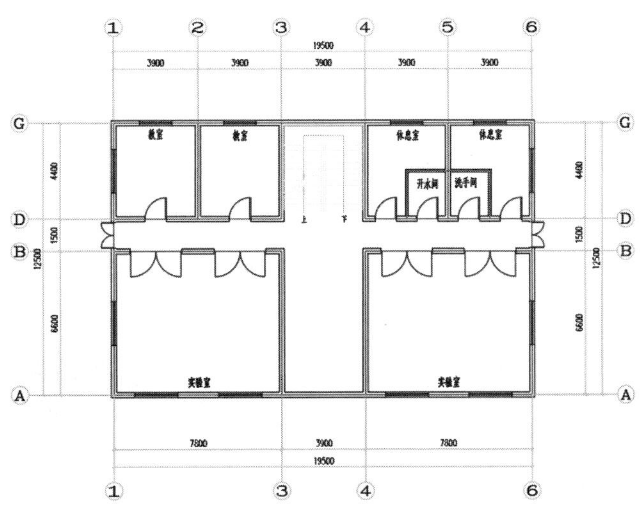

图 14-70 轴网标注

步骤 02 选择“设置”|“图层控制”命令，打开“图层控制”菜单，选择“关闭选择层”命令，系统提示如下所示，选择任一轴线，系统关闭轴线所在层 Dote，命令行提示如下：

```
命令:CLOSESELLAYER
请选择关闭层上的图元或外部参照上的图元<退出>:        //选择任一轴线
已经成功把 DOTE 层关闭
请选择关闭层上的图元或外部参照上的图元<退出>:        //按 Enter 键，结束命令，操作结果如
图 14-41 所示
```

6. 新建工程并将该平面图加入该工程中

新建工程。选择“设置”|“工程管理”命令，打开“工程管理”对话框，选择“新建工程”，在指定目录下建立一个新的工程并命名。本例命名为“电气工程”，如图 14-71 所示，然后在树状目录下的“平面图”上右击，如图 14-72 所示，在快捷菜单中选择“添加图纸”选项，将本例所建的平面图加入该工程中。该步骤也可在没有绘制平面图之前进行。

图 14-71 输入文件名

图 14-72 添加图纸

14.4　电气图块的平面布置与修改

布置设备是建筑电气设计中的重要步骤。天正电气“平面设备”中的各种命令可以帮助用户将一些事先制作好的设备图块插入到建筑平面图中。

14.4.1　任意布置

“任意布置”命令主要用于在平面图中插入各种电气设备图块。选择“平面设备”|“任意布置”命令，或者在命令行输入 RYBZ 后按 Enter 键，都可以执行“任意布置”命令，打开“天正电气图块”对话框和“任意布置”对话框，如图 14-73 所示。将鼠标移到图块上方时会提示该图块设备的名称；单击对话框中所需要的图块就可将其选定。

图 14-73　“天正电气图块”和“任意布置”对话框

命令行提示如下：

```
命令：rybz
请指定设备的插入点 {转 90(A)/放大(E)/缩小(D)/左右翻转(F)/X 轴偏移(X)/Y 轴偏移(Y)/设备类别(上一个 W/下一个 S)/设备翻页(前页 P/后页 N)/直插(Z)}<退出>:
```

根据命令行提示，可对插入的图块进行编辑。用户只要输入与各种编辑操作对应的文字，不需要按 Enter 键，系统即自动执行。

14.4.2　矩形布置

“矩形布置”命令用于在平面图中拉出一个矩形框并在此框中布置各种电气设备图块。选择“平面设备”|“矩形布置”命令，或者在命令行输入 JXBZ 后按 Enter 键，都可以执行“矩形布置”命令，同时打开“天正电气图块”对话框和“矩形布置”对话框，如图 14-74（左）所示，矩形布置示例如图 14-74（右）所示。

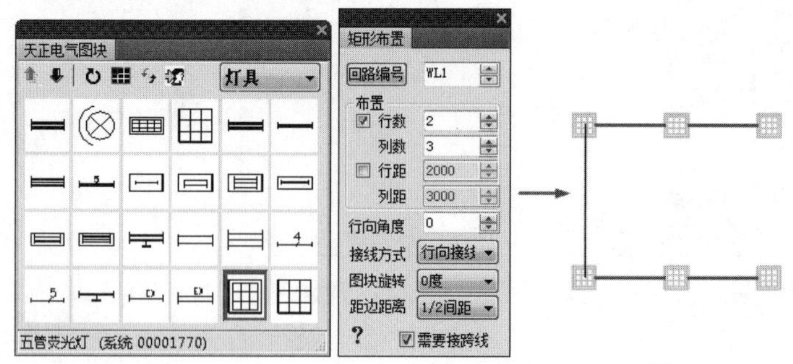

图 14-74　“天正电气图块”和“矩形布置”对话框

“矩形布置”对话框主要设置的参数如下：

- “回路编号”按钮：该编号为以后系统生成提供查询数据。
- “布置”选项组：“行数”和“列数”微调框用于确定用户拉出的矩形框中要布置的设备图块的行数和列数；“行距”和“列距”微调框用于设置设备图块之间的行距和列距。
- “行向角度”微调框：用于设置设备图块的旋转角度。
- “接线方式”下拉列表框：用于选择设备之间的导线连接方式，简化了用户在绘制设备后再连接导线的工作。
- “需要接跨线”复选框：与接线方式相配合，设置是否在行或列之间跨线连接。

完成“矩形布置”对话框中的参数设置后，激活绘图区。命令行提示如下：

```
命令：jxbz
请输入起始点{选取行向线(G)/设备类别(上一个 W/下一个 S)/设备翻页(前页 P/后页 N)}<退出>:
//在绘图区指定起点
请输入终点：                    //在绘图区指定起点
请选取接跨线的列：              //选择接跨线的列
请输入起始点{选取行向线(G)/设备类别(上一个 W/下一个 S)/设备翻页(前页 P/后页 N)}<退出>:
                                //按 Enter 键，结束命令，结果如图 14-74（右）所示
```

注意

“平面设备”命令中，需要从天正电气图块库中选择图块时，均弹出两个对话框，一个用于图块选择，一个用于参数设置。

14.4.3 扇形布置

“扇形布置”命令在扇形房间内按矩形排列进行各种电气设备图块的布置。选择“平面设备”|“扇形布置”命令，或者在命令行输入 SXBZ 后按 Enter 键，都可以执行“扇形布置”命令，打开“天正电气图块”对话框和“扇形布置”对话框，如图 14-75（左）所示。

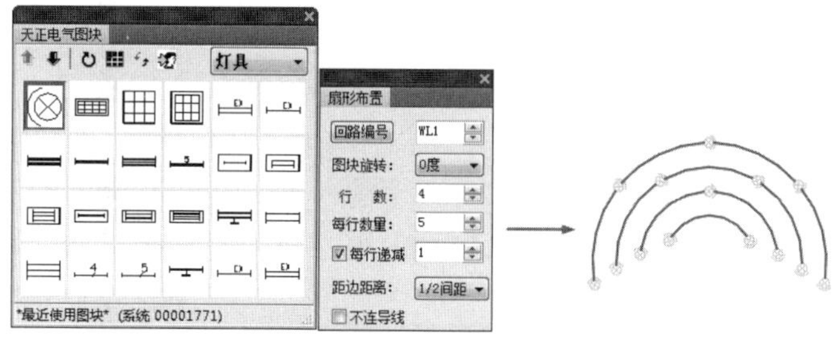

图 14-75　“天正电气图块”和“扇形布置”对话框

“扇形布置”对话框参数设置与“矩形布置”不同，但有类似之处，其插入方式与“矩形布置”也不同。

完成“扇形布置”对话框中的参数设置后，激活绘图区。命令行提示如下：

```
命令：sxbz
请输入扇形大弧起始点{设备类别(上一个 W/下一个 S)/设备翻页(前页 P/后页 N)}<退出>:
                                //指定外弧的起始点
```

```
请输入扇形大弧终点<退出>:          //指定外弧的终止点
点取扇形大弧上一点<退出>:          //指定外弧上一点
点取扇形小弧上一点:               //点取小弧上的点，结果如图 14-75（右）所示
```

14.4.4 两点均布

“两点均布”命令用于在两个指定点之间沿一条直线均匀布置各种电气设备图块。选择“平面设备”|“两点均布”命令，或者在命令行输入 LDJB 后按 Enter 键，都可以执行“两点均布”命令，打开“天正电气图块”对话框和“两点均布”对话框，如图 14-76（左）所示。

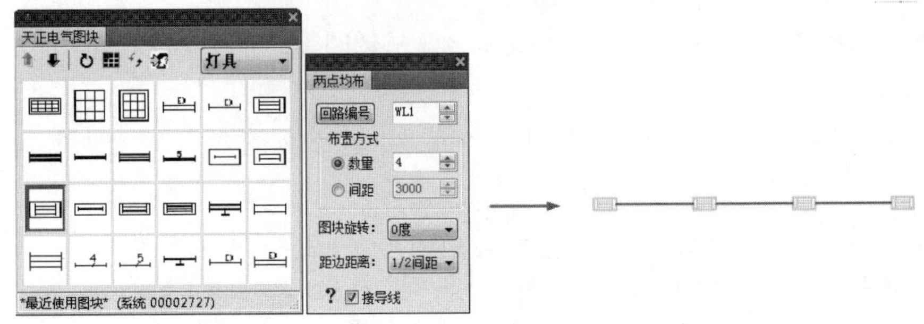

图 14-76 “天正电气图块”和“两点均布”对话框

“两点均布”对话框参数设置与“矩形布置”命令基本相同，其中“距边距离”是指插入设备块与相邻的起始点或终止点之间的距离，共有“1/2 间距”“0 间距”和“1/4 间距”3 个选项，默认设置是“1/2 间距”。命令行提示如下：

```
命令: ldjb
请输入起始点{设备类别(上一个 W/下一个 S)/设备翻页(前页 P/后页 N)}<退出>: //点取图中要绘制设备的起始点，屏幕上出现设备的排列点具体位置及形状的预览
请输入终点:   //确定直线到所要求的位置，结果如图 14-76（右）所示
```

14.4.5 弧线均布

“弧线均布”命令用于在两个指定点之间沿一条弧线均匀布置各种电气设备图块。选择“平面设备”|“弧线均布”命令，或者在命令行输入 HXJB 后按 Enter 键，都可以执行“弧线均布”命令，打开“天正电气图块”对话框和“弧线均布”对话框，如图 14-77(左)所示。

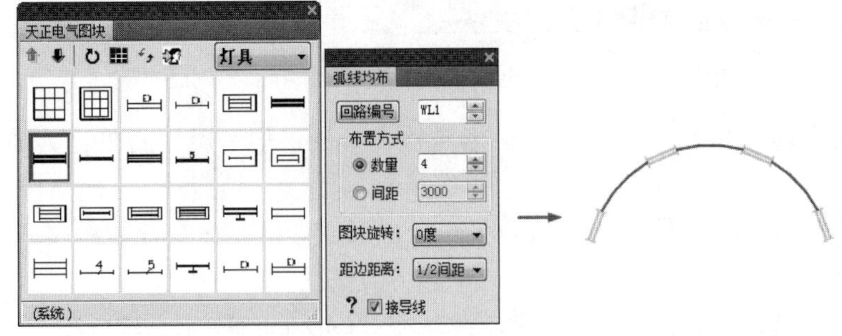

图 14-77 “天正电气图块”和“两点均布”对话框

“弧线均布”对话框参数设置与“两点均布”命令基本相同。命令行提示如下：

```
命令: hxbz
请输入起始点{设备类别(上一个 W/下一个 S)/设备翻页(前页 P/后页 N)}<退出>:  //点取图中要绘制设备的起始点，屏幕上出现设备的排列点具体位置及形状的预览
请输入终点:              //确定直线到所要求的位置
点取弧上一点:            //点取弧上一点，确定弧线，结果如图 14-77（右）所示
```

14.4.6 沿线单布

“沿线单布”命令用于在一条直线、弧线或墙上插入开关或插座等设备，动态决定插入方向。选择“平面设备”|“沿线单布”命令，或者在命令行输入 YXDB 后按 Enter 键，都可以执行“沿线单布”命令。

执行“沿线单布”命令后，命令行提示如下：

```
命令: yxdb
请拾取布置设备的墙线、直线、弧线(支持外部参照){设备类别(上一个 W/下一个 S)/设备翻页(前页 P/后页 N)} <退出>    //点取要插入设备的墙线或直线、弧线，在点取的位置上就插入了设备块。若选择参数 A，则转成门侧布置命令下“选择墙线”的插入方式
```

14.4.7 沿线均布

“沿线均布”命令用于沿一条线均匀布置各种电气设备图块，图块的插入角依选中线的方向而定。选择“平面设备”|“沿线均布”命令，或者在命令行输入 YXJB 后按 Enter 键，都可以执行“沿线均布”命令。

执行“沿线均布”命令后，命令行提示如下：

```
命令: yxjb
请拾取布置设备的墙线、直线、弧线(支持外部参照){设备类别(上一个 W/下一个 S)/设备翻页(前页 P/后页 N)} <退出>    //拾取圆弧
请给出欲布置的设备数量 {垂直该线段[R]}<2> //4 Enter，输入数量，结果如图 14-78 所示
```

输入设备数量后，天正电气沿选中的线均匀布置指定数量的设备。如果用户想使插入的设备旋转 90°，则输入 R，再输入设备数量，就会发现插入设备已经旋转了 90°。所谓均匀布置是指两端设备到选中线端点的距离为两设备之间距离的一半。本命令对弧线也有效。

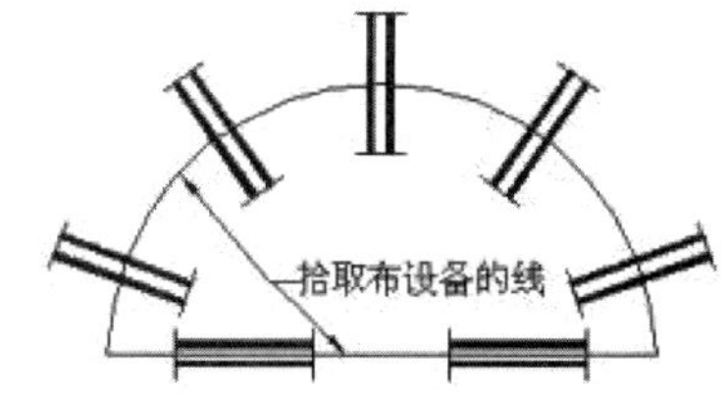

图 14-78　沿线均布示例

14.4.8 沿墙布置

“沿墙布置”命令用于沿墙线插入电气设备图块，图块的插入角依墙线方向而定。选择“平面设备”|“沿墙布置”命令，或者在命令行输入 YQBZ 后按 Enter 键，都可以执行“沿墙布置”命令。

执行“沿墙布置”命令，命令行提示如下：

```
命令: yqbz
请拾取布置设备的墙线{设备类别(上一个 W/下一个 S)/设备翻页(前页 P/后页 N)}<退出>:
```

单击要插入设备的墙线，则沿墙线的方向在选取点插入设备。默认状态下，设备与墙体的距离是 0，可通过“选项”|“初始设置”命令，在弹出的“选项”对话框中修改。

14.4.9 沿墙均布

“沿墙均布”命令用于沿一墙线均匀布置电气设备图块，图块的插入角依墙线方向而定。选择“平面设备”|“沿墙均布”命令，或者在命令行输入 YQJB 后按 Enter 键，都可以执行“沿墙均布”命令。

执行“沿墙均布”命令后，命令行提示如下：

```
命令: yqjb
请拾取布置设备的墙线{设备类别(上一个 W/下一个 S)/设备翻页(前页 P/后页 N)}<退出>:
//选取要插入设备块的墙体
请给出欲布置的设备数量 <2>:  //3 Enter，输入要插入设备的数量，结果如图 14-79 所示
```

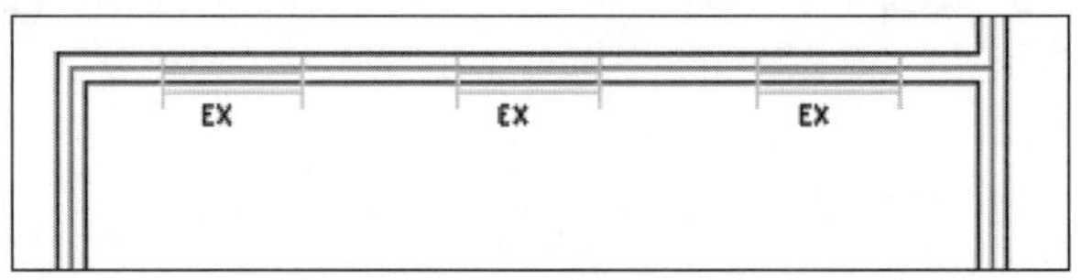

图 14-79　沿墙均布示例

该命令与“沿线均布”命令相似，只是在设备插入时，不仅会自动根据墙线的方向来确定图块的插入方向，而且会沿着墙线等距均匀地插入设备。

14.4.10 穿墙布置

“穿墙布置”命令主要用于在一排房间的隔墙上对称配置插座。选择“平面设备”|“穿墙布置”命令，或者在命令行输入 CQBZ 后按 Enter 键，都可以执行“穿墙布置”命令，打开“天正电气图块”对话框和“穿墙布置”命令对话框，如图 14-80 所示，可以设置在墙的一侧还是两侧布置设备，是否需要在两个设备之间连接导线。

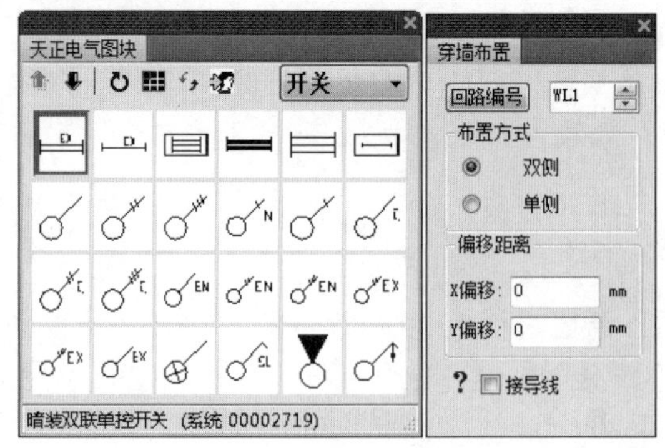

图 14-80　“天正电气图块”和“穿墙布置”对话框

命令行提示如下：

命令：cqbz

请点取布设备直线的第一点{设备类别(上一个 W/下一个 S)/设备翻页(前页 P/后页 N)}<退出>:
//点取第一点 P1

请点取布设备直线的下一点<退出>:　　//点取第二点 P2，在 P1、P2 两点橡皮线与墙线的交点处沿墙插
入选定的设备，结果如图 14-81 所示

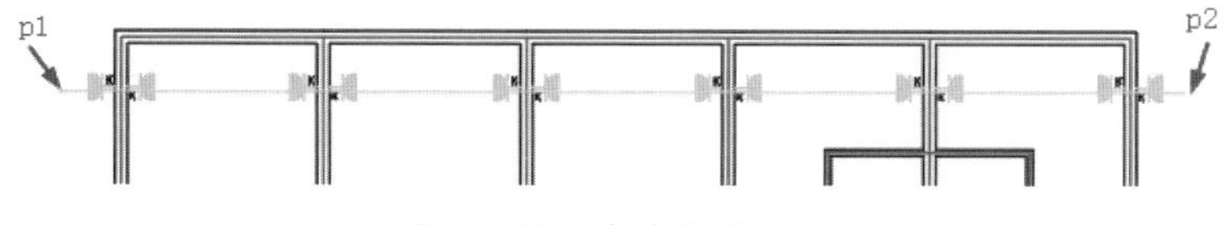

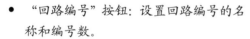

图 14-81　穿墙布置示例

本命令对弧线墙同样有效。

14.4.11　门侧布置

“门侧布置”命令用于沿门一定距离的墙线上插入开关。选择“平面设备”|“门侧布置”命令，或者在命令行输入 MCBZ 后按 Enter 键，都可以执行“门侧布置”命令，打开“天正电气图块”对话框和“门侧布置”对话框，如图 14-82 所示。

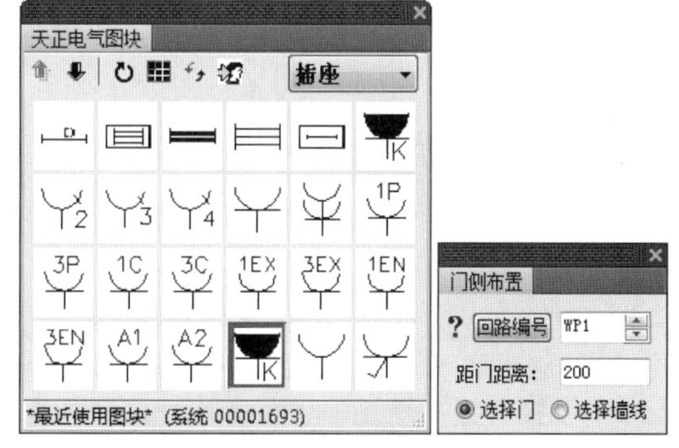

图 14-82　“天正电气图块”和“门侧布置”对话框

“门侧布置”对话框中需要设置的参数如下：

- “回路编号”按钮：设置回路编号的名称和编号数。
- “距门距离”文本框：设置设备距门的距离。
- “选择门”和“选择墙线”单选按钮：设置门侧布置的插入方式，以门为基准插入或是以靠近门侧的墙线为基准插入。

14.4.12　图块编辑命令

天正电气提供很多图块编辑命令，熟练使用这些命令可进一步提高制图的速度。这些命令既可以通过天正电气的屏幕菜单来调用，也可以在选中设备后，通过快捷菜单调用，使用哪种方法要根据使用者的习惯。

- “设备替换”命令 设备替换：用选定的设备块来替换已插入图中的设备图块。
- “快速替换”命令 快速替换：与“设备替换”命令类似，只是不需要切换到“天正电气图块”对话框中去操作，可以直接替换。对于替换绘图区已经存在的文字和设备比较适用。
- “设备缩放”命令 设备缩放：改变平面图中已插入设备图块的大小。

- "设备旋转"命令 设备旋转：将已插入平面图中的设备图块旋转至指定的方向，插入点不变。
- "设备翻转"命令 设备翻转：将平面图中的设备沿其 Y 轴方向做镜像翻转。
- "设备移动"命令 设备移动：移动平面图中的设备图块。
- "设备擦除"命令 设备擦除：擦除平面图中的设备块。
- "改属性字"命令 改属性字：修改平面图设备块中的属性文字。
- "移属性字"命令 移属性字：移动设备图块中的属性文字。

14.4.13 造设备

选择"平面设备"|"造设备"命令，或者在命令行输入 ZSB 后按 Enter 键，都可以执行"造设备"命令，用户可根据需要制作图块或对已有图块进行改造，并将改造好的图块加入到设备库中。命令行提示如下：

```
命令：zsb
请选择要做成图块的图元<退出>：//图中拾取要改造的图块
```

之后，命令行提示如下：

```
请点选插入点 <中心点>：//选择图块的插入点
```

这时，从图块中心点引出一条橡皮线，把鼠标移动到准备做插入点的位置，单击即可更改图块插入点。命令行提示如下：

```
请点取要作为接线点的点(图块外轮廓为圆的可不加接线点) <继续>：//需要的位置点取，插入一些接线点；如果所选图块的外形为圆则可不必添加接线点
```

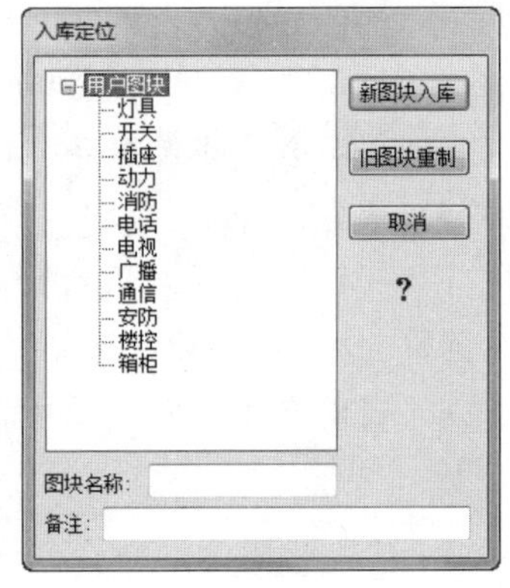

图 14-83 "入库定位"对话框

完成这些步骤后，系统弹出如图 14-83 所示的"入库定位"对话框，提示为新建设备块输入图块名称和选择归入的类别。

14.4.14 块属性

为制作设备或元件图块加入属性文字。与一般文字相比，块属性中的文字在图块插入时能始终保持水平位置，并且在图块插入后还可以用"改属性字"命令来修改该文字。不过用本命令插入的属性文字只能是英文的大写文字，属性文字插入图中，插入点是在文字的中心。

选择"平面设备"|"块属性"命令，或者在命令行输入 KSX 后按 Enter 键，都可以执行"块属性"命令，命令行提示如下：

```
命令：ksx
请输入要写入块中的属性文字 <退出>：(提示输入文字)
```

之后，命令行提示如下：

```
请点取插入属性文字的点(中心点) <退出>：(提示点取要插入的点)
```

之后，命令行提示如下：

字高 <200>:

14.5 导线的布置与编辑

导线是电气平面图中很重要的一部分。天正电气的屏幕菜单下“导线”子菜单中提供了很多有关导线的命令，概括起来可划分为两类：布导线和编辑导线。布导线主要有“平面布线”“系统导线”“任意导线”“配电引出”等命令；编辑导线主要是更改所绘导线的宽度、颜色、图层、回路编号和标注。

14.5.1 平面布线

“平面布线”命令用于在平面图中绘制直导线连接各设备元件，同时在布线时带有轴锁功能。选择“导线”|“平面布线”命令，或者在命令行输入 PMBX 后按 Enter 键，都可以执行“平面布线”命令，打开“设置当前导线信息”对话框，如图 14-84 所示。

图 14-84 “设置当前导线信息”对话框

- “WIRE-照明”选项：这里是“导线层选择”下拉列表框，通过该下拉列表框选择所绘制导线的图层。其中包括“WIRE-照明”“WIRE-应急”“WIRE-动力”“WIRE-消防”“WIRE-通讯”5个导线层。
- 颜色编辑框■：显示“导线层选择”下拉列表框中选择的导线图层的颜色。
- “回路编号”按钮：该按钮有两个功能，单击“回路编号”按钮时，弹出“回路编号”对话框，执行回路编号的增加、删除等操作；通过右侧的编辑框可以输入回路编号，或者通过微调按钮控制设备和导线所在回路的编号。
- “导线放置方式”下拉列表框：选择导线放置方式，共有“导线置上”“导线置下”和“不断导线”3种。
- “连线方式”下拉列表框：选择连线的方式，有“智能直连”“自由连接”和“垂直连接”3种连接方式。
- “导线设置”按钮：单击该按钮，弹出“平面导线设置”对话框，通过该对话框可调整导线图层的线宽、颜色、线型和标注信息。

14.5.2 系统导线

选择“导线”|“系统导线”命令，或者在命令行输入 XTDX 后按 Enter 键，都可以执行“系统导线”命令，打开“系统图－导线设置”对话框，如图 14-85 所示。

“系统导线”命令用以绘制系统图或原理图中的导线，并在导线上按固定的间距绘出短分格线。导线上的这些分格作为插入元件的基准点。

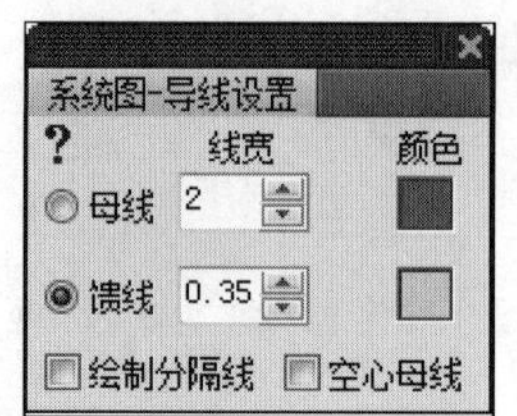

图 14-85 “系统图－导线设置”对话框

14.5.3 沿墙布线

选择“导线”|“沿墙布线”命令，或者在命令行输入YQBX后按Enter键，都可以执行“沿墙布线”命令，弹出“设置当前导线信息”对话框，如图 14-84 所示，可在该对话框中设置导线层等信息。命令行提示如下：

```
命令: yqbx
请点取导线的起始点[输入参考点(R)]<退出>:(按照系统提示拾取起始点)
请拾取布置导线需要沿的直线、弧线 <退出>(拾取需要布置导线的路径)
是否为该对象?[是(Y)/否(N)]<Y>:(选择对象后，要求确认是否沿该对象布线)
请输入距线距离<0>(输入导线距离对象的距离)
请拾取下一段直线或弧线 <退出>(开始沿墙布线)
请拾取下一段直线或弧线 <退出>
```

14.5.4 任意导线

“任意导线”命令用于绘制直导线和弧导线。选择“导线”|“任意导线”命令，或者在命令行输入RYDX后按Enter键，都可以执行“任意导线”命令，弹出“设置当前导线信息”对话框，如图 14-84 所示，可在该对话框中设置导线层等信息。命令行提示如下：

```
命令: rydx
请点取导线的起始点:(当前导线层->WIRE-照明;宽度->0.35;颜色->红)或 [点取图中曲线(P)/点取参考点(R)]<退出>:(系统提示选取起始点，并显示导线层信息)
直段下一点 {弧段[A]/回退[U]} <结束>:(系统不断重复该命令行，用户可输入 A 绘制弧线段、按 Enter 键或按鼠标右键退出画导线程序)
```

输入 A 绘制弧线段时，命令行提示如下：

```
弧段下一点 {直段[L]/回退[U]} <结束>:
在这个提示下点取下一点后，接着提示:
点取弧上一点 {输入半径[R]}:
```

绘制弧线导线可以以三点定弧的方式，也可以输入曲线半径进行绘制。在命令行中输入L，则改绘制直线。

用该命令绘制导线时，与设备相交的导线则会自动打断，并且先显示细导线的预览，在确定绘制后才把细导线加粗。

14.5.5 配电引出

“配电引出”命令用于从配电箱引出数根接线。选择“导线”|“配电引出”命令，或者在命令行输入 PDYC 后按 Enter 键，都可以执行“配电引出”命令，命令行提示如下：

```
命令: pdyc
请选取配电箱<退出>:(选择配电箱)
```

选择配电箱图块后，弹出如图 14-86 所示的“配电引出”对话框，在该对话框中可设置出线方式。表 14-2 列出了引出线的样式。插入引出线前，用户先要设置引出线的分支数量、分支间距及起始编号等参数。

图 14-86　“配电引出”对话框

表 14-2　引出线样式

引出样式		预　览
直连式	等长引出	
	非等长引出	
引出式		

14.5.6　引线的插入和编辑

天正电气提供了插入和编辑引线的命令。它们分别是“导线”子菜单下的“插入引线”“引线翻转”和“箭头转向”等命令。

- “插入引线”命令：执行该命令时，弹出如图14-87所示的“插入引线”对话框。该命令提供了8种引线方式。
- “引线翻转”命令：插入的引线图块做以Y轴为翻转轴的镜像翻转，效果如图14-88所示。
- “箭头转向”命令：改变用插入的引线图块箭头的指向，效果如图14-89所示。

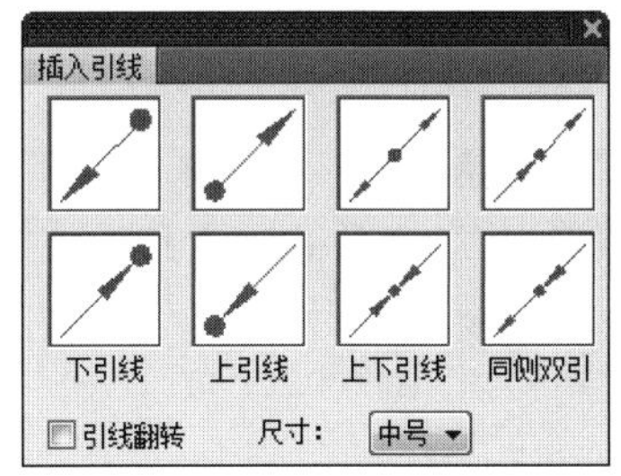

图 14-87　“插入引线”对话框

翻转前　翻转后

图 14-88　“引线翻转”命令效果

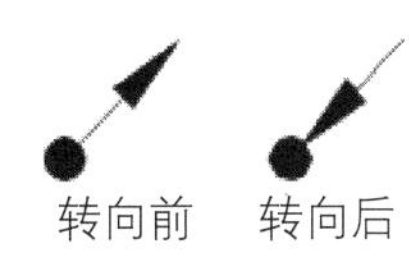

图 14-89　“箭头转向”命令效果

14.5.7　导线编辑命令

天正电气提供了各种编辑导线的命令，它们位于“导线”子菜单下，如图 14-90 所示，熟练使用这些命令，有助于提高绘图的速度。下面简单介绍这些命令的作用和用法。

- “编辑导线”命令：执行该命令选择导线后，弹出如图14-91所示的“编辑导线”对话框。该对话框用来改变导线层、线型、颜色、线宽、回路编号和导线标注信息。

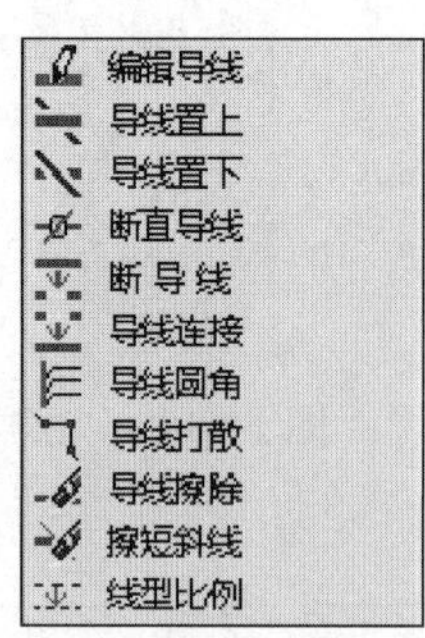
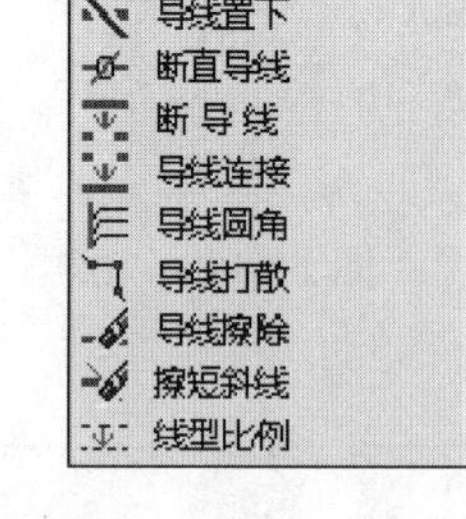

图 14-90 编辑导线菜单命令

图 14-91 “编辑导线”对话框

- “导线置上”命令：将与被选中导线相交的导线或设备在相交处截断。
- “导线置下”命令：将被选中导线在与其他导线或设备相交处截断。
- “断直导线”命令：导线与设备相交，将直导线从与其相交的设备块处断开。
- “断导线”命令：在选择的两点位置将导线打断。
- “导线连接”命令：将两根断开的导线在接口处连接。
- “导线圆角”命令：使用此命令可使两相交导线在相交处以圆弧连接，命令行将提示圆弧导线倒角大小。
- “导线打散”命令：将多线段导线打断成数个不相连的导线。
- “导线擦除”命令：此命令主要用于擦除不需要的导线。
- “擦短斜线”命令：将接地线、通信线等特殊线型中的短斜线擦除，这些斜短线可能是擦除那些特殊线型粗导线时遗留下来的。
- “线型比例”命令：改变虚线层线条的线型，同时可改变特殊线型虚线的线型。

14.6 电气图的标注

电气图标注就是给图中的导线、设备标注型号、规格、数量等相关内容。T20-Elec V7.0 的“标注统计”子菜单中提供了各种标注命令。这些命令能完成最基本的设备标注和导线标注，同时还将一些标注信息附加在被标注的图元上，供生成材料表时搜取使用。

14.6.1 标注灯具

“标注灯具”命令用于按国标规定格式对平面图中灯具进行标注，同时将标注数据附加在被标注的灯具上。选择“标注统计” | “标注灯具”命令，或者在命令行输入 BZDJ 后按 Enter 键，都可以执行“标注灯具”命令，打开“灯具标注信息”对话框，如图 14-92 所示。

灯具的一般标注样式是：“数量 $-b\dfrac{c\times d\times L}{e}f$ ”。

其中，b 代表灯具型号；c 表示灯泡数，比如双管荧光灯，灯泡数为 2；d 表示灯泡功率；e 表示安装高度；L 表示光源种类；f 表示安装方式，如，荧光灯采用链吊方式等。

该命令可与“标注统计”|“设备定义”命令交互使用。先使用“设备定义”命令定义平面图中相关设备的参数，再使用“标注灯具”命令设置所选灯具的各项参数。“设备定义”命令还可以和下面介绍的“标注设备”“标注开关”“标注插座”等命令交互使用。

灯具标注信息的字体大小系统默认是 3.5，可使用“设置”|“初始设置”命令，在“标注文字”选项组中通过“文字样式”下拉列表框选择“_TEL_DIM”图层，在文本框中直接修改“字高”和“宽高比”。

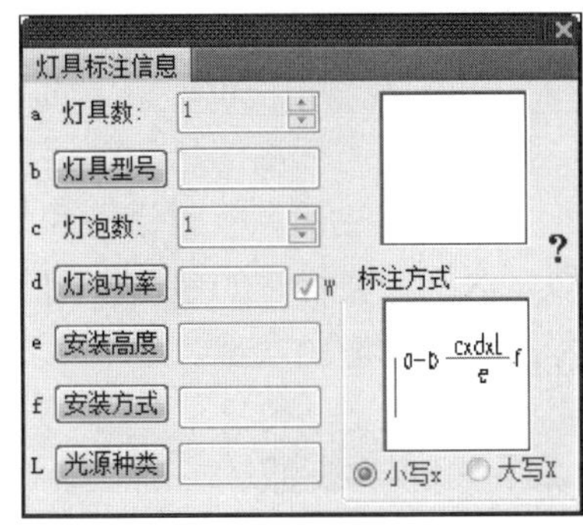

图 14-92 “灯具标注信息”对话框

14.6.2 标注设备

“标注设备”命令用于按国际规定形式对平面图中电力和照明设备进行标注，同时将标注数据附加在被标注的设备上。

选择“标注统计”|“标注设备”命令，或者在命令行输入 BZSB 后按 Enter 键，都可以执行“标注设备”命令，打开“用电设备标注信息”对话框，如图 14-93 所示。

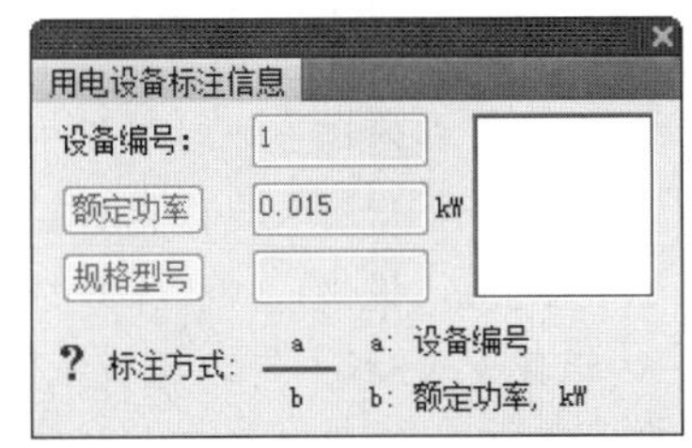

图 14-93 “用电设备标注信息”对话框

选择设备后，右面的预览框显示设备的形状。对话框中显示该种设备的各项参数。在该对话框中分别输入或修改“设备编号”“额定功率”和“规格型号”等的参数(并不要求输入所有的参数）。

14.6.3 标注开关

“标注开关”命令主要用于对平面图中开关进行信息参数的输入，同时将标注数据附加在被标注的开关上。

选择“标注统计”|“标注开关”命令，或者在命令行输入 BZKG 后按 Enter 键，都可以执行“标注开关”命令，打开“开关标注信息”对话框，如图 14-94 所示。

在该对话框中可以更改“设备编号”“设备型号”“额定电流”“整定电流”“安装高度”等信息。若已经使用“设备定义”命令定义过开关参数，则在“设备编号”等文本框中显示定义的参数，在这里可重新修改这些参数。

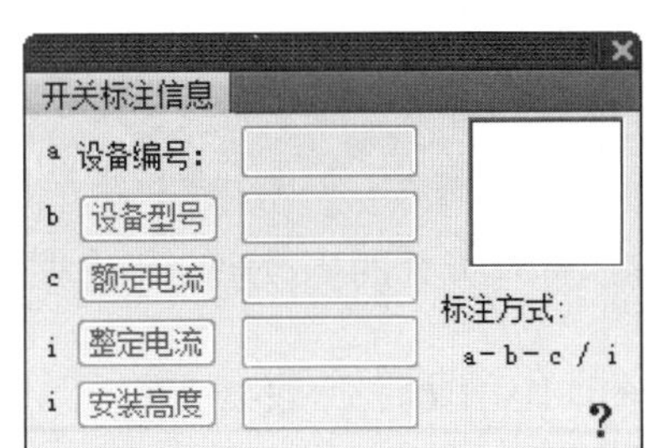

图 14-94 “开关标注信息”对话框

14.6.4 标注插座

“标注插座”命令用于对平面图中所选插座进行信息参数的输入，同时将标注数据附加在被标注的插座上。

选择“标注统计”|“标注插座”命令，或者在命令行输入 BZCZ 后按 Enter 键，都可以执行“标注插座”命令，打开“插座标注信息”对话框，如图 14-95 所示。

“插座标注信息”对话框和“开关标注信息”对话框类似，区别是要标注的参数不同，可按照国标 GB4728 插座标准标注插座的功率。

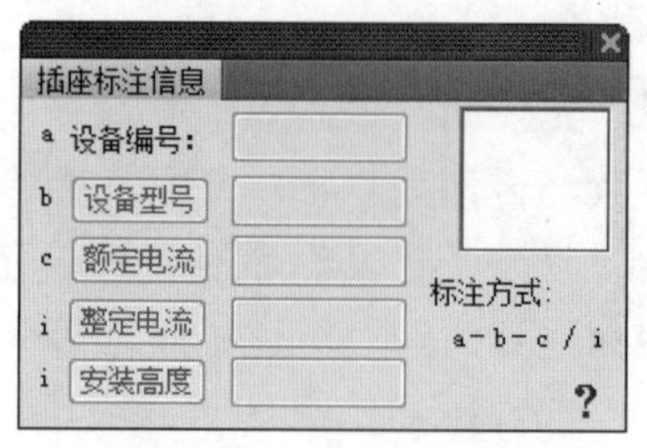

图 14-95　“插座标注信息”对话框

14.6.5　标导线数

“标导线数”命令主要用于在导线上标出导线的根数。选择“标注统计”|“标导线数”命令，或者在命令行输入 BDXS 后按 Enter 键，都可以执行“标导线数”命令，打开“标注”对话框，如图 14-96 所示。

标导线数有以下几点注意事项：

- 用户可以通过点取对话框中对应导线根数的按钮，或者通过直接在命令行输入导线根数的方法实现对导线根数的标注。
- 系统默认提供1～8根导线根数的标注，如果用户要标注的导线根数大于8根，可以通过点取对话框中“自定义”按钮，或者根据命令行提示在命令行输入A（自定义）两种方法，实现标注任意根数的操作。
- 如果用户事先已经定义好了导线的根数，那么在标导线数的时候可以直接点选对话框中的“自动读取”按钮，直接标注导线定义好的根数。
- “单选标注”实现点选单根导线的标导线数操作。
- “多线标注”可以采用框选的方式，一次对多条导线同时标注导线数。

图 14-96　“标注”对话框

导线的标注方式有两种：

- 在导线上标注斜线，以斜线的数量代表导线数。
- 在导线上标注一条斜线，在斜线上标注数字，表示导线数。

标注方式的更改可在“选项”对话框中进行。

14.6.6　改导线数

“改导线数”命令主要用于修改标出的导线根数。选择“标注统计”|“改导线数”命令，或者在命令行输入 GDXS 后按 Enter 键，都可以执行“改导线数”命令，选择要修改的导线标注，打开“修改导线根数”对话框，如图 14-97 所示。

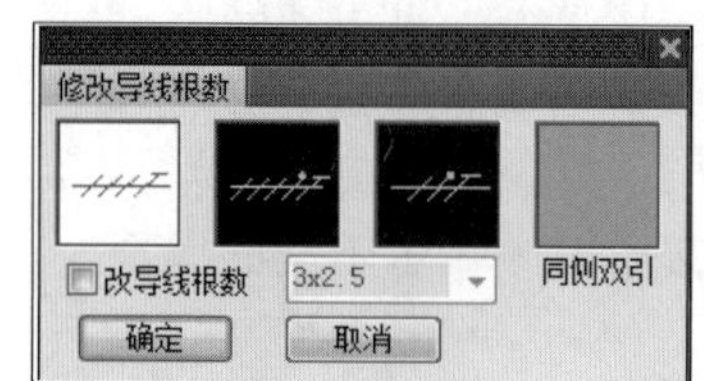

图 14-97　“修改导线根数”对话框

选中“改导线根数”复选框，后面的下拉列表框变成可编辑状态，修改下拉列表框中的导线根数，单击“确定”按钮，导线根数标注自动修改。

14.6.7 导线标注

“导线标注”命令主要用于按照国标规定的格式标注平面图中的导线。选择“标注统计”|“导线标注”命令，或者在命令行输入 DXBZ 后按 Enter 键，都可以执行“导线标注”命令，命令行提示如下：

```
命令: dxbz
请选择导线(左键进行标注，右键进行修改信息)<退出>
```

若使用左键选择导线，则按照已经定义好的导线参数对导线进行标注，系统提示如下：

```
请给出文字线落点<退出>:
```

按系统提示完成标注。

若双击导线标注，则弹出如图 14-98 所示的“编辑导线标注”对话框，该对话框中列出了导线标注时所需要的参数，用户可以对导线标注的参数进行修改。

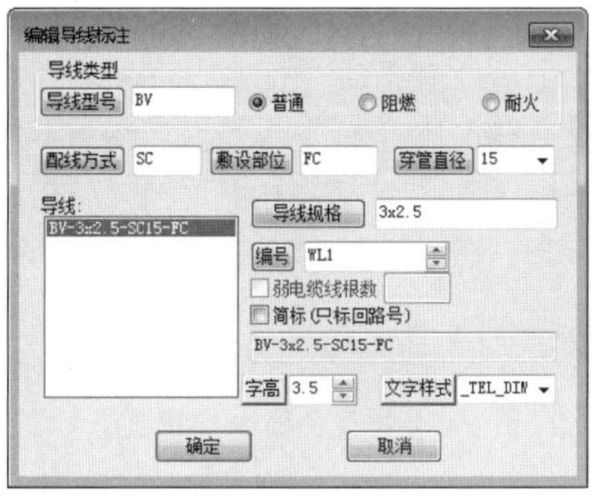

图 14-98 “编辑导线标注”对话框

导线的标注一般为 a–(c×d+n+h)e–f，如 BLV–（3×6+1×2.5)K–WE，表示 4 根铝芯塑料绝缘导线，其中三根的横截面积为 $6mm^2$，另一根的横截面积为 $2.5mm^2$；敷设方式为瓷瓶配线，敷设部位为沿墙明敷。

14.6.8 多线标注

“多线标注”命令主要用于多根标注信息相同的导线在一起标注时的导线标注。选择“标注统计”|“多线标注”命令，或者在命令行输入 DDXB 后按 Enter 键，都可以执行“多线标注”命令，命令行提示如下：

```
命令: ddxb
请点取标注线的第一点<退出>:
请拾取第二点<退出>:
```

拾取两点之后，在两点之间的导线都被选中。命令行提示如下：

```
请选择文字的落点[简标(A)]:
```

选择任意一点，则给出标注引出点，直接按 Enter 键，则不引出。如图 14-99 和图 14-100 所示分别为引出和不引出的标注样式。

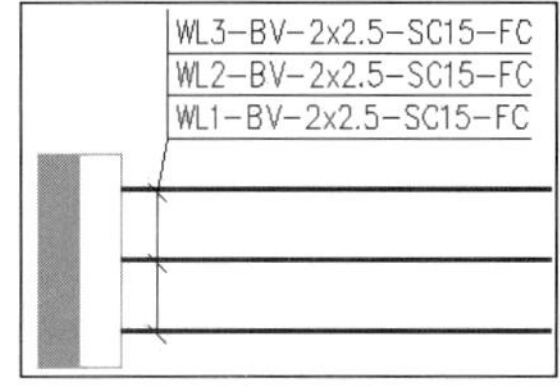

图 14-99 引出的标注样式

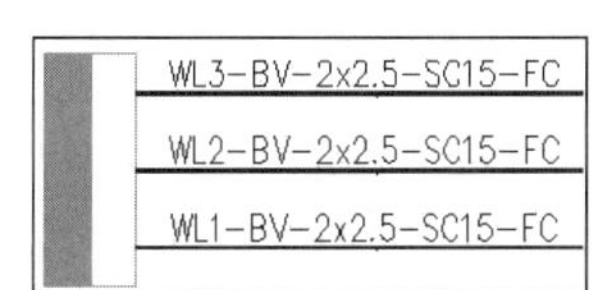

图 14-100 不引出的标注样式

注 意

也可按照系统提示输入 A，只标注回路编号。

14.6.9 沿线文字

“沿线文字”命令主要用于在导线上方标注文字或断开导线并在断开处标注文字。选择“标注统计”|“沿线文字”命令，或者在命令行输入 YXWZ2 后按 Enter 键，都可以执行“沿线文字”命令，弹出如图 14-101 所示的“沿线文字”对话框，在该对话框中可以设置沿线文字的内容、标注位置等参数。命令行提示如下：

图 14-101 “沿线文字”对话框

命令：yxwz2
请拾取要标注的导线[回退(U)]<退出>:（拾取要标注的导线，完成标注）
请拾取要标注的导线[回退(U)]<退出>:

拾取要标注的导线，同时拾取的位置也是要写入文字的位置，可以反复在导线上点取要输入标注文字的点。导线上写入文字时有以下几种情况：

- 在导线上指定位置写入标注文字，同时从写文字处断开，如图14-102（a）所示。
- 在导线指定位置的上方写入标注文字，但不打断导线，如图14-102（b）所示。
- 在导线指定位置的上方写入标注文字，并加短斜线，如图14-102（c）所示。

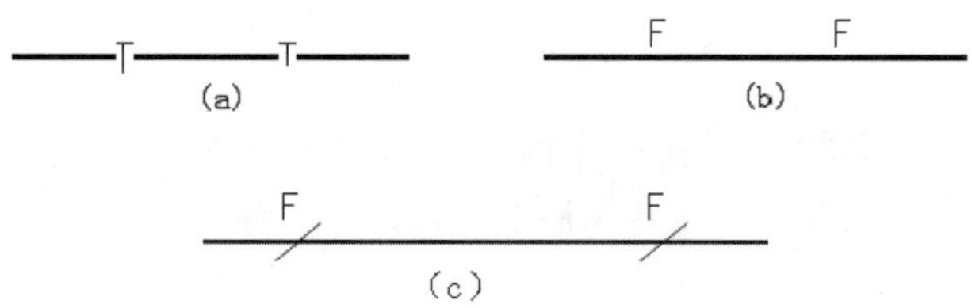

图 14-102 “沿线文字”的形式

14.6.10 回路编号

“回路编号”命令主要用于为线路和设备标注回路号。选择“标注统计”|“回路编号”命令，或者在命令行输入 HLBH 后按 Enter 键，都可以执行“回路编号”命令，弹出如图 14-103 所示的“回路编号”对话框，同时命令行提示如下：

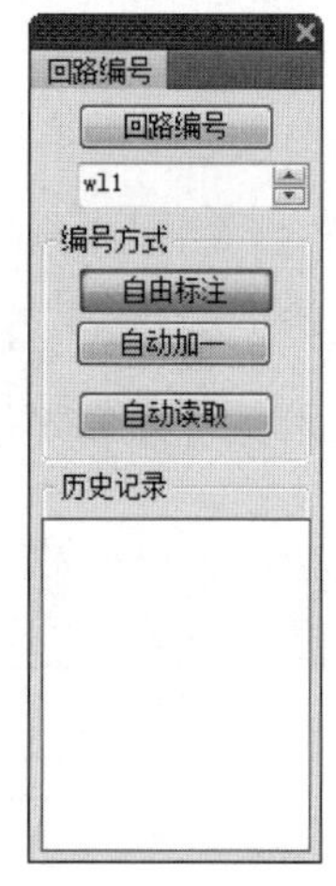

图 14-103 “回路编号”对话框

命令：hlbh
请选取要标注的导线 <退出>:（拾取需要标注的导线）
请给出文字线落点<退出>:（指定文字放置的位置）

对话框中有三种编号方式：“自由标注”“自动加一”和“自动读取”。

- “自由标注”按钮：在“回路编号”下拉列表框中的导线编号标注。
- “自动加一”按钮：在前面标注的基础上编号加一标注。
- “自动读取”按钮：自动读取导线的编号标注。

注 意

不论采取哪一种标注方式，在标注的同时导线本身的信息也会随之改变，即导线包含的回路编号信息与标注一致，标注与导线实际信息是关联的，修改了信息标注会自动改变，因此也可利用“拷贝信息”和“导线标注”等命令修改导线回路编号。如果希望多根导线同时标注，可参考“多线标注”。

14.6.11 沿线箭头

“沿线箭头”命令用于沿导线插入表示电源引入或引出的箭头。选择“标注统计”|“沿线箭头”命令，或者在命令行输入 YXJT 后按 Enter 键，都可以执行“沿线箭头”命令，命令行提示如下：

```
命令: yxjt
请拾取要标箭头的导线 <退出>:（拾取导线，完成标注）
```

在导线上点取要插入箭头的点后，会在拾取点上沿导线方向插入一个箭头，但此时插入的箭头只是预演箭头，可以通过鼠标进行拖曳确定箭头的指向，单击后箭头按预演的方式绘出，如图 14-104 所示。

图 14-104　沿线箭头示例

14.6.12 引出标注

“引出标注”命令用于对多个标注点进行说明性的文字标注，自动按端点对齐文字，具有拖动自动跟随的特性。

选择“标注统计”|“引出标注”命令，或者在命令行输入 YCBZ 后按 Enter 键，都可以执行“引出标注”命令，弹出如图 14-105 所示的“引出标注”对话框，用户可以设置上下标注文字的内容、文字样式、箭头样式、相对于基线的位置等参数。命令行提示如下：

```
命令: ycbz
请给出标注第一点<退出>: （拾取引出标注的第一点）
输入引线位置或 [更改箭头形式(A)]<退出>:（确定引线位置）
点取文字基线位置<退出>:（拾取点确定文字基线的标志）
请给出标注第一点<退出>: *取消*
```

图 14-105　“引出标注”对话框

14.6.13 设备定义

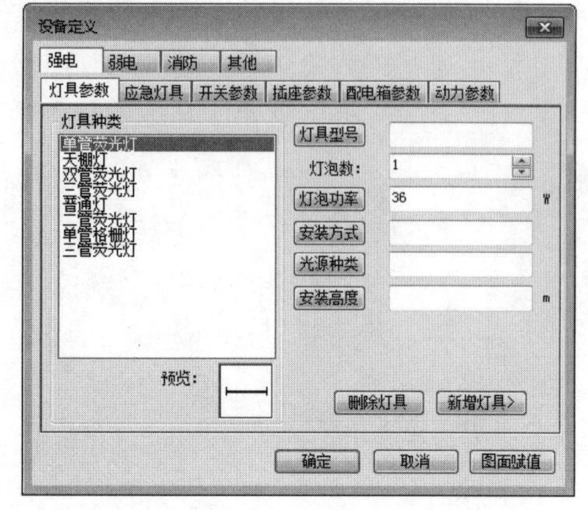

图 14-106 “设备定义”对话框

“设备定义”命令用于对平面图中各种设备进行统计，并将统计结果显示在“定义设备”对话框中，同时可以对同种类型的设备进行信息参数的输入和修改，并将标注数据附加在被标注的设备上。

选择“标注统计”|“设备定义”命令，或者在命令行输入 SBDY 后按 Enter 键，都可以执行“设备定义”命令，打开“设备定义”对话框，如图 14-106 所示。

该对话框中有“灯具参数”“开关参数”“插座参数”“配电箱参数”“用电设备”5 个选项卡，每个选项卡下都列出了相应设备的标注信息。

14.6.14 标注统计下的其他命令

- “回路检查”命令 回路检查：对选定图纸范围内的回路进行检查。
- “消重设备”命令 消重设备：删除绘图者绘制重合的设备和导线，确保材料统计或系统生成正确完成。绘图者应养成在绘图完毕消除重合设备或导线的好习惯。
- “拷贝信息”命令 拷贝信息：复制图中已有设备的信息至目标设备。
- “平面统计”命令 平面统计：统计平面图中的设备数据，用这些数据生成材料统计表，并绘入图中。
- “统计查询”命令 统计查询：通过查询材料统计表（电器元件表）在图纸中显示该元件。
- “合并统计”命令 合并统计：将“平面统计”命令绘制的多张材料统计表合并为一张统计表。

14.6.15 绘制某教学楼一楼照明平面图

在 14.3.10 节，已经绘制好了一张建筑平面图并保存在已命名为“电气工程”的工程下的“平面图”类别中。现在将在该图上继续绘制该楼层平面的照明平面图。

启动 T20-Elec V7.0，使用“设置”|“工程管理”命令，打开已经保存好的“电气工程.tpr”工程，并打开该工程下图纸一栏中“平面图”项目下的“教学楼一楼建筑平面图.dwg”，将其另存为“某教学楼一楼照明平面图.dwg”。按照 14.3.10 节介绍的方法，将该图加入到“电气工程.tpr”下的“强电平面”项目中，如图 14-107 所示，并在已经保存为“强电平面”项目的平面图中绘制该楼层照明平面图。

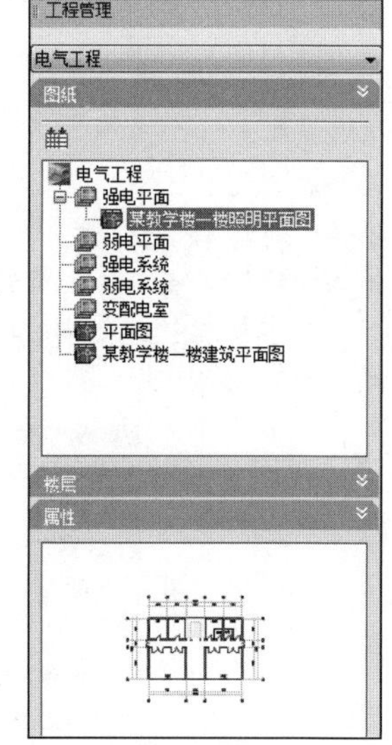

图 14-107 在“强电平面”中加入照明平面图

1. 初始设置

选择“设置”|“初始设置”命令，打开“选项”对话框，在“电气设定”选项卡中进行设置。设置“设备块尺寸”为180，“高频图块个数”为3，如图14-108所示；单击“标注文字设置”按钮，设置文字注样式为“_TEL_DIM”，将“字高”设置为3，如图14-109所示；在“平面导线设置”选项组中单击“平面导线设置”按钮，将第一项“照明”线宽设置为0.20，如图14-110所示。

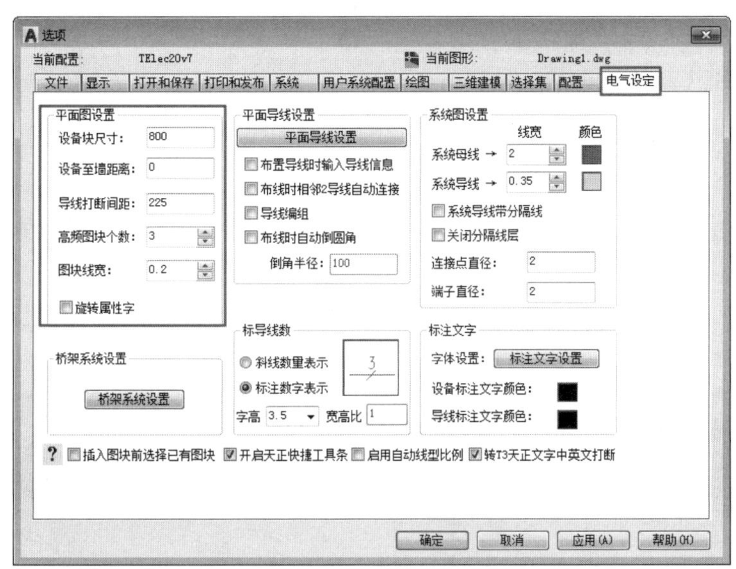

图 14-108　设置设备块尺寸与高频个数

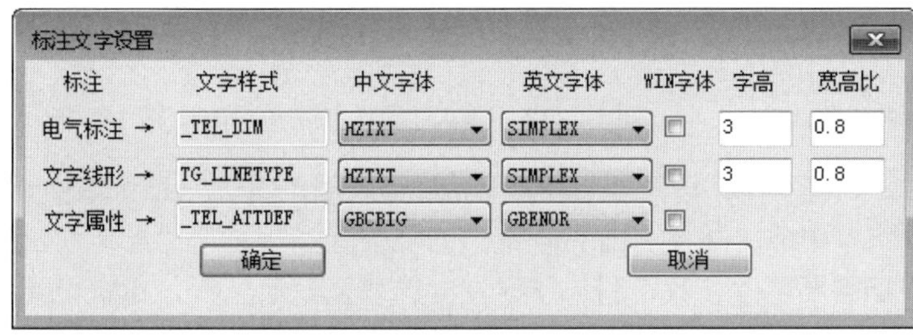

图 14-109　设置标注样式与字高

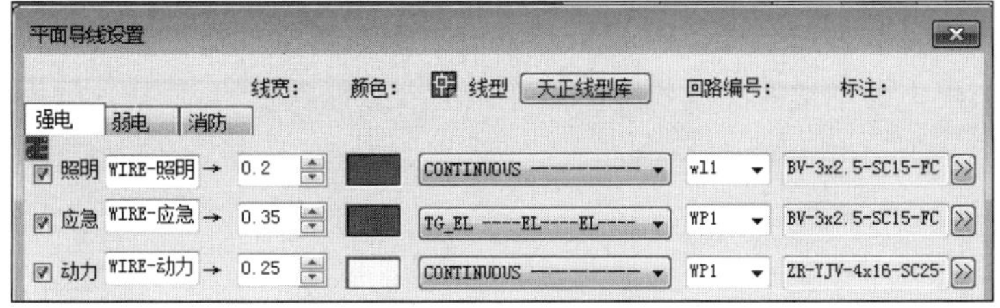

图 14-110　设置线宽

2. 插入电工室设备

电工室设备包括一个配电箱和一个低压变压器。具体插入步骤如下：

步骤01 单击“默认”选项卡|“绘图”面板上的“圆”按钮，捕捉楼梯间左上内墙角交点，绘制半径为 100 的定位辅助圆，如图 14-111 所示。

步骤02 选择“平面设备”|“沿墙布置”命令，在弹出的“天正电气图块”对话框中选择“动力照明配电箱”设备块，沿墙插入后结果如图 14-112 所示。

步骤03 选择“配电箱”图块，在该对象上右击，在弹出的快捷菜单中选择“设备缩放”命令，完成对配电箱的放大操作。命令行提示如下：

```
请选取要缩放的设备<缩放所有同名设备>:(选择配电箱)
请选取要缩放的设备<缩放所有同名设备>:(右击)
请输入缩放比例 <1>:2(输入 2)
```

步骤04 在“配电箱”图块上右击，在弹出的快捷菜单中选择“设备移动”命令。命令行提示如下：

```
点取位置或 [转 90 度(A)/左右翻(S)/上下翻(D)/对齐(F)/改转角(R)/改基点(T)]<退出>:
```

步骤05 输入 T，命令行提示如下：

```
输入插入点或 [参考点(R)]<退出>:
```

步骤06 选择配电箱上边缘中点为基点。系统重新提示选取移动位置，选择圆与竖墙的交点，移动配电箱，移动结果如图 14-113 所示。删除绘制的定位辅助圆。

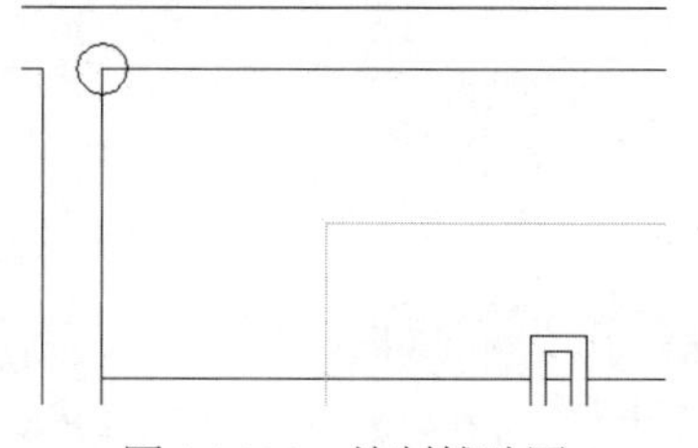

图 14-111 绘制辅助圆

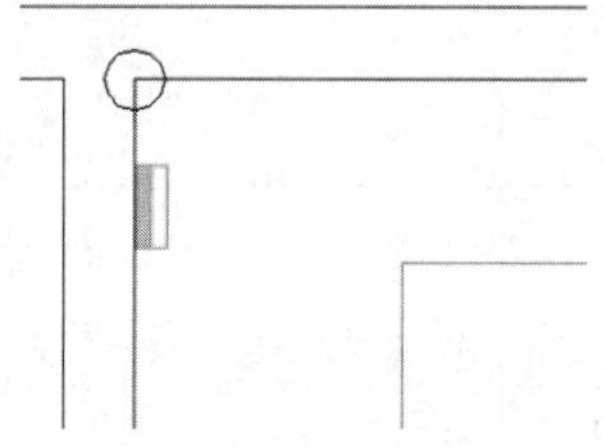

图 14-112 插入“配电箱”

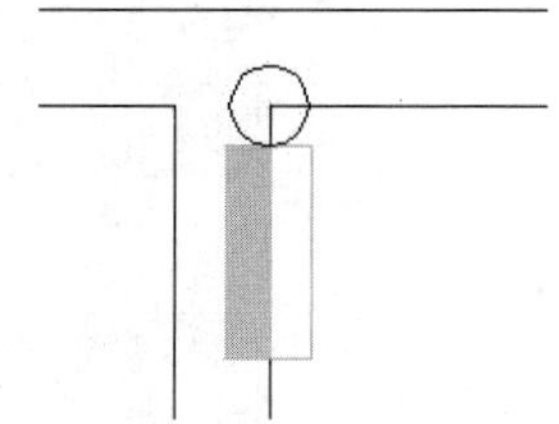

图 14-113 移动“配电箱”

步骤07 绘制配电箱的引出线。选择配电箱，右击，在弹出的快捷菜单中选择“设备布置”命令，选择级联菜单中的“配电引出”命令；也可执行“导线”|“配电引出”命令。在弹出的对话框中不需要修改参数，利用鼠标左键选取合适的位置，指定导线引出的长度即可，如图 14-114 所示。

步骤08 插入低压变压器。选择“平面设备”|“任意布置”命令，弹出“天正电气图块”对话框，在右上侧下拉列表框选择“动力”，在设备显示区选择“变压器”设备块。捕捉中间导线的端点与配电器下边缘的延长线交点作为插入点插入变压器，插入结果如图 14-115 所示。

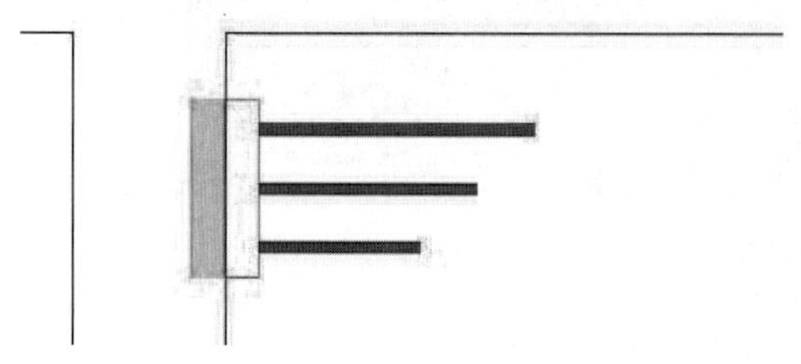

图 14-114 配电引出

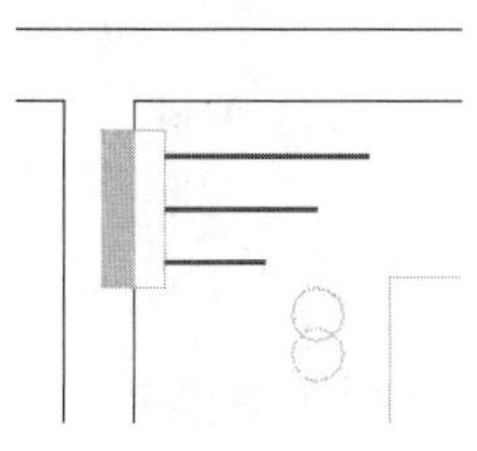

图 14-115 插入变压器

3. 插入双管荧光灯

教室和实验室的灯具一般都为双管荧光灯。插入荧光灯的具体步骤如下：

步骤 01 绘制教室定位辅助线。单击“默认”选项卡|“绘图”面板上的“直线”按钮，捕捉左边教室左窗户内边线的中点为直线起点，捕捉右边内墙线的垂足为终点，绘制水平直线。单击“默认”选项卡|“绘图”面板上的“定数等分”按钮，设置等分数为 3，将教室辅助线三等分。在等分点上分别绘制竖直线段，选择“延伸”命令，将线段延伸到教室内部的上下边缘，再使用“定数等分”命令将刚绘制的两条辅助线等分为四等分，结果如图 14-116 所示。

步骤 02 绘制实验室定位辅助线，结果如图 14-117 所示。辅助线分别以底面窗户内边线的中点定位。

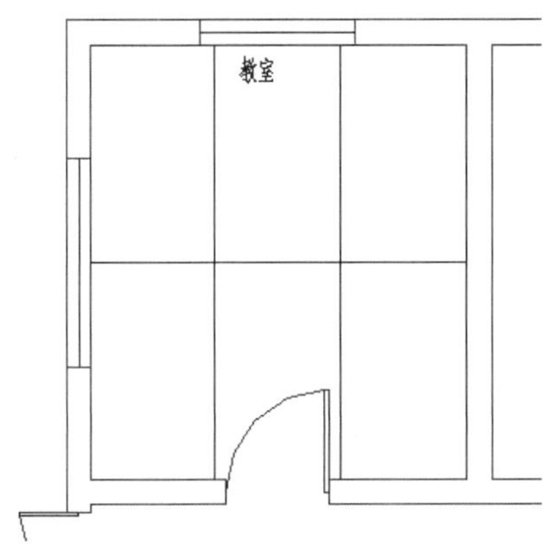

图 14-116 教室定位辅助线

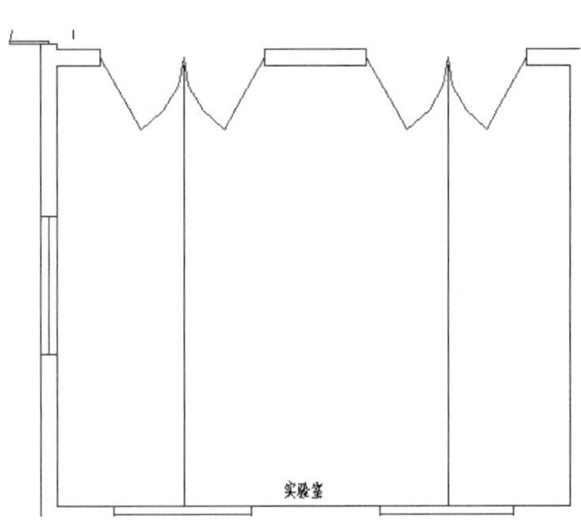

图 14-117 实验室定位辅助线

步骤 03 插入教室内的双管荧光灯。选择“平面设备”|“矩形布置”命令，弹出“天正电气图块”对话框和“矩形布置”对话框。在“天正电气图块”对话框中选择“双管荧光灯”，在“矩形布置”对话框中设置参数，如图 14-118 所示，在绘图区捕捉左边辅助线四等分的最上点和右边辅助线四等分的最下点，系统在绘图区显示插入效果，如图 14-119 所示。删除定位辅助线，结果如图 14-120 所示。

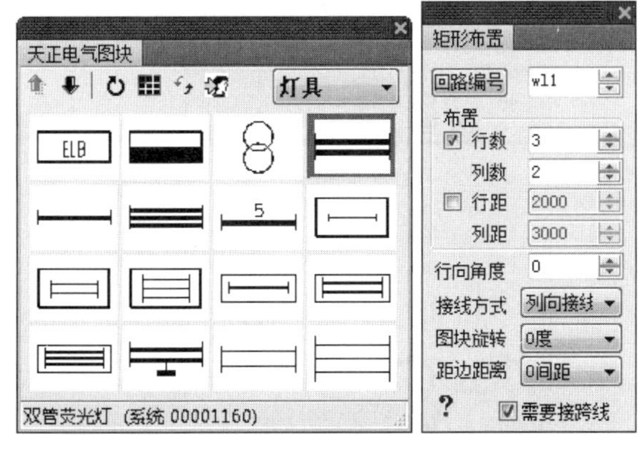

图 14-118 选择灯具并设置参数

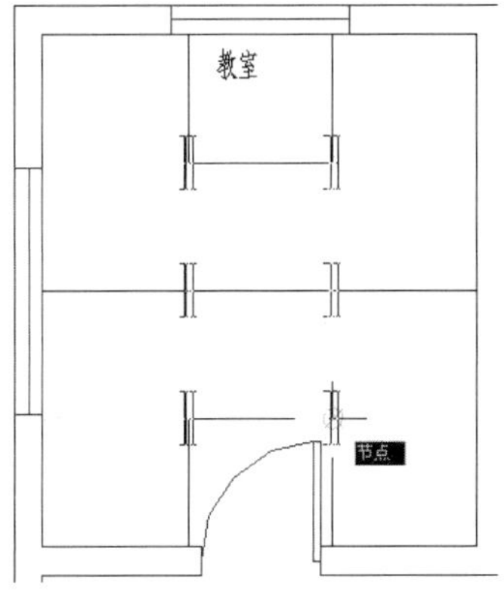

图 14-119 捕捉辅助线的等分点

步骤 04 插入实验室内的双管荧光灯。插入方式与插入教室内的双管荧光灯相同，不同的是“矩形布置”对话框中的参数设置。将参数布置的“列数”修改为 3 列。删除定位辅助线后，结果如图 14-121 所示。

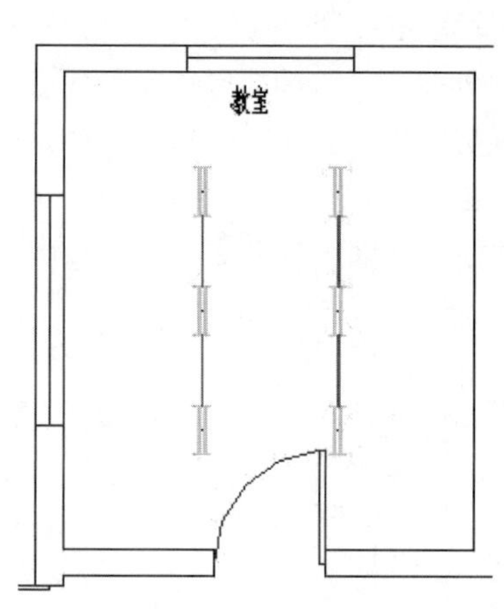

图 14-120 插入教室内的双管荧光灯

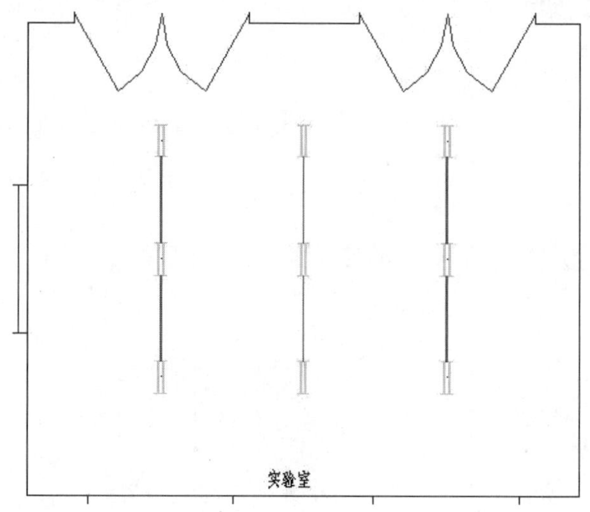

图 14-121 插入实验室内的双管荧光灯

4. 插入走廊内和教学楼外的聚光灯和泛光灯

走廊内有 5 只泛光灯，教学楼外有 2 只泛光灯和 4 只聚光灯。插入这些灯具的具体步骤如下：

步骤 01 绘制灯具定位辅助线。单击“默认”选项卡|“绘图”面板上的“直线”按钮╱，在教学楼左右两侧分别绘制距外墙 800mm 的线段，线段在走廊中线上；以线段的外端点为圆心绘制半径为 1200mm 的辅助圆。如图 14-122 所示为教学楼左侧用于插入灯具的定位辅助线。教学楼右侧的定位辅助线与图 14-122 对称布置。

步骤 02 插入“泛光灯”图块。选择“平面设备”|“两点均布”命令，弹出“天正电气图块”对话框和“两点均布”对话框。在“天正电气图块”对话框中选择“泛光灯”图块，“两点均布”对话框中的参数设置如图 14-123 所示，在绘图区捕捉辅助线的最外端点进行插入操作，插入结果如图 14-124 所示。显然灯具太小，在后面可使用“设备缩放”命令将其放大。

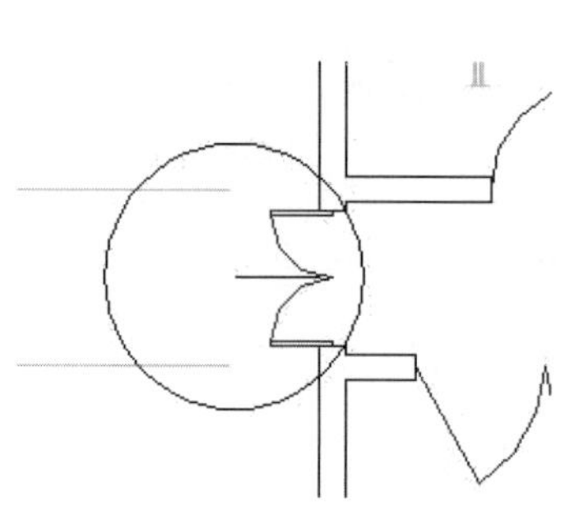

图 14-122 教学楼左侧灯具定位辅助线

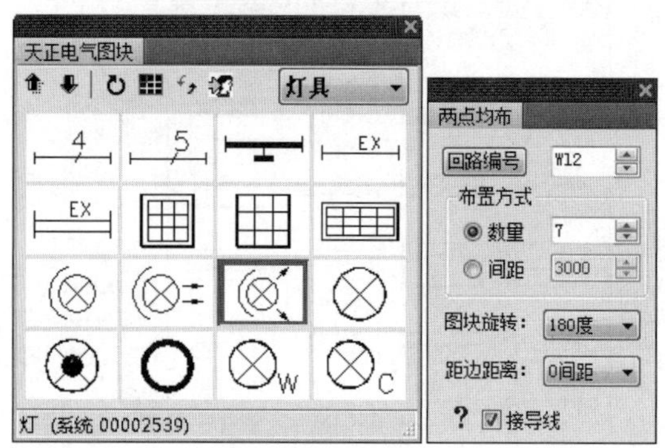

图 14-123 选择灯具并设置参数

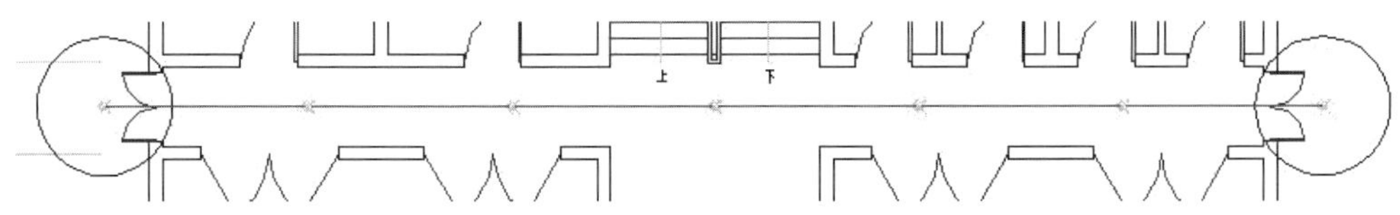

图 14-124　插入泛光灯

步骤 03 插入“聚光灯”图块。选择“平面设备”|“两点均布”命令，弹出“天正电气图块”对话框和“两点均布”对话框。在“天正电气图块”对话框中选择“聚光灯”图块，将“数量”设置为 2，“图块旋转”设置为“90 度”，如图 14-125 所示。在绘图区捕捉辅助圆的上象限点和下象限点，插入灯具，结果如图 14-126 所示。用同样的方法插入教学楼右侧的两只聚光灯，只是将“两点均布”对话框中的“图块旋转”参数设置为“270 度”。

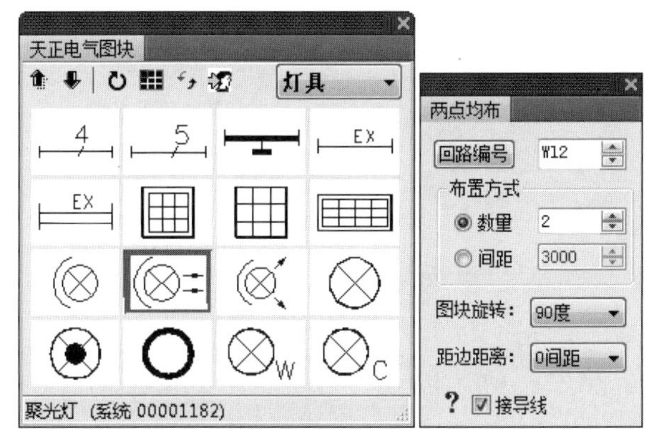

图 14-125　选择灯具并设置参数

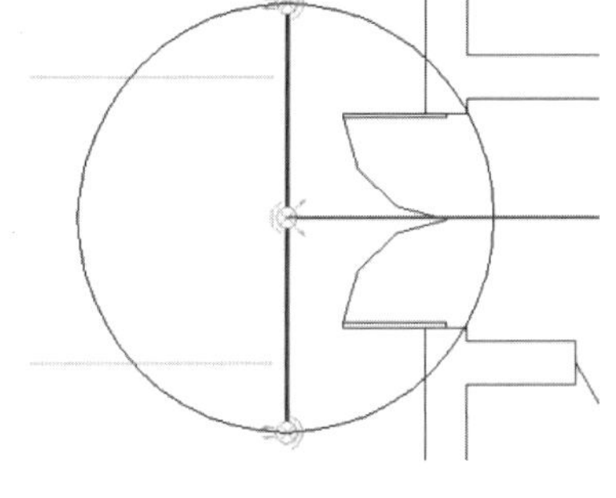

图 14-126　插入聚光灯

步骤 04 修改灯具比例和方向。选择最左端的泛光灯，在该对象上右击，在弹出的快捷菜单中选择“设备翻转”命令，将该灯的开口方向转向左边。选择刚插入的任意一只泛光灯，在该对象上右击，在弹出的快捷菜单中选择“设备缩放”命令，命令行提示如下：

```
请选取要缩放的设备<缩放所有同名设备>:按 Enter 键
请选取要缩放的样板设备<退出>:(选择刚插入的任意一只泛光灯)
请输入缩放比例 <1>:3(输入 3)
```

步骤 05 所有的泛光灯都被放大了 3 倍。对刚插入的聚光灯也执行同样的操作。删除辅助线，最终结果如　图 14-127 所示。

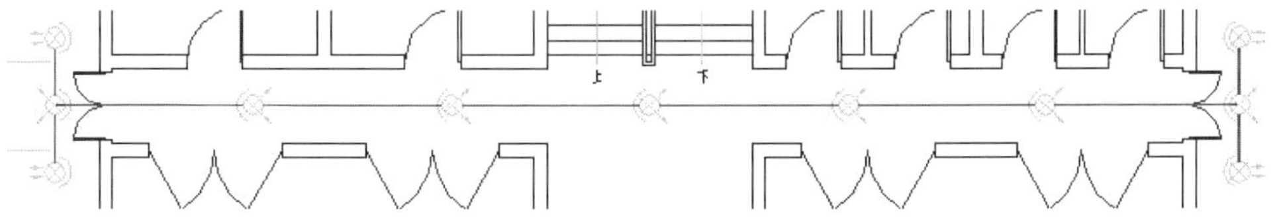

图 14-127　设备缩放后的效果

5. 插入普通白炽灯

休息室和更衣室各有两只普通白炽灯，开水间和洗手间各有一只普通白炽灯。插入这些灯具的具体步骤如下：

步骤 01 插入休息室和开水间普通灯。选择“平面设备”|“两点均布”命令，弹出“天正电气图块”对话框和“两点均布”对话框。在“天正电气图块”对话框中选择“普通灯”，将“数量”设置为 1，撤选“接导线”复选框，如图 14-128 所示。捕捉休息室右墙中点（见图 14-129），选择左墙的垂足（见图 14-130），插入灯。

步骤 02 重复“两点均布”命令，在开水间中间插入灯。执行“设备缩放”命令，将普通灯放大 3 倍，效果如图 14-131 所示。

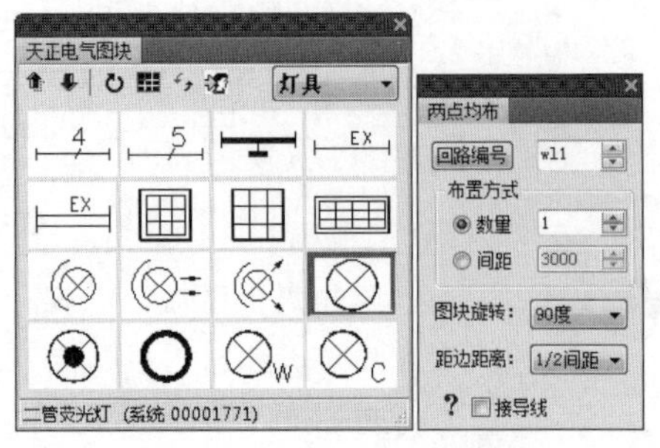

图 14-128　选择灯具并设置参数

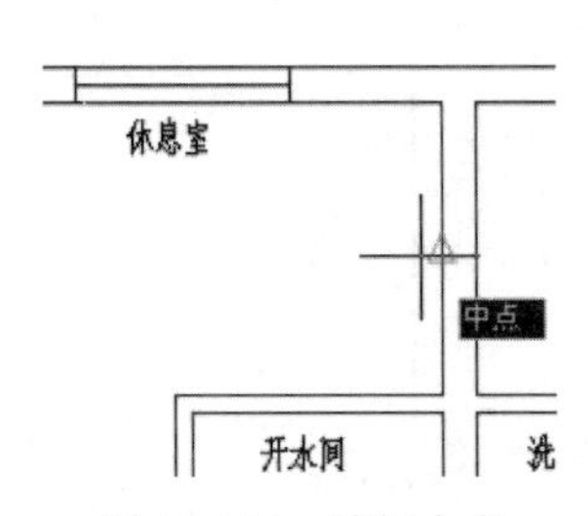

图 14-129　捕捉中点

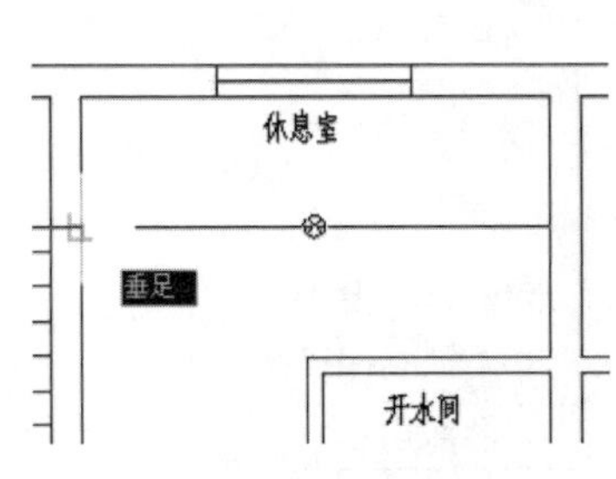

图 14-130　捕捉垂足

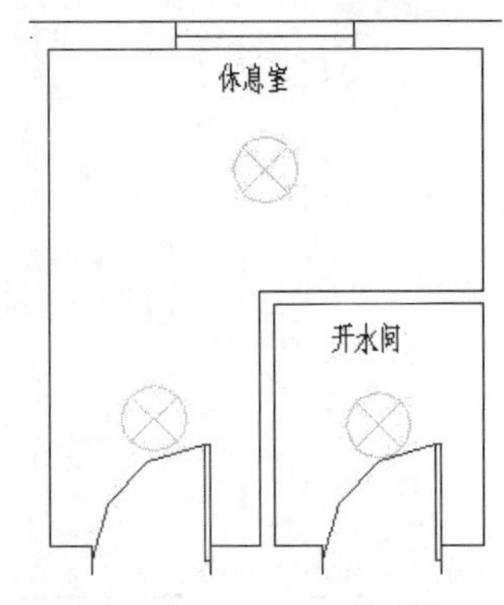

图 14-131　插入普通灯

步骤 03 插入更衣室和洗手间普通灯。选择休息室的普通灯，在该对象上右击，在弹出的快捷菜单中选择“设备布置”级联菜单“房间复制”命令，如图 14-132 所示。此时命令行提示如下：

```
请输入样板房间起始点:<退出>:(选择图 14-133 所示休息间左上角的端点)
请输入样板房间终点:<退出>:(选择图 14-134 所示开水间右下角的端点)
请输入目标房间起始点:<退出>:(选择图 14-135 所示更衣室左上角的端点)
请输入目标房间终点:<退出>:(选择图 14-136 所示更衣室右下角的端点)
```

图 14-132　选择“房间复制”命令

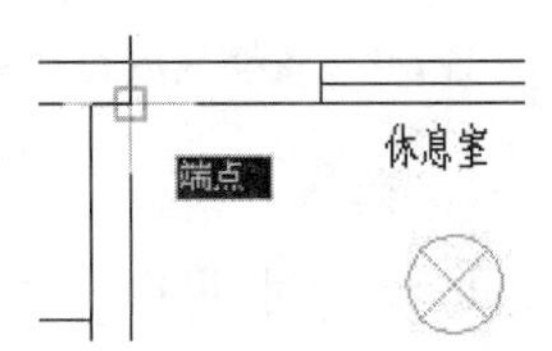

图 14-133　样板房间起始点

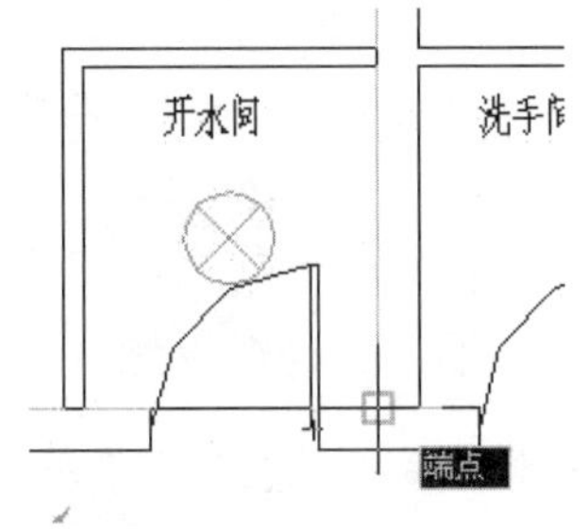

图 14-134　样板房间终点

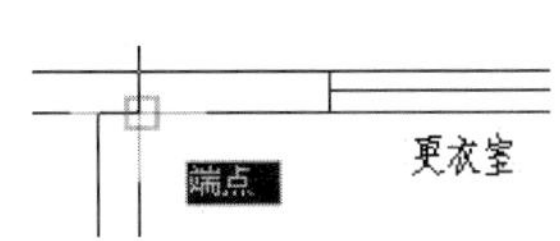

图 14-135 目标房间起始点

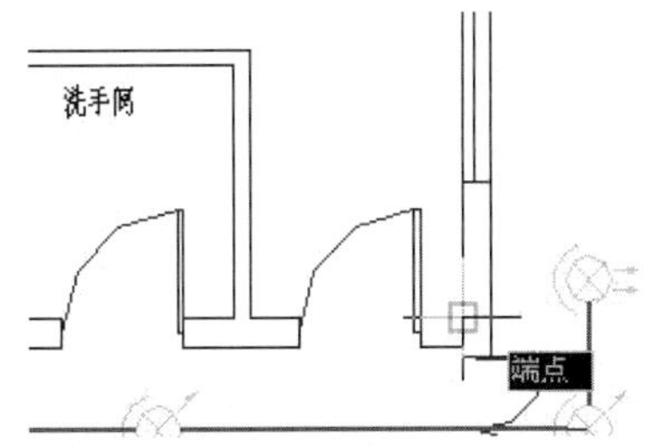

图 14-136 目标房间终点

步骤 04 此时弹出“复制模式选择”对话框，如图 14-137 所示，选择“原型镜像”复制模式插入设备。若效果不满意，则输入 Y，重新选择复制格式，直到符合要求为止。复制结果如图 14-138 所示。此时命令行提示如下：

复制结果正确请按 Enter 键，需要更改请键入 Y <确定>:

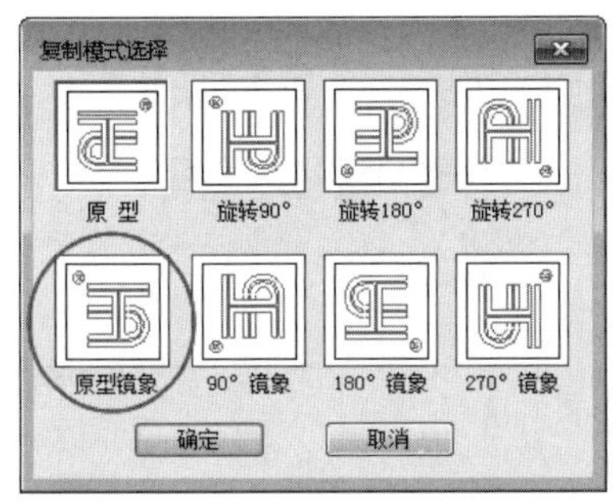

图 14-137 “复制模式选择”对话框

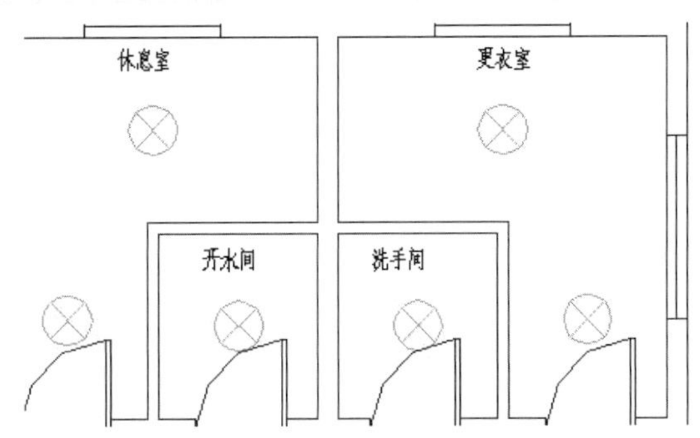

图 14-138 房间复制结果

6. 插入楼梯间和大厅的灯具

楼梯间布置 1 只普通灯，大厅布置 6 只投光灯。插入这些灯具的具体步骤如下：

步骤 01 在楼梯间插入普通灯。使用“两点均布”命令，以楼梯的上端休息平台的两侧中点为参考点插入普通灯。使用“设备缩放”命令将普通灯放大 3 倍，如图 14-139 所示。

步骤 02 绘制大厅内的定位辅助线。单击“默认”选项卡|“绘图”面板上的“直线”按钮，捕捉两实验室靠近大厅一侧墙壁的中点绘制直线，并单击“默认”选项卡|“绘图”面板上的“定数等分”按钮，将该直线三等分。在等分点绘制和大厅长度相等的直线，使用等分点命令将其四等分，如图 14-140 所示。

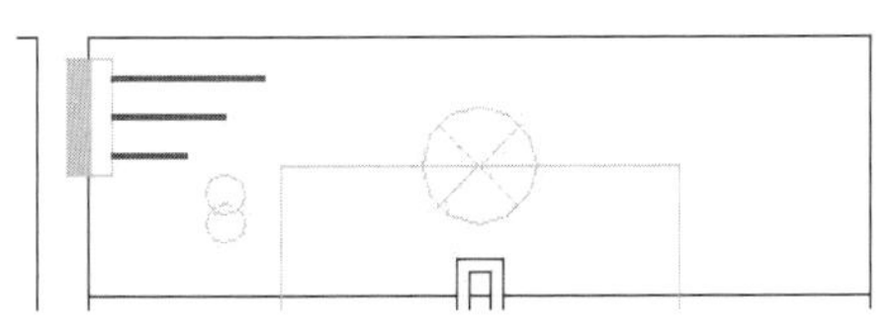

图 14-139 插入楼梯间普通灯

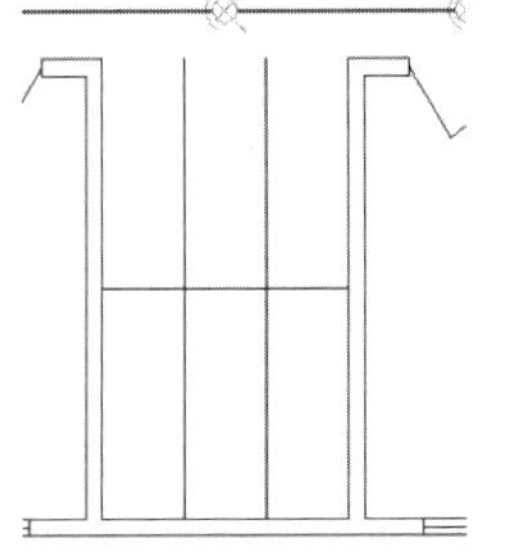

图 14-140 绘制定位辅助线

步骤03 选择“平面设备”|“矩形布置”命令，弹出“天正电气图块”对话框和“矩形布置”对话框。在“天正电气图块”对话框中选择“聚光灯”图块，在“矩形布置”对话框中设置“列数”为 2，“行数”为 3，“回路编号”为 WL2，将“距边距离”设为“1/4 间距”，如图 14-141 所示。在绘图区捕捉左边辅助线四等分的最上点和右边辅助线四等分的最下点，插入聚光灯，如图 14-142 所示。

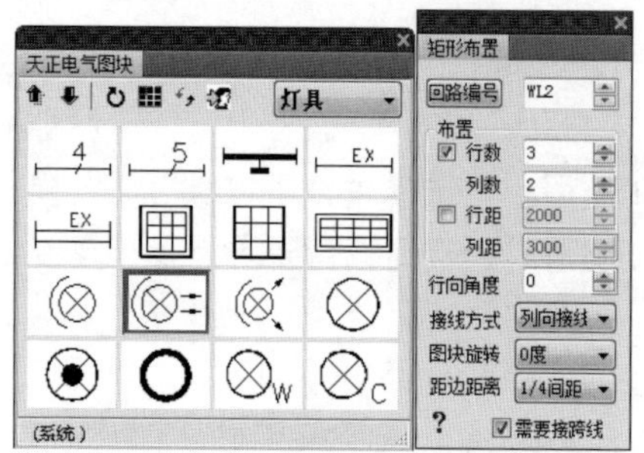

图 14-141 选择灯具并设置参数

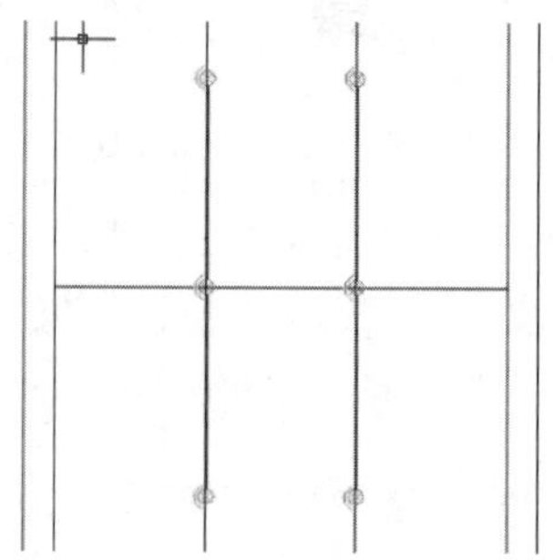

图 14-142 插入聚光灯

步骤04 单击“默认”选项卡|“修改”面板上的“删除”按钮，删除定位辅助线，并将聚光灯放大 3 倍。

7. 插入开关

步骤01 选择“平面设备”|“门侧布置”命令，弹出“天正电气图块”对话框和“门侧布置”对话框。在“天正电气图块”对话框中选择单联单控开关，“门侧布置”对话框中参数设置如图 14-143 所示。选择休息室、开水间、更衣室、洗手间的门，插入开关，如图 14-144 所示。

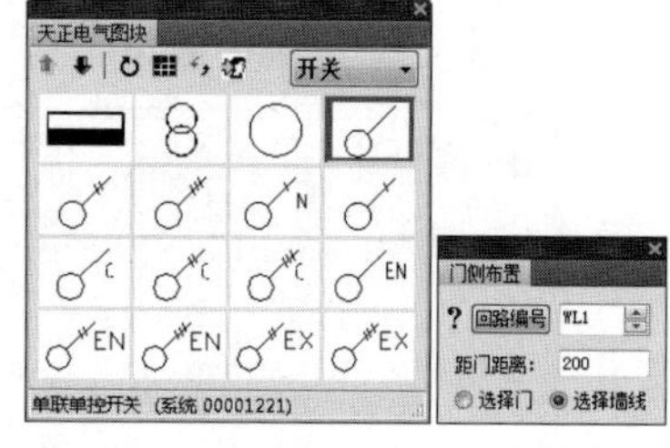

图 14-143 “门侧布置”插入普通开关

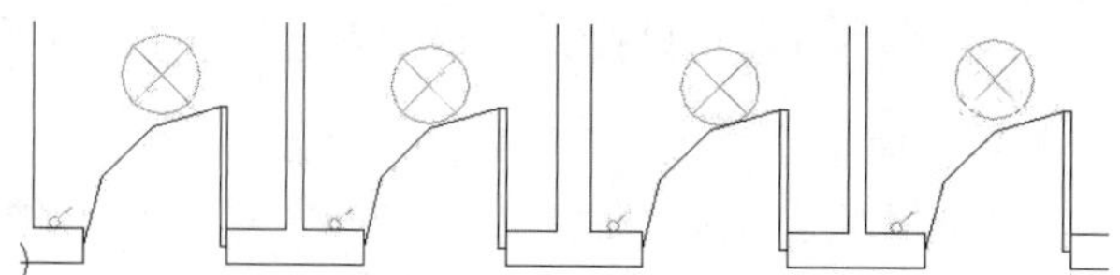

图 14-144 “门侧布置”插入普通开关

步骤02 绘制定位辅助圆。单击“默认”选项卡|“绘图”面板上的“圆”按钮，以各墙角端点为圆心，以 200mm 长度为半径，绘制定位辅助圆，如图 14-145 所示。

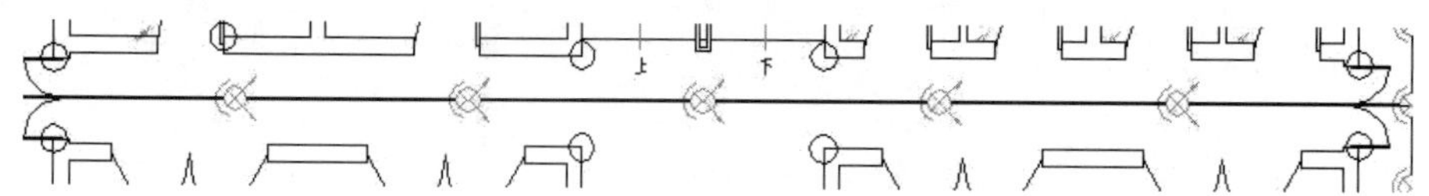

图 14-145 绘制定位辅助圆

步骤03 选择“平面设备”|“任意布置”命令，在弹出的“天正电气图块”对话框中选择相应的开关，使用辅助圆的各象限点或是与墙线的交点作为插入点插入开关。如图 14-146 所示为在楼梯侧插入的单极双控拉线开关和大厅两旁的普通开关。插入的其他开关如图 14-147 所示。最后删除定位辅助圆。

步骤 04 选择“平面设备”|“沿墙均布”命令，分别在开水间和洗手间插入防爆开关和暗装单极开关，插入结果如图 14-147 所示。命令行提示如下：

请拾取布置设备的墙线 <退出>:(选择房间左墙内侧墙线)
请给出欲布置的设备数量 <2>:1(输入 1)

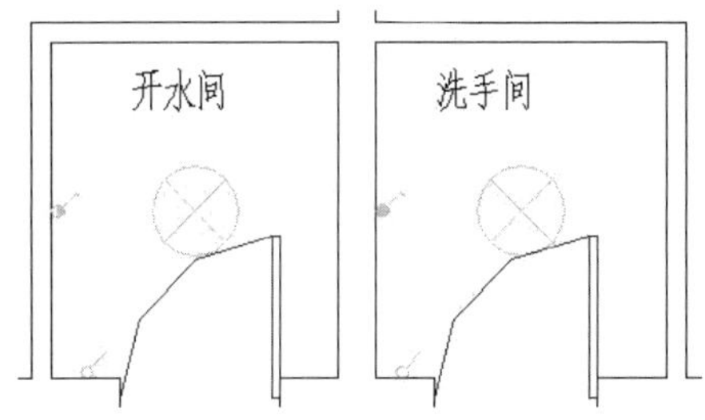

图 14-146 “任意布置”部分开关

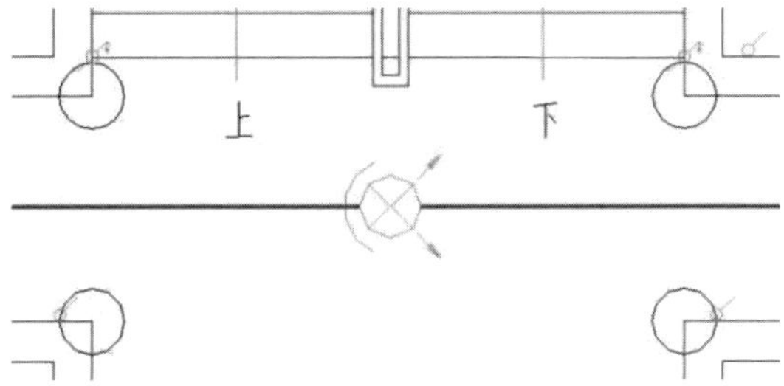

图 14-147 开水间和洗手间插入开关

步骤 05 选择“平面设备”|“两点均布”命令，选择双控开关，在“两点均布”对话框中设置“回路编号”为 WL2，“数量”为 3，“距边间距”为“1/2 间距”，撤选“接导线”复选框，如图 14-148 所示，拾取实验室两门之间墙内侧的两个端点，为实验室添加三个双控开关，如图 14-149 所示。

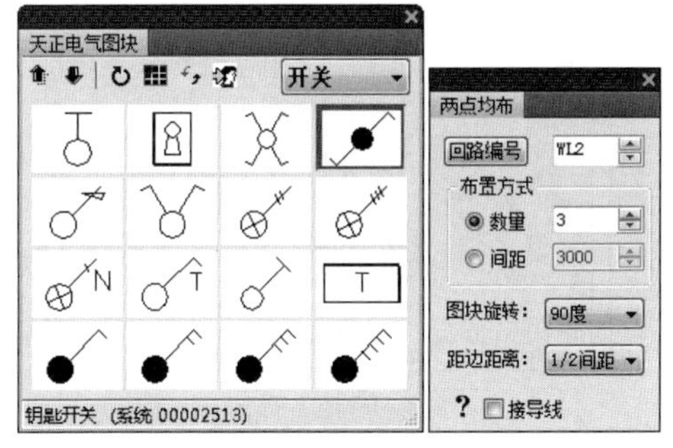

图 14-148 选择开关并设置参数

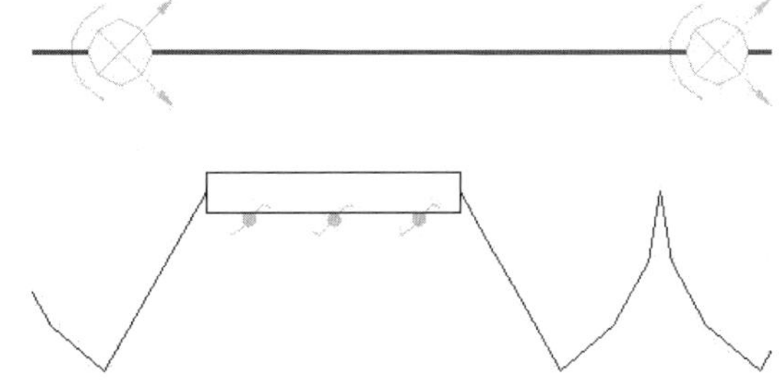

图 14-149 在实验室插入双控开关

步骤 06 使用“房间复制”命令将左面教室和实验室内的开关和灯具等设备复制到另一间教室和实验室内，命令执行过程与复制休息室内设备到更衣室一样，所不同的是复制模式选择为“原型”模式。

步骤 07 使用“设备缩放”命令将所有的开关放大 3 倍，并调整个别开关旋转角度，使其能更好地在图纸中显示出来，最终结果如图 14-150 所示。

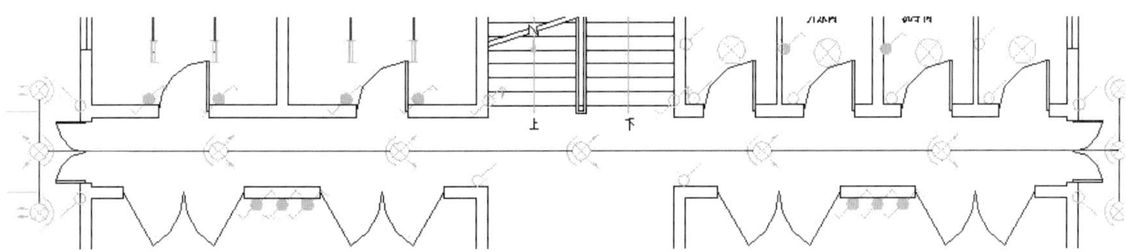

图 14-150 插入开关

8. 插入插座

使用“沿墙均布”命令在教室和实验室内布置带保护接点的插座。休息室右侧墙上的插座同样使用“沿墙均布”命令布置，将要插入的设备数设为 1；休息室左侧的开关使用“任意布置”命令，捕捉右侧墙线的中点和左侧墙线交点，使用该点插入。更衣室的插座同样使用“沿墙均布”命令布置。使用“设备缩放”命令将所有的插座放大两倍，最终结果如图 14-151 所示。

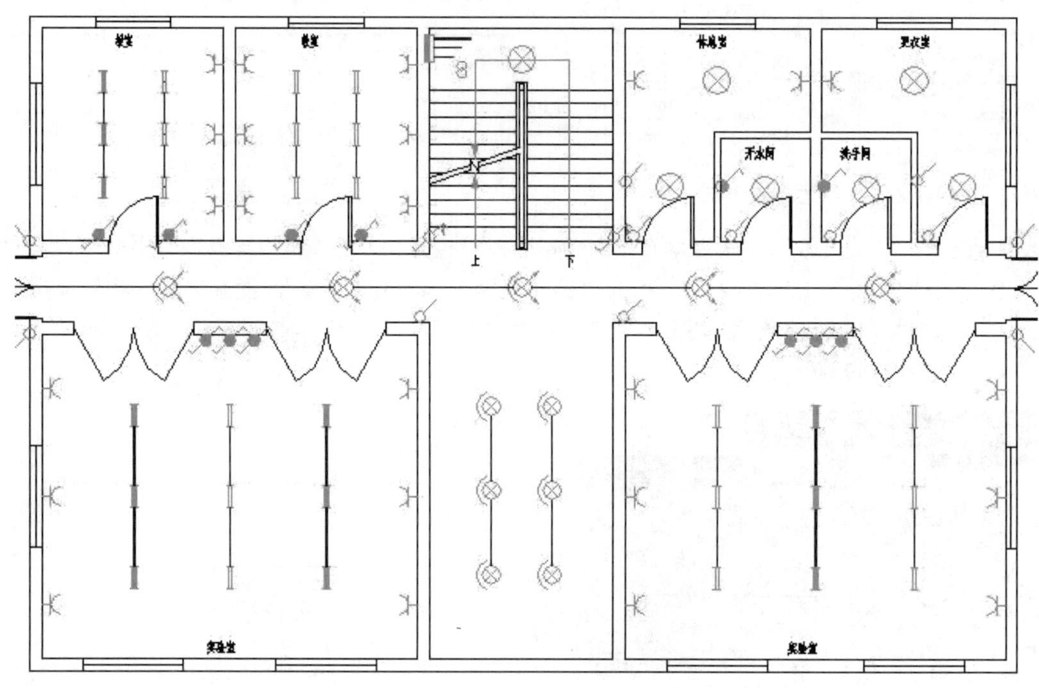

图 14-151　插入插座

9. 设备连接

从配电器引出三根线，分别为 WL1、WL2 和 WL3。其中 WL1 作为插座供电，WL2 作为照明供电，WL3 作为备用线。

步骤 01 连接插座。选择“导线”|“平面布线”命令，弹出“设置当前导线信息”对话框，设置“回路编号”为 WL1。从配电箱到插座最短的线，即为 WL1 线，开始连接插座，连接结果如图 14-152 所示。

步骤 02 连接开关和灯具。同样使用“平面布线”命令，将“回路编号”设置为 WL2，开始连接开关和灯具，连接结果如图 14-152 所示。

10. 设备标注

步骤 01 配电器标注。在“配电箱”上单击鼠标右键，在弹出的快捷菜单中选择“标注设备”命令，在弹出的“配电箱标注信息”对话框中设置参数，如图 14-153 所示。选取合适的标注引出点，标注结果如图 14-154 所示。

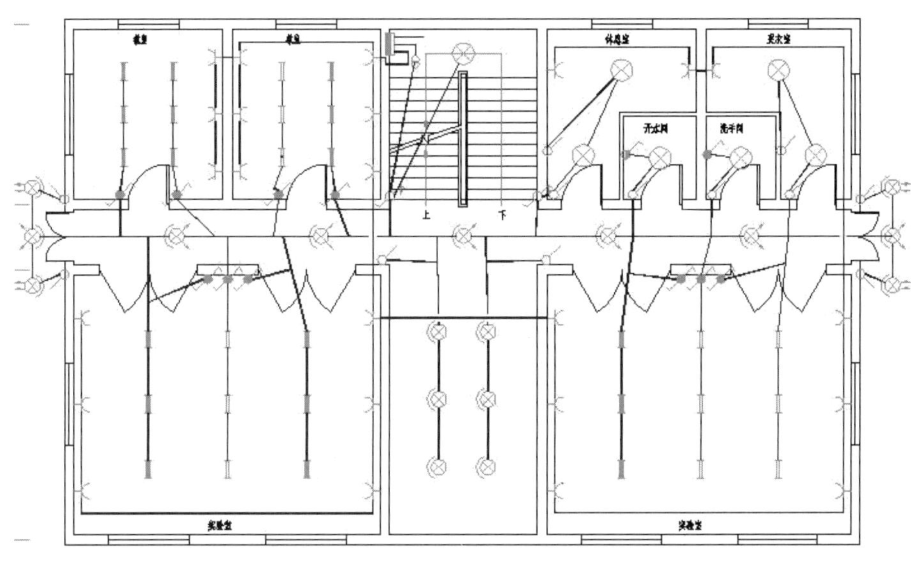

图 14-152　设备连接

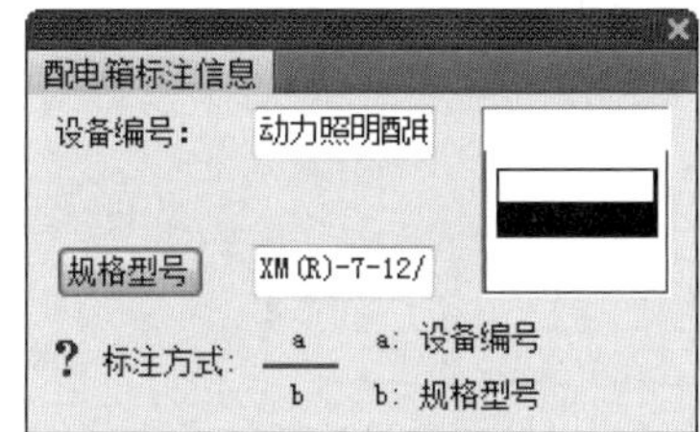

图 14-153　“配电箱标注信息”对话框

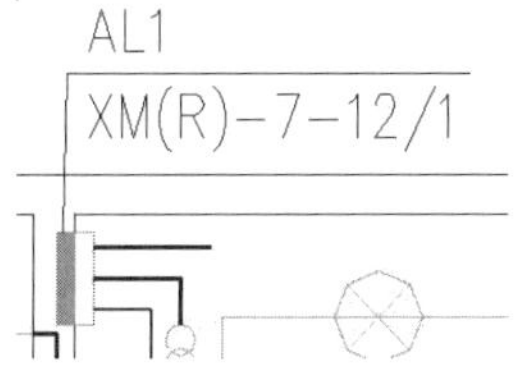

图 14-154　标注结果

步骤 02　变压器标注。使用同样的命令标注低压变压器，设置其功率为 180kW，标注结果如图 14-155 所示。

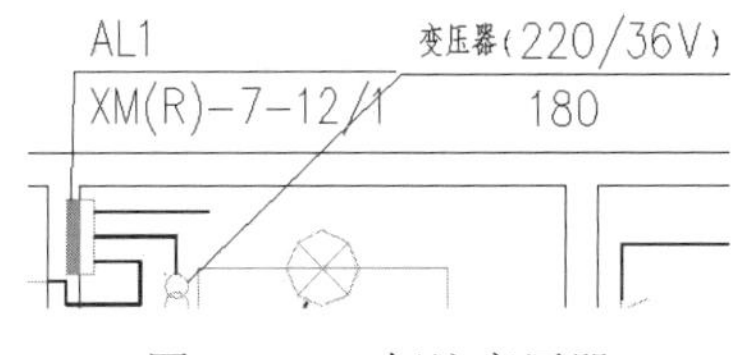

图 14-155　标注变压器

步骤 03　标注灯具。荧光灯的型号为 MD2C，教室中的荧光灯功率为 25W，实验室中荧光灯功率为 40W，吊高皆为 2.7m。使用同样的命令对教室和实验室进行标注，结果分别如图 14-156 和图 14-157 所示。其他灯具的标注参数如图 14-157 所示的标注结果。

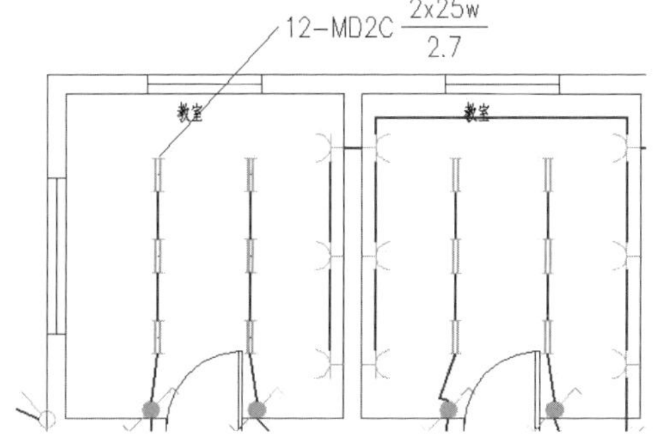

图 14-156　标注教室内荧光灯

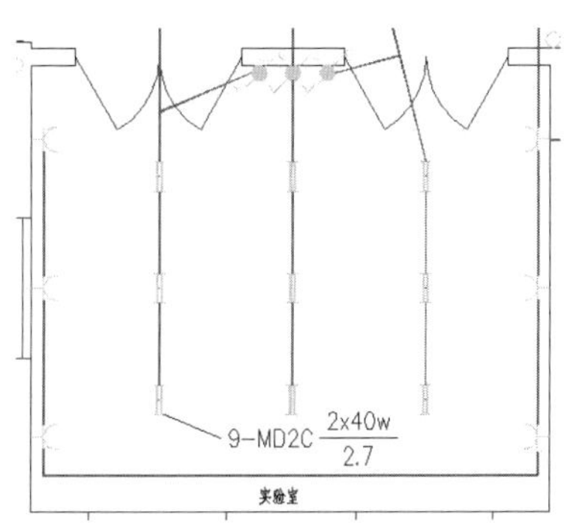

图 14-157　标注单间实验室内荧光灯

步骤 04 标注插座。使用“标注插座”命令标注插座的额定电流和安装高度。在“插座标注信息”对话框中设置额定电流为10A，安装高度为 0.4m。选择左面教室内最上面的插座进行标注，标注结果如图 14-158 所示。标注过程中，按照系统提示使用无引线标注。将该插座的标注信息通过“拷贝信息”命令复制到图中所有插座上。该命令可通过快捷菜单调用，也可通过选择“标注统计”|“信息拷贝”命令调用。使用该命令后，命令行提示如下：

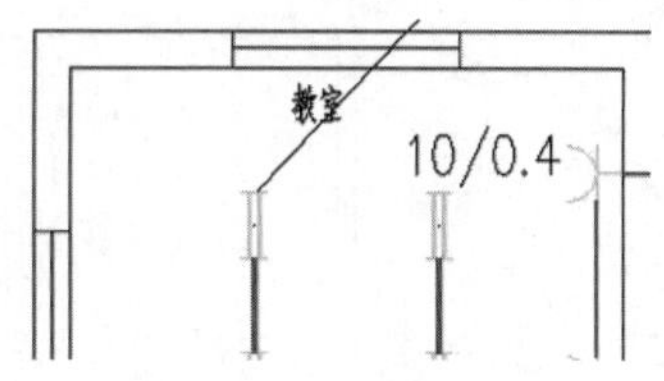

图 14-158　标注插座

```
请选择拷贝源设备或导线(左键进行拷贝，右键进行编辑)<退出>
请选择拷贝目标设备或导线(右键进行编辑)<退出>
```

步骤 05 选择已经标注的插座作为拷贝源，选中后，再选择相同类型的设备，向其复制信息。

步骤 06 编辑开关和导线的信息参数。调用“拷贝信息”命令，使用右键单击要修改的设备，输入信息，使其作为拷贝源，向同类设备复制信息。将开关的额定电流和整定电流设置为5A，安装高度设为 1.4m。

步骤 07 用同样的命令对导线进行标注，将导线的参数设置为 BV 导线，敷设方式为 WC 暗敷在墙内，穿管直径设为 15mm，根数和截面积设为 2×2.5，根据配电箱引出设置回路编号。将信息拷贝到相应的导线上，最终效果如图 14-159 所示。

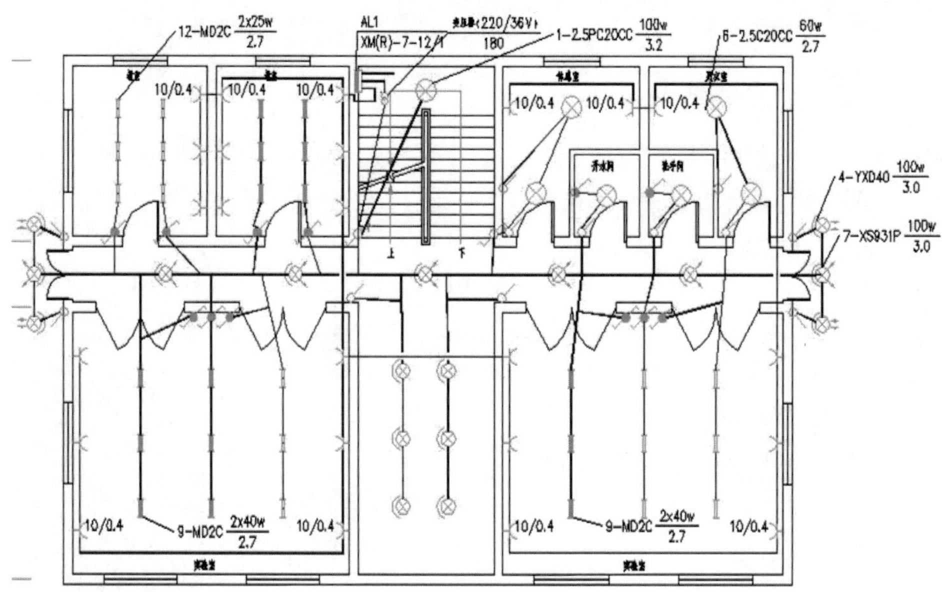

图 14-159　标注电气元件代号

11. 统计平面元件

使用“标注统计”|“平面统计”命令。系统提示选择范围，框选图中所有设备后右击，系统弹出如图 14-160 所示的“平面设备统计”对话框，在该对话框中可更改表格高度、文字高度、文字样式等。直接单击“确定”按钮，则弹出系统统计的表格，可在图幅中选取合适的插入点放置该统计表，统计结果如图 14-161 所示。

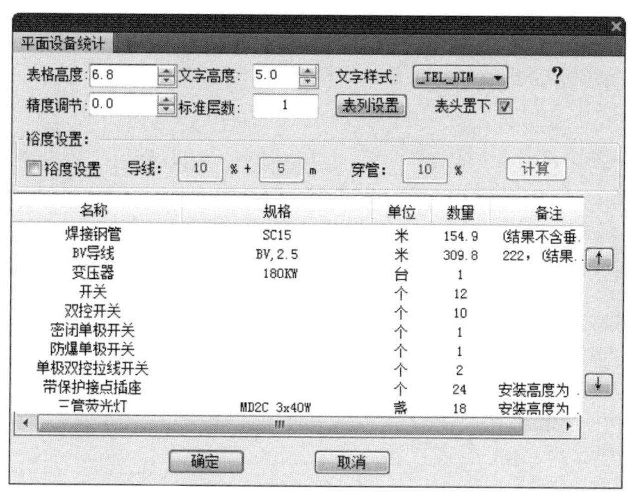

图 14-160 “平面设备统计”对话框

序号	图例	名称	规格	单位	数量	备注
16		焊接钢管	SC15	米	154.9	(结果不含垂直长度)
15		BV导线	2.5	米	309.8	222,(结果不含垂直长度)
14		变压器	180KW	台	1	
13		开关		个	12	
12		双控开关		个	10	
11		密闭单极开关		个	1	
10		防爆单极开关		个	1	
9		单极双控拉线开关		个	2	
8		带保护接点插座		个	24	安装高度为 0.4 米
7		三管荧光灯	MD2C 3x40W	盏	18	安装高度为 2.7 米
6		双管荧光灯	MD2C 2x25W	盏	12	安装高度为 2.7 米
5		普通灯	2.5C20CC 60W	盏	7	安装高度为 2.7 米
4		投光灯	TBB720 40W	盏	6	安装高度为 3.5 米
3		聚光灯	YD40 100W	盏	4	安装高度为 3.0 米
2		泛光灯	XS931P 100W	盏	7	安装高度为 3.0 米
1		动力照明配电箱	XM(R)-7-12/1	台	1	

图 14-161 系统绘制的统计表

12. 保存文件退出绘图

将该楼层照明图保存在“电气工程.tpr”工程下的“强电平面”类别中，结束照明图的绘制。

14.7 接 地 防 雷

T20-Elec V7.0 提供了专门的避雷线的绘制命令，以区别一般导线的绘制。避雷线的绘制过程与一般导线的绘制过程基本相同。用专门的避雷线命令绘制避雷线，可以使系统更好地识别避雷线和一般导线，正确制作材料表。

14.7.1 自动避雷

“自动避雷”命令用于自动搜索封闭的外墙线，沿墙线按一定偏移距离绘制接闪线。选

择“接地防雷”|“自动避雷”命令，或者在命令行输入ZDBL后按Enter键，都可以执行“自动避雷”命令，命令行提示如下：

```
命令: zdbl
请选择范围:<退出>指定对角点: 找到 16 个（选择需要添加避雷针的外墙）
请选择范围:<退出>（选择完毕，弹出如图 14-162 所示的“自动避雷”对话框，设置避雷线到外墙线的距离，以及支持卡的间距）
```

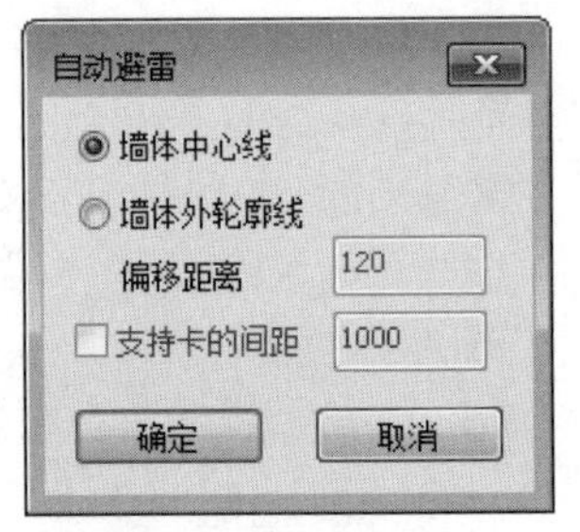

图 14-162 “自动避雷”对话框

如图 14-163 所示为在已绘制的教学楼的一层建筑平面图中，采用系统默认值绘制的防雷图。

使用该命令的关键是，建筑平面图必须封闭。外墙线不封闭或情况比较复杂时，墙线的搜索可能会失败。

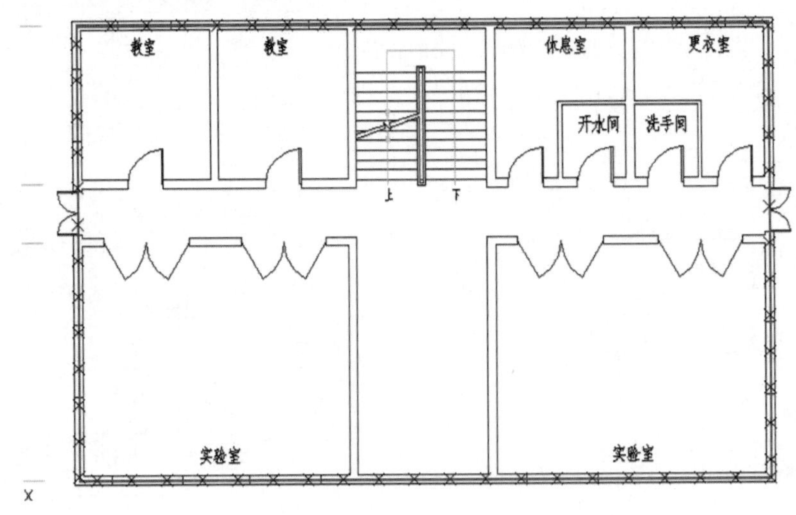

图 14-163 楼层防雷图

14.7.2 接闪线

“接闪线”命令用于手工点取作为绘制接闪线基准的外墙线位置，沿墙线按一定的偏移距离绘制接闪线。选择“接地防雷”|“接闪线”命令，或者在命令行输入 JSX 后按 Enter 键，都可以执行“接闪线”命令。命令行提示如下：

```
命令: jsx
请点取接闪线的起始点:或 [点取图中曲线(P)/点取参考点(R)]<退出>:        //点取起始点
直段下一点 [弧段(A)/回退(U)} <结束>:          //点取下一点，或输入 A Enter，转入画弧状态
...
直段下一点 [弧段(A)/回退(U)] <结束>:
请点取接闪线偏移的方向 <不偏移>:               //设置是否偏移
请输入接闪线到外墙线或屋顶线的距离 <120.00>: //输入距离值并按 Enter 键结束命令
```

此命令是“自动避雷”命令的补充，因为执行“自动避雷”命令有可能搜索墙线失败，所以需要使用“接闪线”命令手动确定作为绘避雷线基准的外墙线的位置，从而绘出避雷线。

14.7.3 接地线

“接地线”命令用于在平面图中绘制接地线。选择“接地防雷”|“接地线”命令，或者在命令行输入 JDX 后按 Enter 键，都可以执行“接地线”命令。命令行提示如下：

```
命令: jdx
请点取接地线的起始点或 [点取图中曲线(P)/点取参考点(R)]<退出>:        //点取起始点
直段下一点 [弧段(A)/回退(U)} <结束>:    //依次点取接地线的转折点，或输入 A 激活“弧段”
选项，改为画弧线状态
...
直段下一点 [弧段(A)/回退(U)] <结束>:    //按 Enter 键，结束命令
```

用于在平面图中绘制接地线，该命令在接地线层上操作，使用方法与“任意布线”几乎完全相同，可以绘制任意形状的接地线。

14.7.4 插支持卡/删支持卡

“插支持卡”命令用于在接闪线上以接闪线的角度任意插入支持卡。选择“接地防雷”|“插支持卡”命令，或者在命令行输入 CZCK 后按 Enter 键，都可以执行“插支持卡”命令。命令行提示如下：

```
命令: czck
请指定支持卡的插入点 <退出>:                //指定插入点
请指定支持卡的插入点 <退出>:                //指定插入点
...
请指定支持卡的插入点 <退出>:                //按 Enter 键，结束命令
```

“删支持卡”命令用于删除平面图中的接闪线支持卡。选择“接地防雷”|“删支持卡”命令，或者在命令行输入 SZCK 后按 Enter 键，都可以执行“删支持卡”命令。命令行提示如下：

```
命令:szck
请选择要删除支持卡的范围<退出>:            //选取要擦除的接闪线支持卡
请选择要删除支持卡的范围<退出>:            //选取要擦除的接闪线支持卡
...
请选择要删除支持卡的范围<退出>:            //按 Enter 键，结束命令
```

14.7.5 擦接闪线

“擦接闪线”命令用于在平面图中擦除接闪线。选择“接地防雷”|“擦接闪线”命令，或者在命令行输入 CJSX 后按 Enter 键，都可以执行“擦接闪线”命令。命令行提示如下：

```
命令: cjsx
请选择要删除的接闪线<退出>:                //选取要擦除的接闪线
请选择要删除的接闪线<退出>:                //选取要擦除的接闪线
...
请选择要删除的接闪线<退出>:                //按 Enter 键，结束命令
```

在选择对象时可以使用各种 AutoCAD 选图元方式选定要擦除的接闪线，选中的接闪线被擦除。使用本命令不会选到除接闪线以外的其他图元。

14.7.6 插接地极和删除地极

“插接地级”命令用于在接地导线的线段中插入接地极。选择“接地防雷”|“插接地级”命令，或者在命令行输入 CJDJ 后按 Enter 键，都可以执行“插接地极”命令。命令行提示如下：

```
命令: cjdj
请点取要接地极端子的点<退出>:  //在图中点取要插入端子的点，也可以通过捕捉点在导线上插入端子，在插入端子的同时也就会把该导线在插入点打断
...
请点取要接地极端子的点<退出>:          //按 Enter 键，结束命令
```

本命令中接地极图块实际上就是电路图中固定端子图块，因此在“选项”对话框中的“电气设定”选项卡中设定了端子直径，也就同时设定了接地极直径。

“删除地级”命令用于删除平面图中接地线上的接地极。选择“接地防雷”|“删接地级”命令，或者在命令行输入 DZCC 后按 Enter 键，都可以执行“删接地极”命令。命令行提示如下：

```
命令: dzcc
请选择要删除的端子、接地极或线中文字:<退出>:  //点选或框选需要删除的对象
...
请选择要删除的端子、接地极或线中文字:<退出>  //按 Enter 键，结束命令
```

14.7.7 滚球避雷

“滚球避雷”命令展开后有如图 14-164 所示的子命令，通过这些子命令可以对建筑物的年雷击次数进行预测，可以插入、修改、删除和移动避雷针；可以绘制、修改、删除和移动避雷线；可以创建避雷针的防护表、剖切图等。

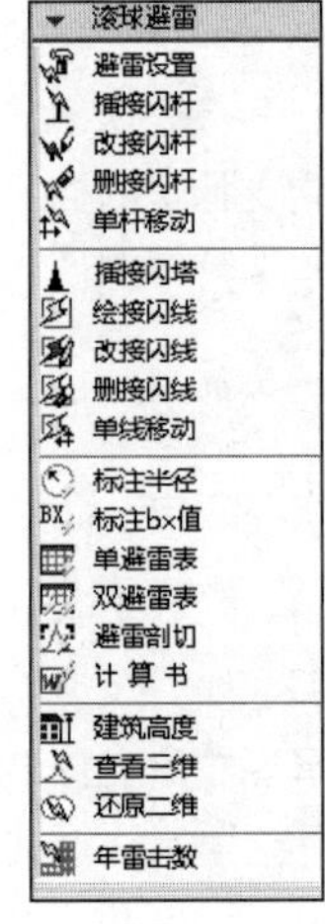

图 14-164 “滚球避雷”子命令

14.8 变配电室的绘制

变配电室的绘制与照明平面图的绘制步骤大体相似，都需要绘制建筑图、插入室内设备和尺寸标注三个部分。T20-Elec V7.0 提供了专门的变配电室绘制命令来绘制变配电室，其建筑图绘制和尺寸标注基本可以用一般的照明平面图绘制命令完成。

14.8.1 绘制桥架

选择“变配电室”|“绘制桥架”命令，弹出如图 14-165 所示的“绘制桥架”对话框，用户可以设置桥架的水平和垂直对齐方式，可以对桥架的样式进行设计，对桥架进行计算。单击“设置”按钮，弹出如图 14-166 所示的“桥架样式设置”对话框，用户可以对桥架的拐角样式等各种参数进行设置。

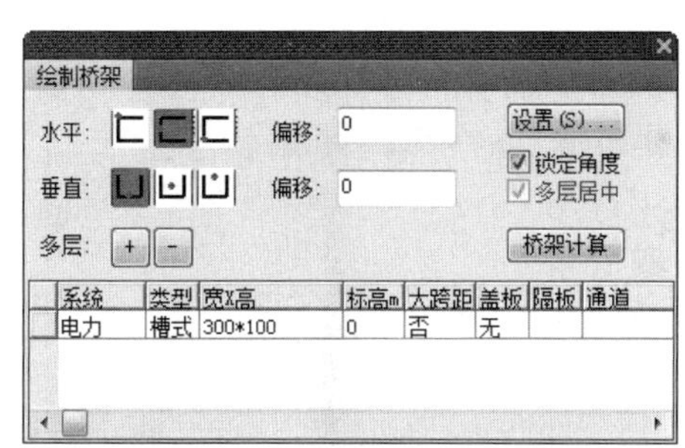

图 14-165 “绘制桥架”对话框

图 14-166 “桥架样式设置”对话框

绘制桥架的参数设置完毕后，可以在绘图区绘制桥架，命令行提示如下：

```
命令: telcableadd
请选取第一点:(拾取桥架的第一点)
请选取下一点[回退(U)/弧形桥架(A)]:(拾取桥架的下一点，也可以输入 A，绘制弧形桥架)
```

14.8.2 绘电缆沟

“绘电缆沟”命令用于绘制电缆沟，如图 14-167（右）所示。选择“变配电室”|“绘电缆沟”命令，弹出如图 14-167（左）所示的“绘制电缆沟”对话框，用户可以设置电缆沟的外观形状、沟深、沟宽、线宽、倒角半径及电缆沟的支架参数。

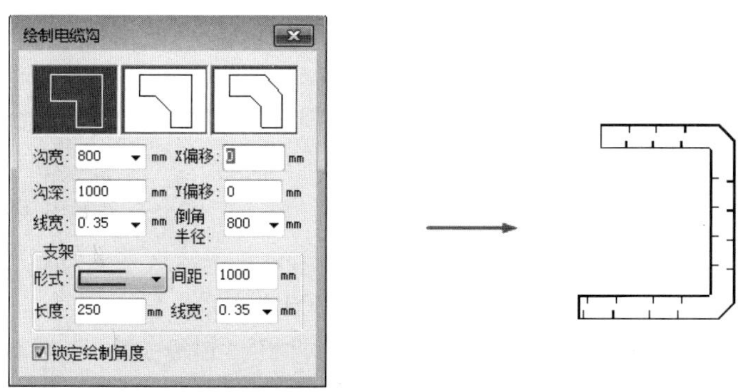

图 14-167 “绘制电缆沟”对话框

在“绘制电缆沟”对话框中电缆沟有三种倒角形式可供选择，还可以设置沟宽、沟深、线宽以及倒角半径，也可设置电缆沟绘制基点距 X 轴、Y 轴的偏移距离；“锁定绘制角度”复选框是指在绘制电缆沟过程中，在允许的基准线偏移角度范围内（15 度）绘制的电缆沟角度不偏移，否则，电缆沟角度随基准线的角度发生偏移；“支架”选项组用于设置支架的形式、间距、长度、线宽等参数。

绘制电缆沟的参数设置完毕后，可以在绘图区绘制电缆沟，命令行提示如下：

```
命令：TEL_GOUGE
请选择电缆沟起点：(拾取或者输入电缆沟的起点坐标)
请选择下一点[回退(u)]：(拾取或者输入电缆沟的下一点坐标)
```

14.8.3 改电缆沟/连电缆沟

选择“变配电室”|“改电缆沟”命令，系统提示选择需要编辑的电缆沟，弹出如图 14-168 所示的“编辑电缆沟”对话框，在要修改的对应项前面的勾选栏打勾后，即可修改其对应参数。可修改电缆沟的沟宽、沟深，包括其边线线宽、支架形式、支架间距、支架长度及电缆沟是否成虚线显示等参数。利用“变配电室”|“连电缆沟”命令可以将几条电缆沟连接在一起，如图 14-169 所示。

图 14-168 “编辑电缆沟”对话框

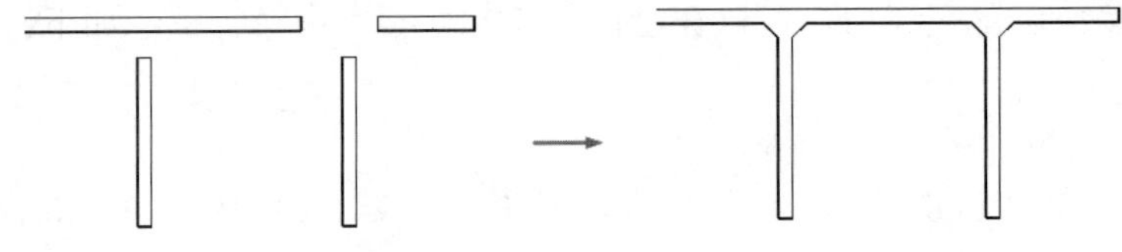

图 14-169 连电缆沟示例

14.8.4 变配电室下的其他命令

- “插变压器”命令 插变压器：执行该命令，弹出“变压器选型插入”对话框，用户可以对变压器的类型、尺寸和现实视图进行设置，从而在绘图区创建完整的变压器。
- “插电气柜”命令 插电气柜：执行该命令，弹出“绘制电气柜平面”对话框，用户可以对电气柜的数量、尺寸、编号等进行设置，从而在绘图区根据设置的参数绘制电气柜。
- “标电气柜”命令 标电气柜：执行该命令，可以对电气柜进行重新编号。
- “删电气柜”命令 删电气柜：执行该命令，可以删除选中的电气柜。
- “增电气柜”命令 增电气柜：执行该命令，可以在原有电气柜的基础上增加电气柜。
- “改电气柜”命令 改电气柜：执行该命令，选中需要修改参数的电气柜，弹出“配电柜参数设置”对话框，用户可以对选中电气柜的参数进行设置。
- “剖面地沟”命令 剖面地沟：执行该命令，弹出“电缆沟剖面”对话框，可以对电缆沟的支架、沟体尺寸、盖板尺寸、桥架规格、基础尺寸等进行设置，从而根据设置的参数绘制电缆沟的剖面图。

- “生成剖面”命令 生成剖面：执行该命令，可以创建桥架、电缆沟等的剖面图。
- “国标图集”命令 国标图集：执行该命令，打开天正图库文件。
- “逐点标注”命令 逐点标注：类似于AutoCAD中的线性标注和连续标注的结合。
- “配电尺寸”命令 配电尺寸：执行该命令，可以标注电气柜的尺寸。
- “桥架填充”命令 桥架填充：执行该命令，可以给桥架填充图案。
- “卵石填充”命令 卵石填充：执行该命令，可以在矩形框内填充卵石。
- “层填图案”命令 层填图案：执行该命令，可以在选定层上封闭的曲线内填充各种图案。
- “删除填充”命令 删除填充：执行该命令，可以删除已经填充的图案。

14.9 强电系统的绘制

T20-Elec V7.0 的“强电系统”子菜单中提供了各种绘制强电系统的命令，可以用来绘制照明系统、动力系统、任意定制的配电箱系统图，以及绘制高、低压开关柜的系统图。

在“电气设定”选项卡中可设置系统图中母线和普通导线的颜色、宽度，以及所连接元件的线宽。

14.9.1 系统生成

选择“强电系统”|“系统生成”命令，或者在命令行输入XTSC后按Enter键，弹出“自动生成配电箱系统图”对话框，如图 14-170 所示。在这里可以配置任意系统图，绘制任何形式的配电箱系统图，并可完成三相平衡的电流计算。

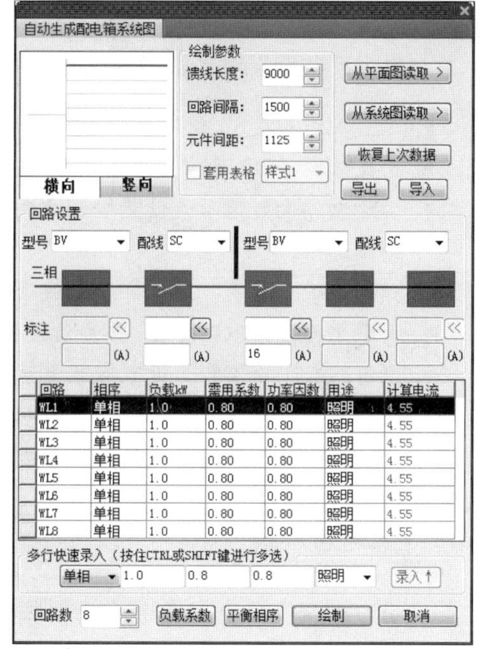

图 14-170 “自动生成配电箱系统图”对话框

“自动生成配电箱系统图”对话框中各选项的功能如下：

- 系统图预览：用户预览生成的系统图。
- “绘制参数”选项组：用于设置系统图回路的间隔距离、馈线的长度以及系统图放置的方向。
- “从平面图读取”和“从系统图读取”按钮：设置系统图信息拾取方式。
- “恢复上次数据”按钮：用于打开以前保存的配置文件。
- “回路设置”选项组：用于选择添加和删除元件或是增加标注，定义和修改回路的导线型号等参数。
- “回路数”微调框：设置系统定义的回路总数。
- “平衡相序”按钮：系统自动根据各回路负载指定回路相序，使各相序最接近平衡。

在下方的表格中显示回路、相序、负载、需用系数、功率因数和用途等参数，可以对这些参数进行修改。

完成回路参数设置后，单击“绘制”按钮，在绘图区选择合适的插入点，插入系统图。

14.9.2 照明系统

“照明系统”命令主要用于绘制简单的照明系统图，如图 14-171 所示。选择“强电系统”|“照明系统”命令，或者在命令行输入 ZMXT 后按 Enter 键，弹出“照明系统图”对话框，如图 14-172 所示。

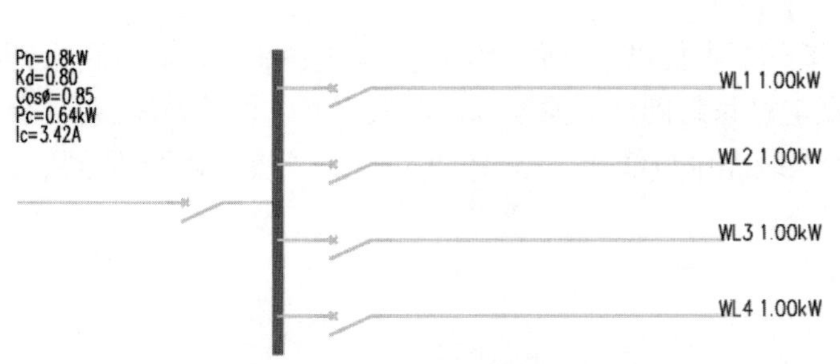

图 14-171 照明系统图示例

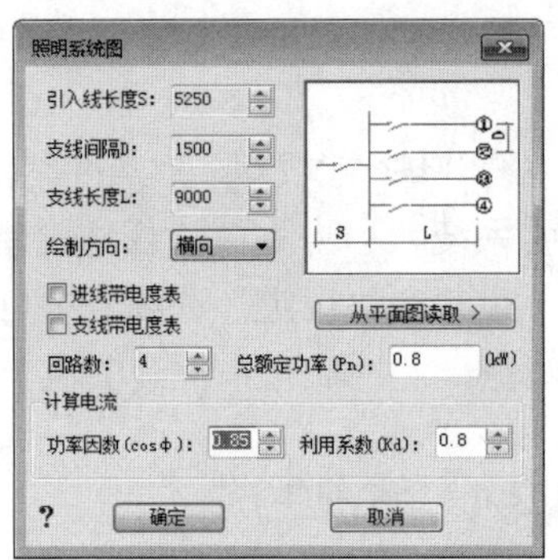

图 14-172 “照明系统图”对话框

“照明系统图”对话框中各选项的功能如下：

- “引入线长度S”选项：设置照明系统图引入线长度。
- “支线间隔D”和“支线长度L”选项：设置支线间隔、长度等参数。
- “绘制方向”选项：设置绘制方向，在下拉列表框中可选择“横向”绘制选项和“纵向”绘制选项。
- “进线带电度表”选项、“支线带电度表”复选框：设置引入线和支线是否带电度表。
- “从平面图读取”按钮：单击该按钮，从照明平面图读取系统信息，自动绘制照明系统图。
- “回路数”微调框：设置照明系统图的回路数量。
- “总额定功率”文本框：设置照明的额定功率。
- “计算电流”选项组：设置功率因数和利用系数信息。

14.9.3 动力系统

“动力系统”命令主要用于绘制简单的动力系统图，如图 14-173 所示。选择“强电系统”|“动力系统”命令，或者在命令行输入 DLXT 后按 Enter 键，弹出“动力配电系统图”对话框，如图 14-174 所示。

对话框分上下两部分，上部分左侧为系统图示意框，其他位置为一些参数编辑框，通过输入这些参数对将要绘制的动力系统图进行设定。下部分为回路标注编辑框，该对话框参数设置与“自动生成配电箱系统图”对话框、“照明系统图”对话框类似，这里不再赘述。

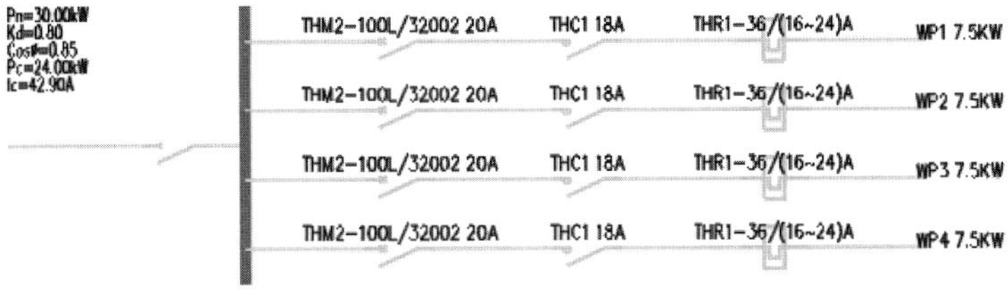

Pn=30.00kW
Kd=0.80
Cosϕ=0.85
Pc=24.00kW
Ic=42.90A

THM2-100L/32002 20A THC1 18A THR1-36/(16~24)A WP1 7.5KW
THM2-100L/32002 20A THC1 18A THR1-36/(16~24)A WP2 7.5KW
THM2-100L/32002 20A THC1 18A THR1-36/(16~24)A WP3 7.5KW
THM2-100L/32002 20A THC1 18A THR1-36/(16~24)A WP4 7.5KW

图 14-173 动力系统图示例

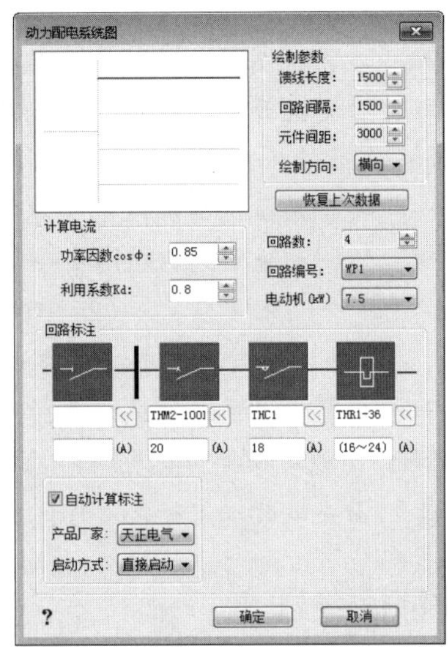

图 14-174 “动力配电系统图”对话框

14.9.4 低压单线

“低压单线”命令用于绘制低压单线系统图。选择“强电系统”|“低压单线”命令，或者在命令行输入 DYDX 后按 Enter 键，弹出“低压单线系统”对话框，如图 14-175 所示。

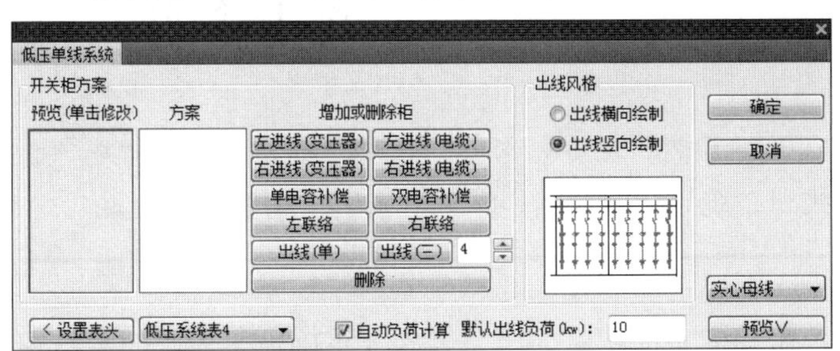

图 14-175 “低压单线系统”对话框

“低压单线系统”对话框中各选项的功能如下：

- “预览”演示框：显示所选列表中相应开关柜的图形示意。
- “方案”列表框：列出低压单线系统图中包含的开关柜的名称及开关柜中的出线数，列表框中的开关柜通过单击列表右侧的“增加或删除柜”选项组中的按钮来添加、删除和调整。

- “增加或删除柜”选项组：由众多的按钮命令组成，通过这些按钮编辑开关柜。
- “出线风格”选项组：选择出线横向绘制还是竖向绘制。
- “母线形式”下拉列表框 实心母线 ：在下拉列表框中选取母线是空心还是实心。
- “设置表头”选项：可以从右侧的下拉列表框选择已经设置好的表头，也可单击“设置表头”按钮自行定义表头的形式。

14.9.5 其他命令

- “插开关柜”命令 插开关柜 ：在系统图或原理图插入图库中的组件。
- “造开关柜”命令 造开关柜 ：自定义开关柜并将开关柜存入图块库中。
- “套用表格”命令 套用表格 ：在高低压系统图中绘制表格。
- “系统统计”命令 系统统计 ：统计系统图或原理图中元件。
- “系统导线”命令 系统导线 ：绘制系统图或原理图中导线，并在导线上按固定的间距绘出短分格线。
- “虚线框”命令 虚 线 框 ：在系统图或电路图中绘制虚线框。
- “负荷计算”命令 负荷计算 ：计算供电系统的线路负荷。
- “截面查询”命令 截面查询 ：由额定功率计算电流和功率。
- “沿线标注”命令 沿线标注 ：沿导线标注文字，可同时标注多根导线。

14.9.6 绘制某教学楼一层照明系统图

在 14.6.14 节，已经绘制好某教学楼一层的照明平面图并保存在已经命名的“电气工程”下的“强电平面”子类别中，现在将在该图上继续绘制该楼层的照明系统图。

启动 T20-Elec V7.0，使用“设置”|“工程管理”命令，打开已经保存好的“电气工程.tpr”工程，并打开该工程下图纸一栏中“强电平面”子类别下的“某教学楼一楼照明平面图.dwg”，将其另存为“教学楼一楼照明系统图.dwg”，按照 14.3.10 节介绍的方法将该图加入到“电气工程.tpr”下的“强电平面”项目中，如图 14-176 所示。

1. 初始设置

选择“设置”|“初始设置”命令，打开“选项”对话框，在“电气设定”选项卡中进行设置。设置系统母线和系统导线的线宽和颜色，本例采用默认设置。

2. 导线编辑

本命令一般在绘制照明平面图时使用，为确保正确地生成照明系统图，须再核对一遍导线信息。

选择“导线”|“编辑导线”命令，先选择作为插座供电的配电箱 WL1 引出线，选择所有的插座供电导线，按 Enter 键，弹出如图 14-177 所示的“编辑导线”对话框。确保回路编号和导线标注信息正确。若导线标注信息不正确，单击“导线标注”按钮，在弹出的“导线标注”对话框中设置正确的导线信息。

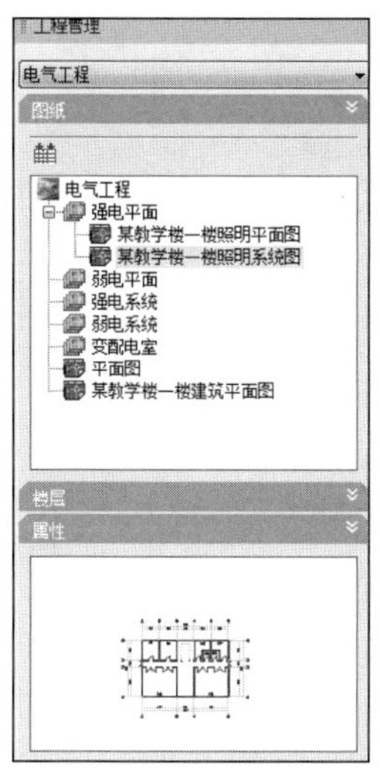

图 14-176　添加“某教学楼一楼照明系统图.dwg”

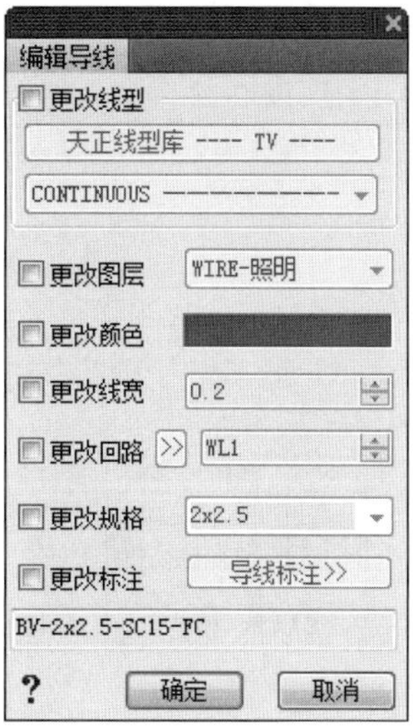

图 14-177　“编辑导线”对话框

对配电箱 WL2 引出线为照明供电线路和备用引线 WL3 执行同样的命令步骤。

3. 生成照明系统图

步骤 01　选择“强电系统”|“系统生成”命令，弹出“自动生成配电箱系统图”对话框。单击“从平面图读取”按钮，选取整个平面图，在本例中系统提示“找到 153 个，总计 153 个”。系统提示的是照明平面图中的导线段数。命令行提示如下：

请选择平面图范围<退出>指定对角点：

步骤 02　右击或按 Enter 键确认。系统返回到“自动生成配电箱系统图”对话框，对话框中参数设置发生变化，如图 14-178 所示。预览框显示两条导线，因为在表格中只有 WL1 和 WL2 两根配电引出线，WL3 作为备用线没有连接设备，因此系统统计不出 WL3 信息。

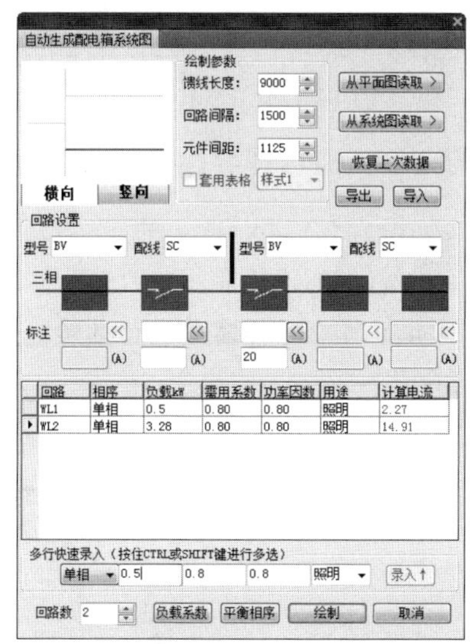

图 14-178　照明系统图参数设置

步骤 03　更改“回路数”为 3，添加 WL3 引出线。在“回路设置”选项组中为进入线添加电度表，其余参数设置保持不变。单击“绘制”按钮，系统弹出如图 14-179 所示的提示框，系统提示没有进行相序平衡。单击“取消”按钮放弃相序平衡。

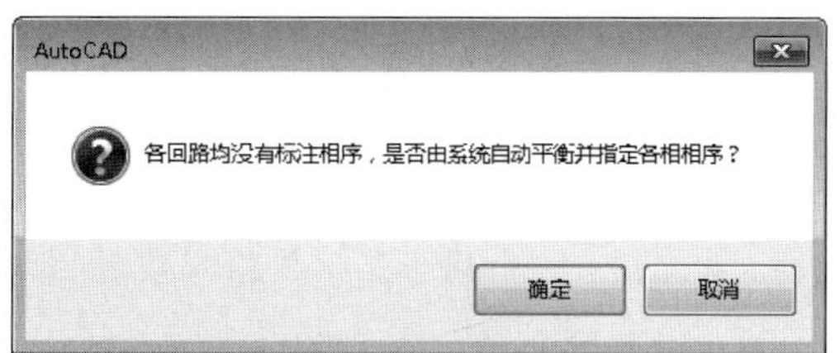

图 14-179　系统提示相序平衡

步骤 04 命令行提示选择插入点，在绘图区合适的位置选择插入自动生成的照明系统图，并在系统图下方插入计算表，如图 14-180 所示。

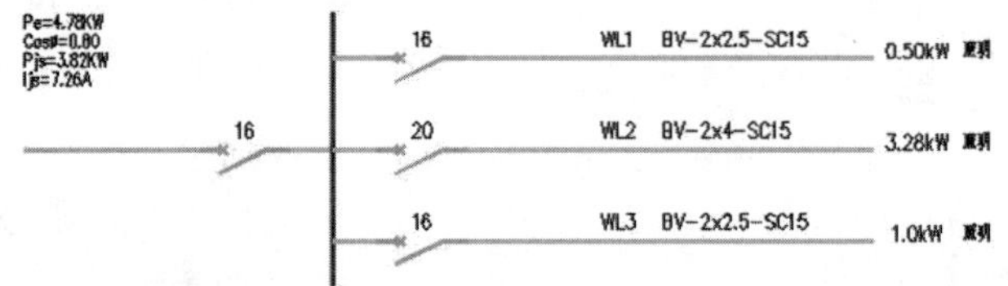

序号	回路编号	总功率	需用系数	功率因数	额定电压	设备相数	视在功率	有功功率	无功功率	计算电流
1	WL1	0.50	0.80	0.80	220	单相	0.50	0.40	0.30	2.27
2	WL2	3.28	0.80	0.80	220	单相	3.28	2.62	1.97	14.91
3	WL3	1.0	0.80	0.80	220	单相	1.00	0.80	0.60	4.55
总负荷 Pe=4.78KW			总功率因数：Cosø=0.80			计算功率:Pjs=3.82KW			计算电流:Ijs=7.26A	

图 14-180　系统图生成结果

4. 保存文件并退出绘图

清理绘图区中的照明平面图，将系统图拖到图幅的合理位置，保存系统图并退出绘制。

14.10　弱电系统的绘制

T20-Elec V7.0 的“弱电系统”子菜单中提供了天线绘制的命令、插入分支器等电视元件命令，下面详细介绍主要命令的使用。

14.10.1　有线电视

选择“弱电系统”|“有线电视”命令，或者在命令行输入 YXDS 后按 Enter 键，弹出“电视天线设定”对话框，如图 14-181 所示。这个命令可以参数化绘制一个有线电视系统或分系统。

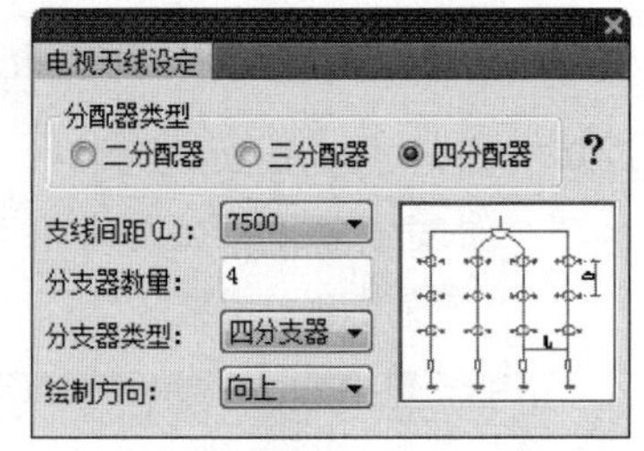

图 14-181　“电视天线设定”对话框

“电视天线设定”对话框中提供了绘制电视天线的分配类型选择等内容。下面就对话框中各选项的含义介绍如下：

- “分配器类型”选项组：用于选择主分配器类型，确定分支的数量。
- “支线间距（L）”下拉列表框：系统提供了多种间距，可以根据需要进行选择。
- “分支器数量”文本框：输入每条支路上分支器的数量。
- “分支器类型”下拉列表框：提供了一分支器、二分支器、三分支器及四分支器4种分支器类型，用户可根据制图需要选择类型。
- “绘制方向”下拉列表框：选择分支器绘制的方向，可选择“向下”“向上”“向右”绘制。
- 系统预览框：用于显示要绘制系统的样式。

完成参数设置后，根据命令行提示在绘图区选择合适的插入点，插入绘制的系统图框架，可以再使用同位于“弱电系统”子菜单的“电视元件”和“分配引出”命令详细绘制。

14.10.2 电视元件

选择“弱电系统”|“电视元件”命令，或者在命令行输入DSYJ后按Enter键，弹出“电视元件”对话框，如图14-182所示。这个命令可以在天线系统图中插入电视元件。

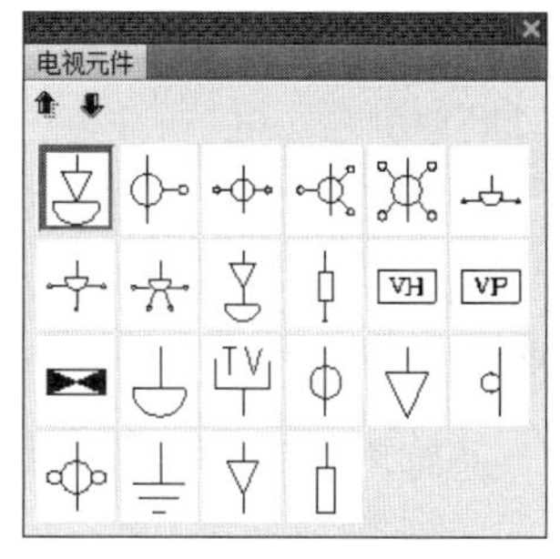

图 14-182 “电视元件”对话框

命令行提示如下：

```
命令: dsyj
请指定设备的插入点 {转 90[A]/放大[E]/缩小[D]左右翻转
[F]}<退出>:
```

根据命令行提示，可以选择相应命令按需要的方式插入电视元件。

14.10.3 分配引出

“分配引出”命令用于从分配器上引出数根导线。选择“弱电系统”|“分配引出”命令，或者在命令行输入 FPYC 后按 Enter 键，都可以执行“分配引出”命令，命令行提示如下：

```
命令: fpyc
请选取分配器<退出>: (选择要绘制引出线的分配器)
请给出引出线的数量 <3>:
```

输入完毕后，系统动态演示提示用户给出引出线的长度，默认（按 Enter 键或右击）为375。

14.11 消防系统的绘制

T20-Elec V7.0 的“消防系统”子菜单中提供了各种绘制消防系统的命令，可以用来绘制消防系统的相关图纸。

图 14-183 “消防系统干线”对话框

14.11.1 消防干线

选择“消防系统”|“消防干线”命令，或者在命令行输入 XFGX 后按 Enter 键，弹出如图 14-183 所示的“消防系统干线”对话框。设置对话框中相关参数后，自动生成消防系统图干线，如图 14-184 所示。

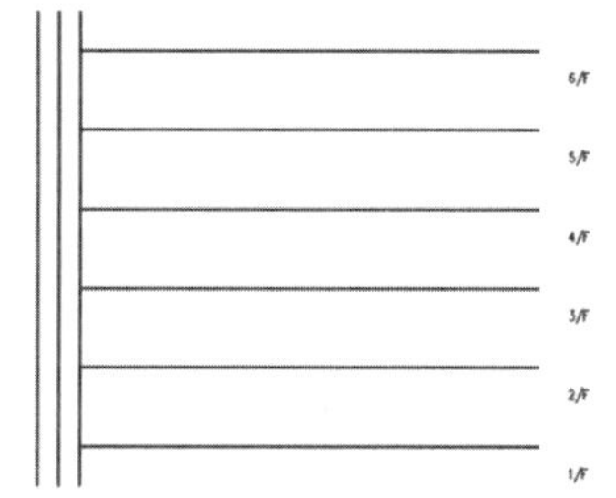

图 14-184 消防系统干线示例

“消防系统干线”对话框定义了绘制消防系统干线的常用参数，详细介绍如下：

- “干线数”微调框：确定干线的数量，即消防系统的垂直干线数量。

- “楼层数”微调框：确定建筑楼层，即消防系统的水平支线数量。
- “干线间距”微调框：确定每个干线之间的距离。
- “楼层间距”微调框：确定每层之间的距离，也就是水平支线之间的间距。
- “支线形式”下拉列表框：确定水平支线的引出方向，包括左支线、右支线和左右支线三种形式。
- “支线长度”微调框：确定水平支线引出的长度。

完成参数设置后，根据命令行提示在绘图区选择合适的插入点，插入绘制的消防系统干线图。

本命令不仅可以用来绘制消防系统干线图，也可以绘制各种具有干线、支线及元件挂接形式特征的所有系统图，如综合布线系统、楼宇自动化系统等。绘制好干线图后，再利用“插入设备”等命令插入相关元件完成各系统图的绘制。

14.11.2 消防设备

选择“消防系统”|“消防设备”命令，或者在命令行输入 XFSB 后按 Enter 键，弹出如图 14-185 所示的“消防设备”对话框。使用该命令在绘制好的消防系统干线上插入消防块。

本命令是在所绘制好的消防系统干线中插入消防设备，插入到图中的消防设备可以自动和导线连接，在插入时确定每层该种消防设备的数量。

- “单线插入”按钮：以干线上一点为基准，在垂直方向放置当前消防设备，并用分支导线与干线或其他设备相连接。
- “穿线插入”按钮：在干线或支线上沿导线方向打断导线插入设备；其插入样式如图14-186所示。

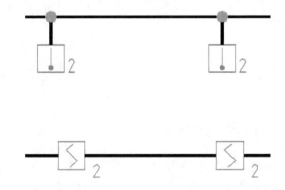

图 14-185 “消防设备”对话框

图 14-186 “单线插入”（上）和“穿线插入”（下）样式

- “引线长度”微调框、“字高”下拉列表框、“数量”微调框：定义引线长度、设备数目属性字的高度和设备数目属性字的具体数值。

14.11.3 温感烟感

“温感烟感”命令用于自动计算房间内布置探头数量，自动布置且可查看保护范围。选

择“消防系统”|“温感烟感”命令，或者在命令行输入 WGYG 后按 Enter 键，弹出如图 14-187 所示的“消防保护布置”对话框，可以设置烟雾感应装置或温度感应装置等消防保护装置的参数。

设置完参数后，命令行提示如下：

```
命令: wgyg
请输入起始点[选取行向线(S)/回退(U)/消防校核(X)]<退出>:R
请输入终点<退出>::（拾取烟感或者温感的插入点）
```

随着鼠标的拖动，软件会自动根据设置的参数计算出探头数量，以及每个探头的保护范围，并在图面中进行预览,用户可根据预览到的保护范围，对软件参数进行调整，直至无保护盲区。点取终点后，软件自动将探头插入图中，如图 14-188 所示。

图 14-187 “消防保护布置”对话框

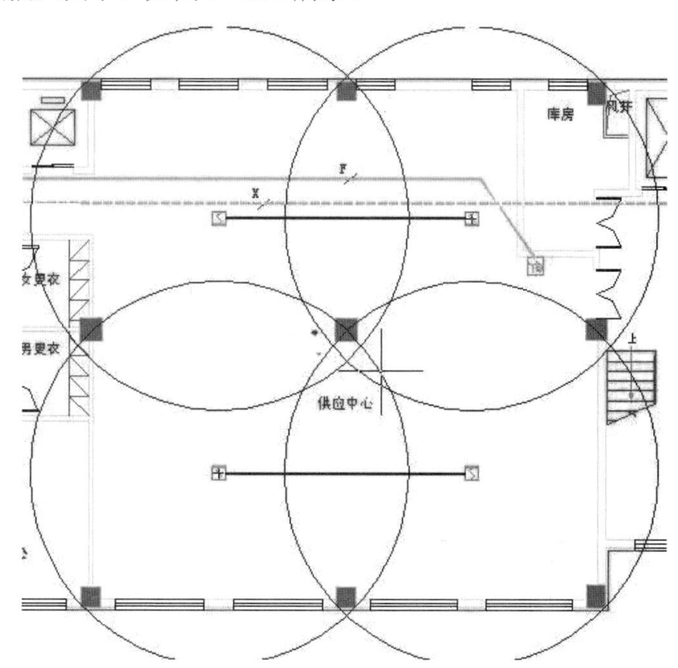

图 14-188 消防保护布置图示例

14.11.4 消防数字

“消防数字”命令用于在造消防块时插入消防设备个数的属性字。选择“消防系统”|“消防数字”命令或者在命令行输入XFWZ后按Enter键，都可以执行“消防数字”命令，命令行提示如下：

```
命令: xfwz
请点取插入属性文字的点（中心点）<退出>:
```

在要制作的消防块的右下角单击，这时会在要造消防设备的图元旁边显示消防数字 1，接着执行“弱电系统”子菜单中的“造消防块”命令，就可以制作一个天正电气的消防设备。

本命令是辅助造消防块时使用的，使造好的消防块含有个数属性字，便于在消防统计时计算出每个消防设备的数目。在平面图布置的消防设备中消防数字是不显示的，在系统图中用“消防设备”命令插入的消防设备，如果个数大于 1，则会在消防设备的右下角显示该消防设备的数量，否则不显示消防数字。

14.11.5 造消防块

“造消防块”命令主要根据需要制作消防块，并存入到消防设备库中。选择“消防系统”|“造消防块”命令，或者在命令行输入ZXFK后按Enter键，都可以执行“造消防块”命令，命令行提示如下：

```
命令: zxfk
请选择要做成图块的图元 <退出>:
```

在图中框选要做成图块的图元，选定后右击，命令行提示如下：

```
请点选插入点 <中心点>:
```

系统从中心点引出一条橡皮线，选择图块上一点作为插入点，单击即可。命令行提示如下：

```
请点取要作为接线点的点(图块外轮廓为圆的可不加接线点) <继续>:
```

选取一些接线点，以小叉显示接线点的位置，系统会反复出现上面命令行提示。选好接线点后弹出与“平面设备”|“造设备”时相同的对话框，既可以新图入库，也可以替换图库中原有的图块。图块入库后，完成消防设备的制作。

14.11.6 消防统计

“消防统计”命令用于统计消防系统图中的消防设备并生成材料表。选择“消防系统”|“消防统计”命令，或者在命令行输入 XFTJ 后按 Enter 键，都可以执行“消防统计”命令。

系统图和平面图的统计方式不同。在系统图中所统计的每种设备数量为所有该类设备总和，右下角表示消防设备数量的属性字的数值之和；在平面图中所统计的每种设备数量为平面图中该种消防设备在平面图中所插入的图块数量。统计结果在绘图区中以材料表的样式给出。

选择该命令后，命令行提示如下：

```
命令: xftj
请选择统计范围{选取闭合 PLINE(P)}<全部>  :(按 Enter 键或单击鼠标右键默认选择全部设备)
```

根据命令行提示框选要统计消防设备的范围或右击选取全屏后，命令行提示如下：

```
点取位置 或 {参考点[R]}<退出>: (提示选取插入点)
```

选取插入点后，在该点位置插入统计材料表。

14.11.7 设备连线

"设备连线"命令是指使用导线将消防系统图中多个设备垂直相连。选择"消防系统"|"设备连接"命令，或者在命令行输入 SBLX 后按 Enter 键，都可以执行"设备连线"命令，打开如图 14-189 所示的"设备连线"对话框。

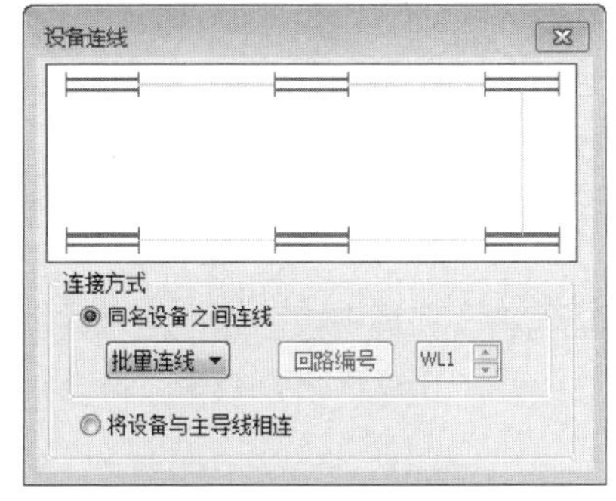

图 14-189 "设备连线"对话框

命令行提示如下：

命令：sblx
请选取需要连线的设备<退出>:（选中一根直导线）
请选取需要连线的设备<退出>:找到 1 个
请选取需要连线的设备<退出>:找到 1 个，总计 2 个（选择需要连接到导线上的消防设备）
请选取需要连线的设备<退出>出>:(按 Enter 键，完成连接）

14.11.8 绘制某宾馆楼的共用天线系统图

使用"设置"|"工程管理"命令建立命名为"某宾馆楼电气工程.tpr"的工程，在"图纸"项目组下的"弱电系统"子类别中添加图纸并命名为"共用天线系统图"，如图 14-190 所示。

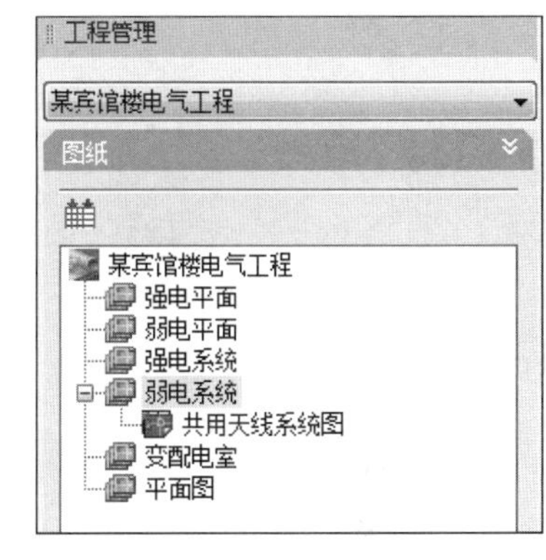

图 14-190 建立"共用天线系统图.dwg"文件

1. 初始设置

步骤 01 双击"共用天线系统图.dwg"打开图纸，选择"设置"|"初始设置"命令，打开"选项"对话框。将"平面图设置"选项组中的"设备块尺寸"设置为 800。若在绘图的过程中发现元件尺寸比例不适合，可重新调整或使用"设备缩放"命令改变元件的大小。其余选项采用默认设置。

步骤 02 选择"设置"|"当前比例"命令，设置当前图纸比例为 100。

2. 造设备块

在绘图区绘制 4000×1000 的矩形。绘制完成后，调用"平面设备"|"造设备"命令将其入库，定位至"电话"设备类别下面。具体绘制过程如下：

步骤 01 单击"默认"选项卡|"绘图"面板上的"矩形"按钮，在绘图区任意位置绘制一个 4000×1000 的矩形。

步骤 02 调用"平面设备"|"造设备"命令，命令行提示如下：

请选择要做成图块的图元 <退出>:

步骤 03 在图中框选绘制的矩形，选定后右击，命令行提示如下：

请点选插入点 <中心点>:

步骤 04 选择如图 14-191 所示的中点作为插入点，同时也将该点作为接线点。

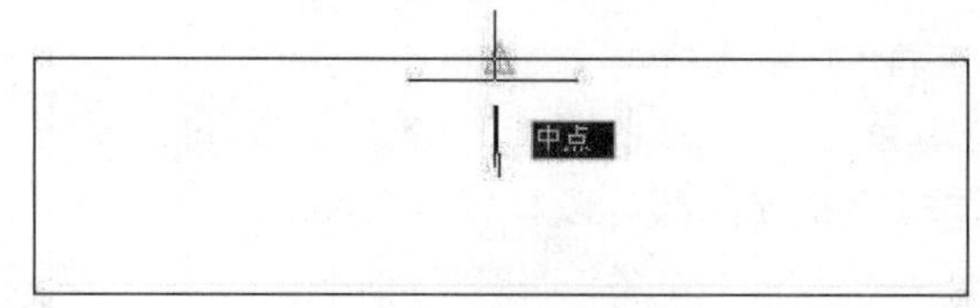

图 14-191 选取中点作为插入点

步骤 05 选择中点作为插入点后，系统提示选择接线点，同样选择该点作为接线点。命令行提示如下：

请点取要作为接线点的点(图块外轮廓为圆的可不加接线点) <继续>:

步骤 06 接着按 Enter 键或右击，弹出如图 14-192 所示的“入库定位”对话框，在“用户图块”下选择“电视”子类别，在“图块名称”文本框中输入设备块的名称“回流盒”，单击“新图块入库”按钮将制作好的图块入库。在后面的绘图过程中，可调用该图块。

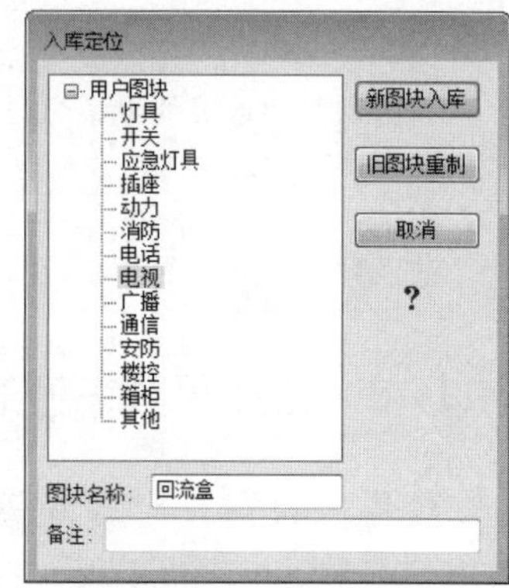

图 14-192 图块入库

3. 绘制天线主线

步骤 01 插入天线。使用“平面设备”|“两点均布”命令调出如图 14-193 所示的“天正电气图块”对话框和如图 14-194 所示的“两点均布”对话框。

步骤 02 在“天正电气图块”对话框中选择要插入的“天线”图块。在“两点均布”对话框中将布置方式设为“间距”，“间距”值为 3000，“距边距离”设为“0 间距”。单击“回路编号”按钮，弹出如图 14-195 所示的“回路编号”对话框，在对话框的“编号”文本框中输入 TP0，单击“确定”按钮返回“两点均布”对话框，将天线系统图的主干线信号输入的连接线路编号设置为 TP0。

图 14-193 “天正电气图块”对话框

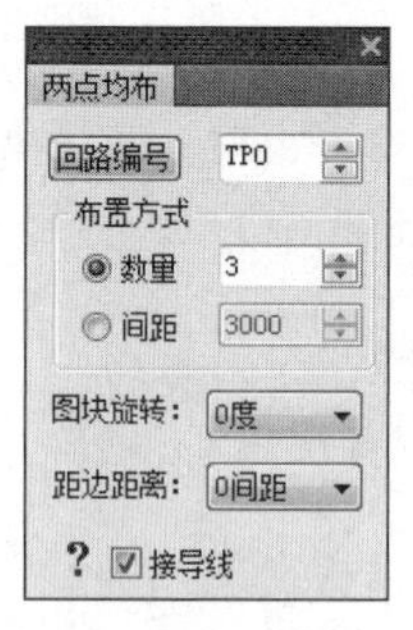

图 14-194 “两点均布”对话框

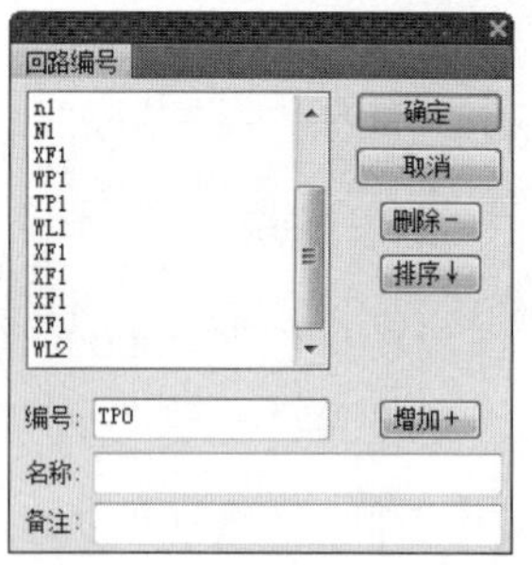

图 14-195 “回路编号”对话框

步骤 03 在绘图区选择插入点，向右水平拖动鼠标，在拖动的过程中，屏幕动态显示输入天线的个数，当天线个数为三个时，单击“确定”按钮，插入天线，如图 14-196 所示。

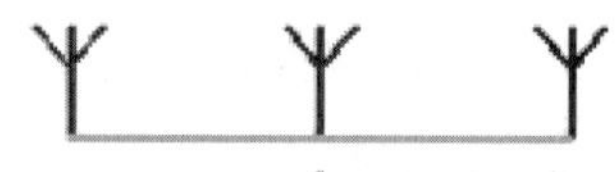

图 14-196 插入天线

步骤 04 插入回流盒。使用“平面设备”|“任意布置”命令，选择将步骤（3）绘制好的回流盒（见图 14-197），配合“端点捕捉”和“对象捕捉追踪”功能，引出如图 14-198 所示的端点追踪虚线，输入 1500 按 Enter 键，将其插入中间天线下 1500mm 处，结果如图 14-199 所示。

图 14-197 选择回流盒图块

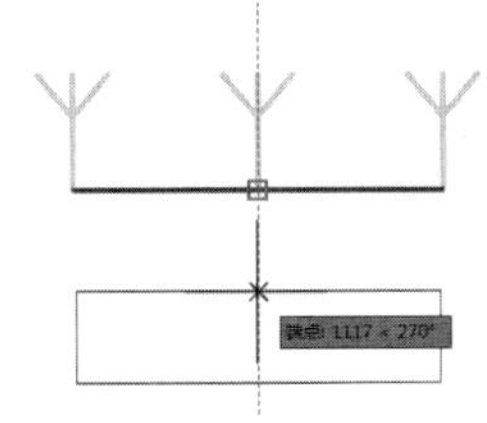

图 14-198 引出端点追踪虚线

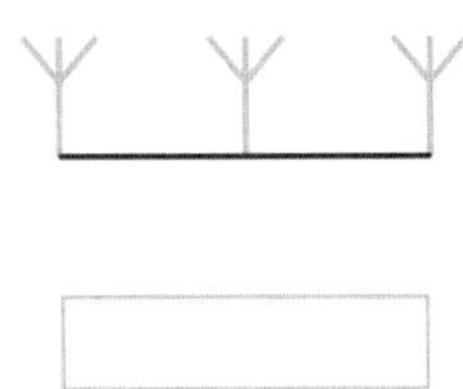

图 14-199 插入结果

步骤 05 使用“导线”|“设备连线”命令将回流盒连接到导线上。调用“设备连线”命令后，在打开的“设备连线”对话框中设置参数如图 14-200 所示，绘制连线。命令行提示如下：

```
命令：sblx
请拾取一根要连接设备的直导线<退出>:          //选择任一要直导线
请选取要与导线相连的设备<退出>:              //选择下侧的回流盒
请选取要与导线相连的设备<退出>:              //Enter
请拾取一根要连接设备的直导线<退出>:          //按 Enter 键，绘制结果如图 14-201 所示
```

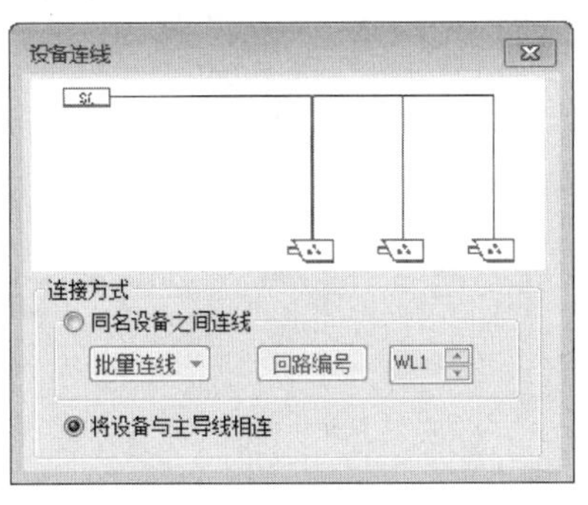

图 14-200 “设备连线”对话框

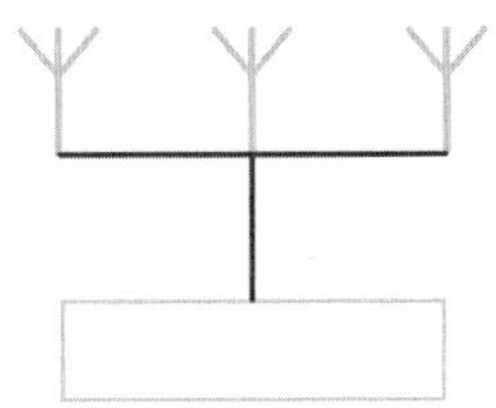

图 14-201 设备连线

步骤 06 插入干线分配放大器。使用“弱电系统”|“电视元件”命令将干线分配放大器连接到回流盒底线中点上，如图 14-202 所示。

步骤 07 使用“弱电系统”|“分配引出”命令从干线分配放大器引出 4 根引出线，如图 14-203 所示。

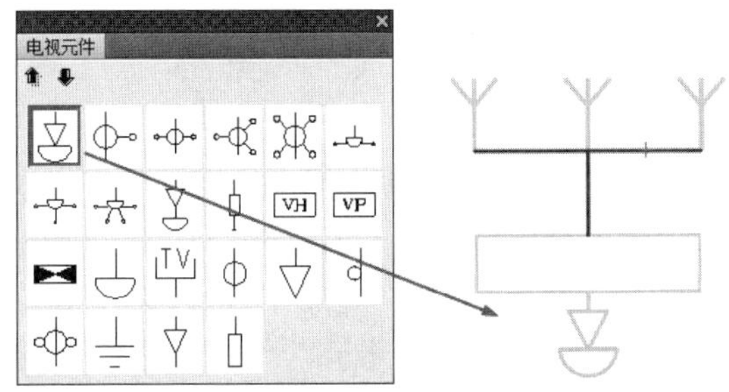

图 14-202 插入干线分配放大器

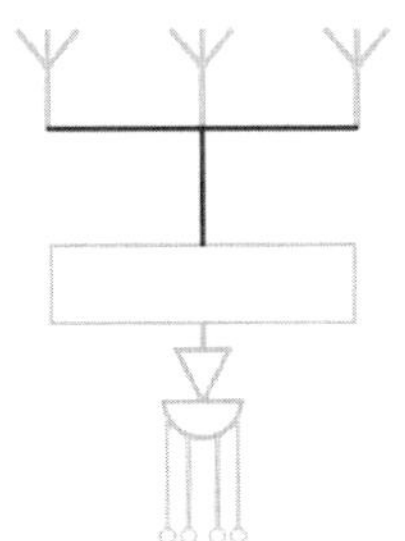

图 14-203 分配引出线

4. 绘制天线分支线

步骤 01 绘制定位辅助线。单击“默认”选项卡|“绘图”面板上的“直线”按钮，在回流盒下面绘制长度为 36000mm 的直线，然后单击“默认”选项卡|“绘图”面板上的“定数等分”按钮，将直线三等分，结果如图 14-204 所示。

步骤 02 插入天线分支线。选择“弱电系统”|“有线电视”命令，插入天线分支线。 在弹出的“电视天线设定”对话框中设置参数，如图 14-205 所示，“分配器类型”选择为“四分配器”，“支线间距”设为 3000，“分配器数量”设为 6，“分支器类型”选择为“二分支器”，“绘制方向”选择“向下”。

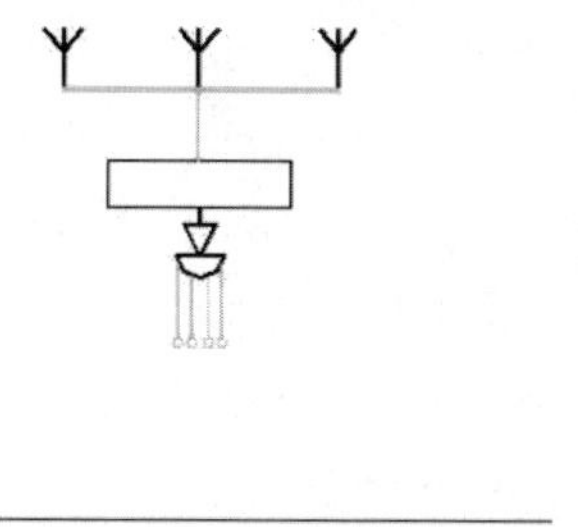

图 14-204 绘制辅助线

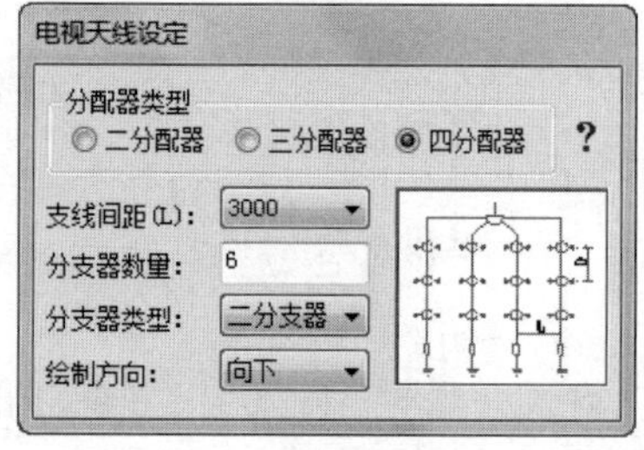

图 14-205 “电视天线设定”对话框参数设置

步骤 03 配合“对象捕捉”功能在绘图区捕捉定位辅助线的等分点和两侧的端点，插入天线分支线，结果如图 14-206 所示。

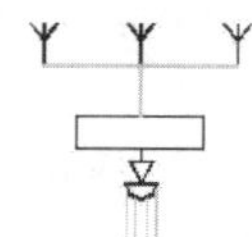

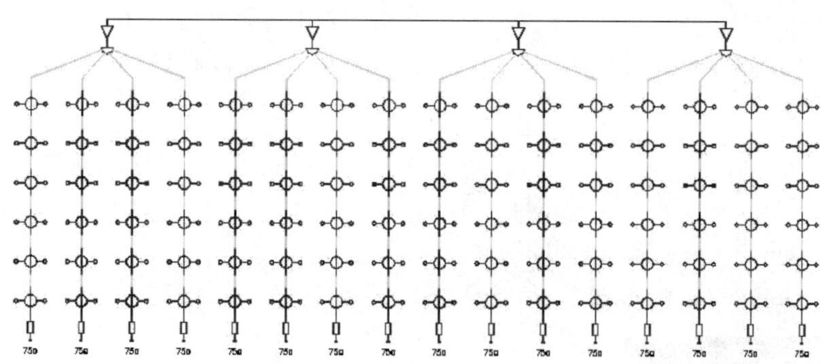

图 14-206 插入天线分支线

步骤 04 单击“默认”选项卡|“修改”面板上的“删除”按钮，连接分支线和主干线。删除步骤（3）绘制的定位辅助线。选择“导线”|“平面布线”命令，打开如图 14-207 所示的“设置当前导线信息”对话框，将导线图层设置为“WIRE-通讯”，“回路编号”设为 TP1，将最左边的分支线和主干线连接，绘制结果如图 14-208 所示。

步骤 05 配合“圆心捕捉”“端点捕捉”“延伸捕捉”以及“极轴追踪”功能，依次将其余分支线和主线连接起来，回路编号依次向右增加，绘制结果如图 14-209 所示。

图 14-207 “设置当前导线信息”的对话框

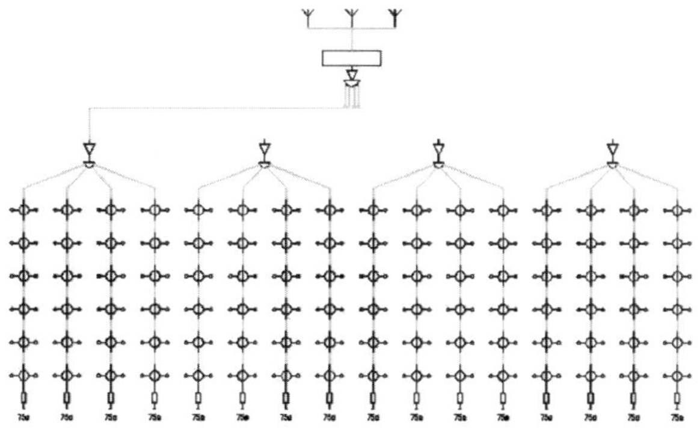

图 14-208 绘制连接线

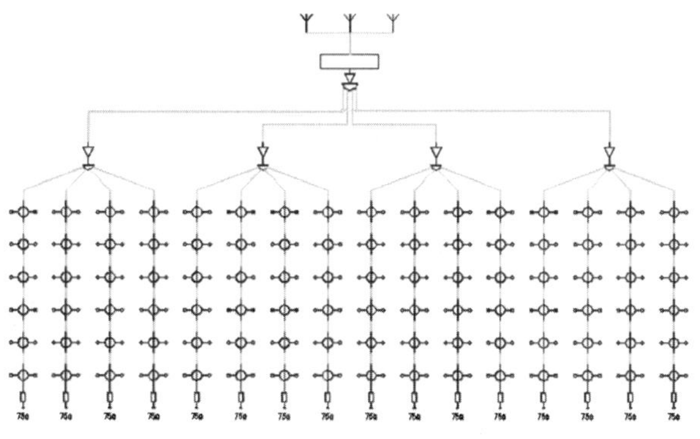

图 14-209 完成连接线绘制

步骤 06 调整分支器的个数。图 14-209 中每条分支线为 6 只分支器，实际有的楼层没有接入分支器，因此要删除多余的分支器。分支器的删除操作可以通过快捷菜单命令进行。选中设备后，单击鼠标右键，在弹出的快捷菜单中选择“元件擦除”命令，擦除选中的分支器，结果如图 14-210 所示。

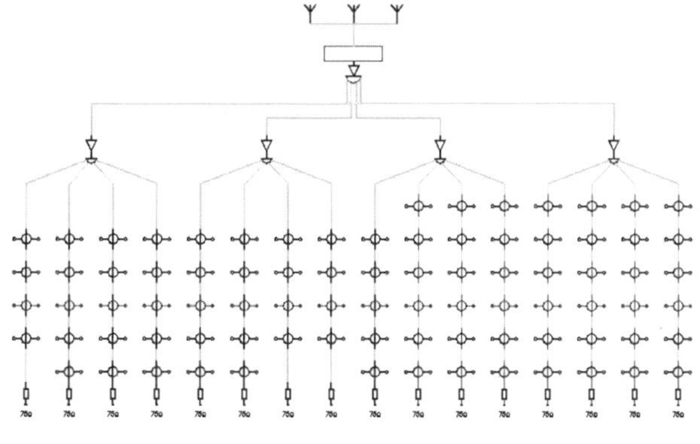

图 14-210 擦除多余分支器

5. 文字与标注

步骤 01 添加虚线框。绘制包含支路汇流节点的矩形虚线框，如图 14-211 所示。

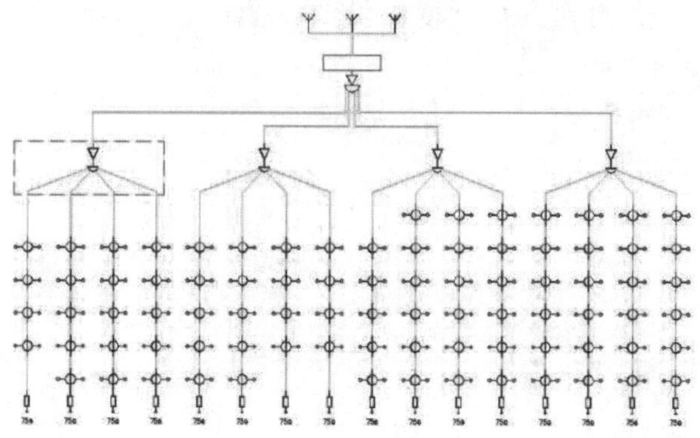

图 14-211 插入虚线框

步骤 02 复制虚线框至其他支路汇流节点，包括主干线汇流节点，如图 14-212 所示。

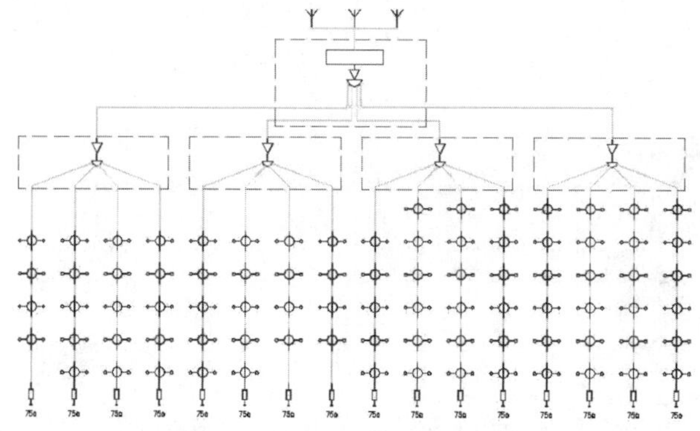

图 14-212 完成虚线框的插入

步骤 03 楼层标注。选择“尺寸”|“逐点标注”命令，在系统图右边从下向上标注楼层，标注结果如图 14-213 所示。

步骤 04 选择标注的尺寸，右击，从弹出的快捷菜单中选择“更改文字”命令，或者直接双击文字，在弹出的文字编辑框中更改文字，输入相应的楼层，最终效果如图 14-214 所示。

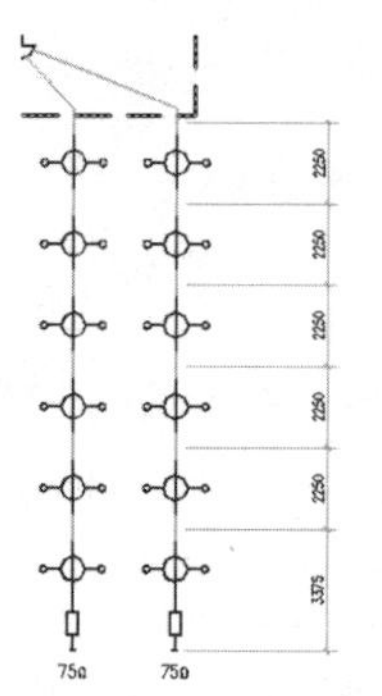

图 14-213 逐点标注楼层

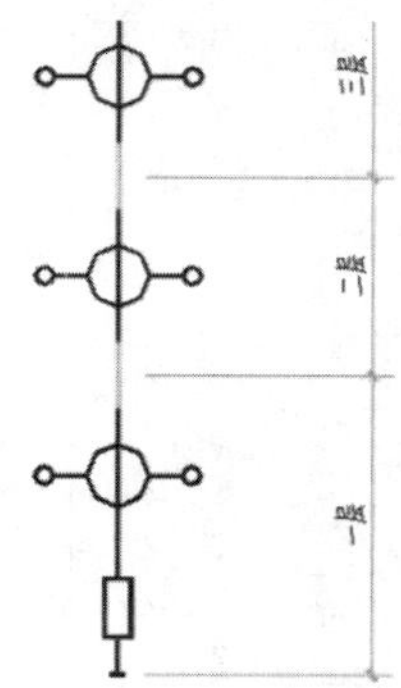

图 14-214 输入楼层

步骤 05 选择“导航栏”中的“范围缩放”命令，在绘图区中显示全部图形效果，如图 14-215 所示。

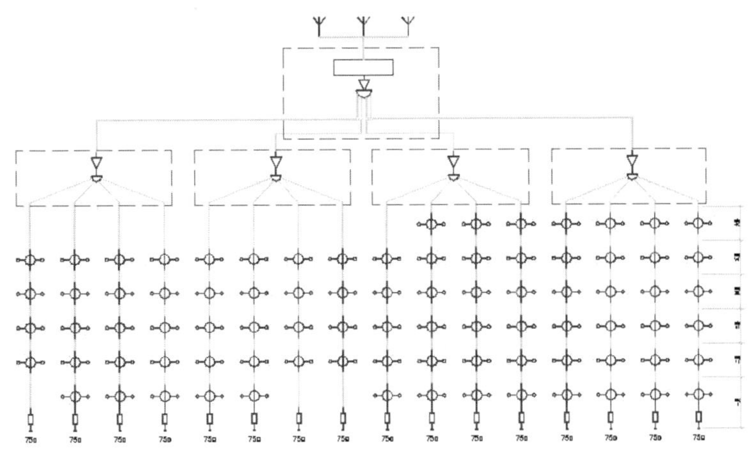

图 14-215　范围缩放

6. 保存文件退出绘图

保存共用天线系统图并退出绘制。

附录　快捷命令的使用

使用快捷命令，可以提高绘图的效率，我们在这里给读者列出常见的AutoCAD命令的快捷命令，方便读者绘图时使用。

基本绘图命令

快捷命令	对应命令	菜单操作	功　能
L	LINE	绘图→直线	绘制直线
XL	XLINE	绘图→构造线	绘制构造线
PL	PLINE	绘图→多段线	绘制多段线
POL	POLYGON	绘图→正多边形	绘制正三角形、正方形等正多边形
REC	RECTANGLE	绘图→矩形	绘制日常所说的长方形
A	ARC	绘图→圆弧	绘制圆弧，圆弧是圆的一部分
C	CIRCLE	绘图→圆	绘制圆
SPL	SPLINE	绘图→样条曲线	绘制样条曲线
EL	ELLIPSE	绘图→椭圆	绘制椭圆或椭圆弧
I	INSERT	插入→块	弹出“插入”对话框，插入块
B	BLOCK	绘图→块→创建	弹出“块定义”对话框，定义新的图块
PO	POINT	绘图→点→单点	创建多个点
H	BHATCH	绘图→图案填充	创建填充图案
GD	GRADIENT	绘图→渐变色	创建渐变色
REG	REGION	绘图→面域	创建面域
TB	TABLE	绘图→表格	创建表格
MT/T	MTEXT	绘图→文字→多行文字	创建多行文字
ME	MEASURE	绘图→点→定距等分	创建定距等分点
DIV	DIVIDE	绘图→点→定数等分	创建定数等分点

二维绘图编辑命令

快捷命令	对应命令	菜单操作	功　能
E	ERASE	修改→删除	将图形对象从绘图区删除
CO/CP	COPY	修改→复制	可以从原对象以指定的角度和方向创建对象的副本
MI	MIRROR	修改→镜像	创建相对于某一对称轴的对象副本
O	OFFSET	修改→偏移	根据指定距离或通过点，创建一个与原有图形对象平行或具有同心结构的形体
AR	ARRAY	修改→阵列	按矩形或者环形有规律地复制对象
M	MOVE	修改→移动	将图形对象从一个位置按照一定的角度和距离移动到另外一个位置
RO	ROTATE	修改→旋转	绕指定基点旋转图形中的对象

（续表）

快捷命令	对应命令	菜单操作	功　　能
SC	SCALE	修改→缩放	通过一定的方式在X、Y和Z方向按比例放大或缩小对象
S	STRETCH	修改→拉伸	以交叉窗口或交叉多边形选择拉伸对象，选择窗口外的部分不会有任何改变；选择窗口内的部分会随选择窗口的移动而移动，但也不会有形状的改变，只有与选择窗口相交的部分会被拉伸
TR	TRIM	修改→修剪	将选定的对象在指定边界一侧的部分剪切掉
EX	EXTEND	修改→延伸	将选定的对象延伸至指定的边界上
BR	BREAK	修改→打断	通过打断点将所选的对象分成两部分，或删除对象上的某一部分
J	JOIN	修改→合并	将几个对象合并为一个完整的对象，或者将一个开放的对象闭合
CHA	CHAMFER	修改→倒角	使用成角的直线连接两个对象
F	FILLET	修改→圆角	使用与对象相切并且具有指定半径的圆弧连接两个对象
X	EXPLODE	修改→分解	将合成对象分解为多个单一的组成对象
PE	PEDIT	修改→对象→多段线	对多段线进行编辑或者将其他图线转换成多段线
SU	SUBTRACT	修改→实体编辑→差集	差集
UNI	UNION	修改→实体编辑→并集	并集
IN	INTERSECT	修改→实体编辑→交集	交集

尺寸标注命令

快捷命令	对应命令	菜单操作	功　　能
D	DIMSTYLE	格式→标注样式	创建和修改尺寸标注样式
DLI	DIMLINEAR	标注→线性	创建线性尺寸标注
DAL	DIMALIGNED	标注→对齐	创建对齐尺寸标注
DAR	DIMARC	标注→弧长	创建弧长标注
DOR	DIMORDINATE	标注→坐标	创建坐标标注
DRA	DIMRADIUS	标注→半径	创建半径标注
DDI	DIMDIAMETER	标注→直径	创建直径标注
DJO	DIMJOGGED	标注→已折弯	创建折弯半径标注
DJL	DIMJOGLINE	标注→折弯线性	创建折弯线性标注
DAN	DIMANGULAR	标注→角度	创建角度标注
DBA	DIMBASELINE	标注→基线	创建基线标注
DCO	DIMCONTINUE	标注→连续	创建连续标注
DCE	DIMCENTER	标注→圆心标记	创建圆心标记
TOL	TOLERANCE	标注→公差	创建形位公差
LE	QLEADER		创建引线或者引线标注

（续表）

快捷命令	对应命令	菜单操作	功　能
DED	DIMEDIT		对延伸线和标注文字进行编辑
MLS	MLEADERSTYLE	格式→多重引线样式	创建和修改多重引线样式
MLD	MLEADER	标注→多重引线	创建多重引线
MLC	MLEADERCOLLECT	修改→对象→多重引线→合并	合并多重引线
MLA	MLEADERALIGN	修改→对象→多重引线→对齐	对齐多重引线

文字相关命令

快捷命令	对应命令	菜单操作	功能
ST	STYLE	格式→文字样式	创建文字样式
DT	TEXT	绘图→文字→单行文字	创建单行文字
MT	MTEXT	绘图→文字→多行文字	创建多行文字
ED	DDEDIT	修改→对象→文字→编辑	编辑文字
SP	SPELL	工具→拼写检查	拼写检查
TS	TABLESTYLE	格式→表格样式	创建表格样式
TB	TABLE	绘图→表格	创建表格

其他

快捷命令	对应命令	菜单操作	功　能
H	HATCH	绘图→图案填充	创建图案填充
GD	GRADIENT	绘图→渐变色	创建渐变色
HE	HATCHEDIT	修改→对象→图案填充	编辑图案填充
BO	BOUNDARY	绘图→边界	创建边界
REG	REGION	绘图→面域	创建面域
B	BLOCK	绘图→块→创建	创建块
W	WBLOCK	-	创建外部块
ATT	ATTDEF	绘图→块→定义属性	定义属性
I	INSERT	插入→块	插入块文件
BE	BEDIT	工具→块编辑器	在块编辑器中打开块定义
Z	ZOOM	视图→缩放	缩放视图
P	PAN	视图→平移→实时	平移视图
RA	REDRAWALL	视图→重画	刷新所有视口的显示
RE	REGEN	视图→重生成	从当前视口重生成整个图形
REA	REGENALL	视图→全部重生成	重生成图形并刷新所有视口
UN	UNITS	格式→单位	设置绘图单位
OP	OPTIONS	工具→选项	打开“选项”对话框
DS	DSETTINGS	工具→草图设置	打开“草图设置”对话框

特性相关命令

快捷命令	对应命令	菜单操作	功　能
LA	LAYER	格式→图层	打开“图层特性管理器”，创建和管理图层
COL	COLOR	格式→颜色	设置新对象颜色
LT	LINETYPE	格式→线型	设置新对象线型
LW	LWEIGHT	格式→线宽	设置新对象线宽
LTS	LTSCALE	-	设置线型比例因子
REN	RENAME	格式→重命名	更改指定项目的名称
MA	MATCHPROP	修改→特性匹配	将选定对象的特性应用于其他对象
ADC/DC	ADCENTER	工具→选项板→设计中心	打开设计中心
MO	PROPERTIES	工具→选项板→特性	打开特性选项板
OS	OSNAP	-	设置对象捕捉模式
SN	SNAP	-	设置捕捉
DS	DSETTINGS	-	设置极轴追踪
EXP	EXPORT	文件→输出	输出数据，以其他文件格式保存图形中的对象
IMP	IMPORT	文件→输入	将不同格式的文件输入当前图形中
PRINT	PLOT	文件→打印	创建打印
PU	PURGE	文件→图形实用工具→清理	删除图形中未使用的项目
PRE	PREVIEW	文件→打印预览	创建打印预览
TO	TOOLBAR	-	显示、隐藏和自定义工具栏
V	VIEW	视图→命名视图	命名视图
TP	TOOLPALETTES	工具→选项板→工具选项板	打开工具选项板窗口
MEA	MEASUREGEOM	工具→查询→距离	测量距离、半径、角度、面积、体积等
PTW	PUBLISHTOWEB	文件→网上发布	创建网上发布
AA	AREA	工具→查询→面积	测量面积
DI	DIST	-	测量两点之间的距离和角度
LI	LIST	工具→查询→列表	创建查询列表

视窗缩放

快　捷　键	功　能
P	PAN 平移
Z＋空格＋空格	实时缩放
Z	局部放大
Z+P	返回上一视图
Z＋E	显示全图

常用Ctrl快捷键

快 捷 键	功 能
【Ctrl】+1	PROPERTIES 修改特性
【Ctrl】+2	ADCENTER 打开设计中心
【Ctrl】+3	TOOLPALETTES 打开工具选项板
【Ctrl】+9	COMMANDLINEHIDE 控制命令行开关
【Ctrl】+O	OPEN 打开文件
【Ctrl】+N、M	NEW 新建文件
【Ctrl】+P	PRINT 打印文件
【Ctrl】+S	SAVE 保存文件
【Ctrl】+Z	UNDO 放弃
【Ctrl】+A	全部旋转
【Ctrl】+X	CUTCLIP 剪切
【Ctrl】+C	COPYCLIP 复制
【Ctrl】+V	PASTECLIP 粘贴
【Ctrl】+B	SNAP 栅格捕捉
【Ctrl】+F	OSNAP 对象捕捉
【Ctrl】+G	GRID 栅格
【Ctrl】+L	ORTHO 正交
【Ctrl】+W	对象追踪
【Ctrl】+U	极轴

常用功能键

快 捷 键	功 能
【F1】	HELP 帮助
【F2】	文本窗口
【F3】	OSNAP 对象捕捉
【F7】	GRIP 栅格
【F8】	ORTHO 正交